现代语言学丛书

主编　王宗炎　戴炜栋

U0783567

自然语言处理简明教程

A Concise Course of Natural Language Processing

冯志伟　著

上海外语教育出版社
外教社 SHANGHAI FOREIGN LANGUAGE EDUCATION PRESS

图书在版编目（CIP）数据

自然语言处理简明教程 / 冯志伟著.
—上海：上海外语教育出版社，2012（2020重印）
（现代语言学丛书）
ISBN 978-7-5446-2785-6

Ⅰ.①自… Ⅱ.①冯… Ⅲ.①自然语言处理－教材 Ⅳ.①TP391

中国版本图书馆CIP数据核字（2012）第122107号

出版发行：上海外语教育出版社
   （上海外国语大学内） 邮编：200083
电 话：021-65425300（总机）
电子邮箱：bookinfo@sflep.com.cn
网 址：http://www.sflep.com
责任编辑：蒋浚浚

印 刷：上海信老印刷厂
开 本：890×1240 1/32 印张30.625 字数875千字
版 次：2012年9月第1版 2020年3月第3次印刷
印 数：1 100 册

书 号：ISBN 978-7-5446-2785-6 / H · 1346
定 价：68.00 元

本版图书如有印装质量问题，可向本社调换
质量服务热线：4008-213-263 电子邮箱：editorial@sflep.com

外教社"现代语言学丛书"自20世纪80年代面世以来，在语言学界产生了深远的影响，深受国内外广大读者的赞誉。这套丛书的作者均为我国语言学界知名专家和学者，在语言学教学和研究领域成就斐然。丛书深入、系统地介绍了现代语言学各领域的基本理论、研究方法和学术成果，为推动我国的语言学研究和外语教学作出了积极的贡献。

随着语言科学的不断发展，语言学应用的范围也越加宽泛。作为一门迅速发展的学科，近年来，现代语言学在研究语言结构、语言运用、语言的社会功能和历史发展等领域，新理论、新方法、新成果和新动向层出不穷，研究的内涵逐步深入，外延也不断拓宽，成为近半个世纪以来发展最快、变化最大的人文学科之一。

"现代语言学丛书"修订说明

为使国内外广大读者及时了解现代语言学各个领域的最新发展态势,外教社对"现代语言学丛书"陆续进行修订和扩充。新版丛书在对原有的学术精华进行补充和完善的基础上,广泛吸纳近 20 年来国内外语言学领域的最新研究成果,融"经典"与"创新"为一体,从而更具有学术性、科学性和实用性。

　　作为开放系列丛书,这套丛书将与时俱进,不断丰富学科内容,拓宽研究领域,为广大读者展现现代语言学的各项前沿成果,从而更有力地推动这一学科的建设与发展。

上海外语教育出版社

2010 年 8 月

总序

现代语言学丛书

(修订版)

"现代语言学丛书"自 20 世纪 80 年代陆续推出之后,在业内产生了深远的影响。该套丛书的编委会委员和编写者均为学界知名专家学者,在语言学的不同领域取得了很大成就。正是他们的辛勤努力使得丛书具备普及与提高相结合、引进与本土化相融合的特色,而丛书前沿性的学术内容、深入浅出的理论阐释、科学规范的研究方法等使高等院校的师生、外事外贸单位的翻译、新闻出版界的编辑等语言工作者和学习者受益匪浅,得到他们广泛的认同和喜爱,为推动我国语言学的研究和发展作出了积极的贡献。

近 20 年来,现代语言学作为发展最快的学科之一,有许多新发现和新成果,需要进行多角度、多层次、全方位的研究。目前人文科学、社会科学和自然科学等的渗透使得语言学的分支更加丰富,出现了越来越多的交叉学科。语言学家的研究视野也得以逐步拓宽,探索更加深入,研究观念不断更新,研究范式更加多样化。为了更加充分地反映这一发展趋势,及时向广大读者反馈语言学及相关学科的最新研究成果,我们在征求编委会委员、广大教师和学生意见的基础上,对"现代语言学丛书"进行修订,力求全方位呈现该学科领域的新理论、新观点、新方法、新结论。

该丛书修订版一方面保留了原版编者权威、内容全面、编辑规范的特点,另一方面突出"经典"和"新颖"两个特色,注重学术历史积淀与社会发展的契合,使丛书更加具有学术性、科学性和实用性。这套丛书仍然是开放的,将陆续出版语言学及相关学科的权威研究成果,以促进我国的语言学研究的学科建设。首批推出的系列著作涉及语言学科的不同层面,涵盖学科研究的前沿内容和最新成果,如《语言学新视角》、《"人本语义学"十论》、《语言系统及其运作》(修订本)、《现代语言学的特点和发展趋势》(修订本)、《比较词源研究》等。

作为人类交流的工具和文化的载体,语言的重要性决定了语言学的重要性。语言学的发展不仅受到各个学科的影响,也同时影响到其他各学科的发展。只有充分了解该学科的最新研究态势,切实关注语言学科的发展,才能更好地了解语言,运用语言。相信在业内专家学者和广大读者的支持下,"现代语言学丛书"修订版将充分发挥良好的学术影响,为语言学及相关学科的进一步发展作出更大贡献。

高等学校外语专业教学指导委员会主任委员

戴炜栋

2010 年 9 月

总序（原）

　　为什么出版《现代语言学丛书》？

　　因为我们感到，中国现代化包括许多方面的工作，其中之一是语言学研究的现代化。我们希望这一套丛书的出版，会有助于这一工作的开展。

　　近几十年来，国外语言学的研究进展很快。一方面，关于语言的内部结构，出现了各种理论和模式；另一方面，从各种不同的学科去研究语言，产生了诸如人类语言学、社会语言学、心理语言学、神经语言学、计算语言学等多科性研究。了解和介绍这两方面的理论、模式、实验和数据，供我国语言研究者参考，从而为语言学研究的现代化出一点力，这是我们的希望。

　　要做到语言学研究的现代化是不容易的。首先要对国外新的语言学理论加以分析和比较，作出我们自己的判断；更重要的是要结合汉语的研究

加以验证,写出结合中国实际的论著。我们这里先做第一步工作。

　　中国语言学史上,不乏利用外国的语言理论,为汉语研究开辟新路的例子。郑樵说:"切韵之学,起自西域。"马建忠以拉丁文法为范式,写出了《马氏文通》。赵元任、罗常培等前辈先生运用描写语言学的方法,为我国方言调查做出了典范。近时汉语语法学家利用国外语言学的研究方法,使语法现象的分类和范畴的描写更有理据,更为精确。先行者研究外国语言理论的态度,永远是值得我们学习的。

　　作为第一步,我们打算出版15至20种书。以普及为主,逐步提高,以引进为主,同时注意结合我国的实际。我们希望和国内语言学界同志共同努力,填补我国语言学科中的　些空白点。

　　我们心目中的读者,是高等学校中文、外文和其他文史专业的师生,翻译界、新闻出版界人士,中学语文教师,以及一般语文工作者和爱好者。我们将力求用明白易懂的语言介绍新的学说和理论。

　　我们将注意国外新出的语言学文献,为中国的语言学的现代化尽快提供信息。我们的力量还很薄弱,我们要努力去做,并热诚希望国内语言学者和语文工作者给予指导、批评和支持。

《现代语言学丛书》编委会

1982 年 11 月初稿

1984 年 5 月修改稿

自然语言处理简明教程

目录

1 前 言

参考文献：1. 冯志伟著：《自然语言的计算机处理》，上海外语教育出版社，1996 年。

2. 冯志伟著：《计算语言学基础》，商务印书馆，2001 年。

3. 冯志伟著：《自然语言处理的形式模型》，中国科学技术大学出版社，2009 年。

4. R. Mitkov 主编，Oxford Handbook of Computational Linguistics，外语教学与研究出版社、牛津大学出版社，2009 年。

5. B. Partee 等，Mathematical Methods in Linguistics，世界图书出版公司，2009 年。

前　言

　　自然语言处理（Natural Language Processing，简称 NLP），就是以电子计算机为工具，对人类特有的书面形式和口头形式的自然语言的信息进行各种类型的处理和加工的技术。这项技术现在已经形成一门专门的边缘性交叉性学科，它涉及语言学、数学和计算机科学，横跨文科、理科和工科三大知识领域。自然语言处理的目的在于建立各种自然语言处理系统，如机器翻译系统、自然语言理解系统、信息自动检索系统、信息自动抽取系统、文本信息挖掘系统、术语数据库系统、计算机辅助教学系统、语音自动识别系统、语音自动合成系统、文字自动识别系统等。

　　自然语言处理是语言文字应用的一个新课题，从语言学的观点来看，我们可以把它作为应用语言学的一个分支。

　　自然语言处理又是**人工智能**（Artificial Intelligent，简称 AI）的一个主要内容，它是电子计算机模拟人类智能的一个重要方面。因此，自然语言处理还是研制智能化的电子计算机的一项基础性工作。目前，科学技术的发展突飞猛进，信息的数量与日俱增，电子计算机技术得到越来越广泛的运用。世界性的互联网（World Wide Web，简称 WWW）已经联成，并向语义互联网（semantic web）这个更高的、更加智能化的方向发展。智能化的电子计算机和智能化的互联网已经不是虚无缥缈的幻想，而是指日可待的现实。当前，美国、英国、日本等发达国家，都投入大量的人力、物力和财力，把智能化电子计算机和智能化互联网的研制放在十分突出的地位，这对于人类社会将产生不可估量的影响。它同人类历史上语言的出现、文字的创造、造纸技术的发明以及印刷技术的发明一样,将成为人类文明史上的又一件大事。

自然语言是人类区别于其他动物的重要标志之一。人借助于自然语言交流思想,互相了解,组成社会;人还借助自然语言进行思维活动,认识事物的本质和规律,创造了人类的物质文明和精神文明。

自然语言是人脑的高级功能之一。心理学研究表明,人脑的语言功能具有一侧化的性质,它主要定位在大脑左半球,由大脑左半球所控制。因此,自然语言是人类特有的一种最重要的智能,智能化电子计算机和智能化互联网的研究离不开自然语言处理,自然语言处理的研究水平,在智能化计算机和智能化互联网的研制中,起着举足轻重的作用。我们中国的自然语言处理工作者,应该站在电子计算机和互联网的智能化这样的高度,以战略的眼光来看待自然语言处理技术的研究,把我国的自然语言处理提高到一个新的水平。

在计算机软件中,早已设计了许多人工语言,如 BASIC、PASCAL、COBOL、PROLOG、LISP 等程序设计语言,这些人工语言与自然语言一样,都遵循着形式语言的规律和法则。美国语言学家乔姆斯基(N. Chomsky)的形式语言理论,既适用于人工语言,也适用于自然语言,这有力地说明,自然语言与人工语言之间,在形式描述方面,确实存在着某些共同的性质。正如美国著名的逻辑学家蒙塔古(R. H. Montague)在《英语作为一种形式语言》一文中所说的:"我并不认为形式语言和自然语言在理论上存在着重要的区别。"

但是,自然诰言毕竟是人类历史长期发展而约定俗成的产物,它带着几千年人类历史的痕迹,比人工语言要复杂得多,因而用计算机处理起来也就困难得多。

自然语言起码在下面四个方面与人工语言大相径庭:

（1）自然语言中充满着歧义，而人工语言中的歧义则是可以控制的；

（2）自然语言的结构复杂多样，而人工语言的结构则相对简单；

（3）自然语言的语义表达千变万化，迄今还没有一种简单而通用的途径来描述它，而人工语言的语义则可以由人来直接定义；

（4）自然语言的结构和语义之间有着千丝万缕的、错综复杂的联系，一般不存在一一对应的同构关系，而人工语言则常常可以把结构和语义分别进行处理，人工语言的结构和语义之间有着整齐的一一对应的同构关系。

自然语言的这些独特性质，使得自然语言处理成为人工智能领域的一大难题。自然语言处理的种种难题常常使研究者们陷入困境，一筹莫展。然而，这些困难却吸引了一大批敢于迎难而上的、毫无畏惧的探索者。他们以克服困难为荣，每当他们有所前进的时候，就会产生"山重水复疑无路，柳暗花明又一村"的清新之感，体会到胜利者的欢乐。有志于自然语言处理的探索者就像科学战线上的侦察兵，对于侦察兵来说，没有道路的路，才是最好的路。自然语言处理犹如一条充满艰险的荆棘之路，一旦被勇于探索的侦察兵开通了，就成了一条坦途。正是出于这种对未来的坚强信念，从20世纪50年代以来，国内外学者在这个新的学科领域进行了不屈不挠的探索，历时50余年，现在已经取得了可喜的成绩。

自然语言处理有时也叫做"计算语言学"（Computational Linguistics）。本书着重讲自然语言处理的方法，当涉及自然语言处理的基本理论的时候，我们才使用计算语言学这个术语，也就是说，自然语言处理这个术语主要用于说明方法，计算语言学这个术语主要用于说明理论。两者各有分工，以体现它们各自的特点。

我曾于1979年—1981年在法国格勒诺布尔大学（Université de

Grenoble)自动翻译中心(GETA)学习,师从当时的国际计算语言学委员会主席沃古瓦(B. Vauquois)教授,进行汉外多语言机器翻译试验,研制了世界上第一个汉语到多种外语的机器翻译系统 FAJRA。1986 年—1988 年我又到联邦德国夫琅禾费研究院新信息技术与通讯系统研究所担任客座研究员,进行了术语数据库的开发研究,研制了世界上第一个中文术语数据库 GLOT-C,在 20 世纪 80 年代汉字输入输出技术尚未成熟的情况下,我在德国孤军奋战,使用 Unix 操作系统和 Ingres 关系数据库,分别做出了"数据处理"中文术语的简体字、繁体字和竖排索引,并用上下文无关语法,对于中文术语的结构进行了自动分析。1990 年—1993 年我在联邦德国特里尔大学担任客座教授,讲授中文信息处理和机器翻译等课程。在前后几次出国期间,我有机会直接阅读到国外自然语言处理研究的最新文献,亲自了解到国外这个领域的最新成果,分别拜访了好几位国外在这个领域中卓有建树的专家学者,这使我对于自然语言处理有了更深的认识,耳目为之一新。1994 年 9 月,我写成了《自然语言的计算机处理》一书,由北京外国语大学许国璋教授和中山大学王宗炎教授推荐给上海外语教育出版社,于 1996 年 10 月出版。在这本书中,我力图把在国外学习和研究的所得反映出来,在写法上以及章节的安排上,受到了国外有关自然语言处理著作的启发和影响。此书出版后受到广大读者的欢迎,由于印数很少,很快就销售一空,市场上早已买不到此书了。

1996 年《自然语言的计算机处理》一书出版以来,自然语言处理日新月异地发展,不论在理论还是在技术上,都有了重要的发展。由于互联网(Web)的普及,自然语言的计算机处理成为了从互联网上获取知识的重要手段,生活在信息网络时代的现代人,几乎都要与互联网打交道,或多或少,都要借助自然语言处理的研究成果来获取或挖掘广阔无边的互联网上的各种知识和信息。因此,世界各国都非常重视自然语言处理的研究,在其中投入了大量的人力、物力和财力。

当前自然语言处理的发展表现在下面五个方面:

第一,基于句法—语义规则的理性主义方法受到质疑,随着语料库建设和语料库语言学的崛起,大规模真实文本的处理成为自然语言处理的主要战略目标,概率和数据驱动的方法几乎成为了自然语言处理的标准方法。

在过去的40多年中,从事自然语言处理系统开发的绝大多数学者,基本上都采用基于规则的理性主义方法,这种方法的哲学基础是逻辑实证主义,他们认为,智能的基本单位是符号,认知过程就是在符号的表征下进行符号运算,因此,思维就是符号运算。

著名语言学家弗托(J. A. Fodor)在 *Representations* 一书中说:"只要我们认为心理过程是计算过程(因此是由表征式定义的形式操作),那么,除了将心灵看作别的之外,还自然会把它看作一种计算机。也就是说,我们会认为,假设的计算过程包含哪些符号操作,心灵也就进行哪些符号操作。因此,我们可以大致上认为,心理操作跟图灵机的操作十分类似。"①弗托的这种说法代表了自然语言处理中的基于规则(符号操作)的理性主义观点。

这样的观点受到了学者们的批评。塞尔(J. R. Searle)在他的论文《心智、大脑与程序》(Minds, Brains and Programmes)②中,提出了所谓"中文屋子"的质疑。他提出,假设有一个懂得英文但是不懂中文的人被关在一个屋子中,在他面前是一组用英文写的指令,说明

---

① A. Fodor, *Representations*, MIT Press, 1980.
② J. R. Searle, Minds, Brains and Programmes, *Behavioral and Brain Sciences*, 1980, Vol. 3.

英文符号和中文符号之间的对应和操作关系。这个人要回答用中文书写的几个问题，为此，他首先要根据指令规则来操作问题中出现的中文符号，理解问题的含义，然后再使用指令规则把他的答案用中文一个一个地写出来。比如，对于中文书写的问题 Q1 用中文写出答案 A1，对于中文书写的问题 Q2 用中文写出答案 A2，如此等等。这显然是非常困难的，是几乎不能实现的事情。而且，即使这个人能够这样做，也不能证明他理解了中文，只能说明他善于根据规则做机械的操作而已。塞尔的批评使基于规则的理性主义的观点受到了普遍的怀疑。

理性主义方法的另一个弱点是在实践方面的。自然语言处理的理性主义者把自己的目的局限于某个十分狭窄的专业领域之中，他们采用的主流技术是基于规则的句法—语义分析，尽管这些应用系统在某些受限的"子语言"（sub-language）中也曾经获得一定程度的成功，但是，要想进一步扩大这些系统的覆盖面，用它们来处理大规模的真实文本，仍然有很大的困难。因为从自然语言系统所需要装备的语言知识来看，其数量之浩大和颗粒度之精细，都是以往的任何系统所远远不及的。而且，随着系统拥有的知识在数量上和程度上发生的巨大变化，系统在如何获取、表示和管理知识等基本问题上，不得不另辟蹊径。这样，在自然语言处理研究中就提出了大规模真实文本（large-scale and authentic text）的处理问题。1990 年 8 月在芬兰赫尔辛基举行的第 13 届国际自然语言处理会议（即 COLING'90）为会前讲座确定的主题是："处理大规模真实文本的理论、方法和工具"，这说明，实现大规模真实文本的处理已经成为自然语言处理在今后一个相当长的时期内的战略目标。为了实现战略目标的转移，需要在理论、方法和工具等方面实行重大的革新。1992 年 6 月在加拿大蒙特利尔举行的第四届机器翻译的理论与方法国际会议（即

TMI-'92）上，宣布会议的主题是"机器翻译中的经验主义和理性主义的方法"。所谓"理性主义"，就是指以生成语言学为基础的方法，所谓"经验主义"，就是指以大规模语料库的分析为基础的方法。从中可以看出当前自然语言处理关注的焦点。当前语料库的建设和语料库语言学（corpus linguistics）的崛起，正是自然语言处理战略目标转移的一个重要标志。随着人们对大规模真实文本处理的日益关注，越来越多的学者认识到，基于语料库的分析方法（即经验主义的方法）至少是对基于规则的分析方法（即理性主义的方法）的一个重要补充。因为从"大规模"和"真实"这两个因素来考察，语料库才是最理想的语言知识资源。

目前，基于大规模真实语料库的概率和数据驱动的方法几乎成为了自然语言处理的标准方法。句法剖析、词类标注、参照消解、话语分析、机器翻译的技术全都开始引入概率，并且采用从语音识别和信息检索中借过来的基于概率和数据驱动的评测方法。

这种概率和数据驱动的方法影响到了语言材料的搜集、整理和加工，促进了语言学研究方法的变革。理论语言学的研究必须以语言事实作为根据，必须详尽地、大量地占有材料，才有可能在理论上得出比较可靠的结论。传统的语言材料的搜集、整理和加工完全是手工进行的，这是一种枯燥无味、费力费时的工作。计算机出现后，人们可以把这些工作交给计算机去作，这大大地减轻了人们的劳动。后来，在这种工作中逐渐创造了一整套完整的理论和方法，形成了语料库语言学，并成为了自然语言处理的一个分支学科。语料库语言学主要研究机器可读自然语言文本的采集、存储、检索、统计、语法标注、句法语义分析，以及具有上述功能的语料库在语言定量分析、词典编纂、作品风格分析、自然语言理解和机器翻译等领域中的应用。

第二,自然语言处理中越来越多地使用机器自动学习的方法来获取语言知识。

自然语言处理中的经验主义倾向始于 20 世纪 90 年代,在 21 世纪它更以惊人的步伐向前推进。这样的加速发展在很大的程度上受到下面三种彼此协同的趋势的推动。

第一个趋势是建立带标记语料库的趋势。在语言数据联盟(Linguistic Data Consortium,简称 LDC)和其他相关机构的帮助下,研究者们可以获得口语和书面语的大规模的语料。重要的是,在这些语料中还包括一些标注过的语料,如宾州树库(Penn Treebank)、布拉格依存树库(Prague Dependency Tree Bank)、宾州命题语料库(PropBank),宾州话语树库(Penn Discourse Treebank)、修辞结构库(RST-Bank)和 TimeBank。这些语料库是带有句法、语义和语用等不同层次的标记的标准文本语言资源。这些语言资源的存在大大地推动了人们使用有监督的机器学习方法来处理那些在传统上非常复杂的自动剖析和自动语义分析等问题。这些语言资源也推动了有竞争性的评测机制的建立,评测的范围涉及到自动剖析、信息抽取、词义排歧、问答系统、自动文摘等领域。

第二个趋势是统计机器学习的趋势。对于机器学习的日益增长的重视,导致了学者们与统计机器学习的研究者更加频繁地交互,彼此之间互相影响。对于支持向量机技术、最大熵技术以及与它们在形式上等价的多项逻辑回归、图式贝叶斯模型等技术的研究,都成为了自然语言处理的标准研究实践活动。

第三个趋势是高性能计算机系统发展的趋势。高性能计算机系统的广泛应用,为机器学习系统的大规模训练和效能发挥提供了有利的条件,而这些在 20 世纪是难以想象的。

最后应当指出,在 20 世纪 90 年代末期,大规模的无监督统计学习方法得到了重新关注。机器翻译和主题模拟等领域中统计方法的进步,说明了也可以只训练完全没有标注过的数据来构建机器学习系统,这样的系统也可以得到有效的应用。由于建造可靠的标注语料库要花费很高的成本,建造的难度很大,在很多问题中,这成为了使用有监督的机器学习方法的一个限制性因素。因此,这个趋势的进一步发展,将使我们更多地使用无监督的机器学习(unsupervised machine learning)技术。

传统语言学基本上是通过语言学家自行归纳总结语言现象的手工方法来获取语言知识的,由于人的记忆力有限,任何语言学家,哪怕是语言学界的权威泰斗,都不可能记忆和处理浩如烟海的全部的语言数据,因此,使用传统的手工方法来获取语言知识,犹如以管窥豹,以蠡测海,这种获取语言知识的方法不仅效率极低,而且带有很大的主观性。

由于自然语言现象充满了例外,治学严谨的传统语言学家们提出了"例不十,不立法"(黎锦熙,1924)①和"例外不十,法不破"(王力,1988)②的原则。这样的原则貌似严格,实际上却是片面的。在成千上万的语言数据中,只是靠十个例子或十个例外就来决定规则的取舍,难道真的能够保证万无一失吗? 显然是不能的。因此,"例不十,不立法";"例外不十,法不破"的原则只是一个貌似严格的原则,实际上很不严格。

当前的自然语言处理研究提倡建立语料库,使用机器学习的方法,让计算机自动地从浩如烟海的语料库中获取准确的语言知识。

---

① 黎锦熙,新著国语文法,商务印书馆,1924 年。
② 王力,王力文集·第九卷·汉语史稿。济南:山东教育出版社,1988 年。王力指出,"所谓区别一般与特殊,那是辩证法的原理之一。在这里我们指的是黎锦熙先生所谓'例不十,不立法'。我们还要补充一句,就是'例外不十,法不破'。"

机器词典和大规模语料库的建设,成为了当前自然语言处理的热点。这是语言学获取语言知识方式的巨大变化,作为21世纪的语言学工作者,我们都应该注意到这样的变化,并逐渐改变获取语言知识的手段。

使用这种机器学习方法开发出来的基于语料库的自动分析软件是独立于具体语言的。只要有训练语料库,即使研究者不懂有关的语言,仍然可以使用自动分析软件得出不错的分析结果。这样的机器学习方法达到的分析精度已经可以与基于规则的方法达到的精度相媲美。这是在语言学历史上获取语言学知识方法的革命性变革,每一个语言学工作者都应当敏锐地认识到这样的变革,改变陈旧的、传统的知识获取方法,采用新颖的、现代的知识获取方法。

第三,统计数学方法越来越受到重视。

自然语言处理中越来越多地使用统计数学方法来分析语言数据,使用人工观察和内省的方法,显然不可能从浩如烟海的语料库中获取精确可靠的语言知识,必须使用统计数学的方法。

语言模型是描述自然语言内在规律的数学模型,构造语言模型是自然语言处理的核心。语言模型可以分为传统的规则型语言模型和基于统计的语言模型。规则型语言模型是人工编制的语言规则,这些语言规则主要来自语言学家掌握的语言学知识,具有一定的主观性和片面性,难以处理大规模的真实文本。基于统计的语言模型通常是概率模型,计算机借助于语言统计模型的概率参数,可以估计出自然语言中语言成分出现的可能性,而不是单纯地判断这样的语言成分是否符合语言学规则,这种概率性的语言统计模型显然比规则型语言模型更加客观和全面。

目前,自然语言处理中的语言统计模型已经相当成熟,例如,隐马尔可夫模型(Hidden Markov Model,简称HMM)、概率上下文无关语法(Probabilistic Context-Free Grammar,简称PCFG)、基于决策树的语言模型(Decision-Tree Based Model)、最大熵语言模型(Maximum Entropy Model)、支持向量机(Support Vector Machine,简称SVM)、条件随机场(Condition Random Field,简称CRF)等。研究这样的语言统计模型需要具备统计数学的知识,因此,我们应当努力进行知识更新,学习统计数学。如果我们认真地学会了统计数学,熟练地掌握了统计数学,就会使我们在获取语言知识的过程中如虎添翼。

第四,自然语言处理中越来越重视词汇的作用,出现了强烈的"词汇主义"的倾向。

弗斯语言学(Firthian linguistics)认为,词汇是语言描述的中心。1957年,弗斯(Firth)首先提出了搭配和类连接理论,将词汇内容从语法和语义学中分离出来。后来,新弗斯学者坚持以词汇研究为中心,强调词汇与语法的辩证关系,深入发展了弗斯的词汇理论。韩礼德(Halliday)提出词汇不是用来填充语法确定的一套空位(slots),而是一个独立的语言学层面;词汇研究可以作为对语法理论的补充,却不是语法理论的一部分。

近些年来,语料库证据支持的词汇学研究蓬勃发展。越来越多的实证研究表明,词汇和语法在语言中是交织在一起的,必须整合起来进行描述。词汇是话语实现的主要载体,语法的作用仅仅是管理意义、组合成分和构筑词项。

在乔姆斯基提出的"最简方案"(Program Minimalism)中,所有重要的语法原则直接运用于表层,把具体的规则减少到最低限度,不同语言之间的差异由词汇来处理,也非常重视词汇的作用。1999年,史密斯(N. Smith)在 *Chomsky: Ideas and Ideals* 一书中甚至认为,"词汇是语言间所有差异的潜在所在。排除词汇差异这一因素,人类的语言只有一种。"①

理论语言学中的这种强调词汇作用的倾向,叫做"词汇主义"(lexicalism)。

这种词汇主义的倾向也影响到自然语言处理。

自然语言中充满了歧义,自然语言处理的学者们注意到,歧义问题的解决不仅与概率和结构有关,还往往与词汇的特性有关;英语中的介词短语附着问题(又叫做"PP 附着问题")和并列结构歧义问题,都必须依靠词汇知识才能解决。事实证明,尽管在自然语言处理中使用数学中概率的方法,在遇到词汇依存问题的时候往往显得捉襟见肘、无能为力,我们还需要探索其他的途径来进一步提升概率语法的功能,其中的一个有效的途径,就是在概率语法中引入词汇信息。

当前,词汇知识库的建造成为了普遍关注的问题。美国的WordNet、FrameNet 以及我国各种语法知识库和语义知识库的建设,都反映了这种强烈的"词汇主义"的倾向。

第五,多语言在线自然语言处理技术迅猛发展。随着网络技术的发展,互联网(Web)逐渐变成一个多语言的网络世界,互联网上的机器翻译、信息检索和信息抽取等自然语言处理的需要变得更加紧迫。

在这个信息网络时代,科学技术的发展日新月异,新的信息、新的知识如雨后春笋般地不断增加,出现了"信息爆炸"(information explosion)的局面。现在,世界上出版的科技刊物达165,000种,平

---

① N. Smith, *Chomsky: Ideas and Ideals*, Cambridge:Cambridge University Press, p.50, 1999.

均每天有大约20,000篇科技论文发表。专家估计,我们目前每天在互联网上传输的数据量之大,已经超过了整个 19 世纪的全部数据的总和;我们在 21 世纪所要处理的知识总量将要大大地超过我们在过去 2500 年的历史长河中所积累起来的知识总量。据中国互联网络信息中心(CNNIC)统计,2002 年底全球的网页总数已经达到 10^9 这样的天文数字,信息量的丰富大大地扩展了人们的视野,人们希望能够准确地、迅速地获取到自己需要的信息,自然语言信息处理技术已经成为了解决海量信息的获取问题的强有力的手段。

而所有的这些信息主要都是以语言文字作为载体的,也就是说,网络世界主要是由语言文字构成的。

从 2000 年到 2005 年,互联网上使用英语的人数仅仅增加了126.9%,而在此期间,互联网上使用俄语的人数增加了 664.5%,使用葡萄牙语的人数增加了 327.3%,使用中文的人数增加了309.6%,使用法语的人数增加了 235.9%。互联网上使用英语之外的其他语言的人数增加得越来越多,英语在互联网上独霸天下的局面已经打破,互联网确实已经变成了多语言的网络世界。英语、汉语、日语、西班牙语、德语、法语、韩国语、葡萄牙语、意大利语和俄语成为了十大网络语言。

据 CNNIC 统计,截至 2008 年 6 月底,我国的互联网网民人数已经达到 2.53 亿,超过了美国的网民人数,成为了世界上互联网用户最多的国家。

CNNIC 统计数据最近又显示,截至 2008 年 12 月 31 日,我国网民数达到 2.98 亿人,互联网普及率达 22.6%。宽带网民规模达到2.7 亿人,占网民总体的 90.6%。我国域名总数达到 16,826,198 个,其中 CN 域名数量达到 13,572,326 个,网站数约 2,878,000 个,国际出口带宽约 640,286.67 Mbps。截至 2009 年,我国共完成互联网基础设施建设投资 4.3 万亿元,建成光缆网络线路总长度达 826.7 万公里。

截至 2010 年 5 月,我国网民的数量已经达到 4.04 亿之多,使用手机上网的网民达到 2.33 亿,我国成为了世界上首屈一指的互联网大国。目前,我国 99.1% 的乡镇和 92% 的行政村接通了互联网,95.6% 的乡镇接通了宽带,3G 网络已基本覆盖全国。2009 年我国电子商务交易总额突破 4 万亿元。互联网已经成为我国经济发展的火车头。

由于互联网上使用英语之外的其他语言的人数增加得越来越多,英语在互联网上独霸天下的局面已经彻底打破,互联网确实已经变成了"多语言的网络世界"(multilingual Web)。"多语言"这个特性使得互联网变得丰富多彩,同时也造成了不同语言之间交流和沟通的困难,互联网上的语言障碍问题显得越来越突出,越来越严重。因此,网络上的不同自然语言之间的计算机自动处理也就变得越来越迫切了。

网络上多语言的机器翻译、信息检索、信息抽取正在迅猛地发展。语种辨认(language identification)、跨语言信息检索(cross-language information retrieval)、双语言术语对齐(bilingual terminology alignment)和语言理解助手(comprehension aids)等自然语言处理的多语言在线处理技术(multilingual on-line processing)已经成为了互联网技术和语义互联网的重要支柱。

面对自然语言处理这些新发展,14 年前出版的《自然语言的计算机处理》一书的内容就显得有些陈旧了。

2000 年,我在中国传媒大学为语言信息处理专业的硕士生开设了《自然语言处理》的课程,以《自然语言的计算机处理》作为主要的教材参考,2008 年,我又在中国传媒大学用英语给硕士生讲授自然语言处理(Natural Language Processing)的课程,我把这本《自然语言的计算机处理》全部翻译成英文,发给学生作为讲义,以便提高学生们阅读英语专业文献的能力。在尔后多年的教学过程中,我密切注意国内外自然语言处理的新发展的情况,不断地把这些新的发展情况写到我的教材中,边教边改,删除了一些过时的旧内容,增加了不少当代的新内容,并针对教学的要求重新调整了全书的结构,对《自然语言的计算机处理》的中文本进行了较大幅度的增订,形成了一部内容丰富的自然语言处理课程的中文讲义。

这部中文讲义在学习自然语言处理的同学中传布,不仅中国传媒大学的同学们争相传阅,北京市其他高校学习计算语言学的同学们也争相阅读。

2011 年 4 月我在新浪网站上开了文化博客(www. blog. sina. com. cn/u/1926267847),在我的文化博客中,我也介绍了这部中文讲义的部分内容。

由于内容新颖,覆盖全面,深入浅出,通俗易懂,这部讲义得到同学们一致的好评。

目前,不少学校的中文系、外语系和计算机系都开设了自然语言处理或计算语言学的课程,但由于缺乏适当的教材,教师难教,学生难学。因此很多同学都建议我正式出版这个新的讲义,以满足当前的教学急需。于是我对这个讲义做了一些文字上的修饰,增加了很多新的内容,更名为《自然语言处理简明教程》,仍然由上海外语教育出版社出版。

《自然语言处理简明教程》共分十八章。第一章至第十章讲自然语言处理的基本方法,第十一章至第十八章讲自然语言处理的应用。

各章内容简述如下。

第一章讲述自然语言处理与理论语言学的关系,说明自然语言处理对语言学各个方面的深刻影响。

第二章讲述词汇自动处理,介绍了正则表达式、最小编辑距离算法,分析了英语中的词汇歧义现象,介绍了几种重要的词义排歧方法。

第三章讲述形态自动处理,以有限状态转移网络为工具,说明黏着型语言和分析型语言的形态自动处理方法,并介绍了书面汉语的自动切词方法、汉语和英语的文本自动标注的方法、基于统计的自动标注方法。

第四章讲述句法自动处理,介绍了递归转移网络和扩充转移网络为工具,并以短语结构语法为工具,介绍了自底向上剖析法、自顶向下剖析法、左角剖析法、CKY算法。

第五章讲述结构歧义,分析了词汇歧义和结构歧义,介绍了"潜在歧义论",分析了科技术语和日常语言中的潜在歧义,并介绍了歧义消解的方法。

第六章讲述良构子串表和线图,介绍了良构子串表和线图分析法。

第七章讲述复杂特征理论以及合一运算方法,并介绍了中文信息处理中的多叉多标记树模型。

第八章讲述语义自动处理,介绍了意义的形式化表示方法、一阶谓词演算、句法驱动的语义分析、浅层语义分析、义素分析法、语义场、结构语义学。

第九章讲述马尔可夫链和隐马尔可夫模型,介绍了马尔可夫链、隐马尔可夫模型、向前算法、韦特比解码算法、向前向后算法。

第十章讲述语料库语言学,介绍了语料库语言学的兴起、建立和使用语料库的意义,分析了语料库研究中的一些原则问题,最后介绍历史上的语料库和中国的语料库研究。

第十一章讲述机器翻译,介绍了基于规则的机器翻译、基于语料库的机器翻译、口语机器翻译、翻译记忆与本土化工具。

第十二章讲述信息自动检索,介绍了信息检索的一般原理和发展现状、信息自动检索与自然语言处理技术、语种辨认与跨语言信息检索。

第十三章讲述信息抽取和自动文摘,介绍了名称的自动抽取、事件的自动抽取和自动文摘技术。

第十四章讲述文本数据挖掘,介绍了文本数据挖掘的特点、如何从文本中挖掘语言学知识、如何从文本中挖掘非语言学知识。

第十五章讲述自然语言理解、自动问答与人机接口,介绍了自然语言理解研究的发展、汉语自然语言理解的特点和困难、自动问答系统、自然语言人机接口。

第十六章讲述自然语言处理技术在术语研究中的应用,介绍术语数据库和计算术语学。

第十七章讲述自然语言处理技术在语言教学中的应用,介绍计算机辅助语言教学和语言测试。

第十八章讲述语音合成、语音识别与汉字识别。

从本书内容安排可以看出,本书的重点是自然语言处理的方法与应用,而不是理论。对于自然语言处理的许多理论(如广义短语结构语法、词汇功能语法、功能合一语法、范畴语法、蒙塔古语法、优选语义学、框架语义学等),仅在说明方法和有关应用时加以简要的介绍,不做详尽的叙述,以便提高本书的通俗性和实用性。本书在论述时尽量做到简单而明确,有中等文化程度的广大读者,阅读本书将不会有很大的困难。

本书还特别注意介绍自然语言处理中的一些新的应用领域,把原来《自然语言的计算机处理》中的自然语言处理系统这一章进一步加以扩充,除了介绍机器翻译、自然语言理解、语音识别、语音合成、文字识别、术语数据库、计算机辅助语言教学、信息检索等自然语言处理的传统应用领域之外，还介绍了信息自动抽取、文本数据挖掘、问答系统、自然语言人机接口等新兴的应用领域。

本书特别注意介绍自然语言处理中的新方法，尽可能深入地、具体地描述每一种方法的技术原理，详细地说明每一种方法的操作过程。对于自然语言处理中的一些基础性的理论，请读者参阅笔者的《数理语言学》、《自动翻译》、《中文信息处理与汉语研究》、《现代汉字和计算机》、《语言与数学》、《计算语言学基础》、《计算语言学探索》、《机器翻译研究》、《机器翻译今昔谈》、《现代术语学引论》、《自然语言处理的形式模型》等著作，本书不再作介绍。

笔者在写作本书时，还尽量考虑到不同学科读者的需要，使语言学工作者可以从中了解计算机处理自然语言的有关技术，使计算机工作者可以从中了解现代语言学的有关知识。希望本书的出版，对于语言学工作者和计算机工作者在自然语言处理这个学科中的进一步合作，能够有所裨益。

当然，本书的写作也参考过国内时贤的论文和著作多种。如果没有国内外学者的出色工作和宝贵的研究成果，本书是写不出来的。本书在每章末均列出有关的参考文献，在本书出版之际，谨向他们表示衷心的感谢。

在本书写作过程中，笔者常为自己的学识不足而苦恼，自然语言处理作为一门交叉性边缘性学科，涉及文科、理科、工科各个领域的知识，笔者学识浅陋，总有绠短汲深之感。论述之中，倘有不当，恳请海内外读者批评指正。

冯志伟于杭州下沙

2012 年 7 月

第一章
自然语言处理与理论语言学

采用计算机技术来研究和处理自然语言是 20 世纪 50 年代才开始的,50 多年来,这项研究取得了长足的进展,形成了"自然语言处理"这门重要的新兴学科。在这一章中,我们将说明自然语言处理在语言学以及现代科学体系中的地位及其对语言研究各个方面的深刻影响。

我们认为,计算机对自然语言的研究和处理,一般应经过如下四个方面的过程:

第一,把需要研究的问题在语言学上加以形式化,建立语言的形式化模型,使之能以一定的数学形式,严密而规整地表示出来,这个过程可以叫做"形式化";

第二,把这种严密而规整的数学形式表示为算法,这个过程可以叫做"算法化";

第三,根据算法编写计算机程序,使之在计算机上加以实现,建立各种实用的自然语言处理系统,这个过程可以叫做"程序化";

第四,对所建立的自然语言处理系统进行评测,使之不断地改进质量和性能,以满足用户的要求,这个过程可以叫做"实用化"。

因此,为了研究自然语言处理,我们不仅要有语言学方面的知识,还要有数学和计算机科学方面的知识,这样自然语言处理就成为了一门介乎语言学、数学和计算机科学之间的边缘性的交叉学科,它同时涉及文科、理科和工科三大领域。

早在计算机出现以前,英国数学家图灵(A. M. Turing)就预见到未来的计算机将会对自然语言研究提出新的问题。

他在《机器能思维吗》一文中指出："我们可以期待,总有一天机器会同人在一切的智能领域里竞争起来。但是,以哪一点作为竞争的出发点呢? 这是一个很难决定的问题。许多人以为可以把下棋之类的极为抽象的活动作为最好的出发点,不过,我更倾向于支持另一种主张,这种主张认为,最好的出发点是制造出一种具有智能的、可用钱买到的机器,然后,教这种机器理解英语并且说英语。这个过程可以仿效小孩子说话的那种办法来进行。"(Turing,1950)

图灵提出,检验计算机智能高低的最好办法是让计算机来讲英语和理解英语,他天才地预见到计算机和自然语言将会结下不解之缘,他设计了如图 1.1 所示的图灵测试(Turing test)。

图 1.1　图灵测试

在图灵测试中,图灵采用"问"与"答"模式,即观察者通过控制打字机向两个测试对象通话,其中一个是人,另一个是机器。要求观察者不断提出各种问题,从而辨别回答者是人还是机器。

图灵还为这项测试亲自拟定了几个示范性问题:

问:请给我写出有关"第四号桥"主题的十四行诗。

答:不要问我这道题,我从来不会写诗。

问:34957 加 70764 等于多少?

答:(停 30 秒后)105721

问:你会下国际象棋吗?

答:是的。

问:我在我的 K1 处有棋子 K;你仅在 K6 处有棋子 K,在 R1

处有棋子 R。现在轮到你走,你应该下哪步棋?

答:(停 15 秒钟后)棋子 R 走到 R8 处,将军!

图灵指出:"如果机器在某些现实的条件下,能够非常好地模仿人回答问题,以至提问者在相当长时间里误认它不是机器,那么机器就可以被认为是能够思维的。"(Turing,1950)

从表面上看,要使机器回答按一定范围提出的问题似乎没有什么困难,可以通过编制特殊的程序来实现。然而,如果提问者并不遵循常规标准,编制回答的程序是极其困难的事情。例如,提问与回答呈现出下列状况:

问:你会下国际象棋吗?

答:是的。

问:你会下国际象棋吗?

答:是的。

问:请再次回答,你会下国际象棋吗?

答:是的。

你多半会想到,面前的这位是一部笨机器。

如果提问与回答呈现出另一种状态:

问:你会下国际象棋吗?

答:是的。

问:你会下国际象棋吗?

答:是的,我不是已经说过了吗?

问:请再次回答,你会下国际象棋吗?

答:你烦不烦,干嘛老提同样的问题。

那么,你面前的这位大概是人而不是机器。上述两种对话的区别在于,第一种可明显地感到回答者是从知识库里提取简单的答案,第二种则具有分析综合的能力,回答者知道观察者在反复提出同样的问题。"图灵测试"没有规定问题的范围和提问的标准,如果想要制造出能通过试验的机器,以我们现在的技术水平,必须在电脑中储存人类所有可以想到的问题,储存对这些问题的所有合乎常理的回答,并且需要理智地作出选择。

图灵预言,大约到20世纪末叶,具有10GB存储量的计算机经过5分钟的提问之后,将会有30%的机会使提问者感到困惑,辨不清回答问题的是人还是计算机。如果你也总是像计算机那样地去愚弄别人,你也可能说不清楚究竟采用什么样的严格标准去愚弄,才可以使别人感到困惑。然而,对于图灵来说,关键的问题是,只要使用人的语言就足以作为测定计算机是否有智能的可操作标准了。

令人惊讶的是,在1966年,美国科学家魏岑鲍姆(J. Weizenbaum)就设计了一个叫做ELIZA的程序来验证图灵的思想(Weizenbaum, 1966)。

ELIZA是一个早期的自然语言处理系统,这个系统能与用户进行有一定限制的对话。下面是ELIZA系统模拟心理医生的一段对话:

用户:You are like my father in some way.(你在某些方面很像我的父亲。)

ELIZA:WHAT RESEMBLANCE DO YOU SEE(你看是哪些方面像呢?)

用户:You are not very aggressive but I think you don't want me to notice that.(你不是一个非常坚持自见的人,可是你不愿意我提起这一点。)

ELIZA:WHAT MAKES YOU THINK I AM NOT AGGRESSIVE(你凭什么说我不是一个非常坚持自见的人?)

用户:You don't argue with me.(因为你不想和我争论。)

ELIZA:WHY DO YOU THINK I DON'T ARGUE WITH YOU(为什么你认为我不想和你争论呢?)

用户:You are afraid of me.(因为你怕我。)

ELIZA:DOES IT PLEASE YOU TO BELIEVE I AM AFRAID OF YOU(凭什么使得你认为我怕你?)

显而易见,ELIZA只是使用模式匹配的方法来处理输入并且把它转换成适当的输出,这是一个非常简单的系统。事实上ELIZA并没有必要懂得如何去模拟心理医生，它只是使用简单的模式匹配就取得了成功。正如系统的设计人魏岑鲍姆所说的，在 ELIZA 系统中，听话者的所作所为就好像他们对于周围的世界一无所知。

ELIZA 与图灵思想的深刻联系在于，很多与 ELIZA 进行过交互的人都相信，ELIZA 确实理解了他们所说的话以及他们所提出的问题。魏岑鲍姆在 1976 年指出，甚至在他把程序的操作过程向人们作了解释之后，仍然有不少的人继续相信 ELIZA 的能力。

近年来，人们又以不同的形式重复着魏岑鲍姆的工作。自 1991 年以来，在罗布讷奖（Loebner prize）的比赛中，人们试图设计各种计算机程序来做图灵测试。尽管这些比赛的科学意义不是很大，不过，这些比赛的成绩说明，哪怕是很粗糙的程序，有时也会愚弄人们的判断力。哲学家和人工智能研究者对于图灵测试究竟是否适合用来测试智能的争论已经持续很多年了，但是，上述比赛的结果，并没有平息这样的争论。

不过，这样的比赛结果与计算机究竟能否思维，或者计算机究竟能否理解自然语言的问题是风马牛不相及的。更为重要的是，在社会科学中的有关研究证实了图灵在同一篇文章中的预见（Turing, 1950）：

> 然而，我相信，在本世纪的末叶，词语的使用和教育的舆论将大为改观，使我们有可能谈论机器思维而不致遭到别人的反驳。

现在已经清楚，不管人们相信什么，不管人们是否已经知道了计算机的内部工作情况，他们都在谈论计算机，并且都在与计算机进行着交互，把计算机当作一个社会实体。人们把计算机当作人一样地对待，他们要对它讲礼貌，他们把它当作团队中的成员，并且期望计算机能够理解人们的需求，能够非常自然地与人们进行交互。

例如，尼弗斯（Reeves）和纳斯（Nass）发现，当计算机要求人们来评价计算机的所作所为好不好的时候，人们要针对不同计算机提出的同样的问题做出更多的正面的回答。人们似乎担心他们给计算机的回答不够礼貌。尼弗斯和纳斯在另外的实验中还发现，如果计算机对人们说一些奉承的话，人们给计算机的评价也就会高一些。给出这样的一些预设,使用自然语言处理系统就能够给众多的用户在很多应用方面提供更加自然的交互界面。这些导致了一个称为**会话代理**(conversational agents)的研究焦点,所谓会话代理就是通过会话进行交际的计算机人造实体,会话代理的研究将会持续很长的时间。

北京时间 2011 年 2 月 17 日上午,在美国家喻户晓的电视智力问答竞赛节目《危险边缘》(Jeopardy)中,IBM 超级计算机系统沃森(WATSON)战胜了该节目有史以来最优秀的两位人类冠军肯(Ken)和布拉德(Brad),圆满结束了历时三天的人机大战。

沃森是 20 多名 IBM 公司研究人员 4 年心血的结晶,正是由于他们突破性地给予了沃森理解自然语言和精确回答问题的能力,科学家们才将人工智能推向新的阶段。

图灵奖获得者、斯坦福大学人工智能专家费根鲍姆(Edward Feigenbaum)曾经说过:"在 20 年前,可能所有人都会认为机器在智力问答中战胜人类是不可能的。"沃森的胜利使"机器在智力问答中战胜人类"变成了现实!

《危险边缘》节目中的智力问答,要求计算机必须理解人类的语言。人类语言是完全开放式的,往往模棱两可,需要上下文才能理解其意思。虽然 IBM 公司的研究人员可以轻松理解人类语言,但开发理解人类语言的超级计算机系统却极具挑战性。

尽管存储了大量的百科全书和其他信息,但《危险边缘》的问题并不会让沃森轻易地找到答案,因为寻找答案从来不是计算机的强项。搜索引擎没法回答问题,只能给出符合搜索关键词的成千上万个似是而非的可能答案,而沃森要通过各种不同的算法,对所有的候选答案取得更多的证据支持,再根据证据的强度对每个候选答案给出其置信度,最后根据置信度来决定是否向用户提供置信度最高的唯一答案。这一过程是极其复杂的,因此需要动用几千个处理器的超级计算机来处理一个问题。沃森需要掌握大量的知识,并在相关和不相关的信息中发现线索。对计算机来说,这是一个巨大的挑战。人类可以在瞬间辨别出事物之间的联系,但是计算机却必须并行地考虑所有事情,从而得出结论。

2011 年 2 月的人机大战,沃森胜利了。这意味着 IBM 公司掌握了对人类信息需求和问题给予更准确响应的技术能力,并预见到了这个领域存在巨大商机。这项成果还将被广泛应用于多个领域,例如更快、更准确地进行医疗诊断,研究潜在的药物交互作用,帮助律师和法官寻找案例,在金融领域实现"假设"场景分析,帮助公司培养更精明的销售人员……沃森的出现,颠覆了此前简单的人机关系,并将带来一个崭新的人机合作时代。

乔姆斯基在计算机出现的初期把计算机程序设计语言与自然语言置于相同的平面上,用统一的观点进行研究和解说。

他在《自然语言形式分析导论》一文中,从数学的角度给语言提出了新的定义,指出:"这个定义既适用于自然语言,又适用于逻辑和计算机程序设计理论中的人造语言。"①

在《语法的形式特性》一文中,他专门用了一节的篇幅来论述程序设计语言,讨论了有关程序设计语言的编译程序问题,这些问题,是作为"组成成分结构的语法的形式研究"②,从数学的角度提出来,并从计算机科学理论的角度来探讨的。

他在《上下文无关语言的代数理论》一文中提出:"我们这里要考虑的是各种生成句子的装置,它们又以各种各样的方式,同自然语言的语法和各种人造语言的语法都有着密切的联系。我们将把语言直接地看成在符号的某一有限集合 V 中的符号串的集合,而 V 就叫做该语言的词汇……,我们把语法看成是对程序设计语言的详细说明,而把符号串看成是程序。"③在这里乔姆斯基把自然语言和程序设计语言放在同一平面上,从数学和计算机科学的角度,用统一的观点来加以考察,对"语言"、"词汇"等语言学中的基本概念,获得了高

① N. Chomsky, G. Miller, Introduction to the formal analysis of natural language, In R. D. Luce, R. Bush, & E. Galanter, (Eds.), *Handbook of Mathematical Psychology*, Vol. 2, 323 – 418, Wiley, New York, 1963.

② N. Chomsky, Formal properties of grammars, In R. D. Luce, R. Bush and E. Galanter, (Eds.) *Handbook of Mathematical Psychology*, Vol. 2, pp. 323 – 418, Wiley, New York, 1963.

③ N. Chomsky and M. P. Schützenberger, The algebraic theory of context free language, In P. Brafford and D. Hirschberger, *Computer Programming and Formal Language*, Amsterdam, North Holland, pp. 118 – 161.

度抽象化的认识。

图灵和乔姆斯基都是当代第一流的学者。图灵是现代计算机科学理论的奠基人,而乔姆斯基则是转换生成语法学派的奠基人。他们以学术大师特有的远见卓识,指出了计算机与自然语言的密切联系,他们的思想成为了日后自然语言处理取之不尽的源泉。

自然语言处理的出现,使得语言学在现代科学体系中的地位有了明显的变化,使语言学由一门基础科学变成了带头科学,获得了与数学、哲学同等的地位,语言学将成为人文科学发展的突破点和生长点,它的重要意义已经为越来越多的人所认识。

自然语言处理的研究首先是从机器翻译(Machine Translation,简称MT)开始的。1946年电子计算机刚一问世,人们在把计算机广泛地应用于数值运算的同时,也想到了利用计算机把一种或几种语言翻译成另外一种或几种语言。从20世纪50年代初期到60年代中期,机器翻译一直是自然语言处理研究的中心课题,当时采用的主要是"词对词"翻译方式,这种不是建立在对自然语言理解的基础上的简单技术,没有得到预期的翻译效果。

20世纪60年代中期,人们开始转入对自然语言的语法、语义和语用等基本问题的研究,并尝试着让计算机来理解自然语言。许多学者认为,断定计算机是否理解了自然语言的最直观的方法,就是让人们同计算机对话,如果计算机对人用自然语言提出的问题能作出回答,就证明计算机已经理解了自然语言,这样,就出现了"人机对话"(或"自然语言理解")的研究。自然语言处理的理论和方法也就在这些具体的研究中逐渐形成、成熟并完善起来。

目前,除了机器翻译和自然语言理解之外,自然语言处理的研究领域还扩展到了自然语言人机接口、信息自动检索、信息自动抽取、文本数据挖掘、文本自动分类、自动文摘、命名实体识别、术语数据库、语料库、计算机辅助教学、语音自动识别与合成、文字自动识别、言语统计、词典编纂、风格学研究等领域。自然语言处理已经成为现代科学技术的一个研究热点。

自然语言处理的研究与**计算语言学**(computational Linguistics,简称CL)的研究是密不可分的。计算语言学可以看成是自然语言处理的同义词,当我们主要涉及方法的时候,用"自然语言处理"这个术语,当我们主要涉及理论的时候,用"计算语言学"这个术语。因此,在我们讨论自然语言处理的各种问题时,也不可避免地会讨论到计算语言学的问题,用到计算语言学这个术语。

1952 年,在美国的麻省理工学院召开了第一次机器翻译会议,在 1954 年,出版了第一本机器翻译的杂志,这个杂志的名称就叫做 *Machine Translation*(《机器翻译》)。尽管人们在自然语言的计算方面进行了很多的研究工作,但是,直到 20 世纪 60 年代中期,才出现了 Computational Linguistics(计算语言学)这个术语,而且这个术语是偷偷摸摸地、羞羞涩涩地出现的。

1965 年 *Machine Translation* 杂志改名为 *Machine Translation and Computational Linguistics*(《机器翻译和计算语言学》)杂志,在杂志的封面上,首次出现了"Computational Linguistics"这样的字眼,但是,"and Computational Linguistics"这三个单词是用特别小号的字母排印的。

这说明,这个刊物的编者对于"计算语言学"是否能够算为一门真正的独立的学科还没有把握。计算语言学刚刚登上学术这个庄严的殿堂的时候,还带有"千呼万唤始出来,犹抱琵琶半遮面"那样的羞涩,以至于刊物的编者不敢用和 Machine Translation 同样大小的字母来排印它。当时 *Machine Translation* 杂志之所以改名,是因为在 1962 年美国成立了"机器翻译和计算语言学学会"(Association for Machine Translation and Computational Linguistics),通过改名可以使杂志的名称与学会的名称保持一致。

1964 年,美国科学院成立了语言自动处理咨询委员会(Automatic Language Processing Advisory Committee,简称 ALPAC 委员会),调查机器翻译的研究情况,并于 1966 年 11 月公布了一个题为《语言与机器》的报告,简称 ALPAC 报告①。这个报告对机器翻译采取了否定

---

① ALPAC, Language and machines: computer in translation and linguistics, A report by the Automatic Language Processing Advisory Committee, Division of Behavioral Sciences, National Academy of Sciences, National Research Council, Publication 1416, Washington.

的态度,报告宣称:"目前尚无理由大力支持机器翻译。";这个报告还指出,机器翻译研究遇到了难以克服的"语义障碍"(semantic barrier)。在 ALPAC 报告的影响下,许多国家的机器翻译研究遭遇低潮,许多已经建立起来的机器翻译研究单位遇到了行政上和经费上的困难,在世界范围内,机器翻译的热潮突然消失了,出现了空前萧条的局面。

美国语言学家海斯(David Hays)是 ALPAC 委员会的成员之一,并且参与起草了 ALPAC 报告,他在报告中建议,在放弃机器翻译这个短期的工程项目的时候,应当加强语言和自然语言计算机处理的基础研究,可以把原来用于机器翻译研制的经费使用到自然语言处理的基础研究方面。海斯把这样的基础研究正式命名为 Computational Linguistics(计算语言学)。所以,我们可以说,"计算语言学"这个学科名称最早出现于 1962 年,而 1966 年才在美国科学院的 ALPAC 报告中正式得到学术界的承认。

1962 年美国成立了"机器翻译与计算语言学学会",每年开一次会议。1965 年在美国纽约成立了国际计算语言学委员会(International Committee of Computational Linguistics,简称 ICCL),每两年召开一次国际会议,叫做 COLING,COLING 第一任主席是沃古瓦,他是法国著名数学家,担任法国格勒诺布尔大学应用数学研究所自动翻译中心(CETA)主任。与此同时,美国出版了学术季刊《美国计算语言学杂志》(*American Journal of Computational Linguistics*),后改名为《国际计算语言学杂志》(*International Journal of Computational Linguistics*)。COLING 现任主席是斯坦福大学教授马丁·凯依(Martin Kay)。

COLING 现已召开了二十二届。各届的时间地点如下:

- 1965 New York
- 1967 Grenoble
- 1969 Stockholm
- 1971 Debrecen
- 1973 Pisa
- 1976 Ottawa

- 1978 Bergen
- 1980 Tokyo
- 1982 Prague（中国学者冯志伟首次参加 COLING）
- 1984 Stanford
- 1986 Bonn
- 1988 Budapest
- 1990 Helsinki
- 1992 Nantes
- 1994 Kyoto
- 1996 Copenhagen
- 1998 Montréal
- 2000 Saarbruecken
- 2002 Taipei
- 2004 Geneva
- 2006 Sydney
- 2008 Manchester
- 2010 Beijing

我国学者从 1982 年起就参加了 COLING 的活动,首次参加的中国学者是本书作者。本书作者在该会议上用法文发表论文 *Mémoire pour une tentative de traduction automatique multilangue de chinois en français, anglais, japonais, russe et allemand*[①]。

近年来,我国的自然语言处理研究很活跃,1983 年 5 月由中国中文信息学会组建了自然语言处理专业委员会,该专业委员会主要研究机器翻译。中国中文信息学会又于 1987 年 6 月组建了计算语言学专业委员会,接着,于 1988 年 6 月召开了首届计算语言学学术会议,1993 年 11 月召开了第二届计算语言学联合学术会议,以后每两年召开一次。我国的台湾地区也于 1990 年 4 月成立了台湾计算语

---

① Feng Zhiwei, Mémoire pour une tentative de traduction automatique multilangue de chinois en français, anglais, japonais, russe et allemand, Proceedings of COLING'82, Prague, 1982.

言学学会。2010 年第 23 届 COLING 在北京召开,来自世界各地的近 700 位计算语言学研究人员参加了这个盛会,大大地推动了我国的计算语言学和自然语言处理研究的发展。

自然语言处理不仅有着重大的学术意义,而且,它对社会经济的发展也有着现实的或潜在的经济价值。当前,许多国家对自然语言处理更加重视,纷纷投资。仅以机器翻译为例,20 世纪末期,欧洲共同体为了把 EUROTRAN 多语言机器翻译系统实用化,5 年内投资 2800 万美元。法国制定了一个 ESOPE 机器翻译计划,用于 ARIANE 机器翻译系统的实用化,投资 5600 万法郎。日本对机器翻译的专项投资为 140 亿日元(约相当于 1 亿美元)。

我国政府对于自然语言处理技术也非常重视,投入了大量的经费。

在国家重大基础研究发展计划 973 项目中,1999 年至 2003 年科技部首批立项的重大基础研究发展规划项目"**图像、语音、自然语言理解与知识挖掘**"将自然语言理解列为重要的研究内容。

在这个项目的支持下,建立了中文语言数据联盟(Chinese Language Data Consortium,简称 Chinese LDC),挂靠在中国中文信息学会,其目标是建成具有完整性、规范性、权威性和系统性的通用中文语言资源库和中文信息处理评测体制,为中文信息处理的基础研究和应用研究提供支持,促进中文信息处理技术的发展。目前,中文语言数据联盟有会员单位 70 多个,各类语言资源 80 多种,其中,30% 的语言资源对会员免费提供,在全世界范围内实现了中文语言数据资源的共享。该联盟自 2006 年正式运行以来,每天都有专业人员进行网站访问和电话咨询,已经共享语言资源 200 多套,授权评测单位使用 40 多个,在自然语言处理中发挥了很好的作用。

2004 年科技部重大基础研究发展项目规划"**数字内容理解的理论与方法**"再次将自然语言处理作为重要内容,其目的在于建立大规模的语料库、知识库和数据库,作为语义计算(semantic computation)的基础;在信息内容理解(information content understanding)的计算模型与方法方面,研究信息内容理解的基础问题,在给定需求的条件下进行语义计算;在信息内容理解的关键技术和应用方面,研究不良信息的过滤和多媒体信息检索等国家有重大需求的基础应用技术,建立计算模型和方法的验证环境。

国家 863 计划也投入了大量的资金用于自然语言处理技术的开发。2002 年的重大项目"**奥运多语言智能信息服务系统关键技术及示范系统研究**"突出以人为本的信息服务,通过网络手段对各国记者和观众提供综合、全面、多语种、可定制的信息服务,使得任何人在任何时间和任何场合,都可以获取奥运有关的信息,从而通过"科技奥运"实现了"人文奥运"的目标。

国家自然科学基金委员会也支持自然语言处理的研究,先后设立了重点项目、面上项目和青年基金项目,研究范围涉及到汉语、蒙古语、藏语、维吾尔语等语种语料库建设和语义分析等基础问题,文字输入法、机器翻译、自动文摘等应用问题,对于自然语言的词汇、句子、语义、篇章等方面进行了有效的探索。1999 年的国家自然科学基金重点项目"**汉语话语翻译关键技术研究**"取得了具有创新意义的重要成果,建立了国际领先的多语种口语对照语料库,研制了若干个有特色的实验口语翻译系统和多语种口语翻译平台。2007 年的国家自然科学基金重点项目"**融合语言知识与统计模型的机器翻译方法研究**"试图将基于规则的理性主义方法和基于统计的经验主义方法有效地结合起来,提高机器翻译的质量。

国家哲学社会科学规划办公室也立项支持自然语言处理研究,设立了相应的社会科学基金研究项目。2003 年立项的"**计算语言学方法研究**",总结了国内外的计算语言学方法,使之系统化,理论化,具体化。由于方法的研究是自然语言处理系统(诸如机器翻译、语料库、信息检索、信息抽取、文本分类等)的关键问题,这项研究成果,对于各种类型的自然语言处理实用系统的开发,在方法上具有普遍的指导意义,对于解决我国当前在自然语言信息处理中的理论和现实问题,具有重要的推动作用。这个课题中总结出来的一些方法已经运用于中文信息处理的研究,效果良好。

可以看出,国家对于自然语言处理的大力支持,促进了我国自然语言处理的发展。国家在我国自然语言处理技术的研制和发展中,起了举足轻重的作用。

目前,我国的自然语言处理已经取得了显著的成绩。语料库技术得到了充分的发展,建立了一批具有重要影响的语言资源库,面向信息处理的汉语基础研究有了长足的发展,理论成果初见成效,应用技术开发蓬勃发展,产业化进程硕果累累。

在我国开发的这些语言资源库和自然语言处理系统中,部分技术已经达到或者基本达到实用化水平。例如,各种类型的汉语语料库、现代汉语语法信息词典、知网、汉字输入系统、汉字激光排版系统、机器翻译系统、搜索引擎等。

许多新的研究方向不断出现,在实际应用的驱动下,自然语言处理技术不断与各种新技术相结合,开发出越来越多的实用技术。例如,网络内容管理和监控的研究,不仅与自然语言处理技术有关,而且与网络技术、情感计算、图像理解等技术有关;语音自动翻译技术涉及到机器翻译、语音识别、语音合成、语音通讯等多种技术。

自然语言处理有着明确的应用目标,语音合成、语音识别、信息检索、信息抽取、文本分类、文本数据挖掘、自动文摘、机器翻译等,都是自然语言处理的重要应用领域。由于现实的自然语言极为复杂,不可能直接作为计算机的处理对象,为了使现实的自然语言成为可以由计算机直接处理的对象,在这众多的应用领域中,我们都需要根据处理的要求,把自然语言处理抽象为一个“问题”(problem),再把这个问题在语言学上加以“形式化”(formalism),建立语言的“形式模型”(formal model),使之能以一定的数学形式,严密而规整地表示出来,并且把这种严密而规整的数学形式表示为“算法”(algorithm),建立自然语言处理的“计算模型”(computational model),使之能够在计算机上实现。在自然语言处理中,算法取决于形式模型,形式模型是自然语言计算机处理的本质,而算法只不过是实现形式模型的手段而已。因此,这种建立语言形式模型的研究是非常重要的,它应当属于自然语言处理的基础理论研究。

由于自然语言处理的复杂性,这样的形式模型的研究往往是一个**“强不适定问题”**(strongly ill-posed problem),也就是说,在用形式模型建立算法来求解自然语言处理的问题时,往往难以满足问题解的**“存在性”**、**“唯一性”**和**“稳定性”**的要求,有时是不能满足其中的一条,有时甚至三条都不能满足。因此,对于这样的强不适定性问题求解,应当加入适当的"**约束条件**"(constraint conditions),使问题的一部分在一定的范围内变成"适定问题"(well-posed problem),从而顺利地求解这个问题。

自然语言处理是一个多边缘的交叉学科,因此,我们可以通过计算机科学、语言学、心理学、认知科学、人工智能等多学科的通力合作,把人类知识的威力与计算机的计算能力结合起来,给自然语言处理的形式模型提供大量的、丰富的"约束条件",从而解决自然语言处理的各种困难问题。自然语言处理这个学科的边缘性、交叉性的特点,为解决这样的"强不适定问题"提供了有力的手段,我们有可能把自然语言处理形式模型的研究这个"强不适定问题"变成"适定问题",这是我们在研究自然语言处理的形式模型的时候,值得特别庆幸的,也是应该特别注意的。

早在自然语言处理这个学科出现之前,语言计算研究的先驱者们就开始探索自然语言的形式模型。例如,马尔可夫链(Markov chain),齐夫定律(Zipf's Law),商农(Shannon)关于"熵"(entropy)的研究,巴希勒(Y. Bar-Hillel)的范畴语法,哈里斯(Z. Harris)的语言串分析法,库拉金娜(О. С. Кулагина)的语言集合论模型等。马尔可夫(A. A. Markov)等具有远见卓识的学者很早就从形式描述的角度来研究自然语言,开了**自然语言处理形式模型**(Formal models for NLP)研究的先河。

随着自然语言处理研究的发展,一系列的形式模型开始建立起来。这些形式模型大致可以归纳为如下几种①:

1. 基于短语结构语法的形式模型:主要有乔姆斯基的短语结构语法,递归转移网络和扩充转移网络,自底向上分析法与自顶向下分析法,通用句法生成器和线图分析法,Earley 算法,左角分析法,CKY 算法,Tomita 算法,乔姆斯基的管辖—约束理论与最简方案,尤喜(A. Joshi)的树邻接语法等。

---

① 冯志伟,自然语言处理的形式模型,中国科学技术大学校友文库,中国科学技术大学出版社,2009 年。

2. 基于合一运算的形式模型：主要有卡普兰（R. M. Kaplan）的词汇功能语法，马丁·凯依的功能合一语法，盖兹达（G. Gazdar）的广义短语结构语法，锡伯（Shieber）的PATR，珀拉德（C. Pollard）的中心语驱动的短语结构语法，佩瑞拉（F. Pereira）的定子句语法等。

3. 基于依存和配价的形式模型：主要有泰尼埃（L. Tesnière）的依存语法，德国学者的配价语法，哈德森（Hudson）的词语法等。

4. 基于格语法的形式模型：主要有菲尔默（C. J. Fillmore）的格语法和框架网络。

5. 基于词汇主义的形式模型：主要有格罗斯（M. Gross）的词汇语法，斯里托（Sleator）和汤佩雷（Temperley）的链语法，词汇语义学，词网（WordNet）等。

6. 基于概率和统计的形式模型：主要有N-元语法，隐马尔可夫模型（Hidden Markov Model，简称HMM），最大熵模型，条件随机场（Condition Random Field，简称CRF），查尼阿克（Charniak）的概率上下文无关语法和词汇化的概率上下文无关语法，Bayes公式，动态规划算法，噪声信道模型，最小编辑距离算法，决策树模型，加权自动机，Viterbi算法，向前算法等。

7. 语义自动处理的形式模型：主要有义素分析法、语义场理论，语义网络理论，蒙塔古的蒙塔古语法，威尔克斯（Y. A. Willks）的优选语义学，尚克（R. C. Schank）的概念依存理论，梅里楚克（Mel'chuk）的意义—文本理论等。

8. 语用自动处理的形式模型：主要有曼（Mann）和汤姆生（Thompson）的修辞结构理论，文本连贯中的常识推理技术等。

我们在注意自然语言处理的应用研究的同时，亟待加强自然语言处理的形式模型的研究，为世界的自然语言处理形式模型的研究，做出应有的贡献。

自然语言处理像一股强劲的东风吹进了传统的理论语言学的许多部门，使这些部门面目一新。

在传统的语音学领域内，早就进行了语音合成器的研制工作。

出生在斯洛伐克（当时属于匈牙利王国）的发明家肯佩稜（Wolfgang von Kempelen）于1769年在维也纳为玛利亚·泰莱撒

（Maria Theresa）女皇制造了一个叫做图尔克的机器（Mechanical Turk）。

　　图尔克机是一个会下象棋的自动机器，它的前端是一个布满了齿轮的大木箱，在这个大木箱的后面，坐着一个机器人，这个机器人在下象棋的时候，会用自己的机械手来移动棋子。数十年间，这个图尔克机在欧洲和美国进行巡回比赛，据说曾经打败了法国皇帝拿破仑，甚至还和英国数学家巴贝奇（Charles Babbage）下过棋，名噪一时。

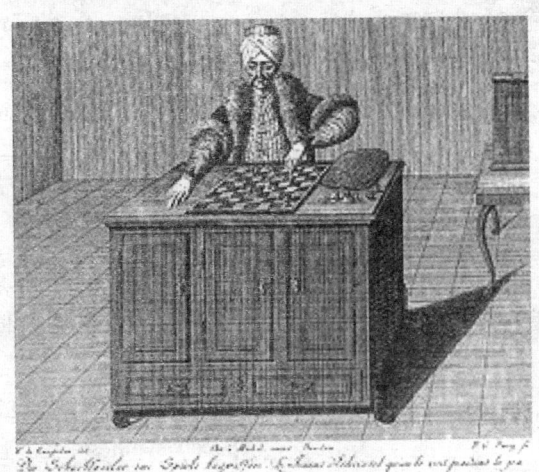

图 1.2　图尔克机

　　但是，后来发现，这竟然是一场恶作剧。原来这个图尔克机的全部动作都是由藏在大木箱内部的一个会下象棋的活生生的人控制着的。不然，这个图尔克机也许可以看成是人工智能最早的一个成就呢！

　　肯佩稜因此而声名狼藉，不过，他倒确实是个发明的天才。在1769 年至 1790 年间，他还做了另外一件举世瞩目的大事：发明了第一台能够合成完整句子的语音合成器。他的这个装置包括一个模拟肺部的鼓风器，一个橡胶制成的嘴，一个鼻子孔，一个模拟声带的簧片，用于产生摩擦音的各种不同的哨子，以及用于给塞音揢供喷出气流的一个附加的小鼓风器。这种语音合成器实际上是一个共鸣箱。

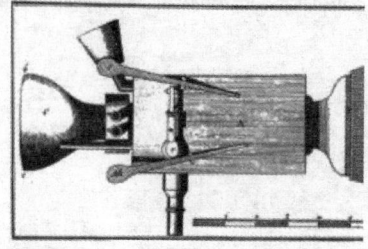

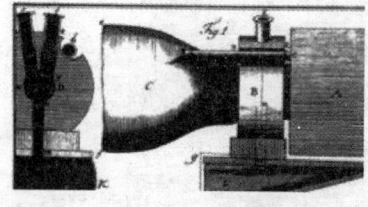

图 1.3　肯佩棱发明的语音合成器

操作员用双手移动操作杆来打开或关闭鼻子孔，调节有弹性的皮制"声腔"，就可以产生各种不同的元音和辅音。受当时技术水平的限制，肯佩棱发明的这台语音合成器是用木头或皮革来制造的，材料虽然还比较简陋，却开了语音合成这项技术的先河。

1939 年，多德莱（H. Dudler）就在纽约的国际博览会上展出了"说话机"（talking machine），这台说话机叫做 Voder，一时引起轰动，这是实验语音学研究的重要成果。

两百多年过去之后，我们不再使用木头或皮革来制造语音合成器了，我们也不再需要人来亲自担任操作员了。现代语音合成（speech synthesis）的任务就是使用计算机从文本产生语音，把可视的书面文本转换成可听的语音，所以，语音识别又叫做"文本—语音转换"（text-to-speech conversion）或简称"文语转换"（TTS）。这样的语音合成是用计算机来进行的，与当年肯佩棱的语音合成器不可同日而语。

近 30 年来，科学家们已经研制出一大批试验性的语音合成器，它们能够自动地把语音频谱转化为语音。语音合成是一件非常困难的工作，因为语音频谱提供出来的信息实在太多了，正如著名语音学家范特（G. M. Fant）所说的，人们很容易淹没在不了解其意义的各种声学特征细节的汪洋大海之中，不过，这种语音合成器的研究不仅有实际用途，还可以进一步揭示人类言语产生的机制，并可作为研究言语的产生和感知的工具。

美国哈斯金（Hanskins）实验室、贝尔实验室、麻省理工学院、剑

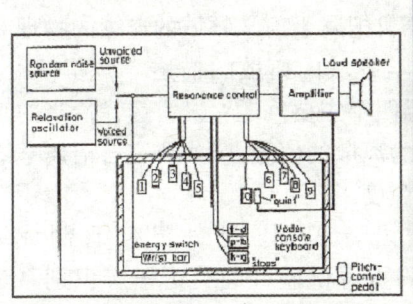

图 1.4　Voder 说话机

桥空军研究实验室、瑞典斯德哥尔摩皇家工学院、德国夫琅禾费研究
院、中国科学技术大学都进行过语音合成的研究。语音合成已经进
入实用化阶段。我国在语音合成器的研究方面已取得很大成绩,可
以实时地合成汉语普通话的语音,有的项目达到了世界水平。语音
合成技术已经得到了广泛的应用。

现代语音合成有着多种多样的、非常广泛的用途。

首先,语音合成器可以用于基于电话的会话智能代理系统
(conversation agent system)中,这种智能代理可以与人进行对话和交
谈。目前国外的会话智能代理系统已经实用化了。

其次,语音合成器还可以在那些不是会话的场合用来对人说话,
例如,用语音合成器来给盲人大声朗读,用语音合成器来做视频游
戏,用语音合成器来做儿童玩具。

最后,语音合成还可以用于帮助那些神经受损的病人说话。例
如,英国著名天体物理学家霍金(Steven Hawking)由于得了肌萎缩性
脊髓侧索硬化症(ALS)而失去了讲话的能力,现代语音合成技术给
他帮了大忙,他可以通过打字把信息传递给语音合成器,并让语音合
成器说出单词,以此来同人们交谈。这样,尽管他身患绝症,仍然可

以在剑桥大学的讲台上侃侃而谈,给学生们讲课。

目前最先进的语音合成系统可以在各种不同的输入环境下产生优质的自然语音,尽管这样的语音合成系统产生出来的声音还显得有些呆板,并且只能局限于它们所使用的那些语音的范围之内,但是,这种技术已经显示出诱人的应用前景。

语音自动分析的实质是用计算机把属于声学领域的连续的物理言语信号变换为属于抽象的语言学领域的离散的描述。奥登(K. W. Otten)曾指出,语音分析要注意四个主要问题:(1)选择恰当的语言单元,(2)把连续的信号转换为离散的信号,(3)研究言语声学特征的可变性,(4)研究言语的冗余度。

语音分析的具体应用就是语音识别。国外已经研制成DRAGON、HEARSAY、HARRY、HWIM等试验性的英语语音识别系统。我国在语音识别方面,主要围绕着特定说话者大词表语音识别系统和非特定说话者小词表语音识别系统展开工作,已研制出一批实用化的系统。安徽科大讯飞公司推出的"开口上网"语音识别系统,只要用普通话口呼互联网的网页地址,就可以顺利地打开相应的网页。

现代的语音实验室已经用计算机装备起来,自然语言处理技术使古老的语音学走上了现代化的道路。

自然语言处理还对传统的形态学(morphology)提出了新问题。在机器翻译和人机对话的研究中,都要对单词进行形态分析,这就促进了形态学的研究。

针对自然语言处理的形态学研究主要解决两个问题:词例还原(tokenization)和词目还原(lemmatization)。

"词例"(token)是文本中独立的词汇单元。所谓"词例还原",就是自动地把句子中的单词作为独立的词例切分出来。英语文本中的单词一般是界限分明的,单词与单词之间存在空白,单词的切分不像汉语书面文本那样困难。但是,汉语书面文本是不分词的,词与词之间的界限被淹没在连续的汉字文本之中,汉语书面文本的"自动切词"成为了汉语自然语言处理的一个瓶颈问题。

词目还原(lemmatization)的目的是把文本中实际存在的变形词

还原成原形词,以便让计算机查词典。

　　传统的形态学研究都要区分屈折(inflection)和派生(derivation)。如英语的 amend/amended（改善）是屈折,amend/amendment 是派生,前者作为词形变化看待,后者作为构词法问题看待。然而,对于计算机来说,也可以不作这样的区分。例如,在形态分析的时候,可以把 amended 和 amendment 都归入 amend 进行统一的处理。一个自动形态分析方案可包括一部词干词典和一套描述词形变化和构词的规则系统,其中既有派生,也有屈折。这样,在分析时,给出词干,计算机就可以自动地列举出它的所有的变化形态,而给出一个变化形式,计算机就可以自动地把它切分为词干、词缀和词尾。另外,还要考虑一些特殊的现象。如 perform,give,go 等动词的过去时形式分别为 performed,gave,went,名词 city 的复数形式 cities 在去掉词缀之后,还要把词干的形式作某些改变,编写词法分析程序时,应该设法使这些各不相同的情况条理化。在机器翻译欣欣向荣的 50 年代末和 70 年代初,学者们曾经对俄语、德语这样一些屈折变化丰富的语言进行过严格的词法分析,编制过相当精细的自动形态分析规则。目前,在机器翻译和人机对话中的自动形态分析技术已经十分成熟了。

　　计算机还要求区分各种同形现象,例如,英语 frighten 中的 -en 要与 oven 中的 -en 区别开来,reaped（收获）中的 -ed 要与 reed（芦苇）中的 -ed 区别开来。

　　这样的研究,就是自然语言处理中的"词目还原"(lemmatization)问题。

　　汉语书面文本的形态分析,主要是"自动切词"和"自动标注"。这些问题至今还没有很好解决。

　　例如,如果我们想查询"和服"而上互联网(Web)进行查询,可是查询结果往往是

　　　　"工作方法和服务态度"
　　　　"皮鞋和服装"。

由于自动切词的错误,我们往往得不到所需要的结果。

　　汉语书面文本的自动标注,结果也不理想。下面是 2008 年汉语

词类标注的测试结果：

语 料 库 名 称	测试集规模		
	（词次数）	基　线	最佳封闭测试
香港城大 CITYU	184 314	84.25	89.51
台湾"中研院"CKIP	91 071	88.61	92.95
宾州树库 CTB	59 955	86.09	94.28
教育部语用所 NCC	102 344	9.59	95.41
北京大学 PKU	156 407	88.09	94.50

图 1.5　汉语词类标注的测试结果（2008）

　　从图中可以看出，最佳的封闭测试结果才 95.41%，仍然存在很多问题需要进一步研究。

　　由此可见，自然语言处理的发展，对传统的形态学研究提出了严峻的挑战。

　　自然语言处理对于传统的句法学冲击最大，各种立足于自然语言自动处理的句法分析理论和方法犹如雨后春笋应运而生，形成了百花齐放的局面。

　　在机器翻译研究的早期，苏联数学家库拉金娜就用集合论方法建立了俄语句法的数学模型，精确地定义了一些语法概念，这一模型成为了苏联科学院数学研究所和语言研究所联合研制的法俄机器翻译系统的理论基础。

　　著名数理逻辑学家巴希勒提出了范畴语法（category grammar），建立了一套形式化的句法类型和演算规则，通过有穷步骤，可以判断一个句子是否合乎语法。这些，都大大地推动了传统句法分析方法向精密化、算法化的方向发展。

　　乔姆斯基的形式语言理论是影响最大的早期计算语言学的句法理论。乔姆斯基定义了 0 型语法、上下文无关语法、上下文有关语法和正则语法四种类型的形式语法。其中的上下文无关语法又叫做短语结构语法（Phrase Structure Grammar，简称 PSG）。这种短语结构语法广泛地应用于自然语言的自动分析和生成中。但是,人们不久就发现,短语结构语法的分析能力不高,分析时难以区分大量的歧义句子,短语结构语法的生成能力过强,往往会生成大量的不合语法的句子。就是乔姆斯基本人,也认为短语结构语法不能充分地描述自然语言。于是他提出转换语法来克服短语结构语法的这些弱点,后来转换语法逐渐发展成为转换生成语法。不过,这种生成转换语法的分析效率也不高,并没有在实际的自然语言处理系统中受到欢迎。由于短语结构语法结构清晰,易于操作,计算语言学的学者们抛弃了转换生成语法,又转向短语结构语法,于是出现了各种增强的短语结构语法。例如,扩充转移网络(Augmented Transition Network,简称ATN)。ATN 的表层结构分析和深层结构生成是同时进行的。

20 世纪 60 年代后期,查斯特里(Chastellier)把程序设计语言的W-语法引进了自然语言处理中,他证实了英语和法语的转换语法都可以通过这样的 W-语法来重写。

美国语言学家布列斯南(J. Bresnan)主张建立面向词汇的非转换的语法,她和卡普兰一起,于 1983 年提出了词汇功能语法(Lexical Functional Grammar,简称 LFG)。马丁·凯依于 1983 年提出了"合一语法"(Unification Grammar, 简称 UG),于 1985 年提出了"功能合一语法"(Functional Unification Grammar, 简称 FUG)。盖兹达、克莱因(E. Klein)、沙格(I. Sag)和普鲁姆(G. Pullum)等人于 1985 年提出了"广义短语结构语法"(Generalized Phrase Structure Grammar,简称GPSG)。珀拉德(C. Pollard)于 1984 年在博士论文中提出了"中心词语法(Head Grammar)",1985 年又和同事们一起提出了"中心词驱动的短语结构语法(Head-driven Phrase Structure Grammar,简称HPSG)"。这些语法都采用复杂特征结构来改进短语结构语法,采用合一运算来改进传统的集合运算,从而有效地克服了短语结构语法的缺点,保持了短语结构语法的优点。

理论语言学中的层次分析法实质上就是短语结构语法,因此,短语结构语法在计算机分析和生成自然语言时出现的各种问题,在层次分析法中也同样是存在的。上述的这些旨在改进短语结构语法的自然语言处理理论,都带有很强的可操作性,具有强烈的方法论色彩,必定会有助于理论语言学中广泛使用的层次分析法的改进和完善。在这方面,我们应该提倡理论语言学家和自然语言处理专家进行经常的对话,互相学习对方的长处,共同来解决短语结构语法在应用中出现的各种问题。

20 世纪 60 年代出现了高级程序设计语言,使计算机工作者从繁琐的手编程序的沉重劳动中解放出来,与此同时,学者们提出了这种高级程序语言的形式描述,即巴库斯—瑙尔范式(Bacus-Naur Normal Form,简称 BNF)。后来发现,乔姆斯基提出的上下文无关语法恰好与巴库斯—瑙尔范式等价,它们的数学形式在实质上是完全一致的,于是上下文无关语法和巴库斯—瑙尔范式在数学上获得了高度的统一。乔姆斯基在语言学上的创造性工作引起了计算机科学家的广泛注意,由于这种在数学上的高度的一致性,乔姆斯基的形式语言理论成为了计算机科学的基石之一,推动了计算机科学的发展。

作为人文科学的理论语言学竟然能够对于作为自然科学的计算机科学的发展起到如此巨大的作用,这在科学史上是十分罕见的。

还有一种高级程序语言叫 ALGOL 60,这是一种用于科学计算的程序语言,ALGOL 60 公布不久,人们在使用中发现了它存在歧义性(ambiguity),于是计算机科学家们纷纷寻找机械的办法以便判断一种程序语言是否具有歧义性,为此绞尽脑汁。后来,乔姆斯基从理论上证明,一个任意的上下文无关语法是否具有歧义性的问题是不可判定的。由于上下文无关语法与巴库斯—瑙尔范式等价,而 ALGOL 60 的形式描述正是巴库斯—瑙尔范式,因此,这种程序设计语言是否有歧义性的问题也是不可判定的。乔姆斯基有力地回答了计算机科学中的这一重大理论问题,吸引了许多计算机科学家来关心理论语言学问题。

近年来,依存语法在自然语言处理中得到越来越多的关注。中国传媒大学树库研究团队使用依存语法(Dependency Grammar)来进行句子的自动剖析,可以揭示句子中的依存关系,进而可以构造出依存网络,加深我们对于句子中各种成分之间句法和语义关系的认识。

下面是汉语句子"约翰在桌子上放了三本书"的依存树(上图表示句法关系,下图表示语义关系):

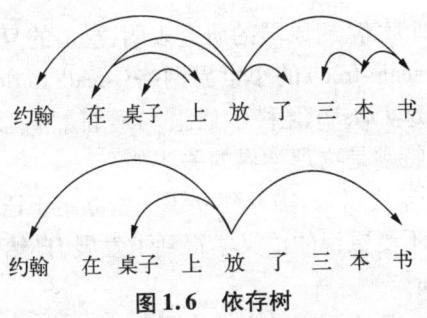

图1.6　依存树

由"约翰在桌子上放了三本书""书的封面旧了""学生读过那一本有趣的书"等句子的依存树可以构造出如下的依存网络（左图为句法依存网络,右图为语义依存网络）：

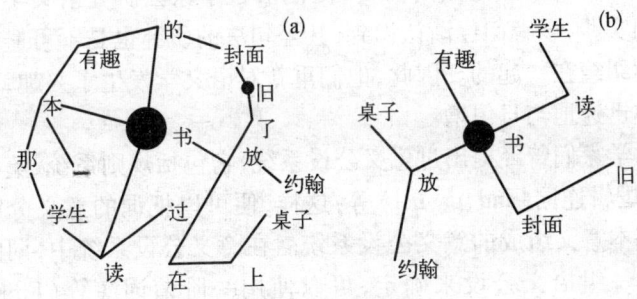

图1.7　依存网络

根据中央电视台《新闻联播》语料库中的句子,可以构造出如下的依存网络：

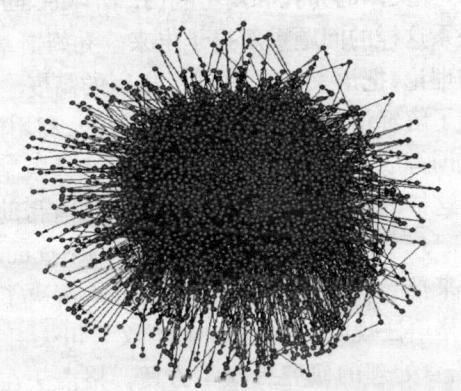

图1.8　《新闻联播》语料库构成的依存网络

我国学者刘海涛、胡凤国的研究表明,汉语的复杂网络(Complex Net)是无标度(scale-free)的小世界网络(small world)。这些的研究成果在 *Bulletin of Physics*(《科学通报》)等自然科学杂志上发表,引起自然科学界,特别是物理学界的关注。

20 世纪 70 年代以来,国外建立了一些立足于语义的自然语言理解系统,使长期不受重视的语义学得到了发展,自然语言处理也影响到了语义学方面。

近几十年来,某些语言学家认为,语义学不应该是语言学的一个分支,他们只关心语言的形式研究,而把语义的研究推给哲学或其他学科来进行。但是,随着机器翻译和自然语言理解研究工作的进展,再加上语言学理论论战的需要,促使语言学家去研究语义学。通过研究的实践,学者们逐渐认识到,甚至句法的研究也是不可避免地与语义学纠缠在一起的。因此,他们重新对语义学发生了兴趣,并且这种兴趣迅速地与日俱增。

哲学家们曾经提出过意义公设系统,它包括规则系统、蕴涵符号(→)、逻辑连词(and、or、not)等,这样,便可以把词的意义分解为若干个基本意义组成的意义公设系统。在意义公设系统中,词的意义可以由一组语义公设来确定,可以使用一阶谓词演算(First Order Predicate Calculus 简称 FOPC)来描述。哲学家们和逻辑学家们的这些研究,为自然语言处理中的语义研究打下了基础。在这种情况下,一些语言学家,如美国的弗托和玛考利(J. D. McCauley)等又把语言和逻辑相互关系这样的问题重新提了出来。乔姆斯基关于表层结构和深层结构的理论,把语义问题提到了相当的高度。卡茨(J. Katz)和弗托等提出了解释语义学,采用成分分析法,利用语义成分、标记和关系来定义词符成分,并加上一些控制和选择限制来演绎地解释句子的语义。这样的研究对于自然语言处理很有帮助。

费尔默(C. J. Fillmore)提出了格语法(case grammar),从句子的深层句法表示来推导句子的表层结构,较好地解决了句法与语义相结合的问题。格语法规则产生的结构,不仅与句法相关,而且与语义相关,给自然语言处理的研究提供了方便。格语法在计算机上的分析效率也比较高,受到了自然语言处理研究者的欢迎。后来,费尔默又提出了框架网络（FrameNet），倡导在语料库基础上进行框架语义学的研究。

玛考利等提出了生成语义学，他们一开始就用语义结构来描述句子，然后通过一系列的转换由这种语义结构产生出表层结构，而用不着对深层结构作任何说明。

威尔克斯提出了"优选语义学"（preference semantics），并把这种理论用于机器翻译系统的研究中。

美国数理逻辑学者蒙塔古提出了蒙塔古语法（Montague grammar），美国计算机科学家尚克提出了概念依存理论（Conceptional Dependency theory，简称 CD 理论），美国心理学家奎尼安（R. Quillian）提出了语义网络理论，美国人工智能学者西蒙斯（R. F. Simmons）又进一步改进了语义网络理论，并把这种理论应用于自然语言处理中。这些理论都十分强调语义的作用，在自然语言处理的应用中，有的理论（如 CD 理论）直接以语义模型制导，辅以句法检查，打破了以句法模型制导，辅以语义检查的传统格局，实现了自然语言处理的"句法语义一体化"。

美国学者汉德雷斯（Handres）在描述一种语言的过程时，把大量的语义信息植入该语言的句法中，这样定义的句法系统叫做"语义语法"（semantic grammar）。语义语法提高了自然语言的处理速度，效率较高，后来被许多实时处理的自然语言系统所采用。

近年来，由于语义学与句法学的联系日趋密切，逻辑语法有了很大的发展。逻辑语法（logic grammar）是指用谓词逻辑来表达的语法，它是逻辑程序设计和自然语言处理相结合的产物。在机器翻译和自然语言理解的研究领域里，经常使用谓词逻辑来描述知识和进行逻辑推理。20 世纪 70 年代以来，逻辑以 PROLOG 语言作为形式被应用于程序设计，谓词逻辑就不再仅仅用于描述知识和逻辑推理的问题，还作为逻辑程序设计的工具来描述解决问题的过程。PROLOG 语言使得逻辑和程序设计这两个相距甚远、完全不同的概念协调统一为一个单独的概念——"逻辑程序设计"（Logic Programming）。在用 PROLOG 语言来解决自然语言处理的各种问题的研究过程中,逻辑语法日益成熟起来。目前主要有四种影响较大的逻辑语法:定子句语法(Definite Clause Grammar, 简称 DCG),外位语法(eXtraposition Grammar, 简称 XG),修饰成分结构语法(Modifier Structure Grammar,简称 MSG),约束逻辑语法(Restricting Logic Grammar,简称 RLG)。这些语法巧妙地把逻辑和句法结合起来,使描述性的形式语法具备了推理的能力,这是自然语言处理研究中应该注意的一个问题。

语言在实际使用时,总是以篇章或话语的形式出现的,省略和指代以及单词和句子的歧义问题一般要在上下文背景之下才能解决,而要在字里行间找出说话者的真正目的,则需要根据广泛的关于客观世界的知识和其他信息才有可能知其端倪。因此,自然语言处理中还出现了一些关于篇章处理和话语分析的理论和方法,如脚本(script)、规划(plan)、故事语法(story grammar)、故事树(story tree)等。自然语言处理对如何处理省略、指代、话题、照应关系以及篇章结构等问题,也进行了一些有益的探讨。这些都推动了语用学的发展,并且使语用学与语义学紧密地联系起来。

1983 年,美国斯坦福大学的巴威斯(J. Barwise)和佩利(J. Perry)出版了《情景和态度》(Situations and Attitudes)一书,提出了"情景语义学"(situation semantics)的自然语言模型。所谓"情景",就是个体、性质、关系和时空位置等构成现实世界(非语言环境和场面)的各种状况的集合,可以利用这样的情景来描述语言的语义。情景语义学把一般的语义学和语用学紧密地结合起来,对自然语言的研究有重要作用。

自然语言处理还促进了词汇学的发展。词典编纂历来是一件十分枯燥乏味而极为辛苦的工作。计算机使得这件工作变得简单易行、轻松愉快。计算机可以给词典提供足够的例句,免去了手工编纂时转抄大量卡片的麻烦;计算机可以通过单词频度和使用度的统计,确定常用词和通用词,编写出各种语言的基础词表和频率词表。近年来,还出现了各种形式的电子词典,这种词典中存贮着丰富的语言信息,为机器翻译和自然语言处理其它部门的研究提供了基本的静态语言信息。日本成立了电子词典研究所,专门研究电子词典的理论和应用问题。现在,在许多国家,电子词典的编制已经成为了一种产业。

词汇语义学(Lexical Semantics)是现代语义学和现代词汇学结合的产物,其研究对象是语言中的词义问题。它源于语言学,并与语义网、本体论、词典编撰、知识表示等人工智能和认知科学密切相关,已成为自然语言处理和理解的重要基础。

词汇语义学的研究内容涉及词汇的语义表达以及词汇概念与概念之间的语义关系。20世纪70年代末期,语言学家开始利用语料库来研究词义以及词语之间的搭配关系。例如,完全根据语料库编制而成的Collins COBUILD English Dictionary就进行了词语搭配关系的研究。其后,以词网(WordNet)为代表的词汇语言资源对词汇语义学研究产生了深远影响。随着研究的深入,有越来越多标注词汇语义信息的语料库出现:如标注了论元结构及语义角色信息的框架网络(FrameNet)、动词网络(VerbNet)等。相应地,在理论研究层面,词汇语义学的理论框架也有了长足发展。

近年来,互联网的发展日新月异,也对自然语言处理提出了新的挑战。

与互联网有关的自然语言处理的问题有很多。除了机器翻译之外,还有**基于网络的问答系统**(Web-based question answering)。这种基于网络的问答系统是简单的网络搜索的进一步发展,在基于网络的问答系统中,用户不只是仅仅键入关键词进行提问,而是可以用自然语言提出一系列完整的问题,从容易的问题到困难的问题都可以提。例如下面的问题,

- What does "divergent" mean?(divergent 的意思是什么?)
- What year was Abraham Lincoln born?(亚伯拉罕·林肯生于哪一年?)
- How many states were in the United States that year?(那一年在美国有多少个州?)
- How much Chinese silk was exported to England by the end of the 18th century?(18 世纪末有多少中国的丝绸出口到英国?)
- What do scientists think about the ethics of human cloning?(关

于克隆人的伦理学问题科学家们是如何考虑的?)

在这些问题中,有的问题只要求回答**定义**(definition),有的问题只要求回答诸如日期、地点等简单的**新闻要素**(factoid),对于这样的问题,使用搜索引擎就可以回答了。但是对于需要抽取嵌入在网页的其他文本中的信息才能回答的那些更加复杂的问题,就要进行**推理**(inference),也就是根据已经知道的事实推出结论,或者从多重的信息源或网页中对信息进行综合或摘取。这就涉及到**信息抽取**(information extraction)、**文本数据挖掘**(Text Data Mining)等问题。

另外,互联网主要是由语言文字构成的,随着互联网的发展,网络成为无比丰富的语言资源。互联网上的词频统计结果,有助于深化我们对于词频的认识。

孙茂松对于互联网上的用词进行了统计分析。他发现,互联网上词频统计的结果与书面文本的词频统计结果是有差异的。下面图 1.9 是互联网中的最常用词的频度排序。可以看出,汉语中频度最高的单词是"我"和"你",而不是大家公认的"的"。这是值得我们关注的。

词条	Rank	词频	用户数	词条	Rank	词频	用户数
我	1	369456033	522 587	没	11	88331674	498 771
你	2	360305074	531 529	呵呵	12	85357971	463 119
的	3	357092967	517 424	吧	13	81840800	497 436
了	4	230590231	486 471	要	14	80463098	506 878
不	5	189282134	519 413	那	15	79267472	499 990
是	6	179442381	522 535	去	16	78626531	499 857
就	7	115686907	502 708	什么	17	77052055	500 361
好	8	105951026	523 219	都	18	76903779	490 601
在	9	97931821	522 355	说	19	72666295	498 554
有	10	97214653	524 156	也	20	70099176	497 291

图 1.9 互联网的词频,"我"的排名第一

郑林曦编著的《普通话三千常用词表》①是一部很有代表性的普通话常用词表。但是,孙茂松的研究发现,互联网上的很多常用词,在普通话三千常用词表中并不存在,而普通话三千常用词表中的某些常用词,在互联网中的出现频度却很低。他根据网络的用词统计结果,建立了用户词库,发现用户词库中的词与普通话三千常用词表中的词并不一致,具体情况如下。

用户词库前 856 个词条中不在普通话三千常用词中的单词共 216 个,包括:

- 语气词:例如,呵呵、恩、嘛、哈、嘿嘿。
- 新产生的词:手机、电脑、郁闷、老公、下载、上网。
- 专有名词:北京、中国、广州、深圳。
- 常用词的组合:有没有、是不是。

普通话三千常用词在用户词库中的词频很低的单词:

- 留声片、端阳节、自来水笔、匙子。

孙茂松对于互联网用词的上述研究结果,补充了传统语言研究的不足。

互联网还给新词新语的研究提供了重要资源。通过互联网可以获得大量的新词、新语、新用法,互联网成为词汇学研究的重要手段。

利用互联网,我们还可以发现一些流行热点词的使用走向。下面是热点词"Michael Jackson"在 2009 年 6—7 月间的搜索次数统计,从中我们可以看出这个热点词的使用走向,在 2009 年 6 月 26 日搜索次数最高,因为这一天,著名歌手杰克逊(Michael Jackson)不幸与世长辞。

在互联网中还可以由公众来编纂百科全书。著名的维基百科 Wikipedia 是互联网上动态的百科全书,成为当代社会重要的知识源。

可见互联网对于传统的词汇学研究和辞书编纂方法提出了挑战。

---

① 郑林曦,《普通话三千常用词表》,1989 年,文字改革出版社。

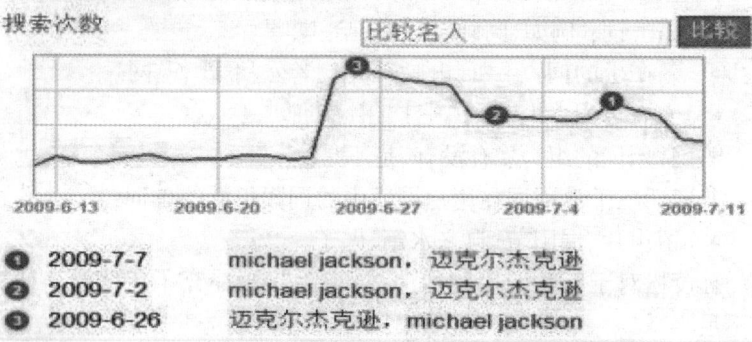

图 1.10　Michael Jackson 的搜索次数统计

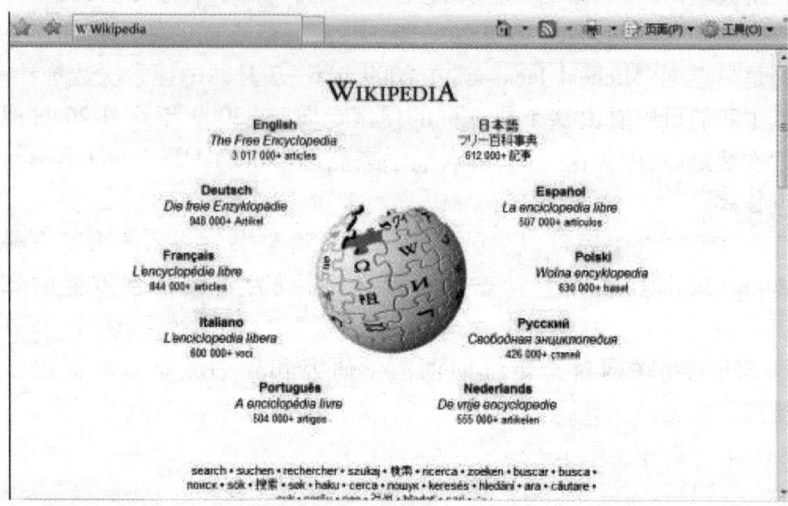

图 1.11　Wikipedia 成为公众参与的百科全书

在自然语言处理的推动下,文字学研究开始同图象识别的方法结合起来。因为文字也是一种图象,图象识别中采用的许多方法,如图象识别的句法分析方法,也可用到文字识别中去,这方面的工作,在美国和日本都取得了很大的成就,这也许会给古老的文字学研究开辟出一片新天地。

我国的汉字识别研究独具特色,采用选取汉字特征点和数学形态学的方法来提取汉字的结构特征,在印刷体汉字识别方面,已经研究出一批实用化、商品化的系统。这些系统一般都具有版面分析、文本识别、识别结果后处理、自动纠错、自动编辑、自动输出等功能。在联机手写体汉字识别方面,识别率正逐渐提高,已达到商品化的水平。

在计算机上输入输出英文、俄文等拼音文字(主要是拉丁字母和斯拉夫字母)的问题早已解决,但像汉字这样包括数万个字符的大字符集,其输入输出计算机的问题就不是很容易的事了。为了解决这个问题,有必要利用计算机来研究汉字的频率,分析汉字的部件,测试汉字的信息量和冗余度,设计高效率的汉字输入键盘。这些都促使汉字研究与自然语言处理的研究结合起来。

目前,在拉丁字母和斯拉夫字母以外的一些拼音文字,如泰文、朝鲜文、阿拉伯文、蒙文、藏文等在计算机上的输入输出问题,已经有了可喜的研究成果。在自然语言处理的推动下,传统的文字学园地里,吹起了一股现代化的东风。

现在自然语言处理正处于激动人心的时刻。普通计算机用户可以使用的计算资源正以惊人的速度增长,互联网的兴起并且成为了无比丰富的信息资源,无线移动通信日益普及并且日益增长起来,这些都使得自然语言处理的应用成为了当前科学技术的热门话题。

这里我想列举出当前自然语言处理的一些应用项目,由此可以看出这个学科的近期发展对于社会进步的重要作用。

- **自动生成天气预报**:加拿大的计算机程序 TAUM－METEO 能够接受每天的天气预报的数据,然后自动生成天气预报的报告,不必经过进一步的编辑就可以用英语和法语公布。

- **自动翻译和自动问答**：美国 Systran 的 Babel Fish 机器翻译系统每天可以通过 Alta Vista 搜索引擎处理 100 万个翻译的问题。基于网络的问答系统（Web-based question answering）是简单的网络搜索的进一步发展，在基于网络的问答系统中，用户不只是仅仅键入关键词进行提问，而且可以用自然语言提出一系列完整的问题，从容易的问题到困难的问题都可以提，计算机根据网络搜索的结果，用自然语言回答用户的提问。

- **饭馆咨询服务**：目前，世界上已经出现不少使用自然语言的口语向计算机咨询饭馆服务情况的系统。例如，前往美国马萨诸塞州 Cambridge 访问的一个访问者用口语问计算机在什么地方可以吃饭。系统查询了一个关于当地饭馆的数据库之后，给出有关信息用自然语言做出回答。

- **图象到语音的自动转换**：给计算机装上图象识别系统，它就可以观看一段足球比赛的录像，并且用自然语言实时地向足球爱好者报告比赛的情况。

- **残疾人增强交际**：对于有言语或交际障碍的残疾人，计算机能预见到在说话过程中下面将要出现的词语，给他们做出提示，或者帮助他们说话时在词语方面进行扩充，使残疾人能完整地说出简洁的话语。

- **旅行咨询服务**：例如，美国的 Amtrak 旅行社、美国联合航空公司以及其他的一些旅行社可以与智能会话代理（intelligent conversation agent）进行交互，在智能会话代理的指导下，他们能够自动地处理关于旅行中的订票、到达、离开等方面的信息。

- **语音地理导航**：汽车制造公司可以给汽车驾驶员提供语音识别和文本—语音转换系统，使得他们可以通过语音来控制他们的环境、娱乐以及导航系统，从而可以自由地使用他们的双手操纵汽车。在国际空间站的宇航员也可以使用简单的口语对话系统来帮助他们的工作。语音合成系统还可以作为全球定位系统（Global Positioning System，简称 GPS）的语音导航，使用自动合成的语音来报告地理情况，保证驾驶员用双手操纵汽车。目前使用语音导航的 GPS 已经逐渐普及，给汽车驾驶员提供了极大的方便。

- **语音资料搜索**：一些视频搜索公司使用语音识别技术，可以在网络上提供多达数百万小时的视频资料的搜索服务，并且在语音资料中搜索到与之相应的单词。

- **跨语言信息检索和翻译**：Google（谷歌）在网上提供跨语言信息检索和40多个语言对的自动翻译服务，用户可以使用他们自己的母语来提问，以便搜索其他语言中的有关信息。Google还可以对用户提出的问题进行自动翻译，找出与所提出的问题最相关的网页，然后自动地把它们翻译成用户的母语。

- **作文自动评分**：在美国，像培生公司（Pearson）这样的大型出版社和像 ETS（English Test Service）这样的测试服务公司使用自动系统来分析数千篇学生的英语作文，对这些作文进行自动打分、自动排序和自动评价，而且计算机的打分结果与人的打分结果几乎毫无二致，难以分辨。

- **自动阅读家庭教师**：让计算机充当自动阅读家庭教师，帮助提高阅读能力，它能教小孩阅读故事。当阅读人要求阅读或者出现阅读错误时，计算机能使用语音识别器来进行干预。具有生动活泼的动画特征的交互式虚拟智能代理可以充当教员来教儿童学习如何阅读。

- **个性化市场服务**：文本分析公司根据用户在互联网论坛和用户群体组织中表现出来的意见、偏好、态度的自动测试结果，对用户提供智能化、个性化的服务，帮助用户在市场上挑选到符合他们要求的商品。

自然语言处理这些应用项目的成就确实是鼓舞人心的。我们情不自禁地赞叹："大哉自然语言处理之为用！"

自然语言处理不仅影响了传统理论语言学的上述部门，而且，还强烈地冲击着索绪尔以来的普通语言学基本理论，以大量的新的事实和研究成果，严峻地考验着这些基本理论。

我们这里只是谈一谈关于语言符号的特性问题。自然语言处理的发展，使我们了解到语言符号的许多重要特性，从新的侧面进一步丰富了我们对于语言符号本质的认识。

索绪尔在他的《普通语言学教程》一书中，曾提出语言符号具有

如下两个重要的特性(索绪尔,中译本,1980)①:

一、符号的任意性:语言符号的能指和所指联系是任意的。索绪尔认为,符号任意性的原则"支配着整个语言学,它的后果是不胜枚举的,人们经过许多周折才发现它们,同时也发现了这个原则是头等重要的"。

二、能指的线条性:索绪尔指出,语言的能指属于听觉的性质,只在时间上展开,而且具有借自时间的特征:(1)它体现为一个长度,(2)这长度只能在一个向度上测定,它是一条直线。索绪尔认为:"这是一个似乎为常人所忽视的基本原则,它的后果是数之不尽的,它的重要性与符号任意性的规律不相上下,语言的整个机构都取决于它。"

在我们看来,索绪尔提出的语言符号的任意性这一特征是无可非议的,但是,他提出的语言符号的第二个特征——能指的线条性就未必是正确的了。因为新的研究结果表明,语言的能指并不只是线条性的东西。英国著名语言学家弗斯(J. K. Firth)提出"跨音段论"(prosodic),他认为,在一种语言里,区别性语音特征不能都归纳在一个音段位置上,例如,语调就不是处于一个音段位置上,而是处于前后相续的线条性的音段之外,笼罩着或管领着整个句子的东西。如果我们把语调这样的跨音段成分算进去,语言的能指就不宜看作线条性的东西,而应该看作立体性的东西了。

由于时代所限,索绪尔当然不可能提出那些只有在电子计算机时代才能揭示出来的语言符号的新特点。

随着电子计算机的出现和发展,特别在自然语言处理出现之后,普通语言学的理论也应该相应地发展。我们不能墨守成规,满足于旧有的结论,而应该站在前辈学者的肩膀上,高瞻远瞩,吸取自然语言处理的新成果,从新的角度,用新的眼光,以新的方法来研究语言这一个极为复杂的符号系统。正是基于这样的认识,我们觉得,语言符号除了索绪尔所指出的那两个不尽完善的特点之外,还有着如下七个十分引人注目的特点。

---

① 索绪尔,《普通语言学教程》(高名凯等译),商务印书馆,1980年。

第一,语言符号的层次性

前面说过,索绪尔关于语言符号线条性的观点,早就受到了语言研究新成果的严峻挑战。弗斯的"跨音段论"已证明,语言符号并不是线条性的东西,而是立体性的东西。

弗斯的"跨音段论"只限于音位学方面。其实,在语言的其它方面,语言符号也不仅仅是线条性的,而是立体性的东西。所谓立体性,就是说,语言符号具有分层结构,即层次性。

语言符号的层次性,在句子结构方面表现得特别明显。

美国描写语言学派的语言学家早就指出,英语的"The old men and women stayed at home"(年老的男人和女人留在家里)这句话是有歧义的。如果我们把这一句话说给一些人听,很可能有的听话人会认为它的意思是"年老的男人和所有的女人(不论年龄大小)留在家里",另一些听话人会认为它的意思是"所有年老的男人和所有年老的女人留在家里",还有的听话人干脆不能作出决定,处于模棱两可的状态。

事实上,"old men and women"这个名词短语根据意义的不同有两种不同的层次结构。如果注意到层次的不同,那么,这种意义上两可的情况就可以得到解释。

一种层次结构是

old men and women

这时,这个名词短语的意义是:"年老的男人和所有的女人"。

另一种层次结构是

old men and women

这时,这个名词短语的意义是:"所有年老的男人和所有年老的女人"。

一般地说,如果要判断两个语言片段 $A = a_1 a_2 \ldots a_n$ 和 $B = b_1 b_2 \ldots b_m$ 是否具有同一性,至少应该满足三个条件:

① A 和 B 中对应的词形相同,词数相同。即有 $a_1 = b_1$, $a_2 = b_2, \ldots, a_n = b_m$,且 $n = m$.

② A 和 B 中的词序相同。即：如果有 $a_1 \Rightarrow a_2, \ldots, a_{n-1} \Rightarrow a_n$，那么，则有 $b_1 \Rightarrow b_2, \ldots, b_{m-1} \Rightarrow b_m$。其中，"$\Rightarrow$"表示前于关系。

③ A 和 B 中各个词之间的层次结构相同。

在自然语言处理中，常采用树形图来表示语言符号的层次关系。自然语言处理的理论认为，任何一个句子的线性序列的表层之下，都隐藏着一个层次分明的树形图。当一个句子的线性序列之下隐藏着两个或两个以上的树形图时，这个句子就会产生歧义，就会得到不同的解释。

树形图由结点和连接结点的枝组成。树形图的各个结点之间，有两种关系值得注意：一种是支配关系，它反映了上下结点之间的先辈和后裔的关系，一种是前于关系，它反映了左右结点之间前位和后位的关系。语言符号的线条性只反映了前于关系，而没有反映支配关系，当然就有很大的局限。

树形图与自然语言处理中广为应用的短语结构语法有着明显的对应关系。乔姆斯基的短语结构语法，既能描述自然语言，也能描述程序设计语言，这种语法已经成为了形式语言理论的重要研究内容。在形式语言理论中建立的短语结构语法与树形图之间的对应和联系，正是基于对语言符号层次性的认识的基础之上的。短语结构语法和树形图被广泛地使用于自然语言处理中，几乎每一个自然语言处理研究者天天都要与短语结构语法和树形图打交道，天天都要研究语言符号的层次关系。自然语言处理的发展，进一步加深了我们对于语言符号的层次性的认识，语言符号的层次性，确实是一个比索绪尔提出的语言符号的线条性更为深刻的特性。

第二，语言符号的非单元性

基于对语言符号的层次性认识的基础之上的短语结构语法，在机器翻译和自然语言理解的研究中很快就暴露出了它的不少缺陷。这种语法分析能力不高，分析时难于处理歧义等自然语言中普遍存在的问题，常常捉襟见肘，进退维谷；这种语法生成能力过强，往往会生成许多歧义的句子或不合语法的句子，使人误入迷津，扑朔迷离。后来，自然语言处理研究者发现，引起这些缺陷的症结在于，短语结构语法是采用单标记来描述语言符号的,它把语言符号看成是不可分割的原子式的单元;如果把语言符号看成是可以分割的非单元性的东西,采用多标记函数或者复杂特征来描述,便可以从根本上克服短语结构语法的上述缺陷,大大地改善短语结构语法的功能,提高它过弱的分析能力,限制它过强的生成能力。这样,便提出了语言符号的非单元性问题。

其实,索绪尔早就认识到了语言符号的这种非单元性。他在《普通语言学教程》中指出:"语言可以说是一种只有复杂项的代数"。他举出德语中名词数的变化来说明这个论点。德语中名词 Nacht(夜,单数):Nächte(夜,复数)这个语法事实可以用 a/b 这个符号来代表,但是,其中的 a、b 都不是简单项而是复杂项,它们分别从属于一定的系统之下。Nacht 有名词、阴性、单数、主格等特征,它的主要元音为 a,Nächte 有名词、阴性、复数、主格等特征,它的主要元音为 ä,结尾加了 e,ch 的读音从 /x/ 变为 /ç/. 这样,就可以形成许多对立,所以叫做复杂项。每一个符号独立地看,可以认为是简单项,但是从整体来看,则都是复杂项。索绪尔指出:"语言的实际情况使我们无论从哪一方面去进行研究,都找不到简单的东西;随时随地都是这种相互制约的各项要素的复杂平衡。"(索绪尔,中译本,1980)索绪尔在这里所说的"复杂项",指的正是语言符号的非单元性。

早在 1936 年,美国语言学家雅可布逊(R. Jakobson)在比利时的根特城举行的第三届国际语音学会议上,就提出了能否以对分法为基础来分解元音、辅音等音位的问题。1951 年,他在与范特(M. Fant)、哈勒(M. Halle)等语音学家合写的论文《语音分析初探》中,提出了对分法理论以及区别特征学说。他们认为,一切的音(无论元音或是辅音)都是可分的,可以根据它们的生理的或声学的特性,用对分法分成一对一对的"最小对立体"(minimum pairs)。例如,元音的舌位有"高—低"的对立,辅音的发音方法有"清—浊"的对立。他们把这些最小对立体归结为"十二对区别特征"(twelve pairs of distinctive features),并且指出,世界上各种语言都可以用这十二对区别特征加以描述。这样,过去一直被认为是不可分的单元性的元音、辅音就变成由若干区别特征组合而成的、非单元性的结构体了。这种区别特征理论已成为现代语音学进行音位分析的基础。任何一个音位都可以用区别特征的集合来加以描述。如某一个音位具有二项对立中的前项特征,记以正号" + ",具有二项对立中的后项特征,记以负号" − ",就可以做成一个矩阵表,作为对每一个音位的区别特征集合的描述。这种音位理论,已经在语音自动识别和合成的研究中得到应用,证明是行之有效的。这是语言符号非单元性的有力证明。

雅可布逊曾提到,他之所以提出音位对分理论,是受到了现代物理学的影响所致。他在《语音实体的辨识》一文中写道:"语音学分析及其得出的、不能再行分解的音位特征的概念,同现代物理学的研究成果有惊人的相似之处,物理学也正表明,物质具有粒子状结构,因为它们是由基本粒子构成的。"(Jakobson, 1949)

物理学中关于物质具有粒子结构的观点,音位学中关于音位由十二对基本的区别特征组合而成的观点,自然语言处理中关于语言符号由多个标记组合而成的观点,它们之间是何等的相似! 客观世界中存在着的这种相似现象,说明了这些现象之间是有内在联系的,认识事物之间的这种相似性,可以增进我们进行科学研究的才干,提高研究工作的自觉性和目的性。英国物理学家法拉第(M. Faraday)受到他的老师戴维(H. Davy)把化学能转化为电能,又把电能转化为化学能的可逆过程的启发,立志要把已经发现的由电生磁现象(奥斯忒现象)转化为由磁生电。经过 9 年努力,终于完成了由磁生电的实验(法拉第实验),建立了电磁感应学说的完整理论。正是这种对于事物之间相似性的信念,使我们更加坚信,非单元性确实是语言符号的又一个重要特性。

自然语言处理的理论和实践,加深了我们对于语言符号的非单元性的认识。为了改进乔姆斯基的短语结构语法,在自然语言处理的许多理论中,都自觉地采用了"复杂特征"的概念,使用"特征/值"系统来描述句子的结构。

自然语言处理还提出了非单元性的这种"复杂特征"进行运算的数学方法——"合一"(unification)运算,从而使我们对于语言符号非单元性的认识可以在计算机上进行实际的操作和演算。这种合一运算,并不完全服从于传统的集合论的运算。集合运算一般并不考虑

运算对象的相容性,而合一运算则必须考虑运算对象的相容性。合一运算具有两种作用:

① 合并原有的特征信息,构造新的特征结构,这与集合论中的"求并"运算类似。

② 检查特征的相容性和规则执行的前提条件,如果参与合一的特征相冲突,就立即宣布合一失败。

可见,合一运算提供了一种在合并各方面来的特征信息的同时,检验限制条件的机制。这正是非单元性的语言符号在计算机上运算时所需要的。所以,自然语言处理不仅在理论上证明了语言符号确实具有非单元性,而且还在实践上使这种非单元性获得了在计算机上进行运算的可能性。

第三,语言符号的离散性

我们平时说话时的语流似乎是连续不断的,但在实际上,这些连续不断的语流却是由许多离散的单元所组成的。在水平方向上,语流可以被分解为若干段落,一个段落又可以被分解为若干句子,一个句子又可以被分解为若干短语,一个短语又可被分解为若干单词,一个单词又可被分解为若干语素,一个语素又可被分解为若干音节,一个音节又是由若干个元音和辅音音位组合而成的。在竖直方向上,语流中的各个成分又可引起联想,引出与之属于同一聚类的若干个离散单元来。所以,在连续语流的水平方向和竖直方向上,实际上都是与若干个不同的离散单元联系着的。

语言符号的这种离散性,在语流的停延时表现得特别明显,人们往往可以利用语流停延的这种离散性质,来区别语流的不同含义。

汉语的书面语中词与词之间是连写的,不像印欧语的书面语那样留有空白,因此,在汉语书面语中,词与词之间的离散特点体现不出来。这种情况给汉语的自动句法语义分析造成了极大的困难。在中文信息处理中,汉语自动句法语义分析的第一步便是自动切词,根据词与词之间的离散特征,把相互连在一起的词切开。可以说,语言符号的离散性,是汉语自动切词在语言学上的理论根据。

美国语言学家朱斯(M. Joos)早就指出了语言符号的这种离散

性。他说:"数学研究工具一般具有两种类型:连续分析(例如,无限小量的计算)或离散分析(例如,有限群理论),而可以称为语言学的那个部门则属于后者,这时,它不容许与连续性有半点儿妥协,因此,凡是与连续性有关的一切,都得排除于语言学之外。语言学的范畴是绝对的,是不容许任何妥协的。"他还说:"现在,语言学家把任何语言,也就是任何一个言语行为,看成是由叫做音位的不大数量的基本单位组成的,这些音位在重复出现时被认为是等同的。从物理学的角度来看,hotel 这个词对于不同的人或同一人发音,不可能完全相同地发两次,但从语言学的角度看,这里却有一个平均数 (t),它始终是同样的,可以不管它们的细微差别,而把它们看作一个不可分解的语言学原子或范畴,这种原子或范畴,或者是完全等同的,或者是完全不同的。"这里,朱斯十分明确地把语言看成是"不可分解的语言学原子或范畴"离散地结合起来的,据此,他提出用离散数学来研究语言。他说:"物理学家利用连续数学来解释言语,如傅利叶分解、自相关函数等,而语言学家则与此相反,他们利用离散数学来研究语言。"①

朱斯关于语言符号离散性的论述似乎有点儿矫枉过正。语言符号当然具有离散性的一面,但是,语言符号也有连续性的一面,特别是在语言的使用中。在语言的交际过程中,我们也可以利用一些连续数学的方法来研究它,而且实际上在这方面我们已经取得了不小的成绩。朱斯要把"凡是与连续性有关的一切","都得排除在语言学之外",确实是太过分了。事实上,"离散性"和"连续性"都是语言符号本身所具有的性质,不过,在语言的使用的交际过程中,我们强调语言符号的连续性,用连续数学的方法来研究它,在语言结构的分析中,我们强调语言符号的离散性,用离散数学的方法来研究它,而语言本身则是离散性和连续性的统一体。

根据语言符号的离散性,自然语言处理采用集合论的方法,建立了自然语言的集合论模型,并把这样的模型应用于机器翻译中,获得

---

① 朱斯的这些论述,转引自 F. Harary, H. Paper, Toward a general calculus of phonemic distribution, *Language*, Vol. 33, No. 2, pp. 143 – 169, 1957.

了很好的效果。这意味着,语言符号的离散性这一特性,在自然语言计算机处理的实践中已经得到了证实。

第四,语言符号的递归性

语言的句子是无穷无尽的,而语法规则却是有限的,人们之所以能够借助于有限的语法规则,造出无穷无尽的句子来,其原因就在于语言符号具有递归性。

语言符号的这种递归性,在不同的语言里表现不尽相同。汉语的句法构造的递归性突出地表现为句法成分所特有的套叠现象。在汉语里,由实词和实词性词语组合而成的任何一种类型的句法结构,其组成成分本身,又可以由该类型的句法成分充任,而无须任何的形态标志。这种套叠现象在主谓结构、偏正结构、述宾结构、述补结构、联合结构、复谓结构中都是存在的。这是由语言符号的递归性导致的汉语语法的一个重要特点。

例如,在句子"他嗓子疼"中,"嗓子/疼"是主谓结构,这个主谓结构套叠在"他嗓子疼"中做谓语,与"他"又构成一个更大的主谓结构"他/嗓子疼",这是主谓结构的套叠现象。又如,在短语"北大数学老师"中,"数学/老师"是偏正结构,这个偏正结构套叠在"北大数学教师"中,与它前面的名词"北大"又构成一个更大的偏正结构"北大/数学老师",这是偏正结构的套叠现象。这些套叠现象都反映出汉语语法的递归性特点。

在自然语言处理的研究中,语言符号的递归性起着很大的作用。机器翻译的实质,就是把源语言中无限数目的句子,通过有限的规则,自动地转换为目标语言中无限数目的句子。如果机器翻译的规则系统不充分利用语言符号的递归性,要实现这样的转换是非常困难的,甚至是不可能的。

乔姆斯基在《乔姆斯基语言理论介绍》一书的序言中指出,早在19世纪初,德国杰出的语言学家和人文学者洪堡(W. V. Humboldt)就观察到"语言是有限手段的无限运用"。但是,由于当时尚未找到能揭示这种理解所含的本质内容的技术工具和方法,洪堡的论断还是不成熟的。

那么,究竟应该如何来理解"语言是有限手段的无限"运用呢? 乔姆斯基指出:"一个人的语言知识是以某种方式体现在人脑这个有限的机体之中的,因此语言知识就是一个由某种规则和原则构成的有限系统。但是一个会说话的人却能讲出并理解他从来未听到过的句子及和我们所听到的不十分相似的句子。而且,这种能力是无限的。如果不受时间和注意力的限制,那么由一个人所获得的知识系统规定了特定形式、结构和意义的句子的数目也将会是无限的。不难看到这种能力在正常的人类生活中得到自由的运用。我们在日常生活中所使用和理解的句子范围是极大的,无论就其实际情况而言还是为了理论上描写的需要,我们有理由认为人们使用和理解的句子的范围都是无限的。"①

那么,怎样来刻画语言这个无限集的成分组成情况呢?

我们可以把语言中所有的元素列成一个表,进行简单枚举。例如,

$$L = \{\varphi, a, b, aa, ab, \ldots\}$$

这样的刻画办法,把后面一大部分东西省略掉了,后面未列出的部分,只好由我们根据给出的少量的元素去想象,这样的刻画办法显然是不好的。它不能体现"有限手段的无限运用"这一原则。

我们应该采用递归的方法来刻画语言,为此提出如下的公理系统的定义。

一个公理系统是一个有序三元组 (A, S, P),其中,A 是符号的有限集,叫做字母表;S 是 A 上的符号串的集合,叫做公理;P 是在由 A 中的符号组成的符号串上的 n 位关系的集合, $n \geqslant 2$(即 P 中的 n 元组至少必须是有序对),P 的元叫做生成式或推理规则。根据这样的公理系统,我们便可以从公理 S 出发,多次使用推理规则 P,在符号集 A 上递归地生成语言中的句子,实现"有限手段的无限运用"。因而这个关于公理系统的定义是体现了递归的原则的。

---

① 乔姆斯基,《乔姆斯基语言理论介绍》序言,黑龙江大学外语学刊编辑部,1982 年。

如果我们把公理系统中的 A 想象成前面所述的短语结构语法中的非终极符号 V_N 和终极符号 V_T 的集合,把 S 想象成短语结构语法中的初始符号 S,把 P 想象成短语结构语法中的重写规则 P,那么,我们马上就可以发现,短语结构语法与公理系统是十分相似的。所以我们可以说,短语结构语法是采用体现了递归原理的公理化方法来描述自然语言的语法。

现在,自然语言处理的理论业已严格证明,乔姆斯基的形式语法实际上等价于数学上的一种公理系统——"半图厄系统"(semi-Thue system),这种形式语法不过是数学中的公理系统理论在自然语言分析中的应用而已,语言的生成过程完全可以通过公理系统这一形式化的手段得到严格的描述。正因为如此,乔姆斯基的形式语言理论,才会既在自然语言的信息处理中,又在计算机程序语言的设计中,得到如此广泛的应用。

所以,我们认为,语言符号的递归性,是反映了语言符号本质的又一个特点。自然语言处理深化了我们对语言符号的递归性的认识,普通语言学的理论对此应该给以足够的重视。

第五,语言符号的随机性

索绪尔在《普通语言学教程》中,把语言现象分为言语活动(language)、言语(parole)和语言(langue)三样东西,它们之间是彼此联系而又相互区别的。

他指出,"言语活动是多方面的、性质复杂的,同时跨着物理、生理和心理几个领域,它还属于个人的领域和社会的领域。我们没法把它归入任何一个人文事实的范畴,因为不知道怎样去理出它的统一体。"因此,"言语活动的研究就包含两部分:一部分是主要的,它以实质上是社会的、不依赖于个人的语言为研究对象,这种研究纯粹是心理的;另一部分是次要的,它以言语活动的个人部分,即言语,其中包括发音,为研究对象,它是心理·物理的。"

"把语言和言语分开,我们一下子就把(1)什么是社会的,什么是个人的;(2)什么是主要的,什么是从属的和多少是偶然的分开来了。"

他指出,"语言是一种表达观念的符号系统,因此,可以比之于文字、聋哑人的字母、象征仪式、礼节形式、军用信号等等。它只是这些系统中最重要的。"而言语则"是人们说话的总合",它包括言语行为的过程(也就是过程)和言语行为的结果(也就是口头的或书面的言语作品)。

索绪尔把语言比作乐章,把言语比作演奏,把语言和言语的关系比喻为乐章和演奏的关系。他说,"在这一方面,我们可以把语言比之于交响乐,它的现实性是跟演奏方法无关的;演奏交响乐的乐师可能会犯的错误绝不会损害这种现实性。"这是一个非常贴切的比喻。(索绪尔,中译本,1980)

在索绪尔关于语言和言语区分的理论的影响下,乔姆斯基提出,必须把说具体语言的人对这种语言的内在知识和他具体使用语言的行为区别开来,并把前者叫做语言能力(competence),后者叫做语言运用(performance)。我们认为:乔姆斯基的语言能力,大体上相当于索绪尔的语言;乔姆斯基的语言运用,大体上相当于索绪尔的言语。

在言语(或语言运用)中,当我们用语言来进行交际活动的时侯,有的语言成分使用得多一些,有的语言成分使用得少一些,各个语言成分的使用并不是完全确定的,这种不确定性,就是语言符号的随机性。我们在学习语言时常常感到语言规则中总是有许多的例外,这些例外,就是由语言符号的随机性造成的。所以,语言符号的随机性,也应该是语言的本质属性之一。

正因为语言符号具有随机性,所以我们很难用确定性的规则来描述它。语言使用中大量的例外现象使语法学家们伤透脑筋,有的语法学家甚至因此而误入迷津,以偏概全,得出了错误的结论。

其实,对于言语活动这样的随机现象来说,仅以十个例子或十个反例来作为某条语法规则破或立的标准,看来未必恰当。最好的办法还是采用统计数学的方法来对交际活动中所出现的各种语言现象进行描述。如果我们从语言学理论的高度,把随机性看成是语言符号本身的一种自然特性,并采用恰当的数学工具来描述这种随机性,使用计算机来进行一般手工操作所难于胜任的大量的统计计算和分析,那么,我们对于语法规则中的各种各样的例外情况,也就不会再感到迷惑不解和束手无策了,因为这些例外的情况正是由于语言符号本身的随机性这一个特点而形成的。

从自然语言处理的角度看来,在语言成分的出现这一个随机事件中,随机事件 A 与条件组 S 之间虽然没有完全确定的联系,但是,它们之间却有着统计上的联系。尽管当条件组 S 实现一次时,事件 A 可能发生,也可能不发生。但是,如果条件组 S 实现多次,事件 A 的发生就有着某种规律性,这种规律性就是统计规律性。自然语言处理认为,那些无一例外的必然的规律性,只不过是这种统计规律性的补充和表现形式罢了。

近年来,不少的语言学家开始认识到语言符号的这种随机性,自觉地使用统计方法来描述自然语言现象,这是令人可喜的。在计算语言学中,根据语言符号的随机性,已经在计算机上做了很多统计工作,成果累累。我国学者进行的汉字字频统计、汉字部件统计、汉字笔画统计、书面语词频统计、汉字熵值计算、汉字冗余度计算、汉语语音统计、汉语方言亲疏关系的分析和统计,为汉语的自然语言处理研究提供了可靠的统计结果,推进了我国自然语言处理研究的发展。这些事实说明,一旦我们在理论上自觉地认识到语言符号的随机性,就会产生出巨大的物质力量。语言学的理论对于语言研究的实践确实有着重要的指导意义。

语料库语言学的研究,可以帮助我们从大量的经过标注的语言素材中,发现语言的统计规律,并将其提炼为自然语言处理的规则。这种研究生动地体现了索绪尔所指出语言和言语的相互关系。大量的语言素材相当于索绪尔定义的言语,语言学规则相当于索绪尔定义的语言,通过对言语的统计研究,就可以发现语言的规律。这是语言符号随机性的又一佐证。

第六,语言符号的冗余性

语言成分在交际活动中的出现是一个随机事件,语言成分之间彼此有着相互的影响和制约,也就是说,前后的语言符号具有相关性,我们根据前面出现的符号,常常可以预测后面的符号出现的可能性。当说话不清楚或文字有错落时,我们往往可以根据前后文来理解话语或文章的含义。就是当某个汉字或拉丁字母不清楚时,我们根据它们的残存部分常常就可以推断文字的全形。在有噪声或干扰时,我们仍然有能力根据已经听清楚的部分来识别那些不清晰的语音。这些事实说明,并不是语言中的一切成分对于传达语言符号整体所包含的信息都是绝对不可缺少的,就是缺少了某些部分,语言本身有能力把这些缺少的部分补充和恢复出来。这意味着,语言符号具有冗余性。这种冗余性是必要的和有益的,它保证了不理想的环境下(如书面文章中有遗漏,谈话时有嘈杂声,书写的字母不清楚,发音不清晰),仍能发挥其交际功能。因此,我们不能认为冗余度就真的是语言中"冗余"的或不必要的东西。恰恰相反,这种冗余度是语言传递信息时必不可少的。没有冗余度的语言在实际上是无法理解的,因为日常语言总有很大的灵活性,要想理解句子的意思,就必须考虑到字母在单词中的位置和单词在句子中的上下文关系。我国著名语言学家李荣教授建议把"冗余度"改为"羡余度",这是很有道理的。事实上,只要语言有结构性就会有冗余度,语言符号的冗余度就是语言的结构性在语言使用过程中的体现。这样看来,语言符号的冗余性也应该是语言符号的一个重要特性,它与语言符号的随机性一样,无时无刻不在语言的使用中表现出来。

自然语言处理已经根据各种言语统计的结果,计算出世界上许多种语言的冗余度。现在世界上各种语言的冗余度中,计算得比较精确的是英语。柏登(N. Burton)和里克里德(J. Licklider)两人通过大量的计算求出,英语书面语的冗余度在 67% 到 80% 之间。汉字是一个大字符集,要直接计算汉语书面语的冗余度,其工作量是非常大的,所以至今为止,我们还不能直接来计算汉语书面语的冗余度,只有通过间接的方法来估算。我国计算语言学研究者现已估算出汉语书面语的冗余度在 56% 与 74% 之间,其平均值约为 65% 。可以看出,汉语书面语的冗余度,其上下限都略低于英语书面语的冗余度。

汉语的冗余度比英语低一些,说明汉语比英语"简练"一些,而"难懂"一些。所谓"简练"一些,就是对同一篇文章,中文将比英文短一些;而所谓"难懂"一些,就是指从平均的角度看,文章中对于同样长的字母序列,在语义方面给人们的预示能力差一些,或者说,它的语义更难捉摸一些,语义的不肯定性程度更大一些。自然语言处理的这些研究成果,与我们对于汉语和英语的实际体会是一致的。这说明,自然语言处理对于语言符号的冗余性的认识是正确的。

第七,语言符号的模糊性

索绪尔完全没有认识到语言符号具有模糊性。他在《普通语言学教程》中写道:"从心理方面看,思想离开了词的表达,只是一团没有定形的、模糊不清的浑然之物。哲学家和语言学家常一致承认,没有符号的帮助,我们就没法清楚地、坚实地区分两个观念。思想本身好像一团星云,其中没有必然划定的界限。预先确定的观念是没有的。在语言出现之前,一切都是模糊不清的。"他又说,"语言对思想所起的独特作用不是为表达观念而创造一种物质的声音手段,而是作为思想和声音的媒介,使它们的结合必然导致各单位之间彼此划清界限。"(索绪尔,中译本,1980)

显而易见,索绪尔认为,正是由于语言的作用,才使模糊的思想和声音的各个单位之间清晰起来。在索绪尔看来,语言本身是谈不上模糊性的。

关于语言的模糊性问题,在自然语言的计算机处理出现之前,就有不少学者进行过探索和研究。英国著名哲学家罗素(B. Russell)于1923年写过一篇《论模糊性》的论文。

他指出:"整个语言都或多或少是模糊的。"并且举例论证了这个问题:"由于颜色构成一个连续统,因此颜色有深有浅,对于这些深浅不同的颜色,我们就拿不准是否把它称为红色。这不是因为我们不知道'红色'这个词的意义,而是因为这个词的使用范围在本质上是不确定的。这自然也是对人变成秃子这个古老之谜的回答。假定一开始他不是秃子,他的头发一根根地脱落,最后才变成秃子。于是有人争辩说,一定有一根头发,由于这根头发的脱落,便使他变成秃子。这种说法自然是荒唐的。秃头是一个模糊概念;有一些人肯定是秃子,有一些人肯定不是秃子,而处于这两者之间的一些人,说他们必定要么是秃子,要么不是,这是不对的。排中律用于精确符号时是正确的;但是当符号模糊的时候,排中律就不适用了。事实上,所有的符号都是模糊的。所有描述感觉特性的词,都具有'红色'这个词所具有的同样的模糊性。"(罗素,中译本,1990)。罗素这篇论文对传统逻辑学中的排中律提出挑战,从哲学和逻辑学上为模糊理论奠定了基础。

1933 年,美国语言学家布龙菲尔德(L. Bloomfield)在《语言论》一书中,也指出了自然语言中存在着模糊现象。

他说:"我们可以根据化学或矿物学来给矿物的名称下定义,正如我们说'盐'这个词的一般的意义是'氯化钠'(NaCl),我们也可以用植物学或者动物学的术语来给植物或者动物的名称下定义,可是我们没有一种准确的方法来给像'爱'或者'恨'这样一些词下定义,这样一些词涉及到好些还没有准确地加以分类的环境——而这些难以确定意义的词在词汇里占了绝大多数。"他进一步指出:"此外,即使我们有一些科学的(也就是普遍被承认的而又不准确的)分类,我们也还往往发现语言里的意义跟这种分类并不一致。"(布龙菲尔德,中译本,1980)

这些研究都指出了自然语言里存在的模糊现象。直到 1965 年,著名数学家查德(L. A. Zadeh)发表了《模糊集合》的著名论文后,模糊性的概念才第一次找到了完善的表示方法。他的研究是首先从观察语言符号的模糊性开始的。例如,"老年"这个概念就具有模糊性。七十岁算不算"老年"? 如果算,那么,六十岁算不算"老年"? 五十岁算不算"老年"? 这是很难精确地回答的。查德把"老年"看成是建立在"年龄"这个论域上的集合,而把七十岁、六十岁、五十岁都看成这个集合中的元素,这样,就可以研究这些元素相对于"老年"这个集合的隶属关系。这种隶属关系,很难用经典集合论中的"属于"或"不属于"某个集合的办法来描述,而可以用在多大程度上属于某个集合的办法来描述。也就是说,一个模糊集合 S 的特征,是存在着一个隶属函数 μ,对于论域中的每一个元素 x,都有一个确定的值 μ(u),这个值刻画着元素 x 隶属于模糊集合 S 的程度。查德把普通集拓广为模糊集,为模糊数学奠定了基础,这一开创性的工作不仅拓广了普通数学的研究领域,而且开辟了在软、硬科学(包括语言学)中提高数学适用性的广阔途径。

应该强调指出的是,模糊数学的产生和发展,首先是从观察和研究自然语言中的各种模糊现象开始的。查德本人在《模糊集》一文中曾明确地说明:"模糊集合论的这个分支的起源是从语言学方法的引入开始的,它转而又推动了模糊逻辑的发展……在即将到来的时代,我相信近似推理和模糊逻辑将发展成为一个重要领域,从而变成研究哲学、语言学、心理学、社会学、管理科学、医学诊断、判别分析以及其它领域的新方法的基础。"(查德,中译本,1981)模糊语言的研究已引起了语言学家们的浓厚兴趣。1972年在美国纽约举行的词典学国际讨论会上,美国语言学家雷柯夫(G. Lakoff)作了一个在词汇研究方面应用模糊数学的报告。雷柯夫高兴地说:"我们现在有了一个'可爱的术语'——模糊集合。"他在讨论会结束时又指出,模糊性将成为语言学研究的一个主要领域。

语言符号的模糊性不仅存在于单词的含义方面,语法方面也存在着模糊性。例如,许多语言中动词和名词的划界并不十分清楚,存在着"亦此亦彼"的现象,也就是说,动词和名词的划界是模糊的。美国语言学家洛斯(Ross)提出了"动/名连续统模型",以此描述英语中动词和名词的划界问题。在连续统的两端分别是纯动词和物质名词,它们的界线是截然分明的。但是在这个连续统两端的中间,则存在着一系列界线模糊的过渡类,可图示如下:

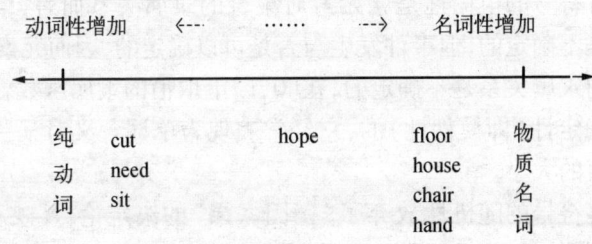

图1.12 英语中的动词—名词连续统

可以看出,处于连续统中间的 hope(希望)这个词,兼具动词和名词的特点,表现了在词类归属上的模糊性。英语中的很多词,都可以根据它们在性质上的差异来确定它们在连续统上的位置。最近有学者采用这个"动/名连续统模型"来解决汉语的动词和名词的分界问题,取得了较满意的结果。

在自然语言处理中,自然语言的表达和理解技术是一个十分困难的问题。学者们已经认识到,这个问题比他们原来预料的更加艰难,美国国会技术评价办公室最近指出,要使计算机具备一个五岁小孩的自然语言理解能力说不定是二十年以后的事。自然语言的表达和理解的主要困难在于自然语言本身的模糊性。这种困难的内在原因是我们对于人类如何贮存和处理模糊信息的机制还不十分清楚,外在原因是我们还没有一种适合于处理自然语言的模糊信息的工具。由模糊数学创始人查德亲自开拓的可能性理论、模糊语言方法以及由此而产生的模糊语言逻辑、自然语言语义表达和近似推理,已经构成一个知识分支,正在把克服上述自然语言理解和表达技术中的困难当作自己的研究目标,目前已取得了令人鼓舞的成果。可见,自然语言处理的研究将会推动我们更加深入地探讨语言符号的模糊性问题。

语言符号的模糊性与语言符号的随机性是两个不同的概念。

前面说过的语言符号的随机性是就事件的发生与否而言,但事件本身的含义是确定的,由于条件不充分,事件的发生与否有多种可能性,在[0,1]上取值的概率分布函数就是描述这种随机性的,它经常表现为字符或单词出现概率的大小。

语言符号的模糊性是就元素对集合的隶属关系而言,事件本身的含义是不确定的,但事件发生与否是可以确定的,因而元素(事件)对集合的隶属关系是不确定的,在[0,1]上取值的隶属函数就是描写这种不确定性(即模糊性)的,它经常表现为单词含义对某一集合隶属函数值的大小。

语言符号的随机性放弃了"一因一果"的决定论,反映了"一因多果"的规律性,因此,它是由于因果律破缺而造成的一种不确定性,在用统计方法来描述自然语言时,是满足排中律的。

语言符号的模糊性摆脱了"非此即彼"的确定性,反映了"亦此亦彼"的规律性,因此,它是由于排中律破缺而造成的一种不确定性。

研究语言符号的随机性,可以把语言学的领域从必然现象扩大到偶然现象,研究语言的模糊性,可以把语言学的研究领域从清晰现象扩大到模糊现象。因此,语言符号随机性和模糊性的发现,都加深了我们对于语言符号本质的认识,拓宽了语言学的研究领域。

由此可见,层次性、非单元性、离散性、递归性、随机性、冗余性、模糊性等七个特性也是语言符号十分重要的特性。索绪尔提出的语言符号的线条性可以用更为深刻的层次性来代替,而他提出的语言符号的任意性,确实是"头等重要的"、"支配着整个语言学"的原则。因此,我们认为,语言符号的特性除了上述的七个特性之外,还应该加上任意性,这样,语言符号就具有任意性、层次性、非单元性、离散性、递归性、随机性、冗余性、模糊性等共八个特性。自然语言处理的发展,使我们对于语言符号的这些特性的认识和理解更为丰富、更为深刻了。在这种情况下,我们不得不修正索绪尔理论中已经过时的部分,而代之以反映当前人类对自然语言符号认识水平的新理论。这是自然语言处理在普通语言学的基本理论方面对理论语言学提出的挑战。

语言符号的任意性,也就是语言符号的社会约定性,它反映了语言符号的社会—人文的本质,这使我们有可能用社会科学的方法来研究语言。语言符号的层次性、非单元性、离散性、递归性、随机性、冗余性反映了语言符号的物质—自然的本质,这使我们有可能用自然科学的方法来研究语言。而语言符号的模糊性,则表现了人类心智活动和思维活动的特点,反映了语言符号的智能—心理的本质,这使我们有可能用思维科学的方法来研究语言。这样,原来作为纯粹人文科学的语言学,在计算机时代便大大地拓广了它的研究领域,使它同时跨着人文科学、自然科学和思维科学三个领域。

法国著名数学家阿达玛(J. Hadamard)曾经说过:"语言学是数学和人文科学之间的桥梁。"今天,我们可以进一步说:"语言学是自然科学、思维科学和人文科学之间的桥梁。"一向被人们看成是冷门的语言学,现在已经改变了它在整个现代科学体系中的地位,正在成长为一门带头的科学,成为现代科学技术研究的一个热点。连许多计算机专家也认为,电子计算机软件也可以看成是一种语言文字工作,这是每一个语言文字工作者应该引以为荣的。

参考文献

1. 布龙菲尔德,《语言论》[M],中译本,商务印书馆,1980 年。

2. 查德,模糊集[A],中译文见《自然科学哲学问题》[C],1981 年,第 1 期。

3. 冯志伟,计算语言学对理论语言学的挑战[J],《语言文字应用》,1992 年,第 1 期。

4. 冯志伟,论语言符号的八大特性[J],载《暨南大学华文学院学报》,2007 年, 第 1 期,pp. 37—50。

5. 冯志伟,《自然语言处理的形式模型》[M],中国科学技术大学校友文库,中 国科学技术大学出版社,2009 年。

6. 冯志伟,《语言与数学》[M],世界图书出版公司,2010 年。

7. 冯志伟,计算语言学的历史回顾和现状分析[J],《外国语》,第 34 卷,2011 年,第 1 期,总第 191 期,pp. 9—17。

8. 罗素,论模糊性[A],中译文见《模糊系统与数学》[C],1990 年,第 9 卷,第 10 期。

9. 钱学森,电子计算机与新时期的语言文字工作[J],《中文信息》,1994 年,第 2 期。

10. 乔姆斯基,《乔姆斯基理论介绍》序言[A],《乔姆斯基理论介绍》[C],中文 本,黑龙江大学《外语学刊》编辑部,1982 年。

11. 索绪尔,《普通语言学教程》[M],中译本,商务印书馆。

12. Barwise, J., J. Perry, Situations and Attitudes [M], MIT Press, Cambridge, MA, 1983.

13. Chomsky, N., G. Miller, Introduction to the formal analysis of natural language [A], In R. D. Luce, R. Bush, & E. Galanter, (Eds.), *Handbook of Mathematical Psychology*[C], Vol. 2, 323 - 418, Wiley, New York, 1963.

14. Chomsky, N., Formal properties of grammars[A], In R. D. Luce, R. Bush and E. Galanter, (Eds.) *Handbook of Mathematical Psychology*[C], Vol. 2, pp. 323 - 418, Wiley, New York, 1963.

15. Chomsky, N. and M. P. Schützenberg, The algebraic theory of context free language[A], In P. Brafford and D. Hirschberger, *Computer Programming and Formal Language*[C], Amsterdam, North Holland, pp. 118 - 161.

16. Jakobson, R., On the identification of phonemic entities[J], TCLP, Vol. V, 1949.

17. Harady, F. , H. Paper, Towards a general calculus of phonemic distribution [J], *Language*, Vol. 33, No. 2.

18. Nersessian, N. J. , Faraday to Einstein[M], Dordrecht, 1984.

19. Markov, A. A. , Essai d'une recherche statistique sur le texte du roman " Ougene Onegin" illustrant la liaison des epreuve en chain[J], *Bulletin de l'Academie Impériale des Sciences de St-Pétersbourg*, 7, pp. 153 − 162.

20. Shannon, C. E. , A mathematical theory of communication[J], *Bell System Technical Journal*, 27: pp. 379 − 423, 1948.

21. Turing, A. M. , Can A Machine Think? [J], *Mind*, 50, 1950.

22. Turing, A. M. , Can Automatic Calculating Machines be Said to Think? [A], in Copeland, B. Jack, *The Essential Turing: The ideas that gave birth to the computer age* [C], Oxford: Oxford University Press, 1952.

23. Weizenbaum, Joseph, ELIZA — A Computer Program For the Study of Natural Language Communication Between Man And Machine [J], *Communications of the ACM* **9** (1): pp. 36 − 45, 1966, January.

第二章
词汇自动处理

第一节　词汇是语言的建筑材料

英国功能语言学的奠基人弗斯认为,词汇是语言描述的中心。1957 年,弗斯首先提出了搭配和类连接理论,在某种程度上将词汇内容从语法和语义学中分离出来。

弗斯指出,所谓"搭配"(collocation),是指某些词常常跟某些词一起使用。他认为,"意义取决于搭配"是组合平面上的一种抽象,它和从"概念"上或"思维"上分析词义的方法没有直接的联系。night(夜晚)的意义之一是和 dark(黑暗)的搭配关系,而 dark 的意义之一自然也是和 night 的搭配关系。[①] cow(母牛)是常常和动词 to milk(挤牛奶)一起使用的。这两个词往往这样搭配:They are milking the cows(他们给母牛挤奶),Cows give milk(母牛提供牛奶)。可是,tigress(母老虎)或 lioness(母狮子)就不会和 to milk 搭配,讲英语的人不会说 *They are milking the tigresses,或 *Tigresses give milk。由此可见,在搭配时,cow 的形式意义与 tigress 和 lioness 不同。在搭配中,词汇意义起着主要的作用。

之后数十年,新弗斯学者始终坚持以词汇研究为中心,强调词汇与语法的辩证关系,深入发展了弗斯的词汇理论。

1966 年,韩礼德(Halliday)提出词汇不是用来填充语法确定的一套"空位"(slots),而是一个独立的语言学层面;词汇研究可以作为对语法理论的补充,却不是语法理论的一部分,他主张把词汇从语法

---

① 　J. R. Firth, *Papers in Linguistics*, 1957, p. 196.

研究中独立地分离出来。

近些年来,语料库证据支持的词汇学研究蓬勃发展,越来越多的实证研究表明,词汇和语法在实现意义时是交织一起的,必须整合描述。词汇是话语实现的主要载体,语法则起到管理意义、组合成分和构筑词项的作用。生成语法学者史密斯甚至认为"词汇是语言间所有差异的潜在所在。排除词汇差异这一因素,人类的语言只有一种。"①

根据还原主义者(reductionist)的观点,近百年来自然科学发展的历史可以看成是探索如何使用较小"基原"(primitives)的行为结合起来解释较大"结构"(structure)的行为的历史。在生物学中,遗传的性质用基因的行为来解释,而基因的性质用脱氧核糖核酸(DNA)的行为来解释。在物理学中,物质被还原为原子,而原子又被还原为比原子更小的粒子。

在语言学中,也逃不出这种还原主义思想的影响。语言学家可以使用语法范畴构成诸如S→NP VP这样的语法规则,把S看成是由NP和VP组成的,或者把S还原为NP和VP,再把NP和VP还原成具体的单词。

所有这些都可以把客观事物(object)想象成是由某些特征关联而成的复杂特征的集合。在这些特征中的信息用约束(constraints)来表示,所以这一类的模型通常叫做"基于约束的形式化方法"(constraint-based formalism)。

1900年,实验心理学的奠基人温德(Wilhelm Wundt)在《大众心理学》(Völkerpsychologie)一书中曾经给句子下过这样的定义:

"Den sprachlichen Ausdruck für die willkürliche Gliederung einer Gesammtvorstellung in ihre logische Beziehung zueinander gesetzten Bestandteil."

我把这句德文翻译为如下的中文:

---

① Smith, Neil. 1999. *Chomsky: Ideas and Ideals*. Cambridge: Cambridge University Press, pp. 50.

> "句子是把完整的思想任意分为它的组成成分并把它们置于逻辑关系之中的语言表示。"

温德的这段话可能是把句子分割为成分层次这种还原主义思想的最早论述。

后来,布龙菲尔德在他早期的著作《语言研究导论》(*An Introduction to the Study of Language*,1914)中将温德关于组成性的思想引入了语言学。1933 年在他的著作《语言论》(*Language*)发表以后,"直接成分分析法"(immediate-constituent analysis)成为美国结构主义语言学研究中的相当完善的方法。

从古典时期开始的传统的欧洲语法着重研究如何确定单词(words)之间的关系,而不是研究确定成分(constituents)之间的关系。欧洲的句法学家们在诸如依存语法(dependency grammar)等形式语法中,强调以词为基础。

不论是以成分为基础还是以词为基础,从实质上说来,这些语言学研究的理论基础都是"还原主义"(reductionism)。

从词汇语义组成的角度,弗雷格(Frege)提出了"组成性原则"(compositionality principle)。弗雷格指出,句子的意义是由组成它的各个成分的意义组合而成的,组成成分的意义决定了整个句子的意义,组成成分的意义是句子的意义的函数。"组成性原则"成为了句法语义分析的一个基本的方法论原则,又叫做"弗雷格原则"(Frege Principle)。

不论从还原主义的角度看,还是从组成性原则的角度看,词汇都是组成句子的基本成分,词汇是语言的建筑材料,是话语实现的主要载体,而语法的作用则是把词汇加以组合,构筑更大的组合成分。

单词本身的语义信息是很重要的,根据"还原主义",句子的句法成分可以还原成单词;根据"组成性原则",句子的语义是由构成该句子的单词的语义以及这些单词之间的语义关系组成的。因此,词汇的分析和描述对于自然语言处理是至关重要的,我们应当重视词汇的研究,善于从词汇中发现语言现象后面隐藏着的内在规律。

美国经济学家莱维特(Levitt)和记者杜布尼(Dubner)在 2005 年

出版的 *Freakonomics*（《魔鬼经济学》，这是一本畅销书，发行数百万册）一书中说明，在不动产的广告中，使用线性回归可以很好地预测房屋在出售时的价格是高于还是低于要求的价格。他们说明，如果在英文的不动产广告中出现"fantastic（好极了），cute（逗人喜爱），或 charming（迷人）"这些词语，房屋出售的价格就往往会低一些，如果在英文的不动产广告中出现"maple（枫树），granite（花岗石）"这样的词语，房屋出售的价格就往往会高一些。他们假定，房地产经纪人使用诸如"fantastic（好极了）"这样褒义模糊的词语来掩盖房屋中某些质量方面的缺陷。为了便于讲解，我们编出了下表中的一些数据：

模糊形容词的数目#	房屋出售时高于要求价格的数量
4	0
3	$1 000
2	$1 500
2	$6 000
1	$14 000
0	$18 000

表1 在不动产广告中，模糊形容词的数量（**fantastic，cute，charming**）与房屋出售时高于要求价格的数量之间的关系的数据，这些数据是为了便于讲解编出来的，并非实际调查的结果。

  下面用图示对这种情况加以说明，x 轴表示特征（模糊形容词的数量#），y 轴表示价格。我们还绘出了与观察数据拟合得很好的回归线（regression line）。任何一条直线的方程是

$$y = mx + b,$$

如图中所示，直线的斜率 $m = -4900$，截距为 $b = 16550$。
  方程为

$$y = -4900x + 16550$$

由此我们可以画出如下的函数图：

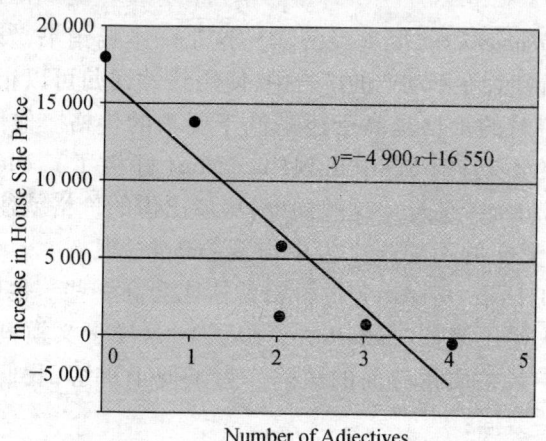

图 2.1 根据上面表中编出的那些点的数据绘出的图，
方程为 $y = -4900x + 16550$。

我们可以想见，这条直线的两个参数(斜率 m 和截距 b)可以看成是我们用来把特征(在这种情况为 x，形容词的数量)映射到输出值 y(在这种情况为价格)的权值的集合。我们可以使用 w 代表权值，把这个线性方程表示如下：

$$\text{Price} = w0 + w1^* \text{Num\_Adjectives}$$

这样一来，我们就可以使用线性方程从这些形容词的数量来估计房屋的售价。例如，如果广告中出现 5 个形容词，我们可以预测出房屋可以售多少价钱。

如果我们使用一个以上的特征，那么，线性模型的能力就会真正强大起来，这种使用多个特征的线性回归叫做多元线性回归(multiple linear regression)。

房屋的最终价格大概还依赖于很多其他的因素，例如，当前的房屋抵押率、市场上未售房屋的数量，等等。我们可以把这些因素作为变量来进行编码，每一个因素的重要程度就是这些变量的权重，如下面的方程所示：

$$\text{价格} = w_0 + w_1^* \text{形容词数量} + w_2^* \text{抵押率}$$
$$+ w_3^* \text{未售房屋数量}$$

在自然语言处理中,我们常常把像"形容词的数量"或"抵押率"这样的用于预测的因素叫做特征(feature)。我们用这些特征的矢量来表示每一个观察(每一套待售的房屋)。假定一套房屋在广告中有一个形容词,并且抵押率为6.5,在该城市中有10 000套未售房屋,那么,该房屋的特征矢量就是$\vec{f}=(1, 6.5, 10 000)$。假定我们已经从这项工作中学习到的加权矢量为$\vec{w}=(w_0, w_1, w_2, w_3)=(18 000, -5 000, -3 000, -1.8)$。这样,这套房屋的预测价格的值就采用把每一个特征与它们的加权相乘的方法来计算:

$$price = w_0 + \sum_{i=1}^{N} w_i \times f_i$$

由此可见,词汇中包含着非常丰富的内容,从中我们可以发现挖掘出很多知识来。词汇的自动处理是非常有使用价值的。

第二节 正则表达式

1951年,克林(Kleene)定义了有限自动机和**正则表达式**(regular expression,简称RE),并且证明了二者的等价性。汤姆生(Ken Thompson)是首先研制正则表达式编译器的学者之一,1968年,他把正则表达式编译器用于文本搜索。他的文本搜索编辑器ed包含一个"g/regular expression/p"的命令,或者叫做通用正则表达式打印命令,后来变成了UNIX grep。

在本节中,我们将介绍正则表达式,正则表达式是描述文本序列的标准记录方式。在词汇自动处理的各种类型的应用中,都使用正则表达式来描述文本中的符号串,正则表达式在词汇自动处理中起着重要的作用。

假定你是美洲旱獭(woodchucks)的爱好者,并且你知道groundhog和woodchuck是同一个动物的不同名称。如果现在你正在写一篇关于woodchucks这个术语的论文,你需要把论文中所有的woodchucks这个术语都搜索出来,并且用woodchucks(groundhogs)来替换woodchucks,同时,你也需要用单数形式的woodchuck(groundhog)来替换单数形式的woodchuck。但是你不愿意做两次这样的搜索,而宁愿仅仅只写一个单独的命令,把单数形式和复数形式都用"带随选词尾 s 的 woodchuck"这样的形式表达出来。这时,你就需要使用正则表达式。

如果你想查询在某个文件中的所有的物价;想看到所有的诸如 $199、$25、$24.99 这样的表示物价所谓符号串,以便把它们自动地从价目表中抽取出来。这时,你也要用到正则表达式的知识。

有限状态转移网络、有限状态转录机、递归转移网络、扩充转移网络,都是建立在有限状态自动机(finite state automaton)的基础之上的。正则表达式与有限状态自动机之间存在着密切的关系,我们将通过有限状态自动机来进一步说明如何实现这些正则表达式。有限状态自动机不仅是一种用来实现正则表达式的数学工具,而且也是自然语言处理中最为有用的工具。

正则表达式是一种用于描述文本搜索符号串的语言。用来搜索诸如 grep 和 Emac 这样的 UNIX 工具。在 Perl,Python,Ruby 和 Java 等程序语言中,以及在 Microsoft Word 中,文本的正则表达式几乎是完全一样的,在不同的 Web 搜索引擎中,存在着具有不同特征的正则表达式。除了这些实际的用处之外,正则表达式还是计算机科学和语言学的一种最重要的理论工具。

正则表达式是 1956 年首先由克林提出来的。一个正则表达式是专用语言中用于描述符号串(string)的简单类别的一个公式。符号串是符号的序列;对于大多数的基于文本的检索技术来说,符号串就是字母数字字符(字母、数字、空白、表、标点符号)的任意序列。在基于文本的检索技术中,一个空白相当于一个字符,它与其他字符是同样看待的,我们用符号⌣来表示空白。

从形式上说,正则表达式是用来刻画符号串集合的一个代数表述。因此,它可以用于描述符号串的搜索,也可以用于以形式的方法定义一种语言。我们将首先讲述如何把正则表达式用来描述义本的搜索,然后逐渐讲解正则表达式的其他的用途。由于普通的文本处理程序与正则表达式的大多数句法是一致的,这样我们就可以把它扩充到 UNIX 和 Microsoft Word 的正则表达式。

正则表达式的搜索要求有一个我们试图搜索的模式(pattern)和

一个被搜索的文本语料库（corpus）。正则表达式的搜索函数将对整个的语料库进行搜索，并返回包含该模式的所有文本。在诸如搜索引擎这样的信息检索系统（Information Retrieval，简称 IR）中，文本就是整个的文档或 Web 的网页。在一个词处理系统中，文本可以是独立的单词，或者是文档行。因此，如果给出一个搜索模式，那么，搜索引擎返回的就是文档行。下面我们将用下划线强调模式中与正则表达式相匹配的部分。对于一个正则表达式来说，搜索可以返回所有的匹配，也可以只返回第一个匹配。这里只显示第一个匹配。

下面我们介绍正则表达式中常用的符号。

- **双斜线"//"**

最简单的正则表达式是由简单字符构成的一个序列。例如，要搜索 Buttercup 我们就键入/Buttercup/这个正则表达式进行搜索。这样，正则表达式/Buttercup/就与语料库中包含子字符串 Buttercup 的任何字符串相匹配，例如，字符串行"I'm called little Buttercup"（我们假定在这个搜索应用中返回整个的行），就可以搜索到 Buttercup。

今后，我们将在正则表达式的前后加斜线"/"。之所以使用斜线，是因为这种表示方法是在 Perl 语言中使用的，但在这种表示方法中，斜线并不是正则表达式的一部分。

搜索符号串可能只包含一个单独的字母（如/!/），或者包括字母序列（如/urgl/）。我们在与正则表达式相匹配的第一个例子下面加了下划线（尽管实际上也可以选择返回比第一个例子更多的实例）。

正则表达式	匹配模式的实例
/woodchuck/	"interesting links to woodchuck and lemurs"
/a/	"Mary Ann stopped by Mona's"
/Claire_says/	"Dagmar, my gift please," Claire says
/DOROTHY/	"SURRENDER DOROTHY"
/!/	"You've left the burglar behind again !" said Nori

图 2.2　用//表示搜索符号串

- **方括号"[ ]"**

正则表达式是区分大小写的(case sensitive);小写/s/区别于大写/S/;/s/与小写字母 s 匹配,/S/与大写字母 S 匹配。这意味着,/woodchuck/ 与字符串 Woodchuck 不匹配。我们使用方括号"["和"]"来解决这个问题。括号内部的字符符号串表示所匹配的字符是析取(disjunction)的。例如,下图表明,与/[wW]/匹配的模式中或者包含 w,或者包含 W。

正则表达式	匹 配	模 式 例 子
/[wW]/oodchuck/	Woodchuck 或 woodchuck	"Woodchuck"
/[abc]/	'a'或'b'或'c'	"In uomini, in soldati"
/[1234567890]/	任何数字	"plenty of 7 to 5"

图 2.3 用方括号[ ]表示字符的析取

- **连字符"-"**

正则表达式/1234567890/可以表达任何的简单数字。类似数字或字母这样的字符都是构成表达式的重要的建筑材料,它们处理起来有时会变得很不方便。例如,当我们用"任意的大写字母"正则表达式

/[ABCDEFGHIJKLMNOPQRSTUVWXYZ]/

来描述任何的大写字母时,就显得很不方便。在这样的情况下,可以用连字符"-"来表示在某一范围(range)内的任何字符。正则表达式/[2—5]/表示字符 2,3,4 和 5 范围内的一个任意符号。表达式/[b-g]/表示字符 b, c, d, e, f 和 g 范围内的一个任意符号。下面是其他的例子:

正则表达式	匹 配	匹配模式的例子
/[A-Z]/	一个大写字母	"We should call it 'Drenched Blossoms'"
/[a-z]/	一个小写字母	"my beans were impatient to be hoed"
/[0-9]/	一个单独数字	"Chapter 1: Down the Rabbit Hole"

图 2.4   使用括号[ ]和连字符—表示某个范围

- **脱字符"ˆ"**

   使用脱字符"ˆ",方括号还可以用来表示不出现某个单独的字符。如果在开方括号之后有脱字符"ˆ",那么,相应的模式就是否定的。例如,正则表达式/[ˆa]/与任何不包含 a 的单个字符相匹配。不过,这种用法仅仅当脱字符处于开方括号之后的第一个位置时才有效。如果脱字符出现在其他位置,它只能表示脱字符本身。下面是一些例子。

正则表达式	匹配(单字符)	匹配模式的例子
[ˆA-Z]	不是一个大写字母	"Oyfn pripechik"
[ˆSs]	既不是 S 也不是 s	"I have no exquisite reason for' t"
[ˆ\.]	不是点号	"our resident Djinn"
[eˆ]	不是 e,就是ˆ	"look up ˆ now"
aˆb	模式"aˆb"	"look up aˆb now"

图 2.5　使用脱字符ˆ表示否定或者仅仅表示它自身

- **问号"?"**

   使用方括号解决了 woodchuck 的大小写问题,但是还不能既表示 woodchuck 又表示 woodchucks。我们不能用方括号实现这样的表示,因为方括号容许我们说"s 或 S",但是不容许我们说"s 或无"。为此,我们使用问号"?"来表示前面一个字符或者"无",如下图所示。

正则表达式	匹　　配	匹配模式的例子
/woodchucks?/	woodchuck 或 woodchucks	"woodchuck"
/colou? r/	color 或 colour	"colour"

图 2.6　问号表示它前面的那个字符是可选的

- **"Kleene * "**

   我们可以把问号的意义看成是"前　个字符的无或有"。这是一种表达我们想要多少东西的方法。有时我们需要正则表达式能够表

示重复的事物。例如,羊的叫声可以看成一种"语言",这种语言是如下包含重复的符号的符号串:

> baa!
>
> baaa!
>
> baaaa!
>
> baaaaa!
>
> baaaaaa!
>
> …

这种语言的开头是一个 b,后面跟着至少两个 a,最后是一个惊叹号。有一种基于星号或"*"的算符可以容许我们表达"若干个 a",这种算符叫做"Kleene*"(我们不妨将其读为"Kleene 星号")。Kleene 星号的意思是"其直接前面的字符或正则表达式为零或连续出现若干次"。这样一来,/a*/表示"由零或若干个 a 构成的符号串",它可以与 a 或 aaaaaa 相匹配,并且它也可以与 Off Minor 相匹配,因为 Off Minor 只包含零个 a。所以,与包含一个或多个 a 的符号串相匹配的正则表达式是/aa*/,它表示一个 a 后面跟着零个或多个 a。更复杂的模式也可以重复。所以,/[ab]*/表示"零个或多个 a 或 b"(不是表示"零个或多个右方括号")。这个正则表达式可以与 aaaa 或 ababab 或 bbbb 符号串相匹配。

现在我们已经完全知道怎样用正则表达式来表示多位数的价钱。单位数的价钱的正则表达式是/[0-9]/。因此一个整数(数字串)的正则表达式就是/[0-9][0-9]*/。

- **"Kleene +"**

有时,把数字的正则表达式写两次会令人感到腻味,因此,提出了一种表示数字"最少有 个"的简单方法。这种方法就是"Kleene +"(读为"Kleene 加号"),Kleene 加号的含义是"前面一个或多个字符"。因此,正则表达式/[0-9]+/是"数字序列"的规范表达式。羊叫声的语言有两种表示方法:/baaa*!/和/baa+!/。

- **通配符"."**

还有一个重要的字符就是点号 (/./)，这是一个通配符 (wildcard)。这个通配符表示任何与单个字符 (回车符除外) 相匹配的字符。

正则表达式	匹 配	模式例子
/beg. n/	位于 beg 和 n 之间的任何字符	bengin, beg'n, begun

图 2.7 用点号"."表示任意字符

通配符经常与 Kleene 星号结合起来使用，其意思是"任何的字符串"。例如，如果我们想找到文本中的某一行，其中 aardvark 这个词出现两次。我们可以用正则表达式表示为：/aardvark. * aardvark/。

- **锚号"^"和" $"**

锚号 (anchors) 是一种把正则表达式锚在符号串中某一个特定位置的特殊字符。最普通的锚号是脱字符"^"和美元符号" $"。脱字符与行的开始相匹配。正则表达式/^The/表示单词 The 只出现在一行的开始。

这样一来，脱字符"^"可有三种用法：表示一行的开始；在方括号内表示否定；只表示脱字符本身。

美元符号 $表示一行的结尾。所以模式"_ $"是一个有用的模式，它表示一行的结尾是一个空白。正则表达式/^The dog\. $/表示仅只包含短语 The dog 的一个行。(这里必须使用反斜杠"\"，因为我们想让"."表示点号，而不表示通配符)。

- **词界号"\b"和"\B"**

此外还有两个其他的锚号：\b 表示词界，而\B 表示非词界。因此，/\bthe\b/表示单词 the，而不是表示单词 other。从技术上说，Perl 语言把词定义为数字、下划线或字母的任何序列。这是根据像 Perl 和 C 这样的程序语言中关于词的定义来说的。例如，/\b99/表示在 "There are 99 bottles of beer on the wall" 中的符号串 99。因为 99 跟在一个空白的后面。但是这个正则表达式不表示在"There are 299 bottles of beer on the wall"的符号串 99，因为 99 跟在一个数字的后面。然而，这个正则表达式表示 $99 中的 99（因为 99 跟在美元符号 $的后面，$不是数字、下划线或字母）。

假定我们需要搜索关于宠物的文本；而且我们对于 cat 或 dog 最感兴趣。这时，我们试图搜索符号串 cat，或者符号串 dog。因为我们不能使用方括号来搜索"cat 或 dog"，我们需要一个叫做析取算符（disjunction operator）的新算符"|"，这样的算符又叫做析取符（pipe symbol）。正则表达式/cat|dog/表示或者是符号串 cat，或者是符号串 dog。

- **析取符"|"**

有时我们需要在比较长的序列中间使用析取符。例如，假定我想为我的朋友 David 搜索关于他的宠物 guppy（虹鳉）的信息，我要怎样才可以同时表达 guppy 和它的复数形式 guppies 呢？我们不能简单地表示为/guppy | ies/，因为这样的表达式只能与符号串 guppi 和 ies 相匹配。像 guppy 这样的符号序列优先于（precedence）析取符"|"。为了使析取算符只能应用于特定的模式，我们需要使用圆括号算符"("和")"，把一个模式括在圆括号中，使得它就像一个单独的字符来使用，而且在其中可以使用析取符"|"和 Kleene* 等算符。因此，表达式/gupp(y|ies)/表示析取符仅仅应用于后缀 y 和 ies。

当我们使用如 Kleene* 这样的计数符的时候，圆括号算符"("也是很有用的。与算符"|"不同，Kleene* 算符只能用来表示单个的字符，不能用来表示整个的序列。如果我们想匹配某一符号串的重复出现，我们有一行符号包含列标记 Column1 1 Column 2 Column 3。表达式/Column_[0-9]+_*/不能与任何的列相匹配，但是可以与个后面有任意数目的空白的列相匹配！星号"*"在这里仅仅用于表示它前面的空白符号"_"，而不表示整个的序列。我们可以用圆括号写出正则表达式/(Column_[0-9]+_*)*/，这个表达式与单词 Column 后面跟着一个数字和任意数目的空白组成的符号串相匹配。

整个模式可以重复任意次数。

可见，一个算符可能优先于其他的算符，因此，我们有必要使用括号来表示这种优先关系，在正则表达式中，这种优先关系是通过算符优先层级(operator precedence hierarchy)来形式地描述的。下面的表中给出了正则表达式算符优先的顺序，其优先性按从高到低的顺序排列：

圆括号	( )
计数符	* + ? { }
序列与锚	the ^myend $
析取符	|

由于计数符比序列具有更高的优先性，所以/the*/与 theeeee 相匹配，而不与 thethe 相匹配。由于序列比析取符具有更高的优先性，所以/the\|any/与 the 或者 any 相匹配，而不与 theny 相匹配。

模式有时可能具有歧义。当正则表达式/[a-z]*/与 once upon a time 这个文本相匹配时，由于/[a-z]*/可以与零或者更多的字母相匹配，因此，这个正则表达式可以与零相匹配，也可以与首字母 o，或 on，或 one，或 once 相匹配。在这些场合，正则表达式应该总是尽其可能与其中最长(largest)的符号串相匹配，在这种情况下，它应该匹配 once。我们可以说，这些模式总是贪心地(greedy)扩充，试图覆盖尽可能长的符号串。

假定我们想写一个正则表达式来查找英语的冠词 the，我们可以写出一个简单的(但是不正确的)表达式：

　　/the/

这个表达式不能表示当 the 位于句子开头的情况，因为这时 the 的第一个字母要大写，即写为 The。这使我们想到使用表达式：

　　/[tT]he/

但是，当文本中 the 嵌入在其他单词中间的时候(例如，other 或 theology)，这样的表达式就不正确了。这时，我们就需要在表达式中说明，一个单词的两端应该有边界，表达式应该是：

/\b[tT]he\b/

如果不用 \b/，我们是不是也可以达到这的目的呢？因为 \b/ 不能处理 the 后面带下划线或数目字的情况，我们也不想把下划线或数目字看成是词的界限。但是，我们试图在可能出现下划线或数目字的某个上下文中找到 the（例如，the 或 the25）。我们需要说明在 the 的两侧不能出现字母。这时，表达式为：

/[^a-zA-Z][tT]he[^a-zA-Z]/

但是，这个表达式仍然还有问题。当 the 出现在一行的开头时，我们就会找不到它。这是因为我们曾经用正则表达式[^a-zA-Z]来避免嵌入的 the，这意味着，在文本中，the 的前面必定有某个单独的字符，哪怕这个字符是非字母字符。如果我们说明，在 the 的前面或者是一行的开头，或者是非字母字符，我们就可以避免这样的问题。这时的正则表达式如下：

/(^|[^a-zA-Z])[tT]he[^a-zA-Z]/

我们刚才所分析例子的错误可以归纳为两种类型：一类是正面错误（false positives），例如，我们搜索 the 的时候，错误地匹配 other 或 there 这样的符号串，一类是负面错误（false negatives），例如，我们搜索 the 的时候，错误地遗漏 The 这样的符号串。在研制自然语言处理系统的时候，这两种类型的错误总是一而再、再而三地反复出现。为了减少应用系统的错误率，我们要做两方面的努力，而这两方面的努力是彼此对立的：

- *增加准确率*（accuracy）：*把正面错误减少到最低限度。*
- *增加覆盖率*（coverage）：*把负面错误减少到最低限度。*

让我们举出更有意义的例子来说明正则表达式的能力。假定我们想要用正则表达式帮助用户在 Web 上购买计算机。用户需要的是"6GHz 以上、256GB 磁盘空间、价钱低于 \$1 000 的计算机"。为了进行这样的检索，我们首先需要能够查找诸如 6GHz，256GB、Dell、Mac、\$999.99 这样的表达式。在本节的其他部分，我们将设计某些正则表达式来做这样的工作。

首先,我们来设计关于价钱的正则表达式。下面是美元符号 $
后面跟着一个数字符号串的表达式。注意,Perl 善于表达这样的 $,
而不让它表示行尾。正则表达式如下(它能做到这一点吗?)

/ $[0-9]+/

现在需要处理美元中小数部分,我们可以在上述表达式后面加
小数点和两个数字。正则表达式如下:

/ $[0-9]+\.[0-9][0-9]/

这样的表达式只能表示 $199.99,而不能表示 $199。我们需要
把小数部分设成可以随意选择的,并且确定单词的边界。正则表达
式如下:

/\b $[0-9]+(\.[0-9][0-9])? \b/

怎样来表达处理器的速度(兆赫 megahertz = MHz 或千兆赫
gigahertz = GHz)呢? 表达式如下:

/\b[0-9]+_*(MHz|[Mm]egahertz|GHz|[Gg]igahertz) \b/

注意,我们用/_*/表示"零或更多空间",因为这里可能总是会
有一些多余的空间。在处理磁盘空间或存储量(千兆字节 GB =
gigabytes)时,我们也需要容许千兆字节的小数是可以随意选择的
(5.5GB)。注意,这里使用"?"来表示最后一个 s 是可以随意选择
的。正则表达式如下:

/\b[0-9]+(\.[0-9]+)? _*(GB)|[Gg]igabytes?) \b/

最后,我们还可以用简单的正则表达式来表示操作系统的名称:

/\b(Windows_*(Vista|XP) \b/
/\b(Mac|Macintosh|Aspple|OS_X) \b/

还有一些有用的正则表达式高级算符(advanced operators)。图
2.8 列出了一些有用的通用字符的替换名,使用这些替换名,可以节
省打字的工作量。除了 Kleene* 和 Kleene+ 之外,我们还可以使用花

括号括起来的数字作为计数符。例如,正则表达式/{3}/表示"前面的字符或表达式正好出现 3 个"。这样,/a\.{24}z/就表示 a 后面跟随着 24 个点,再跟随着一个 z(不是 a 后面跟随着 23 个或者 25 个点再跟随着一个 z)。

正则表达式	扩充表达式	匹 配	模式例子
\d	[0-9]	任何数字字符	Party_of_5
\D	[^0-9]	任何非数字字符	Blue_moon
\w	[a-zA-Z0-9]	任何字母数字字符或空白	Daiyu
\W	[^\w]	一个非字母数字字符	!!!!
\s	[_\r\t\n\f]	空白区域(空白,表格)	
\S	[^\s]	非空白区域	in_ Concord

图 2.8   通用字符集的替换名

数字的范围也可以用类似的办法来表示。/{n,m}/表示前面的字符或表达式出现 n 到 m 个;/{n,}/表示前面的表达式至少出现 n 个。图 2.9 总结了用于计数符的正则表达式。

正则表达式	匹 配
*	前面的字符或表达式出现零个或多个
+	前面的字符或表达式出现一个或多个
?	前面的字符或表达式恰恰出现零个或一个
{n}	前面的字符或表达式出现 n 个
{n, m}	前面的字符或表达式出现 n 到 m 个
{n,}	前面的字符或表达式至少出现 n 个

图 2.9   用于计数符的正则表达式算符

最后,还可以用基于右斜杠(\)的记法来引用某些特殊字符。最普通的记法就是换行符(newline)"\n"和表格符(tab)"\t"。为了引用某个特殊的字符(例如,.、*、[和 \,可以在这个字符前面加右斜杠\(∧./, ∧*/, ∧[/,和 ∧∨)。

正则表达式	匹 配	匹配模式的例子
\ *	星号" * "	"K * A * P * L * A * N"
\.	点号"."	"Dr . Livinston, I presume"
\?	问号	"Would you light my candl ?"
\n	换行符	
\t	表格符	

图 2.10　某些加右斜杠的字符

正则表达式的一个重要用途是替换(substitution)。例如，Perl语言中的替换运算符 s/regexp1/regexp2/可把一个用正则表达式描述的符号串替换为另一个用正则表达式描述的符号串：

$$s/colour/color/$$

我们经常需要引用与某一个模式相匹配的符号串中的特定部分。例如，假定我们想把文本中的所有整数的两侧加上尖括号，具体地说，要把 the 35 boxes 替换为 the <35> boxes。我们只要引用相应的整数，我们就可以很容易地在它的两侧加上尖括号。为此，我们在第一个模式(即整数)的两侧加上圆括号"("和")"，然后，在第二个模式中使用数字算符(number operator)"\1"以便回过头去参照第一个模式：

$$s/([0-9]+)/<\backslash1>/$$

圆括号和数字也可以用来说明某个符号串或表达式在文本中出现两次。例如，假定我们要查找模式"the Xer they were, the Xer they will be"，我们想让其中的 X 指同一个符号串。这时，我们在第一个 X 的两侧加圆括号，并且用数字算符"\1"替换第二个 X：

$$/the (. \ ^{*})er they were, the \backslash1er they will be/$$

这里的"\1"可以与用圆括号中的项相匹配的任何符号串来替换。因此，与这个正则表达式相匹配的符号串是"The bigger they were, the bigger they will be"，而不是"The bigger they were, the faster they be"。

数字算符也可以使用其他的数字。如果我们要匹配圆括号中的不同的符号串，那么，我们可以用数字 2 来表示圆括号另一个符号串。这样的数字存储器叫做寄存器（registers）。例如，寄存器 1、寄存器 2、寄存器 3，等等。这样的存储特性不是每一种正则表达式语言都具备的，但这常常是正则表达式的"扩充"特性。

魏岑鲍姆在 1966 年曾经根据这种使用替换的存储器的原理开发了 ELIZA 自然语言理解程序是非常有用的。在第一章中我们说过，ELIZA 可以模拟心理咨询医生的行为，它可以同用户进行对话。下面我们再举一个对话的例子：

用户：Men are all alike.

ELIZA：IN WHAT WAY.

用户：They're always bugging us about something or other.

ELIZA：CAN YOU THINK OF A SPECIFIC EXAMPLE.

用户：Well, my boyfriend made me come here.

ELIZA：YOUR BOYFRIEND MADE YOU COME HERE.

用户：He says I'm depressed much of the time.

ELIZA：I AM SORRY TO HEAR YOU ARE DEPRESSED.

ELIZA 进行一连串的正则表达式的替换，每个正则表达式与输入行中的某个部分相匹配，然后替换并改变它们。首先的替换是把所有的 my 替换为 YOUR，把所有的 I'm 替换为 You are，如此等等。然后的替换是查找输入中相关的模式，并产生出适合的输出。下面是一些例子：

s/. * YOU ARE（depressed | sad）. */I AM SORRY TO HEAR YOU ARE \1/

s/. * YOU ARE（depressed|sad）. */WHY DO YOU THINK YOU ARE \1/

s/. * all . */IN WHAT WAY/

s/. * always . */CAN YOU THINK OF A SPECIAL EXAMPLE/

由于在 ELIZA 系统中大量使用正则表达式,使得这个系统看起来似乎能够理解自然语言,实际上,它的原理并不复杂。由此可以看出,在自然语言处理中,正则表达式确实是一种简单而有用的工具。

第三节　最小编辑距离算法

在词汇自动处理中,判断两个单词中的哪一个在拼写上更接近于第三个单词,是字符串距离(string distance)这个一般问题的一种特殊情况。两个符号串之间的距离用这两个符号串彼此相似的程度来度量。

找出符号串距离的很多重要算法都与最小编辑距离(minimum edit distance)算法的某个版本有关。这个版本的算法是瓦格纳(Wagner)和菲舍尔(Fischer)在 1974 年提出的。

两个符号串之间的最小编辑距离就是指把一个符号串转换为另一个符号串时,所需要的最小编辑操作的次数。例如,intention 和 execution 之间的距离是 5 个操作。

下图说明了两个符号串之间对齐(alignment)的情况。给定两个序列,这两个序列的子符号串之间的对应情况就是对齐。例如,在图 2.11 中,I 与空符号串对齐,N 与 E 对齐,T 与 X 对齐,等等。在对齐的符号串下边的标记说明从上面的符号串转换为下面的符号串要做的操作,符号的一个序列就表示一个操作表(operation list)。其中,d 表示删除(deletion),s 表示替代(substitution),i 表示插入(insertion)。

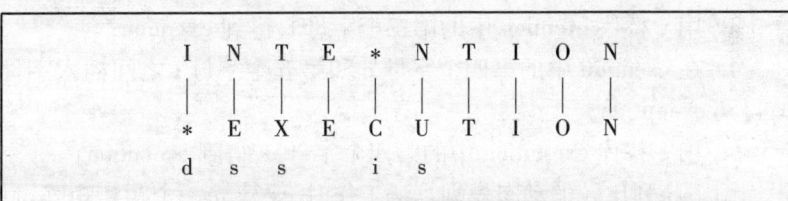

图 2.11　把两个符号串之间的最小编辑距离表示为对齐。最下面一行给出了从上面的符号串到下面的符号串转换时的操作表:d 表示删除,s 表示替代,i 表示插入。

我们也可以给每一个操作一个代价值(cost)或权值(weight)。两个序列之间的列文斯坦距离(Levenshtein distance)是最简单的加权因子,根据 1966 年 Levenshtein 的建议,在上面三种方法中的每一个操作的代价值都为 1①。所以,在 intention 和 execution 之间列文斯坦距离为 5。

列文斯坦还提出了另一种不同的度量方法,这种方法规定,插入或脱落操作的代价值为 1,不容许替代操作(列文斯坦认为,可以把替代操作表示为一个插入操作加上一个脱落操作,这样,替代操作的代价值为 2,这实际上也就等于容许了替代操作)。使用这样的度量方法,在 intention 和 execution 之间的列文斯坦距离应该是 8。在本书中,我们采用列文斯坦提出的这种方法来度量最小编辑距离。

最小编辑距离使用动态规划(dynamic programming)来计算。动态规划是一类算法的名字,首先于 1957 年由白尔曼(Bellman)提出。动态规划把各个子问题的求解结合起来,从而求解整个问题。这一类算法包括了自然语言处理中的大多数通用算法。

从直觉上来说,动态规划问题就是首先把一个大的问题化解为不同的子问题,再把这些子问题的解适当地结合起来,从而实现对大的问题的求解。

例如,下图中所示的符号串 intention 和 execution 之间的最小编辑距离的求解,就要考虑被转换的不同单词的序列和"路径"(path)等子问题。其中的一条路径可以包括如下步骤:

1. 删除 intention 中的第一个字母 i,得到 ntention;
2. 用 e 替代 ntention 中的第一个字母 n,得到 etention;
3. 用 x 替代 etention 中的第二个字母 t,得到 exention;
4. 在 exention 中的第四个字母 n 和第五个字母 t 之间插入字母 u,得到 exenution;
5. 用 c 替代 exenution 中的第四个字母 n,得到 execution。

用于序列比较的动态规划算法工作时,要建立一个距离矩阵,目标序列的每一个符号记录在矩阵的行上,源序列的每一个符号记录在矩阵的列上,也就是说,目标序列的字母沿着底线排列,源序列的

---

① 我们假定用同样的字母来替代它自己的代价值为零,例如,用字母 t 来替代字母 t 的代价值为零。

```
i n t e n t i o n
                    ← delete i
n t e n t i o n
                    ← substitute n by e
e t e n t i o n
                    ← substitute t by x
e x e n t i o n
                    ← insert u
e x e n u t i o n
                    ← substitute n by c
e x e c u t i o n
```

图 2.12　从 intention 到 execution 转换的操作表

字母沿着侧线排列。对于最小编辑距离来说,这个矩阵就是编辑距离矩阵(edit distance matrix)。每一个编辑距离单元[i,j]表示目标序列头 i 个字符和源序列的头 j 个字符之间的距离。每个单元可以作为周围单元的简单函数来计算。

　　计算每个单元中的值的时候,我们取到达该单元时插入、替代、删除三个可能的路径中的最小路径为其值,计算公式如下:

$$\text{distance}[i,j] = \min \begin{cases} \text{distance}[i\text{-}1, j] + \text{ins-cost}(\text{target}_{i-1}) \\ \text{distance}[i-1, j-1] + \text{sub-cost}(\text{source}_{j-1}, \\ \quad \text{target}_{i-1}) \\ \text{distance}[i, j-1] + \text{del-cost}(\text{source}_{j-1}) \end{cases}$$

　　图 2.13 中的伪代码(pseudo code)对这个算法做了归纳。

　　图 2.14 是应用这个算法计算 intention 和 execution 之间的距离的结果,计算时采用了列文斯坦提出的第二种度量方法:插入和脱落的代价值分别取 1,替代的代价值取 2,当相同的字母进行替代时,其代价值为零。在每一个单元,都存在插入、脱落和替代三个可能性,最小编辑距离算法以这三个可能的路径中的最小路径为其值,采用这样的计算方法,从矩阵的开始点出发,每一个单元都在插入、脱落和替代三个可能性之间进行选择,因此就能够把矩阵中的所有的单元都填满。

```
function MIN-EDIT-DISTANCE (target, source) returns min-distance
    n←LENGTH(target)
    m←LENGTH(source)
    Create a distance matrix distance[n+1, m+1]
    Initialize the zeroth row and column to be the distance from the empty string
      distance[0, 0] = 0
      for each column i from 1 to n do
        distance[i, 0]←distance[i-1, 0] + ins-cost(target[i])
      for each row j from 1 to m do
        distance[0, j]←distance[0, j-1] + del-cost(source[j])
    for each column i from 1 to n do
      for each row j from 1 to m do
        distance[i, j]←MIN(distance[i-1, j] + ins-cost(target_{i-1}),
                           distance[i-1, j-1] + sub-cost(source_{j-1}, target_{i-1}),
                           distance[i, j-1] + del-cost(source_{j-1}))
    return distance[n, m]
```

图 2.13　最小编辑距离算法的伪代码。各种代价值可以是固定的
（例如，$\forall x$, ins-cost(x) = 1），也可以针对个别的字母特别
地说明（例如，说明某些字母比另外的一些字母更容易被
替代）。我们假定相同的字母进行替代，其代价值为零。

n	*9*	8	9	10	11	12	11	10	9	8
o	*8*	7	8	9	10	11	10	9	8	9
i	*7*	6	7	8	9	10	9	8	9	10
t	*6*	5	6	7	8	9	8	9	10	11
n	*5*	4	5	6	7	8	9	10	11	10
e	*4*	3	4	5	6	7	8	9	10	9
t	*3*	4	5	6	7	8	7	8	9	8
n	*2*	3	4	5	6	7	8	7	8	7
i	*1*	2	3	4	5	6	7	6	7	8
#	*0*	*1*	*2*	*3*	*4*	*5*	*6*	*7*	*8*	*9*
	#	e	x	e	c	u	t	i	o	n

图 2.14　应用图 2.13 中的算法计算 intention 和 execution 之间的最
小编辑距离，计算时采用了列文斯坦距离：插入和删除分别
取代价值为 1，替代取代价值为 2。斜体字符表示从空符号
串开始的距离的初始值，矩阵中的所有的单元都填满了。

采用最小编辑距离算法,在图 2.14 中,首先要删除 intention 中的 i,从第 1 列第 0 行开始计算。

在图 2.14 中的一种可行的计算步骤如下:

— 首先删除 i,在第 1 列第 0 行,得 1 分,积累为 1 分;

— 用 e 替换 n,在第 1 列第 2 行,得 2 分,积累为 1 + 2 = 3 分;

— 用 x 替换 t,在第 2 列第 3 行,得 2 分,积累为 3 + 2 = 5 分;

— e 不变,在第 3 列第 4 行,不得分,积累为 5 + 0 = 5 分;

— 用 c 替换 n,在第 4 列第 5 行,得 2 分,积累为 5 + 2 = 7 分;

— 在 c 后插入 u,在第 5 列第 5 行,得 1 分,积累为 7 + 1 = 8 分;

— t 与 t 完全相同,在第 6 列第 6 行,不得分,积累为 8 + 0 = 8 分;

— i 与 i 完全相同,在第 7 列第 7 行,不得分,积累为 8 + 0 = 8 分;

— o 与 o 完全相同,在第 8 列第 8 行,不得分,积累为 8 + 0 = 8 分;

— n 与 n 完全相同,在第 9 列第 9 行,不得分,积累为 8 + 0 = 8 分;

总积累为 8 分。

最小编辑距离对于发现诸如潜在的拼写错误更正算法等工作是很有用的。不过,最小编辑距离算法还有其他的重要用途。只要做一些轻微的改动,最小编辑距离算法就可以用来做两个符号串之间的最小代价对齐(alignment)。两个符号串的对齐对于自然语言处理是非常有用的。在语音识别中,可以使用最小编辑距离对齐来计算单词的错误率。在机器翻译中,对齐也起着很大的作用,因为双语并行语料库中的句子需要彼此匹配。

为了扩充最小编辑距离算法使得它能够进行对齐,我们可以把对齐看成是通过编辑距离矩阵的一条路径(path)。图 2.15 中使用带阴影的小方框来显示这条路径。路径中的每一个小方框表示两个符号串中的一对字母对齐的情况。如果两个这样带阴影的小方框连续地出现在同一个行中,那么,从源符号串到目标符号串就会有一个插入操作;如果两个这样带阴影的小方框连续地出现在同一个列中,那么,从源符号串到目标符号串就会有一个删除操作。

图 2.15 从直觉上说明了如何来计算这种对齐路径。

计算过程分为两步,分述如下:

- 在第一步,我们在每一个方框中存储一些指针来提升最小编辑距离算法的功能。方框中指针要说明当前的方框是从前面的哪一个(或哪些个)方框来的方向。在图 2.15 中,我们分别说明了这些指针的情况。在某些方框中出现若干个指针,这是因为在这些方框中最小的扩充可能来自前面的若干个不同的方框。图中,指针"←"表示插入操作,指针"↓"表示删除操作,指针"↙"表示替换操作。

- 在第二步,我们要进行追踪(backtrace)。在追踪时,我们从最后一个方框(处于最后一行与最后一列的方框)开始,沿着指针箭头所指的方向往后追踪,穿过这个动态规划矩阵。在最后的方框与初始的方框之间的每一个完整的路径,就是一个最小编辑距离对齐。

n	9	↓8	↙←↓9	↙←↓10	↙←11	↙←↓12	↓11	↓10	↓9	↙8
o	8	↓7	↙←↓8	↙←↓9	↙←↓10	↙←↓11	↓10	↓9	↙8	←9
i	7	↓6	↙←↓7	↙←↓8	↙←↓9	↙←↓10	↓9	↙8	←9	←10
t	6	↓5	↙←↓6	↙←↓7	↙←↓8	↙←↓9	↙8	←9	←10	←↓11
n	5	↓4	↙←↓5	↙←6	↙←↓7	↙←↓8	↙←↓9	↙←↓10	↙←↓11	↙↓10
e	4	↙3	←4	←5	←6	←7	←↓8	←↓9	←↓10	↓9
t	3	↙←↓4	↙←↓5	↙←↓6	↙←↓7	↙←↓8	↙7	←↓8	↙←↓9	↓8
n	2	↙←↓3	↙←↓4	↙←↓5	↙←↓6	↙←↓6	↙←↓7	↓7	↙←↓8	↙7
i	1	↙←↓2	↙←↓3	↙←↓4	↙←↓5	↙←↓6	↙←↓7	↙6	←7	←8
#	0	1	2	3	4	5	6	7	8	9
	#	e	x	e	c	u	t	i	o	n

图 2.15 计算 intention 和 execution 之间最小编辑距离的追踪路径

在图 2.15 中,在每一个方框中输入一个值,并用箭头标出该方框中的值是来自与之相邻的三个方框中的哪一个方框,一个方框最多可以有三个箭头("←""↓""↙")。当这个表填满之后,我们就使用追踪的方法来计算对齐的结果(也就是最小编辑路径),计算时,从右上角代价值为 8 的方框开始,顺着箭头所指的方向进行追踪。图中灰黑色的方框序列表示在两个符号串之间一个可能的最小代价对齐的结果。

在图2.15中,首先要删除 intention 中的 i,从第1列第0行开始计算,计算步骤如下:

— 首先删除 i,在第1列第0行,得1分,积累为1分;

— 用 e 替换 n,在第1列第2行,得2分,积累为1+2=3分;

— 用 x 替换 t,在第2列第3行,得2分,积累为3+2=5分;

— e 不变,在第3列第4行,不得分,积累为5分;

— 在 e 后插入 c,在第4列第4行,得1分,积累为5+1=6分;

— 用 u 替换 n,在第5列第5行,得2分,积累为6+2=8分;

— t 与 t 完全相同,在第6列第6行,不得分,积累为8+0=8分;

— i 与 i 完全相同,在第7列第7行,不得分,积累为8+0=8分;

— o 与 o 完全相同,在第8列第8行,不得分,积累为8+0=8分;

— n 与 n 完全相同,在第9列第9行,不得分,积累为8+0=8分;

总积累仍然为8分。

第四节 词汇语义学

单词本身的语义信息是很重要的,根据"组成性原则",句子的语义是由构成该句子的单词的语义以及这些单词之间的语义关系组成的。因此,我们在自然语言处理中,应该重视词汇语义的研究。

语言中的词汇具有高度系统化的结构,正是这种结构决定了单词的意义和用法。这种结构包括单词和它的意义之间的关系以及个别单词的内部结构。对这种系统化的、与意义相关的结构的词汇研究叫做"**词汇语义学**"(Lexical Semantics)。

从词汇语义学看来,词汇不是单词的有限的列表,而是高度系统化的结构。

在继续讲述词汇语义学之前,让我们首先引入一些新的术语,因为迄今为止我们用过的这些术语都过于模糊。例如,对于"词"

（word）这个术语,目前已有各式各样的用法,这增加了我们澄清其用法的难度。因此我们将使用"**词位**"（lexeme）这个术语来替代"词"这个术语,词位表示词典中一个单独的条目,是一个特定的正字法形式和音素形式与一些符号的意义表示形式的组合。词典（Lexicon）是有限个词位的列表,从词汇语义学的观点看来,词典还是无限的意义的生成机制。一个词位的意义部分叫做"**涵义**"（sense）。

词位和它的涵义之间存在着复杂的关系。这些关系可以用同形关系、同义关系、上下位关系、整体—部分关系、集合—元素关系来描述。

1. 同形关系

形式相同而意义上没有联系的词位之间的关系叫做**同形关系**（homonymy）。具有同形关系的词位叫做同形词（homonyms）。

例如: bank 有两个不同的意思:

① 银行（financial institution）。在句子 "A **bank** can hold the investments in an account in the client's name." 中的 bank 就具有这个意思,我们把它叫做 bank1。

② 倾斜的堤岸（sloping mound）。在句子 "As the agriculture development on the east **bank**, the river will shrink even more." 中的 bank 就具有这个意思,我们把它叫做 bank2。

bank1 和 bank2 在意义上没有联系,在词源上,bank1 来自意大利语,而 bank2 来自斯堪的纳维亚语。

同形词可以分为两种:

- **同音异义词**（Homophones）:发音相同但是拼写法不同的词位。例如,wood —would; be—bee; weather—whether。
- **同形异义词**（Homographs）:正词法形式相同但是发音不同的词位。例如, bass [bæs]——bass [beis]。bass [bæs]是一种皮肤带刺可食用的鱼,叫做"狼鲈",而 bass [beis]表示低音。

在自然语言处理中,我们应该重视同形关系的研究。

- 在拼写校正时,同音异义词可能会导致单词的拼写错误。例如,把 "weather" 错误地拼写成 "whether"。

- 在语音识别时,同音异义词会引起识别的困难。例如,"to"、"two"和"too"发音相同,在识别时难以区分。
- 在文本—语音转换系统(Text-To-Speech system,简称 TTS 系统)中,同形异义词由于发音不同,会引起转换的错误。例如,bass［bæs］和 bass［beis］。

一个单独的词位具有若干个彼此关联的涵义的现象,叫做**多义关系现象**(polysemy),具有多义关系的词位叫做多义词,这意味着,在一个多义词中的各个涵义是彼此相关的,而同形词的各个涵义是不相关的。

例如,英语的 head 是一个多义词。它具有如下的涵义:

① 包括大脑、眼睛、耳朵、鼻子和嘴的身体部分。

② 物品的最前端。例如,"the head of the bed"(床头)。

③ 头脑。例如,"Can't you get these facts into your head?"中的head。

②的涵义是①的涵义的引申,③的涵义是①的涵义的缩小。各个涵义之间是有联系的。

我国学者张潮生研制了中文词语库(Chinese Wors Base,简称CWB),把现代汉语中的单词构成一个完整的词汇体系。CWB 系统的核心是一个规模较大的中文词库。该词库目前收入了 12 万以上的书面形式的词条,包括单词、固定词组、成语、一定比例的专名、少量在中文文章中较常见的英文缩写或含有字母的词语,等等。每个词条通过关系比较密切的相关词(例如同义词、反义词、上位词、下位词等)与其它词条相连结。整个词库呈现为比较复杂的网络结构,并带有多种检索手段和显示方式。

该词库包含大量的同义、分类等语义信息,可用作中文的同义词典、反义词典、分类词典或者某种资料信息库,也是一种知识本体(ontology),有类似著名英文词库 WordNet 的用途。它可用于搜索引擎、全文检索等检索工具中,帮助用户选择关键词、帮助系统提供相关搜索词或进行其它智能处理,例如语义搜索、精准匹配等。也可用于字处理、写作助理等办公软件中,丰富的相关词能为写作中的词语优化提供较有力的支持。还可作为自然语言处理的资源或汉语教学的辅助工具。该词库已在有些企业和科研机构中得到应用。

CWB 中注意处理多义词,多义词的义项分布如下:

义项数	词 数	百分比	义项数	词 数	百分比
1	74 635	81.38	12	10	0.01
2	12 911	14.08	13	8	0.01
3	2 671	2.91	14	5	0.01
4	766	0.84	15	7	0.01
5	301	0.33	16	3	
6	183	0.20	17	2	
7	86	0.09	18	1	
8	56	0.06	21	1	
9	30	0.03	23	2	
10	25	0.03	24	1	
11	9	0.01			

表 2　CWB 中多义词的义项分布

在 CWB 中,义项总数为 116 396,词条总数 91 713,平均义项数 1.27。由此我们可以对于现代汉语中的多义词的义项分布有一个大致的了解。

在语言学中,区分同形词和多义词是很重要的。不过,在自然语言处理中,由于同形词和多义词实际上都是一个词具有一个以上的涵义的现象,它们都属于词义的歧义问题,我们一般没有必要区分同形词和多义词,我们把它们都作为**词义排歧**(Word Sense Disambiguation,简称 WSD)的问题来处理。

2. 同义关系

在传统语言学中,如果两个词位具有相同的意义,那么,就说它们之间具有**同义关系**(Synonymy)。这样的定义显然过于笼统,缺乏操作性。

在机器翻译研究中,我们可以根据**可替换性**(substitutablity)来定义同义关系:在一个句子中,如果两个词位可以互相替换而不改变句子的意思或者不改变句子的可接受性,那么,我们就说这两个词位具有同义关系。这样的定义显然具有可操作性。

例如,句子"How **big** is that plane?"和句子"Would I be flying on a **large** or small plane?"中的 big 和 large 可以互相替换,而不会改变这两个句子的意义或改变它们的可接受性,我们就说 big 和 large 具有同义关系。

不过,如果我们坚持这种可替换性一定要在一切的环境中都具有,那么,英语中的同义词的数量就很少了。因此,我们对于可替换性的要求不能太过于严格,只要求在某些环境下可替换就可以了。也就是说,我们宁愿给同义关系一个比较弱的定义,这样做比较现实。

可替换性与下面 4 个因素有联系:

● **多义关系中的某些涵义的有无**

例如,句子"Miss Kim became a kind of **big** sister to Mrs. Park's son."是可以接受的,而句子*"Miss Kim became a kind of **large** sister to Mrs. Park's son."就显得有些怪。其原因在于,第一个句子中的 big 这个多义词的多个涵义中有 older 这个涵义,而 large 这个多义词的多个涵义中,没有 older 这个涵义,因此,在这样的环境下,big 和 large 不能相互替换。

● **微妙的意义色彩的差别**

例如,句子"What is the cheapest first class **fare**?"是可以接受的,而句子*"What is the cheapest first class **price**?"就显得有些怪。其原因在于,fare 比较适合于描述某些服务中需要支付的费用,而 price 通常适合于描述票据的价格,因此,第二个句子中用 price 来替换 fare 就显得有些奇怪。

● **搭配约束的不同**

例如,句子"They make a **big** mistake."是可以接受的,而句子*"They make a **large** mistake."就显得有些怪。其原因在于,当描述 mistake 比较严重时,往往使用 big 而不用 large,也就是说,mistake 倾向于与 big 搭配,而不倾向于与 large 搭配。

下面 a 栏和 b 栏的搭配是不一样的:

a 栏	b 栏
strong argument	powerful argument
（有力的论据）	（有力的论据）
strong tea	powerful whiskey
（浓茶）	（烈性的威士忌）
strong table	powerful car
（结实的桌子）	（动力大的汽车）

上述短语的结构都是 A + N（形容词 + 名词）。但是，在 a 栏，argument、tea、table 出现在 strong 之后；在 b 栏，argument、whiskey、car 出现在 powerful 之后。讲英语的人，不能说 * strong whiskey，也不能说 * powerful tea，否则，就是搭配不当。

- 使用域的不同

使用域（register）是指语言使用中的礼貌因素、社会地位因素以及其他社会因素对于词语使用的影响。使用域的差别也会影响到同义词的选择。

使用域是语言使用中由于语言环境的改变而引起的语言变异。语言环境的场景、交际者、方式三个组成部分，都可以产生新的使用域。

由于场景的不同，可产生科技英语、非科技英语等使用域。科技英语又可以再细分为冶金英语、地质英语、数学英语、物理英语、化学英语、农业英语、医学英语等使用域。这些使用域之间的差异，主要表现在词汇、及物性关系（transitivity relations）和语言各结构等级上的逻辑关系的不同。

由于交际者的不同，可产生正式英语、非正式英语以及介于这两者之间的、具有不同程度的正式或非正式英语等使用域，还可以产生广告英语、幽默英语、应酬英语等使用域。这些使用域之间的差异，主要表现在语气、情态以及单词中所表达的说话者的态度的不同。

由于方式的不同，可产生口头英语和书面英语等使用域。这些使用域之间的差异，主要表现在句题结构（主题、述题）、信息结构（新信息、旧信息）和连贯情况（如参照、替代、省略、连接等）的不同。

在机器翻译中,同义词的意义色彩差别、搭配约束和使用域对于译文的质量有明显的影响,我们应该考虑到这些因素,正确地选择恰当的同义词。

在汉语中也存在着大量的同义词。例如,"电脑—电子计算机""甘薯—白薯—红薯—红苕—番薯—山芋—香薯—地瓜—山药—苕"等。

在 CWB 中的同义词,还包括通常所说的异形词以及其他一些类型,目前涉及 5,400 以上的词或义项。

除了上面所说的严格的同义词之外,CWB 的同义词还包括:

— 异形词:例如,伊妹儿—依妹儿;

— 全称与简称、缩略语:例如,奥林匹克运动会—奥运会;

— 术语与俗称:氯化钠—食盐;

— 现代叫法和旧称、古称:例如,月亮—玉兔,太阳—金乌;

— 普通话和某些方言词:太阳—日头;

— 未统一的译名:例如,爱滋病—艾滋病;

— 敬辞、谦辞:我—鄙人;

— 同一个概念的多种表达方式:例如,天翻地覆—地覆天翻,成年累月—整年累月,防患未然—防患于未然,拉大旗作虎皮—"拉大旗,作虎皮"。

3. 上下位关系

如果两个词位中,一个词位是另一个词位的次类,那么就说它们之间存在上下位关系(hyponymy)。car(小汽车)和 vehicle(交通工具)间的关系就是一种上下位关系。上下位关系是不对称的,我们把特定性较强的词位称为概括性较强的词位的**下位词**(hyponym),把概括性较强的词位称为特定性较强的词位的**上位词**(hypernym)。因此,我们可以说,car 是 vehicle 的下位词,而 vehicle 是 car 的上位词。

我们可以使用受限的替换来探讨上下位关系的概念。

我们来考虑下面的蕴涵式

$$\text{This is a X} \Rightarrow \text{That is a Y}$$

在这个蕴涵式中,如果 X 是 Y 的下位词,则在任何情形下,当左

边的句子为真时,右边新产生的句子也必须为真,例如。我们有:

$$\text{This is a car} \Rightarrow \text{That is a vehicle}$$

在这里,新生成句子的目的并不是作为原句的替换,而仅仅是作为对是否存在上下位关系的一种诊断测试。所以,这只是一种受限的替换。

动词也存在上下位关系。例如,汉语中的"打",其下位词有"梆,抽,抽打,打击,夯,擂,拍打,扑打,敲"等。

上下位关系构成庞大的等级体系。越在下面的词就越专指,也即外延就越小。

下面是从这种等级中抽取的片段:

信徒⇒教徒⇒佛教徒⇒僧尼⇒和尚⇒高僧

几何图形⇒多边形⇒三角形⇒等腰三角形⇒等边三角形

动物⇒脊索动物⇒脊椎动物⇒哺乳动物⇒马⇒骏马⇒千里马

事情⇒活动⇒文体⇒运动⇒田径运动⇒田径赛⇒径赛⇒长跑⇒马拉松

数量⇒物理量⇒标量⇒面积⇒地积

反应⇒答理⇒理茬⇒回答⇒答复⇒回电

玩耍⇒游玩⇒游览⇒郊游⇒春游⇒踏春⇒踏青

正确⇒合理⇒公平⇒公正⇒正直⇒刚直

不满⇒生气⇒气不忿⇒抱不平⇒打抱不平⇒拔刀相助

无法⇒力不从心⇒眼高手低⇒志大才疏

事与愿违⇒适得其反⇒弄巧成拙⇒聪明反被聪明误⇒机关算尽太聪明,反误了卿卿性命

4. 整体—部分关系

如果两个词位中,一个词位是另一个词位的部分,那么,它们之间就存在整体—部分关系(whole-part)。例如,"手"和"虎口、手臂、手掌、手指"之间就存在整体—部分关系。"手"是整体,"虎口、手臂、手掌、手指"是"手"的部分。"键盘"和"键"之间也存在整体—部分关系,"键盘"是整体,"键"是"键盘"的部分。"汽车"和"方向盘、底盘、车轮"之间也存在整体—部分关系,"汽车"是整体,"方向盘、底盘、车轮"是部分。

整体—部分关系不仅仅存在于物体和空间中,也可以存在于时间、过程中。有时它们也与上下位一样构成较深的等级, 例如,"宇宙⇒总星系⇒银河系⇒太阳系⇒地球⇒东半球⇒亚洲⇒中国⇒海南⇒南沙群岛⇒曾母暗沙"。从这个意义上说,"整体—部分关系"是一种特殊的"上下位关系",它们之间的区别在于,在"整体部分关系"中,"部分词"往往不继承"整体词"的属性,而在"上下位关系"中,"下位词"往往继承了"上位词"的某些属性,因此,如果 X 是部分词,Y 是整体词,"整体部分关系"一般不能满足蕴涵式

$$This\ is\ a\ X \Rightarrow That\ is\ a\ Y。$$

5. 集合—元素关系

如果两个词位中,一个词位是另一个词位所包含的元素,那么,它们之间就存在集合—元素关系(set-element)。例如,"五岳"是集合,"泰山、华山、嵩山、恒山、衡山"是"五岳"的元素,"孔孟"是集合,"孔子、孟子"是"孔孟"的元素,"师生"是集合,"教师、学生"是"师生"的元素。

有的"集合—元素关系"与"整体—部分关系"比较接近,但是,"集合—元素关系"一般不如"整体—部分关系"紧密。"集合—元素关系"也可以看成是"上下位关系"的一种特殊情况,如果 X 是元素,Y 是集合,"集合—元素关系"一般能满足蕴涵式

$$This\ is\ a\ X \Rightarrow That\ is\ a\ Y。$$

第五节 英语中的词汇歧义现象

一词多义是自然语言中存在的普遍现象,在机器翻译中,如果词义翻译错误,译文不能正确地表示原文的意思,也就没有任何价值了,所以,词义排歧是任何机器翻译系统必须解决的大问题。此外,词义排歧还直接关系到信息检索、文本分类、语音识别的效率。

这里,我们首先分析英语中的各种词汇歧义现象,然后介绍各种词义排歧的方法:选择最常见涵义的方法、利用词类进行词义排歧的方法、基于选择限制的方法、自立的词义排歧方法、有指导的学习方法、自举的词义排歧方法、无指导的词义排歧方法、基于词典的词

义排歧方法等。所有这些方法都需要知识,不仅需要语言知识,还需要常识和世界知识,所以,所有这些方法都可以叫做"基于知识的词义排歧方法"(knowledge-based WSD approach)。

英语中的名词、代词、动词、形容词、连接词、介词都存在歧义,这里举例介绍如下。

1. 名词中的歧义

- 多义词:具有多个涵义的词位叫做多义词,多义词中的各个涵义是有联系的。

例如,在句子 John is a bachelor. 中,bachelor 有两个不同的意思,一个意思是"单身汉"(unmarried man),一个意思是"学士"(first university degree),从而造成歧义。我们可以把这种情况写为如下的形式:

  John is an unmarried man.

  John holds a first university degree.

  → John is a <u>bachelor</u>

这表示,bachelor 是一个多义词,它的不同的意思,由箭头前面的两个句子表示出来。

其他关于名词歧义的例子还有:

1)John is a medical doctor.

  John is a doctor of philosophy.

  → John is a <u>doctor</u>.

Doctor 的涵义可以是"医生",也可以是"博士",从而造成歧义。

2)He is looking for his drinking glasses.

  He is looking for his reading glasses.

  → He is looking for his <u>glasses</u>.

Glasses 的涵义可以是"玻璃杯",也可以是"眼镜",从而造成歧义。

3)Here is a small lamb.

  Here is a small amount of lamb.

$\rightarrow$ Here is a little <u>lamb</u>.

Lamb 的含义可以是"小羊",也可以是"羊肉",从而造成歧义。

● 同形异义词:词形相同而意思不同的词叫同形异义词,同形异义词中的各个涵义之间没有联系。例如,

1) He looked at the river bank.

He looked at the money bank.

$\rightarrow$ He looked at the <u>bank</u>.

Bank 的涵义可以是"河岸",也可以是"银行",从而造成歧义。前面我们说过,据词源学家考证:"河岸"的意义来自斯堪的纳维亚语,"银行"的意义来自意大利语。

2) The period of sleep of the army was insufficient.

The remainder of the army was insufficient.

$\rightarrow$ The <u>rest</u> of the army was insufficient.

Rest 的涵义可以是"睡眠时间",也可以是"剩余物资",从而造成歧义。

从计算机处理语言的角度来看,多义词和同形异义词在实质上没有区别,因此,在机器翻译中,我们没有必要区分它们,把它们一律作为词汇歧义来处理。

● 名词的单数形式和复数形式相同而造成的歧义:例如,

1) I saw this sheep graze in the field.

I saw these sheep graze in the field.

$\rightarrow$ I saw the <u>sheep</u> graze in the field.

Sheep 的单数形式和复数形式相同,所以,难于辨别它的数,从而造成歧义。

2) They put the condemned person to death.

They put the condemned persons to death.

$\rightarrow$ They put the <u>condemned</u> to death.

Condemned 这个过去分词形式作为名词使用,难于辨别它是单数还

是复数,产生歧义。

- 缩写词造成的歧义:例如,

1) He is a news reporter from Australian Broadcasting Company.

He is a news reporter from American Broadcasting Company.

→ He is a news reporter from <u>ABC</u>.

缩写词 ABC 的涵义可以是澳大利亚广播公司,也可以是美国广播公司,从而造成歧义。

2) In this book, he talks about the World Without War.

In this book, he talks about the World Wide Web.

→ In this book, he talks about <u>WWW</u>.

缩写词 WWW 的涵义可以是"没有战争的世界",也可以是"万维网",从而造成歧义。

2. 代词中的歧义

例如,

1) Nobody said he himself was wrong.

Nobody said the person in question was wrong.

→ Nobody said <u>he</u> was wrong.

代词 he 究竟是指"说话人自己"还是指"所说的另一个人",难于分辨,从而造成歧义。

2) He killed himself by shooting

He shot personally.

→ He shot <u>himself</u>.

Himself 究竟是指"自己射击自己",也就是"自杀",还是指射击人"亲自射击",难于分辨,从而造成歧义。

3) Everyone was eating a large cake together.

Everyone was eating a large cake respectively.

→ <u>Everyone</u> was eating a large cake.

Everyone 是指"大家共同吃一个大蛋糕",还是"每个人分别吃一个大蛋糕",难于分辨,从而造成歧义。

4）Every sailor loves his own girl.

　　Every sailor loves the same girl.

　　→ Every sailor loves a girl.

Every 是指"每一个海员都喜欢自己的姑娘",还是"每一个海员都喜欢同一个姑娘",难于分辨,从而造成歧义。

3. 动词中的歧义

例如,

1）I heard the child weeping.

　　I heard the child shouting.

　　→ I heard the child crying.

Crying 的涵义可以是"哭",也可以是"喊叫",从而造成歧义。

2）John is pulling a cart.

　　John is making a picture of a cart.

　　→ John is drawing a cart

Drawing 的涵义可以是"拉动",也可以是"作画",从而造成歧义。

3）They never saw the wood with their own eyes.

　　They never cut the wood with a saw.

　　→ They never saw the wood.

Saw 的涵义可以是"看",也可以是"锯",从而造成歧义。

4. 形容词中的歧义

例如,

1）John is a mechanic with little money.

　　John is a mechanic who lacks competence.

　　→ John is a poor mechanic.

Poor 的涵义可以是"贫穷的",也可以是"糟糕的",从而造成歧义。

2）She is a student who is a Japanese.

She is a student who studies Japanese.

→ She is a <u>Japanese</u> student.

Japanese 的涵义可以是"日语的",也可以是"日本的",从而造成歧义。

3）He tried to speed up the ship.

He tried to fasten the ship.

→ He tried to make the ship <u>fast</u>.

Fast 的涵义可以是"快",也可以是"拉紧",从而造成歧义。

4）That was a clever idea.

That was a stupid idea.

→ That was a <u>brilliant</u> idea.

Brilliant 的涵义可以是"聪明的",也可以是"愚蠢的",从而造成歧义。

5）He is a salesman who is sweet.

He is a man who sells sweets（in this case，'sweets' is a noun）.

→ He is a <u>sweet</u> salesman.

Sweet 的涵义可以是"可亲的",也可以是"甜食",从而造成歧义。

5. 连接词中的歧义

例如，

1）When it becomes cold, we do not go outside.

Because it became cold, we do not go outside.

→ <u>As</u> it became cold, we do not go outside.

As 的涵义可以是"当什么时候",也可以是"因为",从而造成歧义。

2）When I was working at night in the library, I saw Mary often

Although I was working at night in the library, I saw Mary often.

→ While I was working at night in the library, I saw Mary often.

While 的涵义可以是"当什么时候",也可以是"尽管",从而造成歧义。

3) From the time when I lost my glasses yesterday till now, I haven't been able to do any work.

Because I lost my glasses yesterday, I haven't been able to do any work.

→ Since I lost my glasses yesterday, I haven't been able to do any work.

Since 的涵义可以是"从什么时候",也可以是"因为",从而造成歧义。

6. 介词中的歧义

例如,

1) The reminiscence written by my father was very interesting.

The reminiscence about my father was very interesting.

→ The reminiscence of my father was very interesting.

Of my father 的涵义可以是"我父亲写的",也可以是"关于我父亲的",从而造成歧义。

2) John stays with Tom.

John agrees with Tom.

→ John is with Tom.

With Tom 的涵义可以是"跟 Tom 在一起",也可以是"同意 Tom 的意见",从而造成歧义。

3) John hits the man by means of the stick.

John hits the man who carried the stick.

→ John hits the man with the stick.

With the stick 是一个介词短语，它可以修饰名词短语 the man，也可以修饰动词 hits，从而造成歧义。这样的句法结构歧义与介词 with 具有不同的涵义有关，所以，也可以看成是由于 with 涵义的不同而造成的歧义。词义排歧（Word Sense Disambiguation，简称 WSD）是自然语言计算机处理中的一个很困难的问题。

    4）The damage was brought about by the river.

        The damage was done beside the river.

        → The damage was done <u>by</u> the river.

By 的涵义可以是"由于"，也可以是"在什么旁边"，从而造成歧义。

由以上的分析可以看出，英语中的词汇歧义现象分布很广，涉及到各主要的词类，而且，不同的歧义都有很强的特异性，很不容易发现一般性的规律。

当然，对于人来说，要判定词汇歧义并不困难，人们可以根据语言环境或上下文，在多义词的多个涵义中选择最恰当的涵义。但是，对于计算机来说，要从多个涵义中进行正确的选择，却是非常困难的事情。

第六节　几种重要的词义排歧方法

由于多义词是任何语言中都普遍存在的现象，而多义词中诸多的词义分布又很不容易找到一般的规律，多义词的自动排歧涉及到上下文因素、语义因素、语境因素，甚至还涉及到日常生活中的常识，而这些因素的处理，恰恰是计算机最感棘手的问题。所以，词义排歧是自然语言计算机处理研究中的一个特别困难的问题。

早在机器翻译刚刚问世的时候，美国著名数理逻辑学家巴希勒在 1959 年就指出，全自动高质量的机器翻译（Fully Automatic High Quality Machine Translation，简称 FAHQMT）是不可能的，他说明，FAHQMT 不仅在当时的技术水平下是不可能的，而且，在理论原则上也是不可能的。

他举出了如下简单的英语片段，说明要在上下文中发现多义词 pen 的正确译文是非常困难的事情。

John was looking for his toy box. Finally he found it. The box was in the <u>pen</u>. John was very happy.

他的理由如下：

(i) pen 在这里只能翻译为"游戏的围栏"（play-pen），而绝对不能翻译为书写工具"钢笔"。

(ii) 要确定 pen 的这个正确的译文是翻译好这段短文的关键所在。

(iii) 而要确定这样的正确译文依赖于计算机对于周围世界的一般知识。

(iv) 但是我们没有办法把这样的知识加到计算机中去。

可见，词义排歧问题一开始就困扰着刚刚萌芽的机器翻译研究。

从 1959 年到现在已经 50 多年了，学者们在探索多义词排歧的研究中做了大量的工作。尽管词义排歧的问题距离彻底解决还非常遥远，但是，这 50 多年的成就已经可以让我们看到希望的曙光。

2007 年，陈（Chan Y. S）等在 *Procedings of the 45th Annual Meeting of the Association for Computational Linguistics*（ACL）上发表了"词义排歧改善统计机器翻译"（*Word Sense Disambiguation Improves Statistical Machine Translation*）的文章，证明词义排歧可以显著地提高统计机器翻译的准确率，从而把词义排歧作为自然语言处理的一个重点问题来研究。

下面，我们介绍几种重要的词义排歧的方法：

1. 选择最常见涵义的方法

词义排歧的最简单的统计技术是找出有歧义的单词在语料库中具有最高频度的涵义，并把这个涵义选择为缺省值（default），也就是把最常见的涵义选择为有歧义单词的当前涵义。这样的方法叫做"选择最常见涵义的方法"（Most Frequency Approach）。这种方法需要首先对语料库进行语义标注，然后从这个具有语义标注的语料库中，选择有关单词的最常见的涵义作为排歧结果。例如，在句子"Pupils from a school in north Beijing met with a film star"中，pupil，school，film，star 等单词都是有歧义的。Pupil 的涵义可以是"学生"，也可以是"瞳孔",其最常见的涵义是"学生",语料库中的标记是 STUDENT;school 的涵义可以是"学校",也可以是"鱼群"或"水生动物群",其最常见的涵义是"学校",语料库中的标记是 INSTITUTION;film 的涵义可以是"电影",也可以是"纤维薄膜",其最常见的涵义是"电影",语料库中的标记是 SHOW;star 的涵义可以是"电影明星",也可以是"天上的星星",其最常见的涵义是"电影明星",语料库中的标记是 ENTERTAINER。我们根据语料库选择最常见的涵义,得出如下的结果:

Pupils/STUDENT from/SOURCE a school/INSTITUTION in north/POSITION Beijing/CITY met/COME _ TOGETHER with/PARTICIPANT a film/SHOW star/ENTERTAINER.

根据句子中多义词的最常见涵义,这个句子的意思应该是:

"来自北京北部学校的学生们与电影明星见面。"

这样便得到了这个句子中的多义词的词义排歧的结果。

在标注了语义的大规模语料库中,我们可以统计出多义词最常见涵义,并把这个最常见的涵义作为该多义词的"缺省值"(default)。例如,在这样的语料库中,如果 pupil 作为 STUDENT 的涵义出现的次数是 1 000 个词次,而作为 BODY_PART(身体的一部分,即"瞳孔")的涵义出现的次数是 50 词次,那么,根据选择最常见涵义的方法,对于其他没有做过语义标注的文本中的 pupil,都要一律标注为 STUDENT,哪怕它在某个文本中的涵义应该是 BODY_PART。显而易见,这种选择最常见涵义的方法是有局限性的。

有的学者通过试验证明,使用这种简单的方法给通用英语做语义标注,其准确率大约为 70%。严格地说,对于封闭文本,准确率为 67.5%,对于开放文本,准确率为 64.8%。

早期的机器翻译系统没有词义排歧的功能,虽然机器词典中的多义词都列举出各种不同的义项,但实际上系统在运行时只是选择排列在第一位的那个最常见的义项。这样的办法虽然能够处理一些多义词,达到一定的排歧目的,但是,词义排歧的效率不高,这是早期机器翻译系统译文质量低劣的重要原因之一。例如,在上面巴希勒举出的例子中,由于 pen 最常见的词义是"钢笔",如果把 pen 翻译成"钢笔",那么"The box was in the pen."就势必要翻译成"盒子在钢笔中",这样的翻译结果显然是很可笑的。

2. 基于规则的词义排歧的方法

基于规则的词义排歧的方法主要有:利用词类进行词义排歧的方法、利用选择限制进行词义排歧的方法、利用优选关系进行词义排歧的方法。下面分别加以介绍。

- 利用词类进行词义排歧的方法

有些多义词的词义与它们所属的词类有关。不同的词义往往属于不同的词类。因此,如果我们能够确定这些多义词的词类,词义排歧的问题也就迎刃而解了。

例如,

face:当 face 是动词时,它的词义是"面对";当 face 是名词时,它的词义是"面孔"。在"The house faces the park"中,faces 前面为名词词组"the house",后面也为名词词组"the park",可判定为动词,因而它的词义是"面对",整句的意思是"房子面对公园"。在"She pulled a long face."中,face 前面是形容词,可判定为名词,它的词义是"面孔",整句的意思是"她拉长了面孔"。

May(第一个字母 M 大写):当 May 是助动词时,它的词义是"可以"(在句子开头,第一个字母大写,在其他情况下,第一个字母不大写),当 May 是名词并且第一个字母大写时,它的词义是"五月"。在"May I help you?"中,May 是助动词。因而它的词义是"可以",整个句子的意思是"我可以帮助你吗?"在"May Day is the first day of May."中,May 是名词,因而它的词义是"五月",整个句子的意思是"五月一日是五月的第一天"。

can:当 can 是助动词时,它的词义是"能够",当 can 是名词时,它的意思是"罐头"。在"She can speak German."中,can 处于动词 speak 前面,人称代词 she 的后面,可判定为是助动词,因而它的词义是"能够",整个句子的意思是"她能够说德语"。在"He opened a <u>can</u> of beans. "中, can 前面是不定冠词, 后面是介词, 可判定为名词, 因而它的词义是"罐头", 整个句子的意思是"他打开一个豆子罐头"。

will: 当 will 是助动词时, 它的词义是"将要", 当 will 是名词时, 它的意思是"意志"。在"It <u>will</u> rain tomorrow. "中, will 前面是代词, 后面是动词, 可判定为助动词, 因而它的词义是"将要", 整个句子的意思是"明天将要下雨"。在"Free <u>will</u> makes us able to choose our way of life. "中, will 前面是形容词, 后面是第三人称现在时动词, 可判定为名词, 因而它的词义是"意志", 整个句子的意思是"自由的意志使得我们能够选择我们的生活方式"。

kind: 当 kind 是名词时, 它的意思是"种类", 当 kind 是形容词时, 它的意思是"亲切"。在"I like that <u>kind</u> of book. "中, kind 在指示词 that 之后, 在介词 of 之前, 可判定为名词, 因而它的词义是"种类", 整个句子的意思是"我喜欢这种书"。在"It was very <u>kind</u> of you to do it. "中, kind 在副词 very 的后面, 介词 of 的前面, 可判定为形容词, 因而它的词义是"亲切", 整个句子的意思是"你做这件事显得非常亲切"。

如果我们设计一个高效率的词性标注系统, 可以正确地决定兼类的多义词的词类, 那么, 我们就可以利用标注正确的词类, 来决定多义词的词义, 从而达到词义排歧的目的。

可是, 当同一个词类的多义词还存在多个不同的词义的时候, 这种"以词类决定词义"的方法就显得无能为力了, 因为在判定了词类之后, 还需要对不同的词义进行选择。

例如, works 这个多义词可兼属动词和名词, 当它是动词的时候, 它的词义是"工作", 当它是名词的时候, 它的词义可以是"工厂", 也可以是"著作"。在句子 "My daughter <u>works</u> in an office. "中, works 处于名词词组之后, 介词之前, 可判定为动词, 因而它的词义是"工作", 整个句子的意思是"我女儿在一个办公室工作"。

可是, 当判定 works 为名词的时候, 它的词义还没有最后决定, 这就会出现两难的尴尬局面。在句子"It is a gas <u>works</u>. "和句子"I read the <u>works</u> of Shakespears. "中, works 都可以判定为名词, 如果只是根据词类,我们决定不了前句中 works 的词义是"工厂",后句中的 works 的词义是"著作"。

这时,我们还需要根据上下文的选择限制来排歧。比如说,如果我们规定,works 与表示燃料的名词连用,可判定其词义是"工厂",当 works 与作家的名字连用,可判定其词义是"著作",那么,我们就可以根据这样的选择限制来进行词义排歧了。

- **利用选择限制进行词义排歧的方法**

选择限制(selectional restriction)和语义类型的分类(type hierarchies)是词义排歧的主要的知识源。在语义分析中,它们被用来删除不恰当的语义从而减少歧义的数量。

最早研究选择限制的是生成语言学家卡兹和弗托。

例如,形容词 handsome 有三个意思:一是"美观的",二是"慷慨的",三是"相当大的"。

第一个意思只能指人或指人工制品,例如,可以说 handsome fellow(英俊的人)、handsome building(美观的房子),因此,其选择限制为 < (Human) ∨ (Artifact) >,其中,"∨"表示逻辑析取("或")。

第二个意思只能指行为,例如,可以说 handsome treatment(慷慨的待遇),其选择限制为 < (conduct) >。

第三个意思只能指数量,例如,可以说 handsome sum(可观的数目),其选择限制为 < (Amount) >。

如果把 handsome fellow 理解为"可观的人",就违反了选择限制。

不难看出,选择限制在研究词与词之间的搭配关系时是很有用的。

乔姆斯基在他的标准理论中,接受了"选择限制"的概念;我们认为,选择限制是生成语言学(generative linguistics)的一个最主要成就。

1987 年,赫尔斯特(G. Hirst)把生成语言学中选择限制的概念应用于自然语言计算机处理。我们在这里介绍赫尔斯特的工作。

例如,dish 是一个多义词,怎样来确定它的含义呢?

我们来研究下面的一段话:

"In our house, everybody has a career and none of them includes washing dishes," he says. In her tiny kitchen at home, Mr. Chen works efficiently, stir-frying several simple dishes, including braised pig's ears and chicken livers with green peppers.

（他说道，"在我们的房子里，每一个人都有自己的事情，可是这些事情不包括洗碟子。"在她的小厨房里，陈先生干得很有成效，他炒几个简单的菜肴，包括炖猪耳朵和青椒炒鸡肝。）

前句中的 dishes 是用于吃饭的物理客体（physical object），后句中的 dishes 则是菜肴。它们的选择限制各不相同，前者是 wash 的 PATIENT（受事），它应该具有可洗性（washable），它的意思是"碟子"；后者是 stir-fry 的 PATIENT（受事），它应该具有可食性（edible），它的意思是"菜肴"。谓词选择符合论元（argument）语义限制的正确含义，删除不能匹配的含义。

由此可见，使用选择限制实际上是一种"观其伴而知其意"（You shall know a word by the company it keeps.）的方法。

使用选择限制时，我们一般要确定多义词的上位概念，然后根据上位概念与句子的中心谓词的搭配关系来选择这个多义词的恰当涵义。

例如，我们来研究如下的句子：

a. The crane flew over plain.（crane 的上位概念 = bird）

b. The builder operated the crane.（crane 的上位概念 = machine）

在这两个句子中，crane 是一个多义词，它的涵义可以是"鹤"，这时，它的上位概念是 bird（鸟），它的涵义也可以是"起重机"，这时，它的上位概念是 machine（机器）。

句子 a 的中心动词 flew 要求它的主语是 bird，这样的选择限制不容许它的主语是 machine，因此，句子 a 中的 crane 的涵义应该是"鹤"，而不是"起重机"。

同理，句子 b 的中心动词 operated 要求它的宾语是 machine，这样的选择限制不容许它的宾语是 bird，因此，句子 b 中 crane 的涵义应该是"起重机",而不是"鹤"。

　　美国普林斯顿大学米勒(Miller)等设计的"词网"(WordNet)用同义词集(Synset)把英语中的单词组织起来,表示单词之间的复杂的语义关系,我们可以根据词网中的语义关系来建立语义层级关系,并在机器词典中存储多义名词的语义类型信息(type)和动词的选择限制信息(selectional restriction),就可以使用这些信息来进行词义排歧。

　　例如,对于上面的例子,我们可以建立如下的语义层级关系图,并在有关结点上标上语义类型的信息:

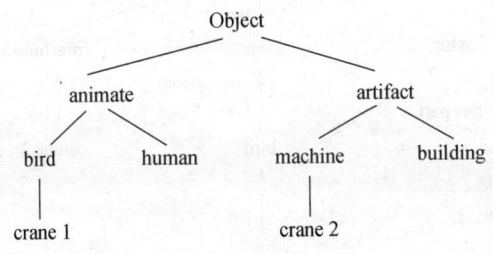

图2.16　语义层级关系图

在词典中,我们可以存储如下的信息:

　　　　crane（type：crane1）
　　　　crane（type：crane2）
　　　　builder（type：human）
　　　　operate（subj：human, obj：machine）
　　　　fly（subj：bird）

　　从词典中可以看出,动词 operate 的选择限制是：主语的语义类型为 human,宾语的语义类型为 machine;动词 fly 的选择限制是：主语的语义类型为 bird。

　　根据这些信息,计算机就可以自动地选择多义词的恰当涵义,达到词义排歧的目的。

　　例如,根据上述的选择限制,可以自动地判定句子

　　The crane flew over plain

中的 crane 是鸟类：鹤；

并自动判定句子

The builder operated the crane

中的 crane 是机器：起重机。

如果我们在语义层级关系图的边上使用谓词"isa"，"has_part"等作为标记，那么，我们就可以得到一个语义框架图（semantic frame）。如下图所示：

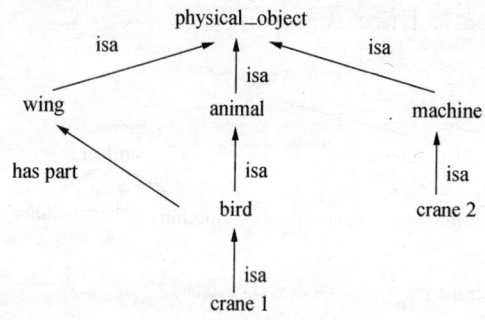

图 2.17　语义框架图

使用语义框架图中的信息，可以帮助我们判定在多义词的两个或多个涵义中，哪一个涵义最符合句子在语义上的要求，从而达到词义排歧的目的。句子中多义词优选的涵义是与该多义词相结合的单词涵义在语义距离（semantic distance）上最接近的涵义。

那么，怎样来确定语义框架图中结点之间的语义距离呢？

我们要在语义框架图中表示谓词的每一个边上给一个权值（weight），然后使用标准的最短路径算法来计算语义距离，取与相应问题有关的结点之间的最小权值的语义距离作为优选的结果。

例如，我们来研究 wing，bird 和 crane 的两个涵义的语义框架：

[instance_of：wing，
isa：physical_object]

[instance_of：bird，
isa：animal，

has_part: wing]

[instance_of: crane1,

isa: bird]

[instance_of: crane2,

isa: machine]

crane1 的涵义是"鹤",crane2 的涵义是"起重机"。

这些框架可以参看图 2.17。

我们假定各个谓词的权值如下：

$$isa = 0.1 \quad isa^{-1} = 0.95 \quad has\_part = 0.3 \quad has\_part^{-1} = 0.8$$

其中,isa^{-1} 表示 isa 的逆关系(箭头方向相反),has_part^{-1} 表示 has_part 的逆关系,其意思是 part_of。方向相反的连接的权值是不同的。

两个结点 a 和 b 之间的语义距离用 D(a,b) 表示,D(a,b) 按下面的公式计算：

$$D(a,b) = \min (d(a,b), d(b,a))$$

这里,d(x,y)表示结点 x 和 y 之间的语义距离,结点 a 和 b 之间的语义距离取 d(a,b) 和 d(b,a) 的最小值。

现在,我们根据图 2.17 中的语义框架图,通过计算语义距离的方法,对于歧义短语"crane's wing"进行排歧。

从图 2.17 中我们得到如下的数据：

$$d(wing, crane1) = has\_part^{-1} + isa^{-1} = 0.8 + 0.95 = 1.75$$
$$d(wing, crane2) = isa + isa^{-1} + isa^{-1}$$
$$= 0.1 + 0.95 + 0.95 = 2.0$$
$$d(crane1, wing) = isa + has\_part = 0.1 + 0.3 = 0.4$$
$$d(crane2, wing) = isa + ias + isa^{-1}$$
$$= 0.1 + 0.1 + 0.95 = 1.15$$

根据语义距离的计算公式,我们有：

$$D(\text{wing}, \text{crane1}) = \min\ (d(\text{wing}, \text{crane1}),\ d(\text{crane1}, \text{wing}))$$
$$= \min\ (1.75, 0.4)\ =\ 0.4$$
$$D(\text{wing}, \text{crane2}) = \min\ (d(\text{wing}, \text{crane2}),\ d(\text{crane2}, \text{wing}))$$
$$= \min\ (2.0, 1.15)\ =\ 1.15$$

我们取最小的语义距离 $D(\text{wing}, \text{crane1})$ 作为优选的结果,因此,短语"crane's wing"的意思应该优选为"鹤的翅膀"。

上面讲的是根据谓词的选择限制来排除多义论元的歧义。

当谓词有歧义时,我们还可以根据其论元的语义来消除谓词的歧义。例如,

> Well, there was the time <u>served</u> green-lipped mussels from New Zealand. (好,有时间来品尝从新西兰来的绿唇蚌。)
>
> Which airlines <u>serve</u> Denver? (哪一个航班到 Denver 去?)
>
> Which ones <u>serve</u> breakfast? (哪一个航班供应早餐?)

前句中的 serve 要求某种食物作为其 PATIENT,中句中的 serve 要求地名或者团体作为其 PATIENT,后句中的 serve 要求某种饭局作为其 PATIENT。如果我们确信 mussel,Denver 和 breakfast 都是无歧义的,那么,就可以通过它们的语义来消除谓词 serve 的歧义。

如果谓词和它的论元都有歧义,则选择的可能性大大增加。例如,

> I'm looking for a restaurant that <u>serves</u> <u>vegetarian</u> <u>dishes</u>.

serve 有 3 个涵义,dish 有 2 个涵义,则这个句子应该有 3×2 个涵义。在这种情况下,要根据谓词论元的语义类型和论元的选择限制共同地决定其正确的选择。

这时,谓词 serve 要求的论元有"食物","地名或团体","饭局"3 种可能性,而论元 dish 的语义类型有"可食性"和"可洗性"两种可能性,由于"食物"与"可食性"是相匹配的,因此作为选择的结果,如图 2.18 中双箭头所示,serve 的含义是"供应",dishes 的含义是"食品",这个句子的意思应该是"我正在找一个<u>供应</u>素食品的饭馆"。

可见,基于选择限制的词义排歧要求在语义分析中使用两方面

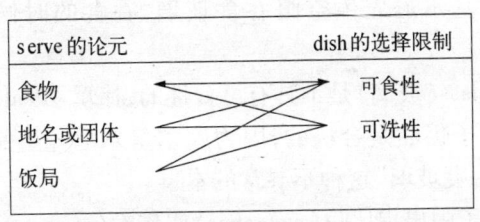

serve 的论元	dish 的选择限制
食物	可食性
地名或团体	可洗性
饭局	

图 2.18   涵义选择

的知识:

- 论元的语义类型分类;
- 论元对于谓词的选择限制。

这两方面的知识都可以从词网(WordNet)中获取。语义类型分类的信息可以从有关词的上下位关系(hypernymy)获得,选择限制的信息通过把有关词的 SYNSET 与谓词的论元相联系的方法获得。如果我们从词网上获得了这两方面的知识,我们就可以利用选择限制来进行词义排歧了。

然而。选择限制是有局限性的,主要表现在:

- 当选择限制的一般性太强的时候,很难决定有关词的选择限制的范围;

例如,What kind of dishes do you recommend?

这里,我们难于决定 dishes 的选择限制是"可洗性"还是"可食性"。

- 当在否定句子中的时候,否定关系明显地违反了选择限制,但是,句子的语义却是合法的。

例如,People realized you can't eat gold for lunch if you're hungry.(谁都知道,饿了也不能把金子当饭吃。)

句子中的 eat gold 显然违反了 eat 的选择限制,因为 gold 不具有可食性。但是,由于有否定词 can't,这个句子却是完全合法的。

- 当句子描述的事件是不寻常的事件时,尽管违反了选择限制,句子仍然是完全合法的。

例如,In his two championship trials, Mr. Kulkimi ato glass on an empty stomach, accompanied only by water and tea.(在他的两次冠军

比赛中,库尔基尔尼先生空腹吞食玻璃,吞食的时候只是喝点水和茶。)

句子中 glass(玻璃)是不具有可食性的,违反了 eat 的选择限制,可是,这个句子仍然是合法的,因为库尔基尔尼先生是一个特别的人,他具有"吞食玻璃"这种不寻常的本事。

- 当句子中出现比喻(metaphor)或借喻(metonymy)的时候,这样的比喻或借喻是对选择限制的极大挑战。

例如,If you want to <u>kill</u> the Soviet Union, get it to try to <u>eat</u> Afghanistan.(让苏联去吞并阿富汗吧,噎死它!)

这时,谓词 kill 和 eat 的 PATIENT 的典型的选择限制都完全失效了,可是,这个句子在语义上有合法性却是毋庸置疑的。

- **利用优选关系进行词义排歧的方法**

1987 年,赫尔斯特指出,所有这些违反选择限制却在事实上合法的例子,都将导致词义排歧的失效。因此,他建议,与其把选择限制看成一种硬性的规定,不如把它看成是一种优选关系(preference),应该把"优选"的概念引入选择限制的研究中。

早在 1975 年,威尔克斯就提出优选语义学(preference semantics)。

他认为,在词义排歧的过程中,涵义的取舍不要看成是完全的接受或完全的拒绝,而应该看成是在各种可能的涵义中进行优选。当单词彼此结合的时候,优选程度最高的那些涵义被确定为可接受的涵义,而优选程度低的涵义则被拒绝。

例如,在句子

The policeman interrogated the crook.

中,crook 是一个多义词,它的涵义可以是"牧羊杖",也可以是"骗子",而动词 interrogated 优选主语为 human,优选宾语也为 human,表示如下:

Interrogate (subject:human, object:human)

当计算机处理这个句子的时候,因为宾语的语义类型以 human 为优选,所以,crook 的涵义应该是"骗子",而不是"牧羊杖"。

威尔克斯把词义排歧的过程看成是一个语义的优选过程,显然更加符合实际情况。当句子中出现比喻或借喻的时候,如果使用语义优选的方法,可能取得比较理想的词义排歧结果。

与威尔克斯的优选语义学理论的思路相似,雷斯尼克(Resnik)于1997年提出了"选择关联度"(selectional association)的概念。

选择关联度是在谓词与该谓词所支配论元的类别之间的关联强度的一种概率测度。雷斯尼克把词网 WordNet 中上下位关系(Hypernymy)与标注语料库中的谓词—论元关系结合起来,从而推算选择关联的强度。

雷斯尼克在经过句法剖析的语料库中自动获取 Verb-Object,Subject-Verb,Adjective-noun 等句法结构的语义优选,用来消除动词、名词、形容词的歧义。他用选择关联度来进行词义消歧,算法选择在谓词与其论元的上位词之间具有最高选择关联度的论元作为该论元的正确含义。

雷斯尼克这种选择关联度方法的缺陷是,它只能用于谓词没有歧义而仅仅论元有歧义的场合。

雷斯尼克的这种选择关联度方法,需要有一个高效的句法剖析器(parser)来自动获取句法关系的知识,句法剖析的错误往往会导致词义排歧的错误。而目前句法剖析器的效果还不理想,因而也就使得这种方法的效率不高。

此外,我们还可以使用语义层级关系,放松对于语义选择的限制来解决比喻和借喻的问题。例如,在句子

　　　　The company agreed the proposal.

中,如果 agree 要求主语的语义类型为"human",而 company 的语义类型为"social object",那么,选择限制就要遭到破坏。这时,如果我们放松选择限制,把 agree 的主语的语义类型由"human"扩大到也包括"social object",便可以确认这是一个合格的句子。

3. 自立的词义排歧方法

前面的方法都要制定"规则",是所谓"规则对规则"(rule-to-rule approach)的方法,另外,还有自立的方法(stand-alone approach)。自

立的方法不需要制定规则,是一种鲁棒(robust)的词义排歧方法。

这种鲁棒的自立的词义排歧方法主要依靠词类标注来工作,力求把对于信息的要求减低到最低限度,从而做到"自立"(stand-alone),也就是让机器自己学习而获得信息。

这种机器学习的方法,要求对系统进行训练,使得系统能够自行进行词义排歧,而不必依靠事先设定的规则。

要进行词义排歧的词叫做目标词(target word),目标词所嵌入的文本,叫做上下文(context)。输入按下面方式进行初始化的处理:

- 输入文本一般应该是经过词类标注的;
- 上下文可以看成是围绕目标词的长短不一的语言片段;
- 上下文中的单词,应该是经过词法分析的,应该把变形词还原成原形词;
- 文本最好经过局部句法分析或者依存关系分析,能够反映出题元角色关系或者其他语法关系。

经过这样的初始化处理,输入文本要进一步提炼为包含相关信息的特征的集合。主要步骤是:

- 选择相关的语言学特征;
- 根据学习算法的要求对这些特征进行形式化描述(或者编码)。

大多数的学习系统使用简单的特征向量(feature vector),这些特征向量采用数字或者词类标记来编码。

用来训练词义排歧系统的语言学特征可以粗略地分为两类:

- 搭配特征(collocation feature);
- 共现特征(co-occurrence feature)。

搭配特征对目标词左右的上下文进行编码,要求指出特定的、能反映这些单词的语法性质的位置特征。典型的特征是单词、词根形式、词类等。这样的特征往往能把目标词特定的含义孤立起来以便处理。

例如,

An electric guitar and bass player stand off to one side, not really part of the scene, just as a sort of nod to gringo expectations perhaps. (电吉他和低音乐器演奏者站在一旁,他并不是站在舞台的一部分,

大概只是为了等待外国佬的到来。)

我们取特征词 bass(低音乐器)的左右两个词以及它们的词类标记为特征向量,作为搭配特征表示如下:

[guitar, NN1, and, CJC, player, NN1, stand, VVB]

这样的搭配特征对于相邻单词的位置有严格的要求,实现起来比较困难,因此往往要与共现特征结合起来使用。

共现特征不考虑相邻单词的精确的位置信息,单词本身就可以作为特征。特征的值就是单词在围绕目标词的环境中出现的次数。目标词的环境一般定义为以目标词为中心的一个固定窗口,要计算出在这个窗口中实词的出现频度,根据共现词的出现频度,判定目标词的含义。

例如,对于目标词 bass,我们从语料库中选出它的 12 个共现词。然后标出它们在特定窗口中的出现频度。

这 12 个共现词是:fishing, big, sound, player, fly, rod, pound, double, runs, playing, guitar, band.

在上面句子中选取反映搭配特征的guitar and bass player stand 作为窗口,在这个窗口中,这 12 个共现词出现的特征向量为(player 和 guitar 的出现次数为 1,其他共现词的出现次数都为 0):

[0, 0, 0, 1, 0, 0, 0, 0, 0, 0, 1, 0]

根据这样的特征向量,由于第四个共现词 player 和第十一个共现词 guitar 在特征向量中的值都是 1,因此可以确定这个 bass 的词义是"低音乐器"。在这 12 个共现词中,反映 bass 的不同特征是混在一起的,因此,我们有必要根据语料统计的结果,来给这些特征向量赋值,根据赋值进行判断。

韩克斯(P. Hanks)指出,多义词 bank 的共现词可以分为如下两组(A 组和 B 组):

A 组:money, notes, loan, account, investment, clerk, official, robbery, vault, working, In a, First national, of England.

B 组:river, swim, lake, boat, east, west, south, on top of.

如果 bank 的共现词属于 A 组,则它的涵义是"银行",如果 bank 的共现词属于 B 组,则它的涵义是"河岸"。

在鲁棒的词义排歧系统中,一般都把共现特征与搭配特征结合起来使用,根据反映共现特征的共现词在反映搭配特征的窗口中出现的频度来排歧。

4. 基于机器学习的词义排歧方法

机器学习(machine leaning)方法可以分为有指导的学习方法(supervised learning approach)、半指导的学习方法(semi-supervised learning approach)和无指导的学习方法(unsupervised learning approach),下面分别介绍。

- **有指导的学习方法**

这种方法依据词义标注的数据来训练分类器,并获取相关参数,进而对测试语料中的词语进行排歧。

目前在有指导的学习方法排歧中,主要的方法有朴素 Bayes 分类法(naïve Bayes classifier,简称 NB)和决策表分类法(decision list classifiers)两种。

使用朴素 Bayes 分类法时,不是去寻找某个特定的特征,而是在综合考虑多个特征的基础上进行词义排歧。这种方法实际上是在给定的上下文环境下,计算一个多义词的各个义项中概率最大的义项。计算公式如下:

$$s = \underset{s \in S}{\operatorname{argmax}} P(s \mid V)$$

其中,S 是词义的集合,s 表示 S 中的每一个可能的义项,V 表示输入上下文中的向量(Vector)。

根据 Bayes 公式把上面的公式改写,我们可以得到直接根据向量的计算公式:

$$s = \underset{s \in S}{\operatorname{argmax}} P(s) \prod_{j=1}^{n} p(v_j \mid s)$$

例如,在句子 An electric guitar and bass player stand off to one side, not really part of the scene, just as a sort of nod to gringo expectations perhaps("电吉他和<u>低音乐器</u>演奏者站在一旁,他并不是站在舞台的一部分,大概只是为了等待外国佬的到来")中,我们需要计算在 bass 左边 guitar 的出现概率和 bass 右边的 player 的出现概率,从而得出 bass 的含义为"低音乐器",达到排歧的目的。

1992 年,尕勒(Gale)等使用这个方法试验了 6 个英语的多义词(duty, drug, land, language, position, sentence)的词义排歧,正确率达到 90% 左右。

决策表分类法根据共现词的等价类的不同制定决策表,然后利用这个决策表于输入向量,确定最佳的词义。

例如,雅罗夫斯基(Yarowsky)在 1996 年制定如下的决策表来确定 bass 的词义:

规　则		词　义
窗口中出现 fish	→	bass1
窗口中出现 striped bass	→	bass1
窗口中出现 guitar	→	bass2
窗口中出现 bass player	→	bass2
窗口中出现 piano	→	bass2
窗口中出现 tenor	→	bass2
窗口中出现 sea bass	→	bass1
窗口中出现 play/V bass	→	bass2
窗口中出现 river	→	bass1
窗口中出现 violin	→	bass2
窗口中出现 salmon	→	bass1
窗口中出现 on bass	→	bass2
窗口中出现 bass are	→	bass1

其中,bass1 表示 fish 的含义,bass2 表示 music 的含义。如果检测成功,就选择相应的词义,如果检测失败,那就进入下一个检测。这样一直检测到决策表的末尾,其缺省值就是最大可能的词义。

这个决策表可用于从 bass 的 music 含义中消除 fish 的含义。第一项检测说明,如果在输入中出现 fish,那么,就选择 bass1 为正确的答案。如果不是这样,那么,就检测下一项一直到返回值为 True,在决策表末尾的缺省值的检测,其返回值为 True。

决策表中项目的排列可以根据训练语料的特征来决定。

1994 年,雅罗夫斯基提出一种方法来计算决策表中的每个特征值偶对的对数似然比值(log-likelihood ratio),根据计算所得的比值调整涵义 Sense1 和涵义 Sense2 在决策表中的顺序,从而确定整个决策表中特征值的排列顺序。计算公式如下:

$$abs\left(Log\left[-\frac{P(Sense_1 \mid f_i = v_j)}{P(Sense_2 \mid f_i = v_j)} \right] \right)$$

其中,v 表示 Sense 的特征向量,f 表示该 Sense 的绝对频度。

根据这个公式来比较各特征值偶对,便可以获得一个排列最佳的决策表。1996 年,雅罗夫斯基采用这样的方法进行词义排歧,得到了 95% 的正确率。

此外还有基于最大熵模型(MaxEnt)的排歧方法、基于支持向量机(support vector machine,简称 SVM)的排歧方法,兹不赘述。

- **半指导的学习方法**

有指导的学习方法的问题是需要训练大量的标注语料。郗思特(M. A. Hearst)和雅罗夫斯基分别在 1991 年和 1995 年提出"自举的方法"(Bootstrapping Approaches),这种方法又可以翻译为"自力更生的方法"。这种方法不需要训练大量的语料,而只需要依靠数量相对少的实例,每一个词目的每一个义项都依靠少量的标记好的实例来判别。

以这些实例作为种子(seed),采用有指导的学习方法来训练语料从而得到初始的分类。然后,利用这些初始的分类,从未训练的语料中抽取出大量的训练语料,反复进行这个过程一直到得到较满意的精确度和覆盖率为止。

这个方法的关键是从较小的种子集合出发,创造出大量的训练语料。然后再利用这些得出的大量的训练语料来创造出新的、更加精确的分类。每重复一次这样的过程,所得到的训练语料越来越大。而未标注的语料越来越少。所以这是一种半指导的学习方法。

自举的词义排歧法的初始种子可以使用不同的方法来产生。

1991 年,郗思特用简单的手工标记方法从初始语料中获得一个小的实例集合。他的方法具有如下 3 个优点：

- 种子实例可靠,保证了机器学习有正确的立足点;
- 分析程序选出的实例不仅是正确的,而且可以作为每个义项的意义原型;
- 训练简单可行。

1995 年,雅罗夫斯基提出"一个搭配一个义项"(One Sense per Collocation)的原则,效果良好。他的方法是为每一个义项选择一个合理的标示词(indicator)作为种子。例如,选择 fish 作为识别 bass1 这个义项的种子标示词,选择 play 作为识别 bass2 这个义项的种子标示词。

下面是例子:

play—bass2

We need more good teachers—right now, there are only a half a dozen who can <u>play</u> the free <u>bass</u> with ease.(我们需要更多好老师,目前我们这儿有五六个能够熟练地演奏低音乐器的。)

An electric guitar and <u>bass</u> <u>player</u> stand off to one side, not really part of the scene, just as a sort of nod to gringo expectation perhaps.(电吉它和低音乐器演奏者站在一旁,他并不是站在舞台的一部分,大概只是为了等待外国佬的到来。)

fish—bass1

The researchers said the worms spend part of their life cycle in such <u>fish</u> as Pacific salmon and striped <u>bass</u> and pacific rockfish or snapper.(研究人员说,蠕虫生命中一部分时间生活在太平洋大马哈鱼和有斑纹的鲈鱼以及太平洋的岩鱼或者甲鱼体内。)

Saturday morning I arise at 8：30 and click on "America's best known <u>fisherman</u>," giving advice on catching <u>bass</u> in cold weather from the seat of a <u>bass</u> boat in Louisiana. (星期六早晨我 8：30 起床,询问"美国最有名的渔人",怎样在大冷天从 Louisianna 的鲈鱼船的座位上捕捉鲈鱼。)

在图 2.19 中所示的是使用"fish"和"play"这两个种了标示词,在从《华尔街日报》(The Wall Street Journal,简称 WSJ)抽出的 bass 例句库中查找而得到的部分结果。

Klucevsek plays Giulietti or Titano piano accordions with the more flexible, more difficult free bass rather than the traditional Stradella bass with its preset chords designed mainly for accompaniment.

We need more good teachers -right now, there are only a half a dozen who can play the free bass with ease.

An electric guitar and bass player stand off to one side, not really part of the scene, just as a sort of nod to gringo expectations perhaps.

When the New Jersey Jazz Society, in a fund-raiser for the American Jazz Hall of Fame, honors this historic night next Saturday, Harry Goodman, Mr. Goodman's brother and bass player at the original concert, will be in the audience with other family members.

The researchers said the worms spend part of their life cycle in such fish as Pacific salmon and striped bass and Pacific rockfish or snapper.

Associates describe Mr. Whitacre as a quiet, disciplined and assertive manager whose favorite form of escape is bass fishing.

And it all started when fishermen decided the striped bass in Lake Mead were too skinny.

Though still a far cry from the lake's record 52-pound bass of a decade ago, "you could fillet these fish again, and that made people very, very happy," Mr. Paulson says.

Saturday morning I arise at 8:30 and click on "America's best-known fisherman," giving advice on catching bass in cold weather from the seat of a bass boat in Louisiana.

图 2.19 利用 **play** 和 **fish** 与 **bass** 的相关性从 **WSJ** 抽取的 **bass** 例句,上半部的句子中 **bass** 的含义为"低音乐器",下半部句子中 **bass** 的含义为"鲈鱼"。

雅罗夫斯基选择种子的途径有两条:一是机器可读词典;二是利用统计方法根据搭配关系来选择。他对 12 个多义词的歧义消解正确率为 96.5%。

显而易见,这种自举的方法是一种半指导的学习方法(semi-supervised Learning Approaches)。

- **无指导的学习方法**

无指导的学习方法(unsupervised learning approaches)避免使用

通过训练得出义项标注(sense tagging)的语料,只使用无标记的语料作为输入,这些语料根据它们的相似度进行类聚。这样的类聚可以作为成分的特征向量的代表。根据相似度得出的类聚再经过人工的词义标注后,就可以用来给没有特征编码的实例进行分类。显而易见,这是一种向量类聚的方法。

例如,英语多义词 bank 的义项分别为 bank1 和 bank2,在没有经过训练的语料中,在第一个上下文中出现了 money,在第二个上下文中出现了 loan,在第三个上下文中出现了 water,它们在不同上下文中与其他词的共现次数也就是它们的关联向量,如下表所示:

	bank	building	loan	money	mortgage	river	water
loan	150	20	70	100	50	10	40
money	600	500	100	400	50	30	70
water	15	400	40	70	1	400	500

其中,mortgage 的含义是"抵押"。

从共现次数的分布(关联向量)可以看出这三个词的相似度的接近程度:water 与 loan 或者 money 的相似度远远小于 money 与 loan 的相似度。也就是说,money 和 loan 的关联向量大于 money 与 water 的关联向量,也大于 loan 与 water 的关联向量。这样,我们就可以把 money 与 loan 类聚在一起,这个类聚是 bank1 的标示,bank1 的涵义显然应该是"银行";把 water 单独算为一个类聚,这个类聚是 bank2 的标示,bank2 的涵义显然应该是"岸边"。

经常采用的方法是凝聚法(agglomerative clustering)。N 个训练实例中的每一个实例都被指派给一个类聚,然后用自底向上的方式陆续地把两个最相似的类聚结合成一个新的类聚,直到达到预期的指标为止。

由于无指导的学习方法不使用人工标注的数据,它存在如下的不足:

- 在训练语料中,无法知道什么是正确的义项。
- 所得到的类聚往往与训练实例的义项在性质上差别很大,各不相谋。

- 类聚的数量几乎总是与需要消解歧义的目标词的义项的数量不一致。

舒彻（Schütze）在 1992 年和 1998 年,先后使用无指导的学习方法来进行多义词的歧义消解,其结果与有指导的学习方法和自举的半指导的学习方法很接近,达到了 90% 的正确率。不过,这种方法所试验的多义词的数量规模都很小。

舒彻在 1992 年还使用向量类聚的方法进行词义排歧,比较了向量类聚的词义排歧与只选择最常见义项的歧义消解结果。从而证明了向量类聚的效果比之于早期机器翻译系统使用的选择最常见涵义的方法的效果好得多。

单词	义项数目	向量类聚方法的正确率	选择最常见涵义方法的正确率
tank/s	8	95	80
plant/s	13	92	66
interest/s	3	93	68
capital/s	2	95	66
suit/s	2	95	54
motion/s	2	92	54
ruling	2	90	60
vessel/s	7	92	58
space	10	90	59
train/s	10	89	76

5. 基于词典的词义排歧方法

上述方法的最大问题是语料的规模问题。许多词义排歧试验的规模只涉及 2 到 12 个词,最大规模的词义排歧试验也只涉及 121 个名词和 70 个动词 (Ng, Lee, 1996)。因此,学者们想到了使用机器可读词典(machine readable dictionary),采用基于词典的词义排歧方法(Dictionary-Based Approaches)。这时,机器可读词典可以给词义排歧提供义项以及相应义项的定义上下文。

1986 年,莱斯克(M. Lesk)首先使用词典中的定义来进行词义排歧。机器可读词典中词典条目的定义实际上就是一种既存的知识

源,当判断两个单词 A 和 B 之间的亲和程度时,可以比较这两个单词
A 和 B 在机器可读词典的定义中同时出现的词语的情况,如果在 A
和 B 两个单词的定义中都出现共同的词语,便可推断它们之间的亲
和程度较大,从而据此来进行优选。他把多义词的各个义项的定义
进行比较,选择具有最大覆盖上下文的义项为正确的义项。例如,

在词组 pine cone(松球)中,cone 是多义词,我们把词典中 pine
的定义与 cone 的定义进行比较如下:

pine　　1　kinds of evergreen tree with needle-shaped leaves(一
　　　　　　种具有针状树叶的常绿树)

　　　　2　waste away through sorrow or illness(因为悲哀或者
　　　　　　疾病而憔悴)

cone　　1　solid body which narrows to a point(圆锥体)

　　　　2　something of this shape whether solid or hollow(硬的
　　　　　　东西或者空的东西)

　　　　3　fruit of certain evergreen trees(某些常绿树的果实)

我们选择 cone 3 作为 pine cone 中多义词 cone 的正确义项,因为
在 cone 3 的定义中, evergreen 和 tree 两个词与 pine 1 定义中的词
evergreen 和 tree 相重合。

莱斯克从《傲慢与偏见》(*Pride and Prejudice*)和 AP newswire 的
文章中选取部分语料进行试验,正确率达 50—70%。

又如,在英语中,pen 是一个多义词,可以理解为"笔",也可以理
解为"动物的围栏",如果在一个句子中既有 pen,又有 sheep,而在机
器可读词典的 pen 的定义中有"an enclosure in which domestic animals
are kept",在 sheep 的定义中有"There are many breeds of domestic
sheep",在这两个定义中都存在共同出现的单词 domestic,从而可以
判断,在这个句子中, pen 的含义应该是"动物的围栏",而不是
"笔",从而消解了歧义。

姜森(K. Jensen)和比诺特(J-L. Binot)利用联机词典中的单词
的定义来消解英语介词的功能歧义。

例如,英语的 with 这个介词,其功能可以表示 INSTRUMENT(工
具),又可以表示 PART‐OF(部分—全体)关系,这就出现了功能上

的歧义(case ambiguity)。在英语句子"I ate a fish <u>with</u> a fork"中,fork(叉子)的定义为"an instrument for eating food",其中的 instrument 与 with 的功能 INSTRUMENT(工具)相同,故可判断 with 在这个句子中的功能应该是 INSTRUMENT(工具),故此句的含义应该为"我用叉子吃鱼"。

在英语句子"I ate a fish <u>with</u> bones"中,bone 在机器可读词典中的定义是"a part of animal",在 fish 的定义中,有"a kind of animal",这与 with 的功能 PART-OF(部分—全体)关系相同,故可判断 with 在这个句子中的功能是 PART-OF(部分—全体)关系,这样,这个句子的含义应该是"我吃带骨的鱼"。

这个方法的主要困难是词典中的定义往往太短,不足以为词义排歧提供足够的上下文材料。例如,在 *American Heritage Dictionary* 中,bank(银行)的定义里没有 deposit(存款)这个词,在 deposit(存款)的定义中,没有 bank(银行)这个词,而这两个词有很密切的联系。

现在一些词典中有主题分类代码(subject codes),似乎可以弥补这方面的缺陷,因为 bank 和 deposit 都可以划为 EC(Economics)这个主题。1991 年,古特里(Guthrie)报告,他使用了《朗文当代英语词典》(*Longman Dictionary of Contemporary English*,简称 LDOCE,1978)的主题代码来消解歧义,把正确率由 47% 提高到 72%。

国际计算语言学会(Association of Computational Linguistics,简称 ACL)的词汇特别兴趣小组(the Special Interest Group on the Lexicon of the ACL,简称 ACL-SIGLEX)发起 Senseval 国际词义排歧比赛,作为 ACL 的一个研讨会(workshop)举行。第一届在 1998 年,第二届在 2001 年,第三届在 2004 年,第四届在 2007 年都进行的 Senseval 评测。从 2007 年第四届开始,Senseval 改名为 SemEval (Semantic Evaluation)。除了词义排歧之外,还包括语义关系分类、转喻消解、词语替换、文本情感分析、时间关系识别、网络人名检索等方面的评测。这些评测和比赛,推动了词义排歧研究的发展。

40 多年来,自然语言处理各个领域的研究在词义排歧方面虽然取得了很大的成绩,但是,学者们的各种方法似乎都很难判定巴希勒在 1959 年提出的在"the box was in the pen"中 pen 的词义应该是"游戏的围栏"。可见,词义排歧确实是非常困难的问题。要真正解决词义排歧问题,还需要我们做出不懈的努力。

过去的成果使我们看到了解决这个问题的一线曙光,尽管这一线曙光还很微弱,但它毕竟是黎明前的曙光,还是很鼓舞人心的,因为它预示了自然语言处理事业光辉的未来。

本章参考文献

1. 冯志伟,数理语言学[M],知识出版社,上海,1985 年。
2. 冯志伟,法—汉机器翻译 FCAT 系统[J],《情报科学》,哈尔滨,1987 年,第 4 期。
3. 冯志伟,机器翻译专用软件[A],《语言和计算机》[C],第 3 辑,中国社会科学出版社,北京,1987 年。
4. 冯志伟,德—汉机器翻译 GCAT 系统的设计原理和方法[J],《中文信息学报》,北京,1988 年,第 3 期。
5. 冯志伟,自然语言机器翻译新论[M],语文出版社,北京,1994 年。
6. 冯志伟,计算语言学探索[M],黑龙江教育出版社,2001 年 9 月,哈尔滨。
7. 冯志伟,词义排歧方法研究[J],《术语标准化与信息技术》,2004 年第 1 期。
8. 梅家驹等,《同义词词林》(第二版)[M],上海辞书出版社,1996 年。
9. Asuncion Gomez-Perez, Ontological Engineering with examples from the areas of Knowledge Management, e-Commerce and Semantic Web [M], Springer, 2004.
10. Berrey, L. V. Roget's International Thesaurus [M], Third edition, New York, 1962.
11. Borst, W. N. Construction of engineering ontologies [M]. Centre for Telemetica and information technology, University of Tweenty. Enschede, The Netherlands, 1997.
12. Chan Y. S, H. T. Ng, D. Chiang, Word sense disambiguation improves statistical machine translation [A], *Proceedings of the 45th Annual Meeting of the Association for Computational Linguistics (ACL)* [C], pp. 33 – 40, 2007.
13. Fang Gu et al., Domain-specific ontology of botany [J], *Journal of computer science & technology*, March 2004, Vol 19 No.2, pp. 238 – 248.
14. Fillmore, Ch. J. The case for case [A]. In Emmon Bach and Robert Harms, Universals in Linguistic Theory [C]. New York: Holt-Rinehart-Winston.

pp. 1 – 88, 1968.

15. Fillmore, Ch. J. An alternative to checklist theories of meaning [A], BLS[C], 1. 123 – 131. Berkeley: Berkeley Linguistics Society, 1975.

16. Fillmore, Ch. J. Scenes-and-frames semantics [A]. In Antonio Zampolli, ed. , Linguistic Structures Processing: Fundamental Studies in Computer Science[C], No. 59, North Holland Publishing, 1977.

17. Fillmore, Ch. J. Frame semantics [A]. In Linguistics in the Morning Calm [C], pp. 111 – 137. Seoul, Korea: Hanshin Publishing Company, 1982.

18. Fillmore, Ch. J. Frames and the semantics of understanding[A]. Quaderni di Semantica[C], 6. 2. 222 – 253, 1985.

19. Fillmore Ch. J. and Atkins, B. T. S. Towards a frame-based lexicon: the semantics of RISK and its neighbors[A]. Proceedings from the 1991 Nobel Symposium on Corpus Linguistics[C], 35 – 66. Stockholm: Mouton de Gruyter, 1992.

20. Gildea, Daniel and Jurafsky, D. Automatic labeling of semantic roles [J]. *Computational Linguistics*. 28(3): 245 – 288, 2002.

21. Gruber, T. R. A translation approach to portable ontologies [J], *Knowledge Acquisition*, 5(2): 199 – 220, 1993.

22. Hallig R. & von Wartburg, W. Begriffssystem als Grundlage für die Lexikographie (Versuch eines Ordnungsschemas) [M], Berlin, 1963.

23. Jurafsky, D. & Martin, J. Speech and Language Processing [M], Prentice Hall, 2000, New Jersey. 中译本:《自然语言处理综论》,冯志伟、孙乐译,电子工业出版社出版,2005 年.

24. Miller, G. Beckwith, R. Fellbaum, C. Gross, D. Miller, K. Introduction to WordNet: A on-line lexical database[J], *International Journal of lexicography*, 3(4), 235 – 244,1990.

25. Miller, G. WordNet: a lexical database for English [J]. *Communication of the ACM*, 38911, 39 – 41, 1995.

26. Mohit, Behrang and Srini Narayanan. Semantic extraction with wide-coverage lexical resources[A]. Paper delivered at the 3rd Meeting of the North American Chapter of the Association for Computational Linguistics (HLT/NAACL) [C], Edmonton, Canada, May 2003.

27. Roget, P. M. Thesaurus of English Words and Phrases [M], London, 1851.

28. Studer, R. Benjiamins, V. R. Fensel, D. Knowledge Engineering: Principle

and Methods[M], 1998.

29. Somers, Harold. , Valency and Case in Computational Linguistics (Edinburgh Information Technology Series 3) [M], Edinburgh: Edinburgh University Press, 1987,

30. Trujillo, A. , Translation Engines: Technique for Machine Translation [M], Springer, 1999.

31. Whitelock, P. & Kilby, K. Linguistic and Computational Technique in Machine Translation System Design [M], UCL Press, 1995.

32. Weizenbaum, J. ELIZA – A computer program for the study of natural language communication between man and machine [J], *Communications of the ACM*, 9(1), 36 – 45, 1966,

33. Zhang Chunxia, Domain-specific formal ontology of archeology and its application in knowledge acquisition and analysis [J], *Journal of computer science & technology*, May 2004, Vol. 19 No. 3, pp. 290 – 301.

第三章
形态自动处理

　　形态自动处理就是利用计算机对自然语言的词的形态（Morphology）进行分析，判定词的结构、类别和性质。

　　本章主要讲形态自动处理研究的历史、有限状态转移网络、黏着型语言和屈折型语言的形态分析、汉语书面文本的自动切词、文本的自动标注等问题，并介绍基于隐马尔可夫模型、最大熵模型、最大熵马尔可夫模型的标注算法和基于转换的标注算法。

第一节　有限状态转移网络

　　一般地说，形态自动处理可以分为四个步骤：

　　步骤一：词例还原（tokenization）；

　　步骤二：词目还原（lemmatization）；

　　步骤三：词性标注（POS-tagging）；

　　步骤四：词性排歧（POS-Disambiguation）。

　　"词例"（token）是文本中独立的词汇单元。所谓"词例还原"，就是自动地把句子中的单词作为独立的词例切分出来。英语文本中的单词一般是界限分明的，单词与单词之间存在空白，单词的切分不像汉语书面文本那样困难。但是，下列情况仍需要进行切分，把独立的"词例"找出来：

　　● 　缩写：

　　a. 缩写"字母 ＋ 圆点 ＋ 字母 ＋ 圆点"算一个词例：例如，"U. S."，"i. e."，"U. K."都算一个词例。

　　b. 缩写"字母串 ＋ 圆点"算一个词例：例如，"Mr."，"Mrs."，

"Eds. ", "Prof. ", "Dr. ", "Co. ", "Jan. ", "A. ", "b. "都算一个词例。

- 连续的数字：例如，"123, 456. 78"是一个独立的词例。"90.7%"带百分符号，也应该算一个独立的词例。分数"3/8"算一个独立的词例。日期"15/04/1939"也算一个独立的词例。

- 含有非字母符号的缩写算一个词例：例如，"AT&T"，"Micro $oft"都算一个词例。

- 带连字符的词串算一个词例：例如，"three-year-old"，"one-third"，"so-called"都算一个词例。

- 带空白的某些习用符号串算一个词例：例如，"and so on"，"ad hoc"都算一个词例。

- 带省略符号（'）的符号串，要还原成不同的词例：例如，
  — Let's 还原成 let + us
  — I'm 还原成 I + am
  — {it, that, this, there, what, where}'s 还原成 {~} + is
  — He's 还原成（He + is）或者（He + has）

英语句子的词例还原是有一定难度的，因为句子的边界不总是用小圆点来标识，有时也可以用如像冒号这样的标点符号来标识。当以一个缩写词来结束句子的时候，还会出现一个附带的问题，这时，缩写词结尾处的小圆点会起双重的作用。例如，在句子"The group included Dr. J. M. Freeman and T. Boone Pickens Jr. "中，"Jr."最后的小圆点，既可以表示 Junior 的缩写（T. Boone Pickens Jr. 表示"小 T. Boone Pickens"），又可以表示句末的句号。这个小圆点产生了歧义。

英语句子的词例还原的一个关键部分就是小圆点的排歧问题。大多数英语句子词例还原的算法都比确定性算法（deterministic algorithm）要更加复杂一些，特别是这些算法都是通过机器学习（machine learning）的方法来训练，而不是用手工建立的。在进行这样的训练时，我们首先要手工标注带有句子边界的一个训练集，然后使用任何一种有指导的机器学习方法（supervised machine learning）训练一个分类器（classifier）来判定并标注句子的边界。

更加具体地说，在开始的时候，我们可以把输入文本还原成彼此

之间有空白分隔开的词例,然后,选择包含惊叹号"!"、句号"."、问号"?"三个符号中的任何一个符号(也可能包含冒号":")的词例作为句子的结尾。在手工标注了一个包含这样的词例的语料库之后,我们就训练一个分类器,对于这些词例内的潜在句子边界字符,进行二元判定,判定某个词例是 EOS(end-of-sentence,句子结尾),还是 not-EOS(非句子结尾)。

词目还原(lemmatization)就是将文本中的变形词还原为原形词,以便查找机器词典,可以采用有限状态转移网络来进行。

词性标注(POS-tagging)就是给文本中的单词标上正确的词类。

词性排歧(POS-Disambiguation)就是消除兼类词的不同词类标记,使每一个单词只有一个词类标记。

汉语书面文本中,单词与单词之间没有界限,词例还原的主要任务就是自动分词(automatic segmentation)。

这些工作是自动句法分析和自动语义分析的基础。

近年来,学者们开始研究大规模真实文本的自动处理,自然语言的语料库中单词的自动词性标注也成为自动形态分析的重要内容。

自然语言的自动形态分析(Automatic Morphological Analysis,或者叫做"自动形态分析"),目前主要采用有限状态转移网络来进行。本节介绍有限状态转移网络的基本原理和局限性。

1. 有限状态转移网络的基本原理

一个有限状态转移网络(Finite State Transition Network,简称 FSTN)可由 Q,V,T 三部分组成:

$$FSTN = (Q, V, T)$$

其中,

Q 表示状态的有限的非空集合

$$Q = \{q_0, q_1, \cdots, q_n\}$$

$q_0, q_1, \cdots, q_n$ 表示不同的状态;

V 表示语言符号的有限的非空集合

$$V = \{a_1, a_2, \cdots, a_m\}$$

a_1，a_2，$\cdots$，a_m表示不同的语素或标点符号；

T 表示转移函数,它要反映出当有限状态网络在 Q 中的某一状态 q_i扫描到 V 中的某个特定的词或词缀 a_i时,这个有限状态转移网络将转移到 Q 中的什么状态。Q 中的状态有两个是比较特殊的:一个是初始状态,记为 q_0,一个是终极状态,记为 q_f。显然,$q_0 \in Q$,$q_f \in Q$。

例如,我们可以这样来定义一个有限状态转移网络:

$$FSTN = (Q, V, T)$$
$$Q = \{q_0, q_1, q_2, q_f\}$$

其中,q_0是初始状态,q_f是终极状态。

$$V = \{恭,喜,!\}$$

其中,"恭","喜"是两个不同的语素,"!"是标点符号。

T:

$$T\{恭,q_0\} = \{q_1\}$$
$$T\{喜,q_1\} = \{q_2\}$$
$$T\{恭,q_2\} = \{q_1\}$$
$$T\{!,q_2\} = \{q_f\}.$$

这个有限状态转移网络可表示如下:

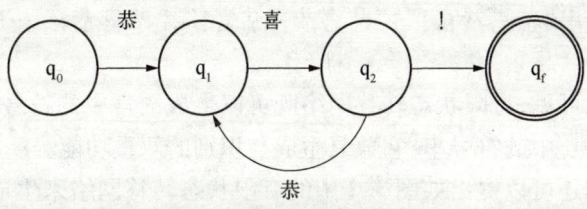

图 3.1 有限状态转移网络

这样的有限状态网络可以生成"恭喜!","恭喜恭喜!","恭喜恭喜恭喜!"……这样的表示祝贺的符号串。

从初始状态 q_0到状态 q_1,产生出语素"恭",从状态 q_1到状态 q_2,产生出语素"喜",从状态 q_2到终极状态 q_f,产生出标点符号

"！"，这样，便可生成"恭喜！"这个符号串。在状态 q_2，网络面临两种选择，如果状态 q_2 转移到 q_f，则产生出标点符号"！"，网络也同时进入终极状态，生成结束，生成的符号是"恭喜！"；如果状态 q_2 转移到 q_1，则产生出语素"恭"，这样，网络必须从状态 q_1 再转移到状态 q_2，产生出语素"喜"，然后再从状态 q_2 转移到终极状态 q_f，产生出标点符号"！"，生成符号串"恭喜恭喜！"；如果在状态 q_2，网络不转移到状态 q_f，而再次转移到状态 q_1，则又可以从状态 q_1 转移到状态 q_2，产生出语素"喜"，再从状态 q_2 转移到终极状态 q_f，并产生出标点符号"！"，从而生成符号串"恭喜恭喜恭喜！"。

有限状态转移网络除了进行符号串的生成之外，还可以识别符号串。这时，我们从初始状态 q_0 开始，顺着网络中箭头所指的方向，把网络中弧上标注的语素或标点符号逐一与待识别符号串的语素或标点符号相匹配，如果待识别的符号串扫描完毕，网络进入终极状态，那么，这个符号串就被该网络接收了。例如，如果有符号串"恭喜！"，我们从初始状态 q_0 开始，从状态 q_0 到状态 q_1，弧上的语素"恭"与符号串的第一个符号"恭"相匹配，从状态 q_1 到 q_2，弧上的语素"喜"与符号串的第二个符号"喜"相匹配，从状态 q_2 到终极状态 q_f，弧上的标点符号"！"与符号串的最后一个符号"！"相匹配，这时，符号串"恭喜！"扫描完毕，网络也正好进入终极状态，因此，符号串"恭喜！"可被这个有限状态网络识别。同理，这个有限状态网络还可识别符号串"恭喜恭喜！"，"恭喜恭喜恭喜！"，"恭喜恭喜……恭喜！"等等。

由此可见，有限状态转移网络既可以生成语言中的符号串，又可以识别语言中的符号串，它兼具生成与识别的双重功能。

我们还可以提出如图3.2中的有限状态转移网络来生成与识别如像"恭喜！"，"恭喜恭喜！"，"恭喜恭喜恭喜！"，"恭喜恭喜……恭喜！"这样的符号串。

这个有限状态转移网络的转移函数 T 为：

$$T\{恭, q_0\} = \{q_1\}$$
$$T\{喜, q_1\} = \{q_0\}$$

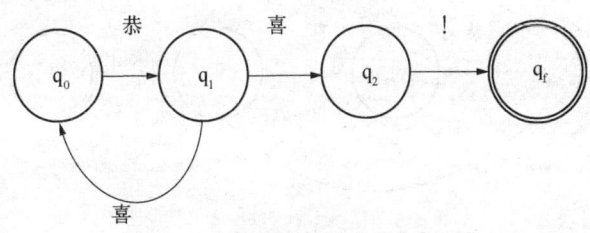

図3.2　非確定的有限状態転移網絡

$$T\{喜,q_1\} = \{q_2\}$$
$$T\{!,q_2\} = \{q_f\}$$

如果把图3.2中的有限状态转移网络与图3.1中的有限状态转移网络相比较,我们不难看出,它们的状态集合 Q 和语言符号集合 V 都是完全相同的,只有转移函数 T 不完全相同。在图3.2中的状态 q_1 时,为了生成或识别语素"喜",存在着两种转移的可能性:一种可能性是从状态 q_1 转移到状态 q_2,另一种可能性是从状态 q_1 转移到状态 q_0;而在图3.1中,为了生成或识别同样的语言符号(语素或标点符号),从一个状态转移到另一个状态只有一种确定的可能性。我们把图3.1中的有限状态转移网络叫做"确定性有限状态转移网络"(deterministic FSTN),把图3.2中的有限状态转移网络叫做"非确定性有限状态转移网络"(non-deterministic FSTN)。

在有限状态转移网络中,还可以允许出现"空弧"(记为 #),也就是没有标记任何语言符号的弧。当从一个状态转移到另一个状态的过程中遇到这样的空弧时,网络将跳过这样的空弧,而不生成或识别任何的语言符号。空弧是造成非确定性有限状态转移网络的一个重要因素,因为当网络在某一个状态之后遇到空弧时,它可以跳过空弧而转移到另一个状态,不一定非得转移到它原来预定要转移到的那个状态,所以,带有空弧的有限状态转移网络必定是非确定性的。

图3.3给出了一个生成或识别"恭喜!","恭喜恭喜!","恭喜恭喜恭喜!","恭喜恭喜……恭喜!"等符号串的带空弧的有限状态转移网络。

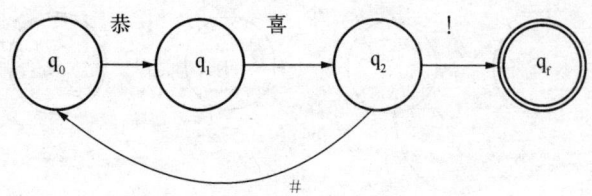

图 3.3 带空弧的有限状态转移网络

这个有限状态转移网络的转移函数 T 为:

$$T\{恭, q_0\} = \{q_1\}$$
$$T\{喜, q_1\} = \{q_2\}$$
$$T\{\#, q_2\} = \{q_0\}$$
$$T\{!, \quad q_2\} = \{q_f\}$$

图 3.3 中的有限状态转移网络图与图 3.1、图 3.2 中的有限状态转移网络的状态集合 Q 和语言符号集合 V 都是完全相同的,只有转移函数 T 不完全相同,在图 3.3 中的状态 q_2 时,网络不一定立即转移到最后状态 q_f,而可以通过空弧(#)跳到初始状态 q_0。

在有限状态转移网络中,语言符号不仅仅只是使用单个的符号,也可以使用由若干个字符组成的复合符号。例如,我们可以把两个符号"恭"和"喜"结合起来组成复合符号"恭喜"(这时,"恭喜"是一个词),并把它标记在弧上,如图 3.4 所示:

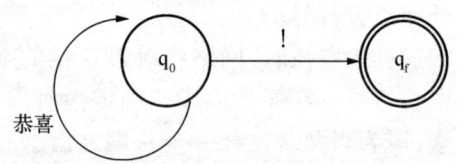

图 3.4 弧上标有复合符号的有限状态转移网络

图 3.4 中的有限状态转移网络只有两个状态:初始状态 q_0 和终极状态 q_f,语言符号也只有两个:单词"恭喜"和标点符号"!"(其中,单词"恭喜"是由两个汉字符号组成的复合符号),其转移函数为:

$$T\{恭喜, q_0\} = \{q_0\}$$
$$T\{!, q_0\} = \{q_f\}$$

从状态 q_0 出发,生成或识别了复合符号"恭喜"之后,还可以再返回到状态 q_0,形成一个"回路"(loop),从而可以多次重复语言符号"恭喜"。当我们想要多次重复某个语言符号时,使用"回路"可以大大简化有限状态网络的结构。

显而易见,图3.4中的有限状态转移网络也具有前面那些网络的功能,也可以生成或识别"恭喜!","恭喜恭喜!","恭喜恭喜恭喜!"这样的符号串。

如果我们对有限状态转移网络中的语言符号进行一定程度的概括,就可以进一步简化有限状态转移网络的结构。例如,对于图3.5中的含有多重弧 a, b, c 的有限状态转移网络就可以进行概括。

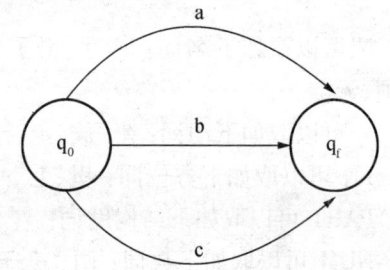

图3.5　含有多重弧的有限状态转移网络

如果我们把 a, b, c 概括为 A, 则这个有限状态转移网络中的多重弧 a, b, c 可简化为一条简单的弧,并标以 A, 如图 3.6 所示:

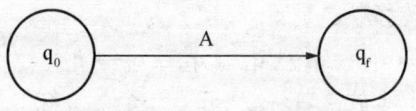

图3.6　简化了的多重弧

图3.6中的弧 A 代表了图3.5中的多重弧 a, b, c, 简化了有限状态网络的结构。

如果我们把有限状态转移网络中的语言符号,不用具体的单词或语素表示,而用词类来表示,那么,它的生成或识别能力就更强了。例如,当我们用有限状态转移网络来生成或识别汉语时,我们可以采用 N(名词)、V(动词)、FN(方位词)、ADJ(形容词)、PART(助词)、

NUM(数词)、MEA(量词)作为语言符号,再在网络中使用一些回路,便可以生成或识别某些简单的汉语句子。

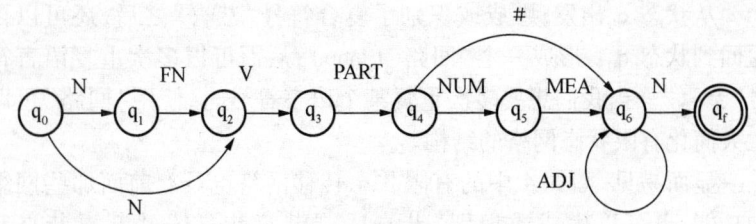

图3.7　弧上标有词类的有限状态转移网络

N 可以取如下名词:客厅、桌子、早晨、墙、客人、苹果、旅客、山水画、天空、云

V 可以取如下动词:坐、放、走、挂、出现

FN 可以取如下方位词:里、上

PART 可以取如下结构助词:着、了

NUM 可以取如下数词:两、三、五、一

MEA 可以取如下量词:位、个、朵朵

ADJ 可以取如下形容词:红、白

这个有限状态转移网络可以生成或识别如下的汉语句子:

① 客厅　里　坐　着　　两　　　位　　客人
　　N　FN　V　PART　NUM　MEA　N

其状态转移顺序是:

$q_0 \rightarrow q_1 \rightarrow q_2 \rightarrow q_3 \rightarrow q_4 \rightarrow q_5 \rightarrow q_6 \rightarrow q_f$

② 桌子　上　放　着　　五　　个　　红　　苹果
　　N　FN　V　PART　NUM　MEA　ADJ　N

其状态转移顺序是:

$q_0 \rightarrow q_1 \rightarrow q_2 \rightarrow q_3 \rightarrow q_4 \rightarrow q_5 \rightarrow q_6 \rightarrow q_6 \rightarrow q_f$

③ 天空　出现　了　　一　　朵朵　白　　云
　　N　V　PART　NUM　MEA　ADJ　N

其状态转移顺序是:

$q_0 \rightarrow q_2 \rightarrow q_3 \rightarrow q_4 \rightarrow q_5 \rightarrow q_6 \rightarrow q_6 \rightarrow q_f$

④ 墙　上　挂　着　　山水画
　　N　FN　V　PART　N

其状态转移顺序是：

$q_0 \rightarrow q_1 \rightarrow q_2 \rightarrow q_3 \rightarrow q_4 \rightarrow q_6 \rightarrow q_f$

⑤ 早晨　走　了　三　位　旅客
　　N　V　PART　NUM　MEA　N

其状态转移顺序是：

$q_0 \rightarrow q_2 \rightarrow q_3 \rightarrow q_4 \rightarrow q_5 \rightarrow q_6 \rightarrow q_f$

这些句子在汉语中都属于"存现句"这一类。这一类句子的句首用表示处所、时间的词或词组，说明某处、某时存在、出现或消失某人、某事物。

存现句的基本格式是：

表示处所、时间的词或词组——表示存在、出现或消失的动词——助词——表示存在、出现或消失的名词

由此可见，使用词类这样的语言符号，提高了有限状态网络描述自然语言的能力，它不仅可以描述某一个句子的生成或识别过程，而且可以描述一类句子。

我们还可以用有限状态转移矩阵来表示有限状态转移网络。矩阵的横轴表示语言符号，矩阵的纵轴表示该语言符号所从出的状态，矩阵中的状态表示该语言符号所转移到的状态。

相应于图 3.7 中有限状态转移网络的状态转移矩阵如下：

	恭	喜	！
q_0	q_1	φ	φ
q_1	φ	q_2	φ
q_2	q_1	φ	q_f
q_f	φ	φ	φ

图 3.8　转移矩阵

在这个状态转移矩阵中，φ 表示从与之相应的纵轴中的状态出发，不能生成或识别任何的语言符号。例如，矩阵的第一行说明，当从状态 q_0 转移到状态 q_1 时，可以生成或识别语言符号"恭"，而从状态 q_0 出发，不可能生成或识别语言符号"喜"和标点符号"！"；矩阵的第二行说明，从状态 q_1 出发，不可能生成或识别语言符号"恭"和标点符号"！"，但从状态 q_1 转移到状态 q_2 时，可以生成或识别语言符号"喜"；矩阵的第三行说明，从状态 q_2 出发，不可能生成或

识别语言符号"喜"，但从状态 q_2 转移到状态 q_1 可以生成或识别语言符号"恭"，从状态 q_2 转移到状态 q_f 可以生成或识别标点符号"！"；矩阵的第四行说明，从状态 q_f 出发，不能生成或识别任何一个语言符号和标点符号，这意味着，状态 q_f 是终极状态。

应该指出，这样的状态转移矩阵只能表示确定性的有限状态转移网络，不能表示非确定性的有限状态转移网络，因为在非确定性的有限状态转移网络中，当从某一个状态出发生成或识别某一个语言符号时，可以转移到的状态有两个或两个以上，这样，在状态转移矩阵中的一个位置上，就必须表示两个或两个以上的状态，而这是不可能的。

例如，在图 3.2 的非确定性的有限状态转移网络中，从状态 q_1 出发来生成或识别语言符号时，可以转移到状态 q_2，也可以转移到状态 q_0，这种情况在状态转移矩阵中是无法加以表示的。

当从初始状态开始，顺着有限状态转移网络中箭头所指的方向，一个状态一个状态地转移到终极状态，这个过程叫做"遍历"（traversal）。

我们可以把遍历的过程想象成一只青蛙从初始位置开始，一个位置一个位置地跳到终极位置的过程。如果有限状态转移网络是用于识别的，那么，青蛙每跳一次，输入符号串中的语言符号就被抹掉一个；如果有限状态转移网络是用于生成的，那么，青蛙每跳一次，输入符号串中就产生出一个语言符号。这样的模型叫做"蛙跳模型"（frog-jumping model）。

如果用一个有限状态转移网络来进行识别，那么，只有在下述三种情况下，青蛙才能跳：

① 网络的弧上所标记的语言符号与输入符号串中的下一个语言符号相同；

② 输入符号串中的下一个符号属于网络的弧上所标记的词类；

③ 网络弧上的标记是 # 号。

在头两种情况下，青蛙可以把输入指针向前移动一个单词并跳一次，在第三种情况下，青蛙只跳一次但无须改变输入指针。

这个"蛙跳模型"形象地说明了有限状态转移网络的遍历过程。

在对一个有限状态转移网络进行遍历的任何时刻，计算机运算的"格局"(configuration)可以用如下的方法来刻划。

如果是识别程序,格局包括 R1 和 R2 两部分:

- R1:当前状态的名字,也就是青蛙所在的位置;
- R2:输入符号串中尚未识别的部分。

如果是生成程序,格局包括 P1 和 P2 两部分:

- P1:状态的名字,也就是青蛙所在的位置;
- P2:已经生成的输出符号串。

有限状态转移网络的遍历过程也就是一个搜索过程(search process)。在识别程序中,搜索的每一确定的时刻的情况,可用格局 $<$R1,R2$>$ 表示。例如,如果我们用图 3.2 的有限状态转移网络来识别符号串"恭喜恭喜!",当遍历到网络的中间状态 q_1 时,当前状态的名字 R1 = q_1,输入符号串中尚未识别的部分 R2 = "喜恭喜!",这时的格局可表示为:

$<q_1$,喜恭喜! $>$

R2,输入符号串中尚未识别的部分
R1,当前状态的名字

当对一个有限状态网络进行遍历时,我们必须随时注意当前格局(current configuration)与待选格局(alternative configuration)。例如,对于图 3.2 中的有限状态转移网络,在状态 q_1 识别了语言符号"喜"之后,存在着两个待选格局:

$<q_0$,恭喜! $>$
$<q_2$,恭喜! $>$

此时如转移到状态 q_0,则可继续识别"恭喜!",遍历成功;此时如转移到状态 q_2,由于这个状态后面的弧上的标记为"!",无法继续识别"恭喜!",遍历失败。因此,我们可确定 $<q_0$,恭喜! $>$ 为当前格局,而不选择另一个待选格局 $<q_2$,恭喜! $>$。

为了进行顺利的搜索,可以设立一个缓冲区,把所有的待选格局

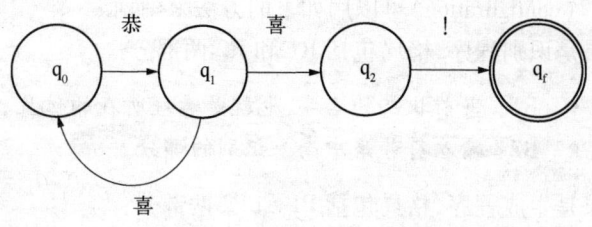

图 3.9 （由前面的图复制而成）

留在缓冲区中,而在遍历过程中的每一阶段,应从这些待选格局中选择一个来作为当前格局。

图 3.2 中的有限状态转移网络遍历过程格局的选择情况,可用下面的搜索树(search tree)来表示:

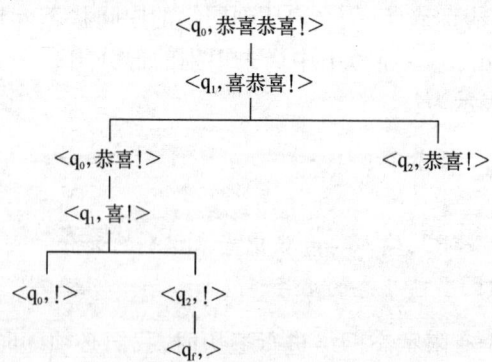

图 3.10 搜索树

从这个搜索树中可以看出,在状态 q_1,识别了语言符号"喜"之后,存在着 $<q_0$,恭喜! $>$ 和 $<q_2$,恭喜! $>$ 两个待选格局,我们选择 $<q_0$,恭喜! $>$ 为当前格局,当通过了状态 q_0,又回到状态 q_1 并识别了语言符号"喜"之后,又存在着 $<q_0$,! $>$ 和 $<q_2$,! $>$ 两个待选格局,由于状态 q_0 之后的弧上的标记为"恭",不能识别"!",故选择 $<q_2$,! $>$ 为当前格局,识别了输入符号串的最后一个符号"!"之后,进入终极状态,输入符号串"恭喜恭喜!"识别成功。

有限自动机、正则语法和正则表达式之间的关系如下图所示:

如果我们把有限状态转移网络上的标记由一个单独的符号改为符号偶对 A-a，这个符号偶对 A-a 中的第一个符号表示输入带子上的符号 A，第二个符号表示输出带子上的符号 a，那么，就可以把输入带子上的符号 A 转移为输出带子上的相应符号 a，这样一来，有限状态转移网络就变成了有限状态转录机（Finite State Transducers，简称 FST）。

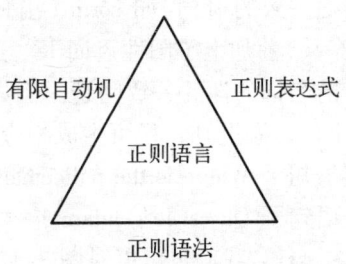

图 3.11　有限自动机、正则语法和正则表达式都可以等价地描述正则语言

例如，图 3.12 是一个有限状态转录机。

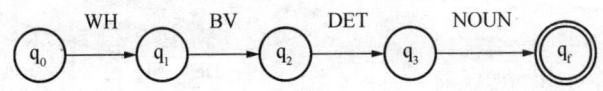

图 3.12　有限状态转录机

图中，WH 表示符号偶对 where — ou，
BV 表示符号偶对 is — est，
DET 表示符号偶对 the — #，
NOUN 表示符号偶对 exit — la sortie，
　　　　　　　　policeman — le gendarme，
　　　　　　　　shop — la boutique，
　　　　　　　　toilet — la toilette。

在上述符号偶对中的第一个符号是英语词，第二个符号是相应的法语词，英语 the 在法语中没有对应的词，故用 # 表示。

当这个有限状态转录机识别英语词时，同时也生成相应的法语词，这样，就可以把英语转换成相应的法语，实现简单的词对词机器翻译。

我们知道，法语中的冠词必须与它们修饰或限定的名词的性致，而英语中的名词和冠词则没有"性"的变化。为了解决这个问题，上面的有限状态转录机把与英语名词相对应的法语词都加上了词性与之一致的冠词,如 sortie(出口)前加上了阴性冠词 la,gendarme(宪兵)前加上了阳性冠词 le。这样,便解决了法语冠词的性与其限定的名词的性的一致问题。例如,当输入英语句子 Where is the exit(出口在哪里)时,便可生成相应的法语句子 Où est la sortie,当输入英语句子 Where is the policeman(宪兵在哪里)时,便可生成相应的法语句子 Où est le gendarme。

当然,我们也可以对图 3.12 中的有限状态转录机加以改进,再增加一个状态 q_4 和两个弧 DET-M 和 NOUN-M,原来的弧 DET 改为 DET-F,原来的弧 NOUN 改为 NOUN-F,使之能区分法语的阳性冠词和阴性冠词。

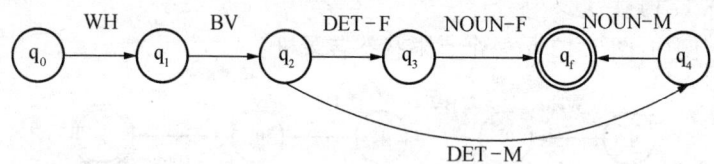

图 3.13　增加一个状态 q_4

其中,DET-M 表示阳性冠词,DET-F 表示阴性冠词,NOUN-M 表示阳性名词,NOUN-F 表示阴性名词。英语没有阳性和阴性的区别,冠词和名词都不必区别阳性和阴性,只是在生成法语时才区别阳性和阴性。

WH 表示符号偶对 where — ou,
BV 表示符号偶对 is — est,
DET-M 表示符号偶对 the — le,
DET-F 表示符号偶对 the — la,
NOUN-M 表示符号偶对 policeman — gendarme,
NOUN-F 表示符号偶对 exit — sortie,

　　　　　　　　　shop — boutique,
　　　　　　　　　toilet — toilette。

这样,当输入英语句子 Where is the exit 时,由于与英语的 exit 相应的法语词 sortie 是阴性名词,仍然按 $q_0 \rightarrow q_1 \rightarrow q_2 \rightarrow q_3 \rightarrow q_f$ 的顺序,生成法语句子 Où est la sortie;当输入英语句子 Where is the policeman 时,由于与英语词 policeman 相应的法语词 gendarme 是阳性名词,有限状态转录机从状态 q_2 转移到状态 q_4,生成法语阳性冠词 le,再从状态 q_4 转移到终极状态 q_f,生成法语阳性名词 gendarme。但在状态 q_2 如果不转移到状态 q_4,而转移到状态 q_3,由于英语的 policeman 在法语中没有相应的阴性名词 NOUN－F,不能产生出相应的法语词,这时,只有从状态 q_3 回溯(backtracking)到状态 q_2,再经过 DET－M 弧转移到状态 q_4,从而生成与英语词 policeman 相应的法语词 gendarme。由此可见,这个有限状态转录机是非确定性的。这种非确定性要求转录机具有回溯功能,才能在遍历时得到成功。

这只是英—法机器翻译的一个最为简单的实例,实质上只是词对词的机器翻译,真正的机器翻译系统要比这复杂得多。

2. 有限状态机器的局限性

有限状态转移网络和有限状态转录机都是有限状态机器(Finite-State Machine),这种有限状态机器是一种最简单的描述自然语言的形式工具,因而它不可避免地存在着局限性。

从数学上说,有限状态机器可以描述 n 个 a 相连而构成的符号串

$$a = \underset{\text{n个a}}{\underline{a \cdots a}},$$

也可以描述 m 个 b 相连而构成的符号串

$$b = \underset{\text{m个b}}{\underline{b \cdots b}},$$

还可以描述由 n 个 a 和 m 个 b 相连而构成的符号串

$$ab = \underset{\text{n个a}}{\underline{a \cdots a}} \ \underset{\text{m个b}}{\underline{b \cdots b}},$$

例如,我们可以提出如下的有限状态转移网络来描述这样的符号串:

我们不难用这个有限状态转移网络来生成符号串 aaa, bbbbb,

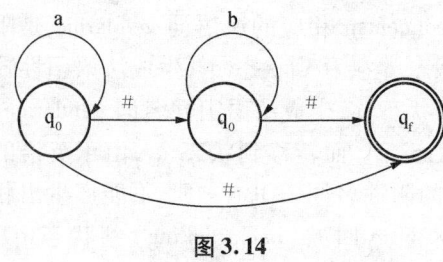

图 3.14

aaabbbbb, …, 有兴趣的读者不妨一试, 这里就不详述了。

用这样的有限状态网络来生成 aaabbbbb 这样的形式为 a b 的符号串时, 符号 a 的数目与符号 b 的数目是不能由网络本身来控制的。当符号 a 的数目 n 与符号 b 的数目 m 不相等时, 我们无须对 n 和 m 加以控制; 但是, 如果我们要求符号 a 的数目 n 与符号 b 的数目 m 相等, 也就是如果 a 的数目是 n, b 的数目也是 n, 有限状态网络对此就无能为力了。

美国语言学家乔姆斯基从理论上证明了, 下面三种类型的符号串是不能由有限状态转移网络来生成的:

(1) ab, aabb, aaabbb, …, 这种符号串是由若干个 a 后面跟着同样数目的 b 组成的, 可以表示为 $\{a^n b^n\}$, 其中, $n \geq 1$。

(2) aa, bb, abba, baab, aaaa, bbbb, aabbaa, abbbba, …, 这种符号串具有镜像结构 (mirror structure), 如果用 α 表示集合 {a,b} 上的任意非空符号串, 用 α^* 表示 α 的镜像, 那么, 这种镜像结构的符号串可以表示为 $\{\alpha\alpha^*\}$。

(3) aa, bb, abab, aaaa, bbbb, aabaab, abbabb, …, 这种符号串是由若干个 a 或者若干个 b 构成的符号串 α 后面跟着而且仅只跟着完全相同的符号串 α 而组成的, 如果用 α 表示集合 {a,b} 上的任意非空符号串, 那么, 这种符号串可表示为 $\{\alpha\alpha\}$。

这三种符号串在自然语言中都可以找到相应的结构, 这意味着, 有限状态机器对自然语言的描述能力是不强的。关于这个问题, 有兴趣的读者请参看拙著《数理语言学》①第二章, 此处不再多述。在最近出版的《现代语言学名著选读》②的附录中有乔姆斯基的《语言描写的三个模型》的中文译本, 此文由张和友博士翻译成中文, 我做

---

① 冯志伟,《数理语言学》, 知识出版社, 1985 年。
② 萧国政主编,《现代语言学名著选读》, 北京大学出版社, 2009 年。

了校对,有兴趣的读者不妨一读。

由于存在着上述的这些局限,有限状态机器处理自然语言句子的效率很差。因此,在自然语言处理系统中,我们更多地使用有限状态机器来处理单词,进行形态分析,而不大用于句法分析。下面我们就来说明如何用有限状态机器来进行形态分析。

第二节　黏着型语言和屈折型语言的自动词法分析

传统语言学根据词的形态结构把语言分为三大类:

(1)分析型语言:其特点是词基本上没有专门表示语法意义的附加成分,形态变化很少,语法关系靠词序和虚词来表示。如汉语、藏语等。

(2)黏着型语言:其特点是词内有专门表示语法意义的附加成分,一个附加成分表达一种语法意义,一种语法意义也基本上由一个附加成分来表达,词根或词干跟附加成分的结合不紧密。如芬兰语、日语等。

(3)屈折型语言:其特点是用词的形态变化表示语法关系,一个形态成分可以表示若干种不同的语法意义,词根或词干跟附加成分结合得很紧密,往往不易截然分开。

分析型语言的形态变化很少。例如,在书面汉语中,勉强称得上屈折词尾的只有一个"们"字,它可以加在有生命的指人名词的后面表示复数,如"学生们,老师们,先生们,女士们",但是,这些词不加"们"也有复数的含义,如可以说"这些学生,这些老师,那些先生,那些女士"。因此,书面汉语在形态变化方面的问题不是很多。

1. 黏着型语言的形态分析

对于黏着型语言,由于其附加成分很多,形态分析就显得十分重要。例如,在芬兰语中,由有一定语法意义的附加成分接在词根或词干上表示各种不同的语法意义,名词有十五个格,是世界上格最多的语言之一;动词有现在时、过去时的变化,有四种不定式和两种分词,它们随格、数、人称的不同而发生屈折变化。如果我们把芬兰语具有屈折变化的词看成是由若干个不同的语素连接而成的符号串,则可用有限状态转移网络对它们进行切分,在切分过程中,把词干的词汇意义和各种附加成分表示的语法意义记录在屈折变化词上,从而得到关于这个屈折变化词的词汇信息和语法信息,达到形态分析的目的。为此,我们可以建立一部机器词典,在机器词典中,对于每一个语素标注出形式、形态信息、句法信息、语义信息、它可能接续的其他语素等等,在利用有限状态转移网络来切分屈折变化词的过程中,就可以将构成这个屈折变化词的各个语素在词典中记录的有关信息,转移到这个屈折变化词上,从而得到关于这个屈折变化词的各种信息。

日语也是一种黏着型语言。它的词可以分为独立词和附属词两大类。独立词在句中能单独使用,如名词、代词、数词、动词、形容词、形容动词、连体词、副词、连词、叹词等;附属词在句中不能单独使用,只能附在独立词之后起一定的语法作用,如助词、助动词等。除了叹词和连词之外,独立词在句中的地位和语法功能都由助词与助动词表示,因此,助词与助动词在日语中具有特别重要的作用。动词、形容词、形容动词有屈折变化,其变化以后面的黏着成分为转移。如果我们建立一部机器词典,把词干以及各种黏着成分所表示的词汇、语法、语义信息标注在机器词典上,然后用一个有限状态转移网络来描述形态分析的过程,便可实现对日语的形态分析。

例如,我们可以建立如图 3.15 的有限状态转移网络来分析日语短语"みじかくなります"(变短了)。

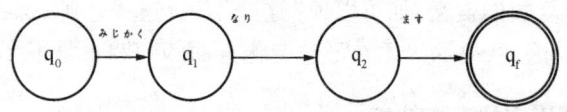

图 3.15　用 FSTN 分析日语

我们建立如下的词典:
みじかく:形容词 みじかい(短的)的连用形,
なり:动词 なる(变成)的连用形,
ます:表敬语的动词 ます的终止形。
在对图 3.15 中的有限状态转移网络进行遍历时,词典中的信息

被记录到"みじかくなります"上,可知这个短语是由形容词 みじか
い 的连用形 みじかく,加上动词 なる 的连用形 なり,再加上表敬
语的动词 ます的终止形 ます黏着而成,其含义是"变短了"。

2. 屈折型语言的形态分析

对于屈折型语言,由于其用屈折词尾表示语法意义,词可以由词
根、词缀和词尾构成,词根和词缀可以组成词干,词根也可以单独成
为词干,因此,我们用如下的有限状态转移网络来表示屈折型语言单
词的形态分析过程(图 3.16)。

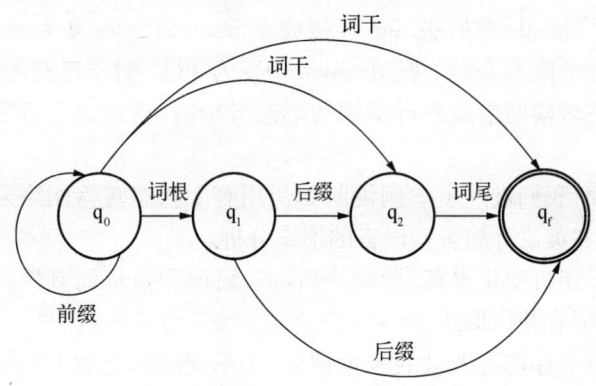

图 3.16　用 FSTN 作形态分析

在图 3.16 中,如果一个单词只包含词干,则其遍历过程是:$q_0 \rightarrow$
q_f。如英语的 form(形式)。

如果一个单词包含前缀、词干,则其遍历过程是:$q_0 \rightarrow q_0 \rightarrow q_f$。
如英语的 reform(改革,re- 是前缀,form 是词干)。

如果一个单词包含词根、后缀,则其遍历过程是:$q_0 \rightarrow q_1 \rightarrow q_f$。
如英语的 formation(形成,form 是词根,-ation 是后缀)。

如果一个单词包含前缀、词根、后缀,则其遍历过程是:$q_0 \rightarrow q_0 \rightarrow$
$q_1 \rightarrow q_f$。如英语的 reformation(革新,re- 是前缀,form 是词根,-ation
是后缀)。

如果一个单词包含词干、词尾,则其遍历过程是:$q_0 \rightarrow q_2 \rightarrow q_f$。
如英语的 forms(form 是词干,-s 是词尾)。

如果一个单词包含前缀、词干、词尾,则其遍历过程是:$q_0 \rightarrow q_0 \rightarrow q_2 \rightarrow q_f$。如英语的 formations(form 是词根,-ation 是后缀,-s 是词尾)。

如果一个单词包含前缀、词根、后缀、词尾,则其遍历过程是:$q_0 \rightarrow q_0 \rightarrow q_1 \rightarrow q_2 \rightarrow q_f$。如英语的 reformations(re- 是前缀,form 是词根,-ation 是后缀,-s 是词尾)。

由此可见,采用有限状态转移网络,可以非常清楚地描述屈折型语言单词的形态分析过程。

应该指出的是,在词根与后缀相连接时,有时会发生音变。如英语的词根 decide 与后缀 -ion 连接成 decision 时,-de- 变为 -s-,decide 中的元音 i 读为 [ai],在 decision 中变为 [i]。对于这些问题,在用有限状态转移网络来进行单词的形态分析时,应该建立音变规则来处理。

下面,我们进一步举例说明如何用有限状态转移网络来进行德语、法语和英语等屈折型语言的形态分析。

德语屈折变化丰富,名词、形容词、冠词和指示词有性、数、格的变化,动词有变位形式。

德语中存在着大量的派生词,一个单词的词干加上前缀可构成许多新的单词。最常见的是由动词加前缀构成新的动词,由名词和形容词加后缀构成新的名词和形容词。

由动词加前缀构成的动词,如由 rufen(叫)加前缀 aus- 构成 ausrufen(呼喊),aus- 是前缀,ruf 是词干,-en 是词尾,也可以用图 3.16 中的有限状态转移网络来进行词法分词,其遍历过程是:$q_0 \rightarrow q_0 \rightarrow q_2 \rightarrow q_f$。

由名词和形容词加后缀构成新的名词和形容词,如由名词 Kunst(艺术)加后缀 -ler 构成的名词 Kunstler(艺术家),由名词 Stern(星)加后缀 artig 构成的形容词 sternartig(星状的,stern 是词根,-artig 是后缀),由形容词 neu(新的)加后缀 -artig 构成的形容词 neuartig(新型的,neu 是词根,-artig 是后缀),也可以用图 3.16 中的有限状态转移网络来进行形态分析,其遍历过程是:$q_0 \rightarrow q_1 \rightarrow q_f$。

在德语中还经常使用复合词,这种复合词由限定词加上基本词构成,基本词位于复合词的后部,复合词的性和数由基本词决定,基本词还决定复合词的基本含义,限定词对基本词起修饰和限定的作用。例如,在 Intelligenztest(智力测验)这个复合词中,基本词是 Test(测验),限定词是 Intelligenz(智力),它进一步限定了基本词 Test 的确切含义。

图 3.16 中的有限状态转移网络不能分析这样的复合词,我们必须加以改进,使它在分析了复合词中的限定词之后,还能进一步分析复合词中的基本词。为此,我们从终极状态 q_f 出发,再加一条指向初始状态 q_0 的弧,并标以 #,使之从状态 q_f 跳回 q_0,再进一步分析复合词中的基本词。如图 3.17 所示。

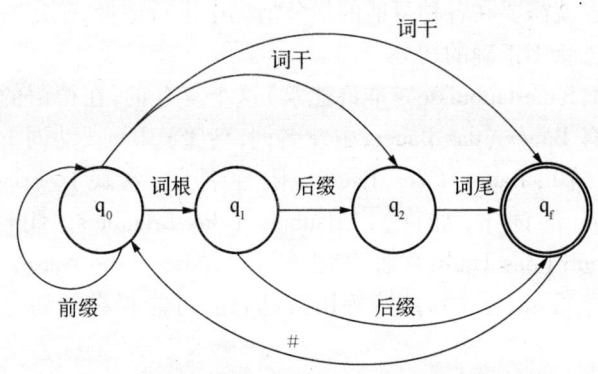

图 3.17 可以分析复合词的 FSTN

例如,Weltgeschichtlich(世界历史的)这个复合词,由名词 Welt(世界)加形容词 geschichtlich(历史的)复合而成。Welt 是限定词中的词干(这个限定词只有词干),geschicht 是基本词中的词根,-lich 是基本词中的形容词后缀。这个复合词可利用图 3.17 中的有限状态转移网络来进行形态分析,其遍历过程是:$q_0 \rightarrow q_f \rightarrow q_0 \rightarrow q_1 \rightarrow q_f$。其中,在 q_f 与 q_0 之间,进行了一次返回初始状态的"跳跃"。

德语的许多复合词中,在组合成复合词的各个词之间,往往要加上 -s-, -es-, -en-, -n-, -er- 等字母,有的要去掉修饰词的词尾 -e-。例如,Lebenszeichen(生命象征)中,Leben(生命)与 Zeichen(象征)之间加上了 -s-; 在 Sinneszelle(感觉细胞)中, Sinn(感觉)与 Zelle

（细胞）之间加上了 -es-；在 Nervenzelle（神经细胞）中，Nerv（神经）与 Zelle（细胞）之间加上了 -en-；在 Sonnenstrahl（阳光）中，Sonne（太阳）与 Strahl（光线）之间加上了 -n-；在 Kinderklinik（儿童诊所）中，Kind（儿童）与 Klinik（诊所）之间加上了 -er-；在 Erdgas（天然气）中，去掉了修饰词 Erde（地球）的词尾 -e. 这些问题，在形态分析时，要建立相应的音变规则来加以处理。

有时，德语的复合词可由两个以上的词组成，这只需在转移到终极状态 q_f 之后，再往开始状态 q_0 跳跃一次或几次就行了，仍然不难用图 3.17 中的有限状态转移网络来进行形态分析。但是，当复合词由若干个词组合而成的时候，切分时往往会出现模棱两可、举棋不定的情况，这就需要在各种可能的切分情况中进行选择，确定一种正确的切分，排除不正确的切分。

例如，Bauerlaubnisse（准许建筑）这个复合词，在德语的机器词典中，存有 Bauer（das Bauer，中性名词，鸟笼），Bau（动词 bauen 的词干，建筑），Bauer（der Bauer，阳性名词，农民），Erlaub（动词 erlauben 的词干，准许），Erlaubnis（die Erlaubnis，阴性名词，准许），Laub（das Laub，中性名词，树叶），Nisse（die Nisse，阴性名词，虱子卵），-se（名词词尾）等语素，因此，可能存在的切分情况有三种：

① Bau + erlaubnis + se

② Bauer + laub + nisse

③ Bau + erlaub + nisse

为了在这三种可能的切分中选择出正确的切分，我们可检查每种切分在语义上的相容性。

在①中，其语义的组合情况是：

$$建筑 + 准许 + 名词词尾$$

切分出来的三个部分的语义是相容的。

在②中，其语义的组合情况是：

$$鸟笼 + 树叶 + 虱子卵$$

或 　　　　　　　$$农民 + 树叶 + 虱子卵$$

切分出来的三个部分在语义上不相容。

在③中,其语义的组合情况是:

建筑 + 准许 + 虱子卵

切分出来的三个部分在语义上也不相容。

所以,我们选择语义上相容的第①种切分,排除语义上不相容的第②③两种切分,并确定这个复合词的词义为"准许建筑"。

法语是从拉丁语演变而来的。与拉丁语相比,法语的词形屈折已大大简化,名词没有格的变化,性和数主要通过名词前的冠词、限定词来区别,动词有变位形式,形容词也有性与数的变化,少数形式还比较复杂;法语的词从结构上也可以分为前缀、词干、词根、后缀、词尾几部分,名词、形容词、动词都可以通过加前缀或后缀来派生。

由词干加前缀构成的词,如 contrevent(风窗,contre- 是前缀,vent 是词干),extrafin(极细的,extra- 是前缀,fin 是词干),可用图 3.16 中的有限状态转移网络来分析,其遍历过程是:$q_0 \rightarrow q_0 \rightarrow q_f$。

由词根加后缀构成的词,如 mouvement(运动,mouve 是词根,-ment 是后缀),durable(持久的,dur 是词根,-able 是后缀),可用图 3.16 中的有限状态转移网络来分析,其遍历过程是:$q_0 \rightarrow q_1 \rightarrow q_f$。

由词根加前缀和后缀构成的词,如 surproduction(生产过剩,sur- 是前缀,product 是词根,-ion 是后缀),telespectateur(电视观众,tele- 是前缀,spectat 是词根,-eur 是后缀),也可用图 3.16 中的有限状态转移网络来分析,其遍历过程是:$q_0 \rightarrow q_0 \rightarrow q_1 \rightarrow q_f$。

在具体的法语形态分析中,图 3.16 中的有限状态转移网络显得过于笼统和简单。

当名词后缀是 -ance,-ation,-ade,-ment 时,其词根一般是动词词根。例如,名词 obeissance(服从)的词根是动词词根 obeiss-,名词 creation(创造)的词根是动词词根 cre-,名词 promenade(散步)的词根是动词词根 promen-,名词 fabrication(生产)的词根是动词词根 fabric-(fabriqu- 的音变形式)。

当形容词后缀是 -able,-if 时,其词根一般也是动词词根。例如,形容词 navigable(可航行的)的词根是动词词根 navig-,形容词

pensif（沉思的）的词根是动词词根 pens-。

当名词后缀是 -ité, -esse 时, 其词根一般是形容词词根, 例如, 名词 fidelité（忠实）的词根是形容词词根 fidel-, 名词 souplesse（柔软）的词根是形容词词根 soupl-。

由形容词词根构成名词时, 有时还会发生音变。例如, 名词 sottise（笨拙）由形容词词根 sot-（笨的）和后缀 -ise 构成, 而在它们之间, 要加辅音字母 -t-。

基于这些情况, 我们有必要区分构成合成词的词根是动词词根还是形容词词根, 从而更加细致地描述名词和形容词的形态分析过程。

另外, 分析的方向也不一定总是从左到右, 也可以从右到左, 先分析词尾、后缀, 再分析词根, 最后才分析前缀。

为了处理法语中这些复杂的语言现象, 我在法—汉机器翻译系统 FCAT 的研制中, 提出了如图 3.18 中的有限状态转移网络。

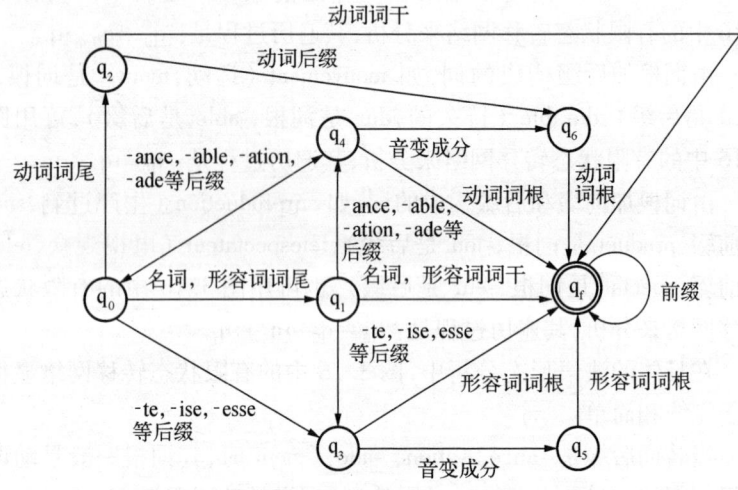

图 3.18　法语形态分析的 FSTN

这样, 词根为动词词根的名词, 如果没有音变成分, 则其遍历过程是 $q_0 \rightarrow q_4 \rightarrow q_f$, 例如, 法语的 creation, 先分析后缀 -ation, 后分析动词词根 cre-。如果有音变成分, 则其遍历过程是 $q_0 \rightarrow q_4 \rightarrow q_6 \rightarrow q_f$。例如, 法语的 fabrication, 先分析后缀 -ation, 再把音变成分 -c- 变为

-qu-,再分析动词词根 fabriqu-。

词根为形容词词根的名词,如果没有音变成分,则其遍历过程是 $q_0 \to q_3 \to q_f$。例如,法语的 souplesse,先分析后缀 -esse,再分析形容词词根 soupl。如果有音变成分,遍历过程是 $q_0 \to q_3 \to q_5 \to q_f$。例如,法语的 sottise,先分析后缀 -ise,再分析音变成分 -t-,最后分析形容词词根 sot。

法语的名词、形容词、动词都有词尾屈折变化。如果名词、形容词有屈折变化词尾,则首先还要分析词尾,再分析后缀和词根。无音变时,其遍历过程是 $q_0 \to q_1 \to q_3 \to q_f$ 或 $q_0 \to q_1 \to q_4 \to q_f$,有音变时,其遍历过程是 $q_0 \to q_1 \to q_3 \to q_5 \to q_f$ 或 $q_0 \to q_1 \to q_4 \to q_6 \to q_f$。如果动词有屈折变化词尾,则首先分析动词词尾,再分析动词词干,其遍历过程是 $q_0 \to q_2 \to q_f$。

如果名词、形容词、动词还有前缀,则还需在终极状态 q_f 分析了前缀之后,再回到这个终极状态 q_f。例如,法语的 prefabrication(预制),其遍历过程是 $q_0 \to q_4 \to q_6 \to q_f \to q_f$. 首先分析后缀 -ation,再把音变成分 -c- 改变为 -qu-,再分析动词词根 fabriqu-,最后再分析前缀 pre-。

法语名词和形容词的词尾屈折变化比较复杂,我们在自动处理时把它们分为 10 组(如图 3.19 所示)。

组别 \ 性数	阳性单数	阴性单数	阳性复数	阴性复数	例　　词
1	φ	φ	s	s	mur(墙),maison(房子),riche(丰富)
2	φ	e	e	es	candidat(候选人),noir(黑的)
3	φ	e	φ	es	mois(月),gris(灰的)
4	al	ale	aux	ales	canal(运河),général(一般的)
5	if	ive	ifs	ives	chetif(体弱的),actif(运动的)
6	φ	le	s	les	réel(真正的)
7	φ	ne	s	nes	chien(狗),moyen(中间的)
8	φ	te	s	tes	chat(猫),net(清楚的)
9	eux	euse	eux	euses	gazeux(气体的)
10	φ	φ	x	φ	cheveu(头发)

图 3.19　法语名词形容词词尾屈折变化分组

图 3.19 中的 φ 表示词尾为空，即语言学中的零形式。

在本书作者设计的法—汉机器翻译系统 FCAT(1983 年)中，法语动词词尾按数、时态、语态以及它的不定式和分词来分组，共分为 9 组。

由于自然语言处理的文本多为科技文章，总是用第三人称，因此，在分组时，其他人称一般不予考虑。由于法语动词在某些分组中的词尾经常会有一些共同的性质，所以，在分组时，还要在有关词尾的右上角标以 A，B，C，D，E，F，G 等字母，以示区别。如图 3.20 所示。

组别 时态/语态	1	2	3	4	5	6	7	8	9
现在时直陈式单数	A e	A it	A d	A t	A t	A t	A t	A t	A φ
现在时直陈式复数	ent	issent	nent	nent	φ	sent	φ	φ	ent
未完成过去时直陈式单数	C ait	A issait				A sait		A sait	
未完成过去时直陈式复数	aient	issaient				saient		saient	
现在时虚拟式单数	A e	A isse	A ne	A ne		A se			G e
现在时虚拟式复数	ent	issent	nent	nent		sent			ent
将来时直陈式单数	B era	B ira	B dra			B ra			
将来时直陈式复数	eront	iront	dront			ront			
现在时条件式单数	B erait	B irait	B drait			B rait			
现在时条件式复数	eraient	iraient	draient			raient			
不定式	D er	A ir	D dre	D ir	D oir	D re			
现在分词	E ant	A issant				E sant			
过去分词	F é	C i	C is	C u	C ert	C t			

图 3.20　法语动词词尾变化分组

例如,法语的动词 passer（通过）的词干 pass,可取如下词尾:

1A	passe,	passent	——	现在时直陈式
1B	passera,	passeront	——	将来时直陈式
1C	passait,	passaient	——	未完成过去时直陈式
1D	passer		——	不定式
1E	passant		——	现在分词
1F	passé		——	过去分词

动词 savoir（知道）的屈折变化比较复杂,当它的词干是 sav 时,可取如下词尾:

9A	sav,	savent	——	现在时直陈式
1C	savait,	savaient	——	未完成过去时直陈式
5D	savoir		——	不定式

当 savoir 的词干是 sach 时,可取如下词尾:

| 9G | sache, | sachent | —— | 现在时虚拟式 |
| 1E | sachant | | —— | 现在分词 |

我们对名词、形容词和动词词尾屈折变化的分组,与传统语法有一些不同,但这样更加便于计算机处理。

用有限状态转移网络来进行法语形态分析时,还要考虑法语单词的各种可能的切分情况,确定正确的切分,排除不正确的切分。在切分的同时还要查词典,把词典中记录的有关信息赋值在所切分的部分上,这样,当一个有限状态转移网络遍历完毕,有关单词的切分也就随之完成,网络进入终极状态,有关单词也就被赋予了所切分部分记录在词典中的信息。这些信息就是尔后句法分析和语义分析的基础。这些信息越准确,对尔后的句法分析和语义分析就越有利。

英语是现代语言中颇具影响的一种语言,由于在历史上英语曾与多种民族语言接触,它的词汇由"一元"变为"多元",语法从"多屈折"变为"少屈折"。近代英语的词形变化仅限于名词的数,代词的性、数、格,动词的时态,形容词没有性、数、格的变化。

英语的名词、形容词、动词也可由前缀、词根、后缀等部分组成,名词和动词还有屈折词尾,因此,也可以用图 3.16 中的有限状态转移网络来进行形态分析。当然,图 3.16 中的有限状态转移网络只是一般地说明了分析的过程。

在实际的语言分析中,还必须编写词典和制定分析规则。下面,我们以英语为例子,具体地说明词典和分析规则的编制方法。

如果我们要对英语的 fly(飞),work(工作),arrive(到达),stop(停止)四个动词进行形态分析,首先我们必须对这四个动词的变位情况进行分类。

这四个英语动词的变位情况如下:

原形	fly	work	arrive	stop
单数第三人称	flies	works	arrives	stops
过去时	flew	worked	arrived	stopped
过去分词	flown	worked	arrived	stopped
现在分词	flying	working	arriving	stopping

我们把这四个动词的变位情况分为 1,2,3,4 四个类,如图 3.21 所示。

变位类别	1	2	3	4
词 尾	y ies ew own ying	φ s ed ed ing	e es ed ed ing	φ s ped ped ping

图 3.21　英语动词词尾变化分组

图 3.21 中,φ 表示词尾为空(零形式)。

我们选择如下的有限状态转移网络来控制形态分析过程(图 3.22):

我们建立两部词典:一部是词干词典,一部是词尾词典。词典中记录着有关的信息。

● 词干词典

FL:　　1 类动词,后可接介词 to,词形为 fly。

WORK:2 类动词,后可接介词 at 或不接介词,词形为 work。

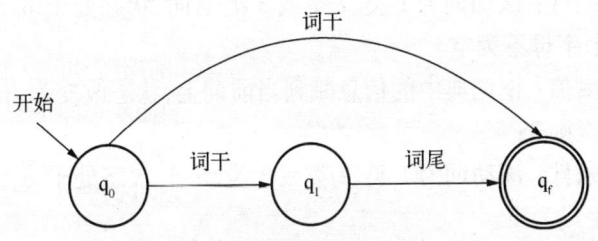

图 3.22　英语动词形态分析的 FSTN

ARRIV：3 类动词,后可接介词 at, 词形为 arrive。

STOP：　4 类动词,可做及物动词,亦可做不及物动词,词形为 stop。

- 词尾词典

Y：　　1 类动词词尾,不定式。

IES：　1 类动词词尾,现在时,单数,第三人称。

EW：　1 类动词词尾,过去时。

OWN：1 类动词词尾,过去分词。

YING：1 类动词词尾,现在分词或动名词。

S：　　2 类或 4 类动词词尾,现在时,单数,第三人称。

ED：　 2 类、3 类或 4 类动词词尾,过去时或过去分词。

E：　　3 类动词词尾,不定式。

ES：　 3 类动词词尾,现在时,单数,第三人称。

ING：　2 类、3 类或 4 类动词词尾,现在分词或动名词。

我们还要根据有限状态转移网络提出若干规则,来控制形态分析的过程。规则要说明执行该规则的条件、赋值的情况和字符链变化(链变)的情况。

① 规则 1：

——条件：该动词为 4 类动词,状态处于 q_0,词干后四个字母为 PING,或词干后三个字母为 PED。

——赋值：把词典 1 中的信息赋到当前词上,状态改变为 q_1。

——链变：将词干后的第一个字母 p 去掉。

② 规则 2：

— 条件：该动词为1类、2类或3类动词，状态处于 q_0，词干后的第一个字母不为空。

— 赋值：把词典中的信息赋到当前词上，状态改变为 q_1。

③ 规则3：

— 条件：该动词为1类、2类或3类动词，状态处于 q_0，词干后第一个字母为空。

— 赋值：把词典中的信息赋到当前词上，状态改变为 q_f，即最后状态。

④ 规则4：

— 条件：1类、2类、3类或4类动词词尾，状态为 q_1，且当前词词干的动词变位类别与所分析词尾的动词变位类别不矛盾。

— 赋值：把当前词中已赋好值的信息与词典2中记录的有关信息一起赋到所分析的词上，并把状态改变为 q_f。

采用这样的规则，计算机便可进行动词词尾的切分，并把词典1的词干中所记录的信息以及词典2的词尾中所记录的信息，正确地赋到所分析的词上，达到自动形态分析的目的。

上述在计算机内进行的语言的形态分析过程，是不是与人的大脑中所进行的形态分析过程一致呢？它是不是人的大脑中所进行的形态分析过程的计算机模拟呢？这是一个十分有趣而复杂的问题，目前我们还难以作出完满的回答。

3. 形态分析的心理学依据

不过，现代心理学的一些成果，可以为我们进一步探讨这个饶有趣味而复杂的问题提供线索。下面我们介绍其中的两个重要的实验结果。

● 塔夫特(M. Taft)通过实验发现，当被试者来识别单词时，一个由单一语素构成的词，可以直接识别；而由不同语素构成的词，识别时则需要先把该词分解为语素，然后才能识别；对带前缀的词，则需要先进行前缀的脱落，然后才搜索词中的其他语素，如果搜索成功，还需要比较前缀与词中的其他语素在语义上是否相容。因此，对词的识别是一个多阶段的搜索过程。这个过程，与我们用有限状态转移网络所描述的过程大同小异。

 • 词的识别不仅仅与该词的发音和词形等感觉信息的输入有关，而且还与人的大脑中所存储的关于该单词的各种知识有关，这些知识能对输入的感觉信息进行解释和预测。因此，可以把人脑中所存储的有关词汇的知识比喻为一部心理词典，词的识别过程也就是在心理词典中进行查询和搜索的过程，如果根据词的发音或词形在心理词典中找到了相应的词汇条目并理解了它的含义，在心理学中就叫做"词汇通达"（Lexical Access）。纯布莱（J. I. Chunbley）和巴洛塔（D. A. Balota）通过心理学实验发现，单词的识别可以分为两个阶段：第一，词汇通达阶段——把词的发音或词形等信息与心理词典中存储的一个个条目相匹配，从而在心理词典中找到相应的单词；第二，意义决策阶段——要确定单词的发音、意义以及其他信息。只有在词汇通达之后，才有可能进行意义的确定。这个过程，与我们借助于机器词典和规则来进行形态分析的过程也相去无几。

第三节　汉语书面文本的自动切词
1. 词式书写的必要性

书面汉语不同于英语、德语、法语等印欧语言，英语、德语、法语在书写时，词与词之间用空格分开，因而词与词之间的界限在书面上是泾渭分明的；而汉语在书写时，词与词之间不留空白，一个汉语句子就是一大串前后相续的汉字的字符串，词与词之间的界限，被前后相续的汉字淹没得无影无踪了。

其实，古拉丁文也是没有单词界限的，阅读时也存在切分的问题。2009 年 6 月，我到意大利罗马访问，发现在著名的"真理之口"附近的圣玛利亚教堂里有一块石碑，在石碑上的古拉丁文是没有空格的；只是在一些理解困难的地方，使用小圆点。我问当地人，他们估计可能是早期的"标点符号"，用于分割太长的语段。例如，倒数第 7 行 ESSE · EIDEMDEI · GENETRICIS 如果分词应当是"ESSE EIDEM DEI GENETRICIS"（意思是"我应给她，她是神的妈妈"）中的 EIDEMDEI 三个词之间没有空格，而且 DEMDEI 两个词不但没有分开，还把 M 的右边和 D 的左面连写在一起了。其他部分的单词与单词之间基本上没有空格,很难看出单词之间的分界。我认为这是一个基本上没有分词的拉丁语文本,尽管有某些地方使用小圆点分割文本使之便于阅读。

图3.23　古拉丁文的文本中基本上没有单词界限

公元4世纪哥特人武尔菲拉(Wulfila)采用在希腊字母基础上发展的字母书写古代的日耳曼语,他用西部哥特人的哥特语翻译了原来用拉丁语写的《圣经》。从当时的文字版面可见,也有类似上面拉丁语石碑中那样的小圆点,笔者估计也可能是早期的"标点符号",但是,单词之间没有空格,还没有实行"词式书写"。

后来,欧洲人改革了这种落后的文字书写方式,单词之间用空格分开,大大方便了阅读。

朝鲜的谚文(hangul)是一种音素化的音节文字,1444年由李世

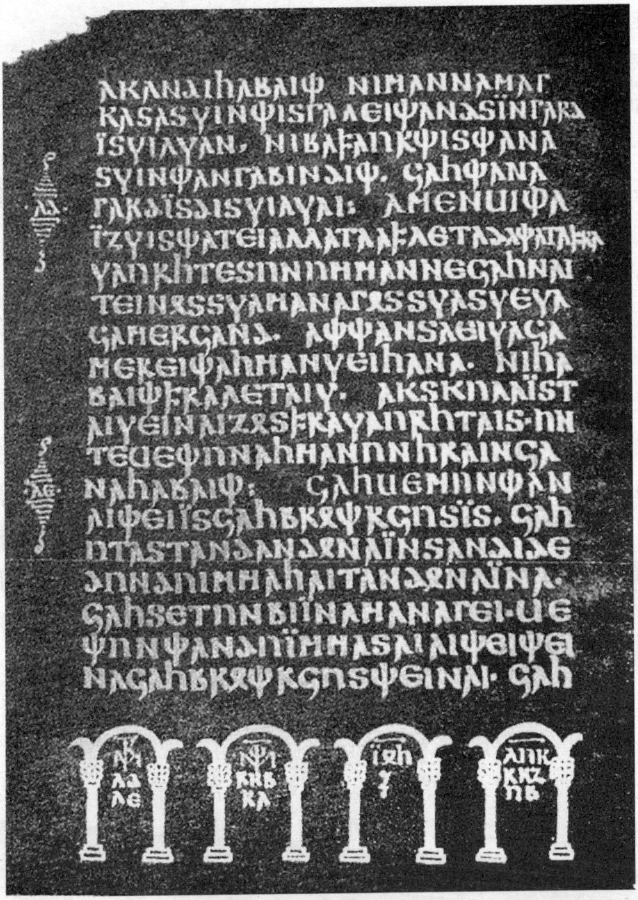

图 3.24　四世纪哥特人 Wulfila 翻译的哥特语《圣经》

宗大王主持创立,创立的时候按照音节书写,为了区分同音音节,文本中仍然夹杂不少的汉字。过了 500 年,到 1948 年取消夹杂使用汉字以后,"词式书写"才开始实行,词与词之间使用空格隔开,这给谚文的书写和阅读带来了很大的方便。

在近代的中国,汉语的书面文本也进行过一些改革,如改竖排为横排、使用新式标点等等。但是,始终没有采用空格来分割单词的界限,在信息时代,这种连续的汉字文本的书写方式严重地阻碍了汉语书面文本的自动处理。在机器翻译、信息检索中,都成为了一个很大的困难问题。

陈力为、冯志伟、彭泽润等学者曾经提出汉语书面文本实行"词式书写"的建议。不过，由于长期的书写和阅读的习惯，人们对于这种"词式书写"仍然不欢迎。目前，通过书面文本本身的改进（实行词式书写）的条件还不成熟。为了促进中文信息处理的发展，我们只得通过技术来解决这个问题，我认为，这是一种可行的权宜之计，是为了适应大家的书写和阅读习惯的一种不得已的办法。

汉语的形态不丰富，书面汉语的单词基本上没有形态变化，在汉语的自然语言处理中，书面汉语形态分析的主要任务不是分析单词的形态变化，而是进行单词的自动切分，使被前后相续的汉字淹没得无影无踪的词与词之间的界限暴露出来。词是语言中最小的能独立运用的单位，利用计算机把汉语的一个句子、一篇文章、一部著作中的单词，逐一地切分出来，才有可能对汉语进行进一步的分析。因此，书面汉语的自动切词，是汉外机器翻译、书面汉语文献自动标引、书面汉语的自动检索、书面汉语的搜索引擎、书面汉语自然语言理解等研究工作的基础和前提。

在汉语的自然语言处理中，凡是涉及句法、语义的研究项目，都要以词为基本单位来进行。句法研究组词成句的规律，没有词就无所谓组词成句，因而也就无所谓句法。语义是语言中的概念与概念之间的关系，而词是表达概念的，没有词也就无所谓语义研究。因此，词是汉语语法和语义研究的中心问题，也是汉语自然语言处理的关键问题。另外，词的问题也关系到智能化计算机的研制。智能化计算机具有联想、判断、推理的功能，而联想、判断和推理都是要以词为基本单位的句子来表达的，不研究词的问题，智能化计算机的研究就会成为空谈。

书面汉语的词是由汉字构成的。汉字的构词极为灵活，计算机在对一串连续的汉字字符进行切词时，可能会有多种切词方式，常常使计算机举棋不定，误入迷津，造成切词的失败，或者得出错误的切分结果。因此，我们必须重视计算机自动切词方法的研究。

2. 汉语书面文本自动切词的主要方法

目前汉语书面文本自动切词方法主要有以下几种：

- 最大匹配法（Maximum Matching Method, 简称 MM 法）: 在计算机中存放一个已知的词表,这个词表叫做底表,从被切分的语料中,按给定的方向顺序截取一个定长的字符串,通常为 6 至 8 个汉字,这个字符串的长度,叫做最大词长。把这个具有最大词长的字符串与底表中的词相匹配,若匹配成功,则可确定这个字符串为词,计算机程序的指针向后移动与给定最大词长相应个数的汉字,继续进行匹配;否则,则把该字符串逐次减一,再与底表中的词进行匹配,直到成功为止。

MM 法的原理简单,易于在计算机上实现,时间复杂度也比较低。但是,最大词长的长度比较难于确定,如果定得太长,则匹配时花费的时间就多,算法的时间复杂度明显提高;如果定得太短,则不能切分长度超过它的词,导致切分正确率的降低。

- 逆向最大匹配法（Reverse Maximum Matching Method, 简称 RMM 法）: 这种方法的基本原理与 MM 法相同,不同的是切词时的扫描方向。如果 MM 法的扫描方向是从左到右取字符串进行匹配,则 RMM 法的扫描方向就是从右到左取字符串进行匹配。实验表明,RMM 法的切词正确率比 MM 法更高一些。但是,RMM 法要求配置逆序的切词词典,这样的词典与人们的语言习惯不相符合,修改和维护都不太方便。

- 逐词遍历匹配法: 这种方法是把词典中存放的词按由长到短的顺序,逐个与待切词的语料进行匹配,直到把语料中的所有的词都切分出来为止。由于这种方法要把在词典中的每一个词都匹配一遍,需要花费很多时间,算法的时间复杂度相应增加,切词的速度较慢,切词的效率不高。

- 双向扫描法: 分别用 MM 法和 RMM 法进行正向和逆向的扫描和初步的切分,并将用 MM 法初步切分的结果与用 RMM 法初步切分的结果进行比较,如果两种结果一致,则判定切分正确,如果两种结果不一致,则判定为疑点。这时,或者结合上下文有关的信息,或者进行人工干预,选取一种切分为正确的切分,由于要做双向扫描,时间复杂度增加,而且,为了使切词词典能够同时支持正向和逆向两种顺序的匹配和搜索,词典的结构比一般的切词词典要复杂得多。

● 最佳匹配法（Optimum Matching Method，简称 OM 法）：在切词词典中，按词的出现频率的大小排列词条，高频率的词排在前，低频率的词排在后，从而缩短查询切词词典的时间，加快切词的速度，使切词达到最佳的效果。这种切词方法对于切词的算法没有什么改进，只是改进了切词词典的排列顺序，它虽然降低了切词的时间复杂度，却没有提高切词的正确率。

● 设立切分标志法：在书面汉语中存在的切分标志有两种：一种是自然的切分标志，如标点符号，词不能跨越标点符号而存在，标点符号必定是词的边界之所在；另一种是非自然的切分标志，如只能在词首出现的词首字、只能在词尾出现的词尾字、没有构词能力的单音节单纯词、多音节单纯词、拟声词等，词显然也不能跨越这些标志而存在，它们也必定是词的边界之所在。如果我们搜集了大量的这种切分标志，切词时，先找出切分标志，就可以把句子切分成一些较短的字段，然后再用 MM 法或 RMM 法进一步把词切分出来。使用这种方法切词，要额外消耗时间来扫描切分标志，还要花费存贮空间来存放非自然的切分标志，使切词算法的时间复杂度和空间复杂度都大大增加了，而切词的正确率却不能提高。所以，采用这种方法的自动切词系统不多。

● 有穷多级列举法：这种方法把现代汉语中的全部词分为两大类：一类是开放词，如名词、动词、形容词等，它们的成员几乎是无穷的，另一类是闭锁词，如连词、助词、叹词等，它们的成员是可以一一枚举的。切词时，先切出具有特殊标志的字符串，如阿拉伯数字、拉丁字母等，再切出可枚举的闭锁词，最后再逐级切出开放词。这是一种完全立足于语言学的切词方法，在计算机上实现起来还有困难。

● 联想—回溯法（Association-Backtracking Method，简称 AB 法）：这种方法要求建立三个知识库——特征词词库、实词词库和规则库。首先将待切分的汉字字符串序列按特征词词库分割为若干子串，子串可以是词，也可以是由几个词组合而成的词群；然后，再利用实词词库和规则库将词群再细分为词。切词时，要利用一定的语法知识，建立联想机制和回溯机制。联想机制由联想网络和联想推理构成，联想网络描述每个虚词的构词能力，联想推理利用相应的联想网络来判定所描述的虚词究竟是单独成词还是作为其他词中的构词成分。回溯机制主要用于处理歧义句子的切分。联想—回溯法虽然增加了算法的时间复杂度和空间复杂度,但是这种方法的切词正确率较高,是一种行之有效的方法。

- 基于词频统计的切词法:这种方法利用词频统计的结果来帮助在切词过程中处理歧义切分字段。例如,AB 是一个词,BC 是另一个词,如果词频统计的结果说明了 BC 的出现频率大于 AB 的出现频率,那么,在处理歧义切分字段 ABC 时,就把 BC 作为一个单词,A 作为一个单词,而排斥 AB 作为一个单词的可能性,也就是把 ABC 切分为 A/BC. 这种方法的缺点是,由于只考虑词频,出现频率较低的词总是被错误地切分。

- 基于期望的切词法:这种方法认为,一个词的出现,它后面紧随的词就会有一种期望,根据这种期望,在词表中找出所对应的词,从而完成切分。这种方法增加了切词的空间复杂度,但在一定程度上提高了切词的正确率。

此外,近来提出的基于专家系统的切词法和基于神经网络的切词法,利用人工智能的方法来进行汉语书面语的自动切分,也取得了较好的成绩。

上述切词方法中,MM 法、RMM 法和逐词遍历法是最基本的机械性的切词方法,其他的几种方法,都不是纯粹意义上的机械性的切词方法。在实际的汉语书面语自动切词系统中,一般都是几种方法配合使用,从而达到最理想的切词效果。

3. 歧义切分字段

书面汉语自动切词的难点是"歧义切分字段"(为了行文的方便,本书中有时也简称为"歧义字段")的处理。我国学者在这方面进行了比较深入的探讨。

北京航空航天大学梁南元发现,在自动切词的过程中,只是在歧义切分字段时才有可能发生错误的切分。而歧义切分字段从构成形式上可分为两类:一类是交集型歧义切分字段,一类是多义组合型歧义切分字段。

在字段 $S = a_1 \cdots a_i . b_1 \cdots b_j . c_1 \cdots c_k$ 中，如果 $a_1 \cdots a_i . b_1 \cdots b_j$ 和 $b_1 \cdots b_j . c_1 \cdots c_k$ 分别都构成词，则字段 S 成称为交集型歧义切分字段，其中 $b_1 \cdots b_j$ 称为交段。例如，在字段"太平淡"中，"太平"和"平淡"分别成词，"平"为交段，所以，"太平淡"是交集型歧义切分字段。

在字段 $S = a_1 \cdots a_i . b_1 \cdots b_j$ 中，如果 $a_1 \cdots a_i$、$b_1 \cdots b_j$ 和 S 三者都分别成词，则字段 S 称为多义组合型歧义切分字段。例如，在字段"烤白薯"中，"烤"、"白薯"和"烤白薯"三者都分别成词，所以，"烤白薯"是多义组合型歧义切分字段。

梁南元的上述发现是对汉语自动切词理论的重要贡献。这个发现对在汉语切词过程中出现的形形色色的错误切分作了科学的概括。

北京师范大学何克抗等进一步分析了这两种歧义切分字段产生的原因和性质。

他们认为，交集型歧义切分字段是由词与词之间的交叉组合产生的。在字段 $S = a_1 \cdots a_i . b_1 \cdots b_j . c_1 \cdots c_k$ 中，由于交段 $b_1 \cdots b_j$ 既可与 $a_1 \cdots a_i$ 组合成词，又能与 $c_1 \cdots c_k$ 组合成词，形成了交叉组合，才产生歧义切分。从产生的根源上看，有下列几种不同的类型：

（1）名词 + 名词

例如，在句子"用树形图形式加以描述"中，歧义字段"图形式"是由名词"图"与名词"形式"之间的交叉组合产生的——"图形" + "形式"。事实上，"图形"是歧义词，它是歧义字段"图形式"在给定句子中错误地切分出来的片段，"形式"是非歧义词，它是歧义字段"图形式"在给定句子中，按正确的切分方式切分出来的片段。

（2）动词 + 名词

例如，在句子"研究生命的本质"中，歧义字段"研究生命"是由动词"研究"与名词"生命"之间的交叉组合产生的——"研究生"（歧义词） + "生命"（非歧义词）。

（3）形容词 + 名词

例如，在句子"白天鹅游过来了"中，歧义字段"白天鹅"是由形容词"白"与名词"天鹅"之间的交叉组合产生的——"白天"（歧义词） + "天鹅"（非歧义词）。

（4）介词 + 名词

例如，在句子"让位移等于 50 厘米"中，歧义字段"让位移"是由介词"让"与名词"位移"之间的交叉组合产生的——"让位"（歧义词）+ "位移"（非歧义词）。

（5）连词 + 名词

例如，在短语"独立自主和平等互利的原则"中，歧义字段"和平等"是由连词"和"与名词"平等"的交叉组合产生的——"和平"（歧义词）+ "平等"（非歧义词）。

（6）副词 + 形容词

例如，在句子"这本小说的情节太平淡了"中，歧义字段"太平淡"是由副词"太"与形容词"平淡"的交叉组合产生的——"太平"（歧义词）+ "平淡"（非歧义词）。

（7）助词 + 形容词

例如，在短语"对这种现象的确切描述"中，歧义字段"的确切"是由助词"的"与形容词"确切"的交叉组合产生的——"的确"（歧义词）+ "确切"（非歧义词）。

（8）名词 + 连词

例如，在句子"社会需求和生产水平有矛盾"中，歧义字段"需求和"是由名词"需求"与连词"和"的交叉组合产生的——"需求"（非歧义词）+ "求和"（歧义词）。

（9）动词 + 介词

例如，在句子"他们看中和日本人做生意的机会"中，歧义字段"看中和"是由动词"看中"与介词"和"的交叉组合产生的——"看中"（非歧义词）+ "中和"（歧义词）。

由以上例子可以看出，交集型歧义切分字段 $a_1 \cdots a_i . b_1 \cdots b_j . c_1 \cdots c_k$ 的交段 $b_1 \cdots b_j$ 与其后继字串 $c_1 \cdots c_k$ 所组成的非歧义词的词类，可以从歧义切分字段本身提供出来。例如，在歧义切分字段"白天鹅"中，交段为"天"，它的后继字段"鹅"组成的非歧义词"天鹅"，其词类为名词。歧义字段本身为我们提供了非歧义词"天鹅"的词类信息。交集型歧义切分字段 $a_1 \cdots a_i . b_1 \cdots b_j . c_1 \cdots c_k$ 的交段 $b_1 \cdots b_j$ 与其前趋字串 $a_1 \cdots a_i$ 所组成的非歧义词的词类，也可以从歧义切分字段本身提供出来。例如,在歧义切分字段"需求和"中,交段为"求",它与前趋字串"需"组成非歧义词"需求",其词类为名词,歧义切分字段本身也为我们提供了非歧义词"需求"的词类信息。交集型歧义切分字段可以为我们提供非歧义切分的特征信息,这是交集型歧义切分字段非常宝贵而重要的特点。根据这个特点,我们可以事先为汉语词汇中的每个词建立词法知识库,并在该知识库中为可能产生歧义切分的词条加上歧义标志和歧义类型编号,这样,在实际切分歧义字段时,只要利用该字段中的交段 $b_1 \cdots b_j$ 与其后继字串 $c_1 \cdots c_k$(或其前趋字串 $a_1 \cdots a_i$)所组成的非歧义词的已知词类信息,再通过适当的逻辑推理,就可以对这类歧义切分字段做出唯一正确的切分。

例如,在上述第(3)种类型的歧义切分字段"白天鹅"中,因交叉组合产生的歧义词是"白天",交段是"天",该交段的后继字串为"鹅",二者组成非歧义词"天鹅",并已知其词类信息为名词。如果在词法知识库中,对歧义词"白天"加上歧义标志和相应的歧义类型编号,并建立如下的规则:

如果交段与其后继字串组成名词,则将该歧义词的首字单切,否则,确认该歧义词为词。

于是,根据歧义词"白天"的歧义类型编号调用上述规则,并利用词法知识库中有关该歧义切分字段的交段"天"与其后继字串"鹅"组成词的知识,检查这个词是否为名词,并进行逻辑推理,就可以确定,在切分歧义字段"白天鹅"时,应将歧义词"白天"的首字"白"单切,"白天鹅"应切分为"白/天鹅"。这是对歧义切分字段"白天鹅"做出的唯一正确的切分。

又如,在上述第(8)种类型的歧义切分字段"需求和"中,因交叉组合产生的歧义词是"求和",交段是"求",该交段的前趋字串为"需",二者组成非歧义词"需求",并已知其词类信息为名词。如果在词法知识库中,对歧义词"求和"加上歧义标志和相应的歧义类型编号,并建立如下的规则:

如果交段与其前趋字串组成名词,则将该歧义词的尾字单切,否则,确认该歧义词为词。

于是,根据歧义词"求和"的歧义类型编号,调用上述规则,在词法知识库中查询,得知该歧义切分字段的交段"求"与其前趋字串"需"所组成的词为名词,进行逻辑推理,就可以确定,在切分歧义字段"需求和"时,应将歧义词"求和"的尾字单切,"需求和"应切分为"需求/和"。这是对歧义切分字段"需求和"做出的唯一正确的切分。

对于其他类型的交集型歧义切分字段,不难建立相应的规则,并为其中的歧义词设置相应的歧义类型编号,然后利用词法知识库中有关词类信息的知识,进行类似的逻辑推理,就可以做出唯一正确的切分。

由于对交集型歧义切分字段的正确切分,只需要关于词类的信息,所以,可以把这类歧义切分字段,从性质上划为"与词类有关的歧义切分字段",简称为"词法歧义字段"。

多义组合型歧义切分字段比较复杂,这种歧义切分字段是由词与词之间的串联组合产生的。在字段 $S = a_1 \cdots a_i . b_1 \cdots b_j$ 中,由于 $a_1 \cdots a_i$,$b_1 \cdots b_j$ 和 S 三者都能分别成词,字串 $a_1 \cdots a_i$ 与字串 $b_1 \cdots b_j$ 形成了串联组合,才产生歧义切分。从产生的根源上看,有下列几种不同的类型:

(1)量词 + 名词

例如,在句子"一阵风吹过来了"中,歧义切分字段"阵风"是由量词"阵"和名词"风"的串联组合产生的。

(2)介词 + 名词

例如,在句子"请把手抬高一点儿"中,歧义切分字段"把手"是由介词"把"和名词"手"的串联组合产生的。

(3)动词 + 名词

例如,在句子"他喜欢吃烤白薯"中,歧义切分字段"烤白薯"是由动词"烤"和名词"白薯"的串联组合产生的。

(4)名词 + 方位词

例如,在句子"他骑在马上"中,歧义切分字段"马上"是由名词"马"和方位词"上"的串联组合产生的。

(5)名词 + 动词

(5a):例如,在句子"语言学起来并不十分容易"中,歧义切分字段"语言学"是由名词"语言"和动词"学"的串联组合产生的。

（5b）：例如，在句子"学生会兴奋得手舞足蹈"中，歧义切分字段"学生会"是由名词"学生"和动词"会"的串联组合产生的。

（5c）：例如，在句子"乒乓球拍卖完了"中，歧义切分字段"乒乓球拍"是由名词"乒乓球"和动词"拍"的串联组合产生的。

（5d）：例如，在句子"美国会采取措施提高工业竞争力"中，歧义切分字段"美国会"是由名词"美国"和动词"会"的串联组合产生的。

（6）方位词 + 动词

例如，在句子"他在庄稼地里间麦苗"中，歧义切分字段"里间"是由方位词"里"和动词"间"的串联组合产生的。

（7）副词 + 动词

例如，在句子"他将来北京探亲"中，歧义切分字段"将来"是由副词"将"和动词"来"的串联组合产生的。

（8）助词 + 动词

（8a）：例如，在句子"他学会了解数学难题"中，歧义切分字段"了解"是由助词"了"和动词"解"的串联组合产生的。

（8b）：例如，在句子"只要努力地学就可以学会"中，歧义切分字段"地学"是由助词"地"和动词"学"的串联组合产生的。

（9）连词 + 副词

例如，在句子"日本保留和尚使用的古代庙宇已经不多了"中，歧义切分字段"和尚"是由连词"和"与副词"尚"的串联组合产生的。

由上所述可以看出，在多义组合型歧义切分字段中，歧义字段就是一个歧义词，而非歧义词被包含在歧义词当中。例如，歧义字段"语言学"同时也就是一个歧义词，而非歧义词"语言"和"学"则被包含在歧义词"语言学"中。在这种情况下，很难根据多义组合型歧义切分字段本身来获得非歧义词的特征信息，只有跳出多义组合型歧义切分字段自身的框架，参考歧义字段与其前趋字串或后继字串之间的关系，才可能发现正确的切分。这说明，为了对多义组合型歧义切分字段本身做出唯一正确的切分，不能只考察歧义字段内部的情况，还必须考察歧义字段与其前后字串之间的关系。而在交集型歧义切分字段中，歧义字段本身就可以给我们提供非歧义切分的特征信息,因此,多义组合型歧义切分字段的自动切分比交集型歧义切分字段的自动切分要难得多。

有些歧义切分字段具有二重性。例如,在例句"乒乓球拍卖完了"中,由名词"乒乓球"和动词"拍"串联组合而产生出多义组合型歧义切分字段"乒乓球拍",而"乒乓球拍"又与动词"拍卖"交叉组合而产生交集型歧义切分字段"乒乓球拍卖",这样一来,在"乒乓球拍卖"这个字段中,既有多义组合型歧义切分字段,又有交集型歧义切分字段。对于这样的具有二重性的歧义切分字段,切分时也不能只考虑字段本身提供的信息,还应该考虑该字段与其前趋字串和后继字串的关系。

为了正确地切分多义组合型歧义切分字段,可以利用前趋字串和后继字串的句法、语义、语用三个方面信息。

第一,句法信息:有些多义组合型歧义切分字段与其前趋字串和后继字串之间,存在着密切的搭配关系,这时就可以利用有关的句法信息得到正确的切分。

例(1)中的歧义切分字段"阵风"是由量词"阵"和名词"风"的串联组合产生的,按非歧义切分时的词间搭配关系,量词之前应该有数词,因此,可以先在词法知识库中对歧义词"阵风"加上歧义标志与相应的歧义类型编号,并建立如下的规则:

如果歧义字段的直接前趋字串是数词,则歧义字段的首段单切,否则,该歧义字段成词。

然后根据"阵风"的歧义类型编号调用这条规则,并利用词法知识库中的有关该字段前趋字串的信息,进行逻辑推理,就可以做出唯一正确的切分。

例(2)中的歧义切分字段"把手"是由介词"把"和名词"手"的串联组合而产生的,按非歧义切分时的词间搭配关系,该歧义字段的后继字串中必须有及物动词,根据这样的句法知识建立相应的规则,再使用与上述类似的推理方法,就可以做出唯一正确的切分。

例(3)中的歧义切分字段"烤白薯"是由动词"烤"和名词"白薯"的串联组合而产生的,按非歧义切分时的词间搭配关系,该歧义字段的前趋字串中应该有动词,根据这样的句法知识建立相应规则,再使用与上述类似的推理方法,就可以得到唯一正确的切分。

例(4)中的歧义切分字段"马上"是由名词"马"和方位词"上"串联组合而产生的,按非歧义切分时的词间搭配关系,该歧义字段的前趋字串中应该有介词,根据这样的句法知识建立相应的规则,再使用类似的推理方法,就可以得到唯一正确的切分。

类似地,切分例(5)中的歧义字段"语言学"时,要使用"该字段的后继字串中应有趋向动词或助词"这样的句法知识;切分例(6)中的歧义字段"里间"时,要使用"该字段的前趋字串中应有介词"这样的句法知识;切分例(7)中的歧义字段"将来"时,要使用"该字段的前趋字串中应有人名或人称代词"这样的句法知识;切分例(8)中的歧义字段"地学"时,要使用"该字段的直接前趋字串应该是形容词或副词"这样的句法知识。根据这些句法知识建立相应的切分规则,通过一定的逻辑推理,就可以实现对这些歧义字段的正确切分。

第二,语义信息:例(5b)中歧义切分字段"学生会"是由名词"学生"与动词"会"串联组合产生的,例(5b)可以有两种切分结果:

"学生/会/兴奋/得/手舞足蹈"
"学生会/兴奋/得/手舞足蹈"

这两种切分结果在词类与句法结构上都十分相似,因此,仅仅利用词法和句法的知识,难以对这两种切分结果做出正确的判别,也就难以做出正确的切分。这时,就须要利用语义方面的知识了。从语义上来看,动词"兴奋"的义项中,要求动作的发出者应具有"人"这个义素,在名词"学生会"的义项中不具有这个义素,而在名词"学生"的义项中则具有这个义素,利用这样的语义知识,我们建立如下的语义规则:

如果歧义切分字段后继动词的义项中含有动作发出者为"人"这个义素,则歧义字段的尾字单切,否则,该歧义字段成词。

在自动切分时,根据歧义切分字段"学生会"的歧义类型编号,调用这条语义规则,进行逻辑推理,就可以得到如下正确的切分:

"学生/会/兴奋/得/手舞足蹈"

例(8a)中歧义切分字段"了解"是由助词"了"和动词"解"的串联组合而产生的,例(8a)可以有两种切分结果:

"他/学会/了/解/数学/难题"
"他/学会/了解/数学/难题"

这两种切分结果的词类和句法结构都十分相似,仅只根据词法和句法知识,难以得到正确的切分,但是根据语义分析可知,动词"解"的义项中,要求宾语应该具有"数学公式"或"扣子"这样的义素,而动词"了解"对宾语则没有这样的要求,由于例(8a)中作宾语的"数学难题"符合动词"解"的义项的要求,由此可以判定前一种切分是正确的,从而也就排除了第二种切分。

第三,语用信息:例(5c)中的歧义切分字段"乒乓球拍",仅只根据词法、句法和语义知识,都不足以判断卖完的东西究竟是"乒乓球"还是"乒乓球拍",这时,就得根据语言交际的具体环境的语用方面的知识,才能决定究竟什么才是正确的切分。

例(5d)中的歧义切分字段"美国会",仅只根据词法、句法和语义知识,也不足以判断采取措施提高工业竞争力的是"美国"还是"美国会",这时,就得根据语言交际的具体环境的语用方面的知识,才能做出正确的切分。

例(9)中的歧义切分字段"和尚",仅只根据词法、句法和语义知识,也不足以判断古代庙宇是"和尚"使用还是"尚"使用的,这也只好根据语言交际的具体环境的语用方面的知识,才能做出正确的切分。

根据上面所述的歧义切分字段的性质,可以把它们分为四种不同的类型:

—— 利用词法知识就能判断的歧义切分字段,叫做"词法歧义字段"。

—— 利用句法知识才能判断的歧义切分字段,叫做"句法歧义字段"。

—— 利用语义知识才能判断的歧义切分字段,叫做"语义歧义字段"。

——利用语用知识才能判断的歧义切分字段,叫做"语用歧义字段"。

其中,词法歧义字段与交集型歧义切分字段完全对应,其余三类则与多义组合型歧义切分字段相对应。

根据何克抗等人对 50833 个汉字的典型综合语料的统计分析,在这个综合语料中,歧义字段的总出现次数与语料中所含汉字总数之比为 0.192%,其中各类歧义字段所占的比例如下:

- 词法歧义字段出现次数与语料中所含汉字总数之比为 0.766%,占歧义字段总次数的 84.10%。
- 句法歧义字段出现次数与语料中所含汉字总数之比为 0.098%,占歧义字段总次数的 10.8%。
- 语义歧义字段出现次数与语料中所含汉字总数之比为 0.031%,占歧义字段总次数的 3.4%。
- 语用歧义字段出现次数与语料中所含汉字总数之比为 0.016%,占歧义字段总次数的 1.7%。

由此可见,词法歧义字段占了歧义字段总数的绝大多数,句法歧义字段次之,语义歧义字段再次之,语用歧义字段最少。这意味着,如果我们利用词法知识,正确地切分了词法歧义字段,那么,就可能解决绝大多数的歧义字段的问题。如果我们进一步利用句法知识、语义知识、语用知识,则可进一步解决句法歧义字段、语义歧义字段、语用歧义字段的切分问题,一步一步地提高自动切分的正确率。

第四节 汉语书面文本中确定切词单位的某些形式因素

在汉语书面文本的自动切分中,切分单位的确定是一个关键而困难的问题。之所以说这是"关键"问题,是因为如果切分单位不合理,将严重影响自动切分的效果和应用的前景;之所以说这是"困难"问题,是因为切分单位的确定常常使得研究人员举棋不定。

我国中文信息界从 1988 年开始研制《信息处理用现代汉语分词规范》的国家标准,根据科学性、严谨性、稳定性、通用性、实用性和完整性的原则,经过三年时间的研究,七易其稿,于 1992 年经批准成为国家标准,标准号为 GB/T13715 – 92。但是,《信息处理用现代汉语分词规范》中提出的"结合紧密,使用稳定"的原则,显得过于笼统和含混,难于操作,而语言学的理论上,又划分不清语素、词和词组的界限,使得研究人员无所适从。

在语言学界,对于什么是词,如何确定语素、词和词组的界限,一直议而不决,语言学界未能提出切实可行的原则作为确定切分单位的理论依据,而且在关于语素、词和词组的基本理论方面,存在着相互矛盾、不能自圆其说的严重缺陷。本节对于这些问题提出一些解决办法。

1. 理论词的概念在语言学上的缺陷

我们把语言学上的词叫做"理论词"(theoretical word),这样的理论词的概念,在语言学理论上与语素和词组划水难分,存在着严重的缺陷。

在语言学中把语素分为自由语素和黏附语素两大类。"自由语素"是活动能力很强、不仅可以与其它语素组合成词、而且还可以单独成词使用的语言中的最小的造句单位。例如,"地,跑,红"等都是自由语素。黏附语素的活动能力不强,不能单独成词,它们要与其它的语素相组合而成词。如"机,劳,老,小,子,者,然"。

语言学中又把词分为单纯词与合成词两大类。单纯词是由一个语素构成的词。合成词是由两个或两个以上的语素构成的词。

由于单纯词只由一个语素构成,所以,这个构成单纯词的语素必定是自由语素。这样一来,"地,跑,红"等都是自由语素,它们同时又可以看成单纯词。从语素的角度看是自由语素,从词的角度看是单纯词。观察的角度不一样,名称不同,实质则是一样的。

在语素与词这两个集合之间,有一个交集(intersection),这个交集就是自由语素,如果从词的角度看,它们又可以叫做单纯词。

由此可见,黏附语素和词之间的界限是可以区分清楚的,黏附语素绝不可能是词;语素和合成词之间的界限也是可以区分清楚的,合成词不可能是单个的语素。然而,在语素和词之间有一个交集,这个交集,从语素的角度看是自由语素,从词的角度看是单纯词。由于自

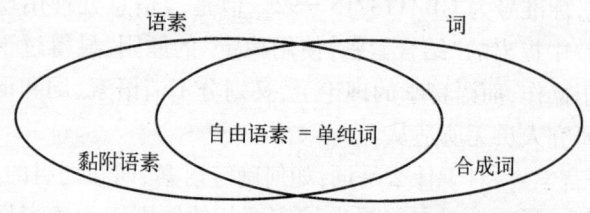

图 3.25　语素和词之间的交集

由语素和单纯词名异而实同,导致了合成词和词组之间的界限不清。这是汉语语言学本身的内部矛盾,也是在理论上的一个硬伤。

下面我们进一步从结构方面说明这种界限不清的情况。

合成词的构成方式与词组的构成方式有许多一致的地方。

由语素和语素组成的合成词,构成方式主要有以下 7 种:

① 并列式:两个语素并列在一起组成合成词,形成一种并列关系。例如,

　　　　朋友,泥土,松散,东西,开关。

② 偏正式:合成词中的两个语素有主有从,后一个语素为主体,前一个语素修饰或限制后一个语素,形成一种偏正关系。例如,

　　　　火车,工业,微笑,雪白,飞快。

③ 支配式:合成词中的两个语素,前一个表示动作,后一个表示动作涉及的事物,形成一种支配和被支配的关系。例如,

　　　　领队,司机,主席,签名,悦耳。

④ 补充式:合成词中的两个语素,前一个表示动作,后一个补充说明动作的结果,形成一种补充关系。例如,

　　　　提高,说明,扩大,缩小,改善。

⑤ 陈述式:合成词中的两个语素,前一个是陈述的对象,后一个是陈述的内容,形成一种陈述和被陈述的关系。例如,

　　　　地震,日食,祖传,法定,雪崩。

⑥ 附加式:合成词中的两个语素,只有一个表示实在的意义,另

一个不表示实在的意义,只是作为一个辅助成分,附加在表示实在意义的语素之前或之后,形成前缀或后缀。例如,

　　老虎、第一、非法、桌子、椅子。

　⑦ 重叠式:合成词是由单音节语素重叠而构成的。例如,

　　星星,茫茫,纷纷,巍巍,翩翩。

词组(phrase)是由词和词组合而成的。

汉语词组的构成方式主要有以下 7 种:

① 联合结构:词组中的两个词是并列的,形成一种并列关系。例如,

　　风俗习惯,调查研究,勤劳勇敢,植树造林,轻松愉快。

② 偏正结构:词组中的两个词,前一个是修饰语,后一个是中心语,形成一种偏正关系。例如,

　　茫茫大海,劳动热情,衷心祝贺,十分灵敏,热烈欢迎。

③ 述宾结构:词组中的两个词,前一个是述语,后一个是宾语,形成一种述语对宾语的支配关系。例如,

　　热爱祖国,欣赏音乐,发射导弹,供养父母,行使职权。

④ 述补结构:词组中的两个词,前一个是述语,后一个是补语,形成一种补充关系。例如,

　　解释清楚,举起来,洗干净,讲明白,扔出去。

⑤ 主谓结构:词组中的两个词,前一个是主语,后一个是谓语,形成一种陈述关系。例如,

　　小孩咳嗽,姑娘唱歌,天气热,月亮圆,今天星期日。

⑥ 附加结构·"的字结构"和"所字结构"都可以看成是附加了"的"字或"所"字的结构,形成一种附加关系。例如,

　　当兵的,掌柜的,当家的,所看到,所研究,所驱使。

由后缀"者"构成的一些长结构也可以看成附加结构的词组,例如,

　　　　屡教不改者,成绩不合格者,申请移民者,患心脏病者,诺贝尔奖金获得者。

　　⑦ 重叠结构:词组中的两个词,后一个词是前一个词的重叠,形成一种重叠关系。例如,

　　　　研究研究,练习练习,讨论讨论,总结总结,复习复习。

　　可以看出,汉语的合成词与词组的构成方式存在着整齐的对应,而且每种对应的结构所表示的关系是相同的。

　　这种对应关系可列表比较如下:

合成词	词　组	表示的关系
并列式	联合结构	并列关系
偏正式	偏正结构	偏正关系
支配式	述宾结构	支配关系
补充式	述补结构	补充关系
陈述式	主谓结构	陈述关系
附加式	附加结构	附加关系
重叠式	重叠结构	重叠关系

图 3.26　合成词与词组的对应关系比较

　　合成词的构成方式与词组的构成方式的这种一致性,使得汉语的语法规则易学易记,对汉语的学习是有好处的。可是,这种一致性也往往导致合成词与词组的界限不甚分明,使我们难于判断一个结构究竟是合成词还是词组。

　　如果一个结构由两个黏附语素构成,必定是合成词,不可能是词组。例如,"劳"是黏附语素,"损"也是黏附语素,它们结合而成的"劳损"必定是合成词,不可能是词组。

　　如果一个结构由一个黏附语素和一个自由语素构成,必定是合成词,不可能是词组。例如,"劳"是黏附语素,"动"是自由语素,他

们结合而成的"劳动"必定是合成词，不可能是词组。

含有前缀的"老师"，"老虎"等结构，也必定是合成词，不可能是词组，因为前缀是黏附语素。

含有后缀的结构"桌子"，"作者"，"忽然"，除了后缀"者"有时可以附加在多音节结构之后构成词组之外，在一般情况下，也必定是合成词，不可能是词组，因为后缀是黏附语素。

但是，如果一个结构由两个自由语素组成，问题就比较复杂。

如果组成结构的两个自由语素都是双音节语素或多音节语素，那么，它们必定是词组，不是合成词。例如，"模糊"是双音节自由语素，"逻辑"也是双音节自由语素，由它们构成的"模糊逻辑"必定是词组，不是合成词。

如果组成结构的两个自由语素，一个是双音节语素，一个是单音节语素，那么，就不容易判定这个结构是合成词还是词组。例如，"坦克"是双音节自由语素，"车"是单音节自由语素，由它们结合而成的"坦克车"，有人认为应该是合成词，因为它表示一个整体概念。但是，"开"是单音节自由语素，"坦克"是双音节自由语素，由它们构成的"开坦克"却很难认为是一个合成词，有许多人认为它是一个述宾结构的词组。

可见，当构成结构的两个自由语素中，有一个单音节语素，就可能使合成词和词组的界限变得模糊起来，难于判定。

如果构成结构的两个自由语素都是单音节语素，那么，合成词和词组的界限就更加模糊，更加难于判定。例如，当单音节自由语素"大"与另外的单音节自由语素"会，军，陆，脑，好，红"组成"大会，大军，大陆，大脑，大好，大红"时，有人会认为前后语素之间结合得很紧密，应该是合成词。但是，当"大"与另外的单音节自由语素"鱼，河，船"组成"大鱼，大河，大船"时，可能就会有人觉得前后语素之间结合得不很紧密，它们不太像合成词，而似乎应该是词组了。

又如，表示陈述关系的结构"洗澡，鞠躬，游泳，理发"，看来似乎是合成词。可是，有时，其中的语素可以分离开来：

洗澡 — 洗了一次澡

鞠躬 — 鞠了一个躬

游泳 — 游了一次泳

理发 — 理了一次发

这时,它们似乎又不像是合成词。究竟是合成词还是词组,难于判定。

我们可以把语素、词和词组的区别比较如下:

性质 结构单元	是否 有意义	是否为 最小单位	能否独 立运用	包含语 素数	包含单 词数
黏附语素	+	+	−	1	0
自由语素	+	+	+	1	1
单纯词	+	+	+	1	1
合成词	+	−	+	≥2	1
词　组	+	−	+	≥2	≥2

图 3.27　语素、词和词组的区别比较

从此图中可以看出:

① 任何一个结构单元,可以根据"是否有意义","是否为最小单位","能否独立运用","包含语素数","包含单词数"等 5 个性质来鉴别。这 5 个性质之间的关系是逻辑上的合取关系(∧),也就是说,每一个结构单元,要同时根据这 5 个性质来鉴别,如果仅仅根据其中的某一个性质或者某几个性质,是不可能鉴别清楚的。

② 自由语素与单纯词的性质完全一样,它们在实质上是一个东西。

③ 合成词与词组的前面 4 个性质都相同,只有最后一个性质(即"包含单词数")不同,合成词只包含一个单词,而词组则包含两个或两个以上的单词;可是,由于自由语素同时又可以看成单纯词,因此,当合成词由两个自由语素组成时,也可以把它看成是由两个单纯词组成的,这样,合成词就变成词组了。

可见,在语言学的理论上,合成词与词组的分界问题并没有解决。这种理论上的缺陷,实际上也是一种理论上的硬伤,必然会在汉语文本自动切分的实践中,引起种种的矛盾和困难。①

2. 形式词

为了克服理论词在语言学理论上的这种硬伤,学者们提出"形式词"的概念。下面我们从形式词的角度来讨论确定汉语切分单位的主要形式因素。

- **形式词的定义**

由于词是汉语句法和语义自动分析的基本单位,因此,当中文信息处理从"字处理"阶段过渡到"词处理"阶段时,必须对由连续的汉字流构成的、单词之间无空白的汉语书面文本进行自动切分。所谓"自动切分",就是在汉语书面文本中,自动地把词切分出来,这是中文信息处理的一个难题。在汉语书面文本中把词切分出来之后,才有可能对它进行更为深入的加工和处理。

从自动切分的角度,我们可以把词定义为"在汉语书面文本中可以根据形式因素分开的连续的汉字串(也可以是一个汉字)"。这样定义的词,叫做形式词(formal word)。

其实,在汉语书面文本长期发展的过程中,人们早就感到了这种形式词的存在,常常给词赋予某种形式,使之更加鲜明醒目。

例如,《说文解字》中说,"蝼,蝼蛄也"。蝼蛄中的"蝼"字和"蛄"字在书面上都是"虫"字旁,以表示它们是一个词。

又如,"伙伴"原来写为"火伴",后来在"火"字上仿照"伴"字加了"亻"字旁,以表示它们是一个词。

"婚姻"原来写为"昏姻",后来在"昏"字上仿照"姻"字加了"女"字旁,以表示它们是一个词。

"凤凰"原来写为"凤皇",后来在"皇"字上仿照"凤"字加了个帽子,写成"凰"字,以表示它们是一个词。

在汉语书面文本的自动切分中,我们给词赋以特定形式的方法,就是把形式词与其前后的其他形式词用空格分开,实行切分,切分就

---

① 冯志伟,"理论词"和"语素"的概念在语言学上的严重缺陷,现代语文,2011年第 7 期,总第 424 期,pp.4—6。

要确定"切分单位"。确定切分单位的形式因素,就是把形式词从形式上表现出来的形式手段。

● **确定切分单位的主要形式因素**

由于在理论上合成词与词组的界限问题没有彻底解决,我们在讨论如何确定切分单位的问题时,只有从实践中逐步摸索和探讨确定切分单位的形式因素。因为没有坚实的理论基础,我们也是"摸着石头过河"。在这样"摸着石头过河"的自动切分工作中,尽管我们没有能力在理论上解决合成词与词组的界限问题,但是,我们可以吸取汉语研究的一个局部性成果,找出确定切分单位的一些形式因素。

从语言学的角度来看,确定切分单位的形式因素有三个方面:第一是语法因素,第二是语义因素,第三是语音因素。它们是确定切分单位的主要形式因素。

在语法因素的方面,提出了如下的测定方法:

① 替代测定法

用性质相近的别的自由语素来替代待测结构中的自由语素,如果能够替代,就可以判定为词组,而不是合成词。

例如,在"吃饭"中,"吃"和"饭"都是自由语素,要测定"吃饭"是合成词还是词组,先用与"吃"性质相近的自由语素"盛"、"煮"(它们都表示动作)替代"吃",说成"盛饭"、"煮饭";再用与"饭"性质相近的自由语素"面"、"粥"(它们都是食品),说成"吃面"、"吃粥"。由于前后两个自由语素都能被替代,就可以判定"吃饭"是词组,而不是合成词,应切分为"吃/饭"。

替代测定法是不可靠的,这种方法容易引出不合常识的错误结论。

例如,"驼绒",可以被替代之后成为"驼毛"、"驼肉"、"鸭绒"、"鹅绒",但是,从语感上显然"驼绒"不可能是一个词组,而是一个合成词。替代测定法得出的结论,与人们的语感差别太大。所以,替代测定法只能作为确定切分单位的一种参考,不能作为可靠的依据。

② 插入测定法

用特定的自由语素(如"的")插入待测定的结构中,如果能插入而不改变该结构的意义,就判定为词组,而不是合成词。

"形 + 名"的偏正结构,其切分的分合问题,可以用插入测定法来确定。

——"形"(单音节) + "名"(单音节):

"新鞋"中插入特定的自由语素"的",形成"新的鞋",意义没改变,可判定"新鞋"为词组,不是合成词,应切分为"新/鞋"。同理,"小床"应切分为"小/床","白花"应切分为"白/花"。

"白菜"中插入特定的自由语素"的",形成的"白的菜",其意义与"白菜"不同,可判定"白菜"不是词组,而是合成词,不能切分。同理,"红花"(一种药材),"花布","苦瓜","红茶","红旗"都不切分。

——"形"(单音节) + "名"(双音节):

"白砂糖"中插入"的",形成"白的砂糖",意义没有改变,可判定"白砂糖"为词组,应切分为"白/砂糖"。同理,"甜点心"应切分为"甜/点心","香橡皮"应切分为"香/橡皮"。

"小媳妇"中插入特定的自由语素"的",形成"小的媳妇",其意义与"小媳妇"不同,可判定"小媳妇"不是词组,而是合成词,不能切分。同理,"老姑娘","老革命","高帽儿"都不能切分。

——"形"(双音节) + "名"(单音节):

"贫困县"中插入"的",形成"贫困的县",意义没有改变,可判定"贫困县"为词组,应切分为"贫困/县"。同理,"富裕村"应切分为"富裕/村","先进队"应切分为"先进/队"。

"美丽岛"中插入"的",形成"美丽的岛",其意义与"美丽岛"(一个地名)不同,可判定"美丽岛"不是词组,而是合成词,不能切分。同理,"牡丹江","横断山","橄榄绿"(一种颜色)也不能切分。

插入测定法比较客观,适用范围比较广,但是,有时也会得出一些不合常识的结论。例如,北京话中可以说"鸡",不可以说"鸭",而要说成"鸭子"。如果我们用插入自由语素"的"的方法来测定"鸡蛋"和"鸭蛋","鸡蛋"可以改说成"鸡的蛋","鸭蛋"不可以改说成"鸭的蛋",于是得出结论:"鸡蛋"是词组,"鸭蛋"是合成词,这种结论与人们的语感相差太大。事实上,人们普遍认为"鸡蛋"和"鸭蛋"都不是词组,而是合成词。可见,插入测定法并不是万能的,使用时要考虑到各种复杂情况。除了插入"的"之外,还可以插入其他成分来确定切分单位。在自动切分中,可以使用插入"得"或"不"的方法来确定某些述补结构的分合问题。某些由动词加动词或动词加形容词构成的述补结构,它们的分合常常令我们举棋不定。使用插入测定法,可以规定,双音节的述补结构中间,如果可以插入"得"或"不",则一般应予切分。例如,

"走到"可以插入"得"或"不":"走/得/到,走/不/到",因此,"走到"应切分为"走/到"。

"安上"可以插入"得"或"不":"安/得/上,安/不/上",因此,"安上"应切分为"安/上"。

"撞上"可以插入"得"或"不":"撞/得/上,撞/不/上",因此,"撞上"应切分为"撞/上"。

"抓住"可以插入"得"或"不":"抓/得/住,抓/不/住",因此,"抓住"应切分为"抓/住"。

"调好"可以插入"得"或"不":"调/得/好,调/不/好",因此,"调好"应切分为"调/好"。

"坐稳"可以插入"得"或"不":"坐/得/稳,坐/不/稳",因此,"坐稳"应切分为"坐/稳"。

"打坏"可以插入"得"或"不":"打/得/坏,打/不/坏",因此,"打坏"应切分为"打/坏"。

如果述补结构中间不能插入"得"或"不",则不切分,作为一个切分单位。例如,"鼓动,揭露,震动,加深,毁坏"。

在有"得"或"不"的述补结构中,如果去掉"得"或"不"后,前后两个字不构成一个词的,则不切分,作为一个切分单位。例如,"来得及,来不及","对得起,对不起","说得过去,说不过去","了不起"。

语言学中的"词汇完整性假设"(lexical integrity hypothesis)指出,句法规则不能影响到词汇内部的任何成分。在上述的插入测定法中,把一些自由语素插入到待测的结构中,实际上是通过插入这种方法来观察句法规则能否影响到待测结构的内部,如果不能插入,就说明句法结构不能影响到待测结构的内部,从而判定待测结构是合成词而不是词组。所以插入测定法实际上就是利用"词汇完整性假设",根据词汇的"可拆性"(separability)来区别合成词与词组的一种

方法。

③ 黏附性测定法

测定组合成分的黏附性,如果在一个组合中出现黏附语素,则不能切分,应确定为一个切分单位。例如,含有前缀、后缀的词,都是一个切分单位,不能切分。例如,"阿哥","老鹰","非金属","超声波"(含前缀);"科长","木头","学者","科学家","革命性","理发员","标准化"(含后缀)。

如果词中含有多个后缀,仍然算为一个切分单位,不能切分。例如,"物理学家","语言学界","拖拉机手","马克思主义者",都不切分。

但是,当某些前缀的管辖范围超出了一个单词之外,仍然应该切分。例如,"非/国家/工作/人员","非/本市/注册/车辆"。

④ 功能完备性测定法

在插入测定法中提到的"词汇完整性假设"说明了合成词应该具有完备的功能,而词组则不一定具有像合成词那样完备的句法功能。"词汇完整性假设"是词汇的"功能完备性"的一种反映,词汇的"功能完备性"意味着:句法规则只表现于词与词之间;单词具有完备的句法功能,而词组不能具有单词能够具有的那样完备的句法功能。我们可以利用待测对象功能的完备性来判定其是否为形式词。功能完备的是合成词,功能不完备的是词组。

除了前面提到的"可拆性"之外,功能完备性表现在如下两方面:

1)动词的"及物性"(transitivity):"及物性"是动词的重要句法规则,动词合成词后面可以直接插入宾语,而动词词组后面则不能直接插入宾语。具体地说:

[1+1]双音节的[动+宾]式组合后能直接带宾语,可判定为合成词。例如,"得罪"后面可以带直接宾语("得罪人"),因而可判定"得罪"是合成词。同理,可判定"抱怨(抱怨人),关心(关心他),担心(担心他),进口(进口货物),留神(留神钱包)"是合成词,不能切分。

[1+2]三音节的[动+宾]式组合后不能直接带宾语,可判定为词组。例如,"开玩笑"后面不能直接带宾语(*开玩笑人),因而可判

定"开玩笑"是词组。同理,可判定"动手术(*动手术他)、咬耳朵(*咬耳朵他)"是词组,应该切分。

[1+1]双音节的[动+补]式组合后能直接带宾语,可判定为合成词。例如,"想透"后面可直接带宾语(想透问题),因而可判定"想透"是合成词。同理,可判定"哭哑(哭哑嗓子),摆齐(摆齐桌子),绑好(绑好绳子),写出(写出文章)"是合成词,不能切分。

[1+2]三音节的[动+补]式组合后不能直接带宾语,可判定为词组。例如,"想透彻"后面不能直接带宾语(*想透彻问题),因而可判定"想透彻"是词组。同理,可判定"哭嘶哑(*哭嘶哑嗓子),摆整齐(*摆整齐桌子),绑结实(*绑结实绳子),写通顺(*写通顺文章),说流利(*说流利汉语)"是词组,应该切分。

2)形容词前加"非常、特别"修饰:

[1+1]双音节的["可"+动]式形容词,前面能加"非常、特别"等副词修饰,可判定为合成词。例如,"可爱"前面可加"非常、特别"修饰(非常可爱、特别可爱),因而可判定"可爱"是合成词。同理,可判定"可恨(非常可恨、特别可恨),可悲(非常可悲、特别可悲),可耻(非常可耻、特别可耻),可疑(非常可疑、特别可疑)"是合成词,不能切分。

[1+2]三音节["可"+动]式形容词,前面不能加"非常、特别"等副词修饰,可判定为词组。例如,"可喜爱"前面不能加"非常、特别"修饰(*非常可喜爱、*特别可喜爱),因而可判定"可喜爱"是词组,应该切分。同理,可判定"可痛恨(*非常可痛恨、*特别可痛恨),可悲哀(*非常可悲哀、*特别可悲哀),可羞耻(*非常可羞耻、*特别可羞耻),可怀疑(*非常可怀疑、*特别可怀疑)"是词组,应该切分。

由此可见,词组往往会失去单词所具有的完备的句法功能,因此我们可以使用功能完备性测定法来判定切分单位。

在语义因素的方面,提出了如卜的方法:

① 意义单纯性判定法

根据待测结构中两个语素意义结合而成的总体意义的单纯性来判定。总体意义单纯的判定为合成词,总体意义不单纯的判定为词组。

例如,"城市"的总体意义单纯,是合成词,是一个切分单位;"夫妻"的总体意义不单纯,它的意义等于"夫"与"妻"的意义的总和,是词组,应切分为"夫/妻"。

"东西"这个结构有歧义。当它的意义表示事物时,意义单纯,是合成词,是一个切分单位;当它的意义表示"东边和西边"时,这个意义等于"东"和"西"的总和,意义不单纯,是词组,应切分为"东/西"。

"长短"这个结构有歧义。当它的意义表示一个人的优缺点时("不要议论别人的长短"),意义单纯,是合成词,作为一个切分单位;当它的意义表示"长"和"短"时,这个意义等于"长"和"短"的总和,意义不单纯,是词组,应切分为"长/短"。

"深浅"这个结构也有歧义,当它的意义表示事物的分寸时("他说话没深浅"),意义单纯,是合成词,作为一个切分单位;当它的意义表示"深"和"浅"的程度时("河水的深浅"),其意义等于"深"和"浅"的总和,意义不单纯,是词组,应切分为"深/浅"。

"动(单音节) + 名(双音节)"结构是有歧义的,当它是偏正关系时,只表示一种事物,意义比较单纯,不应切分;当它是述宾关系时,涉及到行为以及其对象,意义不单纯,应该切分。例如,

> 我/喜欢/吃/烤白薯。("烤白薯"不切分)
> 我们/来/烤/白薯/吃。("烤/白薯"切分)

"介(单音节) + 名(单音节)"的结构也有歧义,当它表示一个事物时,意义单纯,不能切分;当它是介宾结构时,涉及到行为的对象,意义不单纯,应该切分。例如,

> 这/个/把手/是/木制/的。("把手"不切分)
> 把/手/抬/起来。("把/手"切分)

② 意义紧密性判定法

根据待测结构中两个或诸个语素意义结合的紧密性来判定,意义紧密的判定为合成词,不切分;意义松懈的判定为词组,切分。

例如,"爱国"中的两个自由语素"爱"与"国"中间不能插入别的成分,意义结合得很紧密,判定为合成词,不切分。"读书"中的两个

自由语素"读"和"书"之间可以插入别的成分:"读了一本书",意义联系松懈,判定为词组,应切分为"读/书"。

国名具有唯一性,其组成成分的意义结合紧密,是一个切分单位,不应切分。例如,"中国","美国","德国","英国"。但是,有的国名的全称比较长,一般应该切分,例如,"中华/人民/共和国","美利坚/合众国","德意志/联邦/共和国","大不列颠/及/北爱尔兰/联合/王国",一般都要切分。

菜谱名中的各个成分,如果切分后意义相差甚远,说明其意义结合紧密,则不切分。例如,"宫保鸡丁","木樨肉","红烧肉","松鼠鳜鱼",都不切分。但是,如果菜谱名的意义是它的各个成分的意义的简单组合,意义结合不紧密,则切分。例如,"鸡蛋/汤","肉丝/面","芝麻/糊"。

缩写词中诸成分结合紧密,也不切分。例如,"四化","水电","石化","环保","科技","奥运会","工农业","中西方","港澳台","教科文","爱委会","零部件","离退休","农林牧副渔"。但是,当在有顿号隔开时,则切分。例如,"港/√/澳/√/台/同胞"。

四字成语和习惯用语,各成分意义结合紧密,难以拆开,不切分。例如,"胸有成竹","一衣带水","匹夫有责","众所周知","春夏秋冬","充其量","由此可见","喝西北风","闲人免进"。

超过四个字的成语和惯用语,各成分意义结合紧密,也不切分。例如,"一年之计在于春","不管三七二十一"。但是,当有标点符号隔开时,则切分。例如,"人心/齐/,/泰山/移"。

③ 引申意义判定法

根据待测结构的意义是否为引申意义来判定,是引申意义的判定为合成词,而保持本义的就可判定为词组。

例如,"吃饭"的本意是进餐,判定为词组,切分为"吃/饭",但是,在句子"靠自己的劳动吃饭"中,"吃饭"的意义引申为"生存",就判定为合成词,不切分。

同样地,"吃醋"的本义是"喝醋",应判定为词组,切分为"吃/醋";但是,当引申为"产生嫉妒情绪"时,就判定为合成词,不切分。

又如,"骨"与"肉"两个名素构成的并列式名词"骨肉"表示有血缘关系,其含义不等于名素"骨"的含义与名素"肉"的含义的简单总和,而是由"骨"与"肉"的含义引申而成的,应判定为合成词,不切分。

再如,"领"与"袖"两个名素构成的并列式名词"领袖",表示"带头人物",其含义与名素"领"与名素"袖"的含义完全不同,是"领"与"袖"含义的很远的引申,应判定为合成词,不切分。

在"妇女能顶半边天"中的"半边天"(指新社会的妇女),"他真小气,像个铁公鸡"中的"铁公鸡"(比喻一毛不拔),"银行的工作是铁饭碗"中的"铁饭碗"(比喻非常稳固的职位),"他在那里泡蘑菇"中的"泡蘑菇"(比喻故意纠缠,拖延时间),都具有引申意义,不切分。

④ 常用性判定法

根据待测结构的常用性来判定,常用的判定为合成词,算一个切分单位,不常用的判定为词组,切分。

"名词(单音节) + 方位词(单音节)"的方位词组,一般应该切分。例如,"饭/前","树/上","包/里","床/下"。但是,某些这样的方位结构使用频度很高,事实上已经转化成处所词或时间词,不应切分。例如,"桌上","胸前","身上","晚上","午后","国外"。

"分之"是常见的表达分数的词语,不切分。

一些常见的并且已经收入词典中的书籍名、报刊名,也不切分。例如,"红楼梦","西游记","水浒传","儒林外史","人民日报","光明日报"。

在语音因素的方面,提出了如下的方法:

① 停顿判定法

在一些包含多个汉字的词组中,构成词组的自由语素之间常有停顿,可以作为切分的参考。

例如,"全国信息技术标准化委员会"这个结构中的停顿情况是:"全国·信息·技术·标准化·委员会",语素之间有停顿,判定为词组,切分为"全国/信息/技术/标准化/委员会"。

② 双音节化判定法

现代汉语的单词有双音节化(disyllabism)的倾向。双音节化导致音节之间出现两种相反的现象：一种是"相吸"，另一种是"相拒"，周有光先生总结了现代汉语双音节化的现象，提出了三条基本规律："单单相吸"，"双双相拒"，"吸单拒双"。

所谓"单单相吸"，是指两个单音节的自由语素相吸而连结成一个合成词，不切分。例如，"人"和"民"相吸而连结成合成词"人民"，不切分；"香"和"烟"相吸而连结成合成词"香烟"，不切分。

单音节的区别词和单音节名词构成的组合，单单相吸而不切分。例如，"雄鸡"，"母狗"，"男人"。

单音节代词"本、每、各、诸"后接单音节名词时，单单相吸而不切分。例如，"本社"，"每人"，"各位"，"诸位"。但是，当它们后接双音节名词时，就排斥双音节名词而切分为两个单位，表现出一种"吸单拒双"的倾向。例如，"本/公司"，"各/部门"。

单音节名词重叠式，单单相吸而不切分。例如，"人人"，"家家"。

单音节动词重叠式，单单相吸而不切分。例如，"走走"，"看看"。

单音节形容词重叠式，单单相吸而不切分。例如，"红红"，"久久"。

单音节量词重叠式，单单相吸而不切分。例如，"件件"，"个个"。

单音节副词重叠式，单单相吸而不切分。例如，"常常"，"仅仅"。

所谓"双双相拒"，是指两组双音节结构往往有相拒的倾向而分写为词组。

例如，"讨论"是一个双音节结构的合成词，它的 ABAB 型的重叠形式是"讨论讨论"由两个双音节结构组成，这两个双音节结构彼此相拒，应分写为词组，分写为"讨论/讨论"。

双音节形容词的 ABAB 型重叠式，双双相拒而切分为"AB/AB"。例如，"高兴/高兴"，"热闹/热闹"。

双音节状态词的 ABAB 型重叠式，双双相拒而切分为"AB/AB"。例如，"碧绿/碧绿"，"雪白/雪白"，"浅黄/浅黄"。

双音节数词的 ABAB 型重叠式,双双相拒而切分为"AB/AB"。例如,"许多/许多","很多/很多"。

双音节数量词的 ABAB 型重叠式,双双相拒而切分为"AB/AB"。例如,"一个/一个"。

但是,双音节动词的 AABB 型重叠式,由于 AA 和 BB 切分后意义发生变化,算一个切分单位。例如,"勾勾搭搭","比比划划"。

双音节形容词的 AABB 型重叠式,由于 AA 和 BB 切分后意义发生变化,算一个切分单位。例如,"高高兴兴","热热闹闹"。

双音节名词的 AABB 型重叠式,由于 AA 和 BB 切分后意义发生变化,算一个切分单位。例如,"山山水水","方方面面"。

双音节数词的 AABB 型重叠式,由于 AA 和 BB 切分后意义发生变化,算一个切分单位。例如,"多多少少","许许多多"。

所谓"吸单拒双",是指当双音节结构与单音节结构相遇时,这个双音节结构能够把单音节结构吸引过来而形成合成词,而当双音节结构与另一个双音节结构相遇时,这个双音节结构往往会排斥另一个双音节结构而形成词组。例如,"图书"是个双音节结构的合成词,当它与单音节语素"馆"相遇时,能够把这个单音节语素"馆"吸引过来,形成"图书馆"这个合成词,是一个切分单位;但是,当它与双音节结构"目录"相遇时,却排斥这个双音节结构,而形成一个词组"图书目录",应分写为"图书/目录"两个切分单位。有时,三音节结构也会把它后面的单音节语素吸引过来而形成合成词,也具有"吸单拒双"的规律。例如,"天文学"这个三音节结构,与单音节语素"书"相遇时,会把这个单音节语素吸引过来而形成合成词"天文学书",是一个切分单位;而当三音节词"天文学"后接双音节词"理论"时,则表现出排斥的倾向,应该切分为"天文学/理论"。如前所述,单音节代词后接名词时,也表现出这种"吸单拒双"的倾向。所以,"吸单拒双"的倾向不仅是双音节词的特性,而且三音节词和单音节词也表现出这种"吸单拒双"的倾向。这是汉语书面文本自动切分在语音方面的一个普遍规律。

这里需要注意的是,双音节词"吸单拒双"中的"吸单",是指前面的双音节词吸引它后面的单音节词,是"前双吸后单";单音节词

"吸单拒双"中的"拒双",是指前面的单音节词拒绝后面的双音节词,是"前单拒后双"。虽然两者都是双音节词与单音节词相遇,但由于前后位置不同,吸引或拒绝的情况也就大不一样。所以我们不能笼统地说双音节词与单音节词之间的相吸或者相斥,而应该注意它们前后位置的不同对于相吸相斥规律的影响。

这种"吸单拒双"的倾向,在地名的切分中也表现出来。

当地名后有"省、市、县、区、乡、镇、村、旗、州、都、府、道"等单音节的行政区划名称时,马上把单音节名称吸过来,形成单独的切分单位。例如,"四川省","天津市","景德镇市","沙市市","牡丹江市","正定县","海淀区","朝阳区","东升乡","双桥镇","南化村","华盛顿州","俄亥俄州","东京都","大阪府","北海道","长野县","开封府"。

当地名后的行政区划名称为双音节时,则排斥双音节的名称,形成两个切分单位。例如,"芜湖/专区","宣城/地区","深圳/特区","厦门/特区","华盛顿/特区"。

当地名后有表示地形地貌的单音节的普通名词"江、河、山、洋、海、岛、峰、湖"时,则相吸而形成单独的切分单位,不予切分。例如,"鸭绿江","亚马逊河","喜马拉雅山","珠穆朗玛峰","地中海","大西洋","洞庭湖","济州岛"。

当地名后有表示地形地貌的双音节的普通名词时,则相拒而成为两个切分单位,例如,"台湾/海峡","华北/平原","帕米尔/高原","青藏/高原","南沙/群岛","阿尔卑斯/山脉"。

当地名后有表示自然区划的单音节的"街,路,道,巷,里,町,庄,村,弄,堡"等普通名词时,则相吸而形成单独的切分单位,不予切分。例如,"中关村","长安街","学院路","景德镇","吴家堡","庞各庄","三元里","彼得堡","北菜市巷"。

当地名后有表示自然区划的双音节普通名词时,则相拒而切分为两个切分单位。例如,"米市/大街","蒋家/胡同","陶然亭/公园"。

这种"吸单拒双"的倾向,在民族名称、语言文字名称的切分中也表现出来。

民族名称后面的单音节词"族"一律不切分,整个民族作为一个切分单位。例如,"蒙古族","朝鲜族","哈萨克族","维吾尔族"。但是,如果后面接双音节的词"民族",则切分。例如,"蒙古/民族","朝鲜/民族","中华/民族"。

语言文字名称后面的单音节词"语"和"文"一律不切分,整个语言文字名称作为一个切分单位。例如,"蒙古语","维吾尔语","斯拉夫语","日耳曼语","蒙古文"。但是,当后面接双音节词"语言"和"文字"时,则切分为两个单位。例如,"印欧/语言","吐火罗/文字"。

由此可见,"双音节化判定法"是确定汉语文本自动切分的切分单位的一个非常重要而且行之有效的方法。这种"双音节化"反映了汉语韵律系统(Chinese prosodic system)的特征,汉语韵律的基本形式是双音节,这种双音节,就是汉语韵律的音步(prosodic step),音步是汉语韵律的单位,也是汉语书面文本的切分单位,只要满足音步,就可以判定为词。如果某一字符串等于韵律单位,那么,该字符串就被韵律"压"成词;如果某一字符串大于韵律单位,那么,该字符串就往往会被韵律"抻"为词组。在现代汉语中,存在着"韵律压词,韵律抻语"("语"就是短语,也就是词组)的规律。

我们在前面讨论语法因素时曾经涉及"双音节化"的规律对于语法因素的制约作用。看来,在确定切分单位的各种因素中,"双音节化"的韵律起着举足轻重的关键作用。韵律是我们在确定切分单位时首先应当考虑的因素。以韵律因素为主,辅之以语法因素和语义因素,可能是确定切分单位的有效办法。

当然,确定了韵律因素为主,并不意味着忽视其他因素。事实上,在汉语书面文本的自动切分研究中,我们不能只采用一种方法来确定切分单位。比较切合实际的办法是综合运用上述各种方法来进行判断,各种方法之间应该相互补充,相互校正。

- **确定切分单位的其他形式因素**

形式词是理论词在汉语文本自动切分中的进一步拓广,它的外延比理论词更为广泛,因此,除了前面所述的语言学上的三个形式因素之外,还应该考虑以下的形式因素。

① 视读原则

切分以后的汉语书面文本是一种视读实体,最好应该满足视觉形象方面的要求。

但是,根据认知心理学的研究,人对信息的感知广度以7左右为限。我们数苹果,五个五个地数比较容易,十个十个地数就很难。据说象棋大师对于不成布局的、阵势较乱的棋盘,粗看一下之后,至多也只能记住7个棋子的位置。根据这样的原理,切分出来的形式词中所含的汉字数目以不多于7个为佳,要尽量使汉字数目超过7个的形式词不要太多。例如,"同步稳相回旋加速器"含有9个汉字,如果连写为一串长龙不便阅读,根据视读原则,可切分为"同步/稳相/回旋/加速器"4个形式词。

一些长的地名和机构名如果不切分也不便于视读,应该切分。例如,"河北省/正定县/西平乐乡/南化村","云南省/昆明市/五华区/大观街","教育部/语言/文字/应用/研究所/计算/语言学/研究室"。

新闻报道中的活动名称不宜太长,对于那些太长的活动名称,也应该切分开来,以便视读。例如,"庆/回归/公益/千万/行","第三/次/横田/基地/噪音/诉讼"。

"者"是名词的后缀,属于黏附语素,根据"黏附性测定法",后缀"者"前面的部分不应该与"者"切分。但是,有时"者"前面的部分很长,连成长龙不便于视读,也应该切分。例如,"经过/苦苦/追求/而/获得/幸福/者","不/顾/劝告/而/执意/闹事/者","多/次/判刑/而/屡教不改/者"。

"非"是前缀,属于黏附语素,根据"黏附性测定法",前缀"非"后面的部分不应该与"非"切分。但是,有时"非"后面管辖的范围太长,连成长龙不便视读,也应该切分。例如,"非/本市/注册/车辆"。

认知心理学的研究证明,形式词的汉字序列中首尾两头的汉字比较容易辨认。个别的一些长词,如果我们看一看它们的两头,再加上前后文的提示,则中间的汉字不必细看也可以辨别出这个词来。根据这样的原理,在自动切分时,可以把多音节后缀"一主义"、"一主义者"同前面的汉字连写,反而比分写容易辨认。例如,"马克思列宁主义者"。当然,这样的长词不宜过多,长词的数目要加以严格的控制。如果长词数目太多,其可辨识性就会随长词数目的增加而降低。

在确定形式词的时候,我们应该考虑到这些视读方面的原则。

② 多元化原则

从汉语书面文本自动切分的实际情况来看,切分单位不仅仅是上述的词,还可能是比词更大的单位(如成语、习惯用语),也可以是比词更小的单位(如黏附语素和非语素字),所以,本文中所说的形式词除了一般意义上的词之外,还包括比词更大以及比词更小的单位。形式词也就是切分单位。

作为切分单位的成语和习惯用语有如前述。

黏附语素和非语素字也可以是切分单位。

某些离合词("洗澡,鞠躬,游泳,理发,出差")在实际文本中可能分离出黏附语素,这时,这些分离出来的黏附语素就成为了切分单位。例如,

> 洗/了/一/次/澡
>
> 鞠/了/一/个/躬
>
> 游/了/一/次/泳
>
> 出/了/一/次/差

其中的"澡、鞠、躬、泳、差"都是黏附语素,然而,它们都是实实在在的切分单位,也就是我们的形式词。

某些非语素字也可以成为切词单位。例如,

> 葡萄/的/葡/字/怎么/写/?
>
> 鹧鸪/的/鹧/有/什么/意思/吗/?

其中的"葡"和"鹧"都不是语素,它们是没有意义的非语素字,然而,它们都可能成为切分单位。

标点符号也应该是切分单位,从这个意义上说,标点符号也是种特殊的形式词,在自然语言处理中,标点符号的处理是一个很重要的问题。

科学技术文章中的公式和符号,也应该是切分单位,也可以看成一种特殊的形式词。

由此可见,我们对于形式词的理解应该是多元化的,形式词不仅仅是词,还可以是成语、惯用语、黏附语素、非语素字,甚至还可以是标点符号、公式或其他符号、数字串、外文字母串,等等。我们应该遵从多元化的原则,对于形式词作广义的理解。从中文信息处理的实际需要来看,我们完全有必要在自动切分中把"理论词"的概念加以扩展,引入"形式词"的概念。

国家标准GB13715《信息处理用现代汉语分词规范》中,给"分词单位"下的定义是:"汉语信息处理使用的、具有确定的语义或语法功能的基本单位"。我们在本文中提出的"形式词"的外延比这个定义所界说的"分词单位"要广泛一些,这个"形式词"的概念更加适合于中文信息处理的需要。

③ 领域针对性原则

我们还可以根据中文信息处理其他领域的实际需要,把形式词的概念引入机器翻译、信息检索、信息抽取、文本数据挖掘、自动分类、自动文摘、语音识别等领域,针对不同领域的实际需要,建立不同领域的形式词系统,以缓解语言学中由于"理论词"在理论方面的缺陷而引起的各种困难和矛盾。

例如,在汉语翻译成外语的机器翻译中,词组型的科学技术术语最好不要切分,可以整个地翻译为相应的外语术语,这样可以减轻汉语分析的负担。例如,地理学术语"沙漠卵石覆盖层",可以直接翻译为英语的"desert pavement",如果切分开来翻译,译文可能会不知所云。在信息检索中,这样的长术语也最好不要切分,以提高检索系统的查准率。但是,如果在研究汉语科技术语结构的术语数据库中,为了表示科技术语的结构,就有必要加以切分。不同的领域对于切分的要求是有差别的,我们有必要针对不同的领域建立不同的形式词系统,以满足不同领域的不同要求。

显而易见,针对不同领域的形式词系统应该既有"大同",又有"小异"。"大同"反映了不同领域的形式词的共性,"小异"反映了不同领域形式词的特性,我们应该把共性和个性结合起来,建立自然语言处理中"形式词"的新概念。

形式词研究是自然语言处理理论建设的一项基础工作,希望引起学术界的进一步讨论,我们在本书中的讨论仅只是抛砖引玉而已。

第五节 文本的自动标注

汉语书面语的文本在自动切分之后,词与词之间出现了空白,我们就有可能像处理英文、法文、德文那样,进一步分析每个词的词类和语义特征,并给每一个词自动地标注上有关的信息。

文本自动标注包括两方面的内容: 自动词性标注和自动语义标注。

首先谈自动词性标注。

所谓自动词性标注(automatic Part-of-Speech tagging, automatic POS tagging)可简称为标注(tagging),这是给语料库中的每一个单词指派一个词类或者词汇类别标记的过程。这些标记通常也用来标注标点符号;因此,自然语言的标注过程与计算机语言的词例还原(tokenization)过程是一样的,尽管自然语言的标记具有更多的歧义性。词性标注不但是机器翻译形态分析的重要组成部分,而且它在语音识别和信息检索中都起着越来越重要的作用。

在英语、汉语等自然语言中,都存在着大量的词的兼类现象,这给文本的自动词性标注带来了很大的困难。因此,如何排除兼类词的歧义,是文本自动词性标注研究的关键问题。

早在 20 世纪 60 年代,国外学者就开始研究英语文本的自动词类标注问题,提出了一些消除兼类词歧义的方法,建立了一些自动词性标注系统。

通行的英语标记集(tagset)有几种,多数都是从布朗语料库(Brown Corpus)中所使用的包含 87 个标记的标记集演化发展而来的。英语中最常用的标记集有三个:

- 第一个为宾州树库(Penn Treebank)标记集,包含 45 个标记,是小标记集;
- 第二个为兰卡斯特大学(Lancaster University)UCREL 计划的成分似然性自动词性标注系统 CLAWS(the Constituent Likelihood

Automatic Word-tagging System,)使用的标记集 C5,包含 61 个标记,是中型的标记集,C5 标记集用于标注英国国家语料库(the British National Corpus,简称 BNC);

- 第三个标记集是包含 146 个标记的大型标记集 C7。

这里我们介绍它们当中最小的一个标记集,即 Penn Treebank 的标记集,然后讨论从其他标记集来的一些特殊的附加标记。

标记	含义	例子
CC	Coordin. Conjunction	and, but, or
CD	Cardinal number	one, two, three
DT	Determiner	a, the
EX	Existential 'there'	there
FW	Foreign Word	mea culpa(我的过失)
IN	Preposition/sub-conj	of, in, by
JJ	Adjective	yellow
JJR	Adj., comparative	bigger
JJS	Adj., superlative	biggest
LS	List item marker	1, 2, one
MD	Modal	can, should
NN	Noun, sing, or mass	llama
NNS	Noun, plural	llamas
NNP	Proper noun, singular	IBM
NNP	SProper noun, plural	Carolinas
PDT	Predetermine	all, both
POS	possessive ending	's
PP	Personal pronoun	I, you, he
PP $	Possessive pronoun	your, one's
RB	Adverb	quickly, never
RBR	Adverb, comparative	faster
RBS	Adverb, superlative	fastest
RP	Particle	up, off
SYM	Symbol	+, %, &
TO	"to"	to
UH	Interjection	ah, oops

VB	Verb, base form	eat
VBD	Verb past tense	ate
VBG	Verb, gerund	eating
VBN	Verb, past participle	eaten
VBP	Verb, non-3sg pres	eat
VBZ	Verb, 3sg pres	eats
WDT	Wh-determiner	which, that
WP	Wh-pronounv	whose
WP $	Possessive wh-	whose
WRB	Wh-adverb	how, where
$	Dollar sign	$
#	Pound sign	#
"	Left quote	(' 或 ")
"	Right quote	(' 或 ")
(	Left parenthesis	([, (, {, <
)	Right parenthesis	(],), }, >)
,	Comma	,
.	Sentence-final punc	(. !?)
:	Mid-sentence punc	(: ; … -)

这个 Penn Treebank 标记集应用于布朗语料库和一些其他的语料库。这里是布朗语料库的 Penn Treebank 版本中的一个标注了的句子的例子:

待标注的句子是:

The grand jury commented on a number of other topics.

标注后的句子中,每一个单词和标点符号的后面都加上了词类标记:

The/DT grand/JJ jury/NN commented/VBD on/IN a/DT number/NN of/IN other/JJ topics/NNS . /.

这是一个展开的 ASCII 文件,标记通常标在每一个单词之后,中间用斜线隔开,不过标记也可以用其他方式来表示。

Penn Treebank 的标记集是从布朗语料库原有的 87 个标记的标

记集中挑选出来的。这个小标记集去掉的标记主要是那些表示单词条目本身可以包含的信息的标记。例如,在原来的布朗语料库的标记集以及像 C5 这样的其他比较大的标记集中,对于动词 do,be 和 have 的不同形式都有不同的标记(例如,C5 中用 VDD 表示 did,用 VDG 表示 doing),而这样的标记,Penn Treebank 的标记集中都略去了。

在 Penn Treebank 的标记集中,有些句法的区别没有表示出来,因为树库中的句子都是剖析过的,而不仅仅只是做了标记,所以,某些句法信息已经在短语结构中表示出来了。例如,介词和从属连接词结合为一个单独的标记 IN,这是因为在句子的树结构中,它们之间的歧义已经消解了(从属连接词总是位于分句之前,而介词总是位于名词短语之前或处于介词短语之中)。

但是,在大多数进行标注的场合,并不要求对语料库进行剖析,正是由于这个原因,Penn Treebank 的标记集在很多应用中就显得不够用了。例如,C7 标记集中就区分介词(II)和从属连接词(CS),并且还区分介词(II)和动词不定式的标志(TO)。

对于特定的应用目的来说,使用什么样的标记集取决于应用中需要信息的多少。

为了便于一般读者阅读,我们在本书中采用的标记主要遵从我国自然语言处理学界的习惯用法,与 Penn Treebank 的标记不完全相同。

标注算法的输入是单词的符号串和词类标记集(tagset)。算法的输出要让每一个单词都标上一个单独的而且是最佳的标记。例如,这里是 ATIS 语料库中的一些样本句子,ATIS 语料库是一个关于航空旅行订票对话的语料库。对于每一个单词,我们给出了一个潜在的标记输出,标记集采用我们前面定义的 Penn Treebank 标记集:

Book/VB that/DT flight/NN ./.
Does/VBZ that/DT flight/NN serve/VB dinner/NN ？/?

尽管这是一些非常简单的例子,但是要自动地给每一个单词都指派一个标记也并不是很容易的事。例如,book 这个单词就是有歧义的(ambiguous),也就是说,book 有一个以上的用法和一个以上的词类。book 可以是动词(例如,book that flight [订那种飞机票] 或 book the suspect [控告嫌疑人]),也可以是名词(例如,hand me that book [把那本书交给我] 或 a book of matches [一本关于比赛的书])。类似地,that 可以是限定词(例如,Does that flight serve dinner [这个航班供应晚餐吗]),也可以是标补语(例如,I thought that your flight was earlier [我认为,你的飞机早一些])。词类标注的问题就是消解这样的歧义,在一定的上下文中选择恰如其分的标记。

词类标注的难度究竟有多大呢? 英语中的大多数单词都是没有歧义的,也就是说,这些单词只有一个单独的标记。但是英语中的最常用的单词很多都是有歧义的。例如,can 可以是助动词(表示“能够”[to be able]),也可以是名词(表示“罐头”[a metal container]),也可以是动词(表示“把某个东西装进罐头”[to put something in such a mental container])。事实上,德罗斯(S. J. DeRose)在 1988 年报告说,在布朗语料库中,只有 11.5% 的英语词型(word type)是歧义的,40% 以上的词例(word token)是歧义的。根据弗兰西斯(Francis)和库塞拉(Kucera)1982 年的研究结果,德罗斯在 1988 年给出了如下的标记歧义表:

无歧义(只有 1 个标记)	35 340
歧义(有 2—7 个标记)	4 100
2 个标记	3 700
3 个标记	264
4 个标记	61
5 个标记	12
6 个标记	2
7 个标记	1 (“still”)

图 3.28 在布朗语料库中按歧义程度排列的词型(word type)数目

幸运的是,在占 40% 的歧义词例(word token)中,有不少是很容易消解歧义的。这是因为跟一个单词相关联的不同的标记的使用情况并不是完全等同的。例如,a 可以是一个限定词,或者可以是字母 a(作为首字母缩写词的一部分,或者处于开头),但是,a 作为限定词意思更加常见。

大多数的标注算法可以归纳为两类：一类是基于规则的标注算法(rule-based tagger)，一类是基于统计的标注算法(statistic-based tagger)。

基于规则的标注算法一般都包括一个手工制作的歧义消解规则的数据库，这些规则要说明歧义消解的条件。例如，当一个歧义单词的前面是限定词时，就可以判断它是名词，而不是动词。

基于统计的标注算法在解决标注歧义问题时，一般都使用一个训练语料库，来计算在给定的上下文中，某一给定单词具有某一给定标记的概率。一些基于统计的标注系统是建立在隐马尔可夫模型(Hidden Markov Model)的基础上的，可以叫做 HMM 标注系统，也叫做最大似然度标注系统，或马尔可夫模型标注系统。

最后，还有一种叫做基于转换的标注算法(transformation-based tagger)，这种算法是微软公司的布里尔(Eric Brill)在 1995 年提出的，也叫做布里尔标注算法(Brill tagger)。布里尔标注算法具有上述两种标注算法的特点。与基于规则的标注算法相似，这种算法要根据规则来决定一个有歧义的单词应该具有什么样的标记。与基于统计的标注算法相似，这种算法有一个部分是用于机器学习的，规则可以由前面已经标注好的训练语料库中自动地推导出来。

基于规则的词性标注主要是根据语言学规则对于兼类词进行排歧，英语中兼类词的排歧方法主要有如下几种：

● 基于形态的排歧方法：英语中各类词的形态变化不尽相同，因此，对于发生了形态变化的兼类词，我们可以通过它们的形态变化方式来判定它们所属的词类。例如，book 是一个动词—名词兼类词，但是，在 I have booked a room 中，由于 booked 采取了过去分词的变化形式，作为名词的 book 不可能有这样的形式，所以，我们可以判定这个 booked 是动词，它的词义不是"书"，而是"预定"。这种基于形态的排歧方法，基本上用不着考虑上下文，判定起来直接而迅速。

● 基于上下文环境的排歧方法：词的上下文就是词的分布(distribution)，词的分布是一种广义的形态，它反映了词的句法功能。

例如，英语名词的前面可以出现数词、形容词、限定词，根据这样的分布环境,我们就可以判定动词—名词兼类词是名词。

英语形容词的前面可以出现副词,而名词前面不能出现副词,根据这样的分布环境,我们就可以判定形容词—名词兼类词是形容词。

英语动词的前面可以出现助动词,根据这样的分布环境,我们就可以判定助动词后面的动词—名词兼类词是动词。

在上下文环境"X + and + ADJ"中,如果 X 是一个动词—形容词兼类词,由于与它并列地连接的词是形容词 ADJ,因此,可以判定 X 也是形容词。

- 基于语义的排歧方法:词的语义搭配关系存在着一定的优先关系。例如,动词 buy(买)之后的宾语一般为事物(thing),因此,名词应该优先,具体地说,如果 buy 后面是动词—名词兼类词 book,而 book 是名词时它在词典中的定义是"a collection of sheets of paper fastened together as a thing to be read",那么,book 是名词的可能性远远大于是动词的可能性,我们可以判定它是名词。

1971 年,美国布朗大学的格林讷(Greene)和鲁宾(Rubin)建立了 TAGGIT 系统,采用了 86 个词类标记,利用了 3300 条上下文框架规则(context frame rules)来排除兼类词歧义,自动标注正确率达到 77%。1983 年,玛沙尔(Mashall)、里奇(G. Leech)和加塞德(R. Garside)等人建立了 CLAWS 系统,用概率统计的方法来进行自动词性标注,他们使用了 133 × 133 的词类共现概率矩阵,通过统计模型来消除兼类词歧义,自动标注的正确率达到了 96%。1988 年,德洛斯(S. J. DeRose)对 CLAWS 系统作了一些改进,利用线性规划的方法来降低系统的复杂性,提出了 VOLSUNGA 算法,大大地提高了处理效率,使自动词性标注的正确率达到了实用的水平。

汉语的自动词性标注的研究起步较晚。近年来,清华大学、山西大学、北京大学在这方面作了大量的研究,取得了良好的成绩。

自动词类标注的关键是排除兼类词歧义。这个问题,同时也是汉语研究的难点之一。在这一节中,我们根据有关文献,将这方面的研究作一概括性的综述。

一般地说,现代汉语的词可分为 15 类:名词、时间词、方位词、数词、量词(包括名量词和动量词)、代词、区别词、动词、趋向动词、能愿动词、形容词、副词、介词、连词、助词(包括结构助词、动态助词、语气助词)。

据东北工学院姚天顺统计,汉语中各种兼类现象有 37 种;山西大学全玮统计,《现代汉语八百词》一书所收的 800 多个词中,22.5%的词有兼类现象,约 50 多种类型。

清华大学黄昌宁等根据《中学生词典》14 000 个词条的统计,共有 27 种兼类现象。我们下面列出这 27 种兼类现象的词条数以及它们在兼类现象中所占的比例。

(1)"动—名"兼类:408 个,占 49.8%。

(2)"动—形"兼类:167 个,占 20.4%。

(3)"名—形"兼类:128 个,占 15.6%。

(4)"形—副"兼类:32 个,占 3.9%。

(5)"动—副"兼类:18 个,占 2.2%。

(6)"名—副"兼类:16 个,占 2.0%。

(7)"副—连"兼类:5 个,占 0.60%。

(8)"代—副"兼类:3 个,占 0.37%。

(9)"代—形"兼类:2 个,占 0.24%。

(10)"动—连"兼类:2 个,占 0.24%。

(11)"形—连"兼类:2 个,占 0.24%。

(12)"数—副"兼类:2 个,占 0.24%。

(13)"量—名"兼类:2 个,占 0.24%。

(14)"动—代"兼类:1 个,占 0.12%。

(15)"代—名"兼类:1 个,占 0.12%。

(16)"动—趋向(动词)"兼类:1 个,占 0.12%。

(17)"动—介"兼类:1 个,占 0.12%。

(18)"名—形—动"兼类:13 个,占 1.6%。

(19)"名—形—副"兼类:5 个,占 0.60%。

(20)"动—副—名"兼类:3 个,占 0.37%。

(21)"动—形—副"兼类:2 个,占 0.24%。

(22)"形—名—量"兼类:1 个,占 0.12%。

(23)"动—介—副"兼类:1 个,占 0.12%。

（24）"名—动—介"兼类：1 个,占 0.12%。

（25）"名—连—副"兼类：1 个,占 0.12%。

（26）"动—连—名"兼类：1 个,占 0.12%。

（27）"动—连—形"兼类：1 个,占 0.12%。

14 000 个词条中,兼类词条共 800 个,占总词条数的 5.71%。

清华大学黄昌宁等还统计了《兼类词选释》①所收的 396 个兼类词,共 33 种兼类现象。前 8 种兼类现象是：

（1）"动—名"兼类：146 个,占 37.6%。

（2）"动—形"兼类：96 个,占 24.3%。

（3）"名—形"兼类：41 个,占 10.4%。

（4）"形—副"兼类：18 个,占 4.55%。

（5）"动—介"兼类：16 个,占 4.04%。

（6）"动—副"兼类：9 个,占 2.27%。

（7）"名—形—动"兼类：9 个,占 2.27%。

（8）"名—副"兼类：8 个,占 2.02%。

前 8 种兼类现象共有兼类词 343 个,占该书所收兼类词总数的 86.61%。

由于收词原则不同,词的分类标准不同,上述的统计并不是完全的、精确的,它们仅仅反映了汉语兼类现象的大致情况,实际情况恐怕要复杂得多。但是,从上述统计中我们至少可以看出如下的一些规律。

（1）兼类词只占汉语词汇的很小一部分。《现代汉语八百词》只收了一些最常用的词,因而兼类词所占的比例高达 22.5%。但是,如果扩大词汇容量,这个比例将会大大下降。《中学生词典》收词 14 000 条,兼类词所占的比例仅为 5.86%。词典收词越多,兼类词的比例还要下降。所以,从汉语词汇的总体来考虑,兼类词所占的比例是不大的。

（2）常用词兼类现象严重。往往越是常用的词,不同的用法就越多,兼类现象也就越多。所以,尽管兼类现象只占了汉语词汇的很

---

① 陈均周,兼类词选释,山东教育出版社,1985 年。

小一部分,但兼类词使用的频繁程度并不太低。

（3）兼类现象纷繁,覆盖面很广,涉及了汉语中的大部分词类。

（4）兼类现象的分布很不一致。《中学生词典》中含 10 个词条以上的兼类现象只有 7 种:"动—名"兼类、"动—形"兼类、"名—形"兼类、"形—副"兼类、"动—副"兼类、"名—副"兼类、"名—形—动"兼类,但是它们却占了 820 个兼类词的 95.5%。《兼类词选释》中的前 8 种兼类词占了 396 个兼类词的 87.45%。在各种兼类现象中,"名—动"兼类现象最为普遍,在《中学生词典》中占兼类词总数的 49.8%,在《兼类词选释》中占了兼类词总数的 37.6%,而有些兼类现象,如"动—介"兼类、"动—代"兼类,包含的词条数寥寥无几,所占的比例微乎其微。

上面情况说明,不同的词类在兼类问题中的地位不是等同的。有些词类,兼类现象严重,解决其兼类问题比较困难,而这些困难的兼类问题,恰恰是兼类现象中最基本的问题,可以把这些词类,叫做"基本兼类词类"。它们是:名词、方位词、代词、动词、能愿动词、形容词、副词、介词、连词等九类词。另一些词类,或者其兼类问题的解决比较容易,或者其兼类现象极少,如时间词中,仅"过去"一词兼属"时间(词)—趋向(动词)—动(词)"三类,可以把这些词类,叫做"非基本兼类词类"。它们是:时间词、数词、量词、区别词、趋向动词、助词等六类词。

兼类词所含兼类词类的个数各有不同,有的兼类词只含两个兼类词类,有的兼类词含有三个兼类词类。某一类兼类现象所含兼类词类的个数叫做兼类长度。兼类长度等于 2 而且所含兼类词类均属基本兼类词类的兼类类型,叫做"兼类基本型"。如果我们解决了兼类基本型的兼类问题,实际上就等于解决了大部分的兼类问题,而其它的兼类问题,也可设法将其转化为兼类基本型,这样,就可以抓住兼类现象中的核心问题,通过少量的规则来处理尽可能多的兼类现象。

兼类基本型有以下几种:

（1）"动—名"兼类

这种兼类基本型最为常见。兼类词多由动词转化而来。例如,

"报告,编辑,装备,爱好,刺激,工作,突破"等。

（2）"动—形"兼类

这种兼类基本型次常见。兼类词主要由形容词转化而来,形容词后若带宾语,则认为其兼有动词的类。例如,"多,苦,严肃,繁荣,普及,巩固"等。

（3）"名—形"兼类

这种兼类基本型常见。兼类词多由形容词转化而来。例如,"秘密,规矩,痛苦,困难,烦恼,科学"等。

下面几种兼类基本型也是比较常见的:

（4）"形—副"兼类

有的形容词在修饰谓词性成分时,意义有所改变,句法功能与副词相同,形成"形—副"兼类。例如,"直,怪,老,全,白,光,快,偏,死,真,干"等。

试比较:

> 路很直("直"为形容词)
> 他直哭("直"为副词)

（5）"动—介"兼类

现代汉语中的很多介词是由动词发展而成的,因此,介词常常与动词兼类。例如,"在,朝,向,往,顺,对,为,跟,随着"等。

试比较:

> 我在家("在"为动词)
> 我在办公室开会("在"为介词)

（6）"介—副"兼类

这种兼类基本型数目有限,且多为单音词。例如,"连,就,至,从"等。

试比较:

> 他从日本来("从"为介词)
> 他从不抽烟("从"为副词)

（7）"名—副"兼类

这种兼类词不多见。例如，"极端"。

试比较：

你不要走另一个极端（"极端"为名词）

他对顾客极端热忱（"极端"为副词）

（8）"动—副"兼类

这种兼类基本型数目有限。例如，"断,还,越,比较"等。

试比较：

老人断了气（"断"为动词）

断无此事（"断"为副词）

（9）"代—副"兼类

代词中有些指别词，亦可修饰谓词性成分。例如，"每,各,本,另,另外"等，属于此类。

试比较：

本编辑部概不负责（"本"为代词）

我本姓冯（"本"为副词）

（10）"能愿（动词）—动"兼类

有的能愿动词可以带体词性宾语。例如，"要,会,得,想,该,配"等，属于此类。

试比较：

他要去美国（"要"为能愿动词）

他要这本书（"要"为动词）

（11）"介—连"兼类

这一类兼类仅有"跟,和,同,与"几个词，它们使用频率很高，区别起来相当困难。

试比较：

我和小张都会德语（"和"为连词）

我和小张说了这件事（"和"为介词）

(12)"副—连"兼类

这一类兼类如"不过,或,或者,并,尽管,只是"等,区别起来比较困难。

试比较:

这个建议对他们或有好处("或"为副词)

你或他都可以出国("或"为连词)

(13)"方位(词)—动"兼类

这一类兼类虽然只包含"上,下"两个词,但由于"在…上"、"在…下"这一类搭配很常见,有时可能产生混乱,所以将其列为兼类基本型。

试比较:

我上学("上"为动词)

我在昆明上学("上"为动词)

我在床上("上"为方位词)

我在床上看书("上"为方位词)

非基本兼类词类的兼类问题比较容易解决,因为它们的前一个或后一个句法单元(通常是一个单词)有十分强的黏附性,可以根据这些句法单元来区别兼类现象。例如,"本"兼属代词、副词、量词三类,我们只要看它的直接前趋词是否为数词,就可以判断它是否为量词。又如,"微"兼属区别词、副词两类,如果它的直接后继词为名词,就马上可以判断它为区别词。因此,在处理兼类问题时,可以根据先易后难的原则,先解决这一部分的问题,就可以大大简化处理的过程。这种方法,叫做"兼类词过滤"。

例如,

"本"为"代—副—量"兼类词,可先过滤量词:

(代—副—量)→(代—副)

"微"为"区别—副"兼类词,可先过滤区别词:

(区别—副)→ 副

"得"为"能愿—动—助"兼类词,可先过滤助词:

（能愿—动—助）→（能愿—动）

"回"为"趋向—动—量"兼类词,可先过滤趋向动词和量词：

（趋向—动—量）→ 动

"过"为"趋向—动—助"兼类词,可先过滤趋向动词和助词：

（趋向—动—助）→ 动

"来"为"趋向—动—方位—助—数"兼类词,可先过滤趋向动词、助词和数词：

（趋向—动—方位—助—数）→（动—方位）

经过上述的过滤之后,如果兼类长度仍然大于2,可将剩余部分分解为若干个兼类基本型进一步加以解决。

例如,"该"是"能愿—动—代"兼类词,兼类长度大于2,可分解为：

（能愿—动—代）→（OR（能愿—动）—代）

其中,"OR"是逻辑运算符,表示"析取"运算。

"令"是"能愿—动—名"兼类词,兼类长度大于2,可分解为：

（能愿—动—名）→（OR（OR（能愿—动）—名）
　　　　　　　　　　（OR（动—名）—能愿））

"多"是"形—副—动—数"兼类词,兼类长度大于2,可先过滤,后分解。

先过滤掉"数词"：

（形—副—动—数）→（形—副—动）

然后再分解：

（形—副—动）→（OR（OR（形—副）—动）
　　　　　　　　　（OR（形—动）—副）
　　　　　　　　　（OR（副—动）—形））

对于极个别的兼类现象,靠上述方法解决不了,就要采用一些特殊的个性规则来解决。

自动切词、自动词类标注是汉语书面语自动形态分析主要内容。通过这样的自动形态分析,我们就能够将一个没有经过任何预处理的汉语真实文本（又可称为"生语料"）,改变为一个词与词之间有空白的、每个词都标有词类和语义义项代码的文本（又可称为"熟语料”)。把生语料改变为熟语料之后,熟语料文本就可为进一步进行自动句法分析和语义分析提供良好的条件,这是汉语自然语言自动处理的极为有用的资源,它对于汉外机器翻译和计算机的汉语自然语言理解,都是非常重要的。

第六节　基于统计的自动标注

我们前面所讲过的自然语言形态分析中所用的自动切分、自动词类标注、自动词义排歧等方法,对于大规模真实文本的语料的自动标注是很有意义的。

但是,我们前面所用的方法,基本上是基于规则的理性主义的方法,把这种方法用于大规模真实文本的自动标注,其标注的正确率不会很高。例如,1971 年格林讷和鲁宾设计的词性标注系统 TAGGIT,采用有 86 个标记的标记集和用于排除兼类词歧义的 3 300 条规则,对美国的布朗语料库进行自动词性标注,标注正确率仅是 77%。因此,很有必要对这种基于规则的理性主义方法加以改进,于是,学者们提出了统计的方法。20 世纪 80 年代初,玛沙尔、里奇和加塞德等人设计了第一个利用统计方法的词性标注系统 CLAWS, 对 LOB 语料库(Lancaster-Oslo-Bergen Corpus)进行自动标注,一下子就把标注正确率提高到 96%,比基于规则的 TAGGIT 系统提高了将近 20%。最近他们同时考察三个相邻标记的同现频率,使自动语法标注的正确率达到 99.5%。这个指标已经超过了人工标注所能达到的最高正确率。由此不难看出采用统计方法的优越性。

很久以前概率方法就用来做标注了。1965 年,斯托尔茨(Stolz)等首先使用概率来进行标注。1976 年,巴乐(Bahl)和梅尔塞尔(Mercer)研制出使用韦特比解码(Viterbi decoding)的完全的概率标注系统。在 20 世纪 80 年代,各种基于统计的标注系统纷纷建立起来。

下面我们介绍几种基于统计的自动标注方法。

1. CLAWS 算法

词性标注系统 CLAWS 采用了 CLAWS 算法。CLAWS 算法是“成分似然性自动词性标注系统”(Constituent-Likelihood Automatic

Word-tagging System）的简称。这种算法是 1983 年由玛沙尔
（Mashall）在给 LOB 语料库作自动词性标注时提出的。他使用的标
记集有 133 个标记。具体做法是：先从待标注的 LOB 语料库中选出
来部分语料，叫做"训练集"（Training Set），对训练集中的语料逐词
进行词性的人工标注，然后利用计算机对训练集中的任意两个相邻
标记的同现概率进行统计，形成一个相邻标记的同现概率矩阵。进
行自动标注时，需要从 LOB 语料库中选出来另外一些语料作为"测
试集"（Test Set），系统从测试集的输入文本中顺序地截取一个有限
长度的词串，这个词串的首词和尾词的词性应该是唯一的。最后，利
用同现概率矩阵提供的数据来计算这个词串产生的每个可能标记的
概率积，并选择概率积最大的标记串作为输出结果。LOB 语料库是
拥有各类文体的英国英语语料库，库容量为 100 万词，用 CLAWS 算
法来对整个 LOB 语料库进行自动词性标注，标注正确率大大地提
高了。

我国山西大学刘开瑛等，用 CLAWS 算法选择 10 万汉字的汉语
语料库作为训练集，进行人工标注，他们使用的标记集有 174 个标
记。具体做法可分为如下几步：

（1）建立标记的同现概率矩阵：利用计算机对训练集中的任意
两个相邻标记的同现概率进行统计，形成如下 174 × 174 的同现概
率矩阵 P

$$P = \begin{pmatrix} P00 & P01 & P02 & \cdots \\ P10 & P11 & P12 & \cdots \\ \cdots & \cdots & \cdots & \cdots \\ \cdots & \cdots & \cdots & \cdots \end{pmatrix}$$

其中，P_{ij} 表示标记为 i 的词与标记为 j 的词的同现概率。计算公
式为

$$P_{ij} = \frac{\text{标记 i 与标记 j 的同现次数}}{\text{标记 i 与标记 j 的出现次数}} \times 100\%$$

对于所有的 i 和 j，$P_{ij} \geq 0$，且 $\sum P_{ij} = 1$。

设 NG 是普通名词的词类标记，RN 是体词性代词的词类标记，

USDE 是结构助词"的"的词类标记,USDI 是结构助词"地"的词类标记,YE 是句末语气词的词类标记,通过对训练集中的语料进行人工标注统计得出的部分同现概率矩阵如下:

	NG	RN	USDE	USDI	YE
NG	0.219 388	0.005 218	0.089 402	0.000 580	0.002 203
RN	0.248 314	0.006 744	0.086 450	0.000 001	0.001 839
USDE	0.591 746	0.015 143	0.000 001	0.000 001	0.003 266
USDI	0.009 434	0.009 434	0.000 001	0.000 001	0.000 001
YE	0.006 410	0.000 001	0.000 001	0.000 001	0.000 001

图 3.29　同现概率矩阵

（2）建立非兼类词词典:汉语词汇中的大部分是非兼类词,非兼类词可以直接通过查词典的办法进行自动标注。共收非兼类词8 000 多条,每个词条只包括词项和标记两项。

（3）建立兼类词词典:兼类词在汉语词汇中所占比例不大,但是覆盖面广,它们是自动标注的难点。共收兼类词 1 500 多个,每个词条除词项和若干个兼类的词类标记之外,还要注明相应标记在训练集语料中的出现概率。下面是兼类词词典中的一部分,Bi 表示词类,Ni 表示该标记的出现概率。

词项	B1	N1	B2	N2	B3	N3	B4	N4	B5	N5
还	D	0.973	DC	0.022						
没有	D	0.404	VG	0.038	VGN	0.308	VGV	0.019	VHF	0.231
治疗	VG	0.500	VGN	0.500						

图 3.30　兼类词词典

上图中,D 是普通副词的词类标记,DC 是关联性副词的词类标记,VG 是一般动词的词类标记,VGN 是带名词宾语的动词的词类标记,VGV 是带动词宾语的动词的词类标记,VHF 是动词"无"和"没有"的词类标记。

同现概率矩阵、非兼类词词典、兼类词词典的各种信息,都是从训练集中分析和统计而得出的,它们是下一步进行自动标注的依据。

(4)确定标记跨段:从这一步开始进行自动标注。

对于待标注的语料,首先查非兼类词词典和兼类词词典,并给语料中所有的词标出从词典中查出的相应标记。

如果一个词串 W_0,W_1,W_2,$\cdots$,W_n,W_{n+1} 中,W_0 和 W_{n+1} 都是非兼类词,W_1,W_2,$\cdots$,W_n 是 n 个兼类词,则称这个词串是一个标记跨段(span),标记跨段中兼类词的个数 n,叫做该标记跨段的长度。

在词串 W_0,W_1,W_2,$\cdots$,W_n,W_{n+1} 中,自左向右顺次取每个词的一个标记,这些标记可形成一条路径(path),路径由若干段边组成,在路径的每一段边上,注明相邻标记之间的同现概率。

例如,"各/地/的/监测站"这个短语可以形成如下的标记跨段:

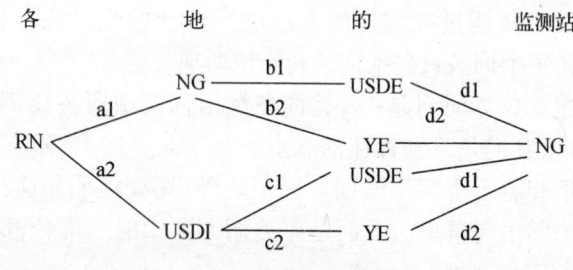

图 3.31　标记跨段

"各"是普通名词,是非兼类词,位于标记跨段的左端;"地"可以是普通名词,也可以是结构助词,是兼类词;"的"可以是结构助词,也可以是句末语气词,是兼类词;"监测站"是普通名词,是非兼类词,位于标记跨段的右端。可以看出,该标记跨段的左右两端都是非兼类词,这两个非兼类词之间,共有两个兼类词,所以,该标记跨段的长度是2。

在这个标记跨段中,有四条路径:

路径1:　　　a1　　　b1　　　　d1

　　　　　RN —— NG —— USDE —— NG

路径2:　　　a1　　　b2　　　d2

　　　　　RN —— NG —— YE —— NG

路径3：　　　a2　　　　　c1　　　　　d1
　　　　　RN —— USDI —— USDE —— NG
路径4：　　　a2　　　　　c2　　　　　d2
　　　　　RN —— USDI —— YE —— NG

检查从训练集中统计得出的同现概率矩阵，可知每两个相邻标记之间的同现概率如下：

a1 = 0.248314，　　　　a2 = 0.000001，
b1 = 0.089402，　　　　b2 = 0.002203，
c1 = 0.000001，　　　　c2 = 0.000001，
d1 = 0.591746，　　　　d2 = 0.006410。

（5）选取最佳路径：标记跨段中每一条路径上相邻标记之间同现概率的乘积，可以近似地表示出该路径中各标记之间同现概率的联合分布率，同现概率乘积最大的路径就被选为最佳路径。

上面四条路径的同现概率乘积如下：

路径1：a1 × b1 × d1 = 0.248314 × 0.089402 × 0.591746
路径2：a1 × b2 × d2 = 0.248314 × 0.002203 × 0.006410
路径3：a2 × c1 × d1 = 0.000001 × 0.000001 × 0.591746
路径4：a2 × c2 × d2 = 0.000001 × 0.000001 × 0.006410

显而易见，路径1中的同现概率乘积最大，故选路径1为最佳路径，其标记为：RN-NG-USDE-NG。

最佳路径中的标记，也就是该标记跨段中的词串的自动标注结果。这样便实现了语料库的自动标注。

CLAWS算法的时间复杂度和空间复杂度都比较大，随着标记跨段长度的增加以及兼类词标记数目的增大，其运行效率将会降低。

德罗斯（DeRose）在CLAWS算法的基础上，提出了VOLSUNGA算法，进一步提高了自动标注的正确率，使自动标注达到了实用的水平。

基于统计的方法基本上是用了马尔可夫语言模型，即所谓的"n元语法"（n-gram）模型。n元语法是建立在 n - 1 阶马尔可夫模型上的一种概率语法，它通过对字符串中 n 个字符同现概率的统计数据，

来推断句子的结构关系。当 n = 1 时,叫一元语法,当 n = 2 时,叫二元语法,当 n = 3 时,叫三元语法。CLAWS 算法和 VOLSUNGA 算法所使用的语法都是二元语法。

2. 基于隐马尔可夫模型的自动标注

另外一种特定的基于统计的自动标注算法是隐马尔可夫模型(Hidden Markov Model,简称 HMM),或 HMM 标注算法。

在所有的基于统计的标注算法后面的直觉是"对这个单词选取最可能的标记"这种方法的最简单的概括。

对于一个给定的句子或单词序列,HMM 标注算法选择使得下面的公式为最大值的标记序列:

$$P(word \mid tag) * P(tag \mid previous\ n\ tags) \tag{1}$$

这个公式说明,我们可以根据当前标记(tag)前面 n 个标记的情况(previous n tags)以及当前标记(tag)对于当前词(current word)的似然度来决定当前词应当选择的标记。

HMM 标注算法一般是针对一个句子而不是针对一个单词来选择标记序列的,不过,为了论述上的方便,让我们首先来看一看 HMM 标注算法是怎样把一个标记指派给一个单词的。我们首先给出基本的等式,然后通过一个例子来使用这个等式,最后再说明为什么要使用这个等式。

这种类型的二元语法 HMM 标注算法对于单词 w_i 选择标记 t_i,使得对于给定的前面的标记 t_{i-1} 和当前单词 w_i,其概率最大:

$$t_i = \underset{j}{\mathrm{argmax}} P(t_j \mid t_{i-1}, w_i) \tag{2}$$

尽管我们下面要讨论某些简化的马尔可夫假定,我们根据等式(2),给出对于一个单独标记的如下的 HMM 等式:

$$t_i = \underset{j}{\mathrm{argmax}} P(t_j \mid t_{i-1}) P(w_i \mid t_j) \tag{3}$$

让我们通过例子来说明。下面的例子中,我们使用一个 HMM 标注算法来给单词 race 指派恰当的标记(两个例句都取自布朗语料库,不过稍微做了简化):

Secretariat/NNP is/VBZ expected/VBN to/TO **race**/VB
tomorrow/NR①

（要求秘书处明天进行比赛）

People/NNS continue/VBP to/TO inquire/VB the/DT reason/
NN for/IN the/DT **race**/NN for/IN outer/JJ space/NN

（人们继续询问外层空间竞赛的理由）

在第一个例子中,race 是一个动词(VB),在第二例子中,race 是
一个名词(NN)。

为了解释这个例子,我们假定 race 周围的单词都已经由某种机
制进行了最好的标注作业,它们都得到了恰如其分的标记,而只有单
词 race 是没有标记的。HMM 标注算法的二元语法简单地假定,标注
问题可以通过观察周围的单词和标记来解决。我们在考虑给 race 指
派一个标记的问题时,只给出如下的子序列:

to/TO race/???
the/DT race/???

在句子 Secretariat is expected to **race** tomorrow 中,race 可以标注
为 VB 或 NN,如下图所示:

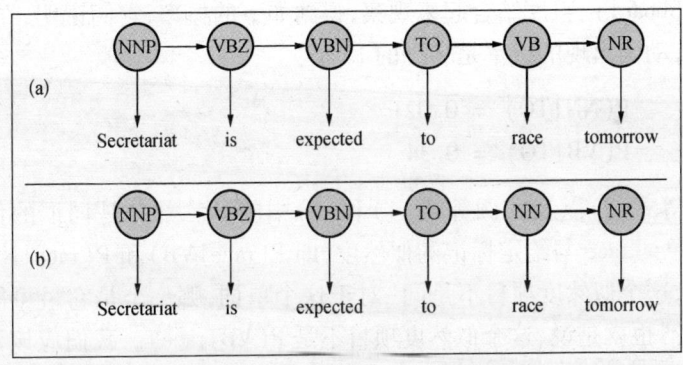

图3.32 **race** 的标记可以为 **VB** 或 **NN**

---

① 在某些语料库(包括 Penn Treebank 这样的语料库)中,有时,如"tomorrow"
和"Monday"这样的副词名词(NR)标注为 NN。

现在让我们来看,如何把等式应用于我们的例子来求出 race 的标记。等式(3)说明,如果我们试图在序列 to race 中,对于 race 的标记在 NN 和 VB 之间进行选择,我们应该选择下面两个概率中,概率比较大的一个作为 race 的标记:

$$P(VB|TO)P(race|VB) \tag{4}$$

和

$$P(NN|TO)P(race|NN) \tag{5}$$

等式(3)以及它的实例等式(4)和(5)都有两个概率:一个概率是标记序列概率 $P(t_i|t_{i-1})$,一个概率是单词的似然度 $P(w_i|t_j)$。

对于 race 来说,标记序列概率 $P(NN|TO)$ 和 $P(VB|TO)$ 就是"对于给定的前面的标记,我们期望 race 是动词(或名词)的概率有多大?"这个问题给我们的回答。这些概率可以通过从一个语料库中进行计数和归一化的方法来计算。我们可以预期,动词比名词更多地跟随在 TO 之后,因为不定式动词(to race, to run, to eat)在英语中很普遍。名词也可能跟随在 TO 之后(walk to school, related to hunting),但是这种情况不很普遍。

为了使我们更加充分地确信这种预期,我们把布朗语料库和 Switchboard 语料库结合起来观察,得到如下的概率,它们说明,在 TO 之后,动词出现的概率是名词的 15 倍:

$$P(NN|TO) = 0.021$$
$$P(VB|TO) = 0.34$$

等式(3)以及实例等式(4)和(5)中的第二部分是词汇的似然度:单词 race 与给定标记的似然度,即 $P(race|VB)$ 和 $P(race|NN)$。注意,这个似然度项目不是问"对于这个单词,哪一个是它最可能的标记?"也就是说,这个似然度项目不是 $P(VB|race)$。我们应该计算的似然度是 $P(race|VB)$。这个概率与我们的直觉有些相左,它回答的问题是:"如果我们期望一个动词,那么,这个动词是 race 的可能性是多少?"

这里是把布朗语料库和 Switchboard 语料库结合起来计算出的词

汇似然度:

$$P(\text{race}|\text{NN}) = 0.000\,41$$
$$P(\text{race}|\text{VB}) = 0.000\,03$$

如果我们把词汇似然度与标记序列概率相乘,我们可以看出,尽管是 HMM 标注算法的简单的二元语法,也能够正确地把 race 的标记确定为 VB,尽管 race 的含义为 VB 的可能性比较小:

$$P(\text{VB}|\text{TO})P(\text{race}|\text{VB}) = 0.34 * 0.000\,03 = 0.000\,010\,2$$
$$P(\text{NN}|\text{TO})P(\text{race}|\text{NN}) = 0.021 * 0.000\,41 = 0.000\,008\,61$$

我们说过,一个真正的 HMM 标注算法不应该只针对一个单独的单词选择最好的标记,而应该针对整个的句子选择最好的标记序列。我们已经有了针对一个单词的 HMM 标注算法的直觉,现在让我们给出其完全的等式。

一般说来,我们使用韦特比近似方法,为每一个句子选择概率最大的标记序列。因此,这种方法假定,对于句子中给定的单词序列(W),我们来计算每一个句子中概率最大的标记序列 $T = t_1$, $t_2, \ldots, t_n$:

$$\hat{T} = \operatorname*{argmax}_{T \in \tau} P(T \mid W)$$

根据贝叶斯(Bayes)定理,$P(T|W)$可以表示为:

$$P(T \mid W) = \frac{P(T)P(W \mid T)}{P(W)}$$

因此,我们试图选择标记序列,使得 $\dfrac{P(T)P(W \mid T)}{P(W)}$ 最大:

$$\hat{T} = \operatorname*{argmax}_{T \in \tau} \frac{P(T)P(W \mid T)}{P(W)}$$

因为对于给定单词序列,我们要找出一个句子的最叮能的标记序列,所以,单词序列的概率 $P(W)$ 对于每一个标记序列都是相同的,我们可以忽略它,这样,我们有:

$$\hat{T} = \underset{T \in \tau}{\operatorname{argmax}} P(T)P(W \mid T)$$

从概率的"链规则"出发,我们来进行 N 元语法假设:

$$P(T)P(W \mid T) = \prod_{i=1}^{n} P(t_i \mid w_1 t_1 \cdots w_{i-1} t_{i-1}) P(w_i \mid w_1 t_1 \cdots w_{i-1} t_{i-1} t_i)$$

其中,$w_1 t_1 \cdots w_{i-1} t_{i-1}$ 表示单词串 $w_1 \cdots w_{i-1}$ 以及它们相应的标记 $t_1 \cdots t_{i-1}$,$P(t_i \mid w_1 t_1 \cdots w_{i-1} t_{i-1})$ 是标记的转移概率,$w_1 t_1 \cdots w_{i-1} t_{i-1} t_i$ 表示单词 w_i 前面的单词串、单词串中每一个单词相应的标记以及 w_i 的标记 t_i,$P(w_i \mid w_1 t_1 \cdots w_{i-1} t_{i-1} t_i)$ 是标记 t_i 与单词 w_i 的似然度。

正如我们在等式中为了给单词序列的概率建立模型时所做的那样,我们再做 N 元语法假设。由于三元语法模型使用最为广泛,我们来定义"三元语法模型"。首先,我们简单地假定单词的概率是独立于它们的标记的:

$$P(w_i \mid w_1 t_1 \cdots w_{i-1} t_{i-1} t_i) = p(w_i \mid t_i)$$

其次,我们假定标记的历史能够用最邻近的两个标记来近似地表示:

$$P(t_i \mid w_1 t_1 \cdots w_{i-1} t_{i-1}) = p(t_i \mid t_{i-2} t_{i-1})$$

这样,我们选择标记序列的最大值为:

$$P(t_1)P(t_2 \mid t_1) \prod_{i=3}^{n} P(t_i \mid t_{i-2} t_{i-1}) \left[\prod_{i=1}^{n} P(w_i \mid t_i) \right]$$

也就是 $P(t_1)P(t_2 \mid t_1)P(t_3 \mid t_2 t_1)P(t_4 \mid t_3 t_2) \cdots P(t_i \mid t_{i-2} t_{i-1}) \left[\prod_{i=1}^{n} P(w_i \mid t_i) \right]$

通常我们可以使用最大似然度从相对频度来估计这些概率:

$$P(t_i \mid t_{i-2} t_{i-1}) = \frac{c(t_{i-2} t_{i-1} t_i)}{c(t_{i-2} t_{i-1})}$$

$$P(w_i \mid t_i) = \frac{c(w_i, t_i)}{c(t_i)}$$

其中 c 表示计数（count），这个模型也可以进行平滑（smoothing），以避免零概率。

使用韦特比算法可以找出概率最大的标记序列。

根据魏舍德尔（Weischedel）等 1993 年的报告和德罗斯（DeRose）1988 年的报告，他们使用这种算法，准确率达到大约 96%。

迄今我们看到的 HMM 标注系统都是使用手工标注的数据来训练的。1992 年，库皮克（Kupiec），卡廷（Cutting）等以及其他一些学者说明，也可以在没有标记的数据上，使用期望最大算法（Expectation Maximization algorithm，简称 EM 算法）进行无指导的机器学习，来训练 HMM 标注系统。这些标注系统仍然从词典开始，词典中要指出什么样的单词可以指派什么样的标记；然后，EM 算法对于每一个标记自动地学习单词似然度的功能以及标记转换概率。不过，梅里爱多（Merialdo）1994 年的实验表明，尽管只用少量的训练数据，用手工标注训练出的标注系统也比通过 EM 的机器学习方法训练出的标注系统的工作情况要好。

因此，EM 训练出的"纯粹的 HMM"标注系统大概只有在没有可用的训练数据的情况下，才是最适用的，例如，当前面没有手工标注的数据来对语言进行标注时，就可以使用 EM 算法来进行训练。

3. 基于最大熵模型的自动标注

在很多时候，在自然语言处理中碰到的类型的分类问题都涉及到大量的类别（例如，词类标记中的类别）。逻辑回归需要有处理多个离散值的功能。在这样的场合，我们就把这种逻辑回归叫做**多元逻辑回归**（multinomial logistic regression）。在自然语言处理中，多元逻辑回归叫做**最大熵模型**（MaxEnt）。

MaxEnt 属于**指数分类器**（exponential classifier）或**对数线性分类器**（log-linear classifier）的家族。MaxEnt 在工作时，从输入中抽取某些特征，把这些特征**线性地**（linearly）结合起来，也就是对每一个特征乘以一个权值，然后把它们相加。由于下面将要讨论的原因，我们要把相加所得的总和作为指数来使用。

让我们对这种直觉做更加具体的说明。假定我们有某个输入 x

（它可以是一个需要标注的单词或一个需要分类的文件），我们从 x
中抽取某些特征。例如，用来做标注的特征可以是"该单词以-ing 结
尾"或"前一个单词是 the"。对于每一个这样的特征 f_i，我们有某个
权值 w_i。

给出了这些特征和权值，我们的目的是为这个单词选择一个类
别（例如，选择一个词类标记）。MaxEnt 选择概率最大的标记作为该
单词所属的类别；对于给定的观察 x，特定类别 c 的概率为：

$$p(c \mid x) = \frac{1}{Z} e^{\sum_i w_i f_i}$$

或

$$p(c \mid x) = \frac{1}{Z} \exp\left(\sum_i w_i f_i \right)$$

这里，Z 是归一化因子，其作用在于使概率的总和正确地归结为 1；按
照惯例，$\exp(x) = e^x$。以后我们会看到，上面的公式是一个简化了
的公式，在实际的 MaxEnt 模型中，特征 f 和权值 w 两者都依赖于类
别 c。也就是说，对于不同的类别，我们有不同的特征和权值。

MaxEnt 分类器计算类别概率的公式是

$$p(y = true \mid x) = \frac{\exp\left(\sum_{i=0}^{N} w_i f_i \right)}{1 + \exp\left(\sum_{i=0}^{N} w_i f_i \right)}$$

和

$$p(y = false \mid x) = \frac{1}{1 + \exp\left(\sum_{i=0}^{N} w_i f_i \right)}$$

这两个公式的泛化。

我们假定 y 的目标值是一个随机变量，这个随机变量对于类别
$c_1, c_2, \ldots, c_C$，取 C 个不同的值。

在一个 MaxEnt 模型中，y 是特定类别 c 的概率，使用如下公式来
估计：

$$y = p(c \mid x) = \frac{1}{Z} \exp \sum_i w_i f_i \tag{1}$$

其中,w_i是权值,f_i是特征。

现在我们给这个原理性的公式加上某些细节。首先,我们来充实归一化因子 Z 的内容,把特征的数目定为 N,并根据类别 c 给加权赋值。最后得到的等式为:

$$p(c \mid x) = \frac{\exp\left(\sum_{i=0} w_{ci} f_i\right)}{\sum_{c' \in C} \exp\left(\sum_{i=0}^{N} w_{c'i} f_i\right)} \tag{2}$$

注意,归一化因子 Z 只是用于把指数引入真的概率中:

$$Z = \sum_C p(c \mid x) = \sum_{c' \in C} \exp\left(\sum_{i=0}^{N} w_{c'i} f_i\right) \tag{3}$$

其中的 c' 是 C 中的某一个类别,全部 c' 的"并"填满 C。

为了看到最终的 MaxEnt 公式,我们还要再作一些改变。前面我们一直假定特征 f_i 是取实值的。但是,在自然语言处理中,更多的是使用二值特征。如果一个特征只取值 0 和 1,这个特征也可以叫做**指示函数**(indicator function)。一般地说,我们使用的特征都是指示函数,它要指示出观察的某些特性与我们考虑指派给它的类别。因此,在 MaxEnt 中,我们不使用 f_i 这样的记法,而使用 $f_i(c, x)$ 这样的记法,它的意思是指对于给定的观察 x,某一特定的类别 c 的特征 i。

在 MaxEnt 中,给定 x 和类别 c,计算 y 的概率的最终公式为:

$$p(c \mid x) = \frac{\exp\left(\sum_{i=0}^{N} w_{ci} f_i(c, x)\right)}{\sum_{c' \in C} \exp\left(\sum_{i=0}^{N} w_{c'i} f_i(c', x)\right)} \tag{4}$$

为了使我们对于二元特征的使用有一个更加清楚的直观理解,我们来看一看词类标注中一些作为样本的特征。假定我们给单词 race 标注了词类。

Secretariat/NNP is/VBZ expected/VBN to/TO **race/**?? tomorrow/

（要求秘书处明天进行比赛）

我们这里是做某个单词的分类而不是做序列分类,所以,我们只考虑这个孤零零的单词。我们将在以后讨论怎样对整个的单词序列进行标注的问题。

现在我们想了解,是否应当把类别 VB 指派给 race(或者不这样做,而把其他的诸如 NN 这样的类别指派给 race)。

我们用一个很有用的叫做 f_1 的特征来说明当前的单词是 race 这样的事实。如果是这样的情况,我们就可以加一个二元特征说明这为"真":

$$f_1(c, x) = \begin{cases} 1 & \text{if word}_i = \text{``race''} \ \& \ c = \text{NN} \\ 0 & \text{otherwise} \end{cases}$$

另外一个特征说明前面一个单词是否有标记 TO:

$$f_2(c, x) = \begin{cases} 1 & \text{if } t_{i-1} = \text{TO} \ \& \ c = \text{VB} \\ 0 & \text{otherwise} \end{cases}$$

还有两个词类标注特征用于表示单词的拼写和大小写:

$$f_3(c, x) = \begin{cases} 1 & \text{if suffix (word}_i) = \text{``ing''} \ \& \ c = \text{VBG} \\ 0 & \text{otherwise} \end{cases}$$

$$f_4(c, x) = \begin{cases} 1 & \text{if is\_lower\_case (word}_i) \ \& \ c = \text{VB} \\ 0 & \text{otherwise} \end{cases}$$

由于每一个特征与观察的性质和所标注的类别是独立的,所以,我们还需要一个分离特征,用它来表示 race 和 VB 之间的关联,或者表示前面一个 TO 与 NN 之间的关联:

$$f_5(c, x) = \begin{cases} 1 & \text{if word}_i = \text{``race''} \ \& \ c = \text{VB} \\ 0 & \text{otherwise} \end{cases}$$

$$f_6(c, x) = \begin{cases} 1 & \text{if } t_{i-1} = \text{TO} \ \& \ c = \text{NN} \\ 0 & \text{otherwise} \end{cases}$$

每一个这样的特征都有一个相应的权值。因此,权值 $w_1(c, x)$ 可以表示单词 race 对于标记 VB 提示的强度,权值 $w_2(c, x)$ 可以表示前面单词标记为 TO 对于当前单词是 VB 提示的强度,等等。

		f1	f2	f3	f4	f5	f6
VB	f	0	1	0	1	1	0
VB	w		.8		.01	.1	
NN	f	1	0	0	0	0	1
NN	w	.8					-1.3

图 3.33   标注例句中的单词 race 时的某些样本特征值和权值

我们假定,对于 VB 和 NN 这两个类别的特征权值如上图所示。我们把当前输入观察(这里的当前词为 race)叫做 x。现在我们使用等式(4)来计算 $P(NN|x)$ 和 $P(VB|x)$:

$$P(NN \mid x) = \frac{e^{0.8+(-1.3)}}{e^{0.8+(-1.3)} + e^{0.8+0.01+0.1}} = \frac{e^{0.8}e^{-1.3}}{e^{0.8}e^{-1.3} + e^{0.8}e^{0.01}e^{0.1}} = 0.20$$

$$P(VB \mid x) = \frac{e^{0.8+0.01+0.1}}{e^{0.8+(-1.3)} + e^{0.8+0.01+0.1}} = \frac{e^{0.8}e^{0.01}e^{0.1}}{e^{0.8}e^{-1.3} + e^{0.8}e^{0.01}e^{0.1}} = 0.80$$

注意,当我们使用 MaxEnt 进行**分类**(classification)时,MaxEnt 自然会把在这个类别上的概率分布给我们。如果我们想做硬分类并且选择最佳的类别,那么,我们可以选择具有最大概率的类别,也就是:

$$\hat{c} = \operatorname{argmax} P(c \mid x)$$

因此,MaxEnt 中的分类是(布尔)逻辑回归中的分类的泛化。在布尔逻辑回归中,分类时需要建立一个线性回归,把在该类别中的观察与不在该类别中的观察分离开来。在 MaxEnt 中的分类与此相反,分类时对于 C 中的每一个类别都要建立一个分离的线性回归。在这样的工作中,对于每一个单独的单元都要考察全部的概率分布从而帮助找出最好的序列,这是非常有用的。当然,甚至在很多非序列的应用中,在类别上的概率分布也比硬性的选择更加有用。

迄今我们描述的特征只表示一个观察的单独的二元特性。但是,如果建立更加复杂的特征来表示一个单词的多个特性的组合,这通常也是很有用的。如像支持向量机(Support Vector Machines,简称 SVM)之类的机器学习模型可以自动地模拟基元特性之间的相互作用,但是,在 MaxEnt 中,任何一种复杂特征都必须通过手工来定义。例如,以大写字母开头的单词(如像单词 Day)更可能被归入专有名词(NNP),而不大可能被归入普通名词(如 United Nations Day)。然而以大写字母开头的单词也可能出现在句子的开头(前面一个单词是 <s>)。例如在句子"Day after day..."中的 Day 就不再是一个专有名词。甚至如果这些特性中的每一个都已经是基元特性,MaxEnt 也不能对于这些特性的组合进行建模,因此,各种特性的布尔组合需要把它们作为一个特征用手工编码:

$$f_{125}(c, x) =$$

$$\begin{cases} 1 & \text{if } \text{word}_{i-1} = <s> \quad \& \quad \text{isupperfirst}(\text{word}_i) \quad \& \quad c = \text{NNP} \\ 0 & \text{otherwise} \end{cases}$$

要想成功地使用 MaxEnt,关键在于设计恰当的特征与特征组合。

为什么我们把多元逻辑回归模型叫做 MaxEnt 或最大熵模型呢?让我们在词性标注的背景下对于最大熵给出直觉的说明。假定我们要给单词 zzfish(这是为这个例子而生造的单词)指派一个标记。完全没有加任何约束、假设最少的概率标注模型是什么呢?从直觉上说,这样的模型应该具有等概率的分布:

NN	JJ	NNS	VB	NNP	IN	MD	UH	SYM	VBG	POS	PRP	CC	CD	...
1/45	1/45	1/45	1/45	1/45	1/45	1/45	1/45	1/45	1/45	1/45	1/45	1/45	1/45	...

现在假设我们已经有了标注了词类标记的某些训练数据,并且从这些数据我们仅仅学习到一个事实:zzfish 可能的标记集是 NN, JJ, NNS 和 VB(zzfish 是一个有点儿像 fish 的单词,不过它也可以充当形容词)。这个标注模型依赖于这样的约束,而没有做进一步的假设,那么,这个模型是什么呢? 由于标记必须是正确的标记,因而我们有

$$P(NN) + P(JJ) + P(NNS) + P(VB) = 1$$

由于我们没有更多的信息,模型也没有做超出我们所知的进一步的假设,该模型将简单地把相等的概率指派给这些单词中的每一个,我们有:

NN	JJ	NNS	VB	NNP	IN	MD	UH	SYM	VBG	POS	PRP	CC	CD	...
1/4	1/4	1/4	1/4	0	0	0	0	0	0	0	0	0	0	...

　　在第一个例子中,我们想要的是在 45 个词类上的无差别的分布,在第二个例子中,我们想要的是在 4 个词类上的无差别的分布。已经证明,在各种可能的分布中,等概率分布具有**最大熵**(maxmumu entropy)。我们知道,随机变量 x 分布的熵使用如下公式计算:

$$H(x) = - \sum_x P(x) \log_2 P(x)$$

　　在等概率分布中,所有的随机变量的值都具有相同的概率,因而等概率分布的熵要高于那些具有更多信息的非等概率分布的熵。因此,在所有具有 4 个变量的分布中,{1/4, 1/4, 1/4, 1/4} 这个分布具有最大熵。为了得到直观的感受,你可以使用熵的公式来计算其他分布的熵,比如,你可以计算 {1/4, 1/2, 1/8, 1/8} 这个分布的熵,这样,你就可以确信,它们的熵全都比等概率分布的熵要小得多。

　　我们的直观感受是,在给 MaxEnt 建模的时候,这个概率模型将根据我们给它的一些约束来建立,但是,除了这些约束之外,它要遵守"Occam 剃刀"的原则:"如无必要,勿增实体"('Plurality should never be proposed unless needed'),把可能的假设减到最少。

　　让我们把更多的约束加到词类标注的例子中去。假设我们查找已经标注的训练数据并且注意到 zzfish 在 10 次中有 8 次被标注为普通名词类,不是标注为 NN,就是标注为 NNS。这样我们就可以给 zzfish 加上"word is zzfish and t_i = NN or t_i = NNS"这样的特征。这时,我们就会想到修正原来的分布,把 8/10 的概率量分派给名词,现在我们有了两个约束:

$$P(NN) + P(JJ) + P(NNS) + P(VB) = 1$$
$$P(\text{word is zzfish and } t_i = \text{NN or } t_i = \text{NNS}) = 8/10$$

　　我们不再进一步地假设,仍然保持 JJ 与 VB 是等概率的,保持

NN 与 NNS 是等概率的,这时,我们有:

NN	JJ	NNS	VB	NNP	⋯
4/10	1/10	4/10	1/10	0	⋯

现在我们假定,关于单词 zzfish,我们没有更多的信息了。不过,我们在训练数据中还注意到,对于英语的所有单词(不仅仅是 zzfish),在 20 个单词中,动词(VB)出现 1 次。因此,现在我们还有必要针对特征 t_i = VB,增加这样的约束,于是我们得到 3 个约束:

$$P(NN) + P(JJ) + P(NNS) + P(VB) = 1$$
$$P(\text{word is zzfish and } t_i = NN \text{ or } t_i = NNS) = 8/10$$
$$P(VB) = 1/20$$

由于这样的结果,现在的最大熵分布如下:

NN	JJ	NNS	VB
4/10	3/20	4/10	1/20

总而言之,从直觉上说来,所谓"最大熵"就是通过不断地增加特征的方法来建立分布。每一个特征是一个指示函数,这个指示函数从训练的观察集合中抓取一个子集。在增加特征时,要特别谨慎,要精心选择特征,一定要注意保持熵值最大,如果没有必要,切勿随便增加特征,遵守"Occam 剃刀"的原则:"**如无必要,勿增实体**"。在多元逻辑回归中,一定要慎之又慎,切勿随便增加特征;对于每一个特征,我们在总的分布中增加一个约束,从而使得我们对于这个子集的分布与我们在训练数据中看到的经验性的分布是匹配的,尽量保持熵值最大。所以,我们要选择与这些约束一致的最大熵分布。

我们再以英汉翻译为例来说明最大熵的原理。

在英汉机器翻译中,对于英语中的"take",对应汉语的翻译有如下 7 种:

(t1)"抓住":The mother takes her child by the hand. 母亲<u>抓住</u>孩子的手。

(t2)"拿走":Take the book home. 把书<u>拿</u>回家。

(t3)"乘坐":to take a bus to work. <u>乘坐</u>公共汽车上班。

（t4）"量"：Take your temperature. 量一量你的体温。

（t5）"装"：The suitcase wouldn't take another thing. 这个衣箱不能装别的东西了。

（t6）"花费"：It takes a lot of money to buy a house. 买一所房子要花一大笔钱。

（t7）"理解、领会"：How do you take this passage? 你怎么理解这段话?

假设对于所有的英文"take"，只有这 7 种翻译。则存在着如下限制：

$$p(t_1|x) + p(t_2|x) + p(t_3|x) + \cdots + p(t_7|x) = 1 \qquad (5)$$

其中，$p(t_i|x)$（$1 \leqslant i \leqslant 7$）表示在一个含有单词 take 的英文句子中，take 翻译成 t_i 的概率。在这个限制下，对每种翻译赋予均等一致的概率为：$p(t_1|x) = p(t_2|x) = \cdots = p(t_7|x) = 1/7$。但是对于"take"，我们通过统计发现它的前两种翻译（t1）和（t2）是常见的，假设满足如下条件

$$p(t_1|x) + p(t_2|x) = 2/5 \qquad (6)$$

在（5）和（6）共同限制下，分配给每个翻译的概率分布形式有很多。但是最一致的分布为：

$$p(t_1|x) = p(t_2|x) = 1/5$$
$$p(t_3|x) = p(t_4|x) = p(t_5|x) = p(t_6|x) = p(t_7|x) = 3/25$$

可以验证，最一致的分布具有最大的熵值。

但是上面的限制，都没有考虑上下文的环境，翻译效果不好。因此我们引入特征。例如，英文"take"翻译为"乘坐"的概率很小，但是当"take"后面跟一个交通工具的名词"bus"时，它翻译成"乘坐"的概率就变得非常大。为了表示 take 跟有"bus"时翻译成"乘坐"的事件，我们引入二值函数：

$$f(x, y) = \begin{cases} 1 & if\ y = "\text{乘坐}"and\ next\ word = bus \\ 0 & \end{cases} \qquad (7)$$

x 表示上下文环境,这里可以看作是含有单词 take 的一个英文短语,而 y 代表中文输出,它是与英文"take"对应的中文翻译。^next(x)看作是上下文环境 x 的一个函数,表示 x 中跟在单词 take 后的一个单词为"bus"。这样一个函数称作一个特征函数,或者简称一个特征。引入诸如公式(7)中的特征,它们对概率分布模型加以限制,求在限制条件下具有最一致分布的模型,从而保证该模型的熵值最大。

总而言之,从直觉上说来,所谓"最大熵"就是通过不断地增加特征的方法来建立分布。每一个特征是一个指示函数,这个指示函数从训练的观察集合中抓取一个子集。对于每一个特征,我们在总的分布中增加一个约束,从而表示我们对于这个子集的分布与我们在训练数据中看到的经验性的分布是匹配的。所以,我们要选择与这些约束一致的最大熵分布。Berger 等(1996)提出的发现这个最大熵分布的最优化问题如下:

为了从所容许的概率分布的集合 c 中筛选出一个模型,就要选择具有最大熵 H(p)的模型 p* ∈ C:

$$p^* = \mathrm{argmax}H(p)$$

现在我们可以做出一个重要的结论。Berger 等(1996)证明,**这个最优化问题的解恰恰就是多元逻辑回归的概率分布,它的权值 W 把训练数据的似然度最大化!** 因此,当根据最大似然度的标准来训练时,多元逻辑回归的指数模型也能够找到最大熵分布,这个最大熵分布服从于来自特征函数的约束。

4. 基于最大熵马尔可夫模型的自动标注

我们在讨论 MaxEnt 的时候曾经指出,基本的 MaxEnt 模型本身还不是一个序列分类器。它的作用是把一个单独的观察分类到离散类别集合的一个成分中去,例如,在文本分类中,在匿名文本的各个可能的作者之间进行选择,或者把一个电子邮件归入到垃圾邮件中去;或者判定一个圆点号是不是处于句子的末尾等等。

现在,我们转入讨论**最大熵马尔可夫模型**(maximum entropy Markov model,简称 MEMM),它是基本 MaxEnt 分类器的扩充,所以,它能够用来把一个类别指派给一个序列中的每一个成分,就像我们在 HMM 中所做的那样。

为什么我们要把序列分类器建立在 MaxEnt 的基础之上呢? 这种分类器是不是比 HMM 好一些呢?

我们来考虑词性标注中的 HMM 方法。HMM 标注模型是建立在形式为转移概率 P(tag | tag) 和发射概率 P(word | tag) 的基础之上的。这意味着,如果我们想把某种知识源包含到标注的过程之中,我们必须找到一种方法对这种知识进行编码,把它归入到这两种概率中某一种概率中去。但是,很多知识源很难适应于这样的模型。例如,我们知道,为了标注未知词,用得着的特征有大写、是否出现连字符、是否是词尾等等,可是,没有一种简易的方法能够把如 P(capitalization | tag), P(hyphen | tag), P(suffix | tag) 之类的概率纳入到具有 HMM 风格的模型法中去。

我们在前面一节中,当讨论 MaxEnt 在词类标注中的应用的时候,我们已经有了部分的直观感受。词类标注肯定是一个序列标注的问题,但是,我们仅仅讨论了如何把词类标记指派到一个独立的单词上去。

我们怎样才能处理这种单独的**局部分类器**,并且把它转变为通用的**序列标注器**呢? 在给每一个单词进行分类的时候,可以依靠当前词的特征来分类,也可以依靠周围单词的特征来分类,还可以依靠来自前面一个单词的分类器的输出来分类。例如,最简单的方法是从左向右运行我们的局部分类器,首先对句子中的第一个单词进行硬分类,然后对第二个单词进行分类,如此等等。在给每一个单词分类的时候,我们可以依靠来自前面一个单词的分类器的输出,并把这种输出作为一个特征。例如,我们看到,在给单词 race 标注时,前面一个单词的标记是一个很有用的特征;前面一个单词的标记 TO 是 race 标注为 VB 的最好指示,前面一个单词的标记 DT 是 race 标注为 NN 的最好指示。这种自左向右滑动窗口的方法取得了令人惊讶的好结果,具有广阔的应用范围。

当然我们可以使用这样的方法进行词类标注,不过,这种简单的自左向右的分类器有一个缺点:在分类器移动到下一个单词之前,它必须对于分析过的每一个单词做出一个硬性的判定。这意味着,这样的分类器不能利用来自后面单词的信息告知计算机在前面已经做出的决定。但是,我们知道,在隐马尔可夫模型中的情况与此相反,我们不必在每一个单词的地方都做出硬性的决定,我们可以使用 Viterbi 解码算法来发现那些在整个句子中最优的词类标注序列。

最大熵马尔可夫模型(或 MEMM)把 Viterbi 算法与 MaxEnt 紧密地结合起来,使得我们可以达到同样的效果,发挥隐马尔可夫模型的长处。

让我们再以词性标注为例子,来看一看 MEMM 是怎样工作的。

如果我们把 MEMM 与 HMM 相比较,就很容易理解 MEMM。我们记得,使用 HMM 来给概率最大的词类标记序列建模的时候,我们依靠贝叶斯规则来计算 P(W|T)P(T),而不是直接计算 P(T|W):

$$T = \text{argmax} P(T \mid W)$$
$$= \text{argmax} P(W \mid T) P(T)$$
$$= \text{argmax} \prod_i P(word_i \mid tag_i) \prod_i P(tag_i \mid tag_{i-1})$$

我们曾经把 HMM 描述为一个生成模型,它能把似然度 P(W|T) 最优化,并且,我们能够把这个似然度 P(W|T) 与先验概率 P(T) 结合起来估计后验概率 P(T|W)。

与此相比,在 MEMM 中,我们是直接计算后验概率 P(T|W) 的。因为我们直接训练模型在各种可能的标记序列中进行分辨,所以,我们把 MEMM 叫做**分辨模型**(discriminative model),而不叫做生成模型。在 MEMM 中,我们把概率拆分了:

$$\hat{T} = \text{argmax} P(T \mid W)$$
$$= \text{argmax} \prod_i P(tag_i \mid word_i, tag_{i-1})$$

因此,在 MEMM 中,我们不使用似然度和先验概率分离的模型,而是训练一个单独的概率模型来估计 P(tag_i | word_i, tag_{i-1})。我们将使用 MaxEnt 来处理后面这一块,根据给定的前面的标记(tag_{i-1})、

被观察的单词(word$_i$)以及我们想加进去的任何其他的特征,来估计每一个局部标记(tag$_i$)的概率。

在下图中,我们可以对于词性标注工作中的 HMM 和 MEMM 进行对比,获得直观的感受,这个图重复了 HMM 模型,并且加上了一个新的模型 MEMM。注意,HMM 模型对于每一个转移和每一个观察都给出了明确的概率,而在 MEMM 中,对于每一个隐藏的状态,只给出一个概率估计,它就是在给定的前面标记和观察的情况下,下面一个标记的概率。

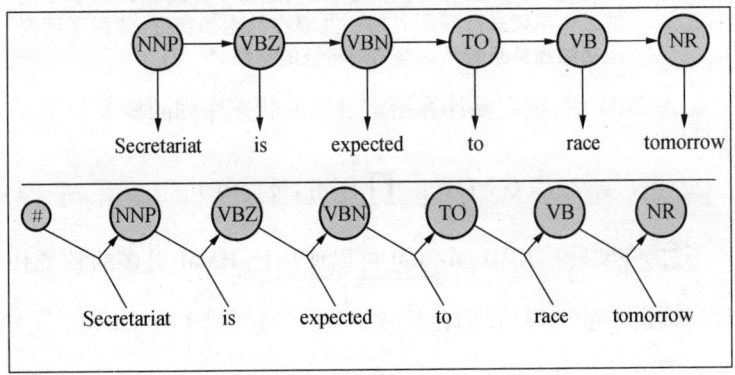

图 3.34 表示在 Secretariat 开头的句子中,计算正确的标记序列的概率的 HMM(上图)和 MEMM(下图)。每一个弧都与一个概率相关联,HMM 对于观察似然度和先验概率分别计算两个不同的概率,而 MEMM 以前面的状态和当前的观察为条件,在每一个状态只计算一个单独的概率函数。

图 3.35 强调了在图 3.34 中没有表示出来的 MEMM 优越于HMM 的另一个长处与 HMM 不同,MEMM 可以使用输入观察中的任何有用的特征作为条件。而在 HMM 中,这是不可能的,因为 HMM是基于似然度的;所以它必须计算观察中的每一个特征的似然度。

更加形式地说,在 HMM 中,我们要计算给定观察的状态序列的概率如下:

$$P(Q \mid O) = \prod_{i=1}^{n} P(o_i \mid q_i) \times \prod_{i=1}^{n} P(q_i \mid q_{i-1})$$

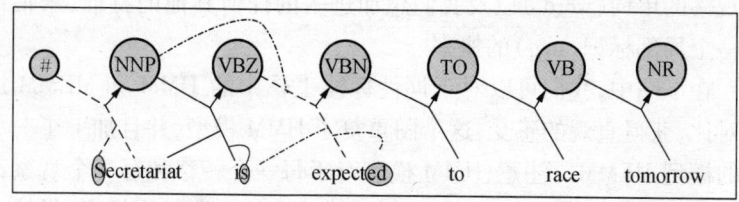

图 3.35　在上图描述的基础上进一步提升的用于词性标注的 MEMM,图中说明,MEMM 可以使用输入中的更多的特征作为条件,例如,大写,形态特征(以 **-s** 结尾,或者以 **-ed** 结尾),前面的单词,前面的标记,等等。图中,我们显示了在对输入句子中的前三个单词进行判断时的一些潜在的附加特征,使用了不同风格的线条来表示这些附加特征的差别。

在 MEMM 中,我们要计算给定观察的状态序列的概率如下:

$$P(Q \mid O) = \prod_{i=1}^{n} P(q_i \mid q_{i-1}, o_i)$$

不过,在实际应用中,MEMM 可以使用比 HMM 更多的特征作为条件,所以,一般地说,我们在公式 $P(Q \mid O) = \prod_{i=1}^{n} P(q_i \mid q_{i-1}, o_i)$ 的右手边可以使用更多的因子作为条件。

为了估计从状态 q' 到产生观察 O 的状态 q 的一个单独的转移概率,我们建立了如下的 MaxEnt 模型:

$$P(q \mid q', o) = \frac{1}{Z(o, q')} \exp\left(\sum_i w_i f_i(o, q) \right)$$

5. 基于转换的自动标注

基于转换的标注有时又叫做布里尔标注(Brill tagging),它是布里尔 1995 年提出的在机器学习中的基于转换的学习(Transformation – Based Learning,简称 TBL)方法的一个实例,并且它又从基于规则的标注算法和基于统计的标注算法中得到启示。

与基于规则的标注算法相似,TBL 是基于规则的,它要指出,什么样的标记可以指派给什么样的单词。但是,TBL 又与基于统计的标注算法相似,TBL 是一种机器学习技术,其中规则是自动地从数据推导出来的。与某些但不是全部的 HMM 标注算法相似,TBL 是一种有指导的学习技术,它在标注之前,需要有一个训练语料库。

为了理解 TBL 的整个构架,我们可以把 TBL 方法和某种绘画的方法做一个类比。

我们想象一位女艺术家要以蓝天的背景画一间白色的房子,房子上有绿色的装饰。假定这幅画的大部分都是天空,那么,这幅画的大部分都应该是蓝色的。开始时,这位女艺术家使用很粗的画笔把整块油画布涂成蓝色。然后,她用较小的白色画笔来调整画面上的东西,并且把整个房子涂上白色。这时,她只是给整个房子着色,用不着担心棕色的屋顶、蓝色的窗子或者绿色的山墙。然后,她才取一支更小的棕色画笔来给屋顶着色。接着,她把蓝色的颜料蘸到一支小画笔上,在谷仓上画出蓝色的窗子。最后,她拿一支很细的绿色画笔给山墙做装饰。

这位画家开始时用粗画笔覆盖了大块的油画布,而不是首先给各个区域分别着色,这些区域是要以后重新着色的。下一层的颜色占油画布的区域较小,所造成的"错误"也比较小。每一个新的层使用的画笔越来越细,它们修改图画的区域也越来越小,因而产生的错误也越来越小。

TBL 所用的方法与这位女画家的方法在某种意义上是相同的。TBL 算法有一套标注规则。语料库首先用比较宽的规则来标注,这些规则也就是在大多数场合使用的规则。然后,再选择稍微特殊的规则来修改原来的某些标记。接着,再使用更加窄的规则来修改数量更少的标记(其中某些标记可能是前面已经修改过的标记)。

让我们来看一看布里尔在 1995 年的标注算法中使用的一些规则。在使用这些规则之前,标注系统已经给每一个单词标上了最可能的标记。我们可以从标注语料库中得到这些最可能的标记。例如,布朗语料库中,race 最可能标注为名词:

$$P(NN|race) = 0.98$$
$$P(VB|race) = 0.02$$

这意味着我们在上面看到的关于 race 的两个例子中, 两个 race 的编码都是 NN。在第一种情况下, 这是错误的, 因为 NN 是不正确的标记:

  is/VBZ expected/VBN to/TO **race/NN** tomorrow/NN

在第二种情况下, 这个 race 被正确地标注为 NN:

  the/DT **race/NN** for/IN outer/JJ space/NN

在选择了最可能的标记之后, 布里尔标注算法应用它的转换规则。当应用转换规则时, 布里尔的标注系统学习到一个正好应用于改正 race 的错误标记的规则, 这条规则是:

  Change NN to VB when previous tag is TO

  (当前面标记为 TO 时, 把 NN 改变为 VB)

这条规则正好满足条件, 它将把 race/NN 改变成 race/VB, 因为 race 前面是 to/TO:

  expected/VBN to/TO race/NN → expected/VBN to/TO **race/VB**

布里尔的 TBL 算法包括三个阶段。

在第一个阶段, 它首先把每一个单词标上最可能的标记。

在第二个阶段, 它检查每一个可能的转换, 并且选择那个能够最大程度地改善标注的转换。

在第三个阶段, 根据这个规则, 对数据进行重新标注。

后面的两个阶段重复进行, 直到达到某个标准, 使得不能再继续充分地改善前一轮的结果为止。注意, 在第二个阶段, 要求 TBL 知道每一个单词的正确标记是什么, 这意味着 TBL 是一种有指导的学习算法。

TBL 过程的输出是一个转换的有序表, 这些转换组成一个"标注过程", 并可应用于新的语料库。从原则上说, 可能的转换这个集合是无限的, 因为我们能够想象这样的转换"transform NN to VB if the previous word was 'IBM' and the word 'the' occurs between 17 and

158 words before that"（"如果前面一个单词是'IBM'，并且单词'the'出现在前面 17 到 158 个单词之间，则把 NN 转换成 VB"）。但是，TBL 需要考虑每一个可能的转换，以便找出在整个算法的每一轮中最好的转换。这样，这种算法就需要一种办法来限制这个转换集合。这个办法就是设计一个叫做"模板"（templates）的小集合，这个模板也就是转换的摘要。每一个可容许的转换就是模板的一个实例。图 3.36 列出了 Brill 的模板集合。

The preceding (following) word is tagged z.
The word two before (after) is tagged z.
One of the two preceding (following) words is tagged z.
One of the three preceding (following) words is tagged z.
The preceding word is tagged z and the following word is tagged w.
The preceding (following) word is tagged z and the word
    two before (after) is tagged w.

图 3.36　Brill 的模板。每条规则开始都是"**Change tag a to tag b when...**"（"当...时，把标记 **a** 改变为标记 **b**"）。变量 **a**，**b**，**z** 和 **w** 在词类范围内取值。

在实际中，还有一些办法可以提高算法的效率。例如，模板和实例转换可以采用数据驱动的方式来进行；如果一个转换改善了某一个单词的标记，那么，就可以把它提出来作为转换的实例。在训练语料库中使用潜在可能的转换给单词预先做索引，可以明显地提高搜索的效率。罗歇（Roche）和沙贝斯（Schabes）在 1997 年说明，如果把每一个规则转成一个有限状态转录机并且把所有的转录机组合起来，就可以提高标注系统的速度。

图 3.37 说明了使用布里尔的原来的标注系统学习到的一些规则。

为了改进计算模型，我们需要分析并了解错误发生的情况。在像词类标注这样的分类模式中，错误分析一般是使用"含混矩阵"（confusion matrix），也叫做"列联表"（contingency table）来进行的。

含有 N 种方式的分类任务的含混矩阵是一个 N 对 N 的矩阵表，其中的单元(x,y)包含正确分类项目 x 被模型 y 分类的次数。

#	Change tags From	To	Condition	Example
1	NN	VB	Previous tag is TO	to/TO race/NN→VB
2	VBP	VB	One of the previous 3 tags is MD	might/MD vanish/VBP→VB
3	NN	VB	One of the previous 2 tags is MD	might/MD not reply/NN→VB
4	VB	NN	One of the previous 2 tags is DT	
5	VBD	VBN	One of the previous 3 tags is VBZ	

图 3.37　布里尔标注系统中头 20 条非词汇化的转换中的部分内容

例如,下面的表是弗兰茨(Franz)在 1996 年的标注实验中的含混矩阵的一部分。这个含混矩阵的"行"表示正确的标记,它的"列"表示标注系统给出的假定的标记,含混矩阵的每一个单元表示相应的 x 和 y 总的标注错误的百分比。例如,4.4% 的总错误表示这个错误是由于把 VBN 错误地标注为 VBD 引起的。表中常见的错误都用黑体字母标出。

	IN	JJ	NN	NNP	RB	VBD	VBN
IN	–	.2			.7		
JJ	.2	–	3.3	2.1	1.7	.2	2.7
NN		8.7	–				.2
NNP	.2	3.3	4.1	–	.2		
RB	2.2	2.0	.5		–		
VBD		.3	.5			–	4.4
VBN		2.8				2.6	–

图 3.38　含混矩阵

上面的含混矩阵以及有关的错误分析说明,当前标注系统面临的主要问题是:

1. NN-NNP-JJ 错误:这是名词前成分中最难区分的错误。正确地区分出名词对于信息检索和机器翻译都是至关重要的。

2. RB-IN 错误:这些标记都以卫星序列的形式直接出现在动词后面。

3. VBD-VBN-JJ 错误：在局部分析中（例如，通过过去分词发现被动形式），以及在名词短语边界的正确标注中，区分这些标记是非常重要的。

1992 年，清华大学设计了基于统计方法的汉语词性自动标注系统。该系统采用一元语法和二元语法相结合的统计模型和 108 个标记，对汉语真实文本进行自动标注的正确率达到了 96.8%。该系统在 SUN 4/75 工作站上的平均标注速度为每秒钟 175 词次。该系统所依据的原始训练集包含 10 万个汉字，内容包括新闻、科普、科技、军事和经济法规等五类文本。他们利用统计方法取得了自动词性标注的成功，这充分说明了，基于统计的方法是行之有效的，它至少是基于规则的方法的一个重要的补充。

基于规则的方法，其优点是可以不必事先建立一个语料库，研究者只要与语言学家合作，将大量现成的语言学知识形式化。因此，这种方法可以方便而及时地利用语言学研究的最新成果。由于基于规则的方法所描述的大部分知识都是语言学家多年的研究成果，又经过了大量语言事实的检验，因此，这种方法具有较强的概括性，也比较容易推广到一些尚未涉及的领域。但是，基于规则的方法所描述的语言知识的颗粒度太大，难以处理复杂的、不规则的信息，特别是当规则数目增多时，很难将规则全面地覆盖某个领域的各种语言现象。

基于统计的方法则需要事先建立一个语料库，其全部知识都是由计算机通过统计处理大规模真实文本而自动获取的，具有很好的一致性和很高的覆盖率，并且可以将一些不确定的知识定量化。但是，这种方法获取知识的机制与语言学研究中获取知识的机制完全不同，因而所获取的知识很难与现有的语言学成果相结合，也很难利用语言学研究的成果来改进通过统计方法所获取的知识。

如果我们能以统计方法作为获取知识的基本途径，依据语言学知识对所获取的知识加以取舍，并增加一些统计方法没有得到的、而又经过语言学家证明是行之有效的、正确的语言规则，把基于规则的方法和基于统计的方法结合起来，一方面通过语言学知识的引入，可以消除由统计方法所得到的一些不合乎语言学规则的信息，又可以使由统计方法所建立的语言模型能够很方便地与现有的语言学方法相结合,使之互相补充,相得益彰;另一方面,由于许多语言知识来自大规模的真实文本,可以覆盖几乎所有的语言现象,这样,便能够克服语言学家总结语言规则时的片面性和主观性,并使他们集中精力研究那些最常见的、在统计意义上最重要的语言现象。基于规则的方法与基于统计的方法的结合,必定会进一步推动计算语言学的发展,布里尔的 TBL 算法在这方面进行了有成效的探索,值得我们关注。

本章参考文献

 1. 白栓虎、夏莹、黄昌宁,汉语语料库词性标注方法研究[A],《机器翻译研究进展》[C],1992 年,pp.408—418.

 2. 冯志伟,形式语言理论[J],《计算机科学》,1979 年,第 1 期,pp.34—57.

 3. 冯志伟,数理语言学[M],知识出版社,1985 年。

 4. 冯志伟,法汉机器翻译 FCAT 系统[J],《情报科学》,1987 年,第 4 期,pp.19—27.

 5. 冯志伟,德汉机器翻译 GCAT 系统[A],《语言现代化》[C],第 10 辑,1990 年,pp.139—162.

 6. 何克抗、徐辉、孙波,书面汉语自动分词专家系统设计原理[J],《中文信息学报》,1991 年,第 2 期,pp.1—14.

 7. 黄昌宁,关于处理大规模真实文本的谈话[J],《语言文字应用》,1993 年,第 2 期,pp.1—10.

 8. 黄昌宁、童翔,汉语真实文本的语义自动标注[J],《语言文字应用》,1993 年,第 4 期,pp.18—25.

 9. 梁南元,书面汉语自动分词系统—CDWS[J],《中文信息学报》,1987 年,第 2 期,pp.44—52.

10. 刘开瑛、郑家恒、赵军,语料库词类自动标注算法研究[A],《机器翻译研究进展》[C],1992 年,pp.408—418.

11. 刘源,字词频统计与汉语分词规范[J],《语文建设》,1992 年,第 5 期,pp.35—38.

12. 乔姆斯基,N.,语言描写的三个模型[A](张和友译,冯志伟校),载:萧国政主编,《现代语言学名著选读》[C],北京大学出版社,2009 年。

13. 孙茂松、黄昌宁,汉语中的兼类词、同形词类组及其处理策略[A],中国人工智能学会自然语言理解学会第三次学术讨论会论文[C],1988 年,武汉。

14. 周强、俞士汶,一种切词和词性标注相融合的汉语语料库多级加工方法 [A],《计算语言学研究与应用(全国第二届计算语言学联合学术会议论文集)》[C],1993 年,pp. 126—131.

15. Antworth, E. L. PC-KIMMO: A two-level processor for morphological analysis [M], Summer Institute of Linguistics, Dallas, 1990.

16. Bahl, L. R. and Mercer, R. L. Part of speech assignment by a statistical decision algorithm [A], in *IEEE International Symposium on Information Theory* [C], 1976.

17. Brill, E. Transformation-based error-driven learning and natural language processing: A case study in part-of-speech tagging [M], Unpublished manuscript, 1997.

18. Chomsky, N. and Halle, M. The Sound Pattern of English[M], Harper and Row, New York, 1968.

19. DeRose, S. J. Grammatical category disambiguation by statistical optimization [J], *Computational Linguistics*, 21(2), 1988.

20. Francis, W. N. and Kucera, H. Frequency analysis of English usage [M], Houghton Mifflin, Boston, 1982.

21. Garside, R. The CLAWS word-tagging system [A], *The Computational Analysis of English*[C], Langman, London, 1987.

22. Gazdar, G. ,Mellish, Ch. Natural Language Processing in LISP[M], Addison-Wesley Publishing House, 1989.

23. Greene, B. B. and Rubin, G. M. Automatic grammatical tagging of English [M], Brown University, Providence, Rhodes Island, 1971.

24. Hankamer, J. Morphological parsing and the lexicon, Lexical Representation and Process[M], MIT Press, 1989.

25. Harris, Z. S. String analysis of sentence structure [M], Mouton, The Hague, 1962.

26. Hausser, R. Foundations of Computational Linguistics [M], Springer, Berlin, 1999.

27. Heikkita, J. A TWOL-based lexicon and feature system for English[A], in *Constrain Grammar: A Language independent system for parsing unrestricted text* [C], Mouton de Gruyer, Berlin, 1995.

28. Jurafsky, D. , Martin,J. Speech and Language Processing [M],《自然语言处

理综论》(中译本,冯志伟、孙乐译),电子工业出版社,2004 年。

29. Klein, S. and Simmons, R. F. A computational approach to grammatical coding of English words [J], *Journal of the association for computing machinery*, 10(3), 1963.

30. Koskenniemi, K. and Church, K. W. Complexity, two-level morphology, and Finnish[A], In Proceedings of *COLING - 88*[C], Budapest, 1988.

31. Marcus, M. P. Santorini, B. And Marcinkewicz, M. A. Building a large annotated corpus of English: The Penn Treebank [J], *Computational Linguistics*, 19(2), 1993.

32. Marshall, I. Tag selection using probabilistic methods [M], Longman, London, 1987.

33. McCulloch, W. S. and Pitts, W. A logical calculus of ideas immanent in nervous activity[J], *Bulletin of Mathematical Biophysics*, 1943.

34. Mealy, G. H. A method for synthesizing sequential circuit [J], *Bell System Technical Journal*, 34(5), 1955.

35. Oflazer, K. Two-level description of Turkish morphology [A], *Proceedings of Sixth Conference of the European Chapter of the ACL*[C], 1993.

36. Packard, D. W. Computer-assisted morphological analysis of ancient Greek [A], *Proceedings of the International Conference on Computational Linguistics* [C], Pisa, 1973.

37. Porter, M. F. An algorithm for suffix stripping[J], *Program*, 14(3), 1980.

38. Rabin, M. O. and Scott, D. Finite automata and their decision problems [J], *IBM Journal of Research and development*, 3(2), 1959.

39. Shannon, C. A. A symbolic analysis of relay and switching circuit [J], *Transaction of the American Institute of Electronic Engineers*, 1938.

40. Shannon, C. A mathematical theory of communication [J], *Bell System Technical Journal*, 27(3), 1948.

41. Stolz, W. S. Tannenbaum, P. H. and Carstensen, F. V. A stochastic approach to the grammatical coding of English [J], *Communications of ACM*, 8(6), 1965.

42. Taft, M., Reading and the Mental Lexican[M], Lawrence Erlbaum Associates Ltd, 1991.

43. Turing, A. M. Computing machinery and intelligent[J], *Mind*, 59, 433 - 460, 1950.

44. Voutilainen, A. Morphological disambiguation [A], *in Constrain Grammar: A Language independent system for parsing unrestricted text* [C], Mouton de Gruyer, Berlin, 1995.

45. Weber, D. J. and Mann, W. C. Prospect for computer-assisted dialect adaptation[J], *American Journal of Computational Linguistics*, 7, 1981.

46. Wizenbaum, J. ELIZA—A computer program fro the study of natural language communication between man and machine [J], *Communications of the ACM*, 9(1), 1966.

第四章
句法自动处理

经过自动词法分析,输入句子中的每一个词都被赋予了来自机器词典中的各种信息,对于汉语书面语来说,每个词都从连续的汉字流中被切分出来,词与词之间出现了空白,并且都赋予了来自机器词典中的各种信息。

但是,经过词法分析之后,句子中词与词之间的词法关系,句子中词组与词组之间的结构关系,仍然是不清楚的。为此,需要进行句法自动处理(syntactical automatic processing)。

我们在第四、第五、第六、第七这四章中来讲述句法自动处理问题,本章主要讲递归转移网络、扩充转移网络,并介绍几种重要的剖析技术,这些都是经典的句法自动分析方法。

第一节 递归转移网络和扩充转移网络

语言符号所构成的句子是无穷无尽的,因此,我们不可能枚举出一种语言中的所有句子。在很多场合,对于语言中某一长度有限的句子,往往可以采用一定的办法来将其长度加以扩张。例如,下面的句子在英语中都是成立的,它们之间是逐次扩张而成的。

① The man chants.

　（这个男人唱歌。）

② The man who the woman sees chants.

　（这个妇女看到的这个男人唱歌。）

③ The man who the woman who the girl sees sees chants.

　（这个姑娘看到的这个妇女看到的这个男人唱歌。）

句子②是在句子①的 man（男人）上加了 WHO-从句 who the woman sees 而形成的，句子③是在句子②的 woman（妇女）上加上 WHO-从句 who the girl sees 而形成的。

我们可以在句子①的基础上，逐次加上任意个由关系词 who 引入的定语从句，每加一个这样的从句，就构成了一个新的更长的套叠句子。究竟能够加多少个由关系词 who 引入的从句，只与说话人的记忆力和耐心有关，而与语言本身的结构无关。我们平时之所以很少说这样的套叠句子，是因为人类心理的短时记忆的跨度是有限度的。根据心理学的研究，人们能够关注到的事物，短时间内同时记住的东西，以及思维对大脑中同时操纵的元素，都不会超过 7 个左右（假定为 7±2），所以，当一个句子中的成分项目超过 7 个左右时，人们就会感到记忆负担过重而不愿意说出这样的句子。

英格维（Yngve）在 1960 年曾经提出"句子深度假说"（sentence depth hypothesis）。英格维把人们在构造一个句子时需要存储的最多的符号数叫做"句子深度"（the depth of sentence），对于句子深度，他提出如下的"句子深度假说"：

（a）所有的语言都有一个建立在成分基础上的语法；

（b）在口语中实际使用的句子具有一个深度，在这个深度不能超过一定的符号数；

（c）这个符号数等于或者近似地等于人们直接记忆的跨度，在心理学上假定为 7±2；

（d）一切语言的语法会采取一定的方法来限制句子的结构，使得大多数的句子不能超过这个深度。[①]

如果我们不考虑上述的心理学因素以及英格维的"句子深度假说"，仅从语言结构本身来看，我们在英语中可以加上无限个由关系词 who 引入的从句而使句子始终保持成立性。

语言符号的这种按同样的方式不断扩张的性质，就是语言符号的递归性。

---

① Yngve, V., A model and a hypothesis for language structure. *Proceedings of the American Philosophical Society*, 104：444–466，1960.

汉语中的定语从句也可以无限地扩张。

例如:

① 我知道小王不知道这件事

② 我知道小张知道小王不知道这件事

③ 我知道小李知道小张知道小王不知道这件事

句子③是合乎语法的,但是由于其中的成分项目已经超过了7个,所以在实际的语言中很少会这样说。

上述的英语和汉语的例子,都是语言符号的递归性在句法结构方面的表现。

正因为语言符号具有递归性,类别相同的语法结构会多次在语言中出现,我们就可以把语法结构加以抽象化,用有限的语法结构和规则来描述无限的、千变万化的句子。

递归转移网络(Recursive Transition Network,简称RTN)正是根据语言符号的这种递归特性提出来的。

如果我们有下列的英语句子:

① John sees the house.

（约翰看房子。）

② Maria sings.

（玛丽亚唱歌。）

③ The table hits Jack.

（桌子碰了杰克。）

④ John sees that Maria sings.

（约翰看玛丽亚唱歌。）

⑤ The table that lacks a leg hits Jack.

（缺了一条腿的桌子碰了杰克。）

我们可以建立如下的有限状态转移网络来识别这些句子。

图4.1的有限状态转移网络中,WH表示关系代词,如who,which等,that表示引入宾语从句的连接词that。

如果状态转移的顺序是:$q_0 \rightarrow q_2 \rightarrow q_6 \rightarrow q_9 \rightarrow q_f$,则可识别句子①。

如果状态转移的顺序是:$q_0 \rightarrow q_2 \rightarrow q_f$,则可识别句子②。

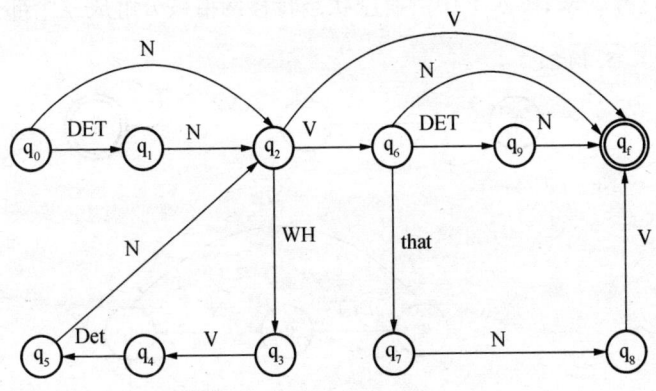

图 4.1　有限状态转移网络

如果状态转移的顺序是：$q_0 \rightarrow q_1 \rightarrow q_2 \rightarrow q_6 \rightarrow q_f$，则可识别句子③。

如果状态转移的顺序是：$q_0 \rightarrow q_2 \rightarrow q_6 \rightarrow q_7 \rightarrow q_8 \rightarrow q_f$，则可识别句子④。

如果状态转移的顺序是：$q_0 \rightarrow q_1 \rightarrow q_2 \rightarrow q_3 \rightarrow q_4 \rightarrow q_5 \rightarrow q_2 \rightarrow q_6 \rightarrow q_f$，则可识别句子⑤。

可以看出,识别这五个句子的有限状态转移网络是非常复杂的。如果我们要识别更复杂的句子,那么,有限状态网络还要更为复杂,如果我们要识别一本书中的全部句子,那么,有限状态转移网络就不知有多么复杂了。

然而,语言符号具有递归性,同样的结构在语言中可以重复地出现多次。在图 4.1 的有限状态转移网络中,状态 $q_0 \rightarrow q_1 \rightarrow q_2$ 组成的子网络与状态 $q_6 \rightarrow q_9 \rightarrow q_f$ 组成的子网络十分相似;状态 $q_2 \rightarrow q_6 \rightarrow q_9 \rightarrow q_f$ 组成的子网络与状态 $q_3 \rightarrow q_4 \rightarrow q_5 \rightarrow q_2$ 组成的子网络十分相似;状态 $q_7 \rightarrow q_8 \rightarrow q_f$ 与状态 $q_0 \rightarrow q_2 \rightarrow q_f$ 组成的子网络十分相似。利用语言符号的递归性,我们可以建立递归转移网络来大大地简化繁杂的有限状态转移网络。

为此,我们把状态 $q_0, q_1, q_2, q_3, q_4, q_5$ 组成的子网络分离出来,单独构成一个子网络,叫做 NP -子网络;我们又把状态 $q_2, q_6, q_7, q_8, q_9, q_5$ 组成的子网络分离出来,单独构成一个子网络,叫做 VP -子网

络。这样一来,图4.1中的有限状态转移网络被分解成三个部分:

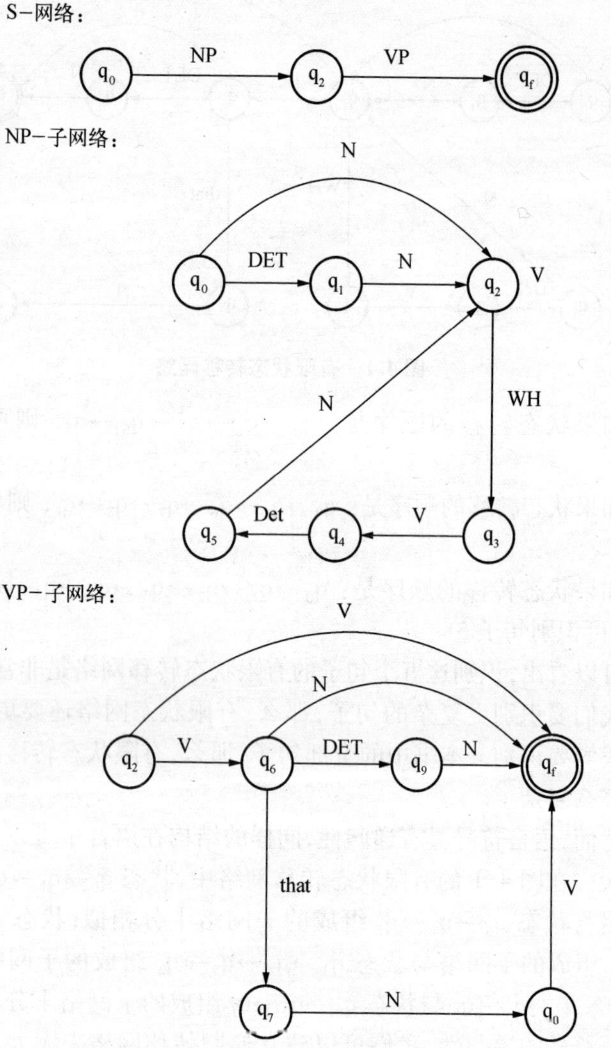

S-网络:

NP-子网络:

VP-子网络:

图4.2 分解为三部分的有限状态转移网络

NP-子网络中的 $q_3 \rightarrow q_4 \rightarrow q_5 \rightarrow q_2$ 部分与 VP-子网络中的 $q_2 \rightarrow q_6 \rightarrow q_9 \rightarrow q_f$ 部分很相近,它们弧上的符号都是 V-DET-N,实际上就是一个 VP。据此,我们把 NP-子网络进一步简化为如下的子网络:

VP-子网络中的 $q_6 \rightarrow q_9 \rightarrow q_f$ 部分与 NP-子网络中的 $q_0 \rightarrow q_1 \rightarrow q_2$ 部分很相近,它们弧上的符号,或者是 DET-N,或者是单独的 N($q_0 \rightarrow q_2$,$q_6 \rightarrow q_f$),实际上就是一个 NP。VP-子网络中的 $q_7 \rightarrow q_8 \rightarrow q_f$ 部分与 S-网络中的 $q_0 \rightarrow q_2 \rightarrow q_5$ 部分很相近,它们弧上的符号是 N-V 和 NP-VP,而 N 就是最简单的 NP,V 就是最简单的 VP,N-V 和 NP-VP 实际上就是一个 S。

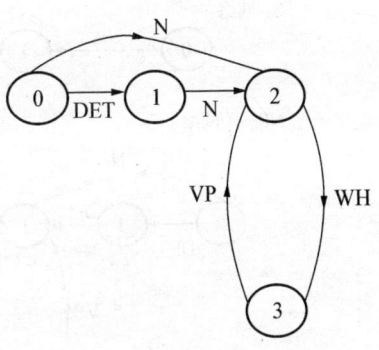

图 4.3　简化后的 NP-子网络

据此,我们把 VP-子网络进一步简化为如下的子网络:

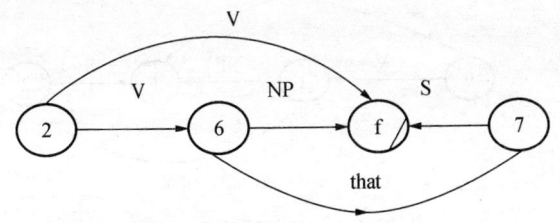

图 4.4　简化后的 VP-子网络

经过这样的简化之后,NP-子网络中包含有 VP-子网络,VP-子网络中包含有 NP-子网络,甚至还包含有 S-网络,充分地反映了语言符号的递归性。这样的网络自然也就获得了"递归转移网络"这个名称。

由于经过多次简化,递归转移网络中的状态的标号的顺序比较混乱,为了便于阅读,我们把 S-网络、NP-子网络和 VP-子网络中的状态的标号重新按它们在各自的网络或子网络中的顺序整理如下:

用这样的递归转移网络来识别句子时,首先在 S-网络中查找,如果在弧上遇到 NP,就下推(PUSH)到 NP-子网络中,按顺序识别名词词组 NP,当进入到 NP-子网络的最后状态 q_f 时,就上托(POP)回

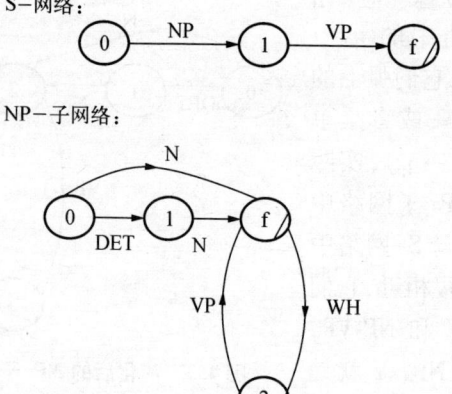

S-网络:

NP-子网络:

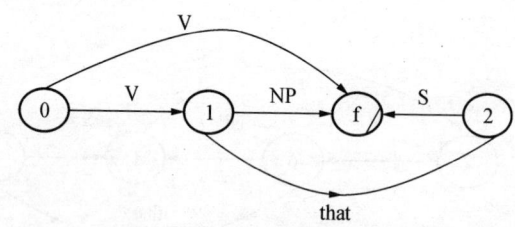

VP-子网络:

图4.5 递归转移网络

到 S-网络中;如果在 S-网络中遇到 VP,就下推(PUSH)到 VP-子网络中,按顺序识别动词词组 VP,当进入到 VP-子网络的最后状态 q_f时,就上托(POP)回到 S-网络中,进入 S-网络中的最后状态 q_f 时,句子就识别完毕。在下推到 NP-子网络中的时候,如果遇到其中的VP-子网络,则进一步下推到 VP-子网络中,等到进入 VP-子网络的最后状态 q_f 时,再上托返回到 NP-子网络中;在下推到 VP-子网络中的时候,如果遇到其中的 NP-子网络,则进一步下推到 NP-子网络中,等到进入 NP-子网络最后状态 q_f 时,再上托返回到 VP-子网络中。这样递归地遍历整个的递归转移网络,便能识别语言中合乎语法的句子。

下面,我们利用图4.5中的递归转移网络来识别前面的句子。

首先识别句子①。从 S-网络中的状态 q_0 开始,在状态 q_0 与 q_1 之间是 NP,则下推到 NP-子网络,在 NP-子网络中,从状态 q_0 到状态 q_f 之间是 N,可识别名词 John,上托回到 S-子网络的状态 q_1;在状态 q_1 与 q_f 之间是 VP,下推到 VP-子网络,在 VP-子网络中,从状态 q_0 到 q_1 之间是 V,可识别动词 sees,在状态 q_1 有两种选择:或者进入 q_2 识别连接词 that,或者进入 q_f 识别 NP;由于 sees 的下一个词不是 that,因此,再下推到 NP-子网络;在 NP-子网络中,状态 q_0 与 q_1 之间是 DET,故可识别冠词 the,在状态 q_1 与 q_f 之间是 N,故可识别名词 house,然后进入最后状态 q_f,再上托回到 S-网络,也同时进入 S-网络最后状态 q_f,从而识别了句子"John sees the house"。

为了便于阅读,我们规定网络中的状态用两个符号来表示:一个符号写在斜线上端,表示网络的名称,另一个符号写在斜线的下端,表示该网络中有关状态的位置。例如,S/0 表示 S-网络中的状态 q_0,S/f 表示 S-网络中的状态 q_f,VP/1 表示 VP-子网络中的状态 q_1,NP/1 表示 NP-子网络中的状态 q_1,等等。

采用这样的符号,识别过程描述如下:

——从状态 S/0 开始,S/0 表示在 S-网络中名字为 0 的状态;

——下推(PUSH)到 NP-子网络,在状态 NP/0 识别"John"(N),然后进入 NP/f;

——上托(POP)到 S-网络,在状态 S/1 识别 VP;

——下推(PUSH)到 VP-子网络,在状态 VP/0 识别"sees"(V),然后进入状态 VP/1;

——下推(PUSH)到 NP-子网络,在状态 NP/0 识别"the"(DET),并进入状态 NP/1 识别"house"(N),然后进入状态 NP/f;

——上托(POP)到 VP-子网络的状态 VP/f;

——上托(POP)S-网络的状态 S/f。

识别句子②"Maria sings"时,首先在 S-网络中的状态 q_0 下推到 NP-子网络,识别名词 Maria,上托回到 S-网络的状态 q_1,在这个状态 q_1,下推到 VP-子网络,识别 sings,再上托回到 S-网络的最后状态 q_f,

句子②得到识别。

过程描述如下：

——从状态 S/0 开始；

——下推（PUSH）到 NP-子网络，在状态 NP/0 识别"Maria"（N），然后进入状态 NP/f；

——上托（POP）到 S-网络，在状态 S/1 识别 VP；

——下推（PUSH）到 VP-子网络，在状态 VP/0 识别"sings"（V），然后进入状态 VP/f；

——上托（POP）到 S-网络的状态 S/f。

在识别句子③"The table hits Jack"时，也是首先在 S-网络中的状态 q_0 下推到 NP-子网络，识别名词词组 the table（$q_0 \rightarrow q_1 \rightarrow q_f$），上托回到 S-网络的状态 q_1，在这个状态下推到 VP-子网络的状态 q_0 识别动词 hits，在 VP-子网络的状态 q_1，再进一步下推到 NP-子网络，识别名词 Jack，从 NP-子网络中上托回到 VP-子网络，再进一步上托到 S-网络，进入该网络的最后状态 q_f。于是，句子③识别完毕。

过程描述如下：

——从状态 S/0 开始；

——下推（PUSH）到 NP-子网络，在状态 NP/0 识别"the"（DET），然后进入状态 NP/1 识别"table"（N）；接着进入状态 NP/f；

——上托（POP）到 S-网络，在状态 S/1 识别 VP；

——下推（PUSH）到 VP-子网络，在状态 VP/0 识别"hits"（V），然后进入状态 VP/1；

——下推（PUSH）到 NP-子网络，在状态 NP/0 识别"Jack"（N），然后进入状态 NP/f；

——上托（POP）到 VP-子网络的状态 VP/f；

——上托（POP）到 S-网络的状态 S/f。

在识别句子④"John sees that Maria sings"时，首先从 S-网络的状态 q_0 下推到 NP-子网络中识别名词 John，上托回到 S-网络的状态 q_1，再下推到 VP-子网络的状态 q_0，在识别了动词 sees 之后，进入

状态 q_1，在状态 q_1 到 q_2 之间识别连接词 that，在状态 q_2，上托回到 S-网络的初始状态 q_0，在 S-网络的初始状态 q_0，又下推到NP-子网络以识别名词 Maria，又从 NP-子网络上托到 S-网络的状态 q_1，再下推到 VP-子网络的初始状态 q_0 以识别动词 sings，并进入 VP-子网络的最后状态 q_f，从这个状态进入 S-网络的最后状态 q_f。于是，句子④识别完毕。

过程描述如下：

——从状态 S/0 开始；

——下推（PUSH）到 NP-子网络，在状态 NP/0 识别"John"（N），然后进入状态 NP/f；

——上托（POP）到 S-网络，在状态 S/1 识别 VP；

——下推（PUSH）到 VP-子网络，在状态 VP/0 识别"sees"（V），然后进入状态 VP/1，在状态 VP/1 识别"that"，然后进入状态 VP/2；

——下推（PUSH）到 S-网络，在状态 S/0 识别 NP；

——下推（PUSH）到 NP-子网络，在状态 NP/0 识别"Maria"（N），然后进入状态 NP/f；

——上托（POP）到 S-网络，在状态 S/1 识别 VP；

——下推（PUSH）到 VP-子网络，在状态 VP/0 识别"sings"（V），然后进入状态 VP/f；

——上托（POP）到 S-网络的状态 S/f，这时，还需要进一步上托（POP）；

——上托（POP）到 VP-子网络的状态 VP/f；

——上托（POP）到 S-网络的状态 S/f。

在识别句子⑤"The table that lacks a leg hits Jack"时，首先从 S-网络的状态 q_0 下推到 NP-子网络中，识别名词词组 the table 之后，在状态 q_2 还可以继续识别关系代词（用 WH 表示）that，在状态 q_2 与 q_f 之间是 VP，因而从状态 q_2 下推到 VP-子网络的初始状态 q_0；在 VP-子网络的状态 q_0 和 q_1 之间，识别动词 lacks，在 VP-子网络的状态 q_1，又下推到 NP-子网络的初始状态 q_0，以识别名词词组 a leg；从 NP-子网络的最后状态 q_f 上托回到 VP-子网络的最后状态 q_f，再进一步上托回到 NP-子网络最后状态 q_f，继续上托回到 S-网络的状态 q_1；在这个状态，下推到 VP-子网络的初始状态 q_0，在 VP-子网络的状态 q_0 和 q_1 之间，识别动词 hits；在状态 q_1 下推到 NP-子网络的初始状态 q_0，以识别名词 Jack，进入 NP-子网络的最后状态 q_f；识别了名词 Jack 之后，从 NP-子网络的最后状态 q_f，先上托到 VP-子网络的最后状态 q_f，再继续上托到 S-网络的最后状态 q_f。于是，句子⑤识别完毕。

过程描述如下：

——从状态 S/0 开始；

——下推（PUSH）到 NP-子网络，在状态 NP/0 识别"the"（DET），然后进入状态 NP/1 识别"table"（N）并达到状态 NP/f；

——在状态 NP/f 识别"that"（WH），然后进入状态 NP/2；

——下推（PUSH）到 VP-子网络，在状态 VP/0 识别"lacks"（V），然后进入状态 VP/1；

——下推（PUSH）到 NP-子网络，在状态 NP/0 识别"a"（DET），在状态 NP/1 识别"leg"（N），然后进入状态 NP/f；

——上托（POP）到 VP-子网络的状态 VP/f；

——上托（POP）到 NP-子网络的状态 NP/f；

——上托（POP）到 S-网络的状态 S/1；

——下推（PUSH）到 VP-子网络，在状态 VP/0 识别"hits"（V），然后进入状态 VP/1；

——下推（PUSH）到 NP-子网络。在状态 NP/0 识别"Jack"（N），然后进入状态 NP/f；

——上托（POP）到 VP-子网络的状态 VP/f；

——上托（POP）到 S-网络的状态 S/f。

句了⑤的识别过程比较复杂，叮图示如下：

由上述的句子的识别过程可以看出，句子的识别要经过多次的下推（PUSH）和上托（POP）操作，往往下推了还要再下推，上托了还要再上托，这充分反映了语言句子的各个成分之间一层一层的叠套关系。这种叠套关系正是语言符号递归性的生动表现。

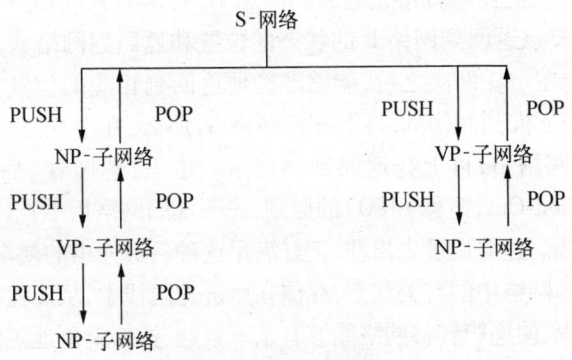

图 4.6　句子⑤的识别过程

递归转移网络中所反映出来的英语句子成分之间的层层相互叠套的情况,可用图 4.7 表示如下:

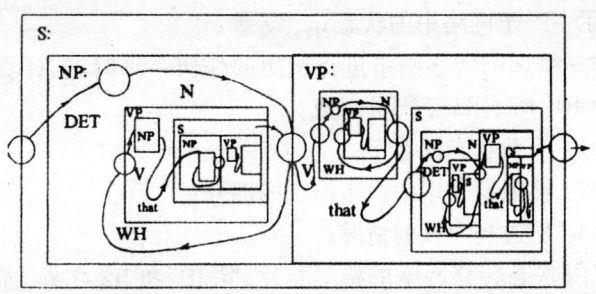

图 4.7　递归转移网络所反映的英语句子的叠套情况

递归转移网络比有限状态转移网络具有更强的能力。它的结构简单明晰,却能处理自然语言中非常复杂的叠套现象,其优点是显而易见的。因此,有限状态转移网络一般只用来进行自动词法分析,很少用来进行自动句法分析,只有递归转移网络才用于自动句法分析中。

在递归转移网络中,采用了下推(PUSH)和上托(POP)两种操作,为此,需要设置"后进先出栈"(Pushdown Stack)来控制这两种操作。在下推和上托操作中,当从一个网络下推入另一个网络时,必须记住原网络中在上托时应该返回的状态,以便在上托时准确地返回到这个状态。如果下推到一个网络 A 中之后还必须再下推到另一个网络 B 中,在上托时就得先返回到网络 B,再返回到网络 A,这时,就必须记住应该返回到网络 B 的状态的位置和返回到网络 A 的状态的位置,以便在上托两次之后,能够准确地返回到相应的位置。总而言之,如果先下推到网络 A,再下推到网络 B,那么,在上托时,就首先上托返回到网络 B,再上托返回到网络 A。这里,遵循着"后进先出"(Last-In-First-Out,简称 LIFO)的原则,先下推的网络后上托,后下推的网络先上托。建立后进先出栈,正好满足这种后进先出的要求,把上托时要返回的网络中的有关状态,存储在后进先出栈中,从而控制下推和上托的过程,使递归转移网络能够有条不紊地、按部就班地工作。

为了便于阅读,我们规定网络中的状态用两个符号来表示:一个符号写在斜线上端,表示网络的名称,另一个符号写在斜线的下端,表示该网络中有关状态的位置。例如,S/0 表示 S-网络中的状态 q_0,S/f 表示 S-网络中的状态 q_f,VP/1 表示 VP-子网络中的状态 q_1,NP/1 表示 NP-子网络中的状态 q_1,等等。

在对一个递归转移网络进行遍历的任何一个时刻,计算机运算的格局由 R1、R2、R3 三部分组成:

— R1:当前状态的名字;

— R2:输入符号串中尚未识别的部分:

— R3:后进先出栈的情况。

与有限状态转移网络的格局相比,除 R1 和 R2 之外,递归转移网络的格局还要加上后进先出栈的情况 R3。

例如,在用图 4.5 中的递归转移网络来识别英语句子"John sees the house"时,当识别完动词 sees 返回 NP -子网络的状态 q_0 的时刻,计算机的运算格局如下:

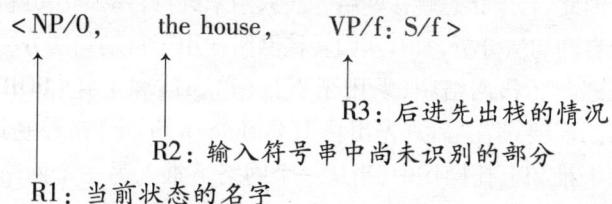

后进先出栈中存储着 VP-子网络中的状态 q_f(用 VP/f 表示)和

S-网络中的状态 q_f（用 S/f 表示），根据后进先出的原则，VP/f 后进排在前面，S/f 先进排在后面。这时，后进先出栈中的情况如图 4.8 所示。

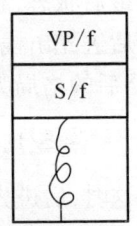

VP/f
S/f

图 4.8　后进先出栈

这意味着，当在 NP-子网络中识别了符号串 the house 之后，先上托返回到状态 VP/f，再上托返回到状态 S/f。

在遍历开始时，先从 S-网络中的初始状态开始，后进先出栈为空，故此时的格局是：

　　< S/0, …, >

其中，"…"表示输入符号串。

当遍历成功，输入符号串被识别，这时，我们必定达到了 S-网络的最后状态 q_f，输入符号串中不再有剩余部分，后进先出栈变空，故此时的格局是：

　　< S/f,, >

下面，我们举例说明，在一个句子的识别过程中，计算机运算格局是如何地变化的。

我们用图 4.5 中的递归转移网络来识别英语句子"Mary sees that man"（玛丽看那个男人）。

识别开始时的格局为：

　　< S/0. Mary sees that man, >

在状态 S/0，搜索到 NP，故下推到 NP-子网络中，此时的格局为：

　　< NP/0, Mary sees that man, S/1：>

后进先出栈中存储了状态 S/1，表示在从 NP-子网络上托返回到 S-网络时，返回的状态为 S/1。

在 NP-子网络中，在状态 NP/0，搜索到 N，名词 Mary 被识别，状态转移到 NP/f，此时的格局为：

　　< NP/f, sees that man, S/1：>

在状态 NP/f，可搜索的弧只有 WH，但 sees 不属于 WH，而 NP/f

又是最后状态,故此时唯一的选择就是从 NP-子网络上托到 S-网络。由于后进先出栈中的情况表示上托时返回到状态 S/1,所以返回到 S-网络后的格局为:

> < S/1, sees that man, >

这时,后进先出栈中的 S/1 被抹去,后进先出栈变空。

在状态 S/1,搜索到 VP,故下推到 VP-子网络,状态转移到 VP/0,后进先出栈中存入新的状态 S/f,表示上托时返回的位置。此时的格局为:

> < VP/0, sees that man, S/f: >

在状态 VP/0,搜索到 V,识别了动词 sees 后进入状态 VP/1,此时的格局为:

> < VP/1, that man, S/f: >

在状态 VP/0 搜索到 V 时,也可能进入状态 VP/f,由于 VP/f 是最后状态,故上托到 S-网络中的状态 S/f。但由于 S/f 已经是 S-网络的最后状态,而输入符号串中还有 that man 没有被识别,所以,其格局为:

> < S/f, that man, >

这种格局是不可能的。因而在识别了动词 sees 之后,不进入状态 VP/f,而进入状态 VP/1。

在状态 VP/1,又存在如下两种格式可供选择:

> < VP/2, man, S/f: >
> < NP/0, that man, VP/f: S/f: >

如果我们选择前一种格局,在 VP/2,我们只能下推到 S-网络,这时,格局变为:

> < S/0, man, VP/f: S/f: >
> < NP/0, that man, VP/f: S/f: >

我们再选择前一格局,在状态 S/0,我们只得下推到 NP-子网络,并在后进先出栈中加入返回到 S-网络时的结点 S/1，这时，格局变为：

$$< NP/0, \ man, \ S/1: \ VP/f: \ S/f >$$
$$< NP/0, \ that \ man, \ VP/f: \ S/f >$$

如果我们这次选择后一格局，在 NP-子网络中搜索 DET(that 属于 DET)，并进入状态 NP/1，这时，格局变为：

$$< NP/0, \ man, \ S/1: \ VP/f: \ S/f: \ >$$
$$< NP/1, \ man, \ VP/f: \ S/f: \ >$$

继续选择后一格局，在 NP-子网络中搜索 N(man 属于 N)，并进入状态 NP/f，这时，格局变为：

$$< NP/0, \ man, \ S/1: \ VP/f: \ S/f: \ >$$
$$< NP/f, \ , \ VP/f: \ S/f: \ >$$

如果我们继续选择后一格局，我们可上托到 VP-子网络的结点 VP/f，并在后进先出栈中抹去 VP/f，这时，格局变为：

$$< NP/0, \ man, \ S/1: \ VP/f: \ S/f: \ >$$
$$< VP/f, \ , \ S/f: \ >$$

再继续选择后一格局，从 VP-子网络上托到 S-网络的结点 S/f，并在后进先出栈中抹去 S/f，后进先出栈变空，这时，格局变为：

$$< NP/0, \ man, \ S/1: \ VP/f: \ S/f: \ >$$
$$< S/f, \ , \ >$$

后一格局 $< S/f, \ , \ >$ 中，S/f 正是 S-网络的最后状态，输入符号串中没有剩余符号，后进先出栈变空，因而输入符号串识别成功。

递归转移网络也可以用来进行随机生成。由于生成是随机的，在同一词汇范畴中具体地选择的单词，不一定与我们例子中的单词相同。

下面，我们给出句子"Maria saw the dog"(玛利亚看见那条狗)的生成过程。

— 开始

    < S/0,, >

— 从 S-网络下推进入 NP-子网络，在后进先出栈中记住 S/1

    < NP/0,, S/1：>

— 在 NP-子网络中搜索 NP

    < NP/f, Maria, S/1：>

— 生成 Maria,并上托到 S-网络中的状态 S/1

    < S/1, Maria, >

— 下推到 VP-子网络,并在后进先出栈中记住 S/f

    < VP/0, Maria, S/f：>

— 生成 saw,进入状态 VP/1

    < VP/1, Maria saw, S/f：>

— 下推到 NP-子网络,并在后进先出栈中记住 VP/f

    < NP/0, Maria saw, VP/f：S/f：>

— 在 NP-子网络中搜索 DET,生成 the,并进入状态 NP/1

    < NP/1, Maria saw the, VP/f：S/f：>

— 在 NP-子网络搜索 N,并生成 dog,并进入状态 NP/f

    < NP/f, Maria saw the dog, VP/f：S/f：>

— 上托回 VP-子网络的最后状态 VP/f,并在后进先出栈中抹去 VP/f

    < VP/f, Maria saw the dog, S/f：>

— 继续上托到 S-网络中的最后状态 S/f,并在后进先出栈中抹去 S/f

    < S/f, Maria saw the dog, >

这时,进入了 S-网络中的最后状态 S/f,后进先出栈变空,生成的符号串为"Maria saw the dog",生成完毕。

如果我们把递归转移网络中弧上的单个符号改为符号偶对,那么,递归转移网络就变成了后进先出转录机(Pushdown Transducer,简称 PT)。

我们建立如下的后进先出转录机来作简单的英—法机器翻译。

S-网络:

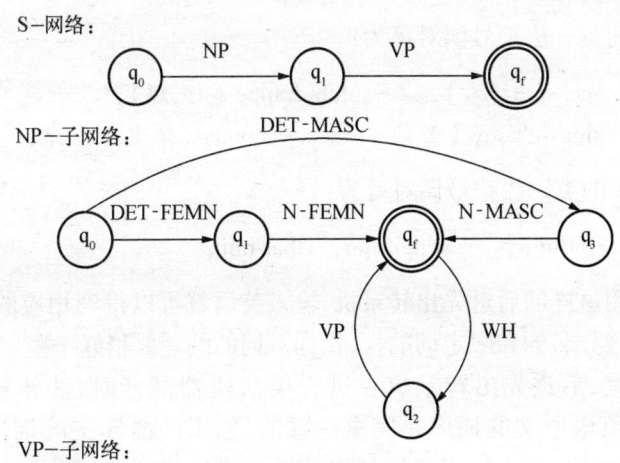

VP-子网络:

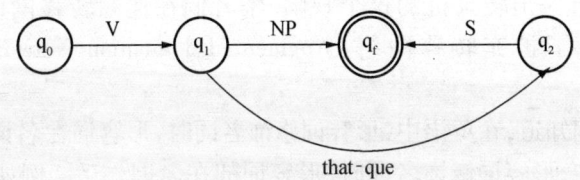

图4.9　后进先出转录机

其中,N-MASC 表示阳性名词,其英—法符号偶对可为:

man-homme（人）,　　 horse-cheval（马）

N-FEMN 表示阴性名词,其英—法符号偶对可为:

house-maison（房子）,　 table-table（桌子）

DET-MASC 表示阳性限定词,其英—法符号偶对可为:

a-un, the-le, this-ce

DET-FEMN 表示阴性限定词,其英—法符号偶对可为:

a-une, the-la, this-cette

NP 的英—法符号偶对可为:

John-Jean, Mary-Marie, Jean-Jeanne

V 的英—法符号偶对可为:

sees-voit (看), hits-frappe (打,碰),

sings-chante (唱), lacks-manque (缺少)

WH 的英—法符号偶对可为:

who-qui, which-qui, that-qui

采用这样的后进先出转录机,输入英语就可以得到相应的法语,它还能区分名词和限定词的性,比词对词的翻译要稍好一些。

但是,后进先出转录机在进行英法机器翻译时,法语译文的词序与英语原文的词序是完全一致的,如果法语译文的词序与英语原文的词序不同,就不能利用后进先出转录机进行翻译。为了克服后进先出转录机的这个缺陷,学者们在递归转移网络的基础上,提出了扩充转移网络(Augmented Transition Networks,简称 ATN)。

我们知道,在英语中,形容词修饰名词时,形容词在名词之前,而在法语中,形容词修饰名词时,形容词却在名词之后。例如,英语"a short name"(短名字)译为法语时,其词序为"un nom court",形容词 court(短)在名词 nom(名字)的后面。在把英语译为法语时,必须进行词序的调整。

扩充转移网络中设有寄存器(registers),我们可以把有关的信息记录在寄存器中。寄存器中的信息,是以"条件—动作"偶对的方式来工作的,在扩充转移网络中每搜索一个弧上的符号,都要首先检查与此符号有关的寄存器,看其是否符合寄存器中条件的规定,并执行相应的动作,才能通过这个符号而进入下一个状态。有了这样的寄存器，我们就不难在英法机器翻译中进行词序的调整了。

具体说来，我们可以在扩充转移网络的 NP-子网络的最后状态设置寄存器 FNP，如果英译法时译的是人名，则将英语的人名直接译为法语的人名，如果英译法时译的是由形容词与名词构成的名词词组，那么，我们还要设置 FDET，FADJS 和 FNOUN 等寄存器来记录名词词组翻译中要用的有关信息。

扩充转移网络的 NP-子网络如图 4.10 所示。

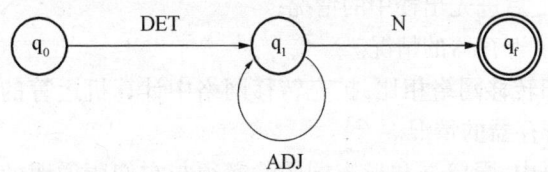

寄存器：FADJS, FNOUN, FDET, FNP

图 4.10　调整词序的扩充转移网络

这个扩充转移网络设置了 FADJS, FNOUN, FDET 和 FNP 四个寄存器。它们的作用如下：

—在初始状态 q_0，置寄存器 FADJS 为空符号串；

—在最后状态 q_f，返回寄存器 FNP；

—从状态 q_0 到状态 q_1，搜索 DET，置寄存器 FDET 为 French(*)，(*)表示当前词；

—从状态 q_1 返回到状态 q_1，搜索 ADJ，置寄存器 FADJS 为 FADJS + French(*)；

—从状态 q_1 到状态 q_f，搜索 N，置寄存器 FNOUN 为 French(*)，由于 q_f 是最后状态，返回寄存器 FNP，再置寄存器 FNP 为 FDET + FNOUN + FADJS。

在上述式子中，"＋"号表示是符号串的毗连，也就是把"＋"号前后的单词连起来并在其间加一个空白。French 是一个函数，它把英语词译成相应的法语词。French(*)表示把当前的英语词译成相应的当前法语词。寄存器 FADJS 用来存储将要翻译的形容词符号序列，当在名词词组中发现还有更多的形容词时，就把与它们相应的法语形容词逐一地加到该寄存器当前值的尾部。由于在最后状态置寄存器 FNP 为 FDET + FNOUN + FADJS，这样，就可以把英语名词词组中处于名词前面的形容词在法语译文中加到名词的后面去，从而实现词序的调整。

由此可以看出，在对一个扩充转移网络进行遍历的任何一个时刻，计算机运算的格局应该由 R1，R2，R3 和 R4 四个部分组成。

— R1：当前状态的名字；

— R2：输入符号串中尚未识别的部分；

— R3：后进先出栈中的情况；

— R4：寄存器的情况。

与递归转移网络相比，扩充转移网络中计算机运算的格局多出了 R4，即寄存器的情况。

在法语中，限定词和形容词的性必须与它们所说明的名词的性保持一致关系。如果名词为阳性，则说明它的限定词和形容词就用阳性形式，如果名词为阴性，则说明它的限定词和形容词就用阴性形式。例如：

英语 a green tree（一棵绿树）译为法语时为 un arbre vert，因为名词 arbre（树）是阳性，所以，在后面说明它的形容词用阳性形式 vert（绿），在前面说明它的不定冠词用阳性形式 un。

英语 a green table（一张绿色的桌子）译为法语时为 une table verte，因为名词 table（桌子）是阴性，所以，在后面说明它的形容词用阴性形式 verte（绿），在前面说明它的不定冠词用阴性形式 une。

为了解决这样的一致关系问题，我们在有限状态转移网络中曾采用过增加状态和弧的办法，使阳性名词的识别走一条路，而阴性名词的识别走另一条路，而形容词和限定词的性，则根据它们所说明的名词的性来决定。然而，在实际的遍历过程中，只有一条路的搜索会导致成功，因而这种分别为阳性名词和阴性名词设置不同路径的方法，显得十分庞杂，运行效率也比较低。

如果我们使用扩充转移网络，那么，我们只要设置一个叫做 FGENDER 的寄存器，在这个寄存器中记录着有关性的一致关系的信息,阳性名词和阴性名词共同使用一个弧,只要在寄存器中根据阳性名词和阴性名词的不同而使相应的限定词和形容词取不同的值,在遍历过程中,如果是阳性名词,则限定词和形容词的性就取阳性形式为其值,如果是阴性名词,则限定词和形容词就取阴性形式为其值。这样,在网络中不必增加新的状态和新的弧,就可以解决法语名词词组中性的一致关系问题。

这样的扩充转移网络中的 NP—子网络如下:

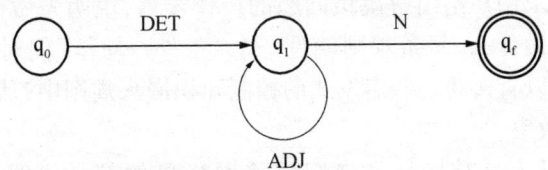

寄存器:FADJS, FDET, FNP, FNOUN, FGENDER

图 4.11　处理一致关系的扩充转移网络

这个扩充转移网络中设置了 FADJS, FDET, FNP, FNOUN, FGENDER 五个寄存器。

这五个寄存器的作用如下:

——在最后状态 q_f,返回 FNP;

——从状态 q_0 到状态 q_1,搜索 DET,置寄存器 FGENDER 为"masculine"(阳性),置寄存器 FDET 为 French(* , "masculine");

——从状态 q_0 到状态 q_1,搜索 DET,置寄存器 FGENDER 为"feminine"(阴性),置寄存器 FDET 为 French(* , "feminine");

——从状态 q_1 返回到状态 q_1,置寄存器 FADJS 为 FADJS + French(* , FGENDER);

——从状态 q_1 到最后状态 q_f,置寄存器 FNOUN 为 French(*),FNOUN 的性必须与 FGENDER 的性一致,并置 FNP 为 FDET + FNOUN + FADJS。

French 是一个函数,它的作用是把英语词翻译成相应的法语词,French(*)表示把当前的英语词翻译成当前的法语词。由于使用了寄存器 FGENDER,使得我们可以根据不同的条件来决定所取法语词的性,从而在名词词组中,保持名词与说明它的限定词和形容词在性上的一致。

在现代人工智能研究中,有两种不同的形式化知识表达方式。一种方式是说明性知识表达方式(declarative knowledge representation),一种方式是过程性知识表达方式(procedural knowledge representation)。说明性知识表达方式着重于知识的静态方面,它描述客体、事件及其相互间的联系,要求用户给出已知条件,而不需要给出操作的步骤。而过程性知识表达方式则强调知识的动态方面,它要说明问题的求解过程,要求用户给出解决该问题的操作步骤,说明先做什么,再做什么,最后做什么,每条规则就是一个"条件—动作"偶对的操作序列,用户可以直接将一些启发式的控制知识嵌入规则中,从而提高问题求解的效率。

有限状态转移网络和递归转移网络显然都是说明性的知识表达方式,它们只要求用户给出完备正确的前提条件和相应的状态转换规则,而问题求解的方式和策略则完全隐含在控制系统之中。因此,只要根据有限状态转移网络和递归转移网络的一般性原则,我们就可以处理形形色色的、各不相同的任务。而扩充转移网络则有很强的过程性,设计一个扩充转移网络很像设计一个计算机程序,它要详细地、具体地说明问题的求解过程,因此,扩充转移网络只用于解决它所要解决的特定问题。例如,我们前面设计的用于英法机器翻译的扩充转移网络,不能用来进行英语的随机生成,也不能用来进行反方向的法英机器翻译。然而,扩充转移网络进行问题求解的效率却很高,这是它的一个突出的优点,在很多自然语言处理系统中,扩充转移网络得到广泛的采用。

由此可见,说明性的知识表达方式与过程性的知识表达方式各有利弊,我们应该把它们恰当地结合起来,更好地解决自然语言处理中的各种问题。

递归转移网络和扩充转移网络都把句子分解成一些词组来进行理解,这样的处理方式与人脑中进行的对于自然语言句子的分析方式有相近之处。心理语言学的研究证明,听话人在理解句子时也是把句子分解为一个个的组成成分来进行的。美国学者弗托(J. A.

Fodor)发现,语言的知觉单位相当于句子的组成成分,人们在理解输入的句子时总是把句子分解成一些组成成分,如 NP, VP 等。作为一个单位,它们相对地不受外界刺激的影响,并力图抵制外来的干扰而保持其完整性。他们做过这样的实验:让被试者的一个耳朵听语言,另一个耳朵听卡擦声,如果卡擦声在组成成分的交界处,被试者很容易察觉卡擦声出现的位置,但如果卡擦声出现在一个组成成分的中间,被试者就难以察觉出它的实际位置,往往把卡擦声察觉为发生在接近组成成分的交界处。这样的心理语言学实验,为递归转移网络和扩充转移网络把句子分解为词组来进行自动处理,在理论上找到了根据。

第二节 自底向上剖析法和自顶向下剖析法

自动句法分析就是计算机自动地识别句子的各个句法单位以及它们之间的相互关系的过程,这个过程,又叫做"剖析"(parsing,我们把英文 parsing 翻译为"剖析",是为了使汉语译名与英文原词谐音,国内学者也有把这个术语翻译为"自动句法分析"的)。

自然语言的剖析技术是建立在自然语言的形式语法(formal grammar)的基础之上的。所谓剖析,就是要用形式语法来分析语言句子的结构,使之能清晰地、形式化地表示出来,因此,形式语法在自然语言的剖析中有着极为重要的作用。

一般地说,一种好的形式语法,在语言的描述方面应该尽量地自然、明白、易懂,在数学的表达方面,应该有很强的说明力和解释力,在计算技术方面,应该具有较高的效率。

美国语言学家乔姆斯基提出,形式语法 G 可以用下面的四元组来定义:

$$G = (VN, VT, S, P)$$

其中,VN 是非终极符号的集合,这些符号是专门用来描述语法类别的,它们是范畴符号,如词类符号、词组类型符号等;VT 是终极符号的集合,它们就是被定义语言中的具体的单词;S 是初始符号,它是集合 VN 中的一个特殊成员;P 是重写规则的集合,其中的每一

条规则都具有

$$\phi \rightarrow \psi$$

的形式,ϕ 称为规则的左部(Left Hand Side,简称 LHS),ψ 称为规则的右部(Right Hand Side,简称 RHS),$\phi \rightarrow \psi$ 意味着可以用规则的右部 ψ 来置换规则的左部 ϕ。

给定了一个语法 G,我们就可以从初始符号 S 开始,应用重写规则推导出这种语法 G 所描述的语言 L(G)。具体地说,我们可以用重写规则 $S \rightarrow \phi_1$,从 S 推导出新的符号串 ϕ_1,再利用重写规则 $\phi_1 \rightarrow \phi_2$,从 ϕ_1 推导出新的符号串 ϕ_2,$\cdots$,一直到我们得到不能再重写的符号串 ϕ_n 为止。这样推导出的终极符号串 ϕ_n,就是语言 L(G)的成立句子。

第一章中我们曾经提到过的短语结构语法,就是乔姆斯基形式语法中最重要的一个类型。确切地说,这种短语结构语法应该叫做上下文无关的短语结构语法(Context-Free Phrase Structure Grammar,简称 CF-PSG)。这种语法的重写规则是:

$$A \rightarrow \omega$$

其中,A 是单个的非终极符号(即范畴符号),ω 是非空的符号串,ω 可以由终极符号组成,也可以由非终极符号组成,也可以由终极符号与非终极符号混合组成。

有了一个上下文无关的短语结构语法,我们就可以用 RHS 中的符号串来重写 LHS 中的范畴符号,RHS 的符号串中可以含有范畴符号,也可以含有具体的单词。当用上下文无关的短语结构语法把 LHS 中的范畴符号重写为具体的 RHS 的时候,不必考虑 LHS 的范畴符号所出现的上下文,规则的使用对于上下文没有任何的限制,这就是为什么这种语法叫做"上下文无关的短语结构语法"的原因。当今在程序设计语言中所使用的巴库斯—瑙尔范式(Bacus-Naur Normal Form)就是上下文无关的短语结构语法。

为了行文上的方便,在不引起混淆的情况下,我们在下面的叙述中,把上下文无关的短语结构语法叫做"短语结构语法"。

我们提出如下的短语结构语法：

G = (VN, VT, S, P)
VN = {S, NP, VP, V}
VT = {林黛玉,焚,诗稿}
S = {S}
P:
  S → NP + VP   (i)
  VP → V + NP   (ii)
  VP → V   (iii)
  NP → {林黛玉,诗稿}   (iv)
  V → {焚,叹息}   (v)

下面,我们从初始状态开始,写出句子"林黛玉焚诗稿"的推导过程：

推导过程			所用规则
S			开始
NP	VP		(i)
NP	V	NP	(ii)
林黛玉	V	NP	(iv)
林黛玉	焚	NP	(v)
林黛玉	焚	诗稿	(iv)

上述推导过程,也就是这个句子的生成过程。

由短语结构语法生成的句子,可以用如下的树形图来表示：

这种与短语结构语法相对应的树形图,叫做"短语结构树"(Phrase Structure Tree)。

我们也可以把短语结构树表示为一个表(list), 表中的第一个元素是树形图的根上的标记,后面的各个元素是相应结点的直接后裔的标记,按它们在句子中出现的顺序排列,在 LISP 语言中,上述的短语结构树可表示为：

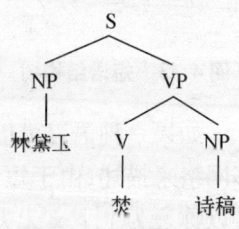

图 4.12　树形图

(S(NP 林黛玉)(VP(V 焚)(NP 诗稿)))

　　由于表中的第一个元素是树形图中根结点的标记,尔后的各个元素依次是其后裔的标记,而这些元素本身也是表。这样的表写成下面的形式更醒目:

　　　　(S
　　　　　(NP　　林黛玉)
　　　　　(VP
　　　　　　(V　　　焚)
　　　　　　(NP　　　诗稿)))

　　上面的短语结构语法也可以生成句子"林黛玉叹息"。其推导过程是:

推导过程		所用规则
S		开始
NP	VP	(i)
NP	V	(iii)
林黛玉	V	(iv)
林黛玉	叹息	(v)

其短语结构树为:
这个短语结构树在 LISP 语言中可表示为:

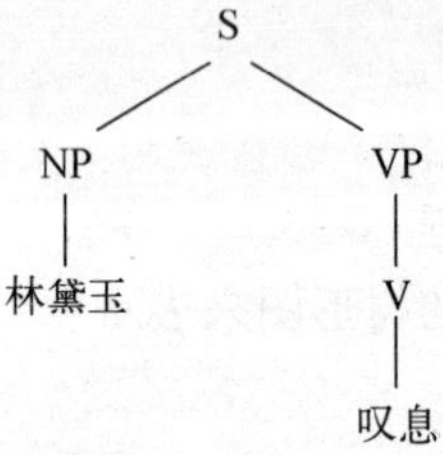

(S
　(NP　　林黛玉)
　(VP
　　(V　　叹息)))

图 4.13　短语结构树

　　如果一种语言叫以由短语结构语法来描述,也就可以用递归转移网络来描述,由于短语结构语法是上下文无关的,因此,这种语言可以称之为上下文无关语言(Context Free Language,简称 CFL)。

　　短语结构语法便于书写,便于修改,因而受到了自然语言处理研究者的普遍欢迎,推动了自然语言处理的发展,在自然语言处理中屡建奇功。短语结构语法的形式清晰,易学易记,在剖析、翻译和编译等技术中得到广泛的应用,自然语言处理早已研制出了用于剖析和识别上下文无关语言 CFL 的高效算法,上下文无关的短语结构语法的剖析程序已经制成专用的软件,可见自然语言处理学界对于短语结构语法之重视。

下面,我们介绍几种基于短语结构语法的剖析技术。

(1)自底向上剖析(bottom-up parsing)

如果我们有包含三个词的汉语句子"林黛玉焚诗稿",经过自动切词之后,这个句子的词与词之间出现了空白,其形式变为:

　　　林黛玉　　焚　　诗稿

使用前述的短语结构语法 G,我们可知第一个词"林黛玉"应该属于 NP 这个句法范畴,因为在语法 G 的重写规则(iv)中,与规则右部 RHS"林黛玉"相匹配的规则左部 LHS 是范畴符号 NP。这样,我们得到如下的剖析图

　　NP__
　　林黛玉　　焚　　诗稿

然后,我们继续剖析符号串"NP　焚　诗稿"。我们检查在语法 G 中,有没有右部 RHS 为 NP 的重写规则。例如,如果在语法 G 中有 K→NP 这样的重写规则,那么,我们就可以把 NP 置于 K 之下,让 K 来支配 NP;但是,在我们的语法 G 中没有这样的重写规则,因此,我们来检查所得符号串中的第二个词"焚",根据规则(v),我们发现"焚"的范畴符号是 V,于是,我们得到剖析图

　　NP__　　V__
　　林黛玉　焚　　诗稿

在剖析过程中,我们要设法在语法 G 所容许的范围内,尽量把符号串中的范畴符号组合起来。

首先,我们再一次检查在语法 G 中,有没有右部 RHS 只包含 NP 的重写规则,检查结果是没有,然后,我们再检查在语法 G 中,有没有能把 NP 和 V 组合起来的重写规则,检查结果也是没有。于是,我们来检查符号串 NP V 中的第二项 V,看一看语法 G 中,有没有规则右

部 RHS 为 V 的重写规则,我们发现重写规则(iii)正是这样的规则,于是,我们把 V 置于 VP 的支配之下,得到剖析图

```
              VP__
NP__        V__
林黛玉    焚      诗稿
```

现在,VP 位于初始符号 NP 之后。我们再一次检查语法 G 中有没有右部 RHS 中只包含 NP 的重写规则,检查结果是没有。我们再来检查语法 G 中有没有规则右部 RHS 为符号串 NP VP 的重写规则,检查结果发现,规则(i)就是这样的重写规则,其左部 LHS 为 S,于是,把 NP VP 置于 S 的支配之下,得到剖析图

```
    S_____
              VP__
NP__        V__
林黛玉    焚      诗稿
```

这时,S 的跨度从 NP 开始,到 VP 结束,得到的符号串为"S 诗稿"。在语法 G 中,没有右部 RHS 为 S 或"S 诗稿"的重写规则,于是,我们查得重写规则(iv)的右部为"诗稿",其左部 LHS 为 NP,于是,我们得到剖析图

```
    S_____
              VP__
NP__        V__      NP__
林黛玉    焚      诗稿
```

在这种情况下,我们不可能再继续处理了,因为在语法 G 中,S 不可能单独作为规则右部 RHS,符号串 S NP 也不可能作为规则右部 RHS,NP 也不能单独作为规则右部 RHS。然而我们的目标是要使 S 能驾凌于整个的输入符号串,而按刚才的剖析过程,S 的跨度只能包含输入符号串中的头两个词"林黛玉 焚",而第三个词"诗稿"却在 NP 的支配之下,孤零零地处于 S 的跨度之外。显而易见,我们一定是在剖析过程的什么地方误入歧途,而导致了剖析的失败,使剖析进入了死胡同。

为了跳出这个死胡同,我们采用"回溯"(backtracking)的办法,回到剖析过程中进行多中选择的情况去。为此,我们首先把支配"诗稿"的 NP 去掉,再把支配 NP VP 的 S 去掉,得到剖析图

```
            VP__
    NP__        V__
    林黛玉     焚      诗稿
```

我们可以看出,前面的剖析过程之所以进入死胡同,是因为我们过早地把 NP 与 VP 结合起来置于 S 的支配之下,而 VP 本身又不能单独地出现在语法 G 的重写规则的右部 RHS 之中,因此,,剩下来的唯一选择,就是用重写规则(vi),把最后一个词"诗稿"置于 NP 的支配之下,我们得到剖析图

```
            VP__
    NP__        V__        NP__
    林黛玉     焚      诗稿
```

在这种情况下,我们首先检查符号串 NP   VP   NP 能否出现在语法 G 重写规则的右部 RHS,发现不行,再检查符号串 VP NP 能否出现在语法 G 重写规则的右部 RHS,发现也不行,最后再检查句末的 NP 能否置于另一个范畴符号的支配之下,发现也不行,(我们已经多次检查过 NP 能否作为规则右部 RHS,但答案总是否定的)。这样一来,我们又再一次进入死胡同中。

检查了 VP 这个范畴符号与别的成分结合的一切可能性之后,我们发现,直接支配 V 的 VP 这个范畴符号不能引导我们找到成功的途径。因此,我们不得不进一步回溯,抹去 VP 这一个范畴符号,于是,我们得到剖析图

```
    NP__        V__        NP__
    林黛玉     焚      诗稿
```

我们来检查符号串 V   NP 能否成为语法 G 中重写规则的右部 RHS,发现重写规则(ii)正好满足这样的条件,于是,我们把符号串 V NP 置于 VP 的支配之下,其跨度从 V 到 NP,我们得到剖析图

```
              ___VP_____
   NP__      V__      NP__
   林黛玉      焚        诗稿
```

回到句子的开头,我们首先检查 NP 能否单独地作为 RHS,发现不行,接着再检查符号串 NP VP 能否单独地作为 RHS,根据重写规则(i),可把这个符号串 NP VP 置于 S 的支配之下,于是,我们把 S 加到我们的剖析图中,得到

```
     _____S_____
              ___VP_____
   NP__      V__      NP__
   林黛玉      焚        诗稿
```

这个 S 与前面的那个 S 不一样,它的跨度从句首开始,到句末结束,覆盖了整个句子,因此,句子的剖析成功。

前面的剖析过程可以归结为如下的搜索树:

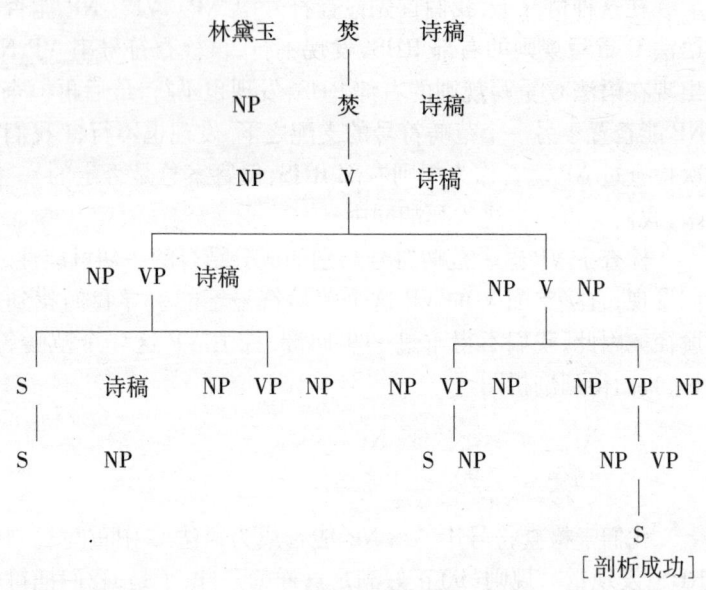

[剖析成功]

图 4.14　自底向上剖析的搜索树

从搜索树上可以看出,要完成一个句子的剖析,其搜索过程是比较复杂的。如果搜索一开始,就能找到正确的途径而得到成功,那当然是最理想不过的。然而,在实际的剖析过程中,往往要经过多次的反复和回溯才能取得成功,有时还要不厌其烦地穷尽各种可能性,我们的程序总有那么一股顽强劲,不达目的,决不休止。在这个搜索树中可以看出,如果我们按照如下的顺序搜索,便可避开死胡同,直接走上成功之途,真是"踏破铁鞋无觅处,得来全不费工夫"。

林黛玉	焚	诗稿
NP	焚	诗稿
NP	V	诗稿
NP	V	NP
NP		VP
	S	

用 LISP 语言,我们很容易就可以把上述的自底向上剖析过程一目了然地写出来。

(林黛玉　　焚　　诗稿)

((NP　林黛玉)　焚　诗稿)
((NP　林黛玉)　(V　焚)　诗稿)
((NP　林黛玉)　(V　焚)　(NP　诗稿))
((NP　林黛玉)　(VP　(V　焚)　(NP　诗稿)))
(S((NP　林黛玉)　(VP　(V　焚)　(NP　诗稿))))

心理学家金补尔(J. P. Kimball)研究证明,人们在理解自然语言时,总是试图把新出现的词依附到前面与它紧连的组成成分上,把这个词与它前面的一个词联系起来,以便减轻记忆的负担,避免从记忆中搜索有关的组成成分或词汇。由于使用这样的策略,人们在理解如下的英语句了时往往会感到困惑:

The man offered one thousand dollars for the conference is my uncle.

（为会议提供一千美元资助的人是我的叔父。）

The horse raced past the barn fell.

（疾驰过牲口棚的那匹马跌倒了。）

人们在开始时往往会把第一句中的 offered 当作它前面的词 man 的谓语，把第二句中的 raced 当作它前面的词 horse 的谓语，等到句子快结束时，才发现这样的理解是错误的，于是回过头去对句子重新进行分析，采取类似于"回溯"的方法，从而得到正确的理解。这种句子叫做"花园幽径句"（garden path sentence），它正如花园中曲曲弯弯的幽径那样，需要颇费周折才可能通过。金补尔研究为剖析技术中的回溯机制提供了心理学上的根据。

（2）自顶向下剖析（top-down parsing）

我们仍然以"林黛玉 焚 诗稿"这个句子为例来介绍自顶向下剖析。为了便于读者了解思路，我们以第一人称"我"作为叙述的主体，自顶向下剖析的过程大致如下：

— 我来查找 S

　— S 由什么组成？

　— S 由一个 NP 后面跟着一个 VP 组成

　— 所以我得首先查找 NP

　　— NP 由什么组成？

　　— 语法 G 中没有什么规则可以扩展 NP

　　— 单词"诗稿"可以作为范畴符号 NP 的一个成员

　　—"诗稿"这个单词是句子中开头的第一个词吗？

　　— 不是

　　— 单词"林黛玉"可以作为范畴符号 NP 的一个成员

　　—"林黛玉"这个单词是句子中开头的第一个词吗？

　　　是的

　— 我找到了包含单词"林黛玉"的一个 NP

　— 现在，我要来查找 VP 了

＊＊＊　— VP 由什么组成？

　　　— 一个 VP 可由一个 V 组成

— 现在我需要查找 V

　— V 由什么组成?

　— 语法 G 中有没有什么规则可以扩展 V

　— 单词"叹息"可以作为范畴符号 V 的一个成员

　—"叹息"是句子中从句首开始的第二个单词吗?

　— 不是

　— 单词"焚"可以作为范畴符号 V 的一个成员

　—"焚"是句子中从句首开始的第二个单词吗?

　— 是的

— 我找到了组成 V 的单词是"焚"

　— 我发现 VP 是由 V 组成的,而 V 又是由单词"焚"组成的

— 我发现 S 是由包含单词"林黛玉"的一个 NP 以及包含单词"焚"的一个由 V 组成的 VP 这两部分组合而成的

— 是不是到达了句子的结尾了?

— 没有

— 哎呀,一定是我做错了什么事

— 回溯到 *＊* 处,用另外的办法来做

　— 我仍然需要查找 VP

　　— VP 是由什么组成的?

　　— VP 也可以由一个 V 后面跟着一个 NP 组成

　　— 现在我要查找 V

　　　— V 是由什么组成的?

　　　— 语法 G 中没有什么规则可以扩展 V

　　　— 单词"叹息"可以作为范畴符号 V 的一个成员

　　　— 句子中从句首开始的第二个词是"叹息"吗?

　　　— 不是

　　　— 单词"焚"可以作为范畴符号 V 的一个成员

　　　— 句子中从句首开始的第二个词是"焚"吗?

　　　— 是的

　　— 我找到了组成 V 的单词是"焚"

— 现在我要查找 NP

　— NP 是由什么组成的？

　— 在语法 G 中没有什么规则可以扩展 NP

　— 单词"诗稿"可以作为范畴符号 NP 的一个成员

　— 句子中单词"焚"的下面一个词是"诗稿"吗？

　— 是的

　— 我发现了 NP 是由单词"诗稿"组成的

　— 我发现了 VP 包含一个由单词"焚"组成的 V 和紧
　　接在 V 后面的一个由单词"诗稿"组成的 NP

— 我发现 S 应该包含下列成分：

由单词"林黛玉"组成的 NP 以及包含一个由单词"焚"组成的 V 和紧接在 V 后面的一个由单词"诗稿"组成的 NP 前后连接组合而成的 VP

　— 是否已经到达了句子的结尾？

　— 是的

　— 剖析成功了

图 4.15 是"林黛玉焚诗稿"自顶向下剖析的搜索树。在自顶向下的识别过程中，某一时刻的情况可用两个序列来描述：一个序列由剖析目标组成，一个序列由剩下的单词组成，两个序列之间用冒号（：）隔开。例如，"叹息 NP ：焚 诗稿"说明，自顶向下剖析程序试图找出后面跟着 NP 的单词"叹息"，而这时剩下的单词序列是"焚 诗稿"。

在这搜索树中，如果我们按照如下的顺序搜索，便可得到成功：

剖析目标		剩下的单词序列
S	:	林黛玉 焚 诗稿
NP　VP	:	林黛玉 焚 诗稿
林黛玉　VP	:	林黛玉 焚 诗稿
VP	:	焚 诗稿
V　NP	:	焚 诗稿
焚　NP	:	焚 诗稿
NP	:	诗稿

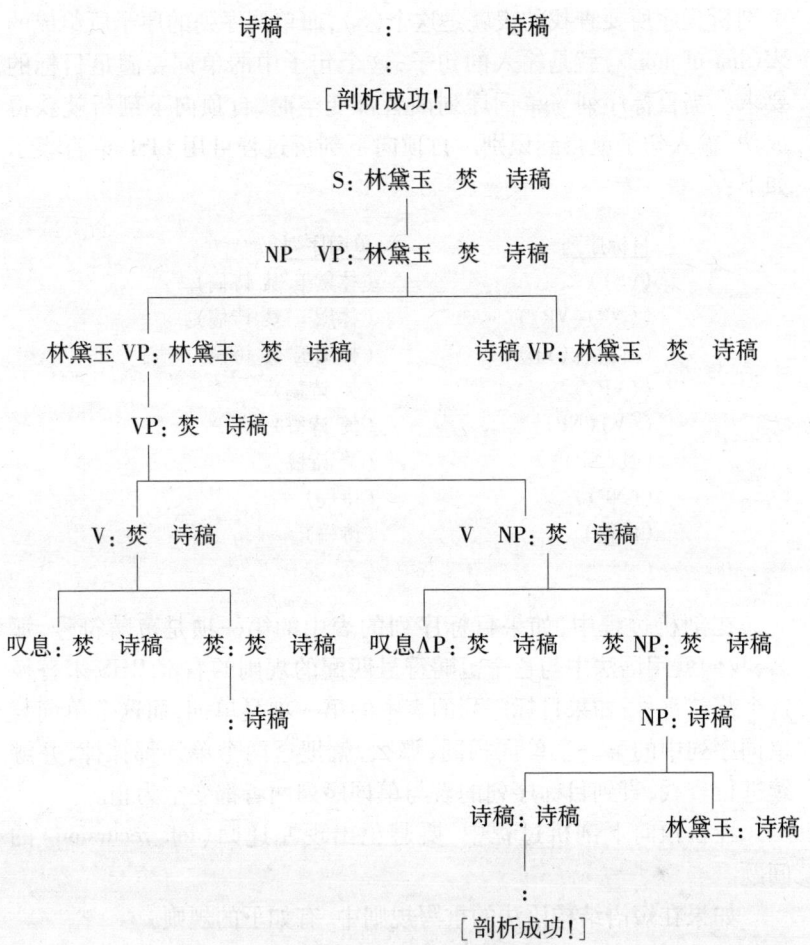

图 4.15　自顶向下剖析的搜索树

　　自顶向下剖析程序的写法与自底向上剖析程序的写法十分相似。自底向上剖析程序须要了解在任何特定的时刻成功地查找到的东西是什么,而自顶向下剖析程序则须要记住它试图要查找的东西是什么,这就是它的剖析目标(goals)。因此,自顶向下剖析程序在任何一个时刻的情况可用目标序列及单词序列来描述。在 LISP 语言中,目标序列用表(list)来表示,单词序列用原子(atom)来表示。当我们调用自顶向下剖析程序时,目标序列的表就是((S)),它指出这个剖析程序所要查找的表就是这个(S),而单词序列的原子所组成的表(list of atoms)就是输入的句子,这个句子中的单词要满足目标的要求。当目标序列与单词序列两者都变空时,自顶向下剖析就获得成功,输入句子就得到识别。自顶向下剖析过程可用 LISP 语言表示如下:

目标序列	单词序列
((S))	(林黛玉 焚 诗稿)
((NP)(VP))	(林黛玉 焚 诗稿)
(林黛玉(VP))	(林黛玉 焚 诗稿)
((VP))	(焚 诗稿)
((V)(NP))	(焚 诗稿)
(焚(NP))	(焚 诗稿)
((NP))	(诗稿)
(诗稿)	(诗稿)
( )	( )

在剖析过程中,如果目标序列的表中的第一项是范畴符号,那么,我们就用语法中与这个范畴符号匹配的规则的右部 RHS 来替换这个范畴符号;如果目标序列的表中的第一项是单词,而这个单词与单词序列中的第一个单词相同,那么,就把这两个单词都抹掉,并继续进行查找,直到目标序列的表与单词序列两者都变空为止。

在自顶向下剖析过程中,要避免出现左递归(left recursion)的问题。

如果在短语结构语法的重写规则中,有如下的规则:

  VP → VP NP

由于规则右部 RHS 的第一项与规则左部 LHS 完全相同,都是 VP,当用 RHS 来重写时,就必然要多次地用 RHS 中的 VP NP 来重写 LHS 中的 VP,这样,替换之后得到的符号串中总是有 VP,总是可以用 RHS 中的 VP NP 来替换 VP,这样,就形成了左递归。如果在语法中有左递归,那么,在与其相应的自左至右、自顶向下的剖析程序中,就会出现无穷循环的恶果,从而使剖析引入歧途。这时,剖析过程中将会出现如下的循环问答:

—— 现在我要查找 VP

—— VP 由什么组成？

—— VP 可由一个 VP 后面跟着一个 NP 组成

—— 现在我要查找 VP

—— VP 由什么组成？

—— VP 可由一个 VP 后面跟着一个 NP 组成

—— 现在我要查找 VP

—— VP 由什么组成？

—— VP 可由一个 VP 后面跟着一个 NP 组成

………

………

为了避免出现这样的恶性循环,在短语结构语法的规则中,每当出现左递归规则的时候,就要用等价的非递归的规则来代替它。这是我们在编写自顶向下的剖析程序时应该特别注意的问题。

(3) 深度优先剖析与广度优先剖析(depth-first parsing and breath-first parsing)

前面所讲的各种剖析都是深度优先剖析(depth-first parsing)。在搜索过程中的每一步,我们都要作出猜测,而且,只有在前面一步的猜测得到结论以后,才有可能探究下一步猜测,也就是说,猜测要一步一步地来进行,在同一时刻,不可能一起探究若干个猜测。例如,在对句子"林黛玉 焚 诗稿"进行自底向上剖析时,当我们搜索到动词"焚"时,我们首先猜测这个动词"焚"是不是支配着它的某个动词词组 VP 中的唯一内容,只有当我们经过探究而判断这个猜测是不正确的之后,才有可能猜测这个动词"焚"的后面是不是有一个 NP,并且"焚"与这个 NP 一起组成一个 VP。在深度优先剖析中,这两个猜测是不能同时地进行的,而只能先探究一个猜测,再探究另一个猜测。可见,深度优先剖析是一种典型的顺序式剖析。

广度优先剖析(breath-first parsing)与深度优先剖析不同,采用广度优先剖析时,在剖析过程中的同一时刻,可以同时保持若干个猜测,一步判断可以同时涉及到若干个猜测。在理想的情况下,尽管随着时间的推移,有某些猜测失败了,但广度优先的搜索还能保持另外一些猜测,并且把猜测的判断减缩到最小的范围内来进行。

下面,我们说明如何用广度优先剖析技术来剖析"林黛玉 焚 诗稿"这个句子。我们在范畴符号后面加字母"a"或"b"只是为了引用方便,并不表示新的范畴。

剖析步骤如下:

— 把范畴符号指派给句子中的每一个词汇项目。

林黛玉:	NPa
焚:	V
诗稿:	NPb

— 检查每一个范畴符号,看一看它们能否单独充当短语结构语法中重写规则的右部 RHS,从而被重写规则的左部 LHS 的范畴符号所支配。

NPa:	不能
V:	可被 VPa 支配
NPb:	不能

— 检查两两相邻的范畴符号,看一看它们能否充当短语结构语法中重写规则的右部 RHS,从而被重写规则的左部 LHS 的范畴符号所支配。

NPa V:	不能
NPa VPa:	可被 Sa 支配
V NPb:	可被 VPb 支配
VPa NPb:	不能

— 检查相邻的三个范畴符号构成的三元组,看一看它们能否充当短语结构语法中重写规则的右部 RHS,从而被重写规则的左部 LHS 的范畴符号所支配。

　　　　　NPa V NPb：　　不能

　　　　　NPa VPa NPb：　不能

　——检查在上述过程中,从短语结构语法的重写规则左部而来的那些新的范畴符号,看一看它们能否充当短语结构语法重写规则的右部RHS,从而又被重写规则左部 LHS 的其它范畴符号所支配。

　　　　　VPa：　　　　不能

　　　　　VPb：　　　　不能

　　　　　Sa：　　　　 不能

　——检查由范畴符号构成的新的相邻偶对,看一看它们能否充当短语结构语法重写规则的右部 RHS,从而被重写规则的左部 LHS 所支配。

　　　　　Sa NPb：　　不能

　　　　　NPa VPb：　　可被 Sb 支配 [剖析成功!]

　　　我们在设计广度优先的搜索算法时,很有必要研究一种机制,使得计算机把它的时间均匀地分配给所搜索范围的不同部分。在简单的广度优先剖析程序中,我们可以采用把各种不同的状态集中在一个表中的办法来达到这个目的。在自底向上的广度优先剖析程序中,我们可以把所须要了解的情况,用单词和范畴符号组成的表加以总结,使其清晰地表达出来。

第三节　左角剖析法

　　　左角剖析法(left-corner parsing method)是一种把自顶向下剖析法和自底向上剖析法结合起来的剖析法。所谓"左角"是指表示句子句法结构的树形图的任何子树(subtree)中左下角的那个符号。

　　　例如,在表示句子"the boy hits the dog with a rod"的树形图中,the 是 Det 的左角,Det 是 NP 的左角,NP 是 S 的左角,hits 是 V 的左角,V 是 VP 的左角,with 是 Prep 的左角,Prep 是 PP 的左角。

　　　从重写规则的角度来看,"左角"是重写规则右边部分的第一个

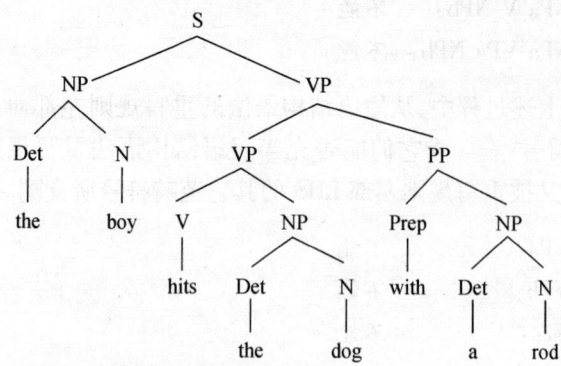

图4.16 "the boy hits the dog with a rod"的树形图

符号。如果重写规则的形式是 A→BC,则 B 就是左角。

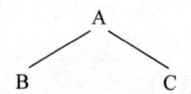

图4.17 重写规则的
树形表示

重写规则 A→BC 可以表示为如下的树形图(图4.17):

如果采用自顶向下剖析法,其分析过程应该是 A→B→C,是先上后下;如果采用自底向上剖析法,其分析过程应该是 B→C→A,是先下后上;如果采用左角剖析法,其分析过程就应该是 B→A→C,是有下有上。把数码记在相应的结点上,这三种剖析法的分析顺序如图4.18 所示:

左角剖析法的分析从左角 B 开始,然后根据重写规则 A→BC,自下而上地推导出 A,最后再自顶向下地推导出 C。

如果我们有如下的上下文无关语法:

自顶向下分析法

```
    A(1)
   /    \
 B(2)   C(3)
```

自底向上分析法

```
    A(3)
   /    \
 B(1)   C(2)
```

左角分析法

```
    A(2)
   /    \
 B(1)   C(3)
```

图4.18 三种剖析方法比较

G = {VN, VT, S, P}
VN = {S, NP, VP, Det, N, V, Prep}
VT = {the, boy, rod, dog, hits, with, a}
S = S
P:

　　S → NP VP　　　　(a)
　　NP → Det N　　　　(b)

$VP \rightarrow V\ NP$ (c)

$VP \rightarrow VP\ PP$ (d)

$PP \rightarrow Prep\ NP$ (e)

$Det \rightarrow \{the\}$ (f)

$Det \rightarrow \{a\}$ (g)

$N \rightarrow \{boy\}$ (h)

$N \rightarrow \{dog\}$ (i)

$N \rightarrow \{rod\}$ (j)

$V \rightarrow \{hits\}$ (k)

$Prep \rightarrow \{with\}$ (l)

根据这个语法的规则,我们用左角剖析法来分析句子"the boy hits the dog with a rod"。

（1）首先从句首的 the 开始,根据语法的规则(f),从规则(f)的左角 the,作出 Det(图 4.19)。

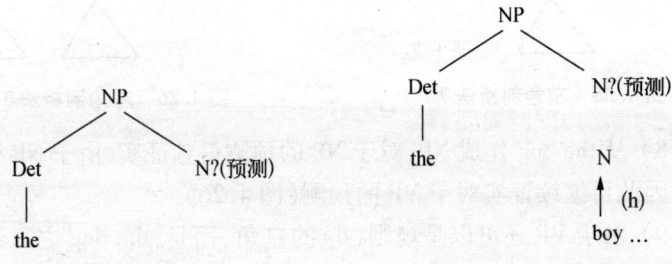

图 4.19　左角剖析法 1

（2）因为规则(b)的左角为 Det,所以,从 Det 出发,选择语法(b),并由此预测 Det 后面的 N(图 4.20)。

图 4.20　左角剖析法 2　　图 4.21　左角剖析法 3

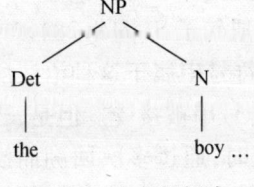

图 4.22　左角剖析法 4

（3）根据规则(h),从 boy 作出 N(图 4.21)。

（4）由于 boy 的父结点(father node)恰好是 N,可见我们对于 N 的预测是正确的,于是作出子树 NP(图 4.22)。

（5）NP 是规则（a）的左角，由 NP 选择规则（a），并预测 VP（图 4.23）。

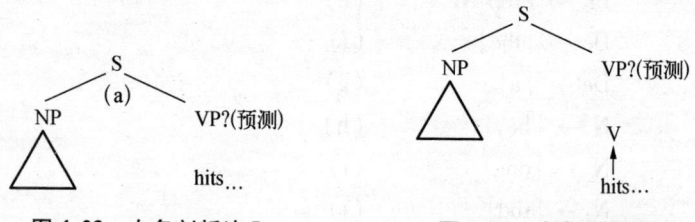

图 4.23　左角剖析法 5　　　　图 4.24　左角剖析法 6

（6）根据规则（k），由 hits 作出 V（图 4.24）。

（7）由于 V 是规则（c）的左角，所以选择规则（c），并预测 NP（图 4.25）。

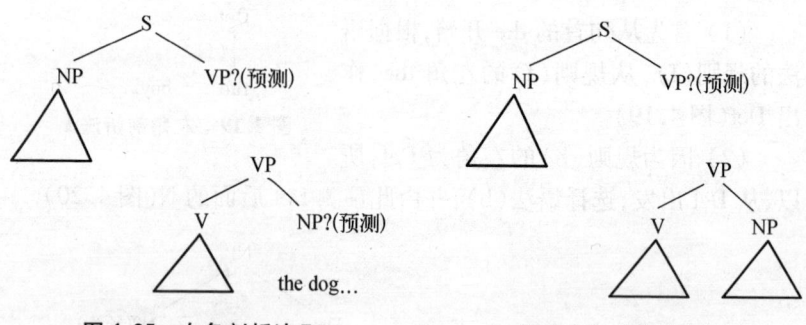

图 4.25　左角剖析法 7　　　　图 4.26　左角剖析法 8

（8）从 the dog 作成 NP，对于 NP 的预测得到证实，由于 NP 得到证实，因此可继续证实对于 VP 的预测（图 4.26）。

（9）由于 VP 还可以是规则（d）的左角，而且，the dog 之后还有 with 等单词，说明还不能过早地归约，需要进行回溯，以 VP 为规则（d）的左角，选择规则（d）来预测 PP（图 4.27）。

（10）对于 VP 的预测得到证实，于是，完成句子 S（图 4.28）。

上述剖析法中都使用了回溯。当输入的符号串属于这种语法所描述的语言时，加入回溯机制能够保证输入符号串被接受。但是，当输入的符号串不属于这种语法所描述的语言时，通过多次回溯而没有新的选择可以回溯，输入符号串就将被拒绝。系统回溯能够保证

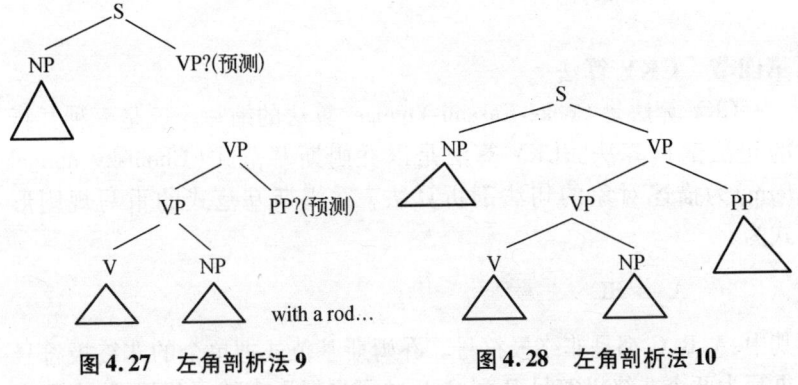

图 4.27　左角剖析法 9　　　　　　　图 4.28　左角剖析法 10

算法的正确性,但回溯同时也夹着大量的重复和多余的计算。

美国计算语言学家马尔库斯(M. Marcus)于 1980 年提出用人工的方法对归约的条件加以控制,从而避免了回溯。这就是"Marcus 确定性分析算法"。马尔库斯的确定性算法由两部分组成:模式部分和行为部分。模式部分说明栈及缓冲区的内容在什么样的情况下,分析算法可以执行行为部分所表明的操作。马尔库斯引入的缓冲区是输入概念的推广,它从左到右按顺序存放一些已经建成的句子成分,允许查看的缓冲区的内容是有限的,这就避免了规则的复杂化。在行为部分允许的操作,有的类似于归约、移进,有的将栈顶元素移到缓冲区,有的将缓冲区的成分移出,挂到栈顶所放成分的结点之下,等等。

美国学者伊尔利(J. Earley)于 1968 年在他的博士论文中提出了 Earley 算法(Earley algorithm)。这种算法在左角剖析法的基础上,把自顶向下剖析法和自底向上剖析法结合起来,在分析过程中交替地使用这两种剖析法。首先自顶向下预测某个语言成分的起点,找出起点之后,再自底向上长成一棵子树。Earley 算法提出了"点规则",这种"点规则"采用在规则中加点的方式来系统地表示已经建成的结构部分和有待进一步分析的结构部分,从而步步为营地从左到右对句子进行分析,提高了分析的效率。马丁·凯依的线图分析法,就是在 Earley 算法的基础上提出来的。由此我们可以看出从事自然语言处理的学者们在研究短语结构语法的分析算法方面所做的艰苦卓绝的努力。

第四节　CKY 算法

CKY 算法是 Cocke-Kasami-Younger 算法的缩写。这是一种并行的句法剖析算法。CKY 算法是以乔姆斯基范式（Chomsky normal form）为描述对象的句法剖析算法。乔姆斯基范式的重写规则形式为

$$A \rightarrow BC$$

其中，A、B、C 都是非终极符号。乔姆斯基范式把单个的非终极符号重写为两个非终极符号 B 和 C，反映了自然语言的二分特性，在语言信息处理中便于用二叉树来表示自然语言的数据结构，更加适合于描述自然语言。

显而易见，乔姆斯基范式的重写规则是上下文无关的短语结构语法的重写规则 $A \rightarrow \omega$ 中，当 $\omega = BC$ 时的一种特殊情况。

由于任何的乔姆斯基范式与上下文无关的短语结构语法都是等价的，因此，这样的限制并不失一般性。

对于英语句子"the boy hits a dog"（那个男孩儿打狗），使用 CKY 分析法，我们可以得到如下的表（图 4.29）：

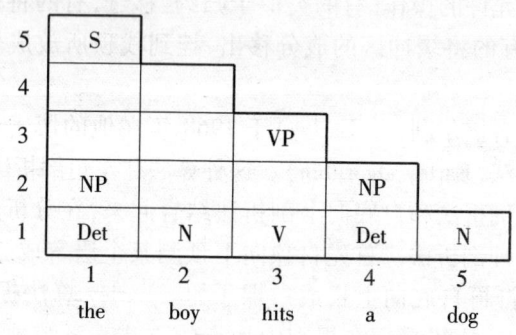

图 4.29　CKY 算法中的表

在这个表中，行方向（横向）的数字表示单词在句子中的位置，列方向（纵向）的数字表示该语言成分所包含的单词数。语言成分都装在框子（box）内，我们用 b_{ij} 来表示处于第 i 列第 j 行的框子的位置。这

样,每一个语言成分的位置就可以确定下来。例如,

Det $\in b_{11}$ 表示 Det 处于第 1 列第 1 行,

N $\in b_{21}$ 表示 N 处于第 2 列第 1 行,

V $\in b_{31}$ 表示 V 处于第 3 列第 1 行,

Det $\in b_{41}$ 表示 Det 处于第 4 列第 1 行,

N $\in b_{51}$ 表示 N 处于第 5 列第 1 行

这样一来,处于第 1 列第 2 行的 NP 的位置可用 b_{12} 表示(NP $\in$ b_{12}),这种记法说明,这个 NP 处于句首,包含 2 个单词(the 和 boy),也就是说,这个 NP 是由 Det 和 N 组成的;处于第 4 列第 2 行的 NP 的位置可用 b_{42} 表示(NP $\in b_{42}$),这种记法说明,这个 NP 处于第 4 个词的位置,包含 2 个单词(a 和 dog),也就是说,这个 NP 是由 Det 和 N 组成的;处于第 3 列第 3 行的 VP 的位置可用 b_{33} 表示(VP $\in b_{33}$),这种记法说明,这个 VP 处于第 3 个词的位置,包含 3 个单词(hits, a 和 dog),也就是说,这个 VP 是由 V(包含 1 个词)和 NP(包含 2 个词)组成的;处于第 1 列第 5 行的 S 的位置可用 b_{15} 表示(S $\in b_{15}$),这种记法说明,这个 S 处于句首,包含 5 个单词(the, boy, hits, a 和 dog),也就是说,这个 S 是由 NP(包含 2 个单词)和 VP(包含 3 个单词)组成的。这些框子里的标记,明确地说明了这个句子中的句法结构关系,因此,如果我们能够通过有限步骤造出这样的表,就等于完成了句子的句法结构分析。

由于语法规则都用乔姆斯基范式表示,因此,在语法规则 A→BC 中,对于某个 k(1≤k<j)来说,如果 b_{ik} 中包含 B,$b_{i+k,j-k}$ 中包含 C,则 b_{ij} 中必定包含 A。也就是说,如果从输入句子中的第 i 个单词开始,造成了表示由 k 个单词组成的成分 B 的子树(这时,B 的长度为 k,其首词标号为第 i 列,末词标号第 i+k-1 列,例如,如果 B 的长度为 4,如首词标号为 3,则末词标号为 i+k-1=3+4-1=6,即这 4 个词的标号分别为 3,4,5,6),从第 i+k 个单词开始,造成了表示由 j-k 个单词组成的成分 C 的子树(这时,C 的长度为 j-k,其首词标号为第 i+k 列,末词标号为第 i+j-1 列,例如,如果 A 的长度 j=6,C 的长度为 j-k=6-4=2,则其首词标号为 i+k=3+4=7,末词标号为

$i + j - 1 = 3 + 6 - 1 = 8$），那么，就可以作出如下的表示 A 的树形图
（图4.30）：

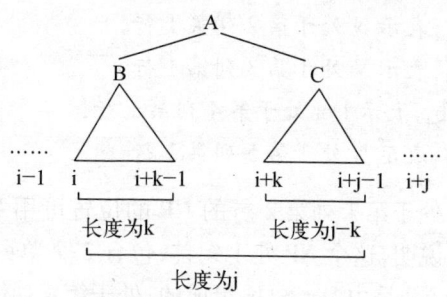

图4.30　CKY 算法中的标号

例如，在上表的 b_{12} 中包含 NP，b_{11} 中包含 Det，b_{21} 中包含 N，这反映了语法规则 NP→Det N 的情况。这时，$k = 1$，$i = 1$，$j = 2$。

CKY 算法就是顺次构造上述表的算法，当输入句子的长度为 n 时，CKY 算法可分为如下两步：

第一步：从 $i = 1$ 开始，对于长度为 n 的输入句子中的每一个单词 W_i，显然都有重写规则 $A→W_i$，因此，顺次给每一个单词 W_i 相应的非终极符号 A 记入框子 b_{i1} 中。在我们的例句"the boy hits a dog"中，根据相应的重写规则，顺次把 Det 记入 b_{11} 中，把 N 记入 b_{21} 中，把 V 记入 b_{31} 中，把 Det 记入 b_{41} 中，把 N 记入 b_{51} 中。

第一步相当于确定输入句子中各个单词所属的词类，如果一个单词属于若干个词类，可以把它所属的词类都记入表中。

第二步：对于 $1 \leq h < j$ 以及所有的 i，造出 b_{ih}，这时，包含 b_{ij} 的非终极符号的集合定义如下：

$$b_{ij} = \{A | \text{对于} 1 \leq k < j, B \text{包含在} b_{ik} \text{中}, C \text{包含在} b_{i+kj-k} \text{中},$$
$$\text{并且，存在语法规则} A →BC\}。$$

第二步相当于构造句子的句法结构。根据语法的重写规则，从句首开始，顺次由 1 到 n 取词构造框子 b_{ij}，如果框子 b_{1n} 中包含开始符号 S，也就是说，$S \in b_{1n}$，那么，就说明输入句子是可以接受的。

例如，根据规则 NP→Det N 以及 det $\in b_{11}$ 和 N $\in b_{21}$，可知此时

$i=1,k=1,j=2$，因此，NP 的框子的编号应为 b_{12}；根据规则 NP→Det N 以及 Det $\in b_{41}$ 和 N $\in b_{51}$，可知此时 $i=4,k=1,j=2$，因此，这个 NP 的框子的编号应为 b_{42}；根据规则 VP→V NP 以及 V $\in b_{31}$ 和 NP $\in b_{42}$，可知此时 $i=3,k=1,j=3$，因此，VP 的框子的编号应为 b_{33}；根据规则 S→NP VP 以及 NP $\in b_{12}$ 和 VP $\in b_{33}$，可知此时 $i=1,k=2,j=5$，因此，S 的框子的编号应为 b_{51}。由于句子长度 $n=5$，因此，有 S $\in b_{n1}$，所以输入句子被接受，分析成功。

下面我们使用 CKY 算法来分析更加复杂的句子。

如果上下文无关语法具有如下的规则：

S → NP VP

NP → PrN

NP → DET N

NP → N WH VP

NP → DET N WH VP

VP → V

VP → V NP

VP → V that S

我们用这个语法来分析句子"the table that lacks a leg hits Jack"。

- 把重写规则转换为乔姆斯基范式：

S → NP VP

NP → PrN 这个规则不是乔姆斯基范式，因此转换为：

NP → Jack ∣ John ∣ Maria

NP → DET N

NP → N WH VP 这个规则不是乔姆斯基范式，因此转换为：

NP → N CL

CL → WH VP

NP → DET N WH VP 这个规则不是乔姆斯基范式，因此转换为：

$$NP \rightarrow NP\ CL$$
$$NP \rightarrow DET\ N$$
$$CL \rightarrow WH\ VP$$

这里 CL 是一个 WH 从句（WH clause），它由 that 和 VP 组成。

$VP \rightarrow V$　这个规则不是乔姆斯基范式,因此转换为:

$$VP \rightarrow cough\ |\ walk\ |\ \cdots$$
$$VP \rightarrow V\ NP$$

$VP \rightarrow V\ that\ S$　　这个规则不是乔姆斯基范式,因此转换为:

$$VP \rightarrow V\ TH$$
$$TH \rightarrow WH\ S$$

这里 TH 是一个 that 从句,它由 that 和 S 组成。

● 计算非终极符号 b_{ij} 的列号和行号:

——按照句子中的词序排列表示词类（POS）的非终极符号 b_{ij} 并计算它们的列号和行号:

"The	table	that	lacks	a	leg	hits	Jack"
DET	N	WH	V	DET	N	V	NP
b_{11}	b_{21}	b_{31}	b_{41}	b_{51}	b_{61}	b_{71}	b_{81}

——计算表示短语的非终极符号 b_{ij} 的列号和行号,得到如下的方框和表（图 4.31）:

其中,各个方框中的 b_{ij} 计算详情如下:

$$b_{ij}(NP1): i=1, j=1+1=2$$
$$b_{ij}(NP2): i=5, j=1+1=2$$
$$b_{ij}(VP1): i=7, j=1+1=2$$
$$b_{ij}(VP2): i=4, j=1+2=3$$
$$b_{ij}(CL): i=3, j=1+3=4$$
$$b_{ij}(NP3): i=1, j=2+4=6$$
$$b_{ij}(S): i=1, j=2+6=8$$

这个句子的长度为 8,我们得到的 S 的方框中的行号也为 8,因

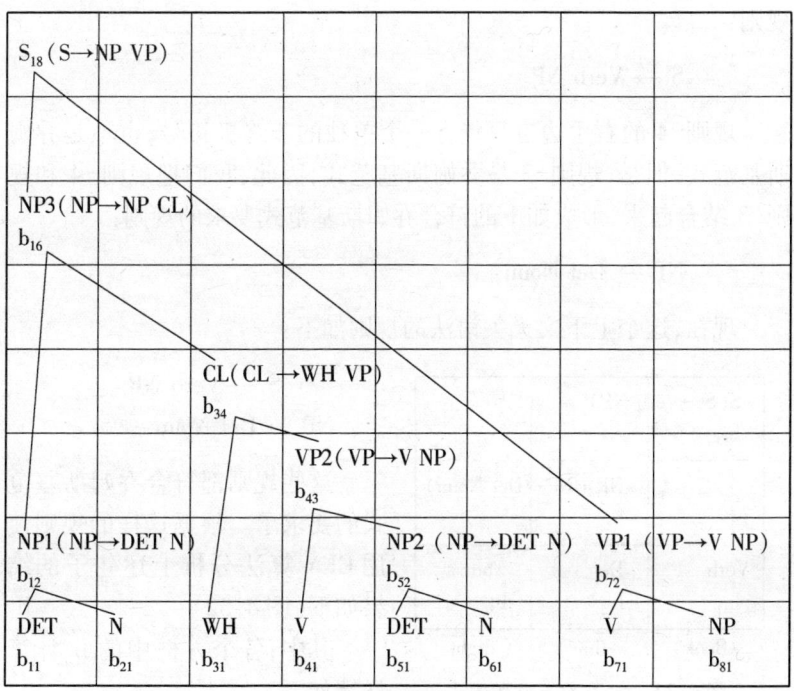

图 4.31 句子的方框和表 1

此句子分析成功。

我们使用 CKY 算法构造出上图的表中的各个结点可以系连起来形成一个金字塔(pyramid),这个金字塔也就是一个树形图,它可以表示句子的结构。

现在,我们使用 CKY 算法来分析句子"book that flight"。

上下文无关语法的规则与前面使用过的规则相同,它们是:

1. S → VP

2. VP → Verb NP

3. NP → Det Nominal

4. Nominal → Noun

由于规则-1 的右手边只包含一个单独的非终极符号 VP,这不是乔姆斯基范式,但是,规则-2 是乔姆斯基范式,因此,我们把规则-1 和规则-2 结合起来,形成如下的符合乔姆斯基范式要求的规则：

$$S \rightarrow \text{Verb NP}$$

规则-4 的右手边也只包含一个单独的非终极符号,也不是乔姆斯基范式,但是,规则-3 是乔姆斯基范式,因此,我们把规则-4 和规则-3 结合起来,形成如下的符合乔姆斯基范式要求的规则：

$$NP \rightarrow \text{Det Noun}$$

现在,这个上下文无关语法的规则如下：

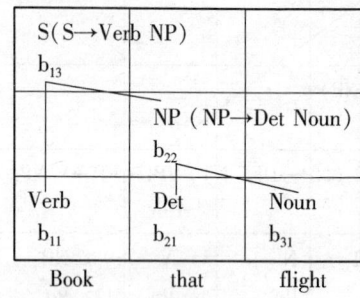

图 4.32　句子的方框和表 2

$$S \rightarrow \text{Verb NP}$$
$$NP \rightarrow \text{Det Noun}$$

这些规则都符合乔姆斯基范式的要求了。根据这样的规则使用 CKY 算法分析上述句子的结果如下(图 4.32)：

其中,各个方框中的 b_{ij} 计算详情如下：

$$b_{ij}(NP): i = 2, j = 1 + 1 = 2$$
$$b_{ij}(S): i = 1, j = 1 + 2 = 3$$

用 CKY 算法造出的金字塔也就是表示句子结构的树形图。可以看出,CKY 算法是一种简单而有效的算法。

CKY 算法由小型分析树开始逐渐扩大,同样的分析树绝不重复运算,不需要进行回溯,规则都采用乔姆斯基范式,这是它的优越之处。

短语结构语法具有结构清晰、简洁明确、易于操作等优点,给自然语言的计算机处理带来了许多方便。因此,上述基于短语结构语法的自动句法分析方法,在自然语言处理中得到广泛的应用,目前仍然有着很强的生命力。

本章参考文献

1. 冯志伟,语言与数学[M],世界图书出版公司,2010 年。

2. Dowty, D. R. , L. Karttunen and A. M. Zwicky, Natural Language Parsing [M], Cambridge University Press, Cambridge, 1985.

3. Earley, J. An Efficient Context-free Parsing Algorithm [J], *Communication of ACM*, 6(8), p451 – 455, 1986.

4. Gazdar, G. , Ch. Mellish. Natural Language Processing in Prolog [M], Addison-Wesley Publishing House, p63 – 95, 1989.

5. Kaplan, R. M and J. Bresnan, Lexical-functional grammar: A formal system for grammatical representation [A]. In Bresnan, J. (Ed.) The Mental Representation of Grammatical Relations [C], pp. 173 – 281. MIT Press, Cambridge, MA, 1982.

6. Woods, W. A. Transition Network Grammars for Natural Language Analysis[J], *Communication of the ACM*, 13, pp. 591 – 596, 1970.

第五章
结构歧义

自然语言处理的绝大多数或者全部的研究都可以看作是在其中的某个层面上消解歧义(disambiguation)。这些歧义包括词汇歧义、结构歧义。本章讨论结构歧义(structural ambiguity)。

在采用第三章中所述的剖析技术来处理自然语言的时候,常常会受到结构歧义的干扰。

如果我们想把某个意思输入计算机,而存在着若干个不同的结构来表示这个意思,那么,我们就说这样的输入是有结构歧义的。

我们来考虑口语中的一个句子 I made her duck。这个句子可能有 5 个不同的意思(或许更多),以下是歧义的若干实例:

(1.1) I cooked waterfowl for her(我给她烹饪鸭子)

(1.2) I cooked waterfowl belonging to her(我烹饪属于她的鸭子)

(1.3) I created the plaster(?) duck she owns(我把她的石膏[?]鸭子作了创新)

(1.4) I caused her to quickly lower her head or body(我使她很快地把她的头或者身体放低一些)

(1.5) I waved my magic wand and turned her into undifferentiated waterfowl(我挥动魔杖把她变成了一只人们一点儿也看不出破绽的鸭子)

这些不同的意思都是由于歧义引起的。首先,duck 和 her 的词类在形态或句法上是有歧义的。duck 可以是动词或名词,而 her 可以是表示给予格的代词或表示所属格的代词。其次,make 在语义上是有歧义的,它的意思可以是 create(创造),也可以是 cook(烹饪)。最后,动词 make 还可以有不同的句法歧义。make 可以作及物动词,带直接宾语(1.1);make 也可以作双及物动词,带两个宾语(1.5),表示把第一宾语 (her)变成了第二个宾语(duck);make 还可以带一个直接宾语和一个动词(1.4),表示使直接宾语(her)去进行某个动作(duck)。此外,在口语的句子中,还可以有一种更为深刻的歧义,第一个词 I 可以被理解为 eye,或者第二个词 made 可以被理解为 maid。这样,歧义就更加复杂了。

歧义是自然语言中普遍存在的现象。早在两三千年之前,古希腊哲学家亚里士多德(Aristotēlēs)就在他的《工具论·辨谬篇》中,探讨了自然语言的歧义问题,亚里士多德对歧义的研究是为哲学辩论中的语言应用服务的。1930 年,燕卜荪(W. Empson)发表了《歧义的七种类型》(*Seven Types of Ambiguity*)一书,开始从语言理论的角度研究歧义问题。1971 年,科艾(J. G. Kooij)发表了专著《自然语言的歧义》(*Ambiguity in Natural Language*),更进一步系统地来研究自然语言的歧义问题。

在现代语言学的发展史上,歧义问题总是成为某个新的语言学派崛起时向传统阵地进击的突破口。美国描写语言学和乔姆斯基的转换生成语法都非常注意歧义问题的研究。

自然语言的歧义问题,实质上是意义与形式之间的矛盾问题。同一形式与不同的意义相联系,就必然会产生歧义,这是自然语言不同于人工语言的特点之一。托马斯(L. Thomas)指出,自然语言与其他任何二值逻辑通讯系统的根本区别,就在于自然语言有歧义。

同形歧义的研究有助于揭示同一形式隐含着的细微差异,从而提高人们对语言现象的认识,推动语言研究方法的改进。

在自然语言处理中,同形歧义是一个不能回避而且也无法回避的问题。同形歧义往往使得自然语言的自动剖析进退维谷,成为自然语言计算机处理的巨大障碍。

在本章中,我们将讨论结构歧义、科技术语与日常生活中的潜在歧义等问题,并介绍结构歧义消解的一些方法。

第一节　结构歧义现象

语言中的同形歧义既反映在单词上,又反映在由单词组成的各种结构上,形成词汇歧义(lexical ambiguity)和结构歧义(structural ambiguity).

打开任何一本英语词典,我们可以发现,许多单词都可能属于几个不同的词类。

例如,order 可作为名词 N,其含义是"次序,顺序",又可作为动词 V,其含义是"整理,安排";book 可作为名词 N,其含义是"书",又可作为动词 V,其含义是"预定"。

这就是英语中单词的兼类现象,兼类就是一种词汇歧义。

英语的形态标志-s 也有歧义,如果加在名词之后,表示复数,如果加在动词之后,则表示现在时单数第三人称,这也是一种词汇歧义。

如果单词 X 加上-er,形成"Xer",也会产生歧义,有时其含义是"one that Xes"。例如,clean(清洁的)加上-er 形成 cleaner,其含义可为"清洁器",也可为"更干净";smooth(平滑的)加上-er 形成 smoother,其含义可为"修光工具",也可为"更光滑"。这也是一种词汇歧义。

关于词汇歧义,我们在词汇的自动处理中已经介绍过,兹不赘述。

如果一个语法可以把一个以上的剖析指派给同一个句子,那么,我们就说,这个句子具有结构歧义(structure ambiguity)。英语中的结构歧义有多种,归纳如下:

1. 附着歧义(Attachment ambiguity)

a)PP 附着歧义(PP attachment ambiguity)

在"VP + NP1 + Prep + NP2"这样的结构中,介词词组 PP(Prep + NP2)既可以作为名词词组 NP1 的定语,又可以作为动词词组 VP 的状语,这就产生了歧义。

例如,句子"I saw a boy with a telescope"中的 NP2 "a telescope",当它作为 NP1"a boy"的定语时,句子的含义是"我看到了一个带着

望远镜的男孩"(试比较："I lost the ticket to Berlin"［我丢失了去柏林的车票］）；当它作为VP"saw"的状语时,句子的含义是"我用望远镜看见了一个男孩"(试比较："I send the ticket to Berlin"［我往柏林寄出了车票］）。

又如,如果我们有英语句子"They made a report about the ship"和"On the ship, they made a report",这两个句子是没有歧义的,但是,如果我们把它们改写成句子"They made a report on the ship","on the ship"这个PP可以修饰动词made,也可以修饰名词report,就产生了PP附着歧义。我们可以把这种PP附着歧义写为如下形式:

1) They made a report about the ship.

   On the ship, they made a report.

   → They made a report on the ship.

箭头前面的句子是没有歧义的,箭头后面的句子是歧义的。这种歧义可用树形图直观地表示如下:

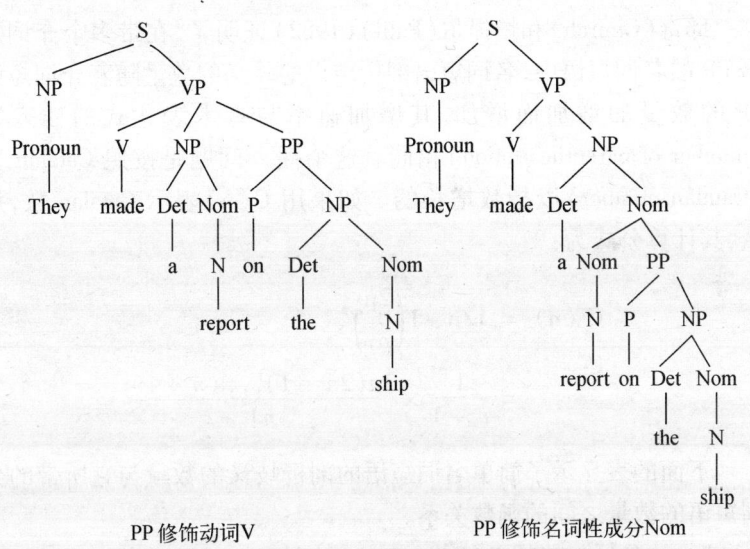

PP 修饰动词V   PP 修饰名词性成分Nom

图5.1 PP 附着歧义

另外的例子还有:

2) They made a decision concerning the boat.

On the boat, they made a decision.

→ They made a decision on the boat.

3) He drove the car which was near the post office.

Near the post office, he drove the car.

→ He drove the car near the post office.

4) They are walking around the lake which is situated in the park.

In the park, they are walking around the lake.

→ They are walking around the lake in the park.

5) He shot at the man who was with a gun.

With a gun, he shot at the man.

→ He shot at the man with a gun.

6) The policeman arrested the thief who was in the room.

In the room, the policeman arrested the thief.

→ The policeman arrested the thief in the room.

邱奇(Church)和帕提尔(Patil)(1982)证明了,在带多个介词短语 PP 的名词短语中,名词短语剖析结果的歧义的数量随着介词短语 PP 的数量的增加而增加,其增加速率与算术表达式的插入数(number of parenthesization)相同。这个插入问题是按照 Catalan 数(Catalan number)以指数增长的。如果用 C(n)表示 Catalan 数,那么,其计算公式为:

$$C(n) = 1/n+1 \binom{2n}{n}$$
$$= \frac{1}{n+1} \times \frac{2n(2n-1)\ldots(n+1)}{n!}$$

下面的表显示了简单名词短语的剖析歧义的数量与它所带的介词短语的数量之间的函数关系。

b) 动名词附着歧义(Gerundive attachment ambiguity)

英语句子中的动名词可能修饰中心动词,作为动词的状语,也可能作为动词宾语从句中的谓语,从而引起结构歧义。

PP 的数量	NP 剖析结果的数量
2	2
3	5
4	14
5	21
6	132
7	429
8	1 430
9	4 867

图 5.2　NP 剖析结果与 PP 的函数关系

例如,在句子"We saw the Eiffel Tower flying to Paris"中,动名词短语"flying to Paris"可能修饰动词"saw",作为"saw"的状语,句子的意思是"我们飞到巴黎时看到了埃菲尔铁塔";但是,"flying to Paris"也可能作为动词"saw"的从句"the Eiffel Tower flying to Paris"中的谓语,句子的意思是"我们看到埃菲尔铁塔正向巴黎飞来"。当然,后面这种情况只在神话世界或者童话世界中才可能发生。

另外的例子还有:

2) I saw that a boy was swimming in the river.

　I saw a boy who was swimming in the river.

　I saw a boy while I was swimming in the river.

　→ I saw a boy swimming in the river.

3) I noticed that the man was smoking in the corridor.

　I noticed the man who was smoking in the corridor.

　I noticed the man while smoking in the corridor.

　→ I noticed the man smoking in the corridor.

c) 局部歧义(local ambiguity)

如果整个的句子是没有歧义的,但是这个句子中的某些部分在剖析过程中可能是有歧义的,这时,就会发生局部歧义。

例如,句子"book that flight"是没有歧义的,但是,在剖析过程中, 当剖析程序扫描到单词"book"的时候, 可能辨不清这个 book 是动词还是名词, 在这种情况下, 就应该采用回溯(backtracking)或者并行分析(parallelism)的办法, 同时考虑到两种可能的剖析。"book"实际上是一个兼类词, 如果我们在形态分析的时候, 就进行了兼类词"book"的歧义消解, 就可以大大减少这样的局部歧义问题。

2. 并列歧义(Coordination ambiguity)

并列歧义是由 and 引起的歧义。当若干个词与 and 连用时, 由于 and 的管辖范围不同, 而影响到层次结构的不同, 从而产生结构歧义。

例如, 我们在第一章中提到的例子"old men and women"可解释为"年老的男人和所有的女人", 这时, 层次结构为((old men) and women), and 与 old 无关, 也可解释为"所有年老的男人和所有年老的女人", 这时, 层次结构为(old(men and women)), and 与 old 有关。

下面是并列歧义的例子, 箭头后面的句子是有并列歧义的:

1) She looks care of old men and old women.

She looks care of women and old men.

→ She looks care of old men and women.

2) Mr. John is a scientist of great fame and a professor of great fame.

Mr. John is a professor of great fame and a scientist.

→ Mr. John is a scientist and a professor of great fame.

3) Someone tells me he's cheating, and I can't do anything about it.

Someone tells me that he's cheating and that I can't do anything about it.

→ Someone tells me he's cheating and I can't do anything about it.

4) John will go, or Dick and Tom will go.

John or Dick will go, and Tom will go.

→ John or Dick and Tom will go.

3. 名词短语括号歧义（Noun-phrase bracketing ambiguity）

当两个或两个以上的名词组成词组时，对整个名词词组的含义往往可以作不同的解释，就会产生结构歧义。

例如，由名词 widget（作附件用的小机械）和名词 hammer（锤子）组成的名词词组 widget hammer，既可以理解为"widget used as hammer"（作锤子用的小机械），又可理解为"hammer for hitting widget"（锤击小机械的锤子），从而产生歧义；如果在前面再加上一个名词 town（城市），组成名词词组 town widget hammer，其层次结构可分析为（（town widget）hammer），又可分析为（town（widget hammer）），这样的名词词组的歧义就更为严重了。这种结构歧义是由于层次不同造成的，而层次可以使用括号来表示，因此，我们把这种歧义叫做"名词短语括号歧义"。

当形容词修辞名词短语的时候，也会发生类似的结构歧义问题。

例如，在名词短语"ADJ + N1 + N2"中，形容词 ADJ 可能修饰 N1 + N2，也可能只修饰 N1，从而形成歧义。第一种情况可用括号表示为 NP（ADJ（NP（N1 N2）））。第二种情况可用括号表示为 NP（NP（ADJ N1）N2）。这种歧义可由下图说明：

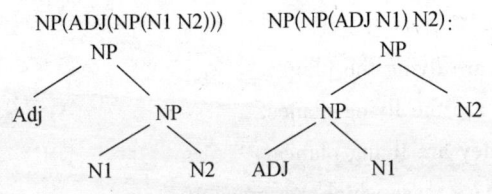

图 5.3　名词短语括号歧义

下面是名词短语括号歧义的例子，箭头后面的句子是有名词短语括号歧义的：

1) The salesman who sells old cars is busy.

The old salesman who sells cars is busy.

→ The old car salesman is busy.

2) He is a Department Head, who is from England.

He is Head of the English Department.

→ He is an English Department Head.

如果在一个英语句子中,既包含有"VP + NP1 + Prep + NP2"这样的结构,其中的 NP1 或 NP2 又是由若干个名词组合而成的名词词组,并且还包含连接词 and,那么,这个句子的歧义将成倍地增长,其剖析的难度也就更大了。

以上是英语中三种主要的歧义结构,此外,英语中还有很多歧义结构,下面,我们做进一步说明。

4. 歧义结构"Somebody is + V-ing + N"

V-ing 可能修饰 N,形成 NP,V-ing 也可能与前面的 is 结合,形成 VP,从而产生了歧义。如下所示:

Somebody	is	V-ing	N	Somebody	is	V-ing	N
NP	BE	NP		NP	VP		NP

例如:

1) They are receiving women as guest.

   They are amusing women.

   → They are entertaining women. (entertaining 有"接待"和"快乐"等不同含义)

2) They are flying the planes.

   They are the flying planes.

   → They are flying planes.

3) They are roses which are growing.

   They are cultivating roses.

   → They are growing roses.

4) They are having apples.

   They are apples for eating.

   → They are eating apples.

5. 歧义结构"somebody has + V-ed + N"

V-ed 可能修饰 N,形成 NP,V-ed 也可能与前面的 has 结合,形成 VP,从而产生歧义,如下所示:

Somebody	has	V-ed	N	Somebody	has	V-ed	N
NP	HAVE		NP	NP		VP	NP

例如，

1）He has already discarded boots.

He has a pair of discarded boots.

→ He has discarded boots.

2）They have used cars as a transportation tool.

They have a few used cars.

→ They have used cars.

6. 动词不定式造成的歧义

动词不定式可能做它前面的名词的修饰语，也可能做中心动词的状语，从而产生歧义。

例如，

1）He wants an assistant who can finish the experiment.

To finish the experiment, he wants an assistant.

→ He wants an assistant to finish the experiment.

2）The students will discuss their plan about a dance party that they are to hold.

In order to hold a dance party, the students will discuss their plan.

→ The students will discuss their plan to hold a dance party.

7. 歧义结构"Something is not to do"

Not 可能与它前面的 is 相结合，形成否定形式 is not，not 也可能与它后面的 to do 结合，形成 not to do，从而产生歧义。如下所示：

Something <u>is</u> <u>not</u> <u>to</u> <u>do</u>   Something <u>is</u> <u>not</u> <u>to</u> <u>do</u>

例如，

His object isn't to eat.（他的目的不是吃。）

Not to eat is his object. (他的目的是不吃。)

→ His object is not to eat.

8. 歧义结构"something is ready to do"

这种结构中的 is ready 可能表示主动态,也可能表示被动态,从而形成歧义。

例如,

1) The chicken is ready to eat some food.

The chicken is ready to be eaten.

→ The chicken is ready to eat.

2) The horse itself is ready to ride on the track (on the way).

The horse is ready for someone to ride.

→ The horse is ready to ride.

9. "V-ing"引起的歧义

"V-ing"可能具有主动和被动两种含义,从而引起歧义。

例如,

1) John likes to question scientist.

John likes scientist who often asks questions.

→ John likes questioning scientist.

2) The way of the hunter shot was terrible.

That the hunter was shot was terrible.

→ The shooting of the hunter was terrible.

10. 双宾语引起的歧义

Her 可能做双宾语中的间接宾语的修饰语,也可能单独做间接宾语,从而引起歧义。

例如,

1) Mary gave picture to her baby.

Mary gave baby picture to her.

→ Mary gave her baby picture.

2）Mary taught manners to her child.

Mary taught child manners to her.

→ Mary taught her child manners.

11. 歧义结构"V + her + 动名兼类词"

当动名兼类词解释为名词时,her 是这个名词的修饰语,当动名兼类词解释为动词时,her 是这个动词的宾语,从而形成歧义。

例如,

1）I heard that she cried to help.

I heard her loud cry for help.

→ I heard her cry for help.

2）I saw the wonder she had done.

I saw her feel greatly surprised.

→ I saw her wonder. （wonder 有"奇迹"和"惊奇"等不同含义）

3）I saw her remain awake.

I saw the watch belonged to her.

→ I saw her watch.（watch 有"观察"和"手表"等不同含义）

4）I saw her lower her head.

I saw the duck which belonged to her.

→ I saw her duck.（duck 有"低头"和"鸭子"等不同含义）

12. 歧义结构"V + somebody + V-ed"

V-ed 可能做 somebody 的修饰语,也可能做从句中的谓语,从而产生歧义。

例如,

She found that a boy was hidden behind the door.

She found a boy who was hidden behind the door.

→ She found a boy hidden behind the door.

13. 歧义结构"V + somebody + who clause"

"who clause"可能做 somebody 的修饰语,也可能做动词 V 的宾语从句,从而产生歧义。

例如,

1) I asked the professor, who would give the lecture.

I ask the professor. This professor would give the lecture.

→ I asked the professor who would give the lecture.

2) John asked the lady, who was sitting on the stairs.

John asked the lady. She was sitting on the stairs.

→ John asked the lady who was sitting on the stairs.

14. 歧义结构"V + somebody + when clause"

"when clause"可能做动词 V 的时间状语,也可能做动词 V 的宾语从句,从而产生歧义。

例如,

Tell me at what time you are free.

When you are free, tell me.

→ Tell me when you are free.

15. 歧义结构"V + somebody + if clause"

"if clause"可能做动词 V 的条件从句,也可能做动词 V 的宾语从句,从而产生歧义。

例如,

1) Tell me whether you have time or not.

If you have time, tell me.

→ Tell me if you have time.

16. 歧义结构"V + if clause"

这种歧义结构与前面的歧义结构类似。"if clause"可能做动词 V 的条件从句,也可能做动词 V 的宾语从句,从而产生歧义。

例如,

Let me know whether you're coming or not.

If you're coming, let me know.

→ Let me know if you're coming.

17. 修饰语的歧义

由修饰语产生的歧义有各种不同的情况,从下面的例句中,读者不难看出它们的差别来。

1) It is a pretty skirt for a little girl.

It is a fairly (= pretty) little skirt for a girl.

It is an attractive (= pretty) little skirt for a girl.

It is a skirt for a fairly little girl.

It is a skirt for an attractive little girl.

→ It is a pretty little girl's skirt.

2) Do you happen to know the gentleman next to the lady who is reading a book?

Do you happen to know the gentleman who is reading a book, next to the lady?

→ Do you happen to know the gentleman next to the lady reading a book?

3) I recommended John to Tom. The former was approachable.

I recommended John to Tom. The latter was approachable.

→ I recommended John to Tom who was approachable.

4) I like the books on the shelves. I bought the shelves yesterday.

I like the books on the shelves. I bought the books yesterday.

→ I like the books on the shelves I bought yesterday.

5) There is a theatre located near the business district. The theatre is crowded every night.

There is a theatre near the business district. The business district is crowded every night.

→ There is a theatre near the business district which is crowded every night.

6) The secretary granted my request namely that I might see the president.

The secretary granted my request so that I might see the

president.

→ The secretary granted my request that I might see the president.

18. 状语的歧义

由状语产生的歧义有各种不同的情况,从下面的例句中,读者不难看出它们的差别来。

1) When you are free, tell him.

Tell him at what time you are free.

→ Tell him when you are free.

2) If you have time, tell me.

Tell me whether you have time or not.

→ Tell me if you have time.

3) She knew that, before I met you, you had begun to study NLP.

Before I met you, she knew that you had begun to study NLP.

→ She knew that you had begun to study NLP before I met you.

为了解决英语剖析中的同形歧义问题,美国计算语言学家马尔库斯提出了确定性剖析算法(determinism),这种算法主张,在句子的剖析过程中,尽量不要在局部的歧义问题上纠缠,不要回溯,不要改变初衷,一定要不屈不挠地去找寻唯一正确的结构描述。学者们还提出了向前看(lookahead)的超前分析策略、启发式分析策略(heuristics)、移进—规约剖析算法(shift-reduce Parsing algorithm)、线图剖析法(chart parser)等。可见,同形歧义确实是自然语言处理中的一个至关重要的问题。

前面我们分析了英语中的结构歧义,现在我们讨论汉语的结构歧义问题。

早在 1959 年,赵元任就写了《汉语中的歧义问题》(Ambiguity in Chinese, 译文载《语言学论丛》,第十五辑,商务印书馆,1988 年),这是我们见到的最早的一篇关于汉语歧义问题的理论探讨的专论。此后,朱德熙于 1980 年写过《汉语句法里的歧义现象》(《中国语文》,1980 年,第 2 期),从句法的角度研究汉语的歧义。同形歧义一直是我国语言学前辈关心的问题。

汉语中的词汇歧义主要体现在多义词和兼类词上,多义词是具有一个以上意义的词,兼类词是具有一个以上词类类别的词。关于这样的词汇歧义,本书在第二章第四节中讲文本自动标注时已经讨论过。这里,我们主要讨论一下汉语中的结构歧义问题。

前面我们列举了 18 种英语中的结构歧义现象,其中最重要的结构歧义有 3 种。附着歧义、并列歧义和名词短语括号歧义。

英语中第一种常见的结构歧义,即介词词组 PP 既作状语又作定语的那种附着歧义,汉语中并不多见。因为汉语的 PP 作定语时,一般置于名词词组之前,常加"的",不易与作状语的 PP 相混。但是,在汉语的介词词组中,由于介词管辖范围的不同,却容易引起歧义。例如,

> 关于((教师的)小说)
> (关于(教师的))小说

在第一个短语中,介词"关于"的管辖范围是"教师的小说"(试比较:"关于动物的尾巴"),在第二个短语中,介词的管辖范围只是"教师"(试比较:"关于动物的书"),因而产生歧义。

英语中第二种常见的结构歧义,即由于连词 and 的管辖范围不同而产生的并列结构歧义,在汉语中也存在。在汉语中,"的"字跟连词"和"用在一起,最容易产生管辖范围的问题。例如,

> 把((重要的书籍)和(手稿))带走了
> 把(重要的(书籍和手稿))带走了

又如:

> ((车票)和(零用的钱))都在这里了
> ((车票和零用)的钱)都在这里了

英语中第三种常见的结构歧义,即由两个或两个以上的名词组成名词词组而产生的歧义,在汉语中也很普遍。

由名词 N1 和名词 N2 组合而成的词组,其结构关系各有不同,形成结构歧义。

例如,

　　(N1) + (N2)
　　(女子)(理发店)

可以指专门给女子理发的理发店,也可以指理发师全都是女性的理发店。

由三个名词组合而成的词组,由于结构层次的不同,也会产生结构歧义。

例如,

(N1 + (N2 + N3))	((N1 + N2) + N3)
(儿童(文学作品))	((儿童文学)作品)
(中国(历史研究会))	((中国历史)研究会)
(北京(大学毕业生))	((北京大学)毕业生)
(台湾(语言研究会))	((台湾语言)研究会)

由形容词 ADJ、名词 N1、名词 N2 组合而成的词组,结构层次不同,也会产生结构歧义。例如,

(ADJ + (N1 + N2))	((ADJ + N1) + N2)
(小(学生字典))	((小学生)字典)
(新(文学概论))	((新文学)概论)
(新(职工宿舍))	((新职工)宿舍)

事实上,汉语中常见的同形歧义结构还有许多,情况似乎比英语更为复杂。

为了从理论上概括汉语中同形歧义结构的类型,朱德熙在《汉语句法中的歧义现象》一文中,提出了"歧义格式"这个概念。他认为,句子的歧义"是代表了这些句子的抽象的'句式'所固有的"[①],因此,他主张用"歧义格式"来概括汉语中的同形歧义结构。

朱德熙的这种见解是很有价值的,因为语言中的任何一个有结

---

① 朱德熙,汉语句法中的歧义现象,载《现代汉语语法研究》,1980 年,171 页,商务印书馆。

构歧义的形式,都不是孤零零地存在的,它往往代表具有某种格式的许许多多形式。抓住歧义格式是研究歧义的必要途径。

但是,朱德熙的关于"歧义格式"的见解,还有不完全之处。我们在自然语言处理的研究中发现,歧义格式所反映的类别的歧义,在具体的语言中有时存在,有时并不存在。当我们把具体的单词代真到歧义格式中的范畴符号(也就是类别符号)中,而使歧义格式变为具体的句子和词组的时候,有的句子或词组中仍然可以保持歧义格式原有的歧义,而有的句子或词组中,歧义格式原有的歧义却消失了。

例如,英语中最常见的第一种结构歧义有如下的歧义格式:

VP + NP1 + Prep + NP2

当我们把 VP 代真为 saw,把 NP2 代真为 a boy,把 Prep 代真为 with,把 NP1 代真为 a telescope 时,得到的" saw a boy with a telescope"是有歧义的。

可是,如果我们把 VP, NP1, Prep, NP2 等范畴符号代真为别的单词或词组的时候,这个歧义格式中的歧义却消失了。请看如下的例子:

She sent the ticket to New York.　　　　(1)
(她把票寄到纽约。)
She lost the ticket to New York.　　　　(2)
(她把到纽约的票丢失了。)
He cooks dinner for the children.　　　　(3)
(他为孩子们做饭。)
The company sells toys for children.　　　　(4)
(这家公司出售儿童玩具。)

在(1)中,动词 sent 表示传送,具有趋向性,介词词组 to New York 作它的状语,不作名词词组 the ticket 的定语,歧义格式中的歧义消失了;在(2)中,动词 lost 表示丧失,不具有趋向性,介词词组 to New York 作名词词组 the ticket 的定语,不作动词 lost 的状语,歧义格式中的歧义也消失了;同样地,在(3)中,介词词组 for the children 作动词 cooks 的状语,表示目的,而不作名词 dinner 的定语,歧义格式中的歧义也消失了;在(4)中,介词词组 for the children 作名词 toys 的定语,而不作动词 sells 的状语,歧义格式中的歧义也消失了。

这说明,在研究同形歧义问题时,我们归纳概括出来的歧义格式中所反映的歧义,并不是现实的歧义,而是一种潜在的歧义;当用具体的单词去代真歧义格式中的范畴符号时,在所形成的具体的句子或词组中,这种潜在歧义有可能继续保持,也有可能不再继续保持而消失的无踪无踪了。在歧义格式的研究中,这是一个值得特别注意的、带有普遍性的语言现象。

在汉语的歧义格式中,也同样存在着潜在歧义的问题。例如,"VP + 的 + 是 + NP"是汉语中的一个歧义格式,其中的 VP 是一个双向动词,"VP + 的"作主语,"是 + NP"作谓语,整个格式是一个主谓结构,由于主语部分的"VP + 的"可以是施事,又可以是受事,因而产生了歧义。例如,如果我们把 VP 代真为"反对",把 NP 代真为"少数人",得到"反对的是少数人"这一句子,可以理解为"提反对意见的是少数人",这时,主语"反对的"是施事,表示反对者,也可以理解为"所反对的是少数人",这时,主语"反对的"是受事,表示被反对者。

当歧义格式"VP + 的 + 是 + NP"代真为如下的句子时,这种歧义都一直保持着:

"看的是病人"可以理解为"正在观看某种情况的是病人"("看的"是施事),也可以理解为"被看的是病人"("看的"是受事);

"关心的是她母亲"可以理解为"她母亲关心某人某事"("关心"是施事),也可以理解为"被关心的人是她母亲"("关心"是受事);

"扮演的是一个演员"可以理解为"一个演员扮演了剧中某个非演员的角色"("扮演的"是施事),也可以理解为"被扮演成一个演员"("扮演的"是受事);

"援助的是中国"可以理解为"中国援助了别国"("援助的"是施事),也可以理解为"别国援助了中国"("援助的"是受事);

"相信的是傻瓜"可以理解为"相信某种情况的人是傻瓜"("相

信的"是施事），也可以理解为"所相信的人是傻瓜"（"相信的"是受事）。

　　但是，如果我们把歧义格式"VP ＋ 的 ＋ 是 ＋ NP"代真为"关心的是分数"时，只可以理解为"所关心的事是分数"，"关心的"只能是受事，而不可能是施事，因为"分数"不可能去关心什么东西，这样，歧义格式中的潜在歧义也消失了。

　　如果把歧义格式"VP ＋ 的 ＋ 是 ＋ NP"代真为"反对的是战争"时，只可以理解为"被反对的东西是战争"，"反对的"只能是受事，而不可能是施事，因为"战争"作为无生命的事物，不会去反对什么东西，这样，歧义格式中的潜在歧义也消失了。

　　前面说过，汉语中"N1 ＋ N2 ＋ N3"是一种歧义格式，因为它可以理解为((N1 ＋ N2) ＋ N3)，也可以理解为 (N1 ＋ (N2 ＋ N3))，层次结构各不相同，因而产生歧义。如"台湾语言研究会"，可以理解为((台湾语言)研究会)，研究会只研究台湾的语言，如台湾的闽南话、台湾的高山语等，也可以理解为(台湾(语言研究会))，研究会进行各种各样的语言研究，不限于研究台湾的语言，这时，潜在歧义在具体的这个词组中仍然保持着，可是如果我们把"N1 ＋ N2 ＋ N3"代真为"地名语源词典"，其层次结构只能分析为((地名语源)词典)，这时，歧义格式中的潜在歧义就消失了。

　　前面还说过，汉语的"ADJ ＋ N1 ＋ N2"也是一种歧义格式，因为它可以理解为((ADJ ＋ N1) ＋ N2)，也可以理解为(ADJ ＋ (N1 ＋ N2))，其层次结构各不相同，因而产生歧义。如"小学生字典"，可以理解为((小学生)字典)，表示这种字典是专供小学生用的，不是供中学生、大学生或其他人用的，也可以理解为(小(学生字典))，表示这是一种小型的学生字典，可以供所有的学生使用，这时，这种歧义格式的潜在歧义在具体的这个词组中仍然保持着，可是，当我们把"ADJ ＋ N1 ＋ N2"这个代真为"新英汉词典"时，其层次结构只能分析为(新(英汉词典))，这时，歧义格式中的潜在歧义就消失了。

　　由此可见，当我们在自然语言的歧义研究中，把具体的歧义词组或歧义句子概括为某种抽象的歧义格式的时候，这种抽象的歧义格式中所包含的歧义只是一种潜在的歧义。这种潜在的歧义在该歧义格式被代真为其他的词组或句子时,有可能继续保持,也有可能消失。这是自然语言歧义格式研究区别于自然语言的一般句法研究的一个重要特点,我们在自然语言的歧义格式的研究中,不可不注意这一个重要特点。我们提出的"潜在歧义"改进了朱德熙教授关于"歧义格式"的理论,把"歧义格式"的理论更加深化了。

第二节　科技术语中的潜在歧义

本书作者于 1986 年至 1988 年在联邦德国夫琅禾费研究院(FhG)新信息技术与通讯系统研究所担任客座研究员期间,为了解决自然语言歧义研究中的这一重要问题,曾经以汉语科技术语作为研究素材,探讨了汉语科技术语中的潜在歧义问题,明确地提出了"潜在歧义论"(Potential Ambiguity Theory, 简称 PA 论),并且在 VAX 11/750 计算机上,分析了汉语术语数据库 GLOT-C 中的全部词组型术语,证明了潜在歧义论的正确性。

为什么当时我们的研究要以汉语科技术语为研究素材,而不以日常语言材料为研究素材呢?

这是因为汉语科技术语只有一小部分是单词型术语,如"程序,算法,流程"等,而大部分都是词组型术语,词组型术语可以由两个词构成,如"程序/设计",或者由三个词构成,如"数字/字符/子集",或者由四个词构成,如"条件/控制/转移/指令",或者由五个词构成,如"平均/无/故障/工作/时间",或者由六个词构成,如"四/分/之/一/平方/乘法器",对于这些词组型术语的结构进行歧义分析,可以揭示汉语科技术语的内在结构规律,从而为科技术语的规范化和新术语的命名,在语言学上提供理论根据,使汉语科技术语的研究工作与汉语语法和语义的研究工作更加紧密地结合起来,这是一个方面的原因。

另外,还有另一个方面的原因,就是我们试图以汉语词组型科技术语的歧义研究,作为汉语句子歧义研究的突破口。

朱德熙教授生前在讨论汉语的特点的时候指出:"如果我们把各类词组的结构都足够详细地描述清楚了,那么句子的结构实际上也就描述清楚了。因为句子不过是独立的词组而已。"可见,要解决汉语句子的自动句法分析这个大问题,可以首先从汉语句子的自动句法分析入手,而要解决汉语句子的歧义问题,首先也要从汉语词组的歧义分析入手。汉语的科技术语绝大部分是词组型术语,这些词组型的科技术语,其结构一般比较严谨,其含义一般比较单纯,它们在一定程度上反映了汉语词组结构的规律,如果我们把汉语词组型科技术语的结构描述清楚了,也就有可能把汉语的词组结构描述清楚了,并进一步把汉语句子的的结构描述清楚了,而如果我们把汉语词组型科技术语的歧义问题描述清楚了,也就有可能把汉语词组的歧义问题描述清楚了,并进一步把汉语句子的歧义问题描述清楚了。

正是基于这样的信念,我们从汉语词组型科技术语的歧义研究中,找到了解决汉语句子歧义问题的钥匙。我们认为,这是汉语自然语言计算机处理的一项基础性工作。在实质上,这也是一种"受限语法"(restricted grammar)的研究,它可以为汉语的计算语言学提供一个简明的歧义分析模型。

根据短语结构语法,我们用树形图来表示汉语科技术语的结构。树形图的几何形状表示术语结构的几何值,它反映了组成术语的各个成分之间的线性的顺序关系以及空间的层次关系;树形图上各个结点的标记表示术语结构的代数值。由于术语的结构比句子简单,我们采用二叉单标记树形图(binary mono-labelled tree graph)来表示术语的结构,并在此基础上,建立描述汉语词组型术语同形歧义的理论和方法。

所谓"二叉"(binary),就是说,我们对于任何的术语结构,在同一个层次上,都采用二分的方法来进行切分,这样,术语的几何值,就是一个多层次的二叉树;所谓"单标记"(mono-labelled),就是说,我们在树形图的每个结点上,只给一个标记,由于在术语结构分析中,"词"和"词组类型"是最重要的,因此,我们对于树形图中的非终极结点(non-terminal node),均标以"词组类型"为其代数值,对于树形图中的前终极结点(pre-terminal node),均标以"词类"为其代数值。所谓"前终极结点",就是树形图中以终极结点为其直接后裔的那些结点,在前终极结点的直接后裔上的标记,就是构成术语的各个具体的单词。

当然,这种二叉单标记树形图并不能最完善地描述术语的结构,也不能最充分地反映术语的全部代数的和几何的性质。譬如,树形图中各结点之间的逻辑语义关系(如施事、受事、方向、目的、工具等)、句法功能关系(如主语、谓语、宾语、补语等)以及据以辨别该术语意义的有关背景知识,也是十分重要的。但是,为了表述上的方便,我们只考虑术语的词类和词组类型信息,并在此基础上,进一步探讨树形图中各个结点之间的句法功能关系和逻辑语义关系。

一般地说,术语是一个词组,因而可表示为一个二叉的单标记树形图。例如,"字母数字字符"这个术语,由"字母数字"这个名词词组和"字符"这个名词组合而成,其结构可表示如下:

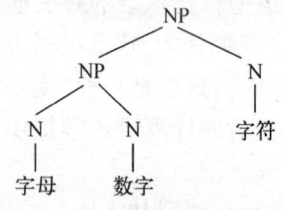

图 5.4　用二叉单标记树形图
表示术语结构

图 5.4 中,NP 表示名词词组,它处于非终极结点上,是词组类型标记,N 表示名词,它处于前终极结点上,是词类标记。

这种二叉单标记树形图也可以表示为如下的括号式:

NP(NP(N|N)|N)

如果这种单标记树形图蜕化为一个结点,那么,它的标记只能有一个,这时,这个术语就是一个单词了。因此,单词型术语可以看成是词组型术语的一种特殊情况。一般地说,术语是一个可表示为二叉单标记树形图的词组,当这个二叉单标记树形图蜕化为一个结点时,术语就是一个单词。

二叉单标记树形图的几何形状,并不能全面地表示术语的结构。因为具有相同几何形状的树形图,如果其结点上的代数标记不同,就会成为结构不同的术语。例如,"再启动点"这个术语的结构如下:

其中,VP 表示动词词组,AD 表示副词,V 表

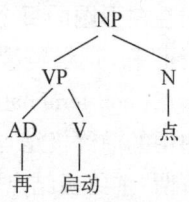

图 5.5　树形图

示动词,其括号表示式为:

NP(VP(AD|V)|N)

这个术语的几何结构与"流程图符号"的几何结构是一样的。抽象地说,这两个术语的几何结构都可以表示为:

但是,在结点 1 上,一个术语的标记为 NP,一个术语的标记为 VP;在结点 1.1 上,一个术语的标记为 N,另一个术语的标记为 AD;在结点 1.2 上,一个术语的标记为 N,另一个术语的标记为 V。相应结点上的代数值不完全相同,它们应该看成是结构不同的术语。

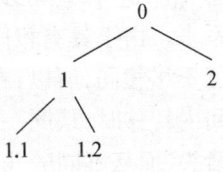

图 5.6 抽象的几何结构

这两个几何值相同而代数值不同的术语,我们可以把它们表示在如下的有限状态转移网络中:

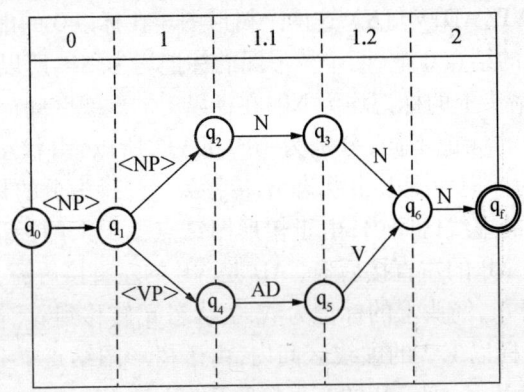

图 5.7 有限状态转移网络

在这个有限状态转移网络中,圆圈表示状态,记为 q_0, q_1, q_2, q_3, q_4, q_5, q_6, q_f。其中,q_0 表示初始状态,q_f 表示最后状态,箭头表示状态的转移方向。

当对表示词组结构的二叉单标记树形图的各个结点自上而下从左而右进行遍历时,在树形图中从一个结点转移到另一个结点,在状态转移网络图中也就沿着箭头所指的方向从一个状态转移到另一个状态。转移时树形图中各个结点的标记,就标在状态转移网络图中相应箭头的上方。为了说明状态转移网络图的箭头与树形图中的结点之间的对应关系,我们在状态转移网络图中,还用虚线把不同的状态隔开,形成若干个虚线区间,每个区间对应于树形图上的一个结点。如果树形图的各个结点遍历完毕,状态转移网络图就进入最后状态 q_f。这样,就可以在状态转移网络图与树形图之间建立起对应关系来。由于具有相同几何结构的树形图,其结点上的代数值标记可能不尽相同,所以,在有限状态转移网络图中,当状态在同一虚线区间内转移时,从同一个状态到不同的几个状态,可以分别引出不同的箭头,而从不同的几个状态到另一个状态,也可以引出不同的几个箭头指向这个状态。由于箭头上可以标以不同的代数标记,所以,这样的有限状态网络图就可以表示若干个具有相同几何结构而代数值标记不尽相同的树形图,对树形图进行分类处理。

例如,上述的有限状态转移网络图可以用来描述 NP(NP(N|N)|N)和 NP(VP(AD|V)|N) 这两个树形图。在标以 0 的虚线区间内,由于树形图的结点 0 上,两个树形图的标记均为 NP,所以,由状态 q_0 转移到 q_1,箭头上的标记均为 NP;在标以 1 的虚线区间内,由于树形图结点 1 上的标记不同,分别为 NP 和 VP,所以,由状态 q_1 转移到 q_2,箭头上的标记为 NP,由状态 q_1 转移到 q_4,箭头上的标记为 VP;在标以 1.1 的虚线区间内,由于树形图结点 1.1 上的标记分别为 N 和 AD,N 是 NP 的左直接后裔,AD 是 VP 的左直接后裔,所以,由状态 q_2 转移到 q_3,箭头上的标记为 N,由状态 q_4 转移到 q_5,箭头上的标记为 AD;在标以 1.2 的虚线区间内,由于树形图结点 1.2 上的标记分别为 N 和 V,N 是 NP 的右直接后裔,V 是 VP 的右直接后裔,所以,由状态 q_3 到 q_6,箭头上的标记为 N,由状态 q_5 到 q_6,箭头上的标记为 V;在标以 2 的虚线区间内,由于树形图结点 2 的标记均为 N,所以,只有一个箭头由状态 q_6 转移到 q_f,箭头上的标记为 N。这时,树形图 NP(NP(N|N)|N) 和 树形图 NP(VP(AD|V)|N) 均已遍历完毕,而有限状态转移网络也进入了最后状态 q_f。这样,同一个有限状态网络图,就表示了几何结构相同而代数结构不同的两个树形图。这两个树形图的几何结构相同,故为一个大类,这两个树形图的代数

结构不尽相同,故它们又是同一个大类中的不同小类。可见,有限状态转移网络图可以用来作为术语结构分类的一种描述手段。

值得注意的是,箭头上的标记各有不同。它们基本上可以分为两类:一类是词组类型标记,如 NP,VP 等,它们只能标记在树形图中的非终极结点上;另一类是词类标记,如 N,AD,V 等,它们只能标记在树形图中的前终极结点上。这是两类性质很不相同的标记,有必要加以区别。为此,我们规定:在有限状态网络图中,当箭头上的标记是词组类型时,加一个尖括号,记为 <NP>,<VP>,......等;当箭头上的标记是词类时,不加尖括号,记为 N,AD,V 等。在状态转移网络图中,从状态 q_0 开始,顺次读取词类标记,略去词组类型标记,再插入相应的词汇单元(它们标在树形图的终极结点上),得到的线性符号串,便是一个术语。

任何术语都有字面含义及学术含义。语言学家在研究术语问题时,应该着重研究术语的字面含义,而专业科学家在研究术语问题时,应该着重研究术语的学术含义。词组型术语的字面含义是由构成该术语的各个单词以及把这些单词结合起来的句法规则完全地决定的含义。而术语的学术含义则是相应学科中科学地加以定义的含义。术语的字面含义是术语的学术含义的语言基础。因为任何一个专家同时也是一个普通人,所以术语的学术含义不可能脱离术语的字面含义而单独存在。术语的学术含义,其内容应该比术语的字面含义更丰富,但是,术语的学术含义不能与术语的字面含义发生矛盾,它只能在术语的字面含义的基础上进一步加以科学的界说而形成。

术语的字面含义是与专业领域无关的,而术语的学术含义则与它所适用的专业领域有关,随着专业领域的不同而不同。

术语的字面含义又是独立于时间的变化之外的,它不考虑任何的历时变化,而术语的学术含义则会随着学术的发展而不断地丰富其内涵。

例如,“决策/量”这个术语,其字面含义是由“决策”与“量”这两个词的含义以及“定语 + 中心语”这种句法结构决定的,它表示“决策”方面的量的大小;而其学术含义则可定义为:“从有限个互不相容事件中选取某个给定事件所需的决策数的对数测度,用数学记数法表示时,这一测度为:$H_0 = \log n$,其中,n 是事件的数目。"

由于术语的字面含义是术语的学术含义的语言基础,对于术语的字面含义的研究,必然会有助于对其学术含义的理解,因此,语言学家有必要注意术语的字面含义的研究,并把这种研究看成是语言学研究中不可缺少的一部分。

我们在这里所研究的术语的含义,主要是术语的字面含义,这种字面含义与术语的结构有着密切的关系。为了全面地揭示术语的字面含义与其结构之间的关系,应该区分三种不同层面的结构:术语的词组类型结构、术语的句法功能结构、术语的逻辑语义结构。

下面,我们就来分析这三种结构并进而对"潜在歧义"的概念作进一步的说明。

汉语的词组型术语可以用一个二叉的单标记树形图来表示,这种树形图的标记,或者是词类,或者是词组类型,每个结点上只能容许一个标记,而在树形图的每个层级上的树枝又都是二叉的。这种由许多层二叉的树枝构成的树形图,是以各个二叉的树枝作为其结构的基本单元的。树形图中某个层级的树枝上的两个相邻结点的词类或词组类型标记组成的结构,叫做术语的词组类型结构(Phrase Type Structure, 简称 PT-结构)。

按构成 PT-结构的标记种类的不同,可把 PT-结构分为四种:

(1)词类标记 + 词类标记

PT-结构由两个词类标记构成。例如:

ADJ + N, ADV + N, QA + N, FN + N, NA + N, NV + N, V + N, Prep + N, N + FN;

N + V, ADJ + V, V + V;

N + NV, ADJ + NV, AV + NV, NQA ⏐ NV, QA + NV, NV + NV;

N + PR, QA + PR, V + PR, NQA + PR.

其中,ADJ 表示形容词,ADV 表示副词,QA 表示限定词,FN 表示方位词,NA 表示名形同形词,NV 表示名动同形词,Prep 表示介词,

AV 表示形动同形词,NQA 表示名限同形词,PR 表示结构助词,其他与前述相同。

(2) 词组类型标记 + 词类标记

PT-结构由一个词组类型标记和一个词类标记构成,词组类型标记在前,词类标记在后。例如:

VP + N, VP + NV;

NP + V, NP + N;

NVP + N, NVP + NV;

AP + N, AP + NV.

其中,NVP 表示名动同形词,AP 表示形容词词组,其他与前述相同。

(3) 词类标记 + 词组类型标记

PT-结构由一个词类标记和一个词组类型标记构成,词类标记在前,词组类型标记在后。例如:

N + NP, QA + NP, NV + NP, V + NP;

N + VP, V + VP;

N + NVP, QA + NVP, NV + NVP, V + NVP, FN + NVP.

(4) 词组类型标记 + 词组类型标记

由两个词组类型标记构成。例如:

AP + NP;

NP + VP, NP + NVP;

VP + NP, VP + NVP, VP + VP;

NVP + NP;

PP + VP.

其中,PP 表示介词词组,其他与前述相同。

术语的词组类型结构可以直接从二叉单标记树形图中表示出来,因此,它是一种显性的结构。

树形图中某一层级的两个相邻树枝结点上的句法功能信息,叫做术语的句法功能结构(Syntactic Functional Structure, 简称 SF-结构)。这种结构在二叉单标记树形图中没有标出,因此,它是一种隐性的结构。这种隐性结构与显性的词组类型结构之间存在着极为复杂的对应关系,这是汉语词组类型术语的最重要的特点。

由于二叉树形图中的子树都是二叉的,术语的句法功能结构也相应地由前后两个句法功能成分组成,可以分为以下几种:

(1) 主谓式:由主语后加谓语构成。简称 SP-式(SP construction)。其格式为:

主语 + 谓语
例如:"标记/读出"。

(2) 述宾式:由述语后加宾语构成。简称 PO-式(PO construction)。其格式为:

述语 + 宾语
例如:"编制/程序"。

(3) 述补式:由述语后加补语构成。简称 PC-式(PC construction)。其格式为:

述语 + 补语
例如:"读/出"。

(4) 定中式:由定语后加名词性中心语构成。简称 AH-式(AH construction)。其格式为:

定语 + 名词性中心语
例如:"数据/媒体"。

(5) 状中式:由状语加动词性中心语构成。简称 DH-式(DH construction)。其格式为:

状语 + 动词性中心语
例如:"多重/穿孔,再/启动"。

(6) 联谓式:由前后两个动词性成分联合而成,而且这两个动词性成分的功能地位是平等的,简称 RP-式(RP construction)。其格式为：

> 动词性成分 ＋ 动词性成分
>
> 例如："输入/输出"。

（7）联体式：由前后两个名词性成分联合而成，而且这两个名词性成分的功能地位是平等的，简称 RN-式（RN construction）。其格式为：

> 名词性成分 ＋ 名词性成分
>
> 例如："字母/数字"。

复合量词也属于联体式。例如，"吨/公里，千瓦/小时"。

汉语术语中的各种词组都是由这些 SF-结构组合而成的。

在由前后两个句法成分组成的句法功能结构中，句法功能的着重点可能有所不同，这种着重点，就叫做功能焦点（functional focus）。有的结构的功能焦点在前，有的结构的功能焦点在后，有的结构的功能焦点则是并列的。按功能焦点的不同，可以把术语的句法功能结构（即 SF-结构）分为三种类型：

（1）前焦型：功能焦点在前一成分的 SF-结构。它包括：

i. 述宾式：功能焦点在述语上。

ii. 述补式：功能焦点也在述语上。

述宾式和述补式的前焦型结构，其字面含义往往是相通的。例如，述宾式前焦型结构"读/数据"和述补式前焦型结构"读/出"，其基本的字面含义彼此相容。

（2）后焦型：功能焦点在后一成分的 SF-结构。它包括：

i. 主谓式：功能焦点在谓语上。

ii. 定中式：功能焦点在名词性中心语上。

iii. 状中式：功能焦点在动词性中心语上。

主谓式、定中式和状中式的后焦型结构，其字面含义也往往是相通的。例如，在"信息处理不了"及"信息的处理很成功"这两个句子中，"信息/处理"是主谓式后焦型结构，"信息的/处理"是定中式后焦型结构，其字面含义彼此相容。又如，"立即的/编址"是定中式后焦型结构，"立即地/编址"是状中式后焦型结构，其字面含义也是彼此相容的。

（3）并焦型：功能焦点在前后两个成分上的 SF-结构。它包括：

i. **联体式**：功能焦点在前后两个体词性成分上。

ii. **联谓式**：功能焦点在前后两个谓词性成分上。

联体式和联谓式的并焦型结构，其字面含义也往往是相通的。例如，在"计算机的输出输入系统"和"他们输出输入数据"这两个短语中，前一个"输出/输入"是联体式并焦结构，后一个"输出/输入"是联谓式并焦结构，而这两个"输出/输入"的字面含义显然也是彼此相容的。

可见，从功能焦点的角度来看问题，述宾式和述补式比较接近，主谓式、定中式和状中式比较接近，联谓式和联体式比较接近。我们把功能焦点相同的结构叫叫同焦结构，把功能焦点不同的结构叫异焦结构。各类 SF-结构形成的同焦结构（记为"＋"）和异焦结构（记为"－"）如下表所示：

主谓式						
－	述宾式					
－	＋	述补式				
＋	－	－	定中式			
＋	－	－	＋	状中式		
－	－	－	－	－	联谓式	
－	－	－	－	－	＋	联体式

图 5.8 同焦结构和异焦结构

从表中可看出，"主谓式—定中式"、"主谓式—状中式"、"述宾式—述补式"、"定中式—状中式"、"联谓式—联体式"等 SF-结构对，都是同焦结构，其它的各个 SF-对，都是异焦结构。

树形图中某一层级的子树中两个相邻树枝结点的逻辑语义信息，叫做术语的逻辑语义结构（Logic Semantic Structure，简称 LS-结构)。这种结构在表示术语结构的二叉单标记树形图中亦未标出,也是一种隐性的结构。

术语的逻辑语义结构主要是指以逻辑谓词为中心,各个论元(argument)与逻辑谓词(logical predicate)之间的关系。例如,施事者、受事者、工具、目的、范围、结果、方位等。这种逻辑语义结构所表现出来的含义,强烈地影响着人们对术语的字面含义的理解,也是需要加以认真研究的。

任何术语都包括 PT-结构、SF-结构和 LS-结构这三种层次各异的结构,它们之间的相互作用,决定了术语的字面含义的基本内容。我们常常可以对术语的含义作出"望文生义"或者"顾名思义"的解释,正是这三种结构在我们头脑中相互作用的结果。因此,我们用严格的科学方法来分析这三种不同的结构,就有可能揭示这种"望文生义"或"顾名思义"现象的某些实质,从而对术语的字面含义作出科学的解释。

术语的 PT-结构、SF-结构以及 LS-结构之间的关系可表示如下:

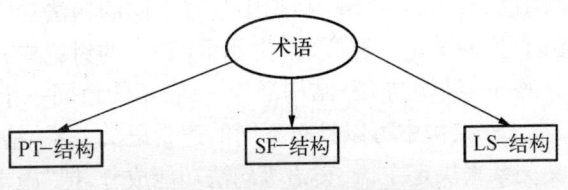

图 5.9　术语中的三种结构

如果我们能够根据术语的 PT-结构,通过有穷步骤,自动地推算出术语的 SF-结构,并进而推算出术语的 LS-结构,那么,就可以做到术语语义的自动理解。这正是中文科技文章的自然语言理解和汉外机器翻译的基本问题。

然而,对于汉语来说,这是一个颇为复杂和相当困难的研究课题。

汉语术语的特点是,这三个结构之间,在绝大多数情况下,不存在一一对应关系。同样的 PT-结构,可以解释为不同的若干个 SF-结构;同样的 SF-结构,又可以解释为不同的若干个 LS-结构。

例如,形式为 V＋N 的 PT-结构,它的 SF-结构可以解释为定中式("响应/时间"),又可以解释为述宾式("查/表")。可见,PT-结构与 SF-结构不一一对应。就是 V＋N 的 SF-结构被判断为述宾式之后,这个 SF-结构的 LS-结构还可能不同。例如,述宾式的 V＋N可以解释为"谓词 ＋ 受事者"("查/表"),又可以解释为"谓词 ＋ 施事者"("跑/带"),又可以解释为"谓词 ＋ 结果"("印/字"),又可以解释为"谓词 ＋ 目的"("归/零"),又可以解释为"谓词 ＋ 方向"("面向/问题")。可见,术语的 SF-结构与 LS-结构也不一一对应。

正因为汉语中这三种结构关系错综复杂,在传统的汉语研究中,长期以来,许多学者把这三种不同的结构混同在"语法"这个科目下进行研究,并由此而产生了许许多多的混乱。在现代汉语研究史上的两次大规模的讨论("汉语词类问题"的讨论和"汉语主宾语问题"的讨论)中,尽管一些有远见卓识的前辈学者,已初步涉及这三种结构之间的某些复杂关系,摆出了许多有趣的语言事实,但是,不少人往往把这种极为复杂的关系简单化。在"汉语词类问题"的讨论中,就有人把语言成分的 PT-结构与 SF-结构混为一谈,不知道同一PT-结构中的成分,可以在 SF-结构中具有不同的句法功能,结果得出"汉语无词类"的结论。在"汉语主宾语问题"的讨论中,又有人则把语言成分的 SF-结构与 LS-结构混为一谈,不知道同一个 SF-结构中的成分,在 LS-结构中可以具有不同的逻辑语义关系,结果他们根据逻辑语义关系来决定主语、宾语等句法功能成分,把"施事者"一律定为主语,把"受事者"一律定为宾语,不惜削足适履,因果倒置,弄得汉语语法体系犹如一团乱麻,令人望而生畏。这种语法研究所得出的种种"语法规律",尤其不适合于在汉语的信息处理工作中使用,为了还汉语语法本来的面目,必须首先明确地区分 PT-结构、SF-结构和 LS-结构这三种不同的结构,研究出它们各自的特点和规律,然后再进 少研究这三种结构之间的各种极为错综复杂的关系,只有这样,才有可能正确地解释汉语结构的规律,给汉语的研究理出可循的头绪来。这个问题不仅对于术语学的研究,而且对于整个的汉语研究,都是十分重要的。

首先,我们来研究汉语术语中的 PT-结构与 SF-结构之间的关系。

汉语术语中的 PT-结构与 SF-结构有一一对应之处，亦有许多不一一对应之处，它们之间并不存在同构关系（isomorphism）。

汉语术语中 PT-结构与 SF-结构意义对应的情况：

（1）QA + N → 定中式（例如："一元/算子"）

　　ADJ + N → 定中式（例如："绝对/误差"）

　　NA + N → 定中式（例如："对称/误差"）

　　NQA + N → 定中式（例如："异/元件"）

　　AP + NP → 定中式（例如："信息量的/二进制单位"）

（2）ADV + V → 状中式（例如："再/启动"）

　　QA + V → 状中式（例如："多重/穿孔"）

　　PP + VP → 状中式（例如："五中/取二"）

在汉语的术语中，有不少术语是无歧义的。这些无歧义术语的存在，使得汉语术语可能正确无误地执行其交际功能。

但是，由于 PT-结构与 SF-结构不存在同构关系，在不少的场合，从 PT-结构到 SF-结构存在着一对多的情况。

例如，V + N 这个 PT-结构，其 SF-结构可以是述宾式（"取/比例尺"），也可以是定中式（"覆盖/段"）。因此，同一个"V + N"的 PT-结构，就可能形成兼具述宾式和定中式功能的 SF-结构。例如，"装入/模块"这个术语由 V + N 组成，可以解释为"装入了某一个模块"（述宾式），也可以解释为"具有可以被装入的性质的模块"（定中式），同一个术语兼具述宾式和定中式的功能，产生了歧义。

又如，"V + V"这个 PT-结构，其 SF-结构可以是联谓式（"译/印"），也可以是状中式（"飞/击"），也可以是述宾式（"受/保护"），也可以是述补式（"读/出"），因此，同一个 V + V 的 PT-结构，就可能形成兼具多种句法功能的 SF-结构。"改变/转储"这个术语由 V + V 组成，其含义可以解释为"改变某种转储"（述宾式），也可以解释为"按改变的方式，对已经改变的存储位置进行转储"（状中式）。这样，"改变/转储"这个术语就有了歧义。

PT-结构与 SF-结构不一一对应的情况，在汉语的术语中并不少见，有必要加以认真的过细的研究。

当一个 PT-结构对应于一个以上的 SF-结构时,就有可能对这个 PT-结构的句法功能作出一种以上的不同解释,这时,就说这个 PT-结构是潜在歧义结构(potential ambiguous structure)。之所以说是"潜在歧义",是因为在这个 PT-结构中,当用词汇单元来代替词类标记时,这种歧义有可能继续保持,也有可能得到消除,因而这种歧义是潜在的而不是现实的,它只具有了歧义的可能性,但是还不一定具有歧义的现实性。

例如,V + N 这一个 PT-结构就是潜在歧义结构,它具有"述宾—定中潜在歧义",简称为"述宾—定中歧义",在加入词汇单元时,这种潜在歧义有可能保持,也有可能消除。

当 V = "取",N = "比例尺"时,由于这两个单词的词汇意义的制约,"比例尺"在词汇意义上不能接受"取"的修饰,排除了定中式之可能,只能解释为一个述宾式,歧义消除,"取比例尺"未能成为一个现实的歧义结构。

当 V = "覆盖",N = "段"时,由于这两个单词的词汇意义的制约,"覆盖"在词汇意义上不能以"段"为宾语,排除述宾式之可能,只能解释为一个定中式,歧义消除,"覆盖段"这一术语未能成为现实的歧义结构。

当 V = "分割",N = "字符"时,由于在词汇意义上,"字符"可以被分割,也可以具备"分割"这种特性,因此,潜在歧义不能消除,并转化为现实的歧义,形成具有"述宾—定中歧义"的现实的歧义结构。由此可以看出,在还没有用词汇单元来代替 PT-结构中的词类标记时,PT-结构还只有潜在的可能性,这种歧义只能是"潜在歧义"。

应该说明的是,"的字结构"和"介词结构"是两种特殊的 PT-结构,它们不能直接与 SF-结构发生对应关系,只是在它们与其它的单词或词组类型成分构成一个更大的 PT-结构之后,才能作为这个更大的 PT-结构的一部分与 SF-结构发生对应关系。例如,"块间/间隔"这个术语中的"块间"是一个介词结构,这个介词结构不能单独与 SF-结构对应,而只能作为"块间结构"这个更大的 PT-结构的一部分,与"定中式"这个 SF-结构发生对应关系,作为"定中式"这个 SF-结构的定语部分。又如,"对数的首数"这个术语中的"对数的"

是一个"的字结构"（可以把它看成 AP），这个"的字结构"不能单独与 SF-结构发生对应关系，而只能作为"对数的首数"这个更大的 PT-结构的一部分，与"定中式"这个 SF-结构发生对应关系，作为其中的定语部分。情态动词与动词形成的 PT-结构 MV + V，数词与量词形成的 PT-结构 C + L，连词与名词形成的 PT-结构 CJ + N，它们的结合都十分紧密，它们都不能直接与 SF-结构发生对应关系，而只能作为更大的 PT-结构的一部分，参与到更大的 PT-结构中去，才能与 SF-结构发生对应关系。例如，"可擦存储器"这个术语中的"可擦"，其 PT-结构为 MV + V，这个 PT-结构不能直接与 SF-结构发生关系，当它与"存储器"这个名词一起，组成一个更大的 PT-结构 VP + N 之后，才能与定中式这个 SF-结构发生关系，作为这个 SF-结构的定语。又如，"两倍寄存器"这个术语中的"两倍"，其 PT-结构为 C + L，这个 PT-结构不能直接地与 SF-结构发生对应关系，当它与"寄存器"这个名词一起，组成一个更大的 PT-结构 CLP + N 之后，才能与定中式这个 SF-结构发生对应关系，作为这个 SF-结构中的定语。再如，"算术和逻辑（运算）"这个术语中的"和逻辑"，其 PT-结构为 CJ + L，这个 PT-结构也不能直接与 SF-结构发生关系，当它与它前面的"算术"这个名词在一起，组成一个更大的 PT-结构 N + NP 之后，才能与联体式这个 SF-结构发生关系，作为这个 SF-结构中平行体词的一部分。这些特殊问题，由于在传统的汉语语法研究中没有很好地解决，在汉语术语的潜在歧义研究中，只好把它们作为特殊情况来处理了。

当汉语词组类型术语中的 PT-结构与 SF-结构不一一对应时，就会产生潜在歧义。汉语术语中的潜在歧义结构主要有以下几类：

一、述宾—定中歧义：下列的 PT-结构会发生"述宾—定中歧义"。

（1）V + N：例如，"触发/电路"，其字面含义可以解释为"触发了某个电路"（述宾式），也可以解释为"具有触发性质的电路"（定中式），是异焦歧义结构。但是，"编制/程序"只能解释为"编制某种程序"，是述宾式，"保留/字"只能解释为"保留的字"，是定中式，潜在歧义消失。

（2）V + NQA：例如，"搜索/顺序"，其字面含义可以解释为"搜索某种顺序"（述宾式），也可以解释为"搜索的顺序"（定中式），是异焦歧义结构。但是，"排/顺序"只能解释为"排某种顺序"，是述宾式，"工作/顺序"只能解释为"工作的顺序"，是定中式，潜在歧义消失。

（3）AV + N：例如，"固定/存储器"，其字面含义可以解释为"固定某个存储器"（述宾式），也可以解释为"固定的存储器"（定中式），是异焦歧义结构。但是，"固定/频度"只能解释为"固定的频度"，是定中式，潜在歧义消失。

（4）AV + NP：例如，"固定/函数发生器"，其字面含义可以解释为"固定某种函数发生器"（述宾式），也可以解释为"固定的函数发生器"（定中式），是异焦歧义结构。但是，"固定/切分原则"只能解释为"固定的切分原则"，是定中式，潜在歧义消失。这里，"函数发生器"和"切分原则"都是名词词组，而不是单个的名词。

（5）NV + N：例如，"转移/指令"，其字面含义可以解释为"转移/某个指令"（述宾式），也可以解释为"转移的指令"（定中式），是异焦歧义结构。但是，"转移/方式"只能解释为"转移的方式"，是定中式，潜在歧义消失。

（6）VP + N：例如，"直接插入/子程序"，其字面含义可以解释为"直接插入某个子程序"（述宾式），也可以解释为"直接插入的子程序"（定中式），是异焦歧义结构。但是，"再启动/条件"只能解释为"再启动的条件"，是定中式，潜在歧义消失。

（7）NVP + N：例如，"输出输入/过程"，其字面含义可以解释为"输出输入某种过程"（述宾式），也可以解释为"输出输入的过程"（定中式），是异焦歧义结构。但是，"设备控制/字符"只能解释为"用于设备控制的字符"，是定中式，潜在歧义消失。

（8）V + NP：例如，"联合/信息量"，其字面含义可以解释为"联合某些信息量"（述宾式），也可以解释为"联合的信息量"（定中式），是异焦歧义结构。但是，"监控/穿孔机"只能解释为"用于监控的穿孔机"，是定中式，潜在歧义消失。

（9）NV + NP：例如，"转移/信息量"，其字面含义可以解释为

"转移某些信息量"（述宾式），也可以解释为"转移的信息量"（定中式），是异焦歧义结构。但是，"服务/例行程序"只能解释为"用于服务的例行程序"，是定中式，潜在歧义消失。

（10）NV＋NVP：例如，"控制/转移指令"，其字面含义可以解释为"控制某种转移指令"（述宾式），也可以解释为"用于控制的转移指令"（定中式），是异焦歧义结构。但是，"通讯/控制字符"只能解释为"用于通讯的控制字符"，是定中式，潜在歧义消失。

二、主谓—状中歧义：下列 PT-结构会发生主谓—状中歧义。

（1）N＋V：例如，"机器/阅读"，其字面含义可以解释为"由机器来阅读"（主谓式，"机器"是施事），也可以解释为"按机器的方式来阅读"（状中式），是同焦歧义结构。但是，"系统/测试"只能解释为"由系统来测试"，只能是主谓式，"系统"是施事，"边缘/穿孔"只能解释为"在边缘处来进行穿孔"，只能是状中式，潜在歧义消失。

（2）C＋V：例如，"四舍五入"中的"四/舍"。其字面含义可以解释为"四被舍去了"（主谓式，"四"是受事），也可以解释为"当小于或等于四的时候就进行舍入运算"（状中式），是同焦歧义结构。但是，"二五/混合"只能解释为"用与二和五有关的数来混合"，只能是状中式，潜在歧义消失。

（3）N＋VP：例如，"标记/读出"的字面含义只能是"标记被读出了"，只能是主谓式；"磁镀线存储器"的"磁/镀线"只能解释为用磁膜的方式来镀线，只能是状中式。这说明，N＋VP 这一个格式具有"主谓—状中"的潜在歧义，但是，当在具体的术语"标记/读出"（主谓式）和"磁/镀线"（状中式）中，这种潜在歧义消失了。

（4）C＋NV：例如，在"二输入加法器"中的"二/输入"，其字面含义可以解释为"二个数据被输入了"（主谓式），又可以解释为"按二个数据的方式来进行输入"（状中式），因而 C＋NV 就成了潜在歧义结构。我们在中文术语的数据库中，还未发现这种结构中的潜在歧义消失的例子。这说明，潜在歧义结构中的潜在歧义，也可能不会消失，在同类格式的术语中都始终保持着。

（5）NP＋VP：例如，"微型计算机/联机监视"的字面含义，可以解释为"由微型计算机来联机监视"（主谓式，"微型计算机"是施事），也可以解释为"用微型计算机为工具进行联机监视"（状中式），是同焦歧义结构。但是，"计算机程序/自动设计"只能解释为"计算机程序被自动设计了"（"计算机程序"是受事），是主谓式；"请求式/调页"只能解释为"按请求式来调页"，是状中式，潜在歧义消失。

　　三、定中—状中歧义：下列 PT-结构会产生定中—状中歧义。

　　（1）QA + NV：例如，"实时/运算"的字面含义，可以解释为"实时的运算"（定中式），又可以解释为"按实时的方式来运算"（状中式），是同焦歧义结构。

　　（2）NA + NV：例如，"等价/运算"的字面含义，可以解释为"等价的运算"（定中式），又可以解释为"按等价的方式来运算"（状中式），是同焦歧义结构。

　　（3）ADJ + NV：例如，"简单/缓冲"的字面含义，可以解释为"简单的缓冲"（定中式），又可以解释为"按简单的方式来缓冲"（状中式），是同焦歧义结构。

　　（4）ADV + NV：例如，"立即/编址"的字面含义，可以解释为"立即的编址"（定中式），又可以解释为"立即地编址"（状中式），是同焦歧义结构。

　　（5）VP + NV：例如，"无循环/编码"的字面含义，可以解释为"无循环的编码"（定中式），又可解释为"按无循环的方式来进行编码"（状中式），是同焦歧义结构。

　　（6）AP + NV：例如，"自相对/编址"的字面含义，可以解释为"自相对的编址"（定中式），又可以解释为"按自相对的方式来进行编址"（状中式），是同焦歧义结构。

　　（7）QA + NVP：例如，"自动/顺序处理"的字面含义，可以解释为"自动的顺序处理"（定中式），又可以解释为"按自动的方式来进行顺序处理"（状中式），是同焦歧义结构。

　　（8）AV + NVP：例如，"集中/数据处理"的字面含义，可以解释为"集中的数据处理"（定中式），又可以解释为"按集中的方式进行数据处理"（状中式），是同焦歧义结构。

　　（9）VQA + NV：例如，"无条件/转移指令"的字面含义，可以解释为"无条件的转移指令"（定中式），又可以解释为"无条件地来进行转移指令"(状中式),是同焦歧义结构。

这些定中—状中潜在歧义结构,在上述的各个词组型术语中,均保持了原有的定中—状中歧义,这也许是由于定中—状中歧义是同焦结构,歧义对于词组型术语的理解并无多大的障碍,因此,潜在歧义结构都转化成了现实的歧义结构。

四、述宾—状中歧义:仅有 V + VP 这种 PT-结构存在述宾—状中歧义。

例如,"破坏/读出"的字面含义,可以解释为"破坏这种读出"(述宾式),又可以解释为"按破坏的方式进行读出"(状中式),是异焦歧义结构。但是,"归并/排顺序"只能解释为"按归并的方式来排顺序",是状中式,潜在歧义消失。

五、主谓—定中歧义:下列 PT-结构会产生主谓—定中歧义。

(1) NP + NV:例如,"事务数据/处理"的字面含义,可以解释为"事务数据被处理了"(主谓式),又可以解释为"事务数据的处理"(定中式),是同焦歧义结构。

(2) NP + NVP:例如,"计算机/辅助管理"的字面含义,可以解释为"由计算机来辅助管理"(主谓式),又可以解释为"计算机的辅助管理"(定中式),是同焦结构。

这些主谓—定中潜在歧义结构,在上述的词组型术语中,均保持了原有的主谓—定中歧义,潜在歧义结构都转化成了现实的歧义结构。

六、联谓—状中歧义:仅有 VP + VP 这种 PT-结构存在联谓—状中歧义。

例如,"四舍/五入"的字面含义,可以解释为"四舍并且五入",是联谓式,"非破坏/读出"的字面含义,可以解释为"按非破坏的方式来读出",是状中式。这样,VP + VP 这个结构,既可以为联谓式,又可以为状中式,故有联谓—状中潜在歧义,是异焦歧义结构。当这个 PT-结构为"四舍/五入"时,只能解释为联谓式,不能解释为状中式,潜在歧义消失了;当这个 PT-结构为"非破坏/读出"时,只能解释为状中式,不能解释为联谓式,潜在歧义也消失了。

七、联体—定中歧义:仅有 N + N 这种 PT-结构存在联体—定中歧义。例如,"字母/数字"的字面含义,可以解释为"字母和数字",是联谓式,"磁/头"的字面含义,可以解释为"有磁性的读写头",是定中式,因此,PT-结构 N + N 就有"联体—定中歧义",当这个PT-结构为"字母/数字"时,只能解释为联体式,不能解释为定中式,潜在歧义消失了,当这个 PT-结构为"磁/头"时,只能解释为定中式,不能解释为联体式,潜在歧义也消失了。

八、主谓—定中—状中歧义:下面的 PT-结构会产生主谓—定中—状中歧义。

(1) N + NV:例如,"条件/转换"的字面含义,可以解释为"条件被转换了"(主谓式),又可以解释为"条件的转换"(定中式),还可以解释为"按条件来转换"(状中式),都是后焦型结构,所以,它们是同焦歧义结构。"信息/处理"的字面含义,可以解释为"信息被处理了"(主谓式),又可以解释为"信息的处理"(定中式),也是同焦歧义结构,但状中式的潜在歧义消失了。"消息/宿"的字面含义,只能解释为消息的所宿,即通讯系统中接收消息的那一部分,只能是定中式,变成了无歧义结构,主谓式和状中式的潜在歧义都消失了。

(2) N + NVP:例如,"条件/转移指令"的字面含义,可以解释为"由条件来转移指令"(主谓式,"条件"是施事主语),也可以解释为"条件的转移指令"(定中式),还可以解释为"按条件来转移指令"(状中式),是同焦歧义结构。"光学/字符识别"的字面含义,可以解释为"光学的字符识别"(定中式),也可以解释为"按光学的方式来进行字符识别"(状中式),但主谓式的潜在歧义消失了。

(3) NVP + NV:例如,"组传输/结束"的字面含义,可以解释为"组传输被结束了"(主谓式,"组传输"是施事),也可以解释为"组传输的结束"(定中式),还可以解释为"按组传输的方式结束"(状中式),是同焦歧义结构。"多数决定/运算"的字面含义,可以解释为"多数决定的运算"(定中式),也可以解释为"按多数决定的方式来运算"(状中式),但主谓式的潜在歧义消失了。

九、述宾—定中—状中歧义:下面的 PT-结构会产生述宾—定中—状中歧义。

(1) V + NV:例如,"延迟/编址"的字面含义,可以解释为"延迟这种编址"(述宾式),也可以解释为"延迟的编址"(定中式),还可以解释为"按延迟的方式来编址"(状中式),其中,定中式和状中式是后焦型结构,述宾式是前焦型结构,因此,这是一种异焦歧义结构。"迭代/运算"的字面含义,可以解释为"迭代的运算"(定中式),也可以解释为"按迭代的方式来运算"(状中式),但述宾式的潜在歧义消失了。

(2) AV + NV:例如,"重复/运算"的字面含义,可以解释为"重复这种运算"(述宾式),也可以解释为"重复的运算"(定中式),还可以解释为"按重复的方式来运算"(状中式),这是一种异焦歧义结构,潜在歧义都转化为现实的歧义。

(3) V + NVP:例如,"链接/编辑程序"的字面含义,可以解释为"链接这种编辑程序"(述宾式),也可以解释为"链接的编辑程序"(定中式),还可以解释为"按链接的方式来编辑程序"(状中式),这是一种异焦歧义结构,潜在歧义都转化成了现实的歧义。

(4) AV + NVP:例如,"集中/数据处理"的字面含义,可以解释为"集中这种数据处理"(述宾式),也可以解释为"集中的数据处理"(定中式),还可以解释为"按集中的方式\进行数据处理"(状中式),这是一种异焦歧义结构,潜在歧义转化成了现实的歧义。

十、联谓—状中—述宾—述补歧义:仅有 V + V 这种 PT-结构存在"联谓—状中—述宾—述补歧义"。例如,"改变/转储"的字面含义,可以解释为"按改变的方式进行转储"(状中式),也可以解释为"改变这种转储"(述宾式),是状中—述宾的歧义结构。"译/印"的字面含义只可以解释为"又译又印"或"译而且印",是联谓式结构。"读/出"的字面含义,只可以解释为"读得出来",是述补式结构。这样,V + V 这个 PT-结构就具有了联谓—状中—述宾—述补的潜在歧义,这是异焦结构,这种潜在歧义,在具体的词组型术语中,有的保持了一部分,有的消失了。

十一、联谓—联体—述宾—定中—状中—主谓歧义:仅有 NV + NV 这种 PT-结构存在联谓—联体—述宾—定中—状中—主谓歧义。例如,"输出输入"的字面含义,可以解释为"输出并且输入"(联谓式),又可以解释为"输出和输入"(联体式),是联谓—联体的歧义结构。"控制/操作"的字面含义,可以解释为"控制这种操作"(述宾式),又可以解释为"控制的操作"(定中式),是述宾—定中歧义结构。"存储/分配"的字面含义,可以解释为"存储的分配"(定中式),又可以解释为"按存储的方式来分配"(状中式),还可以解释为"存储被分配了"(主谓式,"存储"是受事),是定中—状中—主谓的歧义结构。这样,NV + NV 这个 PT-结构就具有了联谓—联体—述宾—定中—状中—主谓潜在歧义,这是异焦歧义结构。

汉语术语中的潜在歧义结构可总结如下:

潜在歧义结构的类型	PT-结构
述宾—定中歧义	V + N
述宾—定中歧义	V + NQA
述宾—定中歧义	AV + N
述宾—定中歧义	AV + NP
述宾—定中歧义	NV + N
述宾—定中歧义	VP + N
述宾—定中歧义	NVP + N
述宾—定中歧义	V + NP
述宾—定中歧义	NV + NP
述宾—定中歧义	NV + NVP
述宾—定中歧义	NVP + NP
主谓—状中歧义	N + V
主谓—状中歧义	C + V
主谓—状中歧义	N + VP
主谓—状中歧义	C + NV
定中—状中歧义	QA + NV
定中—状中歧义	NA + NV
定中—状中歧义	A + NV
定中—状中歧义	AD + NV
定中—状中歧义	VP + NV
定中—状中歧义	QA + NVP
定中—状中歧义	AV + NVP
定中—状中歧义	AP + NV
定中—状中歧义	VQA + NV

定中—状中歧义	VP + NVP
述宾—状中歧义	V + VP
主谓—定中歧义	NP + NV
主谓—定中歧义	NP + NVP
联体—定中歧义	N + N
联谓—状中歧义	VP + VP
主谓—定中—状中歧义	N + NV
主谓—定中—状中歧义	N + NVP
主谓—定中—状中歧义	NVP + NV
述宾—定中—状中歧义	V + NV
述宾—定中—状中歧义	AV + NV
述宾—定中—状中歧义	V + NVP
述宾—定中—状中歧义	AV + NVP
联谓—状中—述宾—述补歧义	V + V
联谓—联体—述宾—定中—状中—主谓歧义	NV + NV

　　潜在歧义是由于汉语术语的 PT-结构与 FS-结构之间不存在一一对应关系而产生的,而这种不一一对应的情况,正是汉语语法的真正特点之所在。朱德熙在《语法答问》一书中谈到汉语语法的"真正的特点"时指出:汉语语法的特点,"要是细大不捐的话,可以举出许多条来。要是拣关系全局的重要方面来说,主要只有两条。一条是汉语词类跟句法成分(就是通常所说的句子成分)之间不存在一一对应关系;二是汉语句子的构造原则跟词组的构造原则基本上是一致的"。朱德熙这里所说的汉语语法的第一个真正的特点,即"汉语词类跟句法成分之间不存在一一对应关系",就是汉语术语中存在潜在歧义的根本原因。正因为这是汉语语法的真正特点,所以,"潜在歧义论"的研究,就必定是汉语术语结构分析的关键之所在,在汉语的自然语言计算机处理中,这是我们必须加以认真研究的问题,决不能对这个问题掉以轻心。朱德熙指出的汉语语法的第二个真正的特点,即"汉语句子的构造原则跟词组的构造原则基本上是一致的",对于汉语词组型术语的结构研究也有指导意义。因为这个特点意味着,汉语词组型术语的结构研究,将会大大有助于汉语句子结构的研究,以汉语词组型术语结构的自动分析为目的而提出的"潜在歧义

论",将有可能在汉语句子结构的自动分析中大显身手。

潜在歧义结构反映的是 PT-结构的潜在歧义。PT-结构是由词组类型标记和词类标记构成的,这些标记是"类"的标记,而不是具体的单词的标记,因而 PT-结构并不是由具体的词汇单元构成的术语的结构,而是"类"的结构,这种"类"的结构所反映出来的歧义,并不是现实的歧义,而只是潜在的歧义。要想了解这种潜在的歧义是否具有现实性,只有在 PT-结构中插入具体的词汇单元之后才看得出来,也就是说,词汇单元的插入,才把 PT-结构的潜在歧义激活了,才使 PT-结构的潜在歧义具备了转化为现实歧义的可能性。

另外,PT-结构仅只是表示了词组型术语的树形图中,同一层级上的两个相邻的树枝结点之间词组类型的结构,并不能反映多层级的由整个树形图所代表的词组类型结构;而 PT-结构及其相应的 SF-结构的非同构情况反映出来的 PT-结构所具有的潜在歧义,也仅只反映了树形图中某一层级上的潜在歧义,并不能代表整个树形图的潜在歧义,要想了解整个树形图的歧义情况,只有在研究了树形图各个层级上的歧义情况之后才有可能,而要想了解树形图各个层级上的歧义情况,首先必须插入词汇单元。

由此可见,词汇单元的插入,对于词组型术语的歧义研究来说,是一个至关重要的问题。

PT-结构只是一个抽象的语法结构,这样的结构要靠词汇单元来激活,PT-结构被插入的词汇单元激活之后,便成为了具有具体的学术含义的词组型术语,这个过程叫做"PT-结构的实例化"(Instanciation of PT-Structure)。

PT-结构实例化之后,便可以判断 PT-结构所具有的潜在歧义是不是会变为现实的歧义。也就是说,实例化之前的 PT-结构没有被激活,只具有潜在的歧义,而实例化之后的 PT-结构被激活了,才可能具有现实的歧义。

为了研究具体的词组类型术语是否有歧义,可分两步来做:

(1)在表示有关术语的树形图的前终极结点下方插入相应的词汇单元,使之成为这个树形图的叶子,从而使 PT-结构实例化。

(2)从树形图的叶子开始,自叶向根,自底向上,逐级研究各个层级的 PT-结构潜在歧义情况,观察其是否有可能转化为现实的歧义。如果根的两个直接后裔结点所形成的 PT-结构仍是有歧义的,则整个的词组型术语就是有歧义的,这时,潜在的歧义结构也就转化成了现实的歧义结构。

在 PT-结构实例化的过程中,当把词汇单元插入树形图时,由于词汇单元之间词汇意义的制约,或者由于词汇单元语法结构的影响,PT-结构的潜在歧义有可能消失,也有可能继续保持。在由下而上对多层次的树形图中各个层次上的 PT-结构进行解释时,由于各个 PT-结构之间上下文环境的影响,PT-结构所具有的潜在歧义也会发生一些新的变化。总而言之,词汇单元的插入,把抽象的 PT-结构激活了,这样,PT-结构实例化的过程中,可以产生四种不同的树形结构:无歧义结构,歧义消除结构,歧义结构,非法结构。因此,这四种树形结构才是反映具体的词组型术语歧义情况结构。其中,无歧义结构是由无歧义的 PT-结构实例化之后形成的,而歧义结构和歧义消除结构则是由具有潜在歧义的 PT-结构实例化之后形成的,非法结构的 PT-结构本身就是不合乎其含义或者语法规则的,这种 PT-结构不论实例化与否,都是非法的。

下面,我们来讨论这四种不同的树形结构。

(1)无歧义结构(unambiguous structure)

无歧义结构中,表示词组类型术语的树形图中的任何 PT-结构均不是潜在歧义结构,决无产生歧义之可能,因而实例化之后形成的结构也是没有歧义的。

例如,"大容量存储器"这个术语,在插入词汇单元之后,其树形图为:

自下而上观察,A + N 是一个无歧义的 PT-结构,根结点 NP 两个直接后裔形成的 NP + N 也是一个无歧义结构,所以,这个术语是一个无歧义结构。

(2)歧义消除结构(ambiguity-disappeared structure)

表示词组类型术语的树形图中,有的

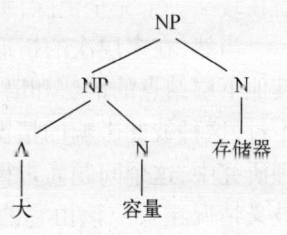

图 5.10 无歧义结构

PT-结构是潜在歧义结构,但是在这些 PT-结构的实例化过程中,在插入词汇单元之后,由于词汇单元词汇意义的制约,或者由于各个词汇单元的语法特性的相互影响,排除了歧义之可能,歧义消除,形成一个歧义消除结构。

例如,"面向问题语言"这个术语,插入词汇单元之后,其树形图为:

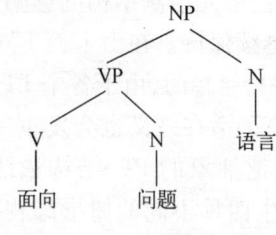

图 5.11　歧义消除结构

自下而上观察,V + N 这个 PT-结构有"述宾—定中歧义",是一个潜在歧义结构,但插入了"面向"、"问题"等词汇单元之后,由于词汇意义的制约,"面向"不可能作"问题"的定语,排除了定中式之可能;VP + N 这个 PT-结构有"述宾—定中歧义",也是一个潜在歧义结构,但由于在 VP 中,动词 V 已带有宾语"问题",一般不能再带第二个宾语,这种语法性质的影响,排除了述宾式之可能;根结点 NP 的两个直接后裔 VP 和 N 形成的定中式结构,是一个歧义消除结构,这时,在树形图两个层级上的 PT-结构所具有的潜在歧义并未转化为现实的歧义结构。

(3) 歧义结构(ambiguous structure)

表示词组类型术语的树形图中,有的 PT-结构是潜在歧义结构,在 PT-结构的实例化过程中,插入词汇单元之后,词汇单元之间的词汇意义的制约以及词汇单元语法功能的影响,并不足以消除这种潜在歧义,从而使这种潜在歧义转化为现实的歧义。在自下而上地解释树形图的歧义时,如果根结点的两个直接后裔组成的 PT-结构的潜在歧义仍未完全消除,那么,就可能形成一个歧义消除结构。

当然,在多层次的树形图中,除了根结点的两个直接后裔之外的其他下层结点的语法和语义信息,对于根结点的歧义也是有影响的,不过,这种彼此影响的情况是十分复杂的,目前,在我国自然语言处理研究中,这个问题尚未得到细致的考察,而且,一般说来,根结点的歧义情况主要应该由它的两个直接后裔组成的 PT-结构来决定,下层结点的语法和语义信息不可能使其基本含义发生改变,因而可以暂时不考虑这些信息对根结点的歧义的影响。

例如，"直接插入子程序"这个术语，插入词汇单元之后，其树形图为：

自下而上观察，"A + V"这个 PT-结构是一个无歧义结构，但根结点 NVP 的两个直接后裔 VP 和 N 构成的 PT-结构 VP + N 却是一个潜在歧义结构，存在述宾—定中歧义，而词汇单元的词汇意义

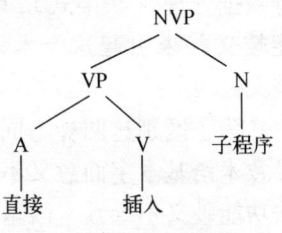

图 5.12　歧义结构

的制约以及语法功能的影响，都不能排除这种歧义，于是，潜在的歧义转化为现实的歧义，形成一个述宾—定中歧义结构。这个术语，可以解释为"直接插入一个子程序"（述宾式），也可以解释为"直接插入的子程序"（定中式）。

值得注意的是，我们所说的"潜在歧义"，仅只是句法功能方面的歧义，而不是逻辑语义方面的歧义。不过，句法功能与逻辑语义是有联系的。句法功能歧义有时会导致逻辑语义歧义，从而使术语的字面含义发生改变。上例"直接插入子程序"这个术语的"述宾—定中"这种句法功能歧义，导致了逻辑语义歧义，因为它具有的两种不同的解释，其字面意义是根本不同的。然而，句法功能歧义并不一定总是导致逻辑语义的歧义。有时，一个术语虽然在句法功能上是有歧义的，但是，术语的字面意义并未改变，并未引起逻辑语义歧义。例如，"自动数据处理"这个术语，插入词汇单元并且实例化之后，其树形图为：

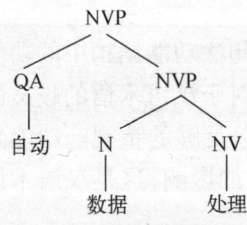

图 5.13　准歧义结构

自下而上观察，N + NV 这个 PT-结构有"主谓—定中—状中歧义"，是一个潜在歧义结构，由于词汇单元的词汇意义的制约和语法功能的影响，"数据"不可能做"处理"的状语，排除了状中式之可能，但仍保留了"主谓—定中歧义"；根结点 NVP 的两个直接后裔 QA 和 NVP 形成的 QA + NVP 这个 PT-结构有"定中—状中歧义"，这种歧义并未因为词汇意义的制约和词汇单元语法特性的影响而消除，最后形成一个定中—状中式的现实的歧义结构。这个术语

可以解释为"自动的数据处理"(定中式),也可以解释为"自动地进行数据处理"(状中式),其句法功能是有歧义的,但是,这种句法功能歧义并未引起这个术语字面意义的改变,并未导致逻辑语义的歧义。

为了区别这两种不同的歧义结构,我们把由于句法功能歧义而导致术语基本字面意义不同的歧义结构叫做"真歧义结构",而把句法功能歧义不导致术语基本字面意义不同的歧义结构叫做"准歧义结构"。

这样,我们便可以根据术语的句法功能歧义是否导致术语基本字面含义的不同,把术语的歧义结构分为真歧义结构和准歧义结构两种。这种区分有着实用意义。因为在术语工作的实践中,必须特别注意由于句法功能歧义而导致术语字面含义不同的那些真歧义结构。

但是,"导致术语基本字面含义的不同"这个区分标准是比较空灵的,不易掌握,用起来见仁见智,因人而异。我们能否为这个区分标准找到一个比较可靠的形式标准呢?回答是肯定的。这个形式标准,就是看歧义术语的根结点的两个直接后裔组成的 PT-结构在实例化之后是同焦结构还是异焦结构,如果是同焦结构,那么,该歧义术语的结构就是准歧义结构,如果是异焦结构,那么,该歧义术语的结构就是真歧义结构。

由于同焦与异焦的区别是由汉语术语的句法功能结构中的功能焦点的位置来决定的,所以,功能焦点的位置对于汉语术语的歧义的研究,起着决定性的作用。我们对此必须给以足够的重视。功能焦点的位置对于汉语术语的歧义具有举足轻重的影响,这是汉语术语结构的重要特点之一。

从实用的观点来看,对于歧义结构的限制应该严格一些,而对于歧义消除结构的限制可以宽一些。这样,在进行术语的研究和规范化时,就可以把注意力集中于那些最容易引起歧义的问题上去。为此我们规定:

1. 只有当根结点的两个直接后裔形成的 PT-结构是歧义结构时,整个术语的结构才算歧义结构。如果根结点的两个直接后裔形成的 PT-结构不是歧义结构,尽管在树形图的下层结点中存在歧义结构,整个术语也不算歧义结构。

2. 当根结点的两个直接后裔形成的 PT-结构是歧义消除结构时,整个术语当然要算歧义消除结构。但是,除此之外,如果根结点的两个直接后裔形成的 PT-结构是无歧义结构,只要在下层结点中还存在着歧义消除结构,整个术语也算歧义消除结构。

(4) 非法结构(illegal structure)

如果术语的字面含义与它的学术含义发生矛盾,则该术语的结构就是非法结构。非法结构的术语应该重新命名。例如,"区段穿孔"这个术语其学术含义是表示"在十二行未穿孔卡片上部三行中的一行内所穿的孔",显然是指一个"孔",而不是穿孔的动作。从其学术含义来看,这个术语应该是一个名词词组。但这个术语的结构却是 N + V,在汉语中,N + V 这种结构是永远也不会形成一个名词词组的,它违反了汉语语法结构的基本规则,术语的字面含义与学术含义发生了矛盾,故是一个非法结构,应该重新命名。

术语的 PT-结构与 SF-结构的非同构现象引起的歧义,仅只是术语结构的代数值方面的歧义,因为这种歧义,只牵涉到表示术语结构的树形图中的同一层级上两个结点的代数标记,并不涉及树形图的几何形状问题。

但是,任何一个术语的线性符号串都隐藏着一个多层次的树形图。这种树形图不仅有代数标记,而且还有几何形状。树形图的几何形状也会影响到术语的字面含义。

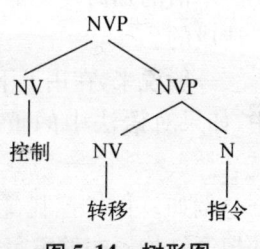

图 5.14　树形图

例如,"控制/转移/指令"这个术语,其树形图可以为

这时,有代数歧义。因为可有述宾转换鉴定式:

控制/转移指令 → 控制(这种)转移指令

其字面含义是:"控制某种转移指令"。
还可有定中转换鉴定式:

控制/转移指令 → 控制(的)转移指令

其字面含义是:"具有控制能力的转移指令"。

因此,这个术语有述宾一定中歧义。这是一种代数歧义。

同时,这个术语还有几何歧义,因为它还隐藏着另一个树形图:

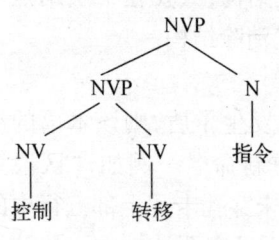

图 5.15　树形图

这个表示为这种几何形式的树形图的术语也有代数歧义。因为它可有述宾转换鉴定式:

控制转移/指令 → 控制转移(这种)指令

其字面含义是:"控制并且转移某种指令"。

还可有定中转换鉴定式:

控制转移/指令 → 控制转移(的)指令

其字面含义是:"具有控制和转移能力的指令"。

可以看出,术语的几何歧义,对于术语的字面含义也是有影响的。在术语歧义问题的研究中,也要注意由于构成术语的各个单词的几何层次不同而导致的几何歧义。

术语的几何歧义是由上下文无关的短语结构语法本身固有的歧义造成的。

一般说来,在用上下文无关的短语结构语法来生成术语的过程中,如果对语法中的重写规则的使用顺序不一样,就会造成几何歧义。

例如,对于"控制/转移/指令"这个术语,可用如下的上下文无关的短语结构语法的重写规则来生成:

NVP → NV NVP ......(1)

NVP → NV N　......(2)

NVP → NVP N　......(3)

NVP → NV NV　......(4)

如果重写规则的使用顺序是:

NVP
NV   NVP ...... (1)
NV   NV   N ...... (2)

则可得到第一个树形图。

如果重写规则的使用顺序是:

NVP
NVP   N ...... (3)
NV   NV   N ...... (4)

则可得到第二个树形图。

术语的几何歧义也是很重要的,我们在研究术语的代数歧义的同时,也不能忽视术语的几何歧义。

术语树形图中各个结点之间可以相互影响。有时这种相互的影响有助于判别术语的代数歧义。

我们经初步的研究发现有如下的规律:

1. 如果某一层级上的 PT-结构是 VP + N, 而动词词组 VP 本身的 PT-结构是 V + N, 其 SF-结构是述宾式,那么,PT-结构 VP + N 中的 N 决不能是 VP 的宾语,这个 PT-结构 VP + N 的 SF-结构决不能是述宾式。

例如,"面向/过程/语言"这个术语的树形图如下:

在这个树形图中,"面向/过程"这个 VP 的 SF-结构已经是述宾式,其中的动词 V 已经有宾语,因此,"语言"这个名词 N 就不能是动词词组 VP 的宾语。

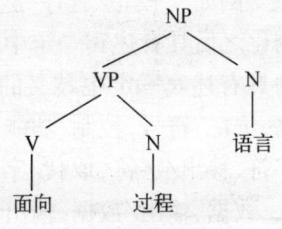

图 5.16   树形图

2. 如果某一层级上的 PT-结构是 QA + NVP,而其中 NVP 的 PT-结构是 NV + N,那么,结点 QA 将使 NVP 中的名动同形词 NV 失去动词特性,使得 NVP 的 SF-结构不可能是述宾式。

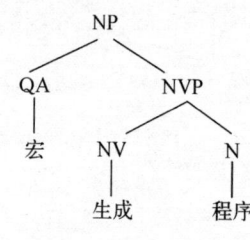

图 5.17　树形图

例如,"宏/生成/程序"这个术语的树形图如下：

在这个树形图中,"生成/程序"这个 PT-结构由 NV + N 组成,其 SF-结构存在着述宾—定中歧义,但由于其前面的"宏"结点是个 QA,使得名动同形词 NV 失去了动词的特性,排除了 NV + N 的 SF-结构为述宾式之可能。

树形图中各个结点的这种相互制约相互依存的关系,对于术语歧义的研究有很大参考价值。

PT-结构为 NV + N 的词组型术语,其句法功能结构有的为真歧义结构,有的为歧义消除结构,但是没有为准歧义结构的。在我国学者设计的中文术语数据库 GLOT-C 中,PT-结构为 NV + N 的词组型术语有 143 个,其中,歧义消除结构有 110 个,占 76.9%,真歧义结构有 33 个,占 23.1%.如下表所示：

结 构 类 型	句法功能结构	数　目	百分比
歧义消除结构	定中式	110	76.9%
真歧义结构	述宾—定中歧义	33	23.1%

例如,"模拟/程序"这个词组型术语,其 PT-结构为 NV + N,实例化之后具有述宾—定中歧义,是真歧义结构。PT-结构为 NV + N 的具有述宾—定中歧义的词组类型术语还有："生成/函数,组合/电路,记忆/符号,控制/功能,控制/字符,承认/字符,否认/字符,移入/字符,移出/字符,取代/字符,删除/字符,擦除/字符,模拟/数据,输入/数据,输出/数据,输出/过程,传送/过程,翻译/程序,解释/程序,调用/程序,检验/程序,编译/程序,转移/指令,生成/地址,合成/地址,控制/语言,控制/计算器,控制/程序,转移/信息,处理/数据"等。

如果 NV + N 结构中,名词 N 在语义上不能作名动同形词 NV 的宾语,那么,NV + N 就不能为述宾式,这时,它的句法功能只能为定中式,成为一个歧义消除结构。例如,"开关/函数"这个术语,名词

"函数"在语义上不能作名动同形词"开关"的 宾语,尽管"开关"有及物性,但它的宾语不能为"函数",因此,"开关/函数"只能解释为定中式,排除了述宾式之可能。

如果 NV + N 结构中,名动同形词 NV 是不及物的,这样,NV 后面的 N 就不可能为它的宾语,这时,NV + N 的句法功能只能是定中式,成为一个歧义消除结构。例如,"退格/字符"这个述语,名动同形词"退格"是不及物的,名词"字符"不能作它的宾语,这个术语只能解释为定中式,排除了述宾式之可能。在很多情况下,当名动同形词 NV 的构词方式是述宾型的,即前一语素表示动作、行为,后一语素表示这种动作、行为所支配关涉的事物,那么,这个 NV 就不能带宾语,NV + N 的句法功能就只能是定中式。

可见,当用 NV + N 这种结构来命名术语时,要使其不产生歧义的条件是:

1. N 在语义上不能作 NV 的宾语;
2. NV 是不及物的,或 NV 的构词方式是述宾型的。

这就是词组型术语 NV + N 的命名规范。

PT-结构为 V + N 的词组型术语的句法功能结构可为歧义消除结构,也可为真歧义结构,但是不能为准歧义结构。在我国学者设计的中文术语数据库 GLOT-C 中,PT-结构为 V + N 的词组型术语有 71 个,其中,有 62 个的句法功能结构是歧义消除结构,占 87.33%,有 9 个的句法功能结构是真歧义结构,占 12.67%。在 PT-结构实例化之后,V + N 可以为真歧义结构或歧义消除结构,但未见有为准歧义结构的。如下表所示:

结 构 类 型	句法功能结构	数 目	百分比
歧义消除结构	定中式	56	78.87%
歧义消除结构	述宾式	6	8.46%
真歧义结构	述宾—定中歧义	9	12.67%

例如,"分割/字符"这个术语,其词组类型结构是 V + N,由于名词"字符"在语义上可以作动词"分割"的宾语,其句法功能可以解释

为述宾式，它的含义是"分割某个字符"，表示一种动作或行为。但是，与此同时，由于名词"字符"在语义上也可以受动词"分割"的修饰，其句法功能也可以解释为定中式，它的含义是"具有可分割性质的字符"，表示一种事物。"分割/字符"这两种不同的解释是不可兼容的，其学术含义和字面含义都是截然不同的，是一个真歧义结构。PT-结构为 V + N 的具有述宾—定中歧义的词组型术语还有："链接/程序，触发/电路，预置/参数，监督/程序，引导/程序，分派/程序，装入/模块"等。

如果 V + N 结构中，名词 N 在语义上不能作动词 V 的宾语，那么，V + N 就不可能为述宾式，歧义消除，成为一个定中式的歧义消除结构。例如，"延迟/元件"这个术语，名词"元件"在语义上不能作动词"延迟"的宾语，排除了其语法功能为述宾式之可能，其中，"延迟"是定语，"元件"是中心语，其句法功能为定中式。这时，尽管"延迟"是一个及物动词，它后面的名词"元件"仍然不是它的宾语，动词"延迟"只不过说明名词"元件"的某种性质而已，它对于名词"元件"并没有支配作用。

如果 V + N 中，V 为不及物动词，那么，名词 N 就不可能作宾语，排除了述宾式之可能，歧义消除，成为一个定中式的歧义消除结构。例如，"示踪/程序"这个术语，动词"示踪"是一个不及物动词，不可能再带宾语，排除了名词"元件"为宾语之可能，"示踪"是定语，"元件"是中心语，其句法结构为定中式。这时，动词"示踪"的构词方式是述宾型的，前一语素"示"表示某种行为，后一语素"踪"表示这种行为所关涉到的事物。一般地说，按这种构词方式构成的动词大都是不及物的，因而它后面的名词就不能是它的宾语。

如果 V + N 中，动词 V 在语义上不能作名词 N 的定语，那么，V + N 就不可能为定中式，歧义消除，成为一个述宾式的歧义消除结构。例如，"取/比例尺"这个术语中，动词"取"在语义上不能作名词"比例尺"的定语，"取"是述语，"比例尺"是宾语，其句法功能为述宾式。

可见，当用 V + N 这种结构来给术语命名时，要使术语不产生歧义的条件是：

1. N 在语义上不能作 V 的宾语,这时,整个术语为定中式;

2. V 是不及物动词,或者 V 的构词方式是述宾型的,这时,整个术语为定中式;

3. V 在语义上不能作 N 的定语,这时,整个术语为述宾式。

这就是词组型术语 V + N 的命名规范。

可见,词组型术语 V + N 的命名规范同词组型术语 NV + N 的命名规范大同小异。

第三节　日常语言中的潜在歧义

潜在歧义论是我们在研究汉语术语歧义问题时提出来的,这种理论也同样适合于日常的语言,它不仅适用于汉语,也适用于英语。

如果我们用潜在歧义论的观点来分析前面我们在第一节中提到的那些英语和汉语的歧义结构时,我们就会得到相当满意的解释。

英语的"VP + NP1 + Prep + NP2"这个结构也是一个潜在歧义结构。当这个潜在歧义结构实例化为 saw a boy with a telescope 时,由于 with a telescope 在语义上既可作 a boy 的定语,又可作 saw 的状语,潜在歧义不能消失,于是,这个潜在歧义结构转化成了现实的真歧义结构。当这个潜在歧义结构实例化为 lost the ticket to New York,由于 to New York 在语义上不能作 lost 的状语,只能作 the ticket 的定语,于是,潜在歧义消失,这个句子只能解释为"丢失了到纽约的票",而不能解释为"到纽约丢失了票",变成了一个歧义消除结构。

同样地,汉语中的"VP + 的 + 是 + NP"也是一个潜在歧义结构,其中的"VP + 的"既可以是施事,又可以是受事。当它实例化为"看的是病人"时,潜在歧义转化为现实的歧义,得到一个真歧义结构,而当它实例化为"发明的是一个工人"时,"发明的"只能是施事,潜在歧义消失,得到了一个歧义消除结构。

汉语中的"N1 + N2 + N3"也是一个潜在歧义结构,其层次可以理解为((N1 + N2) + N3),也可以理解为(N1 + (N2 + N3)),有几何歧义。当这些潜在歧义结构实例化为"台湾语言研究会"时,可以理解为"台湾语言的研究会",也可以理解为"台湾的语言研究会",潜在歧义转化为现实的歧义,得到一个真歧义结构;但是,当这个潜在歧义结构实例化为"地名语源词典"时,潜在歧义消失,成为了歧义消除结构。

汉语中的"ADJ + N1 + N2"也是一个潜在歧义结构,其层次可以理解为((ADJ + N1) + N2),也可以理解为(ADJ + (N1 + N2)),有几何歧义。当这个潜在歧义结构实例化为"小学生词典"时,可以理解为"小学生用的词典",也可以理解为"小型的学生词典",潜在歧义转化为现实的歧义,得到一个真歧义结构,但是,当这个潜在歧义结构实例化为"新英汉词典"时,潜在歧义消失,成为了歧义消除结构。

由此可见,潜在歧义是存在于自然语言中的一个普遍现象,它不仅存在于科技术语中,也存在于日常语言中,不仅存在于汉语中,也存在于英语等外语中。潜在歧义论加深了我们对于自然语言同形歧义问题的认识。

根据近年来学者们的研究结果,我们把汉语中的潜在歧义结构举例说明如下:

(1) VP + 的 + 是 + NP:

当实例化为"援助/的/是/中国"时,可以理解为"中国援助了别国",也可以理解为"别国援助了中国",潜在歧义转化为现实的歧义。

但是,当实例化为"发明/的/是/工人"时,潜在歧义消失。当实例化为"关心/的/是/分数"时,潜在歧义也消失了。

这种情况,前面已经分析过,兹不赘述。

(2) N1 + N2 + N3:

当实例化"台湾/语言/研究会"时,潜在歧义转化为现实的歧义。

当实例化为"地名/语源/词典"时,潜在歧义消失。

这种情况,前面也分析过,兹不赘述。

(3) ADJ + N1 + N2:

当实例化为"小/学生/词典"时,潜在歧义转化为现实的歧义。

当实例化为"新/英汉/词典"时,潜在歧义消失。

这种情况,前面也分析过,兹不赘述。

（4）全部（部分）＋ VP ＋ 的 ＋ NP：

全部（部分）可以作为 VP 的状语，有可以作为 NP 的定语，从而产生歧义。

当实例化为"部分/锈蚀/的/仪器"时，可以理解为"（部分/锈蚀）/的/仪器"（"部分"作"锈蚀"的状语），也可以理解为"部分/（锈蚀/的/仪器）"（"部分"作"锈蚀的仪器"的定语），潜在歧义转化为现实的歧义。

当实例化为"部分/牺牲/的/战士"时，只能理解为"部分/（牺牲/的/战士）"（"部分"作"牺牲的战士"的定语），潜在歧义消失。

（5）数量结构 ＋ NP1 ＋ 的 ＋ NP2：

"数量结构"可以限定 NP1，作 NP1 的定语，又可以限定"NP1 ＋ 的 ＋ NP2"，作"NP1 ＋ 的 ＋ NP2"的定语，因而产生歧义。

当实例化为"三个/学校/的/实验员"时，可以理解为"（三个/学校）/的/实验员"（"三个"限定"学校"），又可以理解为"三个/（学校/的/实验员）"（"三个"限定"学校的实验员"），潜在歧义转化为现实的歧义。

当实例化为"三所/学校/的/实验员"时，只能理解为"（三所/学校）/的/实验员"（"三所"限定"学校"，不能限定"实验员"），潜在歧义消失；当实例化为"三位/学校/的/实验员"时，只能理解为"三位/（学校/的/实验员）"（"三位"限定"学校的实验员"，不能限定"学校"），潜在歧义消失。

（6）VP ＋ 数量结构 ＋ NP：

数量结构可以作 VP 的补语，又可以作 NP 的定语，这就产生了潜在歧义。

当实例化为"发了/三天/工资"时，可以理解为"（发了/三天）/工资"（"三天"作"发了"的补语），又可以理解为"发了/（三天/工资）"（"三天"作"工资"的定语），潜在歧义转化为现实的歧义。

当实例化为"（写了/两天）/文章"时（"两天"作"写了"的补语，但"两天"不能作"文章"的定语），潜在歧义消失；当实例化为"写了/（一篇/文章）"时（"一篇"作"文章"的定语，但"一篇"不能作"写了"的补语），潜在歧义也消失。

上面的例子是改变数量结构中的量词来消除歧义,有时,改变数量结构中的数词也可以消除歧义。例如,当实例化为"讲了/三年/历史"时,"三年"可以理解为"讲了"的补语,又可以理解为"历史"的定语,潜在歧义转化为现实歧义,但是,当实例化为"讲了/三千年/历史"时,"三千年"只能作"历史"的定语,不能作"讲了"的补语,潜在歧义消失。

(7) V + ADJ + N:

当实例化为"穿/好/衣服"时,可以理解为"(穿/好)/衣服"("好"作"穿"的补语),又可以理解为"穿/(好/衣服)"("好"作"衣服"的定语),潜在歧义转化为现实的歧义。

当实例化为"研究/清楚/问题"时,只能理解为"(研究/清楚)/问题"("清楚"只能作"研究"的补语,不能作"问题"的定语),潜在歧义消失;当实例化为"研究/困难/问题"时,只能理解为"研究/(困难/问题)"("困难"只能作"问题"的定语,不能作"研究"的补语),潜在歧义也消失。

(8) V1 + V2 + NP:

V2 与 V1 可以组成联合结构,它们共同的宾语是 NP,但 V2 又可以与 NP 组成述宾结构,作为 V1 的宾语,而且,V2 又可以作为 NP 的定语,形成偏正结构作 V1 的宾语,这就产生了潜在歧义。

当实例化为"研究/推广/新技术"时,可以理解为"(研究/推广)/新技术"("新技术"作"研究/推广"的宾语),又可以理解为"研究/(推广/新技术)"("新技术"只作为"推广"的宾语),潜在歧义部分地转化为现实的歧义。

当实例化为"继承/发展/老传统"时,只能理解为"(继承/发展)/老传统"("老传统"作"继承/发展"的共同宾语),潜在歧义消失;当实例化为"推广/养殖/新技术"时,只能理解为"推广/(养殖/新技术)"("养殖"作"新技术"的定语,"养殖/新技术"这一偏正结构又作为"推广"的宾语),潜在歧义也消失。

(9) NP1 + NP2 + VP:

NP2 可受 NP1 的限定而与之形成偏正结构,作为 VP 的主语,NP2 又可以与 VP 形成主谓结构,作为 NP1 的谓语。这样,就产生了潜在歧义。

当实例化为"小王/心肌/发炎"时,可以理解为"(小王/心肌)/发炎"("小王/心肌"组成偏正结构作"发炎"的主语),又可理解为"小王/(心肌/发炎)"("心肌/发炎"这个主谓结构作为小王的谓语,共同构成一个主谓谓语句),潜在歧义转变为现实的歧义。

当实例化为"中国队/冠军/稳拿"时,只能理解为"中国队/(冠军/稳拿)"("冠军/稳拿"这个主谓结构作"中国队"的谓语),潜在歧义消失;当实例化为"词尾/辅音/清化"时,只能理解为"(词尾/辅音)/清化"("词尾/辅音"组成的偏正结构作"清化"的主语),潜在歧义消失。

(10) N1 + N2:

N1 可限定 N2 而与之形成偏正结构,N1 又可作为 N2 的主语而与之形成主谓结构,N1 与 N2 还可形成联体结构或者同位结构,从而产生多种潜在歧义。这种结构我们在讨论汉语词组型术语的潜在歧义时已分析过,不过,在日常汉语中,其潜在歧义更为丰富。

当实例化为"牛奶/面包"时,可以理解为"烤制时加了牛奶的面包"(偏正结构),又可以理解为"牛奶和面包"(联体结构),成为现实的偏正—联体歧义结构,但同位结构和主谓结构的歧义消失。

当实例化为"塑料/玩具"时,只能理解为"塑料的玩具"(偏正结构),联体、主谓、同位等潜在歧义消失。

当实例化为"飞机/大炮"时,只能理解为"飞机和大炮"(联体结构),偏正、主谓、同位等潜在歧义消失。

当实例化为"今天/星期三"时,只能理解为"今天是星期三"(主谓结构),偏正、联体、同位等潜在歧义消失。

当实例化为"数学家华罗庚"时,只能理解为"作为数学家的华罗庚"(同位结构),偏正、联体、主谓等潜在歧义消失。

(11) V + N:

在汉语词组型科技术语中,"V + N"可形成述宾—定中歧义。在日常语言中,这种潜在歧义仍然存在:V 可以作为 N 的述语(N 作宾语),V 又可作为 N 的定语(N 作中心语)。

当实例化为"翻译/小说"时,可以理解为"翻译某部小说"(述宾结构),也可以理解为"翻译的小说"(偏正结构),潜在歧义转化为现实的歧义。

当实例化为"开动/机器"时,只能理解为"开动某种机器"(述宾结构),潜在歧义消失。

(12) V + ADJ:

ADJ 可作为述语 V 的补语,形成述宾结构,ADJ 又可作为述语 V 的宾语,形成述宾结构。V 又可作为主语,ADJ 作 V 的谓语,形成主谓结构。这样,V + ADJ 就可具有述补—述宾—主谓潜在歧义。

当实例化为"说/清楚"时,只能理解为述补结构("说"是述语,"清楚"是补语),不能理解为述宾或主谓结构,潜在歧义消失。

当实例化为"感到/混乱"时,只能理解为述宾结构("感到"是述语,"混乱"是宾语),不能理解为述补结构或主谓结构,潜在歧义也消失。

当实例化为"认识/落后"时,只能理解为主谓结构("认识"是主语,"落后"是谓语),不能理解为述补结构或述宾结构,潜在歧义也消失。

(13) V1 + V2(趋向动词):

趋向动词 V2 可以作为 V1 的补语,形成述补结构,V2 又可作为 V1 的宾语,形成述宾结构。这样,V1 + V2(趋向动词)可具有述补—述宾潜在歧义。

当实例化为"想/起来"时,可以理解为"想得起来"("起来"作"想"的补语),也可以理解为"想从某个地点起来"("起来"作"想"的宾语),潜在歧义转化为现实的歧义。

当实例化为"坐/下去"时,趋向动词"下去"只能理解为动词"坐"的补语,形成述补结构,潜在歧义消失。

当实例化为"要求/下去"时,趋向动词"下去"只能理解为动词"要求"的宾语,形成述宾结构,潜在歧义消失。

(14) ADJ1 + ADJ2:

ADJ1 和 ADJ2 可以形成联谓结构,又可以形成偏正结构,从而产生联谓—偏正的潜在歧义。

当实例化为"干净/利落"时,只能理解为"又干净又利落",是联谓结构,潜在歧义消失。

当实例化为"紫/红"时,表示一种"红中带蓝的颜色","紫"作"红"的定语,形成偏正结构,潜在歧义也消失。

(15) V1 + V2:

在汉语科技术语中,V1 + V2 具有联谓—状中—述宾—述补歧义。这种情况,在日常书面汉语中也存在。如果 V2 是趋向动词,则具有述宾—述补歧义[如(13)中所述]。这里研究 V2 不是趋向动词的情况。

当实例化为"审核/批准"时,可以理解为"审核并且批准",是联谓结构,也可以理解为"经过审核之后批准",是状中结构,述补和述宾的潜在歧义部分地消失。

当实例化为"分析/检查"时,只能理解为"分析并且检查",是联谓结构,状中、述宾、述补等潜在歧义消失。

当实例化为"举手/表决"时,只能理解为"以举手的方式来表决",是状中结构,联谓、述宾、述补等潜在歧义消失。

当实例化为"表示/欢迎"时,"欢迎"是"表示"的宾语,只能理解为述宾结构,联谓、状中、述补等歧义消失。

当实例化为"淋/透"时("衣服叫雨淋透了"),"透"(V2)表示"淋"(V1)的结果,是述补结构,联谓、状中、述宾等潜在歧义消失。

(16) N + V:

在汉语科技术语中,N + V 有主谓—状中潜在歧义。在日常汉语中,情况更为复杂,除了主谓—状中潜在歧义之外,还要加上定中潜在歧义。

当实例化为"系统/研究"时,可以理解为"系统被研究了"(主谓结构),也可以理解为"系统地进行研究"(状中结构),还可以理解为"系统的研究"(定中结构),潜在歧义转化为现实的歧义。

当实例化为"旗帜/飘扬"时,"旗帜"是主语,"飘扬"是谓语,只能理解为主谓结构,状中、定中的潜在歧义消失。

当实例化为"上午/开会"时,只能理解为"在上午开会",名词"上午"作动词"开会"的状语,形成状中结构,主谓、定中等潜在歧义消失。

当实例化为"工业/建设"时,只能理解为"工业的建设",名词"工业"作动词"建设"的定语,形成定中结构,主谓、状中等潜在歧义消失。

(17) Prep + N1 + 的 + N2:

介词 Prep 一般是"关于、对于、在"等,如果 Prep 的宾语只是 N1,"Prep + N1"与"的"结合成"的字结构"作 N2 的定语,整个格式是定中结构,但是,介词 Prep 的宾语也可能是"N1 + 的 +N2"这个名词词组,整个格式是介宾结构。由于层次的不同,整个格式的含义也就不同,这产生了歧义。

如果介词为"关于",当实例化为"关于曹禺的书"时,可以理解为"关于曹禺的某一本书","关于曹禺的"作"书"的定语,也可以把"曹禺的书"理解为介词"关于"的宾语,形成介宾结构,潜在歧义转化为现实的歧义。

当实例化为"关于曹禺的母亲"时,只能理解为"曹禺的母亲"作介词"关于"的宾语,潜在歧义消失。

当实例化为"关于语法的书"时,只能理解为"关于语法的"作名词"书"的定语,潜在歧义也消失。

如果介词为"对于",当实例化为"对于老师的意见"时,可以把"对于老师的"理解为名词意见的定语,整个结构是一个定中结构,也可以理解为"老师的意见"作介词"对于"的宾语,整个结构是一个介宾结构,潜在歧义转化为现实的歧义。

当实例化为"对于罪犯的判词"时,只能理解为"对于罪犯的"作名词"判词"的定语,整个结构只能是一个偏正结构,潜在歧义消失。

如果介词为"在",当实例化为"在路北的商店"时,可以理解为"在路北的"限定名词"商店",作"商店"的定语,整个结构是一个定中结构,也可以理解为"路北的商店"作介词"在"的宾语,整个结构是 一个介宾结构,潜在歧义转化为现实的歧义。

当实例化为"在学校的老师"时,只能理解为"在学校的"作名词"老师"的定语,整个结构是一个定中结构,潜在歧义消失。

当实例化为"在学校的图书馆"时,只能理解为"学校的图书馆"作介词"在"的宾语,整个结构是一个介宾结构,潜在歧义也消失。

在汉语中,由于介词对于宾语管辖范围的宽狭不同而形成歧义是很普遍的。在英语中,由于介词词组 PP 的挂靠的成分不同,易于产生歧义。在汉语中,由于介词 Prep 的管辖领域不同,易于产生歧义。英语和汉语中的不少歧义都是由于介词引起的,但是,歧义产生的条件并不完全一样,这是汉语与英语的不同之处。

(18) VP + ADJ + 的 + N:

ADJ 可以作为 VP 的宾语,述宾结构"V + ADJ"再加上"的"作名词 N 的定语,整个结构是一个定中结构,但是,ADJ 也可以加上"的"之后作为名词 N 的定语,"ADJ + 的 + N"整个名词词组作为 VP 的宾语,整个结构是一个述宾结构。因此,就产生了定中—述宾潜在歧义。

当实例化为"喜欢/干净/的/小孩"时,可理解为"喜欢某一个干净的小孩"(述宾结构),也可以理解"某一个喜欢干净的小孩"(定中结构),潜在歧义转化为现实的歧义。

当实例化为"研究/困难/的/问题"时,只能理解为"研究/某些困难的问题","困难的问题"作为"研究"的宾语,形成述宾结构,潜在歧义消失。

当实例化为"显得宽阔的街道"时,"显得宽阔的"作为"街道"的定语,形成定中结构,潜在歧义也消失。

(19) VP + N1 + 的 + N2:

N1 作为 VP 的宾语,述宾结构"VP + N1"加上"的"之后,作名词 N2 的定语,整个结构是一个定中结构,N1 又可与"能"结合在一起限定 N2,作 N2 的定语,"N1 + 的 + N2"这个名词词组再作为 VP 的宾语,整个结构是一个述宾结构,因此,产生定中—述宾潜在歧义。

当实例化为"咬死了/猎人/的/狗"时,可以理解为"咬死了一只猎人的狗","猎人的狗"作"咬死了"的实语,整个结构是述宾结构,又可以理解为"一只把猎人咬死的狗","咬死了猎人"是"狗"的定语,整个结构是定中结构,这样,潜在歧义就变成了现实的歧义。

当实例化为"咬死了/猎人/的/鸡"时,"猎人的鸡"作为"咬死了"的宾语,整个结构只能理解为述宾结构,潜在歧义消失。

当实例化为"咬死了/狐狸/的/狗"时,"咬死了狐狸的"作"狗"

的定语,整个结构只能理解为定中结构,潜在歧义消失。

当实例化为"卖掉了/猎人/的/狗"时,"猎人的狗"作为"买掉了"的宾语,整个结构只能理解为述宾结构,潜在歧义消失。

当实例化为"削/苹果/的/刀","削苹果的"作为"刀"的定语,整个结构只能理解为定中结构,潜在歧义消失。

当实例化为"削/苹果/的/皮"时,"苹果的皮"作为"削"的宾语,整个结构只能理解为述宾结构,潜在歧义消失。

（20）VP1 + VP2 + 的 + N：

VP2 可作为 VP1 的宾语,这个述宾结构再加上"的"作名词 N 的定语,整个结构形成一个定中结构,VP2 又可以与"的"一起作名词 N 的定语,然后名词词组"VP2 + 的 + N"再作为 VP1 的宾语,整个结构形成一个述宾结构,这样,就产生了述宾—定中潜在歧义。

当实例化为"看/打球/的/同学"时,可以理解为"看/打球的同学","打球的同学"作 VP1"看"的宾语,整个结构是述宾结构;又可以理解为"看打球的/同学","看打球的"作名词"同学"的定语,整个结构是定中结构,这样,潜在的述宾—定中歧义就转化成现实的述宾—定中歧义。

当实例化为"练习/跑步/的/运动员"时,只能理解为"练习跑步的/运动员","练习跑步的"作名词"运动员"的定语。整个结构只能是定中结构,潜在歧义消失。

当实例化为"修改/编写/的/程序"时,只能理解为"修改/编写的程序","编写的程序"作 VP1"修改"的宾语,整个结构是一个述宾结构,潜在歧义消失。

（21）V + N1 + N2：

N1 和 N2 可以分别作 V 的宾语,形成双宾语结构, N1 又可作 N2 的定语,组成"N1 + N2"的名词词组作 V 的宾语,这就产生了双宾语结构和述宾结构的潜在歧义。

当实例化为"赠/日本/图书",可以把"日本"理解为"赠"的间接宾语,把"图书"理解为"赠"的直接宾语,整个结构是一个双宾语结构;又可以把"日本"理解为"图书"的定语。"日本图书"理解为"赠"的宾语,整个结构是一个述宾结构,这样,潜在歧义就转化成了现实的歧义。

当实例化为"修理/木头/桌子"时,只能把"木头桌子"理解为"修理"的宾语,整个结构是一个述宾结构,潜在歧义消失。

当实例化为"交/老师/作业本"时,只能把"老师"理解为"交"的间接宾语,把"作业本"理解为直接宾语,整个结构是双宾语结构,潜在歧义消失。

(22) V1 + N + V2:

N 可与 V2 组成主谓结构作 V1 的宾语,形成主谓结构作宾语的述宾结构;N 又可作为 V1 的宾语,作 V2 的主语,形成兼语结构;N 和 V2 又可分别作为 V1 的宾语,形成双宾语结构;N 还可作为 V1 的宾语, 与 V2 一起,形成连动结构。这样,"V1 + N + V2"就可具有述宾—兼语—双宾—连动的潜在歧义,

当实例化为"希望/小王/来"时,"小王来"这个主谓结构作为动词"希望"的宾语,形成述宾结构,不能解释为兼语、双宾、连动等结构,潜在歧义消失。

当实例化为"请/小王/来"时,名词"小王"作动词"请"的宾语, 又作动词"来"的主语,形成兼语结构,不能解释为述宾、双宾、连动等结构,潜在歧义消失。

当实例化为"通知/小王/开会"时,名词"小王"和动词"开会"分别作为动词"通知"的宾语,形成双宾语结构,不能解释为述宾、兼语、连动结构,潜在歧义消失。

当实例化为"上/图书馆/学习"时,"上图书馆"与"学习"形成连动结构,不能解释为述宾、兼语、双宾结构,潜在歧义消失。

(23) N + V + NP + AP:

"N + V + NP"可形成一个主谓宾齐全的句子(小句),作为 AP 的主语,AP 作为它的谓语,整个结构是一个主谓结构,以小句作为主语;"NP + AP"又可以作为一个主谓结构,充当动词 V 的宾语,N 作 V 的主语,整个结构成为一个主谓宾齐全的句子,如果不管主语 N, 则"V + NP + AP"形成一个述宾结构;N 作主语,NP 可作为 V 的宾语,又作为 AP 的主语,"V + NP + AP"形成兼语结构;因此,便可产生主谓(小句为主语)—述宾—兼语的潜在歧义。

当实例化为"张三/笑/李四/很笨"时,可以理解为"张三笑李四"作主语,"很笨"作谓语,形成以小句为主语的主谓结构;又可以理解为"张三/笑李四很笨","李四"作动词"笑"的宾语,又作AP"很笨"的主语,"笑李四很笨"形成兼语结构,但这时"笑李四很笨"不能理解为述宾结构,潜在歧义部分地转化为现实的歧义。

当实例化为"小王/说/故事/很有趣"时,可以理解为"小王说故事/很有趣","小王说故事"作为主语,"很有趣"作谓语,形成以小句为主语的主谓结构;又可以理解为"小王说/故事很有趣","故事很有趣"作动词"说"的宾语,"说/故事很有趣"形成述宾结构,但"说故事很有趣"不能理解为兼语结构,潜在歧义部分地转化为现实的歧义。

当实例化为"他/考/第一名/太好了"时,只能把"他考第一名"这个小句理解为主语,"太好了"理解为谓语,整个结构只能理解为以小句为谓语的主谓结构,潜在歧义消失。

当实例化为"我/以为/你/喜欢"时,只能把"你喜欢"理解为动词"以为"的宾语,"以为/你喜欢"只能理解为述宾结构,潜在歧义消失。

当实例化为"张三/批评/李四/不用功"时,"李四"作动词"批评"的宾语,又作AP"不用功"的主语,"批评李四不用功"形成兼语结构,潜在歧义消失。

(24) N1 + 的 + N2 + 和 + N3:

由于连词"和"管辖领域的不同,其层次可以理解为(N1 + 的 + N2) + 和 + (N3),也可以理解为 N1 + 的 + (N2 + 和 + N3),从而产生潜在歧义。

当实例化为"眼镜/的/框子/和/镜片"时,可以理解为"(眼镜的框子)和(镜片)",也可以理解为"眼镜的(框子和镜片)",潜在歧义转化为现实的歧义。

当实例化为"眼镜/的/框子/和/钢笔"时,只能理解为"(眼镜的框子)和(钢笔)",潜在歧义消失。

(25) N1 + 和 + N2 + 的 + N3:

由于连词"和"管辖领域的不同,其层次可以理解为 (N1 +

和 + N2) + 的 + N3,也可以理解为 N1 + 和 + (N2 + 的 + N3),从而产生潜在歧义。

当实例化为"桌子/和/椅子/的/腿"时,可以理解为"(桌子和椅子)的腿",也可以理解为"桌子和(椅子的腿)",从而产生潜在歧义。

当实例化"地毯/和/桌子/的/腿"时,只能理解为"地毯和(桌子的腿)",潜在歧义消失。

(26) N1 + ADJ + 的 + N2:

ADJ 可与 N1 组成主谓结构,与"的"一起作 N2 的定语,其层次可理解为(N1 + ADJ) + 的 + N2;ADJ 又可以与"的"一起作 N2 的定语,"ADJ + 的 + N2"构成的名词词组受 N1 的限制和修饰,其层次可以理解为 N1 + (ADJ + 的 + N2)。

当实例化为"营养/丰富/的/晚餐"时,其层次为"(营养丰富)的晚餐",主谓结构"营养丰富"与"的"一起作"晚餐"的定语,潜在歧义消失。

当实例化为"中国/丰富/的/资源"时,其层次为"中国(丰富的资源)","中国"作"丰富的资源"的定语,潜在歧义消失。

在汉语日常语言中的同形歧义结构还很多,以上只是举出主要的几种来说明,同形歧义结构也是汉语日常语言中普遍存在的现象。

从以上论述可以看出,尽管在自然语言中存在大量的同形歧义结构,但是,它们的 PT-结构都是潜在歧义结构,在 PT-结构实例化的过程中,由于词汇单元的插入,使得许多潜在歧义结构未能转化为现实的歧义结构,从而导致潜在歧义的消失。这说明自然语言的结构在其实例化过程中有一种自行消解歧义的功能,正是由于这种自行消解歧义的功能的作用,尽管在自然语言中存在大量的潜在歧义结构,但在具体的语言活动中,许多潜在歧义都自行消解了,正是因为这个原因,自然语言仍然能够完成其交流思想的功能,不至于处处产生歧义,引起误解。

可见,自然语言有歧义性(ambiguity)的一面,又有非歧义性(non-ambiguity)的一面,自然语言中充满着潜在歧义,是它的歧义性的表现,而自然语言的这种自行消解歧义的功能,又是它的非歧义性的表现。我们提出的"潜在歧义论",正好揭示了自然语言的这种歧义性和非歧义性对立统一的规律性。

我们在自然语言处理中,有必要利用"潜在歧义论"的基本原理,克服自然语言的歧义性,增加自然语言的非歧义性,从而提高自然语言处理系统的效能。

第四节　结构歧义消解的方法

我们在第二章中讨论了词义排歧的方法,这是关于词汇歧义的消解方法;现在我们讨论结构歧义的消解方法。

在自然语言处理的研究中,早在 20 世纪 60 年代,美国哈佛大学教授久野(Susumu Kuno)就提出了结构歧义消解(disambiguity)的问题。

久野指出,英语句子"Time flies like an arrow"有若干个歧义的分析结果。因为 time 可以为名词(词义为"时间"),也可以为动词(词义为"测定、拨准"等),还可以为形容词(词义为"定期的"),flies 可以为动词现在时单数第三人称(词义为"飞"),也可以为名词复数(词义为"苍蝇");like 可以为动词(词义为"喜欢"),也可以为介词(词义为"如,像")。这样,这些词可以组成结构各不相同的句子,形成歧义句。

其含义分别为:

① 时间像箭一样飞驰;

② 测量那些像箭一样的苍蝇;

③ 叫做 Time 的那只苍蝇喜欢箭。

学者们普遍感觉到,结构歧义是语言自动分析的一个棘手问题。然而,从潜在歧义论可知,自然语言本身在 PT-结构的实例化过程中,有自行消解歧义的功能,我们只要自觉地利用这种功能,就有可能达到部分地消解歧义的目的。

我们认为,目前在自然语言的计算机处理中,普遍采用的结构歧义消解方法,归纳起来不外两种:一种是基于"制约"(constraint)的歧义消解方法,一种是基于"优选"(preference)的歧义消解方法。

所谓基于"制约"的歧义消解方法,就是利用句法、语义制约条件,排除不能满足制约条件的结构,从而达到歧义消解的目的。

在 PT-结构实例化过程中,由于词汇单元之间句法条件的制约,往往能够消解歧义。例如,汉语中"数量结构 + NP1 + 的 + NP2"这样的潜在歧义结构,可以解释为"(数量结构 + NP1) + 的 + NP2",也可以理解为"数量结构 + (NP1 + 的 + NP2)"。如果数量结构中的量词既能限定 NP1,又能限定 NP2,那就必定会产生歧义;但是,如果我们根据 NP1 及 NP2 的性质,对数量结构中的量词作进一步的"再分类"(subcategorization),使得数量结构中的这个量词不能同时限定 NP1 及 NP2,便可以消除歧义。

当这个 PT-结构实例化为"三个学校的实验员"时,由于量词"个"既可以限定 NP1"学校",又可以限定 NP2"实验员",因而不能消除歧义。

根据汉语的语法知识我们知道,"学校"的量词一般为"所","实验员"的量词一般为"位",据此我们对量词做再分类,把"学校"的量词规定为"所",将上述把 PT-结构实例化为"三所学校的实验员",由于量词"所"不能限定 NP2"实验员",其结构只能理解为"(三所学校)的实验员",歧义得到消解;我们如果把"实验员"的量词规定为"位",将上述 PT-结构实例化为"三位学校的实验员",由于量词"位"不能限定 NP1"学校",其结构只能理解为"三位(学校的实验员)",歧义也可得到消解。

采用这样的再分类的办法,不仅把量词分为若干小类,还可以把名词分为若干小类,把形容词分为若干小类,把动词分为若干小类,然后指出,哪些小类可以跟哪些小类组合,哪些小类不能跟哪些小类组合,便可以在潜在歧义结构实例化的过程中,利用这样的句法制约条件,达到消解歧义的目的。

除了再分类之外,还可以根据其他的句法关系来消解结构歧义。

在英语中,"Look at the pages of the book which are written by him"(看一看书中他所写的那几页)在结构上也有歧义,Which-从句"which are written by him"可能修饰 the book,也可能修饰 the pages。根据"从句中名词的数应该与被修饰的名词一致"这样的句法关系,从句中用 are written,是复数,故被其修饰的名词应该为复数,不可能是 the book，而应该是 the pages。根据这样的句法条件，歧义得以消解。

句法的制约条件有时显得过于繁琐，如果在 PT-结构实例化过程中利用词汇单元之间的语义制约条件，往往能够更加便捷地消除结构歧义。

"VP + N1 + 的 + N2"这样的潜在歧义结构，其层次可以理解为"(VP + N1 + 的) + N2"，(VP + N1 + 的)作 N2 的定语，是定中结构，也可以理解为"VP + (N1 + 的 + N2)"，(N1 + 的 + N2)作 VP 的定语，是述宾结构，这就产生了潜在歧义。

这种潜在歧义要转化为现实歧义必须同时满足如下三个语义制约条件：

① N1 在语义上可以作 VP 的受事；

② N2 在语义上可以作 VP 的受事，当 N1 为 VP 的受事时，N2 又可作 VP 的施事；

③ N1 与 N2 之间在语义上存在领属和被领属的关系，N1 是领属者，N2 是被领属者。

如果"VP + N1 + 的 + N2"实例化之后，可以同时满足上述语义制约三个条件，潜在歧义便有可能转化为现实的歧义。

当实例化为"咬死了猎人的狗"时，恰好满足上述三个语义制约条件：

① "猎人"在语义上可以作"咬死了"的受事，我们可以说"咬死了猎人"。

② "狗"在语义上可以作"咬死了"的受事，当"猎人"作"咬死了"的受事时，"狗"又可以作"咬死了"的施事，我们可以说"(什么)咬死了狗"，又可以说"狗咬死了(什么)"。

③ "猎人"与"狗"之间，在语义上存在着领属和被领属的关系，"猎人"是领属者，"狗"是被领属者。我们可以说"猎人的狗"。

因此，"咬死了猎人的狗"可以理解为"(咬死了猎人的)狗"(定中结构)，又可以理解为"咬死了(猎人的狗)"(述宾结构)，潜在歧义转化为现实歧义。

如果在实例化时，不能同时满足上述三个语义制约条件，潜在歧义就不能转化为现实歧义,歧义得以消解。

当实例化为"咬死了猎人的鸡"时,满足语义制约条件①、③:

①"猎人"在语义上可以作"咬死了"的受事,我们可以说"咬死了猎人";

③"猎人"与"鸡"之间,在语义上存在着领属和被领属的关系,"猎人"是领属者,"鸡"是被领属者,我们可以说"猎人的鸡"。

但不能满足语义制约条件②:

"鸡"可以作"咬死了"的受事,但是,当"猎人"作"咬死了"的受事时,"鸡"在语义上不能作"咬死了"的施事。从语义上来考虑,我们不能说"鸡咬死了猎人",因为在一般情况下,一只小小的鸡是没有足够的能力咬死猎人的。

由于不能满足语义制约条件②,这个句子只能理解为"咬死了(猎人的鸡)",这是一个述宾结构,歧义得以消解。

当实例化为"咬死了狐狸的狗"时,满足语义制约条件①、②:

①"狐狸"在语义上可以作"咬死了"的受事,我们可以说"咬死了狐狸";

②"狗"在语义上可以作"咬死了"的受事,当"狐狸"作"咬死了"的受事时,"狗"在语义上可以作"咬死了"的施事,我们可以说"狗咬死了狐狸"。

但不能满足语义制约条件③:

"狐狸"与"狗"之间,在语义上不存在领属与被领属的关系,在一般情况下,我们不能说"狐狸的狗"。

由于不能满足语义制约条件③,这个句子只能理解为"(咬死了狐狸的)狗",这是一个定中结构。

当实例化为"卖掉了猎人的狗"时,只能满足语义制约条件③:

"猎人"与"狗"之间,在语义上存在领属与被领属的关系,我们可以说"猎人的狗"。

但是,不能满足语义制约条件①、②:

①"猎人"在语义上不能作"卖掉了"的受事,说"卖掉了猎人",在语义上是荒谬的,因为在现代社会中,"猎人"是不能作为商品出售的;

②"狗"在语义上可以作"卖掉了"的受事,我们可以说"卖掉了狗",但是,就是姑且当"猎人"可以作"卖掉了"的受事时(这在语义上是不可能的),"狗"在语义上也不能作"卖掉了"的施事,说"狗卖掉了猎人",在语义上也是荒谬的。

由于不能满足语义制约条件①和②,这个句子只能理解为"卖掉了(猎人的狗)",这是一个述宾结构。

采用语义制约条件来进行歧义消解,显得很方便,很有效。赵元任先生认为讲意义是"抄近路"①,吕叔湘先生认为"意义"有时候有"速记"的作用②,这对于我们研究语义制约条件是很有启发的。

"VP + 数量结构 + NP"这个潜在歧义结构,其层次有时可以理解为"(VP + 数量结构) + NP",数量结构作 VP 的补语,有时可以理解为"VP + (数量结构 + NP)",数量结构作 NP 的定语。

对于这样的潜在歧义结构,我们可以采用句法制约条件,对量词进一步作再分类,然后,说明哪些量词能与哪些动词结合形成述补结构,哪些量词与哪些名词结合形成定中结构,就可以进行歧义消解。但是,这样做比较烦琐,如果采用语义制约条件,根据语义上是否成立来判断能否形成歧义,从而达到歧义消解的目的,就显得更加便捷。

例如,当实例化为"讲了三年历史"时,可以理解为"(讲了三年)历史","三年"作"讲了"的补语,表示讲历史讲了三年,也可以理解为"讲了(三年历史)","三年"作"历史"的定语,"三年历史"作"讲了"的宾语,表示讲了三年之内的历史,这时,潜在歧义转化为现实歧义。如果把"三年"换成"三千年",实例化为"讲了三千年的历史",则只能理解为"讲了(三千年的历史)","三千年"只能理解为"历史"的定语,而不能理解为"讲了"的补语,因为从语义上来看,"讲了三千年"在语义上是荒谬的。这样,只需把"三年"换成"二千年",便可以直截了当地消解歧义。由此可见,使用语义制约条件的便捷之处。

---

① 赵元任,《汉语口语语法》,第 8 页,商务印书馆,1979 年。
② 吕叔湘,《吕叔湘自选集》,第 100 页,上海教育出版社,1989 年。

自然语言处理中普遍采用的另一种结构歧义消解的方法是基于"优选"的歧义消解方法。

所谓"优选",就是在若干个存在歧义的候补结构中,选出一个最优的结构,从而达到歧义消解的目的。

早在1975年,威尔克斯就提出了"优选语义学"(preference semantics),用优选的方法来判定多义词的优先度。关于优选语义学,我们在第二章中已经介绍过了,兹不赘述。

对于具有潜在歧义的若干个候补结构,也可以根据候补结构的优先度来进行优选,消解歧义。

前面我们说过,"N + V + NP + AP"这个潜在歧义结构,其层次可以解释为"(N + V + NP) + AP",是一个以小句为主语的主谓结构,又可以解释为"(N) + (V) + (NP + AP)",其中的"(V) + (NP + AP)"是一个述宾结构,又可以解释为"(N) + (V) + (NP) + (AP)",其中的"(V) + (NP + AP)"是一个兼语结构,这样,"N + V + NP + AP"便具有主谓(以小句为主语)—述宾—兼语潜在歧义。

海外有的学者根据中国人讲汉语时的语感指出,在这样的潜在歧义结构中,逻辑主项(argument reading)的结构应该优先于逻辑附加项(adjunct reading)的结构①。兼语结构和述宾结构都是属于逻辑主项的结构,而以小句为主语的主谓结构,其谓语为 AP, AP 是逻辑附加项,因而应该属于逻辑附加项的结构。这样,兼语结构和述宾结构的优先度应大于以小句为主语的主谓结构的优先度。当出现歧义时,应该优选兼语结构和述宾结构,从而达到消解歧义的目的。

这样,当 PT-结构"N + V + NP + AP"实例化为"张三笑李四很笨"时,可以理解为"张三/笑李四很笨","笑/李四/很笨"是一个兼语结构,又可以理解为"张三笑李四/很笨",这是以小句"张三笑李四"为主语的主谓结构。根据兼语结构的优先度应大于以小句为主语的主谓结构的优先度的原则,应该选取兼语结构,排除以小句为

---

① Chao-Huang Chang, Gilbert K. Krulee, Resolution of Ambiguity in Chinese and Its Application to Machine Translation, Machine Transaltion, 6, 1991/1992.

主语的主谓结构。

当实例化为"小王说故事很有趣"时,可以理解为"小王说/故事很有趣","说/故事很有趣"是一个述宾结构,也可以理解为"小王说故事/很有趣",是一个以小句为主语的主谓结构。根据述宾结构的优先度应大于以小句为主语的主谓结构的优先度的原则,应该选取述宾结构,排除以小句为主语的主谓结构。

根据说话人的语感来规定结构的优先度并不是很科学的。在上面的例子中,把"张三笑李四很笨"中的"笑/李四/很笨"理解为兼语结构,把"小王说故事很有趣"中的"说/故事很有趣"理解为述宾结构,在许多场合是正确的,但并不能绝对地排除把"张三笑李四很笨"和"小王说故事很有趣"理解为以小句为主语的主谓结构的可能性。2007 年 4 月在伊朗发生的英国水兵事件,报载新闻题目"英国水兵出售新闻很丢脸",显然应当理解为主谓结构"英国水兵出售新闻"这个小句是主语,"很丢脸"是谓语。可见不能随便排除作为小句的主谓结构做主语的可能性。因为语感上的优先度只是表明了某种选择的可能性,并不能绝对地表明这种选择的合理性和现实性。语感上的优先度往往有着强烈的主观色彩,常常因人而异,难免有见仁见智之弊。

国外学者们提出了一些歧义结构的排歧原则,主要有"最小附着原则"和"右联想原则"。这些原则也是基于"优选"的。分别介绍如下:

——最小附着原则(Minimal Attachment)

早在 1978 年,弗朗策(Frazier)和弗托就提出了"最小附着原则"(principle of minimal attachment)来进行附着关系的排歧。最小附着原则假定:如果某个结点存在两种不同的附着关系,那么,优先的附着是最小附着,所谓"最小附着",就是该结点的附着结构中具有较少结点的附着结构。

例如,在句子"John hid the photo in the drawer"中,动词"hid"存在附着歧义:一种附着是 NP(the photo)+ PP(in the drawer),这时,NP 是它的宾语,PP 是它的地点状语;一种附着是 NP(the photo in the drawer),这时,NP 作为它的宾语。由于 NP + PP 附着包含 4 个

结点,而 NP 附着包含 5 个结点,所以,选择 NP + PP 附着作为优先的附着。如图 5.18 所示。

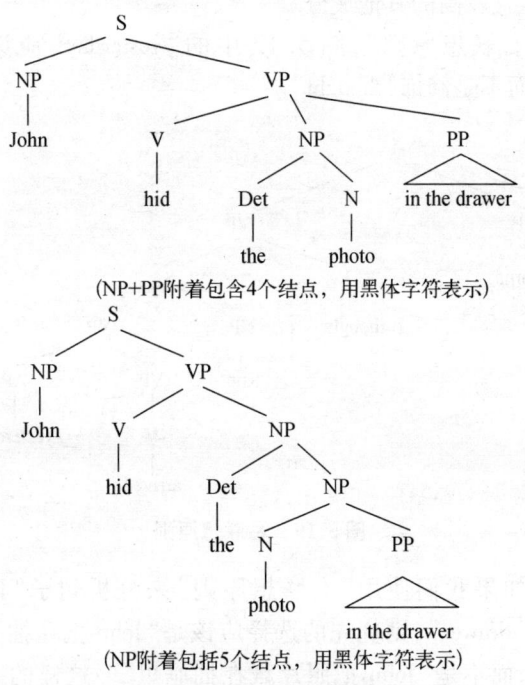

(NP+PP附着包含4个结点,用黑体字符表示)

(NP附着包括5个结点,用黑体字符表示)

图 5.18   最小附着原则

上面一个树形图中附着于动词"hid"的结点有 4 个,下面一个树形图中附着于动词"hid"的结点有 5 个,根据"最小附着原则",选择上面一个树形图作为正确的分析结果。这个句子的意思是"John 把照片藏在抽屉里",而不是"John 把在抽屉里的照片藏起来了"。这样的选择与人的语感很接近。因为人也倾向于"John 把照片藏在抽屉里"这样一种更加合乎情理的选择。

最小附着原则显然与语法规则指派给句子的结构形式有关。在一般情况下,这个原则适用于那些具有若干个子结点的规则。如果语法的规则具有乔姆斯基范式(规则是二分的),显然就很难使用最小附着原则。

——右联想原则(Right Association)

1973 年，金补尔（Kimball）提出剖析的 7 项原则，其中一条原则是"右联想原则"：附着于剖析树右侧的位置最低的当前成分优先于剖析树中位置较高的其他成分。

根据"右联想原则"，图 5.19 中的"yesterday"应该优先修饰"arrived"，而不是修饰"thought"。

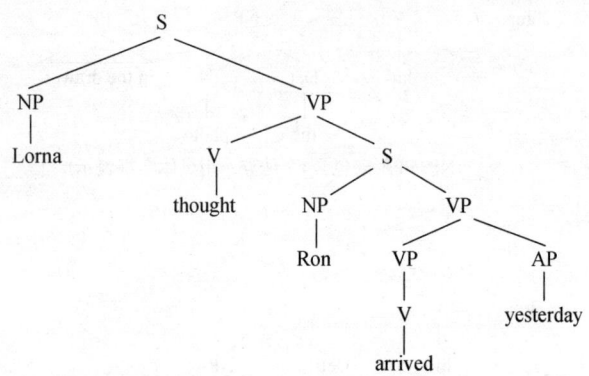

图 5.19　右联想原则

然而，如果我们使用"右联想原则"来分析句子"John hid the photo in the drawer"，则优先的选择应该是"John 把在抽屉里的照片藏起来了"，而不是"John 把照片藏在抽屉里"。这样的结论与使用"最小附着原则"的结论正好相反。

由此可见，国外学者们提出的这些优先原则能够启发我们做出某种推测，但是并不能让我们做出切实可靠的推测。

在实际的自然语言处理系统中，常常把基于"制约"的歧义消解方法和基于"优选"的歧义消解方法结合起来，用基于"制约"的方法排除那些不能满足制约条件的歧义，用基于"优选"的方法比较各种歧义的优先度，选取其中的最优者，从而达到歧义消解的目的。

自从 20 世纪 80 年代马丁·凯依提出功能合一语法（Functional Unification Grammar）①以来，在自然语言处理系统中普遍采用复杂特

---

① 参看冯志伟《自然语言处理的形式模型》第 4 章第 3 节，中国科学技术大学出版社，2009 年。

征集和合一运算的方法。人们发现,在自然语言分析系统中,随着分析的进行,包含在自然语言中的信息是单调递增的,这就是自然语言分析系统中信息的"单调递增性"(information monotonicity)。

根据这种信息的单调递增性,有的学者提出,对自然语言分析过程中出现的歧义,应该做渐进的评价(incremental evaluation)。有的学者提出了"渐进歧义消解法"(incremental disambiguation)。

他们主张,当出现歧义时,不要匆忙地作出评价,等到自然语言分析系统中的信息单调递增到可以对这种歧义进行判断时,再作出判断,从而消解歧义。

在 PT-结构实例化过程中,由于词汇单元的插入,其信息也是单调递增的,因此,PT-结构实例化过程也具有信息的单调递增性,我们同样可以采用渐进歧义消解法。在信息不充分条件不成熟时,不必匆忙地消解歧义,等到信息单调递增到足以满足各种制约条件和优选的标准时,才进行歧义的消解。

在自然语言处理中,同形歧义的自动消解还是一个未彻底解决的问题,还有待我们做更深入的探索。

本章参考文献

1. 冯志伟,中文科技术语的结构描述和潜在歧义[J],《中文信息学报》,1989年,第 2 期。
2. 石安石,语义论[M],商务印书馆,1993 年。
3. 孙茂松、黄昌宁,汉语中的兼类词、同形词类组及其处理策略[J],《中文信息学报》,1989 年,第 4 期。
4. Chang Chao-Huang, Gilbert K. Krulee. Resolution of Ambiguity in Chinese and Its Application to Machine Translation[J], *Machine Translation*, 6, 1991/1992.
5. Lesk, M. Automatic Sense Disambiguation Using Machine Readable Dictionaries: How to Tell a Pine Cone from an Ice Cream Cone [A], In *Proceedings of ACM SIGDOC Conference*[C], 1986.
6. Jensen, K. , J-L Binot. Disambiguating Prepositional Phrase Attachment by Using On-Line Dictionary Definitions[J], *Computational Linguistics*, Vol, 13, No. 3 – 4, 1987.

第六章
良构子串表与线图

在自然语言自动剖析的过程中,有必要保存一些中间结果以及关于结构分析的某些试探性的假设,以便为尔后的自动剖析提供有用的信息,因此,学者们提出了"良构子串表"(Well-Formed Substring Table, 简称 WFST)与"线图"。本章介绍与此有关的一些方法。

第一节　良构子串表

为了讨论的方便,我们在下面描述短语结构语法时,一般只写出其重写规则和单词中的信息,不再写出短语结构语法中的其他部分。

如果在英语中有如下的短语结构语法,其重写规则和单词信息为:

——规则:

① $S \to NP\ VP$

② $VP \to IV$

③ $VP \to IV\ PP$

④ $VP \to TV\ NP$

⑤ $VP \to TV\ NP\ PP$

⑥ $VP \to TV\ NP\ VP$（动词短语 VP 作补语）

⑦ $NP \to Det\ N$

⑧ $NP \to Det\ N\ PP$

⑨ $PP \to P\ NP$

其中,IV 表示不及物动词,TV 表示及物动词。

——单词：

> the：＜cat＞ = Det
>
> her：＜cat＞ = Det
>
> her：＜cat＞ = NP
>
> they：＜cat＞ = NP
>
> nurses：＜cat＞ = NP
>
> nurses：＜cat＞ = N
>
> book：＜cat＞ = N
>
> travel：＜cat＞ = N
>
> report：＜cat＞ = N
>
> report：＜cat＞ = IV（作报告）
>
> hear：＜cat＞ = TV
>
> see：＜cat＞ = IV
>
> on：＜cat＞ = Prep

这个短语结构语法可以生成如下的英语句子：

> Nurses hear her
>
> （保育员们听她的话）
>
> The nurses report
>
> （保育员们做汇报）
>
> They see the book on the nurses
>
> （他们看关于护理的书）
>
> They hear her report on the nurses
>
> （他们听她的关于护理的报告）

如果对"They saw the nurses report"这个句子作自顶向下剖析，在判定了 They 为主语之后，其余部分的搜索树如图 6.1 所示（为简单计，用 s 表示 saw，用 t 表示 the，用 n 表示 nurses，用 r 表示 report）。这一部分主要是分析 VP：stnr，根据短语结构语法中的规则 2，4，5，6，可以形成 4 个子树：IV：stnr，TV NP：stnr，TV NP PP：stnr，TV NP VP：stnr。

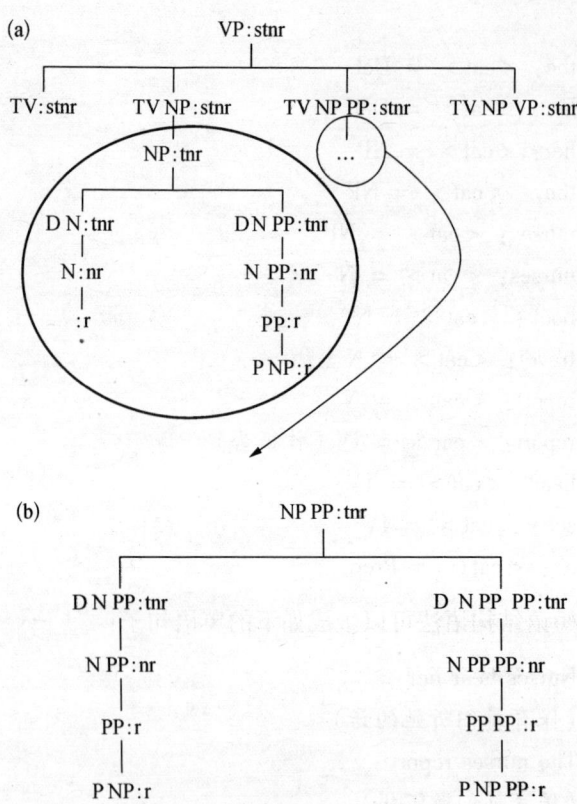

图 6.1　搜索树中的一个部分

D N PP:tnr
    |
N PP:nr
    |
PP:r
    |
P NP:r

　　在搜索第二个子树 VP：stnr 时,主要的力量用于搜索在及物动词 saw 之后的名词词组 NP,从图 6.1(a)中圆圈内的部分可以看出,其中的一部分搜索操作可表示为如下的树:

　　在搜索第三个子树 TV NP PP：stnr 时,会产生如图 6.1(b)中的搜索子树,可以看出,树的左边部分与图 6.1(a)圆圈中的树完全相同,而这个搜索子树的右边部分,与图 6.1(a)圆圈中的树相比,只是在“:”的前面,多出了一个 PP 而已。这意味着,在查找第三个搜索子树时,将要重复在第二个搜索子树所进行的同样的搜索操作,在查找第四个搜索子树 TV NP VP：stnr 时,在":"号之前多出了一个 VP,其余部分与图 6.1(a)圆圈中的树完全相同,也仍然要重复在第二个搜索子树中所进行的同样的搜索操作。完全一样的工作要重复地进行许多次,这是多么大的浪费!

上述例子说明,在我们的剖析程序中,存在着许多重复的、不必要的工作,程序往往会把完全相同的工作,一而再、再而三地重复许多次。问题的症结在于:这样的剖析程序记不住它在前面已经做过什么样的操作。要是剖析程序能记住它前面已经做过的操作,那就可以避免重复。在上面的例子中,如果我们的剖析程序在搜索树中按深度优先、从左到右的方式进行搜索,那么,它在第二个搜索子树进行搜索之初,将可对于名词词组"the nurses"成功地进行剖析,不过,由于在这个名词词组的后面还有一个及物动词 report,随着搜索的继续进行,最后导致剖析在第二个搜索子树中的失败。剖析失败了,程序也就把在剖析第二个搜索子树过程中所得出过的信息全部地抛弃了,包括它在对于名词词组"the nurses"曾经作出的成功剖析的那些正确的信息,也一股脑儿被抛弃了。这样,当剖析在第三个搜索子树中进行时,遇到同样的名词词组"the nurses",又得重起炉灶,重复在前面分析这个名词词组时所进行过的一切工作。

如果剖析程序把在成功地分析名词词组"the nurses"时的那些成分及其结构记录下来,例如,我们可以记录下这样一个完全结构:

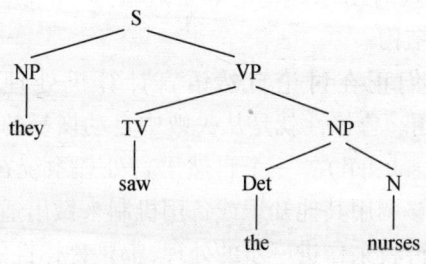

图6.2　完全结构

那么,当剖析在第三个搜索子树及第四个搜索子树中进行时,只需要调用关于名词词组"the nurses"的已有的剖析结果即可。这样,就可以省去许多重复的工作,提高剖析程序的效率。在剖析其他的搜索子树时,调用名词词组"the nurses"的剖析结果,在另外一种上下文条件下,剖析可能成功,也可能再次失败,但不论成功与否,已经记录下来的名词词组"the nurses"的各种信息,在剖析过程中,都免去了重复的工作,起了正面的作用。因此,我们需要剖析程序能够保存这样的完全结构。

由于我们所编写的语法不完善,在自然语言剖析时,有时会遇到一些形式上不合格的输入句子。例如,在英语中,

The nurses book her travel

这个输入句子,就不符合本章开始时我们提出的那个短语结构语法。因为在这个语法中,book 只注明了 <cat> = N,只能看成一个名词,如果把 book 只看成名词,那么,这个输入句子只能剖析为一个树的序列,而不能形成一个完整的树形图,这是一种不完全结构。如图 6.3 所示。

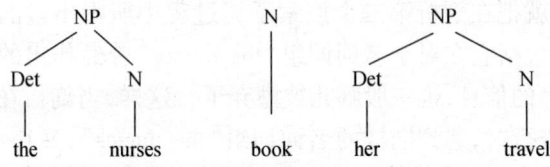

图 6.3　不完全结构(树的序列)

在自然语言剖析时,或者由于拼写的错误,或者由于词典中查不到有关的单词,或者由于其他的非常规输入,常常会出现这样的情况,产生不完全结构。

目前,学者们正在讨论自然语言计算机处理系统的鲁棒性(robustness)问题。鲁棒性就是从失败中自动恢复的能力,也就是所谓的"软失败"(soft-fail)。一个自然语言处理系统在遇到各种非常规的输入时,能够调用其他知识或备用机制来做出适当反应,给出部分剖析结果,留待将来作进一步的处理,都是鲁棒性的表现。在一个具有鲁棒性的自然语言处理系统中,在句法分析时保存住这些非常规的输入,而不是简单地宣布剖析失败,等到语义分析或语用分析时再来进一步解决它,因此,我们应该设法使得剖析程序有保持这种非常规输入的能力,并能表示不完全结构。

另外,由于自然语言中具有大量的潜在歧义结构,当潜在歧义结

构实例化为现实的歧义结构的时候,剖析时就会得出两种不同的结构。例如,

They hear the report on travel

这个英语句子,可以理解为"他们听关于旅行的报告",也可以理解为"他们在旅行中听报告",其结构如图6.4所示:

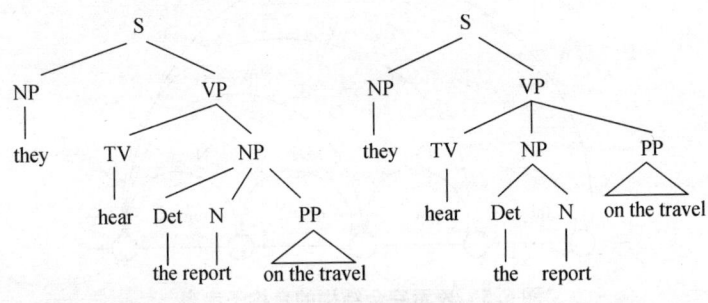

图6.4 歧义结构

因此,剖析程序应该具有保存歧义结构的功能,应该可以表示歧义结构。

在自然语言处理中,采用"良构子串表"来解决这些问题。在良构子串表中,每一个子串都是在结构上合格的,因而也都是良构的,但是这些良构子串形成的整个结构不一定是完全的,这些良构子串甚至不能结合为整个的结构,它们只是形成一个表(table),因此良构子串表可以表示完全结构,也可以表示不完全结构,还可以表示歧义结构。这样一来,良构子串表就能够把剖析过程中那些在局部上良构的中间结构保存下来,不至于因为它们不能形成完全结构而轻易地把它们抛弃,避免了剖析过程中的浪费。

良构子串表用数字 0 和 n 分别表示符号串的首和尾,而在这个符号串中所包含的词,则从左到右分别用数字 1 到 n−1 来表示,这样,良构子串表便能告诉我们,在 i 和 j 两个点之间($0 \leqslant i < j \leqslant n$),存在着一些什么样的范畴标记。良构子串表就是一个有向的非成圈图,所谓"有向",是指它的每一个弧都有一定的方向,所谓"非成圈",是指图中不能包含环路。在这个有向的非成圈图中,首结点标

以 n,n 是符号串中的词数,弧上的标记是句法范畴和词。

图 6.5,6.6,6.7 就是这样的良构子串表,它们可以分别表示我们上面所提到的那三种情况: 表示完全结构,表示不完全结构,表示歧义结构。

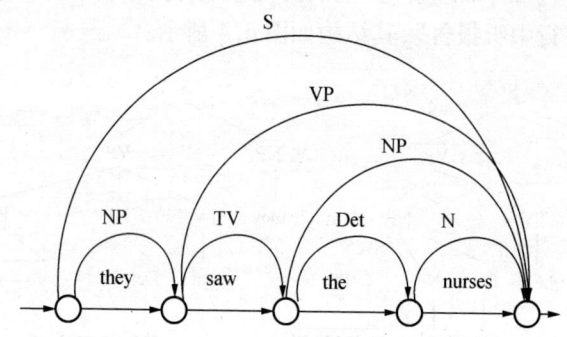

图 6.5   表示完全结构的良构子串表

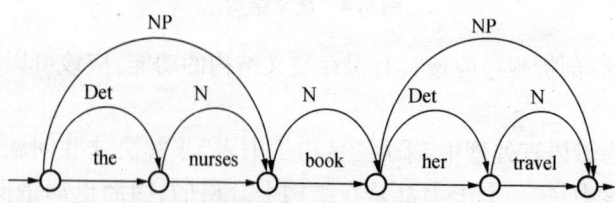

图 6.6   表示不完全结构的良构子串表

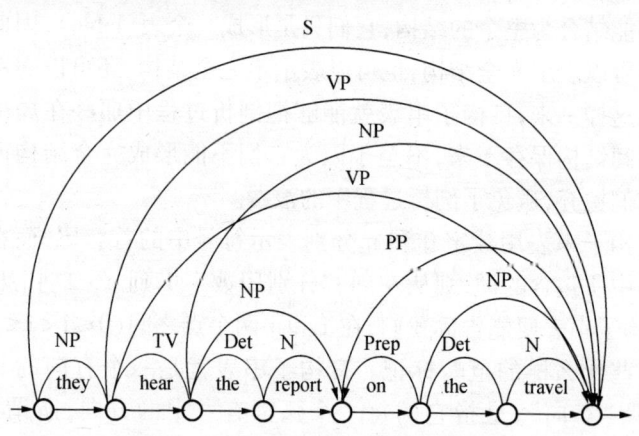

图 6.7   表示歧义结构的良构子串表

第二节　线图分析法

"良构子串表"虽然可以帮助我们保存在剖析时的某些中间结果,免去了多次重复地做虚功之苦,但是,当前面剖析失败时,良构子串表并不能帮助我们记住前面所作过的假设和猜测,也不能让我们了解到剖析的目标,也就是说,良构子串表只能够表示结构的某些事实,并不能表示关于结构的假设、猜测和目标。

我们来观察下面的图6.8。

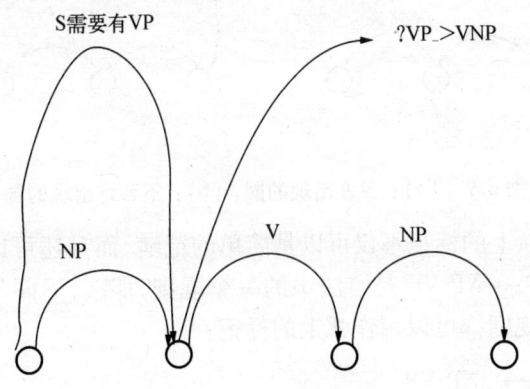

图6.8　目标和假设的表示

在这个图中,力图表示出剖析过程中的有关分析状况,主要包括如下几项:

　　—— 这个符号串由序列 NP 和 VP 组成;

　　—— 剖析程序正试图把 S 分析为序列 NP VP,并证实这样的假设;

　　—— 剖析程序业已证实从起始点到第二个点之间的弧上的 NP 与序列 NP VP 中的 NP 是等同的;

　　—— 剖析程序还需要证实序列 V NP 可以归结为 VP。

易于看出,良构子串表可以表示出其中的一部分分析状况,但是,为了全面地表示分析状况,还需要进一步指出剖析过程中的某些假设,而良构子串表的数据结构不可能表示出这样的假设。为此,我们有必要对数据结构作两点修改:

　　—— 在有向图中,不严格要求所有的弧都是不成圈的,容许从某个点出发,中间不经过其他的点,又直接重新返回这个点的圈(空弧)出现,但是,不容许从某个点出发,中间经过其他的点,才返回这个点的圈出现。在图 6.9 中,容许出现图 6.9(a)中的圈,不容许出现图 6.9(b)中的圈。

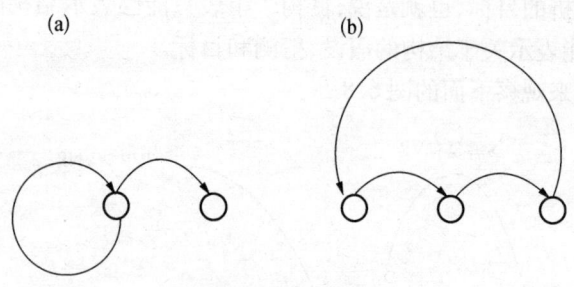

图 6.9　(a):容许出现的圈,(b):不容许出现的圈

—— 弧上的标记不仅可以是简单的范畴,而且还可以是语法规则。如果 S → NP VP 是语法中的一个规则,那么,下面几个加了圆点(dot)的规则都可以用作弧上的标记:

S → . NP VP

S → NP . VP

S → NP VP .

上述规则中,圆点用以表示在剖析程序的某一时刻,已被剖析程序检验过的当前规则所涉及的假设延伸的范围。这种加圆点的规则告诉我们,什么是规则中检验过的,什么是规则中有待检验的。

规则"S → . NP VP"被标记在从某一点出发又回到该点的弧上,这个弧恰恰形成一个自封闭的圈。它表示假设 S → NP VP 还没有被检验,也没有被证实。

规则"S → NP . VP"所标记的弧的下方,应该可以覆盖另一个标记为 NP → <category> 的弧,它说明假设的第一部分(即出现第一个 NP 的部分)已被确认,而假设的第二部分(即 VP)还有待检验和证实。

规则"S → NP VP . "说明,假设 S → NP VP 已经经过检验,并且已经被证实。

经过上述修改的良构子串表可以描述剖析过程中所出现的各种假设,比一般的良构子串表具有更强的功能,我们把经过这样修改的良构子串表叫做活性线图(active chart),简称线图(chart)。线图中的点,叫做顶点(vertex),线图中的弧,叫做边(edge),表示尚未被证实的假设的边,叫做活性边(active edge),表示已被证实的假设的边,叫做非活性边(inactive edge),例如,标记为"C → < category >"的边就是非活性边。

显而易见,凡是可被良构子串表表示的信息,全都可以在线图上表示出来。

图 6.10, 6.11, 6.12 中的线图,分别是由图 6.5, 6.6, 6.7 中的良构子串表改进而成的,线图中的边全部都是非活性边。

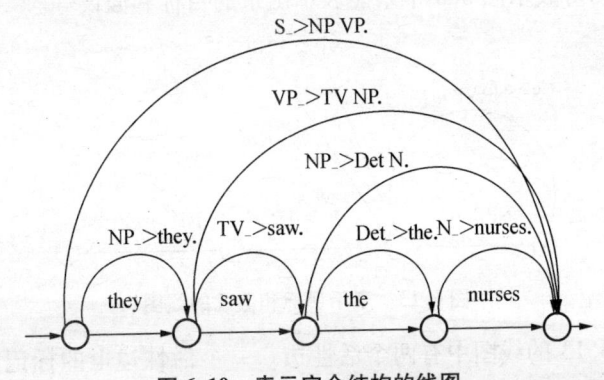

图 6.10 表示完全结构的线图

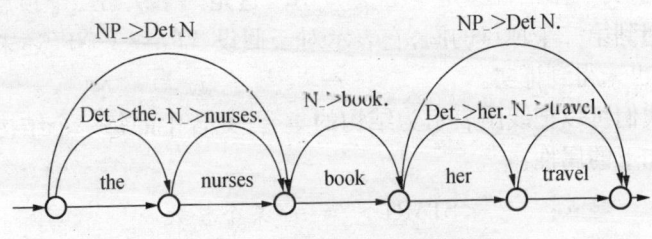

图 6.11 表示不完全结构的线图

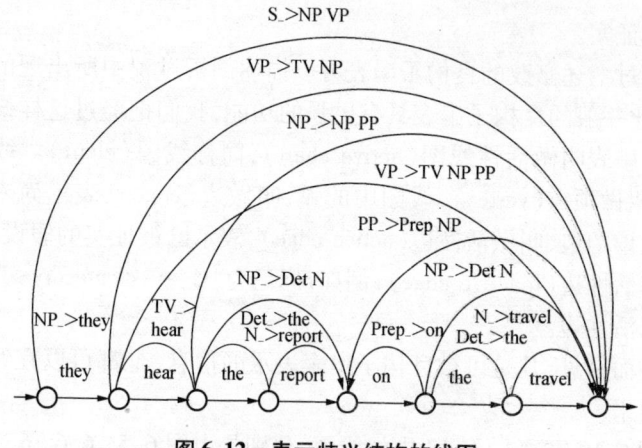

图 6.12   表示歧义结构的线图

线图还可以表示良构子串表不能表示的目标和假设。图 6.13 中的线图可表示图 6.8 中未能表示出来的目标和假设等。

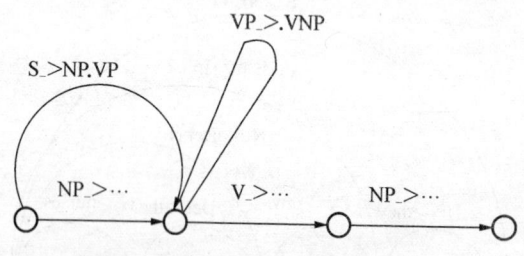

图 6.13   表示目标和假设的线图

图 6.13 的线图中有两个活性边。一个活性边上的标记为 S → NP. VP,它表示在第一个顶点和第二个顶点之间检验假设 S → NP VP 时,已经证实 S → NP VP 中的第一部分 NP,但还未证实第二部分 VP。另一个活性边是 VP → . V NP,这是一个从第二个顶点出发又返回到第二个顶点的圈,它表示对于假设 VP → V NP,还未进行检验,也未得到证实。

我们可以把线图表示为结构的集合,集合中的每一个结构应该具有如下的属性:

起点: <START> = … 某个整数 …

终点: <FINISH> = … 某个整数 …

标记： 　　＜LABEL＞ = … 某个范畴 …

已证实部分： ＜FOUND＞ = … 某个范畴序列 …

待证实部分： ＜TOFIND＞ = … 某个范畴序列 …

其中，＜LABEL＞是加圆点规则的左部 LHS，＜FOUND＞是加圆点规则的右部 RHS 中圆点左侧的范畴序列，它是 RHS 中已经被检验和证实的部分，＜TOFIND＞是加圆点规则的右部 RHS 中圆点右侧的范畴序列，它是 RHS 中尚未被检验和证实的部分。当一个边上的 TOFIND 的值为空序列时，则该边为非活性边。

有时，我们可以用五元组来记录上述属性。

例如，五元组 ＜0，2，S → NP.VP＞ 表示如下的活性边：

＜START＞ = 0

＜FINISH＞ = 2

＜LABEL＞ = S

＜FOUND＞ = ＜NP＞

＜TOFIND＞ = ＜VP＞

五元组 ＜3，5，NP → Det N.＞ 表示如下的非活性边：

＜START＞ = 3

＜FINISH＞ = 5

＜LABEL＞ = NP

＜FOUND＞ = ＜Det，N＞

＜TOFIND＞ = ＜ ＞

事实上，线图就是一些用五元组标记的边的集合。假定我们在剖析过程中，线图的一部分由如下的边组成：

$\{$ ＜0，2，S → NP.VP＞，

＜2，3，VP → TV.NP PP＞，

＜3，5，NP → Det N.＞，

＜5，8，PP → Prep NP.＞ $\}$

这些边可以图示为图 6.14：

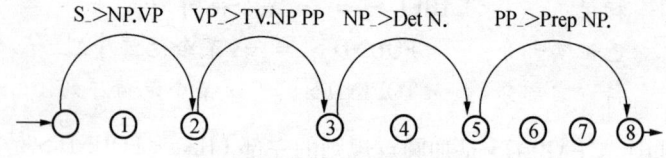

图 6.14 部分线图示例

为了清楚起见,图 6.14 中省略了线图中的一些边,只标出了我们所要讨论的边,其中,前两个边是活性边,后两个边是非活性边。非活性边中,第一个表示名词词组,第二个表示介词词组,它们都是在剖析过程中已经被检验并且被证实的。活性边中,第一个表示关于句子的假设:句子中已经找到了名词词组,正要查找动词词组;第二个表示关于动词词组的假设:动词词组中已经找到了及物动词,正要查找名词词组以及跟在这个名词词组后面的介词词组。

我们来研究第一个活性边,如果在顶点 2 我们能找到一个从这个顶点开始的非活性边,而且这个非活性边是个动词词组,那么,就可以满足假设的条件。但事实上我们没有找到这样的非活性边。当然,我们也可以假设存在着这样的非活性边,但是,在这样的假设尚未得到证实之前,我们不能正确地分析第一个活性边。

在这种情况下,我们只好将注意力转到第二个活性边上。从规则 VP → TV. NP PP 可知,我们假设存在着一条从第三个顶点开始的非活性边,而且这个非活性边上标记中的 < LABEL > 为名词词组,我们马上就找到了这样的非活性边,其标记为"NP → Det N.",这说明,我们关于动词词组的假设至少是部分地得到了证实。为此,我们在线图上加上一个新的活性边,其标记为 < 2, 5, VP → TV NP. PP >,这是关于动词词组的进一步假设:假设存在着一条从第五个顶点开始的非活性边,这个非活性边上的标记中的 < LABEL > 为介词词组,我们也找到了这样的非活性边,其标记为"PP → Prep NP.",这说明,我们关于动词词组的假设得到了进一步的证实。为此,我们在线图上再加上一个新的非活性边,其标记为 < 2, 8, VP → TV NP PP. >,这样一来,我们的线图又增加了两条边,边的集合进一步增加为:

$$\{<0,2,S \rightarrow NP.VP>,$$
$$<2,3,VP \rightarrow TV.NP\ PP>,$$
$$<2,5,VP \rightarrow TV\ NP.PP>,$$
$$<2,8,VP \rightarrow TV\ NP\ PP.>,$$
$$<3,5,NP \rightarrow Det\ N.>,$$
$$<5,8,PP \rightarrow Prep\ NP.>\}$$

如果回到顶点 0,我们可以看到,从顶点 0 到顶点 2,存在着一条活性边,其标记为"S → NP. VP",从顶点 2 到顶点 8,存在着一条非活性边,其标记为"VP → TV NP PP. ",因此,我们又可再加上一条新的非活性边 <0, 8, S → NP VP. >,我们的线图如图 6.15 所示:

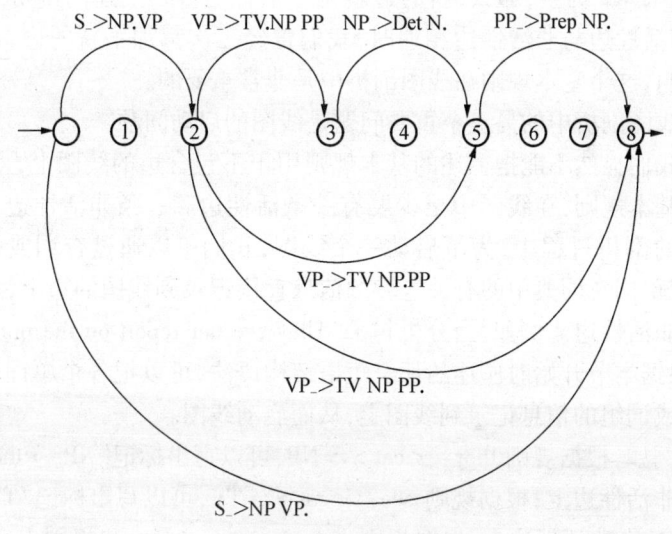

图 6.15 增加了新边的线图示例

这时,标记为"S → NP VP. "的非活性边横跨在句子的起点和终点之间,这说明,所剖析的符号串是一个合格的句子,剖析成功。

虽然还可能存在着其他的剖析结果,但我们上述的剖析结果至少是其中成功的一个。

从上面使用线图的剖析过程可以看出,如果一个活性边遇到了一个非活性边,而且,这个非活性边标记上的范畴满足活性边的要求,那么,就可以在线图中加上一条新的边,这条边横跨在活性边和非活性边上。美国计算语言学家马丁·凯依把这条规则称为"线图剖析的基本规则"(fundamental rule),可以稍微严格地表述如下:

线图剖析基本规则:

如果在线图中含有活性边 < i, j, A → W1. B W2 > 和非活性边 < j, k, B → w3. >,其中,A 和 B 是范畴,W1, W2 和 W3(可能为空)是范畴序列或词,那么,在线图中加一条新的边 < i, k, A → W1 B. W2 >。

线图剖析基本规则中没有明确说明新的边是活性的还是非活性的,因为这完全取决于 W2,如果 W2 不为空,那么,新的边就是活性边,如果 W2 为空,那么,新的边就是非活性边。在上述的剖析过程中,当活性边与非活性边相遇时,我们曾经三次都加了新的边,这足以说明,这个基本规则在线图剖析中是非常重要的。

线图剖析中的另一个重要问题是线图的启动问题。

我们显然不能把上述的基本规则用于不包含边的线图上,为了使用基本规则,在线图中至少要有一条活性边和一条非活性边。在具体的剖析过程中,为了启动一个线图,我们可以通过查词典的办法,把单词在词典中的有关范畴的信息直接记录到线图的边上,从而形成非活性边。例如,当分析句子"They see her report on the nurses"时,根据本节开始时所述的那个短语结构语法,可以把各个单词所属词类或词组的信息记录到线图上,从而启动线图。

例如,根据规则 they:< cat > = NP,可以写出标记"NP → they."记在非活性边上;根据规则 see:< cat > = TV,可以写出标记"TV → see."记在非活性边上;根据规则 her:< cat > = Det 和规则 her:< cat > = NP,可以分别写出标记"Det → her."和标记"NP → her."分别记在两条非活性边上,…等等.如图 6.16 所示。

在图 6.16 中,有时在相邻的两个顶点之间会出现一条以上的非活性边,这是由于某些词的兼类所引起的。

给线图作出了非活性边只是启动的第一个步骤,在这种情况下,剖析还不能开始,我们还需要造出新的活性边,才能使用线图剖析的基本规则。

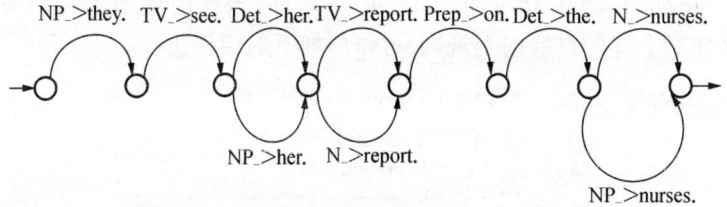

NP_>they. TV_>see. Det_>her. TV_>report. Prep_>on. Det_>the. N_>nurses.

NP_>her. N_>report.

NP_>nurses.

图 6.16　线图的启动

下面,我们提出一个简单的办法来造出新的活性边:每当我们在线图中加一条带有标记 C 的非活性边时,就从同一顶点开始,加上一条没有标记的(空的)活性边,而对于语法中以成分 C 作为它的最左子结点的每一条规则,就可以在线图中没有标记的(空的)活性边上,加上反映该规则的标记,并且,这条活性边从同一顶点出发,在同一顶点结束,从而查找什么是它的组成成分,这样,就可以调用语法中的规则来进行自底向上的剖析。这种自底向上调用规则的策略,可归纳如下。

自底向上规则:

如果我们在线图中加一条形式为 <i, j, C → W1 . > 的非活性边,那么,对于语法中每一条形式为 B → CW2 的规则,在线图上加一条形式为 <i, j, B → . CW2 > 的活性边。这就是说,如果在顶点 i 与 j 之间有非活性边"C → W1 . ",而语法中有规则 B → CW2,则在顶点 i 出发,在顶点 i 结束,加上一条活性边"B → . CW2",如图 6.17 所示。

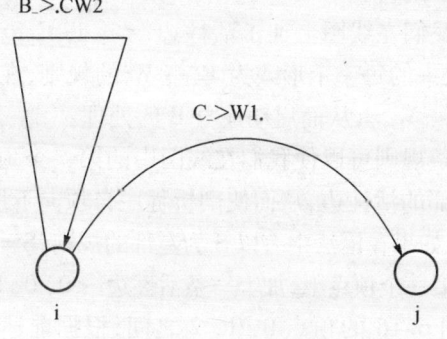

B_>.CW2

C_>W1.

i   j

图 6.17　规则的调用

例如,在图 6.16 的顶点 0,1,2 之间,根据前述的短语结构语法,使用上述的自底向上规则,可作出如下的活性边:

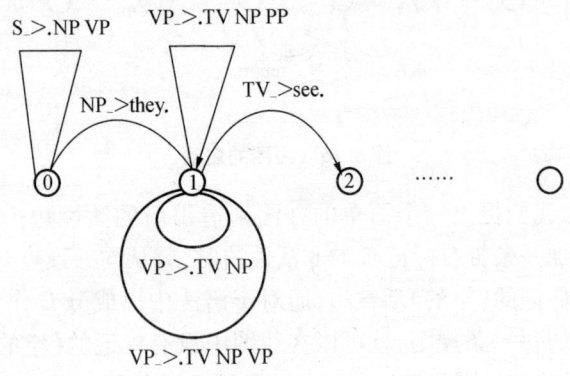

图 6.18 把自底向上规则用于启动后的线图

当用添加许多非活性边的方法来启动线图时,如果使用这样的自底向上规则,就可以在线图上添加出许多的活性边,这样一来,就可以使用基本规则开始进行句子的剖析了。可见,自底向上规则和基本规则使得我们可以发现各种可能的分析结果。

自顶向下剖析调用规则的策略如下:

(1) 在启动时,对于语法中一个形式为 A → W 的规则,如果其中的 A 是一个可以横跨整个线图的范畴(表示句子的 S 就是这样的范畴),那么,就在线图上加活性边 <0,0,A → .W>,从而启动句子 S 的自顶向下剖析。

(2) 如果我们在线图上加了活性边 <i,j,C → W1.B W2>,那么,对于语法中的每一个形式为 B → W 的规则,在线图上加活性边 <i,i,B → .W>,从而启动成分 B 的处理。

使用第一条规则可以使我们在线图中的第一个顶点上加上一条以 S 为标记左部的活性边,从而使剖析程序自顶向下地开始工作。

这就是说,如果在语法中有以 S 为左部的规则(S = A),那么,就可以在线图中的第一个顶点上,加上一条活性边 <0,0,S → .W>。

例如,在图 6.16 的顶点 0,1,2 之间,根据前述的短语结构语法,可以做出如下的活性边:

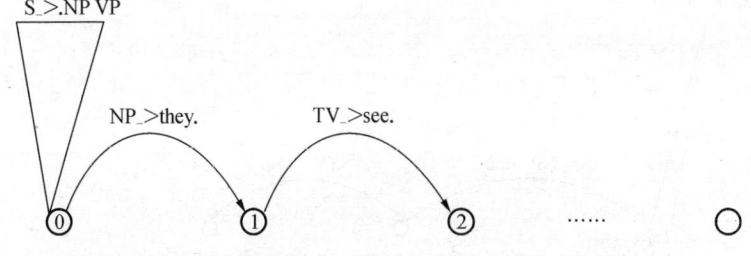

图6.19　把自顶向下规则(1)用于启动后的线图

　　由于语法中存在以 S 为左部的规则 S → NP VP,而且,线图中0,1 两点之间的非活性边"NP → they."上标记的左侧 NP,恰好与规则 S → NP VP 中的 NP 相同,所以,就在线图上加活性边 < 0, 0, S → .NP VP >,这样,就可以从 S 开始,进行自顶向下的剖析。

　　例如,在图 6.16 的顶点 0, 1, 2 之间,在加了第一条活性边 "S→. NP VP"之后(这时,活性边 < i, j, C → W1. B W2 > 的 i = 0, j = 0, C = S, W1 = φ, B = NP, W2 = VP),句子的自顶向下剖析就启动了。这时,由于语法中还有以 NP 为左部的规则 NP → Det N 和 NP → Det N PP,所以,还可以在线图上加活性边 < 0, 0, NP → . Det N > 和 < 0, 0, NP → . Det N PP >(这时,活性边 < i, i, B → . W1 > 的 i = 0, j = 0, B = NP, W = Det N 或 Det N PP),从而启动 NP 的剖析。如图 6.20 所示。

　　在用线图来剖析句子的过程中,如果添加的边太多,将会降低剖析的效率,因为边越多,剖析的工作量越大,剖析的效率也就越低。线图中没有用的非活性边和活性边只会使剖析程序劳而无功。

　　当在线图中加了一条非活性边时,为了使用基本规则,就要去查找一条活性边,并要求该活性边中含有非活性边起点上的有关范畴;当在线图中加了一条活性边时,为了使用基本规则,就要去查找一条非活性边,并要求这条非活性边中的第一个范畴是活性边所要求的;当在线图中加了一条非活性边时,为了应用自底向上规则,就要在所有的语法规则中查找规则右部的第一个范畴,并要求该范畴与边上的范畴相同;当在线图中加了一条非活性边时,为了应用自顶向下规则,就要在所有的语法规则中进行查找,看一看规则的左部是不是边

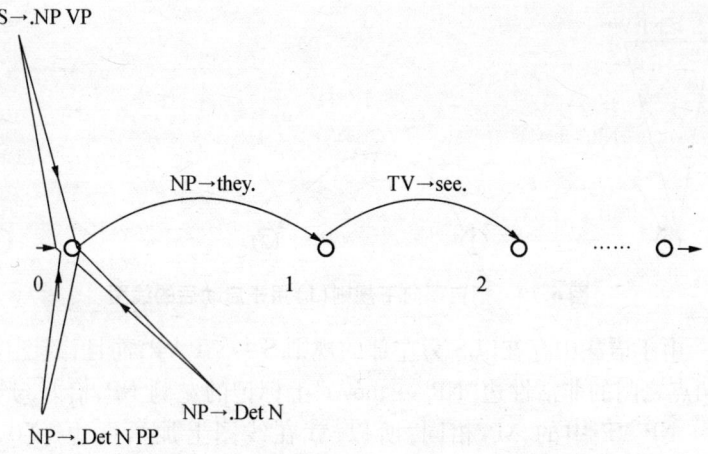

图 6. 20 把自顶向下规则(2)用于启动后的线图

所要求的第一个范畴;如此等等。每当查找这些有特殊要求的边的时候,程序要对线图中所有的边进行搜索。因此,为了提高剖析的工作效率, 如何合理而巧妙地设计线图,使它的边足够我们使用,而又不至于泛滥成灾,真正做到少而精,是线图分析时应该重视的一个极为重要的问题。

本章参考文献

1. 冯志伟,数理语言学[M],知识出版社,1985 年。
2. 冯志伟,线图分析法[J],《当代语言学》,2002 年,第 4 期。
3. 冯志伟,中文的自然语言处理——COLIPS 系列讲座(1996 年 5 月在新加坡国立大学计算机与系统科学系的讲课记录)[OL],可通过互联网浏览: http://www. iscs. nus. sg/~colips/commcolips
4. G. Gazdar, Ch. Mellish. Natural Language Processing in PROLOG [M], Addison-Wesley Publishing Company, pp. 179 – 213, 1989.

第七章
复杂特征与合一运算

当代计算语言学发展的重要特征之一,是在各种自然语言处理系统中,普遍地、深入地使用复杂特征与合一运算。本章详细讨论复杂特征与合一运算的基本原理,并介绍我国学者在这方面的研究情况。

第一节　单一特征与复杂特征

在短语结构语法中描述一个语言成分(词、词组)时,是使用单一特征来进行的,在对应于短语结构语法的树形图中,每一个结点只有一个特征作为标记与之对应。使用单一特征时,语言成分的描述比较简单,但规则的描述就比较复杂,而且规则的数量也比较多。

例如,我们使用单一特征,提出如下的短语结构语法来描述法语(French)的一个片断。

规则:

1. S → NPa VPa

2. S → NPb VPb

3. S → NPc VPc

4. S → NPd VPd

5. S → NPe VPe

其中,构成句子 S 的 NP 与 VP 之间有着对应关系,它们在性、数、人称等方面要保持一致(agreement)。

单词:

je：< cat > = NPa

tu：< cat > = NPb

elle：< cat > = NPa

nous：< cat > = NPc

vous：< cat > = NPd

ils：< cat > = NPe

tombe：< cat > = VPa

tombes：< cat > = VPb

tombons：< cat > = VPc

tombez：< cat > = VPd

tombent：< cat > = VPe

其中,je(我),tu(你),elle(她),nous(我们),vous(你们),ils(他们)等人称代词要求的动词形式不完全相同。

例如,动词 tomber(跌倒)与 je, elle 连用时其形式为 tombe：

je tombe（我跌倒）

elle tombe（她跌倒）

因此,在语法中,我们把 je 和 elle 的范畴定为 NPa：< cat > = NPa, 而动词 tombe 的范畴也相应地定为 VPa：< cat > = VPa.

动词 tomber 与 tu 连用时,其形式为 tombes：

tu tombes（你跌倒）

因此,在语法中,我们把 tu 的范畴定为 NPb：< cat > = NPb, 而动词 tombes 的范畴也相应地定为 VPb：< cat > = VPb.

动词 tomber 与 nous 连用时,其形式为 tombons：

nous tombons（我们跌倒）

因此,在语法中,我们把 nous 的范畴定为 NPc：< cat > = NPc, 而动词 tombons 的范畴也相应地定为 VPc：< cat > = VPc.

动词 tomber 与 vous 连用时,其形式为 tombez：

vous tombez（你们跌倒）

因此,在语法中,我们把 vous 的范畴定为 NPd：< cat > = NPd,而动词 tombez 的范畴也相应地定为 VPd：< cat > = VPd.

动词 tomber 与 ils 连用时,其形式为 tombent：

　　　ils tombent（他们跌倒）

因此,在语法中,我们把 ils 的范畴定为 NPe：< cat > = NPe,而动词 tombent 的范畴也相应地定为 VPe：< cat > = VPe.

这样一来,语法规则也就相应地有五条：

　　　S → NPa VPa
　　　S → NPb VPb
　　　S → NPc VPc
　　　S → NPd VPd
　　　S → NPe VPe

然而,从语言现象的实质上来说,这五条规则涉及的都是同样的语法结构,用五条规则来描述同样的语法结构,真是极大的浪费！

如果我们还要进一步描述更多的法语语法现象,如未完成过去时

　　　je tombais（我跌倒了）

和

　　　elle tombait（她跌倒了）,

这时,je 和 elle 的相应动词形式变得不同了,我们势必又要增加新的规则。

如果我们再进一步描述复合过去时

　　　elle est tombée（她跌倒过了）,

由于 elle 是阴性,tomber 的过去时也要用阴性形式 tombée,而且 tombée 的前面还要加上助动词 être 的第三人称单数形式 est,这样,我们的语法规则就要变得更加复杂了。可见,用单一特征的办法来描述语言现象会使语法规则变得非常之复杂。

为了避免这种过于复杂的规则，我们提出如下的语法来描写同样的语法现象。

规则：

    S → NP VP

        ＜NPper＞ ＝ ＜VPper＞

        ＜NPnum＞ ＝ ＜VPnum＞

其中，per 表示人称，num 表示数。＜NPper＞ ＝ ＜VPper＞表示 NP 的人称与 VP 的人称一致，＜NPnum＞ ＝ ＜VPnum＞表示 NP 的数与 VP 的数一致。

单词：

    je：＜cat＞ ＝ NP

        ＜per＞ ＝ 1

        ＜num＞ ＝ sing

其中，1 表示第一人称，sing 表示单数（singular）。

    tu：＜cat＞ ＝ NP

        ＜per＞ ＝ 2

        ＜num＞ ＝ sing

    elle：＜cat＞ ＝ NP

        ＜per＞ ＝ 3

        ＜num＞ ＝ sing

    nous：＜cat＞ ＝ NP

        ＜per＞ ＝ 1

        ＜num＞ ＝ plur

其中，2 表示第二人称，3 表示第三人称，plur 表示复数（plural）。

    vous：＜cat＞ ＝ NP

        ＜per＞ ＝ 2

        ＜num＞ ＝ plur

    ils：＜cat＞ ＝ NP

$$<\text{per}> = 3$$
$$<\text{num}> = \text{plur}$$

tombe：$<\text{cat}> = \text{VP}$
$$<\text{per}> = 1$$
$$<\text{num}> = \text{sing}$$

tombe：$<\text{cat}> = \text{VP}$
$$<\text{per}> = 3$$
$$<\text{num}> = \text{sing}$$

注意：tombe 的 $<\text{per}>$ 可以是 1，又可以是 3。

tombes：$<\text{cat}> = \text{VP}$
$$<\text{per}> = 2$$
$$<\text{num}> = \text{sing}$$

tombons：$<\text{cat}> = \text{VP}$
$$<\text{per}> = 1$$
$$<\text{num}> = \text{plur}$$

tombez：$<\text{cat}> = \text{VP}$
$$<\text{per}> = 2$$
$$<\text{num}> = \text{plur}$$

tombent：$<\text{cat}> = \text{VP}$
$$<\text{per}> = 3$$
$$<\text{num}> = \text{plur}$$

　　这个语法与前面的那个用单一特征描述的语法的功能是一样的，但是，它只用了一条规则，比前面那个语法的规则简明得多。不过，这个语法对单词的描述却比前面的那个语法复杂，单词的描述不是用单一的特征，而是用复杂特征（complex features）。可见，如果采用复杂特征来描述单词，可以大大地简化语法的规则。

　　我们把一个特征看成是由两部分组成的：一部分叫做属性（attribute），一部分叫做值（value），一个特征就是由属性与其值构成的"属性—值"偶对，单一特征只包含一个这样的"属性—值"偶对，复杂特征则包含若干个这样的"属性—值"偶对。因此，复杂特征就可以表示为特征矩阵(feature matrix)。

例如,法语的 je(我)这个词的复杂特征可以用如下的特征矩阵来表示:

$$\begin{pmatrix} cat & NP \\ per & 1 \\ num & sing \end{pmatrix}$$

我们还可以用图(graph)来表示复杂特征。例如,法语中 je 的复杂特征可用图 7.1 中的有向图线方法来表示:

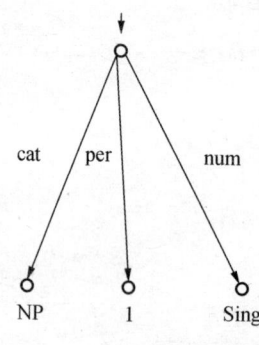

图 7.1　用有向图来表示复杂特征

这样的图叫做"非循环有向图"(Directed Acyclic Graph,简写为 DAG)。图 7.1 中的图是有向的,因为图中的每一条线都有方向(用箭头标出);图 7.1 中的图又是非循环的,因为沿着箭头所指的方向,不允许从一个结点出发然后又返回到同一个结点的线。在非循环有向图中,线上的标记是属性,如 cat,per,num 等,末端结点上的标记是原子值,如 NP,1,plur,sing 等。为了叙述的方便,我们假定这些原子值不具有内部结构。不过,从理论上说来,范畴中的特征本身又可以是其他的范畴,因而特征又可以取其他的范畴为它的值。这样的特征,叫做"范畴值特征"(category-valued feature)。例如,我们可以使用 arg0(动词的逻辑论元,argument 0)这样的范畴值特征,它本身又可以具有 NP、PP 等词组类型范畴以及人称(per)、数(num)、性(gender)、格(case)等范畴。

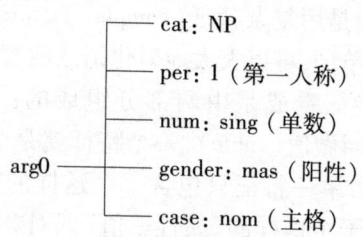

其中,mas 是 masculine(阳性)的简写,nom 是 nominative(主格)的简写。

我们可以用范畴值特征 arg0 来处理法语中单词的一致关系问题。

例如,我们可以提出如下的语法:

规则:

$$S \rightarrow X \; VP$$
$$< VP \; arg0 > \; = \; X$$

在这个规则中,X 表示句子 S 的主语,这个主语 X 与 VP 的 arg0 特征的值(人称、数等)应该保持一致,即 $< VP \; arg0 > \; = \; X$。

单词:代词的描述与前面的语法一样。

je: $< cat > = NP$
　　$< per > = 1$
　　$< num > = sing$

tu: $< cat > = NP$
　　$< per > = 2$
　　$< num > = sing$

elle: $< cat > = NP$
　　$< per > = 3$
　　$< num > = sing$

nous: $< cat > = NP$
　　$< per > = 1$
　　$< num > = plur$

vous: $< cat > = NP$
　　$< per > = 2$
　　$< num > = plur$

ils: $< cat > = NP$
　　$< per > = 3$
　　$< num > = plur$

这时,动词的描述可以用范畴值特征 arg0 的值来表示 arg0 与 VP 之间在人称和数方面的一致关系。

tombe:

  < cat > = VP

  < arg0 cat > = NP

  < arg0 per > = 1

  < arg0 num > = sing

tombes:

  < cat > = VP

  < arg0 cat > = NP

  < arg0 per > = 2

  < arg0 num > = sing

tombe:

  < cat > = VP

  < arg0 cat > = NP

  < arg0 per > = 3

  < arg0 num > = sing

tombons:

  < cat > = VP

  < arg0 cat > = NP

  < arg0 per > = 1

  < arg0 num > = plur

tombez:

  < cat > = VP

  < arg0 cat > = NP

  < arg0 per > = 2

  < arg0 num > = plur

tombent:

  < cat > = VP

  < arg0 cat > = NP

$$< arg0\ per > \ = 3$$
$$< arg0\ num > \ = plur$$

我们可以用非循环有向图 DAG 来表示这个语法中动词的复杂特征。例如,动词 tombons 的复杂特征可用如下的非循环有向图来表示:

在图 7.2 中,特征 arg0 的值是 cat,per,num 等,这些值本身也是范畴。如前所述,这样的特征叫范畴值特征。特征 cat,per,num 的值分别为 NP,1,plur,这些值都是原子,这样的特征,叫"原子值特征"(atom-valued feature)。显而易见,当且仅当一个特征不是原子值特征时,它就是范畴值特征。

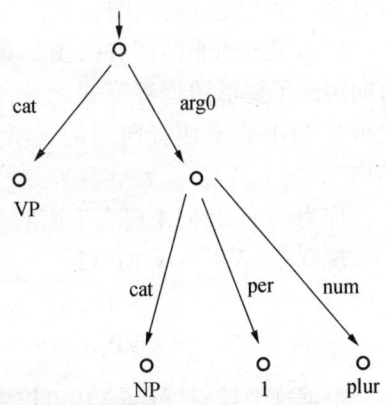

图 7.2   表示动词 tombons 复杂特征的非循环有向图

< arg0 num > = plur 这样的记法同时也指出了在非循环有向图 DAG 中的一条路径 < arg0 num >,而这条路径终极结点上的标记为 plur。

在非循环有向图中,范畴之间往往存在着相互继承关系。例如,动词词组可以继承动词的时态特征。如果动词词组为母范畴(mother category),动词为子范畴(daughter category),由于母范畴继承了子范畴中的特征,所以,子范畴就可以叫做母范畴的"中心词"(head),动词就是动词词组的中心词,动词词组继承了其中心词的时态特征。

根据中心词的概念,我们可以把动词词组 VP 的规则与为如下形式:

规则: VP → V NP PP
        < V head > = < VP head >

这个规则要求动词 V 的 head 特征的值与其母结点 VP 的 head

的值相等。如果在一条规则中,V 中的 head 所包含的属性—值偶对与 VP 中的 head 所包含的属性—值偶对不一致,那么,我们就不能使用这条规则。显而易见,在这种情况下,head 的值不能为原子,它本身又是一个非循环有向图。

前面讲过的非循环有向图都具有树形图的形式。但是,非循环有向图除了树形图这种形式之外,还可以有其他的形式。我们可以充分地利用非循环有向图的灵活性,更加方便地表示复杂特征的结构。

作为例子,我们来研究下面的 VP 规则。

规则:　　VP → V NP PP

　　　　　< V head >　=　< VP head >

　　　　　< VP verb >　=　< V >

根据这个规则,范畴 VP 可以表示为如下两个非循环有向图线(图 7.3):

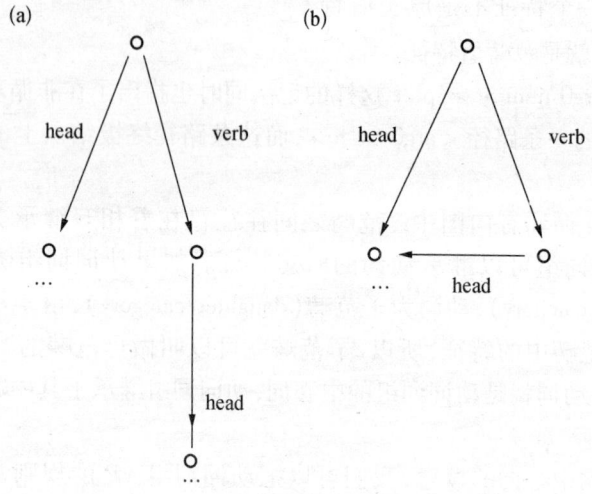

图 7.3　范畴 VP 的两种不同表示方法

在图 7.3(a)和(b)中,特征 head 的重复值被省略了,被省略的部分用"…"表示,由于 head 的值又可以是一个非循环有向图线,因此,"…"可以看成是一个被省略了的子结构(substructure),在图 7.3

（a）中,这个子结构重复出现两次,而在图7.3(b)中,这个子结构只出现一次,而且,它为两个 head 所共享,图7.3(b)不是一个树形图,但它仍然是一个非循环有向图,因为其中不存在从一个结点出发又回到同一结点的循环边。

被省略的子结构的内容取决于规则中" = "的具体含义。例如,从

<VP head > = < VP verb head >

和

<VP verb head num > = sing

我们可以得到

<VP head num > = sing

这意味着,VP 继承了 verb 的全部 head 特征。这就是规则中" = "的具体含义。

图7.3(a)中的非循环有向图可以这样来解释:由于存在着两个 head 子结构,因此,我们可以在图中的 head 一侧增加一些别的信息,而不触动图中的 head 另一侧。然而,图7.3(b)中的非循环有向图由于出现了共享一个子结构的情况,因此," = "只能解释为共享的这个子结构是同样一个子结构,head 的全部特征都是完全一样的,而不能解释为只是 head 全部特征中具有某些相同的值,因此,我们不可能只给一侧增加一些信息,而不触动另一侧,head 侧和 verb head 侧的信息应该完全相同。这种共享的表示方法可以使数据结构更加短小精悍,它只需要保持一个共享的子结构。所以,我们应该把" = "解释为两个范畴共享,而不只是把" = "解释为只是具有同样的值。

在共享的非循环有向图中,我们允许终极结点是不带标记的。例如,表示规则

<特征1> = <特征2>

的非循环有向图可以允许不带标记的结点。如图7.4所示。

不过,如果我们一旦允许出现不带标记的终极结点,就可能使得

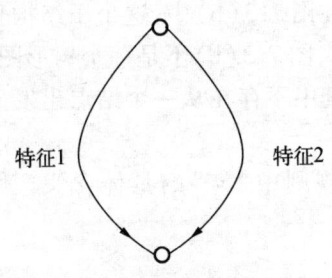

图 7.4　结点不带标记的非循环有向图

同样的信息可以用几个不同的图来表示。因为我们总是可以在不增加信息的条件下,把许多不带标记的结点加到一个非循环有向图上,而这些不带标记的结点或者是无用的或者是谬误的。

因此,在非循环有向图中,我们可以不考虑那些不带标记的终极结点,因为这样的终极结点不能给我们提供任何有用的信息。从这个意义上说,图 7.5(a)与(b)中的非循环有向图是完全等价的:

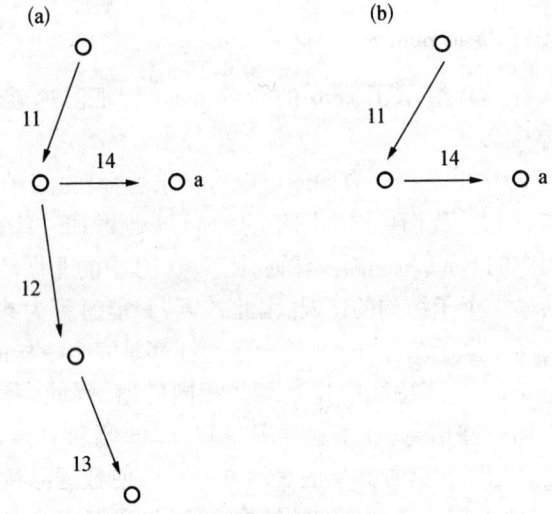

图 7.5　两个完全等价的非循环有向图

图 7.5(a)中边 14 的终极结点上有标记 a,而从边 12 延伸到边 13 的终极结点上没有标记,因此,边 12 和边 13 可以看成是多余的,这样,图 7.5(a)中的非循环有向图就完全等价于图 7.5(b)的非循环有向图了。

在剖析过程中,要对语言成分的复杂特征进行匹配,匹配时要涉及到蕴涵(subsumption)、合一(unification)、泛化(generalization)等概念。

下面我们来介绍这些概念。

蕴涵（subsumption）

范畴 A 蕴涵于范畴 B 当且仅当：

—— A 中的每一个原子值特征都处于 B 中；

—— 对于 A 中共享的两个特征值，在 B 中相应的特征值也共享；

—— 对于 A 中的每一个范畴值特征，在 B 中相应的特征都有一个值，而且 A 中特征的值蕴涵于 B 中特征的值之中。

如果 A 蕴涵于 B，我们就说 B 是 A 的**扩充**（extension），或者说"B 扩充了 A"。

如果范畴 A 包含的信息少于范畴 B 包含的信息，那么，就说范畴 A 真包含于范畴 B，这时，A 中的每一个信息必定在 B 中出现，反之不然。

我们来研究图 7.6 中的范畴。

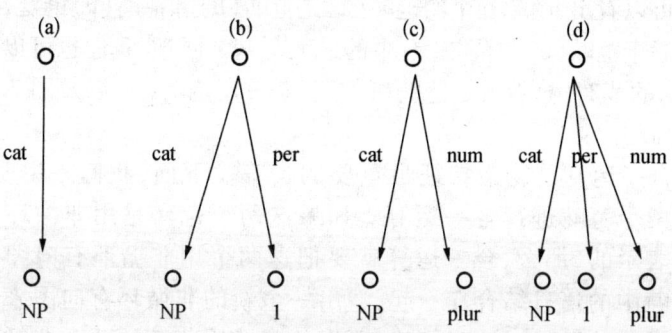

图 7.6 范畴示例

根据蕴涵的定义，我们可以看出，范畴（a）蕴涵于范畴（b），也蕴涵于范畴（c）；范畴（b）与范畴（c）彼此互不蕴涵；但范畴（b）和范畴（c）都蕴涵于范畴（d）。

合一（unification）

两个范畴的合一是扩充这两个范畴而形成的最小范畴，如果这样的范畴存在，就可以合一，否则就不能合一。

在图 7.6 中，范畴（d）是范畴（b）和范畴（c）的合一，它是范畴

(b)和范畴(c)扩充而成的最小范畴;范畴(d)还可以看成是范畴(a)、范畴(b)和范畴(c)的合一,它是范畴(a)、范畴(b)和范畴(c)扩充而形成的最小范畴。

合一是范畴的一种最重要的运算,合一运算与集合论中的并运算很相似,只是合一运算之前要对特征的相容性进行检验,相容的特征才可以进行合一,彼此冲突的特征就不能合一。这是合一运算与并运算的不同之处。例如,我们有图7.7中的范畴。

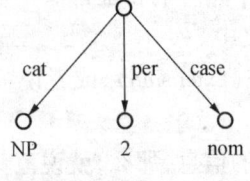

图7.7　范畴又一示例

图7.7中的这个范畴与图7.6中的范畴(b)不能合一,因为这个范畴中的 per 的值为2,而图7.6的范畴(b)中的 per 的值为1,这两个特征值相互冲突。

泛化(generalization)①

两个范畴的泛化是蕴涵于这两个范畴中的最大范畴。

可以看出,图7.6中的范畴(a)是范畴(b)和范畴(c)的泛化,它是蕴涵于范畴(b)与范畴(c)中的最大范畴。同理,我们也可以把图7.6中的范畴(a)看成是范畴(b)、范畴(c)、范畴(d)以及图7.7中的范畴的泛化。

合一运算是复杂特征最重要的运算。下面,我们来说明,如何对两个范畴进行合一运算。如果这两个范畴是用非循环有向图来表示的,那么,合一运算就要把这两个用非循环有向图表示的范畴中的信息结合在一起,造出一个新的非循环有向图来表示合一运算的结果。这时,我们可以从表示原范畴的两个非循环有向图的初始结点出发,顺着图中边的箭头所指的方向,把这两个非循环有向图走一遍,同时,就把有关的信息复制在新的非循环有向图上。

为了形象地解释合一的过程,我们可以把一个手指头指在第一个非循环有向图的结点上,把另一个手指头指在第二个非循环有向图的结点上,而把大拇指指在相应于这两个图的新的非循环有向图

———————————————

① 也可以叫做"共交"。

的结点上。

在图7.8中，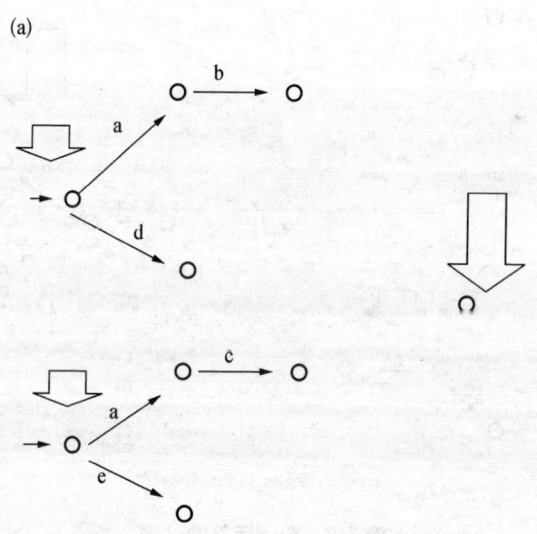表示手指头，   表示大拇指。

运算开始时,两个手指头分别指在第一个图和第二个图的初始结点上,而大拇指指在新图的初始结点上。每当我们的手指头指向第一个图中的一个结点,而且我们的另一个手指头也同时指向第二个图中的一个结点的时候,我们要检查一下离开这些结点的边上的标记是否相容,然后,就在新图中造一条新的边,并把这个标记记录在新的边上,…,如此进行下去。按此方式,我们的手指头不断地在第一个图和第二个图上移动,我们的大拇指也不断地在新图中造出新的边并作出相应的标记,只要这些标记是彼此相容的,最后我们就可以得到合一运算的结果。如图7.8所示。

前面我们介绍了如何用非循环有向图来描述复杂特征,下面,我们再介绍一下如何用非循环有向图来描述语法规则。

在上下文无关的短语结构语法中,语法规则的左部 LHS 是单个的范畴,而其右部 RHS 则是范畴组成的序列。如果采用复杂特征的办法,可以对规则的左部和右部作进一步的说明。

(a)

(b)

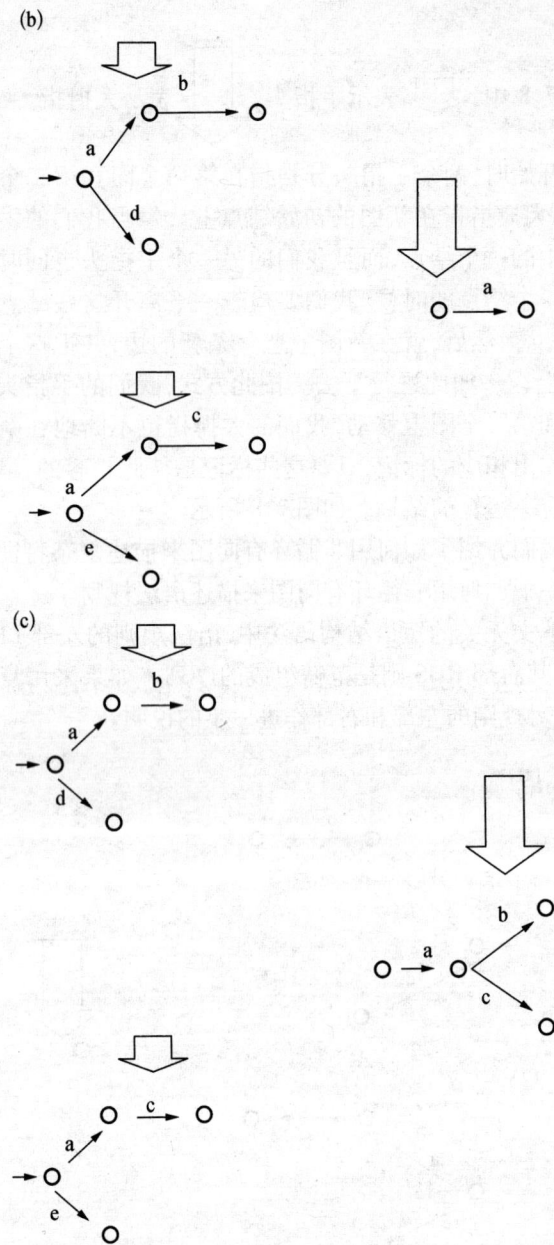

(c)

图 7.8 合一运算的过程

例如,下面的规则

$$S \rightarrow NP \ VP$$
$$< NP \ head > \ = \ < VP \ head >$$
$$< S \ subj > \ = \ < NP >$$

可以进一步改写为

$$X0 \rightarrow X1 \ X2$$
$$< X0 \ cat > \ = S$$
$$< X1 \ cat > \ = NP$$
$$< X2 \ cat > \ = VP$$
$$< X1 \ head > \ = \ < X2 \ head >$$
$$< X0 \ subj > \ = \ < X1 >$$

这个规则说明,如果 X0 的 cat 是 S,X1 的 cat 是 NP,X2 的 cat 是 VP,X1 的 head 与 X2 的 head 相同,X0 的 subj 是 X1,那么,范畴 X0 就可以重写为范畴 X1 加上它后面的范畴 X2。

这个规则,可以用如下的非循环有向图来表示(图7.9):

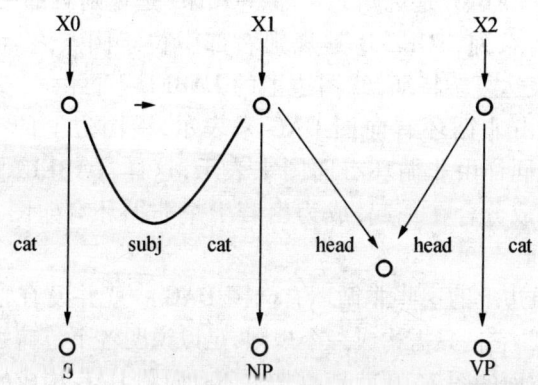

图7.9 用非循环有向图来表示规则

第二节 复杂特征与线图剖析

下面,我们进一步说明如何用基于复杂特征的语法来进行线图剖析。

基于复杂特征的线图剖析与基于单一特征的线图剖析的主要不同之处在于：

第一，表达复杂特征的语法、规则与词汇条目比表达单一特征的语法、规则与词汇条目的内容更加丰富；

第二，表达复杂特征的线图形式比表达单一特征的线图形式更加繁复。

我们在第六章中说过，线图的边的结构带有如下的成分：

< START >	= …某个正数…	（表示边从哪里开始）
< FINISH >	= …某个正数…	（表示边在哪里结束）
< LABEL >	= …某个范畴…	（表示边的主要目标）
< FOUND >	= …某个范畴系列…	（表示短语中已经找到的部分）
< TOFIND >	= …某个范畴系列…	（表示短语中尚未找到的部分）

我们把 LABEL，FOUND 和 TOFIND 等成分用带圆点的规则来表示，其中，LABEL 是规则的左部，FOUND 是规则右部中位于圆点之前的范畴系列，TOFIND 是规则右部中位于圆点之后的范畴系列。为了表达复杂特征，线图边上的 LABEL 不再由一般的范畴来表示，而是由非循环有向图 DAG 来表示，线图边上的 FOUND 和 TOFIND 也同样由非循环有向图来表示，这样，LABEL，FOUND 和 TOFIND 等成分合在一起，成为由若干个非循环有向图 DAG 构成的一个系列。

在一条边上的这些非循环有向图 DAG 一般并没有必要列举出全部的特征，它们只需构成一个规则，足以说明各个范畴之间的关系就行了。下面的图 7.10 就是由非循环有向图 DAG 构成的一条英语语法的规则，这个规则标注在活性边上，规则中带有圆点 "●"（为了醒目，我们把圆点放大了）。

这条规则说明，我们已经找到了一个 NP，这个 NP 的 per（人称）为 3，如果我们还能找到一个 per 为 3 的 VP，而且这个 VP 的 num（数）与 NP 的 num 相同，那么，我们就可以把 NP 和 VP 结合成一个

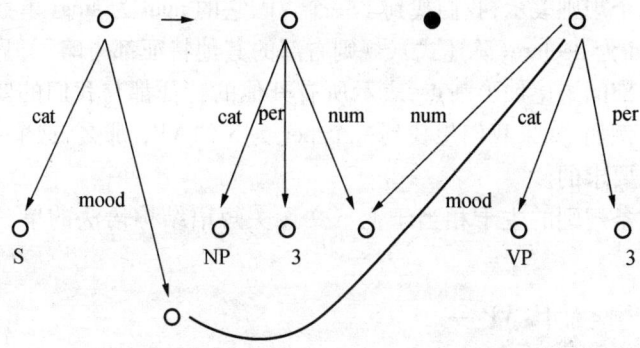

图 7.10 活性边上的一条由 DAG 构成的规则

S,这个 S 的 mood(语式,如陈述式、命令式、疑问式等)与 VP 的 mood 相同。这个规则的主干相当于英语中上下文无关的短语结构语法的如下的单一特征规则:

$$< i, j, S \rightarrow NP. VP >$$

可见,表示复杂特征的规则比表示单一特征的规则丰富得多,单一特征规则构成了复杂特征规则的主干,它表示了规则的最起码的要求,它只是说明了在英语中一个 NP 后面跟着一个 VP 就可以构成一个 S,而复杂特征还进一步说明 NP 与 VP 的 num 必须一致,per 应该等于3,S 的 mood 与 VP 的 mood 也必须一致。由此可见,基于复杂特征的规则确实比基于单一特征的规则多姿多彩。

下面的图 7.11 是标注在非活性边上的一条由非循环有向图构成的规则,规则中也带有圆点"●"。

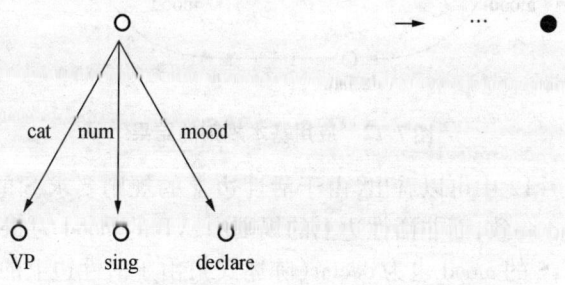

图 7.11 非活性边上的一条由 DAG 构成的规则

这个规则表示,我们找到了一个 VP,它的 num 为 sing(单数),它的 mood 为 declare(陈述式),规则右部的其他特征都省略了,只是在规则右部的末尾加了圆点,表示所有其他的特征都与我们的要求相吻合。例如,如果我们想找到一个 per 为 3 的 VP,那么,这个 VP 总是符合要求的。

这条规则的主干相当于上下文无关短语结构语法的单一特征规则:

$$<j, k, VP \rightarrow \cdots . >$$

这样的边也可以按线图的基本规则结合起来。例如,图 7.10 中的活性边与图 7.11 中的非活性边就可以用基本规则结合起来。图 7.10 中的活性边要求圆点之后的 VP 的人称为第三人称(per = 3),这与图 7.11 中的非活性边上的信息相容,因此,可以把它们结合起来,其结果如图 7.12 所示:

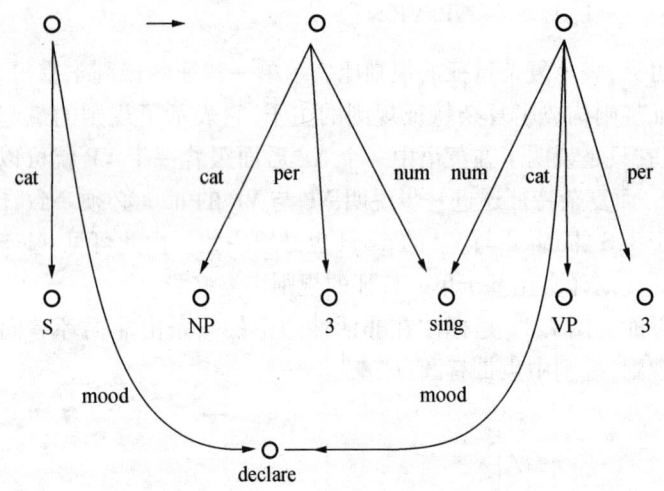

图 7.12 应用基本规则的结果

从图 7.12 中可以看出,由于活性边上的规则要求 S 的 mood 与 VP 的 mood 一致,而非活性边上的规则中,VP 的 mood 为 declar(陈述式),所以,S 的 mood 也为 declar(陈述式);由于活性边上的规则要求 NP 的 num 与 VP 的 num 相同,而非活性边上的规则中,VP 的 num 为

sing，所以，NP 的 num 必为 sing。由于在活性边上的规则中，圆点之后要求查找的 VP 的非循环有向图 DAG 与我们在非活性边上的规则中所发现的 VP 的非循环有向图 DAG 都相容，因此，就可以应用基本规则把它们结合起来，进行合一运算，其运算的结果，形成了一条新的边，在这条边上的规则中，整个句子的各个部分的信息都合在一起了，信息也都增多了。而且，原来在活性边上的那条规则中的圆点位置向右移动到了 VP 之后，形成了新的规则。这条新规则的主干相当于上下文无关短语结构语法的如下的单一特征规则：

$$< i, k, S \rightarrow NP\ VP\ . >$$

活性边上的标记的主干为

$$< i, j, S \rightarrow NP\ .\ VP >,$$

非活性边上的标记的主干为

$$< j, k, VP \rightarrow \cdots\ . >,$$

形成的新边上的标记的主干为

$$< i, k, S \rightarrow NP\ VP\ . >。$$

可见，以单一特征为标记的线图剖析中的基本规则完全可以用以复杂特征为标记的线图剖析的规则表示出来，而基于复杂特征的线图剖析比基于单一特征的线图剖析更为深入，涉及的信息和特征更为丰富。复杂特征确实使线图剖析锦上添花，更为生色。

第三节　词汇的复杂特征表示法

近年来在自然语言计算机处理中，词汇的地位显得越来越重要，许多学者的研究工作逐渐从对语言结构事实的解释转向对词语事实的解释，这就是当代语言学研究中的词汇主义（lexicalism）倾向。研究实践证明，许多过去用句法规则难于处理的问题，一旦采用词汇规则就可以迎刃而解。我们确实有必要来讨论一下如何用复杂特征来描述词汇的问题。

在一个实用的自然语言处理系统中，词汇单元所包含的特征应该是多方面的。尽管由于自然语言处理系统的目的不尽相同,不同的系统对于词汇的描述各具特色,但是,各个系统几乎都要具体地描述词的词类特征,词的次类及其语法特征,如词的性、数、人称、时态、体、语气、语态等等。如果要作较为深入的自动剖析,还需要描述单词的语义特征;在许多有屈折变化的语言中,除了描述单词形态规则的屈折变化之外,还需要描述单词形态的不规则屈折变化。在这一节中,我们来研究一下如何用复杂特征表示词汇中所包含的信息问题。

词汇中所包含的纯句法信息主要有三种类型:

(1) 词类特征:例如,某词为动词,某词为名词等;

(2) 词与词之间的结合特征:例如,某词的主语是什么,某词的补语是什么等;

(3) 与句法有关的词的其他特征:例如,名词的性、数等。

这三种类型的纯句法信息,在基于特征的句法分析中是用词的句法范畴来表示的。例如,德语 Mädchen(姑娘)的句法信息可表示为:

lexeme　　Mädchen:

　　　　　　< cat > = N

　　　　　　< gender > = neut

其中,< gender >表示"性",其值 neut 表示"中性"(neutral)。因此,这个词汇条目表示德语的 Mädchen 是一个中性名词。

英语 love(爱,喜欢)的句法信息可表示为:

lexeme　　love:

　　　　　　< cat > = V

　　　　　　< arg0 cat > = NP

　　　　　　< arg0 case > = nom

　　　　　　< arg1 cat > = NP

　　　　　　< arg1 case > = acc

其中,< arg0 case >表示"论元 0 的格",其值 nom 表示"主格"

(nominative)，<arg1 case>表示"论元 1 的格"，其值 acc 表示"宾格"(accusative)。因此，这个词汇条目表示英语 love 是一个动词。这个动词具有一个主格主语 NP 和一个宾格宾语 NP。我们用 arg0（论元 0）表示主语，用 arg1（论元 1）表示直接宾语。

英语 give（给）的句法信息可表示为：

> lexeme   give：
>> <cat> = v
>> <arg0 cat> = NP
>> <arg0 case> = nom
>> <arg1 cat> = NP
>> <arg1 case> = acc
>> <arg2 cat> = PP
>> <arg2 pform> = to

其中，PP 表示介词词组，<arg2 pform>表示论元 2 这个介词词组的介词形式(pform)是 to。

英语 bet（打赌）这个动词使得我们还得使用 arg3 来表示论元 3。例如，在句子

> He bets me ten dollars on John's coming.
>
> （他认为约翰会来，与我打赌十元。）

其中，he 是 arg0，ten dollars 是 arg1，me 是 arg2，on John's coming 是 arg3，论元 3（arg3）表示在哪一方面打赌，也就是打赌的内容。

当然，有时动词也可以不提打赌的内容，这时，arg3 就等于零了。例如，句子

> He bets me ten dollars.
>
> （他与我打赌十元。）

在这种情况下，英语的 bet 这个动词的句法特征可用如下的规则来表示：

当不提打赌的内容时，表示为规则 1。

规则 1：

VP → V X1 X2

    < V arg1 > = X1

    < V arg2 > = X2

    < V arg3 > = 0

当提到打赌的内容时,表示为规则 2。

规则:

VP → V X1 X2 X3

    < V arg1 > = X1

    < V arg2 > = X2

    < V arg3 > = X3

一般说来,用 arg0,arg1,arg2,arg3 四个论元来描述英语动词已经足够了。

上述的表示方法是针对一个一个的英语动词的。英语中动词成千上万,仅像 love 这样的及物动词,常用的就有数千个,如果一个动词一个动词地来逐一进行描述,词库的容量将会变得十分庞大。为了避免这种困难局面,我们可以采用一种简便的"宏表示法"(Macros)。

宏表示法把动词加以分类,按类来记录动词的复杂特征。在英语的描述中,宏表示法把英语动词分为四类:

(1) 不及物动词:如 die(死,凋谢)。

在句子

    The flowers soon die.

    (花很快就凋谢了。)

中,die 的 arg0 是 flowers(花),它是一个作主格主语的 NP。

这一类不及物动词的宏表示法如下:

    Macro syn_iV:

        < cat > = V

        < arg0 cat > = NP

        < arg0 case > = nom

其中,syn_iV 表示不及物动词(intransitive verb)的句法特征。

(2)及物动词:如 eat(吃)。

在句子

> Tigers eat meat.
>
> (老虎吃鲜肉。)

中,eat 的 arg0 是 tigers(老虎),它是一个作主格主语的 NP,eat 的 arg1 是 meat(鲜肉),它是一个作宾格宾语的 NP。由于主格主语在不及物动词的宏表示法 Macro syn_iV 中已经出现过,故不再重复写出,简写为 syn_iV 即可。这一类及物动词的宏表示法如下:

> Macro syn_tV:
>
>   syn_iV
>
>   < arg1 cat > = NP
>
>   < arg1 case > = acc

其中,syn_tV 表示及物动词(transitive verb)的句法特征。

在调用 Macro syn_tV 时,应该同时激活 Macro syn_iV,也就是说,Macro syn_tV 应该与 Macro syn_iV 一块儿调用。

(3)双及物动词:如 give(给)。

在句子

> We give a book to the boy.
>
> (我们给了这个男孩儿一本书。)

中,give 的 arg0 是 we(我们),它是一个作主格主语的 NP,give 的 arg1 是 a book(一本书),它是一个作宾格宾语的 NP,give 的 arg2 是 to the boy,它是一个介词形式(pform)为 to 的 PP。由于主格主语在不及物动词的宏表示法 Macro syn_iV 中已经出现过,宾格宾语在及物动词的宏表示法 Macro syn_tV 中已经出现过,故不再重复写出,只简写为 syn_tV。这一类双及物动词的宏表示法如下:

> Macro syn_dtV:
>
>   syn_tV

$$< \text{arg2 cat} > \ = \text{PP}$$
$$< \text{arg2 pform} > \ = \ \text{to}$$

其中,syn_dtV 表示双及物动词(ditransitive verb)的句法特征。

在调用 Macro syn_dtV 时,应该同时激活 Macro syn_tV,也就是说,Macro syn_dtV 应该与 Macro syn_tV 一块儿调用,而当调用 Macro syn_tV 时,又得激活 Macro syn_iV,所以,在调用 Macro syn_dtV 时,Macro syn_tV 及 Macro syn_iV 都激活了。

(4)给予动词:如 hand(递交)。

在句子

> My brother hands me the hammer.
>
> (我的弟弟把锤子送给我。)

中,hand 的 arg0 是 my brother(我的弟弟),它是一个作主格主语的 NP,hand 的 arg1 是 the hammer(锤子),它是一个作宾格宾语用的 NP,hand 的 arg2 是 me(我),它是另一个作宾格宾语的用的 NP,由于主格主语在不及物动词的宏表示法 Macro syn_iV 中已经出现过,第一个宾格宾语在及物动词的宏表示法 Macro syn_tV 中已经出现过,故不再重复写出,只简写为 syn_tV,这一类给予动词的宏表示法如下:

Macro syn_datV:

> syn_tV
>
> $< \text{arg2 cat} > \ = \text{NP}$
>
> $< \text{arg2 case} > \ = \text{acc}$

其中,syn_datV 表示给予动词(dative verb)的句法特征。

在调用 Macro syn_datV 时,应该同时激活 Macro syn_tV,而激活 Macro syn_tV 时,也必得要先激活 Macro syn_iV,这样,在调用 Macro syn_datV 时,Macro syn_tV 和 Macro syn_iV 都激活了。

这种宏表示法大大地简化了词汇的句法特征的写法,它用一个简单的符号来代替一大串复杂特征。例如,用 syn_iV 这样的简单符号,就代替了 $< \text{cat} > = \text{V}$,$< \text{arg0 cat} > = \text{NP}$,$< \text{arg0 case} > = \text{nom}$ 等复杂特征。在词汇条目中，每当我们调用一个宏表示时，也就等于调用了它所代替的一大串复杂特征，我们甚至可以用一个宏表示来定义另一个宏表示，例如，用宏表示 syn_iV 来定义宏表示 syn_tV。

采用这些手段，我们可以把词汇条目表达得十分简洁。

例如，我们可以把 die(死,凋谢),elapse(消逝),eat(吃),give(给),hand(递交),love(爱,喜欢)等单词条目用宏表示法写成如下的形式：

  Lexeme die：

     syn_iV.

  Lexeme elapse：

     syn_iV.

  Lexeme eat：

     syn_iV.

  Lexeme eat：

     syn_tV.

  Lexeme give：

     syn_tV.

  Lexeme give：

     syn_dtV.

  Lexeme give：

     syn_datV.

  Lexeme hand：

     syn_dtV.

  Lexeme hand：

     syn_datV.

  Lexeme love：

     syn_tV.

有些词可以属于不同的句法类别，因而它们可以归入若干个不同的词汇条目。例如，eat 可以为不及物动词，又可为及物动词，故可归入词汇条目 syn_iV 和 syn_tV；give 可以为及物动词、双及物动词、给予动词,故可归入词汇条目 syn_tV, syn_dtV 和 syn_datV;hand 可以为双及物动词,又可以为给予动词,故可归入词汇条目 syn_dtV 和 syn_datV。

宏表示大大地简化了词汇条目的写法,但在自然语言计算机处理的过程中,有必要对宏表示作出适当的解释,以适应自然语言处理系统的特定要求。这种解释,叫做宏表示的扩展(expantion of Macro)。宏表示扩展的详略程度视自然语言处理系统的不同要求而有所不同,必要时,我们甚至可以把宏表示直接扩展为词汇条目的非循环有向图 DAG。

例如,宏表示

    Lexeme give:

        syn_tV.

可以扩展为如下的非循环有向图:

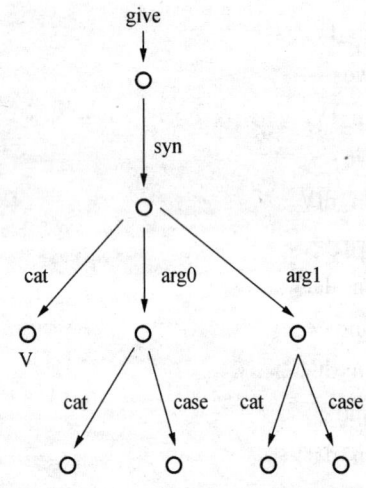

图 7.13　宏表示扩展为非循环有向图

当然,根据自然语言处理系统的实际需要情况,我们有时只是把宏表示扩展为非循环有向图中的一部分。

把宏表示扩展之后,便可以与其他词汇单元的非循环有向图进行合一,剖析程序便可以利用词汇条目中所包含的复杂特征进行运算。

　　上面我们只是研究了词汇的句法信息的表示方法,事实上,词汇中还包含语义信息和词法信息,我们在词汇条目的复杂特征描述中,有必要全面地表示出词汇中所包含的各种信息,既要描述句法信息,也要描述词法信息和语义信息。

　　词汇的语义信息,对于动词来说,主要是它的论元信息。例如,动词 eat 可有不同的论元。在句子

　　　　We eat.
　　　　(我们吃。)

中,动词 eat 只有一个论元 arg0(we);在句子

　　　　We eat fish.
　　　　(我们吃鱼。)

中,动词 eat 有两个论元:arg0(we)和 arg1(fish)。因此,在语义上,我们有必要把动词 eat 分为两个:只有一个论元的 eat 记为 eat1a,具有两个论元的 eat 记为 eat2a,其中的数目字表示论元的个数,1 表示有一个论元,2 表示有两个论元。

　　依此推之,在句子

　　　　We give fish to John.
　　　　(我们把鱼给约翰。)

中的 give 有三个论元:arg0, arg1, arg2,我们在语义上把 give 记为 give3a。

　　在句子

　　　　We give John fish.
　　　　(我们给约翰鱼。)

中的 give 也有三个论元:arg0, arg1, arg2,但是,其中的 arg2 不带介词 to,为与 give3a 相区别,我们在语义上把这个 give 记为 give3b。

　　这里的 1a, 2a, 3a, 3b 等只是一种语义常数,不同的词的语义常数不尽相同,这样,从语义常数我们就不难看出词在语义上的

特性。

如果我们用宏表示来记录词汇的句法信息，用 < sem > 来记录词汇的语义信息，那么，die，elapse，eat，give，hand，have 等单词条目可以进一步表示如下：

> Lexeme die：
>> syn_iV
>> < sem > = die1a.
>
> Lexeme elapse：
>> syn_iV
>> < sem > = elapse1a.
>
> Lexeme eat：
>> syn_iV
>> < sem > = eat1a.
>
> Lexeme eat：
>> syn_tV
>> < sem > = eat2a.
>
> Lexeme give：
>> syn_tV
>> < sem > = give2a.
>
> Lexeme give：
>> syn_dtv
>> < sem > = give3a.
>
> Lexeme give：
>> syn_datV
>> < sem > = give3b.
>
> Lexeme hand：
>> syn_dtV
>> < sem > = hand3a.
>
> Lexeme hand：
>> syn_datV

        < sem > = hand3b.

Lexeme love：

    syn_tV

    < sem > = love2a.

在词汇条目中,我们还需要词法信息。英语的一个动词最多可以有八个不同的形式。其中一个形式是词根,其他七个形式表示不同的语法语义。

例如,英语的不规则动词 be 的八个形式如下：

root — be

form1 — am

form2 — are

form3 — is

form4 — was

form5 — were

form6 — been

form7 — being

我们用特征 root 来表示动词的词根,用特征 form1 到 form7 来表示动词的其他七个形式：form1, form2 和 form3 表示第一人称,第二人称和第三人称的现在时形式,form4 表示第一人称单数过去时形式或第三人称单数过去的形式,form5 表示第二人称单数过去时形式,form6 表示过去分词形式,form7 表示复数过去时形式现在分词形式。不规则动词 be 的这八个形式在形态上各不相同,而且词根与其他七个形式在形态上的联系也不是一眼就可以看出来的。

英语的规则动词只有四种不同的形式,而且,它们在形态上可以从词根推出来。例如,stamp(盖章)的形式如下：

root — stamp

form1 — stamp

form2 — stamp

form3 — stamps

form4 — stamped
form5 — stamped
form6 — stamped
form7 — stamping

为了分析上的方便,我们把规则动词的这些形式分为两个部分:一部分叫词干(stem),一部分叫词尾(ending),这样,我们就可以用宏表示 Macro mor_regV 来记录规则动词的词法信息。在宏表示 Macro mor_regV 中,mor 表示词法(morphology),regV 表示规则动词(regular verb)。

Macro mor_regV:

$<$ mor form1 stem $>$ = $<$ mor root $>$
$<$ mor form1 ending $>$ = ε
$<$ mor form2 stem $>$ = $<$ mor root $>$
$<$ mor form2 ending $>$ = ε
$<$ mor form3 stem $>$ = $<$ mor root $>$
$<$ mor form3 ending $>$ = s
$<$ mor form4 stem $>$ = $<$ mor root $>$
$<$ mor form4 ending $>$ = ed
$<$ mor form5 stem $>$ = $<$ mor root $>$
$<$ mor form5 ending $>$ = ed
$<$ mor form6 stem $>$ = $<$ mor root $>$
$<$ mor form6 ending $>$ = ed
$<$ mor form7 stem $>$ = $<$ mor root $>$
$<$ mor form7 ending $>$ = ing

这里,mor 表示词法,stem 表示词干,ending 表示词尾,ε 表示空词尾,也就是语法中的零形式。在宏表示 Macro mor_regV 中,当词干与词尾结合成为词的各种形式时,应遵循英语正词法规则。例如,当词干 love 与词尾 ing 结合时,love 中的 e 应该抹去,结合后应该形成 loving,而不能形成 loveing。

如果我们在一个英语词条中,同时考虑句法、语义和词法的信

息,并使用宏表示法,那么,英语词条可表示得十分紧凑和简洁。例如,stamp 这个词条可表示为:

Lexeme stamp:
      < mor root > = stamp
      mor_regV
      syn_tV
      < sem > = stamp2a

这种表示法中的第一行与第二行有些重复,因为词条名与词根的形式是等同的。为了表达的简洁性,我们提出如下的规定:

如果有词条

Lexeme xxx:
 < mor root > = xxx
yyy
…
zzz

我们可以将其简写为

Lexeme xxx
yyy
…
zzz

这样一来,stamp 这个词条可简写为:

Lexeme stamp:
      mor_regV
      syn_tV
      < sem > = stamp2a

根据宏表示的含义以及有关的简写规定,这个词条包含的信息可解释如下:

Lexeme stamp:

$$< \text{mor root} > \ = \ \text{stamp}$$
$$< \text{mor form1 stem} > \ = \ \text{stamp}$$
$$< \text{mor form1 ending} > \ = \ \varepsilon$$
$$< \text{mor form2 stem} > \ = \ \text{stamp}$$
$$< \text{mor form2 ending} > \ = \ \varepsilon$$
$$< \text{mor form3 stem} > \ = \ \text{stamp}$$
$$< \text{mor form3 ending} > \ = \ \text{s}$$
$$< \text{mor form4 stem} > \ = \ \text{stamp}$$
$$< \text{mor form4 ending} > \ = \ \text{ed}$$
$$< \text{mor form5 stem} > \ = \ \text{stamp}$$
$$< \text{mor form5 ending} > \ = \ \text{ed}$$
$$< \text{mor form6 stem} > \ = \ \text{stamp}$$
$$< \text{mor form6 ending} > \ = \ \text{ed}$$
$$< \text{mor form7 stem} > \ = \ \text{stamp}$$
$$< \text{mor form7 ending} > \ = \ \text{ing}$$
$$< \text{syn cat} > \ = \ \text{V}$$
$$< \text{syn arg0 cat} > \ = \ \text{NP}$$
$$< \text{syn arg0 case} > \ = \ \text{nom}$$
$$< \text{syn arg1 cat} > \ = \ \text{NP}$$
$$< \text{syn arg1 case} > \ = \ \text{acc}$$
$$< \text{sem} > \ = \ \text{stamp2a}$$

英语中的规则动词都可以用这样的方法来表示,对于 love 这样的规则动词,只须考虑英语正词法的有关规定,处理一下 love 后面的 e,做起来也不困难。对于英语中的不规则动词,则应该根据它们在形态上的特点,对词法的宏表示作适当的调整和修改。例如,eat 和 give 这两个动词,它们的单数第一人称过去时与单数第二人称过去时相同,且具有特殊的形态,eat 的特殊形态为 ate,give 的特殊形态为 gave,它们的过去分词均加词尾 en,而它们的现在时与现在分词形式则与其他规则动词一样,因此,我们可以为它们写一个宏表示 Macro mor_presV,定义如下:

Macro mor_presV：

       < mor form1 stem > = < mor root >

       < mor form1 ending > = ε

       < mor form2 stem > = < mor root >

       < mor form2 ending > = ε

       < mor form3 stem > = < mor root >

       < mor form3 ending > = s

       < mor form4 stem > = < mor form5 stem >

       < mor form4 ending > = ε

       < mor form5 ending > = ε

       < mor form6 stem > = < mor root >

       < mor form6 ending > = en

       < mor form7 stem > = < mor root >

       < mor form7 ending > = ing

如果我们采用上述的简写方法,用宏表示来记录词汇的词法信息和句法信息,用 < sem > 来记录词汇的语义信息,那么,die, elapse, eat, give, hand, love 等单词条目可以完整而简洁地表示如下:

Lexeme die：

       mor_regV

       syn_iV

       < sem > = die1a.

Lexeme elapse：

       mor_regV

       syn_iV

       < sem > = elapse1a.

Lexeme eat：

       mor_presV

       < mor form4 stem > = ate

       syn_iV

               < sem > = eat1a.

Lexeme eat：

             mor_presV

              < mor form4 stem > = ate

             syn_tV

              < sem > = eat2a.

Lexeme give：

             mor_presV

              < mor form4 stem > = gave

             syn_tV

              < sem > = give2a.

Lexeme give：

             mor_presV

              < mor form4 stem > = gave

             syn_dtV

              < sem > = give3a.

Lexeme give：

             mor_persV

              < mor form4 stem > = gave

             syn_datV

              < sem > = give3b.

Lexeme hand：

             mor_regV

             syn_dtV

              < sem > = hand3a.

Lexeme hand：

             mor_rcgV

             syn_datV

              < sem > = hand3b.

Lexeme love：

             mor_regV

syn_tV

    < sem > = love2a.

这样一来,我们便可以十分方便地用复杂特征来描述词汇知识和表达词汇知识。一个单词经过了我们在第二章所述的词法分析之后,词尾和词干都已经确定,再通过本章中所述的词汇知识的复杂特征表示法,用复杂特征来记录词汇知识,这必定会有效地提高句子自动剖析的准确性。

剖析程序调用词汇条目中的知识,是通过合一运算来进行的。如果我们把输入句子中的单词叫做生词,用 word 来表示,把记录词汇知识的词汇条目用 lexeme 来表示,那么,我们首先要建立这个生词 word 与词汇条目 lexeme 之间的关系。为此,我们必须在机器词典中建立一个词形条款(Word Form Clause,简称 WFC),词形条款中应说明建立输入生词 word 与词汇条目 lexeme 时所需的条件。下面是关于英语动词第三人称单数现在时形式的词形条款 WFC:

WFC third_sing:

    < word mor form > = < lexeme mor form3 >

    < word syn > = < lexeme syn >

    < word syn cat > = V

    < word syn arg0 per > = 3

    < word syn arg0 num > = sing

    < word syn tense > = pres

    < word sem > = < lexeme sem >

这个词形条款说明了输入的生词 word 应该满足条款中的条件,即:生词的形式与词汇条目的 form3 相同,生词的 syn 与词汇条目的 syn 相同,生词的 syn cat 为 V,生词的 syn arg0 per 为 3,生词的 syn arg0 num 为 sing,生词的 syn tense 为 pres,生词的 sem 与词汇条目的 sem 相同。在检查这些条件时,要用合一的方法对生词的复杂特征与词汇条目的特征进行比较和运算。

例如,如果输入的生词为 loves,通过词法分析,我们可知这个生词的词法形式可分为词干和词尾两部分:词干是 love,词尾是 s。

word loves：

    < mor form stem > = love

    < mor form ending > = s

    loves 的这些信息可记录在一个非循环有向图 DAG 上,然后,对生词 loves 的 DAG 中记录的复杂特征与词汇条目 love 的 DAG 中记录的复杂特征进行合一,并用合一的方法来检查词形条款 WFC third_sing 的条件是否满足。如果这样的合一成功了,那么,就把合一的结果记录到生词 loves 的非循环有向图 DAG 中去;如果合一失败,那么,就再去试验词汇条目中其他的 WFC。对于我们的例子,由于合一成功,因此,在生词 loves 中,就记录上如下的合一结果:

word loves：

    < mor form stem > = love

    < mor form ending > = s

    < syn cat > = V

    < syn tense > = pres

    < syn arg0 cat > = NP

    < syn arg0 case > = nom

    < syn arg0 per > = 3

    < syn arg0 num > = sing

    < syn arg1 cat > = NP

    < syn arg1 case > = acc

    < sem > = love2a

    loves 上记录的这些复杂特征对于句子的剖析当然是非常有用的。

第四节　多叉多标记树模型

    在中文信息处理中,复杂特征也起着重要的作用。本节中我们来讨论汉语的复杂特征问题。

    现在中文信息的计算机处理已经由汉字处理阶段逐步地进入了

词处理、句处理和篇章处理的阶段。我们不仅要解决在计算机上输出输入汉字的问题,还要进一步解决在计算机上分析和生成汉语句子和篇章的问题,这些问题可以统称为"汉语结构自动处理",它是中文信息处理的一个重要方面。为此,需要我们根据汉语本身的特点,吸收国内外自然语言处理研究的新成果,研制汉语结构自动处理的语言模型。

语言模型只是语言客观事实的某种近似物,它应该给我们从总体上提供分析和生成语言的一般原则和方法。但是,语言模型并不完全等同于语言客观事物本身,语言客观事物的完全充分的描述和解释,还需要语言学家做大量的工作。

近年来,我在外汉机器翻译和汉外机器翻译的研究实践中,曾经在计算机上,对汉语的句法与语义的描述作了大量的工作,对于汉语的句法和语义特点有了初步的认识。在研究实践中,我还学习了图论的有关原理和形式语言理论,吸收了国外自然语言处理的新的研究成果,在 20 世纪 80 年代初期提出了"汉语句子的多叉多标记树形图分析法",这种分析法又叫做中文信息处理的"多叉多标记树模型"(Multiple-branched and Mutiple-labeled Tree Model,简称"中文信息 MMT 模型"或"MMT 模型")。

根据 MMT 模型,我于 1981 年在法国格勒诺布尔理科医科大学应用数学研究所进行了汉—法/英/日/俄/德多语言机器翻译试验,建立了 FAJRA 系统,从格勒诺布尔回北京之后,于 1985 年我又利用 北京遥感技术研究所的 IBM - 4341 计算机,在 VM/CMS 操作系统下,进行了德—汉机器翻译试验和法—汉机器翻译试验,建立了 GCAT 德—汉机器翻译系统和 FCAT 法—汉机器翻译系统。这些试验都采用了独立分析独立生成的办法。在FAJRA 系统中,独立地进行汉语的分析(分析时不考虑法语、英语、日语、俄语和德语),独立地进行法语、英语、日语、俄语和德语的生成(生成时不考虑汉语),在分析和生成的接口处,进行汉语到法语、英语、日语、俄语和德语的转换。在 GCAT 和 FCAT 系统中,独立地进行德语和法语的分析(分析时不考虑汉语),独立地进行汉语的生成(生成时不考虑德语和法语),在分析和生成的接口处，进行德汉转换和法汉转换，并通过一个统一的、单独的汉语生成程序来接受德汉转换和法汉转换的结果，生成合格的汉语句子作为译文输出。

通过 FAJRA 系统，我们检验了 MMT 模型分析汉语的能力，通过 GCAT 和 FCAT 系统，我们检验了 MMT 模型生成汉语的能力，实验结果是令人满意的。实践证明，MMT 模型是汉语结构自动处理的一个较好的模型。

MMT 模型的名称由三个英文字母组成。其中的字母 T 是英文 Tree（树）的缩写，表示这是一个"树模型"；第一个字母 M 是英文 Multiple-branched（多叉）的缩写，表示这是一个"多叉的模型"；第二个字母 M 是英文 Multiple-labelled（多标记）的缩写，表示这是一个"多标记的模型"。所以，MMT 这几个字，反映了这个语言模型的特点。在这一节中，我们按"树"、"多叉"和"多标记"的顺序，分别来说明这个模型的基本思路和方法。首先介绍基于短语结构语法的"多叉树形图"，然后解释"多标记"和"多标记函数"的概念。

索绪尔在其名著《普通语言学教程》中曾经指出，线条性是语言的最重要的特征之一，语言符号在本质上是一个前后相续的线形序列。我们在本书第一章已经说明，索绪尔关于语言的线条性的这种观点是片面的。布龙菲尔德等指出了语言符号具有层次性，他们认为，语言符号在结构上是一层一层地组织而成的。

我们在计算机上对语言的分析实验证明：语言符号的前后相续的线条特性只是表面现象，在每一个句子的线性的表面形式之下，都隐藏着一个多层次的结构。这种多层次的结构在数学上最直观的表达形式就是树形图。

语言中的任何一个句子的表层形式之下都隐藏着一个以上的树形图，从句子的表层形式的掩盖之下来揭示其树形图结构的格局和数目的多寡，正是自然语言结构分析的重要任务。

例如，"三个学校的实验员来了"这个语言片段的表层形式下，隐藏着两个不同的树形图。如图 7.14 和图 7.15 所示：

T1:

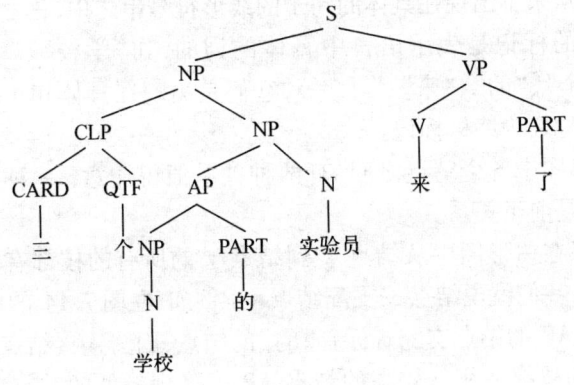

图 7.14 树形图 T1

T2:

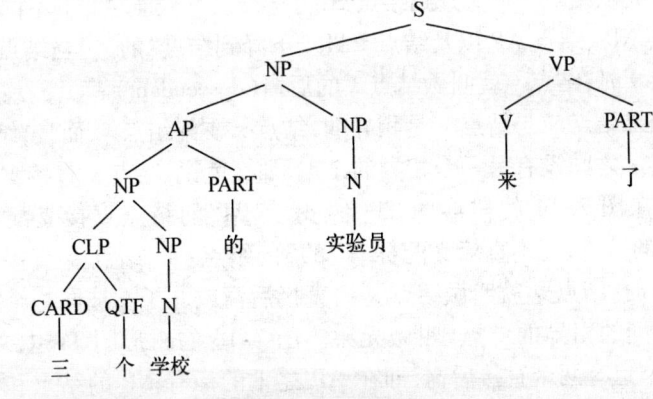

图 7.15 树形图 T2

在上面的树形图中,S 表示句子,NP 表示名词词组,VP 表示动词词组,AP 表示形容词词组,CLP 表示数词词组,N 表示名词,V 表示动词,CARD 表示数词,QTF 表示量词,PART 表示助词。它们都是树形图中的标记。

由于 T1 和 T2 的层次各不相同,所以,它们代表着不同的结构。树形图 T1 和 T2 的不同形式,显示了在表面上相同的线形形式之下,隐藏着实质上大相径庭的层次结构。

树形图由结和连接结的枝组成。每一个结有一个标记,其中,有的标记是表示词组类型和词类的,如 S、NP、VP、V、N、CARD、PART

等,它们从来不出现在具体的句子的线形符号串之中,称之为非终极标记;有的标记是表示语言中具体的词的,如"学校"、"实验员"、"三"、"个"、"的"、"来"、"了"等,它们是出现在具体句子中的线形符号串,称之为终极标记。

树形图中各个结点之间,有两种关系值得注意:一种是支配关系,一种是前于关系。

如果在树形图中从结点 x 到结点 y 的所有的枝都有同一的方向,那么,我们就说结点 x 支配结点 y。例如,在图 7.14 的树形图 T1 中,标有 AP 的结点支配着标有"的"的结点,因为连接结点 AP 与结点"的"的枝都一律从较高的结点 AP 下降到较低的结点"的"。但是,标有 VP 的结点不支配标有"的"的结点,因为连接这两个结点的枝要首先从结点 VP 上升到结点 S,再从结点 S 通过上下不同的两个结点 NP、结点 AP 以及结点 PART 下降到结点"的"。当结点 x 支配结点 y 时,结点 y 就叫做结点 x 的后裔(descendant)。

如果结点 x 与结点 y 是相异的,结点 x 支配结点 y,而且,结点 x 与结点 y 之间没有另一个相异的结点,那么就说,结点 x 直接支配结点 y。在图 7.14 的树形图 T1 中,标有 AP 的结点直接支配标有 PART 的结点,但不直接支配标有"的"的结点。当结点 x 直接支配结点 y 时,结点 y 就叫做结点 x 的直接后裔或儿子。被同一个结点直接支配的相异的结点,叫做兄弟。图 7.14 的树形图 T1 中,标有 AP 的结点有两个直接后裔,即在 AP 之下的标有 NP 的结点和标有 PART 的结点,AP 结点下的 NP 和 PART 两个结点是兄弟。支配关系中不被任何其它的结点支配的结点,叫做根(root)。在图 7.14 中,标有 S 的结点就是根。被其它结点支配而不支配任何其它结点的结点,叫做叶(leaves)。图 7.14 中,标有终极标记"三"、"个"、"学校"……的那些结点都是叶。一般说来,树形图是从上到下画出的,所以,根总是在顶部,叶总是在底部。

树形图中的两个结点,只有当它们之间没有支配关系的时侯,才能在从左到右的方向上排序。这时,这两个结点之间,就存在前于关系,左边的结点前于右边的结点。在图 7.14 的树形图 T1 中,标有"三"的结点前于标有 VP 的结点以及所有被 VP 支配的结点,因为结点"三"与结点 VP 之间不存在支配关系。但是，标有"三"的结点不能前于支配它的 CARD 与 CLP 等结点。可见，支配关系同从左到右的前于关系是互相排斥的。也就是说，在树形图中，如果两个结点 x 与 y 之间存在前于关系，那么，x 与 y 之间必定不能存在支配关系，并且，如果结点 x 前于结点 y，那么，由结点 x 支配的所有的结点都前于由结点 y 支配的所有的结点。

根据树形图的这些性质，我们从中可以看出，一个树形图可以给我们提供如下五个方面的语言信息：

第一，句子中所包含的单词数目：树形图中叶的数目，便是句子中所包含的单词的数目。在图 7.14 的树形图 T1 中，有 7 个叶，因此，句子包含的单词数为 7。

第二，句子中各个单词的词形：树形图中叶上的终极标记，就是句子中单词的词形。在图 7.14 的树形图 T1 中，句子中单词的词形分别为"三"、"个"、"学校"、"的"、"实验员"、"来"、"了"。

第三，句子中各个单词的顺序：我们只要把树形图的各个叶，按从左到右的前于关系排列起来，就可以得到该树形图所表示的句子的词序。在图 7.14 的树形图 T1 中，把各个叶按从左到右的顺序排列起来，便得到了"三个学校的实验员来了"这样的词序。显而易见，这些叶之间是不存在支配关系的。

第四，句子的层次：树形图 T1 和 T2 的层次各不相同，图中不同的支配关系和分层结构直观地表示了这种不同。

第五，句子中各个成分的词组类型信息和词类信息：在树形图中，每一个结点有一个标记，结点与标记之间的这种对应关系，可以用标记函数 L 来表示。

标记函数 L 可写为：

$$L(x) = y$$

其中，x 表示结点，y 表示结点 x 相应的标记。显然，在图 7.14 的树形图中，一个结点只对应于一个标记，因此，标记函数 L 只是一个单值函数，这种树形图只是一个单标记树形图。在单标记树形图中，非终极标记表示词组类型信息和词类信息，终极标记表示具体的单词。

由于这种单标记树形图的每一个结点只有一个标记,它表示的语言信息是极为有限的。

由此可见,单标记树形图可以给我们提供关于句子中的词数、词形、词序、层次等句子的几何值,它提供的几何值是比较全面的,但是,它提供的代数值则十分有限,我们只能从中了解到词组类型信息和词类信息,而不能了解到句法功能、语义关系、逻辑关系等重要的语言信息。这是单标记树形图的一大缺陷。

我国许多语言学家根据汉语的特点,提出了汉语语法中的"层次分析法"。这种层次分析法实质上就是用单标记树形图表示句子结构的一种方法。不过,由于汉语句子中各个成分的句法功能十分重要,在这种层次分析法中,标记不是采用 NP、VP 等"词组类型"和 N、V 等"词类"范畴,而是用"句子成分"这样的范畴,如主语、谓语、宾语、定语、状语、补语等,从而把句子或词组的结构分成主谓结构、述宾结构、述补结构、偏正结构、联合结构等等,这在一定程度上体现了汉语句法结构的特点。但是,尽管我国语言学家作了这样的改进,汉语的层次分析法所表示的有关句子的代数值仍然是十分有限的。

这种单标记树形图的表示方法与乔姆斯基的上下文无关短语结构语法有着非常密切的关系。

在第一章中我们讲过,乔姆斯基把上下文无关的短语结构语法 G 定义为一个四元组

$$G = (VN, VT, S, P)$$

其中,VN 表示非终极符号,它们不能出现在句子生成的终点;VT 表示终极符号,它们只能出现在句子生成的终点,它们就是具体的词;S 是初始符号,它是句子生成的起点;P 是重写规则,如果 G 是短语结构语法,则 P 的形式为

$$A \rightarrow \omega$$

这个公式中,A 是单独的非终极符号,ω 是符号串,它可以由非终极符号组成,也可以由终极符号组成,也可以由非终极符号和终极符号混合组成。

为了叙述方便,我们在本节中,把上下文无关短语结构语法简称为短语结构语法(Phrase Structure Grammar,简写为 PSG)。

例如,我们可以提出这样的短语结构语法 G =(VN,VT,S,P)来生成汉语句子"三个学校的实验员来了"。

VN = {S, NP, VP, CLP, AP, N, V, CARD, QTF, PART}
VT = {学校,实验员,三,个,来,的,了}
S = {S}
P :

    1. S → NP + VP

    2. NP → CLP + NP

    3. VP → V + PART

    4. CLP → CARD + QTF

    5. NP → AP + N

    6. AP → NP + PART

    7. NP → AP + NP

    8. NP → N

    9. N → {学校,实验员}

    10. V → {来}

    11. CARD → {三}

    12. QTF → {个}

    13. PART → {的,了}

使用这些重写规则,从初始符号 S 开始进行生成,可以得出如下的生成过程:

S	所用规则
NP + VP	1
CLP + NP + VP	2
CARD + QTF + NP + VP	4
CARD + QTF + AP + N + VP	5
CARD + QTF + NP + PART + N + VP	6
CARD + QTF + N + PART + N + VP	8
CARD + QTF + N + PART + N + V + PART	3

								所用规则
三	+ QTF	+ N	+ PART	+ N	+ V	+ PART		11
三	+ 个	+ N	+ PART	+ N	+ V	+ PART		12
三	+ 个	+ 学校	+ PART	+ N	+ V	+ PART		9
三	+ 个	+ 学校	+ 的	+ N	+ V	+ PART		13
三	+ 个	+ 学校	+ 的	+ 实验员	+ V	+ PART		9
三	+ 个	+ 学校	+ 的	+ 实验员	+ 来	+ PART		10
三	+ 个	+ 学校	+ 的	+ 实验员	+ 来	+ 了		13

这样的生成过程所生成的句子的层次结构,与树形图 T1 的层次结构相应。

我们也可以按照另外的顺序来使用重写规则,得到线形顺序相同而层次不同的另一个句子:

	所用规则
S	
NP + VP	1
AP + NP + VP	7
NP + PART + NP + VP	6
CLP + NP + PART + NP + VP	2
CARD + QTF + NP + PART + NP + VP	4
CARD + QTF + N + PART + NP + VP	8
CARD + QTF + N + PART + N + VP	8
CARD + QTF + N + PART + N + V + PART	3
三 + QTF + N + PART + N + V + PART	11
三 + 个 + N + PART + N + V + PART	12
三 + 个 + 学校 + PART + N + V + PART	9
三 + 个 + 学校 + 的 + N + V + PART	13
三 + 个 + 学校 + 的 + 实验员 + V + PART	9
三 + 个 + 学校 + 的 + 实验员 + 来 + PART	10
三 + 个 + 学校 + 的 + 实验员 + 来 + 了	13

按这样的生成顺序生成的句子的层次结构,与树形图 T2 的层次结构相应。

可见,按照不同的生成顺序,可以生成层次结构截然不同而线形结构完全相同的句子来。

乔姆斯基证明了,短语结构语法是一种生成自然语言的形式化方法。这种方法不仅能揭示出句子中单词的线形顺序,而且还能揭示出句子的层次结构。

这种方法从理论上说明了,看两个句子是否具有同一性,不仅要看组成这两个句子的词数是否相同,词形是否相同,词序是否相同,而且还要看这两个句子的层次结构是否相同。因此,乔姆斯基的短语结构语法比之于一般只从词序来说明句法结构的语言理论要深刻得多。我们可以把短语结构语法看成是层次分析法在数学上的解释,在这个意义上,我们可以说,短语结构语法是层次分析法的理论基础。层次分析法虽然早在 1947 年就由美国语言学家威尔斯(K. S. Wells)提出,但是,直到 20 世纪 50 年代初期,乔姆斯基才从数学上严格地论证了这种语言分析法的原理。

我们在第一章曾经指出,短语结构语法与单标记树形图之间存在着有趣的对应关系,我们在这里进一步举例来说明这种对应关系。

设 G =(VN,VT,S,P)是短语结构语法,如果有某个单标记树形图满足如下的条件,那么,这个单标记树形图就是该短语结构语法 G 的推导树:

① 树形图中的每一个结点有一个标记,这个标记或者是语法 G 中的非终极符号,或者是终极符号,也就是说,这个标记是集合 {VN∪VT} 中的符号;

② 树形图的根的标记是语法 G 中的初始符号 S;

③ 如果树形图的结点 n 至少有一个异于其本身的后裔,并有标记 A,那么,A 必定是语法 G 中的非终极符号,即 A∈{VN};

④ 如果树形图的结点 n1,n2,...,nk 是结点 n 的后裔,从左向右排列,其标记分别为 A1,A2,...,Ak,也就是树形图中有图 7.16 这样的子树形图,

那么,A → A1 A2 ... Ak 必定是语法 G 的重写规则 P 中的一条规则。

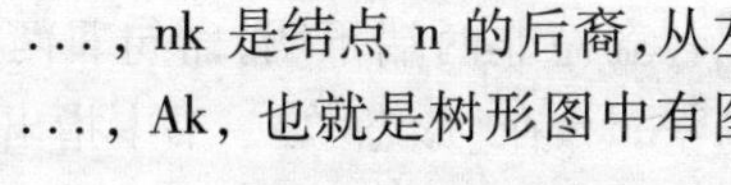

图7.16　子树形图

我们来比较图 7.14 和图 7.15中的树形图与我们刚才所示的短语结构语法 G。

在图 7.14 所示的单标记树形图 T1 中,根的标记是 S,标记为 S, NP, VP, CLP,AP, N, V, CARD, QTF, PART 的结点至少都有一个异于其本身的后裔,所以,它们都属于 VN,是非终极符号;结点 S

的直接后裔是 NP 和 VP,所以, S → NP + VP 是 P 中的重写规则,
结点 VP 的直接后裔是 V 和 PART,所以,VP → V + PART 是 P 中
的重写规则,结点 NP 的直接后裔是 CLP 和 NP,所以,NP → CLP +
NP 是 P 中的重写规则,等等。由此可见,图 7.14 中的单标记树形图
T1,满足短语结构语法 G 的推导树所需要的各个条件,它就是语法
G 的推导树。

同理,可以证明图 7.15 中的单标记树形图 T2 也是短语结构语
法 G 的推导树。

由此可以看出,单标记树形图与作为层次分析法基础理论的短
语结构语法有着对应关系,所以,单标记树形图与层次分析法有着共
同之处。这种单标记树形图,当然不可能全面地表示句子中涉及多
个方面的、丰富多彩的语言信息。

短语结构语法的重写规则形式为

$$A → ω$$

其中,ω 是符号串,它可以由两个符号组成,也可以由一个符号
组成,也可以由两个以上的符号组成。可见,短语结构语法是容许多
分的,二分只不过是多分的一种特殊情况而已。

在语言学史上,不少语言学家指出过语法结构具有二分的特性。
我国著名语言学家马建忠在《马氏文通》中提出"两端两语说",指
出:"盖意非两端不明,而句非两语不成"。美国语言学家奈达(E.
A. Nida)在《形态学》一书中指出:"根据经验,我们发现语言结构倾
向于二分"[1]。美国语言学家弗里斯(C. C. Fries)在《英语结构》一
书中指出:"在英语里,一个层次通常只有两个成分,当然,每一个成
分都可以由好几个单位组成,不过在同一个层次上,结构的直接成分
通常只有两个"[2]。

乔姆斯基根据自然语言结构的这种二分特性,把短语结构语法
的重写规则形式

---

[1] E. A. Nida, Morphology, pp. 91 - 93, 1949.
[2] 弗里斯,《英语结构》,中译本,pp. 264,商务印书馆,1964 年。

$$A \rightarrow \omega$$

改写为

$$A \rightarrow BC$$
$$A \rightarrow a$$

这样的二元形式,其中,A,B,C 都是非终极符号,a 是终极符号。前一个式子表示非终极符号 A 被重写为非终极符号 B 和非终极符号 C,也就是 A 被二分为 B 和 C;后一个式子表示非终极符号 A 被重写为终极符号 a,也就是把非终极符号重写为终极符号。所以,这样的二元形式反映自然语言的二分特性。这是乔姆斯基把形式语言学中的短语结构语法应用于自然语言时所采取的变通方式,并没有改变短语结构语法的实质。具有这种二分特性的重写规则,在形式语言理论中被称为乔姆斯基范式(Chomsky Normal Form)。

乔姆斯基并且从理论上证明了,任何具有形式为 A → ω 的重写规则的短语结构语法,都可以改写为具有二分特性的乔姆斯基范式①。这告诉我们,二分的乔姆斯基范式与多分的短语结构语法的一般的重写规则,并没有什么实质性的区别,它们都可以表示语言结构的层次关系。

我国首先采用层次分析法的语法著作是丁声树等人的《语法讲话》。该书指出,汉语中有五种句法结构,即主谓结构、补充结构、动宾结构、偏正结构、并列结构,"并列结构可以由两个以上的成分组成,其他四种成分是由两个成分组成的",因此,"对并列结构采取'多分法',其他四种结构采取'二分法'"。《语法讲话》的这种"二分法"和"多分法"相结合的原则,是完全符合短语结构语法重写规则的基本原则的。

可是,在我国语言学界,不少的层次分析法论者主张,层次分析法要坚持二分法,不能搞多分法。甚至有人提出,多分法就是中心词分析法,二分法就是层次分析法,把二分法与多分法对立起来(详细

---

① 详细证明请参看 J. E. Hopcroft 等著的《形式语言及其与自动机的关系》,中译本,p68,科学出版社,1979 年。

论点,可参看高更生《汉语语法问题试说》,山东人民出版社出版)。这样的看法,在理论上是缺乏根据的。乔姆斯基在形式语言理论的研究中,早已指出了二分法与多分法在本质上的联系。既然二分法与多分法在理论上是一致的,我们为什么非要拘泥于二分法,无端地把多分法排斥在层次分析法的范围之外呢?

汉语句法中有一些结构采用多分法来描述更为合理和方便。例如,"状语 + 谓语 + 宾语"这样的结构,其中的"状语"是修饰"谓语 + 宾语"的呢,还是只修饰"谓语"的呢,从语感上是不好判定的,在采用二分法来分析时就难免举棋不定。这时,我们往往会得出两个结构不同的树形图。"我们认真学习汉语"这个句子,用二分法可得出如下两个树形图 T3 和 T4:

T3:

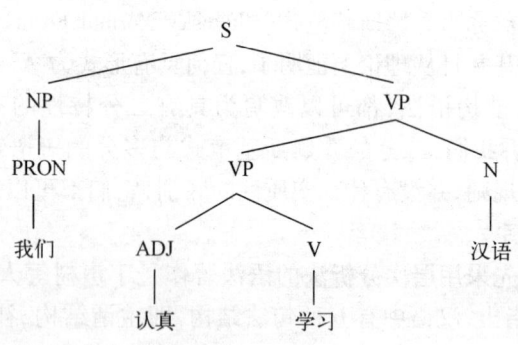

图 7.17　树形图 T3

树形图 T3 中,PRON 表示代词,ADJ 表示形容词,汉语中形容词作状语是普遍现象。这里,形容词 ADJ 与动词 V 组成动词词组 VP,在 VP 中,ADJ 作 V 的状语,直接修饰 V。

树形图 T4 中,ADJ 不直接修饰动词 V,而是直接修饰由 V 和 N 组成的动词词组 VP。树形图 T4 与树形图 T3 的结构是截然不同的。但是,这两种结构上不同的树形图并没有导致语义上的差别,不论分析为哪种树形图,其语义都是一样的。因此,这种结构上的差别就没有多大的作用了,它只会引起分析时的举棋不定,使分析者进入困境。

为了避免分析时举棋不定的困境,我们采用多分法,一次就把

T4 :

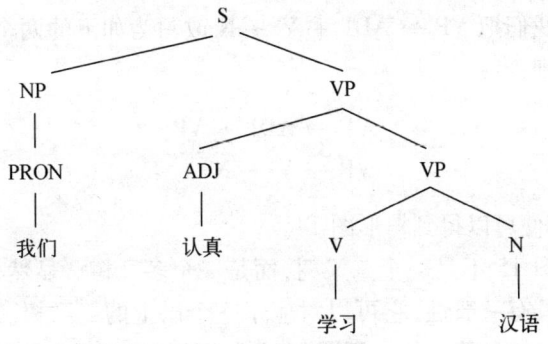

图 7.18 树形图 T4

VP 分解为 "ADJ ＋ V ＋ N"。如图 7.19 中的树形图 T5 所示。

T5 :

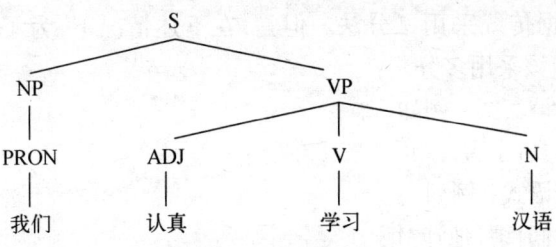

图 7.19 树形图 T5

树形图 T5 采用多分法,只得出一种分析结果,树形图的层次结构与它的语义解释是完全一致的。由此可以看出采用多分法的好处。

在树形图 T5 中,我们使用了多分形式的重写规则

$$VP \rightarrow ADJ ＋ V ＋ N$$

把 VP 一次就一分为三。这样的多分形式的重写规则,可以根据乔姆斯基范式的要求改写为二分形式的重写规则。

如果我们把 VP → ADJ ＋ V ＋ N 改写为如下两个二分形式的重写规则:

$$VP \rightarrow VP ＋ NP$$
$$VP \rightarrow ADJ ＋ V$$

那么,我们便可以得到树形图 T3。

如果我们把 VP → ADJ ＋ V ＋ N 改写为如下的两个二分形式的重写规则:

$$VP \rightarrow ADJ ＋ VP$$
$$VP \rightarrow V ＋ N$$

那么,我们便可以得到树形图 T4。

树形图 T5 不是一个二叉树,而是一个多叉树。显然,多叉树比二叉树更具有一般性,它可以对应于一个以上的二叉树。这说明多叉树与二叉树是等价的。所谓"多叉",可以是"三叉"、"四叉",也可以是"二叉"、"一叉"。"多叉"是一般形式,"二叉"只不过是当"多叉"的"多"等于"二"时的一种特殊情况罢了。

当然,在采用多叉树来描述汉语句子时,能用二分法的地方,我们仍然根据传统采用二分法。但是,在下述情况下,为了描述的方便,我们应该采用多分法:

① 状谓宾式:例如

认真|学习|汉语

② 兼语式:例如

我们|请|他|吃饭

③ 双宾语:例如

给|弟弟|一本书

④ 含有多项并列修饰语的偏正结构:例如

一些|与此有关的|重要|问题

⑤ 主谓补式:例如

衣服|洗得|干净

但述补结构不作谓语时,述语与补语之间采用二分法。

⑥ 框形结构:例如

在|工作|中

在框形结构中,介词"在"和方位词"中"构成一个框子"在—中",中间可以插入名词词组或动词词组。

在这些情况下,采用多分法的好处是:

第一,可以更加合理地解释语言现象:例如,前面所举的"认真学习汉语"之例中,如果采用二分法,很难决定是分析为"认真|学习汉语",还是分析为"认真学习|汉语",采用多分法分析为"认真|学习|汉语",便可摆脱这种举棋不定的困境。又如,在"请他吃饭"中,"他"作"请"的宾语,又同时作"吃饭"的主语,一身而二任,如果采用二分法,在树形图上就会发生交叉现象,破坏了树形图的结构,采用多分法分析为"请|他|吃饭",便不会发生交叉现象。再如,在"给弟弟一本书"中,"给"有两个宾语,采用多分法来分析,也防止了树形图中出现交叉现象。

第二,可以在编制程序时减少程序量:一些长句子,如果采用二分法,层次会多到十层八层,计算机在处理这样的多层次的树形图时,需要逐层进行搜索,程序的编写比较复杂,运算量也很大。而采用多分法,大大地减少了层次,提高了计算机处理语言的工作效率。

第三,可以抓住句子的主干,把句子的格局清楚地显示出来,便于检查和研究。

可见,采用多叉树来表示句子的几何值,既可以反映出句子的层次关系,又克服了二叉树的若干缺点。多叉树在理论上符合短语结构语法的要求,在实践上也更为合理,更为有效,更为方便。

然而,多叉树实质上只是二叉树的一般表达形式,并没有跳出乔姆斯基短语结构语法的框架,它对基于乔姆斯基范式的二叉树的改进,是完全在短语结构语法的重写规则的一般形式 $A \rightarrow \omega$ 的容许范围内进行的。所以,中文信息 MMT 模型中第一个字母 M(Multiple-branched)和最后一个字母 T(Tree)所表示的"多叉树形图",实质上仍然是一种短语结构语法,它并没有对于乔姆斯基的短语结构语法有什么重要的改进。

中文信息 MMT 模型的关键之处是第二个字母 M,即 Multiple-labeled,也就是"多标记"。"多标记"才是 MMT 的特色和要害之所在。

在 MMT 模型中,我们提出了"多标记函数"(multiple-labeled function)的概念。

MMT 模型采用多标记函数来代替短语结构语法的单标记函数。

多标记函数 L 可表示如下：

$$L(x) = \begin{Bmatrix} y1 \\ y2 \\ \vdots \\ yn \end{Bmatrix}$$

在这样的多标记函数中，树形图中的一个结点 x，不再仅仅对应于一个标记，而是对应于若干个标记{y1，y2，……，yn }。在同一个结点上采用多个标记，大大地提高了树形图的标记功能，使得树形图的各个结点上，都能记录尽可能多的语法语义信息。

一般地说，在一个短语结构语法 G = (VN，VT，S，P) 中，生成式 P 具有 A → ω 的形式，其中，A 是单独的非终极符号，ω 是在 VN ∪ VT 上的符号串，在这样的短语结构语法中，A 的标记只有一个，与这样的短语结构语法相对应的树形图，只能是一个单标记的树形图。由于标记是句子中语言信息的记录者，在单标记树形图中所记录的语言信息十分简单。

这样的短语结构语法，它的分析能力有限，分析时区别不了许多貌似相同而实质迥异的结构，它的生成能力过强，常常会产生一些不合语法的句子或歧义的句子，这些致命的弱点，都给自然语言的分析和生成，特别是自然语言的自动分析和自动生成带来极大的困难。

由于短语结构语法的这个致命弱点，乔姆斯基本人曾宣称，短语结构语法不适合于以数学的语言来描述自然语言的句子结构，对短语结构语法持以悲观的态度。

其实，乔姆斯基之所以得出这样悲观的结论，是因为他对短语结构语法的形式化作了不必要的限制，规定只使用单标记，人为地排除了对多标记的使用。如果采用多标记对短语结构语法进行改进，既可以保留短语结构语法的各种优点，又可以提高它描述自然语言的能力。中文信息 MMT 模型正是针对乔姆斯基的短语结构语法的这一致命弱点，明确地放弃单标记而采用多标记，大胆地摆脱了乔姆斯基对短语结构语法所作的人为限制，使短语结构语法获得了生命力。

由于迄今为止的许多自然语言分析和生成系统，都是用短语结构语法来描述的,而且,短语结构语法具有简洁明确、易于操作等优点,给自然语言信息处理的研究带来了许多方便。为了保持短语结构语法本身的各种长处,继承已有的研究成果,我们在 MMT 模型中,并没有完全抛弃短语结构语法,我们明确地继续保留了基于短语结构语法的"多叉树形图",并进一步在短语结构语法的基础上,大胆地用多标记来代替单标记,用多标记函数来代替单标记函数,从而提高了其有限的分析能力,限制了其过强的生成能力,有效地克服了短语结构语法的致命弱点,保持了短语结构语法的各种长处,使得 MMT 模型能够充分地揭示出句子中蕴藏的各种语法信息。这是 MMT 模型对短语结构语法改进的最为关键之处。

乔姆斯基用单标记来表示树形图中结点上所负载的信息,实际上是把这种信息看成单元性的、不可分割的、没有内部结构的原子(atom)。这样的原子究竟可分还是不可分? 这是一个重要的理论问题。在现代物理学中的原子结构理论的启发之下,我们曾经想过,能不能把这种像物理学中的原子一样的单元性的单标记再进一步分割一下,把它变成一种多元性的、可以进一步分割的多值标记呢? 如果把单标记进一步分割为多标记,就有可能像物理学中把原子进一步分割为原子核和外层电子一样,使我们对于语言的结构获得全新的认识。而且,如何运算这种具有结构的多标记,就需要研究新的运算方法,这也许会导致计算语言学对传统的数据运算方法提出挑战。

我们在第一章中说过,索绪尔在《普通语言学教程》(1916 年第一版)中早就指出,"语言可以说是一种只有复杂项的代数"。他强调说明,每个符号孤立地看,可以认为是简单项,但是从整体来看,则都是复杂项。索绪尔指出,"语言的实际情况使我们无论从哪一方面去进行研究,都找不到简单的东西;随时随地都是这种相互制约的各项要素的复杂平衡。"可见,索绪尔早就提出了要用"复杂项"描述语言的观点,他所说的"复杂项",就是我们现在所说的"多标记"。

然而,索绪尔关于"复杂项"的卓越思想并没有受到当时语言学界的重视,号称继承了索绪尔语言学思想的美国描写语言学派,在他们提出的"直接成分分析法"中,只采用简单特征来描述句子,而在乔姆斯基的短语结构语法中,则更是明确地用"单标记"来描述句子。

现在,当我们用短语结构语法对自然语言进行计算机处理遇到重重困难的时候,重温索绪尔关于"复杂项"的思想,不得不由衷地佩服这位学术前辈的远见卓识。

事实上,当我国的自然语言处理研究者为了解决在用短语结构语法来描述汉语中碰到的种种问题,正是从索绪尔关于"复杂项"的思想中得到启示,才提出了"多标记"的概念。由此可以看出语言学的基础理论对于自然语言处理研究实践的指导作用。

我们提出"多标记"的概念,除了受到现代物理学的原子结构理论的启示和索绪尔的语言学理论在基本原则方面的引导之外,还有一个更重要的原因,这就是汉语本身的特点决定了汉语的描述离不开"多标记"。如果说,在英语句子的计算机处理中有必要采用"多标记",那么,在汉语句子的计算机处理中,采用这种"多标记"的必要性就更加明显了。这是因为汉语的句子不能只使用词类或词组类型等特征来描述,汉语句子各个成分的词组类型、句法功能、语义关系、逻辑关系之间,存在着极为错综复杂的关系,如果只使用单标记,就无法区分各种歧义现象,达不到汉语自动处理的目的。

具体地说:

1. 汉语句子中的词组类型(或词类)与句法功能之间不存在简单的一一对应关系。

用短语结构语法分析英语时,对于树形图中的每一个结点,只给关于词组类型或词类的特征,如 S, NP, VP, Det, N, V 等,这一般不会碰到很大的困难。因为在英语中,一旦把 S 分解为 NP 和 VP,那么,NP 一般是主语,VP 一般是谓语,形成一个主谓结构;一旦把 VP 分解为 V 和 NP,那么,V 一般是述语,NP 一般是宾语,形成一个述宾结构;句子组成成分的词组类型和句法功能之间存在着比较简单的一一对应关系。当句子各个成分的句法功能关系确定之后,也就不难进一步确定这些成分之间的语义关系和逻辑关系,从而实现句子的句法分析和语义分析。

但是,在汉语中,仅仅使用词组类型(或词类)这样的标记是远远不够的,因为汉语句子中的词组类型(或词类)与句法功能之间不存在简单的一一对应关系。一个 NP 加上一个 VP,可以构成主谓结构(如"小王/咳嗽"),但也可以构成偏正结构,如"程序/设计","程序"是 NP,不作主语而作定语,"设计"是 VP,不作谓语而作中心语。类似的例子还有"语言/学习"、"政治/工作"、"物理/考试"等,词组类型都是 NP + VP,可是,不形成主谓结构,而形成偏正结构。在这种情况下,如果只用词组类型这样的单标记 NP + VP 就不能区别这种结构在句法功能上的歧义,而必须采用多标记来描述,既使用词组类型标记,又使用句法功能标记。在汉语描述中,有必要把词组类型与词类分开,我们采用符号 k 表示词组类型,仍然用 cat 表示词类。

采用多标记,对于形成主谓结构的 NP + VP,可描述为

$$\left(\begin{pmatrix} <k> &= \text{NP} \\ <cat> &= \text{N} \\ <sf> &= \text{SUBJ} \end{pmatrix} + \begin{pmatrix} <k> &= \text{VP} \\ <cat> &= \text{V} \\ <sf> &= \text{PRED} \end{pmatrix} \right)$$

式中,k 表示词组类型标记,NP 和 VP 都是 k 这个标记的值;cat 表示词类标记,N 和 V 都是 cat 这个标记的值;sf 表示句法功能标记(syntactic function),SUBJ 和 PRED 是 sf 这个标记的值,SUBJ 表示主语,PRED 表示谓语。这里的 NP 和 VP 都是由一个单词组成的:NP 由一个单词 N 组成,VP 由一个单词 V 组成。事实上,它们都具有扩展的可能性。在下面的叙述中,为了便于讨论,突出结构中的重点部分,我们一般不扩展 NP 和 VP,它们扩展之后产生的种种更加复杂的问题,不属于这里讨论的范围。

对于形成偏正结构的 NP + VP,可描述为

$$\left(\begin{pmatrix} <k> &= \text{NP} \\ <cat> &= \text{N} \\ <sf> &= \text{MODF} \end{pmatrix} + \begin{pmatrix} <k> &= \text{VP} \\ <cat> &= \text{V} \\ <sf> &= \text{HEAD} \end{pmatrix} \right)$$

式中,MODF 表示定语,HEAD 表示中心语,它们是 sf 这个标记的值。

对于这两种词组类型相同而句法功能不同的结构,如果只用单标记 NP + VP 来描述,显然就不能反映它们在句法功能方面的差异,必须同时采用词组类型标记和句法功能标记结合而成的多标记,

才能准确地描述它们。

汉语中一个 VP 加上一个 NP,可以形成述宾结构(如"学习/英语"),但也可以形成偏正结构,如"出租/汽车"中,"出租"是 VP,不作述语而作定语,"汽车"是 NP,不作"出租"的宾语而作被"出租"修饰的中心语。类似的例子还有"研究/方法"、"学习/制度"、"开放/政策"等,词组类型都是 VP + NP,可是,不形成述宾结构,而形成偏正结构。在这种情况下,如果采用单标记 VP + NP 来描述,就会产生句法功能歧义,而必须采用多标记来描述,既使用词组类型标记,又使用句法功能标记,才能把这种歧义区别开来。

对于形成述宾结构的 VP + NP,可描述为

$$\left(\left(\begin{array}{l} <k> \ = \ VP \\ <cat> \ = \ V \\ <sf> \ = \ PRED \end{array} \right) + \left(\begin{array}{l} <k> \ = \ NP \\ <cat> \ = \ N \\ <sf> \ = \ OBJE \end{array} \right) \right)$$

式中,PRED 表示述语,OBJE 表示宾语,它们都是句法功能标记 sf 的值。

对于形成偏正结构的 VP + NP,描述为

$$\left(\left(\begin{array}{l} <k> \ = \ VP \\ <cat> \ = \ V \\ <sf> \ = \ MODF \end{array} \right) + \left(\begin{array}{l} <k> \ = \ NP \\ <cat> \ = \ N \\ <sf> \ = \ HEAD \end{array} \right) \right)$$

式中,MODF 表示定语,HEAD 表示中心语,它们是句法功能标记 sf 的值。

对于这两种词组类型相同而句法功能不同的结构,如果只用单标记 VP + NP 来描述,显然也是不充分的,必须采用多标记来描述。

2. 汉语句子中词组类型(或词类)和句法功能都相同的成分,它们与句中其他成分的语义关系还可能不同,句法功能和语义关系之间也不是简单地一一对应的。

同样是由 NP 和 VP 组成的主谓结构,其中作主语的 NP 的语义可以是施事者(如"小王/工作"中的"小王"),也可以是受事者(如"火车票/买了"中的"火车票"),还可以是工具(如"左手/拿纸,右

手/拿笔"中的"左手"和"右手")。因此,在汉语句子的自动处理中,仅仅知道了句子的组成成分的词组类型标记和句法功能标记还不够,为了区分歧义,还要再加上语义关系特征来标记,这样,标记就更为复杂了。

对于 NP 的语义关系为施事者、句法功能为主语的 NP + VP,可描述为

$$\left(\left(\begin{array}{l} <\mathrm{k}> \ = \mathrm{NP} \\ <\mathrm{cat}> \ = \mathrm{N} \\ <\mathrm{sf}> \ = \mathrm{SUBJ} \\ <\mathrm{sem}> \ = \mathrm{AGENT} \end{array}\right) + \left(\begin{array}{l} <\mathrm{k}> \ = \mathrm{VP} \\ <\mathrm{cat}> \ = \mathrm{V} \\ <\mathrm{sf}> \ = \mathrm{PRED} \end{array}\right)\right)$$

其中,sem 表示语义关系标记(semantic relation),AGENT 表示施事者,它是语义关系标记 sem 的值。

对于 NP 的语义关系为受事者、句法功能为主语的 NP + VP,可描述为

$$\left(\left(\begin{array}{l} <\mathrm{k}> \ = \mathrm{NP} \\ <\mathrm{cat}> \ = \mathrm{N} \\ <\mathrm{sf}> \ = \mathrm{SUBJ} \\ <\mathrm{sem}> \ = \mathrm{PATIENT} \end{array}\right) + \left(\begin{array}{l} <\mathrm{k}> \ = \mathrm{VP} \\ <\mathrm{cat}> \ = \mathrm{V} \\ <\mathrm{sf}> \ = \mathrm{PRED} \end{array}\right)\right)$$

其中,PATIENT 表示受事者,它是语义关系标记 sem 的值。

对于 NP 的语义关系为工具、句法功能为主语的 NP + VP,可描述为

$$\left(\left(\begin{array}{l} <\mathrm{k}> \ = \mathrm{NP} \\ <\mathrm{cat}> \ = \mathrm{N} \\ <\mathrm{sf}> \ = \mathrm{SUBJ} \\ <\mathrm{sem}> \ = \mathrm{INST} \end{array}\right) + \left(\begin{array}{l} <\mathrm{k}> \ = \mathrm{VP} \\ <\mathrm{cat}> \ = \mathrm{V} \\ <\mathrm{sf}> \ = \mathrm{PRED} \end{array}\right)\right)$$

其中,INST 表示工具,它也是语义关系标记 sem 的值。

同样是由 VP 和 NP 组成的述宾结构,其中,作宾语的 NP 的语义关系更是复杂多样。在英语中,作宾语的 NP 一般表示述语 VP 的受事者,但在汉语中,作宾语的 NP 在语义关系上可以是述语 VP 的

受事者、范围、目的、结果、工具、……等。

　　例如,动词"考"后面加上不同的 NP 作宾语,这些宾语 NP 与述语"考"的语义关系极为复杂。在"考/学生"中,宾语"学生"是"考"的受事者;在"考/数学"中,宾语"数学"是"考"的范围;在"考/北大"中,宾语"北大"是"考"的目的;在"考/研究生"中,宾语"研究生"是"考"的结果("考/研究生"在语义上是有歧义的,在一定的环境下,"研究生"可以是"考"的受事,是被考的人);在"考/一百分"中,宾语"一百分"也是"考"的结果。因此,在中文句子的自动处理中,仅仅有了词组类型标记和句法功能标记还是不够的,还必须再加上语义关系标记。

　　对于 NP 的语义关系为受事者、句法功能为宾语的 VP + NP,可描述为

$$\left(\begin{pmatrix} <k> &=& VP \\ <cat> &=& V \\ <sf> &=& PRED \end{pmatrix} + \begin{pmatrix} <k> &=& NP \\ <cat> &=& N \\ <sf> &=& OBJE \\ <sem> &=& PATIENT \end{pmatrix} \right)$$

其中,PATIENT 表示受事者,它是语义关系标记 sem 的值。

　　对于 NP 的语义关系为范围、句法功能为宾语的 VP + NP,可描述为

$$\left(\begin{pmatrix} <k> &=& VP \\ <cat> &=& V \\ <sf> &=& PRED \end{pmatrix} + \begin{pmatrix} <k> &=& NP \\ <cat> &=& N \\ <sf> &=& OBJE \\ <sem> &=& SCALE \end{pmatrix} \right)$$

其中,SCALE 表示范围,它是语义关系标记 sem 的值。

　　对于 NP 的语义关系为目的、句法功能为宾语的 VP + NP,可描述为

$$\left(\begin{pmatrix} <k> &=& VP \\ <cat> &=& V \\ <sf> &=& PRED \end{pmatrix} + \begin{pmatrix} <k> &=& NP \\ <cat> &=& N \\ <sf> &=& OBJE \\ <sem> &=& GAOL \end{pmatrix} \right)$$

其中，GAOL 表示目的，它是语义关系标记 sem 的值。

对于 NP 的语义关系为结果、句法功能为宾语的 VP + NP，可描述为

$$\left(\begin{pmatrix} <k> & = & VP \\ <cat> & = & V \\ <sf> & = & PRED \end{pmatrix} + \begin{pmatrix} <k> & = & NP \\ <cat> & = & N \\ <sf> & = & OBJE \\ <sem> & = & RESULT \end{pmatrix}\right)$$

其中，RESULT 表示结果，它是语义关系标记 sem 的值。

3. 汉语中单词所固有的语法标记和语义标记，对于判别词组结构的性质，往往有很大的参考价值，除了词组类型这样的单标记之外，再加上单词固有的语法标记和语义标记，采用多标记来描述，就可以判断词组结构的性质。

在 VP + NP 这样的词组类型结构中，如果 VP 的语法标记是不及物动词，那么，VP 的句法功能必定为定语，NP 的句法功能必定为中心语。例如，"示踪程序"中，"示踪"为 VP，是一个不及物动词，"程序"为 NP，因为不及物动词不能带宾语，因此，"程序"不能为"示踪"的宾语，这时"示踪"是定语，"程序"是中心语。这种情况，可以表示为

$$\begin{pmatrix} <k> & = & <VP> \\ <cat> & = & V \\ <trans> & = & IV \end{pmatrix} + \begin{pmatrix} <k> & = & NP \\ <cat> & = & N \end{pmatrix} \rightarrow$$

$$\left(\begin{pmatrix} <k> & = & VP \\ <cat> & = & V \\ <trans> & = & IV \\ <sf> & = & MODF \end{pmatrix} + \begin{pmatrix} <k> & = & NP \\ <cat> & = & N \\ <sf> & = & HEAD \end{pmatrix}\right)$$

式中，trans 表示动词的及物性，IV 表示该动词的及物性为不及物，它是标记 trans 的一个值。

这个式子说明，在 VP + NP 中，当 VP 的及物性为不及物时，VP 的句法功能为定语，NP 的句法功能为中心语。

由此可以看出单词固有的语法标记对判断词组的句法功能的作用。

此外，单词固有的语义标记，对于判断词组的句法功能也有很大的作用。

在词组类型结构 VP + NP 中，当 VP 为及物动词，即它的及物性为及物时，词组的句法功能标记，就可以根据 NP 的语法标记来判别。一般地说，当 VP 为及物动词，NP 为抽象名词，即 NP 的固有语义标记为"抽象物"时，或者当 NP 为类别名词，即 NP 的固有语义标记为"类别名称"时，VP 的句法功能为定语，NP 的句法功能为中心语。例如，"训练/目的"这个词组中，"训练"为及物动词，"目的"为抽象名词，即"目的"的固有语义为"抽象物"，因此，可判断"训练"的句法功能为定语，"目的"的句法功能为中心语。类似的例子还有："生产/宗旨、培养/目标、发展/方向、管理/体制、进攻/计划"等。又如，"管理/人员"这个词组中，"管理"为及物动词，"人员"为类别名词，即"人员"的固有语义为"类别名称"，因此，可判断"管理"为修饰语，"人员"为中心语。类似的例子还有："采购/人员、进修/教师、领导/干部、评论/专家、革新/能手、主治/医生"等。

前一种情况可以表示为

$$
\begin{pmatrix} <k> = VP \\ <cat> = V \\ <trans> = TV \end{pmatrix} + \begin{pmatrix} <k> = NP \\ <cat> = N \\ <sem> = ABS \end{pmatrix} \rightarrow
$$

$$
\begin{pmatrix} \begin{pmatrix} <k> = VP \\ <cat> = V \\ <trans> = TV \\ <sf> = MODF \end{pmatrix} + \begin{pmatrix} <k> = NP \\ <cat> = N \\ <sem> = ABS \\ <sf> = HEAD \end{pmatrix} \end{pmatrix}
$$

后一种情况可表示为

$$
\begin{pmatrix} <k> = VP \\ <cat> = V \\ <trans> = TV \end{pmatrix} + \begin{pmatrix} <k> = NP \\ <cat> = N \\ <sem> = SORT \end{pmatrix} \rightarrow
$$

$$\left(\begin{pmatrix} <k> & = & VP \\ <cat> & = & V \\ <trans> & = & TV \\ <sf> & = & MODF \end{pmatrix} + \begin{pmatrix} <k> & = & NP \\ <cat> & = & N \\ <sem> & = & SORT \\ <sf> & = & HEAD \end{pmatrix}\right)$$

式中,TV 表示"及物",它是标记 trans 的一个值,ABS 表示"抽象物",它是标记 sem 的一个值,SORT 表示"类别名称",它是标记 sem 的另一个值。它们是单词固有的语义标记,并不表示单词与单词之间或者词组与词组之间的语义关系,只是表示单词本身的语义特征,这显然是另一种类型的语义标记。

由此可见,在汉语句子的描述中,仅仅采用词类或词组类型这样的单标记是远远不够的,必须再加上句法功能标记和语义关系标记,甚至还要加上单词固有的语法和语义标记,才有可能比较全面地表达句子中包含的语言信息,从而也才有可能成功地进行中文信息处理。这就是为什么我们要在汉语句子的自动处理中,采用"多标记"来表达语言信息在语言学上的根据。

以上我们只是对这个问题作了初步的论述,而语言现象往往比我们想象的还要复杂得多。汉语中施事者和受事者有时很难分辨,常常需要语境方面的背景知识才能判别。例如,在"小王/理发"这个 NP + VP 中,如果"小王"是理发师,那么,"小王"一般应该是施事者,他给别人理发;如果"小王"不是理发师,而是被理发的人,那么,"小王"就是受事者。"小王"究竟是施事者还是受事者,是由"小王"的身份这种背景知识来判别的,单凭语言本身是难以分辨的。这时,描述汉语句子的多标记,势必就要扩大到语境标记的范围了。这类例子并不少见。在"小王/修车"、"小王/拔牙"、"小王/看病"等 NP + VP 中,"小王"究竟是施事者还是受事者,都要通过语境标记的分析,才能作出正确的判别。在这些情况下,就需要用更加复杂的多标记来描述了。

我们在上面描述汉语句子时,是采用若干个标记和它们的值来进行描述的。汉语的多标记包含若干个标记,而每一个标记又包含若干个值,这种由标记和它们的值构成的描述系统,叫做"标记/值"

系统。每种语言都有自己的"标记/值"系统。语言不同,它们的"标记/值"系统也不同。

根据我们设计 FAJRA、GCAT 和 FCAT 等机器翻译系统的经验,我们认为,对于汉语的自动分析和自动生成来说,可采用如下的"标记/值"系统。

1. 词类标记和它的值:

词类是描述汉语句子的多标记之一,记为 cat。

cat 可取如下的值: 名词、处所词、方位词、时间词、区别词、数词、量词、体词性代词、谓词性代词、动词、形容词、副词、介词、连词、助词、语气词、拟声词、感叹词。

为便于计算机处理,我们把标点符号与公式也各算为一个词类,这样一来: 汉语共有 20 个词类,即标记 cat 可取 20 个值。

每个标记值还可以再取子值,即进行进一步的分类。例如,汉语的形容词可以再分为状态形容词和性质形容词两个次类,也就是说,形容词这个标记值还可以再取状态形容词和性质形容词两个子值。标记的值及其子值,可以看成是次一级的"标记/值"偶对,也就是可以把值看成次一级"标记/值"偶对中的标记,把该值的子值看成次一级"标记/值"偶对中的值。这意味着当存在子值时,在"标记/值"偶对中的"值"本身,也可以是一个次一级的"标记/值"偶对。

2. 词组类型标记和它的值:

词组类型是描述汉语的另一个标记,记为 k。

k 的值可取: 动词词组、名词词组、形容词词组、数量词组,共4 个。

我们把传统语法中的介词词组并入名词词组,因为从信息处理的角度看来,介词词组中的介词,实际上只是它后面的名词词组功能的一种标志,并入名词词组处理更为方便。

3. 单词的固有语义标记和它的值:

单词的固有语义标记,就是单词的语义类别,它表示的是孤立的单词的语义,而不是单词与单词之间的语义关系。单词的固有语义标记记为 sem。

sem 可取如下的值和子值：

物象：其子值为生物、无生物、机关组织、类别名称。

物资：其子值为设备、产品、原材料。

现象：其子值为自然现象、人工现象、社会现象、力能现象。

时空：其子值为时间、空间。

测度：其子值为数量、单位、标准。

抽象：其子值为学问、概念、符号。

属性：其子值为性质、形状、关系、结构。

行动：其子值为行为、动作、操作。

这些固有语义标记都记录在词典中孤立的单词上面，成为单词本身固有的语义属性。

4. 单词的固有语法标记和它的值：

孤立的单词也具有语法标记。例如，不同的名词要求不同的量词，因此，带量词标记就是名词的固有语法标记；不同的动词及物性不同，因此，及物性就是动词的固有语法标记；不同的动词的"价"（valence）也不尽相同，因此，"价"就是动词的另一个固有语法标记，"价"反映了动词对其前后词语的要求，但它是动词本身的属性，因此，我们把它看成是动词的固有语法标记。

单词的固有语法特标记记为 grm。

语法标记的值也可以具有子值，这时，我们可以把值和它的子值作为"标记/值"偶对来处理。例如，动词的固有语法标记的及物性这个值具有两个子值："及物"和"不及物"，我们可把及物性看成一标记，把及物和不及物这两个子值看成这个标记的值。前面我们用过的 trans = TV 和 trans = IV 等表示法，正是这样来处理的。

"价"也可取了值： 价、二价、三价。一价动词只能有一个主语，如"咳嗽"；二价动词可有一个主语和一个宾语，如"写"；三价动词可有一个主语、一个直接宾语、一个间接宾语，如"给"。

5. 句法功能标记：

由于现代汉语中的词组类型和句法功能之间没有明确的一一对

应关系,它们之间的关系极为错综复杂,在汉语句子的自动分析中,必须注意句法功能标记,这些标记都是在句子的自动分析中产生的,而不是单词或词组本身固有的。汉语中句子组成成分的句法功能标记记为 sf。

sf 可取如下的值:主语、谓语、宾语、定语、状语、补语、述语、中心语。

注意:"中心语"这个值是非常重要的,因为在语言的结构中,除了并列结构之外,组成结构的成分总是有主次之分,我们使用"中心语"这个值,强调结构中的"核心"与"非核心"的区别,弥补了直接成分分析法的不足。

sf 的值可以有子值。例如,宾语这个值可有直接宾语和间接宾语两个子值。

6. 语义关系标记:

语义关系标记也不是单词本身固有的,而是在计算机自动进行句法语义分析的过程中通过运算得出的。孤立的单词谈不上语义关系,只有两个或两个以上的单词或词组才会产生语义关系。为了简单起见,我们把语义关系标记也记为 sem。

sem 可取以下的值:施事、受事、与事、关涉、时刻、时段、时间起点、时间终点、空间点、空间段、空间起点、空间终点、初态、末态、原因、结果、工具、方式、目的、条件、作用、内容、范围、论题、修饰、比较、伴随、判断、陈述、附加等。

sem 的各个值还可以分得更细,这样每个值就还可以再取子值。

7. 逻辑关系标记:

如果把汉语的句子看成一个逻辑命题,那么,在逻辑命题的谓词与它的各个论元(argument)之间还存在着逻辑关系。由于逻辑命题的各个论元在句子中是由单词或词组来充当的,因而在句子中,单词与单词或者词组与词组之间还存在着逻辑关系。这种关系就是乔姆斯基所说的"题元关系"(θ relation)。逻辑关系用 lr 表示。

lr 的值如下:

论元 0(arg0):它是句子的深层主语

论元 1(arg1)：它是句子的深层直接宾语

论元 2(arg2)：它是句子的深层间接宾语

逻辑关系标记的值一般没有子值。

每一个论元均起一个题元作用，而且只能起一个题元作用；每个题元作用均由一个论元来充当，而且只能由一个论元来充当。因此，可以根据论元的情况来检验所处理的句子在逻辑关系的分析上是否正确，并且揭示出整个句子的逻辑结构。

我们这里列出的汉语的"标记/值"系统，还不十分完善，有待在实践中进一步补充。

在上面所列举的各类标记中，词类特征、单词的固有语义标记、单词的固有语法标记都是可以在词典中独立地给出来的，它们是单词本身所固有的标记，我们把它们叫做静态标记（static labels）。而词组类型标记、句法功能标记、语义关系标记、逻辑关系标记并不能表示单词本身的固有特性，它们是单词与单词之间发生联系时才产生出来并同时被记录在树形图结点上的标记，我们把它们叫做动态标记（dynamic labels）。这就是 MMT 模型中的"双态理论"（bi-states theory）。

在自动句法语义分析中，静态标记是计算机进行运算的基础，计算机依赖于这些预先在词典中给出的静态标记，通过有穷步运算，逐渐算出各种动态标记，从而逐步弄清楚汉语句子中各个语言成分之间的关系，达到自动句法语义分析的目的。

在各种动态标记中，词组类型标记是最容易运算求出的。一般根据树形图中某个结点的直接后裔的词类标记、单词的固有语法标记及单词的固有语义标记等静态标记，就不难推算出该结点的词组类型标记。句法功能标记则要通过更广泛的上下文信息才能推算求出，而语义关系标记及逻辑关系标记则是最难求出的，往往不是一步求出，而是要通过许多步的演绎和推理，才有可能推算出来。一个汉语自动分析和语义分析系统的质量的高低，在很大的程度上取决于它所推算出的句法功能标记、语义关系标记和逻辑关系标记的多寡和正确与否。因此，如何根据各种静态标记推算出动态标记，便是双态理论重中之重的问题，也是汉语自动处理的关键所在。汉语语法和语义的研究应该为这方面的工作提供出有效的规则,在这个领域中,非常需要语言学家和计算机专家的通力协作。

一般地说,汉语句子的自动分析,应该包括如下步骤:

1. 对输入的汉语句子进行切分,确定单词与单词之间的界线。

2. 在词典中查出句子中各个单词的静态标记。

3. 根据语法规则和语义规则,检查这些静态标记的相容性,把静态标记相容的单词结合成词组,并求出词组类型标记。

4. 根据语法规则和语义规则,由静态标记和词组类型标记出发,计算出句法功能标记,并进一步计算出语义关系标记和逻辑关系标记。

在检查静态标记的相容性以及由静态标记计算动态标记时,如果两个标记不相容,则不能进行运算,运算失败,如果两个标记相容,则根据有关的语法和语义规则进行运算。由于在标记不相冲突时就可以对标记进行运算,运算所得出的标记信息必然不断增多,句子各个组成成分所包含的标记越来越丰富,最后求出的各种标记就能比较全面地反映汉语句子的性质。

汉语的自动生成过程与此相反。在从外语到汉语的机器翻译中,一般是根据外语分析得到的有关句法功能、语义关系、逻辑关系的标记,并根据外汉双语言机器词典中提供的有关汉语单词的静态标记,进行汉语词序的调整及必要的词性变化(如动词和形容词的重叠式变化),最后产生出合格的汉语句子。

我们在机器翻译试验中使用了这样的方法,得到了较好的结果.

中文信息 MMT 模型的要点可以总结如下:

1. 一个多叉多标记树形图具有而且仅仅具有一个根结点;

2. 如果根结点具有子结点,则每一个子结点都是一个多叉多标记树形图;

3. 多叉多标记树形图的任意一个结点都有 0 个至 n 个子结点,如果一个结点的子结点数为 0,则该结点为终极结点(即叶子),如果一个结点的子结点数不为 0,则该结点为非终极结点,二叉树只是多叉树当 n = 2 时的一种特殊情况;

4. 多叉多标记树形图的每一个结点上的标记都是多个标记的集合。

根据 MMT 模型,本书作者有效地建立了汉—法/英/日/俄/德多语言机器翻译系统 FAJRA、德汉机器翻译系统 GCAT 和法汉机器翻译系统 FCAT。哈尔滨工业大学计算机系采用 MMT 模型,研制了 CEMT - III 汉英机器翻译系统,该系统词典容量 4 万条,各类规则 3 600 条,对于封闭语料,译文准确率为 78%,对于开放语料,译文准确率为 67%,翻译速度为每小时 3500 汉字(在 IBM386/33 上运行),该系统于 1993 年 5 月通过了技术鉴定。实践证明,MMT 模型是一个行之有效的自然语言处理模型。

第五节　多标记集合与合一运算

在 20 世纪 80 年代初期,我们对于多标记集合是采用集合论中的"并、补、交"等的运算方法,这种方法是比较传统的经典的运算方法。近年来,国外自然语言处理的研究有了长足的进展,出现了各种基于"合一"的运算方法,根据自然语言处理的特点,对传统的经典的集合运算方法作了改进,在这种情况下,我们也有必要对于 MMT 模型的运算方法加以改进,以适应当前自然语言处理发展的要求。

正如我们在 20 世纪 80 年代初期所说的那样,当时我们提出 MMT 模型,是为了克服短语结构语法的缺陷,使之适合于自然语言计算机处理的要求。

就在我们提出中文信息 MMT 模型的同时,国外一些计算语言学家也看到了短语结构语法的局限性,纷纷提出各种手段来提高短语结构语法有限的分析能力,限制其过强的生成能力。

20 世纪 80 年代前后,在美国首先从伍兹(W. Woods)的扩充转移网络开始,在布列斯南关于面向词汇的转换语言学思想的激励之下,卡普兰和布列斯南一起,于 1983 年提出了词汇功能语法;马丁·凯依于 1983 年提出了"合一语法",于 1985 年提出了"功能合一语法"。他们都认为,自然语言是一个效率极高同时又能够精确地表达各种复杂意念的信息系统,仅只用乔姆斯基的短语结构语法中的单一的句法范畴不可能充分地描述自然语言的句子,而必须使用"复杂特征"来描述,因而这些语法都采用了"复杂特征结构"(complex feature structures),并采用"合一"(unification)来对复杂特征进行运算。

法国学者科尔迈洛埃（A. Colmerauer）于 1970 年独立地研制了 Q-系统（Q-system），又于 1978 年提出了"变形语法"（Metamorphosis Grammar），把它们作为自然语言处理的工具。在逻辑程序设计方面，佩瑞拉和瓦楞（D. Warren）于 1980 年提出了定子句语法，这种语法是在科尔迈洛埃早期形式语法的研究以及程序设计语言 Prolog 的工作基础上研制而成的。在独立的逻辑程序设计工作中，这种定子句语法已经成为许多立足于"复杂特征"的"合一"运算的形式化方法的基础，例如，"移位"（extraposition）、"槽"（slot）和"间隔语法"（Gapping Grammar）等等。这些工作也都是离不开"复杂特征"的运算的。

盖兹达、克莱因（E. Klein）和普鲁姆等人于 1978 年提出了"广义短语结构语法"，这种语法以短语结构语法作为基础，采用"特征/值"系统来描述句子，在这种"特征/值"系统中，既包括简单特征，也包括复杂特征，这就在很大程度上，增强了短语结构语法对自然语言的解释力，改善了它的功能。在他们最近的研究工作中，也引进了"合一"来进行复杂特征的运算。珀拉德于 1984 年在他的博士论文中，提出了"中心词语法"，其理论基础之一，就是"广义短语结构语法"中的"特征/值"系统。1985 年，珀拉德和他的同事们又提出了"中心词驱动的短语结构语法"，这种语法是"广义短语结构语法"和"中心词语法"的进一步发展，也采用了"复杂特征"和"合一"运算。

作者在 1981 年提出的中文信息 MMT 模型中，明确地采用"多标记"，这种"多标记"实质上就是"复杂特征"，与同一个时期上述欧美学者提出的"复杂特征"名异而实同。作者用"多标记"来代替"单标记"，实质上也就是用"复杂特征"来代替"单一特征"，其思路与本章第一节中用复杂特征代替单一特征的思路是完全一致的。

纵观 20 世纪 80 年代前后自然语言处理研究的发展历史可以看出，作者在 1981 年提出的 MMT 模型，是世界各国学者对乔姆斯基的短语结构语法进行改进的一个重要方面和不可分割的组成部分，MMT 模型是 20 世纪 80 年代较早提出的一个旨在改进短语结构语法的形式化模型。当时作者正在法国格勒诺布尔大学应用数学研究所自动翻译中心师从国际计算语言学委员会主席沃古瓦教授研制多语言自动翻译系统 FAJRA,当作者向沃古瓦教授指出了汉语分析中的种种困难而必须采用多标记来处理时,沃古瓦教授兴奋地赞赏这样的想法,并且亲自把这个模型定名为"中文信息 MMT 模型"(Multiple-branched, multiple-labelled tree model for Chinese information processing),在沃古瓦教授的指导下,作者利用该大学的 ARIANE – 78 自动翻译软件,在计算机上实现了"中文信息 MMT 模型",成功地把若干篇中文科技短文分别翻译成法语、英语、日语、德语、俄语等五种语言。1982 年在布拉格举行的国际计算语言学会议上,担任大会主席的沃古瓦教授在发言中,特别提到了作者在格勒诺布尔大学采用 MMT 模型研制的多语言自动翻译系统,给予热情的赞赏。MMT 模型的提出,说明我国自然语言处理工作者很早就认识到了乔姆斯基短语结构语法的局限性,并且找到了改进它的有效方法——"多标记函数"。在 20 世纪 80 年代初期,我国学者在这方面的研究是处于前沿地位的。"多标记"的概念也就是"复杂特征"的概念,它是 80 年代自然语言处理的形式化方法的一个有力工具。20 世纪 80 年代以来的自然语言处理,在关键性的地方都使用了基于"复杂特征"的"合一"运算方法。可以说,"复杂特征"的概念,是当代自然语言处理研究中的一个关键性概念,它反映了计算机时代人们对于语言现象认识的进一步深化。

参照关于"合一"运算的理论和方法,我们非常有必要对于 MMT 模型进行进一步的改进,特别应该把"合一"运算方法引入 MMT 模型。

首先,我们参照功能合一语法,采用功能描述(Functional Description,简称 FD)来表示多标记集合(multiplt-label set)。

功能描述 FD 由一组描述元(descriptors)组成,而每一个描述元则是一个成分集(constituent set)、一个模式(pattern)或一个带值的属性(attribute),其中最主要的是"属性/值"偶对。在功能描述 FD 中,描述元的值可以是原子,也可以是另一个功能描述 FD。所以,功能描述是递归地定义的。

下面给出表示多标记集合的功能描述的严格定义:

α 为一个功能描述 FD,当且仅当 α 可表示为

$$\left\{\begin{array}{l} f_1 = v_1 \\ f_2 = v_2 \\ \vdots \\ f_n = v_n \end{array}\right\} \quad n \geqslant 1$$

其中,f_i 表示标记名,v_i 表示标记值,而且,满足如下两个条件:

i. 标记名 f_i 为原子,标记值 v_i 或为原子或为另一个功能描述 FD;

ii. $\alpha < f_i > = v_i$

$(i = 1, \dots, n)$

读作:集 α 中,标记 f_i 的值等于 v_i.

采用这样的功能描述,就可以表示多标记集合。

组成功能描述 FD 的一组描述元都写在一个方括号里,书写的顺序无关紧要。在一个"属性/值"偶对中,属性是一个符号,如 NUMBER(数)、SUBJ(主语)、OBJE(宾语)、MODF(修饰语)、HEAD(中心语)等,它的值或者是一个符号,或者是另一个功能描述 FD. 属性和它的值之间用等号来连接,因此,$a = b$ 表示属性 a 的值是 b.

例如,句子"我了解她"可以用下面的功能描述 FD(1)来表示:

$$FD(1): \left[\begin{array}{l} <cat> = S \\ <subj> = \left[\begin{array}{l} <cat> = PRONOUN \\ <num> = SING \\ <per> = 1 \\ <sem> = AGENT \end{array}\right] \\ <obje> = \left[\begin{array}{l} <cat> = PRONOUN \\ <num> = SING \\ <per> = 3 \\ <sem> = PATIENT \end{array}\right] \\ <pred> \left[\begin{array}{l} <cat> = V \\ <lex> = "了解" \end{array}\right] \\ <voice> = ACTIVE \end{array}\right]$$

这个功能描述表示:"我了解她"是个句子($cat = S$),在这个句子中,主语"我"是代词,单数,第一人称,宾语"她"是代词,单数,第三人称,谓语"了解"是动词,具体的词形是"了解",整个句子的语态是主动态。这些功能描述也就是这个句子的多标记集合。

在一个功能描述 FD 中,每一个"属性/值"偶对都是该 FD 所描述对象的一个标记。如果这个值是一个符号,那么,这个"属性/值"偶对就叫做功能描述 FD 的一个基本标记。任何功能描述 FD 都可以用一个由基本标记组成的表来表示。例如,上面的功能描述 FD (1)也可以用下面的表 FD(2)来描述:

$$
\begin{aligned}
\text{FD(2)}: \quad &< cat > &= S \\
&< subj\ cat > &= PRONOUN \\
&< subj\ num > &= SING \\
&< subj\ per > &= 1 \\
&< subj\ sem > &= AGENT \\
&< obje\ cat > &= PRONOUN \\
&< obje\ num > &= SING \\
&< obje\ num > &= 3 \\
&< obje\ sem > &= PATIENT \\
&< pred\ cat > &= V \\
&< pred\ lex > &= \text{"了解"} \\
&< voice > &= ACTIVE
\end{aligned}
$$

在这个表 FD(2)中,尖括号 < > 里的符号构成了一条路径(path),功能描述 FD 中的每一个值,总可以用一条路径来称呼它。可以看出,FD(2)中表达的标记与 FD(1)中表达的标记是相同的,它们是同一个句子中的多标记集合的不同的表达方式。

不过,尽管 FD(1)和 FD(2)都是同一个功能描述 FD 的两种表示,它们还各有不同:FD(1)显示了功能描述的嵌套,因而强调了功能描述的结构特性,FD(2)是一个表,因而强调了功能描述内部的分量特性。这两种表示方法都有意模糊了标记和结构之间的通常区别,使之具有更大的灵活性。我们在上文中对多标记的表示方法,与这里的 FD(2)比较接近,因为 MMT 模型对于结构层次的描述,是通过多叉树来表示的,所以,在只描述句子的代数值的多标记集合中,就没有必要再强调结构特性的描述了。

把功能描述看作是非结构性的多标记集合,就有可能用集合论的标准运算来处理它们。但是,功能描述 FD 又不完全服从集合论的运算:集合论运算一般并不考虑运算对象的相容性,而功能描述 FD 则必须考虑运算对象的相容性。

如果有两个功能描述中都包含一个共同的属性,而这个共同的属性在这两个功能描述中的值(可以是符号,也可以是另外的 FD)不相同,那么,这两个功能描述就是不相容的。例如,如果功能描述 F1 中含有基本标记 $<A> = x$,功能描述 F2 中含有基本标记 $<A> = y$,那么,除非 $x = y$,否则,F1 和 F2 不相容。如果两个功能描述不相容,那么,在进行集合论中的"并"运算时,运算的结果,就不会是一个合格的功能描述。

例如,假定功能描述 F1 所描述的句子中含有一个施事主语,而功能描述 F2 所描述的句子中含有一个受事主语,那么,如果 S1 和 S2 是它们相应的基本标记集合,那么它们的并集 S1∪S2 就不是合格的,因为这个并集中, $<$ subj sem $>$ = AGENT 和 $<$ subj sem $>$ = PATIENT 不相容。

对于语法上有歧义的句子或词组,需要两个或两个以上的不相容的功能描述来表示。例如,"三个学校的实验员来了"这个句子是有歧义的,它有两个意思。一个意思可用功能描述 FD(3)来表示,另一个意思可用功能描述 FD(4)来表示:

$$
FD(3): \begin{pmatrix} <\text{cat}> = S \\ <\text{subj}> = \begin{pmatrix} <\text{cat}> = NP \\ <\text{head}> = \text{'实验员'} \\ <\text{modf}> = \begin{pmatrix} <\text{cat}> = NP \\ <\text{head}> = \text{'学校'} \end{pmatrix} \\ <\text{quant}> = 3 \end{pmatrix} \\ <\text{pres}> = \text{'来'} \\ <\text{tense}> = PAST \\ <\text{voice}> = ACTIVE \end{pmatrix}
$$

FD(4): $\Big[$ < cat > = S

$\Big[$ < subj > = $\Big[$ < cat > = NP

< head > = '实验员'

< modf > = $\Big[$ < cat > = NP

< head > = '学校'

< quant > = 3 $\Big]$ $\Big]$

< pred > = '来'

< tense > = PAST

< voice > = ACTIVE $\Big]$

可以看出,在 FD(3)中,句子的意思是只来了 3 个实验员,而这 3 个实验员是学校的实验员;在 FD(4)中,句子的意思是来了一些实验员,而这些实验员分属 3 个不同的学校。

几个不相容的简单的功能描述 FD：F1，…，Fk，可以合并成为一个单独的复杂的功能描述 FD：{F1，…，Fk}，复杂的功能描述表示分量的对象集的合并,其中的不相容部分,应该用花括号括起来。下面是把 FD(3)和 FD(4)合并而成的复杂的功能描述 FD(5),它描述了 FD(3)和 FD(4)所分别表示的两种结构关系：

FD(5): $\Big[$ < cat > = S

$\Big[$ < subj > = $\Big[$ < cat > = NP

< head > = '实验员'

$\Big\{$ $\Big($ < modf > = $\Big[$ < cat > = NP

< head > = '学校' $\Big]$

< quant > = 3 $\Big)$

$\Big($ < modf > = $\Big[$ < cat > = NP

< head > = '学校'

< quant > = 3 $\Big]$ $\Big)$ $\Big\}$ $\Big]$

< pred > = '来'

< tense > = PAST

< voice > = ACTIVE $\Big]$

FD(5)中的花括号表示不相容的功能描述或子功能描述之间的

析取关系。用这种复杂功能描述的紧凑形式,可以描述大量的互不相容的对象。一般地说,功能合一语法中的语法规则可以用一个统一的功能描述 FD(6) 表示如下:

$$
FD(6): \left(\left\{\begin{matrix} \left(\begin{matrix} (<cat> = C_1) \\ \vdots \end{matrix}\right) \\ \left(\begin{matrix} <cat> = C_2 \\ \vdots \end{matrix}\right) \\ \vdots \\ \left(\begin{matrix} <cat> = C_n \\ \vdots \end{matrix}\right) \end{matrix}\right\}\right)
$$

对于采用这种多标记集合来描述的系统来说,其描述的详尽程度是没有限制的。一个描述中所包含的标记越多,它对所描述的对象的限定也就越具体;如果从一个描述中撤消某些标记,就可能扩大它所描述的对象的覆盖面。因此,灵活地控制标记的数量,认真地选择标记的内容,才可以使用多标记集合对自然语言进行恰当的描述。

在机器翻译的机器词典中,对于每一个单词的定义不仅仅标出其词类,而且,还应该标出这个词的静态的词法标记、句法标记和语义标记,这就是在词这一级采用多标记集合。根据 MMT 模型的双态理论,随着自动句法分析的推进,句子中的每个单词除了被标注上来自词典中的这些静态标记之外,在表示句子层次结构的树形图的每个结点上,还会运算出一些动态标记,它们大大地充实了来自词典中的静态标记的内容,这些标记特征当然也要以多标记集合的形式来标注,这就是在句法分析和语义分析一级采用多标记集合,多标记集合中的各种标记,可以在短语归并的过程中从中心词的已有标记中直接继承过来,也可以根据句法语义规则动态地通过计算机计算出来。在原语自动分析中采用这样的多标记集合,有效地解决了歧义结构的判定问题,并且把句法分析和语义分析通过多标记集合这种手段有机地结合起来,从而提高原语句法语义分析的效率。

我们提出多标记集合概念,受到了音位学中"区别特征理论"的很大启示。1951 年,雅可布逊(R. Jakobson)指出,一切语音都不是单元性的(monadic),它们还可以进一步分成一对对的最小对立体,而且这些最小对立体可以被归纳为十二对区别特征,这样,就把传统音位学中一个个不可分解的元音和辅音变为可分解的区别特征的集合。这一理论使得语言学家有可能通过逻辑描述的方法来分析和鉴定音位的结构,把音位学的理论提高到一个新的阶段。在早期的短语结构语法中,语法范畴是没有内部结构的,它们就像"区别特征理论"提出之前的音位一样,也是只具有单元性的单位,采用多标记集合来描述这些句法范畴之后,我们发现,原来这些句法范畴也不是单元性的,它们也具有结构,因而它们不能采用单一的标记,而必须采用多标记集合来描述。当然,自然语言处理中的多标记集合中表示的语言特征比音位学中的区别特征要丰富得多,它们不仅是二元对立的,而且还是多元对立的,不仅具有线性的结构,而且还具有嵌套的、递归的结构,所以,对于多标记集合就不能采用一般的集合论方法来运算。

我们参照功能合一语法,采用"合一"这种独特的运算方式来对多标记集合进行运算。

"合一"(unification)这个术语最初是在数理逻辑的一阶谓词演算中开始使用的。寻找某种项对变量的置换,从而使表达式一致的过程叫做合一。如果存在一个置换 S,把它作用到表达式集 $\{E_i\}$ 中的每一个元素上,使得 $E_{1s} = E_{2s} = \ldots = E_{ns}$,那么,就说表达式集 $\{E_i\}$ 是可合一的,S 就叫做 $\{E_i\}$ 的合一者(unifier),因为它的作用是使该集合简化为一致的形式。

例如,有两个逻辑项 A:f(x,y) 和 B:f(g(y,a,c),h(a,b)),如果用逻辑项 C:x = g(h(a,b),a,c) 和 D:y = h(a,b) 置换 A、B 中的变量 x 和 y,则置换之后 A、B 均成为 f(g(h(a,b),a,c),h(a,b)),使得 A 和 B 都成为一致的形式,这个结果叫做 A、B 的合一,C 和 D 叫做 A、B 的合一者,A、B 叫做可合一的逻辑项。

目前,这种合一运算已经被广泛地应用于高阶逻辑、计算复杂性理论、可计算性理论、逻辑程序设计等领域,并进一步发展到计算语言学、机器翻译、自然语言理解和人工智能等领域。

合一运算被如此广泛应用的原因之一是逻辑程序设计语言

PROLOG 的普及,因为 PROLOG 在霍恩子句(Horn clause)的归结过程中所依据的基本运算之一就是合一运算。

在 MMT 模型中,我们使用合一运算来把若干个功能描述 FD 合并成一个单独的功能描述 FD。具体地说,如果有两个以上简单的功能描述 FD 是相容的,便可通过合一运算把它们合并成一个简单的功能描述 FD,使得这个功能描述 FD 所描述的对象正是前面若干个功能描述 FD 所共同描述的对象。

这样的合一运算与集合论中的求并运算十分类似,但合一运算与求并运算的不同之处在于,当合一被应用于不相容的项时,合一失败,并产生一个空集。

求并运算所得到的并集是参与运算的各个集合里所有不同元素组成的集合。例如,

$$\{A, B\} \cup \{C, B\} = \{A, B, C\}$$

在求并运算时,总是把集合中的元素看成是不可分解的原子。即使元素是有序的偶对,如 (f_i, v_i) 表示特征 f_i 的值为 v_i,求并运算时仍然把它们看成是不可再分解的个体,而不考虑它们的内部结构。假设

$$\alpha = \{(f_1, v_1), (f_2, v_2)\}$$
$$\beta = \{(f_1, v_1')\}$$

即使 $v_1 \neq v_1'$,α 与 β 所表达的信息互相抵触,在进行求并运算之后,其并集仍然为

$$\gamma = \alpha \cup \beta = \{(f_1, v_1), (f_1, v_1'), (f_2, v_2)\}$$

在并集中虽然保持了抵触的信息,不过,从信息组合和传递的角度来看,所求得的并集 γ 是没有意义的。

合一运算必须考虑运算结果的合理性,在合一运算中,当 α 与 β 所表达的信息相互抵触时,其合一结果为空集(记为 $\varnothing$),表示合一失败。如果用符号 $\cup$ 表示合一,则有

$$\alpha \cup \beta = \varnothing$$

下面我们给出在 MMT 模型中合一运算的形式定义：

[定义] 合一运算（运算符号用∪表示）

1. 若 a 和 b 均为原子，则 a∪b = a，当且仅当 a = b；否则 a∪b = ∅.

2. 若 α 和 β 均为多标记集合，则

① 若 α(f) = v，但 β(f) 的值未经定义，则 f = v 属于 α∪β；

② 若 β(f) = v，但 α(f) 的值未经定义，则 f = v 属于 α∪β；

③ 若 α(f) = v_1，β(f) = v_2，且 v_1 与 v_2 不相抵触，则 f = (v_1∪v_2) 属于 α∪β；否则 α∪β = ∅。

从这个定义可以看出，集合论中的求并运算是合一运算的一种特殊情况。当合一的对象所含的元素为不可分解的原子时，合一的结果等于并集。当合一的对象是有结构的多标记集合时，就要检验标记的相容性，只有当标记相容时，相应的各个标记才能合一。因此，合一运算具有两种作用：一个是合并原有的标记信息，构造新的标记结构，这与集合论中的求并运算类似；另一个是检查标记的相容性和规则执行的前提条件，如果参与合一的标记相冲突，就立即宣布合一失败。可见，合一运算提供了一种在合并各方面来的标记信息的同时，检验限制条件的机制。这正是自然语言处理的句法语义分析所需要的，因而它受到自然语言处理工作者的欢迎。

我们举例来说明如何进行合一运算。

例 1.

$$
\begin{pmatrix}
< \text{cat} > & = \text{N} \\
< \text{lex} > & = \text{"小王"} \\
< \text{sem} > & = \text{AGENT}
\end{pmatrix}
\cup
\begin{pmatrix}
< \text{cat} > & = \text{N} \\
< \text{num} > & = \text{SING} \\
< \text{per} > & = 3
\end{pmatrix}
\rightarrow
\begin{pmatrix}
< \text{cat} > & = \text{N} \\
< \text{lex} > & = \text{"小王"} \\
< \text{sem} > & = \text{AGENT} \\
< \text{num} > & = \text{SING} \\
< \text{per} > & = 3
\end{pmatrix}
$$

由于参与合一运算的两个功能描述中的多标记是相容的，因此，合一运算的结果等于这两个功能描述中的多标记求并。

例 2.

$$\begin{pmatrix} <\text{cat}> = \text{N} \\ <\text{lex}> = \text{“小王”} \\ <\text{sem}> = \text{AGENT} \end{pmatrix} \cup \begin{pmatrix} <\text{cat}> = \text{N} \\ <\text{sem}> = \text{PATIENT} \\ <\text{per}> = 3 \end{pmatrix} \rightarrow \text{NIL}$$

由于这两个功能描述中,第一个功能描述中的 sem = AGENT 与第二个功能描述中的 sem = PATIENT 相互抵触,因而合一运算的结果为 NIL,表示合一失败。

例3.

$$\left(\left\{ \begin{pmatrix} <\text{num}> = \text{PLUR} \\ <\text{form}> = \text{“我们”} \end{pmatrix} \\ \begin{pmatrix} <\text{num}> = \text{SING} \\ <\text{form}> = \text{“我”} \end{pmatrix} \right\} \right) \cup \begin{pmatrix} <\text{cat}> = \text{PRONOUN} \\ <\text{num}> = \text{SING} \end{pmatrix} \rightarrow$$

$$\begin{pmatrix} <\text{cat}> = \text{PRONOUN} \\ <\text{num}> = \text{SING} \\ <\text{form}> = \text{“我”} \end{pmatrix}$$

第一个功能描述是由不相容的两个简单功能描述合并而成的复杂功能描述,它与第二个功能描述进行合一运算时,取相容的标记作为合一运算的结果。由于第一个复杂功能描述中的标记

$$\begin{pmatrix} <\text{num}> = \text{PLUR} \\ <\text{form}> = \text{“我们”} \end{pmatrix}$$

与第二个功能描述中的标记不相容,故被舍去。

一般地说,两个复杂功能描述的合一结果仍然是复杂功能描述,其中,每一项代表原来的功能描述中的一对相容项。因此,

$$\{a_1, a_2, \ldots, a_n\} \cup \{b_1, b_2, \ldots, b_m\}$$

就得到一个形式为 $\{c_1, c_2, \ldots, c_k\}$ 的功能描述,其中每一个 c_h $(1 \leqslant h \leqslant k)$ 都是一对相容项的合一结果 $a_i = b_j (1 \leqslant i \leqslant n, 1 \leqslant j \leqslant m)$。

由此可见,合一运算应该具有如下的性质:

1. 合一运算可以对信息进行相加:

例如,

$$[\ <\text{cat}> = \text{PRONOUN}\ ] \cup [\ <\text{agreement}> = [\ <\text{num}> = \text{SING}\ ]\ ]$$

$$\rightarrow \left(\begin{array}{l} <\text{cat}> \ = \ \text{PRONOUN} \\ <\text{agreement}> \ = \ [\ <\text{num}> \ = \ \text{SING}\ ] \end{array} \right)$$

其中,标记 AGREEMENT 表示一致关系

2. 合一运算是幂等的:
例如,

$$[\ <\text{cat}> \ = \ \text{PRONOUN}\ ] \cup \left(\begin{array}{l} <\text{cat}> = \text{PRONOUN} \\ <\text{agreement}> \ = [\ <\text{num}> = \text{SING}\ ] \end{array} \right)$$

$$\rightarrow \left(\begin{array}{l} <\text{cat}> \ = \ \text{PRONOUN} \\ <\text{agreement}> \ = \ [\ <\text{num}> \ = \ \text{SING}\ ] \end{array} \right)$$

前一个标记集合中的 <cat> = PRONOUN 被吸收到后一个标记集合当中去了。

3. 空白项是合一运算的幺元:

$$[\ ] \quad \cup \quad \left(\begin{array}{l} <\text{cat}> \ = \ \text{PRONOUN} \\ <\text{agreement}> \ = \ [\ <\text{num}> \ = \ \text{SING}\ ] \end{array} \right)$$

$$\rightarrow \left(\begin{array}{l} <\text{cat}> \ = \ \text{PRONOUN} \\ <\text{agreement}> \ = \ [\ <\text{num}> \ = \ \text{SING}\ ] \end{array} \right)$$

空白项与多标记集合进行合一,则该空白项被多标记集合吸收。

4. 当标记值相容时,相同的标记可以合一:
例如,

$$\left(\begin{array}{l} <\text{agreement}> \ = \ [\ <\text{num}> \ = \ \text{SING}\ ] \\ <\text{subj}> \ = \ [\ <\text{agreement}> \ = \ [\ <\text{num}> \ = \ \text{SING}\ ]\ ] \end{array} \right)$$
$$\cup (\ <\text{subj}> \ = \ [\ <\text{agreement}> \ = \ [\ <\text{per}> \ = \ 3\ ]\ )$$

$$\rightarrow \left(\begin{array}{l} <\text{agreement}> \ = \ [\ <\text{num}> \ = \ \text{SING}\ ] \\ <\text{subj}> \ = \ \left(<\text{agreement}> \ = \ \left(\begin{array}{l} <\text{num}> \ = \ \text{SING} \\ <\text{per}> \ = \ 3 \end{array} \right) \right) \end{array} \right)$$

由于前后的多标记集合中,标记 <subj> 和标记 <agreement>

中的标记值 <num> = SING 和 <per> = 3 是相容的,所以,合一后形成多标记集合

$$\left(<subj> = \left(<agreement> = \left(\begin{matrix} <num> = SING \\ <per> = 3 \end{matrix} \right) \right) \right)$$

如果把自然语言看作是一个传递和负载信息的系统,并且承认自然语言中的句法成分和语义成分都可由较小的成分合成较大的成分,那么,采用合一作为句法和语义分析的基本运算便是非常理想的了。这是因为:

第一,一个语言单位(如句子或词组等)所负载的信息可以分布在各个成分之中,每个成分所负载的可以只是部分的信息。

第二,通过合一运算,在小成分组合成大成分的过程中,小成分所负载的信息也同时被传递或累加为大成分所负载的信息,在合一运算过程中,信息只逐渐增加而不减少。

第三,由于句法和语义分析都以合一作为基本运算,不仅句子的合法性可以通过语义手段来判断,而且,还可以把句子的句法结构和语义表示用合一运算这种方式更加自然地衔接起来。

第四,不同的功能描述的合一运算结果,同这个运算所进行的先后次序无关,不论合一从哪个方向开始,也不论是先合一还是后合一,合一的结果都是相同的。合一运算的这种无序性非常便于进行并行处理,而且还使我们有可能自由地选择分析算法和自然语言描述的语法理论。

下面,我们来说明在词条定义、句法规则、语义规则和句子的描述中,怎样来全面地、系统地使用多标记集合。

1. 词条定义的描述:

例如,单词"仪表"有两个义项,在词条"仪表"中,可给出两条定义,每一条定义的形式都是多标记集合的功能描述 FD。见 FD(7)、FD(8).

FD(7):

$$\left(\begin{matrix} <cat> = N \\ <sem> = EQUIPMENT \\ <lex> = "仪表" \end{matrix} \right)$$

FD(7) 表示"仪表"是名词,它的固有语义标记是"设备"(EQUIPMENT)。

FD(8):

$$\begin{pmatrix} <\text{cat}> & = \text{N} \\ <\text{sem}> & = \text{APPEARANCE} \\ <\text{lex}> & = \text{"仪表"} \end{pmatrix}$$

FD(8) 表示"仪表"是名词,它的固有语义标记是"形状"(APPEARANCE)。

2. 句法规则的描述:

例如,FD(9)和FD(10)分别是"把字句"和"被字句"的规则:

FD(9):

$$\begin{pmatrix} <\text{cat}> & = \text{S} \\ <\text{patterns}> & = (\ldots \text{把} - \text{PHRASE} \ldots \text{PREDICATE} \ldots) \\ <\text{subj}> & = \begin{pmatrix} <\text{cat}> & = \text{NP} \\ <\text{sem}> & = \text{AGENT} \end{pmatrix} \\ <\text{predictor}> & = \begin{pmatrix} <\text{cat}> & = \text{V} \\ <\text{transitivity}> & = \text{TRANSITIVE} \\ <\text{voice}> & = \text{ACTIVE} \end{pmatrix} \\ <\text{"把"} - \text{phrase}> & = \begin{pmatrix} <\text{cat}> & = \text{NP} \\ <\text{prep}> & = \begin{pmatrix} <\text{cat}> & = \text{PREPOSITION} \\ <\text{lex}> & = \text{"把"} \end{pmatrix} \\ <\text{sem}> & = \text{PATIENT} \\ <\text{definiteness}> & = \text{DEFINITE} \end{pmatrix} \\ <\text{voice}> & = \text{ACTIVE} \end{pmatrix}$$

上面句法规则描述中符号的含义从相应的英文词的词义不难体会出来,不再赘述。

标记 patterns 的值是有序的,它规定了"把字句"中语言成分的基本顺序,这样,根据标记 patterns 的值就可以安排和调整有关语言成分的位置。(... 把 – PHRASE ... PREDICATE ...)表示"把"字短语在谓语动词之前,而且在谓语动词之后,还应该有其它的语言成分(用"PREDICATE ..."来表示),用以说明动作的结果或影响,它们可以是动态助词"了"或"着"、重叠的动词、各种补语等等。

这条规则的调用条件是：

1. 句法成分的 $<cat>$ = S；

2. 谓语动词是一个及物动词，即

    $<transitivity>$ = TRANSITIVE；

3. "把-phrase"中的 NP 是有定的，即

    $<definiteness>$ = DEFINITE；

4. 谓语动词之后带有其它成分，不能是光杆动词。

FD(10)：

$$
\begin{pmatrix}
<cat> = S \\
<patterns> = (\ldots \text{被} - \text{PHRASE} \ldots \text{PREDICATOR} \ldots) \\
<subj> = \begin{pmatrix} <cat> = NP \\ <sem> = PATIENT \end{pmatrix} \\
<predicator> = \begin{pmatrix} <cat> = V \\ <transitivity> = TRANSITIVE \\ <voice> = PASSIVE \end{pmatrix} \\
<\text{被} - phrase> = \begin{pmatrix} <cat> = NP \\ <prep> = \begin{pmatrix} <cat> = PREPOSITION \\ <lex> = \text{"被"} \end{pmatrix} \\ <sem> = PATIENT \end{pmatrix} \\
<voice> = PASSIVE
\end{pmatrix}
$$

标记 patterns 中的 ($\ldots$ 被 – PHRASE $\ldots$ PREDICATE $\ldots$)，表示"被"字短语在谓语动词之前，而且在谓语动词之后，还有其它成分，说明动作的结果或影响，它们可以是动态助词"了"或"过"、补语、宾语等等。

这条规则的调用条件是：

1. 句法成分的 $<cat>$ = S；

2. 谓语动词是及物动词，即

    $<transitivity>$ = TRANSITIVE；

3. 谓语动词之后带有其他成分,不能是光杆动词。

可以看出,"把字句"和"被字句"的调用规则是很接近的,不同之处在于,"把字句"中的"把"字短语是有定的,因为"把字句"有处置的意味。

3. 句子结构的描述：

例如,句子"我吃了担担面"的结构可用 FD(11) 来描述：

FD(11)：

$$
\begin{bmatrix}
<cat> = S \\
<patterns> = (SUBJ\ PREDICATOR\ DIRECT\text{-}OBJECT) \\
<voice> = ACTIVE \\
<subj> = \begin{bmatrix}
<cat> = NP \\
<pattern> = (HEAD) \\
<head> = \begin{bmatrix}
<case> = NOM \\
<num> = SING \\
<per> = 1 \\
<lex> = "我"
\end{bmatrix} \\
<num> = SING \\
<definiteness> = DEFINITE \\
<per> = 1 \\
<sem> = AGENT
\end{bmatrix} \\
<predicator> = \begin{bmatrix}
<cat> = VP \\
<head> = \begin{bmatrix}
<cat> = V \\
<patterns> = (HEAD\ \ ATTACHING\text{-}ELEMENT) \\
<transitivity> = TRANSITIVE \\
<voice> = ACTIVE \\
<aspect> = PERFECT \\
<lex> = "吃"
\end{bmatrix} \\
<attaching\text{-}element> = \begin{bmatrix}
<cat> = PARTICLE \\
<subcategory> = ASPECTUAL \\
<lex> = "了"
\end{bmatrix} \\
<transitivity> = TRANSITIVE \\
<voice> = ACTIVE \\
<aspect> = PERFECT
\end{bmatrix} \\
<direct\text{-}object> = \begin{bmatrix}
<cat> = NP \\
<patterns> = (HEAD) \\
<head> = \begin{bmatrix}
<cat> = N \\
<definiteness> = INDEFINITE \\
<per> = 3 \\
<lex> = "担担面"
\end{bmatrix} \\
<sem> = PATIENT \\
<definiteness> = INDEFINITE \\
<per> = 3
\end{bmatrix}
\end{bmatrix}
$$

这个功能描述中,不仅包括了对单词、词组和句子等各级语言成分的特征和功能的描述,而且,还说明了中心动词"吃"的施事、受事等语义关系方面的内容。

复杂特征集与合一运算是 20 世纪 80 年代自然语言处理研究的主要潮流。当时,在自然语言处理中进行了"基于复杂特征的方法"(comlex-feature-based)、"基于合一的语法形式化方法"(unification-based grammar formalism)等带有一般性方法论意义的研究,复杂特征集与合一运算的理论和方法,正在沿着不同的历史线索迅速地发展起来。中文信息 MMT 模型在这种理论和方法的发展过程中,进一步丰富了自己的内容,完善了自己的方法,并且促进了中国自然语言处理研究的世界化。

本章参考文献

1. 冯志伟,汉语句子的多叉多标记树形图分析法[J],《人工智能学报》,1983年,第 2 期。
2. 冯志伟,德—汉机器翻译 GCAT 系统的设计原理和方法[J],《中文信息学报》,1988 年,第 3 期。
3. 冯志伟,法—汉机器翻译 FCAT 系统[J],《情报科学》,1987 年,第 4 期。
4. 冯志伟,中文科技术语的结构描述及潜在歧义[J],《中文信息学报》,1989年,第 2 期。
5. 冯志伟,汉语句子描述中的复杂特征[J],《中文信息学报》,1990 年,第 3 期。
6. 冯志伟,基于短语结构语法的自动句法分析方法[J],《当代语言学》,2000年,第 2 期。
7. 冯志伟,线图分析法[J],《当代语言学》,2002 年,第 4 期。
8. 冯志伟,一种无回溯的自然语言分析算法[J],《语言文字应用》,2003 年,第 1 期。
9. 冯志伟,花园幽径句的自动分析算法[J],《当代语言学》,2003 年,第 4 期。
10. 冯志伟,LFG 中从成分结构到功能结构的转换[J],《语言文字应用》,2004年,第 4 期。
11. 冯志伟,机器翻译词典中语言信息的形式表示方法[J],《语文研究》,2006年,第 3 期(总第 100 期),12—23 页。
12. 黄昌宁,机器翻译与新的语法理论[J],《中国计算机用户》,1989 年,第

9 期。

13. 刘海涛,冯志伟,自然语言处理的概率配价模式理论[J],《语言科学》,2007年,第 3 期。

14. 刘海涛,胡凤国,基于配价模式的汉语依存句法分析[J],ICCC07 会议文集,2007 年,武汉。

15. 索绪尔,普通语言学教程[M],中译本,商务印书馆,1980 年。

16. 张民、李生、赵铁军,CEMT－Ⅲ汉英机器翻译系统的设计与实现[A],《计算语言学研究与应用》(陈力为主编)[C],北京语言学院出版社,1993 年。

17. Colmerauer, A. Les systemes-Q ou un formalisme pour analyser et synthetiser des phrases sur ordinateur[A], Technical Report[C], 1970.

18. Feng Zhiwei, On linguistical information included in the sentences of Chinese language [A], In *Proceedings of International Congress on Terminology and Knowledge Engineering*[C], INDEKS Verlag, 1987.

19. Feng Zhiwei, Memoire pour une tentative de traduction automatique multilangue de chinois en français, anglais, japonais, russe et allemand[A], In *Proceedings of COLING'82*[C], Prague, 1982.

20. Gazdar, G. , Ch. Mellish, Natural language Processing in POP－11 [M], Addison-Wesley Publishing Company, 1989.

21. Jurafsky, D. , and Martin. J. H. , 2000, Speech and Language Processing [M], Prentice Hall, Inc.

22. Kaplan, R. M. and J. Bresnan, Lexical functional grammar: A formal system for grammatical representation [A]. In *Mental Representation of Grammatical Relations*[C], pp. 173－281, MIT Press, Cambridge, MA, 1982.

23. Kay, M. Unification grammar[A], Technical Report[C], Xerox Palo Alto Research Center, 1983.

24. Kay, M. Parsing in functional unification grammar[A], in *Natural Language Parsing: Psychological, Computational and Theoretical Perspectives*[C], 1985.

25. Pollard, C. Generalized phrase structure grammar, head grammar, and natural languages [M], Doctoral dissertation, 1984.

26. Shieber, S. M. An Introduction To Unification-based Approaches to Grammar [M], 1989.

第八章

语义自动处理

　　自然语言的计算机处理,除了进行形态自动处理和句法自动处理之外,还要进行语义自动处理。

　　关于语义自动处理和句法自动处理的关系,在现有的自然语言处理系统中还有不同的处理办法,有的系统采用"先句法后语义"的办法,有的系统采用"句法语义一体化"的办法。

　　所谓"先句法后语义",就是在自然语言的分析系统中,首先进行独立的句法分析,得到表示输入句子的句法表示式,然后再经过独立的语义分析,获得输入句子的语义表示式。在句法分析中,虽然也要利用附加在词和词组上的某些必要的语义信息,但主要的依据是词法和句法信息。这一类系统的程序设计不依赖于某个特定的领域,具有较好的可移植性和可扩展性。

　　所谓"句法语义一体化",是指在自然语言分析系统中,不单独设置一个句法分析模块,而是句法分析和语义分析并行,或者根据某些语义模式,直接从输入句子求出其语义表示式。这一类系统往往可以有效地处理某些有语法错误或者信息不全的句子,根据语义线索直接获得对句子的语义解释,但是,由于句法信息不充分,语义分析往往难以奏效。

　　不论采取哪　种办法,语义分析都是必不可少的。所以,语义分析同句法分析一样,它们都是自然语言处理的最基本的功能模块。

　　人工智能的核心课题是知识表达的研究,而知识实际上也就是有意义的、反映世界状况的符号集合。知识表达离不开语义分析,表达自然语言语句意义的问题是与知识表达的问题融为一体的,自然语言语义的研究,必然会对人工智能中知识表达的理论产生重要的影响。

本章中,我们主要介绍意义的形式化表示方法,一阶谓词演算,讨论各种语义分析方法,如句法驱动的语义分析、语义语法、浅层语义分析、义素分析法、语义场。语言中的词汇具有高度系统化的结构,正是这种结构决定了单词的意义和用法,因此,我们还要介绍结构语义学。

第一节　语言意义的形式化表示方法与谓词论元结构

语言的意义可以使用形式化的方法来捕捉,这种形式化方法叫做"意义表示"(meaning representation)。之所以需要这样的意义表示,其原因在于:不论是没有加工过的语言输入,还是用我们前面研究过的任何自动句法分析方法推导出来的结构,都不能形式化地表示出语言的意义。更加具体地说,我们所需要的意义表示能够在从语言输入到与语言输入意义有关的各式各样的具体任务所需要的非语言知识之间架起一座桥梁。我们取语言的输入来构造意义表示,这样的意义表示要使用那些与表示日常生活中的常识性的世界知识同样的材料来构成。产生这样的意义表示并且把它们指派给语言输入的过程叫做"语义分析"(semantic analysis)。

1. 语言意义的四种形式化表示方法

为了把这个概念说得更加具体,我们以"I have a car"(我有一辆汽车)这个句子为例来说明在自然语言处理中经常使用的四种常见的意义表示方法。

● 一阶谓词演算(First Order Predicate Calculus,简称 FOPC)表示法

"I have a car"可以表示如下:

$$\exists x, y\ Having\ (x) \wedge Haver\ (Speaker, x) \wedge HadThing\ (y, x) \wedge Car\ (y)$$

这里,∃是存在量词,Having, Haver, HadThing 和 Car 都是谓词,分别表示"具有","所有者","所有物"和"汽车",x 和 y 是变元。

这个表达式的意思是：存在变元 x 和 y，说话人 x 是"所有者"，y 是"汽车"，y 是 x 的"所有物"。

- 语义网络(semantic network)表示法

"I have a car"可以表示如下：

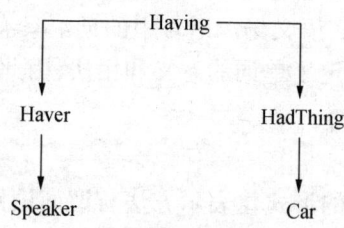

图 8.1　语义网络

这个语义网络表示的是一种"Having"（具有）关系，所有者（Haver）是说话人（Speaker），"所有物"（HadThing）是汽车（Car）。

- 概念依存图(Conceptual Dependency diagram)表示法

"I have a car"可以表示如下：

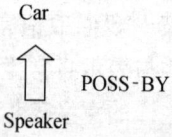

图 8.2　概念依存图

在这个概念依存图中，POSS－BY 表示"所有关系"（possession），说话人（Speaker）是所有者，汽车（Car）是所有物。

- 基于框架的表示法(Frame-based Representation)

"I have a car"可以表示如下：

> Having
>> Haver：Speaker
>> HadThing：Car

这是一个表示 Having 关系的框架，它包括两个槽，每一个槽都有填充物，第一个槽是"所有者"（Haver），填充物是"说话人"，第二个槽是"所有物"（HadThing），填充物是"汽车"。

这些意义表示方法都可以把语言输入同外部世界和我们关于外部世界的知识联系起来。

尽管这四种不同的表示方法有很多差别，但是，在抽象的层次上，它们都有一个共同的概念基础，这就是：意义表示是由符号的集合所组成的结构而构成的。如果我们适当地对这些符号进行安排，那么，这些符号结构就可以同在某个被表示的世界中的实体以及这些实体之间的关系对应起来。在这种情况下，这四种意义表示都使用了分别对应于说话人、汽车以及说明彼此之间的所属性质的一些关系。

应该注意，在所有这四种方法中的这些意义表示，至少可以从两个不同的视角来看：一方面，把它们看成是特定语言输入"I have a car"的意义表示，另一方面，把它们看成是在某个世界中的事件状态的表示。正是这种双重的视角使得这些意义表示可以用来把语言输入和世界以及我们关于世界的知识联系起来。

这样的意义表示需要有能力支持语义处理的计算要求，包括需要确定命题的真值，能够支持无歧义的表示，能够表达变量，能够支持推理，以及具有充分的表现力。上面这四种意义表示都具有这样的能力。

2. 谓词论元结构（Predicate-Argument Structure）

人类所有的语言在它们的语义结构的核心部分都有一种谓词论元排列的形式，叫做"谓词论元结构"（Predicate-Argument Structure）。人类语言具有各种各样的特征来传达意义。其中最为重要的特征是表达谓词论元结构的能力。

这种谓词论元结构表示了隐藏在构成句子的单词和短语的成分的底层之下的各个概念之间存在着的特定关系。这个底层的结构在很大的程度上能够从输入的各个部分的意义出发，构造出一个单独的组合性的意义表示。语言最重要的任务之一就是帮助组织这样的谓词论元结构。

谓词论元结构的核心是谓词。动词、介词和一部分名词都可以做谓词。

- 动词做谓词：

我们来看下面的例子：

1. I want Chinese food.
2. I want to spend less than five dollars.
3. I want it to be close by here.

这三个例子的句法论元框架分别是：

> NP **want** NP
> NP **want** inf-VP
> NP **want** NP inf-VP

这三个句法框架分别说明了动词 want 所要求的论元的数量、位置和句法范畴。

例如，第一个句法框架说明了如下事实：

① 谓词 want 有两个论元：I 和 Chinese food；

② 这两个论元都必须是 NP；

③ 第一个论元"I"处于动词之前，起主语的作用；

④ 第二个论元"Chinese food"处于动词之后，起直接宾语的作用。

这样的信息对于捕捉关于句法的各种重要事实是非常有价值的。

除了句法信息之外，我们还可以得到语义方面的信息，如果我们分析这些可以观察到的显而易见的语义信息，我们还可以进一步获得关于"语义角色"(semantic role)和"语义限制"(semantic restriction)的信息：

① 语义角色又叫做题元角色(thematic role)或者格角色(case role)。例如，在句子 1，2，3 中，动词之前的论元始终起着 want 行为的实体的作用(wanter)，而动词之后的论元则起着 want 的内容的作用(wanted)。注意到这些规则并且相应地标注它们，我们就能够把动词的表层论元与在底层语义中的一套离散的角色联系起来。更加一般地说，动词的次范畴化框架容许我们把表层结构中的论元与在这个输入的底层语义表示中这些论元所扮演的语义角色连接起来(linking)。把角色与特定的动词与动词的类别联系起来的这种研究，通常叫做"题元角色分析"(thematic role analysis)或者"格角色分析"(case role analysis)。

② 关于这些角色的语义限制。例如，在上面的句子中，并不是每一个在动词前面的名词都能做"想……的人"（wanter），只有某一类的概念或者范畴才能够直截了当地充当"想……的人"的作用。具体地说，动词 want 限制作为第一个论元出现的成分是那些能够在实际上进行 want 这样行为的那些人。在传统上，这样的概念叫做"选择限制"（selectional restriction）。通过使用这种选择限制，动词就可以具体地说明对于它的论元的语义限制是什么。

- 介词做谓词：

例如，在短语"A Chinese restaurant **under** fifteen dollars"（价钱在 15 美元以下的中国饭店）中，介词"under"可以看成是具有两个论元的谓词：第一个论元是 Chinese restaurant，第二个论元是 fifteen dollars，第一个论元与第二个论元处于一种"under"的关系之中。可以表示如下：

Under (ChineseRestaurant, $15)

- 名词做谓词：

例如，在句子"Make a **reservation** for this evening for a table for two persons at 8:00."（给两个人预订一个今晚 8:00 的餐位）中，尽管英语句子中的主要动词是"make"，但是它的谓词却应该是名词"reservation"，可以表示如下：

Reservation (Hearer, Today, 8PM, 2)

上面的讨论清楚地说明，任何有用的意义表示方法必须能够支持语义的谓词论元结构的特征。具体地说，它必须支持语言所表示的语义信息。

下面，我们进一步介绍第一种意义的形式化表示方法：一阶谓词演算表示法。

第二节 一阶谓词演算

一阶谓词演算（First Order Predicate Calculus，简称 FOPC）是一种灵活方便的、容易理解的、在计算上可循的方法，这种方法可以表示的知识能够满足我们在前面对于语言意义表示提出的那些要求。具体地说，一阶谓词演算可以为语言意义表示的可能性验证、推论和表达能力等方面提供坚实的计算基础。FOPC 最引人注目的特征是：它对于所表示的事物只做很少的说明，FOPC 所做的说明是相当容易理解的；它所表达的世界包括客体、客体的性质以及客体之间的关系。

在这一节中，我们首先介绍 FOPC 的基本句法和语义，然后描述 FOPC 的应用，并讨论 FOPC 之间的连接。

1. FOPC 的基本句法

我们可以使用上下文无关语法（CFG）的规则形式来递归地描写 FOPC 的句法：

Formula→AtomicFormula

    ｜ Formula Connective Formula

    ｜ Quatifier Variable ... Formula

    ｜ ¬ Formula

    ｜ (Formula)

AtomicFormula→Predicate (Term ...)

    Term→Function (Term ...)

        ｜ Constant

        ｜ Variable

Connective→ $\wedge$ ｜ $\vee$ ｜ =>

Quantifier→ $\forall$ (for all) ｜ $\exists$(there exists)

Constant→*A* ｜ *VegetarianFood* ｜ *Sanchon* ｜ ...

Variable→x ｜ y ｜ ...

Function→*LocationOf* ｜ *CuisineOf* ｜ ...

从这些描述中可以看出，FOPC 的原子公式（Atomic Formula）的形式是：

AtomicFormula→Predicate（Term ... ）

其中,Predicate 是谓词,Term 是"项"。

FOPC 的项有三种类型：常量(constant),函数(function)和变量(variable)。

FOPC 中的常量(constant)引用所描述的世界中的特定的客体。按照惯例,常量通常用一个单独的大写字母来描述,如 A 和 B 等,也可以用一个单独的大写的单词来描述,例如,本书作者 2004 年在韩国科学技术院(Korea Advanced Institute of Science and Technology,简称 KAIST)电子工程与计算机系(Electronic Engineering and Computer Science department,简称 EECS)教书,"KAIST"是我们所描述的世界中的一个特定的客体,全部字母都大写,我们可以把它看成一个常量;KAIST 附近有一个素食饭店叫做"Sanchon",这是一个专有名词,第一个字母已经大写,也可以看成一个常量;素食饭店出售素食(vegetarian food),我们可以把 vegetarian 和 food 连起来写成"VegetarianFood",这样,VegetarianFood 也就可以看出一个常量。正如程序设计语言中的常量一样,FOPC 的常量只严格地引用一个客体。当存在若干个客体时,可以用多个常量来引用它们。

FOPC 中的函数(function)相当于在英语中经常表示为所属格(genitive)的概念,如 location of Sanchon 或 Sanchon's location(Sanchon 的位置)。这样的表达式翻译成 FOPC 可表示如下：

LocationOf（Sanchon）

FOPC 函数在句法上相当于包含一个单独论元的谓词。不过,重要的是我们应该记住,它们在外表上像谓词,在事实上却只涉及到一个单独客体的"项"。FOPC 的函数为引用特定的客体提供了一种方便的途径,使用函数来引用客体时,用不着与命名它的常量相联系。当存在着像饭馆这样的很多命名客体时,如果使用函数,我们只需要一个像 location 这样的函数,就可以同各种名字的饭馆联系起来,是非常方便的。

同样地,CuisineOf 也是一个函数,表示"菜肴",例如,cuisine of Sanchon 或 Sanchon's cuisine(Sanchon 的菜肴),用 FOPC 表示如下：

CuisineOf（Sanchon）

在 FOPC 引用客体的机制中的最后一个概念是变量（variable）。变量一般用单个的小写字母表示，如 x, y。变量使我们能够对于客体做出判断，进行推论，而不必参照任何特定的命名客体。变量的这种对没有名字的客体进行说明的能力有两个特色：一是能够对于未知的匿名客体进行说明，二是能够对于在某个任意的客体世界中的一切客体进行说明。

Connective 是逻辑连接词。"∧"表示合取，"∨"表示析取，"=>"表示蕴涵。Formula 之间，可以用连接词进行连接。

Quantifier 是逻辑量词。∀（for all）是全称量词，∃（there exists）是特称量词。量词使用于变量的前面，对于变量进行限制。

前面我们对于 FOPC 的句法做了初步的解释，我们知道了引用客体的方法，这样，我们就可以研究如何用 FOPC 来说明在客体之间的关系了。

从 FOPC 的名称可以猜到，FOPC 是围绕谓词的概念组织起来的。谓词是一种符号，这种符号用于引用名称以及在给定领域内的一定数量的客体之间的关系。

下面是一些 FOPC 公式的例子。

例子 1. "Sanchon serves vegetarian food."（Sanchon 饭店供素食）可以用 FOPC 公式描述如下：

Server（Sanchon, VegetarianFood）

这个 FOPC 公式中的谓词是"Server"，这是二元谓词，它说明常量"Sanchon"和"VegetarianFood"所指的客体之间存在的关系是：Sanchon 供应 VegetarianFood。

例子 2. "Sanchon is a restaurant"（Sanchon 是一个饭店）可以用 FOPC 公式描述如下：

Restaurant（Sanchon）

Restaurant 是个一元谓词，它只涉及一个客体，而不涉及多个客体。这个 FOPC 公式说明，Sanchon 这个单独的客体的性质是"饭店”。

例子 3. "I only have five dollars and I don't have a lot of time."（我只有 5 美元,并且我没有很多时间)这个句子很复杂,必须使用逻辑连接词把不同 FOPC 公式连接起来描述如下:

$$\text{Have (Speaker, FiveDollars)} \wedge \neg \text{Have (Speaker, LotOfTime)}$$

这里,符号"$\neg$"表示否定。第一个 FOPC 公式说明说话人(Speaker)只有 5 美元,第二个 FOPC 公式说明说话人没有很多时间。两个公式之间用连接词"$\wedge$"连接,表示合取。

由于上下文无关语法具有递归特性,这种递归特性使得我们有可能使用逻辑连接词把无限数目的逻辑公式连接起来。这样一来,我们就有可能使用数量有限的 FOPC 工具来表达数量无限的意义。

2. FOPC 的语义

在 FOPC 知识库中的各种客体、性质以及关系借助于它们与这个知识库所模拟的外部世界中的客体、性质和关系而获得它们的意义。因此,FOPC 的句子可以根据它们所编码的命题是否与外部世界相符而被指派"真"(True)或"假"(False)的值。

我们来研究下面的例子:

"Log-house is near KAIST."

在这个句子中,Log-house 是一个饭店,KAIST 是韩国科学技术院的简称,捕捉在 FOPC 中这个例子的意义包括辨认与句子中的各种语法成分相对应的"项"和"谓词",并构造逻辑公式,用以表达那些反映在这个句子的单词和句法中所蕴涵的关系。对于这个例子来说,通过这些工作可以得到如下的结果:

$$\text{Near (LocationOf (Log-house), LocationOf (KAIST))}$$

这个逻辑公式的意义可以根据 LocationOf（Log-house）和 LocationOf（KAIST)两个项之间的关系、谓词 Near、以及在它们所模拟的世界中相应的客体和关系等而获得。具体地说,这个句子可以根据在现实世界中 Log-house 是不是真正与 KAIST 离得近而被指派

True(真)或 False(假)的值。当然,由于我们的计算机很少直接地访问外部世界,所以我们只好依靠某些其他的手段来决定这种公式的真值。

我们可以采用所谓"数据库语义学"(database semantics)来确定我们的逻辑公式的真值。从操作性的角度看,对于原子公式,如果它们字面上在知识库中表现出来,或者它们可以从知识库中其他公式推论出来,我们就说这个原子公式为真。对于包含逻辑连词的公式,可以把公式中的成分的意义与它们包含的逻辑连词的意义结合起来,从而解释整个公式的意义。

下面的真值表(Truth Table)给出了逻辑连接词的语义:

P	Q	¬P	P∧Q	P∨Q	P = >Q
–	–	+	–	–	+
–	+	+	–	+	+
+	–	–	–	+	–
+	+	–	+	+	+

图 8.3　FOPC 的真值表

这里,"+"表示"True","–"表示"False","∧"表示"and","¬"表示"not","∨"表示"or"," => "表示"implies"(蕴涵)。

3. 变量和量词

在 FOPC 中,变量有两种用法:一种用法是引用特定的匿名客体,一种用法是一般地引用在一个集合中的全部客体。这两种用法都可以通过使用叫做"量词"(quantifiers)的运算符来实现。作为FOPC 基础的这两个量词运算符,一个是存在量词(existential quantifier),记为∃,读为"there exists"("存在"),一个是全称量词(universal quantifier),记为∀,读为"for all"("对于一切的")。

需要使用存在量词的变量在英语中通常表现为一个不确定的名词短语。我们来研究下面的例子:

例子 1. "a restaurant that serves Japanese food near KAIST"

（KAIST 附近的一个供应日本食品的饭店）

这个名词短语的参照是具有特定性质的某个匿名客体。下面是这个短语的一个合理的意义表示：

$$\exists x\ Restaurant\ (x)$$
$$\land\ Serves\ (x, JapaneseFood)$$
$$\land\ Near\ (LocationOf\ (x), LocationOf\ (KAIST))$$

在这个表达式开头的存在量词告诉我们如何在这个句子的上下文中解释变量 x。大致上说，应该至少有一个客体，如果我们用它来替换变量 x，结果能够使形成的句子为真。例如，如果 Maru 是在 KAIST 附近的一个日本饭馆，那么，用 Maru 来替换 x，可以得到如下的逻辑公式：

$$Restaurant\ (Maru)$$
$$\land\ Serves\ (Maru, JapaneseFood)$$
$$\land\ Near\ (LocationOf\ (Maru), LocationOf\ (KAIST))$$

例子 2. "All vegetarian restaurants serve vegetarian food."（所有的素食饭馆都供应素食）

这个句子的 FOPC 公式如下：

$$\forall x\ VegetarianRestaurant\ (x) => Serves\ (x, VegetarianFood)$$

如果我们用已知的客体来替换变量 x，所有的这样的替换都使得相应的句子为真，则这个句子为真。

我们可以把所有可能的替换分为两种情况：一种情况是替换的客体是素食饭馆，另一种情况是替换的客体不是素食饭馆。

● 替换的客体是素食饭馆：

$$VegetarianRestaurant\ (Sanchon) \Rightarrow Serves\ (Sachon, VegetarianFood)$$

这个 FOPC 公式是一个蕴涵式，它的前提是 "VegetarianRestaurant (Sanchon)" ["Sanchon 是一个素食饭馆"]，替换之后得到的结论是 "Serves (Sanchon, VegetarianFood)" ["Sanchon 供应素食"]。根据真值表，如果 P 为真，Q 也为真，则 P => Q 必定为

真。在我们的 FOPC 公式中,前提和结论都为真,所以,整个的蕴涵式也为真。

- 替换的客体不是素食饭馆。

VegetarianRestaurant（Maru）=> Serves（Maru, VegetarianFood）

我们在前面说过,Maru 是一个日本饭馆,它不是一个素食饭馆,可见,在这个 FOPC 公式中,前提 P "VegetarianRestaurant（Maru）" 为假,这时,不管结论 Q "Serves（Maru, VegetarianFood）" 是真还是假,蕴涵式 "P => Q" 总是为真。所以,根据真值表,我们的蕴涵式 "VegetarianRestaurant（Maru）=> Serves（Maru, VegetarianFood）" 总是为真。

在上面的 FOPC 公式中,我们使用了存在量词(∃)或全称量词(∀)。对于满足存在量词的变量,必须至少存在一个替换使结果为真,句子才可以为真。对于满足全称量词的变量,必须所有的替换都使结果为真,句子才可以为真。

4. FOPC 中的推理

在 FOPC 中,推理(inference)能够给知识库增加可靠的新命题,或者能够确定那些不是明确地包含在知识库中的命题的真值。

FOPC 中最重要的一种推理是"取式推理"(modus ponens)。"取式推理"是关于前提和结论关系的推理,也就是"if-then 推理",定义如下:

α

$$\frac{\alpha \Rightarrow \beta}{\beta}$$

这里,α 和 β 都是 FOPC 公式。

例如,VegetarianRestaurant（Sanchon）

$$\frac{VegetarianRestaurant（x）-> Serves（x, VegetarianFood）}{Serves（Sanchon, VegetarianFood）}$$

在这个取式推理中,公式 "VegetarianRestaurant（Sanchon）" 是前提,根据取式推理,我们可以得出结论:"Serves（Sanchon, VegetarianFood）"。这样,我们就从"Sanchon 是素食饭馆"的前提推理出"Sanchon 供应素食"的结论。

在实际上,我们可以从两方面来使用取式推理:自前向后链接(forward chaining)和自后向前链接(backward chaining)。

——自前向后链接:使用自前向后链接方法,当一个单独的事实加到知识库中的时候,取式推理用这种事实来激发所有可应用的蕴涵规则,使得每当一个新的事实被加到知识库中,就可以找到并应用所有可应用的蕴涵规则,这样,每一个结论都把新的事实加到知识库中,依次使用知识库中这些新的事实去激发那些可以应用于它们的蕴涵规则,这个过程继续进行到没有新的事实可以被推导出来为止。自前向后链接方法的优点是,当需要的时候,有关的事实必须在知识库中表现出来,因为在自前向后链接中,所有的推论都必须事先进行,这样就可以充分地减少回答下一个问题所需要的时间,因为这时只需要进行简单的查询就可以了。自前向后链接方法的缺点是:在推理过程中所引用或存储的事实可能是以后永远用不上的。产生式系统(production system)大量地使用认知模型的研究成果,通过增加控制知识的方法来决定所要激发的规则,从而减少了那些永远用不上的事实,提高了自前向后链接方法的效率。

——自后向前链接:在自后向前链接中,取式推理按相反的方向自后向前地进行,调用提问来证明特定的命题,可以分两步进行。

① 第一步:根据提问是否存储在知识库中来判定提问公式是否为真。如果提问不在知识库中,那么,就转入第二步。

② 第二步:第二步搜索在知识库中有没有可应用的蕴涵规则。如果某一条规则的结论部分与提问公式相匹配,那么,这条规则就是可应用的规则;如果存在着任何的这样的规则,那么,提问就被证明了。如果把前提作为一个新的提问,那么,我们就可以递归地进行自后向前的链接。

例如,如果我们的提问是"Does Sanchon serve the vegetarian food?"(Sanchon 饭馆是不是供应素食),也就是说,我们想要证实下面的命题:

"Serves (Sanchon, VegetarianFood)",

由于这个命题在我们的知识库中不存在,我们需要按自后向前链接的方法使用取式推理,用"Sanchon"来替换取式推理前提中的变量 x,从而来查询取式推理中的前提"VegetarianRestaurant(Sanchon)"的真实性,由于这个事实在我们的知识库中是存在的,因此,我们可以证明"Serves(Sanchon,VegetarianFood)"为真。

这种自后向前推理的方法是从已知的结论推出未知的前提。如果结论被认为是正确的,那么,我们就假定前提也是正确的。

然而,实际上并非如此。例如,如果我们知道"Serves(Maru,VegetarianFood)",也就是"Maru 饭馆供应素食",这个事实与我们规则中的结论是匹配的,使用自后向前的推理,我们可以得出"VegetarianRestaurant(Maru)",也就是说,"Maru 是素食饭馆"。但是我们知道,Maru 是一个日本饭馆,它除了供应素食之外,也可能供应肉食。因此,"VegetarianRestaurant(Maru)"为假。

可见,自后向前推理的方法是一种不可靠的推理。尽管这种不可靠推理具有推出大量推论的能力,但是它也会导致一些似是而非的解释和错误的理解。

这类推理又叫做"溯因推理"(abduction)。溯因推理的中心规则是:

$$\frac{\alpha \Rightarrow \beta \quad \beta}{\alpha}$$

溯因推理是自后向前从结果中找可能的原因。对于我们刚才的例子,溯因推理的过程是:

$$\frac{\text{"VegetarianRestaurant(Maru)"} \Rightarrow \text{"Serves(Maru,VegetarianFood)"},\ \text{"Serves(Maru,VegetarianFood)"},}{\text{"VegetarianRestaurant(Maru)"}}$$

显然,这可能是一个不正确的推理,因为作为日本饭馆的 Maru 也可能供应肉食,这样,Maru 就不是一个素食饭馆了。

一般而言,一个给定的结果 β 可能有许多潜在的原因 α_i。我们从一个事实所要的并不仅仅是对它的一个可能的解释,通常我们需要对它的最佳解释。为了实现这个目的,我们需要比较可选择的溯因推理的品质。这里可采用各式各样的策略。一种可能是采用概率模型,不过,使用这种策略在选择计算概率的正确空间和缺少事件语料库时获取这些概率的方法等方面会出现一些问题。另一种方法是利用纯粹的启发式策略,比如优先选择假设数目最少的解释,或选择采用最具体输入特征的解释。尽管这类启发式策略实现起来非常容易,但是常常过于脆弱,功能也很有限。最后,也可以采用更全面的基于代价(cost-based)策略,这种策略把概率特征(既包括正值也包括负值)和启发式方法结合起来。

5. 某些与语言学相关的概念

(1)语义范畴

具有谓词语义的单词,它们的论元经常以选择限制形式表现出优先性。这些选择限制的典型表示是采用基于语义的范畴,这种范畴叫做"语义范畴"(semantic categories),其中一个语义范畴的所有成员共享一套相关的特征。

表示语义范畴的方法有两种:

——一元谓词方法:表示语义范畴的最普通的方法是为每一个范畴造出一个一元谓词。这样的谓词可以对每一个有关的语义范畴进行说明。例如,在关于饭馆的讨论中,我们就可以使用如下的一元谓词 VegetarianRestaurant:

VegetarianRestaurant(Sanchon)

对于每一个已知的素食饭馆,在我们的知识库中都有一个相似逻辑公式。

可惜的是,在这个方法中,语义范畴表示的是关系,而不是实实在在的客体。因此,这只能对于构成这个关系的各个成分有所说明,而很难对于语义范畴本身有所说明。例如,我们如果想把一个给定语义范畴的"最普通的成员"表示如下:

MostPopular(Sanchon,VegetarianRestaurant)

可惜这不是一个合格的 FOPC 公式,因为在 FOPC 中的谓词必须是"项",而不能是其他的谓词。但是在这个语义范畴表示中,VegetarianRestaurant 是一个谓词,违反了 FOPC 公式的规定。

——个别化方法:解决这个问题的一个办法是使用一种叫做"个别化"(reification)的技术把我们想表述的所有概念都表示为实实在在的客体。例如,我们就可以把 VegetarianRestaurant 这个范畴表示为像 Sanchon 这样的实在客体。这样一来,所属性概念这样的语义范畴就可以通过所属性关系表示如下:

ISA (Sanchon, VegetarianRestautant)

这个记为 ISA (is a)的关系在客体和以客体为成员的语义范畴之间是成立的,它表示 Sanchon 这个客体是语义范畴 VegetarianRestaurant 的一个成员。

这样的技术也可以通过使用其他相似关系的办法加以扩充,使它能表达范畴的层次。例如,

AKO (VegetarianRestaurant, Restaurant)

这里,关系 AKO (a kind of)在语义范畴之间成立,说明语义范畴的包含关系,它表示 VegetarianRestaurant 这个语义范畴是包含在 Restaurant 这个语义范畴之中的。当然,为了真正地给出这些谓词的意义,就应该把语义范畴定义为集合,并把这些谓词放到更大的集合中去。

(2) 事件

我们使用事件(events)来表示包括一个单独的谓词以及与给定的例子相联系的角色所需要的多个论元。例如,"Make a reservation for this evening for a table for two persons at 8 in Log-house Restaurant." 这个事件的表示包括一个单独的谓词 Reservation 以及听话人在预定时所需要的论元,如饭馆名称、日期、时间、参加人数等,如下所示:

Reservation (Hearer, Log-house, Today, 8PM, 2)

如果谓词是动词,这种方法简单地假定,表示动词意义的谓词的论元数目与该动词在它的次范畴化框架中所表现出来的论元数目是相

同的。

下面,我们来集中地研究与动词 eat 有关的下面的例子:

① I ate.

② I ate a sandwich.

③ I ate a sandwich at my desk.

④ I ate at my desk.

⑤ I ate lunch.

⑥ I ate a sandwich for lunch.

⑦ I ate a sandwich for lunch at my desk.

显而易见,在这些例子中,如像动词 eat 这样的谓词的论元数目是可变的,这就给我们提出了一个非常棘手的问题。

下面我们来研究解决这个棘手问题的一些可能的方法。

——建立次范畴化框架:为动词所容许的每一种论元的格式建立一个次范畴化框架,把 eating 分别设立为不同的谓词,用来处理动词 eat 的各种可能的行为方式。用这样的方法可以把上面 7 个例子表示如下:

$Eating_1$ (Speaker)

$Eating_2$ (Speaker, Sandwich)

$Eating_3$ (Speaker, Sandwich, Desk)

$Eating_4$ (Speaker, Desk)

$Eating_5$ (Speaker, Lunch)

$Eating_6$ (Speaker, Sandwich, Lunch)

$Eating_7$ (Speaker, Sandwich, Lunch, Desk)

在为每一个次范畴化框架建立不同的谓词的时候,这种方法巧妙地回避了谓词 Eating 究竟有多少个论元的问题。可惜的是,这种方法的代价太高了。因为在这些事件之间在逻辑上存在着明显的关系,而这种方法并不能给我们提供任何的关于事件之间的这种关系。具体地说,如果例子⑦为真,则其他的例子也为真。类似地,如果例子⑥为真,则例子①、②和⑤也为真。但是,这样的逻辑联系不能根据这些谓词单独地做出来。

——建立意义假设：解决这些问题的另一个办法是使用所谓的"意义假设"（meaning postulates）。我们来研究下面关于意义假设的例子：

$$\forall w, x, y, z \; Eating_7(w, x, y, z) \Rightarrow Eating_6(w, x, y)$$

这个意义假设把我们谓词 $Eating_7$ 和 $Eating_6$ 中的语义联系在一起了。建立其他的意义假设可以用来处理不同的 Eating 的其他逻辑关系，并且把它们与相关的观念联系起来。

尽管这个方法在小的领域中还行得通，但是，还明显地存在"规模设定性"（scalability）问题。更加敏感的办法说，从例子①到例子⑦全都涉及同样的谓词，只是某些论元在表层形式中消失了。使用这种方法的时候，很多的论元都被包含在谓词的定义中，就像它们在输入中出现时那样。例如，如像 $Eating_7$ 这样的给我们的谓词是含有4个论元的，它们是：吃的人、吃的东西、吃的哪一顿饭、吃的地点。下面的公式表现了我们例子的语义：

$\exists w, x, y \; Eating \, (Speaker, w, x, y)$

$\exists w, x \; Eating \, (Speaker, Sandwich, w, x)$

$\exists w \; Eating \, (Speaker, Sandwich, w, Desk)$

$\exists w, x \; Eating \, (Speaker, x, w, Desk)$

$\exists w, x \; Eating \, (Speaker, w, Lunch, x)$

$\exists w \; Eating \, (Speaker, Sandwich, Lunch, w)$

$\exists Eating \, (Speaker, Sandwich, Lunch, Desk)$

这个方法直接表示出这些公式之间的逻辑联系。具体地说，所有带有论元项的句子在逻辑上都包含了公式的真值，而这些公式是以存在量词的约束变量作为论元的。

可惜的是，这种方法至少有两个明显的不足：

第一，这种方法的负担太重；

第二，这种方法使我们不能把事件个性化。

为了说明这种方法为什么负担过重，我们来研究例子⑤到⑦中关于 for lunch 这个补语的处理方式，这种方法把 for lunch 作为第三个论元,即"吃的哪一顿饭",加到谓词 Eating 中。这样的表示方法使得我们对于任何的 Eating 事件都必须和"吃的哪一顿饭"联系起来,也就是说,凡是 Eating 事件,都必须说明这是中饭、午饭还是晚饭。更加具体地说,在上面的例子中,关于吃饭(Eating)的论元的存在量词变量必须在形式上都和"吃的哪一顿饭"联系起来。这种做法显然是愚蠢的,因为人们在吃东西的时候,不一定都要说明这是哪一顿饭,因为人们也可以在早饭、中饭和晚饭的时间之外进食。

为了看出这种方法不适合于处理个性化的事件,我们来研究下面的公式:

$$\exists w, x \text{ Eating (Speaker, } x, w, \text{ Desk)}$$
$$\exists w, x \text{ Eating (Speaker, } w, \text{ Lunch, } x)$$
$$\exists w \text{ Eating (Speaker, } w, \text{ Lunch, Desk)}$$

如果我们知道前面两个公式是描述的同一事件,那么,就可以把它们结合起来造出第三个表示公式。可惜的是,使用当前的表示公式,我们不能说出这样做是否有可能。I ate at my desk 和 I ate lunch 这两个独立的事实不容许我们得出 I ate lunch at my desk 的结论。显而易见,我们还没有引用 I ate lunch at my desk 这个事件的办法。

——事件个别化描述:我们可以使用语义范畴来解决这个问题,这时,我们应用"个别化"(reification)的办法来加强对于事件的描述,使得事件成为能够量词化的客体,并且能够通过定义好的关系与其他的客体联系起来。使用这样的方法,我们来研究例子②的表示。

$$\exists w \text{ ISA (w, Eating)}$$
$$\wedge \text{ Eater (w, Speaker) } \wedge \text{ Eaten (w, Sandwich)}$$

这样的表示其意思是:存在着一个吃饭的事件,其中,Speaker 是吃饭这个事件的行为者,Sandwich 是被吃的东西。用相似的方法,我们可以作出例子①和⑥的意义表示来:

$$\exists w \text{ ISA (w, Eating) } \wedge \text{ Eater (w, Speaker)}$$
$$\exists w \text{ ISA (w, Eating)}$$

$$\wedge \text{ Eater (w, Speaker)} \wedge \text{ Eaten (w, Sandwich)}$$
$$\wedge \text{ MealEaten (w, Lunch)}$$

这种事件个别化(reified-event)的方法有如下特点:

- 对于一个给定的表层谓词,不需要说明量词的确定数目,在输入中出现多少角色和填充项都可以胶合到表层谓词中来。
- 只要在输入中提到角色,不需要再对角色进行意义假设。
- 在有密切联系的例子之间,只要使用逻辑连接词就可以满足把它们连接起来的要求,不再需要意义假设。

(3)时间的形式表示

时间逻辑(temporal logic)和时态逻辑(tense logic)从语义的角度对时间进行形式化的表示。关于时间的最简单的理论认为,时间是一直向前地流动的,事件与时间线(timeline)上的一个点或者一个片段相联系。根据这样的概念,可以把不同的事件放在这个时间线上,从而形成事件的顺序。如果时间流把第一个事件引导到第二个事件,我们就说第一个事件先于(precedes)第二个事件。在大多数关于时间的理论中,还有在时间中的当前时刻的概念。把这些概念与时间顺序的概念结合起来,就产生了我们所熟知的关于现在、过去和将来的概念。

例如,

> I arrived in Seoul.
>
> I am arriving in Seoul.
>
> I will arrive in Seoul.

如果不考虑时间方面的信息,这3个句子都可以表示为如下的 FOPC 公式:

$$\exists w \text{ ISA (w, Arriving)}$$
$$\wedge \text{ Arriver (w, Speaker)} \wedge \text{ Destination (w, Seoul)}$$

这个 FOPC 公式说明,存在着一个 Arriving 的事件 w,w 的到达者(Arriver)是说话人(Speaker),w 的方向(Destination)是 Seoul。

不过,根据句子中动词的时态,我们还可以给上面的表示事件的

变量 w 增加关于时间的信息。我们可以提出表示事件的"时间间隔"（interval）的变量 i，还可以提出事件的"时间终点"（end of point）的变量 e，这样，对于上面的 n 个句子，我们就分别地可以得到如下的表达式：

$\exists i$, e, w ISA (w, Arriving)
  $\land$ Arriver (w, Speaker) $\land$ Destination (w, Seoul)
  $\land$ IntervalOf (w, i) $\land$ EndPoint (i, e) $\land$
  Precedes (e, Now)

$\exists i$, e, w ISA (w, Arriving)
  $\land$ Arriver (w, Speaker) $\land$ Destination (w, Seoul)
  $\land$ IntervalOf (w, i) $\land$ MemberOf (i, Now)

$\exists i$, e, w ISA (w, Arriving)
  $\land$ Arriver (w, Speaker) $\land$ Destination (w, Seoul)
  $\land$ IntervalOf (w, i) $\land$ EndPoint (i, e) $\land$
  Precedes (Now, e)

在这些表达式中，变量"i"表示相关事件的时间间隔，变量"e"表示时间间隔的终点，二元谓词"precedes"表示第一个时间点论元前于第二个时间点论元，常量"now"表示当前时间。我们根据时间线的前后顺序，就可以描述"过去、将来和现在"等时间概念：对于过去的事件，时间间隔的终点前于当前时间"Now"，也就是说，过去的事件发生在当前时间之前，表示为 Precedes (e, Now)；对于将来的事件，当前时间"Now"前于事件的终点，也就是说，将来的事件发生在当前时间之后，表示为 Precedes (Now, e)；对于现在发生的事件，当前时间包含在事件的时间间隔之内，表示为 MemberOf (i, Now)。

为了表示英语中的完成时态，雷申巴赫（Reichenbach）提出了"参照点"（reference point）的概念。他把言语行为中的时间分为发话时间（utterance time，记为 U）、事件时间（event time，记为 E）和参照点（reference point，记为 R），使用参照点来描述完成时态。

例如，

When John's flight departed, I ate.

When John's flight departed, I had eaten.

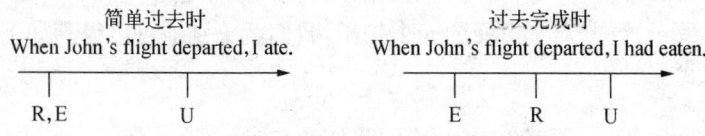

简单过去时
When John's flight departed, I ate.

R,E   U

过去完成时
When John's flight departed, I had eaten.

E R U

图 8.4　简单过去时和过去完成时的表示方法

英语中还有现在完成时(present perfect)、现在时(present)、简单将来时(simple future)、将来完成时(future perfect)。例如,

In the time John's flight departed, I have eaten. (现在完成时)
When John's flight departed, I eat. (现在时)
When John's flight departs, I will eat. (简单将来时)
When John's flight departed, I will have eaten. (将来完成时)

我们也可以使用雷申巴赫的方法来表示这些时态。

下面是用雷申巴赫的方法来表示的各种英语时态(例句中都省去了"When John's flight departed"等表示参照点的从句):

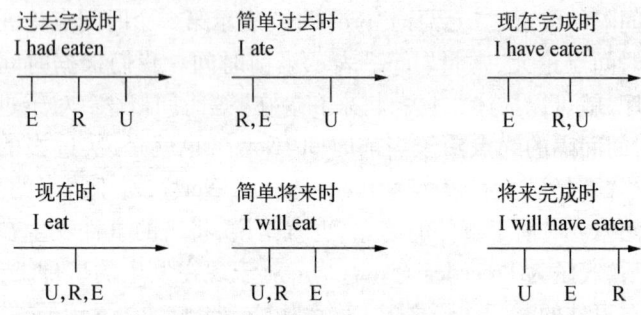

过去完成时
I had eaten

E R U

简单过去时
I ate

R,E U

现在完成时
I have eaten

E R,U

现在时
I eat

U,R,E

简单将来时
I will eat

U,R E

将来完成时
I will have eaten

U E R

图 8.5　英语时态表示法

(4) 信念的形式表示

语言中有的单词是表示人的信念(believe)的,例如,"believe, want, know, imagine"等。这些单词表示的信念不一定是客观存在的现实,而是说话人主观的想象,是说话人自己创造的世界。所以,这些单词具有创造世界的能力,当然,它们创造的世界是一个假想的世

界,而不是现实的世界。

在 FOPC 的公式中,这些表示信念的单词一般都使用类似于句子那样的成分作为论元。例如,

I believe that Mary ate Japanese food.

其中,believe 是表示信念的单词,它的论元是 Mary ate Japanese food。

在这个句子中有两个事件:一个事件表示说话者具有某个特殊的信念,记为 Believing,另一个事件表示这个信念的内容"Mary ate Japanese food",记为 Eating。使用个别化的方法,我们可以把这个句子的 FOPC 公式表示如下:

$$\exists u, v\ ISA\ (u,\ Believing)\ \wedge\ ISA\ (v,\ Eating)$$
$$\wedge\ Believer\ (u,\ Speaker)\ \wedge\ BelievedProp\ (u,\ v)$$
$$\wedge\ Eater\ (v,\ Mary)\ \wedge\ Eaten\ (v,\ JapaneseFood)$$

这个 FOPC 公式中有 u 和 v 两个变量,u 代表事件 Believing,v 代表事件 Eating,u 的信念者(Believer)是说话人(Speaker),u 的信念命题(BelievedProp)是 v,v 的吃饭者(Eater)是 Mary,v 的被吃者(Eaten)是 JapaneseFood,这些信息以连接词"$\wedge$"相互连接,显而易见,只有在每一个连接项目都为真的时候,整个句子才为真,也就是说,Mary 在事实上必须真正吃过日本食品。然而,整个句子的意思只是表示一个信念,这个信念不一定就是事实。所以,这个 FOPC 是有问题的,是不能成立的。

为了解决这个问题,我们可以引入一个新的算子(operator),叫做"信念算子"(Believed),这个算子以两个 FOPC 公式作为它的论元:一个公式描述信念者,一个公式描述所信念的命题。使用这样的信念算子,我们可以得到如下的 FOPC 表达式:

$$Believes\ (Speaker,\ \exists v\ ISA\ (v,\ Eating)\ \wedge\ Eater\ (v,\ Mary) \wedge$$
$$Eaten\ (v,\ JapaneseFood))$$

在这个 FOPC 公式中,Believes 不再是一个事件,而是一个算子,这个算子的信念者是说话人(Speaker),这个算子的信念内容就是说

话人所相信的命题:"$\exists v$ ISA $(v,$ Eating$)$ $\wedge$ Eater $(v,$ Mary$)$ $\wedge$ Eaten $(v,$ JapaneseFood$)$"。

在逻辑公式中使用的像"Believes"这样的算子,叫做"模态算子"(modal operator),使用这样的算子来加强的逻辑叫做"模态逻辑"(modal logic)。在自然语言处理中,我们经常使用模态逻辑来进行常识(commonsense knowledge)的形式化表示。

第三节 意义的其他三种形式化表示方法的进一步说明

除了 FOPC 之外,表示意义的形式化方法还有语义网络、概念依存图和框架表示法三种。本节对这种三种表示方法进一步加以说明。

1. 语义网络

由联想关系构成的语义场叫做联想场,它反映了词义与词义之间的动态的组合关系。这种组合关系,可以通过语义网络(semantic network)来描述。由于语义的内容就是概念的内容,因此,在语义网络中,就直接用概念来表示词义。

语义网络是 1968 年由美国心理学家奎尼安(R. Quillian)研究人类联想记忆时提出的。1972 年,美国人工智能专家西蒙斯(R. F. Simmons)和斯乐康(J. Slocum)首先将语义网络用于自然语言理解系统中。1977 年,美国人工智能学者亨德里克斯(G. Hendrix)提出了分块语义网络的思想,把语义的逻辑表示与"格语法"(case grammar)结合起来,把复杂问题分解为若干个较为简单的子问题,每一个子问题以一个语义网络表示,可进行自然语言理解中的各种复杂的推理,把自然语言理解的研究向前大大推进了一步。

语义网络可用有向图线来表示。一个语义网络就是由一些以有向图线表示的三元组

(结点 1,图线,结点 2)

连接而成的。

结点表示概念,图线是有方向的、有标记的。在三元组中,图线由结点 1 指向结点 2,结点 1 为主,结点 2 为辅,图线的方向体现了主

次,图线上的标记表示结点 1 的属性或结点 1 与结点 2 之间的关系。

语义网络中的一个三元组可图示如下:

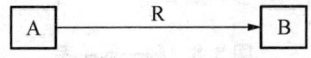

图 8.6　三元组的表示法

这样,由若干个三元组构成的语义网络就可表示为:

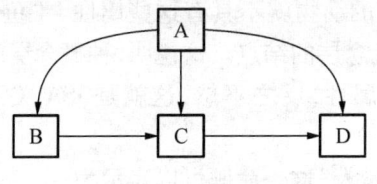

图 8.7　语义网络

从逻辑表示的方法来看,语义网络中的一个三元组相当于一个二元谓词,因此,三元组

（结点 1,图线,结点 2）

可写成二元谓词

P(个体 1,个体 2)

其中,个体 1 对应于结点 1,个体 2 对应于结点 2,而图线及其上面表示结点 1 与结点 2 之间的关系的标记由谓词 P 来体现。

这样一来,一个由若干个三元组构成的语义网络就相当于一组二元谓词。

我们可以把语义网络看成一种知识的单位。人脑的记忆是通过存贮大量的语义网络来实现的。

在人工智能中,语义网络内各个概念之间的关系,主要由 ISA,PART－OF, IS 等谓词来表示。

谓词 ISA 表示"种—属关系","种概念"隶属于"属概念",因此,ISA 是一种隶属关系,它体现为某种层次分类,种概念层的结点可继承属概念层结点的属性。谓词 ISA 表示的"种—属"关系也可以看成是一种"具体—抽象"关系,具体概念隶属于某个抽象概念。

例如,"鱼是一种动物"这一命题可表示为

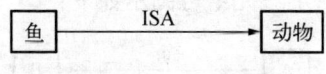

图 8.8　种—属关系

动物具有"会动、吃食物、要呼吸"等属性,鱼也具有"会动、吃食物、要呼吸"等属性。此外,鱼还具有"用鳃呼吸、水中生活、有鳍"等特殊的属性,而有的动物就不具有这些属性。"鱼"是种概念层的结点,"动物"是属概念层的结点。这说明,种概念层的结点可以继承属概念层的结点的属性,反之不然,这就是 ISA 关系中的"属性继承规则"。

又如,"学生是人"这一命题可以表示为

图 8.9　种—属关系

人具有"能制造工具、能使用工具、能进行劳动、高等动物"等属性,因此,学生也具有"能制造工具、能使用工具、能进行劳动、高等动物"等属性,此外,学生还具有"在学校读书"的特性,而其他的人不一定具有这样的特性。这一命题显然也遵循着 ISA 关系中的"属性继承规则"。

谓词 PART-OF 表示"整体—构件"关系,构件包含于整体之中,因此,PART-OF 也是一种包含关系。在 PART-OF 关系中,下层结点不能继承上层结点的属性,ISA 关系中的"属性继承规则",在 PART-OF 关系中是不能成立的。

例如,"车轮是汽车的一部分"这个命题,可以表示为:

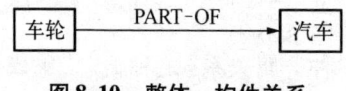

图 8.10　整体—构件关系

其中,"车轮"不一定具有"汽车"的某些属性。

又如,"墙上有黑板"这个命题,可以表示为:

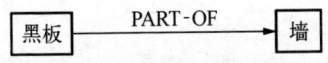

图 8.11　整体—构件关系

在这种整体—构件关系中,黑板的属性与墙的属性几乎毫无共同之处。

谓词 IS 用于表示一个结点是另一个结点的属性。

例如,"奥斯陆是挪威首都"这个命题,可以表示为:

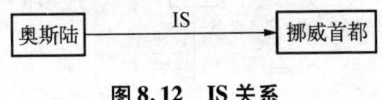

图 8.12　IS 关系

又如,"小刘聪明过人"这个命题,可以表示为:

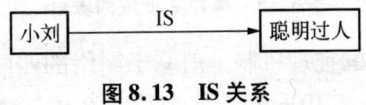

图 8.13　IS 关系

结点与结点之间的关系是多种多样的。ISA,PART-OF 和 IS 只是三种最常见的关系。对于自然语言的计算机处理来说,这三种关系是远远不够的。

如上所述,语义网络是由一组二元谓词构成的,它可表示一个事件(event)。事件是由若干个概念组合所反映的客观现实,它可以分为叙述性事件、描述性事件和表述性事件 3 种。当用语义网络来表述事件时,语义网络中结点之间的关系,还可以有施事(AGENT)、受事(PATIENT)、位置(LOCATION)、时间(TIME)等。

例如,"张忠帮助王林"这一事件可以表示为:

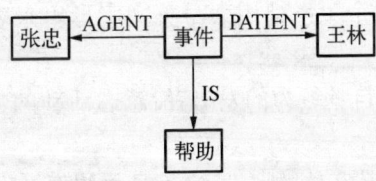

图 8.14　事件的表示

如果知道张忠是老师,王林是学生,那么,语义网络可更加细致地表示如下：

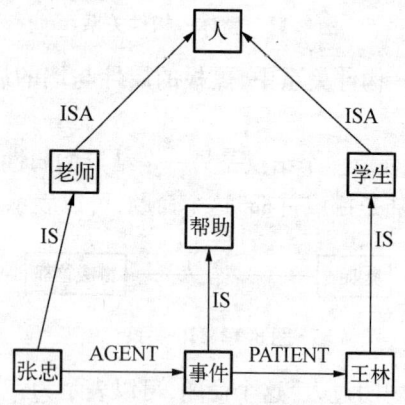

图 8.15   事件更细致的表示

语义网络系统的推理机制一般基于网络的匹配。根据提出的问题可构成局部网络，其中的变量代表待求客体。查询解答的过程就是查询局部网络到网络知识库的匹配操作，若匹配成功，则输出变量所得的替换值为"是"，匹配不成功则输出"否"。

例如，在语义网络知识库中存贮了事件"张忠帮助王林"，查询的目的是"张忠帮助谁?"，根据图 8.14 中的网络进行匹配，结果匹配得到成功，得到变量的替换值为"王林"，即"谁 = 王林"。

把语义网络的理论和方法运用于汉语的自动处理，有必要根据汉语的特点，对于二元谓词中的谓词作深入的研究，充分地揭示汉语中的语义关系。

东北工学院刘东立、姚天顺等提出了汉语自动分析中的语义关系集，定义如下（每个关系都用大写英文字母串来表示，括号内注明其中文含义）：

AGT（施事）：自觉行为的发出者，意志活动的主体，该行为和活动影响某个客体。

ATT（属性）：某客体的属性，它不是物体而是物体的内涵。

BEL（属事）：事件中主体所领有的人或事物。

CAS（条件）：影响事件是否发生或发展的条件。

CAA(假设条件)：一种假设的条件，用来表示命题的必要前提。

CAU(促使)：某动作或状态发生的原因或起因者。

DAT(与事)：事件中有利益或损失的间接客体。

DET(限定)：事件中主体的限定者。

DST(终点)：事件中活动所抵达的终结点。

DUR(时段)：事件发生从开始到结束所持续的时间段。

EXP(当事)：经历变化、获知客事和呈现状的主体。

EXT(客事)：事件中活动所涉及但不受支配的外在客体。

LOC(处所)：发生动作或状态的处所。

MEA(手段)：为达到某一目的而采用的方法、手段、或具体措施。

MOD(修饰)：某一动词或形容词的修饰。

NUM(数值)：某物体的数字部分。

OBJ(受事)：事件和活动中受支配或对待的既存的直接客体。

ORG(起源)：事件中活动的起点或变化前的状态。

POS(领事)：事件中领有关系或隶属关系的个体。

QNT(数量)：事物与数量的关系。

REA(参照)：事件中进行比较或测量所参照的间接客体。

SCP(范围)：事件所涉及的领域或范围。

SIT(情景)：事件发生的场合或处境。

VAL(属性值)：属性 ATT 的值。

例如，"这位老师去北京"这个句子的语义网络是：

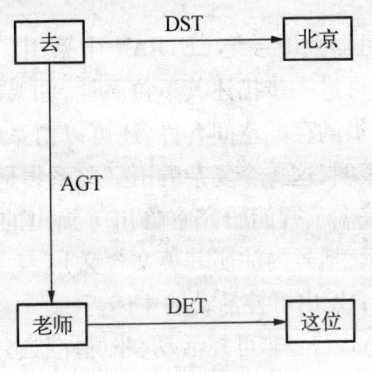

图 8.16　语义网络

"他因劳累而休息了"这个句子的语义网络如下：

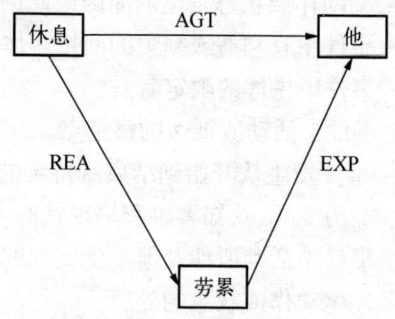

图 8.17　语义网络

"陈景润从事数学研究"这个句子的语义网络如下：

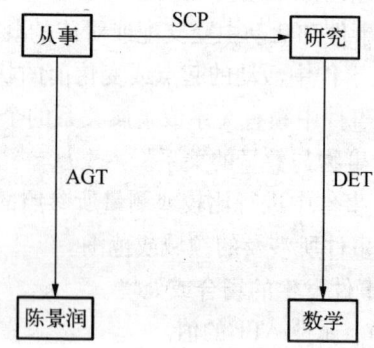

图 8.18　语义网络

　　他们在汉英机器翻译系统 CETRAN 中采用了上述语义关系，对于同一类关系，还可进一步描述其下位属性，如果在分析过程中发现不够，只要系统提供的存贮空间允许，还可以由系统程序员添加下位属性。实际运行表明，这一个复杂的语义关系集是行之有效的。

　　河南财经学院人工智能研究室鲁川等提出的语义网络如下（每个关系用汉字表示，括号内注明其英文含义）：

　　施事（Agent）：发出可控活动的主体。

　　当事（Experiencer）：非可控活动、非可控状态的主体或自身变化的主体。

指事(Essive)：类属关系的主体或比喻关系的本体。

领事(Genitive)：领有关系的主体或包括关系的整体。

受事(Patient)：支配性活动所处置或控制的直接客体。

内容(Content)：关涉性活动所传递或感受的客体内容。

成果(Product)：创造性活动所创作或建造的新生客体。

对象(Goal)：活动所对待或关涉的间接客体。

类事(Category)：类属关系的类别,类似或比喻关系的喻体。

限定(Determiner)：限定关系中的限定者。

分事(Part)：包括关系中的组成部分或构成部分。

数量(Quantifier)：数量关系中的物量。

伴随(Companion)：事件中伴随者。

排除(Exception)：事件中的排除者。

参照(Reference)：事件中比较或测量的参照者。

范围(Scope)：事件中所关涉的方面或领域。

原因(Cause)：引起事件发生或发展的原因。

依据(Basis)：事件中所遵照或依靠的凭据。

目的(Purpose)：事件所要达到的目的。

结果(Effect)：事件所造成的结局或效果。

方式(Manner)：事件中的态度、方法、形式或状况。

工具(Instrument)：事件中所用的器具、设备或人力。

材料(Material)：事件中所消耗的原料、能源或资金。

程度(Degree)：事件中所达到的水平或状态及情感的程度。

时间(Time)：事件发生的时点。

期间(Period)：事件起止的时段。

久暂(Duration)：事件延续的时量。

频度(Frequence)：事件中活动或变化的重复及其次数。

处所(Location)：事件发生的处境或场所。

起源(Source)：事件中的起点、来源或原来的状态。

路途(Route)：事件所经过的路途或过程。

趋向(Direction)：事件中的方向、进程或终点。

例如,"他抽烟斗"这个句子,其语义网络为:

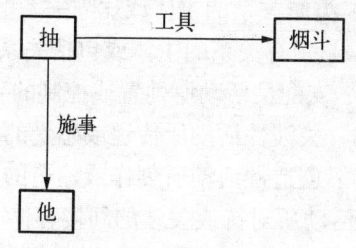

图 8.19　语义网络

"数学小王考一百分"这个句子的语义网络是:

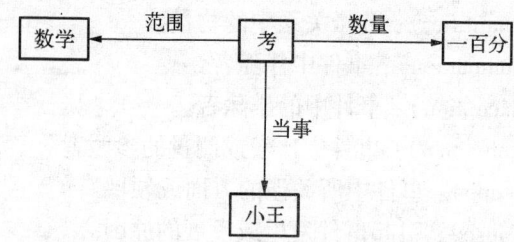

图 8.20　语义网络

"昨天小王高兴地唱了一支歌"这个句子的语义网络是:

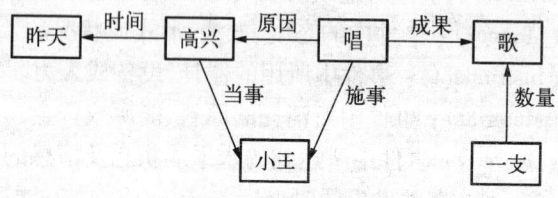

图 8.21　语义网络

　　根据汉语复合句中各个分句之间的关系,他们还提出了如下的关于事件之间的关系:

　　先行(Antecedent):在时间上或事理上发生在前的先行事件。

　　后继(Succedent):在时间上接续先行事件的后继事件。

　　递进(Progression):在某一方面比先行事件更进一步的后继事件。

　　转折(Adverse):不顺着先行事件方向发展的转折性事件。

原因(Cause)：造成某种结果或导致另一事件的引发性事件。

结果(Result)：由于某种结果或条件所造成的结局性事件。

推断(Inference)：根据某种原因或假设而得出的推断性事件。

条件(Condition)：影响事件进展的、必要的或充分的前提性事件。

假设(Assumption)：为了对事件进展有所推断而提出的假设性事件。

让步(Concession)：为了跟转折性事件形成对比而提出的让步性事件。

手段(Means)：为了达到某种目的而采取的措施性事件。

目的(Purpose)：通过某些手段而要达到的目标性事件。

舍弃(Abandonment)：为了选取更有利的事件而舍弃的另一可选性事件。

选取(Preference)：舍弃一可选性事件而选取的更有利的可选性事件。

根据这些关系，可以建立复合句的语义网络。

例如，"足球队训练刻苦，为的是夺取冠军"这个复合句的语义网络如下：

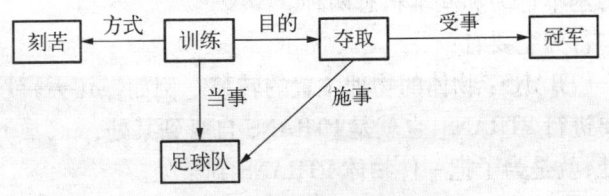

图 8.22　复合句的语义网络

这样建立的语义网络，在双语言或多语言的机器翻译系统中，可以作为原语和译语之间的一种"中介语言"(Interlingua)，在机器翻译过程中，首先输入原文的线性序列，然后把它分析为原文的语义网络，再转换为译文的语义网络，最后生成译文的线性序列。

2. 概念依存图

1973 年，尚克提出了概念依存理论(Conceptual Dependency

Theory, 简称 CD 理论), 用于描述自然语言中短语和句子的意义。尚克使用概念依存理论设计了一个德英机器翻译系统。

概念依存理论主张句法、语义和推理相互融合的一体化(Integrated)处理模型, 这种模型更接近于人对自然语言理解的过程, 由于在处理的最初阶段就综合运用了包括语言学知识和关于外部世界的常识在内的各种知识, 因此处理效率比较高。

概念依存理论有 3 条重要的原理:

第一, 对于任何两个意义相同的句子, 不管这两个句子属于什么语言, 在概念依存理论中, 它们的语义表达式只有一个。

早在 1949 年, 美国洛克菲勒基金会的副总裁韦弗(W. Weaver)在讨论机器翻译的时候就提出, 当机器把语言 A 翻译为语言 B 的时候, 可以从语言 A 出发, 通过一种中间语言(Interlingua), 然后再转换为语言 B, 这种中间语言是全人类共同的。尚克继承了韦弗的这种思想。

第二, 蕴涵在一个句子中的任何为理解所必须的信息都应该在概念依存理论中得到显式的表达。

这样的显式表达一般使用概念依存表达式。概念依存表达式由数量有限的若干个语义基元(semantic primitive)组成, 这些语义基元可以分为基本行为和基本状态两种。

基本行为主要有:

——PTRANS: 物体的物理位置的转移。例如, go(去)就是行为者自己要进行 PTRANS, 也就是 PTRANS 自身到某处, put(放)一个物体在某处, 就是为了把一件物体 PTRANS 到某处。

——ATRANS: 占有、物主或控制等抽象关系的转移。例如, give(给)就是占有关系或所有权的 ATRANS, 也就是把某物 ATRANS 给某人, take(拿)就是把某物 ATRANS 给自己, buy(买)是由两个互为因果的概念构成的, 一个是钱的 ATRANS, 一个是商品的 ATRANS。

——INGEST: 使某种东西进入一个动物的体内。INGEST 的宾语通常是食物、流体或气体。例如, eat(吃), drink(喝), smoke(抽烟), breathe(呼吸)等都是 INGEST。

——PROPEL：在某物上使用体力。例如,push(推),pull(拉),kick(踢)都是 PROPEL。

——MTRANS：人与人之间或者在一个人身上的精神信息的转移。例如,tell(告诉)是人们之间的 MTRANS,see(看)则是个人内部从眼睛到大脑的 MTRANS,类似的还有 remember(回忆)、forget(忘记)、learn(学习)等。

——MBUILD：人根据旧信息加工成新信息。例如,decide(决定),conclude(得出结论),imagine(想象),consider(考虑)等都是MBUILD。

1977 年尚克和阿贝尔森共列出了 11 个基本行为。除了上述的6 个之外,还有 MOVE, GRASP, EXPEL, SPEAK, ATTEND 等 5 个。另外,还有一个用于表示行为哑元的 DO(泛指一般的行为)。

这些基本行为的概念之间的关系,叫做依存(dependency)。依存关系的数量也是有限的,每种依存关系用一种特殊的箭头在图上表示出来,构成概念依存图(concept dependency diagram)。例如,"John gives Mary a book."这个句子的概念依存图如下:

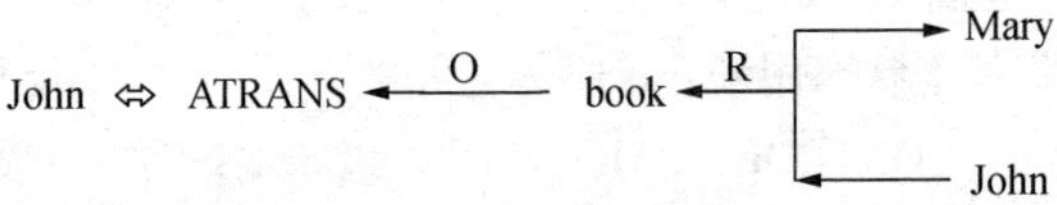

图 8.23　概念依存图

其中,John, book, Mary 叫做概念结点,ATRANS 是这个结点表示的一个基本行为,是"给"这种抽象关系的转移,标有 R 的三通箭头表示 John, Mary 和 Book 之间的接受或给予的依存关系,因为 Mary 从 John 那里得到了一本 book,标有 O 的箭头表示"宾位"的依存关系,也就是说,book 是 ATRANS 的目的物。

概念依存理论中的基本状态的数量比较多。这里举出几种:

——HEALTH 表示健康状态,取值从 -10 到 +10:

　　死(-10)　　重病(-9)　　病(-9 到 -1)　　不舒服(-2)

　　正常(0)　　好(+7)　　　完全健康(+10)

——FEAR 表示害怕状态,取值从 -10 到 0:

毛骨悚然(-9)　　惶恐(-5)　　担心(-2)　平静(0)

——MENTAL - STATE 表示精神状态,取值从 -10 到 +10:

发狂(-9)　沮丧(-5)　心烦(-3)　忧愁(2)

正常(0)　　愉快(+2)　高兴(+5)　心醉神怡(+10)

——PHYSICAL - STATE 表示物理状态,取值从 -10 到 +10:

死(-10)　　　　重伤(-9)　轻伤(-5)　物体破碎(-5)

受伤(-1 到 -7)　正常(+10)

例如,

Mary HEALTH(-10)	Mary is dead.
	(玛丽死了。)
John MENTAL - STATE(+10)	John is ecstatic.
	(约翰心醉神怡。)
Vase PHYSICAL - STATE(-5)	The vase is broken.
	(瓶子打碎了。)

此外,还有 CONSCIOUSNESS, ANGER, HUNGER, DISGUST, SURPRISE 等也都表示基本状态。

另外一些基本状态用来表示物体之间的关系,它们不能用数值标尺来度量。例如,CONTROL, PART - OF, POSSESSION, OWNERSHIP, CONTAIN, PROXIMITY, LOCATION, PHYSICAL - CONTACT 等。

基本行为和基本状态可以结合起来。例如,John told Mary that Bill was happy 这个句子,可以不用上面的那种带箭头的表达式,而用基本行为和基本状态表示如下:

John MTRANS (Bill BE MANTAL - STATE(+5)) to Mary

其中,MTRANS 表示 John 把某种精神信息转移给 Mary,也就是"约翰告诉玛丽",MENTAL　STATE(+5)表示精神状态达好,也就是说,"比尔是幸福的",这是精神信息转移的内容。

这个句子也可以用基本行为和基本状态表示如下:

(MTRANS (ACTOR John)

(OBJECT (MENTAL - STATE (OBJECT BILL)

$$(\text{VALUE } 5)))$$

(TO Mary)

(FROM John)

(TIME PAST))

根据前面的解释,读者不难理解这个表达式的含义。

下面是用这样的方式表达的两个语句的例子:

例子1. John gave Mary a book.

(ATRANS (ACTOR John)

(OBJECT book)

(TO Mary)

(FROM John)

(TIME PAST))

例子2. John killed Mary.

(HEALTH (OBJECT Mary)

(VALUE – 10)

(CAUSE (DO (ACTOR John)))))

推理在语义分析过程中是非常重要的,这不仅是由于句子中个别单词或句法结构的歧义需要借助于推理来排除,而且我们还希望挖掘出句子中蕴涵的信息。

尚克等人为概念依存理论建立了如下 5 条推导因果关系的规则:

① 行为可以引起状态的改变;

② 状态可以使行为成为可能;

③ 状态可以使行为成为不可能;

④ 状态可以激发一个精神事件,行为也可以激发一个精神事件;

⑤ 精神事件可以成为行为的原因。

下面具体说明这种显式表达的应用。

例子1. 如果有

(ATRANS (ACTOR x) (OBJECT y) (TO z) (FROM w))

则我们可以进行如下的推理：

前提：w 拥有 y［相当于（POSSESSES（ACTOR w）

（OBJECT y））］

结果：z 拥有 y；

允许 z 利用 y 的某些功能；

w 不再拥有 y。

例子 2. 如果有

(PTRANS (ACTOR x) (OBJECT y) (TO z) (FROM w))

则我们可以进行如下的推理：

前提：y 原先在 w 处［相当于（LOCATION（OBJECT y）

（LOC w））］

结果：y 现在处于 z 处；

如果 z 是某个物体的存放处所，那么，z 现在可以利用该

物体的功能了；

y 现在已经不处于 w 处。

例子 3. 如果存在给定状态（POSSESSES（ACTOR x）（OBJECT y））

则我们可以推导出有关行为的原因：

(ATRANS (ACTOR ?) (OBJECT y) (TO x) (FROM ?))

x 之所以 POSSESSE y 是由于某个 ACTOR 从自身处把 y 的 ATRANS 给了 x。

第三，在句子的意义表达式中，必须把隐晦地存在于句子中的信息尽量地显现出来。

例如，John eats the ice cream with a spoon.（约翰用匙吃冰淇淋）这个句子，可以用概念依存图表示如下：

在图 8.24 中，标有 D 的箭头表示方向依存关系，标有 I 的箭头表示工具依存关系。值得注意的是，mouth（口）在原来的句子中并不存在，但是它却作为一个概念结点进入了概念依存表达式中，这是概念依存网络与在分析时产生的推导树之间的一个根本的不同点。根据概念依存理论的第三条原理，John 的 mouth 是作为 ice cream 的接

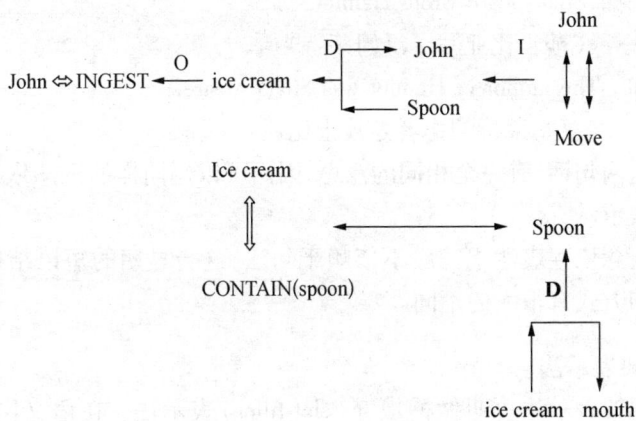

图 8.24　比较复杂的概念依存图

纳器隐晦地存在于句子的意义之中的,不管它是不是用文字表示出来,John 吃冰淇淋的时候一定要动用 mouth 这个接纳器,因此,我们应该在概念依存表达式中把它表示出来。

　　当然,隐晦地存在于句子中的意思是挖掘不尽的,所以,这样的表达式还可以把意思表示得更细致一些。例如,这个句子还可以解释为:

　　"John INGESTs the ice cream by TRANSing the ice cream on a spoon to his mouth, by TRANSing the spoon to the ice cream, by GRASPing the spoon, by MOVing his hand to the spoon, by MOVing his hand muscles."

　　(约翰把冰淇淋**纳入**其体内,把匙里的冰淇淋**转移**到他的口中,把匙**转移**到冰淇淋上,**抓住**匙,把他的手往匙那边**移动**,并且使他手上的肌肉**动**起来。)

　　当然,在一般情况下,我们没有必要没完没了地进行这样的扩展,只需扩展到能够满足自然语言处理系统的具体要求就可以了。

　　对于诸如同义互训(papaphrase)和回答问题(question answering)这样的工作,概念依存表达式同那些面向表层结构的系统比较起来,具有不少的优点。

例如,Shakspeare wrote Hamlet.

(莎士比亚写了汉姆莱特)

和 The author of Hamlet was Shakespeare.

(汉姆莱特的作者是莎士比亚)

这两句话,有完全相同的意思,因而可以用同样的概念依存表达式来表示。

概念依存表达式一般不依赖于句法,这与早期的短语结构语法的释句方式有很大的不同。

3. 框架表示法

框架表示法也叫做槽填充(slot-filler)表示法。在语义网络中,客体用图的结点来表示,客体之间的关系用有名字的连接边来表示。在框架表示法中,客体用特征结构来表示,因此,它当然也可以很自然地表示为“特征—值矩阵”。在这样的表示方法中,特征叫做槽(slot),而这些槽的值叫做填充者(filler),填充者可以用原子值来表示,或者可以用另一个嵌套的框架来表示。

例如,I believe Mary ate Japanese food. 这个句子的框架,可以用“特征—值矩阵”表示如下:

$$
\begin{bmatrix}
\text{BELIEVING} & & \\
\text{BELIEVER} & \text{Speaker} & \\
\text{BELIEVED} & \begin{bmatrix} \text{EATING} & \\ \text{EATER} & \text{Mary} \\ \text{EATEN} & \text{JapaneseFood} \end{bmatrix}
\end{bmatrix}
$$

这种意义表示方法目前被广泛地接受,因为它可以比较容易地转写为等价的 FOPC 命题。

第四节　句法驱动的语义分析和浅层语义分析

前面我们讲述了意义的四种形式化表示方法,现在我们来讨论怎样进行语义分析,主要介绍句法驱动的语义分析、语义语法以及浅层语义分析。

1. 句法驱动的语义分析

句法驱动的语义分析(Syntax-Driven Semantic Analysis)的理论基础是弗雷格提出的"组成性原则"(principle of compositionality)。

组成性原则认为：一个句子的意义可以由它的几个部分(parts)的意义组合而成。从表面上看来，这个原则似乎是司空见惯的常识，不大有用处。众所周知，句子是由单词构成的，而单词是语言中意义的最基本载体。因此，这个原则所告诉我们的全部内容似乎不过是应该由句子中所包含的各个单词的意义来组成句子所代表的意义。

不过，如果我们仔细思考这个"组成性原则"，我们还可以更加深刻认识到：一个句子的意义并不仅仅依赖于句子中的词汇，它还依赖于句子中词汇的顺序，词汇所形成的群组以及词汇间的关系。因此，句子的意义应该部分地依赖于句法结构，我们可以从句法来驱动语义分析，从而得到句子的语义。这就是句法驱动的语义分析的基本根据。

在句法驱动的语义分析中，意义表示的组成是由我们在前面讨论的语法分析中所提供的句法成分和关系来引导的。

首先，我们以输入句子的句法分析结果作为语义分析器的输入。输入句子首先通过剖析器获得它的句法分析结果。接着这个句法分析结果被传给语义分析器来产生意义表示。

在图 8.25 中，输入句子经过剖析器得到表示句子句法结构的树形图，经过语义分析器，最后得到句子的语义表示作为输出。这种方法，叫做"管道流方法"(pipe-line approach)。

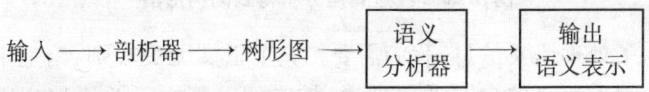

图 8.25　管道流方法

值得注意的是，尽管在图 8.25 中我们使用剖析器产生的树形图作为输入，但是在实际上，我们也可以用其他的句法表示，比如特征结构、词汇依存关系图等作为输入。

如果我们已经得到了表示输入句子句法结构的树形图，那么，我们就可以进行句法驱动的语义分析了。

一般地说,语义分析可以分为如下几个步骤:

(1) 把单词的 FOPC 表达式附着到树形图中的词汇单元上。

(2) 把树形图中无分叉子树的子女结点的语义值复制到父母结点上。

(3) 把类似于函数的"λ 表达式"(λ - expressions)附着到句子的中心动词上,然后使用这个类似于函数的 λ 表达式来处理该动词的一个或多个子女结点。

(4) 使用"复杂项"(complex term)来处理带有逻辑量词的表达式,把这种复杂的表达式临时地作为一个单独的项来处理。

下面我们首先从分析比较简单的句子"Maru serves meat."开始来说明上述语义分析的过程。

(1) 把单词的 FOPC 表达式附着到树形图中的词汇单元上。

这个输入句子经过句法分析之后,我们得到如下的树形图:

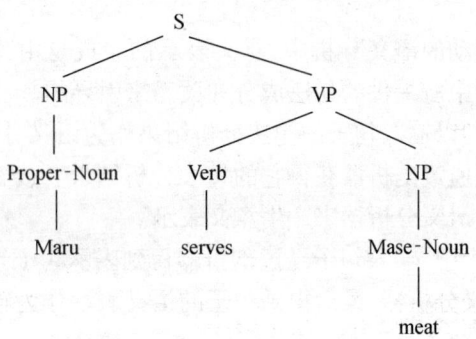

图 8.26   经过句法分析得到的树形图

为了处理语义信息,我们需要扩充上下文无关规则,给上下文无关规则附着语义信息。抽象地说,扩充的上下文无关语法规则的结构为:

$$A \rightarrow \alpha_1 \ldots \alpha_n \{ f(\alpha_j. sem, \ldots, \alpha_k. sem) \}$$

容易看出,我们在基本的上下文无关规则 $A \rightarrow \alpha_1 \ldots \alpha_n$ 的右手边 (RHS) 增加了 $\{ f(\alpha_j. sem, \ldots, \alpha_k. sem) \}$ 这样的语义信息。如果我们给成分 A 附着的语义信息记为 A. sem,那么,这个语义信息可以通

过计算函数 $f(\alpha_j.\text{sem}, \ldots, \alpha_k.\text{sem})$ 而得到,其中,$(\alpha_j.\text{sem}, \ldots, \alpha_k.\text{sem})$ 是规则右手边(RHS)的成分 $\alpha_1 \ldots \alpha_n$ 相应的语义信息。

在我们的例子中,我们从句子中比较具体的成分 Maru 和 meat 开始进行计算,这两个成分都是名词短语 NP,然后自下而上地、一步一步地计算出更加复杂的语义表达式,最后计算出整个句子的语义表达式。我们句子中的具体成分 Maru 和 meat 可以分别用 FOPC 常数 *Maru* 和 *Meat* 来表示,为了与单词 Maru 和 meat 相区别,我们把这两个表示语义信息的常数用斜体字母表示。我们首先把这两个常数附着到树形图中相应的成分上,得到下面的扩充的上下文无关规则:

ProperNoun   →Maru   {*Maru*}

MassNoun   →meat   {*Meat*}

在这两个规则中,{*Maru*} 和 {*Meat*} 表示附着在由规则所生成的子树中所包含的语义信息,即常数 *Maru* 和 *Meat*。

(2)把树形图中无分叉子树的子女结点的语义值复制到父母结点上。

在树形图中,上层结点 NP 的语义表示信息可以从它们的子女结点获得,因此。我们可以把子女结点的语义表示信息直接地复制到它们的父母结点上。

NP→ProperNoun   {*ProperNoun. sem*}

NP→MassNoun   {*MassNoun. sem*}

这两个规则说明,名词短语 NP 的语义表示信息与它们的子女结点 ProperNoun 和 MassNoun 的语义表示信息是相同的,分别表示为 *ProperNoun. sem* 和 *MassNoun. sem*。一般说来,在表示无分叉子树的语法规则中,子女结点的语义表示信息可以原封不动地复制到它们的父母结点上。

(3)把类似于函数的 λ 表达式(λ-expressions)附着到句子的中心动词上,然后使用这个类似于函数的 λ 表达式来处理该动词的一个或多个子女结点。

把子女结点的语义表示信息复制到它们的父母结点上以后,我们就可以来计算以动词 serves 为中心的这个句子所描述的事件的语义信息了。一个普通的 Serving 事件包含 Server（供应者）和 Served（供应的东西），可以用如下的逻辑公式来表示：

$$\exists e, x, y \text{ ISA } (e, \text{Serving}) \wedge \text{Server } (e, x) \wedge \text{Served } (e, y)$$

对于动词 serves 的语义附着，我们只需要简单地把这个逻辑公式加到上下文无关语法规则的右手边就可以了，我们有：

Verb→serves

$\{ \exists e, x, y \text{ ISA } (e, \text{Serving}) \wedge \text{Server } (e, x) \wedge \text{Served } (e, y) \}$

然后我们在树形图中继续向上进行语义计算，Verb 结点的上面一个成分是 VP，这个 VP 的子树不是一个无分叉的子树，它对应着一个有分叉的语法规则，VP 包含 serves 和 meat 两个单词，直接支配着 Verb 和 NP 这两个子女结点，这时，我们不能把 Verb 和 NP 这两个子女结点的语义表示信息直接复制到 VP 上，我们需要把 NP 的语义信息融合到 Verb 的语义信息中去，并且把融合所得的语义表示信息指派给 VP，这个融合后得到的语义表示信息记为 VP. sem。

但是，关于动词 serves 的 FOPC 公式不能给我们提供任何的手段，因而也就不能告诉我们在什么时候和用什么方式来处理 FOPC 公式中包含的 x, y 这两个变量。

在这种情况下，我们可以使用"lambda 符号"（lambda notation）来解决这个问题。Lambda 符号是 FOPC 符号的扩展，它给我们提供了这种形式化参数的功能。lambda 符号扩充了 FOPC 句法，使 FOPC 能引入下面的表达式：

$$\lambda x P(x)$$

这个表达式由三部分组成，首先是希腊符号 λ（读为"lambda"），接着是一个或多个变量，最后是使用这些变量的 FOPC 表达式。

当我们把 λ 表达式用于逻辑项时，可以生成新的 FOPC 表达式，在这些新的 FOPC 表达式中的形式参数变量可以由指定的项来绑定。这种处理叫做"λ 化简"（λ- reduction），λ 化简就是 λ 变量由指定的 FOPC 项来进行简单的字面替换并去掉 λ 的过程。

下面表达式说明这种λ化简的过程。首先将一个λ表达式用于常量 A，得到λxP(x)(A)，接着对这个表达式进行λ化简，用指定的项 A 来替换 P(x)中的形式参数变量 x，得到 P(A)：

λxP(x)(A)
P(A)

λ 符号提供了我们前述的在动词语义中需要的两种能力：

第一，形式参数使我们可以表达各种不同变量，

第二，λ化简可以使我们用项来替换这些变量。

这样，我们就可以将一个λ表达式作为另一个λ表达式的一部分，如下所示：

λx λyNear(x,y)

这个表达式非常抽象，可以解释为某些事物 x 与另一些事物 y 彼此接近(Near)的状态。例如，我们可以用它来描述句子"Log-house is near KAIST"。

首先，我们用项 KAIST 来替换变量 x，进行λ化简，得到：

λx λy Near (x, y) (KAIST)
λy Near (KAIST, y)

显而易见，这个λ化简之后得到的结果仍然是一个 λ 表达式。第一次λ化简时，绑定了变量 x，并把这个 x 从λ表达式中删除，这样，嵌在内部的另一个λ表达式就浮现出来了，它就是 λy Near（KAIST, y)，我们用另外一个项 Log-house 来替换变量 y，得到如下的逻辑公式：

λy Near (KAIST, y) (Log-House)
Near (KAIST, Log-House)

最后得到的 FOPC 公式"Near (KAIST, Log-House)"清楚地描述了句子"Log-house is near KAIST."的语义。

这种多次进行λ化简的技术叫做"梳理"(currying)，也就是像梳理马的鬃毛那样，一步一步地进行变量的λ化简。当谓词具有多个论

元的时候,使用这种梳理技术,可以把含有多个论元的谓词转换为若干个只含有单个论元的谓词的序列。所以,这种"梳理"技术是非常有用的。

现在,我们就可以使用 λ 符号和 λ 化简来处理前面关于 VP 的语义附着问题了。

我们有关于动词 serves 的扩充的上下文无关规则如下:

Verb→serves
$\{\ \exists e, x, y\ ISA\ (e, Serving)\ \wedge\ Server\ (e, x)\ \wedge$
$Served\ (e, y)\}$

首先,我们把这个规则中的动词语义附着改变为 λ 表达式,得到:

Verb→serves
$\lambda x\lambda y\{\ \exists e, x, y\ ISA\ (e, Serving)\ \wedge\ Server\ (e, x)\ \wedge\ Served$
$(e, y)\}$

Verb 附着的主要部分是由一个 λ 表达式嵌入一个 λ 表达式来组成的。外部的表达式提供了首次 λ 化简中可以替换的变量 x,而内部的表达式可用充当 Server 角色的变量 y 来绑定。在动词语义附着中多层 λ 表达式的变量的顺序,清楚地表明在句法中动词论元具有所期望的位置这一事实。

然后,我们使用"梳理"的方法,一步一步地进行变量的 λ 化简。首先使用内部的 λ 表达式对充当 serves 角色的变量 y 进行绑定,在我们的例子中,及物动词 VP 规则的语义附着确定了 λ 应用,这里 λ 表达式由 Verb. sem 指定,论元由 NP. sem(Verb. sem 的子女结点)指定。

VP→Verb NP $\{Verb. sem\ (NP. sem)\}$

这个 λ 变换使用 NP. sem 中包含的值来替换 y,也就是用常数"Meat"替换包含在内部表达式中的变量 y 来进行 λ 化简。λ 变换后得到的表达式代表了 VP"serves meat"的含义,VP. sem 的值如下:

$$\lambda x\{ \exists e, x \text{ ISA } (e, \text{Serving}) \land \text{Server } (e, x) \land \text{Served } (e, \text{Meat})\}$$

由于谓词具有多个论元,还需要继续进行梳理。为了完成这个句子的语义分析,我们还要为规则 S 建立语义附着。这个规则 S 必须把 VP 前面的论元 NP 融入到 VP. sem 中的事件所代表的语义角色中去。这需要使用另一个 λ 变换来处理句首的 NP. sem。

$$S \rightarrow NP\ VP \qquad \{VP. \text{sem } (NP. \text{sem})\}$$

这里的 NP. sem 是处于句首的 NP. sem。

这个 λ 变换的结果如下:

$$\exists e \quad \text{ISA } (e, \text{Serving}) \land \text{Server } (e, \text{Maru}) \land \text{Served } (e, \text{Meat})$$

这就是我们语义分析的结果。

"Maru serves meat" 这个句子的语义是:存在着一个关于"供应"(Serving)的事件,这个事件的"供应者"(Server)是饭馆 Maru,这个事件的"供应物"(Served)是"肉食"(Meat)。这样的语义,正确地反映了这个句子的实际含义。可见我们的语义分析是成功的。

具有上述语义附着的剖析树如下:

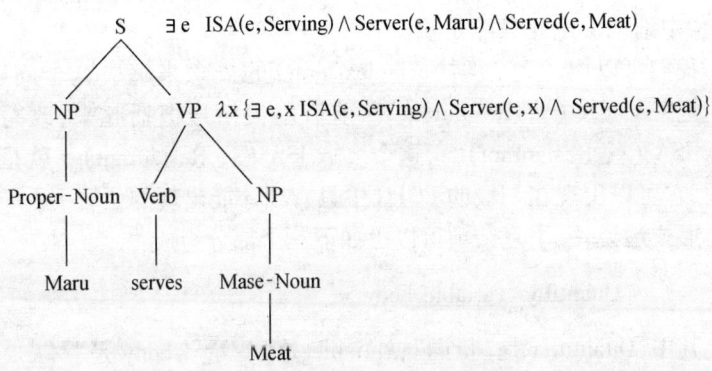

图 8.27 带语义附着的剖析树

使用这样的语义分析方法,我们就可以把表示句法结构的剖析树转化为带有语义附着的剖析树。

显而易见,这样的语义分析方法是由句法驱动的,所以,我们把这样的方法叫做句法驱动的语义分析法。

(4) 使用复杂项来处理那些带有逻辑量词的表达式,把这样的表达式临时作为项来处理。

我们来研究句子 "A restaurant serves meat"。这个句子与我们上面的句子 "Maru serves meat" 的不同之处仅仅在于主语,这个句子的主语是带有逻辑量词的 NP "A restaurant",而上面句子的主语是一个专有名词 "Maru"。由于句子的其他部分相同,所以我们只需要着重地研究主语的语义表示问题,然后,把这个语义表示融合到动词短语中就可以了。

初看起来,我们似乎可以把这个句子的主语表示为如下的公式:

$$\exists x \ ISA \ (x, \ Restaurant)$$

然后我们把主语的表达式嵌入到谓词 "Server" 中去,得到:

$$\exists e \ ISA \ (e, \ Serving) \ \wedge \ Server \ (e, \ \exists x \ ISA \ (x, \ Restaurant)) \ \wedge \ Served \ (e, \ Meat)$$

尽管这个表达式在直觉上似乎是合理的,但是,这不是一个合格的 FOPC 公式,"$\exists x \ ISA \ (x, \ Restaurant)$" 不能作为谓词的论元,因为 FOPC 中谓词的论元只能是项。

我们可以引入复杂项 (complex-term) 的概念来解决这个问题。我们把 "$\exists x \ ISA \ (x, \ Restaurant)$" 前后用尖括号把括起来,改写为 $< \exists x \ ISA \ (x, \ Restaurant) >$,这个 $< \exists x \ ISA \ (x, \ Restaurant) >$ 就是复杂项,它可以出现在一般的 FOPC 中只有项才能出现的位置上。

形式地说,一个复杂项可以由如下三个部分组成:

$$< Quantifier \ variable \ body >$$

其中,Quantifier 是 "量词",variable 是 "变量",body 是 "体"。在复杂项 $< \exists x \ ISA \ (x, \ Restaurant) >$ 中,$\exists$ 是 "量词",x 是 "变量",ISA $(x, \ Restaurant)$ 是 "体"。

把复杂项这样的记法应用到我们的句子中,我们可以得到如下的表达式:

∃e   ISA（e，Serving）∧ Server（e， < ∃x ISA（x，Restaurant）> ）∧ Served（e，Meat）

我们可以根据下面的规则来改写任何包含复杂项的谓词：

P（<Quantifier variable body >）
=>
Quantifier variable body Connective P（variable）

这个规则的含义是：

- 复杂项可以从它所出现的谓词 P 中抽取出来；
- 复杂项可以由问题中代表客体的变量来替换；
- 在复杂项替换时，要使用适当的连接词（Connective）把原来

复杂项中的量词、变量和体与含有变量的谓词 P 联系起来。

根据这个规则，我们有：

Server（e， < ∃x ISA（x，Restaurant）> ）
=>
∃x ISA（x，Restaurant）∧ Server（e，x）

这里，我们使用的连接词是"∧"，此外，还可以使用连接词" => "。

究竟使用什么样的连接词依赖于表达式中的逻辑量词。如果逻辑量词为存在量词，则连接词为"∧"，如果逻辑量词为全称量词，则连接词为" => "。也就是说，

- ∧ 与存在量词∃一起使用；
- => 与全称量词∀一起使用。

我们的表达式为：

∃e   ISA（e，Serving）∧ Server（e， < ∃x ISA（x，Restaurant）> ）∧ Served（e，Meat）

在这个表达式中，复杂项 < ∃x ISA（x，Restaurant）> 的量词为存在量词，所以，应该用连接词"∧"改写为"∃x ISA（x，Restaurant）∧ Server（e，x）"。最后我们得到句子的语义表达式如下：

$\exists e\ ISA\ (e,\ Serving)\ \wedge\ \exists x\ ISA\ (x,\ Restaurant)\ \wedge\ Server (e,\ x)\ \wedge\ Served\ (e,\ Meat)$

这个表达式的含义是："存在一个事件 Serving，x 是饭馆，并且，这个饭馆是事件的供应者，这个事件的供应物是 Meat"。这正是句子"A restaurant serves meat."的语义分析结果。

如果句子是"Every restaurant serves meat"，那么，复杂项中的逻辑量词将是全称量词 ∀，我们将使用连接词"=>"来进行改写。

复杂项

$$Server\ (e,\ <\forall\ x\ ISA\ (x,\ Restaurant)\ >)$$

将改写为：

$$\forall\ x\ ISA\ (x,\ Restaurant)\ =>\ Server\ (e,x)$$

可见，在对复杂项进行改写时，不同的逻辑量词使用的连接词是不同的。我们应该注意到这个问题。

在我们分析的句子"a restaurant serves meat"中，名词短语"a restaurant"的语义附着是相当直观的。我们可以使用下面的规则来表示：

NP→Det Nominal　　　$\{<Det.\ sem\quad x\ Nominal.\ sem(x)>\}$

在这个规则中，语义附着部分是复杂项 < Det. sem　x Nominal. sem(x) >，在复杂项中，首先根据 Det 的不同选用不同的逻辑量词，然后根据与"Nominal"相关的 λ 表达式来处理变量 x。

在我们的句子中，Det 是不定冠词"a"，因此，应该使用逻辑量词"∃"，我们有：

Det→a　　　　　　$\{\exists\}$

范畴 Nominal 的任务是建立一个 ISA 公式和一个与 Noun 相关的 λ 表达式。我们有：

Nominal→Noun　　　$\{\lambda x\ ISA\ (x,\ Noun.\ sem)\}$

最后，名词附着只需要提供一个范畴名字就可以了。我们有：

Noun→restaurant　　　$\{Restaurant\}$

这正是名词短语"a restaurant"的语义表达式"∃x ISA（x, Restaurant）"的含义。

在改写包含复杂项的谓词的规则中,需要针对不同的逻辑量词选用不同的连接词,因此,当一个句子中既包括带全称量词的名词短语又包括带存在量词的名词短语时,由于改写顺序的不同,就可以得到不同的语义分析结果。

我们来考虑下面的句子:

Every restaurant has a menu

我们可以用 FOPC 公式把它表示如下:

∃e ISA（e, Having）
$\quad$ ∧ Haver（e, < ∀ x ISA（x, Restaurant）> ）
$\quad$ ∧ Had（e, < ∃y ISA（y, Menu）> ）

这里,用来改写"Haver"和"Had"的两个复杂项的逻辑量词分别为全称量词和存在量词,如果我们首先改写 Haver 的复杂项,然后再改写 Had 的复杂项。也就是首先把

Haver（e, < ∀ x ISA（x, Restaurant）> ）

改写为

∀ x ISA（x, Restaurant）=> Haver（e, x），

然后把

Had（e, < ∃y ISA（y, Menu）> ）

改写为

∃y ISA（y, Menu）∧ Had（e, y），

最后,把改写的结果合并,我们将得到如下的意义表达式:

∀ x ISA（x, Restaurant）=>
∃e ISA（e, Having）∧ Haver（e, x）∧ ∃y ISA（y, Menu）∧ Had（e, y）

这样的表达式与我们对于这个句子的常识性解释是完全符合的。

在"∃e ISA（e, Having）"中,我们用谓词"Having"来替换 ISA,得到"∃e Having（e）",整理后,我们有:

$$\forall \ x \ ISA \ (x, \ Restaurant) =>$$
$$\exists e \ Having \ (e) \ \wedge \ Haver \ (e, \ x) \ \wedge \ \exists y \ ISA \ (y, \ Menu) \ \wedge \ Had \ (e, \ y)$$

我们再把包含存在量词∃的表达式"∃e Having（e）"和"∃y ISA（y, Menu）"合并为"∃e, y Having（e）∧ ISA（y, Menu）",得到:

$$\forall \ x \ ISA \ (x, \ Restaurant) =>$$
$$Haver \ (e, \ x) \wedge \exists e, \ y \ Having \ (e) \ \wedge \ ISA \ (y, \ Menu) \wedge Had \ (e, \ y)$$

这样一来,我们有:

$$\forall \ x \ ISA \ (x, \ Restaurant) =>$$
$$\exists e, \ y \ Having \ (e) \ \wedge \ Haver \ (e, \ x) \ \wedge \ ISA \ (y, \ Menu) \ \wedge \ Had \ (e, \ y)$$

这意味着:"for all restaurants, every restaurant has a menu"(对于所有饭馆,每一个饭馆都有一份菜单)。

另一方面,对于这个句子的 FOPC 公式

$$\exists e \ ISA \ (e, \ Having)$$
$$\wedge \ Haver \ (e, \ < \ \forall \ x \ ISA \ (x, \ Restaurant) \ >)$$
$$\wedge \ Had \ (e, \ < \ \exists y \ ISA \ (y, \ Menu) \ >)$$

如果我们按照相反的顺序来改写复杂项,也就是首先把

$$Had \ (e, \ < \ \exists y \ ISA \ (y, \ Menu) \ >)$$

改写为

$$\exists y \ ISA \ (y, \ Menu) \ \wedge \ Had \ (e, \ y),$$

然后再把

$$\text{Haver} (e, < \forall x \text{ ISA} (x, \text{Restaurant}) >)$$

加到这个表达式中,得到

$$\exists y \text{ ISA} (y, \text{Menu}) \wedge \text{Had} (e, y) \wedge \exists e \text{ ISA} (e, \text{Having})$$
$$\wedge \text{Haver} (e, < \forall x \text{ ISA} (x, \text{Restaurant}) >),$$

接着,再把复杂项

$$\text{Haver} (e, < \forall x \text{ ISA} (x, \text{Restaurant}) >)$$

改写为

$$\forall x \text{ ISA} (x, \text{Restaurant}) \Rightarrow \text{Haver} (e, x),$$

我们得到:

$$\exists y \text{ ISA} (y, \text{Menu}) \wedge \forall x \text{ ISA} (x, \text{Restaurant}) \Rightarrow \text{Haver} (e, x) \wedge \text{Had} (e, y) \wedge \exists e \text{ ISA} (e, \text{Having}),$$

在"$\exists e \text{ ISA} (e, \text{Having})$"中,我们用谓词"Having"来替换 ISA,得到"$\exists e \text{ Having} (e)$",整理后,我们有:

$$\exists y \text{ ISA} (y, \text{Menu}) \wedge \forall x \text{ ISA} (x, \text{Restaurant}) \Rightarrow \text{Haver} (e, x) \wedge \text{Had} (e, y) \wedge \exists e \text{ Having} (e),$$

最后,我们得到:

$$\exists y \text{ ISA} (y, \text{Menu}) \wedge \forall x \text{ ISA} (x, \text{Restaurant}) \Rightarrow \exists e \text{ Having} (e) \wedge \text{Haver} (e, x) \wedge \text{Had} (e, y)。$$

这意味着,"there exits a menu and all restaurants have this menu"(存在着一份菜单,所有的饭馆都有这份菜单)。这样的意思显然有点儿奇怪,但它确实是这个句子的一种解释。

这个例子说明,如果我们按照不同的顺序来改写复杂项,我们有可能把逻辑量词中包含的细微差别劣尽地挖掘出来,一个带有两个复杂项的句子,可以具有两个在意义上不相容的 FOPC 表达式。由此可以看出,我们对于复杂项改写的方法具有很强大的功能。

句法驱动的语义分析所得到的结果是句子的语义表示,这样的语义表示反映了句子中的"谓词论元结构",便于在机器翻译时进行源语言到目标语言的转换。

2. 语义语法

句法驱动的语义分析是按照"组成性原则"来进行的,在这样的语义分析中,语义的组成成分应该与句法的组成成分相匹配。但是,由传统的上下文无关语法(CFG)分析而得到的句子的句法结构常常不能适应于语义分析的要求,句法结构中的成分与语义成分之间往往不能很好地匹配。这种不能匹配的情况表现在如下三个方面:

① 关键的语义表示成分常常广泛地散布在整个剖析树中,这样,要把剖析树中需要的意义表示组合起来,就变得很复杂。

② 剖析树常常包含许多以句法为目的成分,这些成分在语义处理中并不担当任何实质上的角色。

③ 许多句法成分的概括性太强,导致与它们对应的语义附着所生成的意义表示几乎是非常空洞的。

例如,"I want to go to eat some Japanese food today"这个句子,经过句法剖析之后得到如下的树形图:

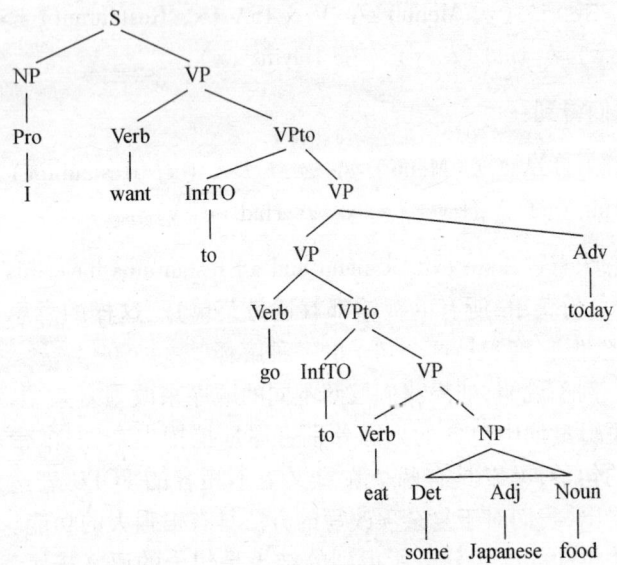

图8.28 剖析树

在这个剖析树中,关键的语义表示成分广泛地散布于整个的剖析树,同时,剖析树中的大多数结点对于这个句子的语义表示几乎没有任何的贡献。在句法驱动的语义分析中,这个剖析树需要进行三个 λ 表达式(分别处理 I, Japanese food, today)和一个复杂项(处理 some Japanese food)的运算,才能在树的顶端得到那些有实质意义的语义表示成分。在这个剖析树中,形容词和名词性成分的意义都非常概括和空洞,除了表示形容词对于名词的修饰关系之外,几乎没有什么具体的含义。

例如,

Nominal→Adj Nominal

{λx Nominal. sem(x) ∧ AM(x, Adj. sem)}

这个规则中,AM 表示"Adjective Modifier",也就是"形容词修饰语"。在下面的意义表达式中,使用这样的语义附着。我们有:

∃x ISA(x, Food) ∧ AM(x, Japanese)

这就是名词性成分"Japanese food"的语义解释,这样的语义解释非常之笼统和模糊,它只是说明 Japanese 是名词 food 的形容词修饰语,这就是 AM(x, Japanese)提供给我们的全部语义解释的内容。

但是,"Japanese food"和"Japanese restaurant"表示的语义比这丰富得多,"Japanese food"表示用日本的方式做出的食品,而"Japanese restaurant"表示供应这种用日本方式做出的食品的饭馆。而这些重要的意思,在上面由 AM(x, Japanese)给我们提供的语义表示中都消失得无影无踪了。

布劳恩(Brown)和柏藤(Burton)与 1975 年提出的"语义语法"(Semantic Grammar)可以帮助我们解决这个问题。

● 语义语法直接把有关的语义成分写到语法规则中,便于按照组成性的原则进行组成成分的分析。

● 语义语法中的规则和成分是直接针对具体领域的实体和实体之间的关系而设计的,因此,它能够满足具体领域语义分析的要求。

- 在语义语法中,关键的语义成分总是与特定的规则一起出现的,规则的内容非常具体,概括性比较低,便于进行语义分析。

例如,在分析句子"I want to go to eat some Japanese food today."时,我们可以提出如下的语义语法的规则:

InfoRequest→User wants to go to eat FoodType TimeExpr

这个语义语法的规则与上下文无关语法的规则在形式上是一致的,在规则的右手边,终极符号和非终极符号可以自由地混杂在一起出现,这样,我们就可以设计"User, FoodType, TimeExpr"等表示具体语义的非终极符号来表示在"今天(TimeExpr)我(User)想去吃日本食品(FoodType)"这个特定的环境下所需要的语义成分。这时,我们不再需要 λ 表达式,因为这个简单的规则已经足以表达在树形图的顶端有关论元的语义关系了。

我们还可以提出如下的语义语法规则来表示食品的类型:

FoodType→Nationality FoodType

在这个规则中的右手边有 Nationality 这个非终极符号表示"民族"特性,具体地说明了所谓食品的类型(FoodType)是特别指食品应该具有"民族"(Nationality)风味。

由此可见,语义语法可以很好地克服句法驱动的语义分析的那种过于抽象概括的缺陷,可以直接得出语义分析的结果,在具体领域的语义分析中是很有效的。

语义语法还可以帮助我们解决自然语言处理中很困难的代词的指代问题(anaphor)。例如,如果我们要分析下面的两个句子:

When does flight KE852 arrive in Seoul?
When does **it** arrive in Beijing?

我们不知道第二个句子中的 it 究竟代表什么,如果采用句法驱动的语义分析,我们只能知道 it 是一个代词。但是,如果我们为飞行的领域设计一个语义语法,根据第一个句子,我们可以提出这样的语义语法规则:

InfoRequest→when does **Flight** arrive in **City**.

在这个规则的右手边包含有两个表示语义的非终极符号 Flight(表示"航班")和 City(表示"城市")。根据这个规则,我们就可以直接地判定第二个句子中的 it 是 Flight,表示某个航班。

当然,由于语义语法是针对具体领域而设计的,它的概括性太弱,对于领域的依赖性太强,因此,也有它的不足。一般地说,语义语法的缺点是:

- 复用性(reuse)很差。由于语义语法是针对特定的领域而设计的,换到其他领域就寸步难行,几乎没有复用性。
- 就是在一个单一的领域内,由于规则太具体,规则的总量比较大,随着领域复杂性的增加,很难避免规则数量的增长。例如,我们上面的规则

$$\text{FoodType} \rightarrow \text{Nationality FoodType}$$

对于 Japanese food 是适用的,可是对于 Canadian food 就不一定适用了,因为 Canadian 强调的是"地域"(Location),而不是"民族风味"(Nationality),Canadian food 表示的意思是"加拿大地区出产的食品",而不是"加拿大风味的食品",这时,我们势必要把规则 FoodType→Nationality FoodType 中的 Nationality 改为 Location,再增加一条规则:

$$\text{FoodType} \rightarrow \text{Location FoodType}$$

这样一来,规则的数量将会大量增加。

所以,我们在使用语义语法时,应该注意到它的这些局限性。

3. 浅层语义分析

除了句法驱动的语义分析和语义语法之外,还可以采用浅层语义分析(shallow semantic parsing)的方法来进行自动语义分析。这种浅层语义分析需要首先对于语料库进行语义标注,给语料库中的句子标注语义角色(semantic role)信息,例如,论元(argument)信息(如施事、受事、与事等)和说明语(adjunct)信息(如条件、方位、时间、方式、目的、结果等),分析这些语义角色和句子中谓词的关系,就可以揭示出句子中的"谓词论元结构",然后通过机器学习的方法对于已经标注了语义角色信息的语料库进行训练,获取关于语义的统计规

则,最后,使用这些规则对于新输入的句子进行语义标注,就可以达到语义自动分析的目的。

这样的浅层语义分析是在语料库的基础上进行的,在基于语料库的机器翻译中,可以使用这种方法。

第五节　义素分析法

早在 20 世纪 40 年代初期,结构主义丹麦学派的代表人物叶尔姆斯列夫(L. Hjelmslev)就提出了义素分析法(sememe analysis)的设想。50 年代,美国人类学家朗斯伯里(F. G. Lounsbury)和古德纳夫(W. H. Goodenough)在研究亲属词的含义时就提出了义素分析法。60 年代初,美国语言学家卡兹(J. J. Katz)和弗托提出了解释语义学(interpretive semantics),将义素分析法引入语言学中,为生成转换语法提供语义特征。

义素(sememes)是构成意义的基本要素,是词的理性意义的区别特征。

词的理性意义是一束语义特征的总和,这一束语义特征,就是义素。例如,汉语"哥哥"的理性意义是 [＋人][＋亲属][＋同胞][＋年长] 等义素的总和,"弟弟"的理性意义是 [＋人][＋亲属][＋同胞][－年长][＋男性] 等义素的总和,"姐姐"的理性意义是 [＋人][＋亲属][＋同胞][＋年长][－男性] 等义素的总和,"妹妹"的理性意义是 [＋人][＋亲属][＋同胞][－年长][－男性] 等义素的总和。在义素的标记中,"＋"表示肯定,"－"表示否定,[－年长]就是[＋年幼],[－男性]就是[＋女性]。

"哥哥"的义素[＋年长]是与弟弟的义素[－年长]相比较而言的,"哥哥"的义素[＋男性]是与姐姐的义素[－男性]相比较而言的。英语中表示同胞的亲属词 brother 没有长幼的对比,brother 既可表示汉语的"哥哥",又可表示汉语的"弟弟",因此,英语也就没有 [＋年长]、[－年长]这样的义素。壮语中表示同胞的亲属词没有男女的对比,因此,壮语也就没有[＋男性]、[－男性]这样的义素。

一组词的义素可以用义素矩阵来表示,纵坐标表示词,横坐标表示义素,纵横两坐标的相交点上注以"＋、－"号。

例如,汉语中表同胞的亲属词的义素矩阵如下:

	[人]	[亲属]	[同胞]	[年长]	[男性]
哥哥	+	+	+	+	+
弟弟	+	+	+	−	+
姐姐	+	+	+	+	−
妹妹	+	+	+	−	−

图 8.29　义素矩阵

《现代汉语词典》中对上述亲属词的释义是:

哥哥:亲属中同辈而年纪比自己大的男子。

弟弟:亲属中同辈而年纪比自己小的男子。

姐姐:亲属中同辈而年纪比自己大的女子。

妹妹:亲属中同辈而年纪比自己小的女子。

如果我们把上述亲属词的义素矩阵与它们在《现代汉语词典》中的释义相比较,就可以看出,义素矩阵反映了相应亲属词的基本语义特征,它们与词典中的释义是彼此对等的。

由此可见,义素分析法是语义形式化描述的一种好办法。

在义素矩阵中,一般标以二元对立的"+、−"号,但有时二元对立用不上,也可以采用别的标示办法。例如,美国语言学家奈达(E. A. Nida)在分析英语中的 run(跑)、walk(走)等七个表示人的肢体活动的词的语义时,列出了如下的义素矩阵:

	总有一肢 接触地面	肢体接触地 面的顺序	接触地面 的肢数
run	−	1 − 2 − 1 − 2	2
walk	+	1 − 2 − 1 − 2	2
hop	−	1 − 1 − 1/2 − 2 − 2	1
skip	−	1 − 1 − 2 − 2	2
jump	−		0
dance	+	变异但有韵律	2
crawl	+	1 − 3 − 2 − 4	4

图 8.30　义素矩阵

在这个义素矩阵中,[总有一肢接触地面]这个义素有二元对立,用"＋、－"号表示,[肢体接触地面的顺序]这个义素没有二元对立,用"1－1－1－2"……等这样的数目字表示,"1－2－1－2"表示下肢轮换地动作:先左脚-后右脚-先左脚-后右脚,或者先右脚-后左脚-先右脚-后左脚;"1－1－1/2－2－2"表示下肢不轮换地动作;"1－1－2－2"表示左脚右脚每两次轮换地动作;"1－3－2－4"表示上肢和下肢轮换地动作。[接触地面的肢数]这个义素也没有二元对立,用数字表示接触地面的肢体的数目。

义素分析法在分析亲属词、军衔词等方面获得相当可观的成绩,其应用范围正在扩大,然而,至今为止,还没有见到应用义素分析法来全面地分析某一语言的整个词汇系统的成果。

英语词典中单词的的定义描述,也采用了这样的义素分析法。例如,

$$boy = male \ child; \quad woman = female \ adult$$
$$girl = female \ child; \quad child = young \ human$$
$$man = male \ adult; \quad adult = grown\text{-}up \ human$$

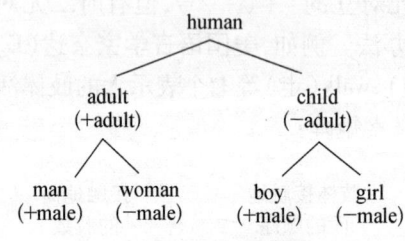

图 8.31　义素组成的树形结构

从这些定义中可以很容易抽取出一个由义素结点构成的"层级体系"(hierarchical system),每个结点都与一些特征连接,形成树形结构(tree structure)。如图 8.31 所示。

图 8.31 的树形结构层级中,结点之间存在包含的关系。

所谓"包含关系"可以这样来定义:概念 C1 包含概念 C2,当且仅当所有 C1 的属性同时也都是 C2 的属性时。但是 C2 的属性未必都是 C1 的属性。根据这个定义"adult(是一个成年人)"包含"man(是一个男人)",因为所有"adult(成年人)"的属性也都是"man(男人)"的属性,但是"male(男性)"作为"man(男人)"的属性,却未必一定是"adult(成年人)"的属性。

图 8.31 所示的这种包含关系也被称为"分类体系"(classification system)。在一个分类体系中,包含关系具有传递性。每一个上层结点的特征,都可以传递给下层结点,被下层结点以默认的方式继承。

这种默认继承的基础是类成员原则:某一个类的定义特征为这个类的所有成员共享。

boy 是 child 的一个次类,因此 boy 应该具有所有 child 的特征(否则一个 boy 就不可能是一个 child)。根据图 8.31 中的树形结构可以推演出:一个 boy 应该有"+male"和"-adult"的特征。

在特殊情况下,某些特殊的次类可能会"拦继"(overwrite)上层节点的属性,例如"penguin(企鹅)"虽然是"bird(鸟)"的次类,但是,却不能飞。这说明,树形结构中的默认继承关系还是有缺陷的。

图 8.31 中的树形结构实际上也是很多现有的知识本体(ontology)的结构,在很大程度上体现了人们一直在研究的知识本体。最典型的知识本体的例子是动植物的分类体系,这样的分类体系也是树形结构。

形式化的概念层级体系现在正趋向于越来越复杂。这是因为现在的概念层级体系允许多重分类和多重继承。在这样的情况下,概念的层级体系就不再是一个树形结构,而是一个相互交织的网络(network),甚至可能是特征的置换形成的网格(lattice),如图 8.32 所示。

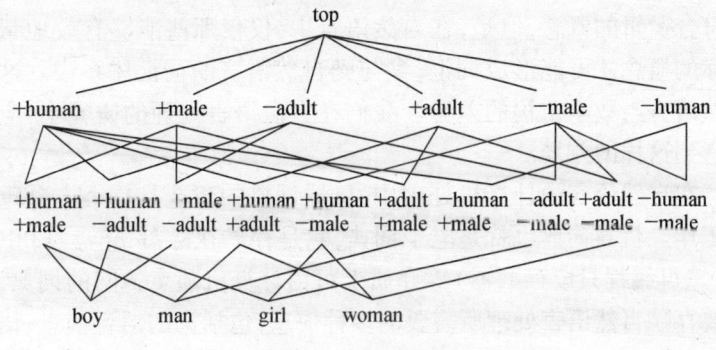

图 8.32   网格结构

在图 8.32 中, adult 和 male 这两个特征分别变成了 + adult, – adult, + male 和 – male 四个特征, 它们提升到和 + human 和 – human 特征同处一个层面, 这些特征甚至可以和 – human 特征结合。

这样的网格结构有一些优点。首先特征都是互不相关的, 除非我们规定两个特征具有互斥的性质 (如 – male 和 + male)。这样所有彼此兼容的特征都可以结合起来, 用来定义所有可能的概念 (形成所谓"概念化产物")。同时网格结构也以显式的方式说明哪些特征组合是不可能的。

此外, 图 8.32 中网格结构的效率高于图 8.31 中的树形结构。在网格结构中所有的结点共享 male 这个特征, 但是在树结构中不同的结点需要重复引入这个特征 (例如 adult 和 child 的下层节点), 这可能会导致"多重分叉定义" (multiple divergent definition)。图 8.32 中的网格结构不会将一个和层级有关的优先顺序强加到特征上, 但在图 8.31 的树形结构中却存在这样的优先顺序: human 特征优先于 adult, adult 优先于 male。但是, 目前普通人还难以从理论上解释为什么会存在这样的优先现象。

这两种结构的另外一个不同之处是: 图 8.32 的网格结构中可以存在巨量的内部特征组合的结点, 但是这些结点在人们的概念中可能并不存在, 在很多语言中也没有相应的表达方式。树形结构和网格结构都是数学结构, 比较抽象, 自然语言中的词汇体系并不会完全遵循网格结构的规则或树形结构的规则; 虽然网格结构可以生成所有符合逻辑的概念, 但是, 在自然语言中, 仅仅那些能够有效地帮助交际的概念才可能形成词汇, 参与到自然语言的词汇体系中。这是自然语言与数学结构的差异。我们在自然语言处理的研究中, 应当注意到这样的差异。

在自然语言的计算机处理中, 机器词典的建造是一个十分重要的工作。机器词典也就是电子词典, 它是存贮在磁盘、光盘、EPROM (可擦可编程只读存贮器) 等介质上可由计算机随意访问的词典, 其中要存贮自然语言处理所需要的多种信息, 包括词的语音信息、语法信息和语义信息。在机器词典中的语义信息, 通常是用直接存贮每个词的理性意义 (义项) 的办法来进行的, 也就是像普通词典那样, 将每个词条对应的概念加以枚举和解释。但是,用这样的办法不仅要占用巨大的存贮空间,而且,也难于判别同义词、近义词在理性意义上的差别,难于确定词与词之间的搭配关系。

如果采用义素分析法来建造机器词典,就可以解决这些问题。

第一,由于在机器词典中,词条不再以词的义项来存贮,而是以义素来存贮,就可以使用较少量的义素,对大量的、难以穷尽枚举的词义作形式化的描述。当然,由于义素要代表广阔纷繁的大千世界,它的数量也是相当大的。迄今为止,我们还说不清现代汉语中大概有多少个义素,这个问题的解决还有待时日。从实用的目的出发,在自然语言处理系统中,我们可以建立不同领域、不同用途的义素系统,可以根据有关的要求逐步从概念中分解出义素,也可以采用目标驱动的途径来试探性地建立义素系统。在建立义素系统时,我们应该注意到义素的明晰性、联系性、完备性、易解释性、易理解性以及经济性等原则。

第二,通过对机器词典中不同义素集合内的各个义素的分析比较,计算机可以比较容易地找出不同单词在词义上的细微差别。

例如,用义素分析法,汉语中的"陆军、海军、空军"三个词的义素表达式如下:

陆军:[军队]{[在陆地][作战的]}f{[通常由……组成][步兵][炮兵][装甲兵][工程兵][铁道兵]各[专业部队]}

海军:[军队]{[在海上][作战的]}f{[通常由……组成][水面舰艇][潜艇][海军航空兵][海军陆战队]各[专业部队]}

空军:[军队]{[在空中][作战的]}f{[通常由……组成]各[航空兵部队][空军地面部队]}

在上面的三个义素表达式中,义素写在方括号内,同一类型或相互配合的义素写在同一花括弧里。f是结构式的标志,意思是"适用范围"。"各"不是一个义素,而是一个标志,它表示被标志的义素可以分解为若干同类的义素。

从上述的义素表达式中,我们可以清楚地看出,"陆军"、"海军"、"空军"这三个词的共同点是,它们都有[军队][作战的]等义素,不同点是:

①它们的作战地域不同：陆军的义素为[在陆地]，海军的义素为[在海上]，空军的义素为[在空中]；

②它们的组成不同：陆军的义素为{[通常由……组成][步兵][炮兵][装甲兵][工程兵][铁道兵]各[专业部队]}，海军的义素为{[通常由……组成][水面部队][潜艇][海军航空兵][海军陆战队]各[专业部队]}，空军的义素为{[通常由……组成]各[航空兵部队][空军地面部队]}。

又如，汉语的"手"和"脚"两个词的义素表达式为：

手：[器官][人体的]{[位于……][+上肢]的[末端]}[能使用工具]

脚：[器官][人体的]{[位于……][−上肢]的[末端]}[能行动]

其中，义素间的"的"是表示领属关系的标志。

从它们的义素表达式中可以看出，"手"和"脚"这两个词的共同点是：它们都有[器官][人体的]等义素。

不同点是：

①它们的位置不同，"手"的义素为{[位于……][+上肢]的[末端]}，"脚"的义素为{[位于……][−上肢]的[末端]}；

②它们的功能不同，"手"的功能是[能使用工具]，脚的功能是[能行动]。

再如，"炒"、"熘"、"炸"、"煎"四个词的义素表达式为：

炒：[−用水][−油量大][+不断翻动][−加淀粉汁]

熘：[−用水][−油量大][+不断翻动][+加淀粉汁]

炸：[−用水][+油量大][−不断翻动]

煎：[−用水][−油量大][−不断翻动]

从它们的义素表达式可以看出，"炒"、"熘"、"炸"、"煎"这四个词的共同点是[−用水]，也就是在烹饪时不用水。不同点是："炒"、"熘"、"煎"的用油量不大（[−油量大]），而"炸"的用油量大（[+油量大]），"炒"和"熘"要不断翻动（[+不断翻动]），而"炸"和"煎"不要不断翻动（[−不断翻动]），"炒"时不加淀粉汁（[−加淀粉汁]），"熘"时要加淀粉汁（[+加淀粉汁]}。

由于义素表达式是词义的一种形式化的表示,因而计算机易于找出单词在词义上的不同点,发现它们的细微差别。

第三,通过义素分析法,计算机可以了解到词与词搭配时在语义上要受到什么样限制。

例如,"说话"和"想"这两个词的义素表达式中,都要求动作发出者具有[＋人]这个义素,而"椅子"和"鱼"这两个词的义素表达式中,都不包含[＋人]这个义素,因此,在一般情况下,"椅子在想","鱼在说话"这样的句子在语义上是不能成立的,尽管它们在语法上是正确的。这将有助于计算机判断句子在语义上是否合理。

当然,在一定条件下,例如,在童话故事中,不包含[＋人]这个义素的"椅子"和"鱼",也可以与"说话"和"想"连用。这时,"椅子在想","鱼在说话"这样的句子在语义上也就可以成立了。不过,这只是在童话中为了特定的目的使"椅子"和"鱼"临时地获得了[＋人]的义素,在一般情况下并不能这样做。有时,为了达到修辞的效果,可以把动物比喻为人,我们说"黄河在咆哮",使非动物的"黄河"临时地获得了[＋动物]这一义素,我们说"黄鼠狼给鸡拜年",使动物"黄鼠狼"临时地获得了[＋人]这一义素。这种情况叫做"隐喻"(metaphor)。但是,在通常的情况下,我们并不能这样做。隐喻存在的这些事实并不足以否定词语在组合时必须有一定的语义限制。因而我们对于词语在组合时的语义限制仍然是必要的和有效的。

不过,我们对于隐喻也不能掉以轻心。隐喻是自然语言中普遍存在的一种现象,这种现象一直是修辞学(rhetoric)研究的重要内容。例如,在"历史的车轮滚滚向前"这个句子的意思是历史发展的轨迹就像车轮那样滚滚向前。这是一个隐喻。在这个隐喻中,用"车轮"这个概念来比喻"历史发展的轨迹"这个概念,"车轮"是我们熟悉的、比较具体直观的、比较容易理解的概念,而"历史发展的轨迹"则是抽象的、不太容易理解的概念。通过"车轮"这样的隐喻,我们对于"历史发展的轨迹"这样比较抽象的、不太容易理解的概念获得了更加明确的、更加形象的认识。

在修辞学中,隐喻作为一种"辞格",一个完整的隐喻一般由"喻体"和"本体"两部分构成,喻体通常是我们熟悉的、比较具体直观的、比较容易理解的一些概念范畴,本体则是我们后来才认识的、抽象的、不太容易理解的概念范畴。在我们上面的例子中,"车轮"就是喻体,"历史发展的轨迹"就是"本体"。

在认知语言学(cognitive linguistics)中,喻体叫做"始源域"(source domain),本体叫做"目标域"(target domain)。在我们上面的例子中,"车轮"就是始源域,"历史发展的轨迹"就是目标域。隐喻的认知力量就在于将始源域的图式结构映射到目标域上,使人们通过始源域的图式结构,对于目标域得到更加清晰的认识。因此,认知语言学认为,隐喻不但是一种修辞手段,而且还是人的一种思维方式,隐喻普遍地存在于人们的各种认知活动中。

就是在以严谨著称的科学技术的术语(term)中,也存在着隐喻。

术语是人类科学知识在自然语言中的结晶,是人类认知活动的重要产物。因此,在术语中,当然也应当存在着隐喻。通过隐喻的"始源域"帮助人们更加清晰地认识"目标域",应当是术语命名的一种重要方式。

下面,我们以计算机科学中的术语为例子,来说明隐喻在术语命名中的作用。

计算机科学中的"防火墙"(fire wall)这个术语,就是使用隐喻命名的术语。它的始源域是指建筑物中用于防止火灾的墙;它的目标域是指置于因特网和用户设备之间的一种安全设施,通过识别和筛选,防火墙可以阻止外部未被授权的或具有潜在破坏性的访问。计算机科学中本来没有真实的具体的"防火墙",通过"防火墙"这个始源域,人们可以更加清楚地理解"置于因特网和用户设备之间的一种安全设施"的这个抽象的概念范畴。

计算机科学中的"病毒"(virus)这个术语,它的始源域是:比病菌更小的病原体,没有细胞结构,但有遗传、变异等生命特征,一般能通过阻挡细菌的过滤器,多用电子显微镜才能看见。而它的目标域则是:一种有害的、起破坏作用的程序。通过"病毒"这个始源域,人们可以认识到,一旦在计算机运行"病毒"这种程序,计算机就会像生物染上了病毒一样,给用户带来灾难。

计算机科学中的"树"(tree)这个术语,它的始源域是:木本植物的通称。而它的目标域则是：计算机算法中表示结点之间的分枝关系的一种非线性的结构。通过"树"这个始源域，人们可以把这种抽象的非线性结构想象成自然界中的树，从而对这个概念获得更加清晰的理解。

在计算机科学中，像这样使用隐喻来命名的术语还很多，例如，"槽、网络、桌面、回收站"等等。

我在《现代术语学引论》①中指出，术语的命名应当遵循准确性、单义性、系统性、语言的正确性、简明性、理据性、稳定性、能产性等原则。

使用隐喻的方法来给术语命名，与这些原则是不是矛盾呢？我认为并不矛盾。因为隐喻是人类的一种重要的思维方式，在术语命名中当然也应该使用这样的思维方式，使用隐喻来给术语命名，不仅与这些原则不矛盾，而且能够更好地实现这些原则。

前几年学术界在讨论计算机科学中"菜单"（menu）这个术语的时候，一些学者提出，计算机科学中的"菜单"这个术语中并没有"菜"，与事实不符，因此，他们强烈地反对使用"菜单"这个术语，主张使用"选单"来代替"菜单"。后来，全国科学技术名词审定委员会也大力推广"选单"而反对使用"菜单"。可是，在大多数计算机用户中，"菜单"这个术语仍然广为使用，而"选单"这个术语却很难推广。"菜单"（menu）这个术语的始源域是：记录经过烹调供下饭或下酒的蔬菜、鱼肉等的单子。而它的目标域则是：由若干可供选择的项目组成的表。在计算机显示屏上显示出来的菜单，用户可以用光标来选择，就像人们在吃饭的时候点菜一样方便。使用隐喻方法命名的"菜单"这个术语，准确、鲜明、生动，符合术语的命名原则，所以它才为广大用户喜闻乐见，始终没有被全国科学技术名词审定委员会大力推广的"选单"这个术语所替代。

这种情况说明，在术语的命名中，我们不能拒绝使用隐喻这种重要的方法。隐喻是人类重要的思维方式，在术语命名中不能避开这种重要的思维方式。

---

① 冯志伟,现代术语学引论,语文出版社,1997 年。

既然在术语命名中不能忽视隐喻,那么,在自然语言处理中,当然就更不能忽视隐喻了。目前,我们在隐喻的自然语言处理方面,已经取得了初步的成绩。

第六节 语义场

要进行某种语言的义素分析,首先要求对该语言的词汇体系建立起"语义场"(semantic field)。

"语义场"这一术语是德国学者伊普森(G. Ipsen)于 1924 年提出来的。20 世纪 30 年代初,另一位德国学者特里尔(J. Trier)提出了系统的语义场理论。特里尔的学生魏斯盖尔伯(L. Weisgerber)在30 年代曾与特里尔合作进行研究,第二次世界大战之后,他又继续研究语义场理论,但是,在 20 世纪 30 年代和 40 年代,语义场理论影响是很有限的。到了 20 世纪 50 年代,乔姆斯基提出了转换生成语法,美国人类学家又提出了义素分析法,语义场理论才引起普遍的关注。

近年来,我国学者也开始研究汉语的语义场。

北京大学贾彦德教授在《汉语语义学》①(1992 年)一书中,系统地提出了汉语的语义场理论。北京语言大学语言信息处理研究所张普教授在前人研究的基础上,结合自然语言计算机处理的实际,提出了"场型"的概念,进一步深化了对汉语语义场的研究。

"场"原是物理学术语,如电场、磁场、引力场等。物理场即相互作用场,是物质存在的基本形态之一。场要占一定的空间,具有空间性,后来进一步引申为分布着某一物理量或数学函数的空间区域本身,不一定有物质存在的形式,"场"的概念进一步虚化了,但仍然具有空间性。

语义场是词义形成的系统,它是基于概念的关系场,是词义与词义之间构成的一种完全虚化的、非物质的空间领域。语义场的空间性体现为构成词义的义素的分布情况。词义总是在语义场中与其它词义发生相互作用的。通俗地说,若干个意义上紧密相联的词义,通

---

① 贾彦德,汉语语义学,北京大学出版社,1992 年。

常归属于一个总称之下,就构成了语义场。

语义场可以进一步分为词汇场(lexical field)和联想场(associative field)。词汇场是静态的,它表现为词义与词义之间的聚合关系;联想场是动态的,它表现为词义与词义之间的组合关系。我们在本节中讲的语义场主要是词汇场,为了称呼上的方便,在不妨碍读者理解时,我们把词汇场简称为语义场。至于联想场,我们将在语义网络这一节中进一步说明。

词汇场是静态的语义场,这种语义场中,语义与语义之间的关系是各种类聚关系。下面是按词义分出的各种语义场。

鸟类场:老鹰、八哥、孔雀、海鸥,……

动物场:象、鹿、马、牛、羊、虎、蚂蚁,……

人类场:老人、男人、工人、青年、军人,……

烹调场:煮、烩、炖、炒、煎、熘、炸,……

亲属场:父亲、哥哥、叔叔、爷爷、妯娌,……

颜色场:红色、橙色、黄色、绿色、兰色,……

物态场:固体、液体、气体、胶体,……

抽象场:思想、计划、意志、性格,……

这些语义场还可以进一步细分。例如,"亲属场"可按"直系"、"旁系"、"父系"等关系进一步细分,形成更小的语义场,细分后而形成的语义场称为"子场",不能再进一步细分的子场,称为"小子场";这些语义场也可以进一步概括与合并。例如,"动物场"、"植物场"可进一步概括为"生物场",概括后形成的语义场称为"母场"。

不同类型的语义场称为场型。汉语中主要的场型如下:

1. 分类场型

分类场型中,处于同一语义场的各个词义都是指同一类事物、运动或性状。分类场型一般是多层次的。例如,下面表示印刷术的语义场就是一种分类场型:

在语义场中,上一层的词义称为上位,下一层的词义称为下位。双方紧连的上位称为直接上位,双方紧连的下位称为直接下位,最下

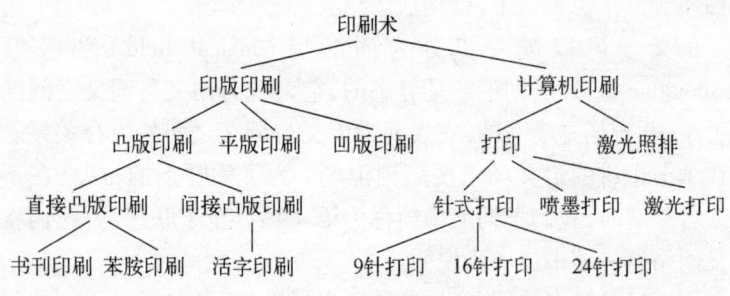

图 8.33　分类场型

层的词义不再含有更小的词义,称为底位,最上层的词没有上位,成为顶位。同一层次的词义称为平位。同一概念的若干个词义变体称为同位。例如,[妻子]、[夫人]、[老婆]是同位,其中,[妻子]是这个词义的主位,[夫人]、[老婆]是这个词义的变位。

分类场型的词义关系有如下特点:

第一,上下词义之间存在着领属关系。上位表示语义场的领域,下位表示该领域中的分类,处于中间层次的词义,既是其上位的分类,又是其下位的领域。例如,在图 8.33 中,"印刷术"是上位词义,且处于顶位,它表示这一语义场的领域是"印刷术","喷墨打印"是下位词义,且处于底位,它表示"喷墨打印"是"印刷术"的一个小类别。"印版印刷"是处于中间层次的词义,它是其上位词义"印刷术"的一个类别,又是其下位词义的领域,因而"凸版印刷"、"平板印刷"、"凹版印刷"都属于"印版印刷"这一领域。

第二,下位可以继承上位的基本义素。例如,"针式打印"、"喷墨打印"、"激光打印"都是继承了上位"打印"的基本义素;"打印"和"激光照排"都是"计算机印刷",它们继承了上位"计算机印刷"的基本义素;而"计算机印刷"和"印版印刷"都是"印刷术",它们继承了上位"印刷术"的基本义素。在分类场型中,越是上层的词义,共同义素越少,越是下层的词义,累计继承的共同词义越多,越是上层的词义,所含的领域越大,越是下层的词义,所含的领域越小,底位不再构成新的语义场,它所在的语义场称为最小子场,顶位所在的母场称为最大母场。

2. 构件场型

构件场型也是一种基本场型。在构件场型中，处于同一语义场的各个词义不是指同一类的事物、运动或性状，任何下位都是其上位的一个构件。构件场型也是有层次的。例如，下面表示"汽车"的结构的语义场就是一种构件场型：

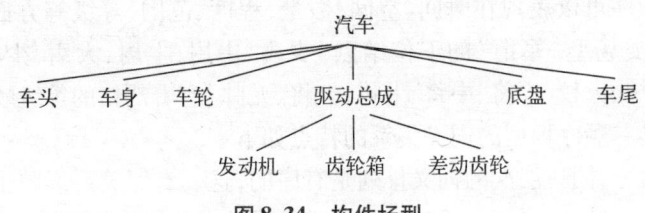

图 8.34　构件场型

构件场型的词义关系具有如下的特点：

第一，上位和下位之间是整体和构件的关系。上位表示一个整体，下位表示整体的构件。例如，上位词义"汽车"表示一个整体，下位词义"齿轮箱"表示这个整体中的一个构件。处于中间层次的词义，既是上位词义的构件，又是下位词义的整体。例如，处于中间层次的词义"驱动总成"，是上位词义"汽车"的构件，又是下位词义"发动机"、"齿轮箱"、"差动齿轮"的整体。

第二，在构件场型中，不是下位继承了上位的义素，而是上位抽取下位的某些义素来集成。例如，"建筑物"由"门"和"窗"组成，构件"门"有［出入］和［闭锁］等表示功能的义素，构件"窗"有［采光］和［透气］等表示功能的义素，因而"建筑物"可以从其下位"门"和"窗"中抽取［出入］、［闭锁］、［采光］、［透气］等表示功能的义素集成为自己的义素。当然，并不是一切表示功能的义素都可以这样从下位构件传递到顶位。例如，在"建筑物"中有"灯泡"这个构件，但是构件"灯泡"中表示功能的义素［发光］并不能传递到顶位"建筑物"而作为"建筑物"的一个表示功能的义素。可以传递到顶位的表示功能的义素应该是下位构件中最重要的义素。可见，整体的功能可以从构件的功能中抽取，但并不等于其构件的功能的总和。构件场型中上位义素与下位义素之间的关系是错综复杂的，还有待我们进行深入的研究。

3. 有序场型

分类场型和构件场型是基本场型,而有序场型不是基本场型。有序场型是基于分类场型和构件场型的一种特殊场型。在有序场型中的所有平位都是有序的,它们除分别具有分类场型或构件场型的上位与下位之间的传递关系之外,在平位之间还存在着顺序关系。这种顺序可以表现在时间、空间、数量、程度、范围、等级等方面。例如,分类场型"军衔"的下位结点"少尉、中尉、上尉、大尉、少校、中校、上校、大校、少将、中将、上将、大将、元帅"有着严格的等级顺序。

具有顺序场型的词义关系的特点如下:

第一,同一层次的词义排列是有序的,这一有序关系反映了客观世界的有序性。例如,反映时间顺序的季节名称"春、夏、秋、冬"是有序的,"夏"之前为"春","夏"之后为"秋"。

第二,一些有序的词义是封闭型的,封闭型的词义可以循环。例如,一年四季"春、夏、秋、冬"是周而复始、循环不已的,既没有开始,也不会终止。

第三,一些有序的词义是非封闭型的,非封闭型的词义不可以循环。例如,表示学位的词义"学士、硕士、博士"是非封闭型的,学海无涯,学无止境,不可循环。

4. 对立场型

对立场型也不是基本场型,而是一种特殊场型。在对立场型中,平位的词义之间存在着对立关系。例如,"硬"和"软","开"和"关","进"和"退","生"和"死","男"和"女",等等。这种对立可表现在性质、状态、运动方向、运动结果、所处位置、所处时间等方面的义素对立。例如,"硬"和"软"是性质的对立,"进"和"退"是运动方向的对立,"生"和"死"是生命的开始和结束,是运动所处的时间的对立。

对立场型的特点是:

第一,一些对立场型中的平位只是两个,非此即彼,不存在中间状态。这种对立叫做相反对立。如"开"和"关",不是"开",就是"关",不存在中间状态,"生"和"死",不是"生",就是"死",也不存在中间状态。

第二,一些对立场型的平位不只两个,互相对立的两个平位处于平位串的两极,它们之间还存在着中间状态,这种对立叫做两极对立。例如,"进"和"退",中间有不进不退的"停"这种状态。

5. 同义场型

同义场型是一种特殊场型。在同一场型中,同位和变位的理性意义是完全相同的,只是附属于理性意义的风格、色彩等方面的义素不一样。例如,"计算机"与"电脑","犹豫"与"迟疑","妻子"、"夫人"与"老婆"等。

严格地讲,同义场型只是涉及同位和变位的关系,它还不能成为一种独立的场型。

上述这些不同的场型组成了语义总场。在语义总场中,场与场之间的关系主要有以下几种类型:

1. 嵌套关系

大的分类场型之下嵌套着小的分类场型,大的构件场型之下嵌套着小的构件场型。例如,分类场型"生物场"之下,嵌套着小的分类场型"动物场"和"植物场","动物场"之下又嵌套着更小的分类场型"鸟"、"兽"、"虫"、"鱼"等子场;构件场型"人"之下,嵌套着"头"、"颈"、"躯干"、"四肢"等构件场型,构件场型"四肢"之下嵌套着"上肢"、"下肢"等构件场型,构件场型"上肢"之下又嵌套着"手"、"臂"等更小的构件场型。

嵌套关系反映的是同一类场型之间的关系。

2. 交叉关系

在一些分类场型或构件场型中,其平位又是有序场型或对立场型。例如,分类场型"军衔"的各种下位词义"少尉"、"中尉"、"大尉"等又是有序场型,构件场型"手"的下位词义"手指"、"手掌"、"手背"等又是有序场型。

交叉关系反映的是不同场型之间的关系。

3. 传递关系

传递关系是指一种场型中的词义传递到另一种场型之中。例如,在构件场型中,整体"人"由构件"头"、"颈"、"躯干"、"四肢"、"内脏"……等构成,在分类场型中,"人"的下位有"男人、女人","白种人、黑种人","老年人、中年人、青年人、未成年人","中国人、美国人、德国人、……","军人、工人、商人……"等。如果将构件场型中的"人"与分类场型中的"人"建立传递关系,把"人"的所有构件词义传递到分类场型"人"的各种词义之中,就可以使分类场型中各种"人"均具有构件场型中的"人"的构件。

显而易见,传递关系也是不同场型之间的关系。

4. 联想关系

不同场型之间以及同一场型的不同子场之间都可以产生联想关系。例如,"水兵——海——军舰——军港"之间可以产生"军人,自然环境,武器,军事设施"之间的联想关系。联想关系可用于句子的语义分析中,它可以揭示句子中各个词义之间的联系,从而帮助计算机理解句子的语义。

第七节　结构语义学

我们在第二章第四节中讨论过的词汇语义学主要研究高度系统化的词汇的结构,这个结构所表示的实际上是词汇化的概念之间的关系,这种关系反映了单词本身所固有的语义特征,它们一般是静态的(static),是独立于单词在句子和文本中的上下文语境而存在的。

自然语言语义分析的目的是求解句子中的"谓词论元关系",找出句子中单词之间的语义关系,这样的语义关系不同于单词本身固有的语义特征,它们一般是动态的(dynamic),是随着单词在句子和文本中的上下文语境而改变的。对于这种语义关系的研究,是结构语义学(structural semantics)的任务。

词汇语义学中研究的单词固有的语义特征是自然语言处理中进行语义分析的语义知识源,在语义分析时,我们可以根据单词固有的语义特征来推算句子中单词与单词之间的语义关系。从这个意义上我们可以说,词汇语义学是结构语义学的基础。

本节讨论结构语义学的两个主要问题:题元角色关系和选择限制。

1. 题元角色关系

句子中单词与单词之间的语义关系,有许多不同的表示方法:例如,我们可以用"格"(case)来表示语义关系,采用 AGENT(施事者),PATIENT(受事者),BENEFICIENT(受益者)等深层格作为标记;我们也可以用配价语法来表示语义关系,采用行动元(actant)和状态元(circonstant)等作为标记;我们也可以用谓词论元关系来表示语义关系,采用 Arg0, Arg1, Arg2, Arg3 等作为标记。

这些表示方法虽然各有不同,但是都可以归结为"题元角色关系"(thematic role relation)。

题元角色的标记基本上来自菲尔摩(Ch. Fillmore)1968 年在《"格"辨》[①](The case for case)中提出的格语法(case grammar)的"格"(case)。

菲尔摩提出的格有施事格(A = Agentive)、工具格(I = Instrumental)、客体格(O = Objective)、处所格(L = Locative)、承受格(D = Dative)以及使成格(F = Factitive)等等。菲尔摩本人从来没有说过他提出的格一共有多少个,经过我们归纳,在 1966 年到 1977 年间,菲尔摩一共提出了 13 个格。除了原来的施事格、工具格、客体格、处所格、承受格之外,还增加了感受格(E = Experiencer)、源点格(S = Source)、终点格(G = Goal)、时间格(T = Time)、行径格(P = Path)、受益格(B = Benefactive)、伴随格(C = Comitative)、永存格/转变格(essive / translative)。原来的使成格并入了终点格。

主要的"格"解释如下:

——施事格(Agentive):表示由动词确定的动作能察觉到的典型的动作发生者,一般为有生命的人或物。例如,He laughed(他笑

---

① Ch. Fillmore, The case for case, in E. Bach & R. T. Harms (eds.) *Universal in Linguistic Theory*, pp. 1–88, New York, Rinehart & Winston, 1968.

了)中的"he"。

——工具格(Instrumental):表示对于动词所确定的动作或状态而言,作为某种因素而牵涉到的、无生命的力量或客体。例如,He cut the rope with a knife(他用小刀割断绳子)中的"a knife"。

——承受格(Dative):表示由动词确定的动作或状态所影响的有生物。例如,He is tall(他个子高)中的"he"。"承受格"常常被翻译为"给予格","给予格"的字面含义容易引起误解,最好叫做"承受格"。

——使成格(Factitive):表示由动词确定的动作或状态所形成的客体或有生物,或者是理解为动词意义的一部分的客体或有生物。例如,John dreamed a dream about Mary(约翰做了一个关于玛丽的梦)中的"a dream"。

——处所格(Locative):表示由动词确定的动作或状态的处所或空间方向。例如,He is in the house(他在屋子里)中的"the house"。

——客体格(Objective):表示由动词确定的事物或状态所影响的事物,它是由名词所表示的事物,其作用要由动词本身的词义来确定。例如,He bought a book(他买了一本书)中的"a book"。客体格后来改称"受事格"(Patientive)。

——受益格(Benefactive):表示由动词所确定的动作为之服务的有生命的对象。例如,He sang a song for Mary(他给玛丽唱了一支歌)中的"Mary"。

——源点格(Source):表示由动词所确定的动作所作用到的事物的来源或发生位置变化过程中的起始位置。例如,I bought a book from Mary(我从玛丽那里买了一本书)中的"Mary"。

——终点格(Goal):表示由动词所确定的动作所作用到的事物的终点或发生位置变化过程中的终端位置。例如,I sold a car to Mary(我卖一辆车给玛丽)中的"Mary"。

——伴随格(Comitative):表示由动词确定的、与施事共同完成动作的伴随者。例如,He sang a song with Mary(他跟玛丽一起唱了一只歌)中的"Mary"。

"格"是格语法解释语义和句法关系的基本工具,可是明确地列出"格"的清单却十分困难。菲尔摩本人从来就没有列出一个完整而明确的格清单,在不同的文章中,格的数目各不相同,连名称也经常改变。我们上面举出的是菲尔摩经常使用的 13 个格中的 10 个。

格语法在自然语言处理中广为使用,在机器翻译、人工智能等领域发挥了作用,是语言信息处理重要的基础理论。

20 世纪 70 年代中期以后,格语法的发展进入了第二阶段。第二阶段的格语法主要作了如下修改:菲尔摩把第一阶段表示格角色的结构叫做底层结构,底层结构由格角色构成,在第一阶段的格语法中,底层结构经过转换就得到表层结构;而在第二阶段,由格角色构成的底层结构,在转换之前还必须在场景(scene)的制导下,通过"透视域"(perspective)的选择,进行深层主语和深层宾语等语法关系的分配,从而得到深层结构,深层结构进入转换部分,经过转换得到表层结构。这样一来,每一个句子就有格角色和语法关系两个分析平面,这两个平面把句子和句子所描述的事件联系起来,解释句子的语义和句法现象。

菲尔摩提出,句子描述的是"场景"(scene),场景中各参与者承担格角色,构成句子的底层结构。底层结构经过"透视域"(perspective)的选择,一部分参与者进入透视域,成为句子的核心成分(nucleus),每一个核心成分根据突出的等级体系(saliency hierarchy)确定其语法关系,其他的参与者不一定能进入句子,即使它们出现在句子中,也只能成为外围成分(periphery)。

场景是语言之外的真实世界,如物体、事件、状态、行为、变化,以及人们对于真实世界的记忆、感觉、知觉等。语言中的每一个词、短语、句子都是对场景的描述。当人们说出一个词、一个短语、一个句子、或者一段话语,都是确定一个场景,并且突出或强调那个场景中的某一部分。例如,动词"写"描写的是这样一种场景:一个人在某个物体的表面握着一个顶部尖锐的工具使其进行运动,在物体表面留下痕迹。在这个场景中有 4 个实体(即 4 个参与者):发出这个行为的人、实施这个行为所凭借的工具、承受这个行为的物体表面、这个行为在物体表面留下的痕迹。这是在没有上下文的时候,单独一个动词"写"所描述的全部场景,也就是当我们没有遇到任何其他的上下文条件时，一个单独的动词"写"所产生的全部想象，这也就是"写"这个词给我们引发出的全部想象。句子的功能在于突出被描述的主体。假如我对你说，"小王正在写"，那么，这个句子所引发出的场景就不同了。根据这个句子，你可以知道这是真实世界中一个事件的场景，当听到这个句子时，你会在脑海中建立起这样一个场景：小王正握着一支笔，笔在某一物体表面移动，并且在物体表面留下痕迹。这个场景仍然有4个实体：书写人（小王）、书写工具（笔）、书写物体的表面（纸）、在表面留下的痕迹（字），但是，在这个场景中突出了书写人小王这一个实体。如果我说"小王正在写信"，那么，这个句子引出的场景仍然只有4个实体，但是突出了书写人（小王）和在表面留下的痕迹（信）2个实体。如果我说"小王用粉笔在黑板上写"，这个句子引发出的仍然是4个场景，但是突出了书写人（小王）、书写工具（粉笔）和物体表面（黑板）3个实体。如果我说"小王用粉笔在黑板上写了一个数学公式"，这个句子引发出的场景仍然是4个，不过，与前面3个句子不同的是，这4个实体都突出了：书写人（小王）、在表面留下的痕迹（数学公式）、书写工具（粉笔）、物体表面（黑板）。

语义联系着场景，但是场景并不等于语义，场景必须通过语言使用者的透视才能进入语言，才能与语义发生联系。我们说出每一个句子或者每一段话语，都有一个特定的透视域。在一段话语的任何一个地方，我们都是从一个特殊的透视域去考虑一个场景，当整个场景都在考虑之中的时候，我们一般只是注意场景的某一部分。例如，商务事件有4个参与者：买主、卖主、款项和货物，款项有时还可以再进一步分析为现金和赊帐两种情况。一个原型商务事件应该包括上述的内容，但是，当我们谈论这个事件时，所使用的单个句子要求我们对于事件选择一个特殊的透视域。例如，想把卖主和货物置于透视域，就用动词"卖"；想把买主和款项置于透视域，就用动词"购买"，如此等等。这样，任何人听见并理解他所听到的某一句话时，心目中就有一个包括商务事件的全部必要方面的场景，然而，只有事件的某些方面被确定下来，并且被置于透视域中。

进入透视域的成分成为句子的核心成分。每一个核心成分在深层结构中都常有一种语法关系,担任句子的主语或直接宾语。没有进入透视域的成分不一定出现在句子中,即使出现的话,也只是作为句子的外围成分。外围成分通常由介词、状语或者小句引入。

核心成分的突出情况是不同的,菲尔摩提出如下原则来确定核心成分的突出等级:

1. 主动成分级别高于非主动成分;

2. 原因成分级别高于非原因成分;

3. 作为人的(或有生命的)感受者的级别高于其他成分;

4. 蒙受改变的成分的级别高于未蒙受改变的成分;

5. 完全的或个性化的成分的级别高于一个成分的某一部分或无个性化的成分;

6. 实际形体的级别高于背景成分;

7. 肯定成分的级别高于不定成分。

这里的等级是按照突出程度递减的顺序来排列的,因此,主动成分的级别高于其他任何成分,原因成分的级别高于除了主动成分之外的任何一种成分,作为人的感受者的成分的级别高于除了主动成分和原因成分之外的任何一种成分,依此类推。

因此,在确定核心成分的语法关系时,应该按照突出程度的顺序来考虑。

当确定核心成分为一个时,场景中最高的成分就是主语。当确定核心成分有两个时,应该按照它们在等级中的相对位置来分配主语和直接宾语,级别高的成分为主语,级别较低的成分为直接宾语。当一个动词的主语已经确定,可以在其他两个事物中选择一个作为直接宾语时,在突出等级中级别高的事物占有优先地位。如果两个成分的突出程度相同,那么,它们中的任何一个都可以进入透视域。不过,这种突出等级的划分还处于假设阶段。正如菲尔摩所说的:"在现阶段,这一切还纯属推测。"这些问题还有待我们进一步探索。

格语法中的深层格具有普遍性,适用于描写各种自然语言的语句。一旦用格语法对句子结构进行了格的描写,就能对句子的表层关系和性质做出各种推断,例如,推断主语是什么,能否形成一个主谓结构,如何安排句子中的词序等等。

菲尔摩在 1977 年指出,能够描述同一商业事件的不同的动词可以选择不同的方式来表达事件的参与者。例如,在 John 和 Tom 之间涉及 3 美元和 1 个三明治的交易可以用下面的任何一种方式来描述:

- a. John **bought** the sandwich from Tom for three dollars.

  (John 花三美元从 Tom 处买了那块三明治。)

- b. Tom **sold** John the sandwich for three dollars.

  (Tom 以三美元卖给 John 那块三明治。)

- c. John **paid** Tom three dollars for the Sandwich.

  (John 付给 Tom 三美元来买那块三明治。)

在这些句子里,动词 buy、sell 和 pay 从不同的视角来表达商业事件,并选择潜在参与者与题元角色的不同的映射来实现这种视角。我们可以看出,这三个动词具有完全不同的映射。这个事实告诉我们:动词的语义角色必须在动词的词典条目中列出,由潜在的概念结构是不能预测的。

根据这些事实,许多研究者认为,在自然语言处理系统的词典中,需要分别列出每个动词的句法和语义组合的可能性,不能完全依靠句法功能和语义关系之间的对应,简单地进行逻辑推理来解决语义分析问题,而动词的句法和语义组合的可能性应该通过"框架"来描述。

句子中单词与单词之间的语义关系,有许多不同的表示方法,这些表示方法虽然各有不同,但是都可以归结为"题元角色关系"(thematic role relation)。

题元角色的标记基本上来自我们前面介绍过的菲尔摩格语法中的格标记,主要的题元角色如下:

- AGENT(施事者):有意志的事件引起者。例如,"The **waiter** spilled the soup"中的 waiter。

- EXPERIENCER(经验者):事件的经验者。例如,"**John** has a headache"中的 John。

- FORCE(施力者):无意志的事件引起者。例如,"The **quake** broke the glass"中的 quake。

● THEME(主题)：事件最直接影响到的参与者。例如，"He broke the **ice**"中的 ice。

● RESULT（结果）：事件造成的结局。例如，"The Korean government has built the **World-Cup Stadium**"中的 World-Cup Stadium。

● CONTENT（内容）：在涉及命题的事件中命题的内容。例如，John asked："**What is your name**?"中的"What is your name?"。

● INSTRUMENT(工具)：事件中所使用的工具。例如，"John writes **with a pencil**"中的 with a pencil。

● BENEFICIARY（受益者）：事件的受益者。例如，"John reserved a room **for his boss**"中的 for his boss。

● SOURCE(来源)：在涉及转移的事件中对象所从出的来源。例如，"John flew in **from Beijing**"中的 from Beijing。

● GOAL(目标)：在涉及转移的事件中对象所转移的方向。例如，"John drove **to Seoul**"中的 to Seoul。

题元角色就是这样的一些范畴符号，它们可以作为描述动词论元的一种浅层的语义标记。

例如，下面的句子：

John broke a bat（John 折断了垒球棒）

John opened a door（John 打开了门）

它们的 FOPC 表达式如下：

$\exists e, x, y$ ISA（e, Breaking）$\wedge$ Breaker（e, John）$\wedge$ BrokenThing（e, y）$\wedge$ ISA（y, BaseballBat）

$\exists e, x, y$ ISA（e, Opening）$\wedge$ Openner（e, John）$\wedge$ OpenedThing（e, y）$\wedge$ ISA（y, Door）

这里，"Breaker"（折断者）和 "Opener"（打开者）都是有意志的行为者，通常是有生命的，他们是相关事件的直接起因负责者。我们可以使用题元角色来表达这样的意思，例如，我们可以说，上述两个动词的主语都是 AGENT(施事者)，AGENT 是有意志的事件引起者，这两个动词的直接宾语分别是"BrokenThing"(折断物)和"OpenedThing"(打开物),它们通常是没有生命的客体,是动作作用的对象,这样的题元角色叫做THEME(主题)。

在句子"John broke his collarbone"中,John是EXPERIENCER(经验者)。

在句子"The quake broke glass in several downtown skyscrapers"中,quake是FORCE(施力者)。

在句子"It broke his jaw"中,It是某个AGENT或FORCE的INSTRUMENT(工具)。

菲尔摩指出,在英语主动句中的主语可能充当的题元角色是有一定的优先顺序的。他提出了如下的关于主语的题元角色层级:

AGENT => INSTRUMENT => THEME

这个题元角色层级的含义如下:

• 如果动词的题元角色中包含AGENT,INSTRUMENT和THEME,那么,主语就充当AGENT的角色。

• 如果动词的题元角色中只包含INSTRUMENT和THEME,那么,主语就充当INSTRUMENT的角色。

• 在被动句中,主语充当THEME的角色。

例如, John   opened   the door.
　　　AGENT   THEME

John   opened   the door   with   the   key.
AGENT   THEME   INSTRUMENT

The   key   opened   the   door.
INSTRUMENT   THEME

The   door   was opened   by   John.
THEME   AGENT

题元角色还可以作为概念结构或常识中的语义角色以及它们在具体语言的表层语法的句法功能(比如主语和宾语)之间的中间层。在机器翻译中,题元角色可以作为一种有用的中间语言。

学者们在概念结构和句法功能间的映射方面做了大量广泛的研

究工作,这样的研究叫做"关联理论"(linking theory)。

例如,菲尔摩曾经研究过"与格交替"(dative alternation)问题。他指出,某些动词(比如 give,send,read)可以具有一个 AGENT,一个 THEME 和一个 GOAL,有时候,THEME 作为宾语出现,GOAL 在介词短语中出现(如例子 a);有时候, GOAL 也可以作为宾语出现,而 THEME 作为第二宾语出现(如例 b):

    a. Doris gave/sent/read the book to Cary.
       AGENT   THEME   GOAL
    b. Doris gave/sent/read Cary   the book.
       AGENT   GOAL   THEME

由于 GOAL 表示"与格",它在句子(a)中出现在介词短语中,在句子(b)中作为宾语出现。由于 GOAL 的出现是交替的,所以叫做"与格交替"。

塔尔米(Talmy,1985)指出,"情感"动词(如 frighten、please 等)可以用 THEME 作主语,如在(1)中所示,或者用 EXPERIEME 作主语,并用 THEME 作介词宾语,如在(2)中所示。

  (1) a. That frightens me
          THEME   EXPERIENCER
     b. That interests me
         THEME   EXPERIENCER
     c. That surprises me
         THEME   EXPERIENCER
  (2) a. I   am frightened   of   that.
       EXPERIENCER   THEME
     b. I   am interested   in   that.
       EXPERIENCER   THEME
     c. I   am surprised   at   that.
       EXPERIENCER   THEME

列文(Levin,1993)总结了 80 个这种交替,包括在每种语义类型中动词的详尽的列表,以及语义限制、特例和其他的特性。这个列表已为许多自然语言处理的计算模型所使用。

2. 选择限制

一个词位对于它的各个论元角色所施加的语义约束叫做选择限制(selectional restriction)。

词位常常具有许多各式各样的涵义,这些涵义对它们的论元施加的约束是不同的。因此,选择限制针对的是词位中某个特定的涵义,而不是整个词位。我们来研究下面关于词位 serve 的例句:

(1) Well, there was the time they **served** green-lipped mussels from New Zealand.

(2) Which airlines **serve** Denver?

(3) Which ones **serve** breakfast?

例(1)说明的是 serve 的"烹饪"的涵义,常限制它的 THEME 角色为某种食品。例(2)说明的是 serve 的"提供商业服务"的涵义,它的 THEME 被约束为某种可以确认的地理或行政实体。例(3)中serve 的涵义与例(1)非常接近,说明的是 serve 的飞机上供应的某一顿特定的饮食的涵义。对于多义词位的相同语义角色的这些不同的选择限制可以加入到词典的同一词位的不同涵义中。我们可以使用这样的选择限制根据上下文进行歧义消解。

由不同词位以及同一词位的不同涵义所施加的选择限制可能很不相同,有些词位的选择限制的范围很广泛,有的词位的选择限制的范围很窄小。我们来研究下面关于动词 imagine(想象)、lift(提升)和 diagonalize(计算对角矩阵)的例句:

(4) I cannot **imagine** what this lady does all day.

(5) In rehearsal I often ask the musicians to **imagine** a tennis game.

(6) He **lifted** the fish from the water.

(7) To **diagonalize** a matrix is to find its eigenvalues. (计算对角矩阵来发现它的真值)

如果已经知道例(4)和例(5)中 imagine 的意义,我们就会毫不吃惊地发现它对于能够填充它的 THEME 角色的概念几乎没有语义约束,其选择限制的范围是很广泛的,它的 AGENT 角色被限定为人或其他有生命的实体,选择限制也比较宽。在例(6)中 lift 的涵义将它的 THEME 角色限制为可提升的东西,我们可以把它的选择限制确定为"物体"。在例(7)中,Diagonalize 对它的 THEME 角色的选择限制就非常具体化,它必须是一个矩阵(matrix)。

在语义分析系统中,我们如何来表示选择限制呢?

我们可以采用一阶谓词演算(FOPC)来表示选择限制。

如果我们有如下的 FOPC 表达式:

$$\exists e, x, y \text{ Eating } (e) \wedge \text{Agent } (e,x) \wedge \text{Theme } (e,y)$$

为了说明对于 y 的选择限制是某种可食的东西(edible thing),我们需要在上面的表达式中增加一项"ISA (y, EdibleThing)",得到:

$$\exists e, x, y \text{ Eating } (e) \wedge \text{Agent } (e,x) \wedge \text{Theme } (e,y) \wedge \text{ISA } (y, \text{EdibleThing})$$

如果在句子中有"ate a hamburger"这样的短语,我们还要在所得到的 FOPC 表达式中再增加一个新的选择限制"ISA (y, Hamburger)",得到:

$$\exists e, x, y \text{ Eating } (e) \wedge \text{Agent } (e,x) \wedge \text{Theme } (e,y) \wedge \text{ISA } (y, \text{EdibleThing}) \wedge \text{ISA } (y, \text{Hamburger})$$

我们最后得到的这个 FOPC 表达式是合理的,因为在范畴"Hamburger"中 y 所属的成员与在范畴"EdibleThing"中 y 所属的成员是相容的,它们在知识库中都应该是彼此相容的事项。

但是,使用 FOPC 来表达选择限制显得有些小题大做,这样一个简单的句子,要使用这么多的选择限制,实在是用牛刀来杀小鸡。

另外一个比较方便的方法是使用词网(WordNet)中的 SYNSET(同义词集)来表示选择限制。例如,在包含短语"ate a humburger"的句子中,我们可以从词网的 60 000 个 SYNSET 中找到 SYNSET {food, nutrient},这个 SYNSET 的定义是:"any substance that can be metabolized by an organism to give energy and build tissue"。

我们可以使用这个 SYNSET 作为动词 eat 的角色 THEME 的选择

限制,具体到单词 hamburger,我们可以在这个单词的上位词中确认它是一种食品。

Hamburger 的上位词如下:

Sense 1
Hamburger, beefburger —
(a fried cake of minced beef served on a bun)
→sandwich
　→snack food
　→dish
　　→nutriment, nourishment, sustenance . . .
　　　→food, nutrient
　　　　→substance, matter
　　　　　→object, physical object
　　　　　　→entity, something

根据上下位关系可以看出,hamburger 是一种可食的东西。

这个方法比较灵活,可以满足不同程度的选择限制的需要。例如,"imagine, lift, diagnolize"等动词的 THEME 的选择限制在程度上各有差别。我们可以把 imagine 的 THEME 的选择限制定为 SYNSET {entity, something},把 lift 的 THEME 的限制定为 SYNSET {object, physical object},把 diagonilize 的 THEME 的选择限制定为 SYNSET {matrix}。这些不同的选择限制可以容许"imagine a hamburger"和"lift a hamburger"这样的合格的短语,并排除"diagonalize hamburger"这样的不合格的短语。

本章参考文献

1　冯志伟,数理语言学[M],上海知识出版社,1985 年。

2. 冯志伟、瞿云华,汉语时体的分类和语义解释[J],《浙江大学学报》(人文社会科学版),第 36 卷,2006 年,第 3 期。

3. 冯志伟,信息时代多语言问题和对策[J],《语文信息》,2006 年,第 2 期,总第 122 期。

4. 贾彦德,汉语语义学[M],北京大学出版社,1992 年。

5. 刘东立、唐泓英、王宝库、姚天顺,汉语分析的语义网络表示法[J],《中文信息学报》,1992 年,第 4 期。

6. 石安石,语义论[M],商务印书馆,1993 年。

7. 石纯一、黄昌宁等,人工智能原理[M],清华大学出版社,1993 年。

8. 张潮生,语义表达的一些性质[J],《中文信息学报》,1991 年,第一期。

9. Allen, J. Towards a general theory of action and time [J], *Artificial Intelligence*, 23(2), 1984.

10. Allen, J. Natural Language Understanding[M], Benjamin Cummings, Menlo Park, CA, 1995.

11. Bobrow, D. G. and Winograd, T. An overview of KRL, a knowledge representation language [J], *Cognitive Science*, 1(1), 1977.

12. Brachman, R. J. and Schmolze, J. G. An overview of the KL-ONE knowledge representation system [J], *Cognitive Science*, 9(2), 1985.

13. Davidson, D. The logical form of action sentences[A], In *The Logic of decision and Action* [C], University of Pittsburgh Press, 1967.

14. Davis, E. Representations of Commonsense Knowledge[M], Morgan Kaufmann, San Mateo, CA, 1990.

15. Fauconnier, G.. Mental Spaces: Aspects of Meaning Construction in Natural Language [M], MIT Press, Cambridge, MA, 1985.

16. Feng Zhiwei, The role of electronic translation tools in information age (Keynote speech) [A], in *Proceedings of 5th conference-cum-software exhibition of master of arts in computer-aided translation program* [C], Hong Kong Chinese University, 2006 - 09 - 02, Hong Kong.

17. Feng Zhiwei, KOD — Intermediate Representation for MT [A], In *Proceedings of International conference for KOD* [C], Regensburg, Germany, 2006 - Oct - 12 to Oct - 14.

18. Hintikka, J. Semantics for propositional attitudes [A], In *Philosophical Logic* [C], Dordrecht, Holland, 1969.

19. Montague, R. The proper treatment of quantification in ordinary English [A], In *Formal Philosophy: Selected Papers of Richard Montague* [C], Yale University Press, New Haven, 1973.

20. Moore, R. Reasoning about knowledge and action [J], *IJCAI* - 77, 1977.

21. Parsons, T. Events in the Semantics of English [J], MIT Press, Cambridge, MA, 1990.

22. Quilian, M. R. Semantic memory [A], In *Semantic Information Processing* [C], MIT Press, Cambridge, MA, 1968.

23. Reichenbach, H. Elements of Symbolic Logic [M], Macmilan, New York, 1947.

24. Schank, R. C. Conceptional dependency: A theory of natural language processing [J], *Cognitive Psychology*, 3, 1972.

25. Simmons, R. and Slocum, J. Generating English discourse from semantic network [J], *Communications of the ACM*, 15(10), 1972.

26. Winograd, T. Understanding Natural Language [M], Academic Press, New York, 1972.

27. Woods, W. A. Semantics for a Question-Answering System [A], Ph. D. thesis, Harvard University, 1967.

第九章
马尔可夫链与隐马尔可夫模型

　　我们在第三章中介绍词类标注的时候,用来进行词类标注的两种重要的统计模型都是由马尔可夫链(Markov Chain)发展而成的:一个是隐马尔可夫模型(hidden Markov model,简称 HMM),另一个是最大熵模型(maximum entropy,简称 MaxEnt),与马尔可夫有关的 MaxEnt 叫做最大熵马尔可夫模型(maximum entropy Markov model,简称 MEMM),它们全都是机器学习模型。在本章中,我们将进一步更加全面地、更加形式化地来介绍马尔可夫链和隐马尔可夫模型。

　　隐马尔可夫模型和最大熵马尔可夫模型两者都是序列分类器(sequence classifier)。

　　序列分类器或序列标号器(sequence labeler)是给序列中的某个单元指派类或标号的模型。

　　我们在前面研究过的有限状态转录机是一种非概率的序列分类器,例如,这种序列分类器能够把单词的序列转换为语素的序列。

　　HMM 和 MEMM 使用概率序列分类器把这样的概念进一步扩充了;给定一个单元(单词,字母,语素,句子,以及其他单元)的序列,HMM 和 MEMM 就能够计算在可能的标号上的概率分布,并且选择出最好的标号序列。

　　我们在第三章中,已经研究过一个重要的序列分类问题:词类标注。在词类标注时,序列中每一个单词都被指派一个词类的标记。

　　在自然语言处理中,如果我们把语言看成是由不同表示层面上的序列组成的,那么,我们在很多地方都可以遇到这样的序列分类问题。除了词类标注之外,我们还使用序列模型来进行语音识别,句子切分和字素-音位转换,局部句法剖析或语块分析,命名实体识别和信息抽取。

本章首先介绍马尔可夫链,然后详细地介绍隐马尔可夫模型(HMM)、向前算法和更加形式化的韦特比算法(Viterbi algorithm)以及向前-向后算法。

第一节　马尔可夫链

早在 1913 年,俄国著名数学家马尔可夫(A. A. Markov,俄文为 A. A. MAPKOB,1856—1922)就注意到语言符号出现概率之间的相互影响,他试图以语言符号的出现概率为实例,来研究随机过程的数学理论。

马尔可夫出生于俄罗斯的梁赞,他的父亲是一位中级官员,后来举家迁往圣彼得堡。1874 年马尔可夫入圣彼得堡大学,毕业后留校任教。1886 年当选为圣彼得堡科学院院士。马尔可夫的主要研究领域在概率和统计方面。他的研究开创了随机过程这个新的领域,以他的名字命名的马尔可夫链在现代工程、自然科学和社会科学等各个领域都有很广泛的应用。

为了研究随机过程这个数学问题,他在汗牛充栋的众多文学作品中进行选择,选中了俄罗斯诗人普希金(A. ПУШКИН)脍炙人口的叙事长诗《叶夫根尼·奥涅金》,作为他研究数学问题的素材。

叙事长诗《叶夫根尼·奥涅金》(Eugene Onegin)连续地记载了 19 世纪早期的故事,讲的是一个青年花花公子奥涅金(Onegin)拒绝了姑娘达吉亚娜(Tatiana)的爱情,又在决斗中杀死了他的好友连斯基(Lenski),最后为了这两件大错而追悔莫及。

然而,这部叙事长诗之所以受到人们的喜爱,主要并不是因为它的情节,而是因为它的风格和结构。除了很多有趣的结构上的创新之外,这部叙事长诗是以一种叫做奥涅金诗节(Onegin stanza)的抑扬格形式写的,这是一种不同凡响的韵律技巧①。

例如,奥涅金和连斯基决斗前的描述,中文译本是按照奥涅金诗

---

① 奥涅金诗节每节十四行,四行交叉韵,四行重叠韵,四行环抱韵,最后两行重叠韵,读起来优美而流畅。

节来翻译的:

　　a 仇人,曾几何时,血的渴望

　　b 使他们两人互相背叛?

　　a 曾几何时,他们彼此谈思想,

　　b 谈事业,共度闲暇,共进晚餐?

　　c 他们曾经是一对好友,

　　c 而今怒目相视,如世代冤仇,

　　d 仿佛一场恐怖的难解的梦,

　　d 他们彼此在不声不响中

　　e 冷酷地为对方准备着死……

　　f 他们可该相视一笑,和和气气,

　　f 趁两人手上还未染上血迹,

　　e 大家各自东西,分手了事?……

　　g 奇怪的是,上流人彼此反目

　　g 只因为怕受虚假的羞辱。

　　这些因素使得这部诗体长篇小说在翻译成其他语言的时候,显得非常复杂,常常引起争议。很多译本是以诗歌的形式来翻译的,而纳博科夫(Nabokov)的有名的英译本却把俄文逐字逐句地照字面翻译成了英语的散文。因此关于此书的翻译以及按照字面翻译还是按照诗歌翻译之间的争议引起了学术界众多的评论。

　　然而,在1913年,马尔可夫对于普希金的文本提出了一个不是那么容易引起争论的问题:是否可以使用文本中字符频度的计数来帮助我们计算序列中下一个字母是元音的概率是多少呢?

　　马尔可夫别开生面,他没有按照常人的办法来研究,而是把《叶夫根尼·奥涅金》中的连续字母加以分类,把元音记为 V,把辅音记为C,然后,以连续字母为统计单元进行计算,研究元音和辅音字母出现概率之间的相互影响。由于当时还没有计算机,也没有大规模的语料库,所以,马尔可夫只得使用手工查频的方法,统计了由元音和辅音字母组成的三字母序列在《叶夫根尼·奥涅金》中的出现次数,得到了如下的元辅音序列表(其中 N 表示字母序列的记数,即 Count

Number）：

表 9.1　《叶夫根尼·奥涅金》中的元辅音序列表

$N(VVV) = 115$

$N(VVC) = 989$

$-N(VV) = 1104$

$N(VCV) = 4212$

$N(VCC) = 3322$

$-N(VC) = 7534$

$-N(V) = 8638$

$N(CVV) = 989$

$N(CVC) = 6545$

$-N(CV) = 7534$

$-N = 20000$

$N(CCV) = 3323$

$N(CCC) = 505$

$-N(CC) = 3828$

$-N(C) = 11362$

从这个表中可以看出，统计文本的总字母出现次数（包括元音和辅音）为 20 000 次，其中，元音字母出现 8 638 次，辅音字母出现 11 362 次；当元音字母之后为元音字母时，字母序列 VV 出现 1 104 次；当元音字母之后出现辅音时，字母序列 VC 出现 7 534 次；当字母序列 VV 之后为元音字母时，字母序列 VVV 出现 115 次；当字母序列 VV 之后为辅音字母时，字母序列 VVC 出现 989 次；……等等。

根据上表中的数据，可以计算出有关元音字母和辅音字母出现的概率。

例如，元音字母的出现概率为：

$$P(V) = \frac{N(V)}{N} = \frac{8638}{20000} = 0.432$$

元音字母在辅音字母之后的出现概率为

$$P(V \mid C) = \frac{N(CV)}{N(C)} = \frac{7534}{11362} = 0.663$$

元音字母在元音字母之后的出现概率为

$$P(V \mid V) = \frac{N(VV)}{N(V)} = \frac{1104}{8638} = 0.128$$

显而易见,在俄语中,元音字母在辅音字母之后出现的概率大于元音字母在元音字母之后出现的概率。马尔可夫的这个表,确切地说明了元音字母和辅音字母之间出现概率的相互影响①。

上面的现象可以概括成随机过程加以研究。

随机过程有两层含义:

第一,它是一个时间的函数,随着时间的改变而改变;

第二,每个时刻上的函数值是不确定的,是随机的,也就是说,每一时刻上的函数值按照一定的概率而分布。

在我们写文章或讲话的时候,每一个字母(或音素)的出现随着时间的改变而改变,是时间的函数,而在每一时刻上出现什么字母(或音素)则有一定的概率性,是随机的,因此,我们可以把语言的使用看成一个随机过程。

在这个随机过程中,所出现的语言符号是随机试验的结局,语言就是一系列具有不同随机试验结局的链。

如果在随机试验中,各个语言符号的出现彼此独立,不相互影响,那么,这种链就是独立链。

如果在独立链中,每个语言符号的出现概率相等,那么,这种链就叫做等概率独立链。

如果在独立链中,各个语言符号的出现概率不相等,有的出现概率高,有的出现概率低,则这种链叫做不等概率独立链。

在独立链中,前面的语言符号对后面的语言符号没有影响,是无记忆的,因而这种独立链是由一个无记忆信源发出的。这种独立链是一种没有后效的随机过程,在已知的当前状态的情况下,过程的未来状态与它过去的状态无关,这是一种原始形式的马尔可夫过程。

马尔可夫对于《叶夫根尼·奥涅金》中的元音和辅音系列的研究突破了原始形式的马尔可夫过程,过程的未来状态与它过去的状态是有关系的。这样,就把马尔可夫过程的研究向前推进了一步。

---

① A. A. Markov, Essai d'une recherche statistique sur le texte du roman "Eugene Onegin" illustrant la liaison des epreuve en chain, Bulletin de l'Academie Impériale des Sciences de St-Pétersbourg, 7, 153 – 162.

在如像《叶夫根尼·奥涅金》中的元音和辅音系列这样的随机试验中，每个语言符号的出现概率不相互独立，每一个随机试验的个别结局依赖于它前面的随机试验的结局，那么，这种链就叫做"马尔可夫链"（Markov chain）。

在马尔可夫链中，前面的语言符号对后面的语言符号是有影响的，这种链是由一个有记忆信源发出的。这正是马尔可夫研究《叶夫根尼·奥涅金》的字母序列所面临的情况。正如马尔可夫所指出的，语言就是由这种有记忆信源发出的 Markov 链。

如果我们只考虑前面一个语言符号对后面一个语言符号出现概率的影响，这样得出的语言成分的链，叫做一重马尔可夫链，也就是二元语法。

如果我们考虑到前面两个语言符号对后面一个语言符号出现概率的影响，这样得出的语言符号的链，叫做二重马尔可夫链，也就是三元语法。

如果我们考虑到前面三个语言符号对后面一个语言符号出现概率的影响，这样得出的语言符号的链，叫做三重马尔可夫链，也就是四元语法。

类似地，我们还可以考虑前面四个语言符号、五个语言符号、……对后面的语言符号出现概率的影响，分别得出四重马尔可夫链（五元语法）、五重马尔可夫链（六元语法）等等，依此类推。

随着马尔可夫链重数的增大，随机试验所得出的语言符号链越来越接近有意义的自然语言文本。

乔姆斯基和心理学家米勒（G. Miller）指出，这样的马尔可夫链的重数并不是无穷地增加的，它的极限就是语法上和语义上成立的自然语言句子的集合。这样，我们就有理由把自然语言的句子看成是重数很大的马尔可夫链了。马尔可夫链在数学上刻画了自然语言句子的生成过程，是一个早期的自然语言的形式模型，后来的很多研究（例如，"N 元语法"的研究），都是建立在马尔可夫链的基础之上的。

马尔可夫链（Markov chain）有时也叫做显马尔可夫模型（Observed Markov model）。马尔可夫链和隐马尔可夫模型二者都是有限自动机的扩充;而有限自动机是可以用状态集和状态之间转移集来定义的。

加权有限状态自动机(weighted finite-state automaton)是有限自动机加以简单提升而成的。加权有限自动机中每一个弧都与一个概率相联系,这个概率说明通过该弧的可能性的大小。这些概率应该归一化,使得离开一个结点的所有弧的概率的总和为1。

马尔可夫链(Markov chain)是加权自动机的一种特殊情况,其中输入序列惟一地确定了自动机将要通过的状态。由于马尔可夫链不能表示固有的歧义问题,因此,只是在把概率指派给没有歧义的序列时,马尔可夫链才是有用的。

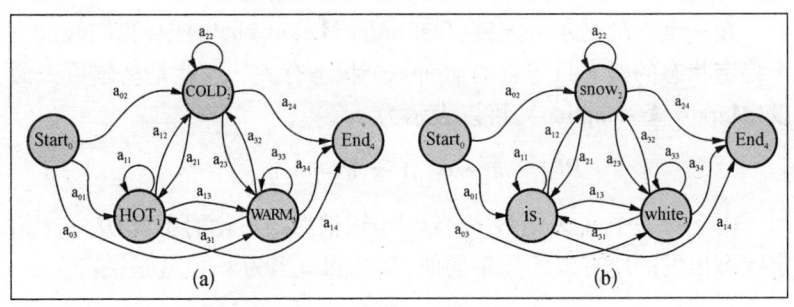

图9.1 表示天气事件(a)和单词序列(b)的马尔可夫链。本章的图取自朱夫斯凯(D. Jurafsky)等的 Speech and Language Processing(Second Edition, 2010) 一书,谨此致谢。

一个马尔可夫链使用状态、状态之间的转移以及初始状态和终结状态来描述。图9.1a是一个马尔可夫链,它给天气事件的序列指派概率,其中的词汇由 HOT,COLD 和 WARM 组成。图9.1b是另一个马尔可夫链,它给单词序列 $w_1, \ldots, w_n$ 指派概率。事实上,这样的马尔可夫链是一个二元语法模型。给出了图9.1中的两个模型,我们就可以对于任何的由词汇中的单词组成的序列指派概率。

下面我们简短地说明怎样来做这件事。

首先,让我们更加形式化地描述这个问题,把马尔可夫链看成一种概率图模型(graphical model),这种概率图模型是表示图(graph)中概率假设的一种方法。

一个马尔可夫链可以使用如下的部分来描述：

$Q = q_1 q_2 \cdots q_N$	状态(states) N 的集合
$A = a_{01} a_{02} \cdots a_{n1} \cdots a_{nn}$	转移概率矩阵(transition probability matrix) A, 每一个 a_{ij} 表示从状态 i 转移到状态 j 的概率, 对于 $\forall i$, $\sum a_{ij} = 1$,
q_0, q_F	特殊的初始状态(start state)和终结状态(end state), 它们与观察值没有联系。

从图 9.1 中可以看出, 我们把状态(包括初始状态和终结状态)表示为图中的结点, 把转移表示为图中的结点之间的弧。

在一个一阶马尔可夫链(first-order Markov chain)中, 我们假设一个特定状态的概率只与它的前面一个状态有关。这就是马尔可夫假设(Markov Assumption), 可以表示为:

$$P(q_i \mid q_1 \cdots q_{i-1}) = P(q_i \mid q_{i-1})$$

由于每一个 a_{ij} 表示概率 $p(q_j \mid q_i)$, 根据归一化的要求, 从一个给定状态出发的所有弧的概率的值, 其总和应当为 1, 也就是说:

$$\sum_{j=1}^{n} a_{ij} = 1 \quad \forall i$$

有时还使用一种不同的马尔可夫链的表示方式, 其中没有初始状态和终结状态, 而是明确地把初始状态和接收状态上的分布表示出来:

$\pi = \pi_1, \pi_2, \ldots, \pi_N$	在状态上的初始概率分布(initial probability distribution)。π_i 表示马尔可夫链在状态 i 开始的概率。某些状态 j 可以有 $\pi_j = 0$, 这意味着它们不可能是初始状态。同样也有, $\sum \pi_i = 1$
$QA = \{q_x, q_y, \ldots\}$	合法的接收状态(accepting states)的集合, $QA \subset Q$。

所以,状态 1 作为第一个状态的概率可以表示为 a_{01},或者也可以表示为 π_1。由于每一个 π_i 表示概率 $p(q_i|START)$,所有的 π 的概率的总和必定为 1:

$$\sum_{i=1}^{n} \pi_i = 1$$

现在我们使用图 9.2 中的概率样本来计算下列序列的概率:

（1）hot hot hot hot

（2）cold hot cold hot

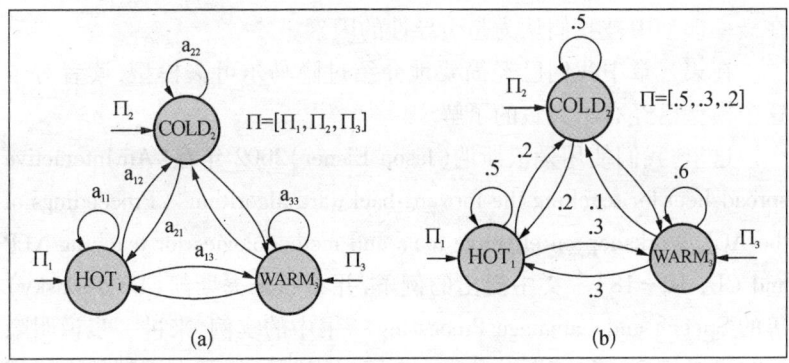

图 9.2　在图 9.1 中所示的天气事件的马尔可夫链的另外一种表示方法。这里没有使用转移概率 a_{01} 来表示特定的初始状态,而使用矢量 π 来表示初始状态概率的分布。(b) 中的图是一个概率样本。

（1）hot hot hot hot = $0.5 * 0.5 * 0.5 * 0.5 = 0.0625$

（2）cold hot cold hot = $0.3 * 0.2 * 0.2 * 0.2 = 0.0024$

这两个概率的差别告诉我们用图 9.2 来编码的现实世界的天气事实是什么,天气事实的概率是可以直接观察到的。

第二节　隐马尔可夫模型

当需要计算我们能够在世界上直接观察到的事件序列的概率的时候,马尔可夫链是很有用的。然而,在很多情况下,我们感兴趣的事件可能并不能直接在世界上观察到,而是隐藏在观察之后的。

例如,在词类标注中,我们并没有观察到存在于现实世界上的词类标记;我们观察到的只是一个一个具体的单词,而我们的目标是根据观察到的单词的序列推断出正确的词类标记。这时,词类标记是隐藏的(hidden),它们不能被我们直接观察到。

在语音识别中也遇到同样的情况,我们观察到的是存在于现实世界上的声学事件,我们要推断出"隐藏"在声学事件后面的单词,它们是声学事件的基本的导因来源。

隐马尔可夫模型(Hidden Markov Model,简称 HMM)使得我们有可能既涉及到被观察到的事件(例如,在词类标注时我们在输入中看到的单词),又涉及到隐藏的事件(例如,词类标记),这些隐藏事件在概率模型中被我们认为是引导性的因素。

在第三章中我们已经简要地介绍过隐马尔可夫模型,读者对于这个模型已经有了大致的了解。

这里,我们使用爱依斯讷(Jason Eisner)2002 年在"An interactive spreadsheet for teaching the forward-backward algorithm"(Proceedings of the ACL Workshop on effective tools and methodologies for teaching NLP and CL, 10‑18)一文中提出的例子,并参照朱夫斯凯(D. Jurafsky)等的 Speech and Language Processing 一书中的实例,来进一步说明隐马尔可夫模型。爱依斯讷和朱夫斯凯对于隐马尔可夫模型的讲述都非常精彩,是我们最重要的参考。

爱依斯讷在他的文章中提出了如下的问题:

在一千多年之后,假定你是一个在 2799 年研究地球暖化历史的气象学家,而你找不到在 2007 年夏天任何关于美国巴尔的摩州、马里兰州的天气的记录资料,但是你在偶然中发现了爱依斯讷的日记,其中列出了在这个夏天的每一天他吃冰淇淋的数量。这样,我们就可以利用这些关于冰淇淋数量的观察来估计每一天的气温。为了简单起见,我们假定每一天的天气只有两种状态:"冷"(记为 C)和"热"(记为 H)。这样一来,爱依斯讷提出的这个问题可以描述如下:

> 给定一个观察序列 O,每一个观察是一个整数,它对应于在某一个给定的日子所吃的冰淇淋的数量,引起爱依斯讷吃冰淇

淋的天气的状态序列是"隐藏的",这个隐藏的状态序列用 Q 表示,它的值为 H 或 C。

爱依斯讷提出的这个问题实际上就是一个隐马尔可夫模型。现在我们给隐马尔可夫模型作形式化的定义,重点说明它在哪些方面与马尔可夫链有差别。

一个隐马尔可夫模型 HMM 可以使用如下的几个部分来描述:

$Q = q_1 q_2 \cdots q_N$	状态(states)N 的集合
$A = a_{11} a_{12} \cdots a_{n1} \cdots a_{nn}$	转移概率矩阵(transition probability matrix)A,每一个 a_{ij} 表示从状态 i 转移到状态 j 的概率,对于 $\forall i, \sum a_{ij} = 1$。
$O = o_1 o_2 \cdots o_T$	观察(observations)T 的序列,每一个观察从词汇 $V = v_1, v_2, \ldots, v_v$ 中取值。
$B = b_i(o_t)$	观察似然度(observation likelihoods)序列,也叫做发射概率(emission probabilities),每一个观察似然度表示从状态 i 生成观察 o_t 的概率。
q_0, q_F	与观察值没有联系的特殊的初始状态(start state)和终结状态(end state),以及从初始状态出发的转移概率 $a_{01} a_{02} \cdots a_{0n}$ 和进入终结状态的转移概率 $a_{1F} a_{2F} \cdots a_{nF}$。

正如我们在介绍马尔可夫链时说过的那样,有时我们还使用一种不同的隐马尔可夫模型的表示方式(使用 π 的记法),其中没有初始状态和终结状态,而是明确地把初始状态和接收状态上的分布表示出来。

$\pi = \pi_1, \pi_2, \ldots, \pi_N$	在状态上的初始概率分布(initial probability distribution)。π_i 表示马尔可夫链在状态 i 开始的概率。某些

$\text{QA} = \{ q_x, q_y, \ldots \}$

状态 j 可以有 $\pi_j = 0$,这意味着它们不可能是初始状态。同样也有,$\sum \pi_i = 1$。

合法的接收状态(accepting states)的集合,$\text{QA} \subset \text{Q}$。

在这里,我们不使用这样的 π 记法。

一阶隐马尔可夫模型有两个假设:一个是马尔可夫假设(Markov Assumption),一个是输出独立性假设(Output Independence)。

第一个假设——马尔可夫假设:第一个假设与一阶马尔可夫链中的假设一样,尽管在马尔可夫链中,一个特定状态 q_i 的概率与它前面的各个状态 $q_1 \ldots q_{i-1}$ 都有关,但是,我们假定,这个特定的状态只与直接在它前面一个状态 q_{i-1} 有关。用公式表示为:

$$P(q_i \mid q_1 \ldots q_{i-1}) = P(q_i \mid q_{i-1})$$

第二个假设——输出独立性假设:一个输出观察 o_i 的概率只与产生该观察的状态 q_i 有关,而与其他的任何状态 $q_1 \ldots q_i \ldots q_T$ 和其他的任何观察 $o_1 \ldots o_i \ldots o_T$ 无关。用公式表示为:

$$P(o_i \mid q_1 \ldots q_i \ldots q_T, o_1 \ldots o_i \ldots o_T) = P(o_i \mid q_i)$$

图 9.3 是用于描述吃冰淇淋的 HMM 的一个样本。H 和 C 两个

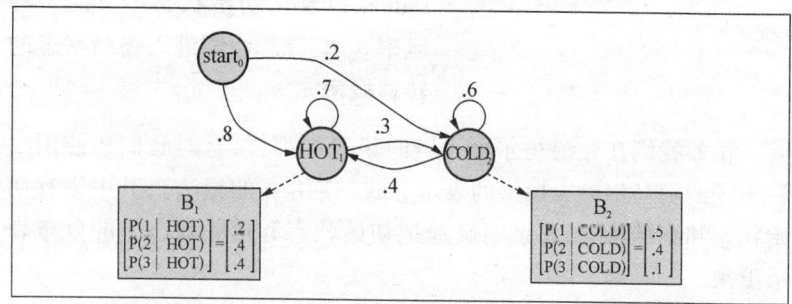

图 9.3 关于爱依斯讷在给定的日子吃冰淇淋的数量(观察值)与天气(隐藏变量 H 或 C)之间的关系的隐马尔可夫模型。在这个例子中,我们没有使用最后状态,但是允许状态 1 和状态 2 二者都可以作为最后状态。

状态分别表示热天气和冷天气,观察的值(吃冰淇淋的数量)取自字母表 $O = \{1, 2, 3\}$,每一个观察值表示爱依斯讷在给定的日子吃冰淇淋的数量。

在状态为 hot 的情况下,爱依斯讷吃冰淇淋的概率如下:

$$\begin{pmatrix} P(1|hot) \\ P(2|hot) \\ P(3|hot) \end{pmatrix} = \begin{pmatrix} 0.2 \\ 0.4 \\ 0.4 \end{pmatrix} \quad \begin{array}{l} \text{吃 1 个冰淇淋的概率} \\ \text{吃 2 个冰淇淋的概率} \\ \text{吃 3 个冰淇淋的概率} \end{array}$$

在状态为 cold 的情况下,爱依斯讷吃冰淇淋的概率如下:

$$\begin{pmatrix} P(1|cold) \\ P(2|cold) \\ P(3|cold) \end{pmatrix} = \begin{pmatrix} 0.5 \\ 0.4 \\ 0.1 \end{pmatrix} \quad \begin{array}{l} \text{吃 1 个冰淇淋的概率} \\ \text{吃 2 个冰淇淋的概率} \\ \text{吃 3 个冰淇淋的概率} \end{array}$$

在图 9.3 的 HMM 中,任何两个状态之间的转移都有一个非零的概率。这样的 HMM 叫做全连通 HMM(fully connected HMM)或者遍历 HMM(ergodic HMM)。但是,有时我们会遇到状态之间的转移概率为零的 HMM。例如,从左到右的 HMM(left-to-right HMM,也叫做 Bakis HMM),其中状态的转移总是从左到右进行的,如图 9.4 所示。在 Bakis HMM 中,没有一个转移是从编号较高的状态向编号较低的状态进行的,或者更精确地说,从编号较高的状态向编号较低的状态的转移概率为零。Bakis HMM 一般用于给如像语音这样含有时间进程的现象建模。

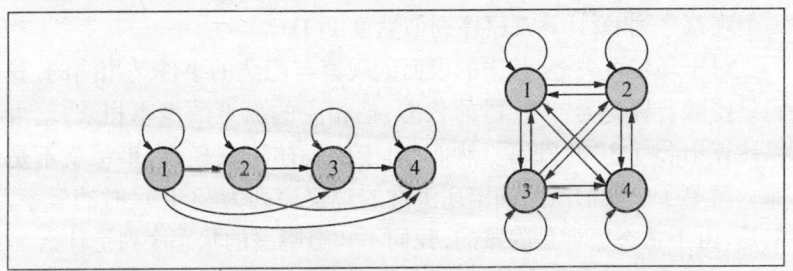

图9.4 两个含有 4 个状态的隐马尔可夫模型;左边是从左到右的 HMM(Bakis HMM),右边是全连通 HMM(遍历 HMM)。在 Bakis HMM 中,所有没有显示出来的转移都具有零概率。

我们已经知道了 HMM 的结构,现在我们转过来讨论用 HMM 来计算事物的算法。

1989 年拉宾讷(Rabiner)的"隐马尔科夫模型及其在语音识别中的应用"[1](A)是一个很有影响的讲座教程,这个教程以 20 世纪 60 年代弗格森(Jack Ferguson)的教程为基础,提出了使用三个基本问题(three fundamental problems)来描述隐马尔可夫模型的思想。

这三个基本问题是:

问题1(似然度问题):给定一个 HMM λ = (A, B)和一个观察序列 O,确定观察序列的似然度 P(O|λ)。

问题2(解码问题): 给定一个观察序列 O 和一个 HMMλ = (A, B),找出最好的隐藏状态序列 Q。

问题3(学习问题): 给定一个观察序列 O 和 HMM 中的状态集合,自动地学习 HMM 的参数 A 和 B。

词类标注是问题 2 的一个实例。下面,我们将更加形式化地描述问题 1 和问题 2,问题 3 是机器自动学习的问题,我们只做简略的讨论。

第三节　向前算法

我们的第一个问题是计算特定的观察序列的似然度。例如,给定图 9.4 中的 HMM,计算序列"3 1 3"的概率是多少?

更加形式地说,第一个问题就是:给定一个 HMM λ = (A, B)和一个观察序列 O,计算观察序列似然度 P(O|λ)。

对于马尔可夫链,其中的表面的观察与隐藏的事件是相同的,我们只要顺着标记为"3 1 3"的状态,把相应的弧上的概率相乘,就可以计算出"3 1 3"的概率。然而,对于隐马尔可大模型,事情就个是那么简单了。我们试图确定冰淇淋的观察序列为"3 1 3"时的概率,但是,由于状态序列是隐藏的,我们不知道隐藏的状态序列是什么。

---

[1]　L. R. Rabiner, A tutorial on hidden Markov models and selected applications in speech recognition, *Proceedings of the IEEE*, 77(2), 257–286, 1989.

让我们首先从稍微简单一些的情况开始。假定我们已经知道天气的冷热情况并且知道爱依斯讷吃了多少冰淇淋，我们来计算观察序列的似然度。例如，对于给定的隐藏状态序列"hot hot cold"，我们来计算观察序列"3 1 3"的输出似然度。

让我们来看一看究竟怎样来进行计算。首先，我们知道，在隐马尔可夫模型中，每一个隐藏状态只产生一个单独的观察。所以，隐藏状态序列与观察序列具有相同的长度[1]。

给定这种一对一的映射以及马尔可夫假设，对于一个特定的隐藏状态序列 $Q = q_0$, q_1, q_2, ..., q_T 以及一个观察序列 $O = o_1$, o_2, ..., o_T，观察序列的似然度为：

$$P(O \mid Q) = \prod_{i=1}^{T} P(o_i \mid q_i)$$

从一个可能的隐藏状态序列"hot hot cold"到所吃冰淇淋的观察序列"3 1 3"的向前概率单位计算如下面公式所示：

$$P(313 \mid hot\ hot\ cold) = P(3 \mid hot) \times P(1 \mid hot) \times P(3 \mid cold)$$

图 9.5 是这个计算的图形表示。

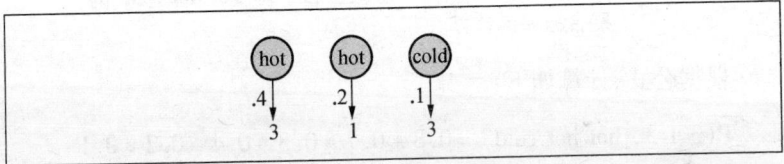

图 9.5　对于给定的隐藏状态序列"hot hot cold"，冰淇淋事件为"3 1 3"的观察似然度的计算。

不过，在实际上我们当然并不知道隐藏状态序列（天气）究竟是什么。因此，在计算冰淇淋事件"3 1 3"的概率时，我们需要通盘考虑所有可能的天气序列，对于它们进行概率加权，这样一来，计算将

---

[1]　在隐马尔可夫模型的变体**分段隐马尔可夫模型**（segmental HMM，用于语音识别）和**半隐马尔可夫模型**（semi-HMM，用于文本处理）中，隐藏状态序列的长度和观察序列的长度的这种一对一映射的情况不成立。

变得非常复杂。

让我们来计算在特定的天气序列 Q 生成一个特定的冰淇淋事件序列 O 的联合概率。一般说来,这个联合概率为:

$$P(O, Q) = P(O \mid Q) \times P(Q) = \prod_{i=1}^{n} P(o_i \mid q_i) \times \prod_{i=1}^{n} P(q_i \mid q_{i-1})$$

如果可能的隐藏状态序列只有一个,是"hot hot cold",那么,我们的冰淇淋观察"3 1 3"和一个可能的隐藏状态序列"hot hot cold"的联合概率可以用下面公式来计算:

$$P(313, hot\ hot\ cold) = P(hot \mid start) \times P(hot \mid hot) \times P(cold \mid hot)$$
$$\times P(3 \mid hot) \times P(1 \mid hot) \times P(3 \mid cold)$$

图9.6是这个计算的图形表示。

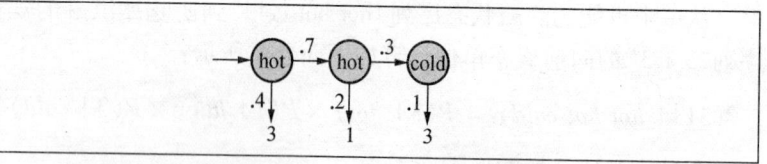

图9.6　冰淇淋事件"3 1 3"和隐藏状态序列"hot hot cold"的
　　　　联合概率的计算。

根据公式,计算如下:

$$P(3\ 1\ 3,\ hot\ hot\ cold) = 0.8 * 0.7 * 0.3 * 0.4 * 0.2 * 0.1$$
$$= 0.001\ 344$$

在实际的天气变化中,隐藏的天气状态的序列是很多的。如果我们知道了如何计算观察与其中一个特定的隐藏状态序列的联合概率,我们就可以把该观察与所有可能的隐藏状态序列的联合概率加起来,计算出这个观察与所有可能的隐藏状态序列的全部概率:

$$P(O) = \sum_{Q} P(O, Q) = \sum_{Q} P(O \mid Q) P(Q)$$

在上面的这个例子中,我们需要计算冰淇淋观察三个事件(如,"3 1 3")和八个可能的隐藏状态序列(如,"cold cold cold","cold

cold hot", "hot hot cold", "cold hot cold", "hot cold cold", "hot hot hot", "not cold hot", "cold hot hot"等等,共有 $2^3 = 8$ 种可能的状态序列)的联合概率的总和:

$$P(3\ 1\ 3) = P(3\ 1\ 3,\ \text{cold cold cold})$$
$$+ P(3\ 1\ 3,\ \text{cold cold hot})$$
$$+ P(3\ 1\ 3,\ \text{hot hot cold})$$
$$+ P(3\ 1\ 3,\ \text{cold hot cold})$$
$$+ P(3\ 1\ 3,\ \text{hot cold cold})$$
$$+ P(3\ 1\ 3,\ \text{hot hot hot})$$
$$+ P(3\ 1\ 3,\ \text{hot cold hot})$$
$$+ P(3\ 1\ 3,\ \text{cold hot hot})$$

对于具有 N 个隐藏状态和 T 个观察的观察序列,将会有 N^T 个可能的隐藏序列。在实际的问题中,N 和 T 二者都是很大的,如果按照这样的方法来计算,N^T 将呈指数增长,它将是一个很大的数。因此,在实际上,我们不可能通过分别计算每一个隐藏状态序列的观察似然度然后把它们加起来求和的办法来计算全部的观察似然度。我们可以避开这样复杂的联合概率的计算,而只计算观察序列与局部的状态序列之间的观察似然度,这样观察似然度更有实用价值。

在隐马尔可夫模型中,我们使用一种叫做向前算法(forward algorithm)的有效的算法来代替这种呈指数增长的极为复杂的算法,这样,算法的复杂度将大大降低,实验证明,向前算法的复杂度为 $O(N^2T)$。

向前算法是一种动态规划算法(dynamic programming algorithm),当得到观察序列的概率时,它使用一个表来存储中间值。向前算法也使用对于生成观察序列的所有可能的隐藏状态的路径上的概率求和的方法来计算观察概率,不过它把每一个路径隐含地叠合在一个单独的向前网格(forward trellis)中,从而提高了效率。在向前网格中,横向表示观察序列,纵向表示状态序列。

图 9.7 是对于给定的隐藏状态序列"hot hot cold"计算观察序列"3 1 3"的似然度的向前网格的一个例子。其中,横向表示时间上的

观察序列 o_1, o_2, o_3,纵向表示空间上的状态序列 q_0, q_1, q_2, q_F。

向前算法网格中的每一个单元 $\alpha_t(j)$ 表示对于给定的自动机 λ,在看了前面的 t 个观察之后,在状态 j 的概率。每一个单元 $\alpha_t(j)$ 的值使用对于把我们引入这个单元的每一条路径上的概率求和的方法来计算。形式地说,每一个单元表示如下的概率:

$$\alpha_t(j) = P(o_1, o_2 \ldots o_t, q_t = j \mid \lambda)$$

这里,$q_t = j$ 的意思是:"当状态序列中的第 t 个状态是状态 j 时的概率"。我们使用对于扩充导入当前单元的所有路径求和的方法来计算概率。在时刻 t,对于给定的状态 q_j,$\alpha_t(j)$ 的值的计算公式为:

$$\alpha_t(j) = \sum_{t=1}^{N} \alpha_{t-1}(i) a_{ij} b_j(o_t)$$

根据这个公式,我们可以使用扩充前面路径的方法来计算在时刻 t 时的向前概率,计算时,我们要把下面的 3 个因素相乘:

$\alpha_{t-1}(i)$ 从前面的时间步算起的前面的向前路径概率(previous forward path probability)

a_{ij} 从前面状态 q_i 到当前状态 q_j 的转移概率(transition probability)

$b_j(o_t)$ 在给定的当前状态 j,观察符号 o_t 的状态观察似然度(state observation likelihood)

图 9.7 是一个向前网格(forward trellis),横轴表示不同时间的观察,与时间(time)有关,分别为 o_1, o_2, o_3;纵轴表示状态,与空间(space)有关,分别为 q_0, q_1, q_2, q_F。隐藏状态用圆圈表示,观察用方框表示。非实的白圆圈表示非法的转移。图中说明了在两个时间步对于两个状态的 $\alpha_t(j)$ 的计算。根据公式 $\alpha_t(j) = P(o_1, o_2 \ldots o_t, q_t = j \mid \lambda)$,在每一个单元中进行计算。在每一个单元中概率的计算结果用右边的公式来表示:$\alpha_t(j) = P(o_1, o_2, \ldots, o_t, q_t = j \mid \lambda)$。

在时间步 1 和状态 1 的向前概率为:

$$\alpha_1(1) = P(C \mid Start) * P(3 \mid C) = 0.2 * 0.1 = 0.02$$

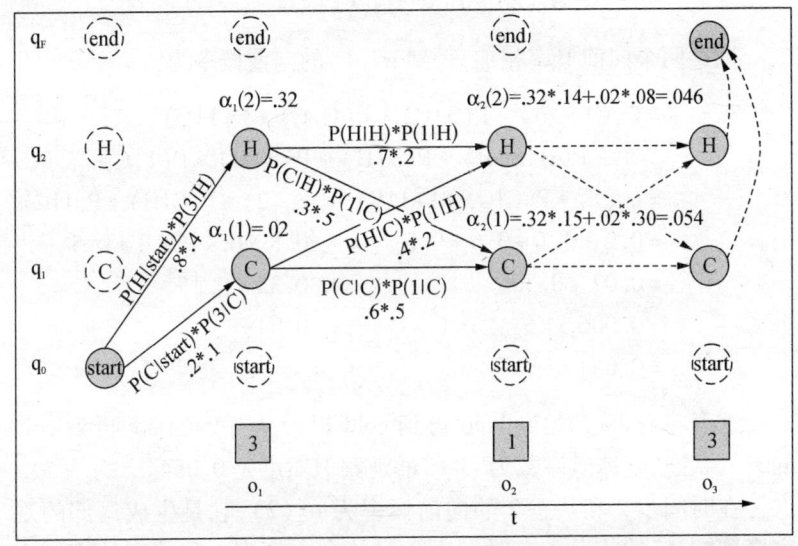

图 9.7 用于计算冰淇淋事件"3 1 3"的全部观察似然度的向前网格。

这意味着,从开始到 cold 这个状态,吃 3 根冰淇淋的观察似然度是 0.02。

在时间步 1 和状态 2 的向前概率为:

$$\alpha_1(2) = P(H|Start) * P(3|H) = 0.8 * 0.4 = 0.32$$

这意味着,从开始到 hot 这个状态,吃 3 根冰淇淋的观察似然度是 0.32。

在时间步 2 和状态 1 的向前概率为 $\alpha_2(1)$,它是生成局部的观察序列"3 1"的状态 1 在时间步 2 时的向前概率。我们在计算这个概率时,要把在时间步 1 的概率 α 加以扩充,通过两条路径:

— 条路径是 Start→C→C,其向前概率 $P(C|Start) * P(3|C) * P(C|C) * P(1|C)$,也就是

$$\alpha_1(1) * P(C|C) * P(1|C);$$

另一条路径是 Start→H→C,其向前概率为 $P(H|Start) * P(3|H) * P(C|H) * P(1|C)$,也就是

$$\alpha_1(2) * P(C|H) * P(1|C)。$$

把这两个向前概率相加,得到 $\alpha_2(1)$ 的向前概率为:

$$
\begin{aligned}
\alpha_2(1) &= P(C|Start) * P(3|C) * P(C|C) * P(1|C) \\
&\quad + P(H|Start) * P(3|H) * P(C|H) * P(1|C) \\
&= \alpha_1(1) * P(C|C) * P(1|C) + \alpha_1(2) * P(C|H) * P(1|C)。 \\
&= 0.2 * 0.1 * 0.6 * 0.5 \quad + 0.8 * 0.4 * 0.3 * 0.5 \\
&= 0.02 * 0.30 \quad\quad\quad + 0.32 * 0.15 \\
&= 0.006 \quad\quad\quad\quad\quad + 0.048 \\
&= 0.054
\end{aligned}
$$

这意味着,从开始到 cold 再到 cold 以及从开始到 hot 再到 cold 的天气状态,吃冰淇淋数为"3 1"的观察似然度是 0.054。

在时间步 2 和状态 2 的向前概率为 $\alpha_2(2)$,它是生成局部的观察序列"3 1"的状态 2 在时间步 2 时的向前概率。我们在计算这个概率时,要把在时间步 1 的概率 α 加以扩充,通过两条路径:

一条路径是 Start→C→H,其向前概率 $P(C|Start) * P(3|C) * P(H|C) * P(1|H)$,也就是

$$\alpha_1(1) * P(H|C) * P(1|H);$$

另一条路径是 Start→H→H,其向前概率为 $P(H|Start) * P(3|H) * P(H|H) * P(1|H)$,也就是

$$\alpha_1(2) * P(H|H) * P(1|H)。$$

把这两个向前概率相加,得到 $\alpha_2(2)$ 的向前概率为:

$$
\begin{aligned}
\alpha_2(2) &= P(C|Start) * P(3|C) * P(H|C) * P(1|H) \\
&\quad + P(H|Start) * P(3|H) * P(H|H) * P(1|H) \\
&= \alpha_1(1) * P(H|C) * P(1|H) + \alpha_1(2) * P(H|H) * P(1|H)。 \\
&= 0.2 * 0.1 * 0.4 * 0.2 \quad + 0.8 * 0.4 * 0.7 * 0.2 \\
&= 0.02 * 0.08 \quad\quad\quad + 0.32 * 0.14 \\
&= 0.0016 \quad\quad\quad\quad + 0.0448 \\
&= 0.0464
\end{aligned}
$$

这意味着,从开始到 cold 再到 hot 以及从开始到 hot 再到 hot 的天气状态,吃冰淇淋数为"3 1"的观察似然度是 0.046 4。

用同样的方法,为我们可以计算出在时间步 3 和状态 1 的向前概率 $\alpha_3(1)$ 以及在时间步 3 和状态 2 的向前概率 $\alpha_3(2)$。

向前概率 $\alpha_3(1)$ 把在时间步 2 的概率 $\alpha_2(1)$ 和 $\alpha_2(2)$ 加以扩充,通过两条路径:

一条路径把时间步 2 的概率 $\alpha_2(1)$ 扩充到时间步 3 和状态 1,其向前概率为

$$\alpha_2(1) * P(C|C) * P(3|C) = 0.054 * 0.6 * 0.1 = 0.003\ 24$$

一条路径把时间步 2 的概率 $\alpha_2(2)$ 扩充到时间步 3 和状态 1,其向前概率为

$$\alpha_2(2) * P(C|H) * P(3|C) = 0.046\ 4 * 0.3 * 0.1 = 0.001\ 392$$

故向前概率

$$\begin{aligned}\alpha_3(1) &= \alpha_2(1) * P(C|C) * P(3|C) + \alpha_2(2) * P(C|H) * P(3|C)\\ &= 0.003\ 24 \qquad\qquad\qquad + 0.001\ 392\\ &= 0.004\ 632\end{aligned}$$

这意味着,在向前概率 $\alpha_2(1)$ 的基础上,继续扩充到 cold 以在向前概率 $\alpha_2(2)$ 的基础上,继续扩充到 cold 的天气状态,吃冰淇淋数为"3 1 3"的观察似然度是 0.004 623。

向前概率 $\alpha_3(2)$ 把在时间步 2 的概率 $\alpha_2(1)$ 和 $\alpha_2(2)$ 加以扩充,通过另外两条路径:

一条路径把时间步 2 的概率 $\alpha_2(1)$ 扩充到时间步 3 和状态 2,其向前概率为

$$\alpha_2(1) * P(H|C) * P(3|H) = 0.054 * 0.4 * 0.4 = 0.008\ 64$$

一条路径把时间步 2 的概率 $\alpha_2(2)$ 扩充到时间步 3 和状态 2,其向前概率为

$$\alpha_2(2) * P(H|H) * P(3|H) = 0.046\ 4 * 0.7 * 0.4 = 0.012\ 992$$

故向前概率

$$\alpha_3(2) = \alpha_2(1) * P(H|C) * P(3|H) + \alpha_2(2) * P(H|H) * P(3|H)$$
$$= 0.000\,864 \qquad\qquad\quad + 0.012\,992$$
$$= 0.021\,632$$

这意味着,在向前概率 $\alpha_2(1)$ 的基础上,继续扩充到 hot 以在向前概率 $\alpha_2(2)$ 的基础上,继续扩充到 hot 的天气状态,吃冰淇淋数为 "3 1 3" 的观察似然度是 0.021 632。

图 9.8 是计算向前网格的一个新的单元中的概率值归纳步骤的另外一种可视化的表示方法。

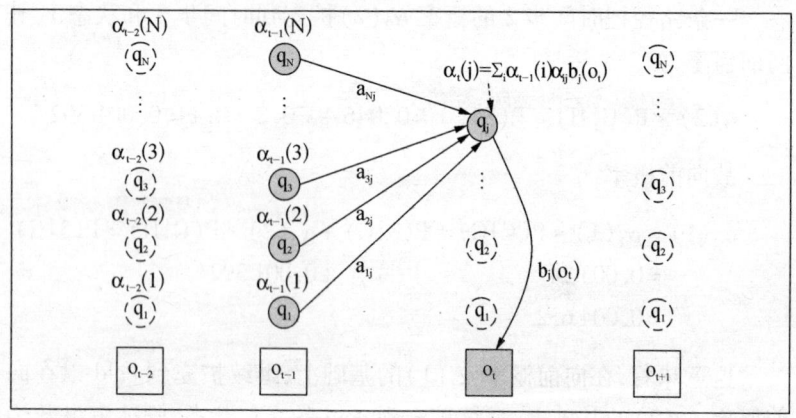

图 9.8 在向前网格中计算一个单独的成分 $\alpha_t(i)$ 向前概率的可视化表示方法。

计算时,把前面所有的值 α_{t-1} 加起来,用转换概率 a_{ij} 加权,再乘以观察概率 $b_i(o_t)$。在 HMM 的很多应用中,转移概率有不少是为零的,所以,并不是所有前面的状态都能够给当前状态的向前概率做出贡献。图 9.8 中,隐藏状态用圆圈表示,观察用方框表示。有阴影的结点都与 $\alpha_t(i)$ 的概率计算有关。图中没有显示初始状态和终结状态。

显而易见,采用向前算法来计算观察似然度可以表示出局部的观察序列似然度。在实际应用中,这种局部的观察似然度比使用联合概率表示的全局的观察似然度更加有用。所以,向前算法是一种简单而有用的算法。

现在,我们给出向前算法的递归定义。递归定义陈述如下:

1. 初始化:

$$\alpha_1(j) = a_{0j}b_j(o_1) \quad 1 \leq j \leq N$$

2. 递归(由于状态 0 和状态 F 没有发射概率):

$$\alpha_t(j) = \sum_{i-1}^{N} \alpha_{t-1}a_{ij}b_j(o_t); \quad 1 \leq j \leq N, 1 \leq t \leq T$$

3. 结束:

$$P(O \mid \lambda) = \alpha_T(q_F) = \sum_{i=1}^{N} \alpha_T(i)a_{iF}$$

第四节　韦特比解码算法

在很多如像 HMM 这种包含隐藏变量的模型中,确定隐藏在某个观察序列后面的变量序列的工作,叫做解码(decoding)。

例如,在前一节那个吃冰淇淋的例子中,给定冰淇淋的一个观察序列"3 1 3"和一个 HMM,解码器(decoder)的任务就是发现隐藏在观察序列"3 1 3"后面的最优天气序列(例如,H H H)。

更加形式化地说,给定一个 HMM $\lambda = (A, B)$ 和一个观察序列 $O = o_1, o_2, \ldots, o_T$ 作为输入,找出概率最大的状态序列 $Q = q_1q_2q_3\cdots q_T$,就叫做解码(decoding)。

我们或许可以使用向前算法来找出隐藏在观察序列之后最好的状态序列。对于每一个可能的隐藏状态序列(HHH, HHC, HCH, 等等),运行向前算法,计算观察序列对给定的隐藏状态序列似然度;然后我们选出具有最大观察似然度的隐藏状态序列,从而完成解码的任务。不过,从前一节我们清楚地知道,如果状态序列的数量很大,这是很难做到的,这是因为向前算法的计算复杂度为 $O(N^2T)$,是指数级的。

我们显然不能这样做。HMM 最常见的解码算法是美国计算机专家韦特比(Viterbi)提出的韦特比算法(Viterbi algorithm)。

韦特比算法是一种动态规划算法（dynamic programming algorithm），它使用动态规划网格。韦特比算法与最小编辑距离（minimum edit distance）算法非常相似，这是动态规划算法的另外一种变体。

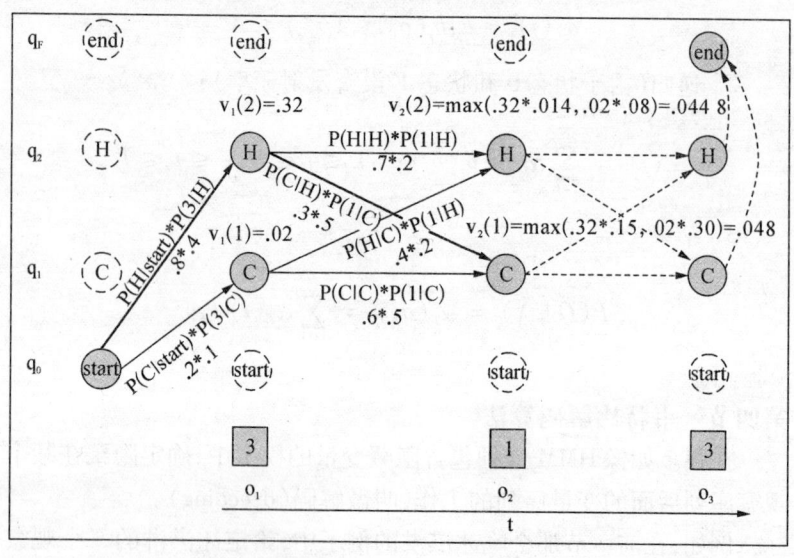

图 9.9　对于吃冰淇淋事件"3 1 3"，计算通过隐藏状态空间的最佳路径的韦特比网格。

图 9.9 是韦特比网格的一个例子。图中，隐藏状态用圆圈表示，观察用方框表示，非实的白圆圈表示非法的转移。图 9.9 说明了对于观察序列"3 1 3"，如何计算最佳的隐藏状态序列。其基本思想是按照观察序列从左到右的顺序来填充网格。网格的每一个单元 $v_t(j)$ 表示对于给定的自动机 λ，HMM 在看了头 t 个观察并通过了概率最大的状态序列 $q_0, q_1, \ldots, q_{t-1}$ 之后在状态 j 的概率。每一个单元 $v_t(j)$ 的值是递归地计算的，计算时选取引导我们到达这个单元的概率最大的路径。形式地说，每一个单元表示如下的概率：

$$v_t(j) = \max_{q0, q1, \ldots, qt-1} P(q_0, q_1, \ldots, q_{t-1}, o_1, o_2, \ldots, o_t, q_t = j \mid \lambda)$$

注意，我们选取最大限度地覆盖前面所有可能的状态序列 $\max\limits_{q0, q1, \ldots, qt-1}$ 来代表概率最大的路径。与其他所有的动态规划算法一样,韦特比算法递归地填充每一个单元。如果我们已经计算了每一个状态在时刻 t - 1 的概率,就能够选取把我们引导到当前单元的概率最大的路径,来计算韦特比概率。在时刻 t - 1,对于给定的状态 q_j,$v_t(j)$ 的值按如下公式计算:

$$v_t(j) = \max_{i-1}^{N} v_{t-1}(i) a_{ij} b_j(o_t)$$

此公式用于计算在时刻 t - 1 的时候使用扩充前面路径的方法来计算韦特比概率,计算时,要把下面的 3 个因素相乘:

$v_{t-1}(i)$ 从前面的时间步算起的前面的韦特比路径概率（previous Viterbi path probability）

a_{ij} 从前面状态 q_i 到当前状态 q_j 的转移概率（transition probability）

$b_j(o_t)$ 在给定的当前状态 j,观察符号 o_t 的状态观察似然度（state observation likelihood）

图 9.10 是韦特比算法的伪代码。

```
function FORWARD (observations of len T, state-graph of len N) returns
forward-prob
    create a probability matrix forward [N+2, T]
        for each state s from 1 to N do                    ; initialization step
        forward [s, 1]←a_{0,s} * b_s(o_1)
    for each time step t from 2 to T do                    ; recursion step
        for each state s from 1 to N do

        forward [s, t] ← ∑_{s'=1}^{N} forward [s', t - 1] * a_{s',s} * b_s(o_t)

        forward [q_F, T]← ∑_{s=1}^{N} forward [s, T] * a_{s,q_F}    ; termination step
    return forward [q_F, T]
```

图 9.10   韦特比算法的伪代码

使用韦特比算法时,对于给定的观察序列和 HMM λ = (A, B),HMM

把最大的似然度指派给观察序列,算法返回状态路径,从而找出最优的隐藏状态序列。

在图 9.9 中,我们首先计算在时间步 1 的韦特比概率:

在时间步 1 和状态 1 的概率为:

$$V_1(1) = P(C|Start) * P(3|C) = 0.2 * 0.1 = 0.02$$

在时间步 1 和状态 2 的概率为:

$$V_1(2) = P(H|Start) * P(3|H) = 0.8 * 0.4 = 0.32$$

在时间步 2 状态 1 的概率为 $v_2(1)$。我们在计算这个概率时,要考虑来自时间步 1 的两条路径:一条路径是 Start→C→C,其概率 $P(C|Start) * P(3|C) * P(C|C) * P(1|C)$;另一条路径是 Start→H→C,其概率为 $P(H|Start) * P(3|H) * P(C|H) * P(1|C)$。韦特比算法要对于这两个路径的概率进行比较,取其最大者:

$$
\begin{aligned}
V_2(1) &= \max\ (P(C|Start)*P(3|C)*P(C|C)*P(1|C),\ P(H|Start)*P(3|H)*P(C|H)*P(1|C))\\
&= \max\ (0.2*0.1*0.6*0.5, \qquad\qquad 0.8*0.4*0.3*0.5)\\
&= \max\ (0.02*0.30, \qquad\qquad\qquad 0.32*0.15)\\
&= \max\ (0.006, \qquad\qquad\qquad\qquad 0.048)\\
&= 0.048
\end{aligned}
$$

可见,在时间步 2 状态 1 的概率 $V_2(1)$ 等于 0.048,在这种情况下,观察序列"31"对应的隐藏状态为"HC"。

在时间步 2 和状态 2 的概率为 $v_2(2)$。我们在计算这个概率时,要考虑来自时间步 1 的两条路径:一条路径是 Start→C→H,其概率为 $P(C|Start) * P(3|C) * P(H|C) * P(1|H)$;另一条路径是 Start→H→H,其概率为 $P(H|Start) * P(3|H) * P(H|H) * P(1|H)$。韦特比算法要对于这两个路径的概率进行比较,取其最大者:

$$
\begin{aligned}
V_2(2) &= \max\ (P(C|Start)*P(3|C)*P(H|C)*P(1|H),\ P(H|Start)*P(3|H)*P(H|H)*P(1|H))\\
&= \max\ (0.2*0.1*0.4*0.2, \qquad\qquad 0.8*0.4*0.7*0.2)\\
&= \max\ (0.02*0.8, \qquad\qquad\qquad 0.32*0.14)\\
&= \max\ (0.0016, \qquad\qquad\qquad\qquad 0.0448)\\
&= 0.0448
\end{aligned}
$$

可见,在时间步 2 和状态 2 的概率 $v_2(2)$ 等于 0.044 8,在这种情况下,观察序列"3 1"对应的隐藏状态为"H H"。

在时间步 2,我们再对 $V_2(1)$ 和 $V_2(2)$ 这两个韦特比概率进行比较,取其最大者为 $V_2(1) = 0.048$,由此可知,从时间步 1 到时间步 2,对应于观察序列"3 1",隐藏的状态应当为"H C",而不是"H H"。

使用韦特比算法,我们继续计算时间步 3 的韦特比概率,取其最大者对应的路径为观察序列"3 1 3"后面隐藏的状态序列。从而得到解码的结果。

在时间步 3 和状态 1 的概率为 $V_3(1)$,我们在时间步 2 的最大概率 $V_2(1)$ 的基础上来计算这个概率,其路径是 Start→H→C→C,其概率是 $V_2(1) * P(C|C) * P(3|C)$:

$$V_3(1) = V_2(1) * P(C|C) * P(3|C) = 0.048 * 0.6 * 0.1 = 0.002\ 88$$

在时间步 3 和状态 2 的概率为 $V_3(2)$,我们在时间步 2 的最大概率 $V_2(1)$ 的基础上来计算这个概率,其路径是 Start→H→C→H,其概率是 $V_2(1) * P(H|C) * P(3|H)$:

$$V_3(2) = V_2(1) * P(H|C) * P(3|H) = 0.048 * 0.4 * 0.4 = 0.007\ 68$$

比较在时间步 3 的韦特比概率 $V_3(1)$ 和 $V_3(2)$,由于 $V_3(2) > V_3(1)$,故取最大概率 $V_3(2) = 0.007\ 68$,其对应的隐藏状态为Start→H→C→H。这就是韦特比算法的解码结果。

韦特比算法与向前算法的区别是:

1. 韦特比算法要在前面路径的概率中选取最大值(max),而向前算法则要计算其总和(sum),除此之外,韦特比算法和向前算法是一样的。

2. 韦特比算法还有一个成分是向前算法没有的,这个成分就是反向指针(backpointer)。其原因在于向前算法需要产生一个观察序列似然度,而韦特比算法必须产生一个概率和可能性最大的状态序列,从而达到解码的目的。当我们计算这个状态序列的时候,要回过去检查引导到每一个状态的隐藏状态的路径,如图 9.11 所示,要从终点到起点进行反向追踪,找出最佳路径,这叫做韦特比反向追踪

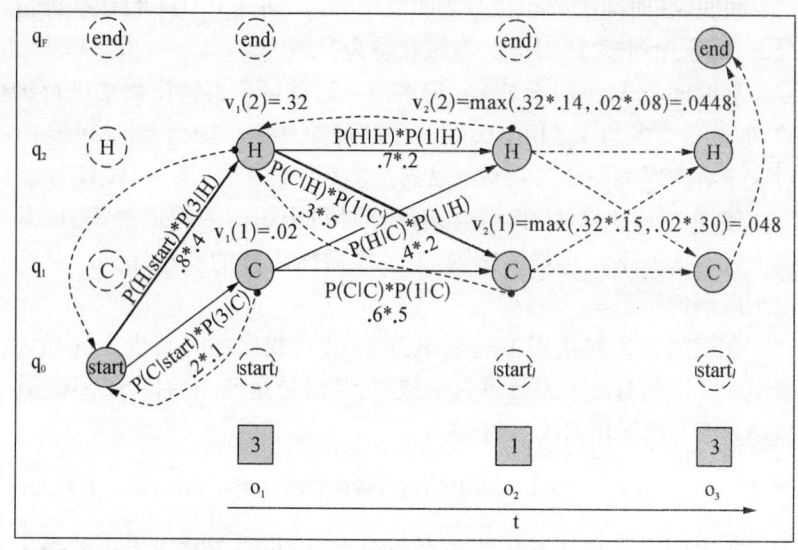

图 9.11　韦特比反向追踪

（Viterbi backtrace）。

在韦特比反向追踪时，当我们把每一条路径伸张到一个新的状态以便过渡到下一个观察时，我们把一个反向指针指向（图 9.11 中用破碎的虚线表示）引导我们到达这个状态的那条最佳路径。

例如，我们在时间步 2 计算出 $V_2(1) = 0.048$ 为最大值之后，还要进行反向追踪，通过反向指针返回到时间步 1 和初始状态 Start，找到最佳的路径为 Start→H→C。我们在时间步 3 计算出 $V_3(2) = 0.00768$ 为最大值之后，还要进行反向追踪返回到时间步 2、时间步 1 和初始状态 Start，找到隐藏在观察"313"后面的最佳路径为 Start→H→C→H。这就是韦特比算法的解码结果。

现在，我们回过头去，用 HMM 和韦特比算法的观点，继续讨论随机词类标注的问题。

我们知道，在所有的随机词类算法后面的直觉是"对某个单词选取最可能的标记"这种方法的最简单的概括。在这里"单词"是观察序列，"最可能的词类标记"就是隐藏的"状态序列"。

爱依斯讷所举的关于冰淇淋的例子中，吃冰淇淋数量是观察序列,天气冷热变化的情况是状态序列,使用隐马尔可夫模型和韦特比算法,就可以根据吃冰淇淋的数量推测出隐藏在后面的天气冷热变化的状态序列。

在随机词类标注算法中,单词是观察序列,相当于爱依斯讷例子中的吃冰淇淋的数量,词类标记是隐藏的状态序列,相当于爱依斯讷例子中的隐藏的天气冷热变化的状态序列。因此,我们可以仿照爱依斯讷例子中的方法来进行随机词类标注。

对于一个给定的句子或单词序列,我们使用 HMM 词类标注算法来选择使得下面的公式为最大值的标记序列:

$$t_i = \underset{j}{\mathrm{argmax}} P(t_j \mid t_{i-1}) P(w_i \mid t_j)$$

在进行词类标注时,句子 Secretariat is expected to race tomorrow 中的 race 是一个动词或名词的兼类词,它可以标注为 VB,也可以标注为 NN,我们把第三章中的图 3.32 复制如下:

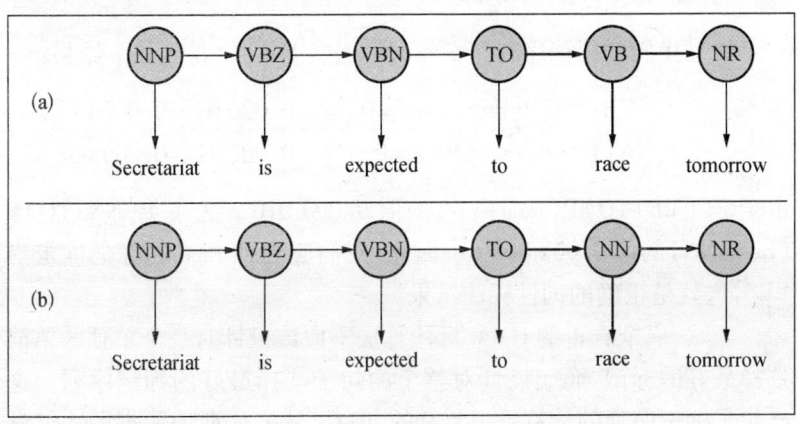

图 9.12　race 的标记可以为 VB 或 NN(引自前面第三章中的图 3.32)

在图 9.12 中,race 是观察序列,隐藏在 race 后面的 VB 或 NN 是状态序列。我们的任务是使用 HMM 来决定隐藏在 race 后面的词类标记究竟是 VB,还是 NN。从原理上说,这与爱依斯讷的冰淇淋例子中根据吃冰淇淋的数量来推测天气变化的状态序列是一样的。

根据 HMM 标注算法的公式可知,如果我们试图在序列 to race

中,对于 race 的标记在 NN 和 VB 之间进行选择,我们应该从下面两个概率中,选择概率比较大的一个作为 race 的标记:

$$P(VB|TO)P(race|VB)$$

和

$$P(NN|TO)P(race|NN)$$

根据 Brown 语料库和 Switchboard 语料库的统计数据,标记序列的概率为:

$$P(NN|TO) = 0.021$$
$$P(VB|TO) = 0.34$$

词汇似然度为:

$$P(race|NN) = 0.000\ 41$$
$$P(race|VB) = 0.000\ 03$$

如果我们把标记序列概率与词汇似然度相乘,得到如下结果:

$$P((VB|TO)P(race|VB) = 0.34 * 0.000\ 03 = 0.000\ 010\ 2$$
$$P(NN|TO)P(race|NN) = 0.021 * 0.000\ 41 = 0.000\ 008\ 61$$

由于 $P((VB|TO)P(race|VB)$ 的值 0.000 010 2 大于 $P(NN|TO)P(race|NN)$ 的值 0.000 008 61,因此,我们应当把 race 的标记确定为 VB。这就是正确的词性标注结果。

当然,一个真正的 HMM 标注算法不应该只针对一个单独的单词选择最好的标记,而应该针对整个的句子选择最好的标记序列。这样句子标记序列的计算是很复杂的,但是,从爱依斯讷所举的冰淇淋的例子不难看出,使用韦特比算法,我们完全可以胜任这样复杂的序列标记的计算工作。

第五节　向前—向后算法

我们来讨论 HMM 的第三个问题: HMM 的参数自动学习问题,也就是矩阵 A 和 B 的自动学习问题。形式地说,所谓"学习"

（learning），就是对于给定观察序列 O 和 HMM 中可能状态的集合，来自动地学习 HMM 的参数 A 和 B。

这种学习算法的输入是无标记的观察序列 O 和潜在的隐藏状态 Q。

例如，在冰淇淋事件的问题中，我们将从观察序列 O = {1,3,2,...}和隐藏状态集合 H 和 C 开始进行学习。在词类标注的问题中，我们将从观察序列 O = {w_1, w_2, w_3, ...}和隐藏状态 NN, NNS, VBD, IN, VB,...等等开始进行学习。

训练 HMM 的标准算法是向前-向后算法（forward-backward algorithm）或者叫做鲍姆-韦尔奇算法（Baum-Welch algorithm），这是期望最大化算法（Expectation-Maximization algorithm，简称 EM 算法）的一种特殊情形。这个算法将帮助我们训练 HMM 的转移概率 A 和发射概率 B。

我们在开始时可以这样来考虑：我们训练的不是一个隐马尔可夫模型，而是一个普通的马尔可夫链。由于在马尔可夫链中的状态是可以观察到的，所以我们就有可能在观察序列上运行这个模型，并且直接看出我们通过了哪一条路径以及每一个观察符号是哪一个状态生成的。当然，在马尔可夫链中，没有发射概率 B。实际上，我们可以把马尔可夫链看成是退化的隐马尔可夫模型，其中所有观察符号的概率 b 都为 1.0，所有其他符号的概率 b 都为零。这样一来，在这个退化的隐马尔可夫模型中，我们需要训练的概率仅仅是转移概率矩阵 A。

在状态 i 和状态 j 之间的一个特定的转移概率 a_{ij} 的最大似然估计可以通过转移的次数来计算，我们把转移的次数记为 C(i→j)，然后用从状态 i 开始的所有的转移次数来除它，对它进行归一化，计算公式如下：

$$a_{ij} = \frac{C(i \rightarrow j)}{\sum_{q \in Q} C(i \rightarrow q)}$$

在马尔可夫链中，因为我们知道所处的状态是什么，所以我们可以直接地计算这个概率。然而，在 HMM 中，因为我们不知道，对于一个给定的输入,通过机器的状态究竟要走哪一条路径,所以,我们不能从所观察的句子或句子的集合直接地来计数,。

解决这个问题,鲍姆-韦尔奇算法提出了两个符合直觉的思路。

第一个思路是反复地(iteratively)估计所得的计数。从转移概率和观察概率的一个估计值开始,反复地使用这些估计概率来推出越来越好的概率。

第二个思路是,对于一个观察,计算它的向前概率,从而得到我们的估计概率,然后,把这个估计的概率量,在对于这个向前概率有贡献的所有不同的路径上进行分摊。

为了理解这种思路的算法,我们需要定义一个与向前概率有关的概率,把它叫做向后概率(backward probability),记为 β。

向后概率 β 是对于给定的自动机 λ,在状态 i 和时刻 t 观看从下一个时刻 t+1 到终点的观察概率,用公式来表示如下:

$$\beta_t(i) = P(o_{t+1}, o_{t+2}, \ldots, o_T \mid q_t = i, \lambda)$$

我们使用与计算向前概率相似的归纳法来计算向后概率:

1. 初始化:

$$\beta_T(i) = a_{i,F}, 1 \leqslant i \leqslant N$$

2. 递归(因为状态 0 和 q_F 是非发射的,所以,在这两个状态的发射概率为 0):

$$\beta_t(i) = \sum_{j=1}^{N} a_{ij} b_j(o_{t+1}) \beta_{t+1}(j), 1 \leqslant i \leqslant N, 1 \leqslant t \leqslant T$$

3. 结束:

$$P(O \mid \lambda) = \alpha_T(q_F) = \beta_1(0) = \sum_{j=1}^{N} a_{0j} b_j(o_1) \beta_1(j)$$

图 9.13 说明了向后归纳的步骤。

从图 9.13 可以看出,在计算 $\beta_t(i)$ 的时候,需要对值 $\beta_{t+1}(j)$ 使用它们的转移概率 a_{ij} 和它们的观察概率 $b_j(o_{t+1})$ 进行加权,然后连续地把这些 $\beta_{t+1}(j)$ 的值加起来求和。

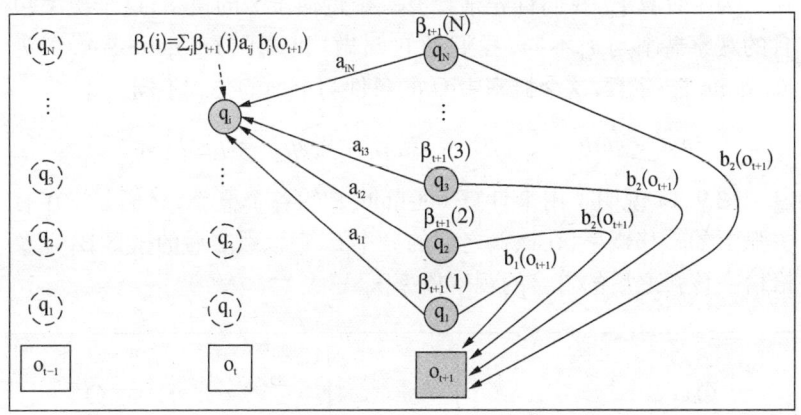

图 9.13　向后归纳的步骤

现在让我们来说明,在机器中的路径实际上是隐藏的情况下,怎样使用向前概率和向后概率从观察序列来计算转移概率 a_{ij} 和观察概率 $b_i(o_t)$ 。

首先让我们来说明如何估计 $\hat{a}_{ij}$ 。我们把公式

$$a_{ij} = \frac{C(i \to j)}{\sum_{q \in Q} C(i \to q)}$$

改变为另一种形式来估计它。

$$\hat{a}_{ij} = \frac{\text{从状态 } i \text{ 到状态 } j \text{ 转移的期望数}}{\text{从状态 } i \text{ 转移的期望数}}$$

怎样来计算这个公式中的分子呢? 我们这里是根据直觉来计算的。假定我们对于给定的转移 i→j 在观察序列中特定的时刻 t 的发生这个事件有某个概率估计。如果我们对于每一个特定的时刻 t 都知道这个概率,那么,我们就可以把所有的时刻 t 的概率加起来求和,从而估计出转移 i→j 总计数。

更加形式地说,对于给定的观察序列和模型,让我们把概率 ξ_t 定义为在时刻 t 状态为 i 且在时刻 t + 1 状态为 j 的转移概率:

$$\xi_t(i, j) = P(q_t = i, q_{t+1} = j \mid O, \lambda)$$

为了计算 ξ_t,我们首先来计算一个近似于 ξ_t 的概率,这个概率包含的观察概率与 ξ_t 不同,我们把它叫做"准 ξ_t"(not-quite-ξ_t),记为 not-quite-ξ_t,注意,这个概率中 O 的条件与上面的公式不同。

$$not - quite - \xi(i,j) = P(q_t = i,\ q_{t+1} = j,\ O \mid \lambda)$$

图 9.14 说明了用来计算 not-quite-ξ_t 的各个概率,它们是:在有关弧上的转移概率,在该弧之前的概率 α,在该弧之后的概率 β,以及恰恰在该弧之后的符号的观察概率。

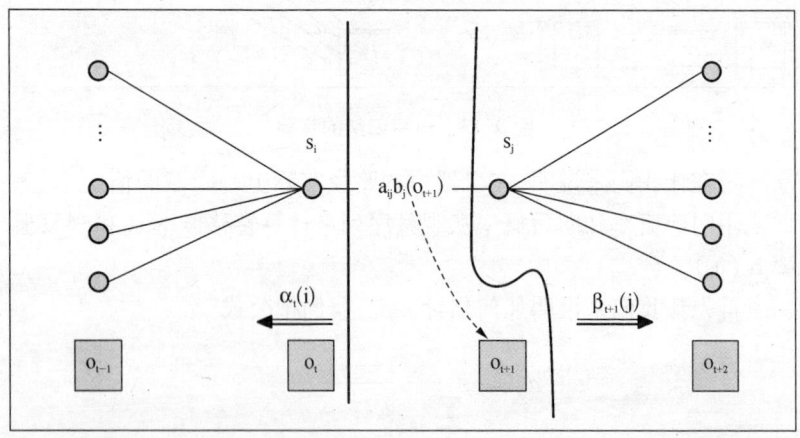

图 9.14 计算在时刻 t 状态为 i 且在时刻 t + 1 状态为 j 的联合概率。

在图 9.14 中,说明了需要结合起来产生概率 $P(q_t = i,\ q_{t+1} = j,\ O \mid \lambda)$ 的各个概率:概率 $\alpha_t(i)$,概率 $\beta_{t+1}(j)$,转移概率 a_{ij},以及观察概率 $b_j(o_{t+1})$。

把这 4 个概率相乘就得到 not-quite-ξ_t,计算公式如下:

$$not - quite - \xi_t(i,\ j) = a_s(i)a_{ij}h_j(o_{t+1})\beta_{t+1}(j)$$

概率定理告诉我们,为了从 not-quite-ξ_t 来计算 ξ_t,我们可以用 $P(O \mid \lambda)$ 来除 not-quite-ξ_t,因为:

$$P(X \mid Y,\ Z) = \frac{P(X,\ Y \mid Z)}{P(Y \mid Z)}$$

对于给定的模型,观察概率就是整个语段的向前概率,或者,换一种说法,整个语段的向后概率),因此,它可以有许多方法来计算:

$$P(O \mid \lambda) = \alpha_T(N) = \beta_T(1) = \sum_{j=1}^{N} \alpha_t(j)\beta_t(j)$$

这样一来,计算 ξ_t 的最后的等式就是:

$$\xi_t(i,j) = \frac{\alpha_t(i)a_{ij}b_j(o_{t+1})\beta_{t+1}(j)}{\alpha_T(N)}$$

从状态 i 转移到状态 j 的期望次数就是 ξ 的所有 t 上的总和。对于上面公式中 a_{ij} 的估计,我们现在仅仅再需要一个东西就行了,这就是由状态 i 转移出的所有的期望次数。我们可以把从状态 i 出发的所有的转移加起来就可以得到它。

下面是 $\hat{a}_{ij}$ 最后的计算公式:

$$\hat{a}_{ij} = \frac{\sum_{t=1}^{T-1}\xi_t(i,j)}{\sum_{t=1}^{T-1}\sum_{j=1}^{N}\xi_t(i,j)}$$

我们还需要一个重新计算观察概率的公式。这是在一个给定的状态 j,观察词汇 V 中的一个给定的符号 v_k 的概率,记为 $\hat{b}_j(v_k)$。我们使用下列公式就可以把它算出来:

$$\hat{b}_j(v_k) = \frac{\text{在状态} j \text{ 和观察符号 } v_k \text{ 的期望次数}}{\text{在状态} j \text{ 的期望次数}}$$

为此,我们需要知道在时刻 t 和状态 j 的概率,我们把这个概率记为 $\gamma_t(j)$:

$$\gamma_t(j) = P(q_t = j \mid O, \lambda)$$

这里,我们需要再一次把观察序列包括到概率中来进行计算:

$$\gamma_t(j) = \frac{P(q_t = j, O \mid \lambda)}{P(O \mid \lambda)}$$

图 9.15 说明了如何计算在时刻 t 和状态 j 的概率 $\gamma_t(j)$。注意,

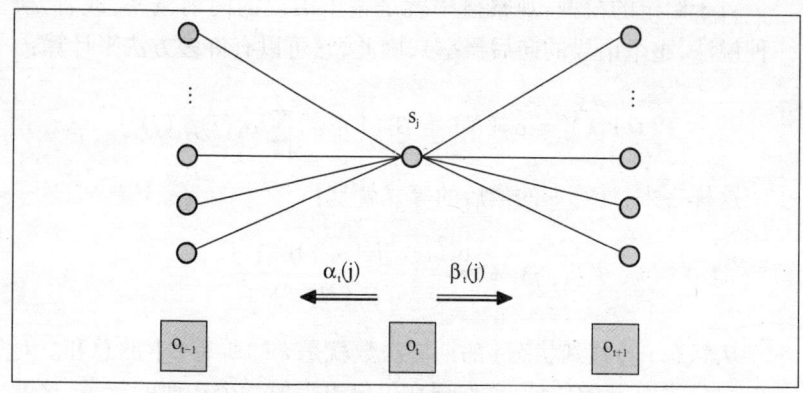

图 9.15　计算在时刻 t 和状态 j 的概率 $\gamma_t(j)$

这里的 γ 实际上是 ξ 的一种退化的情况。因此,这个图就像把图 9.14 中的状态 i 和状态 j 折叠起来而形成的一个新版本。

正如图 9.15 所说明的,上面公式中的分子部分等于向前概率和向后概率的乘积,因此我们得到如下公式:

$$\gamma_t(j) = \frac{\alpha_t(j)\beta_t(j)}{P(O \mid \lambda)}$$

现在我们准备来计算 b。对于分子部分,我们对所有的时间步骤 t 求总和 $\gamma_t(j)$,其中,观察 o_t 就是我们感兴趣的符号 v_k。对于分母部分,我们对所有的时间步骤 t 求总和 $\gamma_t(j)$。其结果将是当我们在状态 j 看到符号 v_k 的时间的百分数:

$$\hat{b}_j(v_k) = \frac{\sum_{t=1,\ s.t.\ O_t=v_k}^{T} \gamma_t(j)}{\sum_{t=1}^{T} \gamma_t(j)}$$

在这个公式中,记号 $\sum_{t=1\,s.t.\,O_t=v_k}^{T}$ 的意思是“在时刻 t 的观察为 v_k 时的所有时间上的总和”。

对于一个观察序列 O,假定我们已经有了转移概率 A 和观察概率 B 的初始估计,现在上述公式给我们提供了一种方法来“重估”(re-estimate)转移概率 A 和观察概率 B 的值。

这样的"重估"是迭代的向前-向后算法的核心。

向前-向后算法从 HMM 的参数 λ =（A，B）的某个初始估计开始，然后迭代地运行两个步骤。像其他的期望最大算法（expectation-maximization algorithm，简称 EM 算法）一样，向前-向后算法的这两个步骤是：一个步骤是期望化步骤（expectation step），或者叫做 E-步骤（E-step），一个步骤是最大化步骤（maximization step），或者叫做 M-步骤（M-step）。

在 E-步骤，我们根据前面的 A 和 B 的概率来计算期望的状态占用数 γ 和期望的状态转移数 ξ。在 M-步骤，我们使用 γ 和 ξ 来重估新的 A 和 B 的概率。这样不断地重估转移概率 A 和发射概率 B，一直到获得的满意的结果为止。

图 9.16 是向前—向后算法的伪代码。

---

function FORWARD-BACKWARD (*observations* of len T, *output vocabulary V, hidden state set Q*) **returns** *HMM* = (A, B)

initialize A and B
iterate until convergence
    E - step

$$\gamma_t(j) = \frac{\alpha_t(j)\beta_t(j)}{\alpha_T(q_F)} \quad \forall \ t \text{ and } j$$

$$\xi_t(i, j) = \frac{\alpha_t(i)a_{ij}b_j(o_{t+1})\beta_{t+1}(j)}{\alpha_T(q_F)} \quad \forall \ t, i, \text{ and } j$$

    M - step

$$\hat{a}_{ij} = \frac{\sum_{t=1}^{T-1} \xi_t(i, j)}{\sum_{t=1}^{T-1}\sum_{k=1}^{N} \xi_t(i, k)}$$

$$\hat{b}_j(v_k) = \frac{\sum_{t=1 \ s.t. \ O_t=v_k}^{T} \gamma_t(j)}{\sum_{t=1}^{T} \gamma_t(j)}$$

return A, B

图 9.16　向前—向后算法

虽然从原则上说,使用这样的向前—向后算法计算机可以完全无指导地自动学习到转移概率 A 和发射概率 B 的参数,但是,在实际上,初始条件是非常重要的。正是由于这样的原因,使用向前—向后算法时,常常要给出一些多余的初始信息。例如,在语音识别中,HMM 的结构实际上常常需要进行手工设置,只有发射概率(B)和非零的转移概率(A)才是从观察序列 O 的集合中训练出来的。

隐马尔可夫模型的数学思想是在 20 世纪 60 年代由鲍姆(L. E. Baum)和他的同事们提出来的①。在 20 世纪 70 年代被卡内基—梅隆大学(CMU)的拜克(Baker)和 IBM 公司的杰里奈克(Jelinek)等应用于语音自动识别中,之后又被 IBM 公司应用于词形标注中。在自然语言的计算机处理中,隐马尔可夫模型是一种使用广泛的模型。

本章参考文献

1. 冯志伟,数理语言学[M],上海知识出版社,1985 年。
2. 冯志伟,语言与数学[M],世界图书出版公司,2011 年。
3. Baum, L. E. , T. Petrie, G. Soules, and N. Weiss, A maximization technique occurring in the statistical analysis of probabilistic functions of Markov chains [J], *Annals of Mathematical Statistics* 41, 164 - 171, 1970.
4. Eisner J. , An interactive spreadsheet for teaching the forward-backward algorithm [A], *Proceedings of the ACL Workshop on effective tools and methodologies for teaching NLP and CL* [C], 10 - 18, 2002.
5. Jurafsky, D. , J. Martin, Speech and Language Processing (Second Edition), Pearson Education, Inc, 2009.
6. Rabiner, L. R. A tutorial on hidden Markov models and selected applications in speech recognition [A], in *Proceedings of the IEEE* [C], 77 (2), 257 - 286, 1989.
7. Viterbi, A. J. Error bounds for convolutional codes and an asymptotically optimum decoding algorithm [J], *IEEE Transactions on Information Theory*, IT - 13(2), 260 - 269, 1967.

---

① L. E. Baum, T. Petrie, G. Soules, and N. Weiss, A maximization technique occurring in the statistical analysis of probabilistic functions of Markov chains, *Annals of Mathematical Statistics* 41: 164 - 171, 1970.

第十章
语料库语言学

在自然语言处理研究中,越来越倾向于从大规模真实的语料库中获取语言知识,语料库成为了自然语言处理研究的知识源,它的重要性得到了自然语言处理研究者的普遍认可。本章中,我们将介绍语料库语言学的兴起,说明建立和使用语料库的意义,讨论语料库研究中的一些原则问题,最后介绍历史上的语料库以及中国的语料库研究。

第一节 语料库语言学的兴起

英国哲学家罗素曾经用两个金字塔来比喻西方两大传统哲学流派的研究方法,他在《西方哲学史》指出:"方法的不同可以这样来刻画其特征……(要么)在针尖似的逻辑原则上按倒金字塔式矗立起一个演绎巨厦……假若原则完全正确而步步演绎也彻底牢靠,万事大吉;但是这个建筑不牢稳,哪里微有一点裂罅,就会使它坍倒瓦解。……(或者)金字塔基底落在观测事实的大地上,塔尖不是朝下,是朝上的;因此平衡是稳定的,什么地方出个裂口可以修缮而不至于全盘遭殃。"[①]这里,罗素用倒立的金字塔来比喻理性主义的研究方法,用正立的金字塔来比喻经验主义的研究传统。

在 20 世纪 50 年代以前,现代语言学的传统,无论是规范语言学、历史语言学或是描写语言学,都注重语言事实,提倡经验主义,即

---

① 罗素,西方哲学史[下卷],马元德译,商务印书馆,1976 年,177—178 页。

"根据对大量事实的广泛观察,得出一个比较有限的结论"①。美国语言学家乔姆斯基(Noam Chomsky)自 1956 年开始发表有关形式语言的一系列论文,在 1969 年的《奎恩的经验假设》(Quine's Empirical Assumptions)一文中他说:"然而应当认识到,'句子的概率'这个概念,在任何已知的对于这个术语的解释中,都是一个完全无用的概念。"②可见,乔姆斯基早期完全排斥经验主义的统计方法。他主张采用公理化、形式化的方法,严格地按照一定的规则来描述自然语言的特征,试图使用有限的规则描述无限的语言现象,发现人类普遍的语言机制,建立所谓的"普遍语法"(universal grammar)。自此形成了转换生成语法的研究途径,这种研究途径于 60 年代末到 70 年代时期在美国兴盛一时,也大力推动了机器翻译和自然语言理解的研究和发展。

转换生成语法的研究途径在一定程度上克服了传统语言学的某些弊病,推动了语言学理论和方法论的进步,但它认为统计只能解释语言的表面现象,不能解释语言的内在规则或生成机制,渐渐远离经验主义的途径。这种转换生成语法的研究途径实际上承继了"理性主义"的哲学思源。

经验主义和理性主义两者之间的争论主要体现在知识论的问题上:在英国以培根(Francis Bacon)、洛克(John Locke)等人为代表的经验主义传统(empiricist tradition)主张,知识产生的途径是根据外界世界的数据和经验来进行归纳和推理的过程;而在欧洲大陆以笛卡儿(René Descartes)等人为代表的理性主义传统(rationalist tradition)则提倡学习和推理的途径是由先验的知识和与生俱来的思想所指导的。

然而,人们逐渐发现,这种理性主义的研究所得出的语言规则似乎只能适用于一种子语言(sub-language),而不能推广到该子语言之外的其他语言现象,具有很大的局限性。面对这样的"局限性",人们并开始思考,乔姆斯基的"普遍语法"是否是真正的语言规则,是否能够

---

① 罗素,西方哲学史[下卷],马元德译,商务印书馆,1976 年,177 页。
② N. Chomsky, Quine's Empirical Assumptions, In Davidson, D. and J. Hintikka, eds., Words and Objections, Dordrecht: Reidel, 1969.

经受大量的语言事实的检验,语言规则是否应该和语言事实结合起来考虑,而不是一头钻入理性主义的隧道。

作为一位求实求真、虚怀若谷的语言学大师,乔姆斯基开始反思,表现了与时俱进的勇气。在最近提出的"最简方案"中,他认为,所有重要的语法原则直接运用于表层,不同语言之间的差异通过词汇来处理,把具体的规则减少到最低限度,开始注重对具体的词汇的研究。可以看出,转换生成语法也开始对词汇重视起来,逐渐地改变了原来的理性主义的立场,开始与经验主义妥协,或者悄悄地向经验主义复归。

由于语言学中经验主义方法的东山再起,注重语言事实的传统重新抬头,大多数学者们普遍认为:语言学的研究必须以语言事实作为根据,必须详尽地、大量地占有材料,才有可能在理论上得出比较可靠的结论。传统的语言材料的搜集、整理和加工完全是靠手工进行的,这是一种枯燥无味、费力费时的工作。尽管一些对于语言研究有浓厚兴趣和献身精神的语言学家对于这样的工作乐此不疲,但是一般的人对此却望而生畏。计算机出现之后,随着计算机功能的逐渐完善和强大,原先完全靠手工的工作开始交给计算机去做,大大地减轻了人们的劳动。后来,在这种工作中逐渐创造了一些独特的方法,提出了一些初步的理论,形成了一门新的学科——语料库语言学(corpus linguistics),由于语料库是建立在计算机上的,因此,语料库语言学是语言学和计算机科学交叉形成的一门边缘学科。

在目前的研究水平下,语料库语言学主要是利用语料库对于语言的某个方面进行研究,仅仅是一种新的研究手段。严格地说,语料库语言学还没有十分完备的理论,它还不能跟语言学中的其他成熟的学科(如计算语言学、社会语言学、心理语言学)相提并论。尽管这样,这个新兴的研究领域一出现,就引起了语言学界的普遍关注,越来越多的语言学家愿意采用语料库作为他们的工具来研究语言,并取得了令人可喜的成绩。

目前,语料库语言学主要研究机器可读自然语言文本的采集、存储、检索、统计、语法标注、句法语义分析,以及具有上述功能的语料库在语言教学、语言定量分析、词汇研究、词语搭配研究、词典编纂、语法研究、语言文化研究、法律语言研究、作品风格分析、自然语言理解和机器翻译等领域中的应用。我们认为,语料库语言学是自然语言计算机处理的一个重要内容。

第二节 建立和使用语料库的意义

语料库语言学是以语料库作为研究对象的。这样的语料库必须以电子计算机为载体来存放语言材料,这些存放在电子计算机中的语言材料是在语言的实际使用中真实出现过的,因此,它们可以如实地反映语言现象,克服语言学家观察语言现象时的主观性和片面性,这样的未经加工的语料对于语言学研究已经很有用;而这些真实的语言材料经过标注、分析、加工处理之后,就可以变成更加有用的语言资源。所以,不论是未经加工的"生语料"还是经过加工的"熟语料"都是非常宝贵的。

多年来,机器翻译和自然语言理解的研究中,分析语言的主要方法是句法语义分析。因此,在很长一段时间内,许多系统都是基于规则的,而根据当前计算机的理论和技术水平,很难把语言学的各种事实和理解语言所需的广泛的背景知识用规则的形式充分地表达出来,这样,这些基于规则的机器翻译和自然语言理解系统只能在极其受限的某些子语言(sub-language)中获得一定的成功。为了摆脱困境,自然语言处理的研究者们开始对大规模的非受限的自然语言进行调查和统计,以便采用一种基于统计的模型来处理大量的非受限语言。不言而喻,语料库语言学将有可能在大量语言材料的基础上来检验传统的理论语言学基于手工搜集材料的方法所得出的各种结论,从而使我们对于自然语言的各种复杂现象获得更为深刻和更为全面的认识。

传统语言学家获取语言知识的方法基本上是通过"内省"进行,由于自然语言现象充满了例外,治学严谨的学者们提出了"例不十,不立法"(黎锦熙)、"例外不十,法不破"(王力)①的原则。我们在本

---

① 王力在《汉语史稿》(上册)(1980)中指出,"所谓区别一般与特殊,那是辩证法的原理之一。在这里我们指的是黎锦熙先生所谓'例不十,不立法'。我们还要补充一句,就是'例外不十,法不破'。"

书的前言中曾经指出,这样的原则貌似严格,实际上却是片面的。在成千上万的语言数据中,只是靠十个例子或十个例外就来决定规则的取舍,难道真的能够保证万无一失吗?

语料库是客观的、可靠的语言资源,语言学研究应当依靠这样的宝贵资源。语料库中包含着极为宝贵的语言知识,我们应当使用新的方法和工具来获取这些知识。当然,前辈语言学家数千年积累的语言知识(包括词典中的语言知识,语法书中的语言知识)也是宝贵的,但由于这些知识是通过这些语言学家们的"内省"或者"洞察力"发现的,难免带有主观性和片面性,需要我们使用语料库来一一地加以审查。

辛克莱(John Sinclair)一针见血地指出:"生造的例子看上去不管是多么地可行,都不能作为使用语言的实例"①。

如果搞语言研究不使用语料库或概率,很可能就只能使用自己根据"内省"(introspection)得到的数据,这是"第一人称数据"(first person data),在使用第一人称数据时,语言研究者既是语言数据的分析者,又是语言数据的提供者;或者使用根据"问卷调查"之类的"诱导"(elicitation)得到的数据,这是"第二人称数据"(second person data),在使用第二人称数据时,语言研究者不充当数据的提供者,数据需要通过"作为第二人称的旁人"的诱导才能得到;如果使用语料库的数据作为语言研究的数据来源,那么,语言研究者就不再充当数据的提供者或诱导者,而是充当数据的分析者了,这种"观察"(observation)得到的数据是"第三人称数据"(third person data)。

这是多年前魏窦逊(H. Widdowson)在《语言学应用中的局限性》(*The Limitation of Linguistics Applied*)②一文中提出的看法,我觉得这种看法有价值,值得我们中国人思考。

当然,如果使用第三人称的观察数据,语言学研究者同时也可以充当数据的"内省者"或"诱导者",所以,第一人称和第二人称与第

---

① J. M. Sinclair, Corpus Concordance Collocation, Oxford University Press, 1991.

② H. Widdowson, The limitation of Linguistics applied, *Applied Linguistics*, 2000: 1, pp. 3 – 25.

三人称是难以分开的。这也就是我不反对"拍脑袋"这种第一人称方法的原因。第三人称方法显然是比较科学的获取数据的手段。

乔姆斯基(Chomsky)等理论语言学家采用的是第一人称方法,由于他们具有非凡的智慧,也可以取得卓越的成就;心理语言学、实验语音学采用的是第二人称方法,也取得了不少的成果;而我们现在则提倡第三人称方法,当然,与此同时,我们仍然要充分地尊重第一人称研究者和第二人称研究者的智慧和洞察力,我们并不反对第一人称的内省法和第二人称的诱导法。"拍脑袋"的方法固然会产生主观性,但是,脑袋拍得好也并不容易,前辈语言学家的智慧和洞察力仍然是值得称道的。

不过,我们认为,语言学的一切知识,不论是过去通过"内省"(introspection)或"诱导"(elicitation)得到的知识,最终都有必要放到语料库中来"观察"(observation)和"检验"(verification),决定其是正确的,还是片面的,还是错误的,甚至是荒谬的,从而决定其存在的必要性,决定其是继续存在,还是放弃其存在。

在计算机上建立了语料库之后,我们就可以使用机器学习的方法,自动地从浩如烟海的语料库中获取准确的语言知识。这是语言学获取语言知识方式的巨大变化,作为二十一世纪的语言学工作者,我们都应该注意到这样的变化,逐渐改变获取语言知识的手段①。

语言知识和语篇知识都包含在语料库当中。随着语料库加工的逐渐精细和深入,我们获得的语言知识也就越加准确和深刻。

语料库同时也是语言知识的宝库,是最重要的语言资源。语料库中蕴藏着丰富的语言知识,词汇知识、句法知识,是语言学家有力的研究工具。语料库的使用,为语言学的研究提供了一种新的思维角度,辅助人们的语言"直觉"、"内省"和"诱导",从而克服研究者本人的主观性和片面性,逐渐成为语言学研究的主流方法。语言学家利用语料库来研究语言学,正如天文学家利用望远镜来研究天文学,生物学家利用显微镜来研究生物学一样,能够使他们如虎添翼,其意

---

① 冯志伟,论语言研究中的战略转移,《现代外语》,第 34 卷,2011 年,第 1 期,1—11。

义是非常重大的。望远镜的发明使天文学家能够观察到他们过去难以观察到的宏观世界的现象,显微镜的发明使生物学家能够观察到他们过去难以观察到的微观世界的现象,计算机可读的语料库就好比语言学研究的望远镜和显微镜,语料库的使用扩展了语言学家的眼界,使他们看得更远,看得更细,从而使他们能够发现更多的语言现象,挖掘出更多的语言事实,把语言学的研究推向一个新的阶段。从某种意义上说,语料库的使用,是语言学研究的一次革命性的进步。

例如,有一种被称为 KWIC-索引(上下文关键词索引)的语料库软件,可以帮助研究者一目了然地观察到词语的搭配情况。图 10.1 中列出了 Lewis Carroll 的《爱丽丝仙境历险记》中 curious 的词语搭配。

1	hed it off. *** 'What a curious feeling!' said Alice; 'I must b
1	against herself, for this curious child was very fond of pretendi
2	'Curiouser and curiouser!' cried Alice (
2	'Curiouser and curiouser!' cried Alice (she was so muc
2	Eaglet, and several other curious creatures. Alice led the way,
4	— and yet — it's rather curious, you know, this sort of life!
6	eir heads. She felt very curious to know what it was all about,
6	out a cat! It's the most curious thing I ever saw in my life!' S
7	ht into it. 'That's very curious!' she thought. 'But everything'
7	hought. 'But everything's curious today. I think I may as well g
8	Alice thought this a very curious thing, and she went nearer to w
8	she had never seen such a curious croquet-ground in her life; it
8	seen, when she noticed a curious appearance in the air: it puzz
9	next, and so on.' 'What a curious plan!' exclaimed Alice. 'That's
10	:' and I do so like that curious song about the whiting!' 'Oh,
10	th, and said 'That's very curious.' 'It's all about as curious a
10	ous.' 'It's all about as curious as it can be,' said the Gryphon
11	moment Alice felt a very curious sensation, which puzzled her a
11	er the list, feeling very curious to see what the next witness wo
12	ad!' 'Oh, I've had such a curious dream!' said Alice, and she tol
12	her, and said, 'It *was* a curious dream, dear, certainly: but no

图 10.1 上下文关键词索引

需要指出的是,语料库并不是全部的研究方法和手段。它的局限性在于只能提供语言事实的例证,不能对语言事实进行自动的解释,也不能进行自动推理,更不能为文本数据直接地提供文化和社会背景等方面的信息。语料库在辅助人们对于语言进行客观研究的同时,仍然离不开研究者本人的语言"直觉"和"内省",因为,科学研究中的客观知识离不开主观知识,就像主观知识离不开客观知识一样。

第三节 语料库研究中的一些原则问题

语料库是为一个或多个应用目标而专门收集的、有一定结构的、有代表性的、可被计算机程序检索的、具有一定规模的语料的集合。

语料库应该按照一定的语言学原则,运用随机抽样方法,通过收集自然出现的连续的语言运用文本或话语片段来建立。从其本质上讲,语料库实际上是通过对自然语言运用的随机抽样,以一定大小的语言样本来代表某一研究中所确定的语言运用总体。

语料库一般可分为如下类型:

- 按语料选取的时间划分,可分为历时语料库(diachronic corpus)和共时语料库(synchronic corpus)。
- 按语料的加工深度划分,可分为标注语料库(annotated corpus)和非标注语料库(non-annotated corpus)。
- 按语料库的结构划分,可分为平衡结构语料库(balance structure corpus)和自然随机结构的语料库(random structure corpus)。
- 按语料库的用途划分,可分为通用语料库(general corpus)和专用语料库(specialized corpus)。专用语料库又可以进一步根据使用的目的来划分,例如,又可以进一步分为语言学习者语料库(learner corpus)、语言教学语料库(pedagogical corpus)。
- 按语料库的表达形式划分,可分为口语语料库(spoken corpus)和文本语料库(text corpus)。
- 按语料库中语料的语种划分,可分为单语种语料库(monolingual corpora)和多语种语料库(multilingual corpora)。多语种语料库又可以再分为可比语料库(comparable corpora)和平行语料库(parallel corpora)。可比语料库的目的侧重于不同语言之间的特定语言现象的对比,基本上不使用翻译的语料,而平行语料库的目的侧重于获取对应的翻译实例,必须使用平行的翻译语料①。

- 按语料库的动态更新程度划分,可分为参考语料库(reference corpus)和监控语料库(monitor corpus)。参考语料库原则上不作动态更新,而监控语料库则需要不断地进行动态更新。

从 20 世纪 90 年代初、中期开始,语料库逐渐由单语种向多语种发展,多语种语料库开始出现。目前多语种语料库的研究正朝着不断扩大库容量、深化加工和不断拓展新领域等方向继续发展。随着从事语言研究和机器翻译研究的学者逐渐认识到多语种语料库重要性,国内外很多研究机构都致力于多语种语料库的建设,并利用多语种语料库对各种各样的语言现象进行了深入的探索。

在建设或研究语料库的时候,我们应当注意语料库的代表性、结构性和平衡性,还要注意语料库的规模,并制定语料的元数据规范。

下面分别讨论这些问题。这只是本书作者个人的意见,不是规范标准,只具有推荐性,不具有强制性,仅供读者参考。

首先讨论语料库的代表性。

语料库对于其应用领域来说,要具有足够的代表性,这样,才能保证基于语料库得出的知识具有较强的普遍性和较高的完备性。

真实的语言应用材料是无限的,因此语料库样本的有限性是无法回避的。承认语料库样本的有限性,在语料的选材上,就要尽量追求语料的代表性,要使有限的样本语料尽可能多地反映无限的真实语言现象的特征。语料库的代表性不仅要求语料库中的样本取自于符合语言文字规范的真实的语言材料,而且要求语料库中的样本要来源于正在"使用中"的语言材料,包括各种环境下的、规范的或非规范的语言应用。语料库的代表性还要求语料具有时代性,能反映语言的发展变化和当代的语言生活规律。只有通过具有代表性的语料库,才能让计算机了解真实的语言应用规律,才有可能让计算机不仅能够理解和处理规范的语言,而且还能够处理不规范的但被广泛接受的语言、甚至包含有若干错误的语言。

---

① 冯志伟,双语语料库的建设与用途,《现代外语》,第 33 卷,2010 年,第 4 期,pp. 420—421。

语料库是由自然发生的语言数据组成的。但是，是不是任意一个语言数据集合，从由三个句子组成的数据集合到由三百万个句子组成的数据集合，都可以称为一个语料库呢？显然不是这样的。语料库这一术语，只有用于一个组织结构严密的数据集合时，才是合适的。这一数据集合中的数据是在一定的抽样框架范围内采集而来的。抽样框架的设计要保证所采集的数据能够挖掘出一定的语言特征。抽样框架在语料库的设计中至关重要。

要想把一种自然语言中的所有话语都收集到一个语料库中是不可能的，除非研究的对象是被高度限制的次语言，或者已经不使用了的语言。因此，语料库要在特定的抽样框架内做到代表性，从而涵盖要研究或者模拟的语言的多种形式。

例如，假设我们要研发一个对话管理器，用于电话预订票销售系统，并且我们决定建立一个语料库来帮助为我们完成这项任务。目的明确之后，语料库的抽样框架也就很清楚了。这时，我们需要从电话售票对话中抽取相关样本，用于要完成的语料库。如果从文学作品中抽样，或者从面对面的对话中抽样，都是不合适的。

在电话售票领域中，有各种不同类型的票，每一种都要求问不同的问题。因此，电话售票语言会表现出明显不同的语言类型。因此，语料库中就要包括各种类型的电话售票对话，并且将它们分成相关的小类(例如，电话售火车票，电话售飞机票，电话售电影票等等)，从而达到语料库的平衡。

最后，在每一个这样的类别中，只对一个对话录音，或者只录一个接线员的对话，都是没有意义的。如果只对一个对话录音，得到的只是一个特殊的个例。如果只录一个接线员的对话，不能保证这样的对话能代表所有接线员的对话。因此，语料库要包括许多说话人，才能做到有代表性。

再来讨论语料库的结构性。

语料库是有目的地收集的语料的集合，不是任意语言材料的堆积，因此要求语料库具有一定的结构。在目前计算机已经普及的技术条件下，语料库必须是以电子文本形式存在的、计算机可读的语料集合。语料库的逻辑结构设计要确定语料库子库的组成情况，定义语料库中语料记录的代码、元数据项、每个数据项的数据类型、数据宽度、取值范围、完整性约束等。

我们还有必要来讨论语料库的平衡性。

平衡因子是影响语料库代表性的关键特征。在平衡语料库中，语料库为了达到平衡，首先要确定语料的平衡因子。影响语言应用的因素很多，如：学科、年代、文体、地域、登载语料的媒体、使用者的年龄、性别、文化背景、阅历、语料的用途（公函、私信、广告）等。不能把所有的特征都作为平衡因子，只能根据实际需要来选取其中的一个或者几个重要的指标作为平衡因子。最常用的平衡因子有学科、年代、文体、地域等。应该根据平衡语料库的用途来评测语料库所选择的平衡因子的恰当性。

在建设语料库时，还应当考虑语料库的规模。

大规模的语料库对于语言研究，特别是对于自然语言处理的研究具有不可替代的作用。但随着语料库的增大，垃圾语料带来的统计垃圾问题也越来越严重。而且，当语料库达到一定的规模后，语料库的功能并不会随着其规模同步地增长。我们应根据实际的需要来决定语料库的规模，语料库规模的大小应当以是否能够满足其需要来决定。

我们还应当考虑语料库的元数据（meta data）问题。

语料库的元数据对语料库研究具有重要的意义。我们可通过元数据了解语料的时间信息、地域信息、作者信息、文体信息等各种相关信息；也可通过元数据形成不同的子语料库，满足不同兴趣研究者的研究需要；还可通过元数据对不同的子语料库进行比较，研究和发现一些对语言应用和语言发展可能有影响的因素；元数据还可记录语料的知识版权信息、语料库的加工信息和管理信息。

由于在汉语书面文本中词与词之间没有空白，不便于计算机处理，因此，汉语书面文本的语料库一般都要进行切词和词性标注。汉语书面文本经过切词和词性标注之后，带有更多的信息，更加便于使用。

不过，关于语料库的标注（annotation）问题，学术界还存在不同的看法。有的学者主张对语料进行标注,他们认为,标注过的语料库具有开发和研究上的方便性、使用上的可重用性、功能上的多样性、分析上的清晰性等优点。有的学者则对语料库标注提出批评。学术界对于语料库标注的批评主要来自两方面:一方面认为,语料库经过标注之后失去了客观性,所得到的标注语料库是不纯粹的,带有标注者对于语言的主观认识;另一方面认为,手工标注的语料库准确性高但一致性差,自动或半自动的标注一致性高但准确性差,语料库的标注难以做到两全其美,而目前大多数的语料库标注都需要人工参与,因而很难保证语料库标注的一致性①。我们认为,不论标注过的语料库还是没有标注过的语料库都是有用的,其中都隐藏着丰富的语言学信息等待着我们去挖掘,我们甚至可以使用机器学习的技术,从语料库中自动地获取语言知识,不论标注过的语料库还是没有标注过的语料库都有助于语言学的发展。

近年来,在语料库的建立和开发中逐渐创造了一些独特的方法,提出了一些初步的原则,并且对这些方法和原则在理论上进行了探讨和总结。由于语料库是建立在计算机上的,因此,语料库语言学是语言学和计算机科学交叉形成的一门边缘学科。目前语料库语言学主要是利用语料库对语言的某个方面进行研究,是一种新的研究手段,同时也逐步建立了自己学科的理论体系,正处于迅速的发展过程之中。

语料库语言学是一种新的获取语言知识的方法。语料库语言学提倡建立语料库,在计算机的辅助下,使用统计的方法或机器学习的方法,自动或半自动地从浩如烟海的语料库中获取准确的语言知识。随着互联网日新月异的发展,互联网上有着无比丰富的文本语言数据,其中有经过标注的结构化的语言数据,也有未经过标注的非结构化的语言数据,我们可以从互联网上这些大量的语言数据中自动或半自动地获取语言知识。这是语言学获取语言知识方式的巨大变化,在语言学的发展历史上具有革命性的意义。我们应该敏锐地注意到这样的变化,努力学习语料库语言学的理论和方法,逐渐改变获

---

①   J. Sinclair, Corpus, Concordance, Collocation, Oxford University Press, 1991.

取语言知识的手段。

语料库语言学也为语言研究人员提供了一种新的思维角度,辅助人们的语言"直觉"和"内省"判断,从而克服语言研究者本人的主观性和片面性。我们预计,语料库方法将会逐渐成为语言学研究的主流方法,受到语言研究者的普遍欢迎。

语料库语言学还为语言研究的现代化提供了强有力的手段。语料库把语言学家从艰苦繁重的手工劳动中解放出来,使语言学家可以集中精力来研究和思考其他重要问题,这对于促进语言学研究的现代化具有不可估量的作用。

目前,语料库语言学主要研究机器可读自然语言文本的采集、存储、检索、统计、自动切分、词性标注、语义标注,并研究具有上述功能的语料库在词典编纂、语言教学、语言定量分析、词汇研究、词语搭配研究、语法研究、多语言跨文化研究、法律语言研究、作品风格分析等领域中的应用,已经初步展现出这门新兴学科强大的生命力,并且也影响和推动了自然语言处理的发展。

第四节 历史上的语料库

早在 1897 年,德国语言学家凯定(J.Kaeding)就使用大规模的语言材料来统计德语单词在文本中的出现频率,编写了《德语频率词典》(J.Kaeding, Häufigkeitswörterbuch der deutschen Sprache, Steglitz: published by the author, 1897)。由于当时还没有计算机,凯定使用的语言材料不是机器可读的(machine readable),所以他的这些语言材料还不能算真正意义上的语料库,但是,凯定使用大规模语言资料来编写频率 University 词典的工作,是具有开创性的。

1959 年,英国伦敦大学教授奎克(Randolph Quirk)提出建立英语用法调查语料库,叫做 SEU(Survcy of English Usage),后来他根据这个语料库领导编写了著名的《当代英语语法》。

不久,弗兰西斯(Nelson Francis)和库塞拉(Henry Kucera)在美国布朗大学(Brown University)召集了一些语料库的有识之士,建立了布朗语料库(BROWN corpus),这是世界上第一个根据系统性原则采集样本的标准语料库,规模为 100 万词次,是一个代表当代美国英语的语料库。

由英国兰卡斯特大学的里奇倡议,由挪威奥斯陆大学(Oslo University)的约翰森(Stig Johansson)主持完成,最后在挪威卑尔根大学(Bergen University)的挪威人文科学计算中心联合建立了 LOB 语料库(LOB 是 Lancaster,Oslo 和 Bergen 的首字母简称),规模与布朗语料库相当,这是一个代表当代英国英语的语料库。

欧美各国学者利用这两个语料库开展了大规模的研究,其中最引人注目的是对语料库进行语法标注的研究。20 世纪 70 年代,格林讷(Greene)和鲁宾(Rubin) 设计了一个基于规则的自动标注系统 TAGGIT 来给布朗语料库的 100 万词的语料做自动词性标注,正确率为 77%。

里奇领导的 UCREL (University Centre for Computer Corpus Research on Language) 研究小组,根据成分似然性理论,设计了 CLAWS(Constitute Likelihood Automatic Word-tagging System) 系统来给 LOB 语料库的 100 万词的语料做自动词性标注,根据统计信息来建立算法,自动标注正确率达 96%,比基于规则的 TAGGIT 系统提高了将近 20%。最近他们同时考察三个相邻标记的同现频率,使自动语法标注的正确率达到 99.5%。这个指标已经超过了人工标注所能达到的最高正确率。

20 世纪 60 年代初,英国伦敦大学奎克教授主持的英语用法调查研究课题组曾经收集了 2000 个小时的谈话和广播等口语素材,并把这些口语素材整理成书面材料,后来,瑞典隆德大学教授斯瓦尔特维克(J. Svartvik)主持,把这些书面材料全部录入计算机,在 1975 年建成了伦敦-隆德英语口语语料库(London-Lund corpus),收篇目 87 篇,每篇 5000 词,共为 43.4 万词,进行了详细的韵律标注(prosodic marking)。

以上这三个语料库都储备在挪威卑尔根大学的国际现代英语计算机档案(International Computer Archive of Modern English,简称 ICAME)的数据库中。

1964 年,朱兰德(A. Juilland)和 罗德里盖(E. Chang-Rodriguez)

根据大规模的西班牙语资料来编写《西班牙语单词频率词典》①
（Frequency Dictionary of Spanish Words）。在收集语言资料时，注意
到了抽样框架、语言资料的平衡性、语言资料的代表性等问题。

20世纪80年代以后，陆续建立了一些以词典编纂为应用背景的
大规模语料库。在辛克莱（John Sinclair）教授的领导下，英国伯明翰
大学（Birmingham University）与科林斯出版社（Harper Collins）合作，
建立了 COBUILD 语料库（Collins Birmingham University International
Language Database，首字母缩写就是 COBUILD）。

1987年，Collins 出版社出版了建立在 COBUILD 语料库基础上的
英语词典，词条选目、用法说明和释义都直接来自真实的语料，由辛
克莱教授担任总编辑，COBUILD 词典出版后，得到读者的广泛好评，
影响很大，现在又出版了各种用途的 COBUILD 词典，并编写英语课
程教科书（COBUILD English Course）。2003年这个语料库的规模已
经达到5亿词次，其中包含1 500万词次的口语语料库。这个大规模
的 COBUILD 语料库，又可以叫做"英语银行"（Bank of English）。

20世纪80年代还建立了朗文语料库（Longman corpus），也应用
于词典编纂。这个语料库由朗文-兰卡斯特英语语料库（LLELC）、朗
文口语语料库（LSC）和朗文英语学习语料库（LCLE）等三个语料库
组成。这个语料库主要用于编纂英语学习词典，帮助外国人学习英
语，规模为2 000万词次。

由于这些语料库可直接用于词典编纂，在商业上获得了成功，语
料库语言学的研究开始从纯学术走向实用，词典编纂是语料库语言
学发展的推动力之一。

美国计算语言学学会（The Association for Computational
Linguistics，ACL）发起倡议的数据采集计划（Data Collection Initiative，
DCI），叫做 ACL/DCI，这是一个语料库项目，其宗旨是向非赢利的学
术团体提供语料，以免除费用和版权的困扰，用标准通用置标语言
（Standard General Mark-up Language，简称 SGML，ISO 8879，1986年公

---

① A. Juilland and E. Chang-Rodriguez, *Frequency Dictionary of Spanish Words*,
The Hague, Mouton, 1964.

布)和文本编码规则(Text Encoding Initiative,简称 TEI)统一地对语料库进行置标,以便于数据交换。这样的工作是很有价值的,它为语料库在不同计算机环境下进行数据交换奠定了基础。ACL/DCI 的语料范围广泛,包括华尔街日报语料库、科林斯英语词典、布朗语料库,还有双语和多语的语料。

20 世纪 80 年代末 90 年代初,美国宾夕法尼亚大学(Pennsylvania University)开始建立"树库"(Tree bank),对百万词级的语料进行句法和语义标注,把线性的文本语料库加工成为表示句子的句法和语义结构的树库。这个项目由宾州大学计算机系的马尔库斯(M. Marcus)主持,到 1993 年已经完成了 300 万词的英语句子的深加工,进行了句法结构标注。

在美国宾州大学还建立了语言数据联盟(Linguistic data Consortium,简称 LDC),实行会员制,有 163 个语料库(包括文本的以及口语的)参加,共享语言资源。2000 年,LDC 发行了一个中文树库,包含 10 万词,4 185 个句子,这是世界上第一个中文的树库,可惜的是规模比较小。

国外比较著名的语料库还有:

AHI 语料库:美国 Heritage 出版社为编纂《美国传统词典》(American Heritage Dictionary)而建立,有 400 万词。

OTA 牛津文本档案库(Oxford Text Archive):英国牛津大学计算中心建立,规模为 10 亿字节。

BNC 英国国家语料库(The British National Corpus):1995 年正式发布,使用文本编码规范 TEI 编码和通用标准置标语言 SGML 的国际标准,有 1 亿词次,其中书面语 9000 万词次,口语 1000 万词次。

RWC 日语语料库:日本新情报处理开发机构 RWCP 研制,包括《每日新闻》4 年的全文语料,语素标注量达 1 亿条。

亚洲各语种对译作文语料库:日本国立国语研究所研制,中野洋主持,北京外国语大学日本学研究中心参加。

为了推进语料库研究的发展,欧洲成立了 TELRI 和 ELRA 等专门学会。TELRI 是跨欧洲语言资源基础建设学会(Trans-European

Language Resources Infrastructure)的首字母缩写,由辛克莱担任主席,托伊拜特(Wolfgang Teubert)担任协调员,由欧洲共同体提供经费,其目的在于建立欧洲诸语言的语料库,现已经建成柏拉图(Plato)的《理想国》(Politeia)多语语料库,建立了计算工具和资源的研究文档 TRACTOR(Research Archive of Computational Tools and Resources),正在语料库的基础上建立欧洲语言词库 EUROVOCA。TELRI 每年召开一次研讨会。

ELRA 是欧洲语言资源学会(European Language Resources Association)的首字母缩写,由意大利比萨大学的扎普利(Zampolli)教授担任主席,ELRA 负责搜集、传播语言资源并使之商品化,对于语言资源的使用提供法律支持。ELRA 建立了欧洲语言资源分布服务处 ELDA(European Language Resources Distribution Agency),负责研制并推行 ELRA 的战略和计划。ELRA 还组织语言资源和评价国际会议 LREC(Language Resources & Evaluation Congress),每两年一次。第一次会议于 1998 年在西班牙的格拉纳达(Granada)举行;第二次会议于 2000 年在希腊的雅典(Athens)召开,第三次会议于 2002 年在西班牙的拉斯帕尔马斯(Las Palmas de Gran Canaria)召开,第四次会议在 2004 年在葡萄牙的里斯本(Lisbon)举行。

第五节　中国的语料库研究

从 1979 年以来,中国就开始进行机器可读语料库(machine-readable corpus)的建设,早期在中国建立的主要的机器可读语料库有:

——汉语现代文学作品语料库(1979 年),527 万字,武汉大学。

——现代汉语语料库(1983 年),2000 万字,北京航空航天大学。

——中学语文教材语料库(1983 年),106 万 8 千字,北京师范大学。

——现代汉语词频统计语料库(1983 年),182 万字,北京语言学院。

早期的这些语料库多数是采用手工键入的方式建立的,耗时耗力,缺乏规范,规模较小,重用性差。为了建设这样的语料库,需要付出艰辛的劳动,北京航空航天大学计算机系刘源教授在该校2 000万字的语料库建设中积劳成疾,健康受到严重的损害,不幸早逝。我国语料库的早期建设者的敬业精神是值得我们尊敬的。

北京航空航天大学的语料库还进行了词频统计和汉语书面文本自动分词研究,发现了两种不同的分词歧义字段:交集型歧义字段和多义组合型歧义字段:

交集型歧义切分字段:例如:"地面积"可能切为"地面"或"面积","面"成为交段,从而产生歧义。

多义组合型歧义切分字段:例如:"马上"本身是一个词,但也可以切为"马"+"上"两个单词,而"马上"与"马"+"上"的含义不同。

他们曾对一个48 092字的自然科学、社会科学样本进行了统计:交集型切分歧义518个,多义组合型切分歧义42个。据此推断,中文文本中切分歧义的出现频度约为1.2次/100字,交集型切分歧义与多义组合型切分歧义的出现比例约为12:1。

为了推动汉语语料库的深入研究,我国还建立了初步的分词规范:1990年10月,在计算机界和语言学界的共同努力下,我国制定了国家标准GB-13715《信息处理用现代汉语分词规范》,这个国家标准提出了确定汉语单词切分的原则,是汉语书面语自动切词的重要依据。

1991年,国家语言文字工作委员会开始建立国家级的大型汉语语料库,以推进汉语的词法、句法、语义和语用的研究,同时也为中文信息处理的研究提供语言资源,其规模为7 000万汉字。这个语料库是均衡语料库,其语料要经过精心的选材,语料的选材应受到如下限制:

① 时间的限制:语料描述具有历时特征,着重描述共时特征。选取从1919年到当代的语料(分为5个时期),以1977年以后的语料为主。

② 文化的限制:主要选取受过中等文化教育的普通人能理解的语料。

③ 使用领域的限制:语料由人文与社会科学类、自然科学类和综合类3大部分,人文和社会科学再分为8大类29小类,自然科学

再分为6大类,综合类再分为2大类。主要选取通用的语料,优先选取社会科学和人文科学的语料。

为了加工这个国家级语料库,国家社科基金设立了社科重大项目"信息处理用现代汉语词汇研究",希望利用该项目的成果来加工这个语料库。该课题分10个子课题:

① 信息处理用现代汉语分词词表

② 歧义切分与专有名词识别软件

③ 词的构造研究

④ 现代汉语词类及标记集规范

⑤ 汉语词类兼类研究

⑥ 现代汉语的语法属性描述研究

⑦ 现代汉语述语动词机器词典和槽关系研究

⑧ 汉语知识词典建立及词汇内部语义网络描述研究

⑨ 汉语文本短语结构的人工标注

⑩ 常用动词语义特征及词义搭配研究

现在,该课题已经结项,国家教育部语言文字应用研究所成立了"汉语语料库深加工"的课题组,已经完成了7 000万字语料的深加工,正在逐步地把这个生语料库变为熟语料库。

1992年以来,大量的语料库在研究中文信息处理的单位建立起来,语料库成为了研究中文信息处理的基本语言资源。没有语料库的支持,中文信息处理的研究将会寸步难行。目前,建设大规模真实文本语料库的单位有:《人民日报》光盘数据库、北京大学计算语言学研究所、北京语言大学、清华大学、山西大学、上海师范大学、北京邮电大学、香港城市大学、东北大学、哈尔滨工业大学、中国传媒大学、中国科学院软件研究所、中国科学院自动化所、北京外国语大学日本学研究中心、台湾"中央研究院"语言研究所(筹备处)。

例如,中国传媒大学的语料库包括文本语料库(7 000多万字)、音视频语料库(900小时的音频和视频语料)和精品语料库(如著名主持人的节目、获奖节目的音频视频语料),这是世界上规模最大的、多模态的汉语传媒有声语言的语料库,语料库加工体系从语音开始,到文字、词语、句子、篇章都进行了标注和处理。

我国语料库的建设与语言学研究有着密切的关系。例如,在中国传媒大学语料库的基础上,进行了汉语同类词短语的研究、汉语插入语的研究、网络语言研究、汉语熟语标记研究、汉语"有"字句研究、汉语"吧"字研究、汉语"然后"研究、主持人韵律特点研究等。语料库成为了语言学研究的语言资源,又成为了语言学研究的工具,有力地推动了语言学研究的发展。

我国在 20 世纪 80 年代中期就建立了第一个英语语料库,即上海交大科技英语语料库,简称 JDEST(Jiao Da English for Science and Technology),这个语料库是由上海交通大学建成的。JDEST 的建成,为我国大学英语教学大纲的制定和词表统计做出了积极的贡献。这个语料库当时在欧洲受到语料库语言学界广泛关注,JDEST 成为国际第一代语料库。后来在我国建成的英语语料库还有:ICLE 中国子语料库、中国英语学习语料库、大学学习者英语口语语料库、中国专业英语学习者口语语料库、CEC 中国英语语料库、中学英语口语语料库等,这些英语语料库都与中国的外语教学和外语学习紧密相联。外语教学和外语学习是我国应用语言学的重要内容,是语料库推动我国应用语言学发展的又一个重要内容。

双语平行语料库也有很大的发展。北京外国语大学中国英语教育中心研制了英汉双语语料库,北京外国语大学日本学研究中心研制了日汉双语语料库。此外,中国科学院软件研究所、自动化研究所也都研制了有一定规模的英汉双语语料库。

迄今建立的单语语料库不少,已经取得了辉煌的成绩,但是双语并行语料库不容易获得,它的构建和加工是很困难的工作。现在我国还没有高质量的、大规模真实文本的英汉双语语料库,更没有成熟的、可共享的加工工具,2010 年国家社会科学基金重大项目中有一项就是"大规模英汉平行语料库的构建与加工研究",资助强度很大,可见国家对于双语语料库建设的重视。

目前,语料库的深加工受到各国学者的普遍重视,很多国家都对语料库文本进行句法标注(syntactic annotation)和语义标注(semantic annotation),把语料库进一步加工成树库。例如,英语有英国兰卡斯特—利兹树库(Lancaster-Leeds Tree Bank)、美国有宾州大学的宾州树库(Penn Tree Bank),德语有 TIGER 树库和 NEGRA 树库,捷克语有布拉格大学的 PDT 树库。

汉语树库的建设也取得可喜的成绩,例如,清华大学的 TCT 树库、台湾"中央研究院"的 Sinica 中文树库、哈尔滨工业大学的汉语依存树库、中国传媒大学的中文依存树库、中国科学院计算技术研究所的汉语树库、美国宾州大学的宾州中文树库(Penn Chinese Tree Bank)等,这些树库都成为了重要的语言资源,是语言信息自动获取的重要工具。我们可以确有把握地说,树库的建设将成为今后语料库研究的一个发展趋势。

可以预见,随着计算机技术的进一步发展,根据现有的语料库数据还不能解决的很多问题将逐渐有可能逐一得到解决,因为人们在不断地开发新型的语料库,并在编写使用这些新型语料库的程序。

总而言之,语料库给语言学研究提供了无比丰富的语言资源。很多几乎已经成为定论的语言规则需要我们根据语料库去重新认识和评价,许多新的语言学思想将从语料库的研究中产生出来。语言本身确实是无比复杂的,观察语言现象时,我们决不能掉以轻心,我们应当借助于语料库,更加努力地工作,从而推动语言学和自然语言处理的发展。

本章参考文献

1. 冯志伟,中国语料库研究[J], *Journal of Chinese Language and Computer*,新加坡,11(2), 127—136,2000 年。

2. 冯志伟,从语料库中挖掘知识和抽取信息[J],《外语与外语教学》,2010 年,第 4 期,总第 253 期。

3. 冯志伟,双语语料库的建设与用途[J],《现代外语(季刊)》,第 33 卷,第 4 期,2010 年 11 月。

4. 杨惠中,语料库语言学导论[M],上海外语教育出版社,2002 年。

5. Biber, D., S. Conrad, R. Reppen, Corpus Linguistics: Investigating Language Structure and Use [M], Cambridge University Press, Cambridge, 1998.

6. Hunston, S. Corpus in Applied Linguistics [M],世界图书出版公司,2006 年。

7. Sinclair, J. Corpus Collocation Concordance ［M］, Oxford University Press, Oxford, 1991.

8. Teubert, W. , A. Cermakova, Corpus Linguistics：A Short Introduction ［M］, 世界图书出版公司,2009 年。

第十一章
机器翻译

　　前面几章,我们介绍了自然语言处理的理论和方法,这是本书的理论部分。从本章开始,我们将介绍自然语言处理系统的应用,这是本书的应用部分。

　　自然语言处理的应用研究日新月异。由于计算机的速度和存储量的增加,使得在计算语言学的一些应用领域,特别是在语音合成、语音识别、文字识别、拼写检查、语法检查这些应用领域,有可能进行商品化的开发。自然语言处理的算法开始被应用于"增强交替通信"(Augmentative and Alternative Communication,简称 AAC)中,语音合成、语音识别和文字识别的技术被应用于"移动通信"(mobile communication)中。除了传统的机器翻译和信息检索等应用研究进一步得到发展之外,信息抽取(information extraction)、问答系统(question answering system)、自动文摘(text summarization)、术语的自动抽取和标引(term extraction and automatic indexing)、文本数据挖掘(text data mining)、命名实体识别(naming entity recognition)、计算机辅助语言教学(computer-assisted language learning)、子语言和受限语言(sub-language and controlled language)等新兴的应用研究都有了长足的进展,此外,由于多语言互联网的发展,自然语言处理技术在多语言在线的网络信息处理(multilingual on-line natural language processing)中也得到了应用。自然语言处理技术的应用研究出现了日新月异的局面。

　　本章介绍机器翻译。

第一节　基于规则的机器翻译

机器翻译是自然语言计算机处理的一个历史悠久的领域。

关于用机器来进行语言翻译的想法,远在古希腊时代就有人提出过了。当时,人们曾经试图设计出一种理想化的语言来代替种类繁多形式各异的自然语言,以利于在不同民族的人们之间进行思想交流,曾提出过不少方案,其中一些方案就已经考虑到了如何用机械手段来分析语言的问题。

20 世纪 30 年代之初,法国科学家阿尔楚尼(G. B. Artsouni)提出了用机器来进行语言翻译的想法。

1933 年,苏联发明家特洛扬斯基(П. П. ТРОЯНСКИЙ)设计了用机械方法把一种语言翻译为另一种语言的机器,并在同年 9 月 5 日登记了他的发明。但是,由于 20 世纪 30 年代的技术水平还很低,特洛扬斯基的翻译机没有制成。

1946 年,美国宾夕法尼亚大学的埃克特(J. P. Eckert)和莫希莱(J. W. Mauchly)设计并制造出了世界上第一台电子计算机 ENIAC,电子计算机惊人的运算速度,启示着人们考虑翻译技术的革新问题。因此,在电子计算机问世的同一年,英国工程师布斯(A. D. Booth)和韦弗在讨论电子计算机的应用范围时,就提出了利用计算机进行语言自动翻译的想法。1949 年,韦弗发表了一份以《翻译》为题的备忘录,正式提出了机器翻译问题。在这份备忘录中,他除了提出各种语言都有许多共同的特征这一论点之外,还有两点值得我们注意:

第一,他认为翻译类似于解读密码的过程。他说:"当我阅读一篇用汉语写的文章的时候,我可以说,这篇文章实际上是用英语写的,只不过它是用另外一种奇怪的符号编了码而已,当我在阅读时,我是在进行解码。"他的这段话非常重要,广为流传,我们把英文原文写在下面:

"I have a text in front of me which is written in Chinese but I am going to pretend that it is really written in English and that it has been coded in some strange symbols. All I need to do is strip off the code in order to retrieve the information contained in the text. "

这段话中,韦弗首先提出了用解读密码的方法进行机器翻译的想法,这种想法成为后来噪声信道理论的滥觞。备忘录中还记载了一个有趣的故事,布朗大学数学系的吉尔曼(R. E. Gilmam)曾经解读了一篇长约一百个词的土耳其文密码,而他既不懂土耳其文,也不知道这篇密码是用土耳其文写的。韦弗认为,吉尔曼的成功足以证明解读密码的技巧和能力不受语言的影响,因而可以用解读密码的办法来进行机器翻译。

第二,他认为原文与译文"说的是同样的事情",因此,当把语言A 翻译为语言 B 时,就意味着,从语言 A 出发,经过某一"通用语言"(Universal Language)或"中间语言"(Interlingua),然后转换为语言B,这种"通用语言"或"中间语言",可以假定是全人类共同的。

可以看出,韦弗把机器翻译仅仅看成一种机械的解读密码的过程,他远远没有看到机器翻译在词法分析、句法分析以及语义分析等方面的复杂性。

由于学者的热心倡导,实业界的大力支持,美国的机器翻译研究一时兴盛起来。1954 年,美国乔治敦大学在国际商用机器公司(IBM公司)的协同下,用 IBM－701 计算机,进行了世界上第一次机器翻译试验,把几个简单的俄语句子翻译成英语,接着,苏联、英国、日本也进行了机器翻译试验,机器翻译出现热潮。

早期机器翻译系统的研制受到韦弗的上述思想的很大影响,许多机器翻译研究者都把机器翻译的过程与解读密码的过程相类比,试图通过查询词典的方法来实现词对词的机器翻译,因而译文的可读性很差,难于付诸实用,受到了用户的批评。

为了进一步了解民意,美国科学院在 1964 年成立语言自动处理咨询委员会(Automatic Language Processing Advisory Committee,简称ALPAC 委员会),调查机器翻译的研究情况,并于 1966 年 11 月公布了一个题为《语言与机器》(Language and Machine)的报告,简称ALPAC 报告,对机器翻译采取否定的态度,报告宣称:"在目前给机器翻译以大力支持还没有多少理由"; 报告还指出,机器翻译研究遇到了难以克服的"语义障碍"（semantic barrier）。

在 ALPAC 报告的影响下，许多国家的机器翻译研究陷入低潮，许多已经建立起来的机器翻译研究单位遇到了行政上和经费上的困难，在世界范围内，机器翻译的热潮突然消失了，出现了空前萧条的局面。

不过，尽管在萧条时期，法国、日本、加拿大等国，仍然坚持着机器翻译研究，于是，在 20 世纪 70 年代初期，机器翻译又出现了复苏的局面。

如果我们把从 1954 年第一次机器翻译试验到 ALPAC 报告发表后出现的萧条看成是机器翻译的草创期（1954 年—1970 年），那么，从 70 年代初期开始，机器翻译便进入的它的复苏期（1970 年—1976 年）。

在这个复苏期，研究者们普遍认识到，原语和译语两种语言的差异，不仅只表现在词汇的不同上，而且，还表现在句法结构的不同上，为了得到可读性强的译文，必须在自动句法分析上多下功夫。

早在 1957 年，美国学者英格维在《句法翻译的框架》（*Framework for syntactic translation*）一文中就指出，一个好的机器翻译系统，应该分别地对原语和译语都作出恰如其分的描写，这样的描写应该互不影响，相对独立。英格维主张，机器翻译可以分为三个阶段来进行。

第一阶段：用代码化的结构标志来表示原语文句的结构；

第二阶段：把原语的结构标志转换为译语的结构标志；

第三阶段：构成译语的输出文句。

第一阶段只涉及原语，不受译语的影响，第三阶段只涉及译语，不受原语的影响，只是在第二阶段才设计到原语和译语二者。在第一阶段，除了作原语的词法分析之外，还要进行原语的句法分析，才能把原语文句的结构表示为代码化的结构标志。在第二阶段，除了进行原语和译语的词汇转换之外，还要进行原语和译语的结构转换，才能把原语的结构标志变成译语的结构标志。在第三阶段，除了作译语的词法生成之外，还要进行译语的句法生成，才能正确地输出译文的文句。

英格维的这些主张,在这个时期广为传播,并被机器翻译系统的开发人员普遍接受,因此,这个时期的机器翻译系统几乎都把句法分析放在第一位,并且在句法分析方面取得了很大的成绩。

这个时期机器翻译的另一个特点是语法(grammar)与算法(algorithm)分开。

早在1957年,英格维就提出了把语法与"机制"(mechanism)分开的思想。英格维所说的"机制",实质上就是算法(algorithm)。所谓语法与算法分开,就是要把语言分析和程序设计分开,程序设计工作者提出规则描述的方法,而语言学工作者使用这种方法来描述语言的规则。语法和算法分开,是机器翻译技术的一大进步,它非常有利于程序设计工作者与语言工作者的分工合作。

这个复苏期的机器翻译系统的典型代表是法国格勒诺布尔理科医科大学应用数学研究所(IMAG)自动翻译中心(CETA)的机器翻译系统。这个自动翻译中心的主任沃古瓦(B. Vouquois,1930—1985)教授明确地提出,一个完整的机器翻译过程可以分为如下六个步骤:

(1)原语词法分析
(2)原语句法分析
(3)原语译语词汇转换
(4)原语译语结构转换
(5)译语句法生成
(6)译语词法生成

这六个步骤形成了"机器翻译金字塔"(MT pyramid)。其中,第一、第二步只与源语言有关,第五、第六步只与目标语言有关,只有第三、第四步牵涉到源语言和目标语言二者。可以看出,这个机器翻译金字塔的左侧是源语言的分析,右侧是目标语言的生成,中间是源语言到目标语言的转换。源语言的分析独立于目标语言的生成,只是在转换部分才同时涉及源语言和目标语言。这样的格局,反映了沃古瓦教授"独立分析-独立生成-相关转换"的思想。这种思想,后来成为了基于规则的机器翻译中的"独立分析-独立生成-相关转换"的方法论原则。

他们用这种方法论原则研制的俄法机器翻译系统,已经接近实

用水平。很多基于规则的机器翻译系统,都是根据这样的机器翻译
金字塔来构建的。

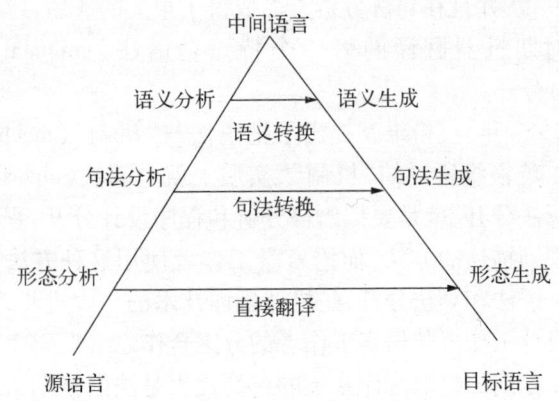

图 11.1　机器翻译金字塔

　　在这个机器翻译金字塔中,我们要尽量使右侧的目标语言与左
侧的源语言等价,为此,可以使用"直接翻译","句法转换","语义转
换"等技术手段,使目标语言尽可能地逼近源语言。显而易见,在目
前的技术条件下,目标语言与源语言要做到百分之百的等价还是不
可能的。

　　机器翻译金字塔的塔尖上是"中间语言",这是韦弗在他的《翻
译》备忘录中假定存在的一种全人类共同的"通用语言"。这种"中
间语言"或"通用语言",是机器翻译中一种理想的境界,目前还不存
在;因此,我们在具体的机器翻译系统中,还应该使用"分析—转换—
生成"的技术,尽量保证目标语言对于源语言的忠实性(adequacy),
同时也保证机器翻译出来的目标语言尽可能地流畅,具有较高的流
畅性(intelligibility)。"忠实性"和"流畅性"应当是基于规则的机器
翻译系统的评测标准。

　　他们还根据语法与算法分开的思想,设计了一套机器翻译软件
ARIANE-78,这个软件分为 ATEF, ROBRA, TRANSF 和 SYGMOR 四
个部分。语言工作者可以利用这个软件来描述自然语言的各种规
则。其中,ATEF 是一个非确定性的有限状态转换器,用于原语词法

分析,它的程序接收原语文句作为输入,并提供出该文句中每个词的形态解释作为输出;ROBRA 是一个树形图转换器,它的程序接收词法分析的结果作为输入,借助语法规则对此进行运算,输出能表示文句结构的树形图;ROBRA 还可以按同样的方式实现结构转换和句法生成;TRANSF 可借助于双语词典实现词汇转换;SYGMOR 是一个确定性的树—链转换器,它接收译语句法生成的结果作为输入,并以字符链的形式提供出译文。

通过大量的科学实验的实践,机器翻译的研究者们认识到,机器翻译中必须保持原语和译语在语义上的一致,也就是说,一个好的机器翻译系统应该把原语的语义准确无误地在译语中表现出来。这样,语义分析在机器翻译中越来越受到重视。

美国斯坦福大学威尔克斯提出了"优选语义学"(preference semantics),并在此基础上设计了英法机器翻译系统,这个系统特别强调在原语和译语生成阶段,都要把语义问题放在第一位,英语的输入文句首先被转换成某种一般化的通用的语义表示,然后再由这种语义表示生成法语译文输出。由于这个系统的语义表示方法比较细致,能够解决仅用句法分析方法难于解决的歧义、代词指代等困难问题,译文质量较高。

20 世纪 70 年代末,机器翻译进入了第三个时期——繁荣期(1976 年至今)。繁荣期的最重要的特点,是机器翻译研究走向了实用化,出现了一大批实用化的机器翻译系统,机器翻译产品开始进入市场,变成了商品,由机器翻译系统的实用化引起了机器翻译系统的商品化。

机器翻译的繁荣期是以 1976 年加拿大蒙特利尔大学与加拿大联邦政府翻译局联合开发的实用性机器翻译系统 TAUM-METEO 正式提供天气预报服务为标志的。这个机器翻译系统投入实用之后,每小时可以翻译 6 万—30 万个词,每天可以翻译 1500—2000 篇天气预报的资料,并能够通过电视、报纸立即公布。TAUM-METEO 系统是机器翻译发展史上的一个里程碑,它标志着机器翻译由复苏走向了繁荣。

日本富士通公司开发的 ATLAS-I(Automatic Translation System-I)

系统是一个建立在大型计算机上的英日机器翻译系统,该系统以句法分析为中心,可进行科学技术文章的翻译,在 FACOM M380 计算机上,每小时可翻译 60 000 词。

日本富士通公司开发的 ATLAS-II 机器翻译系统也建立在大型计算机上,但其翻译方式与 ATLAS-I 不同。ATLAS-I 以句法分析为中心,而 ATLAS-II 则以语义分析为中心。该系统建立了用于表示概念之间关系和客观世界知识的"世界模型",在译文生成时,特别注意单词之间的搭配关系和邻接关系,在机器翻译过程中,采用一种叫做"概念构造"的中间语言来作为原语和译语的共同表达。该系统目前用于日英机器翻译。

此外,日本的实用化机器翻译系统还有:日立公司开发的 HICATS (Hitachi Computer Aided Translation System) 英日、日英机器翻译系统,日本电气公司开发的 PIVOT 英日、日英机器翻译系统,三菱电机公司开发的 MELTRAN 日英机器翻译系统,冲电气公司开发的 PENSEE 日英机器翻译系统,理光公司开发的 RMT 英日机器翻译系统,三洋电气公司开发的 SWP-7800 日英机器翻译系统,东芝公司开发的 TAURAS 英日机器翻译系统,日本布拉维斯公司(BRAVICE INTERNATIONAL) 研制的 BRAVICE PAK 11/73 日英机器翻译系统等。

在欧美,除了 TAUM-METEO 机器翻译系统之外,还陆续推出了一批实用化的机器翻译系统。

法国纺织研究所的 TITUS-IV 系统,可以进行英、德、法、西班牙等四种语言的互译,每种语言都有一部 14 000 个词的机器词典,每秒钟可译 240 个词,主要用于翻译纺织技术方面的文献。

美国在乔治敦大学机器翻译系统的基础上,进一步开发了大型的机器翻译系统 SYSTRAN,已提供试用。例如,提供给美国空军的 SYSTRAN 系统,词典有 16.8 万个词干形式和 13.6 万个词组,可进行俄英机器翻译,每小时可翻译 15 万词;提供给美国拉特塞克 (Latsec) 公司的 SYSTRAN 系统,可进行俄英、英俄、德英、汉法、汉英机器翻译,每小时可译 30 万—35 万个词。SYSTRAN 是目前应用最为广泛、所开发的语种最为丰富的一个实用化机器翻译系统。

美国罗各斯(LOGOS)公司开发的 LOGOS-III 机器翻译系统,可进行英语—越南语机器翻译和英俄机器翻译,词典有 10 万个词。

美国国家航空航天局的 NASA 系统,可进行俄英和英俄机器翻译。

美国魏德纳(WEIDNER)通讯公司 WCC 的 WEIDNER 机器翻译系统,可进行英语与法语、英语与德语、英语与西班牙语、英语与葡萄牙语之间的双向机器翻译,并可进行英语—阿拉伯语的单向机器翻译。

设在华盛顿的泛美卫生组织研制成的 PAHO 系统,可进行西班牙语—英语的机器翻译。从 1980 年以来,已经翻译了 100 多万词的资料。近来,他们又推出了 ENGSPAN 和 SPANAM 两个实用化系统。

德国西门子(SIEMENS)公司与美国德克萨斯大学(Texas University)合作,研制成 METAL 系统,可进行德英机器翻译,词典包含 1 万个词条。

德国萨尔大学(Universität des Saarlandes)研制成 SUSY (Saarbrücken Automatic Translation System)系统,以德语为中介,可以进行俄语、英语、法语、世界语的机器翻译。比如,由英语译成法语,首先要由英语译成德语,再由德语译成法语,每小时可译 15 000 词。

此外,还有一些大规模的机器翻译系统正在研制之中,例如,EUROTRA 计划、Mu 系统、ODA 计划、DLT 系统等。

1978 年,欧洲共同体在继续使用和发展 SYSTRAN 系统的同时,提出了欧共体内七种语言(后来变为九种)之间进行任一方向翻译的多语种机器翻译计划 EUROTRA,此计划于 1982 年正式实施,前后延续了十多年,至今尚未达到预期的结果。

日本在提出第五代计算机计划的同时,于 1982 年至 1986 年由政府开展了英日、日英机器翻译 Mu 系统的研制,接着,又由通产省出面,组织与亚洲四个邻国(中国、印度尼西亚、马来西亚、泰国)合作研究日语、汉语、印度尼西亚语、马来语、泰语五种语言互译的多语言机器翻译 ODA 计划,原定于 1987 年至 1992 年完成,后来延长至 1995 年初完成。

欧洲共同体在 1982 年开始实施 EUROTRA 计划的同时,还支持了多语言机器翻译系统 DLT 的可行性研究。从 1984 年开始，改由荷兰政府和荷兰的一家软件公司 BSO 各出资一半对此系统的研制进行长期的支持，从 1984 年到 1992 年每年投资均在 100 万美元左右。DLT 系统原打算 20 世纪 90 年代中期开始实用化，可是至今尚未得到满意的结果。

我国是继美国、苏联、英国之后，世界上第四个开展机器翻译研究工作的国家。当今在机器翻译方面居于先进水平的日本，是在 1958 年才开始进行机器翻译的，起步比我国较晚。

与国外机器翻译的发展情况相比较，我国机器翻译除了有草创期、复苏期和繁荣期之外，由于文化革命的影响，还有一个非常特别的时期——停滞期，而且，由于我国机器翻译在理论上和方法上以及设备上的底子都很薄，我国机器翻译的每一个时期又都比国外机器翻译的同样时期稍微滞后。而且，我国早期的机器翻译基本上都是基于规则的机器翻译，语言学家在机器翻译研究中，往往起着举足轻重的作用。这些都是我国机器翻译发展的特点。

1956 年至 1966 年是草创期，在这个时期，我国学者对机器翻译进行了初步的探索和试验。早在 1956 年，国家便把机器翻译研究列入了我国科学工作的发展规划，成为其中的一个课题，课题的名称是："机器翻译、自然语言翻译规则的建立和自然语言的数学理论"。1957 年，中国科学院语言研究所与计算技术研究所合作，开展俄汉机器翻译的研究。1959 年，他们在我国制造的 104 大型通用电子计算机上，进行了俄汉机器翻译试验，翻译了 9 个不同类型的、较为复杂的句子。在这个草创时期，北京外国语学院、北京俄语学院、广州华南工学院、哈尔滨工业大学也分别成立了机器翻译研究组，开展俄汉或英汉机器翻译的试验。

1966 年至 1975 年是停滞期，在这个时期，除了极少数的机器翻译研究者在极端恶劣的条件下继续进行理论探索之外，没有进行任何的机器翻译研究和试验。1974 年在重庆一家计算机杂志上发表的综述国外机器翻译新理论的长篇论文，成为了这个时期唯一的机器翻译理论成果，它有如空谷之足音，鼓起了处于困境中的机器翻译研究者的学术勇气。

1975 年至 1987 年是复苏期,在这个时期,我国机器翻译研究重振旗鼓,开始复苏,继续进行机器翻译研究。1975 年 11 月,在中国科学技术情报研究所设立了一个由情报所、语言所和计算所等单位的工作人员组成的机器翻译协作研究组,以冶金题录 5 000 条为试验材料,制定英汉机器翻译方案并上机试验。1978 年 5 月,在计算所 111 机上进行抽样试验,抽样 20 条,达到了预期的效果。在这个时期,我国学者还进行了汉—法/英/日/俄/德多语言机器翻译试验以及法汉、德汉、日汉机器翻译实验,取得了一定的成效。

下面是本书作者设计的汉—法、英、日、俄、德多语言机器翻译系统 FAJRA 于 1981 年 11 月 4 日在法国格勒诺布尔理科医科大学的 IBM－4341 中型计算机上进行汉外机器翻译的一个例子。他输入了一篇汉语的短文,得到了法语、英语、日语、俄语、德语等 5 种外国语的机器翻译译文。

汉语输入如下:

汉语输入   4 Novembre 1981

语言和通讯在人类的生活中起着重要的作用。学者们正在积极地研究着语言的自动翻译。他们提出了自动机的理论和形式语法的理论。自动机是能够识别语言的一种抽象机器。语法的规则能够把一个树形图自动地转换成另一个树形图。这个自动翻译的系统已经被他们使用了五年。如果我们把这个系统同其它一些系统相比较,就可以看出它的优点。

得到的法语、英语、日语、德语和俄语等五种外语输出如下:

法语输出   4 Novembre 1981

Le langage et la communication jouent un rôle important dans la vie humaine. Les savants sont en train d'étudier activement la traduction automatique des langages. Ils ont proposé la théorie des automates et la théorie des grammaires formelles. Un automate es une machine abstraire qui peut reconnaître le langage. La règle de la grammaire peut transformer automatiquement une arborescence en une autre arborescence. Ce système de la traduction auotmatique a été utilis par eux pendant cinq ans. Si nous comparons ce système à d'autres systèmes, alors nous pouvons voir ses avantage.

英语输出
4 Novembre 1981

Language and communication play important role in human life. Scholars are actively studying automatic translation of languages. They have proposed the theory of automaton and the theory of formal grammar. An automaton is an abstract machine that can recognize language. Grammar rule can transform a tree graph to another tree graph automatically. This system for automatic translation had been used by them for five years. If we compare this system with other systems, then we can see its advantage.

日语输出
4 Novembre 1981

言語と通信は人間の生活に重要な役割を果している。研究者は言語の自動翻訳を熱心に研究している。彼等はオートマトンの理論と形式文法の理論を提案している。オートマトンは言語を認識することができる一種の抽象機械である。文法の規則はひとつの木のグラフを別の木のグラフに自動的に変換することができる。自動翻訳のためのこのシステムは彼等によって五年間使われていた。このシステムを他のシステムと比べると、われわれはその利点をわかることができる。

俄语输出
4 Novembre 1981

Язык и коммуникация играют важную роль в жизни человечества. Учёные активно изучают автоматический перевод языков. Они выдвигают теориюавтомата и теорию формальной грамматиги. Автомат есть одна абстрактная машина, которая может распознавать язык. Правило грамматиги может автоматически превращать одну древовидную схему на другую древовидную схему. Эта система автоматического перевода использована ими уже пять лет. Если мы сравниваем эту систему с другими системами, то мы можем видеть её преимушества.

德语输出   4 Novembre 1981

Die Sprache und die Kommunikation spielen im Leben der Menschen wichtige Rolle. Die Wissenschaftler sind gerade dabei, die automatische Übersetzung der Sprachen aktiv zu studieren. Sie haben die Theorie der Automaten und die Theorie der formalen Grammatiken Vorgeschlagen. Ein Automat ist eine abstrakte Maschine, die die Sprache erkennen kann. Die Grammatikregel kann einen Baumgraphen in einen anderen Baumgraphen automatisch umwandeln. Dieses System zur automatischen Übersetzung war von Ihnen soll fünf Jahren verwendet worden. Wenn wir dieses System mit anderen Systemen vergleichen, dann können wir seinen Vorzug sehen.

这是 1981 年做的机器翻译工作。1981 年距今已经有 30 年,在当时的技术条件下,本书作者得到的这样的机器翻译结果是难能可贵的。

1987 年至今是繁荣期。这个时期是以"科译 1 号"机器翻译系统的问世为标志的。继"科译 1 号"之后,一系列的实用化商品化的机器翻译系统如雨后春笋般地推向市场,我国的机器翻译迈向了实用化和商品化的阶段。

中国人民解放军军事科学院研制了"科译 1 号"实用型全文与题录兼容的英汉机器翻译系统,于 1987 年在北京通过了技术鉴定。"科译 1 号"系统的语言理论基础是董振东提出的逻辑语义结构。董振东是"科译 1 号"的设计者,他认为,逻辑语义是词典信息给定的出发点,是原语分析的目标,是英汉语言转换的主要平面,因此,必须对逻辑语义给予特别的注意,当然也要注意词法和句法,原语分析采用成分功能关系语法,分析与生成相对独立。"科译 1 号"系统的基本原理是:由原语的线性结构出发,经过多层次、多次数的扫描,按规则的顺序匹配,形成以动词为根结点,以逻辑语义项为主结点的多结点、多标记的树形图,最后,从根结点逐层展开,形成译语的线性结构,得到相应的译文。该系统还采用了自行设计的专用的形式描述语言来书写自然语言的处理规则,实现了语言规则与计算机程序的彼此独立。

此外,该系统还具有如下的翻译支援手段:

（1）词典与规则库的增添和修改手段;

（2）翻译过程的追踪和监测手段;

（3）为用户提供批量专业术语的增添手段;

（4）人用词典编制手段;

（5）英语词汇动态分析统计程序。

该系统于1988年由中国计算机软件与技术服务总公司实现了商品化,命名为"译星1号"。"译星1号"在商品化过程中,在语言词典和规则方面作了进一步的改善,在软件硬件的开发环境方面作了进一步的优化。这是我国第一个商品化的机器翻译系统,它的出现引起了国内外机器翻译界和计算语言学界的瞩目,被列为我国1988年计算机界十件大事之一。1991年获国家"七五"攻关重大成果奖。

近年来,"译星1号"重新设计,重新编程,发展为"译星-92"机器翻译系统。

"译星-92"具有以下特点:

（1）翻译速度比"译星1号"提高了10倍。在286微机上,每小时可译15 000词,在386微机上,每小时可译30 000词。

（2）用户界面美观、方便、易操作,翻译与编辑融为一体,采用下拉式菜单。

（3）重新调整了词典结构,在不减少词典信息的前提下,所占存储空间是"译星1号"的三分之一,使系统的空间开销大为减少。

（4）新增加向用户开放的词典维护功能,用户可自行追加生词。

（5）纠正了"译星1号"词典中发现的错误,增加了惯用法,修改了少量规则。

现在,"译星-92"有基本词典四万余条,专业词典十部,分别为:计算机、经济、通讯、陶瓷、火力发电、印刷机械、汽车拖拉机、石油物探、地质、化工等共十个领域。专业词汇量共35万条。

与此同时,北京市高立电脑公司与中国社会科学院语言研究所合作,开发了"高立英汉机器翻译系统"。

这个机器翻译系统以具有普遍意义的语言学公理理论和原则作为语言分析器的理论基础,以智能化的机器词典代替传统的信息参数词典,使句法规则与词的个性相结合,使词义与词的参数和规则相结合,整个机器翻译系统实质上是一个词专家系统。

这个机器翻译系统还建立了背景知识库,把语义分析与句法分析有效地结合起来,在抽象的形式分析中,充分地利用语义信息。

由于机器词典与系统的运行程序彼此独立,用户可以通过追踪信息和词典维护程序来修改机器词典的内容,这样,用户就有可能在自己的使用过程中不断地修改机器词典,不断地提高机器翻译的译文质量。

该系统具有良好的可扩充性和可移植性,系统的程序采用模块化的方法来设计与实现,所有的程序都用 C 语言编写。

高立英汉机器翻译系统由翻译子系统、语言知识管理子系统、支援子系统三个部分组成。

翻译子系统是高立机器翻译系统的核心,它有两方面的功能:一是控制整个翻译加工的流程,进行过程控制、加工方向控制、制导控制和追踪控制;二是负责规则的识别、匹配、推理和运算。

语言知识管理子系统用于管理机器翻译系统的语言知识库。语言知识库包括一个基本词库、一个语法规则库和一个背景知识库。基本词库向用户开放,通过用户界面向用户提供修改和增删词库的手段。

支援子系统是支持系统运行和系统维护的支撑软件,这个子系统也可以通过用户界面向用户提供某些与实际使用有关的功能。

翻译子系统和部分语言知识管理子系统放在硬卡里,其余的录入软磁盘,由系统提供的用户界面统一管理。

高立机器翻译系统基本词库收词 60000 条,语法规则库收规则 800 条,背景知识库收规则 150 条,译准率达 80% 以上,翻译速度每小时 12000 词以上。

这个商品化机器翻译系统的开发前后共用了 15 年时间,从试验性的题录翻译系统和全文翻译系统发展到实用型的全文翻译系统。

在研制期间，系统的研制者在理论和技术上不断探索，积累经验，系统的设计思想和算法技术经历了几次原则性的调整和优化；在系统研制成功之后，又经历了两年多的试验性运行，进行了系统性能考核、功能考核、可移植性考核和通用性考核。在此基础上，才投入了商品化的开发，于 1992 年 1 月在北京新技术产业开发试验区通过了鉴定，先后获得北京市科技进步奖、新加坡 INFORMATICS'92 国际博览会计算机应用软件银奖和 92 年第二届中国科技之光博览会电子行业金奖，已被列入"火炬计划"。

中国科学院计算技术研究所开发了一个智能型英汉机器翻译系统 863-IMT/EC，这个系统从 1986 年开始研究，经历了理论探索（1986 年—1988 年）、模型系统试验（1989 年—1990 年）和实用系统开发等三个阶段，现已实现商品化。该系统有英语基本词 35 000 条，汉语词 25 000 条，通用规则 1 500 条，此外，还有大量的特殊规则和成语规则。

智能型机器翻译研究的内容，包括语言学工程、翻译处理软件环境和知识处理环境三个部分。

语言学工程研究如何把语言学知识和用于机器翻译的非语言学常识进行归纳和形式化描述，以适合于计算机处理。其中，语言学知识包括机器翻译过程中需要用到的词法、语法、语义以及语用知识，而非语言学常识包括机器翻译过程中常常涉及的学科分类、背景文化知识以及专业知识。

翻译处理软件环境研究如何应用形式化的语言学知识和非语言学常识实现从原语输入到译语输出的转化，这一过程包括词法分析算法、结构分析算法、上下文相关处理、译语生成等分析和推理机制的实现技术。

知识处理环境研究如何提供一套有效的软件工具环境，帮助语言学家归纳语言学知识和简单的非语言学常识，实现这些知识的形式化描述，并提供给翻译处理软件使用。

863-IMT/EC 系统在语法规则中引入了上下文相关条件测试，实现了数据与操作一体化处理技术，提出了子类语法（Sub Category Grammar，简称 SC 语法）。

在机器翻译中,语义分析是必不可少的,以多义分析为例,从目前已经开发的系统来看,大约50%到70%的多义语言现象可以通过单纯的句法分析来解决,而其余30%的多义语言现象必须通过语义分析甚至语用分析才能解决,因此,SC语法把句法分析和语义分析结合起来,实现了句法和语义的一体化。

为了能够进行上下文相关条件测试,SC语法在规则中嵌入测试函数,把上下文相关处理局部化。测试函数的形式为

$$\text{Search}（\text{L/R},\ \text{Ran},\ \text{Comp.}）$$

和 $$\text{Nsearch}（\text{L/R},\ \text{Ran},\ \text{Comp.}）$$

其中,Search表示查找相应成分或者归约的操作,L/R分别表示向左或向右搜索,Ran表示范围,Comp表示需要查找的成分特征,Nsearch是Search的否定。

许多基于规则的原语分析技术,分析与转换的界限是通过形成的内部树形图来传递信息的,而译语的生成部分需要反复对树形图中的结点进行测试,找出相应的生成码,才能生成译文。这不仅浪费时间,而且,由于生成码的内容和数量均不容易确定,往往丢失许多信息,使得所生成的译文的可读性降低。SC语法通过采用分析与转换规则共用同一个头部和同一个测试函数的方式,实现了分析与转换的集成化,简化了分析与转换的操作过程,提高了译文的可读性。

在机器词典的编写方面,该系统对词条进行局部化处理,把与具体单词有关的一切信息都存放在同一词条下,采用单一的规范结构来表示。词条中的信息,除了词法信息、句法信息、语义信息、上下文相关信息之外,还包括与该词有关的成语及固定结构等,不单独另立成语词典来处理成语。

在翻译处理机制方面,该系统采用可控层次相容合一机制、上下文相关处理机制、转换生成机制、启发式回溯控制机制、基于不完备知识的推理机制、译文质量多档可调机制等。这些机制都是模块化的,每一模块都按规则的形式进行操作处理,把规则的特征作为程序的调用数据参数,使软件独立于具体的文种,为进行多文种的机器翻译创造了条件。

在知识处理环境方面,对知识库采用面向对象的方式,分为多个包来存储不同的规则和词条。规则按学科分包,同一学科内又按语言现象的不同分为更小的包。词典可按学科分包,又可按频度分包。所有这些包除了一些局部的维护和格式转化操作之外,都共享存取操作、知识重组操作和规则精炼操作。为了保证规则的质量,要检查规则的相容性、包含性、互斥性,从而使规则不断地得到优化。

863-IMT/EC 机器翻译系统现已商品化。中国科学院计算技术研究所与香港权智集团合作,投资 1 800 万美元,建立了科智语言信息处理有限公司,后来又进一步发展成华建公司,专门从事机器翻译系统的开发,成为我国机器翻译的重要产业。

国防科技大学于 1994 年研制成英汉机器翻译系统 Matrix 也开始商品化。该系统翻译速度在 IBM PC386-DX33 计算机上,每分钟能翻译 5 000—10 000 个英语单词,比国内外大多数机器翻译系统的速度高出 1—2 个数量级。按照日本电气工业促进协会 JIEDA 发布的关于 1992 年国际自然语言处理现状的报告中提出的标准,Matrix 系统的翻译速度是当今世界上最快的。

Matrix 系统的词典可根据用户的需要自行删改,并可独立于 Matrix 系统单独使用,还可以配上不同的专业词典,满足不同专业的需要。

Matrix 系统还根据市场的需求,转化为下列产品:

——电子词典:由于 Matrix 系统的词典是独立于系统的,因此可以转化为电子词典在市场上流通。

——微机扩展卡:可以把 Matrix 系统做成像汉卡一样的扩展卡,配在 286 以上的微机上,使每台微机都具有英汉机器翻译能力,由于家用微机的逐渐普及,机器翻译系统有可能走入千家万户。

——不同用途的机器翻译系统:配以不同的机器词典,可制成通用和专用的机器翻译系统。通用机器翻译系统可为新闻、信息部门提供快速翻译服务;专用机器翻译系统可成为翻译工作者的得力助手。

此外,中国社会科学院语言研究所与北京文献服务处合作研制的"天语"英汉机器翻译系统、中国国防科技信息中心的"金译达"英汉机器翻译系统,也正在向实用化、商品化的方向迈进。

在汉外机器翻译方面,中国计算机软件与技术服务总公司开发了商品化的汉外机器翻译系统 Sino Trans,该系统于 1993 年 9 月通过了电子工业部的部级鉴定。

Sino Trans 是该公司独自投资用五年时间开发而成的,包括汉英和汉日两个商品化的机器翻译系统。

Sino Trans 是国内外第一个能翻译汉语技术报告、论文、报刊文章、产品说明书等文字资料的机器翻译系统。其中汉英系统的三个用户已翻译了数十万字的科技资料,节省了 50% 的工作量。

Sino Trans 也是一个多功能的中文信息处理系统,具备汉语自动切词、当前词的词性自动确定、词组生成、汉语语法树生成、汉语外语转换及外语生成等功能。由于其中的每一个模块都可以单独使用,所以,Sino Trans 还能为自然语言理解研究、基于语词的语言学研究提供条件,为汉语教学提供帮助。

Sino Trans 根据我国著名语言学家黎锦熙先生的句本位学说,提出了汉语完全语法树(I-Tree)来统一表达所有可能出现的汉语陈述句型,并建立了属性制约原则和属性制约文法,因此,研究者就有可能进一步通盘地来研究汉语的句法,不必再像传统的汉语语法研究那样只局限于使用枚举例句的方法来概括语言规律。完全语法树还清楚地表示了句子的自动分析和生成过程,明确在句子内可以递归的部分和递归的内容,为在理论上深入研究汉语理解的实际过程提供了线索。

汉英机器翻译系统的规则库现有基本语法规则 1 000 余条,转换规则 200 余条,基本词典 40 000 条,专业词典两部:一部是舰艇专业词典,有 9 312 条,一部是火箭炮专业词典,有 33 773 条,系统具有良好的用户界面,可支持任何编辑软件,进行译前、译后编辑,系统还具有开放性,用户可根据自己的实际需要,自行添加生词的技术指标。该系统翻译速度为每小时 20 000 汉字。

汉日机器翻译子系统现有基本词典 4 000 条,动词辞典 2 000条,计算机专业词典 22 000 条,还有待于进一步完善。

此外,哈尔滨工业大学计算机系的汉英机器翻译系统 CEMT,东北工学院计算机科学与工程系的汉英机器翻译系统 CETRANS 也正在向实用化的方向努力。

近年来,随着计算机技术的进步,已经将机器翻译系统制成袖珍的翻译机。例如,由香港权智有限公司推出的人工智能全句英汉袖珍翻译机"快译通"EC863B,由香港伟易达电脑国际有限公司推出的全句英汉翻译袖珍翻译机"易达通",都突破了单词解释和例句预设的限制,能够进行整句的翻译,把自选的英文句子和短语翻译成参考性极高的中文句子和短语。这样的袖珍翻译机,与袖珍电子词典一般大小,造型优美,小巧多姿,如快译通 EC863B,连电池在内重量才230 克,携带十分方便。这是机器翻译系统商品化的可喜收获。

从实用化商品化的角度来看,机器翻译确实有了相当的进步,研究者们对语法和词典都下了不少工夫,研究的规模也扩充了,因而翻译时未登录的词减少了,句子分析的成功率也提高了,多义词选择的准确性和歧义判别的能力也都进一步得到了改进。但是,对于一些复杂的句子的分析依然很困难,往往遭致失败,多义词和歧义问题尚未找到切实有效的解决办法,有时免不了要进行人工干预。不过,从总体上看来,由于机器翻译的速度比单纯的人工翻译快得多,在讲求效率的信息化时代,机器翻译的市场潜力仍然是很大的。例如,权智集团"快译通"商标的公平市场价值,经美国评估公司评估为一亿三千万港元。这样大的市场潜力对于机器翻译系统的进一步开发,有着相当大的吸引力。

基于规则的机器翻译系统面对的主要问题是关于自然语言中词汇和结构的歧义问题,这种歧义既存在于一种语言的内部(单语歧义),也存在于不同的语言之间(双语歧义)。

在机器翻译中,任何单语歧义都可能暗含着潜在的困难,对于源语言中一个有歧义的单词,在目标语言中,也许可能存在一个以卜的翻译等价物。例如,英语的 cry 对应于法语的 pleurer(哭)或 crier(叫喊);法语的 voler 对应于英语的 fly(飞)或 steal(偷)。

在机器翻译中,同样需要解决兼类词问题。所谓兼类词也就是词类的歧义,例如,英语 light 可为名词、形容词或动词,翻译时需要在法语 lumiere("光线",名词),clair("亮",形容词)或 allumer("照亮",动词)等不同的词类之间进行选择;英语的 face 可为名词和动词,翻译时需要在法语的 visage("脸",名词)或 confronter("面对",动词)之间进行选择。

如果一个词或短语能够潜在地修饰一个以上的句法成分,就会出现单语的结构歧义,在机器翻译中,可以分别翻译为两种不同的结构。在英语的"old men and women"中,形容词 old 可以只修饰 men,也可以修饰 men and women,翻译为法语时,就可以分别翻译为 vieux et femmes(老年的男人和女人)或 vieux et vieilles(老年的男人和老年的女人)两种不同的结构。

在英语中,介词短语能够修饰几乎所有在它前面的动词和名词短语,例如:

The car was driven by the teacher at high speed.

就存在结构歧义,它有两个意思:一个意思是"老师飞速地开着车"(at high speed 修饰动词 was driven),另一个意思是"高速度的老师开着车"(at high speed 修饰名词 teacher)。

兼类词歧义和结构歧义经常是一起发生的。例如,英语句子"He saw her shaking hands"中,shaking 可以是形容词(句子的意思是"他看见她的颤抖的手"),也可以是动名词的动词(句子的意思是"他看见她颤抖着手"),兼类词 shaking 在结构上可以分别做定语(意思为"颤抖的")或动名词短语中的谓语(意思为"颤抖着"),带有兼类词歧义的同时还带有结构歧义。

双语歧义是源语言和目标语言之间彼此对应时出现的歧义,这种歧义主要发生在某个意义在目标语言中没有区分而在源语言有区分的时候。例如,在英语中,river(河流)没有进一步的区分,而在法语中则进一步区分为 rivière(河)或 fleuve(江),在德语中进一步区分为 Fluss(河流)或 Strom(激流);在英语中,eat(吃)没有进一步区分,而在德语中则进一步区分为 essen([人]吃)或 fressen([动物]吃);在英语中,wall(墙)没有进一步区分,而在法语中则进一步区分为 mur(墙)或 paroi(隔墙),在德语中则进一步区分为 Wand(墙),Mauer(围墙)或 Wall(土墙);在英语中,blue(蓝色的)没有进一步区分,在俄语中,则进一步区分为 синий(深蓝色的)或 голувой(浅蓝色的)。

有时,这种双语歧义使得词义之间对应关系变得非常之复杂。图 11.2 描述了英语中的单词 leg(腿), foot(足), paw(爪子)与法语中的单词 jambe(腿), pied(脚), patte(爪子), etape(宿营地)之间的交叉对应关系。

例如,法语的 pied 可以用于指人(HUMAN)的"脚",这时,它与英语的 foot 相对应;法语的 pied 也可以用于指椅子(CHAIR)的"脚",这时,它与英语的 leg 相对应;而英语的 foot 还可以指鸟(BIRD)的"爪子",这时,它与法语的 patte 相对应。英语的 leg 涵义复杂,它除了与法语的 pied 对应之外,还可以指动物(ANIMAL)的"脚",这时,它和 foot 一起,又与法语的 patte 相对应;英语的 leg 还可以指人类(HUMAN)的"腿",这时,它与法语的 jambe 相对应;此外,英语的 leg 还可以指旅行(JOURNEY)中的一段"旅程",这时,它与法语的 etape 相对应。英语和法语的涵义之间形成的交叉对应关系是非常复杂的,这是在词汇方面的双语歧义现象。

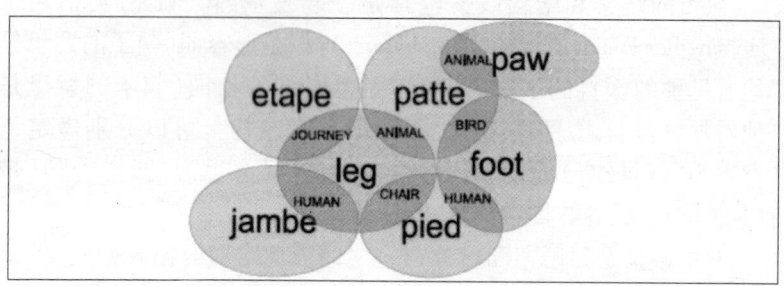

图 11.2　英语单词与法语单词之间复杂的对应关系

由于存在这种极为复杂的双语歧义现象,在机器翻译中,单词的翻译就会出现一对多的情况,需要进行排歧。

有时,在双语词汇对应时,甚至在其中的一种语言中,还会出现词汇对应不上的现象,叫做词汇间隙(lexical gap)现象,例如,汉语的"孝",在英语中就没有完全等价的单词与之对应,可以勉强翻译为"show filial obedience"。英语的"privacy"(state of being alone or undisturbed)在汉语中也没有完全与之等价的单词与之对应,可以勉强翻译为"独处或不受干扰的状态"。由于难以找到完全等价的单词,机器在处理词汇间隙问题时,往往会陷入举棋不定的困境,会给机器翻译造成很大的困难。

在机器翻译中,双语结构的不同可以进行一般性的处理。例如,在英语中形容词处于名词之前,但法语中很多的形容词则处于名词之后,在机器翻译时,我们只要写出转换的规则就行了。

但是,有时这种不同需要在特殊的结构中进行具体的分析,例如,翻译英语动词 like(she likes to play tennis)为德语副词 gern(sie spielt gern Tennis),只有在这一类特定的句型中才可以进行。有时,这种不同可以通过特殊的词汇选择来决定,例如,英语简单动词 trust,翻译为法语是一个复杂的短语(avoir confiance à)。

两种语言词汇选择的不同往往伴随着结构上的差异。例如,在法语和德语的翻译中,如果法语使用 connaitre(相应的德语词为 kennen),那么往往选择名词短语做宾语的结构,例如,法语"je connais l'homme"(我认识这个人),德语为"ich kenne den Mann";如果法语使用 savoir(相应的德语词尾 wissen),那么,往往选择从句做宾语的结构,例如,法语"je sais ce qu'il s'appelle"(我知道他叫什么),德语为 ich weiss wie er heisst,这时,法语要使用 ce que(在这个句子中是 ce qu')引入宾语从句 il s'appelle,德语要使用 wie 引入宾语从句 er heisst。

有时需要使用非语言的常识性知识来进行歧义消解。例如,代词的先行语的判断就往往需要关于事件和情景的非语言知识。

在"The soldiers killed the women, they were buried next day"(士兵杀了那些妇女,她们明天就要被埋了)这个句子中,代词"they"一定不是指"士兵"而是指"妇女",因为我们知道"killing"暗示着"death",而"death"通常伴随着"burial",所以,我们可以判断,were buried 的主语应当是被 killed 的 women,而不是 soldiers。

这样的判断叫做"回指消解"(anaphora resolution)。回指消解对机器翻译非常重要。在有标记了代词的性的语言翻译中,在具有零形回指结构的语言中,机器翻译时需要在目标语言中插入代词,回指消解就显得尤其重要。

更大的困难在于,机器翻译系统仅限于把句子作为翻译的单位,而回指现象则经常超越出句子的范围。尤其是在机器翻译系统翻译对话文本时,这个问题更加突出,因为对话中经常使用回指。另外,回指消解本身就是很复杂的过程,当机器翻译过程中出现对话,源语言(说话者或作者)使用了回指,这时,这样的回指不只是听者(译者或翻译系统)需要进行识别,而且在语言编码中还要进行指称的表达。例如,elle 在法语中指代阴性语法词,翻译为英语时,在下面的例句中,应翻译为 it,而不是 she。

> 法语:L'eau est claire mais **elle** est froide.(水虽清澈,但是很凉。)
>
> 英语:The water is clear but **it**(＊she)is cold.

在下面的例子(a)中,如果知道是录像机(recorder)中的录像带(video tape)需要倒带,很容易地就可以确定,其中的代词 it 指代的先行词是录像带(video tape)。而在例子(b)中,it 就指代的是录像机(recorder)。

a. Insert the video tape into the recorder, rewinding it if necessary.(把录像带插到录像机中,必要时倒带。)

b. Insert the video tape into the recorder, after making sure that it is turned on.(在确认录像机是否已经打开之后,把录像带插到录像机中。)

有时代词的指代是隐藏在文本中的,我们需要先了解潜在的语境,才有可能确定这样的指代。例如,在下面的句子中,it 指代的是这个句子中没有提到的食品,而不是前面提到的任何事物。

> We went to a restaurant last night. **It** was delicious.(昨晚我们去一个饭店,食品的味道鲜美。)

为了翻译这样的句子,正确地处理句子中 it 的指代关系,机器翻译需要知道"在饭店中一定存在着食品"这样的非语言学的常识。

这些事实说明,我们不仅应该丰富机器翻译系统的语言学知识,而且应该为机器翻译系统提供更多的非语言学的常识。所以,在基于规则的机器翻译系统中,规则不仅包括语言学规则,而且还包括非语言学的规则。

在基于规则的机器翻译中,这些复杂的问题正在逐步地得到解决,取得了令人鼓舞的成绩,一些基于规则的机器翻译系统已经实用化了。

第二节　基于语料库的机器翻译

除了基于规则的机器翻译之外,目前更多的机器翻译系统采用了基于语料库的方法。

基于语料库的机器翻译方法又可以进一步分为两种:一种是基于统计的机器翻译方法,一种是基于实例的机器翻译方法。这两种方法都使用语料库作为翻译知识的来源,所以可以统称为基于语料库的机器翻译方法。

这两种方法的区别在于:

- 在基于统计的机器翻译方法中,知识的表示是统计数据,而不是语料库本身;翻译知识的获取是在翻译之前完成,在翻译的过程中一般不再使用语料库。

- 在基于实例的机器翻译方法中,双语语料库本身就是翻译知识的一种表现形式(不一定是唯一的),翻译知识的获取在翻译之前没有全部完成,在翻译的过程中还要查询并利用语料库。

1993 年 7 月在日本神户召开的第四届机器翻译高层会议(MT Summit IV)上,英国著名学者哈钦斯(J. Hutchins)在他的特约报告中指出,自 1989 年以来,机器翻译的发展进入了一个新纪元。这个新纪元的重要标志是,在基于规则的技术中引入了语料库方法,其中包括统计方法,基于实例的方法,通过语料加工手段使语料库转化为语言知识库的方法,等等。这种建立在大规模真实文本处理基础上的机器翻译,是机器翻译研究史上的一场革命,它将会把自然语言的计算机处理推向一个崭新的阶段。

现在我们已经进入 21 世纪,语料库方法已经渗透到了机器翻译研究的各个方面,一些基于语料库的机器翻译系统如雨后春笋般地建立起来,有的系统把基于语料库的方法和基于规则的方法巧妙地结合起来,取得了可喜的成绩。

2000 年,在约翰·霍普金斯大学(Johns Hopkins University）的暑假机器翻译讨论班（Workshop）上,来自南加州大学、罗切斯特大学、约翰·霍普金斯大学、施乐公司、宾夕法尼亚州大学、斯坦福大学等学校的研究人员,对于基于统计的机器翻译进行了讨论,以年轻的博士研究生奥赫（Franz Josef Och）为主的 13 位科学家写了一个总结报告（Final Report）,报告的题目是《统计机器翻译的句法》（"Syntax for Statistical Machine Translation"）,这个报告提出了把基于规则的机器翻译方法和基于统计的机器翻译方法结合起来的有效途径。

奥赫在国际计算语言学 2002 年的会议（ACL2002）上发表论文,题目是:《统计机器翻译的分辨训练与最大熵模型》（*Discriminative Training and Maximum Entropy Models for Statistical Machine Translation*）,进一步提出统计机器翻译的系统性方法,他的这篇论文获 ACL2002 大会最佳论文奖。

目前,统计机器翻译已经成为机器翻译研究的主流。

根据 Google 的调查,统计机器翻译论文发表的情况如图 11.3 所示:

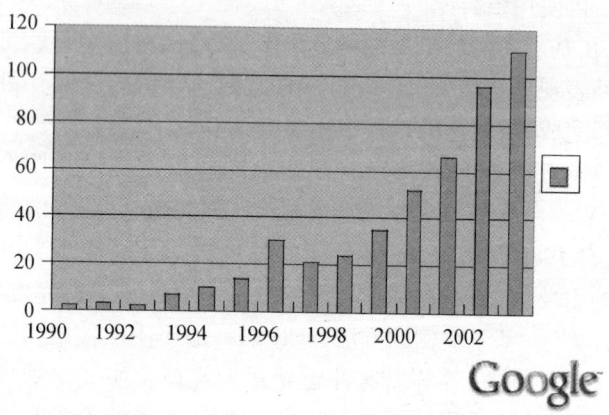

图 11.3　统计机器翻译论文增长情况

可以看出,统计机器翻译的论文是成线性增长的,其增长速度越来越快。

根据美国 NIST（National Institute of Standardization & Technology）组织的统计机器翻译评测，美国研制的汉语-英语机器翻译系统和阿拉伯语-英语机器翻译系统的 BLEU 指标①如下：

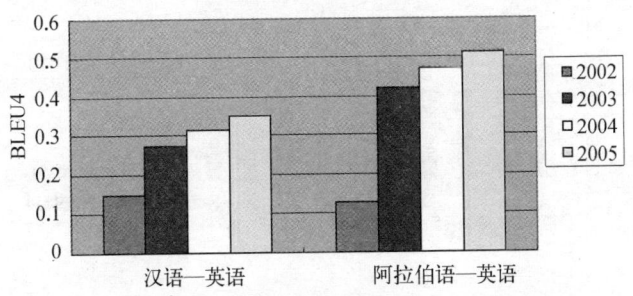

图 11.4　统计机器翻译系统的 BLEU 指标逐年提高

可以看出，这些统计机器翻译系统的翻译质量正在逐年提高。

统计机器翻译的质量与语言模型的规模有密切关系。机器翻译的研究者们兴奋地发现，随着语言模型训练数据的增大，机器翻译的译文质量相应提高②。如下页的图 11.5 所示。

2003 年 7 月，在美国马里兰州巴尔的摩（Baltimore，Maryland）由美国商业部国家标准与技术研究所 NIST/TIDES（National Institute of Standards and Technology）主持的评比中，奥赫获最好成绩，他使用统计方法，在很短的时间之内就构造了阿拉伯语和汉语到英语的若干个机器翻译系统。伟大的希腊科学家阿基米德（Archimedes）说过："只要给我一个支点，我就可以撬动地球。"（"Give me a place to stand on，and I will move the world."）而现在奥赫也模仿着阿基米德说："只要给我充分的并行语言数据，那么，对于任何的两种语言，我就可

---

① BLEU 是 BiLingual Evaluation Understudy 的简称，是一种基于 N 元语法的、已经被国际公认的机器翻译评测指标。

② 应当注意的是，训练语言模型的语料库还应当保证质量。2011 年"百度"在开发英汉统计机器翻译系统时，开始时使用 1 000 万句的英汉双语语料，由于语料质量不高，训练效果不佳；后来，他们把训练语料精为 400 万句，训练效果反而提高了。因此，在训练语料库的建设中，除了从数量上扩大语料库的规模之外，还应当特别重视语料库的质量。

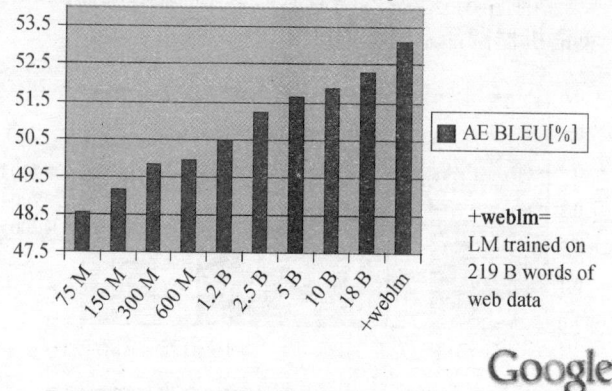

Impact on size of language model training data (in words) on quality of Arabic-English statistical machine translation system

■ AE BLEU[%]

+**weblm**=
LM trained on
219 B words of
web data

Google

图 11.5 英语—阿拉伯语机器翻译系统的质量随着语言模型
训练数据的增大而提高

以在几小时之内给你构造出一个机器翻译系统。"（"Give me enough
parallel data, and you can have translation system for any two languages
in a matter of hours."）这反映了新一代的机器翻译研究者朝气蓬勃
的探索精神和继往开来的豪情壮志。看来,奥赫似乎已经找到了机
器翻译的有效方法,至少按照他的路子走下去,也许有可能开创出机
器翻译研究的一片新天地,使我们在探索真理的曲折道路上看到了
耀眼的曙光。过去我们研制一个机器翻译系统往往需要几年的时
间,而现在采用奥赫的方法构造机器翻译系统只要几个小时就可以
了,研制机器翻译系统的速度已经大大地提高了。

早在 1947 年,韦弗在他的以《翻译》为题的备忘录中,就提出了
使用解读密码的方法来进行机器翻译,这种所谓"解读密码"的方法
实质上就是一种统计的方法,他是想用基于统计的方法来解决机器
翻译问题。

但是,由于当时尚缺乏高性能的计算机和联机语料（corpus on
line）,采用基于统计的机器翻译在技术上还不成熟。韦弗的这种方
法是难以付诸实现的。现在,这种局面已经大大改变了,计算机在速
度和容量上都有了大幅度的提高,也有了大量的联机语料可供统计

使用,因此,在 20 世纪 90 年代,基于统计的机器翻译又兴盛起来。

在韦弗思想的基础上,IBM 公司的布劳恩(P. F. Brown)等人提出了统计机器翻译的数学模型。

基于统计的机器翻译把机器翻译问题看成是一个噪声信道问题,如图 11.6 所示:

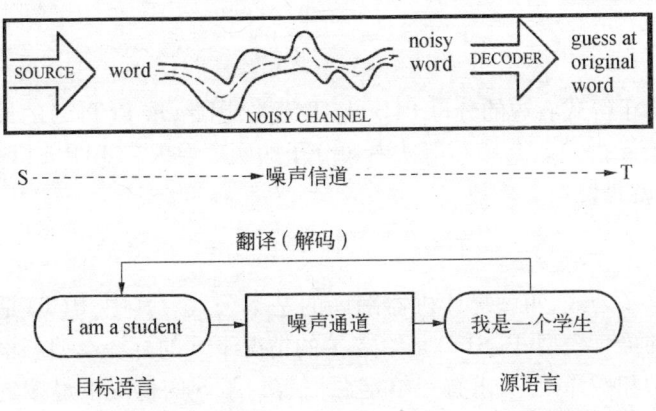

图 11.6　噪声信道模型

可以这样来看机器翻译:一种语言 S 由于经过了一个噪声信道而发生了扭曲变形,在信道的另一端呈现为另一种语言 T,翻译问题实际上就是如何根据观察到的语言 T,恢复最为可能的语言 S。语言 S 是信道意义上的输入,在翻译意义上就是目标语言,语言 T 是信道意义上的输出,在翻译意义上就是源语言。从这种观点看来,一种语言中的任何一个句子都有可能是另外一种语言中的某几个句子的译文,只是这些句子的可能性各不相同,机器翻译就是要找出其中可能性最大的句子,也就是对所有可能的目标语言 S 计算出概率最大的一个作为源语言 T 的译文。由于 S 的数量巨大,可以采用栈式搜索(stack search)的方法。栈式搜索的主要数据结构是表结构,表结构中存放着当前最有希望的对应于 T 的 S,算法不断循环,每次循环扩充一些最有希望的结果,直到表中包含一个得分明显高于其他结果的 S 时结束。这种栈式搜索不能保证得到最优的结果,它会导致错误的翻译,因而只是一种次优化算法。

可见,统计机器翻译系统的任务就是在所有可能的目标语言(翻译意义上的目标语言,也就是噪声信道模型意义上的源语言)的句子中寻找概率最大的那个句子作为翻译结果。其概率值可以使用贝叶斯公式(Beyes formula)得到(下面公式中的 T 是在翻译意义上的目标语言,S 是在翻译意义上的源语言):

$$P(T|S) = \frac{P(T)P(S|T)}{P(S)}$$

由于等式右边的分母 P(S)与 T 无关,因此,求 P(T|S)的最大值相当于寻找一个 T,使得等式右边分子的两项乘积 P(T)P(S|T)为最大,也就是说:

$$T = \text{argmax} \ P(T)P(S|T)$$

这个公式,叫做统计机器翻译的基本公式。其中,P(T)是目标语言的语言模型,P(S|T)是给定 T 的情况下 S 的翻译模型。根据语言模型和翻译模型,求解在给定源语言句子 S 的情况下最接近真实的目标语言句子 T 的过程,相当于噪声信道模型中解码的过程。

统计机器翻译系统要解决三个问题:

1. 估计语言模型概率 P(T),也就是估计目标语言译文(T)的流畅度;

2. 估计翻译概率 P(S|T),也就是估计目标语言(T)对于源语言(S)的忠实度;

3. 设计有效快速的搜索算法来求解 T,使得 P(T)P(T|S)最大。

我国著名翻译家严复提出了翻译的三个标准:"信""达""雅"。"信"就是译文的忠实度,"达"就是译文的流畅度,"雅"就是译文的优雅度。鲁迅先生把严复的这三条标准简化为两条:一条是"信",一条是"顺"。"信"相当于忠实度,也就是 P(S|T);"顺"相当于流畅度,也就是 P(T);如果 P(T)P(S|T)的值最大,译文质量就最好。所以,统计机器翻译的基本公式反映了人们对于译文的基本要求,是符合我们对于译文质量的直觉的。

比较著名的基于统计的机器翻译系统是 IBM 公司的 Candide系统。

IBM 公司布劳恩等研究者基于统计机器翻译的思想,以英法双语对照加拿大议会辩论记录作为双语语料库,开发了一个英法机器翻译系统 Candide。

表 11.1　Candide 系统与 Systran 系统比较

	Fluency		Adequacy		Time Ratio	
	1992	1993	1992	1993	1992	1993
Systran	.466	.540	.686	.743		
Candide	.511	.580	.575	.670		
Transman	.819	.838	.837	.850	.688	.625
Manual		.833		.840		

表 11.1 是 ARPA(美国国防部高级研究计划署)对几个机器翻译系统的测试结果,其中第一行是著名的基于规则的机器翻译系统 Systran 的翻译结果,第二行是 Candide 系统的翻译结果,第三行是 Candide 系统加人工校对的结果,第四行是纯人工翻译的结果。

评价指标有两个:Fluency(流利程度)和 Adequacy(适当程度,译文对于原文的忠实程度)。Transman 是 IBM 研制的一个译后编辑工具。Time Ratio 显示的是用 Candide 加 Transman 人工校对所用的时间和纯手工翻译所用的时间的比例。从指标上看,Candide 已经超越了采用传统的基于规则方法的机器翻译系统 Systran。

据报道,Candide 机器翻译系统包括三个部分:

——英语的三元语法模型;

——法语的三元语法模型;

——英语和法语的部分对齐句子的高质量的对应模型。

由于计算的复杂性,Candide 请了一些语言学家来帮助他们做形态分析表、语义标注、中间表达式的转换,Candide 也使用了词典。可见,这个系统还不能说是纯统计的。

IBM 的这个统计机器翻译系统后来由于外部和内部的财政支持都撤走了,因此,这个系统的工作只坚持到 1995 年。

可见,统计方法是令人鼓舞的,可是它并不能解决所有困难的问题。

威尔克斯在批评 Candide 系统时指出:"他们在系统中引入符号结构就说明了,纯统计的假设已经失败了。"这段话的英文原文是:"Incorporating symbolic structures shows the pure statistics hypothesis has failed."可见,机器翻译专家们对于统计机器翻译还没有完全认同。

除了 IMB 公司之外,美国还有很多公司在进行统计机器翻译的开发研究。

2002 年 1 月,在美国成立了 Language Weaver 公司,专门研制统计机器翻译软件(Statistical Machine Translation Software, 简称 SMTS),奥赫加盟 Language Weaver 公司,成为该公司的顾问。Language Weaver 公司是世界上第一个把统计机器翻译软件商品化的公司。他们使用机器自动学习的技术,从翻译存储资料(translation memories)、翻译文档(translated archives)、词典(dictionaries & glossaries)、因特网(Internet)以及翻译人员(human translators)那里获取大量的语言数据,在这个过程中,他们对这些语言数据进行各种预处理(pre-processing),包括文本格式过滤(format filtering)、光学自动阅读和扫描(Scan + OCR)、文字转写(transcription)、文本对齐(document alignment)、文本片段对齐(segment alignment)等。接着,把经过预处理的语言数据,在句子一级进行源语言和目标语言的对齐,形成双语并行语料库(parallel corpus)。然后使用该公司自己开发的"LW 学习软件"(Language Weaver Learner,简称 LW Learner),对双语并行语料库进行处理,从语料库中抽取概率翻译词典、概率翻译模板以及概率翻译规则等语言信息,这些抽取出来的语言信息,统称为翻译参数(translation parameters),这样的翻译参数实际上就是概率化的语言知识,经过上述的处理,语言数据就变成了概率化的语言知识。翻译参数是该公司翻译软件的重要组成部分。为了处理这些翻译参数,该公司还开发了一个统计翻译器,叫做解码器(Decoder),这个解码器是该公司翻译软件的另一个重要组成部分,解码器和翻译参数成为了 Language Weaver 公司翻译软件的核心(core components）。解码器使用上述通过统计学习获得的翻译参数对新的文本进行机器翻译，把新的源语言文本（new source language documents）自动地翻译成新的目标语言译文（new target language translation），提供给用户使用。Language Weaver 公司的翻译系统的工作流程如图11.7所示：

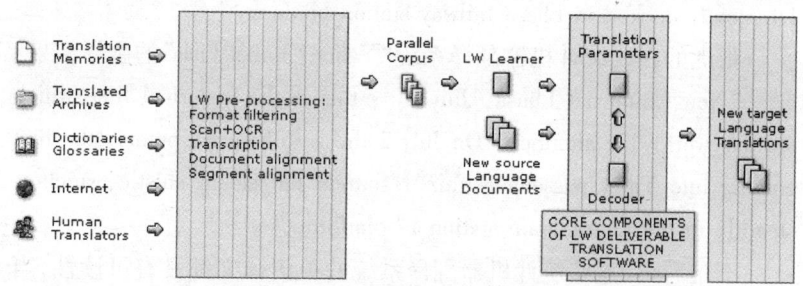

图11.7　Language Weaver 统计机器翻译软件工作流程

目前，该公司开发的汉英机器翻译系统和英语—西班牙语双向机器翻译系统即将问世。他们还要使用同样的方法，开发英语—法语的双向机器翻译系统、印地语—英语以及索马里语—英语的单向机器翻译系统。

目前，统计机器翻译取得很好的成果。这里我们以汉英机器翻译为例，看一看各个统计机器翻译系统的翻译效果。为了便于比较，我们让这些系统都翻译同一个汉语句子：

"新华网拉萨7月2日电，这是举世瞩目的历史时刻：7月2日零时31分，首趟进藏旅客列车鸣响汽笛，稳稳停靠在拉萨火车站1号站台。"

中国科学院计算技术研究所（ICT）的翻译结果：

"Xinhuanet, Lhasa July 2 (Xinhua), this is the world's historical moment: 0:31 on July 2, the first trip into Tibet, passenger trains rung first, its docked in Lhasa Station No.1 of the campaign."

谷歌的在线统计机器翻译系统"Google Translator"的翻译结果：

"Xinhua Xinhua Lhasa, July 2, it is remarkable moment in history. At 0:31 on July 2, the first passenger train trip to Tibet ringing whistle, firmly docked at the Lhasa Railway Station No. 1 Site. "

微软的在线统计机器翻译系统"Microsoft Bing Translator"的翻译结果：

"Xinhuanet, Laca, July 2, this is a remarkable moment in history：hours on July 2, the first sound trip into Tibet passenger train whistle, 1th steady docked in Lhasa railway station platform. "

雅虎的在线统计机器翻译系统"Yahoo! Babel Fish"的翻译结果：

"New China net Lhasa, July 2 -, this is the historical time which attracts worldwide attention：On July 2 the zero hour 31 points, the first coming into Tibet passenger train resounds the steam shistle, anchors steadily in the Lhasa Train station 1st platform. "

不难看出，这些统计机器翻译系统的英语译文都具有可读性，当然也有一些小错误。读者可以自己评价这些译文的优劣。

目前越来越多的互联网和软件公司都推出了基于统计的在线的机器翻译系统。主要的在线统计机器翻译系统有：

——谷歌的多语言在线机器翻译系统 Google Translator，网址为：http：//translate. google. com。

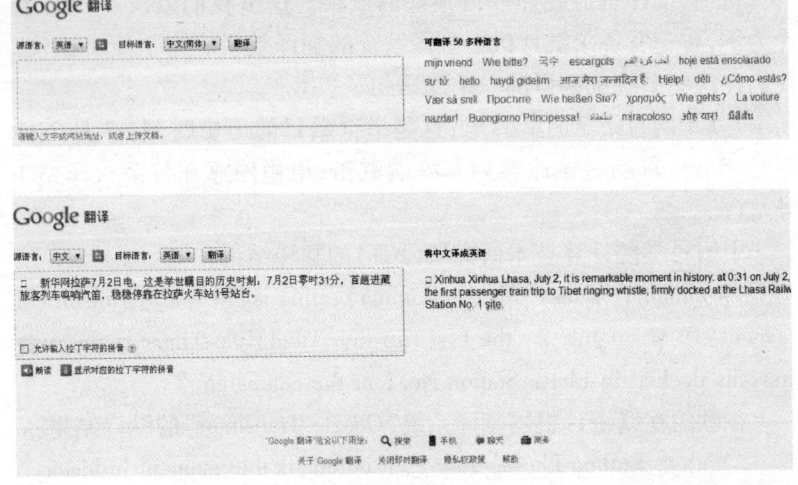

图 11.8　Google Translator 的网站，图中显示了一个汉英机器翻译的实例

目前 Google Translator 系统可翻译的语言有 58 种,翻译方向有 $58 \times 57 = 3\,306$ 个,也就是说,这个系统可以进行 3 306 个语言对的翻译工作,这样的工作显然是人的翻译所难以胜任的。

检测语言	布尔文(南非荷兰语)	加利西亚语	挪威语	乌克兰语	印尼语
阿尔巴尼亚语	丹麦语	加泰罗尼亚语	葡萄牙语	希伯来语	**英语**
阿拉伯语	德语	捷克语	日语	希腊语	越南语
阿塞拜疆语	俄语	克罗地亚语	瑞典语	西班牙的巴斯克语	中文
爱尔兰语	法语	拉丁语	塞尔维亚语	西班牙语	
爱沙尼亚语	菲律宾语	拉脱维亚语	斯洛伐克语	匈牙利语	
白俄罗斯语	芬兰语	立陶宛语	斯洛文尼亚语	亚美尼亚语	
保加利亚语	格鲁吉亚语	罗马尼亚语	斯瓦希里语	意大利语	
冰岛语	海地克里奥尔语	马耳他语	泰语	意第绪语	
波兰语	韩语	马来语	土耳其语	印地语	
波斯语	荷兰语	马其顿语	威尔士语	印度乌尔都语	

图 11.9　Google Translator 可翻译的语言

如果用户不知道文本的语言是哪一种语言,Google Translator 系统还可以帮助用户进行检测,根据文本中字母的同现概率来判定该文本究竟属于哪一种语言,从而进行机器翻译,这大大地方便了说不同语言的人们在互联网上的沟通。

——微软的多语言在线机器翻译系统 Microsoft Bing Translator ("必应"系统),网址为 http://www.microsofttranslator.com。

**图 11.10　Microsoft Bing Translator 的网站,图中
显示了一个汉英机器翻译的实例**

Microsoft Bing Translator 可翻译的语言有 35 种,翻译方向有

$35 \times 34 = 1\,190$ 个。

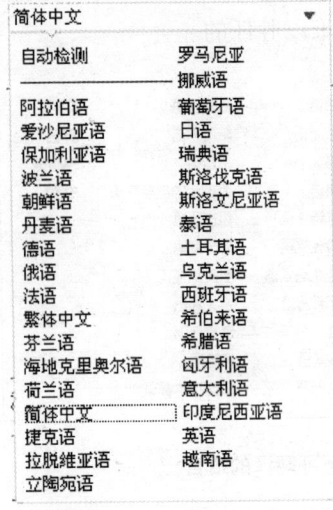

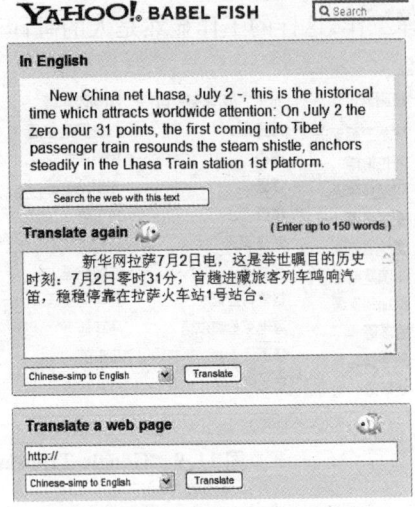

图 11.11 Microsoft Bing Translator 可翻译的语言

图 11.12 Yahoo! Babel Fish 的网站,图中显示了一个汉英机器翻译的实例

　　Microsoft Bing Translator 系统也可以帮助用户自动地检测文本所属的语言。

　　——雅虎的多语言在线机器翻译系统 Yahoo! Babel Fish,网址为：http://babelfish.yahoo.com。

　　Yahoo! Babel Fish 系统可翻译语言的翻译方向如图 11.13 所示。

　　另外,我国"百度"的在线英汉机器翻译系统也取得了较好的效果,受到了用户的好评。

　　这些在线统计机器翻译系统不仅直接推动了机器翻译研究的发展,而且,大大地方便了人们的生活与学习,人类的语言障碍正在逐渐得到克服。这是信息时代自然语言处理研究的重大成果,值得我们密切关注。

　　当前机器翻译研究的大量事实证明,在机器翻译中,对语言的分析并非越深越好！目前,人们更加倾向于通过扩大语言模型训练数据规模的方法,从大规模真实的语料中获取对于机器翻译有用的语言知识,并适当地进行一些浅层的语言分析,把基于统计的机器翻译与基于规则的机器翻译结合起来,争取得到最好的机器翻译结果,而这种最好的机器翻译结果,可以是全自动的,但却不一定是高质量的,而只是具有较高参考性的译文。

另外一种基于语料库的机器翻译是基于实例的机器翻译。下面我们就来介绍这种基于实例的机器翻译。

基于实例的机器翻译(Example-based MT,简称 EBMT)的思想最早是由日本机器翻译专家长尾真(Nagao Makoto)提出来的。他在 1984 年发表了《采用类比原则进行日—英机器翻译的一个框架》①一文,探讨日本人初学英语时翻译句子的基本过程。长尾真认为,初

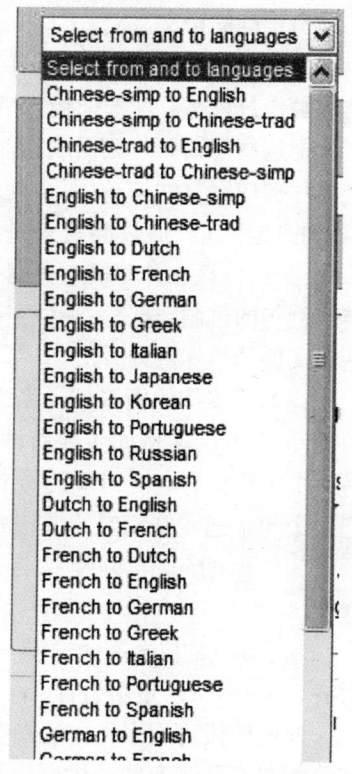

图 11.13　Yahoo! Babel Fish
可翻译的语言对

学英语的日本人总是记住一些最基本的英语句子以及一些相对应的日语句子,他们要对比不同的英语句子和相对应的日语句子,并由此推论出句子的结构。参照人学习外语的这个过程,在机器翻译中,如果我们给出一些英语句子的实例以及相对应的日语句子,机器翻译系统来识别和比较这些实例及其译文的相似之处和相差之处,从而

---

① M. Nagao, A framework of a mechanical translation between Japanese and English by analogy principle, In Artificial and Human Intelligence, Sponsored by the Special Programme Panel, Held in Lyon, France, October, 1981, Elsevier Science Publishers, Amsterdam, Chapter 11, 173 - 180, 1984.

挑选出正确的译文。

长尾真指出,人类并不通过做深层的语言学分析来进行翻译,人类的翻译过程是:首先把输入的句子正确地分解为一些短语碎片,接着把这些短语碎片翻译成其他 语言的短语碎片,最后再把这些短语碎片构成完整的句子,每个短语碎片的翻译是通过类比的原则来实现的,也就是"通过类比来进行翻译"("translation by analogy")。因此,我们应该在计算机中存储一些实例,并建立由给定的句子搜索类似例句的机制,这是一种由实例引导推理的机器翻译方法,也就是基于实例的机器翻译方法。

在基于实例的机器翻译系统中,系统的主要知识源是双语对照的翻译实例库,实例库主要有两个字段,一个字段保存源语言句子,另一个字段保存与之对应的译文,每输入一个源语言的句子时,系统把这个句子同实例库中的源语言句子字段进行比较,找出与这个句子最为相似的句子,并模拟与这个句子相对应的译文,最后输出译文。

基于实例的机器翻译过程一般可分为三个阶段:匹配(matching),对齐(alignment),重新组合(recombination)。

匹配阶段可用多种方法来实施,这取决于实例是如何存储的。

如果在基于实例的机器翻译系统中,实例是以标注了的树结构存在的,两种语言的成分间存在着明确的联系,因此,新输入的句子要使用和前面相同的语法规则来进行剖析,词汇层面的差异由分级词典来量化;语言中所有保留的部分都是经过剪切和粘贴部分重叠的树结构而来的。

如果实例不是以标注了的树结构而存在的,那么,就要将这些实例和新的输入看作是字符串,匹配的过程就变成了对有关实例的顺序进行比较,这其中可以采用很多不同的算法。由于没有树结构可以依赖,对齐和再结合的过程在这个环节会变得更加复杂。

在基于实例的机器翻译中,实例是从真实存在的翻译语料库中抽取而来的,但这样的实例往往含有重叠或矛盾。许多研究者通过排除或调换这样的实例来解决这个问题,对于某些特殊的实例,要进行手动删除或重新调整实例。

匹配阶段需要找到和输入有相似性的用于翻译的实例,对齐阶段要确定哪一部分对应的翻译将被再次利用。如果实例存储的方式使得语言间的联系非常清晰,这个过程便非常简单,否则就需要涉及一些更复杂的过程,或者需要运用双语词典,或者与其他的实例进行对比。在基于实例的机器翻译系统中,这样的对齐是自动完成的。有些系统中,匹配阶段将确定合适的含有需要翻译的例子。

在重新组合阶段,我们要以合理的方式将那些需要重新组合的成分放在一起。为了说明这一点,我们以德语为例,因为德语有清晰的格标记区分主语和宾语。例如,在英语到德语的机器翻译系统中,如果我们要在例子 b 和 c 的基础上来翻译句子 a。由于在 b 和 c 的德语文本中,对应于英语短语 *the handsome boy* 的德语译文在每个例子中都不一样,在 b 中是主格形式 Der schöne Junge,在 c 中是宾格形式 den schönen Jungen,我们需要根据德语的语法以便选取合适的译文作为 a 中 the handsome boy 的德语译文,由于 a 中的 the handsome boy 是主语,因此,我们需要选取主格形式 Der schöne Junge 作为 the handsome boy 的译文。

a. The handsome boy entered the room.

b. 英文:The handsome boy ate his breakfast.

德文:Der schöne Junge aß seinen Frühstück.

c. 英文:I saw the handsome boy.

德文:Ich sah den schönen Jungen.

基于实例的机器翻译系统中,翻译知识以实例和机器词典的形式来表示,易于增加或删除,系统的维护简单易行,如果利用了较大的翻译实例库并进行精确的对比,就有可能产生高质量译文,而且避免了基于规则的那些传统的机器翻译方法必须进行深层语言学分析的困难。这种机器翻译方法在翻译策略上是很有吸引力的。

要进行基于实例的机器翻译需要研究如下问题:

第一,正确地进行双语自动对齐(alignment):在实例库中要能准确地由源语言例句找到相应的目标语言例句,在基于实例的机器翻译系统的具体实现中,不仅要求进行句子一级的对齐,而且还要求进行词汇一级甚至短语一级的对齐。

第二,建立有效的实例匹配检索机制:很多研究者认为,基于实例的机器翻译的潜力在于充分利用短语一级的实例碎片,也就是在短语一级进行对齐;但是,利用的实例碎片越小,碎片的边界越难于确定,歧义情况越多,从而导致翻译质量的下降,为此,要建立一套相似度准则(similarity metric),以便确定两个句子或者短语碎片是否相似。

第三,根据检索到的实例生成与源语言句子相对应的目标语言译文:由于基于实例的机器翻译对源语言的分析比较粗,生成译文时往往缺乏必要的信息,为了提高译文生成的质量,可以考虑把基于实例的机器翻译与传统的基于规则的机器翻译方法结合起来,对源语言也进行一定深度的分析。

目前世界上的基于实例的机器翻译系统主要有:

——日本京都大学长尾真和佐藤(S. Sato)的 MBT1 和 MBT2 系统:MBT1 只能利用句子的格框架来选择适当的译文,实际上只是一个基于实例的译文选择系统。MBT2 是一个完整的基于实例的机器翻译系统,该系统的翻译过程分为分解(decomposition)、转换(transfer)、合成(composition)三步。在分解阶段,系统根据提交的源语言词汇依存树检索实例库,并利用检索到的实例碎片来表示该源语言句子的依存树,形成源匹配表达式;在转换阶段,系统利用实例库中的对齐信息将源匹配表达式转换成目标匹配表达式;在合成阶段,将目标匹配表达式展开成为目标语言词汇依存树,输出译文。该系统的分解阶段相当于我们前面介绍的匹配阶段,该系统的转换阶段相当于我们前面介绍的对齐阶段,该系统的合成阶段相当于我们前面介绍的重新组合阶段。其翻译原理与其他的基于实例的机器翻译系统是完全一致的。

——美国卡内基—梅隆大学的多引擎机器翻译系统(Multi-engine Machine Translation)PANGLOSS 系统:这个系统的主要引擎是基于知识的机器翻译系统,基于实例的机器翻译系统只是它的一个引擎,为整个多引擎机器系统提供候选结果。下面我们还要进一步介绍这个多引擎机器翻译系统。

——日本口语翻译通信研究实验室 ATR 的 ETOC 和 EBMT 系统:ETOC 系统能够检索出与给定的源语言句子相似的实例,EBMT

系统能够利用实例库来消解歧义,这两个基于实例的机器翻译系统目前还不完整。

我国清华大学计算机系也进行了基于实例的机器翻译试验,建立了基于实例的日汉机器翻译系统;在哈尔滨工业大学和清华大学联合开发的计算机写作和翻译的集成环境"达雅"系统中,也使用了基于实例的技术。

第三节 口语机器翻译

20 世纪 80 年代以来,国外开始自动翻译电话的研究,在日本关西地区成立了自动电话研究所(Interpreting Telephone Research Institute International, 简称 ART),其目的在于把语音识别、语音合成技术用于机器翻译中,实现口语机器翻译。

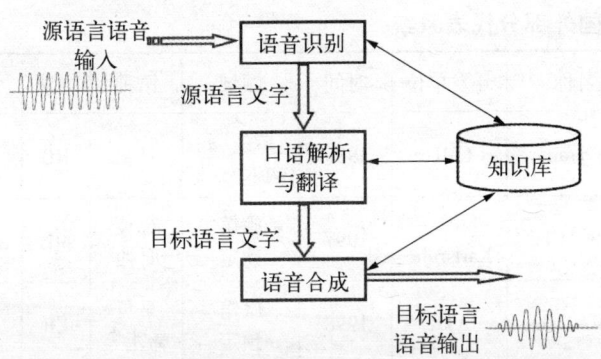

图 11.14 口语机器翻译流程

这个流程可以简明地表示为如下的原理图示:

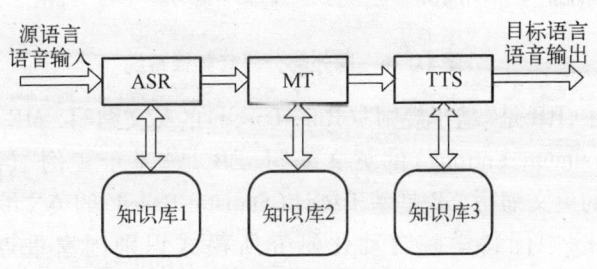

图 11.15 口语机器翻译流程的原理图示

在这个原理图中,ASR 是自动语音识别(Automatic Speech Recognition)的英文缩写,MT 是机器翻译(Machine Translation)的英文缩写,TTS 是文本语音转换(Text-To-Speech)的英文缩写。

1987 年 10 月在瑞士日内瓦召开的 TELECOM'87 会议期间举办的最新通信技术国际展览会上,表演了自动翻译电话试验。他们把机器翻译系统与办公用通讯网(NTT, KDD, PTT)等结合起来,利用通信卫星,在瑞士与日本之间通话,在日本的通话者讲日语,在瑞士的通话者可以听到经过机器翻译得到的相应的英语口语译文,在瑞士的通话者讲英语,在日本的通话者可以听到经过机器翻译的相应的日语译文。自动翻译电话通话试验,一时引起轰动。

此后,口语机器翻译在各国开展起来,国外部分有代表性的系统如下:

□ 国外部分代表系统

系统名称	开发单位	时间	领域	语种	方法	词汇量
Speech Trans	CMU	1989	医生与病人对话	日英	RB	—
JANUS – III	CMU, Karlsruhe	1997	旅馆预定	德英日西	ME	开放
ATR – MATRIX	ATR	1998	旅馆预定	日英韩德等	EB	2 000
Head-Trans	AT&T	1996	航空旅游	英汉西班牙	SB	1 300
Verbmobil	BMBF	90's	会晤日程	德英等	ME	2 500—

图 11.16　国外部分语音翻译系统

图中,RB 是"基于规则"(Rule-Based)的英文缩写, ME 是"最大熵"(Maximum Entropy)的英文缩写,EB 是"基于实例"(Example-Based)的英文缩写,SB 是基于统计(Statistic-Based)的英文缩写。

近来,中国科学院自动化研究所模式识别国家重点实验室(NLPR)与韩国电子通信研究所(ETRI)合作,进行了汉语和韩语的口语翻译实验,在北京打电话用汉语,在韩国大田的 ETRI 听到的是韩语,在韩国大田打电话用韩语,在北京听到的是汉语,这样的成绩令人鼓舞(图 11.17)。

❖基于普通手机的中韩双向语音翻译系统

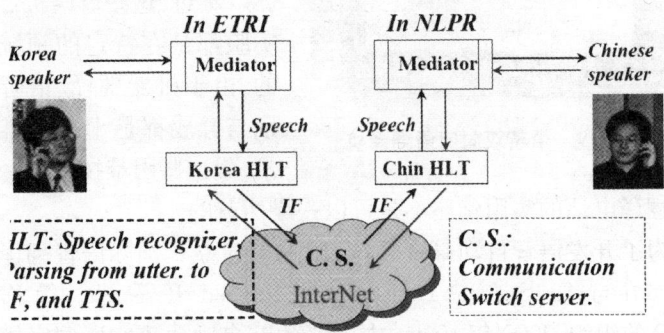

图 11.17 中韩双向语音翻译系统

中国科学院自动化研究所还进行了中日双向语音翻译的试验。如图 11.18 所示。日本顾客用日语向中国的服务员提问,经过口语机器翻译,服务员听到的是汉语;中国的服务员用汉语回答,经过口语机器翻译,日本顾客听到的是日语。

图 11.18 中日双向语音翻译

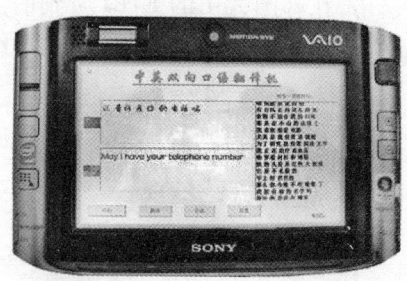

图 11.19　中英双向口语翻译机

2007 年, 中国科学院自动化所开发完成基于掌上电脑的汉英双向语音翻译原型系统: 中英双向口语翻译机。

不过, 这些口语机器翻译实验都是在特定的领域进行的, 由于机器翻译、语音的识别与合成都是十分困难的技术, 集这些困难技术于一身的自动翻译电话的实用化还不是可以一蹴而就的。

为了开发语音自动翻译系统, 国际上建立了国际语音翻译联盟 (Consortium for Speech Translation Advanced Research, 简称 C - STAR) 的组织, 2000 年 10 月, 中国科学院自动化研究所国家模式识别实验室 (National Lab of Pattern Recognition, NLPR) 成为了该组织的 7 个核心成员之一。

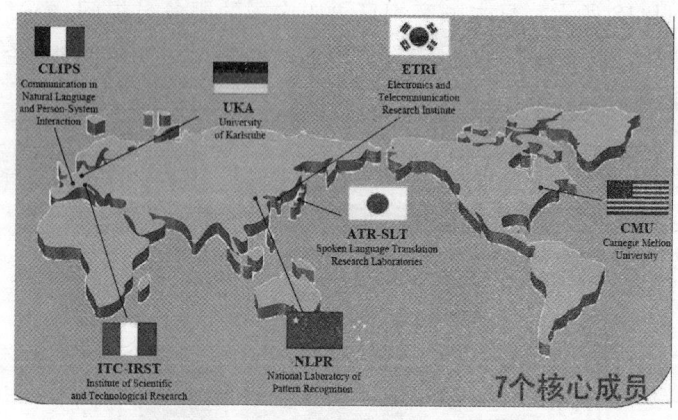

图 11.20　C-STAR 的 7 个核心成员分布

C - STAR 使用一种中间转换式 (Interchange Format, 简称 IF)。各个成员国分别研制本国语言到 IF 的分析和生成, 这样, 各种语言就只需分别针对 IF 开发一个从该国语言到 IF 的分析系统以及从 IF 到本国语言的生成系统就可以了。

C - STAR 使用中间转换式 IF(Interchange Format)来建立的翻译框架如图 11.21 所示。

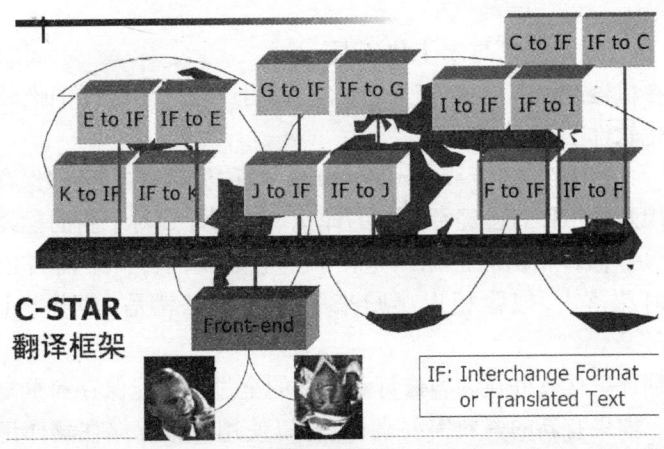

图 11.21　C-STAR 翻译框架：使用中间转换式 IF

现在正在研制 C-STAR III,其目标是研制语音的实用技术,为旅游提供口语机器翻译的技术支持,在任何地方,任何时刻都能够进行口语机器翻译服务(图 11.22)。

C-STAR III Goal

- Technology for <u>real application</u>
- Translating aid for traveler
- Service available anywhere, anytime

图 11.22　C-STAR III 的目标

当然,要实现这个目标是很困难的,目前,语音识别的质量还不高,在噪声环境下,识别效果还不好,不过,语音合成已经接近实用水平,而文字的输入和自动翻译已经达到一定的水平,因此,可以考虑把文字输入、机器翻译和语音输出结合起来。

第四节 翻译记忆与本土化工具

在机器翻译实用化的研究中,学者们还设计了翻译记忆软件与本土化软件工具。

"翻译记忆"(Translation Memories,简称 TMs)软件能够保存和重复使用翻译工作者已经翻译好的译文。这些译文对于新的翻译文件来说,是"似曾相识的记忆",这使我们想起我国古诗中的名句:"无可奈何花落去,似曾相识燕归来",翻译记忆就是"似曾相识"的"燕子"。

翻译记忆软件在内容修订和更新的全过程中能保存和重复使用译文。如果有新的资料需要翻译,可以使用原来存储在翻译记忆中的译文,重复使用原来的译文。这种翻译记忆的方法与基于统计的机器翻译的思路是很接近的。

使用翻译记忆的方法,原来的译文与新的资料之间要进行匹配,或者是精确匹配(exact match),或者完全匹配(full match),或者是模糊匹配(fuzzy match),翻译记忆软件可以根据匹配的不同水平来决定翻译策略。

翻译记忆软件与机器翻译软件不同,机器翻译软件是一种自己进行翻译的软件系统,它只能提供质量不高的译文草稿。而翻译记忆软件可以保存和重复使用人工翻译工作者的译文,保证了译文的质量,减少了翻译的开支,降低了翻译的成本,避免了重复的翻译,而且还可以保证翻译的一致性,特别是保证术语翻译的一致性。

翻译记忆是企业重要的知识资产,作为知识资产的翻译记忆库,可以在公司内得到最大程度的应用和重复使用。中央翻译记忆库中保存的译文越多,降低的成本也就越多。我们可以采用集中管理翻译记忆库的方法,来提高翻译记忆库的使用效率。

TRADOS 公司的翻译记忆系列产品 Translatior's Workbench(http://www.trados.com),就是一个很出色的翻译记忆软件(图 11.23)。

本土化(localization)是商品适应本土市场要求的过程。在本土

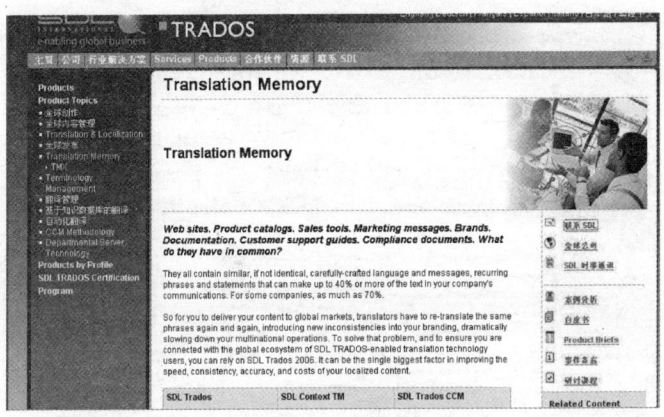

图 11.23　Trados 翻译记忆

化过程中,除了翻译工作之外,还要考虑本土地区的文化习俗。本土化软件有必要把与翻译有关的各种功能结合起来,实现"所见即所得"(What You See Is What You Get,简称 WYSIWYG)的服务。

Corel 公司的本土化软件 Catalyst(http: //alchemysoftware. ie),是一个很著名的本土化软件(图 11.24)。

图 11.24　Catalyst 本土化软件

本土化软件 Passolo(Pass Software Localizer)(http: //www. passolo. com)是另一个著名的本土化软件(图 11.25)。

可以看出,机器翻译的实用化和商品化已经从人们的梦想变成

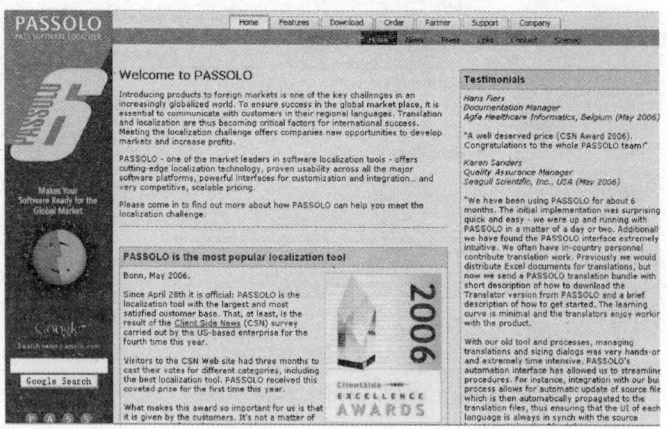

图 11.25　Passolo 本土化软件

了具体的现实。

　　不过,在机器翻译系统纷纷宣布实用化商品化的一片其乐融融的气氛中,也有一些现象令我们担忧。从已经推出的实用化机器翻译系统的译文质量来看,还不十分令人满意,对于一些简单的句子,译文一般不会有大问题,但对于一些稍长的句子或结构稍复杂的句子,译文质量就不能令人满意,有时简直是不可卒读;有的系统为了保持一定的译文质量,不得不将输入语言的范围加以严格的限制。因此,有许多商品化系统虽然卖出去了,但使用情况并不理想。例如,日本富士通的 ATLAS 系统已售出 300 多套,但是据说只有 10% 的用户在使用。国内一些商品化的机器翻译系统,虽然也有一定数量的销售额,但用户使用的实际情况并不十分理想。带有探索性的大型机器翻译计划 EUROTRA 和 ODA,至今尚未达到预期的目的。机器翻译系统的实用化和商品化问题面临着严峻的考验。

　　看来,我们对于机器翻译产品的实用化和商品化,还不能估计得过分乐观。1964 年美国 ALPAC 报告指出的机器翻译遇到的“语义障碍”至今仍然存在,机器翻译技术至今似乎仍然没有取得突破性的进展。因此,今后进一步加强机器翻译基础理论和应用技术的研究,仍然是非常必要的。

　　不过,无论如何,机器翻译已经从人们的梦想逐步变成活生生的现实,这是令我们感到振奋的。机器翻译随着计算机的诞生而诞生,它也将随着计算机的发展而发展,只要有计算机存在,机器翻译的研究就会存在。机器翻译永远是一个与计算机共生共存的研究领域。

本章参考文献

1. 冯志伟,国外主要机器翻译单位工作情况简述[J],《语言学动态》,1978 年,第 6 期。

2. 冯志伟,国外机器翻译的新进展[J],《国外语言学》,1980 年,第 1 期。

3. 冯志伟,法国的自动翻译[J],《国外语言学》,1980 年,第 1 期。

4. 冯志伟,汉——法/英/日/俄/德多语言自动翻译试验[J],《语言研究》,1982 年,第 2 期,总第 3 期;又转载于《中国的机器翻译》,上海知识出版社。

5. 冯志伟,当前机器翻译研究中的一些新特点[J],《情报学报》,第 1 卷,第 2 期,1982 年。

6. 冯志伟、杨平,自动翻译[M],上海知识出版社,1987 年。

7. 冯志伟,自然语言机器翻译新论[M],语文出版社,1994 年。

8. 冯志伟,日语形态的有限状态转移网络分析[A],《97 年术语学与知识转播国际会议论文集》[C],1997 年,北京。

9. 冯志伟,机器翻译-从梦想到现实[J],《中国翻译》,1999 年,第 4—5 期(总 136—137 期)。

10. 冯志伟,机器翻译研究[M],中国对外翻译出版公司,2004 年。

11. 刘群,汉英机器翻译若干关键技术研究[M],清华大学出版社,2008 年。

12. Nagao Makoto, Machine Translation [M], Oxford Press, 1989.

13. Philippe Koehn, Statistical Machine Translation [M], Cambridge University Press, 2007.

第十二章
信息自动检索

"信息自动检索"（automatic information retrieval）主要是指文本的信息检索。信息检索系统的任务在于，对于用户提出的问题或者命题，给出与之有关文献的集合，作为检索的结果。本章首先介绍信息检索的一般原理和发展现状，然后讨论自然语言处理技术与信息检索技术之间的关系，说明如何使用自然语言处理所得到的形态信息、短语信息、句法信息来改进信息检索中的索引技术，介绍了不同的观点，指出了当前的一些发展趋向，最后介绍语种辨认和跨语言信息检索。

第一节　信息检索的一般原理和发展现状

信息自动检索可以从不同的角度来分类。

按计算机存贮的信息内容的表现形式，可以分为：

（1）数值检索：计算机存贮的信息是数值，检索时，要搜索数值资料档，并针对提问输出答案。

（2）事实检索：计算机存贮的信息是各种事实，检索时，可以对被检索的事实作某种逻辑推理，进行比较和分析，然后再输出答案。

（3）文献检索：计算机存贮的信息是文章标题、著录项目和由关键词组成的文献单元，或者是文献的全文，检索时，按提问检索词查找文献资料档，输出文献题录、文章摘要或文献的有关片段。

按计算机存贮信息内容的时间，可分为：

（1）现刊检索：检索时可以提供当前现刊上的信息。

（2）追溯检索：检索时可以追溯若干年前的信息。

按计算机检索的方式,可以分为:

(1)脱机检索:检索时不直接进行计算机操作,利用计算机作批处理。

(2)联机检索:检索时利用计算机直接联机进行操作,或者利用计算机的近程或远程终端进行人机交互。

信息自动检索开始于 20 世纪 50 年代初期。1954 年,美国海军军械实验站图书馆利用 IBM-701 电子计算机,建立了世界上第一个计算机信息检索系统。1959 年,美国的卢恩(H. P. Luhn)利用 IBM-650 电子计算机,进行计算机定题信息检索服务。1960 年,美国麻省理工学院(MIT)开始实施有关联机信息检索系统的"技术信息计划"(Technical Information Plan,简称 TIP)。1962 年,美国系统发展公司(System Development Company,简称 SDC)在全文检索系统 Protosynthex 上,进行了世界上最早的联机信息检索实验。1964 年,美国系统发展公司研制成功 ORBIT(On-line Retrieval of Bibliographic Information-Time Shared)联机信息检索软件。

20 世纪 70 年代以来,联机信息检索有了进一步的发展,并向计算机网络过渡。联机信息检索系统除了上述的 ORBIT 之外,还有美国国家医学图书馆的 MEDLINE 系统、美国洛克希德公司的 DIALOG 系统。与此同时,法国、英国、日本、加拿大也先后建立了联机信息检索系统。如欧洲空间组织信息检索中心的 ESA - IRS 系统。

进入 20 世纪 70 年代以后,由于分时计算机、带终端的远程处理系统、廉价的大容量随机存贮器、分组交换网等技术的迅速发展,使联机信息检索由内部试验性使用发展为面向公众的商业性服务,ORBIT、MEDLINE、DIALOG 等系统都相继投入商业性运营和网络化服务。

20 世纪 80 年代以来,由于个人微型计算机的普遍使用,使得联机检索的用户从各种中间人转移到最终用户,即自己有微型机算机的经营者、专业人员和家庭,使得联机信息检索进一步提高其友善性和易用性,各种对用户友好的联机信息检索系统相继出现,自动信息检索系统开始进入普通人的家庭。由于互联网(Web)和网络搜索引擎(search engine)的发展,自动信息检索已经成为任何一个上网工作的普通民众获取信息的基本手段。

我国从 1963 年开始进行机械信息检索的研究工作。1965 年进行了机械信息检索试验。20 世纪 70 年代以来开始研究计算机信息检索。1975 年进行了首次计算机信息检索试验。1977 年进行了计算机联机检索试验。

1983 年在中国科学技术信息研究所建立了连接美国、欧洲主要国家的数据库联机检索系统,这个系统通过意大利的 ITALCABLE 分组交换中心,连接到欧洲空间组织的 ESA-IRS 系统,并由数据交换网转接美国的 DIALOG、ORBIT 系统,这样,我国就可以在北京利用通信卫星检索到欧美 200 多个数据库的几十万篇文献。

当时,不少单位建立了各种中文文献库,有的单位研究了自动标引和自动做文摘的问题。全国科技信息部门配备了大中小型计算机,建立各种科技文献数据库、事实数据库、数值数据库,其中,中文科技文献数据库累计记录量约为 150 万条。

随着互联网和搜索引擎的普及,信息检索也更加受到普通老百姓的欢迎,联网搜索信息已经成为老百姓日常生活的一部分内容。

信息检索系统的核心工作是标引(indexing)。所谓"标引",就是对所收集的文献给出其标识引导,如文献标题、作者名、分类号、主题词、关键词等。以往靠人工标引,费时费力,标引的一致性差,使标引作业全部或部分实现自动化的过程,就是自动标引(automatic indexing)。

早在 1957 年,卢恩(H. P. Luhn)就在 IBM 公司的研究刊物上发表了第一篇关于自动标引的文章,题目叫做"文献处理机械化编码和检索用的统计学方法",首次提出了基于统计的文献处理自动化系统的概念。1958 年,巴森代尔(P. B. Baxendale)进行了自动标引和自动文摘的研究,提出了从文献中自动抽取代表文献内容的词和句子的方法。

20 世纪 60 年代,埃德蒙森(H. P. Edmundson)、厄尔(L. Earl)分别进行自动标引试验,萨尔顿(G. Salton)建立了自动标引系统 SMART,进行了长期的试验,取得了丰富的实验数据。20 世纪 70 年代,英国、德国等西欧国家也开始了自动标引的研究,人们开始注意与自动标引有关的句法和语义问题。20世纪80年代初,东方汉字文化圈的自动标引研究也开始活跃起来,自动标引的方法进一步多样化,语言学方法进一步在自动标引中得到应用,人工智能、模式识别、专家系统等新技术逐步引入自动标引的领域。

我国在20世纪70年代末期开始探讨汉语文献的自动标引问题,"七五"期间(即"第七个五年计划"期间)先后建立了一批试验性的自动标引系统。如上海交通大学王永成等研制的基于汉字部件词典的中文篇名自动标引系统,北京大学图书馆系研制的基于规则和词典的中文文献自动标引系统,中国软件技术服务总公司吴蔚天等研制的基于非用字后缀表法的中文文献自动切词标引系统 ("非用字"是指那些不能做标引词的字,如"其、起、且、首"等,而"用字"是指那些可以做标引词的字,抽词时,如果为用字则抽取,如果为非用字则舍弃)。

广义的信息自动检索还包括自动文摘(automatic abstracting)和文献自动分类(automatic classification)等内容。

文摘是文献内容要点的简要描述或指示。所谓自动文摘,就是利用计算机自动地编制和生产文摘。由于文献量的急剧增长,合格的文摘员供不应求,影响了信息报道和传递的及时性,因此,学者们开始研究自动编制文摘的问题。卢恩1958年发表了第一篇有关自动制作文献文摘的论文,开自动文摘研究之先河,他还建立了自动文摘系统,是世界上第一个用计算机编制文摘的学者。接着,IBM公司为美国陆军谍报工作助理参谋部(ACSI)开发了文摘自动编制系统 ACSI-Matic,并投入使用。此外,国外还有学者提出了采用语义网络和基于语言结构提示信息的自动文摘方法。

我国上海交通大学计算中心在IBM-5550微机上开发出一个自动编制中文科技文献文摘的试验性系统。这一系统根据巴森代尔提出的"大多数反映文献主要内容的句子往往出现在段首或段尾"以及埃德蒙森提出的"文献的篇名基本上能反映其主题内容"的统计性结论,把包含预置关键词与标题关键词的句子从文献的某些重要部分中选出作为文摘的句子,然后再适当地把这些句子组织成文献的文摘。

自动编制文摘的过程是：

① 构造文献的关键词词典(包括预置关键词和标题关键词)；

② 从文献的关键词中选择组成反映该文献主题的文摘句；

③ 由文摘句组成文献的文摘；

④ 输出文献的文摘。

自动编制文摘的这一过程与文摘员手工编制文摘的过程大致相同。

这个试验性自动文摘系统取得了令人鼓舞的结果。根据研究报告,研究人员曾用该系统对随机地抽出的十五篇文献试编文摘,发现其中90%的文摘句与作者手工编制的文摘句大同小异,只有两三篇与手工编制的文摘差距较大。

目前,自动文摘的方法基本上是建立在统计规律的基础之上的,要进一步的推动自动文摘方法的研究,必须对所摘文献进行词汇分析、语法分析和语义分析,并对结果进行综合,这些都需要对自然语言的词汇、语法语义规律进行深入的研究,充分地利用自然语言计算机处理的新成果和新方法,使自动文摘工作实现智能化。

广义的信息自动检索的另一内容是文献自动分类,也就是利用计算机对一批作为实体或对象的文献进行分类。文献自动分类有利于文献的快速查找。统计实验表明,如果一个文献集合被分为 n 类,则其查找速度平均就可提高 n 倍。文献的手工分类是一项繁琐而又带有很强的主观性局限性的工作,既费时又费力,因此,20 世纪 60 年代初,国外就开始了文献自动分类的研究。我国上海交通大学计算中心在 IBM-5550 微机上研制了一个试验性的中文科技文献自动分类系统。这一系统根据埃德蒙森提出的"文献篇名基本上能反映其主题内容"的统计结论,采用文献篇名作为原始分类对象,以加权的题中关键词作为分类的基础,统计分析了文献篇名中的关键词,归纳出大约 300 个基本类主题词,构成类主题词表。

文献自动分类的过程是：

① 从文献篇名中自动抽取类主题词；

② 根据样本文献构造分类用的类主题词表；

③ 根据从文献中抽出的类主题词与其类主题词表决定类目。

当时,用户利用这一系统在 IBM-5550 微机上对一篇文献进行分类所需的时间不到一秒钟,该系统对上海图书馆《全国报刊索引》收录的 1 000 多篇有关计算机的文献进行自动分类试验,自动分类的结果与人工分类的结果有 74% 是相符合的。

现行的信息自动检索系统,大多数都是检索文献目录库和文摘,这类检索系统所获得的信息有很大的局限性,如果用户在检索之后,还希望获得所检索出记录的全面而详细的信息,往往还要按检索到的文献索引号,再到书库中去进一步翻阅、摘引大量的原文文本,为了解决这个问题,学者们提出了全文信息自动检索(automatic retrieval of full text),简称全文检索。

根据文件的组织形式,数据存贮与检索技术的发展大致经历了三个阶段。

第一个阶段使用顺序检索方法,文件组织只有一个主文件和一个查询文件,检索时,主文件的每一个记录(文献本身)与查询文件的每一个记录(提问式)逐个进行比较,然后成批输出结果。这是一种典型的批处理方式。由于检索速度慢,又不能随时改变检索的策略,这种顺序检索方法已经被淘汰。

第二个阶段使用顺序检索与倒排检索相结合的检索方法,全部文件由一个主文件和有限个检索点生成的若干个倒排文件组成,处理方式由批处理方式发展到联机检索方式,检索时,用户分别要提出两个提问式,第一个提问式必须由具有倒排文件的检索点组成。第二个提问式由其他非倒排文件的检索点组成。这种检索方法的缺点是:快速检索点很有限,没有检索命令语言,如果第一个检索命中的文献集较大,则第二次检索就要花较多的时间。

20 世纪 70 年代末期,西文检索技术发展到第三阶段,这一阶段文件的组织特点是:文件记录的全部字段都可以倒排,主文件的记录采用可变长存贮,并且使用效率更高的索引文件(如 VSAM,ISAM,B 树等),用户可对任何字段、子字段进行快速查找,并可使用丰富的检索命令语言来随时修改检索策略。

随着计算机存贮设备价格的降低以及检索技术的进步,产生了全文检索。全文数据库的建立和全文检索功能的实现是全文检索的两大技术支持。全文数据库一般由一个变长的主文件和一个索引文件控制下的倒排文件组成,索引文件和倒排文件在物理上是分开的。检索时,由索引文件指向倒排文件,倒排文件指向主文件。

主文件中一般定义了以下几种数据类型的字段:

——文本型字段(text):适用于由若干段落和句子组成的文本,如普通书信、论文、文摘、产品说明书等。

——短语型字段(phrase):适用于由若干段落或句子组成的文本,如论文标题、书名、人名、地址、产品名等。

——数字型字段(number):适用于数值信息,每一个数字可分配一个字段。

——日期型字段(date)。

——时间型字段(time)。

全文索引与全文检索主要是针对文本型字段和短语型字段而言,后三种字段则按整个字段或子字段被索引。

在全文检索系统中,文本的每一个单词都可以作为索引词标引和检索,检索时不再受主题词的限制,打破了主题词的束缚,从而可对原文的整个文本中的任何词语进行检索,扩展了用户查询的自由度,为大容量和大范围的数据资料的检索提供了有效的工具。目前,随着计算机软件技术的进步,全文检索系统的建立有了极为良好的条件。全文检索系统的存贮内容,既包括文献的全文,又包括文摘以及著录事项(论文标题、书名、人名、地址、产品名、数字、日期、时间等),可使用户迅速准确地从浩如烟海的文献中,直接获取有关记载或论述的文字,从而以最少的努力得到他们所希望的实质性的数据。

近年来,国外全文数据库的数目不断增加。例如,美国的DIALOG 信息检索系统在 1983 年的 228 个数据库中,全文检索数据库仅有 7 个,占总量的 3%,至今为止,DIALOG 系统的数据库总量为345 个,其中全文检索数据库为 86 个,占总量的 25%。

我国的全文检索研究开始于 20 世纪 80 年代中期。1986 年,武汉大学开始接受国家教委文科博士点科研项目"湖北省地方志全文检索系统",建立了"湖北省地方志大事记"和"中国人民解放军大事记"两个全文数据库。接着,北京文献服务处(BDS)研制了"基于自然语言处理的中文信息检索和处理系统 CIRPON",用于 BDS 的文献自动标引和文摘自动处理,文献标引的查全率和查准率大体上相当于手工标引的质量。1990 年初,北京信息工程学院与人民日报社合作开发了全文检索系统 Biti FTRS(Full Text Retrieval System 的简称),在人民日报开始使用,并已实现了商品化。山西大学计算机科学系使用了自动切词、自动分类、自动词性标注等自然语言处理技术,1991 年研制了"中文全文检索软件系统",现已被南京金陵石化总公司精细石化文献检索系统和山西省政府办公厅和太原市政府办公厅信息处理系统采用。电子部计算机与微电子技术发展研究中心(CCID)中文信息处理开放实验室(CIPOL)研制了中文全文检索系统 TIR,该系统可以对各种文本型资料和某些数据库的文件进行操作,避免了传统检索系统只能检索主题词,而对主题词之外的信息无能为力的局限。该系统现在能够检索一切输入文本,对原始文献里的字符无特别限制,可以处理各种通用的字符。此外,上海交通大学建立了"法律条目全文数据库",陕西省中医研究院建立了中医经典古籍《素问》、《灵枢》、《甲乙》、《难经》的全文数据库,江苏省中医研究所建立了《伤寒论》、《金匮要略》、《脾胃论》等 20 余本中医古籍的全文数据库,深圳大学建立了古典文学名著《红楼梦》的全文数据库。所有这些全文数据库都对用户提供了有效的检索服务,也为汉字全文检索系统的进一步发展奠定了基础。

全文文本检索是西文信息检索软件普遍实现的基本功能。瑞典的 PROLOG 公司研制的 TRIP 全文检索软件具有全面的全文文本检索功能。1988 年,中国科技信息研究所与该公司合作,实现了 TRIP 系统的汉化。汉化 TRIP 系统的特点是:以每个汉字单字切分(最简单的汉语书面语自动切分)实现全文检索功能,可按字段(作者、标题、分类、日期、标引词等)检索,可用命令方式和菜单方式检索,可在主题词控制下进行检索。这一系统的缺点是空间开销偏高,不能自动抽出关键词。目前这一系统只能在 VAX/VMS 计算机上运行,有一定的局限性。该系统已在中国科技信息研究所用于建立"中国学术会议论文数据库"和"中文科技期刊联合目录系统",又被北京交通大学用来为经济日报建立了"经济日报新闻资料检索系统"。汉化TRIP全文检索系统的开发和应用,为中文全文文本的检索提供了可行的技术途径和有益的实践经验。如果以汉化TRIP全文文本检索系统为基础,在系统的存贮部分适当地增加关键词自动抽词功能,在系统的检索部分适当增加后控主题词表的管理和检索功能,将大大地提高这一软件对中文全文检索的适应能力。

随着大量文献的出版和互联网的普及,文档的数量与日俱增。以互联网上的网页文档为例,据统计,1995年全世界大约有5千万个页面文档,1997年增加到3亿2千万个页面文档,1999年增加到8亿个页面文档,2000年增加到10亿个页面文档。而且,大多数文档数据都是无序的、非结构化的,文档数据中不仅包含文字信息,而且还包含图像信息、图形信息、音频信息、视频信息。文档数量的急剧增加和多样化是对于信息检索技术的严重挑战。

为了匹配索引的查询表达形式并检索出最相关的文档,信息检索系统通常采用以下三种基于统计的匹配技术:布尔模型(Boolean Model,简称BM)、向量空间模型(Vector Space Model,简称VSM)、概率模型(Probabilistic Model,简称PM)。

在布尔模型中,查询表述为用布尔逻辑运算符(如"or,not,and"等)连接起来的关键词。由于其语义上的准确性,使得这种方法在计算上有着效率和速度上的优势。许多商业机构都采用了这个方法。

但是这种方法在文档检索中采取的是二元决定论,检索系统只能够决定检索对象与文档是相关还是不相关,从而使其无法给用户一个分级更为合理的答案。例如,如果把两个关键词用"and"运算符连接起来,就意味着检索出的文档必须同时含有这两个关键词。由于布尔模型是基于精确匹配的,用户很难表达复杂的检索要求,常常为怎样将复杂的信息需求转换成合适的关键词和布尔逻辑运算符而感到困惑。

在向量空间模型中,文档和检索查询通常使用 n 维空间中的向量(vector)表示,检索系统计算查询向量和所有文档向量之间的相似度,并且按照相似度的大小对文档进行排序分级,最后返回给用户。

向量空间模型和布尔系统的主要区别在于,向量空间模型能够根据文档与待查询信息的相关程度来排序和分级,从而给出参考性更强的查询结果。

向量空间模型认为,与查询最为相关的文档是那些在用词规律方面与查询类似的结果。在向量空间中,这种相关性可以通过文档向量与查询向量之间的距离的大小来衡量;如果某个文档向量与查询向量之间的距离最小,就可以认为这个文档与查询最为相关。按照文档向量与查询向量之间距离的大小进行分级排序,把与查询最相关的文档排在最前面,这样,就可以根据据用户的要求,返回从完全不匹配到部分匹配的查询结果。

相似性的计算采用的是 TF * IDF 加权法。

TF 指的是检索词频率(Term Frequency,简称 TF),它表示检索词在多大程度上代表了文档的内容,如果某个检索词的频率越大,就说明这个检索词较好地反映了文档的内容,检索词频率属于文档的内部信息。

IDF 则是逆向文档频率(Inverse Document Frequency),它表示文档聚类与整个聚类之间的相差的程度。

从语言学的角度来看,我们可以把文档中所有的词分为非焦点词和焦点词两类。所谓非焦点词,就是那些在所有文档中都可能出现,甚至在所有文档中都具有相似的分布规律的词,在信息检索中,这样的词对于衡量文档之间的相似性意义不大。所谓焦点词,就是那些出现范围比较狭窄的词,它们在所有的文档中分布不均匀,在有的文档中出现频率高,而在另外的一些文档中的出现频率则微乎其微,这一类焦点词对于衡量两个文档是否相关是很有价值的。对于文档而言,焦点词显然比非焦点词在信息上更加具有价值。我们可以使用文档频率(Document Frequency,简称 DF)来描述检索词在文档中出现频率的高低的这个特征,如果一个检索词的文档频率越低,则表明它很可能属于焦点词,在信息检索中具有较高的价值;如果一个检索词的文档频率越高,则表明它很可能属于非焦点词,在信息检索中价值不大。在实际计算文档权重的时候,为了计算上的方便,我们不采用"文档频率"DF,而采用

"逆向文档频率"IDF。

"逆向文档频率"IDF 的计算公式是:

$$IDF = \log\left(\frac{N}{DF}\right)$$

其中,N 是文档库中文档的总数,DF 是文档频率。用 DF 来除 N 再取对数,得到的 IDF 恰好能够反映检索词在文档中出现频率的高低的这个特征。

如果一个检索词仅只出现在一个文档中,那么,我们有

$$IDF = \log\left(\frac{N}{DF}\right) = \log\left(\frac{N}{1}\right) = \log N$$

这时,IDF 的值很大,权重也最大;

如果一个检索词出现在所有的文档中,那么,我们有

$$IDF = \log\left(\frac{N}{DF}\right) = \log\left(\frac{N}{N}\right) = \log 1 = 0$$

这时,IDF 的值为零,权重最小。

在信息检索中,我们采用检索词频率 TF 与逆向文档频率 IDF 的乘积 TF * IDF 进行加权,这就是 TF * IDF 加权法。这种加权法综合地考虑了检索词频率和逆向文档频率,这是向量空间模型中一种行之有效的加权方法。

向量空间模型的优点在于:(1)由于采用了加权法,提高了信息检索的效率;(2)根据相关程度得出的分级文档,提供了从全匹配到部分匹配的查询结果。

向量空间模型的数学形式简洁,计算速度快,在信息检索中得到广泛的使用。

概率模型是一种基于概率论而建立的查询和文档的形式化模型。这种概率模型假定有一个理想的答案集,我们能根据这个理想的答案集,检索出与之最为接近的一组文档,作为检索的结果。在概率模型中,查询过程可以想象成一个对理想答案集属性的描述过程,而结果的属性则由索引特征的语义构成。

但是,在使用概率模型的时候,当用户开始查询时并不知道理想答案集的属性有哪些,所以需要先对属性值进行估计。

概率模型的主要优点是检索到的所有文档是根据相关概率排序的。其主要的不足是:(1)系统需要预先对相关和不相关的文档之间的差别有一个估值。(2)这个方法并没有考虑到文档内部检索词的频率特征。

除了上述三种主要的理论模型以外,还有许多其他的改进方法。例如,粗糙集模型、扩展的布尔模型、贝叶斯网络模型、推理网络模型、信念网络模型、潜在语义索引模型(Latent Semantic Indexing,简称 LSI)等。兹不赘述。

信息检索系统不可能把所有相关的文档都检索出来,也不能保证检索出来的所有结果都与用户的查询意图有关。因此,需要对信息检索系统进行评测。

信息检索系统的评价指标主要有:准确率或查准率(precision),召回率或查全率(recall),判误率(fallout)以及 F 系数(F-measure)。

准确率或查准率描述系统返回的检索结果中究竟有多少文档是真正相关的,也被称为正确度(accuracy),用 P 来表示。准确率或查准率由下面的公式来计算:

$$准确率\ P = \frac{检索结果中与查询相关的文档数}{检索结果中的文档总数}$$

召回率或查全率描述在文档库所有相关的文档中究竟有多少文档被系统检索出来,它是对系统从所有的文档中抽取了多少相关信息的度量,也是对系统的覆盖面(coverage)的度量,用 R 来表示。召回率或查全率由下面的公式来计算:

$$召回率\ R = \frac{检索结果中与查询相关的文档数}{文档库中与查询相关的文档总数}$$

判误率描述文档库中被错误地检索出来的所有不相关的文档数,它是对系统忽略文档中错误信息的能力进行度量的系数,误判率由下面的公式来计算:

$$判误率 = \frac{检索结果中与查询}{不相关的文档数} \bigg/ \frac{文档中所有与文档}{不相关的文档数}$$

准确率和召回率之间并不互相独立,而是相互制约的。如果想增加召回率,就必须多返回一些检索结果,以便使检索结果中多包含一些相关的文档,这往往会导致准确率的下降。如果想增加准确率,就必须限制检索相关性的条件,使得一些相关的文档被排除出去,这往往会导致召回率的下降。

在这种情况下,我们可以使用准确率和召回率相结合的度量系数来评测信息检索系统的性能,这个系数叫做 F 系数。在 F 系数中,利用参数 β 来平衡准确率 P 和召回率 R。F 系数由下面的公式来计算:

$$F = \frac{(\beta^2 + 1)PR}{\beta^2 P + R}$$

在这个公式中,当 β 等于 1 时,表示我们给准确率和召回率相同的权重。当 β 大于 1 时,表示我们偏爱准确率,而当 β 小于 1 时,表示我们偏爱召回率。

在一般情况下,我们应当公平地对待准确率和召回率,给它们相同的权重,所以,我们通常令 β 等于 1,这样,上面的公式变为如下的形式:

$$F_{\beta=1} = \frac{2PR}{P + R}$$

这是一个简化了的计算 F 系数的公式。

为了鼓励后续的研究,美国的一些机构举办了扩展信息检索测试和比较的项目,其中最有名的是文本检索会议(Text Retrieval Conference,简称 TREC)。

TREC 源自 1991—1998 年的 TIPSTER 项目。该项目包括文本检测,信息提取和文本摘要三个技术领域。文本检测强调系统对用户所需文件类型的定位和检索能力,不管是静态文本还是动态数据流。1992 年,美国国家标准与技术委员会(National Institute of Standards and technology,简称 NIST)和美国国防高级技术研究局(Defense Advanced Research Projects Agency,简称 DARPA)举办了首次 TREC 大会。TREC 的最初目的就是为 TIPSTER 项目的文本检测开发评测技术,其重点是为了处理大型英语文本语料。近年来,TREC 被推广到汉语、日语以及欧洲其他语言。至于其他的语言,如塔米尔语和马来语则可能会继续为跨语言信息检索提供更大的发展空间。现在,有许多欧洲组织和研究所也采用了上述标准。例如,跨语言评估论坛(Cross-Language Evaluation Forum,简称 CLEF)。

近来,跨语言和多语言信息检索技术也有了国际化发展的倾向,详细情况,可参看 http://www.galileo.iei.pi.cnr.it/DELOS/CLEF/clef.html。自 2000 年开始的 DARPA 的 TIDES(Translingual Information Detection, Extraction and Summarization)项目在信息检索和描述过程中运用了语言学和非语言学的方法,这些方法对多语言信息的获得起了很大的推动作用。

第二节　信息自动检索与自然语言处理技术

有的学者指出,目前信息自动检索系统正向智能化方向发展,有必要进一步采用自然语言处理技术来改进自动信息检索的效果。

例如,中文的全文检索系统有的按字检索,有的按词检索。以词作为检索的基本单元,标引与检索的着眼点是体现相对独立完整概念的词,比较符合人们的思维习惯。从自然语言处理的角度来看,信息检索系统既然是以概念为基本单位的系统,而概念在自然语言中的代表应该是词而不是字,有的汉字本身并不能直接表示完整的概念,例如,"蜘蛛"这个单词中的汉字"蜘",就是不能表达完整的概念,它只有与另一个汉字"蛛"结合起来,才能表达完整的概念。又如,用户想检索与单词"目的"相关的信息,如果只是单独根据汉字"目"和汉字"的"来检索,查准率将会大大地降低。因此,从自然语言处理的原理来看,应该按词来进行检索,而不是按字来进行检索。当然,按字来进行检索,具有实现方法简单、查全率高等优点,但是,随着数据库容量的增加,标引量急骤上升,耗费的时间开销和空间开销都很大,检索的速度也比较低,如果按词来检索,通过对检索词语的后控处理,就可以大大地提高检索效率;另外,在全文检索系统中,单词的切分,同义词、反义词、相关词、成语、缩略语的规范和控制,都要借助于词表,按词来进行检索才行得通;此外,在建造领域知识库和策略规则时,也只有按词来检索,才有一个坚实的语言学理论基础。如果按词来检索,就首先要使用自然语言处理技术对汉语的文本进行自动切词(word segmentation),例如,要检索"和服"这个关键词,如果不切分汉语文本,很可能会得出"工作方法和服务态度""皮鞋和服装"等荒谬的检索结果;如果进行了自动切词,就可以避免这样的错误。因此,在信息检索中,使用自然语言处理的原理和技术是很有必要的。

又如,在信息自动检索系统中,同一个词可能有不同的语义和表达方法,而相同的概念可用不同的词来表达,因此,有必要使用语言学知识,根据系统处理领域的不同,建立起同义词、近义词、反义词的关系来,这实际上就是要通过概念及其语义关系组成概念语义词典。这样,用户在进行检索时,就可以不必考虑与所要表达的概念有关的一切词,系统会根据检索的入口词,自动地在概念语义词典中调出与之有关的词,从而提高信息检索系统的性能。

再如,文献语言研究的深度对于信息自动检索的效率也有很大的影响。在词汇方面,如果深入地分析文献的主题内容,从文献中抽出足够的检索词,文件标引的范围就比较大,检索时就容易把相关主题的文献查出来,从而提高信息检索系统的查全率。如果突出检索词的专指性,使其能准确地揭示文献的主题内容,检索时就不必再到其上位词或其他专指性较低的词中去查找,从而提高信息自动检索系统的查准率。在句法语义方面,如果从语言学的角度揭示了被检索文章的主题中各个检索词的句法语义关系,就不易造成误检。

目前,计算机信息检索一般采用逻辑式来提问,这给用户带来许多不便,因为许多用户不熟悉逻辑式这样的不自然的提问方式。如果计算机能理解自然语言的含义,让用户直接采用自然语言提问,建立人机自然语言接口,就可以大大地方便用户,十分有利于计算机信息检索的推广和使用。而要用自然语言直接提问,就必须把自然语言的句法和语义加以形式化,深入地进行自然语言理解系统的研究。

因此,有的专家认为,在信息自动检索系统中,应当充分地使用语言学的知识,采用自然语言处理的技术。他们指出,如果能在信息自动检索系统中,充分地利用自动分词、自动词性标注、自动句法分析、自动语义分析等自然语言处理技术,就可以提高信息自动检索的智能化水平。

许多应用于信息检索的自然语言处理方法都是使用语言学的技术(如词组、实词、概念等)来获得更好的索引词项。这些方法被称为语言学驱动的标引方法(Linguistically Motivated Indexing,简称 LMI)。引入语言学驱动的标引方法,就有了更多可以比较的特征,这是一个可行的递增式方法。

有的学者指出,引入一些简单搭配的特征会使信息检索的效率提高 10%。

有的学者通过实验证明,把基于向量表示的词义排歧算法应用于向量空间模型,根据上下文来进行词义排歧,可以把信息检索的工作效率提高 7%—14%。

然而,近年来的研究表明,这样的看法未必完全正确。文本信息检索与自然语言处理之间究竟能否相互促进,这个问题引起了学术界的争论。

在对文本材料的处理上,文本信息检索和自然语言处理表面上有很多共通之处,但实质上二者却有很大的不同。

信息检索关注的是如何高效地访问一个大规模的文本,它关注的重点是计算机的访问速度和模型的索引效率。而自然语言处理则关注文本的分析、表示或生成,然后调用不同的计算工具来实现语音、词汇、句法、语义以及语篇等不同层面上的语言处理。

现阶段存在很多在不同语言层面把计算语言学的技术应用在信息检索上的尝试。但是这种尝试的难度在于:在已有信息检索系统中加入的任何形式化的语言学信息必须有足够的鲁棒性,使得加入数以兆位计算的语言学信息不会导致系统的性能下降。

从我们前面阐述的信息检索系统的复杂的过程可以看出,自然语言处理技术对于信息检索系统的贡献并不是特别明显的。这些自然语言处理技术并不能用来改善信息检索中的查询效果,从而提高匹配技术,即使在信息检索的某些子过程中,也难以达到这样的要求。由于已有的信息检索系统都是根据统计方法建立的,要在信息检索的后续过程中加入一些表示语言规则的符号指令并不是一件轻而易举的事情。最后,信息检索的标准评测方法倾向于统计意义上的提高,而不是关注检索质量的提高,所以如何评测这些结果也是一个很棘手的问题。

第三节　语种辨认与跨语言信息检索

欧盟委员会在2005年11月22日公布了一个题为"实现多语系策略"的官方报告,这份报告的题记使用了斯洛伐克的一句谚语:"你懂得的语言越多,你就越像一个人"。这句谚语成为了该报告的基调。可见多语言的使用已经成为欧盟的一个众人瞩目的大问题。

而多语言的使用,不同语言之间的翻译、检索和信息抽取就非常重要了,多语言信息处理的需求会变得越来越迫切。

随着信息技术的进步和网络的发展,互联网(Web)逐渐变成一个多语言的网络世界。目前,在互联网上除了使用英语之外,越来越多地使用汉语、西班牙语、德语、法语、日语、韩国语等英语之外的语言。从2000年到2005年,互联网上使用英语的人数仅仅增加了126.9%,而在此期间,互联网上使用俄语的人数增加了664.5%,使用葡萄牙语的人数增加了327.3%,使用中文的人数增加了309.6%,使用法语的人数增加了235.9%。互联网上使用英语之外的其他语言的人数增加得越来越多,英语在互联网上独霸天下的局面已经打破,互联网确实已经变成了多语言的网络世界,因此,网络上的不同语言之间的翻译和信息处理自然也就越来越迫切了。

根据Miniwatts Marketing Group.(2006)的调查,互联网十大语言如下(表12.1):

表 12.1　互联网上的十大语言

互联网十大语言	用户数目（按语言分）	占全部用户比例	该语言世界人口预测（2006）	该语言用户互联网普及率	该语言互联网用户增长率（2000 至 2005）
英文	311 241 881	30.60%	1 125 664 397	27.60%	126.90%
中文(汉语)	132 301 513	13.00%	1 340 767 863	9.90%	309.60%
日文	86 300 000	8.50%	128 389 000	67.20%	83.30%
西班牙文	63 971 898	6.30%	392 053 192	16.30%	163.80%
德文	56 853 162	5.60%	95 982 043	59.20%	106.00%
法文	40 974 005	4.00%	381 193 149	10.70%	235.90%
韩文	33 900 000	3.30%	73 945 860	45.80%	78.00%
葡萄牙文	32 372 000	3.20%	230 846 275	14.00%	327.30%
意大利文	28 870 000	2.80%	59 115 261	48.80%	118.70%
俄文	23 700 000	2.30%	143 682 757	16.50%	664.50%
十大语言合计	810 484 459	79.60%	3 971 639 798	20.40%	150.50%
全球总计/平均	1 018 057 389	100.00%	6 499 697 060	15.70%	182.00%

来源：Miniwatts Marketing Group, 2006

从表 12.1 中可以看出,在 2006 年,互联网上的中文用户已经超过了 1.3 亿,占全世界互联网用户总数的 13.00%,在中国全部人口中互联网用户普及率已经达到 9.9%,从 2000 年到 2005 年的互联网用户增长率为 309.60%。[①]

在这个多语言网络时代,多语言的信息处理变得越来越重要。这里,我们介绍语种自动识别和跨语言检索。

所谓语种辨认(language identification)就是使用计算机自动地识

---

① 截至 2010 年 5 月,我国网民的数量已经达到 4.04 亿之多,使用手机上网的网民达到 2.33 亿人,我国成为了世界上首屈一指的互联网大国。

别语言的种类。对于互联网上的信息,首先判断这种信息是属于哪一种语言的,辨认其语种,这显然是获取互联网信息的最基础的工作。

语种辨认的方法有三种:

■ 使用 Unicode:中文中全部使用汉字,日文中汉字、假名和字母共用,韩文中使用谚文(Hangul),藏文中使用天城体藏文字母,蒙古文中使用蒙古字母,计算机根据 Unicode 中不同文字的形状就可以轻而易举地识别文本所属的语种。可是,很多语言都使用拉丁字母,如果遇到使用拉丁字母的语言,就不能使用 Unicode 来进行语种辨认了。因此,为了识别使用拉丁字母的语种,还需要采用如下的方法。

■ 使用一些短的单词作为特征词来识别:在使用拉丁字母的语言中,冠词、介词以及一些短的单词在各种语言中的出现频度是不同的,我们可以把这些单词作为识别语种的特征词。例如,英语的 the, and, to, of,法语的 de, la, le,à, 德语的 der, die, und, 等等,都可以作为特征词,根据它们在文本中出现的频度,来确定文本所属的语种。

表 12.2　不同语言中的特征词的频度(根据 ECI 多语言语料库,100 万单词文本中的特征词出现频度)

English		French		German		Italian		Norwegian		Spanish	
11209	the	10726	de	6850	der	7014	dì	6465	og	14626	de
6631	and	5581	la	4687	die	4045	e	6404	det	8159	la
5763	to	3954	le	3980	und	3313	il	4746	han	5915	que
5561	of	3930	a	2977	den	3006	che	4350	i	5724	el
5487	a	3563	et	2632	in	2943	la	3786	er	5347	en
3421	in	3295	des	1623	von	2541	a	3559	pá	4786	y
3214	was	3277	les	1377	zu	2434	in	3306	til	3765	a
2313	his	2667	du	1371	dem	2165	per	3126	at	3149	los
2311	that	2505	en	1258	für	2013	del	2726	som	2914	del
2115	he	1588	un	1210	mit	1945	un	1657	var	2252	sc

■ 使用典型的字母序列(n 元语法序列,包括"空白")作为特征标志。在使用拉丁字母的语言中,由三个字母构成的三元语法(trigrams)是很容易计算和存储的,我们可以根据文本中三个字母序列出现频度的大小,来判断文本所属的语种。这种方法对于短的文本特别有效,在短文本中不一定会出现上述的特征词,但是,计算三字母序列却是很方便的。

表 12.3 不同语言中的三字母序列的出现频度(根据 ECI 多语言语料库,100 万单词文本中的三字母序列出现频度)

English		French		German		Italian		Norwegian		Spanish	
38426	he_	38676	es_	50040	en_	23293	to_	38994	et_	38732	de_
38122	the	28820	de_	38329	er_	20091	di_	38463	en_	27147	os_
20901	nd_	21451	ent	22824	der	17558	la_	32323	er_	23187	el_
20519	ed_	21072	nt_	18561	ie_	17549	re_	21849	an_	21758	la_

除了语种辨认之外,在多语言的网络环境中,如果能够根据一种语言来检索另外一种语言的文献,显然也是非常有实用价值的。这就是跨语言信息检索(Cross-Language Information Retrieval,简称CLIR)。

跨语言信息检索首先由萨尔顿(G. Salton)于 1970 年在《外国语言文献的自动处理》[①]一文中提出。所谓跨语言信息检索,就是"根据第一语言的提问在第二语言中找到相关的文档"(finding relevant documents in a second language using a query expressed in a first language)。

萨尔顿提出了跨语言信息检索的思想之后,立即引起了学术界的关注,目前已经取得了很多成果。

下面是用法语提问(关于"太阳能汽车"),系统给出相关的英语文献的一个跨语言信息检索的实例:

---

① G. Salton, Automatic processing of foreign language document, *Journal of the American Society for Information Science*, 21, p187–194, 1970.

<topic>
<num>
Number: CLIO
<F-title>↵
Les voitures solaires
<F-desc)
Description: Des informations sur les voitures solaires. <F-narr)
Narrative: Un document pertinent contiendra des renseignements sur les recherches et le développement des voitures solaires. Les voitures solaires font partie (fun effort pour freiner ^exploitation de carburants non renouvelables.
</topic>

<DOCNO> AP880921-0025 </DOCNO>
<HEAD>Congress Readying Final Action On Energy Bill</HEAD>
<DATELINE>WASHINGTON(AP)<DATELINE>
<TEXT>
Congress is nearing final action on a plan designed to reduce U.S. dependence on foreign oil, foster a cleaner environment and cause motorists to say fill-er-up—with corn, coal or natural gas. By a voice vote, the Senate on Tuesday gave its blessing to legislation its 64 co-sponsors hope will promote commercial development and production of cars, trucks and buses that run on alternative fuels.
...Supporters say the United States has abundant supplies of natural gas, the coal that is used to produce methanol and the grains that are the roots of ethanol.
Currently, methanol and ethanol are available as fuels in some parts of the country, but most vehicles experience problems if more than 5 percent to 10 percent is blended into gasoline. All three alternative fuels produce less of the carbon and other greenhouse pollutants that scientists say are collecting in the atmosphere and trapping heat from the sun..
Sen. Jack Danforth, R-Mo., who introduced similar legislation in 1984 and cosponsored Rockefeller's bill, said that 'the legislation is a grand slam for energy independence..,
'Increased use of alternative fuels will reduce our dangerous dependence on foreign oil', he said. 'Alternative fuels will help clean up our environment by reducing harmful auto emissions.'
</TEXT>

图 12.1　根据法语的提问(左侧),给出英语的检索结果(右侧)

跨语言信息检索兼具信息检索和机器翻译二者的特征。从信息检索的角度说,跨语言信息检索要使用与语言无关的鲁棒的信息抽取技术,它要把第一语言提问中的单词以及第二语言文档中使用的单词一起映射到一个空间中,使得计算机能够识别它们之间的相似性。从机器翻译的角度说,跨语言信息检索不要求机器翻译中那样深层的剖析技术,但又不是单词对单词的简单翻译,在检索中往往需要处理多词术语。

一般说来,跨语言信息检索需要处理三个问题。

第一,找出译文:跨语言信息检索要找出第一语言的单词在第二语言中的翻译等价物。可以使用两个办法。第一个办法是使用双语词典,在词典中把翻译等价物逐一地列举出来;第二个办法是使用双语平行语料库,在平行语言库中查询翻译的等价物。词典中要处理如下事项:单词的拼写变体(例如,trench coat[军装式大衣]与 trenchcoat),单词的派生变体(例如,如果词典中有 electrostatic,系统可以翻译 electrostatically),词汇的覆盖面(例如,radiopasteurization[放射性巴氏杀菌]这个单词,在词典中查不到,可是,在100万词的 Brown 语料库中却出现了7次),专有名词的处理(例如,Yeltsin[叶利钦])。

第二,译文剪枝:对于第一语言中同样的提问,跨语言信息检索往往会得到不同的第二语言的译文,这时,删除某些带有翻译噪声的译文往往是有好处的。例如,如果对于法语的 voiture(车),英语译文出现对应的单词 carriage(四轮载客马车),这样一个古奥的、陈旧的单词,就应当对这个译文进行剪枝,删除 carriage。一般可以对于译文的单词进行排序,优先选择那些序号较高的译文。

第三,译文加权:如果第一语言的提问在第二语言中对应于一个以上的译文,可以使用布尔加权检索技术(weighted Boolean retrieval technique),根据这些译文的重要性进行加权。

由于互联网的普及,互联网上的多语言信息处理越来越重要,文本检索会议(TREC)从 1997 年开始设有跨语言信息检索的评测项目,叫做"cross-language track",每年都进行评测,通过评测推动跨语言信息检索的发展。

本章参考文献

1. 冯志伟,情报自动检索系统与自然语言处理[J],《术语标准化与信息技术》,1996 年,第 2 期。

2. 吴立德等,大规模中文文本处理[M],复旦大学出版社,1997 年。

3. Baeza Yates, R. and B. Ribeiro-Neto, Modern Information Retrieval [M], Addison-Wesley and ACM Press, 1999.

4. Salton, G. Automatic processing of foreign language document [J], *Journal of the American Society for Information Science*, 21, pp. 187–194, 1970.

第十三章
信息抽取和自动文摘

本章讨论信息抽取和自动文摘。

"信息抽取"（information extraction，简称 IE）是研究如何从自由文本中自动地抽取特定的实体（entities）、关系（relation）和事件（events）的方法和技术。

随着计算机的普及以及互联网（Web）的迅猛发展，大量的信息以电子文档的形式出现在人们面前。为了应对信息爆炸带来的严重挑战，迫切需要一些自动化的工具帮助人们在海量信息源中迅速地抽取真正需要的信息。信息抽取研究正是在这种背景下产生的。

信息抽取与上一章介绍的信息检索不同，它们之间的差别主要表现在三个方面：

① 功能不同。信息检索系统主要是从大量的文档集合中找到与用户需求相关的文档列表；而信息抽取系统的目的则是从文本中直接抽取用户感兴趣的事实信息。

② 处理技术不同。信息检索系统通常利用统计及关键词匹配等技术，把文本看成"词袋子"（bags of words），不需要对文本进行深入分析理解；而信息抽取往往要借助自然语言处理技术，通过对文本中的句子以及篇章进行分析处理后才能完成。

③ 适用领域不同。信息检索系统通常是与领域无关的，而信息抽取系统则是与领域相关的，只能抽取系统预先设定好的有限种类的事实信息。

另一方面，信息检索与信息抽取又是互补的。为了处理海量文本，信息抽取系统通常要以信息检索系统的输出作为输入；而信息抽取技术又可以用来提高信息检索系统的性能。信息检索和信息抽取二者的结合能够更好地服务于用户的信息处理需求。

　　信息抽取虽然需要对文本进行一定程度的理解,但与真正的文本理解(Text Understanding)还是不同的。在信息抽取中,用户一般只关心有限的感兴趣的事实信息,而不关心文本意义的细微差别以及作者的写作意图等深层理解问题。因此,信息抽取只能算是一种浅层的或者说简化的文本理解技术。

　　一般来说,信息抽取系统的处理对象是自然语言文本尤其是非结构化文本。但广义上讲,除了电子文本以外,信息抽取系统的处理对象还可以是语音、图像、视频等其他媒体类型的数据。在这里,我们只讨论狭义的信息抽取,即针对自然语言文本的信息抽取,不涉及语音、图像和视频等信息。

　　在本章中,我们主要讨论两种类型的信息抽取:一种是名称的自动抽取(extraction of names),一种是事件的自动抽取(extraction of events),并介绍抽取规则的书写方法。对于名称的自动抽取,介绍了名称标注器(name tagger)和命名实体识别(naming entity recognition);对于事件抽取,介绍了事件识别器(event recognizer)、局部句法分析、篇章分析和推理以及知识获取等技术。

　　本章最后介绍自动文摘的有关技术。

第一节　名称的自动抽取

　　语言结构的传统处理方式很少注意名称、地址、数词短语等表示命名实体(naming entity)的单词,语言学家对于它们几乎没有任何的兴趣。语言分析中,语言学家在查字典的时候,他们仅仅是将文本中的单词标注为名词、动词、形容词等,一般也不注意名称。但事实上,许多文章中都包含大量的名称,如果自然语言处理系统不能将它们识别为语言单位,那么就很难对文章进行语言分析。不同类型的文章包含不同类别的名称。化学文章中包含化学物品名称,生物学文章中包含与物种、蛋白质及基因有关的名称,报刊中包含大量的人名、机构名及地名。尽管语言学家对于名称的研究不感兴趣,但是,这些名称对于信息抽取是很有价值的,自然语言处理应当重视名称的研究。

名称是自然语言中常见的语言单位,大多数的文本都充满着名称,因此,名称的自动抽取就成为自然语言分析的重要的步骤。例如,在事件抽取和机器翻译中,首先都需要进行名称的自动抽取。在基于术语的文档检索中,如果连续的两个单词不是名称,在一般情况下就要对它们进行分别的处理;而如果连续的两个单词是名称,那么,就可以把它们结合在一起进行处理。在文档标引时,如果把名称分为人名、机构名和地名,索引就可能具有更大的实用价值。由此可见,名称的自动抽取对于自然语言处理具有重要的作用。

名称的自动抽取(extraction of names)也就是要对文本中的名称进行自动识别(recognition)和标注(tagging)。

我们将查找人名、机构名和地名作为名称识别和标注的示例。名称识别和分类处理的结果采用标准通用置标语言(Standard Generalized Mark-up Language,简称 SGML)来标记,在名称开头使用 < NAME TYPE = xx > ,结尾使用 </NAME > 。

这样,句子"Capt. Andrew Ahab was appointed vice president of the Great White Whale Company of Salem-Massachusetts"可以标注如下:

Capt. < NAME TYPE = PERSON > Andrew Ahab </NAME > was appointed vice president of the < NAME TYPE = ORGANIZATION > Great White Whale Company </NAME > of < NAME TYPE = LOCATlON > Salem </NAME > , < NAME TYPE = LOCATIN > Massachusetts </NAME >

这种标注的基本理念十分简单。我们可以写大量的有限状态模式来进行名称的识别和标注,其中每个名称都记录了该名称中的子集并将其分类。这些模式中的内容会根据自身的特性与特定的分类标记进行匹配。我们使用标准普通表达符号,特别使用后缀符´+ 来与其中一项元素的一个或多个实例进行匹配,例如,表达式

Capitalized-word + ' Corp. '

可以表示以大写字母开头并包含一个或多个单词的公司名称。

同样地,表达式

'Mr.'capitalized-word +

可以与用 Mr. 开头的单词序列匹配,并被归类为人名。

要创建一个完整的名称标注器(name tagger),就要编制一个文本标注的程序,然后从文本中的每个单词开始与所有的表达式进行匹配;一旦匹配成功,单词序列就会被归类,然后再继续这样的步骤,直到标注结束。

如果模式匹配是以特定指向或规则开始的,例如,要遵循最长匹配的规则,或者要给不同规则制定优先顺序,那么,在匹配时就必须根据这样的规则或优先顺序,选择一项最佳的匹配。

一个操作性能好的名称标注器需要一系列的单词列表,例如,一些知名公司名称的列表(例如,IBM,Ford)以及常见首字母列表(例如,Fred,Susan)。

另外,名称标注器还应该具备一个能识别不同别名的装置。例如,在同一篇文章中出现了"Fred Smith"和"Mr. Smith",这两个名称很可能指的是同一个人。"Robert Smith Park"可能是一个人名,也可能是一个地名(公园的名称),但如果在接下来的句子中出现"Mr. Park"这样的人名,那么,我们就可以肯定"Robert Smith Park"也是一个人名。

逐步地添加这样的模式和功能,通过机器学习的方法,就可以自动训练出一个高效能的名称标注器。当然,名称标注器的训练是一个非常艰苦的过程,需要设计一个高水平的系统训练程序来进行训练。如果训练得当,在对英语新闻的特定话题或者不同话题进行训练和测试时,名称标注器的标注精确度可达到96%。

下面我们简单地介绍名称标注器的训练方法。

我们来考虑一项简单的名称标注任务——人名标注。

在人名标注时,每个标记 tag_i 具备 5 个可能性:人名的开始,人名的中间,人名的结尾,单个人名的开始和结尾, 或非人名。当给一个单词进行标注时,每个单词 w_i 都可能属于这 5 个可能性中的一个,为此我们需要计算 w_i 标注为 tag_i 的概率 $p(tag_i | w_i)$。如果 $w_i =$

"John"，那么，它的 tag_i 就是人名的开始，或者是单个人名的开始和结尾；如果 w_i ＝"eat"，那么，以上的两种可能性都为零，它是一个非人名。对于句子中的每一个单词，都计算该单词的 $p(tag_i | w_i)$。这样，我们就可以得到一个训练的结果。

把所得到的训练结果运用于新的句子，使用韦特比搜索算法来求这个句子中可能性最大的人名标记序列，这样，就可以从新的句子中抽出人名。

在上面的名称标注中，名称的概率仅取决于当前词，没有考虑上下文，这样的概率是不准确的。前面我们说过，在单词"Mr."后面可以预测出是一个人的名字，而在单词"says"的前面也可以预测出是一个人的名字。这意味着，一个标记的概率还与前面的单词、当前词、后面的单词有关，也就是说，我们有必要考虑上下文，计算概率 $P(tag_i | w_{i-1}, w_i, w_{i+1})$，这样，我们就需要使用二元语法来进行名称标注了。

名称标注器的训练还可以使用决策树、最大熵模型、隐马尔可夫模型等技术，兹不赘述。

在自然语言处理中，名称的自动抽取又叫做"命名实体识别"（Naming Entity Recognition）。一般来说，命名实体识别的任务就是识别出待处理文本中三大类命名实体和七小类命名实体。

三大类命名实体是实体类、时间类和数字类。七小类命名实体是人名、机构名、地名、时间、日期、货币和百分比。在这些命名实体中，时间、日期、货币和百分比的构成有比较明显的规律，识别起来相对容易，而人名、地名、机构名的用字灵活，识别的难度很大，因此命名实体识别通常指的是人名、地名和机构名的识别。我们在上面只是介绍了人名的识别，地名和机构名的识别还没有涉及。

命名实体识别的过程通常包括两部分：① 识别命名实体的边界；② 确定命名实体的类别，判断命名实体是属于人名、地名还是机构名。英语中的命名实体具有比较明显的形式标志，即人名、地名和机构名等实体中的每个单词的第一个字母要大写，所以实体边界的识别相对容易，重点是确定实体的类别。

对于中文来说，命名实体识别的主要难点在于：

（1）命名实体形式多变：命名实体的内部结构很复杂,对中文命名实体来说,情况尤其如此。

人名：人名一般包含姓氏(由一到两个汉字组成)和名(由若干个汉字组成)两部分,其中姓氏的用字是有限制的,而名的用字很灵活。人名还有很多其他形式,可以使用名来指代一个人,也可以使用字、号等其他命名来指代一个人,还可以使用姓加上前缀或后缀以及职务名来指代一个人。例如:"杜甫、杜子美、子美、杜工部"都是同一个人。

地名：地名通常由若干个汉字组成,可能包括作为后缀的关键字,也可能使用别名。例如,"广州、广州市、羊城"是指同一个地方,"羊城"是别名。除了全称的地名之外,还存在一些简称来指称地理位置。例如,"湖北、湖北省、鄂"均是指同一个地方,"鄂"是简称。

机构名：机构名可以包含命名性的成分、修饰性成分、表示地名的成分以及关键词成分等。例如:机构名"北京百富勤投资咨询公司"中,"北京"是表示地名的成分,"百富勤"是命名性的成分,"投资咨询"是修饰性成分,"公司"是关键词成分。机构名内部还可以嵌套子机构名,例如:机构名"北京大学附属小学"中嵌套了另一个机构名"北京大学"。机构名中还有很多简称形式,例如:"中国奥委会"是"中国奥林匹克运动会"的简称、"北师大二附"是"北京师范大学第二附属小学"的简称。

（2）命名实体的语言环境复杂：命名实体是语言中非常普遍的现象,因此可以出现在各种语言环境中。同样的汉字序列在不同语境下,可能具有不同的实体类型,或者在某些条件下是实体,在另外的条件下就不是实体。例如:

人名："彩霞"在某些条件下指人名,而某些条件下就是一种自然现象;

地名："河南"在某些条件下是一个省名,在某些条件下是指河的南边;

机构名："新世界"在某些条件下指机构名,在某些条件下只是一个词组。

与英语相比,汉语命名实体识别任务要复杂得多,主要表现在:

（1）汉语文本没有类似英语文本中空格之类的显式标示词边界的标示符，必须进行自动切词，而自动切词和命名实体识别之间会互相影响，彼此牵制。

（2）英语的命名实体往往是首字母大写的，例如：Liu Chang Le is the founder of Phoenix TV 中，人名 Liu Chang Le 的首字母是大写的。而中文文本中没有这样的标示，例如："凤凰卫视的创始人是刘常乐"中，人名"刘常乐"淹没在一长串的汉字当中。

命名实体是自然语言文本中承载信息的重要语言单位，命名实体的识别和分析研究在网络信息抽取、网络内容管理和知识工程等领域占有非常重要的地位。目前的命名实体识别的技术水平还远远不能满足大规模真实应用的需求，还需要更加深入的研究。从研究方法上来讲，命名实体识别的研究要突破自然语言处理领域的限制，面向真实的互联网应用，研究面向海量、冗余、异构、不规范、含有大量噪声的网页的命名实体识别技术。

第二节　事件的自动抽取

事件自动抽取的主要功能是从文本中抽取出特定的事实信息（factual information）。例如，从新闻报道中抽取出恐怖事件的详细情况：时间、地点、作案者、受害者、袭击目标、使用的武器等；从经济新闻中抽取出公司发布新产品的情况：公司名、产品名、发布时间、产品性能等；从病人的医疗记录中抽取出病人的情况：症状、诊断记录、检验结果、处方等等。被抽取出来的信息通常要以结构化的形式来描述，这些信息可以直接存入数据库中，供用户查询以及进一步分析利用。

事件自动抽取系统要从文本中自动地抽取某种类型的实例或事件。

例如，对于下面的句子：

Harrier Smith, vice president of Ford Motor Corp., has been appointed president of DaimlerChrysler Toyota.（Ford Motor Corp. 的副总裁 Harrier Smith 被任命为 DaimlerChrysler Toyota 公司的总裁）

经过事件抽取之后，我们可以得到如下的两个数据库记录：

Person：Harrier Smith Position：vice president Company：Ford Motor Corp. Start/leave job：leave job	Person：Harrier Smith Position：vice president Company：Daimler Chrysler Toyota Start/leave job：start job
图 13.1　数据库记录 1	图 13.2　数据库记录 2

第一个记录是 Harrier Smith 在 Ford Motor Corp. 公司离职的记录,第二个记录是 Harrier Smith 在 DaimlerChrysler Toyota 公司就职的记录。

用信息抽取的术语来说,我们从上面的文本中创建了两个填充好的"模板"(templates),而模板中的填充项叫做"槽"(slot)。

我们可以使用正则表达式来描述上面的事件:

capitalized-word + $_1$ 'appointed' capitalized-word + $_2$, ' as ' 'president' $_3$

与这个正则表达式相应的模板如图
13.3 所示。

模板中的编号项目可以用与其相匹配的相关编号的文字来填充。

Person：2 Position：3 Company：1 Start/leave job：start job
图 13.3　模板

这个模板可以处理如下的简单句子:

　　Ford appointed Harrier Smith as president.

这样的模板比较简单,还难以处理真实的复杂文本,因为在实际的应用中,可能出现的句子的变化花样很多,这样简单的模板是难于应付的。

这些变化花样举例如下:

● 公司的名称:**Abercrombie and Fitch** appointed Harriet Smith as president.

● 公司的描述:IBM, **the famous computer manufacturer**, appointed Harriet Smith as president.

● 句子的修饰语:IBM **unexpectedly** appointed Harriet Smith **yesterday** as president.

● 时态:IBM **has/will** appointed Harriet Smith as president.

- 从句结构：Harriet Smith, **who** was appointed as president by IBM …

- 动词名物化：IBM announced the **appointment** of Harriet Smith as president.

- 职位的名称：IBM appointed Harriet Smith as **executive vice president for networking.**

- 连词：IBM **declared a special dividend and** appointed Harriet Smith as president.

- 所指照应：IBM has made a major management shuffle; **the company** appointed Harriet Smith as president this week.

- 必要的推理：**Thomas J. Watson resigned as president of IBM**, and Harriet Smith succeeded him.

从原则上说,每增加一种变化就需要适当地增加事件模板的"槽",这样做的结果常常会使得模板变得非常复杂,使问题复杂化。

为了解决这样的复杂化问题,我们可以使用名称标注器对于文本中的句子进行简单的句法分析,标注时不是使用具体的单词而是使用词组类型符号(如,名词词组 noun phrase、动词词组 verb phrase 等)来建立模板。例如,对于句子

Ford Motor Company has appointed Harriet Smith, 45, as president.

名称标注器可以产生出如下的结构成分(用下划线标出):

Ford Motor Company has appointed Harriet Smith, 45, as president.
    name type = org   name type = person

通过名词词组(np)分析,可以得到:

Ford Motor Company has appointed Harriet Smith, 45, as president.
    np head = org   np head = person   np head = president

通过动词词组(vp)分析,可以进一步得到:

Ford Motor Company has appointed Harriet Smith, 45, as president.
np head = org vp head = appoint np head = person np head = president

最后,我们就可以得到事件(Event)的描述如下:

Ford Motor Company   has appointed   Harriet Smith, 45, as president.

Event   person = Harriet Smith   position = president
            company = Ford Motor Company   start/leave job = start job

图 13.4   事件的描述

在这样的事件描述中,名词词组 np 和动词词组 vp 都可以使用自底向上的浅层句法分析方法轻而易举地分析出来。

根据句法分析得到的事件描述结果来填充模板中的槽,我们不难得到如图 13.5 的模板。

上述事件抽取的过程是:

Person = Harriet Smith
Position = president
Company = Ford Motor Company
Start/leave job = start job

图 13.5   填充后的模板

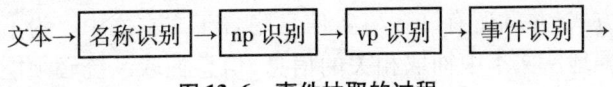

文本→ 名称识别 → np 识别 → vp 识别 → 事件识别 →

图 13.6   事件抽取的过程

通过句法分析得到输入文本的某种结构表示,如完整的分析树或分析树片段的集合,可以作为计算机理解自然语言的基础。

在信息抽取领域一个比较明显的趋势是越来越多的系统采用局部分析技术,这主要是由于以下三方面原因造成的。

第一个原因是信息抽取任务自身的特殊性。信息抽取中需要抽取的信息通常只是某一领域中数量有限的事件或关系。因此,文本中可能只有一小部分与抽取任务有关,其他部分与抽取任务无关。就是那些与抽取任务有关的句子,也并不需要分析出它的完整的结构表示,只要识别出句子中部分片段之间的某些特定关系就行了。因此,信息抽取只需要得到完整分析树的部分子图。

第二个原因是局部分析技术在消息理解系列会议(Message Understanding Conference,简称 MUC)的系列评测中获得成功。SRI 公司在其参加第四次消息理解会议(MUC-4)评测的 FASTUS 系统中开始采用层级式有限状态自动机(Cascaded Finite-State Automata)的分析方法。该方法使 FASTUS 系统具有概念简单、运行速度快、开发周期短等优点,在多次 MUC 评测中都居于领先地位。

最后,第三个原因是,除了局部分析技术之外,目前我们尚没有其他更好的、可供选择的方法。目前,完全分析技术在鲁棒性方面以及在时空开销方面都难以满足信息抽取系统的需要。

但是,另一方面,我们也要清醒地看到:局部分析技术的能力还是有局限的,这种技术只能使信息抽取系统的处理能力达到目前的水平,要想使信息抽取系统的性能有更大的飞跃,我们还必须探索更有效的分析技术。

除了上面所描述的局部句法分析技术之外,对于事件自动抽取这样的复杂的信息抽取还需要进行篇章分析和推理,并需要使用知识获取的技术。

一般说来,在事件自动抽取中,用户关心的事件以及各种关系往往散布于文本的不同位置,其中涉及到的实体通常可以有多种不同的表达方式,并且还有许多事实信息隐含于文本之中。为了准确而没有遗漏地从文本中抽取相关的信息,信息抽取系统必须能够识别文本中的共指现象,进行必要的推理,以合并描述同一事件或实体的信息片段。因此,篇章分析、推理能力对信息抽取系统来说是必不可少的。

初看起来,信息抽取中的篇章分析比故事理解中的篇章分析要简单得多。因为在信息抽取中只需要记录某些类型的实体和事件就行了。但是,大多数信息抽取系统只识别和保存与需求相关的文本片段,从中抽取出一些零碎的信息。在这个过程中很可能把那些用以区分不同事件、不同实体的关键信息给遗漏了。而如果信息不全,要完成篇章分析就相当困难。

目前尚缺乏有效的篇章分析理论和方法可以借鉴。现有篇章分析理论大多是面向人、面向口语的,分析时需要借助大量的常识,目前篇章分析设想的目标文本也比真实文本要规范,并且理论本身还没有在大规模语料上进行过测试。

信息抽取系统除了要解决文本内的共指问题外,还需要解决文本间的共指问题,也就是跨文本的共指问题。在文本来源比较广泛的情况下,很可能有多篇文本描述了同一个事件、同一个实体,不同文本间还会存在语义歧义,如相同的词具有不同的含义,而不同的词却代表着同一个意思。为了避免信息的重复和冲突,信息抽取系统还需要具有识别和处理这些现象的能力。

根据近年来对于信息抽取系统的局部篇章处理能力(指称短语的共指消解)的评测结果来看,篇章处理能力仍然是目前信息抽取系统研制中的弱项,是一个瓶颈问题,急需深入研究。

作为一个自然语言处理系统,信息抽取系统需要强大知识库的支撑。在不同的信息抽取系统中,知识库的结构和内容是不同的,但一般来说,任何一个知识库都要具有如下部分:

1. 一部词典(Lexicon):用于存放通用的普通词汇以及领域的专业词汇的静态属性信息;

2. 一个抽取模式库(Extraction Patterns Base):其中的每一个模式可以进行附加的语义操作,模式库通常也划分为一般的通用部分和不同领域或场景的专用部分;

3. 一个基于知识本体(Ontology)的概念层次模型:这个模型通常是面向特定领域或场景的,它是通用概念层次模型经过局部的细化或泛化之后而形成的。

除此之外,用于信息抽取的知识库还可以配备篇章分析和推理规则库、模板填充规则库等。

霍布斯(J. Hobbs)曾提出一个信息抽取系统的通用体系结构[1],他将信息抽取系统抽象为"级联的转换器或模块集合",这个集合利用手工编制或自动获得的规则在每一步过滤掉不相关的信息,增加新的结构信息。

霍布斯认为典型的信息抽取系统应当由依次相连的如下 10 个模块组成:

---

[1] Hobbs J, The Generic Information Extraction System. In Proceedings of the Fifth Message Understanding Conference (MUC-5), pp. 87–91. Morgan Kaufman, 1993.

1. 文本分块：将输入文本分割为不同的部分，每一个部分叫做"块"。

2. 预处理：将得到的文本块转换为句子序列，每个句子由词汇项（词或特定类型的短语）及相关的属性（如词类）组成。

3. 过滤：过滤掉不相关的句子。

4. 预分析：在词汇项（Lexical Items）序列中识别确定的、小型的短语结构，如名词短语、动词短语、并列结构等。

5. 分析：通过分析小型的短语结构和词汇项的序列建立描述句子结构的完整分析树或分析树片段集合。

6. 片段组合：如果上一步没有得到完整的分析树，则需要将分析树片段集合起来，或者将逻辑形式片段组合起来，以便构成表示整个句子的一棵分析树或其他的逻辑表示形式。

7. 语义解释：从分析树或分析树片段的集合生成语义结构、意义表示或其他逻辑形式。

8. 词汇排歧：消解上一模块中存在的歧义，以便得到唯一的语义结构表示。

9. 共指消解或篇章处理：通过确定同一实体在文本不同部分中的不同描述，将当前句子的语义结构表示合并到先前的处理结果中。

10. 模板生成：根据文本的语义结构表示，生成最终的模板。

当然，并不是所有的信息抽取系统都明确包含上述的所有这些模块，并且也未必完全遵循以上的处理顺序。例如，6、7 两个模块的执行顺序可能相反。但一个信息抽取系统应当包含以上模块中所描述的功能。因此，霍布斯提出的这个信息抽取系统的通用体系结构，对于我们仍然是有启发的。

信息抽取系统通常是面向特定的应用领域或场景的，具有领域受限性。这种领域受限性决定了信息抽取系统中用到的主要知识基本上是浅层知识。这种浅层知识的抽象层次不高，通常只适用于特定的应用领域，很难在其他领域推广复用。如果要把一个信息抽取系统移植到新的领域或新的场景，开发者必须要为系统重新编制大量的领域知识。

一般说来，手工编制领域知识往往是枯燥的、费时的、易错的，费用也比较高,而且,这样的工作需要具有专门知识的人员来承担。这些人应当具有应用领域的知识、描述语言的知识,并且还要熟悉系统的设计与实现技术。

　　根据数理语言学中的齐夫定律,自然语言中普遍存在着"长尾综合效应"(long tail syndrome)①。请看下面的图13.7:

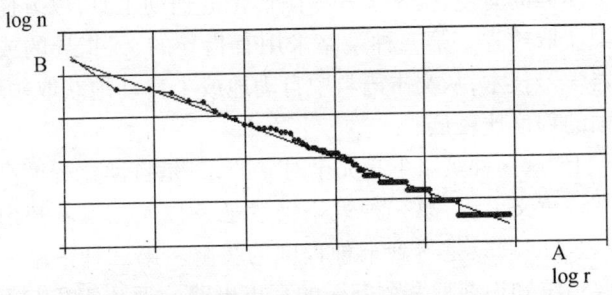

图13.7　表示"长尾综合效应"的破碎折线

　　在图13.7中,横轴表示频率词典中单词的序号 r 的对数 log r(按照序号从小到大的顺序排列,从序号1排起),纵轴表示频率词典中单词的频率 n 的对数 log n(按照频率从高到低的顺序排列,出现频率最高的单词的序号为1),试验证明,当 $15 < r < 1\,500$ 的时候,频率相同的词群容量不大,但当 $r > 1\,500$,也就是当词的频率较小的时候,频率相同的词群的容量就大大增加了,而且,随着频率的变小,频率相同的词群的数量越来越多,其分布形成一条破碎折线。可以清楚地看出,在这条破碎折线的后面一段拖着一条"长尾"。这样的事实说明,自然语言中的绝大多数事实采用经常出现的、非常少量的表达方式来描述,而剩余的事实却需要大量的、不经常出现的表达方式才能覆盖,因此才会在曲线中出现"长尾"。

　　由于"长尾综合效应"的影响,人工编制的知识库很难达到很高的语言覆盖面。因此,知识获取问题已经成为制约信息抽取技术广泛应用的一个主要障碍。它除了影响系统的可移植性外,也是影响系统性能的主要因素。正因为如此,近几年召开的多次专题学术研

---

① 　冯志伟,数理语言学,知识出版社,1985年,p.155。

讨会都是以解决知识获取问题、建立具有自适应能力的信息抽取系统为主题的。

领域知识获取可以采用的策略通常有两种：一种策略是"人工＋辅助工具（图形用户接口）"；另一种策略是"自动/半自动＋人工校对"。第一种策略相对简单一些，以人工工作为主体，只是在为人工移植知识的时候，提供了一些图形化的辅助工具，以方便和加快领域知识获取过程。第二种策略采用有指导的、无指导的或间接指导的机器学习技术，从文本语料中自动地或半自动地获取领域知识，人工干预的程度比较低。

实际上，这两种策略不是完全对立的，只是自动化程度高低不同而已。某种意义上讲，第一种策略仍然是一种人工编制知识库的过程，知识瓶颈问题只是得到某种程度的缓解。第二种策略才是解决信息抽取系统知识获取瓶颈问题的真正出路。近几年还有不少研究者采用自举（bootstrapping）技术，从未经标注的语料库中直接自动地进行学习，抽取出有关的模式。

从自然语言文本中获取结构化信息的研究最早开始于 20 世纪 60 年代中期，这被看作是信息抽取技术的开创性研究，它以两个长期的自然语言处理研究项目为代表。

一个是美国纽约大学开展的"语言串"（Linguistic String）项目，该项目开始于 20 世纪 60 年代中期并一直延续到 20 世纪 80 年代。该项目的主要研究内容是建立一个大规模的英语计算语法，与之相关的应用是从医疗领域的 X 光报告和医院出院记录中抽取"信息格式"（Information Formats），这种信息格式实际上就是我们在前面所说的"模板"（Templates）。

另一个相关的长期项目是由耶鲁大学尚克和他的同事们在 20 世纪 70 年代开展的有关故事理解的研究。他的学生德容（Gerald De Jong）设计实现了 FRUMP 系统，该系统是根据故事脚本理论建立的一个信息抽取系统，可以从新闻报道中自动地抽取信息，内容涉及地震、工人罢工等很多领域或场景。该系统采用了期望驱动与数据驱动相结合的处理方法，期望驱动是一种自顶向下的分析方法，使用"脚本"；数据驱动是一种自底向上的分析方法，直接从输入文本开始分析。这种期望驱动与数据驱动相结合的处理方法被后来的许多信息抽取系统采用。

从 20 世纪 80 年代末开始,信息抽取研究蓬勃开展起来,这主要得益于消息理解系列会议(Message Understanding Conference,简称 MUC)的召开。MUC 系列会议使得信息抽取发展成为自然语言处理领域一个重要分支,并一直推动这一领域的研究向前发展。

从 1987 年开始到 1998 年,MUC 会议共举行了七届,它由美国国防高级研究计划委员会(the Defense Advanced Research Projects Agency,简称 DARPA)资助。MUC 的显著特点并不在于只是单纯地召开会议,而在于在会议期间还要对信息抽取系统进行评测。只有参加信息抽取系统评测的单位才被允许参加 MUC 会议。在每次 MUC 会议前,会议组织者首先向各参加单位提供样例的消息文本和有关抽取任务的说明,然后各参加单位开发能够处理这种消息文本的信息抽取系统。在正式会议前,各参加单位运行各自的系统处理给定的测试消息文本集合。各参加单位都要遵循 MUC 系列会议建立的术语,他们把信息抽取最终的输出结果称为"模板"(Template),把模板中的填充项称为"槽"(Slot),把信息抽取过程中使用的匹配规则称为"模式"(Pattern),把要提取的特定事件或关系称为"场景"(Scenario)。而"领域"(Domain)概念要宽泛一些,通常一个领域可以包含多个场景。例如,在金融这个"领域"的新闻中,可能包含有建立合资公司场景、股票转让场景等很多个"场景"。

MUC 在评测时,把系统的输出结果与手工标注的标准结果相对照进行比较,从而得到最终的评测结果。在评测结束之后,最后才召开所谓的"会议",在会议上由参加单位交流自己的想法和感受。所以,MUC 的"会议"是由"评测"驱动的。

这种评测驱动的会议模式后来得到广泛认可,在自然语言处理的其他领域也召开了类似的评测驱动的会议。例如,从 1992 年开始举行的文本检索会议 TREC 等,也是评测驱动的会议。

从历次 MUC 会议,可以清楚地看到信息抽取技术发展的历程。

1987 年 5 月举行的首届 MUC-1 会议基本上是探索性的,没有定义明确的任务,也没有制定评测标准。总共有 6 个系统参加,所处理的文本是海军军事情报,每个系统的输出格式都不一样。

MUC-2 于1989 年5 月举行,共有8 个系统参加,处理的文本类型与 MUC-1 一样。MUC-2 开始明确地定义任务,规定了模板以及槽的填充规则,抽取任务被明确地定义为一个模板填充的过程。

MUC-3 于 1991 年 5 月举行,共有 15 个系统参加,抽取任务是从新闻报告中抽取拉丁美洲恐怖事件的信息,定义的抽取模板由 18 个槽组成。从 MUC-3 开始引入正式的评测标准,其中借用了信息检索领域采用的一些评测指标,如召回率和准确率等。

MUC-4 于 1992 年 6 月举行,共有 17 个系统参加,任务与 MUC-3一样,仍然是从新闻报告中抽取恐怖事件信息。但抽取模板变得更加复杂,总共由 24 个槽组成。从这次会议开始 MUC 被纳入 TIPSTER 文本项目 3。

MUC-5 于 1993 年 8 月举行,共有 17 个系统参加:美国 14 个,英国、加拿大、日本各一个。此次会议设计了两个目标场景:一个是金融领域中的公司合资情况,一个是微电子技术领域中四种芯片制造处理技术的进展情况。除英语外,MUC-5 还对日语信息抽取系统进行了测试。在本次会议上,组织者尝试采用平均填充错误率(Error Per Response Fill, 简称 ERR)作为主要评价指标。与以前相比,MUC-5 抽取任务的复杂性更大,比如公司合资场景需要填充 11 种子模板总共 47 个槽,仅仅任务描述文档就有 40 多页。MUC-5 的模板和槽填充规范是 MUC 系列评测中最复杂的。MUC-5 的一个重要创新是引入了嵌套的模板结构。信息抽取模板不再是扁平结构(flat structure)的单个模板,而是借鉴面向对象和框架知识表示的思想,由多个子模板嵌套组成。模板中每个槽的取值除了可以是文本串(如公司名)、格式化串(如将日期、时间、金额等文本描述转化为某种规范形式)、有限集合中的元素(如组织类型可以分为公司、政府部门、研究机构等)外,还可以是指向另一个子模板的指针。

MUC-6 于 1995 年 9 月举行,训练时的目标场景是劳动争议的协商情况,测试时的目标场景是公司管理人员的职务变动情况,共有 16 家单位参加了这次会议。MUC-6 的评测更为细致,强调系统的可移植性以及对文本的深层理解能力。除了原有的场景模板(Scenario Templates)填充任务之外,又引入三个新的评测任务:命名实体(Named Entity)识别、共指(Coreference)关系确定、模板元素(Template Element)填充等。命名实体识别任务主要是要识别出文本中出现的专有名称和有意义的数量短语等命名实体并加以归类;共指关系确定任务是要识别出给定文本中的参照表达式,并确定这些表达式之间的共指关系;模板元素填充任务是要识别出特定类型的所有实体以及它们的属性特征。

MUC-7 于 1998 年 4 月举行。训练时的目标场景是飞机失事事件,测试时的目标场景是航天器(火箭/导弹)发射事件。除 MUC-6 已有的四项评测任务外,MUC-7 又增加了一项新任务:评测模板之间的关系,其目的在于确定实体之间与特定领域无关的那些关系。共有 18 家单位参加了 MUC-7 评测。值得注意的是,在 MUC-6 和 MUC-7 中,开发者只允许用四周的时间进行系统的移植,而在先前的评测中常常允许开发者有 6—9 个月的移植时间。

信息抽取经过二十多年尤其是最近十多年的发展,已经成为自然语言处理领域一个重要的分支,在信息抽取研究中提出的一些思想,例如,通过系统化的、大规模的定量评测推动研究向前发展,局部分析技术的有效性,快速 NLP(Natural Language Processing)系统开发的必要性,知识工程研究以及软件工程技术的重要性,等等,这些思想对于自然语言处理的其他领域,都是很有启发的。信息抽取研究独特的发展轨迹,极大地推动了自然语言处理研究的发展,启发着自然语言处理的研究人员面向实际的应用,重新考虑他们的研究重点,开始重视解决过去曾被忽视的一些深层问题,如语义特征标注、共指消解、篇章分析等等。

目前,有两个最主要的因素影响着信息抽取技术的广泛应用。一个因素是信息抽取系统性能,一个因素是系统的可移植能力。今后信息抽取的研究将紧紧围绕如何克服和解决这两个因素引起的问题而展开,重点解决知识获取、篇章分析、高效句法分析等问题,不断提高信息抽取系统的性能、增强信息抽取系统的可移植能力。

第三节　自动文摘

本节讨论单文档与多文档的自动文摘(automatic text summarization)，介绍自动文摘的主要方法。

早在 20 世纪 50 年代末和 60 年代初，卢恩和埃德蒙森(Edmundson)就采用计算机进行了自动文摘的试验。但由于自动文摘难度很大，不久就沉寂下去了。

在沉寂了几十年后，随着计算机的内存和运算速度的不断提高，网上文档与在线文本数据库不断激增，计算机自动文摘重新引起了人们的重视。

所谓自动文摘，就是从一个或多个文本中自动地摘取包含了原文中最重要信息的部分。如果从一个文本中摘取，就是单文档自动文摘，如果从多个文档中摘取，就是多文档自动文摘。

国外自动文摘的实验说明，自动文摘的长度最好不要超过被摘原文长度的 35% ，但也不要低于被摘原文长度的 15% 。如果文摘过长，就失之冗繁；如果文摘太短，就失之单薄。因此，我们应当把文摘的长度控制在适当的范围之内。

被摘的文本包括多媒体文本文件、在线文本文件、超文本等多种形式。

目前公认的摘要类型包括指示性摘要、信息性的摘要和抽取性摘要。

指示性摘要提供原文的主要思想，但并不提供原文的任何内容。

信息性的摘要提供原文中经常被别人引用的信息片段。

抽取性摘要从原文中摘录出单词、句子等等，然后再对这些单词或者句子进行重新组合，生成摘要。

一般说来，自动文摘要经过三个步骤，主题识别，主题融合，文摘生成。分述如下：

步骤一：主题识别

自动文摘的第一个步骤是主题识别(topic identification)。主题是我们写文章或者讨论问题时的主要话题。一旦系统识别了文章中的最重要单位(单词、句子、段落等等)，就可以简单的把它们排列出来，从中抽取信息，或者以图表的方式展示它们，提供图表式的摘要，这样,我们就可以说系统识别了文章的主题。在通常的情况下,主题识别需要多种技术互相补充。

计算机主题识别的时候,所提取的信息是不连续的,信息中省略了原文主题连接的关联词语,而且有重复摘取及遗漏的情况,所以文摘的可读性较差,并且不连贯。因此自动文摘系统有一个步骤专门用来重新组合提取出来的摘要信息,生成具有可读性的摘要。在基于信息抽取的摘要实例中,摘要生成可以简单的认为是"修饰"从原文中摘取的片断,使之成为连贯的文本。

为了完成这个步骤,几乎所有的自动摘要系统都采用了多个独立的识别模块。每一个独立模块都对输入的源文本(单词、句子、段落)进行打分;然后用一个综合模块对所有打分模块所打的分数进行综合评估,最后得到一个分数排行。系统可以根据用户所需要的摘要长度,按分数排行从高到低的顺序,选择自动摘取出来的文摘提供给用户。

在自动文摘中,摘取的信息以什么为基本单位是一个比较普遍的问题。大多数摘要系统都是以句子为基本单位,有的学者认为,以子句(clause)为基本单位进行自动摘要,可以获得更多的信息。有的学者认为,与重要的句子紧紧相连的句子可以作为摘要句的重要参考信息,这样可以减少摘要出来的句子的指称的不确定性。

主题识别的性能一般用召回率和准确率来评估。给定一个源文本,分别做自动摘要和人工摘要,然后把系统的摘要和人工的摘要进行比较,确定自动文摘系统所得出的结果与人工所得出的结果的相似度,计算其准确率和召回率。

主题识别有如下方法:

根据位置来识别主题: 不同体裁的文章的结构在位置上都有一定的规律。一般说来,在文章的头信息、标题或第一个自然段中,往往含有文章的重要信息。例如,对于新闻和报纸来说,第一个自然段往往包含重要信息,因此,最简单的摘要方法就是摘取文章的第一个自然段。1997 年,托依伏尔(Teufel)和摩恩(Moens)采用根据位置识别主题的方法,从报纸,自然科学和技术类文章中抽取 33% 的句子作为摘要,效果良好。

由于不同体裁的文章主题所在的位置各有差异,为了自动确立最佳的位置和取得高质量的摘要,霍维(Hovy)和林(Lin)在 1997 年定义了面向某个领域和特定体裁的最优位置策略(Optimum Position Policy,简称 OPP),以此作为句子排名的依据,并且描述了构建最优位置的方法。

根据线索词来识别主题:在一定的体裁中,有一些单词或者词语可以暗示接下来将有重要的句子出现,因此,这些句子就应该是被摘取出来的对象,这样的单词或者词语叫做"线索词"(cue phrase indicators)。例如,在英语中,significant("重要的"), in this paper we show("本文中我们论述了")等词语就是这样的线索词,它们后面出现的句子往往可以作为摘取的对象。1997 年,托依伏尔和摩恩利用他们从某一科学体裁的文本中手工选取的 1423 个线索词来进行自动文摘,获得了 54% 的正确率与召回率。当然,这些线索词提供的线索的好坏不完全一样,因此,他们还手工给每一个线索词一个分值(无论正面或者负面),用来计算线索词的权重。1999 年,托依伏尔和摩恩又对他们的理论进行了扩展,他们认为,线索词不只是暗示了有关句子的重要性,而且还能暗示某个句群或者段落在文章中的作用,例如,文章的目的、背景、解决办法、结论、主张等。因此,他们使用线索词来预示文章中重要的段落或句群。

根据词语频率的特异性来识别主题:在文本中,有些单词出现的频率非常高,有的单词出现的频率一般高,而有的单词出现的频率很低,单词的出现频率遵从齐夫定律,齐夫定律的曲线可以描述文本中单词的正常分布状态。如果待摘文本中某些词语的频率异于这样的正常状态,那么包含这样词语的句子很有可能就具有特异性,它们很可能就是显示主题的很重要的句子,应当作为摘取的对象。

根据文章标题和查询提问来识别主题:在文章的标题或者在文章页首的文字中含有的词语往往预示着文章的主题,用户用于查询提问的词语也往往预示了文章的主题,这些词语叫做"期望词"(desirable words)。可以使用期望词为线索,对于句子的重要性进行打分,从而识别文章的主题。

根据词语之间的连贯性来识别主题:文本中句子所包含的词语

的连贯性可以通过复指、共指、同义关系、语义关系等方式表示出来，句子中所包含的词语的连贯度越高，句子联系就越紧密，而联系越紧密的句子就有可能越重要。可以根据句子的连贯性打分，从而识别文章的主题。

玛尼(Mani)和布洛多恩(Bloedorn)认为文本是一个图表，文本中的词就是图表的结点，结点之间的弧线代表了词语之间的连贯性，可以通过弧线来识别图表。

根据话语结构来识别主题：1987 年，曼(W. Mann)和汤姆森(S. Thompson)在《修辞结构理论：一种文本组织的理论》(Rhetorical Structure Theory：A Theory of Text Organization)一文中，提出"修辞结构理论"(Rhetorical Structure Theory，简称为 RST)。这是一种基于文本局部之间关系的关于文本组织的描述理论。

例如，研究下面的两个段落：

a. I love to collect classic automobiles. My favorite car is my 1899 Duryea. (我喜欢收集古典汽车。我最中意的汽车是我那辆 1899 年的 Duryea 汽车。)

b. I love to collect classic automobiles. My favorite car is my 1999 Toyota. (我喜欢收集古典汽车。我最中意的汽车是我那辆 1999 年的"丰田"汽车。)

段落 a 是有意义的，它表示了说话人喜欢 1899 年的 Duryea 汽车的事实，这个事实很自然地紧接着他喜欢古典汽车的事实。而段落 b 则是有缺陷的。这种缺陷并不是单个句子的问题，段落 b 中的单个的句子单独看起来都是完美的，缺陷在于它们在意思上的结合不好，1999 年的"丰田"汽车显然不是古典汽车。不过，两个句子顺序排列的事实暗示它们之间具有某种连贯关系，而段落 a 和段落 b 的连贯关系是不同的。对于段落 a 来说，这种关系具有详述(elaboration)关系的特征。而对于段落 b 来说，这种关系则具有对照(contrast)关系的特征，因此，段落 b 应当更恰当的表示为：

I love to collect classic automobiles. However, my favorite car is my 1999 Toyota. (我喜欢收集古典汽车。然而，我最中意的汽车是我那辆 1999 年的"丰田"汽车。)

这里，"however"明显地将对照关系的信号传递给读者，这个段落在意思上也就顺畅多了。

从理论构建一开始，修辞结构理论的奠基者就认为，话语的结构比其他任何事物都更反映说者的意图和目标，而意图普遍是有层次的；说者的注意和意图被认为是文本中相互独立又相互作用的方面；语言形式、语言功能和话语结构互相联系的方式是一种松散的相互制约的方式，而不是某种类似于"一一映射"的方式。因此并不总有什么特定的词汇或语法形式惟一地标记结构特征。

修辞结构理论的核心是修辞关系的概念。修辞关系(Rhetorical Relation)是存在于两个互不重叠的文本跨段(Text Span)之间的关系(当然也有一些例外)，这两个文本跨段一个叫"核心单元"(Nucleus)，一个叫"卫星单元"(Satellite)。这种对核心和卫星的区分来自经验观察。例如，在上面的段落 a 中，"I love to collect classic automobiles"这个片断是核心单元，"My favorite car is my 1899 Duryea"这个片断是卫星单元。核心单元与卫星单元的划分说明，许多修辞关系是非对称的。这里第二个片断是根据第一个片断来解释的，但是反之则不然。下面我们将看到并不是所有的修辞关系都是非对称的。修辞结构关系是根据它们施加于核心、外围、以及核心和外围的结合处的约束来定义的。

1997 年，马尔库(Marcu)根据修辞结构理论，提出了一个复杂的自动文摘方法，这个方法使用修辞结构理论来识别待摘文本潜在的话语中心，对句子进行打分，并利用话语的框架和内容的树形图，把多种方法相互结合起来识别文章的主题。马尔库的算法对美国自然科学文本的自动摘要几乎达到了人工摘要的水平。

使用多种方法相结合的算法来识别主题：自动文摘的研究人员发现，不同的自动摘要方法基本都被采用过了，实践证明没有哪一种方法是最好的；在多数情况下，由于每一种方法都有自己的优点，把多种方法结合起来就可以取得更好的成绩。

1955 年，库皮克(Kupiec)、佩特森(Pedersen)和 陈(Chen)在他们里程碑式的工作中，训练了一个贝叶斯概率分类器，他们通过对段落的位置、线索词的指示作用、词语的频率、大写字母的词以及句子的长度等特征的统计分析结果,计算了任何一个句子在文摘中出现的可能性。他们发现,段落的位置特征在自动文摘中可以提供33%的准确率,通过线索词的方法可以得到29%的准确率。但是两种办法结合起来却只能达到42%的准确率,比位置特征与线索词单个相加(33%+29%)要低20%。如果把上述的位置特征、线索词、频率特异性、文章标题和查询提问、连贯性5种方法同时混合采用,也只有42%的准确率。

同样利用贝叶斯概率分类,奥纳(Aone)等人发现在单一的体裁中,不同的报纸也要采用不同的特征相结合的办法,才能取得较好的效果。

步骤2: 主题融合

如果只是把使用上述方法摘出来的结果排列起来,不加进一步的阐释(interpretation),那么,这样得到的系统只能算是一个摘录系统(abstract-type system),而不能算是一个摘要系统(extract-type summarization system)。在阐释时,系统要把主题识别作为一个重要的因素融合起来,使用新的术语和新的形式来表达摘要的内容,在进行这样的表达时,可能使用原文中没有的概念和词语。这个步骤叫做主题融合。

事实证明,如果系统没有预先加载某一领域的相关知识,那么就很难执行阐释功能。在目前的技术水平下,由于获得某一领域的知识还非常困难,所以,我们只能在一个很小的领域进行阐释。目前还没有自动文摘系统能够从源文本中自动地获取各个领域的知识,从而进行这样的阐释。

在阐释中使用模板,对自动文摘看起来可能会有帮助。但是,建立这种模板结构并且正确地填充它们是很困难的,目前来说,我们还不能利用模板来进行大规模的自动文摘。

1999年,霍维(Hovy)和林(Lin)使用主题签名(topic signature)和单词之间的关联技术进行主题的融合。他们通过主题签名的重合情况对句子进行打分,运用主题签名来进行主题识别,他们又以中心词来代替句子内的多个单词,来进行主题阐释。通过自动构建主题签名,他们克服了主题阐释时的知识短缺问题。

目前,领域知识的自动获取仍然阻碍了阐释的进行,这是自动文摘阐释的瓶颈问题。

步骤3:文摘生成

自动文摘的第三步是文摘的生成。当文摘的内容通过摘录或抽取技术提取出来之后,就要把它们转化为自然语言输出给用户,为了便于用户阅读和理解,有必要对这些零星的、简单的摘要进行加工,通过文本规划、句子规划,最后生成流畅可读的自然语言句子。这个步骤就是文摘生成。

对于单纯的摘录系统(abstract-type system),只要把摘取出来的结果列举出来就行了,不需要进行文摘生成。不过,在这样的情况下,不管摘取的结果是按原来的顺序排列还是按句子得分的高低进行排列,最后得到的文本一般都是不流畅的。

赫尔斯特等人提出了一种平滑算法,可以识别和修复最典型的摘要不流畅现象。玛尼,盖茨(Gates)和布洛多恩在1999年提出了一个摘要修订方案,他们对提取出来的摘要片断进行组合,可以生成简单的、可读性较好的摘要文本。

在文摘生成中,文本压缩是一种很有前景的方法。乃伊特和马尔库使用期望最大算法(Expectation Maximum,简称 EM 算法)训练系统,压缩句子的句法分析树,可以生成一个单一、简单的句子。根据他们的方法,两个句子可以压缩成一个句子,三个句子可以压缩成两个甚至一个句子,从而进行文摘的生成。

1999 年,麦克文(Mckeown)和荆(Jing)从文本生成的角度来提取摘要。他们认为,摘要常常是被摘文本中的一些零星的剪切片断组合而成的,组合时有必要确定这些句子片断的重要性,根据重要性把它们组织成符合语法的段落。使用这样的方法得到的自动文摘能够较准确地代表被摘文本的内容。

目前研制的大多数自动文摘系统只包括了步骤1:主题识别。

上述的单文档的自动文摘已经是很困难的了。如果对多个主题相关的文档进行摘要,更加具有挑战性。

多文档自动文摘是目前自动文摘研究的一个热点,可以用于海量信息的自动汇总,尤其可以用于汇总互联网上针对某一特定事件的来自不同文档的多种信息。例如,当世界上发生重大的事件时,往往会有不同来源、不同方面的报道,读者如果想了解事件发生的详细情况,需要阅读大量的相关报道,这要花费很多的时间和精力。如果我们使用多文档文摘技术,把有关某个事件的大量信息汇总在较短的文摘之中,就可以大大地节省读者阅读大量报道的时间。

多文档自动文摘技术还可以应用于历史事件的整理,连续事件的追踪。例如,对于事件的持续关注,事件的发生、发展到结束的各个阶段的相关信息,都可以使用多文档自动文摘摘取事件的主要内容,并且把这些内容按照事件发展的顺序组织起来,使读者通过阅读文摘,迅速了解整个事件的轮廓。基于主题查询的多文档文摘则可以进一步考虑用户的查询要求,从与特定事件的相关的大量文档中,自动生成用户需要的相关内容。

在对多个文档进行文摘时,为了避免冗余,必须辨认和找出这些文档的主题之间是否有重叠,还要处理好多个文档在摘要的时候出现的不一致性,如果有必要,可以通过时间线索对摘取进来的事件进行组织。鉴于这些原因,多文档自动文摘没有单文档自动文摘发展得快。

2001 年,马尔库和盖尔布(Gerber)使用一个简单的程序对报纸类体裁的文章进行多文档文摘,生成的文摘十分完善,令人满意。当然,对于更加复杂的体裁,比如传记类文体和对事物的描述性的文体,这样简单的程序就显得无能为力了。

看来,多文档的自动文摘的实用化,还有很长的一段路要走。

自动文摘研究中最常涉及到的是目前国际上最为重要的文摘评测会议:一个会议叫做文档理解会议(Document Understanding Conference,简称 DUC),一个会议叫做文本分析会议(Text Analysis Conference,简称 TAC)。这两个会议都确定了文档摘要任务。DUC 从 2001 年以来进行了多种文档摘要任务的评测,从 2008 年开始,DUC 的文摘评测任务并入 TAC 评测。其他相关的评测会议还有:多语言文摘评估(Multilingual Summarization Evaluation,简称 MSE),文本文摘挑战(Text Summarization Challenge,简称 TSC),TREC 等会议。这些会议涉及各种自动文摘任务,给出了较为权威的文摘评测方法和结果。

本章参考文献

1. 李保利,陈玉忠,俞士汶,信息抽取研究综述[J],2003 年,《计算机工程与应用》,第 30 卷,第 10 期,1—5 页。
2. 李素建,文本内容自动处理的相关研究[J],《术语标准化与信息技术》,2011 年,第 1 期,43—48 页。
3. 孙斌,信息提取技术概述[J],《术语标准化与信息技术》,2002 年,第 3 期,第 4 期。
4. 吴立德,大规模中文文本处理[M],复旦大学出版社,1997 年。
5. 赵军,命名实体识别、排歧和跨语言关联[J],《中文信息学报》,第 23 卷,第 2 期,2009 年 3 月,p3—17。
6. Applet D E, Israel D J, Introduction to Information Extraction Technology [J], A Tutorial for IJCAI‐99, 1999.
7. Chinchor N, Marsh E, MUC‐7 Information Extraction Task Definition (version 5.1) [A], In *Proceedings of the Seventh Message Understanding Conference* [C], 1998.
8. Chinchor N, Overview of MUC‐7/MET‐2 [A], In *Proceedings of the Seventh Message Understanding Conference* [C], 1998.
9. Douthat A, The Message Understanding Conference Scoring Software User's Manual [A], In Proceedings of the Seventh Message Understanding Conference [C], 1998.
10. Gaizauskas R, Wilks Y, Information Extraction: Beyond Document Retrieval [J], *Journal of Documentation*, 1997.
11. Grishman R, Sundheim B, Message Understanding Conference‐6: A Brief History [A], In *Proceedings of the 16h International Conference on Computational Linguistics* (COLING‐96) [C], August 1996
12. Hobbs J, The Generic Information Extraction System [A]. In *Proceedings of the Fifth Message Understanding Conference* (*MUC‐5*) [C], pages 87‐91, Morgan Kaufman, 1993.
13. Hovy, E. Text Summarization, The Oxford Handbook of Computational Linguistics [M], ed. R. Mitkov, 583‐598, 冯志伟导读,外语教学与研究出版社 & 牛津大学出版社,2009 年。

14. ZHAO Jun, LIU Feifan, Product Named Entity Recognition in Chinese Texts [J], *International Journal of Language Resource and Evaluation* (LRE), 2008, 42(2): 132 - 152.

第十四章
文本数据挖掘

　　自然语言的文本中蕴藏着大量丰富的信息,但是,自然语言却对这些信息进行了编码,把这些信息隐藏在文本当中,使它们成了一种难以解释的形式。可能正是因为这样的原因,在过去的自然语言处理中,很少有人去研究如何从文本数据中挖掘那些隐藏着的信息,大多数人要么是使用信息抽取的方法从数据中抽取信息,要么就是使用信息检索的方法直接从文本中检索信息。

　　"文本数据挖掘"(Text Data Mining,简称 TDM)目的在于从大规模真实文本的数据中发现或推出那些隐藏在文本中的信息,或者找出文本数据集合的模型,或者预测文本数据中所隐含的趋势,或者从文本数据的噪声中分离出有用的信号。

　　本章首先讨论文本数据挖掘的特点。然后说明怎样从文本中挖掘语言学知识,再说明如何从文本中挖掘非语言学知识,并举出实例具体地说明怎样使用生物医学文献中的文本数据来推测偏头痛的病因,怎样使用专利文献中的文本数据来揭示美国工业技术与政府的公共科学基金资助之间的关系,最后介绍信息挖掘系统LINDI,这个系统能够根据大规模的文本集合来发现文本中蕴含的新信息。

第一节　文本数据挖掘的特点

　　"文本数据挖掘"(Text Data Mining)中的"挖掘"(Mining)这个单词是一个比喻。所谓"挖掘",意味着从没有价值的岩石中提取出有价值的矿物。例如,从金沙中提取黄金。因此,文本数据挖掘就意味着我们需要在一大堆数据的清单中寻找新的信息,自动地或半自动地发掘在大量的数据中隐藏着的趋势和模式,这就像从没有价值的岩石中提取有价值的矿物,从金沙中提取黄金一样。在很多情况下,文本数据挖掘的目的是制定对于某个特定问题的决策。

区分文本数据挖掘和信息抽取是非常重要的。信息抽取的目的是为了帮助用户从文本中找到能够满足他们信息需求的文档。信息抽取的步骤类似于在一大堆针里找我们需要的针,在找我们需要的针的时候,我们想要的针和很多其他我们不想要的针是混在一起,信息抽取的任务就是从一大堆混杂的信息里把我们需要的信息抽取出来。文本数据挖掘的目标不是简单地抽取信息,而是从大量的数据中发现或者获取新的信息,从一大堆数据中寻找模式,预测发展的趋势,或者从噪音中分辨出有用信号。信息抽取系统虽然能够抽取包含了用户所需信息的文件,但这一事实并不意味着用户已经有了新的发现,这是因为,信息抽取系统抽取到的信息对于文本的作者来说是已知的;而文本数据挖掘所挖掘出来的信息,往往是用户事先没有料到的。

当然,在数据挖掘中,如果处理的是非文本数据,那么,不一定能够找出黄金,只要能从数据中找出模式,也就算很有成绩了。我们把这种数据挖掘叫做"标准的数据挖掘"。至于传统的计算语言学,其目的主要是在文本数据中找出隐藏在其中的模式,也不一定能够找出黄金。这种情况,我们在表 14.1 中进行了比较。

表 14.1 中左边的"标准的数据挖掘"和"计算语言学"的目标在于找出模式,如果处理的是非文本数据,那么,这就是"标准的数据挖掘"的任务,如果处理的是文本数据,那么,这就是传统的"计算语言学"的任务。表 14.1 中右边文本数据挖掘的目标在于从沙子中找出黄金,这才是真正意义上的"文本数据挖掘",我们把它叫做"真正的文本数据挖掘"。在这种"真正的文本数据挖掘"中,需要通过逻辑推断,发现新信息,从而找出黄金。而在"信息抽取"中,只需要通过数据库查询就可以查到有关的信息,由于信息抽取没有发现新信息,当然不可能找到黄金。

表 14.1　数据挖掘与信息抽取比较

找　出　模　式		找　出　黄　金	
		发现新信息	没有发现新信息
非文本数据	标准的数据挖掘	逻辑推断	数据库查询
文本数据	计算语言学	真正的文本数据挖掘	信息抽取

　　近年来,由于互联网的迅速发展,人们开始研究"网络数据挖掘"。网络数据挖掘有两个目标。第一个目标是帮助用户在网页上找到有用的信息并在网页文件集描述的范围内,挖掘出有用的知识。第二个目标是分析基于网页系统下的人机交互,进行系统优化。在网络数据挖掘中,我们实际上是把网页中的信息看成是一个庞大的知识库,我们的目的是从中挖掘出新的、前所未有的信息。

　　文本分类(text categorization)是把一个文件的具体内容用一个或多个预先设定的分类标签表示出来。这样的工作显然不会发现新的信息,因为写文本的人应当知道这个文本的内容,只不过文本分类产生的东西是对已知信息的一个紧凑的总结而已。因此,我们一般把文本分类归入信息检索的领域,我们在"信息检索"中已经介绍过这样的文本分类技术。然而,最近在文本分类的方面的研究似乎真的符合在更加通用的文本数据中发现趋势和模式这样的概念框架,使得这样的文本分类也算得上是"文本数据挖掘"。这种类型的研究就是使用文本分类标签来寻找隐藏在文本中的那些"意想不到的模式",其主要的方法是在文本集的子集中比较类别标签的分布情况。例如,比较国家 C1 和国家 C2 的商品分布情况,从数据中发现一些有趣或者出乎意料的趋势,通过这样的比较也可能发现一些新的信息。

第二节　从文本中挖掘语言学知识

　　在自然语言处理的框架内,现有词汇结构的自动扩充研究所取得的成果似乎印证了我们将数据挖掘看作从岩石中提取有价值的矿物的比喻。例如,通过识别词汇语义模式来自动地扩展词网(WordNet)中的关系,从大规模文本语料中自动获取再分类的数据,从而进行再分类,使分类更加精密。这些文本数据挖掘的研究,都从数据中挖掘出了新的信息,而不是单纯地抽取出数据中既存的信息。

近年来我在中国传媒大学担任博士生导师,该大学的依存树库研究团队(包括硕士生、博士生和部分青年教师)在从文本数据挖掘语言学知识方面做了一些初步的探索。这里,我们举出一些例子来说明。

如果我们有关于汉语副词"多半"用法的如下例句:

1. 游览北京名胜古迹的多半是外地人。(表示"大部分")

2. 过了立秋,天气多半会变得凉爽起来。(表示"通常")

3. 他们多半会同意的,你不用着急。(表示"很有可能")

仔细观察,发现句子 3 有歧义。除了表示"很有可能"之外,还可以表示"他们"中的"大部分"。也就是说,"多半"的语义指向可以向后指向"同意",还可以向前指向"他们"。

我的博士生高松带着这样的问题,对北京大学语料库提供的 500条语料进行分析,得出了如下的统计结果:

表 14.2　语料统计结果

	条目数	比　例
切分错误	22	4.4%
无歧义	329	65.8%
有歧义	149	29.8%
合　计	500	100%

她还发现,如果文本没有切词,还会产生如下的切分错误句子:

4. 我差不多半年都没去书店了。

其实句子 4 中根本没有"多半"这个单词。

在有歧义的 149 条中,歧义格式可以分为两类:

一类是:"名词、名词性短语 + 多半 + 动词",例如,

5. 考到外地大学生又多半不想回来。

一类是:"人称代词 + 多半 + 动词",例如,

6. 她们多半是妙龄女子。

进一步分析发现,出现歧义的条件是:句子的主语必须是群体

性的名词、名词词组或者人称代词。

句子 3 之所以有歧义，就是因为主语"他们"是表示群体的人称代词。这样就解释了句子 3 出现歧义的原因。

可见，通过对于语料库数据的精细观察和深入思考，我们确实可以从文本数据中挖掘出隐藏在其中的有用的语言学知识。

这个团队的研究是在树库（tree-bank）的基础上进行的。树库在数据挖掘中起着重要的作用。树库是在词性标注的基础上，对每个句子加注句法关系的语料库，由于这样的句法关系通常用树形图（tree graph）来表示，因此，我们把这样的语料库叫做树库。近年来，树库作为获得句法结构的知识源和评价句法分析结果的工具，受到很多研究者的重视。越来越多的研究发现：树库资源不仅可以使用在自然语言处理的研究中，也可以使用在理论语言学的研究中，它是语言学研究有用的工具。树库中含有的大量句法分布信息可为句法研究提供坚实的基础。

中国传媒大学的树库是依存树库（dependency tree-bank）。依存树库是一种用依存语法（dependency grammar）标注的语料库，通过建立词语之间的联系来描述句法的结构，这种联系以依存关系为基础。

依存关系是两个词之间一种有向的、非对称的关系。它具有三个组成部分：支配词（governor）、从属词（dependent）、依存关系标记（dependency tag）。句子中的每个词都有自己的支配词，即它是受哪个词支配的，它依存于哪个词。把这种依存关系用符号标记出来，这些符号就是依存关系标记。图 14.1 为汉语句子"这是一本书。"的依存句法结构图。

图 14.1 中带箭头的弧的起点为支配词，箭头指向的是从属词，弧上标记为依存关系标记。动词"是"是句子的谓语，它支配主语"这"和宾语"书"。"是"是支配词，"这"和"书"是从属

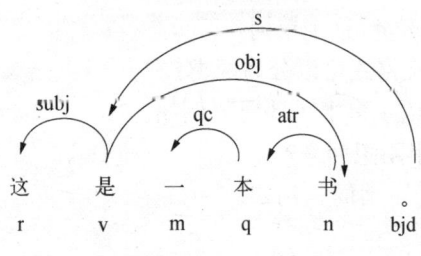

图 14.1 "这是一本书。"的依存句法结构图

词,"s"、"subj"、"obj"是依存关系标记,分别表示"句子"、"主语"、"宾语"。数词"一"作量词"本"的量词补足语,"本"是支配词,"一"是从属词,"qc"是依存关系标记,表示"量词补足语"。数量短语"一本"作名词"书"的定语,名词"书"支配量词"本","atr"是依存关系标记,表示"定语"。

他们在汉语树库中使用的标记集如下:

1. 词性标记集

ID	标记	中文含义	标记类别
1	np	专有名词	词类标记
2	nt	时间名词	词类标记
3	ns	处所名词	词类标记
4	nl	方位名词	词类标记
5	n	其它名词	词类标记
6	vu	助动词	词类标记
7	vd	趋向动词	词类标记
8	vl	系动词	词类标记
9	vi	不及物动词	词类标记
10	vts	小句宾语	词类标记
11	vtd	双宾动词	词类标记
12	vtc	兼语动词	词类标记
13	vt	其它及物动词	词类标记
14	v	其它动词	词类标记
15	pba	介词"把"	词类标记
16	pbei	介词"被"	词类标记
17	pjiang	介词"将"	词类标记
18	p	其他介词	词类标记

ID	标　记	中 文 含 义	标 记 类 别
19	cc	并列连词	词类标记
20	cs	从属连词	词类标记
21	ua	动（时）态助词	词类标记
22	uc	比况助词	词类标记
23	ur	替代助词	词类标记
24	um	语气助词	词类标记
25	up	介词框架助词	词类标记
26	uo	其他助词	词类标记
27	usde	结构助词"的"	词类标记
28	usdi	结构助词"地"	词类标记
29	usdf	结构助词"得"	词类标记
30	m	数词	词类标记
31	q	量词	词类标记
32	a	形容词	词类标记
33	d	副词	词类标记
34	r	代词	词类标记
35	e	叹词	词类标记
36	o	拟声词	词类标记
37	zdi	字"第"	语素标记
38	zmen	字"们"	语素标记
39	bnd	句中标点	标点标记
40	bjd	句末标点	标点标记

2. 依存关系标记集

ID	标 记	中 文 含 义
1	S	谓语
2	Subj	主语
3	Obj	宾语
4	obj2	间接宾语
5	subobj	兼语
6	Soc	兼语补语
7	pobj	介词宾语
8	fc	方位结构补语
9	comp	补语
10	dec	"的"字结构补足语
11	dic	"地"字结构补足语
12	dfc	"得"字结构补足语
13	baobj	"把"字句宾语
14	plc	名词复数
15	oc	序数补足语
16	qc	量词补足语
17	beis	被字句
18	sentobj	小句宾语
19	obja	能愿动词宾语
20	adva	状语
21	va	连动句
22	atr	定语
23	top	主题
24	coor	并列关系

ID	标　记	中　文　含　义
25	epa	同位语
26	ma	数词结构
27	ta	时态附加语
28	esa	句末附加语
29	ina	插入语
30	cr	复句关系
31	csr	连带关系
32	auxr	助词附着关系
33	punct	标点符号

　　他们使用 excel 电子表格来进行树库的标注。表中可以表示编号、词序、单词、词性、支配词序、支配词、支配词性、依存关系等。例如，"这是藤森第二次出庭受审"可以用 excel 电子表格标注如下：

句子编号	句中词序	词	词性	支配词序	支配词	支配词性	依存关系
1	1	这	r	2	是	vl	subj
1	2	是	vl	9	。	bjd	s
1	3	藤森	n	7	出庭	v	subj
1	4	第	zdi	5	二	m	oc
1	5	二	m	6	次	q	atr
1	6	次	q	7	出庭	v	adva
1	7	出庭	v	2	是	vl	sentobj
1	8	受审	vi	7	出庭	v	va
1	9	。	bjd	0			

图 14.2　用 excel 电子表格来标注依存树

　　这个 excel 工作表相当于如下的依存树：

　　在这个树库的基础上，中国传媒大学依存树库研究团队进行了从文本数据中挖掘语言学知识的研究。

　　中文信息处理系统在进行现代汉语自动句法分析时，需要量化的研究成果，特别是需要词的各种语法功能的量化描写。量化的信息也有助于语言的本体研究与对外汉语教学。

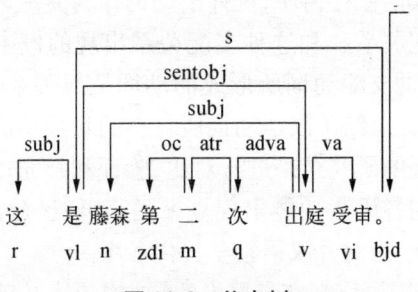

图14.3 依存树

　　名词是现代汉语词类中的重要成员,是三大类实词之一。语言学家们从定性的角度对名词语法功能进行了研究,得出了一些有共识的结论。

　　高松通过对于依存树库的定量分析,统计出汉语名词的各种语法功能的概率,可以验证和补充前人的研究结论,有助于更清晰地认识名词语法功能。在对外汉语教学中,可以根据名词各语法功能出现频率的高低区分出典型、非典型功能来分阶段教学,她的研究是有实用价值的。

　　2007年,刘海涛、冯志伟提出了"概率配价模式理论"(Probabilistic Valence Pattern Theory,简称PVP)①。该理论发展了传统配价理论(Valence Theory),吸收了配价理论的优点,将配价理论和依存语法很好地结合起来,形成了一种较完整的自然语言分析和理解理论。

　　他们提出该理论时,在给出的汉语词类概率配价模式图中,他们凭借着语感,用粗细不同的线条来表示词类结合力的大小。线条粗的,词类的结合力大;线条细的,词类的结合力小。高松从真实语料出发,构建汉语依存树库,从树库中提取汉语词类的配价模式,用精确的数据来表示词类结合力的大小,改变了原来凭借语感用线条的粗细表示结合力的大小的方法,这是对概率配价模式理论的进一步发展。

---

① 刘海涛,冯志伟,自然语言处理的概率配价模式理论[J],载《语言科学》,2007年第3期,pp.32—41。

高松利用汉语依存树库,统计出动词作为支配词时,它支配从属词所形成的支配关系和和这种支配关系出现的概率;以及动词作为从属词时,支配词支配动词所形成的动词从属关系和这种从属关系出现的概率;由此总结出汉语动词所具有的句法功能的概率;高松将统计结果与前人的研究结果进行对比,验证和补充以前的研究结论;并按照汉语动词各语法功能出现概率的高低,区分出动词的典型功能和非典型功能,为对外汉语教学提供参考。

1959 年,法国语言学家泰尼埃的《结构句法基础》一书出版。此后,他所提出的配价理论与依存语法引起了世界各国语言学界的广泛重视。在语法研究、语言教学、自然语言处理中,配价理论都得到了广泛的应用。这体现出配价理论是一种面向实用的语言学理论。

刘海涛、冯志伟的概率配价模式理论(PVP)认为:配价是对词汇的一种静态描述,它是词与其他词结合的潜在能力。在词典中,词的配价有多种可能。但当词进入到具体的语境中,它与其他词结合的潜在能力得以实现,词典中多种可能的配价变为一种,形成了依存关系(dependency),依存关系是一种实现了的配价。配价是一个词的结合力,力有大小,我们可以用一个词类支配或被支配的依存关系在数量上的不同来描述结合力的大小,可以通过依存树库来获得精确的定量描述,这就是概率配价模式理论。它就是在描述一个词或词类的配价模式时,不仅用定性的方式来描述它可支配什么样的依存关系,可受什么样的依存关系的支配,还用定量的方式给出这些依存关系的权重或概率分布。

高松的研究是以概率配价模式理论为理论基础的。

高松研究使用的树库是中国传媒大学依存树库研究团队开发的面向有声媒体语言的汉语依存树库以及她自建的汉语依存树库。选取的语料为 2007 年电视台和广播电台节目的转写文本。电视节目如"新闻联播"、"实话实说"、"鲁豫有约"、"百家讲坛"等;广播节目如"新闻和报纸摘要"、"今日论坛"、"海峡时评"、"中国之窗"等。选取的语料既包含新闻播报类又包含访谈会话类,涉及的范围和内容比较广泛。语体上,既有书面语体又有口语体。语料中共有 3 600 个句子,98 236 个词次,使用软件工具进行了自动分词和词性标注,并采用依存语法对其进行了句法标注。为确保标注的一致性,对汉语的某些特殊结构,给出了统一的标注方法。所有的标注结果都经过了人工和工具的核对校正。

在依存树库中,高松用 excel 电子表格统计出"从属词词性"、"支配词词性"与"依存类型"之间的关系,得到汉语动词通过哪些依存关系支配从属词,支配词通过哪些依存关系支配动词。动词支配从属词形成的依存关系,能得出动词可以带什么成分的信息,受什么词修饰;支配词支配动词形成的依存关系,能得出动词在句中作什么成分的信息。分析这两种依存关系能得出汉语动词具有的句法功能分布的信息,而这样的信息,原来都是隐藏在文本中的,所以,这是一种"文本数据挖掘"的研究。

动词是现代汉语词类中的重要成员,在句法结构中起着极重要的作用,动词的研究一直是语言学研究的热点。在语言学本体研究中,对动词句法功能的研究相当深入,但这些研究大多是对动词的定性分析。高松将定量分析和定性分析相结合,能验证已有研究结论的正确性并弥补它们的不足。

在依存树库中,动词为支配词时,它与从属词所形成的支配关系,包括支配关系标记、这种支配关系出现的次数以及每种支配关系占动词作支配词所形成的所有支配关系的比例。见表 14.3。

表 14.3　动词为支配词支配从属词所形成的依存关系、
依存关系出现的频次、比例和例句

支 配 关 系	频次	比 例	例　　　句
状语 adva	11 273	23.48%	我们如何才能打破世俗观念,活出人生最佳状态。
宾语 obj	8 593	17.90%	用庄子的比喻来讲,好像是一匹白马。
主语 subj	7 738	16.11%	我们首先要有一种豁达的态度,心态决定人的状态。
复句关系 cr	5 555	11.57%	不务就是不去追求,也就是不去追求不以为是的东西。

支 配 关 系	频次	比 例	例 句
标点符号 punct	2 110	4.39%	我听朋友讲，董月玲出书了。
补语 comp	1 782	3.71%	这些熟悉的字眼第一次集体地出现在眼前。
连带关系 csr	1 585	3.30%	于是我找到了他，请他讲述那些令他感动的故事。
小句宾语 sentobj	1 389	2.89%	我们总觉得下个世纪离我们很远，突然一下子来临。
能愿动词宾语 obja	1 382	2.88%	那个时间也能出书。
时态附加语 ta	1 279	2.66%	那时我大概写了五十万字。
连动句 va	1 116	2.32%	甘肃张县是当年红军长征走过的地方。
定语 atr	1 051	2.19%	仅仅把新闻的传递当成他的天职。
句末附加语 esa	908	1.89%	我认为没价值我还追求吗?
兼语补语 soc	492	1.02%	请列御寇上来，在这里射箭。
兼语 subobj	479	1.00%	经常会有山里的一种猴子跑到农田里去祸害庄稼。
并列关系 coor	274	0.57%	这个口碑传着传着就传到国君那里了。
主题 top	259	0.53%	资源紧张的国情，我们更无理由奢侈挥霍。
插入语 ina	224	0.47%	比如说，我们有天然气化工，但我们没有石油化工。
助词附着语 auxr	197	0.41%	人去楼空依旧灯火通明，电脑不关，空调照转等。

支 配 关 系	频次	比 例	例　　句
"把"字句宾语 baobj	184	0.38%	如果是淤泥和小石头，我们把它<u>丢</u>了以后就快。
被字句 beis	140	0.29%	陕西省目前要求<u>被拆除</u>的钢铁设备必须解体。
合计	47 989	99.96%	

从表 14.3 中，可以得到的结论主要有：

1）动词支配补足语可以形成的依存关系有：宾语 obj、主语 subj、补语 comp、小句宾语 sentobj、能愿动词宾语 obja 等。其中，动词能带宾语的比例在动词带所有补足语的比例中是最高的，占 17.90%。其次是带主语。动词带主语的比例仅次于带宾语的比例，占 16.11%。然后是带补语。动词带补语的比例是 3.71%。接下来是小句宾语 sentobj、能愿动词宾语 obja、兼语补语 soc、兼语 subobj、"把"字宾语 baobj、"被"字句 beis。

2）动词支配说明语可以形成的依存关系有：状语 adva、复句谓语 cr、连带关系 csr、时态附加语 ta 等。其中，动词能带状语的比例在动词带所有说明语的比例中是最高的，占 23.48%。其次是带复句谓语 cr，11.57%。然后是带连带关系 csr，占 3.30%。接下来是带时态附加语 ta、形成连动关系 va、带定语 atr、带句末附加语 esa、形成并列关系 coor、带主题 top、带插入语 ina、带助词附加语 auxr。

3）语言学家们提出动词能带宾语、能带补语、能带状语、后面还能加时态助词"着"、"了"、"过"。高松统计出来的动词带宾语（如"有理想"）、带补语（如"想明白"）、带状语（如"不追求"）、带时态助词"着"、"了"、"过"（如"放着"、"决定了"、"去过"）等结果，验证了这些结论的正确性。

4）从统计数据来看，动词支配说明语的比例是 53.82%，支配补足语的比例是 46.18%。研究者们基于传统的配价理论，通常考虑动词带补足语的情况很多，对带说明语的关注程度不高。高松的统计数据显示：动词支配说明语的比例略高于补足语。这提示我们，今后应该加大对动词支配说明语的考察力度。

动词作从属词时，支配词支配动词所形成的动词从属关系，包括从属关系标记、从属关系出现的次数以及每种从属关系占动词作从属词所形成的所有从属关系的比例。见表14.4。

表 14.4   动词为从属词，支配词支配动词所形成的依存关系、依存关系出现的频次、比例和例句

从属关系	频次	比 例	例 句
复句关系 cr①	5 599	26.19%	世界最佳运动员评选结果昨天揭晓，巴西球星卡卡当选世界足球先生。
谓语 s	3 385	15.83%	他的同胞玛塔则卫冕了世界足球小姐称号。
"的"字结构补足语 dec	1 700	7.95%	工资收入成为今年农民增收的新亮点。
宾语 obj	1 584	7.41%	建议制定科索沃问题线路图。
能愿动词宾语 obja	1 335	6.25%	西方国家基本上不发展炼焦而依靠进口。
小句宾语 sentobj	1 278	5.98%	深化政治体制改革，必须坚持正确的政治方向，以保证人民当家作主为根本。
连动句 va	1 108	5.18%	美国一年购买瓶装水花费 150 亿美元。

---

① cr 为一个复句中分句间的关系。联合复句中，第一个分句中的谓语定为 cr 的支配者，后续分句的谓语为从属成分；偏正复句中，正句中的谓语作为 cr 的支配者，偏句谓语作为从属成分。复句中动词在分句中作谓语用 cr 表示；单句中动词作谓语用 s 表示。s 和 cr 出现次数的总和是动词作谓语出现的全部次数。

从属关系	频次	比 例	例 句
定语 atr	1 084	5.07%	加快"白杨—M"固定式和机动式发射装置的装备进程。
补语 comp	1 031	4.82%	救出来的矿工他的生命有危险吗？
状语 adva	908	4.25%	提供保障吸引外出务工人员回乡创业就业。
主语 subj	619	2.90%	2007 中华十大才智人物评选日前揭晓。
兼语补语 soc	471	2.20%	天津有一种中成药叫"复方丹参滴丸"。
介词宾语 pobj	332	1.55%	随着经济的发展,如今出现劳动力短缺现象。
并列关系 coor	291	1.36%	今天我们来看一看这里面还有多少钱。
方位结构补语 fc	259	1.21%	正在搜索之中,目前这个人还是活着的。
助词附着语 auxr	102	0.48%	先来看一下我们议事厅的记者调查。
插入语 ina	100	0.47%	据说最好的时间是六点到六点半之间。
同位语 epa	98	0.46%	五年来,围绕经济建设这个中心,建言献策。
"得"字结构补足语 dfc	44	0.21%	他们活得比我们充实。
"地"字结构补足语 dic	29	0.09%	他会毫不犹豫地去,这就是一种社会责任感。

从 属 关 系	频次	比 例	例　句
话题 top	20	0.09%	展望 未来,他们对生活充满了信心。
合计	21 377	100%	

从表 14.4 中,可以得到的结论主要有:

1) 汉语中 6 种主要的句法功能,即主语 subj、谓语 s、宾语 obj、定语 atr、状语 adva、补语 comp,动词都可以充当。动词充当这 6 种主要的语法功能的比例不同。动词作谓语的比例最高,占 15.83%,其次是作宾语,占 7.41%。然后依次是作定语、补语、状语、主语。

2) 除了主要的句法功能之外,动词还可以作"的"字结构补足语 dec、作能愿动词宾语 obja、作小句宾语 sentobj、带连动成分 va、作兼语补语 soc、作介词宾语 pobj、形成并列关系 coor、作方位结构补语 fc、作助词附加语 auxr、作插入语 ina、作同位语 epa、作"得"字结构补足语 dfc 、作"地"字结构补足语 dic、作主题 top。

3) 从动词具有 6 种主要的句法功能来看,动词似乎成了一个全功能的词类。汉语是不依赖于严格意义上形态变化的语言,语法关系主要借助语序、虚词等语法手段来表示。词的次序和位置改变,语法关系也随之发生改变,语义也跟着产生变化。如:"他工作很努力。——工作是他的全部。"前一句中的"工作"是动词,位置在主语后,作谓语;后一句中的"工作"是名词,位置在动词前,作主语。同样是"工作"这个词,在句中位置变化使得语法关系也发生了变化。英语中,"工作"作主语是 working,作谓语是 works、worked。英语的词如果充当的句法成分不同,词的形态是会发生变化的。这里实际上反映出汉语词的兼类问题没处理好。同一个词兼具几种词类,就会导致它具有多种句法功能。

高松选择了五本比较权威的语言学著作:黄伯荣、廖序东主编《现代汉语(第三版)》、北京大学中文系现代汉语教研室编《现代汉语(重排本)》、胡裕树主编《现代汉语》、张斌主编《新编现代汉语(第二版)》、邵敬敏主编《现代汉语通论》，从定性分析的角度，语言学家们用内省的方法对动词句法功能的归纳如下。见表 14.5。

表 14.5 五本语言学著作对动词句法功能的总结

句法功能 著作	能受副词修饰或能带状语	大部分能带宾语	用作谓语	后面可加时态助词着、了、过	可以重叠	能带补语	可作宾语
黄、廖本	+ ①	+	+	+	+	−	−
北大本	+	+	+	+	+	+	−
胡裕树本	+	+	+	+	+	−	−
张斌本	+	+	−	+	+	+	+
邵敬敏本	+	+	+	+	+	+	−

　　从表 14.5 中可以看到：五本有代表性的语言学著作中，对动词的语法特点共提到七点。多数都提到了动词能受副词修饰、大部分能带宾语、作定语、可加时态助词、部分可以重叠、能带补语这几点。少数提到了动词作宾语这点。高松的统计数据验证了这些研究结论的正确性。对于动词能作定语、状语、补语、主语这些句法功能，这五本书都没有提及。高松的统计结果可以补充前人的研究结论。并且，为动词各个句法功能提供了相应的数据。

　　本文的统计可以为汉语动词的结合力提供精确的数据，用数据来表示动词结合力的大小。汉语动词的概率配价模式图如图 4.11 所示。

　　由图 14.4 可以看出，汉语动词的结合能力是非常强的。它的支配能力和从属能力都非常强。它可以支配或从属其他词类而产生多种依存关系。当它是支配词时，结合力是离心力，图中用向外的箭头表示动词可以支配的关系，如："重启电脑"中动词"重启"是支配词，支配名词"电脑"，"电脑"作"重启"的宾语；当它是从属词时，结合力是向心力，图中用向内的箭头表示动词可以满足的关系，如："报警电

---

① 表中" + "表示该著作中提到了的动词句法功能项；" − "表示没有提到的动词句法功能项。

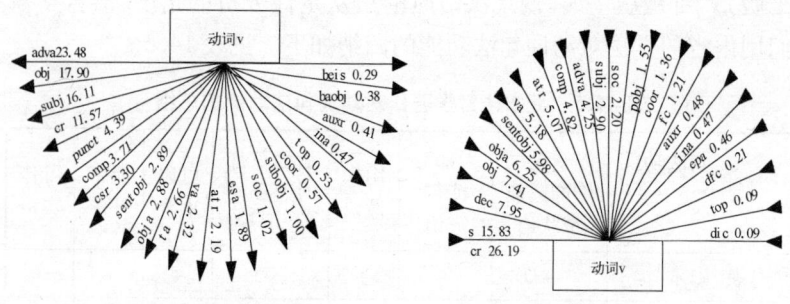

图 14.4 汉语动词的概率配价模式图

话"中动词"报警"是从属词,它从属于名词"电话",作名词"电话"的定语。图中依存关系后的数字是动词可支配、可满足关系的比例(%)。

从概率配价模式图中可以看到:动词典型的句法功能是作谓语,较典型句法功能次之的是作宾语和定语,非典型句法功能是作补语、状语和主语。这说明,汉语的动词具有多功能性,除了充当自己擅长的句法成分之外,还可以充当其他几种句法成分。可以说,它是"一专多能"的。在对外汉语语法教学中,可以对动词典型句法功能和非典型句法功能分阶段教学。高松根据统计数据对动词句法功能的区分,可以为对外汉语教学提供一个参考。

这些研究成果显示了语料库的威力,证明了我们确实可以从语料库中挖掘到有用的语言学知识。

语言学知识究竟在哪里?我们的回答是:语言学知识固然在词典里,在语法书里,在汗牛充栋的语言学著作里,但是,这些语言学知识毕竟是通过语言学家对于局部的语言现象归纳出来的,难免会有片面或错误的地方;更多的语言学知识还隐藏在语料库里,语料库是语言学知识最可靠的来源。从语料库中获取语言学知识,并根据这些知识对于前辈语言学家根据内省得出的结论进行检验,从而证实或证伪这些知识,这是生活在 21 世纪的语言学家责无旁贷的任务。

除了使用语料库挖掘语言学知识之外,还可以使用语料库挖掘非语言学的知识。

第三节　从文本中挖掘非语言学知识

前面我们说过,文本数据挖掘目的在于从大规模真实文本数据中发现或推出新的信息,找出文本数据集合的模型,发现文本数据中所隐含的趋势,从文本数据的噪声中分离出有用的信号。在本节中,我们来说明如何从文本中挖掘出非语言学知识。

1997 年,斯万森(Don Swanson)证明了医学文献的语料库中暗含的因果链可以帮助我们找到有关罕见疾病起因的假说,而其中一些假说有可能得到实验数据的进一步支持。

例如,当调查偏头痛(migraine headaches)的起因时,斯万森从生物医学文献的文章标题中提取了各种各样的线索,其中的一些线索如下:

因果链 1:

- Stress is associated with migraines.

  (偏头痛与精神紧张有关。)

- Stress can lead to loss of magnesium.

  (精神紧张可能会导致镁流失。)

因果链 2:

- Calcium channel blockers prevent some migraines.

  (钙通道阻滞剂可以防止某些偏头疼。)

- Magnesium is a natural calcium channel blocker.

  (镁是一种天然的钙通道阻滞剂。)

因果链 3:

- Spreading cortical depression is implicated in some migraines.

  (传播皮层抑郁与某些偏头痛有联系。)

- High levels of magnesium inhibit spreading cortical depression.

  (高含量的镁可阻止传播皮层抑郁。)

因果链 4:

- Migraine patients have high platelet aggregability.

  (偏头痛患者有很高的血小板聚集。)

- Magnesium can suppress platelet aggregability.

  (镁能抑制血小板聚集。)

根据这些线索可以假定,缺镁可能是某些偏头痛的原因之一;但是,在斯万森发现这些链接之前,这一个假定在文献中并不直接存在,它是隐含在文献中的。这个假说还需要进行非文本手段的检验,不过,重要的是,这项研究说明,一个新的、可能是正确的医学假说可以来源于文本片段,一旦这个假设得到研究者的医疗专业知识的印证,就可以发现新的医学知识。斯万森的研究生动地说明了文本数据挖掘在新知识发现中的重要作用。

我们再介绍通过文本数据挖掘来确定政府资助研究对工业发展影响的一个成果。

经过几年的初步研究和构建特殊用途的工具,1997 年,纳宁(Narin)等人发现,在美国,技术产业比以往任何时候都要更加依赖政府资助的研究成果。

他们通过文本数据挖掘探索了下列文献之间的关系:

他们仔细考察了最近两个阶段(1987 到 1988 年,以及 1993 年到 1994 年)美国专利的科学引用文献,研究了所有已经发布的 397 600 项专利。结果发现可识别 242 000 条科学引用文献,而这些文献中的 80% 都集中出现在前 11 年的出版物上。计算机数据库查寻了这些引用文献中的 109 000 条,从而知道了这些期刊和作者的地址。在排除了对同一篇论文的多次引用和未知美国作者的文章之后,得到了由 45 000 篇论文组成的一个核心集。然后,他们派出了大量的助手去图书馆查找论文并审查这些论文的最后一句话,因为最后一句话常常会说明是谁资助了这项研究,这样就可以找出有关研究的资助者。这些调查工作说明,这些专利科学引用文献的研究成果对于政府的公共资助科学基金的广泛依赖,然后,他们进一步缩小考察的重点,不考虑颁给学校和政府的专利,而主要集中考虑工业专利。对于在 1993 年和 1994 年中发布的 2 841 项工业专利,他们仔细考察了文献引用的高峰年(1988 年),并且发现,这些工业专利引用了 5 217 条科学论文,73.3% 的专利论文的发表者是美国国内外的公共机构,也就是大学、政府实验室和其他的公共机构。这项研究说明:美国的工业技术的专利成果主要是由政府的公共资助科学基金资助的。这项研究结果使我们对于美国工业技术与政府的公共资助科学基金资助的关系有了新的认识,获得了新的信息。

在文本数据挖掘中,对大型文本集进行复杂的分析需要一套混合的操作。这些操作包括:

1. 在一个特定的数据范围内,从特定的集合(模式)中提取文本。

2. 识别引用文献集。

3. 用数据将这些引用的文献进行分类,创造出一个新的文献子集。

4. 计算归类后剩余文献的百分比。

5. 把这些结果加入到那些已经识别出出版物的文献集里。

6. 删除重复的文献。

7. 删除具有同一属性类别的文献。

8. 找出文献在全文中的位置。

9. 从全文中提取特定的属性(例如,资金赞助情况)。

10. 对这个属性进行分类(例如,按照机构类型分类)。

11. 通过一个属性(例如,机构类型)缩小需要考虑的文献集合。

12. 对于其中的一个属性,计算统计数据(例如,峰值类型)。

13. 针对哪一属性会被分配为另一个属性类型的情况,计算文章的百分比(例如,其引用属性是否具有特定的机构属性)。

因为有的数据不能通过网络获得,许多工作必须由手工完成,而且需要用专用工具来进行操作。

在分子生物学中,自动发现新的序列基因的功能是一个非常重要的问题。人类基因组的研究人员进行了实验,他们在实验中同时分析了数以万计的新信息和已知基因的协同表达关系。给出大量基因信息的目的是为了确定哪些新基因在医学上是有意义的,它们与已知的和疾病相关的基因是否具有协同表达的关系。

我们可以使用文本数据挖掘的方法来探索这个问题,通过分析分子生物学和医学的文献,设法提出与基因有关的、可信的假说。为此,学者们设计了 LINDI (Linking Information for Novel Discovery and Insight)系统,该系统可以把新的科学发现信息与科学预见的信息结合起来。

LINDI 系统的界面为用户提供了便利,它可以让用户通过一个拖放界面来建立和重复使用问题操作的序列,允许用户针对不同的问题重复同一动作序列。在基因的分析中,允许用户指定一个操作序列以适用于协同表达的基因,然后在可以套用这一模版的其他协同表达基因列表中重复这一序列。在 LINDI 的信息中心框架内应用了这类功能。包括下列操作:

1. 在规定范围内的,对条目的循环操作:允许在先前问题当中提取出来的每个条目都能够被用作另一个新问题的搜寻条目。

2. 转换:对某一条目应用一个操作,然后返回一个变换了的条目。例如,提取一个特征。

3. 排序:对一组条目应用一个操作,然后返回一组具有同样基数的、可能重新排序过的条目。

4. 选择:对一组条目应用一个操作,然后返回一组具有相同或较小基数的、可能重新排序的条目。

5. 缩减:对一组或多组条目应用一个操作,以产生一个单独的结果。例如,计算百分比和平均数。

图 14.5 说明了在分子生物学和医学的文本集中探索基因功能

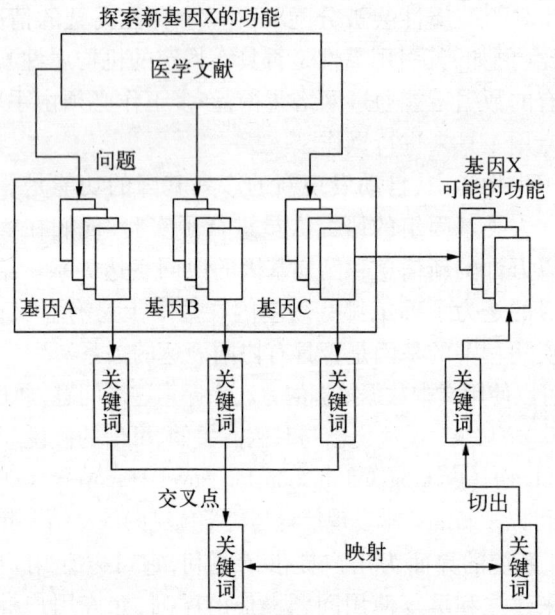

图 14.5　探索基因功能的 LINDI 系统

的一个假定的操作序列,其中基因 A、B 和 C 的功能是已知的,并且通过寻求共同点来假设未知基因的功能。映射操作对选取的关键词进行了排序。最后的操作是选取那些至少包含了一个最高级别关键词的文档,还有那些提到了所有 3 个已知基因的文档。

使用文本数据挖掘技术,LINDI 系统可以从有关基因 A、基因 B 和基因 C 的文献分析中,提取关键词,并把这些关键词的交叉点(交集)映射到对于基因 X 的分析得到的关键词中,从而预测基因 X 可能的功能。

本章参考文献

1. 冯志伟,从语料库中挖掘知识和抽取信息[J],《外语与外语教学》,2010 年第 4 期,总 253 期。

2. 冯志伟,特思尼耶尔的从属关系语法[J],《国外语言学》,1983 年,第 1 期。

3. 刘海涛、冯志伟,自然语言处理的概率配价模式理论[J],《语言科学》,2007 年,第 3 期。

4. 刘海涛,基于依存树库的汉语句法计量研究[J],《长江学术》,2008 年,第 3 期。

5. Abeillé, A. Treebank: Building and using Parsed Corpora [M]. Dordrecht: Kluwer, 2003.

6. Broad, W. J. Study finds public science is pillar of industry [N], *The New York Times*, 13 May, 1997.

7. Hearst, M. A. Text data mining, The Oxford Handbook of Computational Linguistics [M], ed. R. Mitkov, 616 - 628, 冯志伟导读,外语教学与研究出版社 & 牛津大学出版社,2009 年。

8. Hudson, R. A. Language networks: The New Word Grammar [M], Oxford: Oxford University Press, 2007.

9. Liu H, Huang W. A Chinese Dependency Syntax for Treebanking [A]. In *Proceedings of The 20th Pacific Asia Conference on Language*, *Information and Computation* [C], Beijing: Tsinghua University Press, pp. 126 - 133, 2006.

10. Narin, F. Hamilton, K. S. and Olivastro, D. The increasing linkage between US technology and public science [J], *Research Policy*, 26 (3), 317 - 330, 1997.

11. Swanson, D. R. Two medical literatures that are logically but not

bibliographically connected [J], *Journal of the American Society for Information Sciences* (JASIS), 38(4), 228–233, 1987.

12. Swanson, D. R. An interactive system for finding complementary literatures: a stimulus to scientific discovery [J], *Artificial Intelligence*, 91, 183–203, 1997.

第十五章
自然语言理解、自动问答与人机接口

　　自然语言理解(Natural Language Understanding,简称NLU)研究如何让计算机理解和运用人类的自然语言,使得计算机懂得自然语言的含义,并对人给计算机提出的问题,通过人机对话(man-machine dialogue)的方式,用自然语言进行回答。自然语言理解系统可以用作专家系统、知识工程、信息检索、自动问答、自然语言人机接口,有很大的实用价值。

　　本章首先介绍自然语言理解研究的发展情况,然后分析汉语自然语言理解的特点和困难,最后讨论自然语言理解在自动问答、人机接口中的应用。

第一节　自然语言理解研究的发展

　　早在计算机出现之前,著名数学家图灵就提出,如果有一天人类制造出了计算机,那么,检验计算机智能高低的最好办法是让计算机来讲英语和理解英语,他天才地预见到计算机和自然语言将会结下不解之缘,提出了"图灵试验"的设想。图灵的这种高瞻远瞩的见解,成为自然语言理解系统研制的重要的理论根据。

　　1966年美国公布了否定机器翻译的ALPAC报告之后,处于草创时期的机器翻译研究转入低潮,于是,同自然语言的计算机处理有关的研究,逐渐转向了自然语言理解方面。学者们采用了各种精巧的方法,尝试着建立计算机系统,让计算机理解自然语言,而根据图灵的意见,判断计算机是否理解了自然语言的最直观的方法,就是人同计算机对话,根据计算机对于人们用自然语言所提的问题的回答,就可以看出计算机是否理解了自然语言。这一方面的研究不久便取得了令人鼓舞的进展。因此,当 20 世纪 60 年代末期机器翻译困难重重、一筹莫展的时候,自然语言理解的研究却左右逢源、后来居上,而当机器翻译东山再起、重振旗鼓而进入复苏期的时候,自然语言理解却已获得了累累的硕果。

在本节中,我们简要地介绍自然语言理解研究的发展情况。

自然语言理解系统的发展可以分为第一代系统和第二代系统两个阶段。第一代系统建立在对词类和词序分析的基础之上,分析中经常使用统计方法;第二代系统则开始引进语义甚至语用和语境的因素,几乎完全抛开了统计技术。

第一代自然语言理解系统又可分为四种类型:

(1) 特殊格式系统:早期的自然语言理解系统大多数是特殊格式系统,根据人机对话内容的特点,采用特定的格式来进行人机对话。

1963 年,林德赛(R. Lindsay)在美国卡内基技术学院用 IPL-V 表处理语言设计了 SAD-SAM 系统,就采用了特定格式来进行关于亲属关系方面的人机对话,系统内建立了一个关于亲属关系的数据库,可接收关于亲属关系方面的问题的英语句子提问,用英语作出回答。

这个系统分为两个模块: SAD 模块和 SAM 模块。

SAD 模块的任务是作句法分析,它接收输入的英语句子,从左到右进行分析,建立起这个英语句子的推导树,然后,把这个能表示该英语句子结构的推导树传给 SAM。

SAM 模块的任务是作语义分析并作出回答。首先,它从语义的角度抽取有关亲属关系的信息,建立起亲属关系树,然后根据数据库中存储的信息,找出问题的答案。SAD 模块处理英语句法结构的能力较强,除一般简单句外,还能处理一些结构复杂的句子。SAM 模块只能处理亲属关系方面的语义信息,不能处理其它方面的语义问题。SAM 在建立亲属关系树时并不考虑输入信息的顺序。如果先输入的信息可说明 B 和 C 是 X 的后代,D 和 E 是 Y 的后代,那么,就建立起两个家庭单元;而如果根据别的信息还可以说明 E 和 C 有兄弟姐妹关系,那么,就可以把这两个家庭单元合并为一个家庭单元。

但是,SAM 不能处理某些歧义问题。例如,在句子"Joe plays in his aunt Jane's yard"中,珍妮(Jane)或者是乔(Joe)的姑妈,或者是乔(Joe)的姨妈,SAM 对此不能作出判断。

1968 年,波布洛(D. Bobrow)在美国麻省理工学院设计了 STUDENT 系统。这个系统能读懂用英语写的高中代数应用题,列出方程求解并给出答案。

例如,STUDENT 系统能解决如下的用英语写的应用题:

If the number of customers Tom gets is twice the square of 20 per cent of the number of advertisements he runs, and the number of advertisements he runs is 45, what is the number of customers Tom gets?

(如果汤姆争取得到的顾客数是他所出的广告数的百分之二十的平方的两倍,已知他出的广告数是45,那么,汤姆争取得到的顾客数是多少呢?)

STUDENT 系统中能识别的英语句子可以从如下的基本模式推出来:

$$(\text{what are } * \text{ and } *)$$
$$(\text{what is } *)$$
$$(\text{How many } *1 \text{ is } *)$$
$$(\text{How many } * \text{ do } * \text{ have})$$
$$(\text{How many } * \text{ does } * \text{ have})$$
$$(\text{find } *)$$
$$(\text{find } * \text{ and } *)$$
$$(* \text{ is multiplied by } *)$$
$$(* \text{ is divided by } *)$$
$$(* \text{ is } *)$$
$$(* (*1/\text{verb}) *1 *)$$
$$(* (*1/\text{verb}) * \text{ as many } * \text{ as } * (*1/\text{verb}) *)$$

其中, * 表示任意长度的词串, *1 表示一个单独的词, (*1/verb)表示必须用词典来识别的一个动词。

当计算机解应用题时,首先要分析英语句子,理解这个应用题的意思,然后根据意思列出方程,最后,利用一个叫做 SOLVE 的求解模块来求解。如果 SOLVE 模块求解失败,STUDENT 系统还可利用探索法进一步辨识题意,或者利用一个叫做 REMEMBER 的模块来补充有关事实,以便进一步理解题意。

例如,REMEMBER 模块中可存储如下信息:

feet is the plural of foot
(feet 是 foot 的复数)
one half always means 0.5
(一半总是意味着 0.5)
Successful candidates sometimes means students who passed the admissions test
(成功的投考者有时是指那些通过了入学考试的学生)
distance equals speed times time
(距离等于速度乘时间)
one foot equals 12 inches
(一英尺等于 12 英寸)

如果查了 REMEMBER 模块还失败,STUDENT 系统还可以向用户提问,了解更多的信息,继续利用探索法求解,每当探索成功,就可以把得到的新信息存入 SOLVE 模块中,从而增强 SOLVE 模块的能力。最后,如果求解成功,STUDENT 系统就把求得的解用英语打印出来,如果解不出来,则回答它不能解决这个应用题。例如,上面的那个应用题求解成功后,STUDENT 系统用英语打印出如下的解:

"The number of customers Tom gets is 162"
(汤姆争取到的顾客数是 162)

STUDENT 系统解决高中代数应用题的能力很强,算题速度也很快。有一次在麻省理工学院(MIT)试验时,它解题的速度甚至比一个研究生还要快。

20 世纪 60 年代初期,格林(B. Green)在美国林肯实验室建立了

BASEBALL 系统,也使用 IPL-V 表处理语言,系统的数据库中存贮了关于美国 1959 年联邦棒球赛得分记录的数据,可回答有关棒球赛的一些问题。

BASEBALL 系统句法分析能力较差,输入句子十分简单,没有连接词(如 and,or,not),也没有比较级(如 higher,longer),主要是靠一部大词典来进行单词的识别,使用十四个词类范畴,所有的问题都采用一种特殊的规范表达式来回答。

工作时,BASEBALL 系统从右到左扫描输入的英语句子,把该句子转换为功能短语,找出关键词,再把该功能短语改写成一份说明表。这种说明表实质上是代表所提的问题的意义的规范表达式。例如:

"How many games did the Yankees play in July?"(七月间 Yankees 队进行了几次比赛?)

这个问题经过 BASEBALL 处理后,变为如下的规范表达式:

TEAM　　　　　　　= YANKEES
MONTH　　　　　　 = JULY
GAMES(数目)　　　 = ?

其中,TEAM 表示队名,分析出队名为 YANKEES,MONTH 表示月份,分析出月份为 JULY(七月),GAMES 数表示比赛次数,是需要回答的问题,用问号"?"表示。

根据这样的问题,BASEBALL 在数据库中进行搜索,查出数据库中与该问题相匹配的数据条目,然后,输出这些数据,作出回答。

由于 BASEBALL 系统的词典容量较大,可用试探法解决某些歧义问题(例如,score 可为动词"记分",亦可为名词"记录",Boston 可为地名"波士顿市",亦可为球队名"波士顿队"),BASEBALL 可作出判断。

BASEBALL 的程序不能修改数据库中的数据,因此,这个系统没有演绎推理的能力。

(2)以文本为基础的系统:某些研究者不满意在特殊格式系统

中的种种格式限制,因为就一个专门领域来说,最方便的还是使用不受特殊格式结构限制的系统来进行人机对话,这就出现了以文本为基础的系统。

1966 年西蒙斯(R. F. Simmons)、布尔格(J. F. Burger)和龙格(R. E. Long)设计的 PROTOSYNTHEX－I 系统,就是以文本信息的存贮和检索方式工作的。

(3) 有限逻辑系统:有限逻辑系统进一步改进了以文本为基础的系统。在这种系统中,自然语言的句子以某种更加形式化的记号来替代,这些记号组成一个有限逻辑系统,可以进行某些推理。

1968 年,拉菲尔(B. Raphael)在美国麻省理工学院用 LISP 语言建立了 SIR 系统,针对英语提出了 24 个匹配模式,把输入的英语句子与这些模式相匹配,从而识别输入句子的结构,在从存贮知识的数据库到回答问题的过程中,可以处理人们对话中常用的一些概念,如集合的包含关系、空间关系等等,还可以做简单逻辑推理,机器还能在对话中进行学习,记住已学过的知识,从事一些初步的智能活动。

SIR 中针对英语提出了 24 个匹配模式,把输入的英语句子与这些模式相匹配,从而识别输入句子的结构。SIR 还能处理人们对话中常用的一些概念,如集合的包含关系、空间关系等等,这样,它就能作初步的逻辑推理,使这个系统有一点"智能"。

例如,SIR 系统中提出了如下的模式:

```
*       is      *
*       is      part    of      *
there   are     *       on      *
Is      *       *       ?
How     many    *       does    *       have?
what    is      the     *       of      *       ?
```

其中,＊表示名词,这样的名词前可用限定词 a,the,every,each 或数词来修饰,当输入句子与这些模式相匹配时,SIR 系统会触发出一定相应的动作,从而进行人机对话。

下面是 SIR 系统进行的人机对话的一个片段:

人：Every boy is a person.

（每个男孩都是人。）

机：I understand.

（我明白了。）

人：A finger is part of a hand.

（指头是手的一部分。）

机：I understand.

（我明白了。）

人：There are two hands on each person.

（每个人有两只手。）

机：I understand.

（我明白了。）

人：How many fingers does John have?

（约翰有几个指头？）

机：The above sentence is ambiguous but I assume（has）means（has as parts）.

I don't know whether finger is part of John.

（上句话是有歧义的，但我假定"有"的意思是"作为各个部分的有"。我不知道指头是不是约翰的一部分。）

人：John is a boy.

（约翰是一个男孩。）

机：I understand.

（我明白了。）

人：How many fingers does John have?

（约翰有几个指头？）

机：The above sentence is ambiguous but I assume（has）means（has as parts）. How many fingers per hand?

（上句话是有歧义的，但我假定"有"的意思是"作为各个部分的有"。每只手有几个指头？）

人：Every hand has 5 fingers.

（每只手有五个指头。）

机：The above sentence is ambiguous but I assume（has）means （has as parts）. The answer is 10.

（上句话是有歧义的，但我假定"有"的意思是"作为各个部分的"有"。答案是 10。）

人：Who is President of the United States?

（谁是美国的总统？）

机：Statement form not recognized.

（该句子的型式我不能辨识。）

在上述对话中，机器分析与 24 个模式相匹配的句子，对于这些句子，机器能利用系统中已存储的一些概念进行简单的推理。例如，在前面几个问答中，机器知道了如下知识：

① 男孩是人；

② 指头是手的一部分；

③ 每个人有两只手。

当人问"约翰有几个指头？"的时候，由于这时机器不知道约翰是不是人，因而就无法判断指头是不是约翰身体上的一部分，在这种情况下，机器急切地想知道约翰是不是人。当人提示机器"约翰是一个男孩"的时候，机器利用已经知道的信息，马上可以推出"约翰是一个人"，而人是有两只手的，指头是手的一部分，因而指头也必然是约翰身体上的一部分。

确定了指头是约翰身体上的一部分之后，由于机器知道约翰是人，人有两只手，故机器可推出约翰有两只手。这时，为了算出约翰有几个指头，必须知道每只手有几个指头，于是，机器便问："每只手有几个指头？"人回答后，机器知道了每只手有五个指头，因此，机器便可作出判断，作出回答："答案是 10"，即约翰有 10 个指头。

我们可以看到，在这个人机对话中，机器一方面要识别句子的结构，另一方面也得进行一些简单的推理，自己在对话中进行学习，并记住已学到的知识，从事一些初步的智能活动。

对于 24 个匹配模式之外的句型，机器是不能识别的。当人问 "Who is President of the United states?"时，由于机器没有分析这种句型的能力,因此它回答:"该句子的型式我不能辨识"。

1965 年,斯莱格勒(J. R. Slagle)建立了 DEDUCOM 系统,可在信息检索中进行演绎推理。

1966 年,桑普逊(F. B. Thompson)建立了 DEACON 系统,通过英语来管理一个虚构的军用数据库,设计中使用了环结构和近似英语的概念来进行推理。

1968 年,凯罗格(C. Kellog)在 IBM 360/67 计算机上,建立了 CONVERSE 系统,该系统能根据关于美国 120 个城市的 1 000 个事实的文件来进行推理。

(4) 一般演绎系统:一般演绎系统使用某些标准数学符号(如谓词演算符号)来表达信息。例如,

> Some girls are pretty
> (有些女孩是漂亮的)

这个英语句子可表示为

> $\exists x(\text{Girl}(x) \& \text{Pretty}(x))$,
> Every girl is pretty
> (所有的女孩都漂亮)

这个英语句子可以表示为

> $\forall x(\text{Girl}(x) \rightarrow \text{Pretty}(x))$.

其中,∃是存在量词, ∃x 表示存在某个 x, ∀是全称量词,∀x 表示对于一切的 x, & 是合取符号,→是蕴涵符号,表示"如果……,则……"。

这样一来,逻辑学家们在定理证明工作上取得的全部成就,就可以用来作为建立有效的演绎系统的根据,从而能够把任何一个问题用定理证明的方式表达出来,并实际地演绎出所需要的信息,用自然语言作出回答。一般演绎系统可以表达那些在有限逻辑系统中不容易表达出来的复杂信息,从而进一步提高了自然语言理解系统的能力。

1968—1969 年,格林和拉菲尔建立的 QA2, QA3 系统,采用谓词

演算的方式和格式化的数据(formated data)来进行演绎推理,解答问题,并用英语作出回答,这是一般演绎系统的典型代表。

以上介绍的各种系统都属于第一代自然语言理解系统。

1970 年以来,出现了一定数量的第二代自然语言理解系统,这些系统绝大多数是程序演绎系统,大量地进行语义、语境以至语用的分析。其中比较有名的系统是 LUNAR 系统、SHRDLU 系统、MARGIE 系统、SAM 系统、PAM 系统。

LUNAR 系统是伍兹于 1972 年设计的一个自然语言情报检索系统,其目的在于帮助地质学家们比较和评价从阿波罗－11 火箭得到的关于月球岩石和土壤的组成成分的化学分析数据,这个系统采用形式提问语言(formal query language)来表示所提问的语义,从而对提问的句子作出语义解释,最后把形式提问语言执行于数据库,产生出对问题的回答。

这个系统有一定的实用性,显示了自然语言理解系统对科学和生产的积极作用,因而大大地推动了这方面的研究工作。

LUNAR 系统的工作可分为三个阶段:

第一阶段:句法分析

采用 ATN(扩充转移网络)及语义探索方法产生出所提问题的推导树。LUNAR 系统能处理大部分英语的提问句型,词典容量是 3,500 词,可以解决时态、语式、代词所指、比较级、关系从句以及某些嵌入成分结构等较为困难的问题。不过,在分析连接词以及解决修饰词的某些歧义问题时,还常常会出现麻烦。该系统已足以处理地质学家们经常用来提问的那些英语句型了。

下面是 LUNAR 系统能够理解的一些英语句子:

1. What is the average concentration of aluminium in high alkali rocks?

   (高碱性岩石中铝的平均密集度是多少?)

2. What samples contain P205?

   (哪一些样本中含有 P205?)

3. Give me the modal analyses of P205 in those samples.

   (给我作出这些样本中 P205 的常规分析。)

第二阶段：语义解释

用形式提问语言(formal query language)来表示所提问题的语义,从而对提问的句子作出语义解释。

形式提问语言由三部分组成：

ⅰ.标志符：它标志在数据库中所存储事物的类别；

ⅱ.语句：它由谓语及论元组成,而论元就是标志符；

ⅲ.指令：它可启动一个动作。

例如：(TEST(CONTAIN S10046 OLIV))是形式提问语言的一个表达式。其中,S10046 是某种样本的标志符,OLIV 是橄榄石这种矿物的标志符,CONTAIN 是谓词,TEST 是真值检查指令。这个表达式的意思是：检查在样本 S10046 中是不是含有橄榄石这种矿物。

形式提问语言有一种带有量词函数 FOR 的表达式,形式如下：

$$(FOR\ QUANT\ X/CLASS;PX;QX)$$

其中,QUANT 是如 each,every,数字等这样的逻辑量词,X 是要用这样的量词来说明的变量,CLASS 确定量词所涉及的事物的范围,PX 表示对这个范围加的限制,QX 是要用量词来说明的语句或指令。

例如,(FOR EVERY X1/(SEQ TYPECS);T;(PRINTOUT X1))就是一个这样的形式提问语句。其中,SEQ 表示枚举,PRINTOUT 表示打印论元的标志符,由于对量词的范围没有限制,所以,PX = T。

这个形式提问语句的意思是："枚举出所有类型为 C 的样本的样本数并打印出来。"

第三阶段：回答问题

把形式提问语言表达式执行于数据库,产生出对问题的回答。

LUNAR 系统的一个完整的操作例子如下：

提问：

(Do any samples have greater than 13 percent aluminium)

(举出任意的含铝量大于百分之十三的样本)

经过分析后得出的形式提问语言为

(TEST (FOR SOME X1/(SEQ SAMPLES);T;(CONTAIN Xl

（NPR ＊ X2/'AL203）（GREATERTHAN 13 PCT)))）

回答：

YES

然后，LUNAR 系统可枚举出一些含铝量大于百分之十三的样本。

LUNAR 系统的专业范围有严格的限制，在语言处理中尽量解决那些常见的语法现象，不花过多的精力去解决那些目前水平还不能解决的复杂问题，因而能很快地投入使用，为地质学家们提供了一个有用的自然语言信息检索系统。

SHRDLU 系统是维诺格拉德（T. Winograd）于 1972 年在美国麻省理工学院建立的一个用自然语言指挥机器人动作的系统。该系统把句法分析、语义分析、逻辑推理结合起来，大大地增强了系统在语言分析方面的功能。该系统对话的对象是一个具有简单的"手"和"眼"的玩具机器人，它可以操作放在桌子上的具有不同颜色、尺寸和形状的玩具积木，如立方体、棱锥体、盒子等，机器人能够根据操作人员的命令把这些积木捡起来，移动它们去搭成新的积木结构，在人机对话过程中，操作人员能获得他发给机器人的各种视觉反馈，实时地观察机器人理解语言、执行命令的情况。在电视屏幕上还可以显示出这个机器人的模拟形象以及它同一个真正的活人在电传机上自由地用英语对话的生动情景。

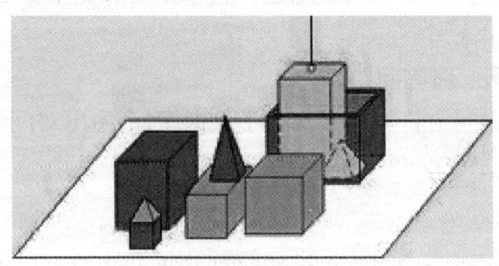

图 15.1　SHRDLU 系统示意图

下面是 SHRDLU 系统中人和计算机之间的一段对话：

人问：PICK UP A BIG RED BLOCK.

机答：OK. （抓起大的红色积木块）

人问：GRASP THE PYRAMID.

机答：I DON'T UNDERSTAND WHICH PYRAMID YOU MEAN.

人问：FIND A BLOCK WHICH IS TALLER THAN THE ONE YOU ARE HOLDING AND PUT IT INTO THE BOX.

机答：BY "IT", I ASSUME YOU MEAN THE BLOCK WHICH IS TALLER THAN THE ONE I AM HOLDING.

机答：OK. （抓起比计算机拿着的积木块更高的积木块,并把它放入箱子中）

人问：WHAT DOES THE BOX CONTAIN?

机答：THE BLUE PYRAMID AND THE BLUE BLOCK.

人问：WHAT IS THE PYRAMID SUPPORTED BY?

机答：THE BOX.

读者可以参照图15.1中的示意图来体会这段人机对话的内容。

MARGIE 系统是尚克于 1975 年在美国斯坦福人工智能实验室研制出来的。该系统的目的在于提供一个自然语言理解的直观模型。系统首先把英语句子转换为概念依存表达式,然后根据系统中有关信息进行推理,从概念依存表达式中推演出大量的事实。由于人们在理解句子时,总要牵涉到比句子的外部表达多得多的内容,因此,该系统的推理有 16 种类型,如原因、效应、说明、功能等等,最后,把推理的结果转换成英语输出。

SAM 系统是阿贝尔森(R. Abelson)于 1975 年在美国耶鲁大学建立的。这个系统采用"脚本"(script)的办法来理解自然语言写的故事。所谓脚本,就是用来描述人们活动(如上饭馆、看病)的一种标准化的事件系列。尚克和阿贝尔森假定,每个人在他自己的生活实践中,会自然而然地意识到这样的脚本,在理解故事时,这些脚本可以用来构建时间发生的语境,因而也就可以用来预料它所代表的事件的情况,并以这些脚本为背景来理解自然语言,对故事中的人物、地点、事件进行推理,在推理过程中,给它们补充新的信息,最后采用"同义互训"(paraphrase)的方法,根据计算机理解的结果,由计算机复述原来的故事。复述时,由于在推理过程中补充了许多新的信息,因而所复述的故事的内容会比原来的故事要丰富得多。计算机似乎像一个有理智的活人,把在推理过程中所推出的新信息加到故事中,添油加醋地把原来的故事说得更加精彩。例如,输入这样的简单的故事:"约翰走进了一家饭馆。他坐了下来。他生气了。他走了。"SAM 系统的输出为:"约翰饿了。他决定到饭馆去。他走进了一家饭馆。服务员没理他。于是约翰生气了。他决定离开这个饭馆。"计算机推论出,约翰离开饭馆的原因是坐下来之后没有得到服务。这是因为在关于饭馆的"脚本"中,有"服务员送菜单"的项目,而输入句子中没有这样的内容,却有约翰生气的句子,因此,SAM 系统作出了这样的推论。

PAM 系统是威林斯基(R. Wilensky)于 1978 年在美国耶鲁大学建立的另一个理解故事的系统。PAM 系统也能解释故事情节,回答问题,进行推论,作出摘要。它除了"脚本"中的事件序列之外,还提出了"计划"(plan)作为理解故事的基础。所谓"计划",就是故事中的人物为实现其目的所要采取的手段。如果要通过"计划"来理解故事,就要找出人物的目的以及为完成这个目的所采取的行动。系统中设有一个"计划库"(plan box),存贮着有关各种目的的信息以及各种手段的信息。这样,在理解故事时,只要求出故事中有关情节与计划库中存贮的信息相重合的部分,就可以理解到这个故事的目的是什么。当把一个一个的故事情节与脚本匹配出现障碍时,由于"计划库"中可提供关于一般目的的信息,就不致造成故事理解的失败。例如,营救一个被暴徒抢走的人,在"营救"这个总目的项下列举出若干个子目的,包括到达暴徒的巢穴以及杀死暴徒的各种方法,就可以预期下一步的行为。同时能根据主题来推论目的。例如,输入故事:"约翰爱玛丽。玛丽被暴徒抢走了。"PAM 系统即可预期约翰要采取行动营救玛丽。故事中虽然没有这样的内容,但是,根据计划库中的"爱情主题",可以推出"约翰要采取行动营救玛丽"的情节。

尚克等学者还进一步研究语言理解和记忆的关系,概括各种具体知识结构为一般经验,综合句法、语义、知识、推理为一体,建成FRUMP 和 IPP 两个快速阅读系统。这两个系统存贮 2 000 多个英语单词,对输入故事无须逐字逐句地分析,而是跳过某些无关的词语提取故事中的主要信息。这样的系统可以对报刊上一些新闻故事自动地做出摘要。

上述的系统都是书面的自然语言理解系统,输入输出都是用书面文字。口头的自然语言理解系统,还牵涉到语音识别、语音合成等复杂的技术,显然是更加困难的课题,口头自然语言理解系统的研究近年来也有很大的发展。

我国自然语言理解的研究起步较晚,比国外晚了 17 年。国外在 1963 年就建成了早期的自然语言理解系统,而我国直到 1980 年才建成了两个汉语自然语言理解模型,都以人机对话的方式来实现。这两个模型中,一个是中国社会科学院语言研究所的"RJD-80 型汉语人机对话系统"(简称"RJD-80 系统"),属语言学模型,一个是中国科学院心理研究所的"机器理解汉语——实验 I: CLUS 系统",属心理学模型。语言学模型强调对语言结构本身进行分析,而心理学模型则强调模拟理解语言时的心理活动,注意语言意义的理解。

1984 年,中国社会科学院语言研究所又进行了"TK-84 型汉语人机对话系统"(简称"TK-84 系统")的研制。该系统以铁路客运咨询为主题,存贮汉语单词 200 条,句型 30 多个,内容包括北京至东北几条铁路客运快车的到站、中途站、开点、到点、车次、车种、车组等,也以人机对话方式来实现。

例如,

人问:"从北京到大连有快车吗?"

机答:"没有特快,只有直快。"

人问:"有哪几次直快?"

机答:"101/104,129/132。"

人问:"153 次过唐山吗?"

机答:"153 次走京坨线到沈阳,不经过唐山。"

再如,

人问:"开往沈阳的快车都有卧铺吗?"

机答:"11 次没有卧铺,其他都有。"

人问:"11 次为什么没有卧铺?"

机答:"11 次 8 点从北京开,18 点 49 分到沈阳,卧铺没有必要。"

可以看出,这样的自然语言理解系统已经具备了初步的推理能力,是一个简单的自动问答系统和自然语言接口。

20 世纪 80 年代中期,在国际新一代计算机激烈竞争的影响下,自然语言理解的研究在国内得到了更多的重视,"自然语言理解和人机接口"列入了新一代计算机的研制规划,研究单位增多了,研究队伍也壮大了。

1985 年,东北大学姚天顺建立了"中文句子及文本理解系统 CTUS",这是一个基于概念的汉语理解系统;1988 年,清华大学黄昌宁等提出汉语句法分析的多扫描确定性算法,建立了一个面向军事情报的汉语篇章理解实验系统 TUSMI,接着又建立了 WPS 汉语通用人机接口和学籍管理系统的汉语专用人机接口;1990 年,南京大学钱树人等建立了找水专家系统的汉语专用人机接口 CNLIGW 和汉语歧义分析模型系统 CAAMS;吉林大学黄祥喜等建立了石油专家系统 PRES 的汉语专用人机接口 HRJ;北京信息工程学院开发了信息检索系统的汉语人机接口;中国科学院沈阳自动化研究所研制了汉语人机接口 NLI-db3;哈尔滨工业大学研制了基于段落理解的汉语问答实验系统 CQAES-II。

山西大学计算机科学系张永奎等根据《哺乳动物百科全书》(*The Macdonald Encyclopedia of Mammals*)的描述文本,建立了哺乳动物数据库,并开发了这个哺乳动物数据库的自然语言前端(natural language front end),用户可用英语的自然语言形式与哺乳动物数据库系统进行人机交互。

中国科学院心理研究所崔耀、陈永明等根据汉语的部分词汇与世界现象之间的对应关系和人类记忆过程的特征,建立了一个适用于汉语篇章理解的记忆模型,这个模型能够组织汉语篇章理解过程中所需的各种知识,并将系统的词典与知识库有机地结合在一起,初步建成了一个汉语篇章理解系统。

近年来,自然语言理解又进一步扩大到了自动问答系统和自然语言人机接口的领域。关于自然语言理解的这些更加新近的研究情况,我们将在"自动问答系统"和"自然语言人机接口"等节介绍。下面,我们具体地分析一下汉语自然语言理解的特点和困难。

第二节　汉语自然语言理解的特点和困难

我国自然语言理解研究虽然取得了一定的成绩,但研究的深度还不够,离实用化商品化还有不小的距离。

用计算机对汉语进行自动的理解,面对的困难和问题要比印欧语系的语言如英语、俄语、法语、德语等要多一些,除了自然语言理解研究面对的共性问题之外,汉语理解还有自己特殊的困难和问题,这些困难和问题主要在语言方面。大致归纳如下:

(1) 汉语的书面形式是连续书写的,词与词之间没有自然的界限,因此,汉语的自然语言理解首先要解决单词的自动切分问题,而汉语既无词尾形态标记,又基本上没有形态变化,自动切词的难度很大。

(2) 大多数汉语的词本身不能明确地表达语法意义,汉语的句法主要靠词序和虚词来表示,而汉语句子的词序比较灵活,常用虚词的用法十分复杂,而且常常省略,虚词往往是多义的,同一个虚词往往可以表达不同的涵义,其中的许多规律,至今尚迷离扑朔,不知所以,这样,要把词序和虚词所带的语法信息以形式化的方式提供给计算机,就是一件十分困难的语言学研究工作。这件工作现在才刚刚起步,尚无重大突破。

(3) 汉语的实词也需要深入辨析,特别是常用动词,其意义和用法千差万别,莫衷一是,而其意义和用法的不同点,恰恰是理解汉语语义的重要依据,因此,必须确切地描写汉语实词(特别是动词)的各种用法,指出其用法上的区别,说明其使用条件,建立产生式的汉语语法体系,并且用形式化的方式将其表示出来。这是十分浩繁的工作,目前才着手进行。

(4) 汉语的形容词一般可以作谓语和定语,但是,有许多形容词不能做谓语,又有一些形容词不能直接作定语,必须具体地说明形容词作谓语或作定语的条件,而目前在这方面的研究才刚刚起步。

（5）汉语中名词修饰名词时十分自由，有时加"的"，有时不加"的"，一连串的名词叠加在一起，可以形成层次非常复杂的偏正结构，计算机对于这样复杂的结构的自动分析往往显得无能为力；而且，名词修饰名词也不是十分自由的，我们对于名词修饰名词的条件还没有作过充分的研究。"名词＋名词"这样的结构本身在句法上还存在歧义。

（6）连动式和兼语式是汉语的两种特殊句型，在这样的特殊句型以及由多个动词构成的句子中，由于若干个动词或动词词组相互连接时没有明显的形式标志，主要动词淹没在一大堆动词之中，计算机往往难于确定其中的主要动词，而如果主要动词的判定有误，整个结构的分析必定失败。在兼语式中，兼语又作主语，又作宾语，使得句子中除了原来的主语之外，又出现了一个兼作宾语的新主语，句子中出现一个以上的主语，与传统的印欧语中"主语＋谓语"那样的一个主语和一个谓语单纯地相互结合的句式有很大不同，也给汉语的自动句法分析带来极大的困难。

（7）汉语的量词特别丰富，量词与名词之间有着固定的搭配关系，有时，数量结构与名词的位置孰前孰后也比较自由，而且，许多量词又可兼作名词，有的名词不能受数量结构的修饰，量词的分析和判定也是汉语自动理解中的一个难题。

（8）汉语句子中的主语和谓语之间，没有性、数的一致关系，又常常出现省略主语或谓语的现象，使得句子中主要句子成分的确定变得非常棘手；而如果主要句子成分的判定出现错误，整个句子的分析也就失败了。

（9）汉语的基本句式"主—谓—宾"结构与英语相似，都是 NP ＋ VP ＋ NP，表层结构的分析并不困难，但是，表层的句法结构远远不能满足汉语自然语言理解的需要，词与词以及词组与词组之间的句法关系和语义关系才是问题的核心。而汉语基本句式中的 NP 与 VP 之间的句法关系和语义关系是错综复杂的，我们不能仅仅根据词组类型就判定词与词之间的句法结构，也不能仅仅根据句法结构就判定词与词之间的语义关系，往往还要根据上下文和一定的背景知识才能做出较为准确的判断。

（10）汉语中还有许多自己特有的常见句式,其中的语义关系不易分析。例如,NP1 + NP2 + … + NPn + VP 这样的结构中,各个 NP 的语义关系必须研究它们与其他句式之间的转换过程才能说清楚。又如,NP + VP1 + VP2 + … + VPn 这样的结构,只有 NP 一个单项主语时,各个 VP 之间的语义关系可以从不同的角度来分析,似乎都言之成理,但目前还没有统一的准则;NP 省略时,出现主语暗转的现象,这种主语暗转和省略的句子,在汉语里十分普遍,要进行推理和判断才能理解,而推理和判断又必须根据生活常识、上下文语境以及整段文章的主题才能确定。

（11）汉语中存在着大量的歧义现象。我们在第五章中说过,歧义是自然语言的计算机理解面临的一个严重问题。人依靠丰富的生活知识和对母语的熟练掌握,在日常语言交际中能排除大量的歧义,误解的可能性很小。但是,计算机不可能把一个人的全部知识贮存在机器中,而一个小型的自然语言理解系统所能容纳的词汇、句法、语义和背景知识更是少数,遇到有歧义的句子时,误解或不解的可能性必然会大大增加。这种情况,在汉语中尤其严重,因此,需要分析汉语中歧义产生的各种原因,据以建立起某些有效的规则,以便消除歧义。词汇部分的歧义就是一词多义,需要一部汉语常用词用法词典来解决。句法部分的歧义则需要依靠上下文分析和背景知识,才能作出一定程度的解决。为了使上下文分析和背景知识的分析有足够的形式上的依据,首先要详细地描述汉语中各种歧义结构,为此,还应当组织人力编写一部描写汉语的句法规则和语义规则的基础语法,在这样的基础语法中,要以产生式理论为指导,详细说明各种结构形式的出现条件和语义用法的使用条件。

（12）汉语是一种分析型语言,语义分析在汉语研究中起着举足轻重的作用。一个句子,只要把词的意义和意义之间的关系弄清楚了,那么,整个句子的含义也昭然若揭了。我们的祖先不讲主语、谓语、宾语和名词、动词、形容词这些印欧语言的语法概念,照样可以看文章,可以进行语文教学,就是因为汉语的结构特别注重语义,特别倾向于使用王力教授所说的“意合法”。任何一个完善的自然语言理解系统都要进行句法分析和语义分析,但是,句法分析和语义分析在自然语言理解中所占的比例是因语言而异的。根据我们研究各种语言计算机处理的经验，在俄语的自然语言理解系统中，句法分析比语义分析的比例大得多，在英语的自然语言理解系统中，句法分析的比例也比语义分析的比例要大一些，在日语的自然语言理解系统中，句法分析与语义分析的比例差不多，几乎是一半对一半，而在汉语的自然语言理解系统中，语义分析的比例比句法分析的比例要大得多。汉语的自然语言理解系统，如果不给语义分析以足够的重视，系统的质量显然是不会好的。但是，目前我国对于汉语的语义研究还很不够，汉语义素分析、汉语语义网络、汉语框架网络的研究才刚刚起步，汉语的自然语言理解研究在语义学方面还没有十分成熟的理论和方法。

（13）汉语的自然语言理解中还要研究上句和下句的关系、代词的所指和照应以及知识背景等语用学方面的问题，对于这些问题，在传统的汉语语言学中都是非常薄弱的环节，几乎没有行之有效的研究成果可资借鉴。

（14）汉语句子中，普遍地存在着"主题化"的现象，在语义上是受事、工具、方式、目的、处所、时间的词，几乎都可以提到句首作为句子的主题，这样，仅只根据词序就很不容易判断语言成分的句法功能，给汉语句子的自动分析造成很大的困难。

诸如这样的困难不胜枚举，由此可见，汉语的自然语言理解是不可能一蹴而就的，现在仅仅是迈出了第一步，需要进一步研究的问题还很多，我们应该清醒地认识到这些问题，组织力量进行攻关。

目前，自然语言理解的研究已经显示出令人鼓舞的应用前景，专家系统、数据库系统、计算机辅助设计系统、计算机辅助教学系统、办公室自动化系统都需要用自然语言作为人机接口，具有篇章理解和篇章生成能力的自然语言理解系统在知识工程、信息检索、机器翻译、自动文摘、电子排版、语言材料的自动统计等领域，也有着广泛的用途。有人估计，自然语言处理的软件销售额，将会大约以每年一倍的速度飞快增长。我们应该加倍努力，促进自然语言理解系统的实用化和商品化。

下面，我们来讨论自然语言理解研究中的两个新的领域：自动问答系统和自然语言人机接口。

第三节　自动问答系统

"问答系统"(question answering,简称 QA)讨论如何从大规模真实的联机文本中对于指定的提问找出正确回答的方法和技术,这是自然语言理解的一个新的发展趋向。

在 20 世纪初年,计算机还没有出现的时候,图灵(A. Turing)就天才地预见到,检验计算机智能高低的最好办法是让计算机来讲英语和理解英语,他提出了著名的"图灵实验"来检验计算机智能的高低。近年来迅速发展着的自动问答系统研究是图灵实验的生动实践,反映了自然语言处理技术的长足进步。

在自动问答系统中,计算机要对于用户的提问给出一套数量不多的准确回答,在技术上,它更接近于信息检索(information retrieval),而与传统的文献检索(document retrieval)有较大的区别。

与信息抽取(information extraction)相比,自动问答系统要回答的提问可以是任何提问,而信息抽取只需要抽取事先已经定义好的事件和实体。在开放领域的自动问答系统中,使用有限状态技术和领域知识,把基于知识的提问处理、新的文本标引形式以及依赖于经验方法的答案抽取技术结合起来,这样,就把信息抽取技术大大地向前推进了一步。

本章首先介绍自动问答系统的类别和自动问答系统的体系结构,接着介绍开放领域自动问答系统中的提问处理以及关键词抽取技术,并讨论开放领域自动问答系统中的答案提取方法。

1. 自动问答系统的类别

自动问答系统给某个提问提供简单而精确回答,与信息检索任务及信息提取任务极为不同。目前的信息检索系统能让我们对与提问切题的相关文献进行定位,把从文本的等级列表中抽取答案的任务留给用户。在信息检索中,相关文本的识别是使用将提问与文献集匹配的方法来实现的,信息检索系统并不负责回答用户的问题。信息抽取与信息检索不同,信息抽取系统抽取的东西是用户感兴趣的信息,抽取的条件是信息已经存在于预先规定的被称为模板的目标表现形式中。从总体上,信息抽取系统在一个与提取任务相关的文献集合上操作。信息抽取系统在完成抽取的任务时,可以成功地组拼模板。

尽管在信息检索系统的输出和信息抽取系统的输入之间有重合现象,但是把信息检索技术和信息抽取技术简单地组合起来,直接应用到开放领域的自动问答系统中是行不通的。其原因在于:第一,这种解决办法需要建立适用于所有可能领域的信息抽取规则;第二,这种解决办法会把可能问及的问题的类型仅仅局限在信息抽取模板信息的形式范围之内。

不过,自动问答系统可以使用信息检索的方法来识别那些可能包含问题的答案的文献,同时使用信息抽取技术来进行命名实体的辨识。

不管怎么说,成功的自动问答系统要对复杂的自然语言处理技术进行编码,捕获提问的语义,并对提问和候选答案进行词汇语义的合成。由于自动问答系统集中地使用了大量的句法、语义和语用的处理方法,因此,对自动问答系统技术的关注势必促进自然语言处理技术的发展,将自然语言理解推到研究与系统开发的前沿。

自动问答系统技术一定会在今后的数年内在信息技术中发挥重要的作用。自动问答系统的用户可能是随意的提问者,他们只是问一问简单的具体问题;也可能是寻找具体产品特性和价格的顾客;也可能是正在收集市场、财经或商业信息的调研分析人员;还可能是查询非常具体、需要大量专门技术的信息的专业信息分析人员。所以,对回答提问的需求是很广泛的,正是由于自动问答系统有广泛的用户群,它的研究具有广阔的应用前景。

根据处理提问与答案的形式,自动问答系统可以大致分为定型的自动问答系统和开放领域的自动问答系统两种。

在定型的自动问答系统中,系统需要回答的问题或者是关于特定事实的,或者是具有专业性的。定型的自动问答系统对一个新提问首先进行最佳匹配,匹配对象是已知答案的预置问题的一个集合。若有合适匹配,就提供正确答案。定型的自动问答系统的客户群众多,客户们迫切希望依靠定型的自动问答系统,给自己特定的问题找出正确的答案。定型的自动问答系统在受限领域内表现较好,因为在这些领域中,比较容易预测问题的答案。

定型的自动问答系统中的问题大致可以分为两类:一类是关于具体事实的问题,一类是专业问题。

下面是关于具体事实的问题的例子:

——Who was the first American in space?

(第一个进入太空的美国人是谁?)

——Where is capital airport?

(首都机场在哪里?)

——When did the Neanderthal man live?

(尼安德特人生活在什么时候?)

系统只要查询到有关的事实,就可以轻而易举地回答这一类的问题。

下面是关于专业问题的例子:

——What will the US' response be if Iran closes the Strait of Hormuz?

(如果伊朗封锁霍尔木兹海峡,美国将如何回应?)

——What effects on the price of oil on the international market are likely to result from the terrorist attacks on Saudi facilities?

(恐怖分子袭击沙特阿拉伯的设施,对于国际市场上的油价会产生什么影响?)

回答这一类的问题,需要根据专业知识来进行推理,需要从各种专业文献中收集证据碎片,然后将这些证据碎片合并,才能形成最后的答案。

开放领域的自动问答系统要对来自任何领域的提问都能够提供答案,为了达到这个目的,需要运用句法、语义、语用等自然语言处理手段,从大量联机文献集合中搜寻并发现对于提问的答案。设计这种开放领域的自动问答系统的难点在于系统需要处理的提问的宽泛性。提问可能是问具体的信息的,例如,在文本检索会议(TREC)评估时所提的问题;提问也有可能问及复杂事件、事实或情况。

鉴于开放领域的自动问答系统具有提问的宽泛性,仅对提问类型分类是不够的,因为对同一问题,由于所查询文献的情况不同,或者由于文本中有关答案的遣词造句的方法不同,答案的提取有难有易。因此,我们不对问题处理技术或答案提取技术进行分类,而是对整个自动问答系统进行分类,把开放领域的自动问答系统进一步细分为如下5类:

第一类:能够处理事实问题的自动问答系统。这类系统从一个或几个文献的集合中抽取文本片段作为回答。在通常的情况下,系统只需要逐字逐句地进行搜索,在文献中直接找出问题的答案。

例如:

问:Who is the author of the book *THE IRON LADY: A Biography of Margaret Thatcher*?

(谁是《铁娘子:撒切尔夫人传》的作者?)

答:*THE IRON LADY: A Biography of Margaret Thatcher* by Hugo Young.

(《铁娘子:撒切尔夫人传》的作者是雨果·杨。)

第二类:具有简单推理机制的自动问答系统。这类系统需要在不同的文本片段中找出答案,并且用简单的推理形式,找出问题与这些答案之间的关系,从而把它们关联起来。在这种形式下,答案的发现需要使用更加精细的本体概念知识或者更加精细的语用知识,而答案的抽取则需要在这些知识的基础上进行推理。由于简单释义的不足,这样的推理通常必须使用世界知识和普通的常识。例如,在下面的问答中,就使用了"喝有毒饮品是死亡的一个原因"这样的假设。

问:How did Socrates die?

(苏格拉底是怎么死的?)

答:Similarly, it was to refute the principle of retaliation that Socrates, who was sentenced to death for impiety and the corruption of the city's youth, chose to drink the poisonous hemlock, the state's method of inflicting death, rather than accepting the escape from prison that his friends had prepared.

（类似地，这驳斥了那种报复的原则，认为苏格拉底被判处死刑是由于他的不敬行为以及他腐蚀城市的青年，他喝了毒芹，这是国家执行死刑的一种方式，而不是他接受了他的朋友们策划的越狱计划。）

在词网（WordNet1.6）中，名词 poison（毒）的第一个意思解释为 any substance that causes injury or illness or death of a living organism（"能对生物体造成伤害、疾病或死亡的任何物质"），根据这样的因果链进行推理，就为 poisonous hemlock（毒芹）可能是苏格拉底死亡的原因提供了证据。

第三类：能够从不同文献中融合出答案的自动问答系统。这种系统的特征是，它们能够提取散落在不同的若干个文献中的局部的信息，然后形成一个融合的答案。这样的回答格式决定着这些自动问答系统的多层复杂性。

例如：

问：Name three countries that banned beef imports from Britain in the year 1990?

（列举出 1990 年禁止从英国进口牛肉的 3 个国家的名字？）

答：[France, West Germany, Luxembourg, Belgium]

（[法国,西德,卢森堡,比利时]）

这种融合的开放领域自动问答系统需要具有更高级的语义处理能力和名称别名的识别能力。例如，在不同的若干个文献中，可能会使用 Britain 和 UK 等不同的名称来称呼"英国"，系统要能够识别出 Britain 和 UK 是同一个国家，才有可能在若干个不同的文献中进行知识的融合，把 Britain 和 UK 融合在一起。

第四类：可以进行类比推理的自动问答系统。这类自动问答系统的特征是，它们具有类比推理的能力。在这种自动问答系统中，问题的答案不会在任何文献中明确表述出来，而是需要将不同的答案进行类比推理，预测它们之间的相似点和不同点。在类比推理时，系统需要将问题分解成提取证据碎片的若干个小问题，然后使用类比的方式进行推理来构造对于问题的答案。

例如：

问：Is the Fed going to raise interests at their next meeting?

（Fed 打算在他们的下一次会议上提高利息吗？）

问：Is the US out of recession?

（美国摆脱了经济萧条吗？）

问：Is the airline industry in trouble?

（航空工业出现了什么麻烦？）

要回答上述的问题需要从各种文本中提取证据的碎片，然后进行类比推理，构造出问题的答案。

第五类：交互式自动问答系统。这类自动问答系统的特征是能够在前期与用户互动形成的语境的基础上提问题，而不是孤立地提问，人与计算机之间可以交互。

例如：

语境中的提问 1：Which museum in Florence was damaged by a major bomb?

（佛罗伦萨的哪一个博物馆被炸弹破坏了？）

答：On June 20, the Uffizi gallery reopened its doors after the 1993 bombing.

（1993 年爆炸之后，在 6 月 20 日，乌菲齐美术馆又重新开门了。）

语境中的提问 2：On what day did it happen?

（爆炸是在那一天发生的？）

答：（Thursday）（May 27 1993）

（星期四）（1993 年 5 月 27 日）

语境中的提问 3：Which galleries were involved?

（包括哪一些画廊呢？）

答：One of the two main wings.

（两个主要侧面画廊当中的一个。）

语境中的提问 4：How many people were killed?

（死了多少人呢？）

答：Five people were killed in the explosion.

（在爆炸中死了5个人。）

在回答这些问题的时候,计算机需要在前面已经回答的问题的基础上,检查提问前后的语境,才有可能做出回答。

2. 自动问答系统的结构

一个自动问答系统通常由三个模块组成:一个是提问处理模块(Question-Processing);一个是文献处理模块(Document-Processing);一个是答案的提取和构造模块(Answer Extraction and Formulation)。

在提问处理模块中包含着自动问答系统的很多技术,这些技术能够对提问加以进一步的说明,以便在所采集到的文献中找出对于有关问题的回答。

在自动问答系统中,自然语言的提问不能使用信息检索中的关键词和算子来表示,而是使用人类所能理解的、并且能够由自动问答系统处理的一套固有语义来表示。

这套固有语义也就是回答应当归属的语义类别。例如,当问Who is best known for breaking the color line in baseball?(在打破职业棒球的肤色界限方面谁最有名?),预期的答案的语义类型是"人"(Person),以姓名的形式来表征,例如,杰克·罗宾孙(Jackie Robinson)。

开放领域问题的相关段落检索是建立在提问关键词的基础之上的。我们使用经验的方法来提取提问关键词,从提问的语义形式中提取实词,并优先考虑(a)引用表达;(b)命名实体;(c)复合名词。可能的关键词包含所有的名词和它们的形容词性修饰语,还有提问中的主要动词。

自然语言文本中的关键词会出现形态变化、同义表达、语义变换等变体形式,在自动问答系统中,有必要对这些关键词进行必要的变换。

我们可以从语言学的角度把关键词的变换分为如下三类:

(1)形态变换。在自动问答系统的提问表达式中,可以列举出关键词有关的各种形态变化的形式。

例如,对于问题"who invented the paper clip?"("谁发明了回形

针?")而言,预期的回答类型是"人"(Person),而且这个"人"是动词 invented("发明了")的主语,即词汇上名词化了的 inventor("发明人")。另外,由于在文献中搜索时不仅限于搜索关键词的词干形式,还要搜索该动词的所有屈折变化形式。这样,问题就可以使用如下的提问表达式来表示:

QUERY:[paper AND clip AND(invented OR inventor OR invent OR invents)]

其中,AND 表示"和",OR 表示"或",invented 的形态变换形式还有 inventor,invent, invents。

（2）词汇变换。词网(WordNet)对于大量的很容易挖掘的语义信息都进行了编码,这样,我们就可以根据词网对关键词进行词汇变换,来检索关键词的同义词和其它语义相关项。这种词汇变换提高了答案的召回率。例如,对于问题"Who killed Martin Luther King?"("谁杀了马丁·路德·金?"),在搜索时除了 killer("杀人者")之外,还搜索 killer 的同义词 assassin("刺客"),从而提高自动问答系统的召回率。同样,对于问题"How far is the moon?"("月亮离我们有多远?"),由于副词 far 在词网(WordNet)中被编码为 distance(距离)的属性特征,如果我们把 distance 这个名词添加到检索关键词中,也可以找到正确回答。

（3）语义变换。词网(WordNet)中还记录了单词的上下位关系以及搭配,在自动问答系统之中,我们可以把单词的上下位关系或搭配定义为关键词的语义变换,这样,也可以提高自动问答系统的召回率。例如,对于问题"Where do lobsters like to live?"(龙虾喜欢生活在哪里?)。由于在词网中,动词 like(喜欢)是动词 prefer 的上位词,它的定义是 like better(更加喜欢),所以,提问式可以写为:

QUERY:[lobsters AND(like OR prefer)AND live]

在文献处理模块中,为了处理大范围的提问,开放领域的自动问答系统需要决定,它要寻找什么样的信息,或者要寻找什么样的预期的回答类型,并且还要决定,它到哪些文献中去搜寻这样的回答。

由于答案是靠文献中的文本碎片来呈现的，所以，这样的答案必定应当包含在能够被大多数提问概念辨识的文本碎片之中。因此，可能找到最终答案的文本碎片应当包含最具代表性的问题的概念，并且包含与预期的回答类别相同的文本概念。

现有的检索技术还不能很好地模拟语义知识，因此，大多数自动问答系统只是将这样的搜索分解成基于问题关键词的检索以及文献的过滤机制两个部分，使得在文献中只保留那些预期的答案类型。

在答案的提取和构造模块中，要确定答案的类型，答案的语义格式应该直接与提问的主干相关联，并且在提问的语义形式中具有最高的连通性。

答案类型的脱机分类可以依靠大型的词汇语义资源（例如，词网）来建立。词网（WordNet1.6）的数据库中包含 100 000 多个英语的名词、动词、形容词和副词，这些词使用"同义词集"（SYNSET）的方式组织起来。在对答案进行分类时，我们要设法建立起问答系统中的答案类型与词网中的同义词集之间的关联。

答案类型分类的过程可以分三步走：

第一步：对答案中的名词或动词的每一个语义类别，人工选择出它们最具代表性的概念结点，然后把这些概念结点加到答案类型分类（Answer Type Taxonomy）中。

第二步：由于预期的答案类型通常是命名实体，因此，我们需要在命名实体范畴和答案类型范畴之间建立多对多的映射。如图 15.2 所示：

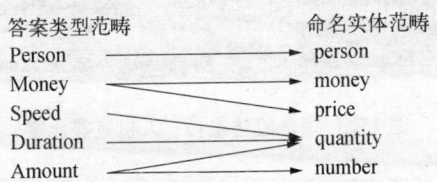

图 15.2　答案类型范畴和命名实体范畴之间的多对多映射

从图 15.2 中可以看出，答案类型范畴的 Speed, Duration 和 Amount 三个范畴映射到命名实体范畴的 quantity，形成 3 对 1 的映射；而答案类型范畴的一个范畴 Money 映射到命名实体范畴的

money 和 price 两个范畴,形成 1 对 2 的映射。可见,答案类型范畴和命名实体范畴之间的映射是多对多的。

第三步:把答案类型分类体系(Answer Type Taxonomy)中顶端的每一个叶子结点,手工链接到词网的一个或者多个下属层次的结点上;这样,就可以把提问中的命名实体范畴与答案中的答案类型范畴联系起来,构造出相关的答案来。

自动问答系统的研究近年来取得突飞猛进的成绩。

2011 年 2 月 14 日至 16 日,美国国际商用机器公司(IBM)研制的超级计算机"沃森"(Watson)与两名人类智力竞赛高手布拉德(Brad)和肯·詹宁斯(Ken)在美国著名的智力竞答电视节目《危险边缘!》(Jeopardy!)中进行竞答比赛。人类选手布拉德和肯·詹宁斯曾经多次赢得《危险边缘!》的竞答冠军。然而,在这次竞答比赛中,超级计算机"沃森"却以绝对优势获得冠军,战胜了人类选手,这是计算机自动问答系统研究引起世界瞩目的重要成就。

图 15.3 《危险边缘!》:人机竞答比赛

2 月 14 日,"沃森"与布拉德在首日播出的比赛结束时打成了平手,领先于肯·詹宁斯。

2 月 15 日(第二天)播出的比赛,在 30 个问题中,"沃森"答对 24 个,肯·詹宁斯和布拉德分别答对 3 个和 2 个。"沃森"和人类选手都未答对阿根廷一家美术馆 1987 年失窃的一件藏品是西班牙国王菲利普二世肖像。

2月16日(第三天)竞赛揭晓,在这场竞答比赛中,"沃森"以绝对优势战胜了人类选手。

我们把部分问题分类列举如下,读者从中可以了解到这次人机竞答比赛的水平。

1. 有关欧盟的问题(EU,The European Union)

问: Each year the EU selects capitals of culture: one of the 2010 cities was this Turkish "meeting place of cultures"(每年欧盟都要选出文化之都。2010年被选中的城市之一就是这个不同的文化在这里相遇的土耳其城市。这是哪一个城市?)

答: Istanbul(伊斯坦布尔)。

问: The Schengen agreement removes any controls at these between most EU neighbors(申根协议消除了大部分欧盟国家之间的关于什么东西的控制?)

答: National borders(国家边界)。

问: A controversial EU subsidy program is called CAP, short for "common" this "policy"(欧盟一个有争议的补贴叫做CAP,它是"共有"什么"政策"的缩写?)

答: agricultural(农业)。

问: Elected every 5 years, it has 736 members from 7 parties(每5年选举一次,它有来自7个组织的736名成员。它是什么?)

答: parliament(议会)。

问: As of 2010, Croatia & Macedonia are candidates but this is the only former Yugoslav republic in the EU(到2010,克罗地亚和马其顿还只是欧盟申请国,而这个国家是欧盟中唯一的前南斯拉夫共和国,它是哪一个国家?)

答: Slovenia(斯洛文尼亚)。

2. 有关演员和导演的问题(Actors who direct)

问:"Rocky II","Rocky III" & "Rocky IIV"(《拳击手洛奇 II》《拳击手洛奇 III》和《拳击手洛奇 IV》的演员是谁?)

答：Sylvester Stallone（西尔维斯特·史泰龙）。

说明：西尔维斯特·史泰龙饰演了拳击手洛奇,分别出品于1979、1982、1985。

问："Million Dollar Baby" & "Unforgiven"（《百万宝贝》和《不可饶恕》的演员是谁?）

答：Clint Eastwood（克林特·伊斯特伍德）。

说明：克林特·伊斯特伍德在《百万宝贝》中饰演了年纪老迈的拳击教练法兰基·邓恩,在《不可饶恕》中饰演了重操旧业的枪手威廉·芒尼。

问："The Pledge" & "Into the Wild"（《誓死追缉令》和《荒野生存》的导演是谁?）

答：Sean Penn（西恩·潘）。

说明：《誓死追缉令》和《荒野生存》是西恩·潘最成功的导演作品。

问："The Great Debaters"（《激辩风云》的主演是谁?）

答：Denzel Washington（丹泽尔·华盛顿）。

说明：丹泽尔·华盛顿同时扮演了一所全黑人学校——威利大学中一位名叫迈尔文·托尔森的受人爱戴的教授。

问："A Bronx Tale"（《布朗克斯的故事》的导演是谁?）

答：Robert DeNiro（罗伯特·德尼罗）。

说明：《布朗克斯的故事》是罗伯特·德尼罗执导的处女作,片中他同时扮演了美籍意大利人——公交车司机罗兰兹·阿内罗。

3. 有关方言的问题（DIALING FOR DIALECTS）：

问：Sprechen sie Plattdeutsch? If you do, you speak the low variety of this language.（你会讲低地德语吗? 如果你会的话,那么你讲的是这种语言的低地方言变体。）

答：German（德语）。

说明：这道题是用德语发问的:"Sprechen sie Plattdeutsch?"。沃森居然懂得德语。通过"低地德语"（Plattdeutsch）这个单词,沃森确定了这道题要回答的语言是德语。

问：Dialects of this language include Wu, Yue & Hakka(这种语言的方言包括吴语、粤语和客家话。这是哪一种语言?)

答：Chinese (汉语)。

问：Vedic, dating back at least 4,000 years, is the earliest dialect of this classical language of India. (可以追溯到至少 4 000 年前,吠陀语是印度的一种古典语言的最早的方言。这种古典语言是什么?)

答：Sanskrit (梵语)。

问：While Maltese borrows many words from Italian, it developed from a dialect of this Semitic language. (尽管马耳他语从意大利语中借用大量的单词,但是它是从闪米特语族的一个方言发展而来的。这种方言是什么?)

答：Arabic (阿拉伯语)。

问：Aeolic, spoken in ancient times, was a dialect of this. (在古时候讲的依奥利亚语是这种语言的一种方言。这种语言是什么?)

答：Ancient Greek(古希腊语)。

4. 关于突发新闻的问题(BREAKING NEWS)

问：Before this hotel mogul's elbow broke through it, a Picasso he owned was worth $139 million; after, $85 million(哪位酒店大亨的胳膊肘戳坏了他自己的毕加索的名画,之前这幅画值 1.39 亿美元,之后只值 8 500 万美元了?)

答：Steve Wynn (史提芬·永利)。

说明：史提芬·永利是酒店大亨,有"拉斯维加斯之父"之称。

问：It was 103 degrees in July 2010 & Con Ed's command center in this N. Y. borough showed 12,963 megawatts consumed at 1 time. (2010 年 7 月的纽约气温高达 103 华氏度,即 39.4 摄氏度,联合爱迪生公司在纽约这个区的指挥中心显示耗电量达到了 12 963 百万瓦特。这是哪一个区?)

答：Manhattan (曼哈顿区)。

问：Senator Obama attended the 2006 groundbreaking for this man's memorial, 1/2 mile from Lincoln's. (奥巴马议员出席了 2006 年一个国

家纪念碑的奠基仪式,这个纪念碑离林肯纪念堂只有半英里,这是谁的纪念碑?)

答: Martin Luther King(马丁·路德·金)。

问: Gambler Charles Wells is believed to have inspired the song "The Man Who" did this "At Monte Carlo".(赌徒查理斯·韦尔斯被认为是启发了这首歌曲灵感的人:歌曲的名字叫做《这家伙在蒙特卡洛 did this》,歌曲名字中的 did this 究竟是指什么行为呢?)

答: Broke the Bank(闯入银行)。

说明: 这道题对计算机沃森来说比较难,它要判断"查理斯·韦尔斯"究竟是谁,而这个名字是有歧义的,除了是一个赌徒的名字之外,19 世纪的波士顿市的一位市长也叫这个名字。提问中的"赌徒"、"这家伙在蒙特卡洛"都是比较好的线索。沃森正确回答了这题。事实上,赌徒查理斯·韦尔斯确实在蒙特卡洛闯进了银行。而《这家伙在蒙特卡洛闯入银行》是 19 世纪在英国流行的一首歌曲。

问: Nearly 10 million YouTubers saw Dave Carroll's clip called this "friendly skies" airline "breaks guitars".(接近一千万 YouTube 的观众点击了戴夫·卡罗的视频片段——"友善的天空"航空公司"摔坏了吉他",这是哪一个航空公司?)

答: United Airlines(美联航)。

说明: 美联航摔坏吉他的事件曾被新闻广泛报道。"友善的天空"是美联航多年的口号。

5. 关于小钱的问题(ONE BUCK OR LESS)

问: On December 8, 2008 this national newspaper raised its newsstand price by 25 cents to $1.(在 2008 年 12 月 8 号,这份国家报纸将它在报摊的价钱从 25 美分提高到 1 美金。这是哪一份全国性报纸?)

答: "USA Today"(《今日美国》)。

问: The USPS cost for mailing this, a minimum of 3 1/2 X 5 inches, is 28 cents; Wish you were here!(USPS 寄送这个东西的价钱,最小的是 3.5 * 5 英寸,价格是 28 美分;希望你们已经知道答案

了! 这是什么东西呢?)

答: a post card (明信片)。

问: In 2002 Eminem signed this rapper to a 7 – figure deal, obviously worth a lot more than his name implies. (在 2002 年,著名的说唱歌手埃米纳姆帮这位说唱歌手签下了一个 7 位数的合同,合同的价值显然比他的名字暗示的价值更多。这位歌手的名字叫做什么?)

答: Five Cents(50 美分)。

说明: Five Cents 是美国的一个说唱歌手的名字,他的本名柯蒂斯·詹姆士·杰克逊。这个题目很难,因为很少有人能够想到 Five Cents 居然是一个人名,命名实体的识别确实不容易。

问: 99 cents got me a 4 – pack of YTTERLIG coasters from this Swedish chain. (99 美分可以从这家瑞典的连锁店买到一包 4 个的 YTTERLIG 的杯垫。这家连锁店叫什么?)

答: IKEA (宜家)。

问: A 15-ounce VO5 Moisture Milks conditioner from this manufacturer averages a buck online. (一瓶 15 盎司的来自这个制造商的 VO5 牛奶保湿护发素在网上的平均价格是 1 美金。这是哪一家制造商?)

答: Alberto (阿尔伯特)。

6. 关于非小说类文学作品的问题 (NONFICTION)

问: In 2010 this former first lady published the memoir "Spoken from the Heart". (在 2010 年,这位前第一夫人发表了回忆录《肺腑之言》,她是谁?)

答: Laura Bush (劳拉·布什)。

问: This book by Michael Lewis subtitled "Evolution of a Game" focused on left tackle prodigy Michael Oher(这本出自迈克·刘易斯的副标题为《比赛进程》的书是关于左边锋天才迈克·奥赫的。这本书的名字是什么?)

答: "The Blind Side"(《弱点》)。

问：The New Yorker's 1959 review of this said in its brevity & clarity it is "unlike most such manuals, a book, as well as a tool". (在《纽约客》的 1959 回顾中谈到了这部作品的简洁和清晰方面,认为,它不像大多数这类的手册,而可以看作是一本工具书。这部作品的名字叫什么?)

答："The Elements of Style"(《文体的要素》)

问：Dave Eggers not-so-modestly titled his memoir "A Heartbreaking Work of" this. (大卫·艾格斯不那么谦虚地把他的回忆录起名为什么的"伤心制作"?)

答：Staggering Genius(怪才)。

问：HBO's miniseries "John Adams" was based on this author's Pulitzer Prize-winning biography(HBO 的迷你剧《约翰·亚当斯》是根据这个作家的获普利策奖传记改编的。这个作家是谁?)

答：David McCullough(大卫·麦考勒)。

7. 和法律有关的问题,答案中要包含字母"E"(Legal "E"s)

问：In English law, it's a title above a gentleman & below a knight; in the U.S., it's usually added to the name of an attorney. (在英国法律中,该单词是一个处于绅士之上、骑士之下的头衔;在美国,它常被放在律师名字的前面。这个单词是什么?)

答：English word "esquire"(英文单词 esquire)。

说明：字典中对 esquire 的解释是:"放在律师名字前面的称谓"。

问：One definition of this is entering a private place with the intent of listening secretly to private conversations. (关于该单词的定义之一是:"进入一个私人领地企图窃听私人谈话",这个单词是什么?)

答：English word eavesdropping（英文单词 eavesdropping ［偷听］)。

问：This person is appointed by a testator to carry out the directions & requests in his will. (这个人受立遗嘱人委托去执行遗嘱中的要求事项。这个人在法律上叫什么?)

答: executor (执行人)。

问: This 2-word phrase means the power to take private property for public use; it's ok, as long as there is just compensation. (这是由两个单词组成的英语短语,指的是一种为了公共用途而取得私人物品,并给予适当补偿的法律权利。这个短语是什么?)

答: eminent domain (征收)。

说明: 在 Wikipedia 上关于 eminent domain 的解释是:"征收(又称土地征用权)系指政府为促进物品利用、增进公共利益,基于政府公权力之作用,依法定程序,取得特定私有物品,并给予当事者相当补偿之行为。"

问: This clause in a union contract says that wages will rise or fall depending on a standard such as cost of living. (在劳工合同中的有一个条款说: 工资将随着例如生活成本这一标准而上下浮动。这个条款叫做什么?)

答: escalator(伸缩条款)。

说明: 英语词典中说:"伸缩条款(escalator clause)是指劳资协议中有关随生活费用或生活指数而自动调整工资的条款。"

8. 关于穿什么的问题(WHAT TO WEAR)

问: This plain-weave, sheer fabric made with tightly twisted yarn is also used to describe a pie or cake. (这种以平纹组织交织的薄纱面料是由紧密纱线强捻在一起而织成的;它也用来描述某种派或者蛋糕。这种面料叫什么?)

答: chiffon (雪纺)。

问: A bit longer than a cocktail dress, one hemmed to end at the shins is this beverage "length". (比燕尾服稍微长一点,长度有从底部到小腿肚的距离这样长的衣服部件,它也是一种饮料的名称。这种衣服部件叫做什么?)

答: tea(茶叶)。

问: Also the name of a rope for leading cattle, this women's backless top has a strap that loops around the neck. (一种用来牵拉牲畜

的绳子的名称,它也用于女人的露背上装,通过绳子缠绕在脖子上。它叫做什么?)

答: halter (坦肩露背上装)。

问: If you're wearing Wellingtons at Wimbledon, you're wearing these. (如果你在温布尔登穿着威灵顿,那么,你就是穿着这样的东西,它们是什么?)

答: rainboots or galoshes(雨靴和胶套鞋)。

问: Throw on an outfit from the "Marc by" this designer line(穿上一整套的来自"Marc by"这个的设计师的品牌的服装。这个品牌叫做什么?)

答: Marc Jacobs (马克·雅各布斯)。

9. 关于美国地理别名的问题 (U.S. GEOGRAPHIC NICKNAMES)

问: Cape Hatteras is known as this cemetery synonym " of the Atlantic"(这个名称是坟墓的同义词,哈特拉斯角也被认为是"大西洋的这个名称"。这个名称是什么?)

答: A graveyard(坟墓)。

问: Appropriately enough, this New York metropolis is " Bison City". (这个纽约的大都会是"野牛之城",它的别名是什么?)

答: Buffalo(水牛城)。

问: This town is known as "Sun City" & its downtown is "Glitter Gulch". (这个城市被认为是"太阳城",而且它的中心城区是"金沟银壑"。这个城市叫什么?)

答: Las Vegas(拉斯维加斯)。

问: It's known as both "The Steel City" & "The Iron City". (它被认为是"钢之城"和"铁之城"。它是哪一个城市?)

答: Pittsburgh(匹兹堡)。

问: "The Coyote State" is an unofficial nickname of this 75,885 - square-mile state. ("郊狼之州"是这个75 885 平方英里的州的非官方昵称,它叫什么?)

答: South Dakota(南达科塔)。

10. 关于鼠和猫的问题(MAGICAL MOUSE - TERY TOUR)

问：Itchy (the mouse) & Scratchy (the cat) starred in "Skinless in Seattle" on a show within this Fox show. (Itchy（老鼠）和 Scratchy（猫）是电视节目《西雅图没有皮肤》的明星，这个电视节目在福克斯公司的什么频道播放？)

答："The Simpsons"(《辛普森一家》)。

问：In 1939's cartoon "The Pointer", this guy got a new, more pear-shaped body & pupils were added to his eyes. (在 1939 年的动画片《指挥家》中，这个朋友有了一个新的、梨型的身体而且它眼睛中加进了瞳孔。这个朋友是什么？)

答：Mickey Mouse(米老鼠)。

尽管"沃森"存储了大量的百科全书和其他信息，但《危险边缘!》的问题十分复杂，并不会让"沃森"轻易地找到答案。自动问答比搜索引擎复杂得多。计算机的搜索引擎没法直接回答这些问题，搜索引擎只能给出符合搜索关键词的成千上万个似是而非的可能答案，而在自动回答问题时，"沃森"要通过各种不同的算法对所有的这些候选答案取得更多的证据支持，再根据各种证据的支持强度对每个候选答案计算出它们各自的置信度，最后根据置信度来判断是否向用户提供置信度最高的答案，并把这个答案当作是唯一正确的答案。

显而易见，这样的搜索、计算和判断过程是极其复杂的，对于《危险边缘!》提出的任何一个问题，都需要动用几千个处理器的超级计算机来处理。"沃森"需要掌握大量的知识，并在相关的信息以及不相关的信息中反复权衡，发现线索。对计算机来说，这是一个巨大的挑战。因为人类可以在瞬间辨别出事物之间的联系，但是计算机却必须并行地考虑所有事情，从而得出结论。

在这次人机大战中，"沃森"胜利了。"沃森"最终获得 100 万美元奖金，肯·詹宁斯和布拉德分获 30 万美元和 20 万美元奖金。"沃森"的奖金将由它的开发者 IBM 公司全数捐给慈善机构。詹宁斯和布拉特说，他们会捐出一半奖金。

"沃森"的胜利意味着 IBM 公司已经掌握了对人类信息需求和问题给予更加准确而完善地处理的技术能力,并预见到了这个领域存在巨大商机。这项成果将被广泛应用于多个领域,例如,帮助医生更快、更准确地进行医疗诊断,帮助药物学家研究潜在的药物交互作用,帮助律师和法官寻找案例,帮助经济学家在金融领域实现"假设"的场景分析并遵从法规行事,帮助商业公司培养更加精明的销售人员,等等。

"沃森"的胜利归根结底是人类智慧的胜利,因为"沃森"是由人类制造出来的,它的智慧是人类赋予的。"沃森"的出现,改变了在此之前的简单的人机关系,并将带来一个崭新的人机合作时代。

第四节　自然语言人机接口

使用自然语言建立的人与计算机之间的交互接口系统叫做自然语言人机接口(Natural Language Interaction,简称 NLI)。这样的自然语言人机接口可以把用户使用口头的自然语言或书面的自然语言提出的问题转化为计算机可以处理的形式。

本节首先介绍自然语言人机接口的基本组成部分、意义表达语言(meaning representation language,简称 MRL)、同义互训软件(paraphraser)、反馈生成软件(response generator)。然后介绍口语对话系统(spoken dialogue systems,简称 SDSs),分别介绍口语对话系统的单词识别软件、任务模型、用户模型、会话模型、对话管理软件、语音合成软件。

自然语言人机接口这个术语用来指用户用自然语言来陈述对于计算机的请求。用户的请求可以是口语,也可以是书面语。这样的请求可以是独立的句子,也可以是对话的一部分,我们使用不同水平的语言处理技术对这样的请求进行分析,使之被计算机理解。

在自然语言的计算机处埋中,自然语言人机接口从 20 世纪 60 年代晚期以来已经进行了广泛的研究,近年来更多地关注口语对话系统(Spoken Dialogue Systems,简称 SDSs)的研究。在口语对话系统中,用户的请求是口语,它们被看做是对话的一个部分。口语对话系统更着重于从总体上进行对话分析,并关注对话与用户意图的联系。

本节介绍自然语言人机接口系统的中心概念,着重讨论自然语言人机接口和口语对话系统。

自然语言人机接口使用数据库提问的方式来进行工作。典型的自然语言人机接口数据库可以使用类型化的单句来提问,系统根据提问从数据库中抽取信息,作为对于提问的反应。请看下面的例子。

用户的请求: Which customers have bought SmartCopiers?

    (哪些客户购买了 SmartCopiers?)

系统的反应: ABA France, QuickFly, Power Inc.

用户的请求: How many SmartCopiers has each one bought?

    (每家客户购买的 SmartCopiers 是多少?)

系统的反应: ABA France 15

    QuickFly 12

    Power Inc. 18

用户的请求: Have any of them also bought QuickCams?

    (这些客户中还有哪一家也购买了 QuickCams?)

系统的反应: Power Inc.

在自然语言人机接口中,用户的请求使用"意义表达语言"(Meaning Representation Language,简称 MRL)来表示。例如,

Which customers have bought SmartCopiers?

(哪一家客户购买了 SmartCopier?)

这个用户请求被表示为:

? x_2 customer_name (x_1, x_2) $\wedge$ product_name (x_3, SmartCopiers) $\wedge$ purchase (x_1, x_3)

其中,"?"是表示疑问的逻辑量词,用于说明变量的值,? x_2 customer_name (x_1, x_2) 表示 x_2 是客户 x_1 的名字;product_name (x_3, SmartCopiers) 表示 SmartCopiers 是 x_3 的产品名称;purchase (x_1, x_3) 表示 x_1 购买了产品 x_3。为了节省空间,这个用户请求中的时态(tense)和体(aspect)都省略了。

在自然语言人机接口中经常对提问的句子进行"同义互训"(paraphrase),对于一个提问提供出若干个意义相同或者相近的句子,这有助于用户理解他们的请求是否已经被计算机正确地解释了。

当用户举棋不定的时候,计算机就把若干个同义互训的句子自动地呈现出来,用户可以从中选择自己认为最合理的一个。

当用户的要求不能得到满足时,自然语言人机接口会使用"反馈生成软件"(response generator)给用户提供合情合理的反馈。例如,

用户的请求: Has any customer bought more QuickCams than ABA France?

(有任何客户已经购买了比 ABAFrance 更多的 QuickCams 吗?)

系统的反应: ABA France hasn't bought any Quickcams.

(ABAFrance 还没有购买任何的 QuickCams。)

用户的请求: Has any customer bought more SmarterCopiers than ABA France?

(有任何客户已经购买了比 ABAFrance 更多的 SmartCopier 吗?)

系统的反应: Yes, Power Inc. has bought 18.

(是的,Power Inc. 已经购买了 18 个。)

在上面的第一个问题中,系统检测到"ABAFrance 已经购买了 QuickCams"这个错误的假定,并且给用户生成了一个合情合理的反馈警告:"ABA France 还没有购买任何的 QuickCams"。对于上面的第二个问题,系统不仅首先用"Yes"("是的")来回应,而且还进一步给用户提供了附加的信息:"Power Inc. 已经购买了 18 个"。

口语对话系统输入的是口语,口语通常是不合语法的,不完整的,甚至是字面意义不可理解的。这是口语的"特异性"(idiosyncrasy)。

下面是口语对话系统的一段对话,方括号中的英语是系统事实上已经认出来的英语单词,星号"*"表示还没有被认出来的一个或多个单词。

用户的请求: ErmHelloErmWhatD'You-I'dLikeSomeInformation-OnaFlightaFlighttoAthens

[* hello * what * you * information * flight to Aachen]

系统的反应：You want to fly to Aachen?

用户的请求：EhNoNotAthensAthensIsaidAachenWhereIsAachenAnyway

[* no no nottingham aachen athens * aachen what is athens airways]

系统的反应：You want to fly to Athens?

用户的请求：YeahFinallyYouGotItIwantToLeaveFromGa-FromLondonGatwick

[yes * gatwick i want * leave from * from London gatwick]

系统的反应：You want to fly from London Gatwick?

上面的这段对话说明计算机在分析原汁原味的口头语言时会有很多困难。在这种原汁原味的对话中，没有停顿来分离单词，也没有逗号来分离句子。我们使用大写字母来记录只是为了帮助读者识别有关的单词，这样的大写字母在口头语言中是不存在的。

在这种原汁原味的口语句子中，经常出现如下的现象：

- 声音的迟疑：例如，"erm"。
- 整个单词或部分单词出现重复：例如，"a flight a flight，Ga-Gatwick"。
- 自我修复：开始说话时说错了立刻进行自我修复。例如，"what d'you-I'd like，from Ga-from London Gatwick"）。
- 删除刚说出的单词：例如，"not Aachen, Athens"。
- 背景噪音：例如，人机口语对话的同时，还有其他人在谈话。
- 伴随出现的语言外现象：例如，口语对话时伴随出现的咳嗽声或轻微的笑声。

这些都反映出口语的特异性。

在口语对话系统中，输入口语信号首先是由单词识别系统来处理的，这个系统试图辨别口头的词语，这些词语是建立在系统词库中的单词和由其他的组件所提供的预测的基础上的。输出的识别结果在模糊的情况下是一个词汇链。下面是用户说出的句子和单词识别后得到的相应的词汇链的例子：

用户说出的句子：

ErmHelloErmWhatD'You-I'dLikeSomeInformationOnaFlighta-
FlighttoAthens

输出的词汇链：

　　[* hello * what * you * information * flight * flight to athens]

这样的词汇链传达到分解器,产生如下一个可能的框架结构：

　　[[greeting：hello], [dest-airport：athens]]

这个框架结构表示"问候：Hello"和"飞行目的地：Athens"

然后进入"任务模型"。任务模型要说明用户想完成的任务是什么,对于每个任务,特别需要给出具体的应用参数。例如,在一个关于航班任务的口语对话系统中,任务模型可能包括下列内容：

- 搜索：[dep-date, dep-airport, dest-airport] (出发日期,出发机场,飞行目的地),
  [dep-time-range, arr-time-range] (出发时间范围,到达时间范围),
  [flight-no, dep-time, arr-time] (航班号,出发时间,到达时间)。

- 订购：[flight-no, dep-date, surname, initials], [ ], [status] (航班号,出发时间,乘客姓,乘客名,状况)。

- 删除：[flight-no, dep-date, surname, initials], [ ], [status] (航班号,出发时间,乘客姓,乘客名,状况)。

这个任务模型列举了三个可能的航班任务：

搜索一个合适的航班：出发日期,出发机场,飞行目的地;出发时间范围,到达时间范围;航班号,出发时间,到达时间。

在该航班上订购一个座位：航班号,出发日期,乘客姓,乘客名,状况。

删除订购：航班号,出发日期,乘客姓,乘客名,状况。

对于搜索的任务,必须具体说明出发日期,出发机场,以及目的地机场,并且乘客对于起飞或到达时间可以在一定范围内进行选择。

对于订购的任务,必须具体说明航班号,确切的起飞和到达时间。

在订购和删除任务中,必须具体说明航班号,起飞日期,乘客姓,乘客名,并且答案将报告订票和删除的状况。

在口语对话系统中还应当建立"用户模型"。用户模型提供关于用户的兴趣以及系统承担的当前用户的信念和目标。在口语对话时,用户模型应当避免报道那些用户早已知道的信息,辨别那些值得报道的信息,并且提供关于下一个用户话语的预测。

口语对话系统中还要建立"会话模型"。会话模型的主要功能之一是追踪会话历史。会话历史可以说明与用户有关的句子和系统信息的会话行为,以及相关的应用参数。

在下面的对话中,每一个句子的箭头标记"→"后面都注明了会话历史,记录着会话行为和相关的应用参数。

系统的提问:On which day do you want to fly?

（你想哪一天起飞呢?）

→系统:［request:dep-date］

（会话行为是:"询问出发的时间"）

用户的回答:This Friday.

（星期五）

→用户:［assert:［dep-date:25.05.2001］］

（会话行为是:"确认出发的时间是25.05.2001"）

系统的提问:Where do you want to fly to?

（你想飞到哪里呢?）

→系统:［request:dest-airport］

（会话行为是:"想询问目的地机场"）

用户的回答:Athens.

（雅典）

→用户:［assert:［dest-airport:athens］］

（会话行为是:"确认目的地是雅典"）

以上类型的会话历史是很有用的,当用户说出的句子出现省略时(例如,用户没有说出目的地"Athens"),计算机可以根据以前会话交流的历史推测出句子的意义。

除了会话历史之外，会话模型还应当研究在特定的应用领域之内的典型的会话结构。例如，下面是一个关于在特定的航班订票领域的会话结构：

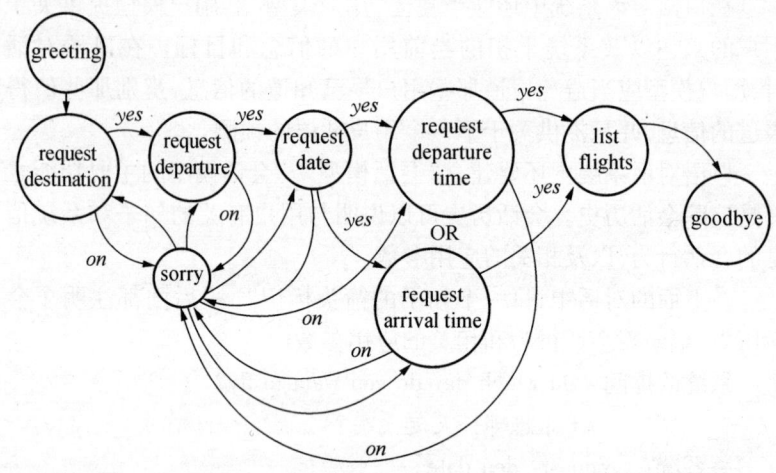

图 15.4　会话结构

这个会话结构使用有限状态自动机（Finite State Automate，简称 FSA）来表示。熟悉有限状态自动机的读者不难理解这个会话结构。

会话时，首先是"greeting"（打招呼），接着判断是不是"request destination"（问航班的方向），如果回答"yes"（是），则继续"request departure"（问关于出发的问题），如果回答"no"（不是），则说"sorry"（对不起），转而"request arrival time"（问到达时间），等等。

下面关于航班订票的会话反映了这个会话结构的内容。

系统：This is the Flight Info System. Name your destination airport.

　　　（这是航班信息系统。请说出你的目的地机场。）

用户：Athens

　　　（雅典。）

系统：Which airport are you flying from?

　　　（你从哪一个机场起飞？）

用户：Gatwick.

　　　（Gatwick。）

系统：Sorry, I didn't understand. Which airport are you flying from?

（对不起,我不懂。你从哪一个机场起飞?）

用户：London Gatwick.

（伦敦的 Gatwich 机场。）

系统：On which day do you want to fly?

（你想在哪一天起飞?）

用户：Next Sunday.

（下星期天。）

系统：What time do you want to leave?

（你想在什么时间离开呢?）

用户：Say, around 10 am.

（大约上午 10 点。）

系统：The following two flight match your requirements ...

（下面两个航班符合你的要求……）

系统：Thanks for ringing.

（谢谢来电。）

图 15.4 中有限状态自动机弧上的"yes""no"等标签可以通过上述的会话来检验,OR 表示在"request departure time"（询问起飞时间）或"request arrival time"（询问到达时间）之间进行选择。有兴趣的读者可以顺着会话的顺序遍历这个有限状态自动机,这样,你就可以更加清楚地理解这个会话结构的功能。

会话管理软件是口语对话系统的核心组件,它管理由外界的客观世界、用户和会话模型所提供的信息。功能如下:

- 确定在当前语境中用户所说的句子的框架结构;
- 决定系统是否应该产生一个信息;
- 决定系统是否应该执行一些行为（例如,收回信息）以满足某些潜在应用的需求;
- 负责各种组件之间的协调和交流。

会话管理软件输出的信息可以采用固定格式的文本来表述,也可以附加语调标志,这些信息直接被传送到口语合成器,最后输出合成的语音。

从总体上来说,用户在会话过程中是处于主导地位的,但是,用户说出的口语有时还需要系统进行核实。例如,在下面的航班订票的会话中,乘客已经说明了他的航班的出发机场和目的地,不过,由于 Athens(雅典,在希腊)和 Aachen(亚琛,在德国)的读音相近,系统需要进一步核实乘客的目的地是 Athens(雅典),而不是 Aachen(亚琛)。

系统:Hello. This is your Flight Info System.

（你好。这是航班信息系统。）

用户:Hi, I'd like to find out about an evening flight from Gatwick to Athens please.

（喂,我想找一个从 Gatwick 到雅典的晚上的航班。）

系统:Did you say Aachen?

（你说的是亚琛吗?）

用户:What? No, no, Athens.

（什么? 不,不,是雅典。）

系统:On which day do you want to fly to Athens?

（你想在哪一天飞到雅典去呢?）

这种类型的系统允许在用户和系统之间共享某些信息,从而提高对话的准确性。

确认策略的选择也是很重要的。在没有误解的情况下,使用暗含的确认信息是可取的。例如,

用户:I'd like to find out about a flight from Gatwick to Athens please.

（我想找一个从 Gatwick 到雅典的航班。）

系统:On which day do you want to fly from London Gatwick to Athens?

（你想在哪一天从伦敦 Gatwick 机场飞到雅典去?）

系统在 Gatwick 之前加上了暗含的信息"伦敦",使得用户提出的要求更加明确。这样的对话比明确地请求提供一个参数来确认更加自然。

下面是关于确认策略的更多的例子:

用户：I'd like to find out about a flight from Gatwick to Athens please.

（我想找一个从 Gatwick 到雅典的航班。）

系统：Do you want to fly from London Gatwick?

（你想从伦敦 Gatwick 机场起飞吗？）

用户：Yes.

（是的。）

系统：Do you want to go to Athens?

（你想飞到雅典去吗？）

用户：Yes, yes.

（是的，是的。）

系统：On which day do you want to fly?

（你想在哪一天起飞呢？）

口语对话系统这样多次地进行确认，可以更加清楚地明确用户的意图，是大有好处的。有时候，根本不进行确认是很危险的，因为系统可能误解一些东西，并且有可能根据错误信息去执行一些荒唐任务。因此，在口语对话系统中让用户明确地确认他们的意图是一个可取的办法。

在未来的二十年里，口语对话系统在现实生活中的应用将变得越来越普遍。我们还需要进一步进行口语对话系统的研究。为了提高口语对话系统的效能，我们需要研制精确度更高的口语识别软件，研制在噪音环境中的口语对话系统，研制可重复使用的口语对话系统的各种组件和系统的构建工具，设计功能更强的用户模型，开发灵活的会话模型和会话技术。

本章参考文献

1. 冯志伟,国外自然语言理解系统简介[J],《计算机科学》,1984 年,第 2 期。

2. 范继淹,人机对话系列讲座[J],《语文战线》,1985 年,第 2—5 期。

3. 冯志伟,人机对话与语言研究[J],《语文建设》,1987 年,第 6 期。

4. 宗成庆等,基于对话知识的汉语口语理解[A],《1998 年中文信息处理国际会议论文集》[C],清华大学出版社,1998 年。

5. Allen, J. F. Natural Language Understanding [M], Menlo Park, California: Benjamin/Cumming, 1995.

6. Androutsopoulos, I. and M. Aretoulaki, Natural Language Interaction, The Oxford Handbook of Computational Linguistics [M], ed. R. Mitkov, 629 – 649, 冯志伟导读,外语教学与研究出版社 & 牛津大学出版社,2009 年。

7. Harabagiu, S. and D. Moldovan, Question Answering, The Oxford Handbook of Computational Linguistics [M], ed. R. Mitkov, 560 – 582, 冯志伟导读,外语教学与研究出版社 & 牛津大学出版社,2009 年。

第十六章
术语数据库与计算术语学

术语记录的是科学技术的概念,它是人类科学知识在自然语言中的结晶。

术语是语言词汇的一部分,因为其学术性、专业性较强,它们并不属于全民共同语的基本词汇,一个人也不可能掌握全部的术语。据英国语言学家统计,智力平常的英国人一般只能掌握数千个单词,他们所能理解的单词数很难超过一万个,就是智力出众的英国人掌握的词汇量也不会超过十万个单词,而现代英语的单词数量已远远地超过了一百万个,因此,就很有必要对语言中这大量的词汇进行搜集、记录、整理和控制。在这大量的词汇中,术语与现代科学和技术的联系是最密切的,它的搜集、记录、整理和控制工作就显得更加迫切和重要了。

本章介绍术语数据库和最近兴起的计算术语学,它们都是自然语言处理在术语研究中的重要的应用领域。

第一节　术语数据库

存储在计算机中的记录概念和术语的自动化电子词典,叫做术语数据库(terminological database)。

术语数据库的产生主要有三个方面的原因。

早期的术语工作基本上是编写各种专业性的术语词典,这些术语词典有单语的,也有双语的,完全靠手工来编排。由于术语数量与日俱增,科学技术中所创造的概念体系越来越复杂,传统的用手工方式作术语卡片并按字母顺序排列的存储方法已经远远满足不了实际的需要,必须革新存储技术,这是术语数据库产生的首要原因。

其次,由于术语数量太大,必须寻找新的途径,以缩短查找术语信息的时间,这是术语数据库产生的第二个原因。目前,国际标准化组织(ISO)已经发布的国际术语标准大约有 300 个,正在制定的国际术语标准草案(DIS)和国际术语标准建议草案(DP)大约有 200 个,我国已经发布的国家术语标准有 600 多个,包含术语条目 10 万多条,在许多非术语标准中,对于该标准所用的术语也有说明和定义,如果把这些非术语标准中所收的术语也算进去,我国已经发布的各种术语条目还要多得多。对于数量如此庞大的术语,如果采用传统的手工方式来管理,几乎是不可能的。在这种情况下,建立术语数据库就势在必行了。

再其次,传统的词典编纂方法费时而又费力,术语词典的出版周期很长,不便于经常地更新,许多术语词典刚刚问世,就已经过时或不完全了,为了提高术语词典的编纂效率和缩短术语词典的出版周期,也有必要采用计算机技术,这是术语数据库产生的第三个原因。

利用电子计算机建立术语数据库,不但能够以极快的速度来处理概念体系极为复杂的术语数据,而且能够在计算机的存储介质上存储大量的术语数据,这就从根本上改革了传统的术语词典编纂技术,实现了术语词典编纂的现代化。

世界上第一个术语数据库,是由巴克拉克(J. A. Bachrach)于 1963 年在卢森堡建立的,叫做 DICAUTOM。这个术语数据库是为了协助欧洲煤钢联营最高机构的翻译工作者进行翻译之用,由于种种原因,几年以后这个术语数据库被放弃了。但是,借助于电子计算机来处理大量术语数据的思想却流传了下来。

术语数据库中的术语主要有三个来源。

第一个来源是来自术语学家们从各个领域的科技文献中分析得来的术语,这些术语在进入术语数据库之前,必须按照术语学原则进行前处理和预加工。

第二个来源是来自其它的术语数据库中的术语数据,为了在不同的术语数据库之间进行数据的传输和转换,各个术语数据库之间必须具有相容性。

第三个来源是来自术语数据库的用户，如翻译工作者、技术编辑、科技专家、专业语言教师等。他们可以给术语数据库经常提供在工作中接触到的各种新术语，更新术语数据库的内容。

每个术语数据库都应该具备三种功能：输入功能、存储功能和输出功能。

输入功能又包括三方面的内容：术语的采集、术语的校对、术语的计算机输入。采集术语时，要把每个术语编写在一张术语采集卡片上；校对先由人工进行，把所有的卡片都校对好，然后再在计算机上进行；术语的计算机输入，则要根据程序系统的编制格式，对术语进行分类处理，并把它们输入到计算机的存储介质上。随着计算机技术的进展，术语的采集和术语的校对现在都可以使用计算机来完成了。

存储功能要求在计算机上作出三种文件：作业文件、转移文件和主文件。作业文件存储那些质量未经核实的术语数据，这些数据还没有按照该数据库的使用方式进行过彻底的处理；转移文件存储从其它术语数据库转移过来的术语数据；主文件则全面地存储符合该数据库使用方式要求的术语数据，这时，每一条术语的各个数据项都必须是规格化的。

输出功能要能够提供给用户两个方面的术语数据：1. 针对某一个术语，输出它的有关数据项；2. 针对某一个学科领域，输出该学科的全部或部分术语数据。

术语数据库可按不同的标准来分类。

按术语数据库的目的来分，可分为：

1. 为科技交流而建立的术语数据库；

2. 为术语推广而建立的术语数据库；

3. 为术语标准化或术语协调而建立的术语数据库。

按术语数据库的用户来分，可分为：

1. 为翻译工作者而建立的术语数据库；

2. 为术语学家或词汇学家而建立的术语数据库；

3. 为技术编辑而建立的术语数据库；

4. 为科技领域专家而建立的术语数据库；

5. 为专业语言教师而建立的术语数据库；

6. 为一般公众而建立的术语数据库。

按对语言的态度来分,可分为:

1. 起规范作用的术语数据库(仅只搜集标准术语);

2. 提供数据用的术语数据库(搜集未经标准化的、带有对术语的各种评价的术语数据);

3. 纯描述性的术语数据库(搜集各种术语资料、不加任何评价)。

按资料的组织方式来分,可分为:

1. 以文献为基础的术语数据库;

2. 以术语为基础的术语数据库。

按术语的使用方式来分,可分为:

1. 直接使用的术语数据库(如通过计算机、电传打字机、互联网、电话、移动通信设备来直接联机使用);

2. 间接使用的术语数据库(如通过高速打印机、自动印刷机打印或印刷之后来间接脱机使用)。

从计算技术的角度来看,对于术语数据库应该有如下的要求:

——术语数据库的硬件,应该选择较先进的计算机种,能较容易地实现主机与外围设备的配套,系统兼容性好,软件支撑能力强,应具有多用户和通信功能,应有足够的内存和外存,数据处理的速度、系统的输入输出能力应充分满足业务数量和用户数量的需要,应具有较强的可扩充性,能比较方便地实现现场升级。

——术语数据库的软件,主要包括系统软件、文字处理软件、数据库管理软件、通信控制软件等,这些软件应该完整、配套,形成系统,应该还具有较好的灵活性和可移植性,对运行环境有较强的适应能力,应该有对用户友好的人机界面,数据库管理软件应能方便地进行数据的存取、检索、补充、修改和删除。

——术语数据库的通信系统,应能实现先进的计算机网络通信,支持开放系统互连,能实现经由网络的数据库存取。

——术语数据库中的数据,应该正确无误,具有一致性、完整性,数据不仅应独立于计算机系统,而且还应独立于存贮方法和存取方式,随着学科的发展,可以及时地用新的术语数据来更新旧的术语数据。

——与汉语有关的术语数据库还应该具有简繁体汉字信息处理能力,根据实际的需要,还应该能处理多语言符号、特殊符号、图形和公式。

——大型的术语数据库还应该有较强的联网能力,以便与其他的术语数据库实现资源共享。

20 世纪 60 年代末期以来,各国开始建立术语数据库。据统计,1989 年,世界上已经建立的术语数据库共有 73 个,其中,国际组织 8 个,多国集团 2 个,地区性组织 2 个,德国 8 个,法国 6 个,荷兰 6 个,日本 4 个,美国 3 个,加拿大 3 个,西班牙 3 个,芬兰 3 个,比利时 3 个,挪威 2 个,英国 2 个,前苏联 2 个,中国、瑞典、丹麦、沙特阿拉伯、希腊、墨西哥、委内瑞拉、冰岛、捷克、突尼斯、印度、南非、以色列、澳大利亚、奥地利、巴西等国各 1 个。欧洲的术语数据库占了世界术语数据库总量的 70%,亚洲术语数据库仅占世界术语数据库总量的 10%,其中半数都在日本。可见,术语数据库大部分都建立在发达国家,这是因为发达国家对信息传递的数量、质量和速度有很高的要求,对术语数据库的要求十分迫切。当然,这些发达国家也有足够的经济和技术力量来开发高质量的术语数据库。

目前,世界上主要的术语数据库有如下几个:LEXIS, TEAM, EURODICAUTOM, NORMATERM, TERMDOK, TERMNOQ, TERMIUM, GLOT, DANTERM, ASITO 等。其中,有些术语数据库已经在科研和生产中发挥了很好的作用,取得了经济效益。

下面,我们简要介绍这些术语数据库。

1. LEXIS 术语数据库

这是联邦德国国防部的术语数据库,于 1959 年开始研制,1966 年全部投入运转。该术语库中所收的术语,主要由德国国防部翻译服务处提供,也有一部分术语是为翻译有关核潜艇的技术文献而搜集的。

该库的术语工作与德国国防部翻译服务处的配合极为密切,术语的增加和更新都必须首先考虑翻译服务处的需要,每条新术语都要经过国防部内部的一个术语审定委员会的认可,才能够收入LEXIS。

LEXIS 系统的维护是面向用户的,由翻译人员提出需要输入的新术语,最多不得超过两个星期就得处理完毕。

为了不影响系统的研究和改进,LEXIS 系统一分为二:一个是为用户服务的,在运行中,数据不能随便改变,另一个是供研究用的,数据可以改变,等系统更新之后,再提供用户使用。由于供用户用的系统与供研究用的系统严格分开,整个 LEXIS 的工作有条不紊。

LEXIS 现有工作人员约 40 人,其中包括 20 个术语词汇学家和 5 个计算机专家。术语的年平均生产量是 35 000 条,除节假日之外平均每个工作人员每天生产 16 条,每一条术语至少要注明德文和另一种外文(如英文),每条术语实际上是德文-外语的术语对。

由于德国国防部的大多数翻译工作是从英语译为德语,全部术语记录中都包含德语。例如,当需要从英语查询法语术语时,必须通过德语术语为媒介。LEXIS 术语库中的语言,现有英语、德语、法语、俄语、波兰语、荷兰语和意大利语等七种。

所收术语的专业领域有国防、航空、航天、天文、数据处理、电子学、工业管理、机械工程、物理、造船和电子通讯等。术语库中的术语定期地进行新的增补。

LEXIS 系统在两台 IBM 中型计算机上运行:一台是 IBM 3033,供联机处理之用,一台是 IBM 3031,供批处理之用。这两台计算机都安置在德国国防部计算中心。输入数据时,必须由打字员按一定的格式键入信息。输出时,除一般由打印机打印之外,还可采用磁盘输出、缩微平片输出及 COM 设备(计算机缩微胶片输出绘图仪),输出质量较高。

除了出售缩微平片有少许的收入之外,LEXIS 的经费全是由德国政府提供的,它是目前在德国完全由政府给予财政支持的唯一的术语数据库。

为了改进输入技术,LEXIS 目前正在研究一个文章自动阅读系统,该系统可对欲译的文章自动生成一个术语表存入术语数据库中。

2. TEAM 术语数据库

这是德国西门子公司的术语数据库,建于 1976 年。西门子公司在慕尼黑(München)设有外语服务处,在多年的翻译实践中,他们积累了数量相当可观的多种语言的技术术语,再加上西门子公司在计算机的硬件和软件技术上有很大的优势,当把这些技术术语在先进的计算技术的支持下建成术语数据库之后,便显示出了术语数据库的优越性,大大地提高了西门子公司外语服务处的工作效率,同时,还把多年精心积累的技术术语变成了可以获得经济效益的术语库产品。

根据用户的不同情况,TEAM 术语数据库除了为西门子公司的各个部门服务之外,还可为其它单位提供服务,并为出版部门进行数据处理。

TEAM 术语库现有工作人员约 30 人,其中,有 12 个术语词汇学家,8 个计算机工程师,术语的输入工作大部分是临时雇用打字员利用光学字符阅读专用设备 OCR - B 来进行的。术语的年平均生产量只是 10 000 条,而从理论上说,平均每个术语学家一年可加工 3 333 条术语,为了克服人浮于事的现象,TEAM 术语库的工作人员有必要进行精简。

TEAM 术语库现有术语 1 000 000 条,可分成若干个彼此独立的子库(pool),所有的术语条目都包含德语术语并至少包含一种等价的外语术语。但是,术语的条目数并不等于术语数据库中所储存的概念数,因为在各个子库之间,存在着大量重复的术语,各个单独的子库可以按自己的计划各自发展,而每个翻译单位还可以单独建立自己的子库,甚至西门子公司之外的一些用户,如荷兰外交部翻译服务处、荷兰飞利浦公司、联邦德国标准化委员会以及一些词典出版商,也可以建立自己的子库,并将这些子库纳入 TEAM 系统之中,这样,TEAM 系统就显得非常庞杂,但也因此而获得了更多的用户。TEAM 术语数据库中的语言,现有德语、英语、法语、西班牙语、俄语、葡萄牙语、荷兰语、阿拉伯语等八种。

所收术语的专业主要是电子学、数据处理以及跟西门子公司的主要商业活动有关的领域。

TEAM 系统建在 SIEMENS 7000 计算机上,输入方式可采用 OCR－B 专用光学字符阅读设备、软磁盘、VDU 视频显示器(配有 30 个 VDU)、文件编辑器等多种。输出方式也很多样,可采用打印机、COM 计算机缩微胶片输出绘图仪、照相排版、缩微胶卷、磁带以及 VDU 视频显示器等。所有的输出方式都配有相应的设备。由于有西门子公司在技术上作为后盾,其设备之先进,是其它的术语数据库系统望尘莫及的。

TEAM 术语库的用户主要是西门子公司的翻译人员及技术文献的编辑人员,除此之外,荷兰外交部翻译服务处、荷兰飞利浦公司以及生产缩微胶卷的翻译部门都可以使用 TEAM 术语数据库的设备;联邦德国标准化委员会、同西门子公司有关系的出版商还可以使用 TEAM 系统的软件和硬件。

TEAM 术语数据库是西门子公司外语服务处建立的,它得到了德国政府的支持。由于西门子公司之外的用户都为 TEAM 术语库提供的服务交费,TEAM 术语库现在已经能够自负盈亏了。

近年来,西门子公司开始研究机器翻译,他们打算把 TEAM 术语数据库与机器翻译联系起来,利用 TEAM 术语数据库,采用人机交互的方式来查询机器翻译中翻译不了的生僻术语,这样,就可以把术语数据库中术语的存取与机器翻译中的文本自动分析技术结合起来。

3. EURODICAUTOM 术语数据库

这是欧洲共同体的术语数据库。这个术语数据库是在前有的 DICAUTOM 及 EUROTERMS 这两个术语数据库的基础上建立起来的,于 1976 年开始研制。

EURODICAUTOM 术语数据库的研制目的有三个:

第一,给欧洲共同体总部的翻译人员提供一个方便、灵活的动态联机系统,使他们能迅速地查询到有关的新术语。

第二,把欧洲共同体各国的术语工作集中起来,避免重复劳动,使得这个系统能够为欧洲共同体各翻译部门的其他翻译人员使用。

第三,在一定程度上,把欧洲共同体各种官方语言的官方文件的术语使用协调和统一起来。

EURODICAUTOM 术语库现有 12 个术语词汇学家,他们几乎都上全日班。此外,还有自由职业的翻译人员(平均 6 人)和打字员(平均 4 人)作辅助性工作,程序设计由翻译服务部门之外的人来进行。

EURODICAUTOM 术语库的语言,现有英语、法语、意大利语、荷兰语、丹麦语、西班牙语和葡萄牙语,目前正设法把使用非拉丁字母的希腊语也包括进来。该系统有 250 000 条普通术语和 75 000 条缩写术语,术语的更新速度是每年 10 000 条。

所收术语的专业领域十分广泛,几乎涉及了各个技术学科及自然科学基础学科。这是因为欧洲共同体是一个国际组织,它的翻译领域较多,翻译内容较杂,与单一国家的语言情况不一样。

EURODICTAUTOM 术语库原来建在 IBM 370/158 计算机上,现已转到 SIEMENS 7760 计算机上运行,外围设备有大量的 VDU 视频显示器。

EURODICTAUTOM 术语库的用户主要是欧洲共同体总部的翻译人员,共同体的其它单位和官方机构亦可对术语数据库提出询问,据报道,1982 年间,该系统每天回答 638 个用户提问。

为了供欧洲共同体各国使用这个术语数据库,EURODICAUTOM 术语库还通过 EURONET 通讯网络,为共同体的两百多个向 EURODICTAUTOM 登记过的单位提供咨询服务。此外,该系统还与联合国教科文组织(UNESCO)、经济合作与开发组织(OECD)、世界卫生组织(WHO)、法国的 NORMATERM 术语数据库以及瑞典 TNC 技术术语中心等建立了密切的联系,它还将一部分软件移植到墨西哥的术语文献中心去。

EURODICTAUTOM 术语库由欧洲共同体提供财政支持。

4. NORMATERM 术语数据库

这是法国标准化组织 AFNOR 的术语数据库。开发这个术语数据库的目的就是为了控制和存取 AFNOR 日益增加的术语。由于标准化的需要,只有那些 AFNOR 认可的标准术语才能收入 NORMATERM 术语数据库中。

目前,AFNOR 并没有设置专门的机构来管理 NORMATERM,术语数据库的工作由 AFNOR 情报文献服务处兼管。这个情报文献服务处现有 13 个情报文献学家、2 个图书馆员、1 个非全日制的术语词汇学家、2 个全日制的翻译人员,20 个非全日制的翻译人员。他们除了管理 NORMATERM 术语数据库之外,还得做情报文献方面的工作。

由于 NORMATERM 术语库只收标准术语,它对于所收的术语的控制是十分严格的,每一条术语都要求绝对可靠。术语库现存 23 000 个概念,以法语为形式来存储,这些概念都根据 AFNOR 和 ISO 的有关术语标准作过认真的审查和仔细的校核。AFNOR 还打算把国际电工词汇也收入到这个术语库中,因为这也是非常可靠的标准化术语。由于 AFNOR 对于入库术语的审查非常之严格,术语的年平均产量只有 1 000 条。

NORMATERM 术语库建在法国标准化组织计算中心的 IRIS 45 计算机上,这台计算机主要是用来管理 AFNOR 的文献的,用于术语数据库的联机工作时间每天只有 1 小时。输入采用读卡机,输出采用宽行打印机、COM 设备和 VDU 视频显示器。

NORMATERM 术语库除了用来作 AFNOR 的术语标准化工作之外,还要为 AFNOR 的情报文献学家作主题词表的工作,因而 AFNOR 是其主要用户。另外,工业界的一些赞助者亦来 NORMATERM 存取数据。

NORMATERM 术语数据库是由法国政府提供财政支持,同时也得到工业界的赞助。

5. TERMDOK 术语数据库

这是瑞典技术术语中心的术语数据库。北欧斯堪的纳维亚国家的语言比较复杂,给科技交流和进出口贸易带来不少困难,因此非常需要建立多语言的术语数据库。TERMDOK 现收术语 70 000 条,语言有瑞典语、英语、法语、德语、西班牙语、丹麦语、挪威语、芬兰语等,这个术语数据库的建立,对于克服北欧国家的语言障碍大有好处。由于涉的语种较多,术语的年平均产量是 5 000 到 10 000 条。

TERMDOK 现有 4 个术语词汇学家和 3 个文献学家,他们在瑞典技术术语中心还有其它工作,不能在 TERMDOK 上全日班。

TERMDOK 术语库是建立在微型计算机上的,但随着存入的术语的数目的增加,很快就暴露了微型计算机的局限性,现已转到 DEC-10 数字计算机上。

TERMDOK 术语库的服务方式是多样的。用户可打电话直接向瑞典技术术语中心查询术语,除了供用户查询之外,TERMDOK 还出版了一些多语言术语词典,并定期向读者提供情报服务。

TERMDOK 术语库得到瑞典政府的财政支持,同时,通过出售词典和咨询服务,TERMDOK 本身也可以有一些经济收入,做到自力更生。

6. TERMNOQ 术语数据库

这是加拿大魁北克法语委员会的术语数据库。

TERMNOQ 术语数据库是根据魁北克省 101 号法令的精神而建立的。这个法令规定,在魁北克省的一切公司和单位都必须使用法语。

TERMNOQ 术语数据库现有 70 个术语词汇学家。术语库系统的维护由 7 个计算机工程师组成的一个小组负责,他们有 75% 的工作时间用于 TERMDOQ 术语数据库。

该术语库存的术语达 1 000 000 条英—法术语对。已经确定的术语存入一个公共文件中,而正在研制的术语则存入临时的工作文件中,术语的存取限制极为严格。

TERMDOK 术语数据库建在 AMDAHL 计算机上,输入通过软磁盘及 VDU 视频显示装备来进行,可容许联机操作,但数据的处理和更新是脱机的。

这个术语数据库供魁北克省的官方机构及公司使用。在法国巴黎设有一个终端,叫做 FRANTERM,但尚未运行。

TERMDOK 术语库的开发和研制完全由魁北克省政府提供财政支持。

7. TERMIUM 术语数据库

这是加拿大蒙特利尔大学开发的术语数据库。加拿大国务院早在 1974 年就要求在加拿大各政府机构中使用英语和法语的标准术语,而加拿大政府的文件都要有英文和法文两种文本,这就要进行规范的翻译,翻译任务是很重的。为了提高加拿大政府翻译服务处的工作效率,才由蒙特利尔大学开发了这个术语数据库。

TERMIUM 术语库的工作人员很多,雇用了 100 多个术语词汇学家,术语库系统的维护由 4 个程序人员组成的专门小组来负责。

加拿大联邦翻译局在从事浩繁的英——法对译的工作中,可以积累成千上万的英语术语和法语术语,因而自建库以来,术语库中的术语条目与日俱增,现已达 1 700 000 条,除去重复多余、质量较差的条目之外,至少也有 600 000 条优质的术语。术语的专业领域极为广泛,几乎涉及到各个科技部门。

TERMIUM 术语库建在 CYBER 74 计算机上。主要用户是加拿大联邦政府的翻译人员。另外,在加拿大的某些驻外机构(例如,巴黎的文化中心,布鲁塞尔的加拿大驻比利时使馆)也可对 TERMIUM 术语库进行术语数据的存取。

TERMIUM 由加拿大联邦政府提供全部的财政开支。

8. GLOT 术语数据库

这是联邦德国夫琅和费研究院(Fraunhofer Gesellschaft)的术语数据库,建于 1985 年。

为了促进欧洲计算机信息处理的研究,欧洲共同体提出了 ESPRIT 计划。所谓 ESPRIT,就是"欧洲信息技术研究和发展战略计划"(European Strategic Programme for Research and Development in Information Technology)的英文首字母缩写。在 ESPRIT 计划中有一个课题叫做 HUFIT(Human Factors in Information Technology 的简称),专门研究人的因素在信息处理技术中的作用,而 GLOT 术语数据库的研制,就是 HUFIT 课题的一个重要方面。

GLOT 术语数据库建在 DEC-VAX 11/750 计算机上,使用 VMS 操作系统和 ALL-IN-ONE 软件。从 1988 年开始,为了进一步扩充系统和改进系统的性能,改用 UNIX 操作系统和 ORACLE 关系数据库。

在 GLOT 术语数据库中,每条术语包括下列数据项目:德文术语、专业领域、上位概念、等价的英文术语、等价的法文术语、等价的意大利文术语、等价的希腊文术语、同义术语、缩写术语、概念类别、出处、日期、德文定义、英文定义等。定义一方面由研究院内的专家撰写,一方面采用忒尔斐法(Delphi Method)向研究院之外的专家调查,请院外有关的专家写一些定义,同时,还从专业词典和各种术语标准中精选一些定义,这样,就可以做到每一条术语都具有一个权威性的定义,为术语的标准化提供了依据。

9. GLOT‐C 中文术语数据库

根据中德科技合作协定,本书作者于 1986—1988 年在夫琅和费研究院参与了 GLOT 术语数据库的研制,使用 UNIX 操作系统和 INGRES 关系数据库,在 DEC‐VAX 11/750 计算机上建立了中文术语数据库 GLOT‐C。

GLOT‐C 中文术语数据库收入了国际标准化组织从 1974 年到 1985 年期间公布的 ISO‐2382 标准中的全部数据处理术语。每一个术语条目包括如下项目:术语的索引号、中文术语、等价的英文术语、中文术语的概念类别、中文同义术语、中文多源术语、用户对术语的使用态度、术语的使用地区限制、术语的使用专业领域限制、中文术语的结构格式、中文术语的歧义类型等。从这些内容可以看出,GLOT‐C 中文术语数据库是从规范化和标准化的角度来建立的[1]。

与国外现有的其它术语数据库相比,GLOT‐C 中文术语数据库的有两个显著的特点:

第一、重视术语结构与歧义的研究,提出了"潜在歧义论"(Potential Ambiguity Theory,简称"PA 论")。PA 论认为,当汉语术语中的词组类型结构与句法功能结构不存在"一一对应"的关系的时候,就会产生潜在歧义。在术语的词组类型结构中插入词汇单元之后,这种潜在歧义可能消失,也可能转化为现实的歧义结构,对此,

---

[1] Feng Zhiwei, Analysis of Formation of Chinese Terms in Data Processing, Fraunhofer Gesellschaft, Stuttgart, 1988.

PA 论制定了在中文术语数据库中术语歧义的判定原则和方法。根据 PA 论,可以从中文术语的词组类型出发,通过有穷个步骤,准确地判定中文术语的歧义类型。关于这个问题,本书第五章第二节中已经作了论述。

第二、重视术语数据库基本理论的研究,提出了"术语形成的经济律",证明了术语系统的经济指数与术语平均长度的乘积恰恰等于单词的术语构成频度之值,并提出"FEL 公式"来描述这一定律。进一步的实验证明,FEL 公式也适用于其它各种语言的术语数据库,因而它是描述一切术语数据库的一个普遍公式,是现代术语学中的一个普遍规律①。

GLOT-C 中文术语数据库是世界上第一个中文术语数据库,这个术语数据库的建立,为中文术语的计算机处理提供了有用的经验②。

10. 正在开发中的术语数据库

丹麦政府正开发一个国家级的术语数据库,主要供大学科研之用,使用 PRIME 450/550 计算机。

联邦德国标准化委员会(DIN)正在开发一个术语数据库叫做 TERM,现有术语 56000 条。该术语数据库与 TEAM 和 EURODICAUTOM 都有密切的联系。

联邦德国德累斯顿技术大学正在开发一个术语数据库叫做 EWF,使用俄罗斯制造的 БЭСМ-6 电子计算机。

俄罗斯技术情报分类和编码研究所正在开发一个术语数据库叫做 ASITO,使用 MINSK 22M 计算机。

荷兰海牙的 SHELL 公司正在开发一个术语数据库叫做 Mechanized Dictionary,工作人员 17 人,现有术语 14 000 条,使用 IBM 370/168 计算机。

法国克莱蒙费朗大学(Université de Clemont-Ferand)开发了一个

---

① 冯志伟,《现代术语学引论》,语文出版社,1997 年。
② Feng Zhiwei, GLOT-C: Chinese Terminological Data Bank for Data Processing, Fraunhofer Gesellschaft, Stuttgart, 1988.

小型的术语数据库 CEZEAU，仅存建筑工程方面的英语和法语术语。

委内瑞拉加拉加斯的西蒙-博利瓦尔大学（Universidad Simon Bolivar）语言学系正在开发一个术语数据库，以收集、储存和传播同该大学有关的各技术领域的标准术语。

美国国家标准局在华盛顿开发的术语数据库，采用 UNIVAC 计算机和 KWIC 软件。

加拿大 IBM 公司在蒙特利尔开发的术语数据库，采用 IBM 计算机和 STAIRS 软件，现有工作人员 18 人。

法国 IBM 公司在巴黎开发的术语数据库，采用 IBM 计算机和一个支持文献翻译的软件。

日本科学技术情报中心在东京开发的术语数据库，采用 HITACHI 8450 计算机和一个词汇控制系统软件，已收术语 35 000 条。

日本国际医学情报中心在东京开发的术语数据库，采用 IBM 370 计算机。

瑞士的 Brown Boveri & Cie 公司在巴登（Baden）开发的术语数据库，采用 IBM 370/158 计算机，这个术语数据库是从 LEXIS 系统移植的。

瑞士巴塞尔（Basel）人造丝及合成纤维标准化国际管理局开发的术语数据库，现有工作人员 3 名。

美国 WEIDNER 通讯公司在犹他州开发的术语数据库，使用 DEC 11/70 计算机，现有工作人员 17 人。这个术语数据库还可以支持该公司的机器翻译系统。

世界气象组织在瑞士日内瓦开发的术语数据库，采用 IBM 370/158 计算机，现有工作人员 11 人。

联邦德国 RUHRGAS 公司在埃森（Essen）开发的术语数据库，采用 IBM 计算机，软件是在 EURODICAUTOM 系统的基础上修改而成的。

英国伦敦不列颠图书馆开发的术语数据库，现有工作人员 4 人。

术语数据库的开发和研制现在已经风靡全球。特别在科学技术比较发达的国家，术语数据库的发展非常迅速。

在上述术语数据库中,LEXIS,TEAM 和 EURODICAUTOM 三个术语数据库是当今世界上内容最丰富,项目最完备的系统。

上述术语数据库的研制目的不尽相同。EURODICAUTOM 术语库是为了翻译人员的需要，NORMATERM 术语库是为了标准化的需要,而 TEAM 术语库则采用一般性的办法,以适应各种不同的需要,甚至还可以满足图书出版商的需要。在种种不同的研究背景下,这些术语数据库不能彼此兼容,它们的术语数据库数据互不兼容,难于互换,给术语数据库之间的交流带来不便。

就是研制目的相同的术语数据库,术语条目的格式、术语数据的结构也不完全一样,彼此之间也很难兼容。

这种情况说明,有必要协调世界范围内的术语数据库工作,进行术语数据库的标准化,只有这样,术语数据库才可能发挥更大的效益。

此外,国外一些出版公司还发行了机读的词典数据库,这些数据库能够以软磁盘(floppy disk)的方式发行,还能够以光盘(CD-ROM)的方式发行。例如,英国的 Collins-MTX 词典把《Collins 袖珍词典》(Collins Pocket Dictionary)做在一个软磁盘上,法国的 Le Robert 电子词典把《Robert 法语大词典》(Grand Robert de la langue francaise)做在一个光盘上。

国外还有一些软件公司出售数据库管理软件,并同时提供有关的专业词表。例如,Eurolux 公司出售 Termex/MTX Eurolux 软件,同时提供数据处理、经济学、贸易等专业的双语、三语或四语词表,Trados 公司出售 TermTracer 和 MultiTerm Trados 软件,同时提供计算机科学、经济学等专业的词表。

有时,用户由于特殊的需要,不能利用已经建立好的术语数据库和词典、词表等,而必须根据自己的特殊需要来建立自用术语数据库。目前,国外已经出了一些使用简单、售价低廉的术语数据库软件。例如,德国的 MULTITERM 软件可以管理多语言术语数据库,条目长度最大可达 4094 字符,程序可常驻内存,用户可利用它来自建术语数据库;德国的 INK-TERMTRACER 软件可以管理双语言术语数据库,程序常驻内存,用户界面友好,售价低廉,适于用户自建术语数据库。

我国术语数据库的研究起步较晚,机电部机械科技情报所 1989
年开始建立机电工程术语数据库,计划收录 50 万条术语,第一期工
程收录 25 万条术语,分 20 几个门类,100 多个专业,汉、英、法、德、
日、俄六种语言对照,这个术语数据库规模很大,已经完成。此外,国
家语言文字工作委员会语言文字应用研究所建立了英—汉对照的应
用语言学术语数据库 TAL 和计算语言学术语数据库 COL、中国科技
信息所建立了英—汉对照的情报与文献标准术语数据库、北京大学
建立了汉—英—日—德对照的计算语言学术语数据库。

术语数据库的标准化有利于协调各个术语数据库的工作,我国近来
已经公布了《建立术语数据库的一般原则和方法》(GB/T 13725 - 92)和
《术语与辞书条目的记录交换用磁带格式》(GB/T 13726 - 92)等国
家标准,审定了《术语数据库开发指南》和《术语数据库开发用文件
编制指南》等国家标准。这些国家标准为我国术语数据库的开发和
研制提供了规范。

第二节 计算术语学

近年来,在术语学的研究中,开始引进自然语言的计算机处理的
方法和技术,出现了"计算术语学"①(computational terminology)这个
学科。1998 年的计算语言学国际会议 COLING-ACL98 上,组织了世
界上第一次计算术语学的讨论会(First Workshop on Computational
Terminology),这次讨论会首次使用了"计算术语学"这个学科名称。
这次讨论会讨论的问题主要有:

- 如何抽取术语以满足信息检索的需要;
- 如何抽取术语以便使用双语语料库来进行翻译;
- 如何进一步完善和原有术语抽取的工作(例如,如何建立概
念层级网络,如何搜索语义信息或概念信息)。

1998 年的这次讨论会成为了计算术语学发展的催化剂,从此,

---

① D. Bourigault, Ch. Jacquemin, Marie-Claude L'Homme, Recent Advances in
Computational Terminology, John Benjamins Publishing Company, 2001.

计算术语学便成为一个新兴的术语学的学科,活跃在当代科学技术的百花园中,并且一天天地成熟起来,初步具备了系统的理论和有效的方法,值得我们特别地关注。

在"计算术语学"这个名称出现 10 年之前,本书作者在 1988 年就注意到术语的自动处理问题,他在德国斯图加特(Stuttgart)的夫琅禾费研究院(Fraunhofer Gesellschaft)使用计算机对汉语的词组型术语进行了自动结构分析,并为术语数据库 GLOT-C 编制了汉字索引,这是国际上最早进行计算术语学研究的学者之一①。

在自然语言的计算机处理的诸多领域中,都离不开术语,例如,机器翻译(machine translation)目前主要是翻译专业性的文献,术语的自动处理与机器翻译系统的译文质量有密切的关系;此外,信息检索(information retrieval)、信息抽取(information extraction)、文本分类(text classification)的运算的基本单位都是单词型术语或词组型术语,也离不开术语的自动处理。

术语是自然语言处理中的一种特殊的词汇数据,与语言中一般的普通词汇不同,术语大多数都是由多个单词组成的词组型术语,它们对于科学技术的发展特别敏感,时时刻刻随着科学技术的进步而发展。在术语的发展过程中,它们不断地丰富,不断地充实,不断地变化,术语的语义也在不断地转移,一些旧的术语消失了,一些新的术语产生了,一些旧的术语获得了新的含义。在这样的情况下,术语数据库需要经常地维护,不断地用新的术语充实原来的内容,有时甚至需要重建,以适应科学技术的日新月异发展的要求。这样,术语的发现(term detection)或术语的获取(term acquisition)就成为了术语自动处理的一个重要内容。术语发现可以进一步分成两个类型:如果在术语发现中不依赖初始的术语数据,那么,这样的术语发现叫做"初始术语发现"(initial term acquisition);如果在术语发现中要使用初始的术语数据,那么,这样的术语发现叫做"原有术语充实"(term enrichment)。"原有术语充

---

① Feng Zhiwei, Chinese Character Index for Chinese Terms in GLOT-C, Report in Fraunhofer Gesellschaft, Stuttgart, 1988.

实"一般应用来更新叙词表(thesaurus),把新发现的术语加入到叙词表中,进一步丰富叙词表的内容。

在文本自动处理中,术语的使用与术语的自动辨识(term recognition)是紧密联系在一起的。术语的自动辨识主要研究如何进行术语的自动标引(automatic indexing)。在自然语言处理中,为了便于信息的存取,文本文献总是要使用单词表或词组表,因此,有必要在文本文献中进行术语的自动标引(automatic indexing of terms),然后根据自动标引的结果,使用计算机来自动地生成单词型术语表或词组型术语表。由于术语是科学技术知识在自然语言中的结晶,术语能够浓缩地表示特定的科学技术领域中的主要概念,它们可以被看成是文本内容的抽象描述,文本文献经过术语的自动标引之后,就能大体上反映出其内容。因此,在文本自动处理中,术语的自动标引是非常重要的。

根据在标引时是否依赖初始的术语数据,术语的自动标引也可以分为两个类型:如果在术语标引中不依赖初始的术语数据,那么,这样的术语标引叫做"自由标引"(free indexing);如果在术语标引中要使用初始的术语数据作为参照,那么,这样的术语标引叫做"受控标引"(controlled indexing)。

总起来说,术语自动处理可以这样来分类(如表16.1所示):

表16.1　术语自动处理的四个主要领域

	不依赖于初始术语数据	依赖于初始术语数据
术语发现 术语辨识	初始术语发现 自由标引	原有术语充实 受控标引

下面我们介绍国外的术语发现研究和术语辨识研究情况①。

首先介绍"术语发现"的研究。发现候选术语的方法大致可以分为符号法(symbolic approach)和统计法(statistical approach)

---

① Christian Jacquemin, Spotting and Discovering Terms through Natural Language Processing, The MIT Press, 2001.

两种。符号法根据术语（主要是名词词组）的句法描述来发现候选术语；统计法根据词组型术语中组成成分的互信息（Mutual Information）来发现术语，组成成分之间的互信息越大，它们组成术语的可能性也就越大。符号法和统计法还可以进一步细分为如下的各种方法：

（1）基于语法的术语发现方法：例如，在1994年，洛里斯通（A. Lauriston）在 TERMINO 系统中提出了一种基于语法的术语发现方法，这种方法要对文本进行剖析，利用文本中的单词和句法线索（lexical and syntactic clues）来发现术语①。剖析模型的操作顺序如下：

a. 预处理：首先对文本进行过滤，除去那些对于术语发现无用的形式特征（如，虚词，停用词）；

b. 剖析并抽取术语：

- 形态分析；
- 名词短语剖析；
- 术语生成。

c. 交互式术语数据库的构建和管理：给用户提供友好的界面，把前面步骤中抽取出来的术语构建成术语数据库。

（2）句法模式与选择限制相结合的方法：例如，在1996年，布尼果尔特（D. Bourigault）研制的术语自动处理工具 LEXTER②。LEXTER 使用带标记的语料库，语料库中的标记有词汇特征的标记和句法模式的标记两种，这个工具有一个可视化的界面，可用来确认并组织从带标记的语料库中抽取出来的术语。使用这样的方法发现术语的过程如下：

a. 最大名词短语的分离：LEXTER 可使用分离规则，从最大名词短语（maximal noun phrase）中把可能性最大的术语边界分离出来。

---

① A. Lauriston, Automatic recognition of complex terms: problems and the TERMINO solution, *Terminology*, 1(1), 147–170, 1995.

② D. Bourigault, LEXTER: a natural language tool for terminology extraction, *Proceedings of the 7ᵗʰ EURALEX International Congress*, 771–779, 1996.

例如,在法语的最大名词短语中,过去分词与介词结合而成的组合很可能是术语的边界,在法语最大名词短语 les clapets <u>situés sur</u> les tubes d'alimentation (位于进气管上的阀门) 中,situés sur 是术语的边界,把整个名词短语分离为 les clapets (阀门) 和 les tubes d'alimentation(进气管) 两部分,这两部分分别是两个不同的术语。其中,"situés sur"是句法模式,这个模式的使用取决于句法模式 situés sur 的选择限制:这个句法模式的前面和后面都应当是名词短语。在最大名词短语 les clapets <u>situés sur</u> les tubes d'alimentation 中,les clapets 和 les tubes d'alimentation 正好是名词短语,句法模式的这种选择限制是通过内置的机器学习程序从语料库中自动地学习得到的。

b. 把最大名词短语分解成候选术语:确定了术语的边界之后,就可以把最大名词短语分离为两个部分,通过计算机处理之后,最后由人来判定这些候选术语,并把确认后的术语加入到术语数据库中。例如,确定了 situés sur 是不同术语的边界之后,就可以从最大名词短语 les clapets situés sur les tubes d'alimentation 中,把术语 les clapets 和术语 les tubes d'alimentation 自动地抽取出来,作为候选术语,加入到术语数据库中。又如,在法语中,pylône à haute tension (高压电线架)的句法模式是:N + Prep + Adj + N,经过最大名词短语分离之后,把 N + Prep + Adj + N 分离为 N + Prep 和 Adj + N 两个部分,最后,再把结构类型为 Adj + N 的 haute tension(高压电)作为候选术语提取出来,加入到术语数据库中。

c. 候选术语编组:根据所得到的候选术语在句法结构上的相似程度,把它们组织起来。例如,法语中的 vanne motorisés(电动门)、vanne pneumatique (气动门)、vanne d'alimentation(进气门)都有共同的中心词 vanne,就把它们组织起来,形成一组彼此之间有关系的候选术语。

d. 专家审定:这些进入术语数据库的候选术语,由专家做最后的审定,确定为正式的术语,充实了原有的术语。

(3) 句法模式与统计过滤相结合的方法:例如,在 1996 年,达义(B. Daille)研制的 ACABIT 是一个把句法模式与统计过滤结合起来的术语研究工具①。ACABIT 获取候选术语的步骤如下：

a. 语言规则过滤（linguistic filtering）：根据术语结构的语言学规则,使用有限状态转移网络发现候选术语,在英语中,主要考虑三种模式的术语：Adj + N, N + N, N + Prep + N。由这三种模式扩展而形成的变体,也可以作为候选术语的筛选范围。例如, satellite transit network（N + N + N）可以看成是由 N + N 模式扩展而成的, multiple satellite links(Adj + N + N) 可以看成是由模式 Adj + N 和模式 N + N 扩展而成的。

b. 统计排序（statistical ranking）：使用某些统计方法,对前面的步骤筛选出来的候选术语进行排序。例如,计算候选术语的"对数似然度"（log-likehood ratio）,根据计算结果对于候选术语排序,得出在统计意义上可能性最大的术语。

（4）抽取搭配信息的方法：例如,在 1993 年,司马佳（F. Smadja）研制的 Xtract 是一个专门用于抽取搭配关系的工具②。Xtract 的重点不是关心术语本身,而是关心术语在意义上的可搭配性。只有那些在语义上可以搭配的词语才可以算做候选术语。例如,stock trader(存货商人), last selloff （最后的存货）在语义上是可以搭配的,根据这种搭配信息,可以把它们抽取为候选术语。候选术语的选择也要考虑概率。

（5）非语言学的方法：使用独立于语言的术语抽取工具来抽取术语。例如,恩格哈特（C. Enguehard）和盘特拉（L. Pantera）在 1995 年研制的术语提取工具 ANA③。ANA 是独立于具体语言的术语自动抽取工具,这个工具包括两个模块：

a. 预熟悉模块（familiarization module）：使用预熟悉模块来确定

---

① B. Daille, Study and implementation of combined technique for automatic extraction of terminology, In *The balancing Act: Combining Symbolic and statistical Approaches to language*, MIT Press, 49–66, 1996.

② F. Smaja, Retrieving collocation from text：Xtract, *Computational Linguistics*, 19(1), 143–177, 1993.

③ C. Enguehard and L. Pantera, Automatic natural acquisition of a terminology, *Journal of Quantitative Linguistics*, 2(1), 27–32, 1993.

三类词语：

■ 停用词语表（stop list）：停用词通常是一些频度很高的词语，这些词语都不具有专业性。

■ 种子术语表（set of seed terms）：使用人工从语料库中选出反映专业概念的术语作为种子术语（seed term），构成种子术语表。

■ 结构词语表（set of scheme words）：这些结构词语一般是介词或限定词之类的虚词，它们在语料库中往往与种子术语一起出现。

b. 发现模块（discovery module）：使用机器自动学习中的"自举"（bootstrap）方法，一步一步地扩充从预熟悉模块中得到的种子术语的规模，从而发现更多的术语。

在用于术语发现的上述五种方法中，前两种方法都不使用统计，假定文本中符合条件的全部词语都是候选术语，哪怕只出现一次的"罕用词语"（hapax legomenon），只要它们符合条件，也都在候选术语的考虑范围之内。这两种方法是非统计的方法。使用这样的非统计方法时，术语的判定离不开用户，需要给用户提供交互工具，以便用户对于候选术语进行选择。后面三种方法都要使用统计来进行过滤或排序，在这样的情况下，考虑候选术语出现的上下文环境就显得非常重要了，因为统计的数据需要在具体的文本或语料库中才可以计算出来，离开了具体的文本或语料库，不可能进行任何的统计，当然也就不可能发现术语了。

术语辨识主要是做术语的自动标引。

传统的自动标引主要使用"词口袋"（bag-of-words）的方法，这种方法只是简单地把所标引的单词直接地与它们所在的文本联系起来，基本上不考虑这些单词的语言结构信息。这是"词口袋"技术的缺点。如果在术语的自动标引时，要求保持术语中单词的顺序，还要求反映出术语的结构以及术语中单词之间的依存关系，这时，简单的"词口袋"技术就显得不足了。为了反映单词的语言结构信息，需要对于术语进行自动剖析。术语自动剖析的深度取决于具体的需要，可以进行浅层的句法剖析，也可以进行比较深层的句法分析。

根据自动剖析的深度，术语的自动标引可以分为基于浅层句法剖析的自动标引和基于深层句法剖析的自动标引。基于浅层句法剖析的自动标引使用的标引技术有文本简化(text simplification)、基于窗口的关键词识别(window-based keyword recognition)等。基于深层句法剖析的自动标引使用的标引技术有基于依存关系剖析的自动标引和基于转换剖析的自动标引。下面介绍三种简单的术语自动标引方法。

（1）文本简化方法：在 1983 年,迪容(M. Dillon)和葛莱依(A. S. Gray)研制的 FASIT 系统使用了文本简化的方法①。FASIT 的自动标引分两步：

a. 标注与模式匹配：FASIT 首先使用后缀规则表和某些不规则后缀的特例表对于文本进行形态分析,对有关的词语进行词类标注,然后把分析得到的带有词类标记的文本与表示术语结构的句法模式(例如,N, N + N, Proper-noun + N 等)相匹配,得到有关术语的句法模式的标引。

b. 标引合并：使用文本简化技术,把得到的句法模式标引进行合并,合并步骤如下：

——删除停用词(如,介词,连接词,普通名词)；

——词根还原；

——词序重组。

这样,便可以得到带有句法模式的术语标引。

（2）名词词组的歧义消解方法：在 1991 年,伊万斯(D. A. Evans)研制的 CLARIT 系统②,把自然语言处理中的形态分析技术、浅层剖析技术和统计过滤技术结合起来,对于名词短语进行歧义消解。首先,对文本进行形态分析,使名词短语术语中的单词得到没有歧义的词类标记。然后对所得到的带有词类标记的名词短语术语进行句法剖析,得到候选的名词短语结构。例如, 名词短语 the

---

① M. Dillon and A. S. Gray, FASIT: a fully automatic syntactically based indexing system, *Journal of American Society for Information Science*, 34(2), 99 - 108, 1983.

② D. A. Evans and C. Thai, Noun-phrase analysis in unrestricted text for information retrieval, *Proceedings of the 34th Annual Meeting of the Association for Computational Linguistics* (ACL'96), 17 - 24, 1996.

redesigned R3000 chips from DEC(来自 DEC 公司的重新设计 R3000 的芯片)经过这样的剖析之后,得到

$$[the]_{Det} [redesigned\ R3000]_{PreMod} [chips]_{Head} [from\ DEC]_{PostMo}$$

其中,Det 表示限定词,Head 表示中心词,PreMod 表示前修饰语,PostMod 表示后修饰语。

剖析得到的候选术语再根据统计特征进行排序。

在使用 CLARIT 时是不考虑结构歧义的,因此,标引的结果还需要进一步使用基于语料库的技术进行结构消歧,得到没有结构歧义的标引。

(3) 用于自动标引的句法剖析方法:有一些研究者使用句法剖析器从文本中抽取名词短语术语。剖析时术语的语法关系的表示方法主要有两种:一种是基于结构成分的分析方法,一种是基于依存关系的分析方法。

a. 基于结构成分的分析方法:在 1995 年,斯特拉科夫斯基(T. Strzalkowski)研制的 TTP 剖析器,使用基于结构成分分析法,可以产生出词组型术语的树形结构,在树形结构中,表示出中心词(head)和它有关的论元(argument)①。例如,名词短语 the former Soviet president(前苏联的总统)被分析为如下的树形结构:

$$[_{NP} [_N president]\ [_{T-pos} the]\ [_{Adj} [former]]\ [_{Adj} [Soviet]]]$$

TTP 剖析器是根据比较全面的英语语法来设计的,使用了"语言串语法"(Linguistic String Grammar)的理论,语法范畴主要来自《牛津高级英语学习词典》(Oxford Advanced Learner Dictionary)。

由 TTP 剖析器分析得出的词组型术语,可以用来从文本中自动地生成术语标引。由于经过标引后的这些术语都带有句法结构的信息,对于机器翻译、信息检索等自然语言处理是非常有用的。

在 1990 年,梅茨乐耳(Metzler)设计了成分对象剖析器 COP (Constituent Object Parser),这个剖析器只使用二元的依存关系信息,

---

① T. Strzalkowski, Natural language Information Retrieval, *Information Processing and Management*, 31(3), 397-417, 1995.

由于树形结构中的支配关系具有传递性,一个具有 n 层依存关系的树形结构可以转换成具有 n – 1 层的二叉树形结构,这样,所有的树形结构都可以变成二元的树形结构。例如,small liberal arts college for scared junior(为胆小的少年办的小型的自由艺术学校)可以被分析为如下的树形结构:

[* [small * [liberal * [arts * college]]] [for * [scared * junior]]]

其几何形状为:

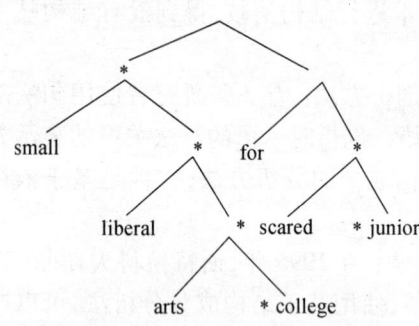

图 16.1 表示二元关系的二叉树

其中的每一个子树都是二元的,标有 * 号的子树是中心语,没有 * 号的成分是附加语,根结点上没有加任何的标记,子树 [for * [scared * junior]] 是修饰 college 的,也不带任何的标记。从这个二叉树中可以看出,中心语标记 * 是具有继承关系的,它们可以由下层传递到上层。

b. 基于依存关系的分析方法:在 1988 年,施瓦尔茨(Schwarz)研制了 COPSY 系统,这个系统使用法国语言学家泰尼埃(L. Tesnière)提出的"依存语法"(dependency grammar)①,对名词短语术语进行自动剖析,剖析的结果要表示出名词短语术语中的依存关系。例如,problems of fresh water storage and transport in containers or tanks(用集装箱或水箱储存和运输的新鲜水的问题)经过 COPSY 剖析之后,可以得到如下的依存关系:

fresh › water

water→storage→problem   water→transport→problem

---

① 关于依存语法,可参看冯志伟《现代语言学流派》(修订本),陕西人民出版社,1999 年。

```
container→storage              container→transport
tank→storage                   tank →transport
```

其中,"→"表示"依存于",例如,fresh→water 表示 fresh 依存于 water。这些依存关系是根据名词短语术语中单词之间的结构特性建立起来的,是依存分析的结果。

(4)术语变体的识别方法:一个术语往往会存在若干个不同的变体(variation),因此,在术语的计算机自动处理中,还要研究术语变体的识别问题。1999 年,雅克曼(C. Jacquemin)研制了 FASTR 系统①,使用结构转换与词汇关系结合的方法来识别术语变体。术语的词汇关系可以反映在形态的联系上(例如,具有相同的词根的术语在形态上有联系),也可以反映在语义的联系上(例如,同义术语,反义术语)。FASTR 可以识别出 malignancy in orbital tumours(眼窝肿瘤的恶性)是 malignant tumour(恶性的肿瘤)的变体,因为 malignancy(恶性)和 malignant(恶性的)在形态上相关,它们都包含词干 malignan-,而且,malignancy in orbital tumours 的结构模式为 N + Prep + Adj + N,这个模式与 FASTR 系统定义过的名词短语模式 N + Prep + Adj + N 相匹配,据此可以判断它是一个词组型术语,是术语 malignant tumour(恶性的肿瘤)的变体。这样的术语变体应当成为术语的自动发现和自动辨识关注的对象②。

术语的变体有四类:形态变体(morphological variation)、句法变体(syntactic variation)、语义变体(semantic variation)、扩展变体(expanded variation)。分述如下:

■ 形态变体(morphological variation):有形态变化或派生关系的术语变体叫做形态变体。例如,measure(测量)和 measurement(测量)有形态上的联系,measurement 是 measure 加后缀-ment 构成的,measure 和 measurement 之间有派生关系,它们是术语的形态变体;

---

① C. Jacquemin, Syntagmatic and paradigmatic representation of term variation, *Proceedings of the 37th Annual Meeting of the Association of Computational Linguistics* (*ACL'99*), 341–348, 1999.

② Ch. Jacquemin, Spotting and Discovering Terms through Natural language Processing, The MIT Press, 2001.

cell(细胞)和 cells("细胞"的复数形式)之间也有形态上的联系(一个是单数形式,一个是复数形式),也是术语的形态变体。类似地,analysis method — analytic method — analytical method(分析方法),cell component — cellular component(细胞成分),cell differentiation — cellular differentiation(细胞分化),formula — formulae(公式),accuracy — accuracies(精确度)都是术语的形态变体。在术语的。在术语的自动发现和自动辨识中,必须处理这些形态变体,否则就会影响系统的召回率(recall)。

■ 句法变体(syntactic variation):与句法结构有关的术语变体叫做句法变体。例如, comprehension of language 是 language comprehension 的句法变体,前者的句法结构是 N + of + N,而后者的句法结构是 N + N。类似地, disease of the abdomen — abdominal disease(急腹症),fraction of cell — cells of fractions(细胞分离),thresholds of perception — perception thresholds(感知阈限),autoimmune disease — disease with autoimmune(自身免疫疾病)也都是术语的句法变体。在术语的自动发现和自动辨识中,必须处理这些句法变体,否则就会影响系统的召回率(recall)。

■ 语义变体(semantic variation):有语义联系的术语变体叫做语义变体。例如, speech comprehension(口语理解)是 language comprehension(语言理解)的语义变体,因为 speech(口语)和 language(语言)有语义上的联系,它们是近义术语。类似地,response rate — reaction rate(反应速度),anterior part — anterior segment(前部)也都是术语的语义变体。在术语的自动发现和自动辨识中,必须处理这些语义变体,否则就会影响系统的召回率(recall)。

■ 扩展变体(expanded variation):由基本术语扩展而成的术语叫做术语的扩展变体。术语扩展的手段有修饰(modification)、并列(coordination)、结构转换(structural transformation)等。术语经过扩展之后,其含义可能会发生变化,但是,在术语的自动发现中,这种扩展术语与基本术语有密切的联系,对于自动发现具有参考价值,仍然应当是术语发现研究的对象。例如, abnormal chromosome(非正常染色体)通过在 chromosome 前面附加修饰语 X 扩展而成的 abnormal X chromosome(非正常 X 染色体)就是术语 abnormal chromosome 的扩展变体;axillary vein(腋静脉)通过在 vein 的前面并列 artery and 的方式扩展而成的 axillary artery and vein(腋动脉和腋静脉)就是术语 axillary vein 的扩展变体;isolated cell(离体细胞)通过结构转换之后成为句子 cells were isolated(细胞离体了),这个句子与术语 isolated cell 有密切的联系,对于术语的自动发现有价值,也可以看成是术语 isolated cell 的扩展变体。类似地,benign neoplasm(良性赘生物)—neoplasm were benign(赘生物是良性的), hypothesis test(假设检验)—test this hypothesis(检验这个假设)也都可以看成是术语的扩展变体。在术语的自动发现和自动辨识中,必须处理这些扩展变体,否则就会影响系统的召回率(recall)。

FASTR 是为受控标引而研制的。这个系统首先输入一个权威性术语表,把它转换成可计算的数据,并自动生成这些术语的候选变体。然后再把这些候选变体与语料库中的数据相比较,最后检索出真正的术语变体。

上面介绍的都是单语言的术语自动处理,下面我们介绍双语言的术语自动处理。

双语言的术语自动发现一般要分两步走。第一步是术语抽取,在双语言的语料库中分别进行术语自动抽取,找出每一种语言中的术语;第二步是术语对齐(alignment),找出在不同语言之间术语的对应关系。

双语言的语料库中术语的对齐有不同的方法。郭溪(E. Gaussier)的方法是,先进行句子的对齐,然后再在已经对齐的句子中进行术语对齐[1],这是一种先处理大的语言单位,再处理小的语言单位的"从大到小"方法。但是,岵尔(D. Hull)则提出了不同的方法。

---

① E. Gaussier, Flow network models for word alignment and terminology extraction from bilingual corpora, *Proceedings of the 36th Annual Meeting of the Association of Computational Linguistics and 17th International Conference on Computational Linguistics (COLING-ACL'98)*, 444-450, 1998.

他先进行单词型术语对齐,再进行术语抽取,最后进行词组型术语的对齐。单词型术语的对齐和词组型术语的对齐都使用了无回溯的"贪心算法"(greedy algorithm)①。这是一种先处理小的语言单位,后处理大的语言单位的"从小到大"方法。

计算术语学是一个新兴的术语学的学科,这个学科的出现,反映了信息网络时代对于术语学研究的新要求,是信息网络时代对于术语学的挑战,值得我们密切关注。

关于术语的自动发现和术语的自动辨识方法,今后我们还可以研究如下问题;

■ 建立大规模的专业语料库,开展专业语料库的研究,进行基于语料库的语义标注研究和语义关系自动获取的研究。

■ 研究专业语料库构建的新技术。

■ 在大规模的专业语料库中,获取更多的语义学资源和形态学资源,以便为术语或术语变体的自动发现提供可靠的数据。

■ 把基于规则的方法、基于统计的方法以及机器学习的方法结合起来,研究术语发现和术语辨识的新的"混合方法"(hybrid solution)②。

■ 对专业语料库进行加工,使它带有更加丰富的信息,使普通的"上下文"(context)变成"富语境"(rich context),使语料库中的上下文更具有解释性和说明性,把一般上下文中的文本信息和富语境中包含的结构信息结合起来,进行术语的发现和辨识。

■ 建立更加完善的交互界面,以便专业人员更方便地对候选术语进行人工判定。

计算术语学的研究要以真实的科学技术文本为依据,要对于文本中的术语和多种多样的术语变体进行深入的描写和分析,这样,术语学的研究就不能只停留在规范(normalization)的平面上,而要逐步

---

① D. Hull, Automating the construction of bilingual terminology lexicons, *Terminology*, 4(2), 225–244, 1997.

② Feng Zhiwei, Hybrid Approaches for Automatic Segmentation and Annotation of Chinese Text Corpus, *International Journal of Corpus Linguistics*, Vol. 6 (Special issue), 2001.

地推进到描写（description）的平面上。在信息网络时代，术语学正在经历着从传统的"规范术语学"（prescriptive terminology）到现代的"描写术语学"（descriptive terminology）的转化过程。这是术语学发展的一个新的趋势。

可以看出，计算术语学具有非常广阔的发展前景，在自然语言计算机处理的研究中，我们应当关注计算术语学这个新兴学科的发展，推动我国术语学研究的现代化进程，使术语学这个传统的学科，在信息网络时代大放异彩。

本章参考文献

1. 冯志伟，一个新兴的术语学科——计算术语学[J]，载《术语标准化与信息技术》，2008 年第 4 期，4—9。

2. Felber H, Einige Grundfragen der Terminologiewissenschaft aus der Sicht der Allgemainen Terminologielehre[M], *Inforterm*, 12 - 86.

3. Feng Zhiwei, Hybrid Approaches for Automatic Segmentation and Annotation of Chinese Text Corpus[J], *International Journal of Corpus Linguistics*, Vol. 6 (Special issue), 2001.

4. Jacquemin, Ch. Spotting and Discovering Terms through Natural language Processing [M], The MIT Press, 2001.

5. Picht, H. and Draskau, J. Terminology：An Introduction [M], The University of Surrey, 1985.

6. Rondeau G, Introduction de la Terminologique [M], Contre Educatif et Culturel Inc. , 1981.

第十七章
计算机辅助语言教学和语言测试

自然语言处理技术还可以应用于语言教学和语言测试中,这是自然语言处理技术应用的一个重要方面。

"计算机辅助语言教学"(Computer Assisted Language Learning,简称 CALL)是指在语言教学中,按照人们事先安排好的语言教学计划,使用计算机进行课堂教学和辅助课外操练。计算机辅助语言测试(Computer Assisted Language Test,简称 CALT)是指在语言测试中使用计算机来辅助出题、考试、评分、进行试卷分析及成绩反馈等。

本章介绍计算机辅助语言教学和语言测试。

第一节　计算机辅助语言教学

"计算机辅助语言教学"(Computer Assisted Language Learning,简称 CALL)是"计算机辅助教学"(Computer Assisted Learning,简称 CAL)的一个领域。

为了帮助读者理解 CALL 的基本原理和方法,我们有必要介绍一下从 CAL 到 CALL 的发展历程。

在电子计算机问世之初,就有人设想把它用于教学。在 20 世纪 50 年代和 60 年代之交,美国就开始研究"计算机辅助教学"(Computer-Assisted Learning,简称 CAL)的问题了。

美国最早开始 CAL 试验的是 IBM 公司的沃斯顿研究中心。该中心于 1958 年设计了第一个计算机辅助教学系统,利用一台 IBM650 计算机连接一台电传打字机来教小学生学习二进制算术,并能根据小学生的要求自动地生成练习题。

1959 年，美国伊利诺依大学研制出 PLATO 计算机辅助教学系统（Programmed Logic for Automatic Teaching Operation，简称 PLATO），该系统在 CDC 计算机公司的协助下，经过多年的努力，从一次只能处理一个终端的 PLATO-I 系统发展到带有四百多个终端的 PLATO-II 系统，可以讲授几百种课程。

美国斯坦福大学从 1963 年开始，利用计算机讲授逻辑学导论、集合论、程序设计、俄语、德语等课程，并与 IBM 公司合作，在 1966 年研制出 IBM1500 教学系统，这个系统除了能开设数理逻辑、多种外国语、哲学、数学、音乐理论等课程之外，还有一些为小学生和聋哑学生准备的课程，提供全国性服务。

1971 年，美国德克萨斯大学与犹他州的杨伯翰大学（Brigham Young University）和梅特（MITRE）公司合作，设计出 TICCIT 计算机辅助教学系统（Time-shared Interactive Computer Controlled Information Television，简称 TICCIT），这个系统以电视技术为基础，配合两台 NOVA-800 小型计算机，带有 75 兆字节的磁盘存贮器，终端为经过改装的配有键盘的彩色电视机，其主机通过同轴电缆与 128 台彩色电视机终端相连接。TICCIT 系统主要用于社会大学的数学和英语教学。

加拿大、英国、日本等国也开展了 CAL 的研究。加拿大国家研究院、安大略教育研究所和女王大学等 11 所大学联合开展计算机辅助语言教学系统 CAN 的研制，开发了数学、工程、医学、商业等学科的课件（course ware）。英国在开放大学中推广使用计算机辅助教学，开放大学有 280 个学习中心，各个学习中心都设有终端，通过全国计算机网络与该大学的计算中心相连，为学生解答各种问题。日本机器工业促进会研制了一个计算机辅助教学系统，该系统能同时控制 30 个学习终端，开设了计算机原理、计算机语言、数控机床等课程。

我国于 20 世纪 80 年代开始研究计算机辅助教学系统。华东师范大学现代教育技术研究所研制了计算机辅助 BASIC 语言教学系统 MCBBI，通过这个系统学习 BASIC 语言的学生，都能达到用 BASIC 语言独立地编制程序的水平。此外，中山大学和西安交通大学也研制了一个 BASIC 语言教学系统，中国科学技术大学研制了一个 PASCAL 语言教学系统，大连工学院研制了工程力学解题模拟系统，云南师范大学研制了计算机辅助代数解题系统。

北京信息工程学院研制成功 2000 系列计算机辅助教学系统。这个系统包括了教学、指导、管理和开发维护等部分,有 BASIC 语言和 PASCAL 语言两门教学课件,可以提供学生自学和教师指导两种学习方式。此外,该系统还具有教学管理和选题、评分等功能。

在计算机辅助教学 CAL 的诸多领域中,与语言学最为密切的是"计算机辅助语言教学"(Computer Assisted Language Learning, CALL),在进行计算机辅助语言教学 CALL 的时候,计算机要按照人们事先安排好的语言教学计划进行课堂教学和辅助课外操练。前面介绍过的 PLATO 系统除了进行一般的计算机辅助教学之外,也能进行计算机辅助语言教学,PLATO 可以讲授汉语、英语、法语、俄语、希腊语、拉丁语、西班牙语和世界语等八种语言课程。斯坦福大学的系统也可以讲授俄语、德语等语言课程,TICCIT 系统也可以进行英语教学。在这个时期,还设计了一些用于 CALL 的教学软件,如 ECLIPSE,SEQUITUR 等,这些软件对于计算机硬件的要求不高,程序也比较容易掌握,逐渐在 CALL 教学中普及开来。

当时从事 CALL 的一些专家,如 Higgins, Tim Jones, Graham, Tony Williams 等,他们原来都是语言教师,但是,他们在实践中更新了知识,很快掌握了 CALL 技术,成为了 CALL 教学的开创人。

CALL 是一种新型的语言教学方式,是对于传统语言教学方式的具有重大意义的改革。美国的语言教学在第一次世界大战前后,主要采用传统的"教授语法加翻译"的方式,培养读和写的能力。在第二次世界大战前后,由于录音机的使用,"听说"教学的方式应运而生,各地学校都设置了语言实验室。由于社会语言学、心理语言学、计算语言学这些边缘学科的发展,人们对于语言交际有了更深的认识,在外语教学中更加强调人与人之间的语言交际本领及其心理、文化基础。在这种情况下,计算机就成了一种非常适合的语言教学的培训工具,因此,CALL 受到了语言教学工作者的普遍欢迎。

CALL 一般可以分为四种类型:

① 讲授型:计算机向学生提供讲授的教材,学生通过计算机显示屏上显示的课文进行学习。

② 操练型：计算机向学生提供各种练习题，学生即时回答，计算机做出评价，并决定学生是复习前一课的课文，还是学习下一课。

③ 模拟型：利用计算机的动画、语声、图形显示、图表绘制等功能，通过逼真地模拟人们日常生活的实际情景，让学生在这种环境的刺激和诱导下，做出恰当的语言反应。

讲授型、操练型和模拟型的计算机软件都是"课件"（courseware）。

④ 工具型：由计算机给语言教师的教学或研究工作提供必要的智力工具，它是面向教师的，而不是面向学生的。工具型软件又可以分为两类：一类是为教师编制上述三种课件提供特殊的程序设计语言，称为"编著语言"，一类是能给教师起智力助手作用的软件，例如，帮助教师自动地编制索引，统计词汇，分析句型，拟出试题，分析考试结果等。

由于运行课件所形成的计算机辅助语言教学环境，在教育方面具有下面的优点：

① 自定步调：学生的学习能力自然地决定了课件运行的速度，能力强的学生可学习得快一些，能力差的学生可学习得慢一些，做到了"因材施教"。

② 减轻学生的心理负担：计算机总是耐心地、循循善诱地指导学生学习，鼓励学生达到预期的效果，从不会表露出任何的喜怒哀乐，这样便大大地减轻了学生的心理负担。

③ 课件能够博采众长，吸收多位专家和教师的经验。

④ 便于积累教学资料和保存学生学习档案。

工具型软件的优点是能提高教师备课、教学、研究等活动的效率，使他们的精力集中到更有创造性的方面去。

CALL 课件的典型工作过程如下：

① 计算机把信息，如课文、语法说明等，通过计算机显示屏设备呈现在学生面前，让他们阅读、学习。

② 计算机根据显示的教材，向学生提出有关问题，让学生做练习，并等待学生回答。

③ 学生使用键盘等输入设备回答问题，计算机对学生的答案做出"对"或"错"等判断。

④ 如果答案为"错",计算机指示学生重做,或者重新学习原来的课程;如果答案为"对",计算机会对学生给予某种鼓励,并转入下一步的联系或学习新的课文。

体现上述功能的 CALL 课件,是语言学家、语言教师、心理学家和计算机科学家密切合作的产物。语言学家首先根据学科内容提出某一课题的教材,再由语言教师指出学习重点和教学方法,心理学家则制定编写教学方案和评定学习效果的原则,然后由计算机科学家把上述材料编制成课件,经过反复演示、修改,成为投放技术市场的课件。

CALL 所需要的技术是广泛而多样的,计算机和信息处理的许多技术都可以在 CALL 中大显身手。计算机图象和动画已经成了课件的重要组成部分,言语合成促使计算机逼真地模仿教师的声音,语音识别则使学生的口答信息有可能通过计算机进行处理。

多媒体(multimedia)技术是计算机技术关注的热点之一,所谓多媒体技术,就是交互式综合处理文本、图形、图像、声音等多种媒体信息,使多种信息之间建立逻辑连接,集成为一个系统,把计算机技术、声像技术和通讯技术融为一体。多媒体技术能使信息传播者和接受者之间实时地进行交换,它的集成性高,交互性强。由于多媒体的数据类型不仅包括文本,而且还包括仿真图像、立体声音响、运动视频图像等人类最习惯的视听媒体信息,所以,多媒体技术为 CALL 开辟了一个新的天地。在 CALL 教学中,为了便于学生直接地向计算机输入答案或信息,可以使用"触摸屏"设备,利用手指在显示屏上的触感而输入信息。计算机与光盘 CD-ROM 的结合,使得 CALL 所需要的文字、语音与图像可以存贮在同一介质里,应用起来极为方便。数据库的发展,使得课件、智能助手等的研制和利用有了更好的软件工具。一些著名的 CALL 课件,如欧洲的 LINGUA、澳大利亚的 CUTSD 等,都以多媒体 CD-ROM 的形式作为商品在世界各地出售。

CALL 充分地利用了计算机科学、信息技术、心理学和自然语言处理的新成果,进一步提高了软件的性能。许多自然语言处理的方法和技术都可以在 CALL 中找到自己的用途。例如,将教师的智能助手逐步扩充为一个能够理解自然语言的系统,计算机可以自动命题,可以对学生的回答进行简单的自动句法分析,可以通过语音识别来理解学生用自然语言口头形式做出的回答,并通过语音合成向学生提供评分结果,等等。

　　传统 CALL 的教材和各种资料,或者存储在计算机的数据库里面,或者以课件的形式存储在 CD-ROM 里,在教学中,语言学习者与计算机的交互,主要通过查询数据库或者 CD-ROM 来进行,数据库或 CD-ROM 本身只能存储数据,进行查询的时候,一般应用简单的模式匹配技术就可以得到查询的结果,尽管某些 CALL 系统也使用了自然语言处理中的自动分析技术,但是,自动分析的针对性不强,没有充分注意提高学习者对于偏误的意识,而且,CALL 教学网络基本上都是局域网络,网络之间只能在局部范围内链接,链接的范围受到限制,更不能在非常广阔的范围甚至在全世界范围内联网。所以,这样的 CALL 的智能(Intelligent)不强。

　　如果 CALL 系统采用自然语言处理的技术来自动地分析句子,对于各种提问和回答的句子有针对性地进行自动分析,指出学习者的偏误,帮助他们纠正这样的偏误;并且在 CALL 中使用互联网WWW,针对不同学习者的特点,通过 WWW 与语言学习者进行个性化的自由交互,进一步使用人工智能(Artificial Intelligent)技术,那么,这样的 CALL 系统就具备了较高的智能,就可以把它叫做"智能计算机辅助语言教学系统"(ICALL)。

　　CALL 把语言教学与计算机结合起来,ICALL 又进一步把语言教学与人工智能技术结合起来。这些情况清楚地说明,语言教学这个古老的学科正在走向现代化,语言教学已经与当代最先进的计算机技术和人工智能技术结合起来。这是语言教学中具有历史意义的重大变化,而这样的变化,是科学家们长期艰苦探索的结果。

　　在 1956 年夏天,美国计算机科学界、信息工程界的几位顶尖级学者 John McCarthy, Marvin Minsky, Claude Shannon 和 Nathaniel Rochester 等汇聚到一起,组成了一个为期两个月的研究组,讨论关于他们称之为"人工智能"(Artificial Intelligence,简称 AI)的问题,从此,"人工智能"这个新学科便诞生了。尽管有少数的 AI 研究者着重于研究随机算法和统计算法(包括概率模型和神经网络),但是大多数的 AI 研究者着重研究推理和逻辑问题。典型的例子是 Newell 和 Simon 关于"逻辑理论家"（Logic Theorist）和"通用问题解答器"（General Problem Solver）的研究工作。这些简单的系统把模式匹配和关键词搜索与简单试探的方法结合起来进行推理和自动问答，它们都只能在某一个领域内使用。在 20 世纪 60 年代末期，学者们又研制了更多的形式逻辑系统。人工智能的一个重要研究方向是自然语言理解（Natural Language Understanding，简称 NLU）。由于人类的智能活动与语言有密切的关系，语言往往成为观察人类智能活动的窗口，这就为在 CALL 中导入人工智能的方法提供了有利的条件，ICALL 的研究便成为理所当然的了。

ICALL 与 CALL 的差别主要体现在两个方面：

第一，ICALL 使用的句子的自动分析技术，能够针对第二语言学习者的特点，对于他们造出的句子进行自动分析，给出句子的自动分析结果，并指出偏误的所在，从而提高第二语言学习者对于学习中偏误的意识，自觉地纠正偏误；而 CALL 主要使用数据库或 CD-ROM 的存储技术来存储 CALL 的信息，并使用简单的模式匹配技术来判别学习者的回答是否正确，尽管有一些 CALL 系统也使用了自然语言处理的自动分析技术来进行简单的自动句法分析，但是，对于第二语言学习者在学习中的偏误注意不够，针对性不强。

第二，ICALL 使用互联网（Web）在非常广阔的范围内甚至在世界各地进行联网，广泛使用超文本（Hypertext）技术和超链接（Hyperlink）技术，而 CALL 的网络一般在局部范围内链接，可以使用多媒体技术，但是，一般没有使用超文本技术和超链接技术。

因此，不论是 CALL 还是 ICALL，它们与自然语言的自动分析技术都有着非常密切的关系，而 ICALL 是使用 Web 来进行教学，与 Web 有密切关系。

我国计算机辅助语言教学的研究近年来已有了很大的进展。

华东师范大学是我国最早研究计算机辅助语言教学的单位之一，他们先后研制成作为英语教师和研究者助手的智能软件 ETRA 系统以及作为德语教师和研究者助手的智能软件 GERTRA 系统。北京双语教育电子有限公司研制了计算机辅助英语教学软件"桌上英语学校",利用多媒体技术,成功地模拟了学习英语的有声环境,为英语学习者提供了方便。北京得力软件研究所研制了一套家庭教育系列软件,可以用计算机辅助学习英语、语文、数学、生理卫生、物理、化学等课程。北京语言大学根据对外汉语教学的迫切需要,开发了智能型计算机辅助汉语教学系统,该系统由知识库、学生模型模块、教学决策模块、汉语语音合成器及语音库等四个模块组成,并已开始使用;他们还开发了外国学生汉语中介语语料库,分析外国学生学习汉语的偏误,从而提高对外汉语教学的质量。

计算机辅助教学代表着一种新的教育方式,它具有很强的个别化教学功能,可同时对一批学生因材施教,最能适应以学生为中心的开放式教学。随着科学技术的进一步发展,以计算机为主体,配以光纤通讯和卫星传播,可组成计算机辅助教学网络,使众多的学习者不仅可以共享网络中所有的教育资源,而且还可以在家里用微机采用通讯的方式进行学习,这必将使教育发生巨大的变化,对于普及教育大有好处。

21 世纪是信息化和网络化的时代。随着互联网的日益普及,"电子学习"(E-learning)方兴未艾,教育理念也随之发生了重大变革,教育网络化已成为一种趋势,各种学习网站和网络课程如雨后春笋般涌现,利用网络提高自己的知识水平,优化自己的知识结构的人数与日俱增,网络已成为终身学习的便捷途径。在网络上的计算机辅助语言教学有着广阔的发展前景。

第二节　计算机辅助语言测试

在语言测试中使用计算机出题、考试、评分、进行试卷分析及成绩反馈,叫做计算机辅助语言测试(Computer Assisted Language Test,简称 CALT)。进入 21 世纪以后,随着网络的日益普及,利用网络进行测试的优越性越来越明显,语言测试研究者们的兴趣逐渐转向了利用网络进行语言测试的尝试。计算机辅助语言测试可简称为"语言自动评测"(Automatic Language Test)或"自动评测"(Automatic Test)。

自动评测一般分为客观题自动测评和主观题自动测评两种。

客观题一般都是有现成答案的多项选择题,测试时只要求学生选出正确选项即可。这种题型的自动测评对于计算机而言没有技术上的困难,很容易实现。

主观题又分为两种,一种是用于考查学生知识掌握情况的主观题,另一种是用于考查学生语言掌握情况的主观题。

这两种主观题的区别是:用于考查学生知识掌握情况的主观题的测评内容是知识体系中的知识点及其相互关系,所使用的语言并不是测评的对象;而用于考查学生语言掌握情况的主观题的测评内容是语言本身,看其表达得是否正确、通顺,学生所使用的语言同时也是测评的对象。从测评的角度来讲,后者对自动测评的精度要求更高。

任何语言测试试卷一般都由客观题和主观题两种题型组成,这样便于更加准确地测评学生实际的语言水平,避免由于猜测而造成的测试信度的降低。

但是,由于主观题的自动测评涉及许多领域,有许多难题没有解决,国内许多大规模考试都采取人工批阅主观题的方法。这种做法不但需要投入大量的时间和人力,而且评判的标准也不容易统一,影响测试的信度。在这种情况下,主观题的自动测评研究对于大规模标准化考试(如大学英语四、六级考试)中主观题的自动评分就显得十分迫切。

自从出现学习和教学活动以来,测试就一同诞生了。语言测试是随着外语教学而出现的。随着测试实践的发展和测试理论研究的深入,逐渐形成了"测试学"这门学科。测试学家们根据测试的形式和性质等,对测试进行了分类,以明确人们对测试的认识,以便更好地指导测试和教学实践。

从宏观上说,测试可分为客观测试和主观测试两种。

客观测试又称为"选择回答"(Selective response)、"非构建性回答"(Non-constructed response)、"接受性回答题目"(Receptive-response items)等。客观测试时题目的答案是固定的,不允许考生自由发挥,通常也不必由考生自己写出答案 因为这种测试的答案在出题时就已准备好了,考试时考生只需选择某个答案即可。多项选择题、判断正误题、匹配题、填空题等都属于客观测试。

主观测试的题目需要考生用文字来回答,又称为"产出性回答题目"(Productive-response items)、"构建性回答"(Constructed response)、"生成回答"(Generated response)、"开放回答"(Open-ended, Free text)等。主观测试又分为"受限的主观回答"(Limited constructed response)和"扩展的主观回答"(Extended constructed response)两种。前者是指答题时必须用一个词或短语来回答,而后者则指答题时不受任何限制,具体用词可以不固定,只要将关键词或关键信息包括在答案内即可,如简答题、作文题等。

根据测试实施时的风险,如测试时考生作弊可能性的大小、题目被泄漏可能性的大小等因素,测试被分为"低风险测试"(Low-stake assessment)、"中风险测试"(Medium-stake assessment)和"高风险测试"(High-stake assessment)三种。

低风险测试是指考生没有作弊动机的测试。这种测试只为学习服务,即给语言学习者提供反馈信息,告诉他们距离学习目标还有多远,如小测验、自测等。

中风险测试是指考生可能出现作弊动机的测试。这种测试对考生有一定的影响,但不会有深远的、可改变考生命运的影响,如语言水平分级考试、期中、期末考试、远程教育课程考试等。

高风险测试则是指可改变考生命运的考试,如入学考试、证书考试、职业考试等。

众所周知,最初的测试是通过纸和笔进行的,称为传统测试。随着计算机的发明及个人计算机的普及,出现了通过计算机实施的测试,即"基于计算机的测试"(Computer-based testing, 简称 CBT)。基于计算机的测试又叫做"计算机管理的测试"(Computer-managed testing)、"计算机增强的测试"(Computer-enhanced testing)、"计算机辅助的测试"(Computer-assisted testing)等。随着研究的深入,人们不再满足于只让计算机起一个测试媒介的作用,还利用了计算机的智能化功能,推出了"计算机自适应测试"(Computer-adaptive testing, 简称 CAT)。计算机自适应测试可以根据考生的具体答题情况,调整测试难度,一旦测出考生水平,考试立刻终止。这种测试在很大程度上不但节约了测试时间和测试资源,而且使测试更加人性化,因为考生不会因为答不出某些很难的测试题而感到难堪,也不会因为测试题太多或太容易而浪费时间。目前采用 CAT 进行的语言测试题有词汇题、语法题、阅读理解题、听力理解题等,这些试题的出题形式都是多项选择题。

进入 20 世纪 90 年代后,随着互联网的普及,语言考试也可以在互联网上进行,出现了"基于网络的测试"(Web-based testing, 简称 WBT)或"基于互联网的测试"(Internet-based testing,简称 IBT),基于网络的测试或基于互联网的测试实质上是"基于计算机的测试"(CBT)的网上再现。

罗维尔(Roever)将"基于网络的测试"定义为:"通过互联网实现的基于计算机的测试"。他还把"基于网络的测试"分为"低技术测试"(low-tech test)和"高技术测试"(high-tech test)两种。在低技术测试时,测试完全在考生个人计算机上进行,服务器只保存试题、提供下载和存储答案等操作。这种测试不需要服务器端进行编程,成本低廉,考试的试题量不大,不需要考生对做题结果进行信息反馈,考试设计者不依赖软件工程师。在高技术测试时,测试对于服务器提供的难度不同的考题的依赖性很强,测试系统可根据考生的具体答题情况调节考题难度,搜集、分析考生的答案。这种测试适合于考试人数多,题库量大,有计算机专家参与的情况。它实质上是计算机自适应测试的网络化,所以又叫做"基于网络的自适应考试"(Web-adaptive test,简称 WAT)。一个简单的"基于网络的自适应考试"由一套难度递增的试题组成,测试开始时试题难度为中等水平,然后视考生答题情况的好坏提高或降低难度,当考生答对率不足 50% 时,考试就自动中止。

此外,测试还可以按其目的分为"诊断性测试"(Diagnostic test)、"水平测试"(Proficiency test)和"成就测试"(Achievement test);也可以按参加测试的人数和规模分为"大规模测试"(Large-scale test)、"中等规模测试"(Medium-scale test)和"小规模测试"(Small-scale test)等。

早在 1935 年,在第一台电子计算机 ENIAC 还没有研制成功的时候,IBM 公司就研制出 805 型模型机来进行语言测试,这是目前利用机器进行语言测试的最早记录,805 型模型机是第一个可以使用机器批改客观题(多项选择题)的工具。这个模型机在美国引起了广泛的关注,得到了普遍的使用,大大地降低了人工阅卷的工作量,节省了语言测试的费用①。

美国伊利诺伊大学研制出可以测评学生语言学习情况的系统,叫做"全面行为分析"(General performance analysis)系统,这个系统可用于测评学生的法语课程学习情况,可记录学生一个学期的学习情况。当学生要了解学习情况时,该系统可随时提供各种信息,如所学语法项目的数量以及所得到的总分等。此外,学生还可以知道不及格的具体语法项是哪些。

1966 年,美国杜克大学的派基(Ellis Batten Page)开发了评价文章写作质量的"文章分级"(Project Essay Grade)系统,简称 PEG。派基认为,一个人的写作风格有其内在的特性,可以用"trins"进行描述,并可对其进行量化,量化后的结果叫"proxes"。PEG 的评分达到了较高的准确率,但它只是依靠统计方法来评定文章的质量,没有使用自然语言处理的深层分析技术,也没有考虑到词汇的语义。

1984 年美国评估系统公司(Assessment Systems Corporation)推出了 MicroCAT 系统。1999 年又推出了更为先进的 FastTEST CAT 系统。这些系统的所有题目都有难度、区别度和猜测参数标注,还有题目的内容、上下文等信息。所有题目和题目水平等级信息都存储在本地计算机或本地网络的题库中。

1985 年,美国杨伯翰大学的拉莘(Larson)和麦德森(Madsen)开发了法语、德语和西班牙语的 CAT 工具,用于大学的分级测试。

英国剑桥大学地方考试集团(The University of Cambridge Local Examinations Syndicate,简称 UCLES)开发了用于学术和商业不同目的的各种语言(英语、法语、德语、西班牙语)的 CAT 测试工具。

欧盟理事会(the Council of Europe Union)资助了可测试丹麦语、

---

① 关于国外语言评测的资料,参考了田艳的《英译汉网上自动评测》(上海交通大学博士论文),2009 年。

荷兰语、英语、芬兰语、法语、德语、希腊语、冰岛语、爱尔兰语、意大利语、挪威语、葡萄牙语、西班牙语、瑞典语等 14 种欧洲语言的 DIALANG 项目。通过 DIALANG,考生可以了解自己的词汇、语法、写作、阅读、听力的水平。考生还可以自己选择他们想测试语言的等级,系统通过提供词汇测试来完成语言能力的测评,所有题目都可以通过测试的进程随时进行调整。DIALANG 还可给考生提供如何提高语言水平的反馈意见。

1997 年,Ordinate Corporation 公司开发了 PhonePass 系统,用于测试母语为非英语人士的英语听力和英语口语水平。测试仅需 10 分钟,PhonePass 系统包括大声朗读句子、重复句子、回答简短问题、造句和回答开放题等 5 项内容,还可以通过电话测试口语水平。计算机可以利用统计模型把说话人说的某个词的声音与数据库中北美地区英语为本族语的人的发音进行比较。测试结果显示,PhonePass 与人工测试结果的相关系数为 0.93,在某些情况下,PhonePass 测试的结果甚至比人工测试的结果还要准确。

成立于 1947 年的美国教育考试服务中心(Educational Testing Service,简称 ETS)从成立之日起就致力于英语作文计算机评阅系统的研究。经过多年的研制,推出了可以批改学生英语作文的"电子打分"系统,叫做 E-rater。

E-rater 可分别在全文和文中的单个论点两个层次上对学生提交的作文与训练所用作文的词汇进行比较,计算其相似度,并根据计算结果判断学生作文在词汇运用方面所处的分数档次。1999 年该系统正式投入使用,不仅可用于美国国内著名的高风险大规模考试,如 GMAT (Graduate Management Admission Test) 和 GRE (Graduate Record Examinations)两个考试的写作题批改中,而且还可用于托福考试(Test of English as Foreign Languages,简称 TOEFL)的写作题批改,并于 1998 年在美国本土及许多其他国家推出了基于计算机的托福考试。仅在 1999 年的 GMAT 考试中,E-rater 就成功批改了750 000 份作文,与人工批改的一致性高达 97%。

E-rater 采用整体评分策略,从写作风格、修辞等角度整体上对作文进行评判,不存在正确或者错误答案,同时该系统需要大量的训练数据以建立评分模型。但是,对于那些需要判断答案内容是否正确并给出具体分数的自动批改类问题,E-rater 显得无能为力。

在成功开发和广泛使用 E-rater 的基础上,美国教育考试服务中心的研究人员还开发了基于内容和限定领域的自动评分系统叫做 C-rater(Concept-rater 的缩写),用于短文回答问题题型的自动测评。该系统目前只用于心理学和生物学两门学科的短文回答问题的自动评分。

英国朴次茅斯大学(University of Portsmouth)研制了专门用于非多项选择题和短文回答问题的自动测评系统,叫做 The Automated Text Marker,简称 ATM。ATM 系统可以对用自然语言书写的答案内容进行评测,并且能够用于各种具体学科上。

英国利物浦大学(University of Liverpool)开发了 AutoMark 自动评分系统,用于短文回答问题的评分。1999 年该系统正式用于全英国 11 岁小学生的自然科学课程测试中。该自然科学课程测试属高风险测试,自 1995 年以来,全英国每年都有 50 万名 11 到 14 岁的学生参加该考试。这样有影响的高风险考试采用了这个机器评分系统,说明 AutoMark 自动评分系统的性能已完全达到了实用的要求。

由朗文英语中心开发的朗文英语水平测试系统(Longman English Assessment)是一个低风险的"计算机自适应测试"系统,它通过让考生回答诸如"你为什么学英语?"等问题,来了解考生是出于商业目的,还是出于一般目的来参加测试,以发现其感兴趣的内容,然后给出词汇和语法题目。系统可根据考生回答的情况,推荐初级、中级、高级作为下一级的测试水平。考试时间仅 15 分钟。而该中心开发的朗文英语交互系统(Longman English Interactive),则把诊断性测试与成就性测试整合在一起。Longman English Interactive 2003 版在测验和考试中还包含录像内容。

目前,利用计算机进行口语测试以及交互式测试的探索已经开始。应用语言学中心推出的"计算机口语能力面试系统"(Computerized Oral Proficiency Interview)以及随后的"模拟口语能力面试系统"(Simulated Oral Proficiency Interview)等都是最先进的英语口语计算机交互式考试系统。

其他各种类型的"计算机自适应测试"系统还有很多。例如,由国防语言研究所(Defense Language Institute)开发并实施的英语理解水平测试(English Comprehension Level Test);由商业英语测试服务处(The Business Language Testing Service)研制的 ACT ESL 评测(ACT ESL Placement Test);由美国教育考试服务中心研制的基于计算机的 TOEFL 考试(the Computer-based TOEFL)中的"结构与写作表达评测"(The Structure and Written Expression Section)以及听力评测(the Listening Section);由 COMPASS/ESL 研制的"COMPASS 电子写作"(COMPASS e-Write)系统等。

总之,"基于计算机的测试"和"计算机自适应测试"的各种语言测试系统已从最初的只限于客观题的测评,发展到了主观题的测评,从小规模、试验性的低风险测试,发展到了大规模的高风险测试。

Ordinate Corporation 公司开发了自动口语测评系统 PhonePass。该系统利用语音识别技术来测评学生在重复发某个词的音、语音语调、阅读流利程度、重复流利程度等方面的精确性。PhonePass 系统还设计了一种算法,可以从说各种英语地区方言和社会方言的英语本族语人的大规模口语语料库中获取参数,匹配评分。

可见,目前利用计算机自动测评英语主观题的技术已经相当成熟了,并且已经走向实用化了。

互联网为语言测试实现网络化创造了很好的条件。从目前的报道来看,多项选择(multiple choice)、完型填空(cloze test)、完成语篇(discourse completion)、论文写作(essays)、阅读理解(reading comprehension)的短文回答问题(brief-response questions)等题型已实现了基于网络的自动测评。近年来,除文字形式的网上测试题目外,还出现了音频和视频的网上测试题目。

前面提到欧洲理事会资助的 DIALANG 系统,现在已可以通过互联网为 14 种欧洲语言提供诊断测试。虽然该系统还未采用自适应题目,但它可以通过最初的自我测评及随后的测试了解到考生的语言水平。

由 Ordinate Corporation 公司开发的 PhonePass 系统现已推出了

网络版。

美国加州大学洛杉矶分校(University of California, Los Angeles)开发的基于网络的语言测试系统(Web-based Language Assessment System,简称 WebLAS)是一个分级测试系统,可提供外语的分级测试,并给考生提供学习进展、汇报诊断和最终学习成果等方面的信息,还可用视频讲座来考查学生的英语理解能力。

2002 年 AutoMark 也被搬到了网上,取名叫做 ExamOnline。

此外,朗文英语中心开发的网络英语课程 Market Leader 可给学生和老师提供初测试和后测试的信息。

网上语言测试网站现在已越来越多,例如 Dave's ESL Café 有个小测验中心,叫做 Quiz Center。测验很短,可立刻给分,属低技术的网上测试系统;ForumEducation. net 网站可提供两个多项选择词汇测试,用于测试英语词汇知识,作为衡量英语语言水平的一个尺度;Wordskills.com 网站可提供 3 个水平的测试,每套 25 个题,还可为剑桥第一证书(the Cambridge First Certificate)、高级英语证书(Certificate in Advanced English)及英语水平证书(The Certificate of Proficiency in English)提供测试;Churchill House 也提供网上测试,为将要参加英国剑桥大学地方考试集团组织(UCLES)的考试的考生服务,所有题目都是多项选择题;Netlanguages. com 网站可以给学习者提供两部分的测试:一是纯粹的语言水平测评;二是为网络课程的学习进行的初测试,以确定测试者该进入哪个级别的课程学习。测试者可先按自己的估计,选择自己的英语水平进行测试。第一部分是语法,考生给句子填词。如果 10 道题目做下来,分数过低,就有文字建议测试者应改做另一水平的题目;第二部分是从问题集合中选择一些问题,然后写出两三个句子,进行回答;另外,Study. com 网站可以提供英语听力、口语、写作、词汇、阅读、语法测试,并为学习者提供网上英语课程的分级测试。

美国教育考试服务中心的 E-rater 系统现在已经有了网络版,叫做 Criterion。Criterion 与 E-rater 的最大不同之处在于,Criterion 主要立足于给学生提供英语作文写作指导,因此开发了反馈模块,可根据作文质量的统计数据提供反馈信息,如与主题、流利程度等有关的信息等,主要用于各个高校及学术机构的写作测评及课堂辅助教学。目前 Criterion 已用于小学、初中和高中的英语作文批改,以及大学本科生、研究生的英语水平测试(English Proficiency Test, 简称 EPT)和托福考试的准备练习。另外,利用 E-rater 的"IBT-TOEFL"(基于网络的托福考试)2006 年起已全面实行网上测试。

在测试理论方面,基于网络的测试或网络自适应测试与基于计算机的测试或计算机自适应测试有很多相同之处,但网络的自身特点也给理论探讨提出了新的课题,主要体现在测试的真实性、灵活性和多样性三个方面。

真实性包括情景真实(Situational authenticity,如场景、参与者、内容、语调、种类等)和交互真实(Interactional authenticity,如考生的语言知识、交际任务等)两个方面。研究者们认为,利用网络进行测试,测试题目不再是封闭型测试题目,而可以是多媒体的形式,如文本、图像、声音、视频,或是包含一些链接,如链接到某个图书馆或数据库的、可以使用外部资源的真实信息,由于采用了这些信息,语言测试将更加真实。

灵活性是指测试实施的灵活性。由于网络的普及,基于网络的测试可以不受时间、地点的限制,考生可以在自己方便的任何时间、任何地点参加测试,考生还可以按自己的节奏进行测试。

多样性是指网络可以提供各类考试,可以是大规模的高风险考试,也可以是低风险的小规模考试,或是自测等。

除了具有上述优点外,基于网络的测试实施成本低廉,考生只需要有一台联网的计算机,装一个网络浏览器就可以参加测试,而测试结果一般都可立刻获得,并可以得到测试结果分析、学习指导等其它反馈信息。另外,测试设计者不需要懂计算机编程,只要有超文本置标语言(Hyper Text Mark-up Language,简称 HTML)的初步知识就可胜任测试题目的设计任务,设计者可以键入考题,或利用免费的编辑程序出题。

虽然基于网络的测试有诸多优点,其缺点也是显而易见的。例如,在网络测试时,往往会出现考试作弊、数据存储故障、服务器失灵、浏览器不兼容、考题传送失败、下载时间因服务器繁忙而拥堵、网页过于复杂、考生计算机速度过慢等现象,这些现象都会影响基于网络的测试顺利实施。

基于网络的自动测评技术与基于计算机的测评和计算机自适应测评的技术基本上是相同的,区别在于如何将基于计算机的测评和计算机自适应测评技术转化为网络上可实施的测评技术。

利用互联网进行测试的原理是使用 HTML 语言编写测试工具。测试文件由 HTML 文件组成,存放在考试设计者的服务器上,然后被下载到考生的计算机上进行。可以一次下载全部考题,也可一题一题下载。考生使用 Web 浏览器,如 Netscape Navigator 或 Microsoft Internet Explorer 解读和展现下载的 HTML 文件。考生在自己的计算机上答题,然后把答案发送到服务器上,或使用已下载的评分功能,得到考试结果。

进行网络辅助语言测试的编程语言,一般使用"实用抽取与报告语言"(Practical Extraction and Report Language)的脚本语言编写,由服务器存储,由 Java 下载到用户计算机上,就可以实现基于网络的自动测评。

基于网络的自动测评与基于计算机的自动测评的另一个不同点在于反馈模块的不同。基于网络的自动测评的反馈模块要根据考生答题情况的数据统计进行分析,之后反馈给学生,为其下一阶段的学习提供指导。

基于计算机和网络的自动测评研究的面比较宽,研究的问题很多,尝试的技术和方法也是多种多样的。许多自动测评系统已投入了广泛的使用,取得了良好的效果,值得我们关注。

语言测试手段的改进是随着科技的进步而不断发展的。有学者预言计算机化语言测试的时代即将到来,这预示了一场测试方式的革命——由"纸笔测试"(pencil-and-paper tests)向"计算机化测试"(computerized tests)的转变。还有专家预言,通过计算机及网络实施的高风险和低风险的各类考试的数量将猛增,语言学习者无论在世界的哪个角落,或早或晚都有可能参加基于计算机或基于网络的语言水平测试,可以预见,在语言教学和语言测试中,大规模的基于网络的语言水平测试将日益普及。

本章参考文献

1. 黄人杰,计算机辅助外语教学[M],上海,上海交通大学出版社,1992年。
2. 田文燕,国外计算机化语言测试(IBT)现状综述[J],外语界,2006年,第5期(总第115期)。
3. 田艳,陆汝占,吴宝松,高研博,学生英译汉网上自动测评探索[A],《2007中国计算机大会论文集》[C],北京,2008年,清华大学出版社。
4. Dominique Hemard, Design Issues Related to the Evaluation of Learner-Computer Interaction in a Web-based Environment: Activities v. Tasks [J], *Computer Assisted Language Learning*, Vol. 19, Nos. 2&3, April 2006, pp. 261 - 276.
5. O'Neil, Harold F. What Works in Distance Learning: Guidelines [M], Information Age Publishing Inc., U. S. A., 2005.

本章介绍语音合成、语音识别和汉字识别。这是自然语言处理中一个重要的应用领域。由于这些领域的研究涉及到较多的物理、数学和信号处理的知识,本章只从语言学方面做简单的介绍。

第一节　语音自动合成

所谓语音合成(speech synthesis),就是用计算机技术或数字信号处理技术来重新产生人类的语音,这是一种教会计算机说话的技术。

在一般情况下,语音合成需要把文本转换成语音,进行文语转换(Text-To-Speech,简称 TTS)。在语音合成中,首先要把文本映射为波形。例如,我们有如下的文本:

PG&E will file schedules on April 20.

语音合成器要把这个文本映射为如下的波形:

图 18.1　把文本映射为波形

把文本映射为波形之后,计算机就可以把这样波形转换成听得见的语音。

早在 1939 年,多德莱(H. Dudley)就在纽约的国际博览会上展出了"说话机",但是这种说话机并没有采用电子计算机的技术。1964 年出现了肯佩棱机(Van Kempelen machine),能自动合成大量的拉丁语法语和意大利语的词汇，引起了科技界的注意。从 20 世纪 50 年代到 70 年代，美国哈斯金(Haskins)实验室、贝尔实验室、麻省理工学院、剑桥空军研究实验室、瑞典斯德哥尔摩皇家工学院、德国夫琅禾费研究院都进行过语音合成的研究。

现代语音合成有着多种多样的、非常广泛的用途。

首先，语音合成器可以用于基于电话的会话智能代理系统(conversation agent system)中，这种智能代理可以与人进行对话和交谈。目前国外的会话智能代理系统已经实用化了。

其次，语音合成器还可以在那些不是会话的场合用来对人说话，例如，用语音合成器来给盲人大声朗读，用语音合成器来做视频游戏，用语音合成器来做儿童玩具。

最后，语音合成还可以用于帮助那些神经受损的病人说话。例如，英国著名天体物理学家霍金(Steven Hawking)由于得了肌萎缩性脊髓侧索硬化症(ALS)而失去了使用自己语音的能力，现代语音合成技术给他帮了大忙，他可以通过打字给语音合成器，并让语音合成器说出单词的方式来进行说话。

目前，最先进的语音合成系统可以在各种不同的输入环境下产生优质的自然语音，尽管甚至最好的系统产生出来的声音还显得有些呆板，并且只能局限于它们所使用的那些语音的范围之内。

本书作者几年前患了黄斑前膜的眼病，双目视物不清，读书非常困难。2005 年，我借助于英语和汉语的语音合成器让计算机给我朗读书面文字，克服了看不清书面文字的困难，完成了长达 588 页的《自然语言处理综论》的英汉翻译工作，中文译本已经由电子工业出版社正式出版了。

可见，现代语音合成技术确实给我们的生活带来了福音！

目前，语音合成技术已经走进了普通人的日常生活。在很多手机中，都有语音合成装置，可以正确地朗读出手机上的短信。

语音合成分为三大类：录音编辑方式，参数编辑合成方式，规则合成方式。下面分别说明。

- 录音编辑方式

这是一种最老的语音合成方式。采用这种方式时，要预先把文章、单词的组成单位录音,然后按照一定的顺序,把这些单位搭配起来,组合成所需要的文章或单词的声音。例如,在天气预报中,首先把"晴"、"有时"、"阴"、"有小雨"、"多云"等个别的语音单位分别录音,然后再编辑输出"晴,有时多云","阴,有小雨"等语音合成的结果。

录音编辑时,语音的存贮媒体,过去主要使用磁鼓,如今磁鼓已经过时,近年来,由于半导体存贮技术的迅速发展,已经完全使用半导体存贮器。

- 参数编辑合成方式

录音编辑方式是把声音表示为波形,而参数编辑合成方式则把声音表示为参数。采用参数编辑合成方式,首先要建立语音生成过程的数学模型,再用这个数学模型的十多个参数值来表示声音。根据参数来进行语音合成,这种方式大大地节省了信息的存贮量。

采用录音编辑方式,一秒钟的声音需要的存贮量是 24—64 KB(1 KB 等于 1 024 字节,而 1 个字节等于 8 个二进制位,1 个二进制位就是 1 比特,所以,1 个字节有 8 比特的信息量,1 KB 有 8 192 比特的信息量),而采用参数编辑合成方式,一秒钟的声音需要的存贮量只是 1. 2—9. 6 KB。

由于大规模集成电路技术的进步,目前已经有可能采用参数编辑合成方式把语音的合成过程一次触发完成。

清华大学计算机系于 1984 年设计了"无限词汇汉语语音合成系统",将汉语元音、辅音和过渡音的压缩波形参数存入计算机内,使用键盘输入汉语拼音,计算机就可以调出相应的参数,得出近似的语音波形,再将这些语音波形合成,输出所需要的语音。该系统可以读出所有的汉语音节,也可以读出句子。他们采用的方式已经把录音编辑合成方式与参数编辑合成方式结合为一体了。

- 规则合成方式

上述两种方式都是以人发出的自然声音作为基础的,都要首先把所需的声音单位存贮在计算机中,然后再把它们组合起来输出。规则合成方式不需要预先由人来发声,然后再设法利用这样的声音,而是把单词或文章表示为符号作为输入,通过规则进行语音合成,全部由计算机进行自动处理,最后得到所需要的语音。采用这种方式,有可能进行任意词或者任意文章的合成。

这种合成方式的初级阶段是直接输入发音符号,通过规则合成语音,但是,这种合成方式的高级阶段则不必输入发音符号,而是直接输入人们通常使用的字符,如英文字母、日文假名、中文汉字等,就可以通过规则得到相应的语音,这就是"文语转换"(text-to-speech)。

中国科学院声学研究所与瑞典皇家工学院语言通信和音乐声学系合作,于1983年研制成"汉语文语转换系统",采用规则合成方式来合成汉语语音。该系统首先分析了汉语的语音频谱和音位规则,建立了合成规则。可以通过键盘或光电阅读装置输入用汉语拼音拼写的文章,计算机根据合成规则,读出合成后的语音。该系统还可以根据句型调整语调,根据句子中某些单词上标出的着重点进行重读,它合成语音的词汇量是无限的,已经可以用计算机来朗读故事。

这方面的研究目前在欧美特别活跃。美国已制成 DEK TALK 作为商品出售,合成的英语音质良好,自然悦耳。尽管英语中从文字到发音符号之间的转换十分复杂,但仍有规律可循。从他们出售的商品的质量来看,这个问题已经解决得相当圆满。日语中汉字的读音常因上下文的不同而有差异,因此,从文字到发音符号之间的转换比较困难,但对于用假名写的日文文章,已经可以采用规则合成的方式进行语音合成,并且已经实用化了。

为了提高合成语音的音质,各国学者都投入了相当的力量。中国社会科学院语言研究所近年来从声学语音学和发声语音学两方面入手,研究汉语语音特征,以提高合成语音的自然程度,在单元音和复合元音的研究方面已取得一定成绩,建立了汉语普通话规则合成系统。

合成单元的选取是开发语音合成系统中的关键问题。所谓合成单元,是指在一种语音合成系统中,为了合成无限词语的语句而选取的语言学上的某种基本单元。为了开发出合成音质较好的普通话语音合成系统,他们选取了声母和韵母这样的比音节更小的语音单元为合成单元,寻找出各种语音层次上的音变规律,适时地调整合成参数,这样就有可能得到较高音质的合成语句。

声学语音学的分析表明，普通话中的声母和韵母，虽然没有什么一成不变的声学表现与之一一对应，但可进一步划分出若干个"特征音段"，在大量分析了普通话中有代表性的音节的语谱图和反复的合成试验之后，他们提出了"音节-声母/韵母-音段"（Syllable-Initial/Final-Segment Model，简称 SIFS 模型）。根据 SIFS 模型，从普通话的一个音节里，可划分出 7 种特征音段，按出现的前后顺序排列，它们是：① 无声段，② 声母辅音段，③ 送气段，④ 前过渡段，⑤ 元音段，⑥ 后过渡段，⑦ 鼻音段。对于某一个具体的音节来说，可能具有①—⑦全部音段，也可能只具有其中的某几段。但是，任何音节都少不了元音段，而且，只要声母不是零声母，一般都会有过渡段。他们在反复试验的基础上，建立了一个以 60 个声母变体和 40 个韵母为存贮单元的合成参数库，用这些参数能合成出普通话的全部单音节及儿化音节和轻声音节。

在自然的语流中，一个个语音的调音和发声是相互影响的，存在着协同调音效应（co-articulation）和协同发声效应（co-phonetion）。协同调音是指音段特征（即音色）之间的相互影响，如连读音变现象，协同发声是指超音段特征（即音高、音长、音强）之间的影响，如语音的韵律特性。

为了改善合成语句的流畅性，必须在合成参数的过程中，设法模拟协同调音效应，如"面"/mian/和"包"/bao/连读时，/n/会被双唇音/p/同化而变为/m/。他们归纳出音节间协同调音效应的规律，合成出音色清晰而流畅的多音节词语。

为了改善合成语句的自然度，必须在合成参数的过程中，设法模拟协同发声效应，考虑语音的音高、音长、音强等韵律特征。由于汉语普通话的重音是影响声调、音长和音强的重要参量，他们把语流中的各音节的重音，当作控制韵律特性的主要参量，根据每一个音节的轻重等级，调节这个音节的调域、声母和韵母的语音时长以及浊声源幅度，制定了声调协调规则、时长协调规则和幅度协调规则，提高了合成语音的自然度，减少了"机器味儿"，他们合成的语音达到了以假乱真的程度。该系统的合成音质在国内居于领先水平。

清华大学计算机系在文语转换系统的研制中，采用了以词为单位的合成策略,这个系统不但能够合成单字的语音,而且,还能够根据对文章的理解,进行自动切词,并根据语言的上下文和音变规则确定正确的发音,将书面的文本按单词的自然停顿实时地读出来,可保持自然语言的韵律,提高了文语转换的可懂度和自然度。

在语音合成中,为了把文本映射为波形,首先把输入文本转换成语音内部表示(phonemic internal representation),而为了生成语音的内部表示,首先必须对于形形色色的、自然状态的文本做前处理(pre-processing)或归一化(normalization),把输入的文本分解为句子,处理缩写词、数字等等特殊问题。

目前,英语的文本归一化研究已经取得不少的成果。

英语的文本归一化有三个任务:第一个是句子的词例还原(sentence tokenization),第二个是非标准词(non-standard words,简称NSWs)的处理,第三个是同形异义词的排歧。

"词例"(token)是文本中独立的词汇单元。所谓"词例还原"(tokenization),就是自动地把句子中的单词作为独立的词例切分出来。英语文本中的单词一般是界限分明的,单词与单词之间存在空白,单词的切分不像汉语书面文本那样困难。但是,下列情况仍需要进行切分,把独立的"词例"找出来:

- 缩写:

a. 缩写"字母 + 圆点 + 字母 + 圆点"算一个词例:例如,"U. S. ","i. e. ","U. K. "都算一个词例。

b. 缩写"字母串 + 圆点"算一个词例:例如,"Mr. ","Mrs. ","Eds. ","Prof. ","Dr. ","Co. ","Jan. ","A. ","b. "都算一个词例。

- 连续的数字:例如,"123456. 78"是一个独立的词例。"90.7%"带百分符号,也应该算一个独立的词例。分数"3/8"算一个独立的词例。日期"15/04/1939"也算一个独立的词例。

- 含有非字母符号的缩写算一个词例:例如,"AT&T","Micro$oft"都算一个词例。

- 带连字符的词串算一个词例:例如,"three-years-old","one-third","so-called"都算一个词例。

- 带空白的某些习用符号串算一个词例:例如,"and so on",

"ad hoc"都算一个词例。

- 带省略符号（'）的符号串，要还原成不同的词例：例如，

—Let's 还原成 let + us

—I'm 还原成 I + am

—{it，that，this，there，what，where}'s 还原成 {~} + is

—He's 还原成（He + is）或者（He + has）

经过词例还原之后，句子中的符号串被转换成词例串。这样，就为波形合成提供了方便。

下面的英语文本是从 Enron 语料库中抽取出来的，我们来考虑一下这个文本在处理上的困难究竟有多大：

He said the increase in credit limits helped B. C. Hydro achieve record net income of about $1 billion during the year ending March 31. This figure does not include any write-downs that may occur if Powerex determines that any of its customer accounts are not collectible. Cousins, however, was insistent that all debts will be collected："We continue to pursue monies owing and we expect to be paid for electricity we have sold."

为了把上面这个文本的片段切分成彼此分开的话段以便进行语音合成，我们需要知道，第一个句子是在 March 31 后面的那个小圆点处结尾，而不是在 B. C 后面的小圆点处结尾，因此，March 31 后面的那个小圆点要还原成句号，单独切分出来，而 B. C 后面的小圆点不能单独切分，应当把"B. C."作为一个单独的词例。我们还需要知道，在单词 collected 处是一个句子的结尾，尽管 collected 后面的标点符号是一个冒号，而不是小圆点，因此，这个冒号应当作为一个单独的词例。这些研究工作的目的是找出句子中的"词例"，所以，叫做"词例还原"。

英语文本归一化的第二个任务是处理非标准词（non-standard words）。非标准词是指那些在标准的发音词典（pronunciation dictionary）中没有收录的单词，包括数字、首字母缩写词、普通缩写词等等，由于这些非标准词的数量几乎是无限的，发音也没有明确的标

准,因而在标准的发音词典中难以注明它们的准确发音。例如,March 31 的发音应当是 March thirty-first,而不是 March three one;$1 billion 的发音应当是 one billion dollars,在 billion 的后面应当加一个单词 dollars。它们都没有按照英语的一般习惯来发音,需要特殊对待。

此外,英语文本归一化还要研究同形异义词的排歧(homograph disambiguation)问题。

下面,我们分别讨论英语文本归一化中的这些问题。

——句子的词例还原

我们在上面看到了两个例子,说明英语句子的词例还原是有一定难度的,因为句子的边界不总是用小圆点来标识,有时也可以用如冒号这样的标点符号来标识。当以一个缩写词来结束句子的时候,还会出现一个附带的问题,这时,缩写词结尾处的小圆点会起双重的作用。例如,在句子"The group included Dr. J. M. Freeman and T. Boone Pickens Jr."中,"Jr."最后的小圆点,既可以表示 Junior 的缩写(T. Boone Pickens Jr. 表示"小 T. Boone Pickens"),又可以表示句末的句号。这个小圆点产生了歧义。

英语句子的词例还原的一个关键部分就是小圆点的排歧问题。大多数英语句子词例还原的算法都比确定性算法(deterministic algorithm)要更加复杂一些,特别是这些算法都是通过机器学习(machine learning)的方法来训练,而不是用手工建立的。在进行这样的训练时,我们首先要手工标注带有句子边界的一个训练集,然后使用任何一种有指导的机器学习方法(supervised machine learning)训练一个分类器(classifier)来判定并标注句子的边界。

更加具体地说,在开始的时候,我们可以把输入文本还原成彼此之间有空白分隔开的词例,然后,选择包含"!","."或者"?"三个符号中的任何一个符号(也可能包含冒号":")的词例作为句子的结尾。在手工标注了一个包含这样的词例的语料库之后,我们就训练一个分类器,对于这些词例内的潜在句子边界字符,进行二元判定,判定某个词例是 EOS(end-of-sentence,句子结尾),还是 not-EOS(非句子结尾)。

这种分类器成功与否依赖于在分类时抽出的特征。

让我们来研究在给句子边界排歧的时候可能用得着的某些特征模板,其中的句子边界符号 candidate(候选成分)表示在我们训练的少量数据中可能标注为句子边界的某个符号:

- Prefix:前缀(处于 candidate 之前的候选词例部分)
- Suffix:后缀(处于 candidate 之后的候选词例部分)
- PrefixAbbreviation 或 SuffixAbbreviation:前缀或后缀是不是(一串符号中的)缩写词
- PreviousWord:处于 candidate 之前的单词
- NextWord:处于 candidate 之后的单词
- PreviousWordAbbreviation:处于 candidate 之前的单词是不是一个缩写词
- NextWordAbbreviation:处于 candidate 之后的单词是不是一个缩写词

我们来研究下面的例子:

ANLP Corp. chairman Dr. Smith resighed.

对照上面的特征模板,在单词"Corp."中的小圆点"."的特征值是:

PreviousWord = ANLP

NextWord = chairman

Prefix = Corp

Suffix = NULL

PreviousWordAbbreviation = 1

NextWordAbbreviation = 0

如果我们的训练集足够大,那么,我们也可以找到一些关于句子边界的词汇方面的线索。例如,某些单词可能倾向于出现在句子的开头,某些单词可能倾向于出现在句子的结尾。这样,我们又可以加进去如下的特征:

- Probability［candidate occurs at end of sentence］：表示 candidate 出现于句子结尾的概率。

- Probability［word following candidate occurs at beginning of sentence］：表示跟随在出现于句子开头的 candidate 的单词的概率。

上面所述的特征,大部分是与具体的语言无关的,此外,我们还可以使用一些针对具体语言的特征。例如,在英语中,句子一般是以大写字母开头的,所以,我们还可以使用如下的特征:

- Case of candidate：candidate 的大小写情况。例如,Upper, Lower, Allcap, Numbers

- Case of word following candidate：跟随在 candidate 后面的单词的大小写情况。例如,Upper, Lower, Allcap, Numbers

类似地,我们还可以使用缩写词的某些次类的信息,例如,尊称或头衔(Dr. , Mr. , Gen.), 公司名称(Corp. , Inc.), 月份名称(Jan. ,Feb.)。

任何的机器学习方法都可以用来训练 EOS 分类器。逻辑回归(logical regression)和决策树(decision tree)是两种最普通的方法;逻辑回归的精确度比决策树的精确度要高一些。

——非标准词的归一化

非标准词是诸如数字或缩写词之类的词例,在英语中专有名词的读音很特别,词典中一般查不出来,也可以算为非标准词。在语音合成中,在计算机读出它们之前,需要把它们扩充为英语单词的序列。

英语非标准词的处理是很困难的,因为它们总是在读音方面存在歧义。例如,在不同的上下文中,1750 这个数字至少可以有 4 种不同的读法:

Seventeen fifty：（在"The European economy in 1750"中）

One seven five zero：（在"The password is 1750"中）

Seventeen hundred and fifty：（在"1750 dollars"中）

One thousand, seven hundred, and fifty：（在"1750 dollars"中）

相似的歧义问题也发生在罗马数字 IV 或 2/3 等非标准词的读

音中。

IV 可以读音为 four,或者读为 fourth,或者也可以按照字母 I 和 V 分别来读,这时,IV 的含义是"intravenous"(静脉内的)。

2/3 可以读为 two thirds,或者读为 February third,或者读为 March second,或者读为 two slash three。

某些非标准词是由字母构成的,例如,缩写词(abbreviation),字母序列(letter sequences),首字母缩写词(acronyms)等。

缩写词读音时,一般都要进行扩充(expanded);所以,Wed 要读为 Wednesday,Jan 1 要读为 January first。像 UN, DVD, PC, IBM 这样的字母序列(letter sequences)读音时,要按照字母在序列中的顺序,一个一个地来读。像 IKEA, MoMA, NASA 和 UNICEF 这样的首字母缩写词读音时,要把它们当做一个单词来读。这里也会出现歧义问题。Jan 是按照一个单词来读音呢(人名 Jan)?还是扩充为月份名称 January 来读音?这常常会使为我们陷入举棋不定的困境。

我们可以把英语中数字和字母组成的非标准词归纳为字母非标准词和数字非标准词两大类型,每一个大类又可以进一步细分为若干个小类:

- 字母非标准词

EXPN(Abbreviation,缩写词):例如,adv, N. Y. , mph, gov't

LSEQ(Letter sequence,字母序列):例如,DVD, D. C. , PC, UN, IBM

ASWD(Read as word,按一个单词读音):例如,IKEA, 未知词, 专有名词

- 数字非标准词

NUM(Number cardinal,基数词):例如,12, 45, 1/2, 0.6

NORD(Number ordinal,序数词):例如, May 7, 3rd, Bill, Gates III

NTEL(Telephone or part of telephone,电话号码或电话号码的一部分):212 - 555 - 5423

NDIG(Number as digit,数字号码):Room 101

NIDE (Identifier,识别号码):747, 386, 15, pc110, 3A

NADDR（Number as street address,街道地址号码）：747，386，15，pc110，3A

NZIP （Zip code or BO Box,邮政编码或信箱号码）：91020

NTIME（Time,时间）：3：20，11：45

NDATE（Date,日期）：2/28/05，28/02/05

NYER（Years,年代）：1988，80s，1900s，2008

MONEY（Money,US or other,美元或其他货币）：$3.45，HK$300，Y20,200，$200K

BMONEY（Money tr/m/billions,万亿/百万/十亿的货币）：$3.45 billion

PRCT（Percentage,百分比）：75%，3.4%

每种类型非标准词都有一个或几个特定的实际读法。例如,年代(NYER)通常按"双对式读法"(paired method)来读,其中每一对数字按照一个整数来读音(例如,1750 读为 seventeen fifty);而美国的邮政编码(NZIP)通常按"顺序式读法"(serial method)来读,序列中的每一个数字单独读音(例如,94110 读为 nine four one one zero)。货币(BMONEY)这种类型的读法要处理一些特异的表达形式。例如,$3.2 billion 在读音的时候要在结尾加一个单词 dollars,读为 three point two billion dollars。对于字母非标准词的读法,我们有 EXPN, LSEQ 和 ASWD 等类型。EXPN 用于诸如"N.Y."这样的缩写词,读的时候要进行扩充;LSEQ 用于读那些要按照字母序列来读音的首字母缩写词;ASWD 用于读那些要按照单词来读音的首字母缩写词。

非标准词的处理至少有三个步骤:词例还原(tokenization),分类(classification),扩充(expansion)。词例还原用于分割和识别潜在的非标准词;分类用于给非标准词标上面所述的那些读音类型;扩充用于把每一个类型的非标准词转换为标准词的符号串。

在词例还原这个步骤,我们可以使用空白把输入文本还原成词例,在词例与词例之间用空白分开,然后假定在发音词典中没有的单词都是非标准词。一些更加细致的词例还原算法还可以处理某些词典中业已包含某些缩写词这样的事实。例如,CMU 发音词典就包含了缩写词 st，mr，mrs 的发音(尽管这些发音不正确)以及诸如 mon，tues，nov，dec 等日期和月份的缩写词。因此，除了那些没有看到的单词之外，我们还有必要给首字母缩写词标注发音，并把单字母的词例作为潜在的非标准词来处理。词例还原算法还需要把那些包含两个词例的组合分隔成不同的单词，例如，2 - car 或 RVing 等。我们可以使用简单的启发式推理方法来分隔单词，例如，把破折号作为分割的标志，把大写字母与小写字母转换之处作为分割的标志，等等。

下一个步骤是分类，也就是标注非标准词的类型。使用简单的正则表达式就可以探测出很多非标准词的类型。例如，NYER 可以使用如下的正则表达式来探测：

$$/(1[89][0-9][0-9])|(20[0-9][0-9])/$$

其他类型的规则写起来比较困难，所以，使用带有很多特征的机器学习分类器来进行分类将会更加有效。

为了区分字母非标准词 ASWD，LSEQ 和 EXPN 等不同的类型，我们可以使用组成成分的字母的一些特征。我们在这里举例简单地说一说：全是大写字母的单词(IBM，US)可以归入 LSEQ 这一类，带有单引号的全是小写字母组成的一些比较长的单词(gov't，cap'n)可以归入 EXPN 这一类，带有多个元音的全是大写字母组成的单词(NASA，IKEA)可以归入 ASWD 这一类。

另外一个很有用的特征是相邻单词的辨识。我们来研究如像 3/4 这样的歧义字符串，它可以归入 NUM(three-fourths)或者归入 NDATE(march third)。归入 NDATE 时，它的前面可能出现单词 on，后面可能出现单词 of，或者在周围单词的某个地方出现单词 Monday。与此不同，归入 NUM 时，它的前面可能是另外一些数字，后面可能出现如像 mile 和 inch 之类的表示计量单位的单词。类似地，如像 VII 这样的罗马数字，当前面出现 Chapter，part 或者 Act 等单词时，可能倾向于归入 NORD(seven)，当在相邻单词中出现 king 或者 Pape 之类的单词时，就可能倾向于归入 NUM(seventh)。这些上下文单词可以通过手工的方式选择作为特征，也可以通过诸如决策表(decision list)算法这样的机器学习技术选择作为特征。

如果把上述的各种办法结合起来,建立一个机器学习的分类器,这样就能大大地提高分类的效能。例如,2001 年斯普劳特(Sproat)等研制的非标准词分类器(NSW classifier)使用了 136 个特征,其中包括诸如"全是大写字母","含有两个元音","含有斜线号","词例长度"等基于字母的特征,还包括诸如 Chapter, on, king 等特殊的单词是否在周围的上下文中出现的二元特征。斯普劳特还提出了一个基于规则的粗分类器(rough-draft classifier),其中使用手写的正则表达式来给很多表示数字的非标准词分类。这个粗分类器的输出可以在主分类器(main classifier)中作为另外的特征来使用。

为了建立这样的主分类器,我们需要一个手工标注的训练集,其中的每一个词例都标出它们的非标准词分类范畴;斯普劳特就建立了一个这样的手工标注数据库。给出了标注训练集,我们就可以使用任何一种有监督的机器学习算法,例如前面讨论过的逻辑回归算法、决策树算法等。然后,我们训练分类器来使用这些特征,从而预测手工标注的非标准词的分类范畴。

非标准词处理的第三个步骤是把非标准词扩充为一般的单词。EXPN 这种非标准词的类型扩充起来是非常困难的。EXPN 这种类型包括缩写词和像 NY 这样的首字母缩写词。一般地说,扩充时需要借助于缩写词词典,并且要使用同音异义词的排歧算法来处理歧义问题。

其他的非标准词类型的扩充一般都是确定性的。很多的扩充都是简单易行的。例如,LSEQ 把非标准词中的每一个字母扩充为单词序列;ASWD 把非标准词读为一个单词,等于把非标准词扩充为它自己;NUM 把数字扩充为表示基数词的单词序列;NORD 把数字扩充为表示序数词的单词序列;NDIG 和 NZIP 都分别把数字扩充为相应的单词序列。

其他类型的扩充要稍微复杂一些;NYER 把年代按两对数字来扩充,如果年代以 00 结尾,那么,年代的 4 个数字则按照基数词来读音(2000 读为 two thousand),或者按照"百位式读法"(hundreds method)来读音(1800 读为 eighteen hundred)。NTEL 把电话号码扩充为数字序列;也可以把电话号码的最后 4 个数字按照"双对式数字读法"(paired digit)来读音,每一对数字读为一个整数。电话号码还可以采用所谓的"跟踪单位读法"(trailing unit)来读音,以若干个零为结尾的数字,非零的数字部分按顺序式读法来读音,零的部分按适当的进位制来读音(例如,876—5000 的读音为 eight seven six five thousand)。

当然,这些扩充很多是与方言有关的。在澳大利亚的英语中,电话号码 33 这个数字序列通常读为 double three。在其他语言中,非标准词的归一化会出现一些特殊的困难问题。例如,在法语或德语中,除了上述的情况之外,归一化还与语言的形态性质有关。在法语中,1 fille(一个姑娘)这个短语归一化为 une fille,而 1 garçon(一个小伙子)这个短语却归一化为 un garcon。与此类似,在德语中,由于名词的格的不同,Heinrich IV(亨利四世)这个短语可以分别归一化为 Heinrich der Vierte, Heinrich des Vierten, Heinrich dem Vierten, 或者 Heinrich den Vierten 等。

英语中的专有名词也属于非标准词。由于英语的发音词典中通常不收专有名词。在很多实际的应用中,这是一个很严重的问题。专有名词包括人名(人的名字和人的姓氏)、地理名称(城市名、街道名和其他的地名)和商业机构名称等。

我们这里仅考虑人名。2003 年,施皮格尔(Spiegel)估计,仅仅在美国,大约有 200 万个不同的姓氏和 10 万个名字。200 万是一个非常大的数字。正是由于这样的原因,大规模的语音合成系统都包含一部很大的专有名词的发音词典。

究竟需要多少个专有名词才算足够呢?

1992 年,利贝尔曼(Liberman)和邱奇公布了一个专有名词的词表,包含 1987 年从 Donnelly 市场组织收集的 150 万个专有名词(覆盖了美国的 7 200 万个家庭)。

他们发现,在容量为 4 400 万单词的 AP newswire 语料库中,包含 5 万个专有名词的词典覆盖专有名词的词例数可以达到 70%。有趣的是,很多不包含在词典中的其他专有名词可以通过简单地修改这 5 万个专有名词而得到,例如,给词典中的专有名词 Walter 或 Lucas 加上带中重音的后缀,就可以得到新的专有名词 Walters 或 Lucasville。

其他的发音还可以通过韵律类推的方法得到。例如,如果我们知道人名 Trotsky 的发音,而不知道人名 Plotsky 的发音,我们用词首的 /pl/ 来替换 Trotsky 词首的 /tr/,就可以得到 Plotsky 的发音。

诸如此类的技术,包括形态分解、类推替换、以及把未知的专有名词映射到已经存储在词典中的拼写变体的技术,已经在专有名词的发音研究中取得了一定的成绩。但是,总的说来,专有名词的发音仍然是一个困难的问题。

——同形异义词的排歧

上节所述的非标准词处理算法的目的在于对于每一个非标准词(NSW)确定一个标准词的序列,以便把它们读出来。然而有的时候,尽管是一个标准词,要想确定它的读音仍然非常困难。同形异义词(homograph)的情况就是如此。同形异义词是拼写相同而读音不同的词。这里是英语同形异义词 use, live 和 bass 的几个例子:

It's no use (/y uw s/) to ask to use (/y uw z/) the telephone.

Do you live (/l ih v/) near a zoo with live (/l ay v/) animals?

I prefer bass (/b ae s/) fishing to playing the bass (/b ey s/) guitar.

为了出版时的方便,我们这里没有采用国际音标 IPA 而采用了 ARPAbet,这是目前计算语言学中经常使用的一种非常先进的标音方法,与 ASCII 码完全兼容,便于计算机进行信息交换。国内语言学界还不熟悉,关于 ARPAbet 的详细介绍,可参看冯志伟和孙乐译的《自然语言处理综论》①。

法语中的 fils 是同形异义词,含义为"儿子"时,读为[fis],含义为"线绳"时,读为[fil];法语的 fier 和 est 有多个发音,fier 的含义为"骄傲"或"信赖"时,发音各不相同;est 的含义为"是"或"东方"时,

---

① Jurafsky, D and Martin, H. J. Speech and Language Processing,《自然语言处理综论》(冯志伟、孙乐译),电子工业出版社,2005 年。

发音也各不相同。

幸运的是,同形异义词的排歧可以利用词类信息。在英语(以及法语和德语这些类似的语言)中,同形异义词的两个不同的形式往往倾向于分属不同的词类。例如,上例中 use 两个形式分别属于名词和动词,live 的两个形式分别属于动词和名词。

利贝尔曼和邱奇说明,在 AP newswire 语料库的 4 千 4 百万单词中,出现频度最高的同形异义词都可以使用词类信息来排歧。他们用来排歧的 15 个频度最高的单词是 use, increase, close, record, house, contract, lead, live, lives, protest, survey, project, separate, present, read。

由于词类知识已经足够处理很多同形异义词的排歧问题,所以,在实际应用中,我们对于标有词类信息的这些同形异义词存储不同的发音,以便进行同形异义词的排歧,然后,对于上下文中给定的同形异义词,运行词类标注程序来选择正确的读音。

然而,还有一些同形异义词的不同发音只对应于同样的词类。在上面的例子中,我们看到 bass 的两个不同的发音/b ae s/和/b ey s/,但它们都对应于名词(一个含义表示"鱼",一个含义表示"乐器")。另一个这样的例子是 lead(对应于两个名词的发音各不相同,表示"导线"的名词发音为/l iy d/,表示"金属"的名词的发音为/l eh d/)。我们也可以把某些缩写词的排歧(前面我们把这样的排歧看成是非标准词的排歧)看成是同形异义词的排歧。例如,"Dr."具有 doctor(博士)或 drive(驾驶)歧义;"St."具有 Saint(神圣)或 Street(街道)歧义。最后,还有一些单词的大写字母有差别,如 polish/Polish,这些单词仅只在句子开头或全部字母都大写的文本中才可以看成同形异义词。

在实际应用中,后面这几种同形异义词是不能使用词类信息来解决的,在语音合成系统中通常可以忽略。另外,我们也可以尝试使用词义排歧算法来解决这样的问题,例如,我们可以使用雅罗夫斯基(1997)的决策表(decision-list)算法来排歧。

最后,数字的发音是一个特别复杂的问题。电话号码"947-2020"的最自然的读音大概应该是"nine"—"four"—"seven"—

"twenty"—"twenty"，而不是"nine"—"four"—"seven"—"two"—"zero"—"two"—"zero"。

利贝尔曼和邱奇把英语数字串的读音归纳为如下五种方法：

● 顺序式读法（Serial）：每个数字单独读音。例如，8765 的读音为"eight seven six five"。

● 组合式读法（Combined）：数字串按照一个整数来读音，每个数字根据它所在的位置分别加读"thousand、hundred"等进位数。例如，8765 的读音为"eight thousand seven hundred sixty five"。

● 双对式读法（Paired）：数字一对一对地按一个整数来读音；如果数字有奇数个，则第一个数字单独读音。例如，8765 的读音为"eighty-seven sixty-five"。

● 百位式读法（Hundreds）：四位的数字串可按百位记数方式来读音。例如，8765 的读音为"eighty-seven hundred（and）sixty-five"。

● 跟踪单位读法（Trailing Unit）：以若干个零为结尾的数字，非零的数字部分按顺序式读法来读音，零的部分按适当的进位制来读音。例如，8765000 的读音为"eight seven six five thousand"。

上面我们介绍了英语文本归一化的一些主要研究成果，下面，我们来看一看在汉语语音合成中的书面文本归一化问题。

汉语书面文本的归一化实际上是在自然语言信息处理中的语言规划问题，我们提出这个问题的目的，是为了引起我国的语言规划专家在关注社会生活中的语言规划问题的同时，也关注一下自然语言信息处理中的语言规划问题。

我们认为，汉语的文本归一化与英语的文本归一化是相似的，在汉语的文本归一化中，也存在词例还原，非标准词处理，同形异义词处理等问题。下面逐一说明。

——汉语文本的词例还原

汉语的书面文本是一个连续的汉字流，除了标点符号之外，单词与单词之间没有空白。在语音合成中，为了识别汉语的单词以便查询发音词典，必须把隐藏在汉语书面文本中的单词找出来，也就是要进行"切词"（word segmentation）。"切词"是汉语书面文本归一化的关键问题，也是中文信息处理的一个困难问题。关于汉语书面文本的自动切词，很多文章都有介绍，这里就不赘述了。

在经过切词处理后输出的文件中，汉语单词边界用空格（space）表示，要特别注意人名、地名和机构名以及术语的切词是否正确，应当遵照《汉语拼音正词法基本规则》《GB13725 信息处理用现代汉语分词规范》等规范进行判断，为波形合成做好准备。

——汉语文本的非标准词处理

汉语书面文本中的非标准词是诸如数字或专有名词之类的词，它们的读音比较特殊，一般不会存储在发音词典中，在语音合成中，在计算机读出它们之前，需要注出它们的读音。

汉语的非标准词包括如下几种：

● 具有特殊读音的姓氏字：英语中的专有名词是很重要的非标准词。在汉语中，姓氏字也可以看成表示姓氏的词，所以，也是一种非标准词，在语音合成时，要区别姓氏字的特殊读音。如，"曾国藩"和"曾经"中的"曾"字，前者是姓氏字，读为[zeng1]，后者是一个语素，读为[ceng2]①。

例句：

记者带着这个问题采访了中国食文化研究会会长曾老。这位 75 岁老人曾参加八路军，四面八方都到过。

其中的两个"曾"，第一个"曾"是姓氏，应读为[zeng1]，后一个"曾"应读为[ceng2]。

又如，"仇为之"（人名）和"仇恨"中的"仇"，前者是姓氏，读为[qiu2]，后者读为[chou2]。

例句：

它的地址在旃坛寺，老板姓仇。

其中的"仇"是姓氏，应读为[qiu2]。

---

① 本文中我们采用汉语拼音来给汉字标音，不同的声调用数字标出。

- 数字:

汉语中的数字也是很重要的非标准词。

对于汉语书面文本中的数字串,应区分它们的进位制,按汉语习惯以亿、万、千、百、十为单位读出,如 1,254,000,000 应读成"十二亿五千四百万[shi2 er4 yi4 wu3 qian1 si4 bai3 wan4]"。

例句:

> 这片林子共有 14 000 棵树。

其中的 14 000 应读为"一万四千[yi1 wan4 si4 qian1]"

- 年代、时间、电话号码、百分比、分数和小数:要区分汉语书面文本中年代、时间、电话号码和特殊数字表示的顺序式读法和进位制读法以及某些特殊读法,并要处理全角的数字符号。

例句:

> 食源开发和物种驯化,中国在 4000 年前就开始进行。"

其中的"4000 年"应读为"四千年[si4 qian1 nian2]",采用进位制读法。

> 美联社 16 日报道了中国首位进入太空的宇航员安全返回地面。报道说,在环绕地球 21 个小时后,航天飞船按计划准时着陆。中国的指挥控制中心宣布:中国首次载人航天飞行获得圆满成功。报道说,这次飞行的圆满完成是中国 11 年载人航天计划取得的最高成就,也是中国赢得世界声望的象征。

其中的"16"应读为"十六[shi2 liu4]","21"应读为"二十一[er4 shi2 yi1]","11"应读为"十一[shi2 yi1]",都采用进位制读法。

> 秦朝建立于公元前 221 年。

其中的"221 年"应读为"两百二十一年[liang3 bai3 er4 shi2 yi1 nian2]",采用进位制读法。

> "马克思生于 1818 年。"

其中的"1818 年"应读为"一八一八年[yi1 ba1 yi1 ba1 nian2]",

采用顺序式读法。

"研讨会定于 12 月 23 日上午 9:35 开幕。"

其中的"12","23"都采用进位制读法,分别读为"十二[shi2 er4]"和"二十三[er4 shi2 san1]","9:35"表示时点,应读为"九点三十五分[jiu3 dian3 san1 shi2 wu3 fen1]"。

"旅游投诉电话是 9258。"

其中的 9258 应读为"九二五八[jiu3 er4 wu3 ba1]",采用顺序式读法。

有 80% 的家庭主妇对一日三餐感到头疼。

其中的"80%"应读为"百分之八十[bai3 fen1 zhi1 ba1 shi2]"。(注意:这里的 80% 是全角的数字符号)

美国太空发展经费占全球约 80.2%。

其中的"80・2%"应读为"百分之八十点二[bai2 fen1 zhi1 ba1 shi2 dian3 er4]"(注意:这里的 80・2% 是全角的数字符号)

他的年龄是我的 1/2。

其中的"1/2"应读为"二分之一[er4 fen1 zhi1 yi1]"。

2/5 等于 0.4。

其中的"2/5"应读为"五分之二","0.4"应读为"零点四[ling2 dian3 si4]"。

我将住 5~8 天。

其中的"5~8"应读为"五到八[wu3 dao4 ba1]"或者"五至八[wu3 zhi4 ba1]"。

● 符号与单位:对符号和单位,有中文法定计量单位的应给出相应的拼音形式,并按照汉语普通话读音,读音应遵照《关于在我国统一实行法定计量单位的命令》(1984 年)的规定;一般外文符号可按原文给出,按照原文读音。

例句：

1987 年七月肯德基前门餐厅开业，门脸儿招牌上 KFC 三个大字，远远儿就瞧见了。顾客排队最长达 20 m，中午就餐最多达 3 000—4 000 人，真有人驱车 20 km 从通县来的，够火的吧！

其中的"20 m"应读为"二十米[er4 shi2 mi3]"；"20 km"应读为"二十公里[er4 shi2 gong1 li3]"。

中国选手获得男子举重 60 kg 级冠军。

其中 60 kg 的应读为"六十公斤[liu4 shi2 gong1 jin1]"

声音在空气中传播的速度是 340 米/秒。

其中的"340 米/秒"应读为"三百四十米每秒[san1 bai3 si4 shi2 mi3 mei3 miao3]"。

比热容单位(焦耳每千克开尔文)的国际符号是 J/(kg. K)。

其中的 J/(kg. K)应按英文字母读音。

● 以西文字母开头的词语：以西文字母开头的词语有的是借词，有的是外语缩略语，其中的西文字母部分按西文读音，汉字部分按汉语普通话读音。例如，"α 粒子"应读为[alfa li4 zi3]，"B 超"应读为[B chao1]，"ATM 机"应读为[ATM ji1]。

● 专有名词的读音：专有名词是文语转换中的一个困难问题；词典中不可能事先列举出汉语中的一切专有名词；专有名词还可能来自其他语言，而且还可能有不同的拼写方法。语音合成和文语转换的很多应用都是与专有名词分不开的；例如，在与电话有关的应用中，电话簿和打电话都离不开人名和地名。汉语专有名词有的读音很特殊，应该注意区别。例如，"单"作为姓时应读为[ʂan4]，不能读为[dan1]。地名"枞阳"中的"枞"应读为[zong1]，不能读为[cong1]。

● 专业术语的读音：把语音技术应用于不同的专业领域需要正确处理专业术语的读音。例如，地貌学术语"潟湖"（浅水海湾因湾口被淤积的泥沙封闭而形成的潮）中的"潟"应读为[xi4]，不读为[xie4]。

——汉语文本的同形异义字（多音字）处理

同形异义词在汉语书面文本中表现为同形异义字。在汉语中，同形异义字也就是多音字。在语音合成中，要根据上下文条件的不同，在输出的拼音文件中对多音字给出不同的拼音。例如，"参加"和"参差"中的"参"，前者读为［can1］，后者读为［cen1］；"行军"和"银行"中的"行"，前者读为［xing2］，后者读为［hang2］；"长江"和"局长"中的"长"，前者读为［chang2］，后者读为［zhang3］。

——汉语语音合成中特殊韵律现象的处理

以上我们讨论了汉语书面文本归一化中的主要问题。此外，我们还要注意汉语的韵律（prosody）。韵律与汉语文本的归一化有密切联系。汉语是有声调的语言，在汉语语音合成中，必须注意变调、轻声等汉语的特殊韵律现象的处理。儿化具有区别意义和表达感情的作用，与韵律有关，在汉语书面文本归一化时也要注意处理。

● "一""不"的读音：现有的用于语音处理的汉语发音词典还没有很好的模型来处理"一""不"等字的读音。这是因为这些字发音变化的语音上下文环境很复杂。一般在发音词典中只包含某些最基本的形式（例如"一"的发音为［yi1]），在语音合成中，要使用相应的算法根据上下文推出它们的发音变体。

——"一"在非去声前变为去声。例如，

在阴平前：一天［yi4tian1］ 一般［yi4ban1］ 一边［yi4bian1］一生［yi4sheng1］

在阳平前：一时［yi4shi2］ 一齐［yi4qi2］ 一直［yi4zhi2］ 一头［yi4tou2］

在上声前：一手［yi4shou3］ 一起［yi4qi3］ 一举［yi4ju3］一品［yi4pin3］

——"一""不"在去声前变为阳平。例如，

一半［yi2ban4］ 一定［yi2ding4］ 一再［yi2zai4］ 一贯［yi2guan4］

不论［bu2lun4］ 不但［bu2dan4］ 不幸［bu2xing4］ 不愧［bu2kui4］

——"一""不"夹在词语中间时变为轻声。例如，

想一想［xiang3yi0xiang3］　看一看［kan4yi0kan4］　问一问
［wen4yi0wen4］

差不多［cha1bu0duo1］　好不好［hao3bu0hao3］　行不行
［xing2bu0xing2］

- 上声变调：上声在语流中发生音变，在语音合成中，这种语流音变十分复杂，也要使用相应的算法根据上下文推出它们的发音变体，主要应处理如下的现象。

——上声在非上声（阴平、阳平、去声）前一律变为平上，调值由原来的［214］变为［21］，只降不升。例如，"影星，影评，影印"中的"影"应读为平上。

——上声在上声前（上上相连），前一个上声变得像阳平，调值由［214］变为［24］，只升不降。例如，"本领，讲解，导演"中的"本，讲，导"调值为［24］。

- 轻声的读音：普通话的轻声具有区别意义的作用，在语音合成中，应当注意如下要点：

——辨义轻声：同一个汉字，由于是否读轻声而导致语义不同。例如，"老子"读轻声时表示骄傲的自称，不读轻声时表示古代人名或书名。

——连接词"和"读为轻声。

——助词"的、地、得"读为轻声。

——方位结构中的非中心音节读为轻声：例如，"眼里、手上、乡下"中的"里、上、下"读为轻声。

——双字重叠的指人名词，后一个音节读为轻声。例如，"哥哥、妈妈、婆婆"中的后一个音节"哥、妈、婆"读为轻声。

——单音节动词重叠式的后一个音节读为轻声。例如，"看看、洗洗、说说"中的后一个音节"看、洗、读"读为轻声。

- 儿化的读音：儿化音对于语音合成的自然度有重要的作用，在语音合成中，应当对儿化进行系统化的处理，这也是汉语文本归一化应当注意的问题：

——对于有区别意义作用的儿化词，必须按儿化读音。例如，

信（表示"信件"）——信儿（表示"消息"）

头（表示"脑袋"）——头儿（表示"领头的人"）

——对于有区别词性作用的儿化词,必须按儿化读音。例如,

盖（动词）——盖儿（名词）

尖（形容词）——尖儿（名词）

——对于表示感情色彩的儿化词,尽量按儿化读音。例如,

小孩——小孩儿

好玩——好玩儿

——语音词典中,应当对上述儿化词一一标注其拼音,儿化词中的音节数等于汉字字数减一。例如,"花儿"应标注为[hua'er],其音节数为1。

——当自动切词得到后缀"儿"时,将"儿"与前面的单词合并,并把前面单词的最后一个音节儿化,语音合成时"儿"不再发音。

——非儿化词中的"儿",应当单独读成一个音节。例如,"孤儿、男儿、混血儿"中的"儿",都应当读成一个音节,不能儿化。

对于汉语语音合成中文本归一化问题,我国语言学界似乎还没有进行过深入研究,值得我们关注。

第二节 语音自动识别

早在 20 世纪初,国外就有学者研究过语音自动识别（Automatic Speech Recognition,简称 ASR）问题。20 世纪 40 年代电子计算机还没有出现时,波特耳（Potter）就提出了"看得见的语音"（visible speech）的概念,他用电子仪器把语音表示为肉眼可见的声谱,使人们能够根据声谱来辨识不同的语音,这可以说是语音识别的先声。

电子计算机问世后,20 世纪 60 年代进行过英语离散单词的识别研究,取得了初步的成绩。但是,用电子计算机进行大规模的语音识别研究,则是从 20 世纪 70 年代才开始的。1971 年,美国国防部的高级研究规划署（Advanced Research Projects Agency,简称 ARPA）提出了为期五年的英语语音识别大型研究计划,这个计划叫做 SUR（Speech Understanding Research 的简称,含义为"口语理解研究"）,ARPA 的 SUR 计划委托卡内基 - 梅隆大学（Carnegie-Mellon

University)、BBN(Bolt, Beranek & Newman)公司负责,分别进行系统的开发。五年中,卡内基—梅隆大学研制出 HEARSAY、DRAGON、HARPY 等系统,BBN 公司研制出 SPEECHLIS、HWIM 等系统。这些系统都达到了预定的有限的目标。例如,HWIM 系统可以识别三个男性发音人的英语口呼,包含单词 1097 个,应用于旅游管理中。HEARSAY 有两个系统,先建成 HEARSAY I,随后进一步改进,于 1976 年建成 HEARSAY II,以文件检索为主题,包含单词 1011 个,可以识别一个男性发音人的英语口呼。HARPY 的主题是文件检索,包含单词 1011 个,可以识别三个男性发音人和两个女性发音人的英语口呼。此外,美国的 SRI 公司、SDC 公司、IBM 公司、贝尔实验室、林肯实验室、言语通信研究实验室、法国的南锡大学、意大利的都灵大学、日本的京都大学、京都工艺纤维大学、山梨大学、电子电话公社武藏野通研等,也都开展了语音识别的研究。

语音自动识别主要的应用领域有:

- 人机交互:语音自动识别的一个重要的应用领域是人和计算机的交互。人机交互的很多任务已经可以采用可视的和可指的界面来解决,但是,对于那些完全用自然语言交际的任务,对于那些不适合使用键盘的任务,与键盘相比,语音是一个潜在的和比较好的界面。这些任务包括手和眼用得多的领域,这时用户要用手或眼来操作目标或装备目标以便控制它们,如果采用语音自动识别技术,就可以通过语音来控制。

- 电话和手机:语音自动识别的另外一个应用领域是电话。在这个领域,语音识别已经在一些方面得到使用,例如,口呼数字输入,识别"yes"以便接收集体呼叫,查找有关飞机或火车的信息,还有呼叫路径选择("Accounting, please"[请结账],"Prof. Regier, Please"[Regier 教授,请]),在手机使用中,口呼人名进行号码呼叫。在某些应用中,结合语音和指示的多模态界面比没有语音的图形用户界面更加有效。

- 自动听写:语音自动识别还可以应用于自动听写(dictation),也就是把一个特定的单独的说话人口授的比较长的独白转写成文字。口授在法律领域使用很普遍,它也可以作为增强交际的一个重要部分，在计算机和那些不能打字或者不能说话的残疾人之间进行交互。著名诗人弥尔顿（Milton）失明之后，曾经给他女儿口授了《失乐园》，这已经成为迩遐闻名的佳话。作家詹姆斯（Henry James）在受重伤之后，口授了他晚期的一些小说，这也是众所周知的事实。如果有语音自动识别系统，他们就不必那样艰苦地工作了。

在我国，语音自动识别技术在铁路、民用航空部门用来建立人机对话的无人管理问讯处，在公安机关用来做"声纹"刑事侦破系统，在军事院校用作口呼语音的训练与指挥系统，在自然语言处理中，语音自动识别用于由语音直接输入输出的机器翻译系统。此外，语音自动识别技术还被用于汉字的语音输入，采用语音识别技术，只要读出汉字的字音，就可以把汉字输入计算机。这是一种最自然、最理想的汉字输入方法。

语音的自动识别可以分为如下九种类型：

（1）特定说话者小词汇量离散单词识别：预先由说话者发出几十个离散单词的声音，并将其记录在计算机中，作为标准模式。计算机只能识别这个说话者的声音。识别时，首先对输入的特定说话者的声音进行语音分析，抽出其特征参数，然后把这些特征参数同已存贮在计算机中的标准模式相匹配，从而达到自动识别的目的。

（2）特定说话者大词汇量离散单词识别：这种类型的语音识别有相当难度，词汇量从几千到几万，识别时极易混淆。

（3）非特定说话者小词汇量离散单词识别：这种类型的语音识别不认人，可识别不同的说话者的声音。由于说话者个人的语音音色的差别、方言的差别，研制起来有相当的难度。由于说话者的发音各有差别，系统要做到谁说都能听懂，应该具备特殊的功能，使得系统能够获取众多说话者的共性特征，并在处理中加以强化，使同一语音的特征（不管是谁说的）有尽可能高的稳定性，对不同的语音有尽可能大的区别度。

（4）非特定说话者大词汇量离散单词识别：这种类型的语音识别与（3）比较，由于要识别的词汇量大，其难度又上了一个台阶。

（5）特定说话者小词汇量连续语音识别：这种类型的语音识别

与上述孤立单词识别的最大区别是,特定说话者不是一词一顿地发音,而是整个句子连续地发音。系统"听"到的不是个别的字或词,而是整句话。这就要求系统起码要具备两种能力:一是处理"音变"问题的能力,因为音变是由连读造成的;二是使用语法、语义的知识分析句子从而得出正确识别结果的能力。

(6)特定说话者大词汇量连续语音识别:这种类型的语音识别在难度上又比(5)上了一个台阶。这样的语音识别系统的构词量与造句量数以万计,必须有强大的知识库来支撑。

(7)非特定说话者小词汇量连续语音识别。

(8)非特定说话者大词汇量连续语音识别。

与(5)相比,由于(7)、(8)两种类型的语音识别是不认人的,其难度更大,可以说是难上加难。

(9)说话者辨认:这方面的研究可以分为说话者识别(speaker identification)和说话者检验(speaker verification)两种。说话者识别就是把未知的声音同预先登录在计算机中的各说话者的声音相比较,判定这未知的声音是哪一个说话者的声音。说话者检验就是把未知的声音同预先登录在计算机中的某个说话者的标准模式相比较,判明这未知的声音是不是这个说话者的声音,这就是所谓的"声纹判定"。声音中所含的个人特征的信息,起因于声带等先天发音器官的个人差别,也起因于方言、土语等后天的发音因素,这些个人特征信息主要表现为振幅、基频、短时间波谱等特征参数,而这些特征参数常常会随着时间的变化而变化。为了提高识别率,必须尽量排除时间变化对特征参数的影响。

语音自动识别在技术上需要解决两个主要问题:

第一,语音自动识别系统要抽取能够表征语音的参数,目前使用较多的语音特征参数有:通道滤波器组输出的频谱,线性预测参数,倒谱系数,短时能量,短时过零率等。

第二,建立语音识别系统的数学模型,寻找优化的识别方法和处理手段。目前使用的语音自动识别方法有三种:一是基于动态规划(Dynamic Programming,简称DP)的模式匹配方法,二是基于概率统计理论的隐马尔可夫模型(Hidden Markov Model,简称HMM)方法,三是人工神经网络(Neural Network,简称 NN)方法。这三种方法目前都有人在研究。

我们这里简单地介绍基于概率统计理论的隐马尔可夫模型的方法。

语音识别的任务是取声学波形作为输入,产生单词串作为输出。基于概率统计理论的隐马尔可夫模型(HMM)的语音识别系统是使用"噪声信道模型"(noisy channel model)来实现这个任务的。

噪声信道模型的直觉是:把语音的声学波形看成是单词串的一个"噪声"版本,这个版本通过了一个有噪声的通信信道(noisy channel)。由于这个信道导入了"噪声"(noise),使得系统在识别"真正"的单词串时产生困难。我们的目标在于建立一个信道的模型,通过计算,了解到这个信道究竟是怎样修改了"真正"的句子,从而恢复这个句子。如图 18.2 所示。

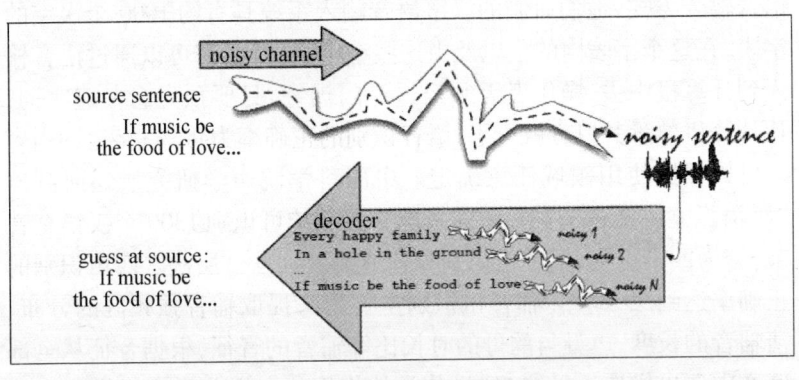

图 18.2　语音识别的噪声信道模型

在图 18.2 中,我们搜索一个很大的潜在的"源句子"(source sentence)空间,并选择在生成"噪声句子"(noisy sentence)时具有最大概率的句子。为此,需要一个解码器(decoder),对源句子进行猜测(guess at source),找出概率最大的源句子作为语音识别的结果。在图 18.2 中,识别结果就是"If music be the food of love …"这个颇具浪漫色彩的句子。

我国在离散单词、简单口令的语音识别方面已经取得不少进展。

中国科学院声学研究所于 20 世纪 50 年代后期就研制出汉语单元音识别装置。20 世纪 60 年代对汉语的清晰度进行过系统的实验,取得了基本数据。20 世纪 70 年代末、80 年代初,采用模式匹配的方法,事先存入发话人的语音做成标准模式,计算机可识别该特定说话者的几十条口令,内容包括数字、算术四则运算符号及一些操作指令。1980 年,清华大学计算机系采用模式匹配法研制成我国 30 个大城市地名识别系统,口呼地名输入,计算机屏幕就可以显示汉字。他们还通过口语来查询清华大学校内的电话号码,并在此基础上于 1984 年建成"8000 台电话声控查号系统",并且投入了实用。用户查询电话时,需由话务员复述单位名称,并由话务员通过自己的语音把单位名称报给计算机,计算机屏幕上就显示出该单位的电话号码,并可通过语音合成装置将号码自动地报给用户。1986 年,清华大学计算机系在长城 0520C－H 国产微型机的汉字编码输入的基础上,增加了汉字语音输入方式,他们研制的汉字语音输入系统具有约 1000 个汉字的字表,在这个字表内的字以及由这些字组成的词,都可以通过语音输入到计算机中去,操作者无须经过专门训练,只要预先念一遍字词,让计算机熟悉其口音就行了,语音识别的正确率为 90%,字表的内容还可以根据使用领域任意确定。中国科学院声学研究所还研制出"汉语孤立字全音节实时识别系统",该系统可识别 1300 个汉语全音节,分为四声识别、辅音粗识别和音节细识别三个层次。四声识别的正确率达到 99.4%。辅音粗识别主要用来提取辅音强频区的分布、清辅音的长度、声母与韵母的时长比等辅音的音征,根据音征从全部辅音中选出候选声母,起到粗分类的作用。在粗分类之后进行音节识别,只限定识别包含上述 6 个候选声母的那些音节。这样做既可以节约匹配时间,又可提高识别的正确率。该系统在 1988 年西欧高技术展览会(TEC-88)上获得国际大奖,在此基础上,已制成语音打字机。清华大学研制了"大词汇量汉语语音识别系统",该系统采用分段矢量量化和分段概率模型,没有专门分割声母和韵母的步骤,但在建立矢量码本时以及在识别策略上,都考虑了二者的区别。该系统采取了两级匹配的策略,先是计算音节匹配的概率,继而计算词组匹配的概率,系统中建有单音节字表、双音节至四音节词表,可以直接口呼词,识别精度高,响应速度快。中国科学院自动化研究所研制了"汉语大词汇量语音识别与口呼文本输入系统",以声韵调为基元来进行语音识别,识别时采用了隐马尔可夫模型(HMM)及人工神经网络(NN)方法。

我国在非特定说话者语音识别方面也取得了进展。清华大学研制成功非特定说话者中词汇量语音识别系统。非特定说话者的语音识别的难度很高,识别时要强调众多说话者的语音共同参数,采用类聚和模糊处理使其具有一般性,并要解决语音多变性和语流速度变异问题,采用更为有效的时间规正技术。采用这样的语音识别系统,使用者不必经过训练,在400多个词汇的范围内,有很高的识别率。另外,清华大学还研制成基于神经网络方法的非特定说话者小词汇量语音识别系统,以30个军事用语作试验,使用者不必经过训练,识别正确率接近100%。北京四达技术开发中心和哈尔滨工业大学合作,研制了汉语语音识别系统"四达-863A"。该系统以单音节作为语音识别的基本单元,选择398个无声调单音节作为语音识别的基本内容,这398个单音节包含了国家标准一、二级汉字库中所有汉字的语音。用户在初次使用该系统时需要作短暂的训练。该系统还把语音识别技术与拼音汉字简单转换技术结合起来,使用者只需朗读所要输入的汉字,属于同一音节的若干个汉字由拼音-汉字转换程序来确定是哪一个汉字。"四达-863A"系统的一次识别正确率超过93%,系统的响应时间小于0.1秒,四个声调的识别正确率为99%,每分钟可口呼输入80个汉字。

在连续单词识别方面,1984年,清华大学研制成功"连续数字语音识别系统",先在计算机中存入0到9十个数字的语音模式,可识别连续数字,三位数字的识别正确率为90%。1985年,哈尔滨工业大学研制成"口呼连续数字串识别系统",采用"先分段,后匹配"的方法,通过预分段得出数字之间的所有可能的段点,然后用动态规划匹配法确定哪些段点是数字之间的实际连接点,这种方法减少了计算机的存贮空间,识别正确率为89.3%。

汉语音节是声韵调的统一体,深入研究汉语音节的声学结构将有助于语音识别策略的确定。实验表明,汉语音节中韵母段的时长与能量比声母段的时长与能量大得多，占绝对优势，因此，声母的识别要比韵母的识别难度大。从音节中切分出声母时，一般都保留着后继韵母的影响，对带有不同后继韵母的声母，应该建立不同的样本。采取先识别韵母，再回过头来识别声母的策略，可能是汉语语音识别的一个好办法。声母和韵母之间存在一个过渡段，这个过渡段虽然只有5—30毫秒的短暂时间，但却含有很重要的信息，这一过渡段对于声母和韵母的变异和基音频率的变化极为敏感，目前还没有找到较好的办法利用好这个过渡段的信息。汉语语音识别的重点应当放在单音节的识别上，因为单音节是构词和造句的基础。从单音节结合为多音节时，各个单音节之间要连读，每个音节都会受到毗邻音节影响，产生同化、异化、换位、弱化、脱落等音变现象。在语音识别中，我们要让计算机具备这方面的知识，才能有效地处理识别过程中的各种语流音变现象。

与其他语言相比，汉语普通话中的音节较少，考虑到声调时有1300个，不考虑到声调时只有400多个，而俄语的音节多达2960个，英语的音节多达4030个。音节是汉语普通话中最自然、最基本的语音单位，除极少数的例外，汉语普通话的一个音节，写下来就是一个汉字，具有一定的意义，所以一个音节就是形音义的结合体。发音时，音节本身大部分时间为比较稳定的元音段，而汉语的元音对可懂度的影响要比英语、俄语等语种大。从实验结果看，元音的识别率比辅音的高得多，而汉语的声调又有区别意义的作用，可提高识别率。因此，与其他语种的语言比较起来，汉语普通话的语音是比较易于区分开来的。有人预言，在世界上主要的语言中，汉语语音的自动识别很有希望获得最先的突破。人类每四个人中就有一个人讲汉语，当人们跨入高度发达的信息化时代的时候，直接用汉语同计算机对话，必将使计算机的应用水平达到前所未有的高度。

语音的自动识别与自动合成都是很有实用价值的研究领域。为了提高语音识别率与合成语音的音质，除了技术上的问题之外，必须深入地进行语言学的研究，不仅要研究语言语音的规律，还要研究语法和语义的规律。语言工作者应该关心这个领域的研究，做出应有的贡献。事实证明，在语音的识别与合成中，自觉地利用语言学的研究成果,将会显著地提高研究的水平,因此,语言学工作者在语音的识别与合成系统的研制中,是会大有作为的。

汉语语音的自动识别与合成,目前是以普通话为对象的,不论是研究人员、操作人员或是发话人,都要学好普通话,才有可能进行研究。为了推广汉语语音自动识别与合成的研究成果,用户也必须会说普通话,否则是很难进行操作和使用的。生活在信息网络化社会的中国人,应当学会说全国通行的普通话,才能适应信息网络化社会的要求。

第三节 汉字自动识别系统

汉字如何输入计算机的问题,是中文信息处理的关键问题,这个问题不解决好,中文信息的计算机处理就成为无米之炊。汉字输入计算机的方法有好几种,目前讨论最多的是汉字编码法,采用编码的方法来输入汉字。但是,不论多么好的汉字编码方案,都要靠操作人员击键输入,工作量相当大。据统计,中文文献的数量以每七八年翻一番的速度增长着,每年在中文期刊上发表的论文约 12 万篇,如果我们用计算机来管理这些文献,要把这么多的中文文献输入计算机,采用手工击键的方式几乎是不可能的。然而,如果我们能设法让计算机自动地识别汉字,只要计算机"看"着中文文献,就能把它们准确地输入到计算机中去,那必然会大大地提高中文信息计算机处理的效率,因此,汉字自动识别系统的研究成为了国内外自然语言处理学界瞩目的一个问题。

关于印刷体英文字母和阿拉伯数字的自动识别研究,早在 20 世纪 50 年代就在美国和欧洲开始了。1955 年出现了印刷体数字的光学字符自动识别装置,接着出现了印刷体英文字母的自动识别装置,随后学者们又转向手写体英文字母和手写体阿拉伯数字的自动识别研究。

日本对文字自动识别方面的研究起步较晚,但发展很快。手写体英文字母、手写体阿拉伯数字、手写体日文假名的自动识别,在 20 世纪 70 年代末已达到实用化水平,20 世纪 80 年代初已有商品化的产品出现在市场上。

关于汉字自动识别的研究,1966 年美国的凯西(R. Casey)和纳吉(G. Nagy)曾利用计算机做过自动识别 1 000 个印刷体汉字的初步实验;1970—1972 年斯托林斯(W. Stallings)利用计算机对汉字做过分析和描写。此后,日本的中野康明、山本美司、池田克夫等学者也积极研究汉字的自动识别问题,20 世纪 70 年代初期开始研究印刷体汉字的自动识别,到 20 世纪 70 年代末期达到实用水平,20 世纪 70 年代后期开始研究手写体汉字自动识别,目前已经实用化和商品化。

我国哈尔滨工业大学、上海交通大学、清华大学、北京信息工程学院等单位都开展了汉字自动识别研究,取得了一定的成果。

在进行汉字自动识别时,首先要把汉字写成的中文文献用光学的方法进行检测,通过光学字符识别器(Optical Character Recognizer,简称 OCR),将纸面上的汉字信息转换成离散的电信号,然后送入计算机进行判别。

常见的光电转换方式主要有四种:

(1) 飞点扫描方式:采用飞点荧光管作为光源,在纸面上对欲识别的汉字按顺序进行扫描,再用光电倍增管接收汉字影像,获得被识别对象的信号。扫描光电由偏转电路控制。

(2) 光电摄像管方式:将光导电物质蒸发在透明的导电膜上作为靶子,光源照射在写有汉字的纸面上,通过透镜成像后,由电荷积累成图像。当电子束扫描到靶子上时,就会有图像电流输出。

(3) 光敏矩阵方式:用半导体光敏元件排列成二维的矩阵平板,光源照射在写有汉字的纸面上形成反射光,再用透镜加以放大,投影到光敏元件的二维矩阵板上,即可得到输出的电信号。

(4) 激光扫描方式:激光的能量非常集中,方向性强,分辨度高,使用寿命长,用激光扫描写有汉字的纸面,即可输出电信号。

写在纸面上的汉字通过光电装置转换成电信号之后,便可用计算机对其进行识别。

目前,OCR 的输入速度是每秒 2 000—3 000 字符,相当于人眼读书速度的一百倍。古人有"五更三点待漏,一目十行读书","读书敏速,十行俱下"等说法,形容读书之快,但是比起 OCR 来,那就相形见细了。汉字自动识别系统可以高效率地输入中文资料,其研究前景十分诱人。

汉字自动识别系统首先要在计算机内建立标准汉字样本,然后选用适当的汉字识别准则,将输入的待识别汉字与样本中的标准汉字逐一对比,最后根据汉字识别准则来判断输入的是何字。因此,汉字识别准则是判明未知汉字归属的依据。目前所用的有相似度准则和距离准则两种。

(1)相似度准则:

未知汉字图形与标准汉字图形之间相似程度的大小,叫做相似度。汉字字符图形在图像空间中的相似度由输入字符图形向量与标准汉字图形向量之间夹角的余弦来表示。识别时,如果相似度为1,则说明两个向量重合,因此,取相似度为1的情况作为识别结果。

但是,在实际使用中,汉字图形会因为混有各种干扰斑点而造成变形,这种变形可比喻为“噪声”(noise)。由于噪声的存在,要使未知汉字与标准汉字的图形完全一致是非常困难的,也就是说,相似度一般并不等于1。为此,在汉字自动识别系统中,还采用复合相似度与混合相似度作为识别准则。对混有噪声的未知汉字图形的形状及位置的要求略微放宽,使计算机的汉字自动识别系统更能适应外界各种干扰。

(2)距离准则:

未知汉字图形的特征向量与标准汉字图形的特征向量相应坐标差的绝对值的总和,叫做“距离”。根据距离准则,可以比较未知汉字与各个标准汉字之间距离的大小,从而确定与未知汉字的距离最小的标准汉字的集合。

目前比较成熟的汉字识别方法有两种:一种叫图形配比法,又叫“统计判决法”或“相关匹配法”;另一种叫结构分析法,又叫“特征关系法”。

(1)图形配比法:

所谓图形配比法,就是将输入的未知汉字图形与计算机内存好的标准汉字图形直接进行配比,求其相似度,把与未知汉字相似度最大的标准汉字判定为该未知汉字的字种。

图形配比法比较简单、直观,标准汉字样本也比较容易建立,但这种方法不便于区别不同字体的汉字,更不适于区分形形色色、千变万化的手写体汉字,因此,这种方法主要用于标准印刷体汉字的自动识别。

(2) 结构分析法:

所谓结构分析法,就是不仅要辨认汉字图形的某些特征是否存在,而且,还要分析这些特征之间的关系,分析汉字图形的结构。使用结构分析法时,首先要提取汉字的特征量,然后,根据未知汉字的特征量与标准汉字的相应量来决定汉字的所属。

表示汉字结构的量包括特征点和笔道方向特征等。

① 特征点:

表示汉字结构的特征点有端点、二分支点、三分支点、四分支点等。

只有一条线和它连接的点叫端点,如"一"字两端的点,就是端点。

有两条线和它连接的点叫二分支点,如"口"字四个角上的屈折点各有两条线与之相连,它们都是二分支点。

有三条线和它相连接的点叫三分支点,如"丁"字的顶交点,有三条线与之相连接(点的左右各为一条线),是三分支点。

有四条线和它相连接的点叫四分支点,如"十"字中心的交叉点,有四条线与之相连接(点的上下左右各为一条线),是四分支点。

根据汉字中各个特征点的分布情况,就可以表示出汉字结构的某些特征。

② 笔道方向特征:

汉字的笔道几乎都是由直线段组成的,这些直线段的分布符合"米"字形八个方向的分布规律。"米"字有六画,这六画在平面上分布于比较整齐的八个方向:横两个方向,纵两个方向,左斜两个方向,右斜两个方向。这八个方向可用横向、纵向、左斜向、右斜向四个投影轴来表示。同时,"米"字还包括了横、竖、点、撇、捺这五种最基本的汉字笔画。因此,在以结构分析法为基础的汉字自动识别研究中,可以根据"米"字形规律来确定汉字的笔道方向特征和笔形特征。

汉字自动识别可以分为印刷体汉字识别和手写体汉字识别两种。

（1）印刷体汉字识别：

识别印刷体汉字时，首先使用光学的方法，通过光电转换设备将纸面上的汉字转换成电信号。由于汉字数目庞大，在识别过程中，若把待识别的汉字逐一与标准汉字样本中的字进行匹配，需要花费大量的时间，识别速度会很慢。随着待识别汉字数量的增加，识别速度还会明显降低。

为了提高识别速度，一般都采取分层次识别的方法，用汉字的某些局部来代替某一层次的整体，尽量地容忍畸变和干扰，以逐层缩小识别范围。

这样一来，印刷体汉字的自动识别就可以分为确定候选字集、模式匹配、特殊判定三个层次。这三个层次实际上就代表了印刷体汉字识别的三个步骤。

步骤1——确定候选字集：

把汉字分为若干个大的类别，首先判断输入的未知汉字属于哪一类，并把这一类作为候选字集。再将未知汉字与候选字集里的标准汉字逐一进行匹配。这样可以有效地减少匹配的对象，提高识别的速度。

确定候选字集的方法主要有以下几种：

① 偏旁切割法

哈尔滨工业大学电气工程系对5 791个汉字进行偏旁切割，得到如下的结果（表18.1）：

表18.1　汉字偏旁切割

类　　别	字　　数	类　　数
左偏旁组	3 389 字	94
上偏旁组	936 字	82
外偏旁组	492 字	31
下偏旁组	200 字	52
右偏旁组	278 字	32
无偏旁组	406 字	1
总计	5 701 字	292

这样,便把 5 701 个汉字按偏旁分为 292 类。在汉字识别时,要识别的汉字首先按偏旁的位置进入这 292 类的某一类之中,由于每类的平均字数不过 20 个,因此,这 20 个左右的汉字便被确定为候选字集,从而大大地缩小了识别范围。实际上,汉字偏旁并不是平均分布的,例如,左偏旁组中单人旁这一类就有 164 字。但不管怎么说,确定了候选字集使得汉字匹配的范围大为缩小,为进一步识别提供了方便。

② 复杂度索引法

复杂度是指汉字的线段密度,分为水平复杂度和垂直复杂度两种。水平复杂度是汉字在水平方向上的笔画长度之和与它在水平方向上的轴投影长度的比值,记为 Cx;垂直复杂度是汉字在垂直方向上的笔画长度之和与它在垂直方向上的轴投影长度的比值,记为 Cy。显而易见,以横笔画为主的字 Cx 值较高,如"量""昙"等;以竖笔画为主的字 Cy 值较高,如"删""酬"等;斜笔多的字,Cx 与 Cy 的值往往比较接近,如"众""粉"等。一般地说,笔画少的字,Cx 与 Cy 的值都比较低,笔画多的字,Cx 与 Cy 的值都比较高。

如果以 Cx 作为横坐标,以 Cy 作为纵坐标,就可以把每个汉字对应于平面坐标系上的一个点,从而获得一张汉字复杂度分布图。这张分布图就是汉字的复杂度索引。当输入一个汉字时,先计算汉字在汉字复杂度分布图上对应的坐标点,以这个点为中心,画一个圆圈,把落在圆圈内的几十个汉字作为候选字集。

③ 外框编码法

在每个汉字的上下左右,用固定尺寸的长方形加以切割,根据落入每个方框中点子数目的多少,用数字 0,1,2 加以编码:落入方框中点子少的为 0,落入方框中点子多的为 2,不多不少的为 1。然后,按"上左下右"的逆时针方向将数字排列,构成一个汉字的外框编码。例如,图 18.3 的"昨"字,上框中点子少,代码为 0,左框中点子多,代码为 2,下框中点子少,代码为 0,右框中点子不多不少,代码为 1,得到"昨"字的外框编码为 0201。

将汉字按外框编码的异同进行分类,把同一外框编码的汉字归为一类,便可确定汉字的候选字集。例如,外框编码为 0021 的汉字

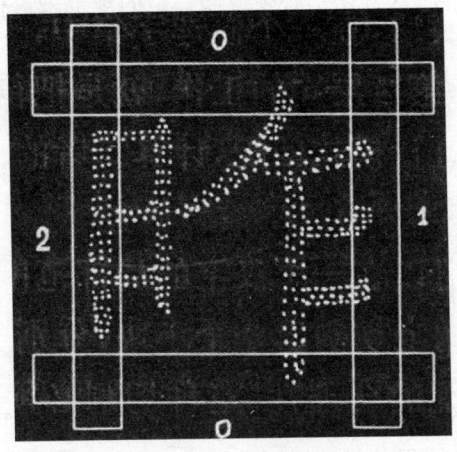

图 18.3　外框编码

有"仕,任,佐,借,倍,枚,舍,含",它们便构成一个候选字集。

④ 模糊点阵法

如果汉字的原始模式为 32×32 点阵,通过对每个 2×2 的小点阵重新编码,可获得 16×16 的一个模糊点阵,对于这个新的模糊点阵中的每个 2×2 点阵再重新编码,则可获得 8×8 的一个更加模糊的点阵,继续模糊,可得到 4×4 的模糊点阵。对于原始点阵而言,它一定是可以区别汉字的,但是,每次模糊都可能使若干个汉字共用一个模糊点阵。如果每个模糊点阵都代表一组汉字,则这组汉字就构成一个候选字集。这个候选字集当中的每一个汉字,输入时都有相同的模糊点阵。

上述各种确定候选字集的办法,可以根据识别汉字时的不同需要加以选用,也可以结合起来使用。

步骤 2——模式匹配:

确定候选字集后,在一个候选字集中,一般都会有十几个甚至几十个汉字,第二层次的工作,就是把待识别的汉字同候选字集中的汉字进行模式匹配,计算二者的相似度,从中选出相似度最大者。

模式匹配还可以在一个汉字的局部范围内进行。例如,可以在汉字的四个角上切割出四个小块,分别进行匹配。当然,为了保证局部匹配的合理性,这种切割必须遵循一定的规范来进行。

步骤3——特殊判定:

在四个角都完全匹配时,并不能保证整个汉字一定匹配。例如,"候""侯"二字,四个角完全匹配,但整个汉字并不匹配。再如"伐""代","体""休"都是如此。这时,就必须对汉字中的某些特殊部位进行判定,或者计算特殊部件的笔画密度,或者采用其他方法。这样,才能对输入的汉字作出最后识别。

(2)手写体汉字识别

手写体汉字的识别一般不采用图形匹配法,而采用结构分析法,因为手写体汉字不如印刷体汉字工整,识别时除了要判别其是否存在某种特征之外,更重要的是判断、分析这些特征之间存在什么样的关系,这样才能取得较好的识别效果。

手写体汉字识别又可以分为联机手写体汉字识别和脱机手写体汉字识别两大类。

在与计算机相联的书写板上写出汉字,边写边由计算机来识别,叫做联机手写体汉字识别。书写板的有效部分形成一个 N×N 的点阵,以右下角作为该点阵所构成的直角坐标系为原点,则点阵中的每一个点,都与直角坐标系中的一个坐标位置相对应。当用笔在书写板上书写时,随着笔的移动,计算机的硬件部分不断输出数据,当一个有 n 个笔画的汉字写完时,硬件也就输出了 n 组数据,描述出每个笔画的轨迹。

哈尔滨工业大学电气工程系提出了一种"有限制手写体汉字联机识别法",对手写体汉字作了某些限制(如笔画的种类、长短、宽窄都有严格规定),当按照这些限制书写汉字时,计算机就能逐笔地将每一个笔画的起始点和结束点的坐标输入机内,形成一组数据。每接受一组数据,计算机就迅速地作笔画识别,进行笔画记数、偏旁分析,然后将偏旁进行匹配,就可以得到最终的识别结果。

不用特殊的书写板,对脱离计算机书写的汉字进行计算机识别,叫做脱机手写体汉字识别。

上海交通大学的学者指出,为了实现脱机手写体汉字识别,通常需要完成两项工作:

① 抽取图形的特征值。这些特征值既要能完备地描述整个汉字图形，而特征值的个数又要尽可能地少，这就需要对汉字从总体上进行细致的分析。

② 建立样板字典库。要求以尽可能少的样板，对尽可能多的允许畸变的汉字字体图形进行识别，这就需要在允许限度下，对样板进行模糊处理，以便大量节省存储样板的空间。

另外，对于汉字笔画按"米"字形规律分布的八个方向上的定位，也要进行模糊处理。因为手写体汉字在手写时允许畸变，其笔画不可能丝毫不差地分布在"米"字形的八个方向上。他们规定，允许在每个方向上有 ±22.5° 的偏畸，也就是把相对于每个方向 ±22.5° 的笔画都归结于这个方向。这样，就不必对略有方向畸变的汉字另立样板，从而减少了字典库里样板的数目。

汉字识别是一个浩繁的研究课题。由于汉字字体繁多、字形复杂，需要处理和存储的信息量比拉丁字母大几百倍。为了促进汉字识别研究的进展，必须加强汉字的整理和规范化工作，确定汉字的书写笔顺、笔形次序、结构方式的规范，这样，汉字识别的研究就会更快、更好地发展。语言文字工作者在这个领域是大有可为的。

我国自 20 世纪 70 年代开始汉字自动识别的研究，从 1986 年至今取得了很大的成绩。

联机手写体汉字识别已经商品化，有些产品的性能达到国际水平，识别的汉字字数为 6 763—12 000 个，识别正确率初次使用为 80% 左右，经常使用可达 95% 以上，识别速度基本上能跟上人的书写速度。

印刷体汉字识别也实用化了。有十多个单位推出了实用化系统，可识别国家标准的 1 级和 2 级简体汉字 3 755 到 6 763 个，繁体汉字 5 401 个；可识别的汉字字体，简体有宋、仿宋、报宋、黑、楷以及多体混排，繁体有明、楷、仿、黑等，也可以识别多体英文混排。这些系统还配备了方便的用户界面，能够进行版面分析、文本识别、识别结果的后处理、自动纠错、编辑、输出等。

脱机手写印刷体汉字和无书写限制的脱机手写体汉字的识别近几年也进行了许多研究，建成了一些试验系统，现已有近于实用的交互式自学脱机手写体汉字识别系统,可识别国标一级汉字 3 755 个,加上专用特征库可识别不加任何书写限制的汉字。

由于我国的汉字识别系统几乎都是在汉字操作系统下工作的,识别结果为汉字内码,因而可以把识别出的汉字直接在计算机上显示或打印出来。

汉字识别如果不是仅仅局限于一个字一个字地孤立地进行模式匹配,而且还利用词以及上下文关系的信息,将会显著地提高识别的正确率。例如,在汉字识别系统中,利用汉字单词和词组的信息来进行自动纠错,利用语言知识修改部分误识字,利用词的联想来修改误识字和拒识字,都获得了很好的识别效果。

因此,把自然语言计算机处理的技术应用到汉字的自动识别中,将会使汉字自动识别系统如虎添翼。

本章参考文献

1. 冯志伟,汉字自动识别[J],《语文建设》,1987 年,第 1 期。
2. 冯志伟,现代汉字和计算机[M],北京大学出版社,1989 年。
3. 冯志伟,自然语言处理的形式模型[M],中国科学技术出版社,2009 年。
4. 冯志伟,语音合成中的文本归一化问题[J],《北华大学学学报》,2010 年,第 2 期。
5. 王永成,中文信息处理技术及其基础[M],上海交通大学出版社,1992 年。
6. 吴文虎,汉语语音识别的现状与展望[J],《语文建设》,1992 年,第 6 期。
7. 杨顺安,语音合成与语音学研究[J],《语文建设》,1992 年,第 8 期。
8. 张忻中,计算机汉字识别技术[J],《语文建设》,1992 年,第 10 期。
9. Demberg, V. Letter-to-phoneme conversion for a German text-to-speech system [D], Diplomarbeit Nr. 47, Universität, Stuttgart, 2006.
10. Fackrell, J. and Skut, W. Improving pronunciation dictionary coverage of names by modeling spelling variation [A], In Proceedings of the 5th Speech Synthesis Workshop [C], 2004.
11. Jurafsky, D and Martin, H. J. Speech and Language Processing [M], Second Edition, 2008.
12. Liberman, M. Y. and Church, K. W. Text analysis and word pronunciation in text-to-speech synthesis [A], In Furui, S. and Sondhi, M. M. (Eds.), Advances in Speech Signal Processing [C], 791 – 832, 1992.

13. Sproat, R. , Black, A. W. et al, Normalization of non-standard words [J],
    Computer Speech & Language, 15(3), 287 – 333, 2001.
14. Spiegel, M. F. Proper name pronunciation for speech technology application
    [A], In Proceedings of IEEE Workshop on Speech Synthesis [C], 175 –
    178, 2002.
15. Yarowsky, D. Homograph disambiguation in text-to-speech synthesis [A], In
    van Santen, J. P. H. , Sproat, R. et al, (Eds.), Progress in Speech Synthesis
    [C], 157 – 172, Springer, 1997.

结束语

　　自然语言的计算机处理是一门边缘性学科,它与应用语言学有着十分密切的关系。在这里,我们打算从应用语言学的角度,对我国自然语言计算机处理的研究提出一些不成熟的意见,作为本书的结束语。

　　自然语言处理这门学科不仅对于语言学本身的发展起到了重要作用,对于国民经济的发展,也有着潜在的巨大价值。近年来,我国的自然语言处理有了很大的进步,取得了令人瞩目的成绩,有力地促进了我国计算机产业的民族化,促进了计算机在我国人民当代语言文字生活中的普及和推广。

　　但是,我国自然语言处理的发展水平,与发达国家相比,还有着相当大的差距,为了进一步提高我国自然语言处理的研究水平,我们应该注意我国自然语言处理研究的世界化问题。

　　我国自然语言处理的世界化包括两方面的内容:一方面,我们应该努力学习国外的先进理论和方法,缩短与世界的差距,另一方面,我们应该结合汉语汉字的特点,创造出独具中国特色的理论和方法,为世界自然语言处理的发展做出贡献。

　　首先谈第一个方面的问题。我国的自然语言处理研究过去没有花足够的力量来了解国外自然语言处理的最新成就。我国的传统语言学研究有一个不足的地方,就是许多研究人员没有阅读外国文献的习惯,他们写的文章,很少引用国外的研究成果,他们的研究完全是闭门造车,既不向国内的同行学习任何东西,也不向外国学习任何东西。由于不阅读国外的文献,许多研究常常是重复在国外早已做过的工作,往往事倍而功半,以至我国的语言学研究同国际语言学的潮流严重脱节。这种不良的习惯也带到了自然语言处理的研究中来,我们有些自然语言处理研究人员,也不重视国外自然语言处理的新理论新方法。近年来,国外自然语言处理的理论和实践都有了很大的发展。在理论方面,马丁·凯依提出了"功能合一语法",卡普兰和布列斯南提出了"词汇功能语法",盖兹达提出了"广义短语结构语法",还有乔姆斯基的"管辖约束理论"。这些理论研究,突破了传统的框架,更加重视词汇对句法的作用,更加重视语义的作用,把语言的形式研究逐渐地从形态和句法转到了词汇和语义方面,在词汇平面上,探索语言的词汇个性,在语义平面上,探索语言的语义共性,从而把个性规则的研究和共性规则的研究在新的基础上结合起来;这些理论不仅注意研究印欧语言,也力图研究世界的各种语言,有些自然语言处理的专家,能够运用多种语言,因而这些理论具有一般性,既适用于印欧语言,也适用于汉语。这些理论与传统的理论还有一个重要的区别:传统理论一般只讲原理,而这些理论则着重于讲方法,带有强烈的方法论色彩,可以很方便地在计算机上实现,具有可操作性。方法常常是一般性的,不会带有个别语言特性的偏向,因而这些带有方法论色彩的理论,也可适用于汉语。那种认为国外的自然语言处理的理论只适用于印欧语言而不适用于汉语的说法,是不符合事实的。我们在汉语的研究中固然有必要注意汉语不同于其他语言的特点,但如果过分强调汉语的特殊性,而不重视汉语与其他语言所共有的一般性的语言理论和方法,就会走向反面,把汉语的研究与世界的语言学研究隔离起来,阻碍汉语研究的发展。目前,国外学者对于词汇功能语法、广义短语结构语法、管辖约束理论的计算复杂性,已经进行了严格的精密的分析和论证,使得这些理论更加紧密地与计算机技术结合在一起。其中,功能合一语法理论中的"合一"的概念本身就是从现代数理逻辑中借来的,该理论有着十分严格的运算法则。上述这些理论与计算机技术有着十分密切的关系,不仅适用于外国的计算机,也同样适用于中国的计算机,不仅适用于外国的语言研究,也同样地适用于中国的语言研究。目前,我国语言工作者,甚至不少专门从事自然语言处理的学者,对于国外这些有价值的理论还很不熟悉,又缺乏虚心学习的愿望,这样下去,将会贻误我国的语言学事业,尤其是自然语言处理事业,对此我们决不能掉以轻心,我们应该采取"拿来主义"的态度,吸取这些理论中的精华部分,从而推动我国自然语言处理的发展。在实践方面,国外已经研制成功不少的实用的自然语言处理系统,如美国的 SYSTRAN 机器翻译系统、加拿大的 TAUM - METEO 机器翻译系统、日本的 ATLAS 系统、谷歌公司的网上多语言翻译系统等等,我们应该借鉴国外的实践经验,努力促进我国自然语言处理研究的实用化和商品化,使自然语言处理的产品早日走入市场,使之产生出巨大的经济效益来。

学习国外自然语言处理研究成果的目的是为了搞好中国自己的自然语言处理研究,为世界的自然语言处理做出贡献,从而促进中国自然语言处理研究的世界化,因此,我们在学习国外自然语言处理的理论和方法的同时,还应该立足于中国的实际,像我国明代杰出的思想家王夫之所说的那样,"不迷其所同,亦不失其所以异",结合汉语汉字的特点,努力建立有中国特色的、适合于汉语的自然语言处理的计算语言学。

为了建立有中国特色的计算语言学,我们应当采取如下措施:**首先,我们应该提倡汉语语言学工作者和计算机工作者的结合。**

我国有一大批有成就的汉语语言学家,他们以广博的知识和非凡的洞察力,对汉语进行了细致而深刻的分析,取得了丰硕的研究成果。但是,长期以来,由于学科之间的隔绝,汉语语言学家的研究很少考虑到自然语言处理的需要,有些语言学的研究成果,离社会生活实践很远,这些成果,往往只是语言学家渊博知识的证明,而不具有多少社会实践意义。在传统的汉语语言学的研究中,往往越是高深的学问,其社会实践意义越不明显。在这种情况下,面对当今我国蓬勃发展的市场经济,有人发出了"语言学无用论"的慨叹。

其实,语言是信息最重要的载体,蒸蒸日上、瞬息万变的社会需要了解信息,而自然语言处理的目的就是抽取和挖掘潜藏在语言中的信息,因而必然会同市场经济的社会发生千丝万缕的联系,这样,面向计算机的汉语研究就会与中国社会主义市场经济的进步息息相关。汉语语言学的研究必定会促进中国自然语言处理的研究,汉语语言学家在自然语言处理的研究中是大有可为的。汉语语言学界的同志们应该克服那种无所作为的消极情绪，应该走出"就语言为语言而研究语言"的象牙塔，到自然语言信息处理的实践中去看一看，这样就会了解到汉语语言学所具有的巨大的潜在价值，就可以在新的领域中继续发挥他们的聪明才智。目前，自然语言处理的研究对汉语语言学提出了一系列的新问题，如中文文本的自动切分问题、中文句子的歧义结构问题、中文语料库和树库的建立问题、中文句法语义自动分析问题，等等。加速这些问题的研究，促成这些问题的解决，将会有力地促进中国自然语言处理研究的发展，从而产生出巨大的经济效益和深远的社会影响。这不仅对于汉语语言学，而且对于人文科学和自然科学的进一步结合，都是很有意义的。

汉语语言学家应该到自然语言处理的研究中选取自己的课题，计算机工作者也有必要把他们在自然语言处理研究中遇到的各种汉语语言学问题，以汉语语言学家可以理解的形式，提供给他们。汉语语言学家和计算机专家的结合，将使我国的自然语言处理研究如虎添翼，得到更大的发展。

我国的大多数语言学家长期从事人文科学的研究，习惯于"一本书、一张纸、一支笔"的研究模式，他们勤于用手工的方式"笔耕"，但对于计算机了解不多，刚接触计算机时，常有神秘畏惧之感，不敢大胆地"机耕"。

为了让语言学家直接上计算机工作，软件工作者还应该设计对语言学家友好的人机界面，给语言学家提供一个有利于发挥其特长的自然语言研究环境。我们相信，语言学家一旦在这样友好的人机界面之下工作，他们对计算机就会熟悉起来，就会逐渐改变传统的手工研究方式。这样，他们丰富而渊博的语言学知识，就有可能最大限度地在计算机工作中发挥出来。在这样的过程中，有的语言学家还有可能成为计算机专家，成为文理兼通的新型人才。有了这样一批人才，我国的自然语言处理研究就更有希望了。

自然语言处理是建立在语言学、数学和计算机科学三门学科基础上的边缘性学科，处于文科、理科和工科的交叉点上。应当提倡这三个学科的研究人员在自然语言处理的研究领域内做适当的分工，发挥各自的专长。但是,像自然语言处理这样复杂的研究课题,研究人员的知识如果仅仅局限于一个学科之内,不积极地汲取其他两门学科的知识,就不能将这三方面的知识有机地结合起来,从而最大限度地发挥他们本专业知识的作用。因此,我们要促进自然语言处理研究人员的知识更新,改善我国自然语言处理研究人员的知识结构。一个好的自然语言处理研究人员,对于自己的本专业知识固然应该是精研通达的内行,但对于另外两个相关学科的知识也绝不能是似懂非懂的外行。对于自然语处理言的研究者来说,传统的"一次性教育"已是一个陈旧的观念。教育不再仅仅是进入工作岗位前的准备阶段,我们要不断地进行知识的更新,现代语言学、现代数学、现代计算机科学以及由这些学科相互渗透而产生的数理语言学、统计语言学、计量语言学、语料库语言学等新兴学科,都是我们应该熟悉的知识,每一个决心从事自然语言处理的研究人员,都要力争使自己成为文理兼通、博识多才的人。如果我们的业务素质提高了,就有可能将精湛的现代化科学知识转化为生产力,计算机化的语言知识也将成为生产力的一个组成部分,从而有力地推动中华民族的振兴。日本布拉维斯国际公司的日英机器翻译系统,是一个由一百多人组成的小组,经过七年的奋战才研制成功的。这个研究组中有三十三人是研究员水平的专家,占小组的百分之三十左右,由此可见自然语言处理研究人员素质之重要。为了进一步推动我国的自然语言处理事业,我们切不可忽视这个问题。

其次,要处理好探索性研究和工程性研究的关系。

实用的机器翻译系统、人机对话系统、信息检索系统、信息抽取系统、文本数据挖掘系统、自然语言智能控制系统,都是要经过长期的调试和不断的优化才可能建成的。在进行这样的工程性的自然语言处理研究的初期阶段,必定要进行大量的艰苦的探索性研究。例如,在工程性的机器翻译系统的研制过程中,首先要进行探索性研究,着重探索机器词典中常用词的规律,不要一开始就去盲目地扩大词典的容量。因为机器词典中每增加一个常用词,就可能要在系统中增加新的规则,或者要修改原有的规则,而新的规则的发现和增加,又往往会导致整个系统的规则的重新组合和调整。只有当词典中常用词的信息基本上定下来,常用词的频率覆盖面增加到所研究的子语言素材的90%以上,而且系统的规则基本上能反映这种子语言的语法面貌和语义关系的时候,才有可能进入工程性研究的阶段。常用词一般都是语法多义词或语义多义词,如英语的 of,法语的 de,汉语的"的"等高频率常用词,其用法是极为复杂的,而如果这些常用词的信息处理不当,由于它们在文章中到处出现,必将严重地影响到规则系统的质量和效用。因此,在探索性研究阶段,一定要下苦工夫来研究常用词的用法和它们的基本语法语义规律。到了工程性的研究阶段,才有针对性地扩充词典,进一步优化规则。这一阶段的工作量也很大。但是,只要探索性阶段的研究做得扎实,就可以保证工程性阶段研究的顺利进行,收到水到渠成的效果。所以,在自然语言处理的工程性系统研制的全过程中,应该把主要力量放在探索性研究阶段,决不能急于求成,为了急于要搞工程性研究而放弃探索性研究。探索性研究做得越好,我们就能越深入地了解汉语的性质,发现汉语更多的特性,从而丰富世界计算语言学的内容。

第三,应该处理好全局性研究和局部性研究的关系。

以机器翻译的研究为例,过去我国许多机器翻译系统的研究工作,一般总是选择一定数量的素材,然后对这些素材进行语言调查,抽象出其语法语义规则,最后根据语言调查的结果,编制机器翻译的规则系统,建立机器词典。由于规则和词典都是针对事先选择好的语言素材编制的,所以,在这些有限的素材范围内,一般都能够得到比较好的译文,但是,一旦增加新的语言材料,译文的质量就会急剧地下降。用这样的方式建立的机器翻译系统可以发现语言的某些局部的规律,也可以试验某些算法,但显然是无法付诸实用的。为了建立较大规模的、实用性的机器翻译系统,必须作全局性的研究。这种全局性的研究一般可以分两步来进行。首先从原语和译语的总体出发,设计出一个抽象的算法和在抽象数据上实施的一系列抽象的操作,建立起抽象的语言模型,而不管语言现象的各种细微末节。这种全局性的抽象语言模型的设计,要求尽可能地全面反映原语和译语的语言面貌,因此,它应当建立在全面地进行语言研究的基础之上。在全局性的抽象语言模型建立之后,就不难把它分解成若干相对独立的子问题,进行局部性的研究。由于各个子问题只涉及局部的环境和条件,这样就有可能精细入微地研究它们的各种细节,建立起机器翻译的规则系统来。采用这样的方式建立的规则系统,还需要通过大量的语言素材进行检验,在实践中不断地丰富和充实,使之日趋完善。如果我们在机器翻译的研究之初,就陷入到各种局部性的细微末节中去,淹没在语言现象的汪洋大海之中,而不能从全局性的抽象语言模型的角度去观察问题,等到发现整个系统在全局上左支右拙、进退维谷的时候,再回过头来搞全局性研究,那就会造成人力和财力的浪费,甚至导致整个机器翻译系统的报废。这种情况,在国内外机器翻译系统的研制中不乏先例,我们一定要引以为训。可见,如何正确地处理好全局性研究和局部性研究的关系,把这两方面的研究恰当地结合起来,是进一步搞好我国自然语言处理研究的一个应该注意的问题。

第四,应该处理好当代语言研究中的经验主义方法和理性主义方法的关系。

近年来,国际计算语言学越来越注意未经编辑的、非受限的大规模真实文本的处理,语料库语言学在自然语言处理研究中异军突起,受到普遍的关注,词库和树库在自然语言处理中的地位越来越重要,语言知识的颗粒度正日趋精细,对语料库中的非受限文本的词性标注和自动句法分析已取得了令人鼓舞的成绩。国际计算语言学界把这种基于语料库、词库和树库的经验主义方法确定为未来一个时期内计算语言学发展的战略目标,令人高兴的是,我国在基于统计的汉语真实文本自动分析方面已取得了突破性的进展,在语言知识库的建设中取得突出的成绩。这种经验主义的研究方法有助于全面地观察语言现象,克服传统语言研究的局限性和片面性。但是,在采用这种经验主义方法的同时,我们不能忽视理性主义的方法,即基于规则的自动句法—语义分析方法,这种理性主义的方法一般要求对所研究的语言给予某种程度的限制,从而减少句法—语义分析的难度,现在国内外都已经采用这种理性主义的研究方法,建立了一些实用的自然语言处理系统。理性主义方法对自然语言加以的限制,可以分为自然限制和人为限制两种。自然限制就是把研究对象局限于某一特殊领域的子语言,由于专业领域或文体的限制,多义词的处理和上下文的分析就比大规模真实文本容易得多了。人为限制就是要求作者按规定书写原文,对作者提出的限制要简单、自然,不妨碍表达思想。采用原文限制,可以使自然语言处理达到一定的水平,而又不丧失全自动的长处。因此,国内外许多学者提出了"受限语言"的概念。研究实践表明,采用人为限制的受限语言是很难行得通的。这种人为的受限语言,在词汇、语法、甚至语义上对语言加以严格的人为限制,而这些限制也必定是一种规定,而规定实际上就是一种规则。人为限制虽然其本意是为了减少自然语言处理系统的规则,而限制的结果,却增加了许多专门用于限制的新规则,这种人为的受限语言是很少有人愿意使用的。比较可行的办法是采用自然限制的受限语言,也就是把自然语言处理系统限制在一定的子语言范围内。实际上,除了这种由于专业的特点而形成的子语言之外,还存在着大量的、非人为的、以自然状态存在的受限语言。例如,科技术语就是这样的非人为的受限语言,这样的受限语言,具有简明性、单义性、确切性、严格性等特点,它们之所以成为受限语言,并不是人为地形成的,而是由于它们本身的特点自然地形成的。这样的受限语言,其词汇、语法、语义的结构关系都受着全民共同语的制约,反映了全民共同语的性质。汉语的科技术语,特别是词组型科技术语,也有句法结构和语义结构。我们研究发现,它们的这些结构与汉语的句子结构存在着同构关系。因此,只要把这些词组型术语的结构弄清楚了,汉语的句子结构也就容易弄清楚了。中文科技术语的句法—语义分析,也许可能成为汉语句子的句法—语义分析的突破口。这是汉语术语的特点给我们带来的有利条件。对这种受限语言的研究,应该是我国自然语言处理研究的一项基础性工作。由此观之,在我们把经验主义方法作为当前计算语言学发展的战略目标的同时,我们也不能忽视理性主义的方法,我们应该把二者结合起来。自然语言的计算机处理,需要丰富多彩、形形色色的各种知识的支持,既需要通过经验主义方法获得的颗粒度很细的知识,也要需通过理性主义方法获得的颗粒度较粗的知识。就是在大规模真实文本的自动标注中,我们也有必要把经验主义的语料库方法和理性主义的规则方法结合起来,让这两种方法相互补充,取长补短,相得益彰。研究实践证明,在基于经验主义方法的统计机器翻译系统中,辅之以理性主义的规则方法,可以提高统计机器翻译的质量。

第五,应当加强语言规范化和标准化的研究,处理好语言的规范化和标准化与计算机软件的规范化和标准化的关系。

已故著名科学家钱学森先生曾经在《中文信息》1994 年第 2 期上发表了《电子计算机软件与新时期的语言文字工作》一文。他指出,电子计算机对当代文化建设有着重大的影响,它同过去人类历史上语言的出现、文字的出现、造纸技术的出现、印刷技术的出现一样,是人类文化史上的大事。西方世界在 20 世纪 60 年代初曾产生过"软件危机",我们应该引以为训。目前,电子计算机技术正向更高的层次迈进,向智能化发展,在这种情况下,如果我国的计算机语言和软件设计各搞一套,没有统一的规划,计算机语言繁杂多样,各不相谋,等到"软件危机"爆发才着手挽救,就会给国家造成难以估计的损失。在经济上的损失,就不是几亿、几十亿元的问题了,还会耽误我国的社会主义建设。因此,钱学森主张从现在起就应该着手进行电子计算机技术和软件开发及其规范化、标准化的宏观筹划。我国系统工程学家汪成为曾经在 1986 年提出"电子计算机也是语言文字工作"的论点,钱学森非常赞同这一论点,他认为,电子计算机技术和软件的规范化、标准化与语言文字工作的联系最为密切,我们应该把这个问题作为社会主义文化的大问题来抓,把我国电子计算机技术的发展和国家的语言文字工作结合起来,面向现代化,面向世界,面向未来,为祖国的建设和发展作出贡献。

钱学森对电子计算机软件与新时期语言文字工作之间的关系的深刻论述,对于自然语言处理研究也同样有着指导意义。

自然语言处理中,不论是机器翻译、自然语言理解、信息自动检索、信息自动抽取、文本数据挖掘、术语数据库、语音的自动识别与合成、汉字的自动识别,都牵涉到语言文字的规范化和标准化问题。例如,为了提高普通话语音识别和语音合成的研究水平,有必要建立普通话语音库和语音特征库,探讨汉语语音的特征,为此,必须做好普通话语音的规范化工作。语音的差别不仅存在于普通话和方言之间,而且也存在于普通话的内部,为了解决普通话内部读音的分歧问题,普通话审音委员会曾于 1957 年到 1962 年三次发表了《普通话异读词审音表初稿》,于 1963 年辑录成《普通话三次审音表初稿》,1985年又公布了《普通话异读词审音表》,这些文件对于普通话的语音规范都起了积极作用。汉语语音识别与语音合成的研究,应该以普通话的标准读音为准。但是,在我国一些权威性的词典和字典中,注音分歧还不小,与《审音表》也不尽相同。如"纂",《现代汉语词典》注作 zuan3,《辞海》注作 zuan4,《审音表》未作规范;"螫",《现代汉语词典》注作 shi4,《辞海》注作 zhe1,又读 shi4,《审音表》把 shi4 作文读,zhe1 作白读,《现代汉语词典》与《审音表》不一致。这些分歧,使得语音识别和合成的研究者无所适从,在这种情况下,他们建立的普通话语音库和语音特征库等软件就很难是标准化和规范化的。另外,搞计算机的人在研究工作中遇到读音问题时,一般总是直接地查词典或字典,不大会去查《审音表》。词典和字典的注音分歧,对自然语言处理的软件研究工作十分不利。我们建议普通话审音委员会应多吸收出版界的人员参加,多与出版部门通气,使得审音的成果,能够迅速地在词典和字典中反映出来,以便于从事自然语言处理和软件开发的人员使用。

机器翻译、自然语言理解中要使用形态词典、结构词典和语义词典,词典的研制是机器翻译和自然语言理解的一个基本项目,因为在机器翻译和自然语言理解中所需要的各种静态信息以及一部分动态信息,都要通过词典来提供。

机读汉语词典的研制,与普通话的词汇规范有着密切关系。普通话规定以北方方言为基础方言,主要是指普通话词汇应以北方方言的词汇作为基础,但北方方言词汇内部的情况十分复杂,哪些词可以纳入普通话,哪些词不能纳入普通话,都需要经过透彻的调查研究才有可能决定。比如"太阳"这个词,仅在北方方言区的河北省,就有"日头、日头爷、日头影儿、老爷儿、爷爷儿、爷爷、太爷、阳婆、阳婆儿、前天爷、佛爷儿、老佛爷、火神爷、太阳帝儿、日头帝儿"等多种说法,需要进行筛选。这是同实异名的问题。另外,还有同名异实的问题。比如,在河北省内,"山药"这个词的含义因地而异,在石家庄指"红薯",在张家口指"土豆",普通话中如何处理这类问题,也需要进行研究。目前,急需在北方话词汇调查的基础上,编写一部规范的普通话通用词典,使之成为机读汉语词典收词的基本依据。

编写机读汉语词典的另一个问题是正词法问题。究竟什么算是一个词,什么不能算一个词,必须有明确的规定才能收入机读汉语词典。现在,国家语言文字工作委员会公布了《汉语拼音正词法基本规则》,为这个问题的解决提供了依据。但是,与此同时,国家技术监督局又公布了《信息处理用现代汉语分词规范》,并以此作为国家标准,其中有一些规定与《汉语拼音正词法基本规则》不一致,这将会给与机读汉语词典的编制有关的计算机软件工作人为地造成一些新的困难。我们认为,信息处理用的分词规范与正词法应该统一起来。否则,在自然语言处理的系统研制、人员培训、推广应用等方面,都会带来许多不必要的麻烦。

机器翻译、自然语言人机接口、信息自动检索等自然语言处理系统主要应用于科技方面,因此,在自然语言处理的研究中,还应该注意科技术语和译名的规范化问题。目前,汉语的科技术语使用比较混乱,同实异名的情况相当之多。如数学中的"公理:公设"、"无穷:无限"、"有序:全序"、"半序:偏序"、"矢量:向量"、"算子:算符"、"既约:不可约"等;同实异名的现象也不少,如计算机科学中的"共行操作:同时操作:并行操作"等;数学和计算机都是十分严格的精密的学科,术语的混乱尚且如此严重,在其他学科中术语的混乱情况,也就可想而知了。这对于自然语言处理系统的软件开发是极为不利的。对于同实异名的术语,应该使之逐渐统一,对于同名异实的术语,应该使之逐渐分化,尽量使术语保持单义性。

外国科学家的译名也相当混乱。例如,数学家 De Morgen 的译名有"代莫伏、隶莫弗、棣莫弗、棣梅弗、棣莫佛、德莫弗、莫瓦夫儿"等,这必然会在自然语言的计算机处理系统中造成张冠李戴的混乱现象,应该按照名从主人和约定俗成的原则,以慎重的态度进行协调和统一。

机器翻译和自然语言理解,都要进行语法分析和生成,语义分析和生成,上下文分析和生成,这些都需要对普通话的语法和语义进行深入的研究,并使之形式化。

自然语言中普遍存在着歧义现象,汉语的语法结构多用意合法,歧义现象更为突出。这样的歧义现象,是汉语分析和生成中应该给予特别注意的。例如,"削苹果的刀"和"削苹果的皮",其结构都是"V＋N＋的＋N",但其层次很不相同。这种结构歧义现象在汉语中比比皆是,我们在第五章中已经作了详细的分析,在研制汉语的自然语言处理系统时,这些歧义问题应该着重地加以解决。我国学者在对汉语歧义结构的分析研究中,已经提出了一些有效的理论和方法。进一步深入研究汉语的歧义问题,是汉语的自然语言处理中的一个关键性问题。

同时,我们应该看到,目前在汉语中还有一些语法结构并不是由自然语言本身固有的歧义造成的,而是由于规范化不够而造成的。例如,"摄氏 20 度以上",有人理解为包括 20 度在内,有人认为不能包括 20 度在内,人尚且判别不了,计算机当然就更难判别了;"发霉的栗子竟占了半成以上",有人把"半成"理解为二分之一,有人却认为既然"一成"是十分之一,"半成"当为二十分之一,众说纷纭,莫衷一是;"争取把这个地区的粮食产量翻两番",有人把"翻两番"理解为增加两倍,有人理解为增加三倍(翻一番为两倍,在原有基础上再翻一番为三倍),有人则理解为增加四倍(翻一番为两倍,在两倍的基础上再翻一番为四倍),"还欠款 4 000 元",有人把"还"读为 huan2,理解为已经赔还了欠款 4 000 元,有人把"还"读为 hai2,理解为仍然欠款 4 000 元,仁者见仁,智者见智,由此而引起经济工作的许多麻烦。这些歧义问题,都需要由有关部门做出明确的规定,才可以在自然语言处理中避免误解。汉语的否定用法也比较混乱,有许多肯定形式与否定形式的含义都相同的句式。例如,"难免要犯错误"和"难免不犯错误"的含义相同,"除非他来,我就去"和"除非他来,我不去"的含义相同。在自然语言处理中,"否定"的逻辑含义与"肯定"的逻辑含义是完全相反的,如果否定之后的含义与肯定一样,将会给计算机的理解带来极大的困难。我们希望有关部门,对于这些不清晰的、有分歧的用法,根据语言发展规律,选择其中的一种作为规范,废除不规范的用法。

由此可见,加强语言文字的规范化和标准化,对于进一步搞好自然语言的计算机处理,具有极其重要的作用和深远的意义,计算机软件工作实际上也是语言文字工作,我们应该有战略的眼光,大力纠正语言文字应用中的混乱现象,努力促进语言文字的规范化和标准化。

同过去的研究结果相比,我国的自然语言处理研究确实已经取得了很大的成绩,已经研制出一些实用性的自然语言处理系统,一些研究成果,已经走出国门,在世界上获得了较好的评价,但是不得不承认,同国际自然语言处理发展的水平相比,还有很大的差距,我们不论在基础理论的研究上还是在实际应用的研究上,都相当落后。面对这样的状况,我们应该有紧迫感,要面向世界,更大地敞开国门,加速我国自然语言处理研究的世界化过程。

现在,互联网的使用越来越广泛,"上机上网"已经成为普通人的寻常事情。互联网上的信息多种多样,有语言文字信息,也有图形图像信息,还有音乐信息,但主要还是语言文字信息,也就是说,网络世界主要是由语言文字构成的。

为了说明自然语言处理的重要性,我们把它与物理学做如下的类比:我们说物理学之所以重要,是因为物质世界是由物质构成的,而物理学恰恰是研究物质运动的学科;我们说自然语言处理之所以重要,是因为网络世界主要是由语言文字构成的,而自然语言处理恰恰是研究语言文字自动处理的学科。

可以预见,知识的日新月异和网络技术的突飞猛进,一定会把自然语言处理的研究推向一个崭新的阶段。自然语言处理有可能成为当代语言学中最有发展潜力的领域,给有着悠久传统的古老的语言学注入新的生命力,在它的推动下,语言学有可能真正成为当代科学百花园中的一门领先学科。

冯志伟于杭州下沙
2012 年 7 月

我与语言学割舍不断的缘分
My love to linguistic research

冯志伟

　　我是一名普通的语言学研究者,《当代外语研究》主编杨枫老师
要我写一篇文章介绍自己的治学
经验,我很愿意与广大读者交流
自己学习和研究语言学的心得,
因此就欣然同意了。在这里,我
想讲一讲自己弃理学文、弃文从
理,最后又弃理从文的曲折过程,
谈一谈 50 多年来自己与语言学
之间割舍不断的缘分。

1. 弃理学文
　　我于 1939 年 4 月 15 日出生于云南昆明。1946 年考入昆明市长
春路东升小学读书,1951 年以全昆明市会考第一名的好成绩考入昆
明一中就读。昆明一中是云南省著名的重点学校,曾培育了无数的
英才。获诺贝尔奖的著名物理学家杨振宁、著名哲学家艾思奇、著名
出版家黄洛峰等等,都曾经是这个学校的学生。入学后,我下决心追
赶这些曾经给昆明一中带来声誉的前辈老校友,努力地学习,从初一
到高三,我每年的总平均分都名列全校第一,成为了昆明一中的好
学生。
　　1957 年高中毕业时,我以云南省理科第一名的成绩考入北京大
学地球化学专业本科就读,一心想研究化学元素在地球上的分布规

律。当时我的兴趣主要是在稀有元素上，它们在元素周期表上是排在比较后的元素，是国家很需要的自然资源。我非常热爱地球化学专业，当时也没有任何从事其他学科的想法，这个学科确实也很有意思。地球化学在上世纪 50 年代属于国家要重点发展的尖端学科之一，在地球科学里面，地球化学也是属于最先进的学科。

我在入学后曾经对五光十色的矿物发生了浓厚的兴趣，研究这些矿物的晶体结构，如醉如痴地观察着不同结晶形状的各种矿物，六方晶系的金刚石、方斜晶系的石墨……，这些立体结构不同的矿物有着差异很大的物理和化学性质。我深深地被大自然的奥秘吸引住了。

就在我认真学习地球化学的前后，国外兴起了数理语言学，建立起了完善的理论和方法，一些大学中开设了数理语言学的课程，数理语言学作为一个独立的学科出现在现代语言学的百花园中，日益芬芳灿烂。

1956 年，我国开始注意到国外数理语言学的兴起和发展，在我国科学研究的发展规划中，确立了名称叫做"机器翻译，自然语言翻译规则的建立和自然语言的数学理论"的课题。这个课题包括两部分：一部分是机器翻译，另一部分是自然语言的数学理论，也就是今天我们所说的"数理语言学"（mathematical linguistics）。

一个偶然的机会使我了解到数理语言学这个新兴的语言学科。

1957 年冬天，我在北京大学图书馆馆藏的 1956 年出版的美国《信息论》（*IRE Transaction*，*Information Theory*）杂志上，无意中看到了美国语言学家乔姆斯基（N. Chomsky）的论文《语言描写的三个模型》（*Three models for the description of language*）这篇文章，被乔姆斯基在语言研究中的新思想深深地吸引了。乔姆斯基追求语言描写的简单性原则，为了使用有限的手段描述变化无穷的自然语言，在他的文章中，建立了形式语言和形式文法的新概念，他把自然语言和计算机程序设计语言置于相同的平面上，用统一数学方法进行解释和定义，提出了语言描写的三个模型。用数学方法描写的这三个模型是这样地抽象，它们既可以用于描写自然语言，又可以描写计算机程序设计语言，达到了"有限手段的无限运用"的目标。

我预感到这种语言的数学描写方法,将会把自然语言和程序设计语言紧密地结合起来,在信息的处理和研究中发挥出巨大的威力。乔姆斯基当时未满 30 岁,还是一个名不见经传的青年语言学家,但是他的文章中却闪耀着智慧的光芒,我完全被他的卓越智慧征服了。

经过反复考虑,我下决心来研究数学方法在语言中的应用这个问题,并经学校同意,我弃理学文,从理科转到中文系语言学专业从事语言学的学习。

2. 胡耀邦鼓励我学习数理语言学

转入语言学专业之后,情况并不像我原来预想的那样顺利。

当时的中文系语言学专业要求学生学习大量的传统语言学课程,如"汉语史"、"文字学"、"音韵学"、"训诂学"等,根本没有开设任何与数理语言学有关系的课程,而我的志向是用数学方法研究语言,与学校的课程安排有很大的出入。因此,我一面要学习这些传统语言学的课程,一面还要利用课余时间,继续研究我有兴趣的数理语言学问题,我需要同时在两条战线上作战,感到时间很不够用。我终日埋头读书,不怎么关心政治。尽管我努力学习学校规定的这些传统语言学课程,成绩总是名列前茅,而且还学会了 4 门外语,但是,同学们对于我这个理科转过来的学生不理解,有的同学发现我能够解一些非常繁难的数学问题,感到十分奇怪。他们觉得,数学这样好的人居然改行来中文系学语言学,简直是匪夷所思!我在班上显得很孤立。

1961 年秋天,团中央机关建立了这样一个制度:团中央书记处的每一位书记至少直接联系一个团支部,作为了解情况和结交青年朋友的一个渠道。1961 年 11 月,北京市团市委为团中央第一书记胡耀邦选定北京大学 59 级语言学专业团支部作为联系点。胡耀邦首先找这个班的团支部书记和宣传委员了解情况,问他们:"你们同学中有学习特别专心的吗?"他们回答介绍说:"我们班有个同学叫做冯志伟的学习特别好,他已经学了英语、俄语、德语和日语,而且达到相当水平,但是好像不是特别关心政治。"胡耀邦表示:"我希望找冯志伟同学亲自谈一谈。"

团中央第一书记邀请的消息传给了我,我感到非常激动。1961年11月11日,北京大学团委安排我和其他4名同学一起到住在富强胡同的胡耀邦家做客。晚饭后我们乘公共汽车进城,当时北京的公交车数量严重不足,乘车的人很多,我们没有挤上从颐和园路过北大开往西直门的32路汽车,急中生智,干脆从北大乘车到起点站颐和园,再从颐和园乘车直奔北京市内,当我们赶到富强胡同时已经是晚上9点多钟了。胡耀邦还在一直等待着我们,他也等得有些着急了。

我们在会客室坐下,胡耀邦给我们每个同学递上了一个苹果,依次询问我们每个人的姓名、籍贯。

当胡耀邦问到我的时候,他说:"你就是那个学了4种外国语的同学冯志伟吗? 你学习那么努力,挨批了没有?"

我回答说:"其实我学习只是出于对语言学的兴趣,自己只是想多学点东西而已。"

当时的社会风气不主张学生学习外语,认为那是"崇洋媚外",胡耀邦洞察秋毫,所以才一见面就关切地问我挨批了没有。

我坦率地向胡耀邦汇报了自己的想法,讲述了自己学习数理语言学的动机和过程。

我向胡耀邦作了如下的自我介绍:

我原是昆明一中的学生,1957年考入北京大学地球化学专业学习,比同班同学早两年进入北大。1958年,我在一本英文的信息论杂志上,读到了一篇关于运用数学方法研究语言的文章,顿时灵感火花四溅,觉得这样的研究有可能为语言在计算机上的处理产生革命性的影响。我想,我的数学基础很好,何不投身到这个领域做进一步的探索? 于是,我要求转到语言学专业学习,在学校的支持下,我在1959年转入语言学专业,一面学习语言学课程,一面学习数学,同时关注国际上运用数学方法研究语言问题的最新进展,当时,国际上把这样的研究叫做"数理语言学"。我对于外语的领悟比较灵敏,到1961年底的时候,已经学会了4门外语,而且能够使用这4种外语阅读数理语言学的外文文献了。由于我对于数理语言学有强烈的兴趣,数理语言学是交叉学科,我除了学好语言学的课程之外,还要自学数学和外语等不同的学科,时间比别的同学紧,没有很多的时间来关心政治。而当时学校的政治气氛特别浓,不太主张学生读书,我显得有些古怪:明明是学中文的文科学生,一有空就做些数学题,还经常读点外文书,这在当时是很不合拍的。所以,有的同学认为我是在走"只专不红"的道路,对我颇有微词;有的同学还说我是"孔子学生继承牛顿事业",认为我的学习方向特别怪异。尽管我自己还没有受到批判,但是,思想压力很大,心里不大痛快。

胡耀邦带着关注的神色耐心地听了我的这些介绍之后,正色地对我说:"事实将证明你的道路是正确的!"他的话斩钉截铁,掷地有声。

胡耀邦还严肃地回过头来对我们大家说:"外语学习是很重要的,我们需要对外交流,语言是很好的交流工具呀,懂了外语可以扩大眼界。"我们专心地聆听着,默默地思考着,会客室的气氛显得特别肃穆。

接着胡耀邦换了语气,开始和大家轻松地聊天。他告诉大家:"学生的主要任务是学习知识。我在高中的孩子写了篇作文,老师出题目说什么是学生的主要任务?我的孩子写道:学生的主要任务是提高政治水平。"他笑着对我们说,现在不少人对学生的主要任务的认识不很清楚,其实,道理很简单:"学生的主要任务是学习。"

谈话结束时已经很晚了。我们告别了胡耀邦,一路谈论着他的教导,总算赶上了末班车顺利地回到了北京大学。

从这次谈话后,我学习数理语言学更加理直气壮了。

1964 年,我考上了北京大学理论语言学专业的研究生,我的毕业论文题目就是:《数学方法在语言研究中的应用》,在我国语言学研究中,首次系统地、全面地来研究数理语言学这个新兴学科。

这样,我国的数理语言学研究便首先在北京大学正式地开展起来。现在媒体报道,北京大学的计算语言学研究是从 1985 年开始,恐怕与事实不符,我觉得似乎应当是从 1964 年开始的。

北京大学中文系的著名语言学家王力先生和朱德熙先生都支持我的数理语言学研究。

王力先生曾对我说:"语言学不是很简单的学问,我们应该像赵元任先生那样，首先做一个数学家、物理学家、文学家、音乐家，然后再做一个合格的语言学家。"

朱德熙先生曾对我说，"数学和语言学的研究都需要有逻辑抽象的能力，在这一方面，数学和语言学有共同性。"

北京大学的这些第一流的学者，总是站在科学的最前沿来看待学术的发展，他们的鼓励给了我巨大的力量。

但是这时候发生了一件事情，就是1966年的5月25日，第一张马列主义的大字报贴到了北大饭厅的门口。我记得很清楚那一天是5月25日，因为那一天我要去买一本法文词典，当时的《法汉词典》编得很不好，很简单，单词太少了。我学过日文，可以阅读日文文献，我的导师岑麟祥教授说："你去买本《仏和词典》①吧！"于是，我就到五道口的外文书店买了一本《仏和词典》。中午时分，我刚刚在五道口外文书店旁边的小饭馆吃完中饭回到北京大学，看到学校的大饭厅前人头攒动。我伸头一看，大饭厅前面的墙上贴着大字报呢。上面写着："陆平、彭佩云你们要走往何方？"，言词很激烈，陆平是北大的校长，彭佩云是北大的党委书记，她现在是全国妇联的领导，他们俩当时被认为是北京市委的黑线人物，当时北京市长彭真已被揪出来了。我一看到大字报，就知道我正在准备答辩的毕业论文泡汤了，一场很大的革命就要来临了。

果然，过了几天《人民日报》就发表了社论说，"这是一张马列主义的大字报"，一下把火点起来了。北大进入"文化大革命"的混乱状态，王力先生和朱德熙先生等等，都被打成反动学术权威，我的数理语言学研究也随之失去了支持，这个新兴学科的研究被这场"革命"扼杀在襁褓之中。我的数理语言学之梦破灭了。我弃理学文，意在用数学方法研究语言，现在，我既不能学理，也不能学文，我成为了所谓的"三品学生"②，随之离开了北京大学，到云南边疆的一所中学里当一名物理教员，又只好弃文从理了！

---

① 《仏和词典》是《法日词典》的日语写法。
② 当时把文革中找不到工作的大学生叫做"旧教育制度的牺牲品，新教育制度的实验品，社会上的处理品"，简称为"三品学生"。

3. 手工查频估测汉字熵值

在云南边疆当物理教员的这段时间里,我除了认认真真地教好学生,努力做好本职工作外,仍然利用一切业余时间,密切地关注着国外学术发展的动向。

数理语言学仍然像磁石一样强烈地吸引着我。在云南边疆那样闭塞的环境中,我设法利用业余时间,潜心研究数理语言学的问题,在信息不足、资料缺乏的困难条件下,阅读了我所能搜集到的各种关于数理语言学的资料,当时我已经掌握了英、法、德、俄、日等 5 种外国语,可以阅读散见于各种外文书刊中的数理语言学文献,紧跟世界上数理语言学发展的步伐。就在"读书无用论"甚嚣尘上的时候,我总结了当时国外数理语言学的成果,于 1975 年,以昆明五中教师的名义,写成了《数理语言学简介》的长篇文章,在重庆的一家自然科学杂志《计算机应用与应用数学》上发表,向国内计算机界和数学界详尽地介绍了数理语言学的最新情况,这一篇文章犹如空谷之足音,使当时被文化大革命封闭了世界学术进展的中国学术界了解到国外信息时代已经到来的最新动态。我在这篇文章中兴奋地告诉广大读者:"信息时代的到来,使得语言学、数学和计算机科学结下了不解之缘,语言研究和计算机技术已经到了非结合不可的地步了!"

在云南边疆的中学教物理学期间,我还有机会阅读了一些物理学的经典著作,例如,伽利略的《关于两个世界体系的对话》,牛顿的《自然哲学之数学原理》等。这些经典著作给了我很多启示。

伽利略认为,人们正在构建的理论体系是确实的真理,由于存在过多的因素和各种各样的事物,现象序列往往是对于真理的某种歪曲。所以,在科学研究中,最有意义的不是去考虑现象,而应当去寻求那些看起来确实能够给予人们深刻见解的原则。伽利略告诫人们,如果事实驳斥理论的话,那么,事实可能是错误的。伽利略忽视或无视那些有悖于理论的事实。伽利略举例说,人们看到每天太阳从东方升起,从西方落下,都误以为太阳是围绕地球旋转的,而实际上却是地球围绕太阳旋转。因此,现象序列往往是对于真理的某种歪曲,科学研究应当揭示那些隐藏在现象序列后面的真理,千万不要被表面的现象所迷惑。

牛顿认为,在他那个时代的科学水平下,世界本身还是不可理解的,科学研究所要做的最好的事情就是努力构建可以被理解的理论,牛顿关注的是理论的可理解性,而不是世界本身的可理解性,科学理论不是为了满足常识理解而构建的,常识和直觉不足以理解科学的理论。牛顿摒弃那些无助于理论构建的常识和直觉。

通过阅读这些博大精深的物理学经典著作,我认识到,在语言学的研究中,我们应当探索和发现那些在语言事实和现象后面掩藏着本质和原则,不要只是总是停留在现象的观察和描写上,语言学研究的目的在于通过语言的现象揭示语言的本质。在这样的思想的启示之下,我下决心模仿 Shannon 研究英语字母的熵的做法,通过汉字频度的手工统计来探测掩藏在字频的表面现象之后的汉字的熵值(entropy),也就是汉字中包含的信息量。从此,我利用业余时间潜心研究汉字熵值的测定问题。

汉字熵值的测定首先需要统计汉字的频度,通过频度来计算汉字的熵值。这显然是一个通过现象揭示本质的典型的科学问题,正好与伽利略和牛顿的科学方法不谋而合。

为了进行语言文字的信息处理,必须知道文字的信息量,因此,也就必须测定文字的熵。这是信息时代语言文字处理应该研究的基础性问题。汉字的"熵"是汉字所含信息量大小的数学度量,是汉字的一个重要的本质属性,一旦进入信息时代,我国必定要用计算机来处理汉字,首先就会遇到汉字信息量的问题。汉字熵的研究可以为汉字进入信息时代做好理论上的准备。

近几十年来,国外学者已陆续测出一些拼音文字字母中的熵,而汉字数量太大,各个汉字的出现概率各不相同,因此,要计算包含在一个汉字中的熵是一个十分复杂和繁难的问题。

为了计算汉字的熵,首先需要统计汉字在文本中的出现频度,由于 20 世纪 70 年代我们还没有机器可读的汉语语料库,哪怕小规模的汉语语料库也没有,我是一个中学物理老师,也没有计算机,我只得根据书面文本进行手工查频,请了几个志同道合的朋友,用手工帮助我进行汉字频度的调查。我给这些朋友每个人发了一箱卡片,请他们帮助统计在选定样本资料中的汉字出现的频度,并且把这些频度记录在卡片上。在朋友们的帮助下，我用了将近 10 年的时间，对数百万字的现代汉语文本(占 70%)和古代汉语文本(占 30%)进行手工查频，从小到大地逐步扩大统计的规模，建立了 6 个不同容量的汉字频度表，最后根据这些不同的汉字频度表，逐步地扩大汉字的容量，终于计算出了汉字的熵。

通过汉字熵值的测定，我认识到了科学方法论的重要性，语言学研究不能总是停留在对于语言表面现象的描述上，而应当通过语言的表面现象深入地揭示语言的根本性的属性。汉字熵值的测定正好体现了这样的科学方法论原则：通过汉字频度的手工统计出来的数据来揭示隐藏在这些数据后面的汉字的信息量的大小——汉字的熵值。

为了给汉字熵的测定建立一个坚实的理论基础，我还提出了"汉字容量极限定律"，我用数学方法证明：当统计样本中汉字的容量不大时，包含在一个汉字中的熵将随着汉字容量的增加而增加，当统计样本中的汉字容量达到 12 366 字时，包含在一个汉字中的熵就不再增加了，这意味着，在测定汉字的熵的时候，统计样本中汉字的容量是有极限的。这个极限值就是 12 366 字，超出这个极限值，测出的汉字的熵再也不会增加了。在"汉字容量极限定律"的基础上，我在包含 12 370 个不同汉字的统计样本的范围内，初步测出了在考虑语言符号出现概率差异的情况下，包含在一个汉字中的熵为 9.65 比特。由此得出结论：从汉语书面语总体来考虑，在现代汉语和古代汉语的全部汉语书面语中，包含在一个汉字中的熵是 9.65 比特。由于我采用的是手工查频的方法，尽管工作十分繁重，准确性还是难以得到保证，我一直认为，我测定出的汉字熵值只是一种初步的猜测，还需要更加精密的手段来进一步检验这样的猜测。

20 世纪 80 年代，北京航空学院计算机系刘源教授使用计算机统计汉字的频度，并计算出汉字的熵为 9.71 比特。刘源教授使用计算机计算的结果与我通过手工测定的结果相差不大，这说明我在 70 年代对于汉字熵的测定是十分认真的。

这项科学研究的结果说明，由于汉字的熵大于 8 比特，所以，汉字不能使用 8 比特的单字节编码，而要使用 16 比特的双字节编码。

这项研究为汉字信息的计算机处理提供了基本的数据,对于汉字编码、汉字改革和汉语的规范化都有一定的指导意义。

汉字熵值的测定还使我更加深入地理解了通过表面现象揭示隐藏在现象后面的本质的科学研究方法。这些都是我认真地阅读伽利略和牛顿的物理学经典著作而得到的收获。

4. 研制世界上第一个汉语到多种外语的机器翻译系统

粉碎四人帮之后,我们迎来了科学的春天。高等学校开始招生。毛泽东主席生前对于大学招生做过指示:"大学还是要办的",但接着他又指示:"我这里主要说的是理工科大学还要办"。毛泽东在他的指示中没有说文科大学还要办。这样,大学招生时,首先恢复的是理工科大学招生,而文科没有招生。我渴望着早日回到科学研究的岗位上去,因此决定,既然文科不招生,那就报考理工科,于是,我报考了中国科学技术大学研究生院,毅然参加理工科大学的入学考试。1978 年,我通过了理科的入学考试,考上了中国科学技术大学研究生院,成为了这所全国一流的理工科大学的研究生。于是,我在弃理学文 20 年之后,又反过来弃文学理,重新开始了理科的学习,从云南边疆回到了北京。

在中国科学技术大学研究生院学习期间,我很快就在理工科的杂志上发表论文。1979 年,《计算机科学》杂志创刊,我就在该杂志创刊号上发表了《形式语言理论》的长篇论文,用严格的数学表达方式向计算机科学界说明数理语言学中的形式化方法如何推动了当代计算机科学的发展,并且指出:在数理语言学研究中发展起来的形式语言理论,事实上已经成为了当代计算机科学不可缺少的一块重要的理论基石,计算机科学绝不可忽视形式语言理论。许多人认为这篇文章一定是资深的计算机科学家写的,后来,当计算机界的一些专家了解到,这篇论文的作者竟然是文革前北京大学中文系的一个文科研究生的时候,感到非常惊讶。

不久,我被中国科学技术大学研究生院选送到法国格勒诺布尔理科医科大学应用数学研究所(IMAG)自动翻译中心(GETA)学习,师从当时国际计算语言学委员会主席、法国著名数学家沃古瓦(B.

Vauquois)教授,专门研究自动翻译和数理语言学问题。

沃古瓦教授是国际计算语言学委员会的创始人,是当时国际计算语言学的领军人物,他领导的 GETA 在机器翻译的理论和实践上都做出了出色的成绩,我在 GETA 良好的学习环境中,可以了解到机器翻译发展的最新情况,可以学习到当代机器翻译最前沿的技术。我自幼就喜欢数学,而沃古瓦教授是数学家,我们一拍即合,都深知自然语言的形式理论对于构建机器翻译系统的重要性。从此,我的研究重点逐渐由数理语言学转到了计算语言学(computational linguistics)。

在法国留学期间,我的主要工作是进行汉语与不同外语的机器翻译研究。开始时,我使用的自然语言形式理论是乔姆斯基的短语结构语法(phrase structure grammar),我试图使用短语结构语法来进行汉语的自动分析。

早在 1957 年,我就接触到乔姆斯基的形式语言理论,对于乔姆斯基的理论是有深入了解的。乔姆斯基根据形式语法的原理,提出了短语结构语法来作自然语言形式描述的一种手段,这种语法在自然语言处理中得到了广泛的使用。国内外的许多机器翻译系统都采用乔姆斯基的短语结构语法作为系统设计的基本理论依据。根据乔姆斯基的短语结构语法,表示句子结构的树形图中的每一个结点只有一个相应的标记,结点与标记之间的这种关系是一种单值标记函数,会出现大量的歧义问题,难于区分句法结构相同而语义结构不同的汉语句子,这种分析法是短语结构语法在分析汉语时一个致命的缺点。

当时我在法国研制开发机器翻译系统的实践中,就更加具体地认识到短语结构语法的缺陷。这种单值标记函数表示的语言特征是十分有限的,因而在机器翻译中进行汉语的自动分析时会显得左支右绌。

有一天,沃古瓦教授和我讨论汉语自动分析的问题。我坦率地向沃古瓦教授说:"乔姆斯基的短语结构语法对于法语和英语的分析可能没有多大问题,可是,用这种语法来分析汉语,几乎寸步难行。"

沃古瓦教授用好奇的目光看我,他希望我进一步阐述自己的

看法。于是,我举例对沃古瓦教授作了如下的说明:

在汉语中可以说"点心吃了",实际上是"点心被吃了",但汉语一般不用"被"字;汉语中还可以说"张三吃了",实际上是"张三把点心吃了"。"张三"是个名词短语 NP(Noun Phrase),"点心"也是个 NP,"吃了"是个动词短语 VP(Verb Phrase),这两个句子的规则都是:S→NP + VP,其中,S(Sentence)表示句子,它们的层次相同,词序相同,词性也相同,但它们却有截然不同的含义,一个是被动句,一个是主动句。我们怎么来解释这样的差异呢? 如果我们使用短语结构语法,用计算机来分析这两个不同的句子,计算机最后做出来的肯定是一样的树形图,它们的差别只是在叶子结点上的词不一样,整个树形图的上层都是同样的 S→NP + VP,这样在结构上相同的句子为什么会有不同的语义解释,从而产生不同的含义? 使用短语结构语法显然是解释不了的,而中文里到处都是这样的句子,因为中文里的被动关系有不同的表示方法,有时主动和被动在形式上没有明显的区别,可以从句子的上下文和意念上来加以区分。在这种进退两难的局面下,唯一的出路就是根据汉语语法的特点来改进乔姆斯基的短语结构语法,设法使用一种新的方法来描述汉语。

沃古瓦教授耐心地听完了我的说明,他从沙发上站起来惊叹地说:"汉语真是一种 langue terrible(法语:糟糕的语言)。"他说:"哪种语言能够不分主动和被动,人吃了和被人吃了怎么能是一样? 怎么这么乱?"

我向沃古瓦教授解释道: 其实中国人一点儿也不感觉到乱,我们中国人在说话时是分辨得很清楚的,因为我们中国人知道,在一般的情况下,人是不能被吃的。所以"小王吃了"的语义不能是"小王被吃了",而点心不吃东西,所以"点心吃了"必定是"点心被吃了"。汉语是靠词汇的固有语义来解决语法问题的,但是对于你们法国人来讲,并不存在这样的问题。所以,我们不能按照法语的思考方法来处理这个汉语的问题,我们必须另辟蹊径!

沃古瓦教授是一个知识广博、眼界开阔的学者,他鼓励我沿着这个思路继续探索。他对我说:"乔姆斯基的短语结构语法也不一定永远正确嘛!"

在我告别时,沃古瓦教授兴奋地说:"我相信,你一定能找出一种汉语自动分析的新方法。"

这次和沃古瓦教授的谈话使我深刻地认识到,乔姆斯基的短语结构语法在汉语自动分析时确实出现了极大的困难。这种困难甚至连沃古瓦教授这样世界第一流的计算语言学家也承认了。作为中国的科学工作者,我必须想出一种新的办法,来克服短语结构语法的缺点。不然,我现在进行的汉语自动分析就很难搞下去了。

这一天夜里我很不平静,翻来覆去总在思考这个问题。第二天清早,我走到沃古瓦教授的办公室,明确地向沃古瓦教授提出:我们正面临一个新的挑战,我们必须要思考一种新的语法理论来解决这个问题。沃古瓦教授完全同意我的意见,他进一步鼓励我探索新的理论和方法来解决汉语自动分析中出现的这个困难问题。

在沃古瓦教授的鼓励下,我对这个问题反复进行了思考。我观察到:"小王吃了"和"点心吃了"这两个貌似相同的句子在词汇的语义上有很大的不同,"小王"在语义上是一个"人",在一般情况下,"人"是"吃了"这个行为的主动者(agent),而"点心"在语义上是"食品",在一般情况下,"食品"是"吃了"这个行为的被动者(patient),是"吃了"的对象。在短语结构规则 S→NP + VP 中,如果我们不要把NP看成一个不可分割的单元,而把 NP 进一步加以分割,使用若干个特征来代替 NP 这个单一的特征。例如,在"小王吃了"中,我们把NP分解为"NP|人"两个特征,在"点心吃了"中,我们把 NP 分解为"NP|食品"两个特征,这样一来,就有可能在计算上把它们分解开来了。在计算机处理语言时,特征也就是"标记",因此,我提出,如果我们使用"多标记"(multiple label)来代替短语结构语法中的"单标记"(mono label),就有可能大大地提高短语结构语法描述语言的能力,我们就可以使用改进后的这种语法来描述汉语,实现汉语的自动分析。这就是我关于"多标记"的设想。

我对于短语结构语法的另一个改进是使用多叉树代替短语结构语法的二叉树。乔姆斯基曾经提出乔姆斯基范式,他认为自然语言的结构具有二分的特性,因此他主张在自然语言处理中使用"二叉树"(binary-tree)。我认为,在汉语中存在着"兼语式"和"连动式"等特殊句式,它们都不具备二分的特性,因此,我主张使用"多叉树"来代替"二叉树",从而提高短语结构语法描述汉语的能力。例如,"请小王吃饭"是一个兼语式的句子,其中的"小王"做前一个动词"请"的宾语,又做后一个动词"吃饭"的主语,在计算机处理时,究竟是分析为"请/小王吃饭",还是"请小王/吃饭",我们会感到举棋不定,处于进退维谷的境地,如果勉强分析,只会得到一棵交叉的分析树,违反了句法树的"非交特性"。如果我们采取三分,把这个句子分析为"请/小王/吃饭",可以避免分析树的交叉,得到唯一的分析结果。

经过在计算机上编写程序进行潜心的钻研和反复的试验,我提出了"多叉多标记树模型"(Multiple-labeled and Multiple-branched Tree Model,简称 MMT 模型),在 MMT 模型中,我采用多值标记函数(multiple-label function)来代替短语结构语法的单值标记函数(mono-label function),使得树形图中的一个结点,不再仅仅对应于一个标记,而是对应于若干个标记,我还使用多叉树来代替二叉树,这样便大大地提高了树形图的标记能力,使得树形图的各个结点上,都能记录足够多的语法语义信息,把句子中所蕴含的丰富多彩的信息充分地表示出来,这种多值标记函数的理论,从根本上克服了乔姆斯基的短语结构语法在描述自然语言时的严重缺点,提高了其有限的分析能力,限制了其过强的生成能力。显而易见,MMT 模型是对乔姆斯基短语结构语法的一个带有实质意义的重要改进,这个模型提出后,立即引起了国际语言学界的高度重视,在 1982 年于布拉格召开的国际计算语言学会议(COLING'82)上,在 1983 年于北京召开的国际中文信息处理会议(1CCIP'83)上,在 1984 年于香港召开的东南亚电脑会议(SEARCC'84)上,我都介绍了 MMT 模型。沃古瓦教授在国际计算语言学会议 COLING'82 的大会发言中,也满腔热情地赞扬了我的研究工作。

就在我提出 MMT 模型的同时,国外一些计算语言学家也看到了短语结构语法的局限性,分别提出了各种手段来改进它。例如 1983 年卡普兰(R. M. Kaplan)和布列斯南(J. Bresnan)提出的"词汇功能语法"、1983 年马丁·凯依(Martin Kay)提出的"功能合一语法"、1985 年盖兹达(G. Gazdar)等提出的"广义短语结构语法"、1985 年珀拉德(C. Pollard)提出的"中心语驱动的短语结构语法"等,都采用了"复杂特征"(complex features)来描述自然语言,他们所谓的"复杂特征"实际上也就是我提出的"多值标记"(multiple lablels),名异而实同。所以,我当时提出的 MMT 模型,是全世界计算语言学者对乔姆斯基的短语结构语法进行改进的一个重要方面和不可分割的组成部分,MMT 模型是 20 世纪 80 年代较早提出的一个旨在改进短语结构语法的形式化模型,当时我国学者在这方面的研究在国际上是处于前沿地位的。

1984 年荷兰阿姆斯特丹北荷兰出版社出版的多卷专著《计算机科学基础研究》第 9 卷《自然语言处理的计算机模型》一书(由意大利米兰大学主编)中,曾详细介绍了 MMT 模型,并评论说:"冯氏关于独立分析—独立生成的主张,关于尽可能地从源语言分析中获取多方面信息的主张,是当前自然语言处理研究中的一个重要进展。"

我还结合汉语的特点需要,研究了采用 MMT 模型来解决汉语自动分析的各种问题。我认为,在汉语的自动分析中,采用"多值标记"的必要性更加明显。这是因为汉语的句子不能只用词类或词组类型等简单特征来描述,汉语句子各个成分的词类、词组类型、句法功能、语义关系、逻辑关系之间,存在着极为错综复杂的关系,如果只采用简单特征,就无法区分各种歧义现象,达不到汉语自动处理的目的。具体地说,这是由于:1. 汉语句子中的词组类型(或词类)与句法功能之间不存在简单的一一对应关系;2. 汉语句子中词组类型(或词类)和句法功能相同的成分,它们与句子中其它成分的语义关系还可能不同,句法功能和语义关系之间也不是简单地一一对应的;3. 汉语中单词所固有的语法特征和语义特征,对于判别词组结构的性质,往往有很大的参考价值,除了词组类型这样的简单特征之外,再加上单词固有的语法特征和语义特征,采用多值标记来描述,就可以判断词组结构的性质。

我还提出了用于多值标记的汉语"特征—值"系统,特征可分为静态特征(static feature)和动态特征(dynamic feature)两大类。其中,静态特征有:词类特征、单词的固有语义特征和它的值、词的固有语法特征和它的值,动态特征有:词组类型特征和它的值、句法功能特征、语义关系特征、逻辑关系特征。在自动句法语义分析中,静态特征是计算机进行运算的基础,计算机依赖于这些预先在词典中给出的静态特征,通过有穷步骤的运算,逐渐计算出各种动态特征,从而逐步弄清楚汉语句子中各个语言成分之间的关系,达到句法语义分析的目的。这就是我的"双态理论"(bi-states theory)。

我在法国留学期间,了解到法国语言学家泰尼埃(L. Tesniere)的从属关系语法和语法"价"的概念,我用这种语法来研究汉外机器翻译问题,首次把"价"(valence)的概念引入我国的机器翻译研究中,我把动词和形容词的行动元(actant)分为主体者、对象者、受益者三个,把状态元(circonstant)分为时刻、时段、时间起点、时间终点、空间点、空间段、空间起点、空间终点、初态、末态、原因、结果、目的、工具、范围、条件、作用、内容、论题、比较、伴随、程度、判断、陈述、附加、修饰等27个,以此来建立多语言的自动句法分析系统,对于一些表示观念、感情的名词,也分别给出了它们的价。我还把从属关系语法和短语结构语法结合起来,在表示结构关系的多叉多标记树形图中,明确地指出中心语的位置,并用核心(GOV)、枢轴(PIVOT)等结点来表示中心词。这是我国学者最早利用从属关系语法和配价语法来进行自然语言计算机处理的尝试。

我根据机器翻译的实践,提出了表示从属关系语法的从属树(Dependence Tree)应该满足如下5个条件:1. 单纯结点条件:从属树中,只有终极结点,没有非终极结点,从属树中的所有结点所代表的都是句子中实际出现的具体的单词;2. 单一父结点条件:在从属树中,除了根结点没有父结点之外,所有的结点都只有一个父结点;3. 独根结点条件:一个从属树只能有一个根结点,这个根结点,就是从属树中唯一没有父结点的结点,这个根结点支配着其他的所有的结点;4. 非交条件:从属树中的树枝不能彼此相交;5. 互斥条件:从属树中的结点之间,从上到下的支配关系和从左到右的前于关系之间是互相排斥的,如果两个结点之间存在着支配关系,它们之间就不能存在前于关系。我提出的这5个条件比1970年美国计算语言学家罗宾孙(J. Robinson)提出的从属关系语法的4条公理更加直观,更加便于在机器翻译中使用。

我在法国研究的另一个问题是生成语法的公理化方法。我从公理化方法的角度来研究乔姆斯基的形式文法，把乔姆斯基的形式文法同数学中的半图厄系统（semi-Thue system）相比较，指出了乔姆斯基的形式文法，实际上是数学中的公理系统理论在语言分析中的一种应用，语言就是由文法这一公理系统从初始符号出发推导出的无限句子的集合；文法的规则是有限的，文法中的终极符号和非终极符号的数目也是有限的，可是，由于语言符号具有递归性，文法这一公理系统就能够根据有限的符号，通过有限的重写规则，递归地推导出无限的句子来。这样的研究，从数学的基础理论方面揭示了形式文法的实质。

根据 MMT 模型，我于 1981 年完成了汉—法/英/日/俄/德多语言机器翻译试验，建立了 FAJRA 系统（FAJRA 是法语、英语、日语、俄语、德语的法文首字母缩写）。在 IBM-4341 大型计算机上，把二十多篇汉语的文章自动地翻译成英文、法文、日文、俄文、德文。这是世界上第一个汉语到多种外语的机器翻译系统，开创了多语言机器翻译系统之先河。

我的研究从理论和实践上都改进了短语结构语法，受到了导师沃古瓦教授的赞赏。我急着想把这些成果应用到中国的科技信息文献的大规模翻译方面，建立一个实用的机器翻译系统，因此，实验报告一写完，我就马上告别沃古瓦教授，离开法国回到了祖国。

5. 立志做文理兼通的语言学家

回到北京，我想到的第一件事情就是到北京大学拜见著名语言学家王力先生，向王力先生汇报我在法国学习的收获。早年在北京大学中文系开始研究数理语言学的时候，王力先生就支持过我的研究，在北京大学求学期间，我曾经认真地听过王力先生讲授的《古代汉语》《汉语史》《中国语言学史》《清代古音学》等课程，这些课程，为我后来的计算语言学研究奠定了坚实的基础，我永远忘不了恩师王力先生。

1982 年春天，我和老同学吴坤定（现为北京出版社编审）一起到北京大学燕南园去看望王力先生。一进门，先生就高兴地请我们坐下。先生对我说:"听说你到法国之后已经改行学习自然科学了,现在,你有了很好的数理化基础,因此也就有了科学的头脑。这些都是很宝贵的财富,在语言学研究中随时用得着。"我向先生汇报了自己在法国研究多语言机器翻译的收获。先生细心地听着,他对我说:"我前年在武汉开的中国语言学会成立大会上曾经说,我一辈子吃亏就吃亏在我不懂数理化。现在你懂得数理化,就不会像我这样吃亏了,我相信你今后一定会做出更好的成绩。"接着,先生又说:"20多年前我曾经对你说过,我希望你学习赵元任先生。当然,这是很难的。赵元任先生有哲学家、物理学家、数学家、文学家、音乐家做底子,最后才成为世界著名的语言学家的。我一辈子都想学他,但是,我的数理化基础差,没有学好。你现在到法国学习了自然科学,已经具备学习赵元任先生的条件了,我再一次提醒你,你要向赵元任先生学习,而且一定要学得比我好。"先生这些语重心长的话,极大地鼓励了我,我决心按照先生的教导,把数理化的知识和语言学的知识结合起来,做一个信息时代的文理兼通的语言学家。

从法国回国之后,我在中国科技信息研究所计算中心担任机器翻译研究组的组长,在王力先生的鼓励之下,我利用当时北京遥感技术研究所的 IBM-4361 计算机,于 1985 年进行了德—汉机器翻译试验和法-汉机器翻译试验,建立了 GCAT 德—汉机器翻译系统和 FCAT 法-汉机器翻译系统,检验了 MMT 模型生成汉语的能力,试验结果良好。可惜当时由于国内的科研资金缺乏,不能提供足够的财力和人力来开展更大规模的实验,我要建立实用性机器翻译系统的愿望没有马上实现。

1982 年秋天,我应北京大学的邀请,在北京大学中文系汉语专业开设了"语言学中的数学问题"的选修课。这是国内首次在高等学校全面地、系统地讲述数理语言学的课程,受到学生们的欢迎。北京大学前任校长、著名数学家丁石孙教授在他的专著《数学与教育》一书中,对这门课程作了如下的评价:"1982 年,北京大学中文系开设了《语言学中的数学问题》,这是给汉语专业学生开的选修课程,许多同学对这门学科产生了很大的兴趣,经过一个学期的学习,同学们初步认识了现代数学的发展给语言学注入了生机,觉得获益匪浅,对语言学这门古老的学科分支的发展充满了信心,而且这一举动冲击了相当多的人的旧概念,使闭塞的中国学术界认识到,即使在人文科学教育中,数学也在逐渐起作用。"①

在北京大学讲稿的基础之上,我写出了我国第一部数理语言学的专著,书名就叫做《数理语言学》,于1985年8月由上海的知识出版社出版。接着,我又出版了《自动翻译》的专著,深入地探讨自然语言机器翻译的理论和实践问题。这两本专著的出版,受到了我国计算语言学界的欢迎。不少出国学习计算语言学的留学生,出国时都带着这两本书,作为入门的向导。

6. 研制世界上第一个中文术语数据库

1985年,原文字改革委员会改名为国家语言文字工作委员会,需要计算语言学方面的人才,我调入了国家语言文字工作委员会语言文字应用研究所担任计算语言学研究室主任,得以专门从事计算语言学的研究工作,这是我1978年弃文学理之后又一次弃理从文,我又重新回到了语言学的怀抱。与此同时,由于工作的需要,我还在中国科学院软件研究所担任兼职研究员的工作。

根据中德科技合作协定,我受中国科学院软件研究所的派遣,于1986年至1988年到德国夫琅禾费研究院新信息技术与通讯系统研究所(Fraunhofer Gesellschaft,简称FhG)担任客座研究员,从事术语数据库的开发。

术语是人类科学技术知识在自然语言中的结晶。术语数据库是在计算机上建立的人类科学技术的知识库,这项研究属于知识工程的研究,具有重要的意义。

当时世界上还没有很好的汉字输入输出软件,我国自己开发的CCDOS还很不成熟,我克服了重重困难,在FhG使用UNIX操作系统和INGRES软件,建立了数据处理领域的中文术语数据库GLOT-C,并且把这个数据库与FhG的其他语言的术语数据库相连接,可以快速地进行多语言术语的查询和检索,而且还可以处理简繁体的汉字。

---

① 丁石孙,《数学与教育》,湖南教育出版社,长沙,1991年版。

这是世界上第一个中文术语数据库，具有开创作用。

在 FhG 研究术语数据库的过程中，我还接触到多种语言的大量术语，我惊异地发现，几乎在每一种语言中，词组型术语的数量都大大地超过了单词型术语的数量。根据多年前我学习过的伽利略和牛顿的科学方法论，我试图揭示出语言事实后面隐藏的本质，从理论上对这样的语言事实进行解释。

为此，我把数理语言学的理论应用到术语数据库的研究中，提出了"术语形成的经济律"。

我根据大量的实验数据证明了：在一个术语系统中，术语系统的经济指数与术语平均长度的乘积恰恰等于单词的术语构成频度之值，并提出了"FEL 公式"来描述这个定律。根据 FEL 公式可知，在一个术语系统中，提高术语系统经济指数的最好方法是在尽量不过大地改变术语平均长度的前提下，增加单词的术语构成频度。这样，在术语形成的过程中，将会产生大量的词组型术语，使得词组型术语的数量大大地超过单词型术语的数量，而成为术语系统中的大多数。FEL 公式从数理语言学的角度，正确地解释了为什么术语系统中词组型术语的数目总是远远大于单词型术语的数目的数学机理，它反映了语言中的省力原则和经济原则，这是我国学者对于数理语言学中著名的齐夫定律(Zipf's law)的新发展，并从术语的角度说明了语言中的省力原则和经济原则是具有普遍意义的原则①。

"术语形成的经济律"提出之后，国内外的术语学研究者根据术语数据库的事实进行检验，检验证明，在各种语言的术语数据库中，词组型术语的数目都大于单词型术语的数目。因此，"术语形成的经济律"是适应于各种语言的一条普遍规律，是现代术语学的一条重要的基本定律。

语言是现实的编码体系，术语形成的经济律反映了用词作为语言材料进行单词型术语和词组型术语的编码时的经济律，这一经济律也可适用于语言编码的其他领域。汉语中在用单字组成多字词的

---

① Feng Zhiwei, Analysis of Formation of Chinese Terms in Data Processing, Fraunhofer-Gesellschaft, Stuttgart, Germany, 1988.

时候,有限数目的单字组成了为数可观的多字词,多字词以增加自身的长度为代价来保持汉语中原有单字的个数或者尽量不增加原有单字的个数,体现了组字成词这个编码过程的经济律。多字词也就是双音词或多音词,著名语言学家吕叔湘先生指出,"北方话的语音面貌在最近几百年里没有多大变化,可是双音词的增加以近百年为甚,而且大部分是与经济、政治和文化生活有关的所谓'新名词'。可见同音词在现代主要是起消极作用,就是说,要创造新的单音词是极其困难的了。"吕叔湘先生在这里一方面指出了要创造新的单音词(即单字)极其困难,一方面又指出了双音词(即双字词)的大量增加的现象,这正是组字成词的经济律的生动体现。

对汉字结构及其构成成分的统计与分析表明,在《辞海》(1979年版)所收的 16 295 个字和 GB2312 - 80 国家标准《信息交换用汉字编码字符集·基本集》收入而《辞海》未收的 43 个字中,简化字和被简化的繁体字(包括被淘汰的异体字和计量用字)以及未简化的汉字共 16 339 个,它们是由 675 个不能再分解的末级部件构成的,简化字和未简化的汉字(不包括被简化的繁体字、被淘汰的异体字和计量用字)共 11 837 个,它们是由 648 个不能再分解的末级部件构成的。由少量的部件构成大量的汉字,体现了部件构成汉字这一编码过程的经济律。

所以,术语形成经济律实际上乃是"语言编码的经济律",这是语言学中的一个普遍规律,它支配着语言编码的所有过程。

在研究 FEL 公式的同时,我还提出了"生词增幅递减律",我指出,在一个术语系统中,每个单词的绝对频度是不同的,经常使用的单词是高频词,不经常使用的单词是低频词,随着术语条目的增加,高频词的数目也相应地增加,而生词出现的可能性越来越小,这时,尽管术语的条数还继续增加,生词总数增加的速率却越来越慢,而高频词则反复地出现,生词的增幅有递减的趋势。这个"生词增幅递减律"不仅适用于术语系统,也适用于阅读书面文本的过程,人们在阅读一种用自己不熟悉的语言写的文本时,开始总有大量不认识的生词,随着阅读数量的增加,生词增加的幅度会逐渐减少,如果阅读者能够掌握好已经阅读过的生词,阅读将会变得越来越容易。

我还与上海交通大学博士生李晶洁合作,基于布朗语料库(Brown corpus)的证据,考察科技英语的篇际词汇增长模型,以篇章为计量单位,描述科技英语文本中词汇量与累积文本容量之间的函数关系。我们注意到,国外现有的词汇增长模型不能够精确地描述科技英语的词汇增长曲线,因此,我们通过对幂函数和对数函数的比较分析,构建了新的词汇增长模型,并应用此模型推导出科技英语的理论词汇增长曲线及其95%双向置信区间。

在术语研究中,我还提出了"潜在歧义论"(Potential Ambiguity Theory,简称 PA 论),指出了中文术语的歧义格式中,包含着歧义性的一面,也包含着非歧义性的一面,因而这样的歧义格式是潜在的,它只是具有歧义的可能性,而并非现实的歧义,潜在的歧义能否转化成现实的歧义,要通过潜在歧义结构的"实例化"(instantiation)过程来实现,"实例化"之后,有的歧义结构会变成真正的歧义结构,有的歧义结构则不然。这一理论是对传统语言学中"类型—实例"(type-token)观念的冲击,深化了对于歧义格式本质的认识,近年来,我又把 PA 论进一步推广到日常语言的领域,促进了自然语言处理中的歧义消解的研究。

术语是记录科学技术知识的基本单元,因此,术语的研究对于人类知识的系统处理,对于科学技术交流都有着重要的价值。1987年,我把这些研究术语的成果写成《现代术语学引论》一书出版了,这是我国第一本关于术语学理论的专著。

7. 用德语讲授中国语言文学课程

1990 年至 1993 年,我被德国特里尔大学文学院聘任为客座教授。特里尔是一座有 2 000 年历史的古城,又是马克思的故乡,我有机会经常到马克思的故居了解这位无产阶级革命导师的光辉业绩。

在特里尔大学文学院任教期间,我用德语给德国学生讲授《汉魏六朝散文》、《唐诗宋词》、《中国现代散文》、《汉字的发展与结构》、《汉语拼音正词法》、《汉语词汇史》、《机器翻译的理论和方法》等课程。

我学过德语,有一定的德语口语交流经验,可是,用德语在高等学校的课堂上讲课,与日常生活中用德语口语交流大不一样,课堂是学术的殿堂,课堂上的语言不能有很多差错,特别是不能在语法上出错,而德语语法十分复杂,需要我严肃对待。为了讲好课,我苦练德语口语,认真用德语备好每一节课,在上每一节课之前,我都要先用德语把讲课的内容自己对自己叙述一遍或多遍,直到能够熟练地背诵为止,我把"备课"当作了"背课"。由于备课特别认真,我的课堂教学效果越来越好,我的讲课受到德国学生们的一致好评。当时我的一些德国学生现在已经成为德国知名的语言学家了。

在教学中,我发现德国学生学习汉语时,学讲话并不困难,最困难的是学汉字。汉字数量多,结构复杂,因此,我开始研究如何教德国学生学习汉字的问题。

我经过反复的思考,把自己在法国留学时提出的 MMT 模型运用到汉字结构的教学中,提出了汉字结构的括号式表示法,用这种方法可以把一个汉字按层次分解为若干个部件,构成一个树形结构,再把这样的树形结构用括号表示出来。学生只要掌握了基本的汉字部件,就可以进一步学会由这些部件构成的整个汉字,以简驭繁,使汉字便于理解和记忆。这样的方法受到德国学生的欢迎。

我把这样的研究结果写成了《汉字的历史和现状》一书用德文在特里尔科学出版社出版。德国特里尔大学韦荷雅(Dorothea Wippermann)博士 1996 年在《评冯志伟新著〈汉字的历史和现状〉(德文版)》一文中指出,冯志伟"在汉字研究中引入了现代的成分分析法。对于这种方法,直到现在为止,许多在专家圈子之外的普通人还很不熟悉,所知极少。这种分析法认为,汉字是由不同的图形成分组合而成的一个封闭的集合,其中的每一个较大的成分都可以进一步被拆分为较小的成分,一直被拆分到单独的笔画为止。汉字结构的这种多层次的多分叉的构造图形可以用树形图来表示,这样一来,便为揭示汉字总体结构的研究提供了一种系统性的理论和方法。这种在中文信息处理中行之有效的成分分析法,对于汉字的研究和学习,也提供了一种新的记忆手段"。

汉字的计算机处理一直是我关注的一个重要的应用问题。近年来,我与旅居加拿大的青年学者欧阳贵林合作,把汉字的基本字根归纳为25个,我们在这25个字根基础上提出了"机写汉字学习法"(简称"和码"),这是一种以简驭繁的汉字学习的方法。我们在加拿大和九江的儿童识字教学中进行试验,效果良好。

目前,汉字输入计算机主要使用拼音输入,拼音输入是一种简捷而方便的输入法,为群众喜闻乐见。但是,由于拼音与汉字的字形之间没有明确关系,长期使用拼音输入,往往会忘记汉字的字形,写字时出现"提笔忘字"的情况,有人把这种情况叫做"汉字失写症"。我认为,除了继续使用和推广拼音输入法之外,我们还需要在计算机上根据汉字的结构使用键盘来书写汉字,从而避免"汉字失写症",继承汉字的文化传统。"机写汉字学习法"使用键盘来书写汉字,有助于克服由于长期使用拼音输入汉字而导致的"汉字失写症"这种文化病。

我们还开发出针对外国学生学习汉字的相关的软件,在北京语言大学的部分外国学生中进行过初步的试验,效果良好,"机写汉字学习法"软件让外国学生在学习"听说"汉语的同时,也能够"读写"汉语,达到"听说读写"四会的要求。

"机写汉字学习法"为汉字的键盘"机写"提供了一种方便而适用的手段,使我们在计算机上输入汉字的时候,永远也不会忘记怎样书写汉字。这对于发扬我国汉字文化的优秀传统是大有好处的。

8. 用英语讲授自然语言处理课程

2001年,我应邀到韩国科学技术院(Korean Advanced Institute of Science and Technology,简称 KAIST)电子工程与计算机科学系担任教授。KAIST 是韩国著名的理工科大学,大部分学生都是通过严格的考试和数学物理竞赛选出来的精英。我不会韩国语,因此,只能用英语给该系博士研究生开设"自然语言处理-II"(Natural Language Processing-II,简称 NLP-II)的课程。在这门课程中,我系统地讲授了词汇自动分析、形态自动分析、句法自动分析、语义自动分析、语用自动分析等自然语言处理中的各种方法,受到韩国学生的欢迎,韩国科学技术院还特别出版了文集来纪念我的这次讲学①。

在用英语备课的过程中,我发现美国 Colorado 大学的 Daniel Jurafsky 和 James Martin 的新著 *Speech and Language Processing — An Introduction to Natural Language Processing*, *Computational Linguistics*, *and Speech Recognition*(《语音和语言处理——自然语言处理、计算语言学和语音识别导论》)是一本很优秀的自然语言处理的教材,这本教材覆盖面非常广泛,理论分析十分深入,而且强调实用性和注重评测技术,几乎所有的例子都来自真实的语料库。我想,如果能够把这本优秀的教材翻译成中文,让国内的年轻学子们也能学习本书,那该是多么好的事情!

2002 年,我回国参加机器翻译的学术讨论会,电子工业出版社的一位编辑找到我,说他们打算翻译出版此书。这位编辑说,电子工业出版社已经进行过调查,目前国外绝大多数大学的计算机科学系都采用此书作为"自然语言处理"课程的研究生教材,他们希望我亲自来翻译这本书,与电子工业出版社配合,推出高质量的中文译本。电子工业出版社的意见与我原来的想法不谋而合,于是,我欣然接受了这本长达 600 多页的英文专著的翻译任务,于 2003 年开始进行翻译。

我虽然已经通读过这本书两遍,对于这本书应该说是有一定的理解了,但是,亲自动手翻译起来,却不像原来想象的那样容易,要把英文的意思表达为确切的中文,下起笔来,总有汲深绠短之感,大量的新术语如何用中文来表达,也是颇费周折和令人踌躇的难题。

在韩国教书期间,我利用了全部的业余时间来进行翻译,晚上加班到深夜,连续工作了 11 个月,当翻译完 14 章(全书的三分之二)的时候,不幸患了黄斑前膜的眼病,视力出现障碍,难于继续翻译工作,还剩下 7 章(全书的三分之一)没有翻译,"行百里者半九十",这 7 章的翻译工作究竟如何来完成呢? 正当我束手无策、一筹莫展的时

---

① KORTERM, 2001–2002 Collection of FORTERM Publication — in Honor of Professor Feng Zhiwei, KAIST, Korea, 2002.

候,中国科学院软件研究所的一位年轻的副研究员孙乐表示愿意继续我的工作,协助我完成本书的翻译。孙乐把剩下的 7 章逐一翻译成中文,通过计算机网络一章一章地传到韩国,我使用语音合成装置,让计算机把书面的文本读出来,通过读出来的语音进行译文的校正,语音合成技术克服了我视力不济的困扰,帮助我迈过了重重的难关。2004 年,在我们两人的通力合作下,全书的翻译总算大功告成了,由电子工业出版社以《自然语言处理综论》的书名出版。

这本书的出版受到广大读者的欢迎,而我为此却损害了自己的视力,不得不借助于语音合成装置来阅读了。

现在我已经进入古稀之年,不能再做很多具体的开发和研究工作了,我的视力不济,难于长时间看书,所以,我近来主要做一些介绍和引进外国优秀计算语言学英文原著的工作,为这些著作写导读,以便帮助年轻学子尽快地接触到当代计算语言学的前沿问题。我写的导读有:《应用语言学中的语料库》(世界图书出版公司 & 剑桥大学出版社,2006 年版),《译者的电子工具》(外语教学与研究出版社,2006 年版),《人工智能在第二语言教学中的应用》(世界图书出版公司,2007 年版),《语言学中的数学方法》(世界图书出版公司,2009年版),《牛津计算语言学手册》(外语教学与研究出版社,2009 年版),《自然语言生成系统的建造》(北京大学出版社,2010 年版)。

9. 学海无涯苦作舟

2006 年 6 月 30 日,联合国教科文组织奥地利委员会(Austrian Commission for UNESCO)、维也纳市(City of Vienna)和国际术语信息中心(INFOTERM)给我颁发了维斯特奖(Wüster Special Prize),表彰我在术语学理论和术语学方法研究方面做出的突出贡献。维斯特(Eugen Wüster, 1898—1977)是奥地利著名科学家,是术语学和术语标准化工作的奠基人。维斯特奖是专门为那些对于术语学和术语标准化工作有出色成就的科学家而设置的。

可惜的是,我的视力越来越差,当我接受维斯特奖的时候,已经看不清奖章上面的图案了。

我从事语言学研究已经 50 多年了,在这 50 年中,我始而弃理学文,继而弃文从理,后来又弃理从文,最后还是回到了语言学的队伍,看来我与语言学之间,确实有着割舍不断的缘分。

1957 年我第一次阅读乔姆斯基的文章的时候,还是一个不谙世事的 19 岁的青年,乔姆斯基还是一个不满 30 岁的年轻学者,现在,我已经是白发苍苍的古稀老人了,而乔姆斯基已经 82 岁了。2010 年 8 月,乔姆斯基应邀访问北京,我和他见了面,我们这两个老人一起合影留念。

我在乔姆斯基的影响下步入语言学的殿堂,曲曲折折地走了 50 年,可以说乔姆斯基是我学习语言学的启蒙老师。我把我们合影的照片复制在这里,作为永远的纪念。

乔姆斯基与冯志伟合影留念(2010 年 8 月 14 日)

语言学是一门历史悠久、博大精深的学问,50 多年来,我主要是在数理语言学和计算语言学领域中研究和学习。尽管我现在已经年逾古稀,并且一天天地变老,但是,我 50 年来一直如痴如醉地钟爱着的数理语言学和计算语言学还是一门新兴的学科,她还非常年轻,还不够成熟,但是无疑有着光辉的前景。我们个人的生命是有限的,而科学知识的探讨和研究却是无限的。我们个人渺小的生命与科学事业这棵常青的参天大树相比较,显得多么地微不足道! 想到这些,怎不令我们感慨万千!

"书山有路勤为径,学海无涯苦作舟",我们应当勤苦地工作,把个人的有限的生命投入到无限的科学知识的探讨和研究中去,从而实现人生的价值。

(本文原载《当代外语研究》,2011 年第 1 期)

附录：
外国人名译名对照表
（非拉丁字母人名的原名附在中文译名之后）

A

Abelson R.	阿贝尔森
Aone C.	奥纳
Archimedes	阿基米德
Aristotēlēs	亚里士多德
Artsouni G. B.	阿尔楚尼

B

Babbage C	巴贝奇
Bacon F.	培根
Bahl L. R.	巴乐
Bar-Hillel Y.	巴希勒
Barwise J.	巴威斯
Baxendale P. B.	巴森代尔
Bellman R.	白尔曼
Bloedorn E.	布洛多恩
Bloomfield L.	布龙菲尔德
Bobrow D.	波布洛
Booth A. D.	布斯
Bourigault D.	布尼果尔特
Brown P. F.	布劳恩
Bresnan J.	布列斯南

Brill E.	布里尔
Burger J. F.	布尔格
Burton N.	柏登

C

Casey R.	凯西
Chastellier	查斯特里
Chomsky N.	乔姆斯基
Church K. W.	邱奇
Cutting D.	卡廷

D

Daille B.	达义
Davy H.	戴维
DeJong G.	德容
DeRose S. J.	德洛斯
Descartes R.	笛卡儿
Dillon M.	迪容
Dowty, D. R.	多蒂
Dubner S. J.	杜布尼
Dudler H.	多德莱

E

Earl L.	厄尔
Earley, J.	伊尔利
Eckert J. P.	埃克特
Edmundson H. P.	埃德蒙森
Eisner J.	爱依斯讷
Empson W	燕卜荪
Enguehard C.	恩格哈特
Evans D. A.	伊万斯

F

Fant G. M.	范特

Faraday M.	法拉第
Feigenbaum E.	费根鲍姆
Ferguson J.	弗格森
Fillmore C. J.	菲尔默
Firth J. R.	弗斯
Fodor J. A.	弗托
Francis W. N.	弗兰西斯
Frazier	弗朗策
Frege G.	弗雷格

G

Garside R.	加塞德
Gazdar G.	盖兹达
Gaussier E.	郭溪
Gerber L.	盖尔布
Gilmam R. E.	吉尔曼
Colmerauer A.	科尔迈洛埃
Gray A. S.	葛莱依
Green B.	格林
Greene B. B.	格林讷
Gross M.	格罗斯

H

Hadamard J.	阿达玛
Halle M.	哈勒
Halliday M. A. K.	韩礼德
Handres	汉德雷斯
Hanks P.	韩克斯
Harris Z.	哈里斯
Hays D.	海斯
Hawking S.	霍金
Hearst M. A.	郗思特
Hendrix G.	亨德里克斯
Hirst G.	赫尔斯特

Hobbs J.	霍布斯
Hovy E.	霍维
Hudson R. A.	哈德森
Hull D.	峆尔
Humboldt W. von	洪堡
Hutchins J.	哈钦斯

J

Jacquemin C.	雅克曼
Jakobson R.	雅可布逊
James H.	詹姆斯
Joos M.	朱斯
Joshi A.	尤喜
Juilland A.	朱兰德
Jurafsky D.	朱夫斯凯

K

Kaeding J.	凯定
Kaplan R. M.	卡普兰
Katz J.	卡茨
Kay M.	凯伊
Kellog C.	凯罗格
Kempelen W. von	肯佩稜
Kimball J. P.	金补尔
Kleene S. C.	克林
Klein E.	克莱因
Knight K.	乃伊特
Kooij J. G.	科艾
Kucera H.	库塞拉
Kulagina O. S.	库拉金娜(О. С. Кулагина)
Kuno S.	久野(くの)
Kupiec J.	库皮克

L

Lakoff G.	雷柯夫
Lauriston A.	洛里斯通
Leech G.	里奇
Lesk M.	莱斯克
Levitt S. D.	莱维特
Liberman M. Y.	利贝尔曼
Licklider J.	里克里德
Lindsay R.	林德赛
Locke J.	洛克
Long R. E.	龙格
Luhn H. P.	卢恩

M

Mani I.	玛尼
Mann W.	曼
Marcu D.	马尔库
Marcus M.	马尔库斯
Markov A. A.	马尔可夫（А. А. Марков）
Marshall I.	玛沙尔
Mauchly J. W.	莫希莱
McCauley J. D.	玛考利
Mckeown K. R.	麦克文
Mel'chuk I. A.	梅里楚克（И. А. Мельчук）
Mellish Ch.	梅利施
Mercer R. L.	梅尔塞尔
Merialdo B.	梅里爱多
Metzler	梅茨乐耳
Miller G. A.	米勒
Milton J.	弥尔顿
Moens M.	摩恩
Montague R.	蒙塔鸠

N

Nagao M.	长尾真(ながお)
Nagy G.	纳吉
Narin	纳宁

O

Och F. J.	奥赫
Otten K. W.	奥登

P

Page E. B.	派基
Pantera L.	盘特拉
Patil R.	帕提尔
Pedersen J. L.	佩特森
Pereira F.	佩瑞拉
Perry J.	佩利
Pollard C.	珀拉德
Potter	波特耳
Pullum G.	普鲁姆
Puschkin A.	普希金(A. ПУШКИН)

Q

Quillian R.	奎尼安
Quirk R.	奎克

R

Rabiner L. R.	拉宾呐
Raphael B.	拉菲尔
Resnik P.	雷斯尼克
Roche E.	罗歇
Rodriguez E. Ch.	罗德里盖
Roever	罗维尔

Ross K.	洛斯
Rubin G. M.	鲁宾
Russell B. A. W.	罗素

S

Sag I.	沙格
Salton G.	萨尔顿
Sato S.	佐藤(さと)
Saussure F. de	索绪尔
Schabes	沙贝斯
Schank R. C.	尚克
Schütze H.	舒彻
Schwarz C.	施瓦尔茨
Shieber S. M.	锡伯
Simmons R. F.	西蒙斯
Sinclair J.	辛克莱
Slagle J. R.	斯莱格勒
Sleator D.	斯里托
Slocum J.	斯乐康
Smadja F.	司马佳
Spiegel M. F.	施皮格尔
Sproat R.	斯普劳特
Stallings W.	斯托林斯
Stolz W. S.	斯托尔茨
Strzalkowski T.	斯特拉科夫斯基
Svartvik J.	斯瓦尔特维克
Swanson D.	斯万森

T

Temperley D.	汤佩雷
Tesnière L.	泰尼埃
Teubert W.	托伊拜特
Teufel S.	托依伏尔
Thompson F. B.	桑普逊

Thompson K.	汤姆生 K.
Thompson S.	汤姆生 S.
Thomas L.	托马斯
Troyansky P. P.	特洛扬斯基(П. П. Троянский)
Turing A. M.	图灵

V

Vauquois B	沃古瓦
Viterbi A. J.	韦特比

W

Warren D.	瓦楞
Weaver W.	韦弗
Weizenbaum J.	魏岑鲍姆
Widdowson H.	魏窦逊
Wilensky R.	威林斯基
Willks Y. A.	威尔克斯
Winograd T.	维诺格拉德
Woods W. A.	伍兹
Wulfila	武尔菲拉
Wundt W.	温德

Y

Yarowsky D.	雅罗夫斯基
Yngve V.	英格维

Z

Zadeh L. A.	查德
Zampolli	扎普利